ACTIVATION AND DECAY TABLES OF RADIOISOTOPES

ACTIVATION AND DECAY
TABLES OF RADIOISOTOPES

by

E. BUJDOSÓ, C. Sc. (phys.)

Head of the Isotope Laboratory
Research Institute for Non-ferrous Metals
Budapest, Hungary

I. FEHÉR

Head of the Health Physics Department
Central Research Institute for Physics
Budapest, Hungary

and

G. KARDOS

Principal System Analyst
UNIVAC, Division of Sperry Rand France
Paris, France

ELSEVIER SCIENTIFIC PUBLISHING COMPANY
AMSTERDAM—LONDON—NEW YORK
1973

PHYSICS

Distribution of this book is being handled by the following publishers:

for the U.S.A. and Canada

American Elsevier Publishing Company, Inc.
52 Vanderbilt Avenue
New York, New York 10017

*for the East European countries, China, North Korea,
Cuba, North Vietnam and Mongolia*

Akadémiai Kiadó, The Publishing House of the
Hungarian Academy of Sciences, Budapest

for all remaining areas

Elsevier Scientific Publishing Company
335 Jan van Galenstraat
P. O. Box 330, Amsterdam, The Netherlands

Library of Congress Card Number 79—135492
ISBN 0—444—99937—X

Joint edition published by
Elsevier Scientific Publishing Company, Amsterdam, The Netherlands
and Akadémiai Kiadó, The Publishing House of the Hungarian
Academy of Sciences, Budapest, Hungary

Printed in Hungary

CONTENTS

INTRODUCTION

With the ever more extensive scientific and practical applications of radioisotopes, the calculation of the sample activity and/or the rate of decay expected upon irradiation in nuclear reactors has become a routine task in the increasingly numerous laboratories concerned with activation analysis, radiochemistry, isotope production and other uses of radioisotopes. The estimation of the expected counting rate is of similar importance. In spite of the rapid expansion of computerized equipment, there are still many laboratories where these estimations have to be performed without the aid of sophisticated machines. The tables presented in this book are intended to facilitate these routine calculations, since their use permits accurate activity and counting rate predictions to be obtained by means of a few simple operations (multiplications, additions) which can be performed within a short time.

The Activation and Decay Tables can be used
— in activation analysis for the calculation of the expected counting rates of the components, the determination of the sensitivity of the analysis and the optimum irradiation and cooling times, the estimation of the shape of the gamma-ray spectrum,
— in radioisotope production for the estimation of the yield,
— in experiments using radioisotopes for the calculation of the decay rate and the correction to be applied to the experimental data.

The tables in our book contain activation and decay data on 173 stable isotopes of 80 elements for irradiation with thermal neutrons and activation by (n, γ) reactions. For the 249 radioisotopes thus formed the tabulated data include the values of half-life, gamma-ray energy and intensity. The tables can also be used for the calculation of the daughter activity formed during different irradiation and cooling times.

The tables do not contain data on activation by resonance neutrons, (n, p), (n, α) and $(n, 2n)$ reactions induced by irradiation with fast neutrons and on activation by secondary reactions, i.e.

(n, γ) reactions undergone by a radioisotope produced by primary neutron capture. Radioactive decay chains in which a first daughter element decays to a second daughter element are not tabulated either.

The forerunner of our book was the report by E. Bujdosó and G. Kardos published by the Central Research Institute for Physics, Budapest, 1963 under the title "Activation and Decay Tables of Radioisotopes". The present compilation is essentially a revised and enlarged edition of the former report. It includes new nuclear data, and the practical requirements and suggestions of the users have also been taken into account.

The tabulated data have been calculated by the use of the ICT–1905 computer of the Central Research Institute for Physics.

EXPLANATION OF THE TABLES

1. NUCLEAR DATA

Nuclear reactions

The mass number and the chemical symbol are given for both the target nucleus and the radioisotope produced by the (n, γ) reaction. When the radioisotope decays to a radioactive daughter element whose activation and decay rate are listed, the mass number and chemical symbol of the daughter element are specified after the arrow symbolizing the radioactive decay.

When the activity of the daughter element is negligible as compared with that of the same isotope activated by some other nuclear reaction of the target element, the reaction is specified only in the Notes added to the Tables where the other nuclear reactions leading to the same radionuclide or daughter element are also given.

The principal data to be utilized in the calculations, using the conventional symbols, are listed below.

M — atomic weight;
  The atomic weight of the element of natural isotopic composition related to $^{12}C = 12.0000$.

G — isotopic abundance, %;
  Abundance of the isotope in the target element which produces the activity.

σ_{ac} — activation cross-section;
  Thermal neutron activation cross-section of the target-isotope in barns (10^{-24} cm^2).

T — half-life
  T_1 — half-life of the radionuclide produced by (n, γ) reaction,
  T_2 — half-life of the radioactive daughter element.

E_γ — gamma-ray energy, keV;
  The gamma-ray energies in keV units of the isotope produced, in decreasing order of their value.

P — gamma-ray emission probability;
  The number of gamma photons of energy E_γ per single disintegration of the radionuclide. Wherever possible the conversion was taken into account.

The Tables contain only the gamma-ray energies emitted with a probability $P \geqslant 0.010$. In the case of isotopes emitting all their gamma-rays at an intensity below $P = 0.010$, only the energy of the gamma-ray emitted with the highest probability is given.

The data on nuclear reactions, isotopic abundances, thermal neutron activation cross-sections, half-lives, branching ratios of the disintegration modes, gamma-energies and intensities were taken mainly from the "Table of Isotopes" by Lederer *et al.* [1] published in 1967. Some more recent and more reliable thermal neutron activation cross-section values which are considerably different from those given by Lederer *et al.* were taken from the compilation by Pagden *et al.* [2] completed in April, 1970.

2. ACTIVITY CALCULATION

The activity produced by (n, γ) reactions during irradiation time τ is calculated from the formula

$$A_1(\tau) = \frac{6.023 \cdot 10^{23} \cdot \Phi \cdot \sigma_{ac} \cdot G \cdot g}{100M} \left(1 - e^{-\frac{0.6931}{T_1} \tau} \right), \quad (1)$$

where

Φ — neutron flux ($\Phi = 10^{13}$ n $\cdot$ cm^{-2} $\cdot$ sec^{-1});
σ_{ac} — activation cross-section;
G — isotopic abundance;
g — weight of the irradiated sample ($g = 1\ \mu$g $= 10^{-6}$ gram);
M — atomic weight;
T_1 — half-life.

3. DECAY CALCULATION

We calculate the decrease in sample activity from the time $t = 0$ at which the irradiation has been completed to the time t elapsed after irradiation at which it decreases to the fraction

$$D_1(t) = e^{-\frac{0.6931}{T_1} t}, \quad (2)$$

which we call the decay factor.

10

4. DATA OF THE TABLE ON ACTIVATION BY (n, γ) REACTIONS AND ON THE DECAY OF ACTIVITY

$A_1(\text{sat})$ — Saturation activity:
maximum activity of the listed radionuclide per 1 μg of the target element of natural isotopic abundance obtainable for an irradiation of infinite time with a neutron flux of $\Phi = 10^{13}$ n $\cdot$ cm^{-2} $\cdot$ sec^{-1}, expressed in disintegrations per second (dps).

$A_1(1 \text{ sec})$ — Activity produced during 1 sec of irradiation time: activity of the listed radionuclide produced per 1 μg of the element of natural isotopic abundance during $\tau = 1$ sec irradiation time at a neutron flux of $\Phi = 10^{13}$ n $\cdot$ cm^{-2} $\cdot$ sec^{-1}, expressed in dps.

$A_1(\tau)$ — Activity produced during irradiation for time τ: activity of the listed radionuclide per 1 μg of the target element of natural isotopic abundance obtainable for irradiation with a neutron flux of $\Phi = 10^{13}$ n $\cdot$ cm^{-2} $\cdot$ sec^{-1} for time τ, expressed in dps.

The values of $A_1(\tau)$ are listed for isotopes with half-lives $T_1 > 1$ sec up to about 0.9 $A_1(\text{sat})$ in approximate steps of $T_1/10$ to $T_1/20$ sec. The activation data of isotopes with half-lives $T_1 = 1$ sec to 30 sec are listed in steps of 1 sec up to 60 sec and those of isotopes with half-lives $T_1 > 120$ days are given generally up to 600 days. The time steps are shown in the first vertical and horizontal rows in the same units specified in the heading. The required irradiation time can be obtained by summing the two values of the two corresponding rows. The value of $A_1(\tau)$ is given at the intersection of the two rows.

$D_1(t)$ — Decay factor:
decay function of the radionuclide with half-life T_1.

The decay factors for isotopes with half-lives $T_1 > 1$ sec are tabulated up to the value of about 0.01 in the same steps as used for the activation. The decay factors of isotopes with half-lives $T_1 = 1$ sec to 30 sec are tabulated up to 60 sec and those of isotopes with half-lives $T_1 > 120$ days up to 720 days.

The decay factors for longer times than those specified in the Table can be calculated by summing the required number of time intervals specified in the Table and multiplying the values of the partial decay factors associated with each of the summed intervals.

5. CALCULATION OF THE ACTIVATION BY (n, γ) REACTIONS BY USE OF THE TABLES

The activation of the listed radionuclide per 1 μg of the element of natural isotopic abundance irradiated at a thermal neutron flux of 10^{13} n $\cdot$ cm^{-2} $\cdot$ sec^{-1} for time τ and its activity after a cooling time t are given by the product of Eqs (1) and (2), as

$$A_1(\tau, t) = A_1(\tau) \cdot D_1(t) \text{ dps.} \qquad (3)$$

For an irradiation of x grams of the target element with a neutron flux Φ for a time τ, followed by cooling for time t, the formula to be used is

$$A_1(x, \Phi, \tau, t) = \frac{x \cdot \Phi}{10^7} A_1(\tau) \cdot D_1(t) \text{ dps.} \qquad (4)$$

6. CALCULATION OF THE DAUGHTER ACTIVITY

The radioisotopes produced by (n, γ) reactions decay in some cases to a radioactive daughter element. The activity of the daughter element is calculated by means of the formula

$$A_2(\tau, t) = \frac{6.023 \cdot 10^{23} \cdot \Phi \cdot \sigma_{ac} \cdot G \cdot g}{100M} \left[K \left(1 - e^{-\frac{0.6931}{T_1} \tau} \right) e^{-\frac{0.6931}{T_1} t} + \right.$$

$$\left. + F \left(1 - e^{-\frac{0.6931}{T_2} \tau} \right) e^{-\frac{0.6931}{T_2} t} \right], \qquad (5)$$

where

$$K = \varkappa \frac{T_1}{T_1 - T_2},$$

$$F = \varkappa \left(1 - \frac{T_1}{T_1 - T_1} \right),$$

$\varkappa$ — the branching ratio leading to the formation of the daughter element as determined from the decay scheme.

7. DATA OF THE TABLE ON DAUGHTER ELEMENT FORMATION

For nuclear reactions producing radionuclides decaying to another nuclide, the so-called daughter element, we have given for the calculation of the parent activity the values of A_1(sat), A_1(1 sec), $A_1(\tau)$ and D_1(t). The interpretation of these values is given in Section 4. In addition

(a) the value of K and
(b) the activation factor of the daughter element $F \cdot A_2(\tau)$
are given:

$$F \cdot A_2(\tau) = F \, \frac{6.023 \cdot 10^{23} \cdot \Phi \cdot \sigma_{ac} \cdot G \cdot g}{100M} \left(1 - e^{-\frac{0.6931}{T_2}\tau}\right). \qquad (6)$$

The data are specified as per 1 μg of the target element of natural isotopic abundance irradiated at a flux $\Phi = 10^{13}$ n $\cdot$ cm^{-2} $\cdot$ sec^{-1}. The time intervals are the same as those used for the values $A_1(\tau)$ and the values can be read from the Table in the same manner.

(c) The saturation is $F \cdot A_2$(sat) and $F \cdot A_2$(1 sec) is the activity obtainable per 1 sec of irradiation time,
(d) D_2(t) the decay factor of the daughter element has the same meaning and can be read in the same way as D_1(t).

The values of $A_1(\tau)$, D_1(t), $F \cdot A_2(\tau)$ and D_2(t) are tabulated in steps with respect to the half-lives T_1 and T_2 of the parent and daughter activity, respectively. The two series are differentiated in the Table by an asterisk. If the two half-lives are nearly the same, only one time series is calculated.

If the two half-lives are substantially different, the values of activation and decay differentiated with respect to either T_1 or T_2 fairly soon reach a constant value or quickly tend to zero. In these cases the list was shortened. For irradiation times not given in the Table, the saturation activity can be used in the calculation and the decay factor can be calculated in the manner described in Section 4.

8. CALCULATION OF THE DAUGHTER ACTIVITY BY THE USE OF THE TABLE

The daughter activity produced per 1 μg of target element of natural isotopic abundance irradiated at a thermal neutron flux of 10^{13} n $\cdot$ cm^{-2} $\cdot$ sec^{-1} for time τ and its value after a cooling time t is given as

$$A_2(\tau, t) = K \cdot A_1(\tau) \cdot D_1(t) + F \cdot A_2(\tau) \cdot D_2(t) \text{ dps.} \quad (7)$$

For an irradiation of x grams of the target element with a neutron flux Φ for time τ and a cooling time t, the values of the daughter activity are given, by analogy with Eq. (4), as

$$A_2(x, \Phi, \tau, t) = \frac{x \cdot \Phi}{10^7} [K \cdot A_1(\tau) \cdot D_1(t) + F \cdot A_2(\tau) \cdot D_2(t)] \text{ dps.} \quad (8)$$

9. CALCULATION OF THE EXPECTED COUNTING RATES

Let P_i be the absolute probability of the emission of a gamma-ray of energy $E_{\gamma i}$ from the radioisotope to be measured. If the full energy peak efficiency of the gamma spectrometer is $\eta(E_{\gamma i})$ in the given source – detector geometry, then the counting rate, i.e. counts per sec (cps), is given by the formula

$$R = \eta(E_{\gamma i}) \cdot P_i \cdot A_i(x, \Phi, \tau, t) . \quad (9)$$

10. KEY TO THE NUMERICAL VALUES

The activation and decay values are given in the form of decimal fractions and powers of 10. The exponent is separated from the decimal fraction by the sign: "/" e.g. 8.7212/-2 = = 8.7212 $\cdot$ 10^{-2}. For uniformity, the activation data are calculated, similarly to the decay factor, up to five digits. It should be noted, however, that owing to errors in the activation cross-section and other data not all the five digits are significant.

EXAMPLES OF HOW TO USE THE TABLES

1. CALCULATION OF THE DISINTEGRATION AND COUNTING RATES OF ^{24}Na PRODUCED BY THE IRRADIATION OF SODIUM

Nuclear reaction ^{23}Na(n, γ)^{24}Na see p. 28.

Data:

Sodium content of sample $x = 12$ μg
Thermal neutron flux $\Phi = 6 \cdot 10^{12}$ n·cm^{-2}·sec^{-1},
Irradiation time $\tau = 21$ hours
Cooling time $t = 37$ hours

What is the disintegration rate of the ^{24}Na activity produced in the sample?

This can be calculated by substituting the data into Eq. (4) as described in Section 5, as

$$A_1(x, \Phi, \tau, t) = \frac{12 \cdot 10^{-6} \cdot 6 \cdot 10^{-12}}{10^7} \; 9.1251 \cdot 10^4 \cdot 1.8015 \cdot 10^{-1} =$$

$$= 1.1836 \cdot 10^5 \text{ dps.}$$

What is the rate in the 1369 keV peak of the ^{24}Na activity obtained under the above conditions of irradiation and cooling for both a NaI(Tl) and a Ge(Li) spectrometer?

Disintegration rate to be measured $1.1836 \cdot 10^5$ dps

$$E_\gamma = 1369 \text{ keV}$$

$$P = 1.000$$

The full energy peak efficiency of both measuring instruments in our example is given in Fig. 1 [3] as

η_1(1369 keV) $= 3 \cdot 10^{-2}$ for the $3'' \times 3''$ NaI(Tl) detector,

η_2(1369 keV) $= 2.1 \cdot 10^{-3}$ for the 12 cm^3 Ge(Li) detector.

The counting efficiency of any detector should be determined in each case for the counting geometry used.

The counting rate in the 1369 keV peak of ^{24}Na is calculated by using Eq. (9)

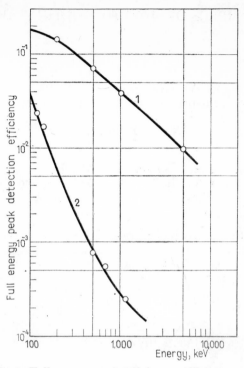

Fig 1. Full energy peak efficiency calibration of
1 — 3″×3″ NaI(Tl); 2 -- 12 cm³ Ge(Li) detectors

for the 3″×3″ NaI(Tl) detector, as

$$R_1 = 3 \cdot 10^{-2} \cdot 1.000 \cdot 1.1836 \cdot 10^5 = 3.5508 \cdot 10^3 \text{ cps}$$

and for the 12 cm³ Ge(Li) detector, as

$$R_2 = 2.1 \cdot 10^{-4} \cdot 1.000 \cdot 1.1836 \cdot 10^5 = 24.8556 \text{ cps.}$$

2. CALCULATION OF THE ACTIVITY OF ^{131}I PRODUCED BY THE IRRADIATION OF TELLURIUM

Nuclear reactions

(a) ^{130}Te(n, γ)^{131}Te $\rightarrow$ ^{131}I   see p. 334,

(b) ^{130}Te(n, γ)^{131m}Te $\rightarrow$ ^{131}I   see p. 344,

(c) ^{130}Te(n, γ)^{131m}Te $\rightarrow$ ^{131}Te $\rightarrow$ ^{131}I is not tabulated, see p. 339.

Data:

Tellurium content of sample	$x = 1.5$ g
Thermal neutron flux	$\Phi = 2 \cdot 10^{13}$ n $\cdot$ cm^{-2} $\cdot$ sec^{-1}
Irradiation time	$\tau = 19.5$ days
Cooling time	$t = 1.5$ days

What is the activity in mCi of the ^{131}I produced in the tellurium sample? This can be estimated by using the data of the two tabulated reactions in the manner described in Section 8 in the part following the sign*, i.e. the data calculated with respect to the half-lives of the daughter elements and by making use of Eq. (8) as

(a) $A_2(x, \Phi, \tau, t) =$

$$= \frac{1.5 \cdot 2 \cdot 10^{13}}{10^7} \left[-2.1613 \cdot 10^{-3} \cdot 3.2560 \cdot 10^3 \cdot 9.9204 \cdot 10^{-27} + \right.$$

$$\left. + 2.6542 \cdot 10^3 \cdot 8.7886 \cdot 10^{-1} \right] = 6.9980 \cdot 10^9 \text{ dps,}$$

(b) $A_2(x, \Phi, \tau, t) =$

$$= \frac{1.5 \cdot 2 \cdot 10^{13}}{10^7} \left[-0.1507 \cdot 3.2559 \cdot 10^2 \cdot 4.3535 \cdot 10^{-1} + \right.$$

$$\left. + 2.5708 \cdot 10^2 \cdot 8.7886 \cdot 10^{-1} \right] = 6.1372 \cdot 10^8 \text{ dps.}$$

(c) Owing to the low values of the cross-section and the branching ratio, the ^{131}I activity produced in tellurium is not more than a few percent, and therefore negligible.

The dps units are converted to mCi units ($3.7 \cdot 10^7$ dps $= 1$ mCi). This gives

(a) $A_2(x, \Phi, \tau, t) = 189.1$ mCi,

(b) $A_2(x, \Phi, \tau, t) = 16.6$ mCi

that is, the total ^{131}I activity produced in the sample under consideration is 205.7 mCi.

*

2

The authors express their thanks to Dr. L. Vargha and the Computer Department of the Central Reaserch Institute for Physics, Budapest, for their help in the preparation of the Tables and to Mrs. A. Fehér for her contribution to the data processing. The authors wish also to express their gratitude for the courtesy of John Wiley and Sons in permitting the use of the data from the "Table of Isotopes" by C. M. Lederer, J. M. Hollander and I. Perlman. (Copyright © 1967 by John Wiley and Sons, Inc.)

REFERENCES

[1] C. M. Lederer, J. M. Hollander and I. Perlman: Table of Isotopes, 6th ed. J. Wiley and Sons, New York, 1967.
[2] I. M. H. Pagden, G. J. Pearson, J. M. Bewers: An Isotope Catalogue for Instrumental Activation Analysis, Parts 1 and 2. *J. Radioanal. Chem.*, 8 (1971). 127 and 373.
[3] A. Simonits: Private communication.

ACTIVATION AND DECAY TABLES

$^2D(n, \gamma)\ ^3T$

$$M = 1.00799 \qquad G = 0.015\% \qquad \sigma_{ac} = 0.00051 \text{ barn,}$$

$$^3T \qquad T_1 = 12.26 \text{ year}$$

E_γ (keV) no gamma

Activation data for ^3T : $A_1(\tau)$, dps/μg

$$A_1(\text{sat}) = 4.5710/ -1$$
$$A_1(1 \text{ sec}) = 8.1816/ -10$$

Day	0.00	10.00	20.00	30.00
0.00	0.0000/ 0	7.0734/ −4	1.4136/ −3	2.1187/ −3
40.00	2.8228/ −3	3.5258/ −3	4.2276/ −3	4.9284/ −3
80.00	5.6282/ −3	6.3268/ −3	7.0243/ −3	7.7208/ −3
120.00	8.4162/ −3	9.1105/ −3	9.8038/ −3	1.0496/ −2
160.00	1.1187/ −2	1.1877/ −2	1.2566/ −2	1.3254/ −2
200.00	1.3941/ −2	1.4626/ −2	1.5311/ −2	1.5995/ −2
240.00	1.6677/ −2	1.7359/ −2	1.8039/ −2	1.8719/ −2
280.00	1.9397/ −2	2.0075/ −2	2.0751/ −2	2.1426/ −2
320.00	2.2100/ −2	2.2773/ −2	2.3445/ −2	2.4117/ −2
360.00	2.4787/ −2	2.5456/ −2	2.6123/ −2	2.6790/ −2
400.00	2.7456/ −2	2.8121/ −2	2.8785/ −2	2.9448/ −2
440.00	3.0110/ −2	3.0770/ −2	3.1430/ −2	3.2089/ −2
480.00	3.2746/ −2	3.3403/ −2	3.4059/ −2	3.4713/ −2
520.00	3.5367/ −2	3.6020/ −2	3.6671/ −2	3.7322/ −2
560.00	3.7971/ −2	3.8620/ −2	3.9268/ −2	3.9914/ −2
600.00	4.0560/ −2			

Decay factor for ^3T : $D_1(t)$

Day	0.00	10.00	20.00	30.00
0.00	1.0000/ 0	9.9845/ −1	9.9691/ −1	9.9536/ −1
40.00	9.9382/ −1	9.9229/ −1	9.9075/ −1	9.8922/ −1
80.00	9.8769/ −1	9.8616/ −1	9.8463/ −1	9.8311/ −1
120.00	9.8159/ −1	9.8007/ −1	9.7855/ −1	9.7704/ −1
160.00	9.7553/ −1	9.7402/ −1	9.7251/ −1	9.7100/ −1
200.00	9.6950/ −1	9.6800/ −1	9.6650/ −1	9.6501/ −1
240.00	9.6351/ −1	9.6202/ −1	9.6054/ −1	9.5905/ −1
280.00	9.5756/ −1	9.5608/ −1	9.5460/ −1	9.5313/ −1
320.00	9.5165/ −1	9.5018/ −1	9.4871/ −1	9.4724/ −1
360.00	9.4577/ −1	9.4431/ −1	9.4285/ −1	9.4139/ −1
400.00	9.3993/ −1	9.3848/ −1	9.3703/ −1	9.3558/ −1
440.00	9.3413/ −1	9.3268/ −1	9.3124/ −1	9.2980/ −1
480.00	9.2836/ −1	9.2692/ −1	9.2549/ −1	9.2406/ −1
520.00	9.2263/ −1	9.2120/ −1	9.1977/ −1	9.1835/ −1
560.00	9.1693/ −1	9.1551/ −1	9.1409/ −1	9.1268/ −1
600.00	9.1127/ −1	9.0986/ −1	9.0845/ −1	9.0704/ −1
640.00	9.0564/ −1	9.0424/ −1	9.0284/ −1	9.0144/ −1
680.00	9.0005/ −1	8.9866/ −1	8.9726/ −1	8.9588/ −1
720.00	8.9449/ −1			

^{7}Li(n, γ)^{8}Li

$M = 6.939$ $\qquad\qquad G = 92.58\%$ $\qquad\qquad \sigma_{ac} = 0.037$ barn,

^{8}Li $\qquad$ T$_1 = 0.84$ second

E_γ (keV) no gamma

Activation data for ^{8}Li : $A_1(\tau)$, dps/μg

$$A_1(\text{sat}) \quad = 2.9733/\ 4$$

$$A_1(1 \text{ sec}) = 1.6703/\ 4$$

Second	0.00		1.00		2.00		3.00	
0.00	0.0000/	0	1.6703/	4	2.4023/	4	2.7230/	4
4.00	2.8636/	4	2.9252/	4	2.9522/	4	2.9640/	4
8.00	2.9692/	4	2.9715/	4	2.9725/	4	2.9729/	4
12.00	2.9731/	4	2.9732/	4	2.9732/	4	2.9733/	4
16.00	2.9733/	4	2.9733/	4	2.9733/	4	2.9733/	4

Decay factor for ^{8}Li : $D_1(t)$

Second	0.00		1.00		2.00		3.00	
0.00	1.0000/	0	4.3823/	−1	1.9205/	−1	8.4163/	−2
4.00	3.6883/	−2	1.6163/	−2	7.0834/	−3	3.1042/	−3
8.00	1.3604/	−3	5.9616/	−4	2.6126/	−4	1.1449/	−4
12.00	5.0175/	−5	2.1988/	−5	9.6360/	−6	4.2229/	−6
16.00	1.8506/	−6	8.1100/	−7	3.5541/	−7	1.5575/	−7

$^{11}\text{B}(\text{n}, \gamma)$ ^{12}B

$M = 10.811$ $\qquad\qquad G = 80.4\%$ $\qquad\qquad \sigma_{ac} = 0.005$ barn,

^{12}B $\qquad T_1 = 0.0203$ second

E_γ (keV) $\qquad$ 4430

P $\qquad\qquad$ 0.013

Activation data for ^{12}B : $A_1(\tau)$, dps/μg

$$A_1(\text{sat}) = 2.2396/\ 3$$
$$A_1(1\ \text{sec}) = 2.2396/\ 3$$

^{15}N(n, γ)^{16}N

$M = 14.0067$ $G = 0.365\%$ $\sigma_{ac} = 0.000024$ barn,

^{16}N $T_1 = 7.14$ second

E_γ (keV)   7110   6130   2750

P 0.050 0.690 0.010

Activation data for ^{16}N : $A_1(\tau)$, dps/μg

A_1(sat) $= 3.7669/\,-2$

A_1(1 sec) $= 3.4843/\,-3$

Second	0.00	1.00	2.00	3.00
0.00	0.0000/ 0	3.4843/ -3	6.6462/ -3	9.5157/ -3
4.00	1.2120/ -2	1.4483/ -2	1.6628/ -2	1.8574/ -2
8.00	2.0340/ -2	2.1943/ -2	2.3398/ -2	2.4718/ -2
12.00	2.5916/ -2	2.7003/ -2	2.7989/ -2	2.8885/ -2
16.00	2.9697/ -2	3.0434/ -2	3.1104/ -2	3.1711/ -2
20.00	3.2262/ -2	3.2762/ -2	3.3216/ -2	3.3628/ -2

Decay factor for ^{16}N : D_1(t)

Second	0.00	1.00	2.00	3.00
0.00	1.0000/ 0	9.0750/ -1	8.2356/ -1	7.4738/ -1
4.00	6.7825/ -1	6.1552/ -1	5.5858/ -1	5.0692/ -1
8.00	4.6003/ -1	4.1748/ -1	3.7886/ -1	3.4382/ -1
12.00	3.1201/ -1	2.8315/ -1	2.5696/ -1	2.3319/ -1
16.00	2.1162/ -1	1.9205/ -1	1.7429/ -1	1.5816/ -1
20.00	1.4353/ -1	1.3026/ -1	1.1821/ -1	1.0728/ -1
24.00	9.7353/ -2	8.8348/ -2	8.0176/ -2	7.2760/ -2
28.00	6.6030/ -2	5.9922/ -2	5.4380/ -2	4.9350/ -2
32.00	4.4785/ -2	4.0642/ -2	3.6883/ -2	3.3472/ -2
36.00	3.0376/ -2	2.7566/ -2	2.5016/ -2	2.2702/ -2
40.00	2.0602/ -2	1.8697/ -2	1.6967/ -2	1.5398/ -2

$^{18}O(n, \gamma)^{19}O$

$M = 15.9994$ $\qquad$ $G = 0.204\%$ $\qquad$ $\sigma_{ac} = 0.00021$ barn,

^{19}O $\qquad$ $T_1 = 29.1$ second

E_γ (keV) $\qquad$ 1370 $\qquad$ 197

P $\qquad\qquad$ 0.590 $\quad$ 0.970

Activation data for ^{19}O : $A_1(\tau)$, dps/μg

$$A_1(\text{sat}) \quad = 1.6127/-1$$

$$A_1(1 \text{ sec}) = 3.7952/-3$$

Second	0.00	1.00	2.00	3.00
0.00	0.0000/ 0	3.7952/ −3	7.5011/ −3	1.1120/ −2
4.00	1.4653/ −2	1.8104/ −2	2.1473/ −2	2.4763/ −2
8.00	2.7975/ −2	3.1112/ −2	3.4175/ −2	3.7166/ −2
12.00	4.0087/ −2	4.2939/ −2	4.5723/ −2	4.8443/ −2
16.00	5.1098/ −2	5.3691/ −2	5.6222/ −2	5.8695/ −2
20.00	6.1108/ −2	6.3466/ −2	6.5767/ −2	6.8015/ −2
24.00	7.0209/ −2	7.2352/ −2	7.4445/ −2	7.6488/ −2
28.00	7.8484/ −2	8.0432/ −2	8.2334/ −2	8.4192/ −2
32.00	8.6006/ −2	8.7777/ −2	8.9507/ −2	9.1195/ −2
36.00	9.2845/ −2	9.4455/ −2	9.6027/ −2	9.7563/ −2
40.00	9.9062/ −2	1.0053/ −1	1.0196/ −1	1.0335/ −1
44.00	1.0471/ −1	1.0605/ −1	1.0735/ −1	1.0861/ −1
48.00	1.0985/ −1	1.1106/ −1	1.1224/ −1	1.1340/ −1
52.00	1.1453/ −1	1.1563/ −1	1.1670/ −1	1.1775/ −1
56.00	1.1877/ −1	1.1977/ −1	1.2075/ −1	1.2170/ −1
60.00	1.2263/ −1			

Decay factor for ^{19}O : $D_1(t)$

Second	0.00	1.00	2.00	3.00
0.00	1.0000/ 0	9.7647/ −1	9.5349/ −1	9.3105/ −1
4.00	9.0914/ −1	8.8774/ −1	8.6685/ −1	8.4645/ −1
8.00	8.2653/ −1	8.0708/ −1	7.8809/ −1	7.6954/ −1
12.00	7.5143/ −1	7.3375/ −1	7.1648/ −1	6.9962/ −1
16.00	6.8316/ −1	6.6708/ −1	6.5138/ −1	6.3605/ −1
20.00	6.2108/ −1	6.0647/ −1	5.9220/ −1	5.7826/ −1
24.00	5.6465/ −1	5.5136/ −1	5.3839/ −1	5.2572/ −1
28.00	5.1335/ −1	5.0127/ −1	4.8947/ −1	4.7795/ −1
32.00	4.6670/ −1	4.5572/ −1	4.4500/ −1	4.3452/ −1
36.00	4.2430/ −1	4.1431/ −1	4.0456/ −1	3.9504/ −1
40.00	3.8575/ −1	3.7667/ −1	3.6780/ −1	3.5915/ −1
44.00	3.5070/ −1	3.4244/ −1	3.3438/ −1	3.2652/ −1
48.00	3.1883/ −1	3.1133/ −1	3.0400/ −1	2.9685/ −1
52.00	2.8986/ −1	2.8304/ −1	2.7638/ −1	2.6988/ −1
56.00	2.6352/ −1	2.5732/ −1	2.5127/ −1	2.4535/ −1
60.00	2.3958/ −1			

$M = 18.9984$ $\qquad\qquad$ $G = 100\%$ $\qquad\qquad$ $\sigma_{ac} = 0.0098$ barn,

^{20}F $\qquad$ T$_1$ = 11.5 second

E_γ (keV) $\quad$ 1630

P $\qquad\quad$ 1.000

Activation data for ^{20}F : $A_1(\tau)$, dps/μg

A_1(sat) $\quad = 3.1069/\ 3$

A_1(1 sec) $= 1.8169/\ 2$

Second	0.00		1.00		2.00		3.00	
0.00	0.0000/	0	1.8169/	2	3.5276/	2	5.1382/	2
4.00	6.6547/	2	8.0824/	2	9.4267/	2	1.0692/	3
8.00	1.1884/	3	1.3006/	3	1.4062/	3	1.5057/	3
12.00	1.5993/	3	1.6875/	3	1.7705/	3	1.8486/	3
16.00	1.9222/	3	1.9915/	3	2.0567/	3	2.1181/	3
20.00	2.1760/	3	2.2304/	3	2.2817/	3	2.3299/	3
24.00	2.3754/	3	2.4181/	3	2.4584/	3	2.4963/	3
28.00	2.5320/	3	2.5657/	3	2.5973/	3	2.6271/	3
32.00	2.6552/	3	2.6816/	3	2.7064/	3	2.7299/	3
36.00	2.7519/	3	2.7727/	3	2.7922/	3	2.8106/	3
40.00	2.8279/	3	2.8443/	3	2.8596/	3	2.8741/	3

Decay factor for ^{20}F : D_1(t)

Second	0.00		1.00		2.00		3.00	
0.00	1.0000/	0	9.4152/	−1	8.8646/	−1	8.3462/	−1
4.00	7.8581/	−1	7.3985/	−1	6.9659/	−1	6.5585/	−1
8.00	6.1749/	−1	5.8138/	−1	5.4738/	−1	5.1537/	−1
12.00	4.8523/	−1	4.5685/	−1	4.3014/	−1	4.0498/	−1
16.00	3.8130/	−1	3.5900/	−1	3.3800/	−1	3.1824/	−1
20.00	2.9963/	−1	2.8210/	−1	2.6561/	−1	2.5007/	−1
24.00	2.3545/	−1	2.2168/	−1	2.0872/	−1	1.9651/	−1
28.00	1.8502/	−1	1.7420/	−1	1.6401/	−1	1.5442/	−1
32.00	1.4539/	−1	1.3689/	−1	1.2888/	−1	1.2134/	−1
36.00	1.1425/	−1	1.0757/	−1	1.0128/	−1	9.5353/	−2
40.00	8.9776/	−2	8.4526/	−2	7.9583/	−2	7.4929/	−2
44.00	7.0547/	−2	6.6421/	−2	6.2537/	−2	5.8880/	−2
48.00	5.5436/	−2	5.2194/	−2	4.9142/	−2	4.6268/	−2
52.00	4.3562/	−2	4.1015/	−2	3.8616/	−2	3.6358/	−2
56.00	3.4232/	−2	3.2230/	−2	3.0345/	−2	2.8570/	−2
60.00	2.6899/	−2						

^{22}Ne(n, γ)^{23}Ne

$M = 20.183$ $G = 8.82\%$ $\sigma_{ac} = 0.036$ barn,

^{23}Ne $T_1 = 37.6$ second

E_γ (keV)   439

P 0.330

Activation data for ^{23}Ne : $A_1(\tau)$, dps/μg

A_1(sat) $= 9.4754/ \ 2$

A_1(1 sec) $= 1.7304/ \ 1$

Second	0.00		5.00		10.00		15.00	
0.00	0.0000/	0	8.3417/	1	1.5949/	2	2.2887/	2
20.00	2.9214/	2	3.4984/	2	4.0245/	2	4.5044/	2
40.00	4.9420/	2	5.3411/	2	5.7051/	2	6.0370/	2
60.00	6.3397/	2	6.6158/	2	6.8675/	2	7.0971/	2
80.00	7.3065/	2	7.4974/	2	7.6716/	2	7.8304/	2
100.00	7.9752/	2	8.1073/	2	8.2277/	2	8.3376/	2
120.00	8.4377/	2	8.5291/	2	8.6124/	2	8.6884/	2
140.00	8.7577/	2						

Decay factor for ^{23}Ne : D_1(t)

Second	0.00		5.00		10.00		15.00	
0.00	1.0000/	0	9.1196/	−1	8.3168/	−1	7.5846/	−1
20.00	6.9169/	−1	6.3080/	−1	5.7526/	−1	5.2462/	−1
40.00	4.7844/	−1	4.3632/	−1	3.9790/	−1	3.6288/	−1
60.00	3.3093/	−1	3.0180/	−1	2.7523/	−1	2.5100/	−1
80.00	2.2890/	−1	2.0875/	−1	1.9037/	−1	1.7361/	−1
100.00	1.5833/	−1	1.4439/	−1	1.3168/	−1	1.2009/	−1
120.00	1.0951/	−1	9.9873/	−2	9.1081/	−2	8.3062/	−2
140.00	7.5750/	−2	6.9081/	−2	6.3000/	−2	5.7453/	−2
160.00	5.2395/	−2	4.7783/	−2	4.3576/	−2	3.9740/	−2
180.00	3.6241/	−2	3.3051/	−2	3.0141/	−2	2.7488/	−2
200.00	2.5068/	−2	2.2861/	−2	2.0848/	−2	1.9013/	−2
220.00	1.7339/	−2	1.5813/	−2	1.4421/	−2	1.3151/	−2
240.00	1.1993/	−2	1.0937/	−2	9.9746/	−3	9.0965/	−3
260.00	8.2957/	−3						

27

$$^{23}\text{Na}(n, \gamma)^{24}\text{Na}$$

$M = 22.9898$ $G = 100\%$ $\sigma_{ac} = 0.56$ barn,

^{24}Na $T_1 = 14.96$ hour

E_γ (keV)	2754	1369
P	1.000	1.000

Activation data for ^{24}Na : $A_1(\tau)$, dps/μg

$A_1(\text{sat})\ \ = 1.4671/\ 5$

$A_1(1\ \text{sec}) = 1.8878/\ 0$

Hour	0.00		1.00		2.00		3.00	
0.00	0.0000/	0	6.6412/	3	1.2982/	4	1.9035/	4
4.00	2.4815/	4	3.0333/	4	3.5601/	4	4.0631/	4
8.00	4.5433/	4	5.0017/	4	5.4394/	4	5.8573/	4
12.00	6.2563/	4	6.6372/	4	7.0009/	4	7.3481/	4
16.00	7.6796/	4	7.9961/	4	8.2982/	4	8.5867/	4
20.00	8.8622/	4	9.1251/	4	9.3762/	4	9.6159/	4
24.00	9.8447/	4	1.0063/	5	1.0272/	5	1.0471/	5
28.00	1.0661/	5	1.0843/	5	1.1016/	5	1.1181/	5
32.00	1.1339/	5	1.1490/	5	1.1634/	5	1.1772/	5
36.00	1.1903/	5	1.2028/	5	1.2148/	5	1.2262/	5
40.00	1.2371/	5	1.2475/	5	1.2575/	5	1.2670/	5
44.00	1.2760/	5	1.2847/	5	1.2929/	5	1.3008/	5
48.00	1.3083/	5	1.3155/	5	1.3224/	5	1.3289/	5
52.00	1.3352/	5						

Decay factor for ^{24}Na : $D_1(t)$

Hour	0.00		1.00		2.00		3.00	
0.00	1.0000/	0	9.5473/	−1	9.1152/	−1	8.7025/	−1
4.00	8.3086/	−1	7.9325/	−1	7.5734/	−1	7.2306/	−1
8.00	6.9033/	−1	6.5908/	−1	6.2924/	−1	6.0076/	−1
12.00	5.7357/	−1	5.4760/	−1	5.2281/	−1	4.9915/	−1
16.00	4.7655/	−1	4.5498/	−1	4.3439/	−1	4.1472/	−1
20.00	3.9595/	−1	3.7803/	−1	3.6091/	−1	3.4458/	−1
24.00	3.2898/	−1	3.1409/	−1	2.9987/	−1	2.8629/	−1
28.00	2.7333/	−1	2.6096/	−1	2.4915/	−1	2.3787/	−1
32.00	2.2710/	−1	2.1682/	−1	2.0701/	−1	1.9764/	−1
36.00	1.8869/	−1	1.8015/	−1	1.7199/	−1	1.6421/	−1
40.00	1.5678/	−1	1.4968/	−1	1.4290/	−1	1.3643/	−1
44.00	1.3026/	−1	1.2436/	−1	1.1873/	−1	1.1336/	−1
48.00	1.0823/	−1	1.0333/	−1	9.8650/	−2	9.4184/	−2
52.00	8.9921/	−2	8.5851/	−2	8.1964/	−2	7.8254/	−2
56.00	7.4712/	−2	7.1330/	−2	6.8101/	−2	6.5018/	−2
60.00	6.2075/	−2	5.9265/	−2	5.6582/	−2	5.4021/	−2

Hour	0.00	1.00	2.00	3.00
64.00	5.1576/ −2	4.9241/ −2	4.7012/ −2	4.4884/ −2
68.00	4.2852/ −2	4.0912/ −2	3.9060/ −2	3.7292/ −2
72.00	3.5604/ −2	3.3992/ −2	3.2454/ −2	3.0985/ −2
76.00	2.9582/ −2	2.8243/ −2	2.6964/ −2	2.5744/ −2
80.00	2.4579/ −2	2.3466/ −2	2.2404/ −2	2.1390/ −2
84.00	2.0421/ −2	1.9497/ −2	1.8614/ −2	1.7772/ −2
88.00	1.6967/ −2	1.6199/ −2	1.5466/ −2	1.4766/ −2
92.00	1.4097/ −2	1.3459/ −2	1.2850/ −2	1.2268/ −2
96.00	1.1713/ −2	1.1183/ −2	1.0677/ −2	1.0193/ −2

$$^{26}\text{Mg}(n, \gamma)^{27}\text{Mg}$$

$M = 24.312$ $\qquad\qquad$ $G = 11.1\%$ $\qquad\qquad$ $\sigma_{ac} = 0.03$ barn,

$^{27}\textbf{Mg}$ $\quad$ $T_1 = 9.46$ minute

E_γ (keV) $\quad$ 1014 $\quad$ 843

P $\qquad\quad$ 0.280 $\quad$ 0.720

Activation data for ^{27}Mg : $A_1(\tau)$, dps/μg

$$A_1(\text{sat}) = 8.2497/\ 2$$

$$A_1(1\ \text{sec}) = 1.0066/\ 0$$

Minute	0.00		0.50		1.00		1.50	
0.00	0.0000/	0	2.9670/	1	5.8273/	1	8.5847/	1
2.00	1.1243/	2	1.3806/	2	1.6276/	2	1.8658/	2
4.00	2.0954/	2	2.3167/	2	2.5301/	2	2.7358/	2
6.00	2.9341/	2	3.1253/	2	3.3096/	2	3.4873/	2
8.00	3.6585/	2	3.8237/	2	3.9828/	2	4.1363/	2
10.00	4.2842/	2	4.4269/	2	4.5643/	2	4.6969/	2
12.00	4.8247/	2	4.9478/	2	5.0666/	2	5.1811/	2
14.00	5.2914/	2	5.3978/	2	5.5004/	2	5.5993/	2
16.00	5.6946/	2	5.7865/	2	5.8751/	2	5.9605/	2
18.00	6.0428/	2	6.1222/	2	6.1987/	2	6.2725/	2
20.00	6.3436/	2	6.4121/	2	6.4782/	2	6.5419/	2
22.00	6.6033/	2	6.6626/	2	6.7196/	2	6.7747/	2
24.00	6.8277/	2	6.8789/	2	6.9282/	2	6.9757/	2
26.00	7.0215/	2	7.0657/	2	7.1083/	2	7.1493/	2
28.00	7.1889/	2	7.2270/	2	7.2638/	2	7.2993/	2
30.00	7.3334/	2	7.3664/	2	7.3982/	2	7.4288/	2
32.00	7.4583/	2						

Decay factor for ^{27}Mg : $D_1(t)$

Minute	0.00		0.50		1.00		1.50	
0.00	1.0000/	0	9.6403/	−1	9.2936/	−1	8.9594/	−1
2.00	8.6372/	−1	8.3265/	−1	8.0271/	−1	7.7384/	−1
4.00	7.4600/	−1	7.1917/	−1	6.9331/	−1	6.6837/	−1
6.00	6.4434/	−1	6.2116/	−1	5.9882/	−1	5.7729/	−1
8.00	5.5652/	−1	5.3651/	−1	5.1721/	−1	4.9861/	−1
10.00	4.8068/	−1	4.6339/	−1	4.4672/	−1	4.3066/	−1
12.00	4.1517/	−1	4.0024/	−1	3.8584/	−1	3.7197/	−1
14.00	3.5859/	−1	3.4569/	−1	3.3326/	−1	3.2127/	−1
16.00	3.0972/	−1	2.9858/	−1	2.8784/	−1	2.7749/	−1
18.00	2.6751/	−1	2.5789/	−1	2.4861/	−1	2.3967/	−1
20.00	2.3105/	−1	2.2274/	−1	2.1473/	−1	2.0701/	−1
22.00	1.9956/	−1	1.9239/	−1	1.8547/	−1	1.7880/	−1
24.00	1.7237/	−1	1.6617/	−1	1.6019/	−1	1.5443/	−1

Minute	0.00	0.50	1.00	1.50
26.00	1.4887/ −1	1.4352/ −1	1.3836/ −1	1.3338/ −1
28.00	1.2859/ −1	1.2396/ −1	1.1950/ −1	1.1520/ −1
30.00	1.1106/ −1	1.0707/ −1	1.0322/ −1	9.9504/ −2
32.00	9.5925/ −2	9.2475/ −2	8.9149/ −2	8.5943/ −2
34.00	8.2852/ −2	7.9872/ −2	7.7000/ −2	7.4230/ −2
36.00	7.1561/ −2	6.8987/ −2	6.6506/ −2	6.4114/ −2
38.00	6.1808/ −2	5.9585/ −2	5.7442/ −2	5.5376/ −2
40.00	5.3385/ −2	5.1465/ −2	4.9614/ −2	4.7829/ −2
42.00	4.6109/ −2	4.4451/ −2	4.2852/ −2	4.1311/ −2
44.00	3.9825/ −2	3.8393/ −2	3.7012/ −2	3.5681/ −2
46.00	3.4398/ −2	3.3161/ −2	3.1968/ −2	3.0818/ −2
48.00	2.9710/ −2	2.8641/ −2	2.7611/ −2	2.6618/ −2
50.00	2.5661/ −2	2.4738/ −2	2.3848/ −2	2.2990/ −2
52.00	2.2164/ −2	2.1367/ −2	2.0598/ −2	1.9857/ −2
54.00	1.9143/ −2	1.8455/ −2	1.7791/ −2	1.7151/ −2
56.00	1.6534/ −2	1.5940/ −2	1.5366/ −2	1.4814/ −2
58.00	1.4281/ −2	1.3767/ −2	1.3272/ −2	1.2795/ −2
60.00	1.2335/ −2	1.1891/ −2	1.1463/ −2	1.1051/ −2
62.00	1.0654/ −2	1.0270/ −2	9.9010/ −3	9.5449/ −3
64.00	9.2017/ −3			

$$^{27}\text{Al}(n, \gamma)^{28}\text{Al}$$

$M = 26.9815$ $\qquad$ $G = 100\%$ $\qquad$ $\sigma_{ac} = 0.232$ barn,

^{28}Al $\quad$ $T_1 = 138$ second

E_γ (keV) $\quad$ 1780

P $\qquad$ 1.000

Activation data for ^{28}Al : $A_1(\tau)$, dps/μg

A_1(sat) $\quad = 5.1789/$ 4

A_1(1 sec) $= 2.5830/$ 2

Minute	0.00		0.25		0.50		0.75	
0.00	0.0000/	0	3.7421/	3	7.2137/	3	1.0435/	4
1.00	1.3423/	4	1.6195/	4	1.8767/	4	2.1153/	4
2.00	2.3366/	4	2.5420/	4	2.7325/	4	2.9093/	4
3.00	3.0733/	4	3.2254/	4	3.3666/	4	3.4975/	4
4.00	3.6190/	4	3.7317/	4	3.8363/	4	3.9333/	4
5.00	4.0233/	4	4.1068/	4	4.1843/	4	4.2561/	4
6.00	4.3228/	4	4.3847/	4	4.4420/	4	4.4953/	4
7 00	4.5447/	4	4.5905/	4	4.6330/	4	4.6725/	4
8.00	4.7091/	4						

Decay factor for ^{28}Al : $D_1(t)$

Minute	0.00		0.25		0.50		0.75	
0.00	1.0000/	0	9.2774/	−1	8.6071/	−1	7.9852/	−1
1.00	7.4082/	−1	6.8729/	−1	6.3763/	−1	5.9156/	−1
2.00	5.4881/	−1	5.0916/	−1	4.7237/	−1	4.3823/	−1
3.00	4.0657/	−1	3.7719/	−1	3.4994/	−1	3.2465/	−1
4.00	3.0119/	−1	2.7943/	−1	2.5924/	−1	2.4051/	−1
5.00	2.2313/	−1	2.0701/	−1	1.9205/	−1	1.7817/	−1
6.00	1.6530/	−1	1.5335/	−1	1.4227/	−1	1.3199/	−1
7.00	1.2246/	−1	1.1361/	−1	1.0540/	−1	9.7783/	−2
8.00	9.0718/	−2	8.4163/	−2	7.8082/	−2	7.2440/	−2
9.00	6.7206/	−2	6.2349/	−2	5.7844/	−2	5.3665/	−2
10.00	4.9787/	−2	4.6190/	−2	4.2852/	−2	3.9756/	−2
11.00	3.6883/	−2	3.4218/	−2	3.1746/	−2	2.9452/	−2
12.00	2.7324/	−2	2.5349/	−2	2.3518/	−2	2.1818/	−2
13.00	2.0242/	−2	1.8779/	−2	1.7422/	−2	1.6163/	−2
14.00	1.4996/	−2	1.3912/	−2	1.2907/	−2	1.1974/	−2
15.00	1.1109/	−2	1.0306/	−2	9.5616/	−3	8.8707/	−3
16.00	8.2297/	−3						

$^{30}\text{Si}(n, \gamma)^{31}\text{Si}$

$M = 28.086$ $\qquad$ $G = 3.12\%$ $\qquad$ $\sigma_{ac} = 0.10$ barn,

^{31}Si $\quad$ $T_{\frac{1}{2}} = 2.62$ hour

E_γ (keV) $\quad$ 1260

P $\qquad$ 0.0007

Activation data for $^{31}\text{Si} : A_1(\tau)$, dps/µg

$A_1(\text{sat}) = 6.6908/ \quad 2$

$A_1(1\ \text{sec}) = 4.9158/ \ -2$

Hour	0.000		0.125		0.250		0.375	
0.00	0.0000/	0	2.1760/	1	4.2812/	1	6.3180/	2
0.50	8.2885/	1	1.0195/	2	1.2039/	2	1.3824/	2
1.00	1.5550/	2	1.7221/	2	1.8837/	2	2.0400/	1
1.50	2.1912/	2	2.3376/	2	2.4792/	2	2.6161/	2
2.00	2.7486/	2	2.8769/	2	3.0009/	2	3.1209/	2
2.50	3.2370/	2	3.3493/	2	3.4580/	2	3.5631/	2
3.00	3.6649/	2	3.7633/	2	3.8585/	2	3.9506/	2
3.50	4.0397/	2	4.1259/	2	4.2093/	2	4.2900/	2
4.00	4.3681/	2	4.4437/	2	4.5167/	2	4.5874/	2
4.50	4.6559/	2	4.7220/	2	4.7861/	2	4.8480/	2
5.00	4.9079/	2	4.9659/	2	5.0220/	2	5.0763/	2
5.50	5.1288/	2	5.1796/	2	5.2287/	2	5.2763/	2
6.00	5.3223/	2	5.3668/	2	5.4099/	2	5.4515/	2
6.50	5.4918/	2	5.5308/	2	5.5685/	2	5.6050/	2
7.00	5.6404/	2	5.6745/	2	5.7076/	2	5.7395/	2
7.50	5.7705/	2	5.8004/	2	5.8294/	2	5.8574/	2
8.00	5.8845/	2	5.9107/	2	5.9361/	2	5.9606/	2
8.50	5.9844/	2	6.0074/	2	6.0296/	2	6.0511/	2
9.00	6.0719/	2						

Decay factor for $^{31}\text{Si} : D_1(t)$

Hour	0.000		0.125		0.250		0.375	
0.00	1.0000/	0	9.6748/	-1	9.3601/	-1	9.0557/	-1
0.50	8.7612/	-1	8.4763/	-1	8.2006/	-1	7.9339/	-1
1.00	7.6759/	-1	7.4262/	-1	7.1847/	-1	6.9510/	-1
1.50	6.7250/	-1	6.5063/	-1	6.2947/	-1	6.0900/	-1
2.00	5.8919/	-1	5.7003/	-1	5.5149/	-1	5.3355/	-1
2.50	5.1620/	-1	4.9941/	-1	4.8317/	-1	4.6746/	-1
3.00	4.5225/	-1	4.3755/	-1	4.2332/	-1	4.0955/	-1
3.50	3.9623/	-1	3.8334/	-1	3.7088/	-1	3.5881/	-1
4.00	3.4714/	-1	3.3585/	-1	3.2493/	-1	3.1436/	-1
4.50	3.0414/	-1	2.9425/	-1	2.8468/	-1	2.7542/	-1
5.00	2.6646/	-1	2.5780/	-1	2.4941/	-1	2.4130/	-1

3

Hour	0.000	0.125	0.250	0.375
5.50	2.3345/ −1	2.2586/ −1	2.1852/ −1	2.1141/ −1
6.00	2.0453/ −1	1.9788/ −1	1.9145/ −1	1.8522/ −1
6.50	1.7920/ −1	1.7337/ −1	1.6773/ −1	1.6227/ −1
7.00	1.5700/ −1	1.5189/ −1	1.4695/ −1	1.4217/ −1
7.50	1.3755/ −1	1.3308/ −1	1.2875/ −1	1.2456/ −1
8.00	1.2051/ −1	1.1659/ −1	1.1280/ −1	1.0913/ −1
8.50	1.0558/ −1	1.0215/ −1	9.8825/ −2	9.5611/ −2
9.00	9.2501/ −2	8.9493/ −2	8.6582/ −2	8.3766/ −2
9.50	8.1042/ −2	7.8406/ −2	7.5856/ −2	7.3389/ −2
10.00	7.1003/ −2	6.8693/ −2	6.6459/ −2	6.4298/ −2
10.50	6.2207/ −2	6.0184/ −2	5.8226/ −2	5.6333/ −2
11.00	5.4501/ −2	5.2728/ −2	5.1013/ −2	4.9354/ −2
11.50	4.7749/ −2	4.6196/ −2	4.4694/ −2	4.3240/ −2
12.00	4.1834/ −2	4.0473/ −2	3.9157/ −2	3.7884/ −2
12.50	3.6652/ −2	3.5460/ −2	3.4306/ −2	3.3191/ −2
13.00	3.2111/ −2	3.1067/ −2	3.0057/ −2	2.9079/ −2
13.50	2.8133/ −2	2.7218/ −2	2.6333/ −2	2.5477/ −2
14.00	2.4648/ −2	2.3847/ −2	2.3071/ −2	2.2321/ −2
14.50	2.1595/ −2	2.0892/ −2	2.0213/ −2	1.9556/ −2
15.00	1.8920/ −2	1.8304/ −2	1.7709/ −2	1.7133/ −2
15.50	1.6576/ −2	1.6037/ −2	1.5515/ −2	1.5011/ −2
16.00	1.4522/ −2	1.4050/ −2	1.3593/ −2	1.3151/ −2
16.50	1.2723/ −2	1.2310/ −2	1.1909/ −2	1.1522/ −2
17.00	1.1147/ −2	1.0785/ −2	1.0434/ −2	1.0095/ −2
17.50	9.7663/ −3	9.4487/ −3	9.1414/ −3	8.8441/ −3
18.00	8.5565/ −3			

^{31}P$(\mathbf{n, \gamma})^{32}$P

$M = 30.9738$ $\qquad\qquad G = 100\%$ $\qquad\qquad \sigma_{ac} = 0.19$ barn,

^{32}P $\qquad$ T$_1 = 14.28$ day

E_γ (keV) no gamma

Activation data for ^{32}P : $A_1(\tau)$, dps/μg

A_1(sat) $\quad = 3.6946/ \quad 4$

A_1(1 sec) $= 2.0752/ \ -2$

Day	0.00		0.50		1.00		1.50	
0.00	0.0000/	0	8.8570/	2	1.7502/	3	2.5939/	3
2.00	3.4174/	3	4.2212/	3	5.0057/	3	5.7714/	3
4.00	6.5188/	3	7.2482/	3	7.9602/	3	8.6550/	3
6.00	9.3333/	3	9.9952/	3	1.0641/	4	1.1272/	4
8.00	1.1887/	4	1.2488/	4	1.3074/	4	1.3647/	4
10.00	1.4205/	4	1.4750/	4	1.5283/	4	1.5802/	4
12.00	1.6309/	4	1.6804/	4	1.7286/	4	1.7758/	4
14.00	1.8218/	4	1.8667/	4	1.9105/	4	1.9533/	4
16.00	1.9950/	4	2.0358/	4	2.0755/	4	2.1143/	4
18.00	2.1522/	4	2.1892/	4	2.2253/	4	2.2605/	4
20.00	2.2949/	4	2.3284/	4	2.3612/	4	2.3932/	4
22.00	2.4244/	4	2.4548/	4	2.4845/	4	2.5135/	4
24.00	2.5419/	4	2.5695/	4	2.5965/	4	2.6228/	4
26.00	2.6485/	4	2.6736/	4	2.6980/	4	2.7219/	4
28.00	2.7453/	4	2.7680/	4	2.7902/	4	2.8119/	4
30.00	2.8331/	4	2.8537/	4	2.8739/	4	2.8936/	4
32.00	2.9128/	4	2.9315/	4	2.9498/	4	2.9677/	4
34.00	2.9851/	4	3.0021/	4	3.0187/	4	3.0349/	4
36.00	3.0507/	4	3.0662/	4	3.0812/	4	3.0959/	4
38.00	3.1103/	4	3.1243/	4	3.1380/	4	3.1513/	4
40.00	3.1643/	4	3.1770/	4	3.1894/	4	3.2016/	4
42.00	3.2134/	4	3.2249/	4	3.2362/	4	3.2472/	4
44.00	3.2579/	4	3.2684/	4	3.2786/	4	3.2886/	4
46.00	3.2983/	4	3.3078/	4	3.3171/	4	3.3261/	4
48.00	3.3350/	4	3.3436/	4	3.3520/	4	3.3602/	4
50.00	3.3682/	4						

Decay factor for ^{32}P : D_1(t)

Day	0.00		0.50		1.00		1.50	
0.00	1.0000/	0	9.7603/	-1	9.5263/	-1	9.2979/	-1
2.00	9.0750/	-1	8.8575/	-1	8.6451/	-1	8.4379/	-1
4.00	8.2356/	-1	8.0382/	-1	7.8455/	-1	7.6574/	-1
6.00	7.4738/	-1	7.2947/	-1	7.1198/	-1	6.9491/	-1
8.00	6.7825/	-1	6.6199/	-1	6.4612/	-1	6.3063/	-1
10.00	6.1552/	-1	6.0076/	-1	5.8636/	-1	5.7230/	-1

3*

Day	0.00	0.50	1.00	1.50
12.00	5.5858/ -1	5.4519/ -1	5.3212/ -1	5.1937/ -1
14.00	5.0692/ -1	4.9476/ -1	4.8290/ -1	4.7133/ -1
16.00	4.6003/ -1	4.4900/ -1	4.3823/ -1	4.2773/ -1
18.00	4.1748/ -1	4.0747/ -1	3.9770/ -1	3.8817/ -1
20.00	3.7886/ -1	3.6978/ -1	3.6091/ -1	3.5226/ -1
22.00	3.4382/ -1	3.3557/ -1	3.2753/ -1	3.1968/ -1
24.00	3.1201/ -1	3.0453/ -1	2.9723/ -1	2.9011/ -1
26.00	2.8315/ -1	2.7637/ -1	2.6974/ -1	2.6327/ -1
28.00	2.5696/ -1	2.5080/ -1	2.4479/ -1	2.3892/ -1
30.00	2.3319/ -1	2.2760/ -1	2.2215/ -1	2.1682/ -1
32.00	2.1162/ -1	2.0655/ -1	2.0160/ -1	1.9677/ -1
34.00	1.9205/ -1	1.8745/ -1	1.8295/ -1	1.7857/ -1
36.00	1.7429/ -1	1.7011/ -1	1.6603/ -1	1.6205/ -1
38.00	1.5816/ -1	1.5437/ -1	1.5067/ -1	1.4706/ -1
40.00	1.4353/ -1	1.4009/ -1	1.3674/ -1	1.3346/ -1
42.00	1.3026/ -1	1.2714/ -1	1.2409/ -1	1.2111/ -1
44.00	1.1821/ -1	1.1538/ -1	1.1261/ -1	1.0991/ -1
46.00	1.0728/ -1	1.0470/ -1	1.0219/ -1	9.9744/ -2
48.00	9.7353/ -2	9.5019/ -2	9.2741/ -2	9.0518/ -2
50.00	8.8348/ -2	8.6230/ -2	8.4163/ -2	8.2145/ -2
52.00	8.0176/ -2	7.8254/ -2	7.6378/ -2	7.4547/ -2
54.00	7.2760/ -2	7.1016/ -2	6.9313/ -2	6.7652/ -2
56.00	6.6030/ -2	6.4447/ -2	6.2902/ -2	6.1394/ -2
58.00	5.9922/ -2	5.8486/ -2	5.7084/ -2	5.5715/ -2
60.00	5.4380/ -2	5.3076/ -2	5.1804/ -2	5.0562/ -2
62.00	4.9350/ -2	4.8167/ -2	4.7012/ -2	4.5885/ -2
64.00	4.4785/ -2	4.3711/ -2	4.2663/ -2	4.1641/ -2
66.00	4.0642/ -2	3.9668/ -2	3.8717/ -2	3.7789/ -2
68.00	3.6883/ -2	3.5999/ -2	3.5136/ -2	3.4294/ -2
70.00	3.3472/ -2	3.2669/ -2	3.1886/ -2	3.1122/ -2
72.00	3.0376/ -2	2.9647/ -2	2.8937/ -2	2.8243/ -2
74.00	2.7566/ -2	2.6905/ -2	2.6260/ -2	2.5631/ -2
76.00	2.5016/ -2	2.4416/ -2	2.3831/ -2	2.3260/ -2
78.00	2.2702/ -2	2.2158/ -2	2.1627/ -2	2.1108/ -2
80.00	2.0602/ -2	2.0108/ -2	1.9626/ -2	1.9156/ -2
82.00	1.8697/ -2	1.8248/ -2	1.7811/ -2	1.7384/ -2
84.00	1.6967/ -2	1.6560/ -2	1.6163/ -2	1.5776/ -2
86.00	1.5398/ -2	1.5029/ -2	1.4668/ -2	1.4317/ -2
88.00	1.3974/ -2	1.3639/ -2	1.3312/ -2	1.2993/ -2
90.00	1.2681/ -2	1.2377/ -2	1.2080/ -2	1.1791/ -2
92.00	1.1508/ -2			

$^{34}S(n, \gamma)^{35}S$

$M = 32.064$ $G = 4.22\%$ $\sigma_{ac} = 0.20$ barn,

^{35}S $T_1 = 87.9$ day

E_γ (keV) no gamma

Activation data for ^{35}S : $A_1(\tau)$, dps/μg

$A_1(\text{sat})$ $= 1.5854/$ 3

$A_1(1 \text{ sec}) = 1.4468/$ -4

Day	0.00		4.00		8.00		12.00	
0.00	0.0000/	0	4.9217/	1	9.6905/	1	1.4311/	2
16.00	1.8789/	2	2.3127/	2	2.7331/	2	3.1404/	2
32.00	3.5351/	2	3.9175/	2	4.2881/	2	4.6471/	2
48.00	4.9950/	2	5.3321/	2	5.6588/	2	5.9752/	2
64.00	6.2819/	2	6.5791/	2	6.8670/	2	7.1460/	2
80.00	7.4163/	2	7.6783/	2	7.9321/	2	8.1780/	2
96.00	8.4163/	2	8.6472/	2	8.8709/	2	9.0877/	2
112.00	9.2977/	2	9.5013/	2	9.6985/	2	9.8896/	2
128.00	1.0075/	3	1.0254/	3	1.0428/	3	1.0596/	3
144.00	1.0760/	3	1.0918/	3	1.1071/	3	1.1219/	3
160.00	1.1363/	3	1.1503/	3	1.1638/	3	1.1769/	3
176.00	1.1896/	3	1.2018/	3	1.2137/	3	1.2253/	3
192.00	1.2365/	3	1.2473/	3	1.2578/	3	1.2680/	3
208.00	1.2778/	3	1.2874/	3	1.2966/	3	1.3056/	3
224.00	1.3143/	3	1.3227/	3	1.3308/	3	1.3387/	3
240.00	1.3464/	3						

Decay factor for ^{35}S : $D_1(t)$

Day	0.00		4.00		8.00		12.00	
0.00	1.0000/	0	9.6896/	−1	9.3888/	−1	9.0973/	−1
16.00	8.8149/	−1	8.5412/	−1	8.2761/	−1	8.0192/	−1
32.00	7.7702/	−1	7.5290/	−1	7.2953/	−1	7.0688/	−1
48.00	6.8494/	−1	6.6367/	−1	6.4307/	−1	6.2311/	−1
64.00	6.0376/	−1	5.8502/	−1	5.6686/	−1	5.4926/	−1
80.00	5.3221/	−1	5.1569/	−1	4.9968/	−1	4.8417/	−1
96.00	4.6914/	−1	4.5457/	−1	4.4046/	−1	4.2679/	−1
112.00	4.1354/	−1	4.0070/	−1	3.8826/	−1	3.7621/	−1
128.00	3.6453/	−1	3.5321/	−1	3.4225/	−1	3.3162/	−1
144.00	3.2133/	−1	3.1135/	−1	3.0169/	−1	2.9232/	−1
160.00	2.8325/	−1	2.7445/	−1	2.6593/	−1	2.5768/	−1
176.00	2.4968/	−1	2.4193/	−1	2.3442/	−1	2.2714/	−1
192.00	2.2009/	−1	2.1326/	−1	2.0664/	−1	2.0022/	−1
208.00	1.9401/	−1	1.8798/	−1	1.8215/	−1	1.7649/	−1
224.00	1.7101/	−1	1.6571/	−1	1.6056/	−1	1.5558/	−1
240.00	1.5075/	−1	1.4607/	−1	1.4153/	−1	1.3714/	−1

Day	0.00	4.00	8.00	12.00
256.00	1.3288/ −1	1.2876/ −1	1.2476/ −1	1.2089/ −1
272.00	1.1713/ −1	1.1350/ −1	1.0997/ −1	1.0656/ −1
288.00	1.0325/ −1	1.0005/ −1	9.6941/ −2	9.3932/ −2
304.00	9.1016/ −2	8.8190/ −2	8.5452/ −2	8.2800/ −2
320.00	8.0229/ −2	7.7739/ −2	7.5325/ −2	7.2987/ −2
336.00	7.0721/ −2	6.8526/ −2	6.6398/ −2	6.4337/ −2
352.00	6.2340/ −2	6.0405/ −2	5.8529/ −2	5.6712/ −2
368.00	5.4952/ −2	5.3246/ −2	5.1593/ −2	4.9991/ −2
384.00	4.8439/ −2	4.6936/ −2	4.5479/ −2	4.4067/ −2
400.00	4.2699/ −2	4.1373/ −2	4.0089/ −2	3.8844/ −2
416.00	3.7639/ −2	3.6470/ −2	3.5338/ −2	3.4241/ −2
432.00	3.3178/ −2	3.2148/ −2	3.1150/ −2	3.0183/ −2
448.00	2.9246/ −2	2.8338/ −2	2.7458/ −2	2.6606/ −2
464.00	2.5780/ −2	2.4980/ −2	2.4204/ −2	2.3453/ −2
480.00	2.2725/ −2	2.2019/ −2	2.1336/ −2	2.0673/ −2
496.00	2.0032/ −2	1.9410/ −2	1.8807/ −2	1.8223/ −2
512.00	1.7658/ −2	1.7109/ −2	1.6578/ −2	1.6064/ −2
528.00	1.5565/ −2	1.5082/ −2	1.4614/ −2	1.4160/ −2
544.00	1.3720/ −2	1.3294/ −2	1.2882/ −2	1.2482/ −2
560.00	1.2094/ −2	1.1719/ −2	1.1355/ −2	1.1003/ −2
576.00	1.0661/ −2	1.0330/ −2	1.0009/ −2	9.6987/ −3
592.00	9.3976/ −3	9.1058/ −3	8.8232/ −3	8.5493/ −3
608.00	8.2839/ −3			

$$^{36}S(n, \gamma)^{37}S$$

$M = 32.064$ $G = 0.014\%$ $\sigma_{ac} = 0.14$ barn,

^{37}S $T_{\frac{1}{2}} = 5.07$ minute

E_γ (keV)   3090

P 0.900

Activation data for ^{37}S : $A_1(\tau)$, dps/µg

$$A_1(\text{sat}) = 3.6817/ \quad 0$$

$$A_1(1 \text{ sec}) = 8.3778/ \ -3$$

Minute	0.00		0.50		1.00		1.50	
0.00	0.0000/	0	2.4322/	−1	4.7036/	−1	6.8251/	−1
2.00	8.8063/	−1	1.0657/	0	1.2385/	0	1.3999/	0
4.00	1.5506/	0	1.6914/	0	1.8229/	0	1.9457/	0
6.00	2.0604/	0	2.1675/	0	2.2675/	0	2.3609/	0
8.00	2.4482/	0	2.5297/	0	2.6058/	0	2.6769/	0
10.00	2.7432/	0	2.8052/	0	2.8631/	0	2.9172/	0
12.00	2.9677/	0	3.0149/	0	3.0589/	0	3.1001/	0
14.00	3.1385/	0	3.1744/	0	3.2079/	0	3.2392/	0
16.00	3.2684/	0	3.2957/	0	3.3212/	0	3.3450/	0
18.00	3.3673/	0						

Decay factor for ^{37}S : $D_1(t)$

Minute	0.00		0.50		1.00		1.50	
0.00	1.0000/	0	9.3394/	−1	8.7224/	−1	8.1462/	−1
2.00	7.6081/	−1	7.1055/	−1	6.6361/	−1	6.1977/	−1
4.00	5.7883/	−1	5.4059/	−1	5.0488/	−1	4.7153/	−1
6.00	4.4038/	−1	4.1129/	−1	3.8412/	−1	3.5874/	−1
8.00	3.3504/	−1	3.1291/	−1	2.9224/	−1	2.7294/	−1
10.00	2.5491/	−1	2.3807/	−1	2.2234/	−1	2.0765/	−1
12.00	1.9393/	−1	1.8112/	−1	1.6916/	−1	1.5798/	−1
14.00	1.4755/	−1	1.3780/	−1	1.2870/	−1	1.2020/	−1
16.00	1.1225/	−1	1.0484/	−1	9.7914/	−2	9.1446/	−2
18.00	8.5405/	−2	7.9763/	−2	7.4494/	−2	6.9573/	−2
20.00	6.4977/	−2	6.0684/	−2	5.6675/	−2	5.2931/	−2
22.00	4.9435/	−2	4.6169/	−2	4.3119/	−2	4.0271/	−2
24.00	3.7610/	−2	3.5126/	−2	3.2805/	−2	3.0638/	−2
26.00	2.8614/	−2	2.6724/	−2	2.4959/	−2	2.3310/	−2
28.00	2.1770/	−2	2.0332/	−2	1.8989/	−2	1.7734/	−2
30.00	1.6563/	−2	1.5469/	−2	1.4447/	−2	1.3493/	−2
32.00	1.2601/	−2	1.1769/	−2	1.0991/	−2	1.0265/	−2
34.00	9.5871/	−3	8.9538/	−3	8.3623/	−3	7.8099/	−3
36.00	7.2939/	−3						

$^{37}\text{Cl}(\text{n}, \gamma)^{38}\text{Cl}$

$M = 35.4537$ $\qquad\qquad$ $G = 24.47\%$ $\qquad\qquad$ $\sigma_{ac} = 0.43$ barn,

^{38}Cl $\quad$ $\text{T}_1 = 37.1$ minute

E_γ (keV)	2168	1642
P	0.470	0.350

Activation data for ^{38}Cl : $A_1(\tau)$, dps/μg

$A_1(\text{sat}) \quad = 1.7875/\ 4$

$A_1(1\ \text{sec}) = 5.5641/\ 0$

Minute	0.00		2.00		4.00		6.00	
0.00	0.0000/	0	6.5547/	2	1.2869/	3	1.8952/	3
8.00	2.4812/	3	3.0457/	3	3.5895/	3	4.1133/	3
16.00	4.6180/	3	5.1041/	3	5.5724/	3	6.0235/	3
24.00	6.4581/	3	6.8768/	3	7.2801/	3	7.6686/	3
32.00	8.0429/	3	8.4034/	3	8.7508/	3	9.0854/	3
40.00	9.4077/	3	9.7182/	3	1.0017/	4	1.0305/	4
48.00	1.0583/	4	1.0850/	4	1.1108/	4	1.1356/	4
56.00	1.1595/	4	1.1826/	4	1.2047/	4	1.2261/	4
64.00	1.2467/	4	1.2665/	4	1.2856/	4	1.3040/	4
72.00	1.3218/	4	1.3388/	4	1.3553/	4	1.3711/	4
80.00	1.3864/	4	1.4011/	4	1.4153/	4	1.4289/	4
88.00	1.4421/	4	1.4548/	4	1.4670/	4	1.4787/	4
96.00	1.4900/	4	1.5009/	4	1.5115/	4	1.5216/	4
104.00	1.5313/	4	1.5407/	4	1.5498/	4	1.5585/	4
112.00	1.5669/	4	1.5750/	4	1.5828/	4	1.5903/	4
120.00	1.5975/	4	1.6045/	4	1.6112/	4	1.6177/	4
128.00	1.6239/	4						

Decay factor for ^{38}Cl : $D_1(\text{t})$

Minute	0.00		2.00		4.00		6.00	
0.00	1.0000/	0	9.6333/	-1	9.2801/	-1	8.9398/	-1
8.00	8.6120/	-1	8.2962/	-1	7.9919/	-1	7.6989/	-1
16.00	7.4166/	-1	7.1446/	-1	6.8826/	-1	6.6302/	-1
24.00	6.3871/	-1	6.1529/	-1	5.9273/	-1	5.7099/	-1
32.00	5.5006/	-1	5.2989/	-1	5.1045/	-1	4.9174/	-1
40.00	4.7371/	-1	4.5633/	-1	4.3960/	-1	4.2348/	-1
48.00	4.0795/	-1	3.9299/	-1	3.7858/	-1	3.6470/	-1
56.00	3.5133/	-1	3.3844/	-1	3.2603/	-1	3.1408/	-1
64.00	3.0256/	-1	2.9147/	-1	2.8078/	-1	2.7048/	-1
72.00	2.6056/	-1	2.5101/	-1	2.4181/	-1	2.3294/	-1
80.00	2.2440/	-1	2.1617/	-1	2.0824/	-1	2.0061/	-1
88.00	1.9325/	-1	1.8616/	-1	1.7934/	-1	1.7276/	-1
96.00	1.6643/	-1	1.6032/	-1	1.5444/	-1	1.4878/	-1

Minute	0.00	2.00	4.00	6.00
104.00	1.4332/ −1	1.3807/ −1	1.3301/ −1	1.2813/ −1
112.00	1.2343/ −1	1.1890/ −1	1.1454/ −1	1.1034/ −1
120.00	1.0630/ −1	1.0240/ −1	9.8645/ −2	9.5028/ −2
128.00	9.1543/ −2	8.8186/ −2	8.4953/ −2	8.1838/ −2
136.00	7.8837/ −2	7.5946/ −2	7.3161/ −2	7.0478/ −2
144.00	6.7894/ −2	6.5404/ −2	6.3006/ −2	6.0695/ −2
152.00	5.8470/ −2	5.6326/ −2	5.4260/ −2	5.2271/ −2
160.00	5.0354/ −2	4.8507/ −2	4.6729/ −2	4.5015/ −2
168.00	4.3365/ −2	4.1774/ −2	4.0243/ −2	3.8767/ −2
176.00	3.7345/ −2	3.5976/ −2	3.4657/ −2	3.3386/ −2
184.00	3.2162/ −2	3.0982/ −2	2.9846/ −2	2.8752/ −2
192.00	2.7697/ −2	2.6682/ −2	2.5703/ −2	2.4761/ −2
200.00	2.3853/ −2	2.2978/ −2	2.2136/ −2	2.1324/ −2
208.00	2.0542/ −2	1.9789/ −2	1.9063/ −2	1.8364/ −2
216.00	1.7691/ −2	1.7042/ −2	1.6417/ −2	1.5815/ −2
224.00	1.5235/ −2	1.4676/ −2	1.4138/ −2	1.3620/ −2
232.00	1.3120/ −2	1.2639/ −2	1.2176/ −2	1.1729/ −2
240.00	1.1299/ −2	1.0885/ −2	1.0486/ −2	1.0101/ −2
248.00	9.7309/ −3	9.3740/ −3	9.0303/ −3	8.6992/ −3
256.00	8.3802/ −3			

$M = 39.9484$ $G = 0.337\%$ $\sigma_{ac} = 6$ barn,

^{37}Ar $T_1 = 35.1$ day

E_γ (keV) no gamma

Activation data for ^{37}Ar : $A_1(\tau)$, dps/μg

$$A_1(\text{sat}) = 3.0486/\quad 3$$
$$A_1(1 \text{ sec}) = 6.9662/\ -4$$

Day	0.00		2.00		4.00		6.00	
0.00	0.0000/	0	1.1803/	2	2.3150/	2	3.4057/	2
8.00	4.4541/	2	5.4620/	2	6.4309/	2	7.3622/	2
16.00	8.2575/	2	9.1181/	2	9.9454/	2	1.0741/	3
24.00	1.1505/	3	1.2240/	3	1.2946/	3	1.3626/	3
32.00	1.4278/	3	1.4906/	3	1.5509/	3	1.6089/	3
40.00	1.6646/	3	1.7182/	3	1.7697/	3	1.8192/	3
48.00	1.8668/	3	1.9126/	3	1.9566/	3	1.9988/	3
56.00	2.0395/	3	2.0786/	3	2.1161/	3	2.1522/	3
64.00	2.1869/	3	2.2203/	3	2.2524/	3	2.2832/	3
72.00	2.3128/	3	2.3413/	3	2.3687/	3	2.3950/	3
80.00	2.4203/	3	2.4446/	3	2.4680/	3	2.4905/	3
88.00	2.5121/	3	2.5329/	3	2.5528/	3	2.5720/	3
96.00	2.5905/	3	2.6082/	3	2.6253/	3	2.6417/	3
104.00	2.6574/	3	2.6726/	3	2.6871/	3	2.7011/	3
112.00	2.7146/	3	2.7275/	3	2.7399/	3	2.7519/	3
120.00	2.7634/	3						

Decay factor for ^{37}Ar : $D_1(t)$

Day	0.00		2.00		4.00		6.00	
0.00	1.0000/	0	9.6128/	−1	9.2406/	−1	8.8829/	−1
8.00	8.5389/	−1	8.2083/	−1	7.8905/	−1	7.5850/	−1
16.00	7.2913/	−1	7.0090/	−1	6.7377/	−1	6.4768/	−1
24.00	6.2260/	−1	5.9850/	−1	5.7532/	−1	5.5305/	−1
32.00	5.3164/	−1	5.1105/	−1	4.9127/	−1	4.7225/	−1
40.00	4.5396/	−1	4.3638/	−1	4.1949/	−1	4.0325/	−1
48.00	3.8763/	−1	3.7263/	−1	3.5820/	−1	3.4433/	−1
56.00	3.3100/	−1	3.1818/	−1	3.0586/	−1	2.9402/	−1
64.00	2.8264/	−1	2.7169/	−1	2.6118/	−1	2.5106/	−1
72.00	2.4134/	−1	2.3200/	−1	2.2302/	−1	2.1438/	−1
80.00	2.0608/	−1	1.9810/	−1	1.9043/	−1	1.8306/	−1
88.00	1.7597/	−1	1.6916/	−1	1.6261/	−1	1.5631/	−1
96.00	1.5026/	−1	1.4444/	−1	1.3885/	−1	1.3347/	−1
104.00	1.2831/	−1	1.2334/	−1	1.1856/	−1	1.1397/	−1
112.00	1.0956/	−1	1.0532/	−1	1.0124/	−1	9.7321/	−2
120.00	9.3553/	−2	8.9931/	−2	8.6449/	−2	8.3102/	−2

Day	0.00	2.00	4.00	6.00
128.00	7.9884/ −2	7.6791/ −2	7.3818/ −2	7.0960/ −2
136.00	6.8212/ −2	6.5571/ −2	6.3033/ −2	6.0592/ −2
144.00	5.8246/ −2	5.5991/ −2	5.3823/ −2	5.1739/ −2
152.00	4.9736/ −2	4.7810/ −2	4.5959/ −2	4.4180/ −2
160.00	4.2469/ −2	4.0825/ −2	3.9244/ −2	3.7725/ −2
168.00	3.6264/ −2	3.4860/ −2	3.3510/ −2	3.2213/ −2
176.00	3.0966/ −2	2.9767/ −2	2.8614/ −2	2.7506/ −2
184.00	2.6442/ −2	2.5418/ −2	2.4434/ −2	2.3488/ −2
192.00	2.2578/ −2	2.1704/ −2	2.0864/ −2	2.0056/ −2
200.00	1.9279/ −2	1.8533/ −2	1.7815/ −2	1.7126/ −2
208.00	1.6463/ −2	1.5825/ −2	1.5212/ −2	1.4623/ −2
216.00	1.4057/ −2	1.3513/ −2	1.2990/ −2	1.2487/ −2
224.00	1.2003/ −2	1.1539/ −2	1.1092/ −2	1.0662/ −2
232.00	1.0250/ −2	9.8528/ −3	9.4713/ −3	9.1046/ −3
240.00	8.7521/ −3	8.4132/ −3	8.0875/ −3	7.7744/ −3
248.00	7.4734/ −3			

$^{38}Ar(n, \gamma)^{39}Ar$

$M = 39.9484$ $\qquad G = 0.063\%$ $\qquad \sigma_{ac} = 0.8$ barn,

^{39}Ar $\quad T_1 = 269$ year

E_γ (keV) no gamma

Activation data for $^{39}Ar : A_1(\tau)$, dps/μg

$$A_1(\text{sat}) = 7.5988/ \quad 1$$
$$A_1(1 \text{ sec}) = 6.6346/ \ -9$$

Day	0.00	10.00	20.00	30.00
0.00	0.0000/ 0	5.3631/ −3	1.0726/ −2	1.6088/ −2
40.00	2.1450/ −2	2.6812/ −2	3.2173/ −2	3.7534/ −2
80.00	4.2894/ −2	4.8254/ −2	5.3614/ −2	5.8973/ −2
120.00	6.4332/ −2	6.9691/ −2	7.5049/ −2	8.0407/ −2
160.00	8.5764/ −2	9.1121/ −2	9.6478/ −2	1.0183/ −1
200.00	1.0719/ −1	1.1255/ −1	1.1790/ −1	1.2326/ −1
240.00	1.2861/ −1	1.3396/ −1	1.3932/ −1	1.4467/ −1
280.00	1.5002/ −1	1.5538/ −1	1.6073/ −1	1.6608/ −1
320.00	1.7143/ −1	1.7678/ −1	1.8213/ −1	1.8748/ −1
360.00	1.9283/ −1	1.9818/ −1	2.0353/ −1	2.0888/ −1
400.00	2.1423/ −1	2.1958/ −1	2.2493/ −1	2.3027/ −1
440.00	2.3562/ −1	2.4097/ −1	2.4631/ −1	2.5166/ −1
480.00	2.5700/ −1	2.6235/ −1	2.6769/ −1	2.7304/ −1
520.00	2.7838/ −1	2.8372/ −1	2.8907/ −1	2.9441/ −1
560.00	2.9975/ −1	3.0509/ −1	3.1044/ −1	3.1578/ −1
600.00	3.2112/ −1			

Decay factor for $^{39}Ar : D_1(t)$

Day	0.00	10.00	20.00	30.00
0.00	1.0000/ 0	9.9993/ −1	9.9986/ −1	9.9979/ −1
40.00	9.9972/ −1	9.9965/ −1	9.9958/ −1	9.9951/ −1
80.00	9.9944/ −1	9.9936/ −1	9.9929/ −1	9.9922/ −1
120.00	9.9915/ −1	9.9908/ −1	9.9901/ −1	9.9894/ −1
160.00	9.9887/ −1	9.9880/ −1	9.9877/ −1	9.9866/ −1
200.00	9.9859/ −1	9.9852/ −1	9.9845/ −1	9.9838/ −1
240.00	9.9831/ −1	9.9824/ −1	9.9817/ −1	9.9810/ −1
280.00	9.9803/ −1	9.9796/ −1	9.9788/ −1	9.9781/ −1
320.00	9.9774/ −1	9.9767/ −1	9.9760/ −1	9.9753/ −1
360.00	9.9746/ −1	9.9739/ −1	9.9732/ −1	9.9725/ −1
400.00	9.9718/ −1	9.9711/ −1	9.9704/ −1	9.9697/ −1
440.00	9.9690/ −1	9.9683/ −1	9.9676/ −1	9.9669/ −1
480.00	9.9662/ −1	9.9655/ −1	9.9648/ −1	9.9641/ −1
520.00	9.9634/ −1	9.9627/ −1	9.9620/ −1	9.9613/ −1
560.00	9.9606/ −1	9.9598/ −1	9.9591/ −1	9.9584/ −1
600.00	9.9577/ −1	9.9570/ −1	9.9563/ −1	9.9556/ −1
640.00	9.9549/ −1	9.9542/ −1	9.9535/ −1	9.9528/ −1
680.00	9.9521/ −1	9.9514/ −1	9.9507/ −1	9.9500/ −1
720.00	9.9493/ −1			

$$^{40}\text{Ar}(n, \gamma)^{41}\text{Ar}$$

$M = 39.9484$ $\qquad$ $G = 99.6\%$ $\qquad$ $\sigma_{ac} = 0.650$ barn,

^{41}Ar $\quad$ $T_1 = 1.83$ hour

E_γ (keV) $\quad$ 1293

P $\qquad$ 0.990

Activation data for ^{41}Ar : $A_1(\tau)$, dps/μg

$$A_1(\text{sat}) = 9.7608/\ 4$$
$$A_1(1\ \text{sec}) = 1.0267/\ 1$$

Hour	0.000		0.125		0.250		0.375	
0.00	0.0000/	0	4.5127/	3	8.8168/	3	1.2922/	4
0.50	1.6837/	4	2.0572/	4	2.4133/	4	2.7530/	4
1.00	3.0770/	4	3.3860/	4	3.6808/	4	3.9619/	4
1.50	4.2300/	4	4.4857/	4	4.7296/	4	4.9622/	4
2.00	5.1840/	4	5.3956/	4	5.5974/	4	5.7899/	4
2.50	5.9735/	4	6.1486/	4	6.3156/	4	6.4749/	4
3.00	6.6268/	4	6.7717/	4	6.9099/	4	7.0417/	4
3.50	7.1674/	4	7.2873/	4	7.4017/	4	7.5108/	4
4.00	7.6148/	4	7.7140/	4	7.8086/	4	7.8989/	4
4.50	7.9850/	4	8.0671/	4	8.1454/	4	8.2201/	4
5.00	8.2913/	4	8.3592/	4	8.4240/	4	8.4858/	4
5.50	8.5448/	4	8.6010/	4	8.6546/	4	8.7058/	4
6.00	8.7546/	4	8.8011/	4	8.8454/	4	8.8878/	4
6.50	8.9281/	4						

Decay factor for ^{41}Ar : $D_1(t)$

Hour	0.000		0.125		0.250		0.375	
0.00	1.0000/	0	9.5377/	−1	9.0967/	−1	8.6761/	−1
0.50	8.2750/	−1	7.8924/	−1	7.5275/	−1	7.1795/	−1
1.00	6.8476/	−1	6.5310/	−1	6.2291/	−1	5.9411/	−1
1.50	5.6664/	−1	5.4044/	−1	5.1546/	−1	4.9162/	−1
2.00	4.6889/	−1	4.4722/	−1	4.2654/	−1	4.0682/	−1
2.50	3.8801/	−1	3.7007/	−1	3.5296/	−1	3.3664/	−1
3.00	3.2108/	−1	3.0624/	−1	2.9208/	−1	2.7857/	−1
3.50	2.6569/	−1	2.5341/	−1	2.4169/	−1	2.3052/	−1
4.00	2.1986/	−1	2.0970/	−1	2.0000/	−1	1.9076/	−1
4.50	1.8194/	−1	1.7352/	−1	1.6550/	−1	1.5785/	−1
5.00	1.5055/	−1	1.4359/	−1	1.3695/	−1	1.3062/	−1
5.50	1.2458/	−1	1.1882/	−1	1.1333/	−1	1.0809/	−1
6.00	1.0309/	−1	9.8326/	−2	9.3780/	−2	8.9444/	−2
6.50	8.5309/	−2	8.1365/	−2	7.7603/	−2	7.4015/	−2
7.00	7.0593/	−2	6.7330/	−2	6.4217/	−2	6.1248/	−2
7.50	5.8416/	−2	5.5715/	−2	5.3139/	−2	5.0683/	−2

45

Hour	0.000	0.125	0.250	0.375
8.00	4.8339/ −2	4.6105/ −2	4.3973/ −2	4.1940/ −2
8.50	4.0001/ −2	3.8152/ −2	3.6388/ −2	3.4705/ −2
9.00	3.3101/ −2	3.1570/ −2	3.0111/ −2	2.8719/ −2
9.50	2.7391/ −2	2.6125/ −2	2.4917/ −2	2.3765/ −2
10.00	2.2666/ −2	2.1618/ −2	2.0619/ −2	1.9665/ −2
10.50	1.8756/ −2	1.7889/ −2	1.7062/ −2	1.6273/ −2
11.00	1.5521/ −2	1.4803/ −2	1.4119/ −2	1.3466/ −2
11.50	1.2843/ −2	1.2250/ −2	1.1683/ −2	1.1143/ −2
12.00	1.0628/ −2	1.0137/ −2	9.6680/ −3	9.2210/ −3
12.50	8.7947/ −3			

^{41}K(n, γ)^{42}K

$$M = 39.102 \qquad G = 6.77\% \qquad \sigma_{ac} = 1.0 \text{ barn,}$$

$$^{42}\text{K} \qquad T_1 = 12.4 \text{ hour}$$

E_γ (keV)   1524

P 0.180

Activation data for ^{42}K : $A_1(\tau)$, dps/μg

$$A_1(\text{sat}) = 1.0428/ \quad 4$$
$$A_1(1 \text{ sec}) = 1.6189/ -1$$

Hour	0.00		1.00		2.00		3.00	
0.00	0.0000/	0	5.6681/	2	1.1028/	3	1.6097/	3
4.00	2.0890/	3	2.5422/	3	2.9709/	3	3.3762/	3
8.00	3.7595/	3	4.1220/	3	4.4647/	3	4.7888/	3
12.00	5.0954/	3	5.3852/	3	5.6593/	3	5.9185/	3
16.00	6.1636/	3	6.3954/	3	6.6146/	3	6.8219/	3
20.00	7.0179/	3	7.2032/	3	7.3785/	3	7.5443/	3
24.00	7.7010/	3	7.8492/	3	7.9894/	3	8.1220/	3
28.00	8.2473/	3	8.3658/	3	8.4779/	3	8.5839/	3
32.00	8.6842/	3	8.7789/	3	8.8686/	3	8.9533/	3
36.00	9.0335/	3	9.1093/	3	9.1810/	3	9.2488/	3
40.00	9.3129/	3	9.3735/	3	9.4308/	3	9.4850/	3
44.00	9.5363/	3						

Decay factor for ^{42}K : D_1(t)

Hour	0.00		1.00		2.00		3.00	
0.00	1.0000/	0	9.4565/	−1	8.9425/	−1	8.4564/	−1
4.00	7.9968/	−1	7.5621/	−1	7.1511/	−1	6.7624/	−1
8.00	6.3948/	−1	6.0472/	−1	5.7185/	−1	5.4077/	−1
12.00	5.1138/	−1	4.8358/	−1	4.5730/	−1	4.3244/	−1
16.00	4.0894/	−1	3.8671/	−1	3.6569/	−1	3.4581/	−1
20.00	3.2702/	−1	3.0924/	−1	2.9243/	−1	2.7654/	−1
24.00	2.6151/	−1	2.4729/	−1	2.3385/	−1	2.2114/	−1
28.00	2.0912/	−1	1.9776/	−1	1.8701/	−1	1.7684/	−1
32.00	1.6723/	−1	1.5814/	−1	1.4954/	−1	1.4142/	−1
36.00	1.3373/	−1	1.2646/	−1	1.1959/	−1	1.1309/	−1
40.00	1.0694/	−1	1.0113/	−1	9.5631/	−2	9.0433/	−2
44.00	8.5518/	−2	8.0869/	−2	7.6474/	−2	7.2317/	−2
48.00	6.8386/	−2	6.4669/	−2	6.1154/	−2	5.7830/	−2
52.00	5.4687/	−2	5.1715/	−2	4.8904/	−2	4.6246/	−2
56.00	4.3732/	−2	4.1355/	−2	3.9107/	−2	3.6981/	−2
60.00	3.4971/	−2	3.3071/	−2	3.1273/	−2	2.9573/	−2
64.00	2.7966/	−2	2.6446/	−2	2.5008/	−2	2.3649/	−2
68.00	2.2364/	−2	2.1148/	−2	1.9999/	−2	1.8912/	−2
72.00	1.7884/	−2	1.6912/	−2	1.5992/	−2	1.5123/	−2
76.00	1.4301/	−2	1.3524/	−2	1.2789/	−2	1.2094/	−2
80.00	1.1436/	−2	1.0815/	−2	1.0227/	−2	9.6709/	−3
84.00	9.1453/	−3	8.6482/	−3	8.1781/	−3	7.7336/	−3
88.00	7.3133/	−3						

47

^{44}Ca(n, γ)^{45}Ca

$M = 40.08$ $\qquad\qquad$ $G = 2.06\%$ $\qquad\qquad$ $\sigma_{ac} \doteq 1.1$ barn,

^{45}Ca $\qquad$ $T_1 = 165$ day

E_γ (keV) no gamma

Activation data for ^{45}Ca : $A_1(\tau)$, dps/μg

$$A_1(\text{sat}) = 3.4052/ \quad 3$$
$$A_1(1 \text{ sec}) = 1.6555/ \, -4$$

Day	0.00		10.00		20.00		30.00	
0.00	0.0000/	0	1.4006/	2	2.7435/	2	4.0313/	2
40.00	5.2660/	2	6.4500/	2	7.5853/	2	8.6739/	2
80.00	9.7177/	2	1.0719/	3	1.1678/	3	1.2599/	3
120.00	1.3481/	3	1.4327/	3	1.5138/	3	1.5916/	3
160.00	1.6662/	3	1.7377/	3	1.8063/	3	1.8721/	3
200.00	1.9352/	3	1.9956/	3	2.0536/	3	2.1092/	3
240.00	2.1625/	3	2.2136/	3	2.2626/	3	2.3096/	3
280.00	2.3547/	3	2.3979/	3	2.4393/	3	2.4790/	3
320.00	2.5171/	3	2.5537/	3	2.5887/	3	2.6223/	3
360.00	2.6545/	3	2.6854/	3	2.7150/	3	2.7434/	3
400.00	2.7706/	3	2.7967/	3	2.8217/	3	2.8457/	3
440.00	2.8687/	3	2.8908/	3	2.9119/	3	2.9322/	3
480.00	2.9517/	3	2.9703/	3	2.9882/	3	3.0054/	3
520.00	3.0218/	3	3.0376/	3	3.0527/	3	3.0672/	3
560.00	3.0811/	3	3.0944/	3	3.1072/	3	3.1195/	3
600.00	3.1312/	3						

Decay factor for ^{45}Ca : $D_1(t)$

Day	0.00		10.00		20.00		30.00	
0.00	1.0000/	0	9.5887/	-1	9.1943/	-1	8.8161/	-1
40.00	8.4535/	-1	8.1058/	-1	7.7724/	-1	7.4528/	-1
80.00	7.1462/	-1	6.8523/	-1	6.5705/	-1	6.3002/	-1
120.00	6.0411/	-1	5.7926/	-1	5.5544/	-1	5.3259/	-1
160.00	5.1069/	-1	4.8968/	-1	4.6954/	-1	4.5023/	-1
200.00	4.3171/	-1	4.1395/	-1	3.9693/	-1	3.8060/	-1
240.00	3.6495/	-1	3.4994/	-1	3.3554/	-1	3.2174/	-1
280.00	3.0851/	-1	2.9582/	-1	2.8365/	-1	2.7199/	-1
320.00	2.6080/	-1	2.5007/	-1	2.3979/	-1	2.2993/	-1
360.00	2.2047/	-1	2.1140/	-1	2.0271/	-1	1.9437/	-1
400.00	1.8637/	-1	1.7871/	-1	1.7136/	-1	1.6431/	-1
440.00	1.5755/	-1	1.5107/	-1	1.4486/	-1	1.3890/	-1
480.00	1.3319/	-1	1.2771/	-1	1.2246/	-1	1.1742/	-1
520.00	1.1259/	-1	1.0796/	-1	1.0352/	-1	9.9261/	-2
560.00	9.5179/	-2	9.1264/	-2	8.7510/	-2	8.3911/	-2
600.00	8.0460/	-2	7.7150/	-2	7.3977/	-2	7.0934/	-2
640.00	6.8017/	-2	6.5219/	-2	6.2537/	-2	5.9965/	-2
680.00	5.7498/	-2	5.5133/	-2	5.2866/	-2	5.0691/	-2
720.00	4.8606/	-2						

$M = 40.08$ $\qquad$ $G = 0.0033\%$ $\qquad$ $\sigma_{ac} = 0.250$ barn,

^{47}Ca $\quad$ T$_1 =$ 4.53 day

E_γ (keV)	1290	810
P	0.710	0.050

^{47}Sc $\quad$ T$_2 =$ 3.40 day

E_γ (keV)	160
P	0.730

Activation data for ^{47}Ca : $A_1(\tau)$, dps/μg

$$A_1(\text{sat}) = 1.2398/ \quad 0$$
$$A_1(1 \text{ sec}) = 2.1951/ \ -6$$

$K = 4.0088/\ 0$

Time intervals with respect to T$_1$

Day	0.00	0.25	0.50	0.75
0.00	0.0000/ 0	4.6520/ −2	9.1294/ −2	1.3439/ −1
1.00	1.7586/ −1	2.1579/ −1	2.5421/ −1	2.9119/ −1
2.00	3.2678/ −1	3.6104/ −1	3.9401/ −1	4.2575/ −1
3.00	4.5629/ −1	4.8569/ −1	5.1398/ −1	5.4122/ −1
4.00	5.6743/ −1	5.9266/ −1	6.1694/ −1	6.4031/ −1
5.00	6.6280/ −1	6.8445/ −1	7.0529/ −1	7.2534/ −1
6.00	7.4465/ −1	7.6322/ −1	7.8111/ −1	7.9832/ −1
7.00	8.1488/ −1	8.3082/ −1	8.4617/ −1	8.6094/ −1
8.00	8.7515/ −1	8.8883/ −1	9.0200/ −1	9.1467/ −1
9.00	9.2687/ −1	9.3861/ −1	9.4991/ −1	9.6079/ −1
10.00	9.7126/ −1	9.8133/ −1	9.9103/ −1	1.0004/ 0
11.00	1.0093/ 0	1.0180/ 0	1.0263/ 0	1.0343/ 0
12.00	1.0420/ 0	1.0495/ 0	1.0566/ 0	1.0635/ 0
13.00	1.0701/ 0	1.0764/ 0	1.0826/ 0	1.0885/ 0
14.00	1.0942/ 0	1.0996/ 0	1.1049/ 0	1.1099/ 0
15.00	1.1148/ 0	1.1195/ 0	1.1240/ 0	1.1284/ 0
16.00	1.1325/ 0			

Decay factor for ^{47}Ca : $D_1(t)$

Day	0.00	0.25	0.50	0.75
0.00	1.0000/ 0	9.6248/ −1	9.2636/ −1	8.9160/ −1
1.00	8.5815/ −1	8.2595/ −1	7.9495/ −1	7.6513/ −1
2.00	7.3642/ −1	7.0878/ −1	6.8219/ −1	6.5659/ −1
3.00	6.3195/ −1	6.0824/ −1	5.8542/ −1	5.6345/ −1
4.00	5.4231/ −1	5.2196/ −1	5.0237/ −1	4.8352/ −1
5.00	4.6538/ −1	4.4792/ −1	4.3111/ −1	4.1493/ −1
6.00	3.9936/ −1	3.8438/ −1	3.6996/ −1	3.5607/ −1

4

Day	0.00	0.25	0.50	0.75
7.00	3.4271/ −1	3.2985/ −1	3.1748/ −1	3.0556/ −1
8.00	2.9410/ −1	2.8306/ −1	2.7244/ −1	2.6222/ −1
9.00	2.5238/ −1	2.4291/ −1	2.3379/ −1	2.2502/ −1
10.00	2.1658/ −1	2.0845/ −1	2.0063/ −1	1.9310/ −1
11.00	1.8586/ −1	1.7888/ −1	1.7217/ −1	1.6571/ −1
12.00	1.5949/ −1	1.5351/ −1	1.4775/ −1	1.4220/ −1
13.00	1.3687/ −1	1.3173/ −1	1.2679/ −1	1.2203/ −1
14.00	1.1745/ −1	1.1305/ −1	1.0880/ −1	1.0472/ −1
15.00	1.0079/ −1	9.7009/ −2	9.3369/ −2	8.9866/ −2
16.00	8.6494/ −2	8.3248/ −2	8.0125/ −2	7.7118/ −2
17.00	7.4224/ −2	7.1439/ −2	6.8759/ −2	6·6179/ −2
18.00	6.3695/ −2	6.1305/ −2	5.9005/ −2	5.6791/ −2
19.00	5.4660/ −2	5.2609/ −2	5.0635/ −2	4.8735/ −2
20.00	4.6906/ −2	4.5146/ −2	4.3452/ −2	4.1822/ −2
21.00	4.0253/ −2	3.8742/ −2	3.7288/ −2	3.5889/ −2
22.00	3.4543/ −2	3.3246/ −2	3.1999/ −2	3.0798/ −2
23.00	2.9643/ −2	2.8530/ −2	2.7460/ −2	2.6429/ −2
24.00	2.5438/ −2	2.4483/ −2	2.3565/ −2	2.2680/ −2
25.00	2.1829/ −2	2.1010/ −2	2.0222/ −2	1.9463/ −2
26.00	1.8733/ −2	1.8030/ −2	1.7353/ −2	1.6702/ −2
27.00	1.6075/ −2	1.5472/ −2	1.4892/ −2	1.4333/ −2
28.00	1.3795/ −2	1.3277/ −2	1.2779/ −2	1.2300/ −2
29.00	1.1838/ −2	1.1394/ −2	1.0966/ −2	1.0555/ −2
30.00	1.0159/ −2	9.7777/ −3	9.4108/ −3	9.0577/ −3
31.00	8.7178/ −3	8.3907/ −3	8.0759/ −3	7.7728/ −3
32.00	7.4812/ −3			

Activation data for ^{47}Sc : $F \cdot A_2(\tau)$

$$F \cdot A_2(\text{sat}) = -3.7302/ \quad 0$$
$$F \cdot A_2(1 \text{ sec}) = -8.7998/ \ -6$$

Day	0.00	0.25	0.50	0.75
0.00	0.0000/ 0	−1.8531/ −1	−3.6142/ −1	−5.2878/ −1
1.00	−6.8783/ −1	−8.3897/ −1	−9.8260/ −1	−1.1191/ 0
2.00	−1.2488/ 0	−1.3721/ 0	−1.4892/ 0	−1.6006/ 0
3.00	−1.7064/ 0	−1.8069/ 0	−1.9025/ 0	−1.9933/ 0
4.00	−2.0796/ 0	−2.1616/ 0	−2.2395/ 0	−2.3135/ 0
5.00	−2.3839/ 0	−2.4508/ 0	−2.5144/ 0	−2.5748/ 0
6.00	−2.6322/ 0	−2.6867/ 0	−2.7386/ 0	−2.7878/ 0
7.00	−2.8346/ 0	−2.8791/ 0	−2.9214/ 0	−2.9616/ 0
8.00	−2.9998/ 0	−3.0361/ 0	−3.0705/ 0	−3.1033/ 0
9.00	−3.1345/ 0	−3.1641/ 0	−3.1922/ 0	−3.2189/ 0
10.00	−3.2443/ 0	−3.2685/ 0	−3.2914/ 0	−3.3132/ 0
11.00	−3.3339/ 0	−3.3536/ 0	−3.3723/ 0	−3.3901/ 0
12.00	−3.4070/ 0	−3.4230/ 0	−3.4383/ 0	−3.4528/ 0
13.00	−3.4666/ 0	−3.4797/ 0	−3.4921/ 0	−3.5040/ 0
14.00	−3.5152/ 0	−3.5259/ 0	−3.5360/ 0	−3.5457/ 0
15.00	−3.5548/ 0	−3.5636/ 0	−3.5718/ 0	−3.5797/ 0
16.00	−3.5872/ 0			

Decay factor for ^{47}Sc : $D_2(t)$

Day	0.00	0.25	0.50	0.75
0.00	1.0000/ 0	9.5032/ −1	9.0311/ −1	8.5824/ −1
1.00	8.1561/ −1	7.7509/ −1	7.3658/ −1	6.9999/ −1
2.00	6.6521/ −1	6.3217/ −1	6.0076/ −1	5.7092/ −1
3.00	5.4255/ −1	5.1560/ −1	4.8998/ −1	4.6564/ −1
4.00	4.4251/ −1	4.2053/ −1	3.9963/ −1	3.7978/ −1
5.00	3.6091/ −1	3.4298/ −1	3.2594/ −1	3.0975/ −1
6.00	2.9436/ −1	2.7974/ −1	2.6584/ −1	2.5264/ −1
7.00	2.4008/ −1	2.2816/ −1	2.1682/ −1	2.0605/ −1
8.00	1.9581/ −1	1.8609/ −1	1.7684/ −1	1.6806/ −1
9.00	1.5971/ −1	1.5177/ −1	1.4423/ −1	1.3707/ −1
10.00	1.3026/ −1	1.2379/ −1	1.1764/ −1	1.1179/ −1
11.00	1.0624/ −1	1.0096/ −1	9.5946/ −2	9.1179/ −2
12.00	8.6650/ −2	8.2345/ −2	7.8254/ −2	7.4366/ −2
13.00	7.0672/ −2	6.7161/ −2	6.3825/ −2	6.0654/ −2
14.00	5.7641/ −2	5.4777/ −2	5.2056/ −2	4.9470/ −2
15.00	4.7012/ −2	4.4676/ −2	4.2457/ −2	4.0348/ −2
16.00	3.8343/ −2	3.6438/ −2	3.4628/ −2	3.2908/ −2
17.00	3.1273/ −2	2.9719/ −2	2.8243/ −2	2.6840/ −2
18.00	2.5506/ −2	2.4239/ −2	2.3035/ −2	2.1891/ −2
19.00	2.0803/ −2	1.9770/ −2	1.8788/ −2	1.7854/ −2
20.00	1.6967/ −2	1.6124/ −2	1.5323/ −2	1.4562/ −2
21.00	1.3839/ −2	1.3151/ −2	1.2498/ −2	1.1877/ −2
22.00	1.1287/ −2	1.0726/ −2	1.0193/ −2	9.6869/ −3
23.00	9.2056/ −3	8.7483/ −3	8.3137/ −3	7.9007/ −3
24.00	7.5082/ −3	7.1352/ −3	6.7807/ −3	6.4438/ −3
25.00	6.1237/ −3	5.8195/ −3	5.5304/ −3	5.2556/ −3
26.00	4.9945/ −3	4.7464/ −3	4.5106/ −3	4.2865/ −3
27.00	4.0736/ −3	3.8712/ −3	3.6789/ −3	3.4961/ −3
28.00	3.3224/ −3	3.1574/ −3	3.0005/ −3	2.8515/ −3
29.00	2.7098/ −3	2.5752/ −3	2.4472/ −3	2.3257/ −3
30.00	2.2101/ −3	2.1003/ −3	1.9960/ −3	1.8968/ −3
31.00	1.8026/ −3	1.7130/ −3	1.6279/ −3	1.5471/ −3
32.00	1.4702/ −3			

*

Activation data for ^{47}Ca : $A_1(\tau)$, dps/μg

$$A_1(\text{sat}) = 1.2398/ \ 0$$
$$A_1(1 \text{ sec}) = 2.1951/ \ −6$$

$K = 4.0088/ \ 0$

Time intervals with respect to T_2

Hour	0.00	4.00	8.00	12.00
0.00	0.0000/ 0	3.1210/ −2	6.1635/ −2	9.1294/ −2
16.00	1.2021/ −1	1.4839/ −1	1.7586/ −1	2.0265/ −1
32.00	2.2876/ −1	2.5421/ −1	2.7902/ −1	3.0320/ −1
48.00	3.2678/ −1	3.4977/ −1	3.7217/ −1	3.9401/ −1
64.00	4.1530/ −1	4.3606/ −1	4.5629/ −1	4.7602/ −1

4*

Hour	0.00	4.00	8.00	12.00
80.00	4.9524/ −1	5.1398/ −1	5.3226/ −1	5.5007/ −1
96.00	5.6743/ −1	5.8436/ −1	6.0085/ −1	6.1694/ −1
112.00	6.3262/ −1	6.4790/ −1	6.6280/ −1	6.7733/ −1
128.00	6.9149/ −1	7.0529/ −1	7.1874/ −1	7.3186/ −1
144.00	7.4465/ −1	7.5711/ −1	7.6926/ −1	7.8111/ −1
160.00	7.9265/ −1	8.0391/ −1	8.1488/ −1	8.2558/ −1
176.00	8.3600/ −1	8.4617/ −1	8.5608/ −1	8.6574/ −1
192.00	8.7515/ −1	8.8433/ −1	8.9328/ −1	9.0200/ −1
208.00	9.1050/ −1	9.1879/ −1	9.2687/ −1	9.3475/ −1
224.00	9.4243/ −1	9.4991/ −1	9.5721/ −1	9.6432/ −1
240.00	9.7126/ −1	9.7802/ −1	9.8461/ −1	9.9103/ −1
256.00	9.9729/ −1	1.0034/ 0	1.0093/ 0	1.0151/ 0
272.00	1.0208/ 0			

Decay factor for ^{47}Ca : $D_1(t)$

Hour	0.00	4.00	8.00	12.00
0.00	1.0000/ 0	9.7483/ −1	9.5028/ −1	9.2636/ −1
16.00	9.0304/ −1	8.8031/ −1	8.5815/ −1	8.3654/ −1
32.00	8.1548/ −1	7.9495/ −1	7.7494/ −1	7.5543/ −1
48.00	7.3642/ −1	7.1788/ −1	6.9980/ −1	6.8219/ −1
64.00	6.6501/ −1	6.4827/ −1	6.3195/ −1	6.1604/ −1
80.00	6.0054/ −1	5.8542/ −1	5.7068/ −1	5.5631/ −1
96.00	5.4231/ −1	5.2866/ −1	5.1535/ −1	5.0237/ −1
112.00	4.8973/ −1	4.7740/ −1	4.6538/ −1	4.5366/ −1
128.00	4.4224/ −1	4.3111/ −1	4.2026/ −1	4.0968/ −1
144.00	3.9936/ −1	3.8931/ −1	3.7951/ −1	3.6996/ −1
160.00	3.6064/ −1	3.5156/ −1	3.4271/ −1	3.3409/ −1
176.00	3.2568/ −1	3.1748/ −1	3.0948/ −1	3.0169/ −1
192.00	2.9410/ −1	2.8669/ −1	2.7948/ −1	2.7244/ −1
208.00	2.6558/ −1	2.5890/ −1	2.5238/ −1	2.4603/ −1
224.00	2.3983/ −1	2.3379/ −1	2.2791/ −1	2.2217/ −1
240.00	2.1658/ −1	2.1113/ −1	2.0581/ −1	2.0063/ −1
256.00	1.9558/ −1	1.9066/ −1	1.8586/ −1	1.8118/ −1
272.00	1.7662/ −1	1.7217/ −1	1.6784/ −1	1.6361/ −1
288.00	1.5949/ −1	1.5548/ −1	1.5156/ −1	1.4775/ −1
304.00	1.4403/ −1	1.4040/ −1	1.3687/ −1	1.3342/ −1
320.00	1.3006/ −1	1.2679/ −1	1.2360/ −1	1.2049/ −1
336.00	1.1745/ −1	1.1450/ −1	1.1161/ −1	1.0880/ −1
352.00	1.0606/ −1	1.0339/ −1	1.0079/ −1	9.8254/ −2
368.00	9.5781/ −2	9.3369/ −2	9.1019/ −2	8.8727/ −2
384.00	8.6494/ −2	8.4316/ −2	8.2194/ −2	8.0125/ −2
400.00	7.8108/ −2	7.6141/ −2	7.4224/ −2	7.2356/ −2
416.00	7.0534/ −2	6.8759/ −2	6.7028/ −2	6.5340/ −2
432.00	6.3695/ −2	6.2092/ −2	6.0529/ −2	5.9005/ −2
448.00	5.7520/ −2	5.6072/ −2	5.4660/ −2	5.3284/ −2
464.00	5.1943/ −2	5.0635/ −2	4.9360/ −2	4.8118/ −2
480.00	4.6906/ −2	4.5725/ −2	4.4574/ −2	4.3452/ −2
496.00	4.2358/ −2	4.1292/ −2	4.0253/ −2	3.9239/ −2
512.00	3.8251/ −2	3.7288/ −2	3.6350/ −2	3.5435/ −2
528.00	3.4543/ −2			

Activation data for ^{47}Sc : $F \cdot A_2(\tau)$

$$F \cdot A_1(\text{sat}) = -3.7302/ \quad 0$$
$$F \cdot A_2(1 \text{ sec}) = -8.7998/ \quad -6$$

Hour	0.00		4.00		8.00		12.00	
0.00	0.0000/	0	−1.2459/	−1	−2.4502/	−1	−3.6142/	−1
16.00	−4.7394/	−1	−5.8270/	−1	−6.8783/	−1	−7.8944/	−1
32.00	−8.8766/	−1	−9.8260/	−1	−1.0744/	0	−1.1631/	0
48.00	−1.2488/	0	−1.3317/	0	−1.4118/	0	−1.4892/	0
64.00	−1.5641/	0	−1.6364/	0	−1.7064/	0	−1.7740/	0
80.00	−1.8393/	0	−1.9025/	0	−1.9635/	0	−2.0225/	0
96.00	−2.0796/	0	−2.1347/	0	−2.1880/	0	−2.2395/	0
112.00	−2.2893/	0	−2.3374/	0	−2.3839/	0	−2.4289/	0
128.00	−2.4724/	0	−2.5144/	0	−2.5550/	0	−2.5942/	0
144.00	−2.6322/	0	−2.6688/	0	−2.7043/	0	−2.7386/	0
160.00	−2.7717/	0	−2.8037/	0	−2.8346/	0	−2.8646/	0
176.00	−2.8935/	0	−2.9214/	0	−2.9484/	0	−2.9745/	0
192.00	−2.9998/	0	−3.0242/	0	−3.0478/	0	−3.0705/	0
208.00	−3.0926/	0	−3.1139/	0	−3.1345/	0	−3.1544/	0
224.00	−3.1736/	0	−3.1922/	0	−3.2102/	0	−3.2275/	0
240.00	−3.2443/	0	−3.2605/	0	−3.2762/	0	−3.2914/	0
256.00	−3.3060/	0	−3.3202/	0	−3.3339/	0	−3.3471/	0
272.00	−3.3599/	0						

Decay factor for ^{47}Sc : $D_2(t)$

Hour	0.00		4.00		8.00		12.00	
0.00	1.0000/	0	9.6660/	−1	9.3432/	−1	9.0311/	−1
16.00	8.7295/	−1	8.4379/	−1	8.1561/	−1	7.8836/	−1
32.00	7.6203/	−1	7.3658/	−1	7.1198/	−1	6.8820/	−1
48.00	6.6521/	−1	6.4300/	−1	6.2152/	−1	6.0076/	−1
64.00	5.8070/	−1	5.6130/	−1	5.4255/	−1	5.2443/	−1
80.00	5.0692/	−1	4.8998/	−1	4.7362/	−1	4.5780/	−1
96.00	4.4251/	−1	4.2773/	−1	4.1344/	−1	3.9963/	−1
112.00	3.8629/	−1	3.7338/	−1	3.6091/	−1	3.4886/	−1
128.00	3.3721/	−1	3.2594/	−1	3.1506/	−1	3.0453/	−1
144.00	2.9436/	−1	2.8453/	−1	2.7503/	−1	2.6584/	−1
160.00	2.5696/	−1	2.4838/	−1	2.4008/	−1	2.3207/	−1
176.00	2.2431/	−1	2.1682/	−1	2.0958/	−1	2.0258/	−1
192.00	1.9581/	−1	1.8927/	−1	1.8295/	−1	1.7684/	−1
208.00	1.7094/	−1	1.6523/	−1	1.5971/	−1	1.5437/	−1
224.00	1.4922/	−1	1.4423/	−1	1.3942/	−1	1.3476/	−1
240.00	1.3026/	−1	1.2591/	−1	1.2170/	−1	1.1764/	−1
256.00	1.1371/	−1	1.0991/	−1	1.0624/	−1	1.0269/	−1
272.00	9.9261/	−2	9.5946/	−2	9.2741/	−2	8.9644/	−2
288.00	8.6650/	−2	8.3756/	−2	8.0958/	−2	7.8254/	−2
304.00	7.5640/	−2	7.3114/	−2	7.0672/	−2	6.8312/	−2
320.00	6.6030/	−2	6.3825/	−2	6.1693/	−2	5.9632/	−2
336.00	5.7641/	−2	5.5715/	−2	5.3854/	−2	5.2056/	−2
352.00	5.0317/	−2	4.8636/	−2	4.7012/	−2	4.5442/	−2

Hour	0.00	4.00	8.00	12.00
368.00	4.3924/ —2	4.2457/ —2	4.1039/ —2	3.9668/ —2
384.00	3.8343/ —2	3.7063/ —2	3.5825/ —2	3.4628/ —2
400.00	3.3472/ —2	3.2354/ —2	3.1273/ —2	3.0228/ —2
416.00	2.9219/ —2	2.8243/ —2	2.7300/ —2	2.6388/ —2
432.00	2.5506/ —2	2.4655/ —2	2.3831/ —2	2.3035/ —2
448.00	2.2266/ —2	2.1522/ —2	2.0803/ —2	2.0108/ —2
464.00	1.9437/ —2	1.8788/ —2	1.8160/ —2	1.7554/ —2
480.00	1.6967/ —2	1.6401/ —2	1.5853/ —2	1.5323/ —2
496.00	1.4811/ —2	1.4317/ —2	1.3839/ —2	1.3376/ —2
512.00	1.2930/ —2	1.2498/ —2	1.2080/ —2	1.1677/ —2
528.00	1.1287/ —2			

$$^{48}\text{Ca}(\text{n}, \gamma)^{49}\text{Ca} \rightarrow {}^{49}\text{Sc}$$

$M = 40.08$ $\qquad$ $G = 0.185\%$ $\qquad$ $\sigma_{ac} = 1.1$ barn,

^{49}Ca $\quad$ $T_1 = 8.8$ minute

E_γ (keV)	4040	3070
P	0.100	0.890

^{49}Sc $\quad$ $T_2 = 57$ minute

E_γ (keV)	1760
P	0.0003

Activation data for ^{49}Ca : $A_1(\tau)$, dps/μg

$A_1(\text{sat})\ = 3.0581/\ \ 2$

$A_1(1\ \text{sec}) = 4.0111/\ -1$

$K = -1.8257/\ -1$

Time intervals with respect to T_1

Minute	0.00		0.50		1.00		1.50	
0.00	0.0000/	0	1.1807/	1	2.3159/	1	3.4072/	1
2.00	4.4563/	1	5.4650/	1	6.4347/	1	7.3670/	1
4.00	8.2633/	1	9.1250/	1	9.9534/	1	1.0750/	2
6.00	1.1515/	2	1.2252/	2	1.2959/	2	1.3640/	2
8.00	1.4294/	2	1.4923/	2	1.5527/	2	1.6108/	2
10.00	1.6667/	2	1.7204/	2	1.7721/	2	1.8217/	2
12.00	1.8695/	2	1.9154/	2	1.9595/	2	2.0019/	2
14.00	2.0427/	2	2.0819/	2	2.1196/	2	2.1558/	2
16.00	2.1906/	2	2.2241/	2	2.2563/	2	2.2873/	2
18.00	2.3171/	2	2.3457/	2	2.3732/	2	2.3996/	2
20.00	2.4250/	2	2.4495/	2	2.4730/	2	2.4956/	2
22.00	2.5173/	2	2.5382/	2	2.5582/	2	2.5775/	2
24.00	2.5961/	2	2.6139/	2	2.6311/	2	2.6476/	2
26.00	2.6634/	2	2.6787/	2	2.6933/	2	2.7074/	2
28.00	2.7209/	2	2.7339/	2	2.7465/	2	2.7585/	2
30.00	2.7701/	2						

Decay factor for ^{49}Ca : $D_1(t)$

Minute	0.00		0.50		1.00		1.50	
0.00	1.0000/	0	9.6139/	−1	9.2427/	−1	8.8858/	−1
2.00	8.5428/	−1	8.2129/	−1	7.8958/	−1	7.5910/	−1
4.00	7.2979/	−1	7.0161/	−1	6.7452/	−1	6.4848/	−1
6.00	6.2344/	−1	5.9937/	−1	5.7623/	−1	5.5398/	−1
8.00	5.3259/	−1	5.1203/	−1	4.9226/	−1	4.7325/	−1
10.00	4.5498/	−1	4.3741/	−1	4.2053/	−1	4.0429/	−1

Minute	0.00	0.50	1.00	1.50
12.00	3.8868/ −1	3.7367/ −1	3.5925/ −1	3.4537/ −1
14.00	3.3204/ −1	3.1922/ −1	3.0689/ −1	2.9505/ −1
16.00	2.8365/ −1	2.7270/ −1	2.6217/ −1	2.5205/ −1
18.00	2.4232/ −1	2.3296/ −1	2.2397/ −1	2.1532/ −1
20.00	2.0701/ −1	1.9902/ −1	1.9133/ −1	1.8394/ −1
22.00	1.7684/ −1	1.7001/ −1	1.6345/ −1	1.5714/ −1
24.00	1.5107/ −1	1.4524/ −1	1.3963/ −1	1.3424/ −1
26.00	1.2906/ −1	1.2407/ −1	1.1928/ −1	1.1468/ −1
28.00	1.1025/ −1	1.0599/ −1	1.0190/ −1	9.7967/ −2
30.00	9.4184/ −2	9.0548/ −2	8.7052/ −2	8.3691/ −2
32.00	8.0460/ −2	7.7353/ −2	7.4366/ −2	7.1495/ −2
34.00	6.8735/ −2	6.6081/ −2	6.3530/ −2	6.1077/ −2
36.00	5.8719/ −2	5.6451/ −2	5.4272/ −2	5.2176/ −2
38.00	5.0162/ −2	4.8225/ −2	4.6363/ −2	4.4573/ −2
40.00	4.2852/ −2	4.1198/ −2	3.9607/ −2	3.8078/ −2
42.00	3.6608/ −2	3.5194/ −2	3.3835/ −2	3.2529/ −2
44.00	3.1273/ −2	3.0066/ −2	2.8905/ −2	2.7789/ −2
46.00	2.6716/ −2	2.5684/ −2	2.4693/ −2	2.3739/ −2
48.00	2.2823/ −2	2.1942/ −2	2.1094/ −2	2.0280/ −2
50.00	1.9497/ −2	1.8744/ −2	1.8020/ −2	1.7325/ −2
52.00	1.6656/ −2	1.6013/ −2	1.5394/ −2	1.4800/ −2
54.00	1.4229/ −2	1.3679/ −2	1.3151/ −2	1.2643/ −2
56.00	1.2155/ −2	1.1686/ −2	1.1235/ −2	1.0801/ −2
58.00	1.0384/ −2	9.9830/ −3	9.5975/ −3	9.2270/ −3
60.00	8.8707/ −3			

Activation data for ^{49}Sc : $F \cdot A_2(\tau)$

$$F \cdot A_2(\text{sat}) \quad = 3.6165/ \quad 2$$
$$F \cdot A_2(1 \text{ sec}) = 7.3274/ \quad -2$$

Minute	0.00		0.50		1.00		1.50	
0.00	0.0000/	0	2.1918/	0	4.3703/	0	6.5356/	0
2.00	8.6877/	0	1.0827/	1	1.2953/	1	1.5066/	1
4.00	1.7167/	1	1.9255/	1	2.1330/	1	2.3392/	1
6.00	2.5442/	1	2.7480/	1	2.9505/	1	3.1518/	1
8.00	3.3519/	1	3.5507/	1	3.7484/	1	3.9448/	1
10.00	4.1401/	1	4.3342/	1	4.5271/	1	4.7189/	1
12.00	4.9094/	1	5.0989/	1	5.2871/	1	5.4743/	1
14.00	5.6603/	1	5.8451/	1	6.0289/	1	6.2115/	1
16.00	6.3931/	1	6.5735/	1	6.7528/	1	6.9311/	1
18.00	7.1083/	1	7.2844/	1	7.4594/	1	7.6334/	1
20.00	7.8063/	1	7.9781/	1	8.1490	1	8.3188/	1
22.00	8.4875/	1	8.6553/	1	8.8220/	1	8.9877/	1
24.00	9.1524/	1	9.3161/	1	9.4788/	1	9.6406/	1
26.00	9.8013/	1	9.9611/	1	1.0120/	2	1.0278/	2
28.00	1.0435/	2	1.0591/	2	1.0746/	2	1.0900/	2
30.00	1.1053/	2						

Decay factor for ^{49}Sc : $D_2(t)$

Minute	0.00	0.50	1.00	1.50
0.00	1.0000/ 0	9.9394/ −1	9.8792/ −1	9.8193/ −1
2.00	9.7598/ −1	9.7006/ −1	9.6418/ −1	9.5834/ −1
4.00	9.5253/ −1	9.4676/ −1	9.4102/ −1	9.3532/ −1
6.00	9.2965/ −1	9.2402/ −1	9.1842/ −1	9.1285/ −1
8.00	9.0732/ −1	9.0182/ −1	8.9635/ −1	8.9092/ −1
10.00	8.8552/ −1	8.8015/ −1	8.7482/ −1	8.6952/ −1
12.00	8.6425/ −1	8.5901/ −1	8.5380/ −1	8.4863/ −1
14.00	8.4349/ −1	8.3838/ −1	8.3329/ −1	8.2824/ −1
16.00	8.2322/ −1	8.1824/ −1	8.1328/ −1	8.0835/ −1
18.00	8.0345/ −1	7.9858/ −1	7.9374/ −1	7.8893/ −1
20.00	7.8415/ −1	7.7940/ −1	7.7467/ −1	7.6998/ −1
22.00	7.6531/ −1	7.6067/ −1	7.5606/ −1	7.5148/ −1
24.00	7.4693/ −1	7.4240/ −1	7.3790/ −1	7.3343/ −1
26.00	7.2898/ −1	7.2456/ −1	7.2017/ −1	7.1581/ −1
28.00	7.1147/ −1	7.0716/ −1	7.0287/ −1	6.9861/ −1
30.00	6.9438/ −1	6.9017/ −1	6.8599/ −1	6.8183/ −1
32.00	6.7770/ −1	6.7359/ −1	6.6951/ −1	6.6545/ −1
34.00	6.6142/ −1	6.5741/ −1	6.5343/ −1	6.4947/ −1
36.00	6.4553/ −1	6.4162/ −1	6.3773/ −1	6.3386/ −1
38.00	6.3002/ −1	6.2620/ −1	6.2241/ −1	6.1864/ −1
40.00	6.1489/ −1	6.1116/ −1	6.0746/ −1	6.0378/ −1
42.00	6.0012/ −1	5.9648/ −1	5.9286/ −1	5.8927/ −1
44.00	5.8570/ −1	5.8215/ −1	5.7862/ −1	5.7512/ −1
46.00	5.7163/ −1	5.6817/ −1	5.6472/ −1	5.6130/ −1
48.00	5.5790/ −1	5.5452/ −1	5.5116/ −1	5.4782/ −1
50.00	5.4450/ −1	5.4120/ −1	5.3792/ −1	5.3466/ −1
52.00	5.3142/ −1	5.2820/ −1	5.2499/ −1	5.2181/ −1
54.00	5.1865/ −1	5.1551/ −1	5.1238/ −1	5.0928/ −1
56.00	5.0619/ −1	5.0312/ −1	5.0000/ −1	4.9704/ −1
58.00	4.9403/ −1	4.9104/ −1	4.8806/ −1	4.8510/ −1
60.00	4.8216/ −1			

*

Activation data for ^{49}Ca : $A_1(\tau)$, dps/μg

$$A_1(\text{sat}) \quad = 3.0581/ \quad 2$$
$$A_1(1 \text{ sec}) = 4.0111/ \quad -1$$

$K = -1.8257/ \quad -1$

Time intervals with respect to T_2

Minute	0.00	2.00	4.00	6.00
0.00	0.0000/ 0	4.4563/ 1	8.2633/ 1	1.1515/ 2
8.00	1.4294/ 2	1.6667/ 2	1.8695/ 2	2.0427/ 2
16.00	2.1906/ 2	2.3171/ 2	2.4250/ 2	2.5173/ 2
24.00	2.5961/ 2	2.6634/ 2	2.7209/ 2	2.7701/ 2
32.00	2.8120/ 2	2.8479/ 2	2.8785/ 2	2.9047/ 2
40.00	2.9270/ 2	2.9461/ 2	2.9624/ 2	2.9764/ 2

Decay factor for ^{49}Ca : $D_1(t)$

Minute	0.00	2.00	4.00	6.00
0.00	1.0000/ 0	8.5428/ −1	7.2979/ −1	6.2344/ −1
8.00	5.3259/ −1	4.5498/ −1	3.8868/ −1	3.3204/ −1
16.00	2.8365/ −1	2.4232/ −1	2.0701/ −1	1.7684/ −1
24.00	1.5107/ −1	1.2906/ −1	1.1025/ −1	9.4184/ −2
32.00	8.0460/ −2	6.8735/ −2	5.8719/ −2	5.0162/ −2
40.00	4.2852/ −2	3.6608/ −2	3.1273/ −2	2.6716/ −2
48.00	2.2823/ −2	1.9497/ −2	1.6656/ −2	1.4229/ −2
56.00	1.2155/ −2	1.0384/ −2	8.8707/ −3	7.5780/ −3

Activation data for ^{49}Sc : $F \cdot A_2(\tau)$

$$F \cdot A_2(\text{sat}) \quad = 3.6165/ \quad 2$$
$$F \cdot A_2(1 \text{ sec}) = 7.3274/ \quad -2$$

Minute	0.00	2.00	4.00	6.00
0.00	0.0000/ 0	8.6877/ 0	1.7167/ 1	2.5442/ 1
8.00	3.3519/ 1	4.1401/ 1	4.9094/ 1	5.6603/ 1
16.00	6.3931/ 1	7.1083/ 1	7.8063/ 1	8.4875/ 1
24.00	9.1524/ 1	9.8013/ 1	1.0435/ 2	1.1053/ 2
32.00	1.1656/ 2	1.2245/ 2	1.2819/ 2	1.3380/ 2
40.00	1.3928/ 2	1.4462/ 2	1.4983/ 2	1.5492/ 2
48.00	1.5989/ 2	1.6473/ 2	1.6946/ 2	1.7408/ 2
56.00	1.7859/ 2	1.8298/ 2	1.8728/ 2	1.9146/ 2
64.00	1.9555/ 2	1.9954/ 2	2.0344/ 2	2.0724/ 2
72.00	2.1095/ 2	2.1457/ 2	2.1810/ 2	2.2155/ 2
80.00	2.2491/ 2	2.2820/ 2	2.3140/ 2	2.3453/ 2
88.00	2.3759/ 2	2.4057/ 2	2.4348/ 2	2.4632/ 2
96.00	2.4909/ 2	2.5179/ 2	2.5443/ 2	2.5700/ 2
104.00	2.5952/ 2	2.6197/ 2	2.6437/ 2	2.6670/ 2
112.00	2.6898/ 2	2.7121/ 2	2.7338/ 2	2.7550/ 2
120.00	2.7757/ 2	2.7959/ 2	2.8156/ 2	2.8349/ 2
128.00	2.8537/ 2	2.8720/ 2	2.8899/ 2	2.9073/ 2
136.00	2.9244/ 2	2.9410/ 2	2.9572/ 2	2.9730/ 2
144.00	2.9885/ 2	3.0036/ 2	3.0183/ 2	3.0327/ 2
152.00	3.0467/ 2	3.0604/ 2	3.0738/ 2	3.0868/ 2
160.00	3.0995/ 2	3.1119/ 2	3.1241/ 2	3.1359/ 2
168.00	3.1474/ 2	3.1587/ 2	3.1697/ 2	3.1804/ 2
176.00	3.1909/ 2	3.2011/ 2	3.2111/ 2	3.2208/ 2
184.00	3.2303/ 2	3.2396/ 2	3.2487/ 2	3.2575/ 2
192.00	3.2661/ 2	3.2746/ 2	3.2828/ 2	3.2908/ 2
200.00	3.2986/ 2			

Decay factor for ^{49}Sc : $D_2(t)$

Minute	0.00	2.00	4.00	6.00
0.00	1.0000/ 0	9.7598/ −1	9.5253/ −1	9.2965/ −1
8.00	9.0732/ −1	8.8552/ −1	8.6425/ −1	8.4349/ −1
16.00	8.2322/ −1	8.0345/ −1	7.8415/ −1	7.6531/ −1

Minute	0.00	2.00	4.00	6.00
24.00	7.4693/ −1	7.2898/ −1	7.1147/ −1	6.9438/ −1
32.00	6.7770/ −1	6.6142/ −1	6.4553/ −1	6.3002/ −1
40.00	6.6489/ −1	6.0012/ −1	5.8570/ −1	5.7163/ −1
48.00	5.5790/ −1	5.4450/ −1	5.3142/ −1	5.1865/ −1
56.00	5.0619/ −1	4.9403/ −1	4.8216/ −1	4.7058/ −1
64.00	4.5928/ −1	4.4824/ −1	4.3747/ −1	4.2697/ −1
72.00	4.1671/ −1	4.0670/ −1	3.9693/ −1	3.8739/ −1
80.00	3.7809/ −1	3.6900/ −1	3.6014/ −1	3.5149/ −1
88.00	3.4304/ −1	3.3480/ −1	3.2676/ −1	3.1891/ −1
96.00	3.1125/ −1	3.0377/ −1	2.9648/ −1	2.8935/ −1
104.00	2.8240/ −1	2.7562/ −1	2.6900/ −1	2.6254/ −1
112.00	2.5623/ −1	2.5007/ −1	2.4407/ −1	2.3820/ −1
120.00	2.3248/ −1	2.2690/ −1	2.2145/ −1	2.1613/ −1
128.00	2.1093/ −1	2.0587/ −1	2.0092/ −1	1.9609/ −1
136.00	1.9138/ −1	1.8679/ −1	1.8230/ −1	1.7792/ −1
144.00	1.7365/ −1	1.6947/ −1	1.6540/ −1	1.6143/ −1
152.00	1.5755/ −1	1.5377/ −1	1.5007/ −1	1.4647/ −1
160.00	1.4295/ −1	1.3952/ −1	1.3616/ −1	1.3289/ −1
168.00	1.2970/ −1	1.2658/ −1	1.2354/ −1	1.2058/ −1
176.00	1.1768/ −1	1.1485/ −1	1.1209/ −1	1.0940/ −1
184.00	1.0677/ −1	1.0421/ −1	1.0170/ −1	9.9261/ −2
192.00	9.6877/ −2	9.4550/ −2	9.2278/ −2	9.0061/ −2
200.00	8.7898/ −2	8.5786/ −2	8.3726/ −2	8.1714/ −2
208.00	7.7951/ −2	7.7835/ −2	7.5966/ −2	7.4141/ −2
216.00	7.2360/ −2	7.0621/ −2	6.8925/ −2	6.7269/ −2
224.00	6.5653/ −2	6.4076/ −2	6.2537/ −2	6.1035/ −2
232.00	5.9568/ −2	5.8137/ −2	5.6741/ −2	5.5378/ −2
240.00	5.4047/ −2	5.2749/ −2	5.1482/ −2	5.0245/ −2
248.00	4.2038/ −2	4.7860/ −2	4.6710/ −2	4.5588/ −2
256.00	4.4493/ −2	4.3424/ −2	4.2381/ −2	4.1363/ −2
264.00	4.0369/ −2	3.9400/ −2	3.8453/ −2	3.7529/ −2
272.00	3.6628/ −2	3.5748/ −2	3.4889/ −2	3.4051/ −2
280.00	3.3233/ −2	3.2435/ −2	3.1656/ −2	3.0895/ −2
288.00	3.0153/ −2	2.9429/ −2	2.8722/ −2	2.8032/ −2
296.00	2.7358/ −2	2.6701/ −2	2.6060/ −2	2.5434/ −2
304.00	2.4823/ −2	2.4226/ −2	2.3644/ −2	2.3076/ −2
312.00	2.2522/ −2	2.1981/ −2	2.1453/ −2	2.0938/ −2
320.00	2.0435/ −2	1.9944/ −2	1.9465/ −2	1.8997/ −2
328.00	1.8541/ −2	1.8095/ −2	1.7661/ −2	1.7236/ −2
336.00	1.6822/ −2	1.6418/ −2	1.6024/ −2	1.5639/ −2
344.00	1.5263/ −2	1.4896/ −2	1.4539/ −2	1.4189/ −2
352.00	1.3848/ −2	1.3516/ −2	1.3191/ −2	1.2874/ −2
360.00	1.2565/ −2	1.2263/ −2	1.1969/ −2	1.1681/ −2
368.00	1.1400/ −2	1.1127/ −2	1.0859/ −2	1.0598/ −2
376.00	1.0344/ −2	1.0095/ −2	9.8528/ −3	9.6161/ −3
384.00	9.3851/ −3	9.1596/ −3	8.9396/ −3	8.7249/ −3
392.00	8.5153/ −3	8.3107/ −3	8.1111/ −3	7.9162/ −3
400.00	7.7260/ −3			

^{45}Sc(n, γ)^{46}Sc

$M = 44.956$ $\qquad G = 100\%$ $\qquad \sigma_{ac} = 13$ barn,

^{46}Sc $\qquad T_1 = 83.9$ day

E_γ (keV) $\quad$ 1120 $\quad$ 889

$P \qquad\qquad$ 1.000 $\;$ 1.000

Activation data for ^{46}Sc : $A_1(\tau)$, dps/μg

$$A_1(\text{sat}) \;\;\; = 1.7417/ \;\; 6$$
$$A_1(1 \text{ sec}) = 1.6652/ \;\; -1$$

Day	0.00		4.00		8.00		12.00	
0.00	0.0000/	0	5.6604/	4	1.1137/	5	1.6435/	5
16.00	2.1561/	5	2.6521/	5	3.1320/	5	3.5962/	5
32.00	4.0454/	5	4.4799/	5	4.9004/	5	5.3072/	5
48.00	5.7007/	5	6.0815/	5	6.4499/	5	6.8063/	5
64.00	7.1511/	5	7.4848/	5	7.8075/	5	8.1198/	5
80.00	8.4220/	5	8.7143/	5	8.9971/	5	9.2708/	5
96.00	9.5355/	5	9.7917/	5	1.0039/	6	1.0279/	6
112.00	1.0511/	6	1.0736/	6	1.0953/	6	1.1163/	6
128.00	1.1366/	6	1.1563/	6	1.1753/	6	1.1937/	6
144.00	1.2115/	6	1.2287/	6	1.2454/	6	1.2615/	6
160.00	1.2771/	6	1.2922/	6	1.3069/	6	1.3210/	6
176.00	1.3347/	6	1.3479/	6	1.3607/	6	1.3731/	6
192.00	1.3850/	6	1.3966/	6	1.4078/	6	1.4187/	6
208.00	1.4292/	6	1.4394/	6	1.4492/	6	1.4587/	6
224.00	1.4679/	6	1.4768/	6	1.4854/	6	1.4937/	6
240.00	1.5018/	6						

Decay factor for ^{46}Sc : $D_1(t)$

Day	0.00		4.00		8.00		12.00	
0.00	1.0000/	0	9.6750/	−1	9.3606/	−1	9.0564/	−1
16.00	8.7620/	−1	8.4773/	−1	8.2018/	−1	7.9352/	−1
32.00	7.6773/	−1	7.4278/	−1	7.1864/	−1	6.9529/	−1
48.00	6.7269/	−1	6.5083/	−1	6.2968/	−1	6.0921/	−1
64.00	5.8941/	−1	5.7026/	−1	5.5172/	−1	5.3379/	−1
80.00	5.1644/	−1	4.9966/	−1	4.8342/	−1	4.6771/	−1
96.00	4.5251/	−1	4.3780/	−1	4.2358/	−1	4.0981/	−1
112.00	3.9649/	−1	3.8361/	−1	3.7114/	−1	3.5908/	−1
128.00	3.4741/	−1	3.3612/	−1	3.2519/	−1	3.1462/	−1
144.00	3.0440/	−1	2.9451/	−1	2.8493/	−1	2.7567/	−1
160.00	2.6672/	−1	2.5805/	−1	2.4966/	−1	2.4155/	−1
176.00	2.3370/	−1	2.2610/	−1	2.1875/	−1	2.1164/	−1
192.00	2.0477/	−1	1.9811/	−1	1.9167/	−1	1.8544/	−1
208.00	1.7942/	−1	1.7359/	−1	1.6794/	−1	1.6249/	−1
224.00	1.5721/	−1	1.5210/	−1	1.4715/	−1	1.4237/	−1

Day	0.00	4.00	8.00	12.00
240.00	1.3774/ −1	1.3327/ −1	1.2894/ −1	1.2475/ −1
256.00	1.2069/ −1	1.1677/ −1	1.1297/ −1	1.0930/ −1
272.00	1.0575/ −1	1.0231/ −1	9.8988/ −2	9.5771/ −2
288.00	9.2659/ −2	8.9647/ −2	8.6734/ −2	8.3915/ −2
304.00	8.1188/ −2	7.8549/ −2	7.5997/ −2	7.3527/ −2
320.00	7.1137/ −2	6.8825/ −2	6.6588/ −2	6.4424/ −2
336.00	6.2331/ −2	6.0305/ −2	5.8345/ −2	5.6449/ −2
352.00	5.4614/ −2	5.2839/ −2	5.1122/ −2	4.9461/ −2
368.00	4.7853/ −2	4.6298/ −2	4.4793/ −2	4.3338/ −2
384.00	4.1929/ −2	4.0566/ −2	3.9248/ −2	3.7972/ −2
400.00	3.6738/ −2	3.5544/ −2	3.4389/ −2	3.3272/ −2
416.00	3.2190/ −2	3.1144/ −2	3.0132/ −2	2.9153/ −2
432.00	2.8205/ −2	2.7289/ −2	2.6402/ −2	2.5544/ −2
448.00	2.4714/ −2	2.3910/ −2	2.3133/ −2	2.2381/ −2
464.00	2.1654/ −2	2.0950/ −2	2.0269/ −2	1.9611/ −2
480.00	1.8973/ −2	1.8357/ −2	1.7760/ −2	1.7183/ −2
496.00	1.6625/ −2	1.6084/ −2	1.5561/ −2	1.5056/ −2
512.00	1.4566/ −2	1.4093/ −2	1.3635/ −2	1.3192/ −2
528.00	1.2763/ −2	1.2348/ −2	1.1947/ −2	1.1559/ −2
544.00	1.1183/ −2	1.0820/ −2	1.0468/ −2	1.0128/ −2
560.00	9.7987/ −3	9.4802/ −3	9.1721/ −3	8.8740/ −3
576.00	8.5856/ −3			

See also $^{45}Sc(n, \gamma)^{46m}Sc \rightarrow {}^{46}Sc$

$$^{45}\text{Sc(n, }\gamma)^{46\text{m}}_{}\text{Sc} \rightarrow {}^{46}\text{Sc}$$

$M = 44.956$ $G = 100\%$ $\sigma_{ac} = 11$ barn,

$^{46\text{m}}\text{Sc}$ $T_1 =$ 19.5 second

E_γ (keV)   142

P

^{46}Sc $T_2 =$ 83.9 day

E_γ (keV)   1120   889

P 1.000   1.000

Activation data for $^{46\text{m}}\text{Sc}$: $A_1(\tau)$, dps/μg

$A_1(\text{sat})\quad = 1.4737/\ 6$

$A_1(1\ \text{sec}) = 5.1454/\ 4$

$K = -2.6900/\ -6$

Time intervals with respect to T_1

Second	0.00		1.00		2.00		3.00	
0.00	0.0000/	0	5.1454/	4	1.0111/	5	1.4904/	5
4.00	1.9529/	5	2.3992/	5	2.8300/	5	3.2457/	5
8.00	3.6470/	5	4.0342/	5	4.4079/	5	4.7685/	5
12.00	5.1166/	5	5.4525/	5	5.7766/	5	6.0895/	5
16.00	6.3914/	5	6.6828/	5	6.9640/	5	7.2354/	5
20.00	7.4974/	5	7.7501/	5	7.9941/	5	8.2295/	5
24.00	8.4567/	5	8.6760/	5	8.8877/	5	9.0919/	5
28.00	9.2890/	5	9.4792/	5	9.6628/	5	9.8400/	5
32.00	1.0011/	6	1.0176/	6	1.0335/	6	1.0489/	6
36.00	1.0637/	6	1.0780/	6	1.0919/	6	1.1052/	6
40.00	1.1181/	6	1.1305/	6	1.1425/	6	1.1540/	6
44.00	1.1652/	6	1.1760/	6	1.1864/	6	1.1964/	6
48.00	1.2061/	6	1.2154/	6	1.2244/	6	1.2331/	6
52.00	1.2415/	6	1.2496/	6	1.2575/	6	1.2650/	6
56.00	1.2723/	6	1.2793/	6	1.2861/	6	1.2927/	6
60.00	1.2990/	6						

Decay factor for $^{46\text{m}}\text{Sc}$: $D_1(t)$

Second	0.00		1.00		2.00		3.00	
0.00	1.0000/	0	9.6509/	−1	9.3139/	−1	8.9887/	−1
4.00	8.6749/	−1	8.3720/	−1	8.0797/	−1	7.7976/	−1
8.00	7.5254/	−1	7.2626/	−1	7.0090/	−1	6.7643/	−1
12.00	6.5281/	−1	6.3002/	−1	6.0803/	−1	5.8680/	−1
16.00	5.6631/	−1	5.4654/	−1	5.2745/	−1	5.0904/	−1
20.00	4.9127/	−1	4.7411/	−1	4.5756/	−1	4.4159/	−1
24.00	4.2617/	−1	4.1129/	−1	3.9693/	−1	3.8307/	−1
28.00	3.6970/	−1	3.5679/	−1	3.4433/	−1	3.3231/	−1
32.00	3.2071/	−1	3.0951/	−1	2.9870/	−1	2.8827/	−1
36.00	2.7821/	−1	2.6849/	−1	2.5912/	−1	2.5007/	−1

Second	0.00	1.00	2.00	3.00
40.00	2.4134/ −1	2.3292/ −1	2.2478/ −1	2.1694/ −1
44.00	2.0936/ −1	2.0205/ −1	1.9500/ −1	1.8819/ −1
48.00	1.8162/ −1	1.7528/ −1	1.6916/ −1	1.6325/ −1
52.00	1.5755/ −1	1.5205/ −1	1.4674/ −1	1.4162/ −1
56.00	1.3667/ −1	1.3190/ −1	1.2730/ −1	1.2285/ −1
60.00	1.1856/ −1			

Activation data for ^{46}Sc : $F \cdot A_2(\tau)$

$$F \cdot A_2(\text{sat}) \quad = 1.4737/ \quad 6$$
$$F \cdot A_2(1 \text{ sec}) = 1.4090/ \quad -1$$

Second	0.00	1.00	2.00	3.00
0.00	0.0000/ 0	1.4090/ −1	2.8177/ −1	4.2267/ −1
4.00	5.6355/ −1	7.0444/ −1	8.4532/ −1	9.8622/ −1
8.00	1.1271/ 0	1.2680/ 0	1.4089/ 0	1.5498/ 0
12.00	1.6907/ 0	1.8315/ 0	1.9724/ 0	2.1133/ 0
16.00	2.2542/ 0	2.3951/ 0	2.5360/ 0	2.6769/ 0
20.00	2.8178/ 0	2.9587/ 0	3.0996/ 0	3.2404/ 0
24.00	3.3813/ 0	3.5222/ 0	3.6631/ 0	3.8040/ 0
28.00	3.9449/ 0	4.0857/ 0	4.2266/ 0	4.3675/ 0
32.00	4.5084/ 0	4.6493/ 0	4.7902/ 0	4.9311/ 0
36.00	5.0720/ 0	5.2129/ 0	5.3537/ 0	5.4946/ 0
40.00	5.6355/ 0	5.7764/ 0	5.9173/ 0	6.0582/ 0
44.00	6.1991/ 0	6.3400/ 0	6.4809/ 0	6.6217/ 0
48.00	6.7626/ 0	6.9035/ 0	7.0444/ 0	7.1853/ 0
52.00	7.3262/ 0	7.4671/ 0	7.6080/ 0	7.7489/ 0
56.00	7.8897/ 0	8.0306/ 0	8.1715/ 0	8.3124/ 0
60.00	8.4533/ 0			

*

Decay factor for ^{46}Sc : $D_2(t)$

Second	0.00	1.00	2.00	3.00
0.00	1.0000/ 0	1.0000/ 0	1.0000/ 0	1.0000/ 0
4.00	1.0000/ 0	1.0000/ 0	1.0000/ 0	1.0000/ 0

Activation data for ^{46m}Sc : $A_1(\tau)$, dps/μg

$$A_1(\text{sat}) \quad = 1.4737/ \; 6$$
$$A_1(1 \text{ sec}) = 5.1454/ \; 4$$

$K = -2.6900/ \; -6$

Time intervals with respect to T_2

Day	0.00	4.00	8.00	12.00
0.00	0.0000/ 0	1.4737/ 6	1.4737/ 6	1.4737/ 6
16.00	1.4737/ 6	1.4737/ 6	1.4737/ 6	1.4737/ 6

Decay factor for ^{46m}Sc : $D_1(t)$

Day	0.00		4.00		8.00		12.00	
0.00	1.0000/	0	0.0000/	0	0.0000/	0	0.0000/	0
16.00	0.0000/	0	0.0000/	0	0.0000/	0	0.0000/	0

Activation data for ^{46}Sc : $F \cdot A_2(\tau)$

$$F \cdot A_2(\text{sat}) = 1.4737/ \quad 6$$
$$F \cdot A_2(1 \text{ sec}) = 1.4090/ \; -1$$

Day	0.00		4.00		8.00		12.00	
0.00	0.0000/	0	4.7895/	4	9.4234/	4	1.3907/	5
16.00	1.8244/	5	2.2441/	5	2.6501/	5	3.0429/	5
32.00	3.4230/	5	3.7907/	5	4.1465/	5	4.4907/	5
48.00	4.8237/	5	5.1459/	5	5.4576/	5	5.7592/	5
64.00	6.0510/	5	6.3333/	5	6.6064/	5	6.8706/	5
80.00	7.1263/	5	7.3736/	5	7.6130/	5	7.8445/	5
96.00	8.0685/	5	8.2852/	5	8.4949/	5	8.6978/	5
112.00	8.8941/	5	9.0840/	5	9.2677/	5	9.4455/	5
128.00	9.6175/	5	9.7839/	5	9.9448/	5	1.0101/	6
144.00	1.0251/	6	1.0397/	6	1.0538/	6	1.0675/	6
160.00	1.0807/	6	1.0934/	6	1.1058/	6	1.1178/	6
176.00	1.1293/	6	1.1405/	6	1.1513/	6	1.1618/	6
192.00	1.1720/	6	1.1818/	6	1.1913/	6	1.2004/	6
208.00	1.2093/	6	1.2179/	6	1.2262/	6	1.2343/	6
224.00	1.2421/	6	1.2496/	6	1.2569/	6	1.2639/	6
240.00	1.2707/	6						

Decay factor for ^{46}Sc : $D_2(t)$

Day	0.00		4.00		8.00		12.00	
0.00	1.0000/	0	9.6750/	−1	9.3606/	−1	9.0564/	−1
16.00	8.7620/	−1	8.4773/	−1	8.2018/	−1	7.9352/	−1
32.00	7.6773/	−1	7.4278/	−1	7.1864/	−1	6.9529/	−1
48.00	6.7269/	−1	6.5083/	−1	6.2968/	−1	6.0921/	−1
64.00	5.8941/	−1	5.7026/	−1	5.5172/	−1	5.3379/	−1
80.00	5.1644/	−1	4.9966/	−1	4.8342/	−1	4.6771/	−1
96.00	4.5251/	−1	4.3780/	−1	4.2358/	−1	4.0981/	−1
112.00	3.9649/	−1	3.8361/	−1	3.7114/	−1	3.5908/	−1
128.00	3.4741/	−1	3.3612/	−1	3.2519/	−1	3.1462/	−1
144.00	3.0440/	−1	2.9451/	−1	2.8493/	−1	2.7567/	−1
160.00	2.6672/	−1	2.5805/	−1	2.4966/	−1	2.4155/	−1
176.00	2.3370/	−1	2.2610/	−1	2.1875/	−1	2.1164/	−1
192.00	2.0477/	−1	1.9811/	−1	1.9167/	−1	1.8544/	−1
208.00	1.7942/	−1	1.7359/	−1	1.6794/	−1	1.6249/	−1
224.00	1.5721/	−1	1.5210/	−1	1.4715/	−1	1.4237/	−1

Day	0.00	4.00	8.00	12.00
240.00	1.3774/ −1	1.3327/ −1	1.2894/ −1	1.2475/ −1
256.00	1.2069/ −1	1.1677/ −1	1.1297/ −1	1.0930/ −1
272.00	1.0575/ −1	1.0231/ −1	9.8988/ −2	9.5771/ −2
288.00	9.2659/ −2	8.9647/ −2	8.6734/ −2	8.3915/ −2
304.00	8.1188/ −2	7.8549/ −2	7.5997/ −2	7.3527/ −2
320.00	7.1137/ −2	6.8825/ −2	6.6588/ −2	6.4424/ −2
336.00	6.2331/ −2	6.0305/ −2	5.8345/ −2	5.6449/ −2
352.00	5.4614/ −2	5.2839/ −2	5.1122/ −2	4.9461/ −2
368.00	4.7853/ −2	4.6298/ −2	4.4793/ −2	4.3338/ −2
384.00	4.1929/ −2	4.0566/ −2	3.9248/ −2	3.7972/ −2
400.00	3.6738/ −2	3.5544/ −2	3.4389/ −2	3.3272/ −2
416.00	3.2190/ −2	3.1144/ −2	3.0132/ −2	2.9153/ −2
432.00	2.8205/ −2	2.7289/ −2	2.6402/ −2	2.5544/ −2
448.00	2.4714/ −2	2.3910/ −2	2.3133/ −2	2.2381/ −2
464.00	2.1654/ −2	2.0950/ −2	2.0269/ −2	1.9611/ −2
480.00	1.8973/ −2	1.8357/ −2	1.7760/ −2	1.7183/ −2
496.00	1.6625/ −2	1.6084/ −2	1.5561/ −2	1.5056/ −2
512.00	1.4566/ −2	1.4093/ −2	1.3635/ −2	1.3192/ −2
528.00	1.2763/ −2	1.2348/ −2	1.1947/ −2	1.1559/ −2
544.00	1.1183/ −2	1.0820/ −2	1.0468/ −2	1.0128/ −2
560.00	9.7987/ −3	9.4802/ −3	9.1721/ −3	8.8740/ −3
576.00	8.5856/ −3			

See also ^{45}Sc$(n, \gamma)^{46}$Sc

$$^{50}\text{Ti}(n, \gamma)^{51}\text{Ti}$$

$M = 47.90$ $G = 5.25\%$ $\sigma_{ac} = 0.14$ barn,

^{51}Ti $T_1 = 5.8$ minute

E_γ (keV)	928	605	320
P	0.050	0.015	0.950

Activation data for $^{51}\text{Ti} : A_1(\tau)$, dps/$\mu$g

$A_1(\text{sat}) = 9.2420/\ 2$

$A_1(1\ \text{sec}) = 1.8386/\ 0$

Minute	0.00		0.50		1.00		1.50	
0.00	0.0000/	0	5.3596/	1	1.0408/	2	1.5164/	2
2.00	1.9645/	2	2.3865/	2	2.7841/	2	3.1586/	2
4.00	3.5113/	2	3.8437/	2	4.1567/	2	4.4516/	2
6.00	4.7294/	2	4.9911/	2	5.2376/	2	5.4699/	2
8.00	5.6886/	2	5.8947/	2	6.0888/	2	6.2717/	2
10.00	6.4439/	2	6.6062/	2	6.7590/	2	6.9030/	2
12.00	7.0387/	2	7.1664/	2	7.2868/	2	7.4002/	2
14.00	7.5070/	2	7.6076/	2	7.7024/	2	7.7917/	2
16.00	7.8758/	2	7.9550/	2	8.0296/	2	8.0999/	2
18.00	8.1662/	2	8.2286/	2	8.2873/	2	8.3427/	2
20.00	8.3948/	2						

Decay factor for $^{51}\text{Ti} : D_1(t)$

Minute	0.00		0.50		1.00		1.50	
0.00	1.0000/	0	9.4201/	−1	8.8738/	−1	8.3592/	−1
2.00	7.8744/	−1	7.4178/	−1	6.9876/	−1	6.5824/	−1
4.00	6.2006/	−1	5.8411/	−1	5.5023/	−1	5.1832/	−1
6.00	4.8827/	−1	4.5995/	−1	4.3328/	−1	4.0815/	−1
8.00	3.8448/	−1	3.6218/	−1	3.4118/	−1	3.2139/	−1
10.00	3.0276/	−1	2.8520/	−1	2.6866/	−1	2.5308/	−1
12.00	2.3840/	−1	2.2458/	−1	2.1155/	−1	1.9929/	−1
14.00	1.8773/	−1	1.7684/	−1	1.6659/	−1	1.5693/	−1
16.00	1.4783/	−1	1.3925/	−1	1.3118/	−1	1.2357/	−1
18.00	1.1640/	−1	1.0965/	−1	1.0329/	−1	9.7304/	−2
20.00	9.1661/	−2	8.6346/	−2	8.1338/	−2	7.6621/	−2
22.00	7.2178/	−2	6.7992/	−2	6.4049/	−2	6.0335/	−2
24.00	5.6836/	−2	5.3540/	−2	5.0435/	−2	4.7510/	−2
26.00	4.4755/	−2	4.2160/	−2	3.9715/	−2	3.7412/	−2
28.00	3.5242/	−2	3.3198/	−2	3.1273/	−2	2.9459/	−2
30.00	2.7751/	−2	2.6142/	−2	2.4626/	−2	2.3198/	−2
32.00	2.1852/	−2	2.0585/	−2	1.9391/	−2	1.8267/	−2
34.00	1.7207/	−2	1.6210/	−2	1.5270/	−2	1.4384/	−2
36.00	1.3550/	−2	1.2764/	−2	1.2024/	−2	1.1327/	−2
38.00	1.0670/	−2	1.0051/	−2	9.4681/	−3	8.9190/	−3
40.00	8.4018/	−3						

$$^{51}\text{V}(\mathbf{n}, \gamma)^{52}\text{V}$$

$M = 50.942$ $\qquad$ $G = 99.75\%$ $\qquad$ $\sigma_{ac} = 4.8$ barn,

^{52}V $\quad$ $T_1 = 3.75$ minute

E_γ (keV) $\quad$ 1430

P $\qquad$ 1.000

Activation data for ^{52}V : $A_1(\tau)$, dps/μg

$A_1(\text{sat})$ $\quad = 5.6610/\ 5$

$A_1(1 \text{ sec}) = 1.7409/\ 3$

Minute	0.00		0.25		0.50		0.75	
0.00	0.0000/	0	2.5559/	4	4.9964/	4	7.3266/	4
1.00	9.5517/	4	1.1676/	5	1.3705/	5	1.5642/	5
2.00	1.7492/	5	1.9258/	5	2.0944/	5	2.2555/	5
3.00	2.4092/	5	2.5560/	5	2.6962/	5	2.8301/	5
4.00	2.9579/	5	3.0799/	5	3.1965/	5	3.3077/	5
5.00	3.4140/	5	3.5154/	5	3.6123/	5	3.7048/	5
6.00	3.7931/	5	3.8774/	5	3.9580/	5	4.0349/	5
7.00	4.1083/	5	4.1784/	5	4.2453/	5	4.3092/	5
8.00	4.3703/	5	4.4285/	5	4.4842/	5	4.5373/	5
9.00	4.5880/	5	4.6365/	5	4.6827/	5	4.7269/	5
10.00	4.7691/	5	4.8093/	5	4.8478/	5	4.8845/	5
11.00	4.9196/	5	4.9530/	5	4.9850/	5	5.0155/	5
12.00	5.0447/	5	5.0725/	5	5.0991/	5	5.1244/	5
13.00	5.1487/	5						

Decay factor for ^{52}V : $D_1(t)$

Minute	0.00		0.25		0.50		0.75	
0.00	1.0000/	0	9.5485/	−1	9.1174/	−1	8.7058/	−1
1.00	8.3127/	−1	7.9374/	−1	7.5790/	−1	7.2368/	−1
2.00	6.9101/	−1	6.5981/	−1	6.3002/	−1	6.0158/	−1
3.00	5.7442/	−1	5.4848/	−1	5.2372/	−1	5.0007/	−1
4.00	4.7750/	−1	4.5594/	−1	4.3535/	−1	4.1570/	−1
5.00	3.9693/	−1	3.7901/	−1	3.6190/	−1	3.4556/	−1
6.00	3.2995/	−1	3.1506/	−1	3.0083/	−1	2.8725/	−1
7.00	2.7428/	−1	2.6190/	−1	2.5007/	−1	2.3878/	−1
8.00	2.2800/	−1	2.1771/	−1	2.0788/	−1	1.9849/	−1
9.00	1.8953/	−1	1.8097/	−1	1.7280/	−1	1.6500/	−1
10.00	1.5755/	−1	1.5044/	−1	1.4365/	−1	1.3716/	−1
11.00	1.3097/	−1	1.2506/	−1	1.1941/	−1	1.1402/	−1
12.00	1.0887/	−1	1.0395/	−1	9.9261/	−2	9.4780/	−2
13.00	9.0500/	−2	8.6414/	−2	8.2513/	−2	7.8788/	−2
14.00	7.5230/	−2	7.1834/	−2	6.8591/	−2	6.5494/	−2
15.00	6.2537/	−2	5.9713/	−2	5.7017/	−2	5.4443/	−2
16.00	5.1985/	−2	4.9638/	−2	4.7397/	−2	4.5257/	−2

5*

Minute	0.00	0.25	0.50	0.75
17.00	$4.3214/-2$	$4.1263/-2$	$3.9400/-2$	$3.7621/-2$
18.00	$3.5922/-2$	$3.4300/-2$	$3.2752/-2$	$3.1273/-2$
19.00	$2.9861/-2$	$2.8513/-2$	$2.7226/-2$	$2.5996/-2$
20.00	$2.4823/-2$	$2.3702/-2$	$2.2632/-2$	$2.1610/-2$
21.00	$2.0634/-2$	$1.9703/-2$	$1.8813/-2$	$1.7964/-2$
22.00	$1.7153/-2$	$1.6378/-2$	$1.5639/-2$	$1.4933/-2$
23.00	$1.4259/-2$	$1.3615/-2$	$1.3000/-2$	$1.2413/-2$
24.00	$1.1853/-2$	$1.1318/-2$	$1.0807/-2$	$1.0319/-2$
25.00	$9.8528/-3$	$9.4080/-3$	$8.9832/-3$	$8.5776/-3$
26.00	$8.1903/-3$	$7.8206/-3$	$7.4675/-3$	$7.1303/-3$

$^{50}Cr(n, \gamma)^{51}Cr$

$M = 51.996$ $\qquad G = 4.31\%$ $\qquad \sigma_{ac} = 16$ barn,

^{51}Cr $\quad T_1 = 27.8$ day

E_γ (keV) $\quad 320$

$P \qquad \quad 0.098$

Activation data for ^{51}Cr : $A_1(\tau)$, dps/μg

$$A_1(\text{sat}) \quad = 7.9880/ \quad 4$$
$$A_1(1 \text{ sec}) = 2.3047/ \ -2$$

Day	0.00		1.00		2.00		3.00	
0.00	0.0000/	0	1.9666/	3	3.8849/	3	5.7559/	3
4.00	7.5808/	3	9.3608/	3	1.1097/	4	1.2790/	4
8.00	1.4442/	4	1.6053/	4	1.7625/	4	1.9157/	4
12.00	2.0652/	4	2.2111/	4	2.3533/	4	2.4920/	4
16.00	2.6273/	4	2.7593/	4	2.8880/	4	3.0136/	4
20.00	3.1361/	4	3.2555/	4	3.3720/	4	3.4857/	4
24.00	3.5965/	4	3.7047/	4	3.8101/	4	3.9130/	4
28.00	4.0133/	4	4.1112/	4	4.2066/	4	4.2997/	4
32.00	4.3905/	4	4.4791/	4	4.5655/	4	4.6497/	4
36.00	4.7319/	4	4.8121/	4	4.8903/	4	4.9665/	4
40.00	5.0409/	4	5.1135/	4	5.1843/	4	5.2533/	4
44.00	5.3206/	4	5.3863/	4	5.4503/	4	5.5128/	4
48.00	5.5738/	4	5.6332/	4	5.6912/	4	5.7477/	4
52.00	5.8029/	4	5.8567/	4	5.9092/	4	5.9603/	4
56.00	6.0103/	4	6.0590/	4	6.1064/	4	6.1528/	4
60.00	6.1980/	4						

Decay factor for ^{51}Cr : $D_1(t)$

Day	0.00		1.00		2.00		3.00	
0.00	1.0000/	0	9.7538/	−1	9.5137/	−1	9.2794/	−1
4.00	9.0510/	−1	8.8281/	−1	8.6108/	−1	8.3988/	−1
8.00	8.1920/	−1	7.9903/	−1	7.7936/	−1	7.6017/	−1
12.00	7.4146/	−1	7.2320/	−1	7.0540/	−1	6.8803/	−1
16.00	6.7109/	−1	6.5457/	−1	6.3845/	−1	6.2274/	−1
20.00	6.0740/	−1	5.9245/	−1	5.7786/	−1	5.6364/	−1
24.00	5.4976/	−1	5.3622/	−1	5.2302/	−1	5.1015/	−1
28.00	4.9759/	−1	4.8534/	−1	4.7339/	−1	4.6173/	−1
32.00	4.5036/	−1	4.3928/	−1	4.2846/	−1	4.1791/	−1
36.00	4.0762/	−1	3.9759/	−1	3.8780/	−1	3.7825/	−1
40.00	3.6894/	−1	3.5986/	−1	3.5100/	−1	3.4236/	−1
44.00	3.3393/	−1	3.2571/	−1	3.1769/	−1	3.0986/	−1
48.00	3.0224/	−1	2.9480/	−1	2.8754/	−1	2.8046/	−1
52.00	2.7355/	−1	2.6682/	−1	2.6025/	−1	2.5384/	−1
56.00	2.4759/	−1	2.4150/	−1	2.3555/	−1	2.2975/	−1

Day	0.00	1.00	2.00	3.00
60.00	2.2410/ −1	2.1858/ −1	2.1320/ −1	2.0795/ −1
64.00	2.0283/ −1	1.9783/ −1	1.9296/ −1	1.8821/ −1
68.00	1.8358/ −1	1.7906/ −1	1.7465/ −1	1.7035/ −1
72.00	1.6616/ −1	1.6207/ −1	1.5808/ −1	1.5418/ −1
76.00	1.5039/ −1	1.4669/ −1	1.4307/ −1	1.3955/ −1
80.00	1.3612/ −1	1.3277/ −1	1.2950/ −1	1.2631/ −1
84.00	1.2320/ −1	1.2017/ −1	1.1721/ −1	1.1432/ −1
88.00	1.1151/ −1	1.0876/ −1	1.0608/ −1	1.0347/ −1
92.00	1.0092/ −1	9.8440/ −2	9.6016/ −2	9.3652/ −2
96.00	9.1347/ −2	8.9098/ −2	8.6904/ −2	8.4765/ −2
100.00	8.2678/ −2	8.0642/ −2	7.8657/ −2	7.6720/ −2
104.00	7.4831/ −2	7.2989/ −2	7.1192/ −2	6.9439/ −2
108.00	6.7730/ −2	6.6062/ −2	6.4436/ −2	6.2849/ −2
112.00	6.1302/ −2	5.9793/ −2	5.8321/ −2	5.6885/ −2
116.00	5.5484/ −2	5.4118/ −2	5.2786/ −2	5.1486/ −2
120.00	5.0219/ −2	4.8982/ −2	4.7776/ −2	4.6600/ −2
124.00	4.5453/ −2	4.4334/ −2	4.3242/ −2	4.2178/ −2
128.00	4.1139/ −2	4.0126/ −2	3.9139/ −2	3.8175/ −2
132.00	3.7235/ −2	3.6318/ −2	3.5424/ −2	3.4552/ −2
136.00	3.3701/ −2	3.2872/ −2	3.2062/ −2	3.1273/ −2
140.00	3.0503/ −2	2.9752/ −2	2.9020/ −2	2.8305/ −2
144.00	2.7608/ −2	2.6929/ −2	2.6266/ −2	2.5619/ −2
148.00	2.4988/ −2	2.4373/ −2	2.3773/ −2	2.3188/ −2
152.00	2.2617/ −2	2.2060/ −2	2.1517/ −2	2.0987/ −2
156.00	2.0470/ −2	1.9966/ −2	1.9475/ −2	1.8995/ −2
160.00	1.8528/ −2	1.8072/ −2	1.7627/ −2	1.7193/ −2
164.00	1.6769/ −2	1.6357/ −2	1.5954/ −2	1.5561/ −2
168.00	1.5178/ −2	1.4804/ −2	1.4440/ −2	1.4084/ −2
172.00	1.3738/ −2	1.3399/ −2	1.3069/ −2	1.2748/ −2
176.00	1.2434/ −2	1.2128/ −2	1.1829/ −2	1.1538/ −2
180.00	1.1254/ −2	1.0977/ −2	1.0706/ −2	1.0443/ −2
184.00	1.0186/ −2	9.9350/ −3	9.6904/ −3	9.4518/ −3
188.00	9.2191/ −3	8.9922/ −3	8.7708/ −3	8.5548/ −3
192.00	8.3442/ −3			

$^{54}\text{Cr}(\text{n}, \gamma)^{55}\text{Cr}$

$M = 51.996$ $\qquad G = 2.38\%$ $\qquad \sigma_{\text{ac}} = 0.38$ barn,

^{55}Cr $\quad T_1 = 3.6$ minute

E_γ (keV) no gamma

Activation data for $^{55}\text{Cr} : A_1(\tau)$, dps/$\mu$g
$A_1(\text{sat}) \quad = 1.0476/\ 3$
$A_1(1 \text{ sec}) = 3.3557/\ 0$

Minute	0.00		0.25		0.50		0.75	
0.00	0.0000/	0	4.9223/	1	9.6133/	1	1.4084/	2
1.00	1.8344/	2	2.2405/	2	2.6274/	2	2.9962/	2
2.00	3.3477/	2	3.6826/	2	4.0018/	2	4.3060/	2
3.00	4.5959/	2	4.8722/	2	5.1355/	2	5.3864/	2
4.00	5.6256/	2	5.8535/	2	6.0707/	2	6.2777/	2
5.00	6.4749/	2	6.6629/	2	6.8421/	2	7.0129/	2
6.00	7.1756/	2	7.3307/	2	7.4785/	2	7.6193/	2
7.00	7.7535/	2	7.8815/	2	8.0034/	2	8.1196/	2
8.00	8.2303/	2	8.3358/	2	8.4364/	2	8.5322/	2
9.00	8.6236/	2	8.7106/	2	8.7936/	2	8.8726/	2
10.00	8.9480/	2	9.0198/	2	9.0882/	2	9.1534/	2
11.00	9.2156/	2	9.2748/	2	9.3312/	2	9.3850/	2
12.00	9.4363/	2						

Decay factor for $^{55}\text{Cr} : D_1(t)$

Minute	0.00		0.25		0.50		0.75	
0.00	1.0000/	0	9.5301/	−1	9.0824/	−1	8.6556/	−1
1.00	8.2489/	−1	7.8614/	−1	7.4920/	−1	7.1400/	−1
2.00	6.8045/	−1	6.4848/	−1	6.1801/	−1	5.8897/	−1
3.00	5.6130/	−1	5.3493/	−1	5.0979/	−1	4.8584/	−1
4.00	4.6301/	−1	4.4126/	−1	4.2053/	−1	4.0077/	−1
5.00	3.8194/	−1	3.6399/	−1	3.4689/	−1	3.3059/	−1
6.00	3.1506/	−1	3.0025/	−1	2.8615/	−1	2.7270/	−1
7.00	2.5989/	−1	2.4768/	−1	2.3604/	−1	2.2495/	−1
8.00	2.1438/	−1	2.0431/	−1	1.9471/	−1	1.8556/	−1
9.00	1.7684/	−1	1.6853/	−1	1.6061/	−1	1.5307/	−1
10.00	1.4588/	−1	1.3902/	−1	1.3249/	−1	1.2626/	−1
11.00	1.2033/	−1	1.1468/	−1	1.0929/	−1	1.0416/	−1
12.00	9.9261/	−2	9.4597/	−2	9.0153/	−2	8.5917/	−2
13.00	8.1880/	−2	7.8033/	−2	7.4366/	−2	7.0872/	−2
14.00	6.7542/	−2	6.4369/	−2	6.1344/	−2	5.8462/	−2
15.00	5.5715/	−2	5.3098/	−2	5.0603/	−2	4.8225/	−2
16.00	4.5959/	−2	4.3800/	−2	4.1742/	−2	3.9781/	−2
17.00	3.7912/	−2	3.6130/	−2	3.4433/	−2	3.2815/	−2

Minute	0.00	0.25	0.50	0.75
18.00	3.1273/ −2	2.9804/ −2	2.8403/ −2	2.7069/ −2
19.00	2.5797/ −2	2.4585/ −2	2.3430/ −2	2.2329/ −2
20.00	2.1280/ −2	2.0280/ −2	1.9327/ −2	1.8419/ −2
21.00	1.7554/ −2	1.6729/ −2	1.5943/ −2	1.5194/ −2
22.00	1.4480/ −2	1.3799/ −2	1.3151/ −2	1.2533/ −2
23.00	1.1944/ −2	1.1383/ −2	1.0848/ −2	1.0339/ −2
24.00	9.8528/ −3			

^{55}Mn$(n, \gamma)^{56}$Mn

$M = 54.9381$ $\qquad\qquad$ $G = 100\%$ $\qquad\qquad$ $\sigma_{ac} = 13.3$ barn,

^{56}**Mn** $\quad T_1 = 2.58$ hour

E_γ (keV) $\quad$ 2110 $\quad$ 1810 $\quad$ 847

P $\qquad$ 0.150 $\quad$ 0.290 $\quad$ 0.990

Activation data for ^{56}Mn : $A_1(\tau)$, dps/μg

$$A_1(\text{sat}) = 1.4581/\ 6$$
$$A_1(1\ \text{sec}) = 1.0879/\ 2$$

Hour	0.000		0.125		0.250		0.375	
0.00	0.0000/	0	4.8144/	4	9.4699/	4	1.3972/	5
0.50	1.8325/	5	2.2534/	5	2.6604/	5	3.0540/	5
1.00	3.4346/	5	3.8027/	5	4.1586/	5	4.5027/	5
1.50	4.8355/	5	5.1573/	5	5.4684/	5	5.7693/	5
2.00	6.0603/	5	6.3416/	5	6.6136/	3	6.8767/	5
2.50	7.1311/	5	7.3771/	5	7.6150/	5	7.8450/	5
3.00	8.0674/	5	8.2825/	5	8.4904/	5	8.6915/	5
3.50	8.8860/	5	9.0740/	5	9.2559/	5	9.4317/	5
4.00	9.6017/	5	9.7661/	5	9.9251/	5	1.0079/	6
4.50	1.0228/	6	1.0371/	6	1.0510/	6	1.0645/	6
5.00	1.0775/	6	1.0900/	6	1.1022/	6	1.1139/	6
5.50	1.1253/	6	1.1363/	6	1.1469/	6	1.1572/	6
6.00	1.1671/	6	1.1767/	6	1.1860/	6	1.1950/	6
6.50	1.2037/	6	1.2121/	6	1.2202/	6	1.2281/	6
7.00	1.2357/	6	1.2430/	6	1.2501/	6	1.2570/	6
7.50	1.2636/	6	1.2700/	6	1.2763/	6	1.2823/	6
8.00	1.2881/	6	1.2937/	6	1.2991/	6	1.3044/	6
8.50	1.3094/	6	1.3143/	6	1.3191/	6	1.3237/	6
9.00	1.3281/	6						

Decay factor for ^{56}Mn : $D_1(t)$

Hour	0.000		0.125		0.250		0.375	
0.00	1.0000/	0	9.6698/	−1	9.3505/	−1	9.0418/	−1
0.50	8.7433/	−1	8.4546/	−1	8.1754/	−1	7.9055/	−1
1.00	7.6445/	−1	7.3920/	−1	7.1480/	−1	6.9120/	−1
1.50	6.6837/	−1	6.4631/	−1	6.2497/	−1	6.0433/	−1
2.00	5.8438/	−1	5.6508/	−1	5.4642/	−1	5.2838/	−1
2.50	5.1094/	−1	4.9407/	−1	4.7775/	−1	4.6198/	−1
3.00	4.4672/	−1	4.3197/	−1	4.1771/	−1	4.0392/	−1
3.50	3.9058/	−1	3.7769/	−1	3.6522/	−1	3.5316/	−1
4.00	3.4150/	−1	3.3022/	−1	3.1932/	−1	3.0877/	−1
4.50	2.9858/	−1	2.8872/	−1	2.7919/	−1	2.6997/	−1
5.00	2.6106/	−1	2.5244/	−1	2.4410/	−1	2.3604/	−1
5.50	2.2825/	−1	2.2071/	−1	2.1342/	−1	2.0638/	−1

Hour	0.000	0.125	0.250	0.375
6.00	1.9956/ −1	1.9297/ −1	1.8660/ −1	1.8044/ −1
6.50	1.7448/ −1	1.6872/ −1	1.6315/ −1	1.5776/ −1
7.00	1.5255/ −1	1.4752/ −1	1.4265/ −1	1.3794/ −1
7.50	1.3338/ −1	1.2898/ −1	1.2472/ −1	1.2060/ −1
8.00	1.1662/ −1	1.1277/ −1	1.0905/ −1	1.0545/ −1
8.50	1.0196/ −1	9.8597/ −2	9.5341/ −2	9.2193/ −2
9.00	8.9149/ −2	8.6206/ −2	8.3359/ −2	8.0607/ −2
9.50	7.7946/ −2	7.5372/ −2	7.2883/ −2	7.0477/ −2
10.00	6.8150/ −2	6.5900/ −2	6.3724/ −2	6.1620/ −2
10.50	5.9585/ −2	5.7618/ −2	5.5715/ −2	5.3876/ −2
11.00	5.2097/ −2	5.0377/ −2	4.8713/ −2	4.7105/ −2
11.50	4.5550/ −2	4.4046/ −2	4.2591/ −2	4.1185/ −2
12.00	3.9825/ −2	3.8510/ −2	3.7239/ −2	3.6009/ −2
12.50	3.4820/ −2	3.3670/ −2	3.2559/ −2	3.1484/ −2
13.00	3.0444/ −2	2.9439/ −2	2.8467/ −2	2.7527/ −2
13.50	2.6618/ −2	2.5739/ −2	2.4889/ −2	2.4068/ −2
14.00	2.3273/ −2	2.2504/ −2	2.1761/ −2	2.1043/ −2
14.50	2.0348/ −2	1.9676/ −2	1.9027/ −2	1.8398/ −2
15.00	1.7791/ −2	1.7203/ −2	1.6635/ −2	1.6086/ −2
15.50	1.5555/ −2	1.5041/ −2	1.4545/ −2	1.4065/ −2
16.00	1.3600/ −2	1.3151/ −2	1.2717/ −2	1.2297/ −2
16.50	1.1891/ −2	1.1498/ −2	1.1119/ −2	1.0752/ −2
17.00	1.0397/ −2	1.0053/ −2	9.7214/ −3	9.4004/ −3
17.50	9.0900/ −3	8.7899/ −3	8.4996/ −3	8.2190/ −3
18.00	7.9476/ −3			

$^{54}\text{Fe}(\text{n}, \gamma)^{55}\text{Fe}$

$M = 55.847$ $\qquad G = 5.84\%$ $\qquad \sigma_{ac} = 2.8$ barn,

^{55}Fe $\quad T_1 = 2.6$ year

E_γ (keV) no gamma

Activation data for ^{55}Fe : $A_1(\tau)$, dps/μg

$A_1(\text{sat})\ \ = 1.7635/\ \ 4$

$A_1(1\ \text{sec}) = 1.4910/\ -4$

Day	0.00		10.00		20.00		30.00	
0.00	0.0000/	0	1.2831/	2	2.5569/	2	3.8214/	2
40.00	5.0767/	2	6.3229/	2	7.5600/	2	8.7881/	2
80.00	1.0007/	3	1.1218/	3	1.2419/	3	1.3612/	3
120.00	1.4796/	3	1.5971/	3	1.7138/	3	1.8297/	3
160.00	1.9447/	3	2.0588/	3	2.1722/	3	2.2847/	3
200.00	2.3964/	3	2.5072/	3	2.6173/	3	2.7266/	3
240.00	2.8351/	3	2.9427/	3	3.0496/	3	3.1558/	3
280.00	3.2611/	3	3.3657/	3	3.4695/	3	3.5726/	3
320.00	3.6749/	3	3.7765/	3	3.8773/	3	3.9774/	3
360.00	4.0768/	3	4.1754/	3	4.2734/	3	4.3706/	3
400.00	4.4671/	3	4.5629/	3	4.6580/	3	4.7524/	3
440.00	4.8462/	3	4.9392/	3	5.0316/	3	5.1233/	3
480.00	5.2143/	3	5.3047/	3	5.3944/	3	5.4835/	3
520.00	5.5719/	3	5.6597/	3	5.7468/	3	5.8333/	3
560.00	5.9192/	3	6.0044/	3	6.0890/	3	6.1731/	3
600.00	6.2565/	3						

Decay factor for ^{55}Fe : $D_1(t)$

Day	0.00		10.00		20.00		30.00	
0.00	1.0000/	0	9.9272/	−1	9.8550/	−1	9.7833/	−1
40.00	9.7121/	−1	9.6415/	−1	9.5713/	−1	9.5017/	−1
80.00	9.4325/	−1	9.3639/	−1	9.2958/	−1	9.2281/	−1
120.00	9.1610/	−1	9.0944/	−1	9.0282/	−1	8.9625/	−1
160.00	8.8973/	−1	8.8326/	−1	8.7683/	−1	8.7045/	−1
200.00	8.6412/	−1	8.5783/	−1	8.5159/	−1	8.4539/	−1
240.00	8.3924/	−1	8.3313/	−1	8.2707/	−1	8.2105/	−1
280.00	8.1508/	−1	8.0915/	−1	8.0326/	−1	7.9742/	−1
320.00	7.9162/	−1	7.8586/	−1	7.8014/	−1	7.7446/	−1
360.00	7.6883/	−1	7.6323/	−1	7.5768/	−1	7.5217/	−1
400.00	7.4670/	−1	7.4126/	−1	7.3587/	−1	7.3052/	−1
440.00	7.2520/	−1	7.1992/	−1	7.1469/	−1	7.0949/	−1
480.00	7.0432/	−1	6.9920/	−1	6.9411/	−1	6.8906/	−1
520.00	6.8405/	−1	6.7907/	−1	6.7413/	−1	6.6923/	−1
560.00	6.6436/	−1	6.5972/	−1	6.5472/	−1	6.4996/	−1
600.00	6.4523/	−1	6.4054/	−1	6.3588/	−1	6.3125/	−1
640.00	6.2666/	−1	6.2210/	−1	6.1757/	−1	6.1308/	−1
680.00	6.0862/	−1	6.0419/	−1	5.9979/	−1	5.9543/	−1
720.00	5.9110/	−1						

^{58}Fe$(n, \gamma)^{59}$Fe

$M = 55.847$ $\qquad$ $G = 0.31\%$ $\qquad$ $\sigma_{ac} = 1.23$ barn,

^{59}Fe $\quad$ T$_1 = \quad$ 45.6 day

E_γ (keV) $\quad$ 1292 $\quad$ 1099 $\quad$ 192

P $\qquad$ 0.435 $\quad$ 0.562 $\quad$ 0.028

Activation data for ^{59}Fe $: A_1(\tau)$, dps/μg

A_1(sat) $\quad = 4.1123/ \quad 2$

A_1(1 sec) $= 7.2330/ \; -5$

Day	0.00		2.00		4.00		6.00	
0.00	0.0000/	0	1.2311/	1	2.4254/	1	3.5838/	1
8.00	4.7077/	1	5.7978/	1	6.8554/	1	7.8812/	1
16.00	8.8764/	1	9.8418/	1	1.0778/	2	1.1687/	2
24.00	1.2568/	2	1.3423/	2	1.4252/	2	1.5056/	2
32.00	1.5837/	2	1.6594/	2	1.7328/	2	1.8040/	2
40.00	1.8731/	2	1.9402/	2	2.0052/	2	2.0683/	2
48.00	2.1295/	2	2.1888/	2	2.2464/	2	2.3023/	2
56.00	2.3565/	2	2.4090/	2	2.4600/	2	2.5095/	2
64.00	2.5575/	2	2.6040/	2	2.6492/	2	2.6930/	2
72.00	2.7355/	2	2.7767/	2	2.8167/	2	2.8554/	2
80.00	2.8931/	2	2.9296/	2	2.9650/	2	2.9993/	2
88.00	3.0326/	2	3.0650/	2	3.0963/	2	3.1267/	2
96.00	3.1562/	2	3.1849/	2	3.2126/	2	3.2396/	2
104.00	3.2657/	2	3.2910/	2	3.3156/	2	3.3395/	2
112.00	3.3626/	2	3.3850/	2	3.4068/	2	3.4279/	2
120.00	3.4484/	2						

Decay factor for ^{59}Fe $: D_1(t)$

Day	0.00		2.00		4.00		6.00	
0.00	1.0000/	0	9.7006/	-1	9.4102/	-1	9.1285/	-1
8.00	8.8552/	-1	8.5901/	-1	8.3329/	-1	8.0835/	-1
16.00	7.8415/	-1	7.6067/	-1	7.3790/	-1	7.1581/	-1
24.00	6.9438/	-1	6.7359/	-1	6.5343/	-1	6.3386/	-1
32.00	6.1489/	-1	5.9648/	-1	5.7862/	-1	5.6130/	-1
40.00	5.4450/	-1	5.2820/	-1	5.1238/	-1	4.9704/	-1
48.00	4.8216/	-1	4.6773/	-1	4.5373/	-1	4.4014/	-1
56.00	4.2697/	-1	4.1418/	-1	4.0178/	-1	3.8976/	-1
64.00	3.7809/	-1	3.6677/	-1	3.5579/	-1	3.4514/	-1
72.00	3.3480/	-1	3.2478/	-1	3.1506/	-1	3.0563/	-1
80.00	2.9648/	-1	2.8760/	-1	2.7899/	-1	2.7064/	-1
88.00	2.6254/	-1	2.5468/	-1	2.4705/	-1	2.3966/	-1
96.00	2.3248/	-1	2.2552/	-1	2.1877/	-1	2.1222/	-1
104.00	2.0587/	-1	1.9970/	-1	1.9372/	-1	1.8793/	-1
112.00	1.8230/	-1	1.7684/	-1	1.7155/	-1	1.6641/	-1

Day	0.00	2.00	4.00	6.00
120.00	1.6143/ −1	1.5660/ −1	1.5191/ −1	1.4736/ −1
128.00	1.4295/ −1	1.3867/ −1	1.3452/ −1	1.3049/ −1
136.00	1.2658/ −1	1.2280/ −1	1.1912/ −1	1.1555/ −1
144.00	1.1209/ −1	1.0874/ −1	1.0548/ −1	1.0232/ −1
152.00	9.9261/ −2	9.6290/ −2	9.3407/ −2	9.0611/ −2
160.00	8.7898/ −2	8.5266/ −2	8.2714/ −2	8.0238/ −2
168.00	7.7835/ −2	7.5505/ −2	7.3245/ −2	7.1052/ −2
176.00	6.8925/ −2	6.6862/ −2	6.4860/ −2	6.2918/ −2
184.00	6.1035/ −2	5.9207/ −2	5.7435/ −2	5.5715/ −2
192.00	5.4047/ −2	5.2429/ −2	5.0860/ −2	4.9337/ −2
200.00	4.7860/ −2	4.6427/ −2	4.5037/ −2	4.3689/ −2
208.00	4.2381/ −2	4.1112/ −2	3.9882/ −2	3.8688/ −2
216.00	3.7529/ −2	3.6406/ −2	3.5316/ −2	3.4259/ −2
224.00	3.3233/ −2	3.2238/ −2	3.1273/ −2	3.0337/ −2
232.00	2.9429/ −2	2.8548/ −2	2.7693/ −2	2.6864/ −2
240.00	2.6060/ −2	2.5279/ −2	2.4523/ −2	2.3789/ −2
248.00	2.3076/ −2	2.2385/ −2	2.1715/ −2	2.1065/ −2
256.00	2.0435/ −2	1.9823/ −2	1.9229/ −2	1.8654/ −2
264.00	1.8095/ −2	1.7554/ −2	1.7028/ −2	1.6518/ −2
272.00	1.6024/ −2	1.5544/ −2	1.5079/ −2	1.4627/ −2
280.00	1.4189/ −2	1.3765/ −2	1.3352/ −2	1.2953/ −2
288.00	1.2565/ −2	1.2189/ −2	1.1824/ −2	1.1470/ −2
296.00	1.1127/ −2	1.0793/ −2	1.0470/ −2	1.0157/ −2
304.00	9.8528/ −3	9.5578/ −3	9.2717/ −3	8.9941/ −3
312.00	8.7249/ −3			

$^{59}\text{Co}(\mathbf{n}, \gamma)^{60}\text{Co}$

$M = 58.9332$ $\qquad$ $G = 100\%$ $\qquad$ $\sigma_{ac} = 17.0$ barn,

^{60}Co $\quad$ $T_1 = 5.263$ year

E_γ (keV) $\quad$ 1332 $\quad$ 1173

P $\qquad$ 1.000 1.000

Activation data for ^{60}Co : $A_1(\tau)$, dps/μg

$A_1(\text{sat})\ \ = 1.7374/\quad 6$

$A_1(1\ \text{sec}) = 7.2561/\ -3$

Day	0.00		10.00		20.00		30.00	
0.00	0.0000/	0	6.2564/	3	1.2490/	4	1.8702/	4
40.00	2.4891/	4	3.1058/	4	3.7202/	4	4.3325/	4
80.00	4.9425/	4	5.5503/	4	6.1560/	4	6.7595/	4
120.00	7.3608/	4	7.9599/	4	8.5569/	4	9.1517/	4
160.00	9.7444/	4	1.0335/	5	1.0923/	5	1.1510/	5
200.00	1.2094/	5	1.2676/	5	1.3256/	5	1.3834/	5
240.00	1.4410/	5	1.4983/	5	1.5555/	5	1.6125/	5
280.00	1.6692/	5	1.7258/	5	1.7821/	5	1.8383/	5
320.00	1.8942/	5	1.9500/	5	2.0055/	5	2.0609/	5
360.00	2.1160/	5	2.1709/	5	2.2257/	5	2.2802/	5
400.00	2.3346/	5	2.3887/	5	2.4427/	5	2.4965/	5
440.00	2.5501/	5	2.6034/	5	2.6566/	5	2.7096/	5
480.00	2.7624/	5	2.8150/	5	2.8675/	5	2.9197/	5
520.00	2.9718/	5	3.0236/	5	3.0753/	5	3.1268/	5
560.00	3.1781/	5	3.2292/	5	3.2802/	5	3.3309/	5
600.00	3.3815/	5						

Decay factor for ^{60}Co : $D_1(t)$

Day	0.00		10.00		20.00		30.00	
0.00	1.0000/	0	9.9640/	-1	9.9281/	-1	9.8924/	-1
40.00	9.8567/	-1	9.8212/	-1	9.7859/	-1	9.7506/	-1
80.00	9.7155/	-1	9.6805/	-1	9.6457/	-1	9.6109/	-1
120.00	9.5763/	-1	9.5419/	-1	9.5075/	-1	9.4733/	-1
160.00	9.4391/	-1	9.4052/	-1	9.3713/	-1	9.3375/	-1
200.00	9.3039/	-1	9.2704/	-1	9.2370/	-1	9.2038/	-1
240.00	9.1706/	-1	9.1376/	-1	9.1047/	-1	9.0719/	-1
280.00	9.0392/	-1	9.0067/	-1	8.9743/	-1	8.9419/	-1
320.00	8.9097/	-1	8.8777/	-1	8.8457/	-1	8.8138/	-1
360.00	8.7821/	-1	8.7505/	-1	8.7190/	-1	8.6876/	-1
400.00	8.6563/	-1	8.6251/	-1	8.5940/	-1	8.5631/	-1
440.00	8.5323/	-1	8.5015/	-1	8.4709/	-1	8.4404/	-1
480.00	8.4100/	-1	8.3797/	-1	8.3496/	-1	8.3195/	-1

Day	0.00	10.00	20.00	30.00
520.00	8.2895/ —1	8.2597/ —1	8.2299/ —1	8.2003/ —1
560.00	8.1708/ —1	8.1414/ —1	8.1120/ —1	8.0828/ —1
600.00	8.0537/ —1	8.0247/ —1	7.9958/ —1	7.9670/ —1
640.00	7.9383/ —1	7.9098/ —1	7.8813/ —1	7.8529/ —1
680.00	7.8246/ —1	7.7964/ —1	7.7684/ —1	7.7404/ —1
720.00	7.7125/ —1			

See also ^{59}Co(n, γ)^{60m}Co $\rightarrow$ ^{60}Co

$$^{59}\text{Co}(n, \gamma)^{60m}\text{Co} \rightarrow {}^{60}\text{Co}$$

$M = 58.9332$ $\qquad G = 100\%$ $\qquad \sigma_{ac} = 19.9$ barn,

^{60m}Co $\quad T_1 = 10.47$ minute

E_γ (keV)	1330	59
P	0.025	0.021

^{60}Co $\quad T_2 = 5.263$ year

E_γ (keV)	1332	1173
P	1.000	1.000

Activation data for ^{60m}Co : $A_1(\tau)$, dps/μg

$A_1(\text{sat})\quad = 2.0338/\ 6$

$A_1(1\ \text{sec}) = 2.2423/\ 3$

$K = -3.7730/\ -6$

Time intervals with respect to T_1

Minute	0.00		0.50		1.00		1.50	
0.00	0.0000/	0	6.6206/	4	1.3026/	5	1.9222/	5
2.00	2.5217/	5	3.1017/	5	3.6628/	5	4.2056/	5
4.00	4.7307/	5	5.2388/	5	5.7303/	5	6.2058/	5
6.00	6.6659/	5	7.1109/	5	7.5415/	5	7.9581/	5
8.00	8.3611/	5	8.7510/	5	9.1281/	5	9.4931/	5
10.00	9.8461/	5	1.0188/	6	1.0518/	6	1.0838/	6
12.00	1.1147/	6	1.1446/	6	1.1736/	6	1.2016/	6
14.00	1.2287/	6	1.2549/	6	1.2802/	6	1.3048/	6
16.00	1.3285/	6	1.3514/	6	1.3737/	6	1.3951/	6
18.00	1.4159/	6	1.4360/	6	1.4555/	6	1.4743/	6
20.00	1.4925/	6	1.5102/	6	1.5272/	6	1.5437/	6
22.00	1.5597/	6	1.5751/	6	1.5900/	6	1.6045/	6
24.00	1.6184/	6	1.6320/	6	1.6450/	6	1.6577/	6
26.00	1.6699/	6	1.6818/	6	1.6932/	6	1.7043/	6
28.00	1.7151/	6	1.7254/	6	1.7355/	6	1.7452/	6
30.00	1.7546/	6	1.7637/	6	1.7725/	6	1.7810/	6
32.00	1.7892/	6	1.7972/	6	1.8049/	6	1.8123/	6
34.00	1.8195/	6	1.8265/	6	1.8332/	6	1.8398/	6
36.00	1.8461/	6						

Decay factor for ^{60m}Co : $D_1(t)$

Minute	0.00		0.50		1.00		1.50	
0.00	1.0000/	0	9.6745/	−1	9.3595/	−1	9.0549/	−1
2.00	8.7601/	−1	8.4749/	−1	8.1990/	−1	7.9321/	−1
4.00	7.6739/	−1	7.4241/	−1	7.1824/	−1	6.9486/	−1
6.00	6.7224/	−1	6.5036/	−1	6.2919/	−1	6.0871/	−1
8.00	5.8889/	−1	5.6972/	−1	5.5118/	−1	5.3323/	−1

Minute	0.00	0.50	1.00	1.50
10.00	5.1587/ —1	4.9908/ —1	4.8284/ —1	4.6712/ —1
12.00	4.5191/ —1	4.3720/ —1	4.2297/ —1	4.0920/ —1
14.00	3.9588/ —1	3.8299/ —1	3.7052/ —1	3.5846/ —1
16.00	3.4679/ —1	3.3550/ —1	3.2458/ —1	3.1402/ —1
18.00	3.0379/ —1	2.9391/ —1	2.8434/ —1	2.7508/ —1
20.00	2.6613/ —1	2.5746/ —1	2.4908/ —1	2.4097/ —1
22.00	2.3313/ —1	2.2554/ —1	2.1820/ —1	2.1110/ —1
24.00	2.0422/ —1	1.9758/ —1	1.9114/ —1	1.8492/ —1
26.00	1.7890/ —1	1.7308/ —1	1.6744/ —1	1.6199/ —1
28.00	1.5672/ —1	1.5162/ —1	1.4668/ —1	1.4191/ —1
30.00	1.3729/ —1	1.3282/ —1	1.2850/ —1	1.2431/ —1
32.00	1.2027/ —1	1.1635/ —1	1.1256/ —1	1.0890/ —1
34.00	1.0535/ —1	1.0192/ —1	9.8606/ —2	9.5396/ —2
36.00	9.2291/ —2	8.9287/ —2	8.6380/ —2	8.3568/ —2
38.00	8.0848/ —2	7.8216/ —2	7.5670/ —2	7.3207/ —2
40.00	7.0823/ —2	6.8518/ —2	6.6288/ —2	6.4130/ —2
42.00	6.2042/ —2	6.0022/ —2	5.8069/ —2	5.6178/ —2
44.00	5.4349/ —2	5.2580/ —2	5.0869/ —2	4.9213/ —2
46.00	4.7611/ —2	4.6061/ —2	4.4561/ —2	4.3111/ —2
48.00	4.1707/ —2	4.0350/ —2	3.9036/ —2	3.7765/ —2
50.00	3.6536/ —2	3.5347/ —2	3.4196/ —2	3.3083/ —2
52.00	3.2006/ —2	3.0964/ —2	2.9956/ —2	2.8981/ —2
54.00	2.8038/ —2	2.7125/ —2	2.6242/ —2	2.5388/ —2
56.00	2.4561/ —2	2.3762/ —2	2.2988/ —2	2.2240/ —2
58.00	2.1516/ —2	2.0815/ —2	2.0138/ —2	1.9482/ —2
60.00	1.8848/ —2	1.8234/ —2	1.7641/ —2	1.7067/ —2
62.00	1.6511/ —2	1.5974/ —2	1.5454/ —2	1.4951/ —2
64.00	1.4464/ —2	1.3993/ —2	1.3537/ —2	1.3097/ —2
66.00	1.2670/ —2	1.2258/ —2	1.1859/ —2	1.1473/ —2
68.00	1.1099/ —2	1.0738/ —2	1.0389/ —2	1.0050/ —2
70.00	9.7232/ —3	9.4067/ —3	9.1005/ —3	8.8042/ —3
72.00	8.5176/ —3			

Activation data for ^{60}Co : $F \cdot A_2(\tau)$

$$F \cdot A_2(\text{sat}) = 2.0277/ \quad 6$$
$$F \cdot A_2(1 \text{ sec}) = 8.4684/ \quad -3$$

Minute	0.00	0.50	1.00	1.50
0.00	0.0000/ 0	2.5399/ —1	5.0799/ —1	7.6198/ —1
2.00	1.0159/ 0	1.2699/ 0	1.5239/ 0	1.7779/ 0
4.00	2.0319/ 0	2.2859/ 0	2.5399/ 0	2.7939/ 0
6.00	3.0479/ 0	3.3019/ 0	3.5559/ 0	3.8099/ 0
8.00	4.0638/ 0	4.3178/ 0	4.5718/ 0	4.8258/ 0
10.00	5.0798/ 0	5.3338/ 0	5.5878/ 0	5.8417/ 0
12.00	6.0957/ 0	6.3497/ 0	6.6037/ 0	6.8577/ 0
14.00	7.1117/ 0	7.3657/ 0	7.6197/ 0	7.8737/ 0
16.00	8.1276/ 0	8.3816/ 0	8.6356/ 0	8.8896/ 0
18.00	9.1436/ 0	9.3976/ 0	9.6516/ 0	9.9056/ 0
20.00	1.0160/ 1	1.0414/ 1	1.0668/ 1	1.0922/ 1

6

Minute	0.00		0.50		1.00		1.50	
22.00	1.1176/	1	1.1429/	1	1.1683/	1	1.1937/	1
24.00	1.2191/	1	1.2445/	1	1.2699/	1	1.2953/	1
26.00	1.3207/	1	1.3461/	1	1.3715/	1	1.3969/	1
28.00	1.4223/	1	1.4477/	1	1.4731/	1	1.4985/	1
30.00	1.5239/	1	1.5493/	1	1.5747/	1	1.6001/	1
32.00	1.6255/	1	1.6509/	1	1.6763/	1	1.7017/	1
34.00	1.7271/	1	1.7525/	1	1.7779/	1	1.8033/	1
36.00	1.8287/	1						

Decay factor for ^{60}Co : $D_2(t)$

Minute	0.00		0.50		1.00		1.50	
0.00	1.0000/	0	1.0000/	0	1.0000/	0	1.0000/	0
2.00	1.0000/	0	1.0000/	0	1.0000/	0	1.0000/	0

Activation data for ^{60m}Co : $A_1(\tau)$, dps/μg

$$A_1(\text{sat}) = 2.0338/\ 6$$
$$A_1(1\ \text{sec}) = 2.2423/\ 3$$

$K = -3.7730/\ -6$

Time intervals with respect to T_2

Day	0.00		10.00		20.00		30.00	
0.00	0.0000/	0	2.0338/	6	2.0338/	6	2.0338/	6
40.00	2.0338/	6	2.0338/	6	2.0338/	6	2.0338/	6

Decay factor for ^{60m}Co : $D_1(t)$

Day	0.00		10.00		20.00		30.00	
0.00	1.0000/	0	0.0000/	0	0.0000/	0	0.0000/	0
40.00	0.0000/	0	0.0000/	0	0.0000/	0	0.0000/	0

Activation data for ^{60}Co : $F \cdot A_2(\tau)$

$$F \cdot A_2(\text{sat}) = 2.0277/\ 6$$
$$F \cdot A_2(1\ \text{sec}) = 8.4684/\ -3$$

Day	0.00		10.00		20.00		30.00	
0.00	0.0000/	0	7.3017/	3	1.4577/	4	2.1826/	4
40.00	2.9049/	4	3.6247/	4	4.3418/	4	5.0563/	4
80.00	5.7683/	4	6.4777/	4	7.1845/	4	7.8888/	4
120.00	8.5906/	4	9.2898/	4	9.9865/	4	1.0681/	5
160.00	1.1372/	5	1.2062/	5	1.2748/	5	1.3433/	5

Day	0.00		10.00		20.00		30.00	
200.00	1.4114/	5	1.4794/	5	1.5471/	5	1.6145/	5
240.00	1.6817/	5	1.7487/	5	1.8154/	5	1.8819/	5
280.00	1.9481/	5	2.0141/	5	2.0799/	5	2.1454/	5
320.00	2.2107/	5	2.2758/	5	2.3406/	5	2.4052/	5
360.00	2.4695/	5	2.5337/	5	2.5976/	5	2.6612/	5
400.00	2.7246/	5	2.7879/	5	2.8508/	5	2.9136/	5
440.00	2.9761/	5	3.0384/	5	3.1005/	5	3.1623/	5
480.00	3.2240/	5	3.2854/	5	3.3466/	5	3.4075/	5
520.00	3.4683/	5	3.5288/	5	3.5891/	5	3.6492/	5
560.00	3.7091/	5	3.7687/	5	3.8282/	5	3.8874/	5
600.00	3.9464/	5						

Decay factor for ^{60}Co : $D_2(t)$

Day	0.00		10.00		20.00		30.00	
0.00	1.0000/	0	9.9640/	−1	9.9281/	−1	9.8924/	−1
40.00	9.8567/	−1	9.8212/	−1	9.7859/	−1	9.7506/	−1
80.00	9.7155/	−1	9.6805/	−1	9.6457/	−1	9.6109/	−1
120.00	9.5763/	−1	9.5419/	−1	9.5075/	−1	9.4733/	−1
160.00	9.4391/	−1	9.4052/	−1	9.3713/	−1	9.3375/	−1
200.00	9.3039/	−1	9.2704/	−1	9.2370/	−1	9.2038/	−1
240.00	9.1706/	−1	9.1376/	−1	9.1047/	−1	9.0719/	−1
280.00	9.0392/	−1	9.0067/	−1	8.9743/	−1	8.9419/	−1
320.00	8.9097/	−1	8.8777/	−1	8.8457/	−1	8.8138/	−1
360.00	8.7821/	−1	8.7505/	−1	8.7190/	−1	8.6876/	−1
400.00	8.6563/	−1	8.6251/	−1	8.5940/	−1	8.5631/	−1
440.00	8.5323/	−1	8.5015/	−1	8.4709/	−1	8.4404/	−1
480.00	8.4100/	−1	8.3797/	−1	8.3496/	−1	8.3195/	−1
520.00	8.2895/	−1	8.2597/	−1	8.2299/	−1	8.2003/	−1
560.00	8.1708/	−1	8.1414/	−1	8.1120/	−1	8.0828/	−1
600.00	8.0537/	−1	8.0247/	−1	7.9958/	−1	7.9670/	−1
640.00	7.9383/	−1	7.9098/	−1	7.8813/	−1	7.8529/	−1
680.00	7.8246/	−1	7.7964/	−1	7.7684/	−1	7.7404/	−1
720.00	7.7125/	−1						

See also ^{59}Co(n, γ)^{60}Co

6*

$^{64}Ni(n, \gamma)^{65}Ni$

$M = 58.71$　　　　　　$G = 1.16\%$　　　　　　$\sigma_{ac} = 1.52$ barn,

^{65}Ni　　$T_1 = 2.564$ hour

E_γ (keV)	1480	1114	368
P	0.250	0.160	0.045

Activation data for $^{65}Ni : A_1(\tau)$, dps/μg

$A_1(sat)\quad = 1.8088/\quad 3$

$A_1(1\ sec) = 1.3580/\ -1$

Hour	0.000		0.125		0.250		0.375	
0.00	0.0000/	0	6.0091/	1	1.1819/	2	1.7435/	2
0.50	2.2865/	2	2.8115/	2	3.3190/	2	3.8096/	2
1.00	4.2840/	2	4.7426/	2	5.1859/	2	5.6146/	2
1.50	6.0290/	2	6.4296/	2	6.8169/	2	7.1914/	2
2.00	7.5534/	2	7.9034/	2	8.2417/	2	8.5688/	2
2.50	8.8851/	2	9.1908/	2	9.4864/	2	9.7722/	2
3.00	1.0048/	3	1.0316/	3	1.0574/	3	1.0823/	3
3.50	1.1065/	3	1.1298/	3	1.1524/	3	1.1742/	3
4.00	1.1953/	3	1.2156/	3	1.2354/	3	1.2544/	3
4.50	1.2728/	3	1.2906/	3	1.3078/	3	1.3245/	3
5.00	1.3406/	3	1.3561/	3	1.3712/	3	1.3857/	3
5.50	1.3998/	3	1.4134/	3	1.4265/	3	1.4392/	3
6.00	1.4515/	3	1.4634/	3	1.4748/	3	1.4859/	3
6.50	1.4967/	3	1.5070/	3	1.5171/	3	1.5267/	3
7.00	1.5361/	3	1.5452/	3	1.5539/	3	1.5624/	3
7.50	1.5706/	3	1.5785/	3	1.5862/	3	1.5936/	3
8.00	1.6007/	3	1.6076/	3	1.6143/	3	1.6208/	3
8.50	1.6270/	3	1.6331/	3	1.6389/	3	1.6445/	3
9.00	1.6500/	3						

Decay factor for $^{65}Ni : D_1(t)$

Hour	0.000		0.125		0.250		0.375	
0.00	1.0000/	0	9.6678/	−1	9.3466/	−1	9.0361/	−1
0.50	8.7359/	−1	8.4457/	−1	8.1651/	−1	7.8939/	−1
1.00	7.6317/	−1	7.3781/	−1	7.1330/	−1	6.8961/	−1
1.50	6.6670/	−1	6.4455/	−1	6.2314/	−1	6.0243/	−1
2.00	5.8242/	−1	5.6307/	−1	5.4437/	−1	5.2628/	−1
2.50	5.0880/	−1	4.9190/	−1	4.7556/	−1	4.5976/	−1
3.00	4.4448/	−1	4.2972/	−1	4.1544/	−1	4.0164/	−1
3.50	3.8830/	−1	3.7540/	−1	3.6293/	−1	3.5087/	−1
4.00	3.3921/	−1	3.2795/	−1	3.1705/	−1	3.0652/	−1
4.50	2.9634/	−1	2.8649/	−1	2.7697/	−1	2.6777/	−1
5.00	2.5888/	−1	2.5028/	−1	2.4196/	−1	2.3392/	−1
5.50	2.2615/	−1	2.1864/	−1	2.1138/	−1	2.0435/	−1

Hour	0.000	0.125	0.250	0.375
6.00	1.9757/ −1	1.9100/ −1	1.8466/ −1	1.7852/ −1
6.50	1.7259/ −1	1.6686/ −1	1.6132/ −1	1.5596/ −1
7.00	1.5078/ −1	1.4577/ −1	1.4092/ −1	1.3624/ −1
7.50	1.3172/ −1	1.2734/ −1	1.2311/ −1	1.1902/ −1
8.00	1.1507/ −1	1.1124/ −1	1.0755/ −1	1.0398/ −1
8.50	1.0052/ −1	9.7182/ −2	9.3953/ −2	9.0832/ −2
9.00	8.7815/ −2	8.4897/ −2	8.2077/ −2	7.9350/ −2
9.50	7.6714/ −2	7.4166/ −2	7.1702/ −2	6.9320/ −2
10.00	6.7017/ −2	6.4791/ −2	6.2638/ −2	6.0557/ −2
10.50	5.8546/ −2	5.6601/ −2	5.4720/ −2	5.2903/ −2
11.00	5.1145/ −2	4.9446/ −2	4.7803/ −2	4.6215/ −2
11.50	4.4680/ −2	4.3196/ −2	4.1761/ −2	4.0373/ −2
12.00	3.9032/ −2	3.7735/ −2	3.6482/ −2	3.5270/ −2
12.50	3.4098/ −2	3.2965/ −2	3.1870/ −2	3.0812/ −2
13.00	2.9788/ −2	2.8798/ −2	2.7842/ −2	2.6917/ −2
13.50	2.6023/ −2	2.5158/ −2	2.4322/ −2	2.3514/ −2
14.00	2.2733/ −2	2.1978/ −2	2.1248/ −2	2.0542/ −2
14.50	1.9860/ −2	1.9200/ −2	1.8562/ −2	1.7945/ −2
15.00	1.7349/ −2	1.6773/ −2	1.6216/ −2	1.5677/ −2
15.50	1.5156/ −2	1.4653/ −2	1.4166/ −2	1.3695/ −2
16.00	1.3240/ −2	1.2800/ −2	1.2375/ −2	1.1964/ −2
16.50	1.1567/ −2	1.1182/ −2	1.0811/ −2	1.0452/ −2
17.00	1.0105/ −2			

$$^{63}\text{Cu}(n, \gamma)^{64}\text{Cu}$$

$M = 63.54$ $G = 69.1\%$ $\sigma_{ac} = 4.5$ barn,

^{64}Cu $T_1 = 12.8$ hour

E_γ (keV)	511
P	0.380

Activation data for ^{64}Cu : $A_1(\tau)$, dps/μg

$A_1(\text{sat}) \;\; = 2.9475/\;5$

$A_1(1 \text{ sec}) = 4.4328/\;0$

Hour	0.00		1.00		2.00		3.00	
0.00	0.0000/	0	1.5534/	4	3.0249/	4	4.4188/	4
4.00	5.7393/	4	6.9902/	4	8.1752/	4	9.2978/	4
8.00	1.0361/	5	1.1368/	5	1.2323/	5	1.3227/	5
12.00	1.4083/	5	1.4894/	5	1.5663/	5	1.6391/	5
16.00	1.7080/	5	1.7733/	5	1.8352/	5	1.8938/	5
20.00	1.9494/	5	2.0020/	5	2.0518/	5	2.0990/	5
24.00	2.1437/	5	2.1861/	5	2.2262/	5	2.2642/	5
28.00	2.3002/	5	2.3343/	5	2.3667/	5	2.3973/	5
32.00	2.4263/	5	2.4537/	5	2.4798/	5	2.5044/	5
36.00	2.5278/	5	2.5499/	5	2.5708/	5	2.5907/	5
40.00	2.6095/	5	2.6273/	5	2.6442/	5	2.6602/	5
44.00	2.6753/	5						

Decay factor for ^{64}Cu : $D_1(t)$

Hour	0.00		1.00		2.00		3.00	
0.00	1.0000/	0	9.4730/	−1	8.9738/	−1	8.5008/	−1
4.00	8.0528/	−1	7.6284/	−1	7.2264/	−1	6.8456/	−1
8.00	6.4848/	−1	6.1430/	−1	5.8193/	−1	5.5126/	−1
12.00	5.2221/	−1	4.9469/	−1	4.6862/	−1	4.4392/	−1
16.00	4.2053/	−1	3.9836/	−1	3.7737/	−1	3.5748/	−1
20.00	3.3864/	−1	3.2079/	−1	3.0389/	−1	2.8787/	−1
24.00	2.7270/	−1	2.5833/	−1	2.4472/	−1	2.3182/	−1
28.00	2.1960/	−1	2.0803/	−1	1.9707/	−1	1.8668/	−1
32.00	1.7684/	−1	1.6752/	−1	1.5869/	−1	1.5033/	−1
36.00	1.4241/	−1	1.3490/	−1	1.2779/	−1	1.2106/	−1
40.00	1.1468/	−1	1.0863/	−1	1.0291/	−1	9.7486/	−2
44.00	9.2348/	−2	8.7481/	−2	8.2871/	−2	7.8504/	−2
48.00	7.4366/	−2	7.0447/	−2	6.6735/	−2	6.3218/	−2
52.00	5.9886/	−2	5.6730/	−2	5.3740/	−2	5.0908/	−2
56.00	4.8225/	−2	4.5684/	−2	4.3276/	−2	4.0995/	−2
60.00	3.8835/	−2	3.6788/	−2	3.4849/	−2	3.3013/	−2
64.00	3.1273/	−2	2.9625/	−2	2.8064/	−2	2.6585/	−2
68.00	2.5184/	−2	2.3856/	−2	2.2599/	−2	2.1408/	−2
72.00	2.0280/	−2	1.9211/	−2	1.8199/	−2	1.7240/	−2
76.00	1.6331/	−2	1.5470/	−2	1.4655/	−2	1.3883/	−2
80.00	1.3151/	−2	1.2458/	−2	1.1801/	−2	1.1180/	−2
84.00	1.0590/	−2	1.0032/	−2	9.5035/	−3	9.0027/	−3
88.00	8.5282/	−3						

$$^{65}\text{Cu}(n, \gamma)^{66}\text{Cu}$$

$M = 63.54$ $\qquad G = 30.9\%$ $\qquad \sigma_{ac} = 2.3$ barn,

^{66}Cu $\quad T_1 = 5.1$ minute

E_γ (keV) 1039

P $\qquad$ 0.090

Activation data for ^{66}Cu : $A_1(\tau)$, dps/μg

$A_1(\text{sat}) = 6.7368/$ 4

$A_1(1\ \text{sec}) = 1.5240/$ 2

Minute	0.00		0.50		1.00		1.50	
0.00	0.0000/	0	4.4250/	3	8.5594/	3	1.2422/	4
2.00	1.6031/	4	1.9403/	4	2.2554/	4	2.5497/	4
4.00	2.8248/	4	3.0817/	4	3.3218/	4	3.5461/	4
6.00	3.7557/	4	3.9515/	4	4.1345/	4	4.3054/	4
8.00	4.4651/	4	4.6143/	4	4.7537/	4	4.8840/	4
10.00	5.0057/	4	5.1194/	4	5.2256/	4	5.3249/	4
12.00	5.4176/	4	5.5043/	4	5.5852/	4	5.6609/	4
14.00	5.7315/	4	5.7976/	4	5.8593/	4	5.9169/	4
16.00	5.9707/	4	6.0211/	4	6.0681/	4	6.1120/	4
18.00	6.1530/	4						

Decay factor for ^{66}Cu : $D_1(t)$

Minute	0.00		0.50		1.00		1.50	
0.00	1.0000/	0	9.3432/	−1	8.7295/	−1	8.1561/	−1
2.00	7.6203/	−1	7.1198/	−1	6.6521/	−1	6.2152/	−1
4.00	5.8070/	−1	5.4255/	−1	5.0692/	−1	4.7362/	−1
6.00	4.4251/	−1	4.1344/	−1	3.8629/	−1	3.6091/	−1
8.00	3.3721/	−1	3.1506/	−1	2.9436/	−1	2.7503/	−1
10.00	2.5696/	−1	2.4008/	−1	2.2431/	−1	2.0958/	−1
12.00	1.9581/	−1	1.8295/	−1	1.7094/	−1	1.5971/	−1
14.00	1.4922/	−1	1.3942/	−1	1.3026/	−1	1.2170/	−1
16.00	1.1371/	−1	1.0624/	−1	9.9261/	−2	9.2741/	−2
18.00	8.6650/	−2	8.0958/	−2	7.5640/	−2	7.0672/	−2
20.00	6.6030/	−2	6.1693/	−2	5.7641/	−2	5.3854/	−2
22.00	5.0317/	−2	4.7012/	−2	4.3924/	−2	4.1039/	−2
24.00	3.8343/	−2	3.5825/	−2	3.3472/	−2	3.1273/	−2
26.00	2.9219/	−2	2.7300/	−2	2.5506/	−2	2.3831/	−2
28.00	2.2266/	−2	2.0803/	−2	1.9437/	−2	1.8160/	−2
30.00	1.6967/	−2	1.5853/	−2	1.4811/	−2	1.3839/	−2
32.00	1.2930/	−2	1.2080/	−2	1.1287/	−2	1.0545/	−2
34.00	9.8528/	−3	9.2056/	−3	8.6010/	−3	8.0360/	−3
36.00	7.5082/	−3						

^{64}Zn(n, γ)^{65}Zn

$M = 65.37$ $\qquad\qquad$ $G = 48.89\%$ $\qquad\qquad$ $\sigma_{ac} = 0.82$ barn,

^{65}Zn $\quad$ $T_{\frac{1}{2}} = 245$ day

E_γ (keV) $\quad$ 1115 $\quad$ 511

P $\qquad$ 0.490 $\quad$ 0.034

Activation data for ^{65}Zn : $A_1(\tau)$, dps/μg

A_1(sat) $\quad = 3.6938/ \quad 4$

A_1(1 sec) $= 1.2094/ \ -3$

Day	0.00		10.00		20.00		30.00	
0.00	0.0000/	0	1.0302/	3	2.0316/	3	3.0051/	3
40.00	3.9515/	3	4.8714/	3	5.7657/	3	6.6351/	3
80.00	7.4802/	3	8.3018/	3	9.1004/	3	9.8768/	3
120.00	1.0631/	4	1.1365/	4	1.2078/	4	1.2772/	4
160.00	1.3446/	4	1.4101/	4	1.4738/	4	1.5357/	4
200.00	1.5959/	4	1.6544/	4	1.7113/	4	1.7665/	4
240.00	1.8203/	4	1.8725/	4	1.9233/	4	1.9727/	4
280.00	2.0207/	4	2.0674/	4	2.1127/	4	2.1568/	4
320.00	2.1997/	4	2.2414/	4	2.2819/	4	2.3212/	4
360.00	2.3595/	4	2.3967/	4	2.4329/	4	2.4681/	4
400.00	2.5023/	4	2.5355/	4	2.5678/	4	2.5992/	4
440.00	2.6297/	4	2.6594/	4	2.6882/	4	2.7163/	4
480.00	2.7435/	4	2.7700/	4	2.7958/	4	2.8209/	4
520.00	2.8452/	4	2.8689/	4	2.8919/	4	2.9142/	4
560.00	2.9360/	4	2.9571/	4	2.9777/	4	2.9976/	4
600.00	3.0170/	4						

Decay factor for ^{65}Zn : $D_1(t)$

Day	0.00		10.00		20.00		30.00	
0.00	1.0000/	0	9.7211/	-1	9.4500/	-1	9.1864/	-1
40.00	8.9302/	-1	8.6812/	-1	8.4391/	-1	8.2037/	-1
80.00	7.9749/	-1	7.7525/	-1	7.5363/	-1	7.3261/	-1
120.00	7.1218/	-1	6.9231/	-1	6.7301/	-1	6.5424/	-1
160.00	6.3599/	-1	6.1825/	-1	6.0101/	-1	5.8425/	-1
200.00	5.6795/	-1	5.5211/	-1	5.3672/	-1	5.2175/	-1
240.00	5.0720/	-1	4.9305/	-1	4.7930/	-1	4.6593/	-1
280.00	4.5294/	-1	4.4031/	-1	4.2803/	-1	4.1609/	-1
320.00	4.0448/	-1	3.9320/	-1	3.8224/	-1	3.7158/	-1
360.00	3.6121/	-1	3.5114/	-1	3.4135/	-1	3.3183/	-1
400.00	3.2257/	-1	3.1358/	-1	3.0483/	-1	2.9633/	-1
440.00	2.8806/	-1	2.8003/	-1	2.7222/	-1	2.6463/	-1
480.00	2.5725/	-1	2.5007/	-1	2.4310/	-1	2.3632/	-1
520.00	2.2973/	-1	2.2332/	-1	2.1709/	-1	2.1104/	-1
560.00	2.0515/	-1	1.9943/	-1	1.9387/	-1	1.8846/	-1
600.00	1.8321/	-1	1.7810/	-1	1.7313/	-1	1.6830/	-1
640.00	1.6361/	-1	1.5904/	-1	1.5461/	-1	1.5030/	-1
680.00	1.4611/	-1	1.4203/	-1	1.3807/	-1	1.3422/	-1
720.00	1.3048/	-1						

$M = 65.37$ $\qquad\qquad G = 18.56\%$ $\qquad\qquad \sigma_{ac} = 1.0$ barn,

^{69}Zn $\quad T_1 = 57$ minute

E_γ (keV) no gamma

Activation data for ^{69}Zn : $A_1(\tau)$, dps/μg

A_1(sat) $= 1.7101/\ 4$

A_1(1 sec) $= 3.4648/\ 0$

Minute	0.00		2.00		4.00		6.00	
0.00	0.0000/	0	4.1080/	2	8.1173/	2	1.2030/	3
8.00	1.5849/	3	1.9577/	3	2.3214/	3	2.6765/	3
16.00	3.0230/	3	3.3612/	3	3.6912/	3	4.0133/	3
24.00	4.3277/	3	4.6346/	3	4.9340/	3	5.2263/	3
32.00	5.5116/	3	5.7900/	3	6.0617/	3	6.3269/	3
40.00	6.5857/	3	6.8383/	3	7.0848/	3	7.3254/	3
48.00	7.5602/	3	7.7894/	3	8.0131/	3	8.2314/	3
56.00	8.4445/	3	8.6524/	3	8.8553/	3	9.0534/	3
64.00	9.2467/	3	9.4354/	3	9.6195/	3	9.7993/	3
72.00	9.9747/	3	1.0146/	4	1.0313/	4	1.0476/	4
80.00	1.0635/	4	1.0790/	4	1.0942/	4	1.1090/	4
88.00	1.1234/	4	1.1375/	4	1.1513/	4	1.1647/	4
96.00	1.1778/	4	1.1906/	4	1.2031/	4	1.2153/	4
104.00	1.2271/	4	1.2387/	4	1.2501/	4	1.2611/	4
112.00	1.2719/	4	1.2824/	4	1.2927/	4	1.3027/	4
120.00	1.3125/	4	1.3221/	4	1.3314/	4	1.3405/	4
128.00	1.3494/	4	1.3580/	4	1.3665/	4	1.3747/	4
134.00	1.3828/	4	1.3906/	4	1.3983/	4	1.4058/	4
146.00	1.4131/	4	1.4203/	4	1.4272/	4	1.4340/	4
152.00	1.4406/	4	1.4471/	4	1.4534/	4	1.4596/	4
160.00	1.4656/	4	1.4715/	4	1.4772/	4	1.4828/	4
168.00	1.4883/	4	1.4936/	4	1.4988/	4	1.5039/	4
176.00	1.5088/	4	1.5137/	4	1.5184/	4	1.5230/	4
184.00	1.5275/	4	1.5319/	4	1.5361/	4	1.5403/	4
192.00	1.5444/	4	1.5484/	4	1.5523/	4	1.5561/	4
200.00	1.5598/	4						

Decay factor for ^{69}Zn : D_1(t)

Minute	0.00		2.00		4.00		6.00	
0.00	1.0000/	0	9.7598/	−1	9.5253/	−1	9.2965/	−1
8.00	9.0732/	−1	8.8552/	−1	8.6425/	−1	8.4349/	−1
16.00	8.2322/	−1	8.0345/	−1	7.8415/	−1	7.6531/	−1
24.00	7.4693/	−1	7.2898/	−1	7.1147/	−1	6.9438/	−1
32.00	6.7770/	−1	6.6142/	−1	6.4553/	−1	6.3002/	−1
40.00	6.1489/	−1	6.0012/	−1	5.8570/	−1	5.7163/	−1
48.00	5.5790/	−1	5.4450/	−1	5.3142/	−1	5.1865/	−1
56.00	5.0619/	−1	4.9403/	−1	4.8216/	−1	4.7058/	−1
64.00	4.5928/	−1	4.4824/	−1	4.3747/	−1	4.2697/	−1

Minute	0.00	2.00	4.00	6.00
72.00	4.1671/ −1	4.0670/ −1	3.9693/ −1	3.8739/ −1
80.00	3.7809/ −1	3.6900/ −1	3.6014/ −1	3.5149/ −1
88.00	3.4304/ −1	3.3480/ −1	3.2676/ −1	3.1891/ −1
96.00	3.1125/ −1	3.0377/ −1	2.9648/ −1	2.8935/ −1
104.00	2.8240/ −1	2.7562/ −1	2.6900/ −1	2.6254/ −1
112.00	2.5623/ −1	2.5007/ −1	2.4407/ −1	2.3820/ −1
120.00	2.3248/ −1	2.2690/ −1	2.2145/ −1	2.1613/ −1
128.00	2.1093/ −1	2.0587/ −1	2.0092/ −1	1.9609/ −1
136.00	1.9138/ −1	1.8679/ −1	1.8230/ −1	1.7792/ −1
144.00	1.7365/ −1	1.6947/ −1	1.6540/ −1	1.6143/ −1
152.00	1.5755/ −1	1.5377/ −1	1.5007/ −1	1.4647/ −1
160.00	1.4295/ −1	1.3952/ −1	1.3616/ −1	1.3289/ −1
168.00	1.2970/ −1	1.2658/ −1	1.2354/ −1	1.2058/ −1
176.00	1.1768/ −1	1.1485/ −1	1.1209/ −1	1.0940/ −1
184.00	1.0677/ −1	1.0421/ −1	1.0170/ −1	9.9261/ −2
192.00	9.6877/ −2	9.4550/ −2	9.2278/ −2	9.0061/ −2
200.00	8.7898/ −2	8.5786/ −2	8.3726/ −2	8.1714/ −2
208.00	7.9751/ −2	7.7835/ −2	7.5966/ −2	7.4141/ −2
216.00	7.2360/ −2	7.0621/ −2	6.8925/ −2	6.7269/ −2
224.00	6.5653/ −2	6.4076/ −2	6.2537/ −2	6.1035/ −2
232.00	5.9568/ −2	5.8137/ −2	5.6741/ −2	5.5378/ −2
240.00	5.4047/ −2	5.2749/ −2	5.1482/ −2	5.0245/ −2
248.00	4.9038/ −2	4.7860/ −2	4.6710/ −2	4.5588/ −2
256.00	4.4493/ −2	4.3424/ −2	4.2381/ −2	4.1363/ −2
264.00	4.0369/ −2	3.9400/ −2	3.8453/ −2	3.7529/ −2
272.00	3.6628/ −2	3.5748/ −2	3.4889/ −2	3.4051/ −2
280.00	3.3233/ −2	3.2435/ −2	3.1656/ −2	3.0895/ −2
288.00	3.0153/ −2	2.9429/ −2	2.8722/ −2	2.8032/ −2
296.00	2.7358/ −2	2.6701/ −2	2.6060/ −2	2.5434/ −2
304.00	2.4823/ −2	2.4226/ −2	2.3644/ −2	2.3076/ −2
312.00	2.2522/ −2	2.1981/ −2	2.1453/ −2	2.0938/ −2
320.00	2.0435/ −2	1.9944/ −2	1.9465/ −2	1.8997/ −2
328.00	1.8541/ −2	1.8095/ −2	1.7661/ −2	1.7236/ −2
336.00	1.6822/ −2	1.6418/ −2	1.6024/ −2	1.5639/ −2
344.00	1.5263/ −2	1.4896/ −2	1.4539/ −2	1.4189/ −2
352.00	1.3848/ −2	1.3516/ −2	1.3191/ −2	1.2874/ −2
360.00	1.2565/ −2	1.2263/ −2	1.1969/ −2	1.1681/ −2
368.00	1.1400/ −2	1.1127/ −2	1.0859/ −2	1.0598/ −2
376.00	1.0344/ −2	1.0095/ −2	9.8528/ −3	9.6161/ −3
384.00	9.3851/ −3	9.1596/ −3	8.9396/ −3	8.7249/ −3
392.00	8.5153/ −3			

See also $^{68}Zn(n, \gamma)^{69m}Zn \rightarrow {}^{69}Zn$

$^{68}\text{Zn}(\text{n}, \gamma)^{69\text{m}}\text{Zn} \to {}^{69}\text{Zn}$

$M = 65.37$ $G = 18.56\%$ $\sigma_{ac} = 0.09$ barn,

$^{69\text{m}}\text{Zn}$ $T_1 = 13.80$ hour

E_γ (keV)   439

P 0.950

^{69}Zn $T_2 = 57$ minute

E_γ (keV) no gamma

Activation data for $^{69\text{m}}\text{Zn}$: $A_1(\tau)$, dps/μg

$A_1(\text{sat}) = 1.5391/\ 3$

$A_1(1\ \text{sec}) = 2.1469/\ -2$

$K = 1.0739/\ 0$

Time intervals with respect to T_1

Hour	0.00		1.00		2.00		3.00	
0.00	0.0000/	0	7.5379/	1	1.4707/	2	2.1524/	2
4.00	2.8008/	2	3.4174/	2	4.0038/	2	4.5615/	2
8.00	5.0919/	2	5.5963/	2	6.0760/	2	6.5322/	2
12.00	6.9661/	2	7.3787/	2	7.7711/	2	8.1443/	2
16.00	8.4992/	2	8.8367/	2	9.1577/	2	9.4629/	2
20.00	9.7533/	2	1.0029/	3	1.0292/	3	1.0542/	3
24.00	1.0779/	3	1.1005/	3	1.1220/	3	1.1424/	3
28.00	1.1618/	3	1.1803/	3	1.1979/	3	1.2146/	3
32.00	1.2305/	3	1.2456/	3	1.2600/	3	1.2736/	3
36.00	1.2866/	3	1.2990/	3	1.3108/	3	1.3219/	3
40.00	1.3326/	3	1.3427/	3	1.3523/	3	1.3614/	3
44.00	1.3701/	3	1.3784/	3	1.3863/	3	1.3938/	3
48.00	1.4009/	3						

Decay factor for $^{69\text{m}}\text{Zn}$: $D_1(\text{t})$

Hour	0.00	1.00	2.00	3.00
0.00	1.0000/ 0	9.5102/ −1	9.0444/ −1	8.6015/ −1
4.00	8.1802/ −1	7.7795/ −1	7.3985/ −1	7.0362/ −1
8.00	6.6916/ −1	6.3638/ −1	6.0521/ −1	5.7557/ −1
12.00	5.4738/ −1	5.2057/ −1	4.9508/ −1	4.7083/ −1
16.00	4.4777/ −1	4.2584/ −1	4.0498/ −1	3.8515/ −1
20.00	3.6628/ −1	3.4834/ −1	3.3128/ −1	3.1506/ −1
24.00	2.9963/ −1	2.8495/ −1	2.7100/ −1	2.5772/ −1
28.00	2.4510/ −1	2.3310/ −1	2.2168/ −1	2.1082/ −1
32.00	2.0050/ −1	1.9068/ −1	1.8134/ −1	1.7246/ −1
36.00	1.6401/ −1	1.5598/ −1	1.4834/ −1	1.4107/ −1
40.00	1.3416/ −1	1.2759/ −1	1.2134/ −1	1.1540/ −1

Hour	0.00	1.00	2.00	3.00
44.00	1.0975/ −1	1.0437/ −1	9.9261/ −2	9.4400/ −2
48.00	8.9776/ −2	8.5379/ −2	8.1198/ −2	7.7221/ −2
52.00	7.3439/ −2	6.9842/ −2	6.6421/ −2	6.3168/ −2
56.00	6.0074/ −2	5.7132/ −2	5.4334/ −2	5.1673/ −2
60.00	4.9142/ −2	4.6735/ −2	4.4446/ −2	4.2269/ −2
64.00	4.0199/ −2	3.8230/ −2	3.6358/ −2	3.4577/ −2
68.00	3.2884/ −2	3.1273/ −2	2.9741/ −2	2.8285/ −2
72.00	2.6899/ −2	2.5582/ −2	2.4329/ −2	2.3137/ −2
76.00	2.2004/ −2	2.0926/ −2	1.9902/ −2	1.8927/ −2
80.00	1.8000/ −2	1.7118/ −2	1.6280/ −2	1.5483/ −2
84.00	1.4724/ −2	1.4003/ −2	1.3317/ −2	1.2665/ −2
88.00	1.2045/ −2	1.1455/ −2	1.0894/ −2	1.0360/ −2
92.00	9.8528/ −3	9.3702/ −3	8.9113/ −3	8.4749/ −3
96.00	8.0598/ −3			

Activation data for ^{69}Zn : $F \cdot A_2(\tau)$

$$F \cdot A_2(\text{sat}) = -1.1374/ \quad 2$$
$$F \cdot A_2(1 \text{ sec}) = -2.3044/ \quad -2$$

Hour	0.00	1.00	2.00	3.00
0.00	0.0000/ 0	−5.8897/ 1	−8.7295/ 1	−1.0099/ 2
4.00	−1.0759/ 2	−1.1077/ 2	−1.1231/ 2	−1.1305/ 2
8.00	−1.1340/ 2	−1.1358/ 2	−1.1366/ 2	−1.1370/ 2
12.00	−1.1372/ 2	−1.1373/ 2	−1.1373/ 2	−1.1373/ 2
16.00	−1.1374/ 2	−1.1374/ 2	−1.1374/ 2	−1.1374/ 2
20.00	−1.1374/ 2	−1.1374/ 2	−1.1374/ 2	−1.1374/ 2

Decay factor for ^{69}Zn : $D_2(t)$

Hour	0.00	1.00	2.00	3.00
0.00	1.0000/ 0	4.8216/ −1	2.3248/ −1	1.1209/ −1
4.00	5.4047/ −2	2.6060/ −2	1.2565/ −2	6.0584/ −3
8.00	2.9211/ −3	1.4085/ −3	6.7910/ −4	3.2744/ −4
12.00	1.5788/ −4	7.6123/ −5	3.6704/ −5	1.7697/ −5
16.00	8.5329/ −6	4.1143/ −6	1.9837/ −6	9.5649/ −7
20.00	4.6118/ −7	2.2236/ −7	1.0722/ −7	5.1696/ −8

*

Activation data for ^{69m}Zn : $A_1(\tau)$, dps/μg

$$A_1(\text{sat}) = 1.5391/ \quad 3$$
$$A_1(1 \text{ sec}) = 2.1469/ \quad -2$$

$K = 1.0739/ \ 0$

Time intervals with respect to T_2

Minute	0.00	2.00	4.00	6.00
0.00	0.0000/ 0	2.5741/ 0	5.1439/ 0	7.7094/ 0
8.00	1.0271/ 1	1.2827/ 1	1.5380/ 1	1.7928/ 1
16.00	2.0473/ 1	2.3012/ 1	2.5548/ 1	2.8079/ 1

Minute	0.00		2.00		4.00		6.00	
24.00	3.0607/	1	3.3129/	1	3.5648/	1	3.8163/	1
32.00	4.0673/	1	4.3179/	1	4.5681/	1	4.8179/	1
40.00	5.0672/	1	5.3161/	1	5.5647/	1	5.8128/	1
48.00	6.0604/	1	6.3077/	1	6.5546/	1	6.8010/	1
56.00	7.0471/	1	7.2927/	1	7.5379/	1	7.7827/	1
64.00	8.0271/	1	8.2711/	1	8.5146/	1	8.7578/	1
72.00	9.0006/	1	9.2429/	1	9.4849/	1	9.7264/	1
80.00	9.9676/	1	1.0208/	2	1.0449/	2	1.0689/	2
88.00	1.0928/	2	1.1167/	2	1.1406/	2	1.1644/	2
96.00	1.1882/	2	1.2120/	2	1.2357/	2	1.2594/	2
104.00	1.2830/	2	1.3066/	2	1.3302/	2	1.3537/	2
112.00	1.3771/	2	1.4006/	2	1.4240/	2	1.4473/	2
120.00	1.4707/	2	1.4939/	2	1.5172/	2	1.5404/	2
128.00	1.5636/	2	1.5867/	2	1.6098/	2	1.6328/	2
136.00	1.6558/	2	1.6788/	2	1.7017/	2	1.7246/	2
144.00	1.7475/	2	1.7703/	2	1.7931/	2	1.8158/	2
152.00	1.8385/	2	1.8612/	2	1.8838/	2	1.9064/	2
160.00	1.9290/	2	1.9515/	2	1.9740/	2	1.9964/	2
168.00	2.0188/	2	2.0412/	2	2.0635/	2	2.0858/	2
176.00	2.1080/	2	2.1302/	2	2.1524/	2	2.1746/	2
184.00	2.1967/	2	2.2187/	2	2.2408/	2	2.2628/	2
192.00	2.2847/	2	2.3066/	2	2.3285/	2	2.3504/	2
200·00	2.3722/	2						

Decay factor for ^{69m}Zn : $D_1(t)$

Minute	0.00		2.00		4.00		6.00	
0.00	1.0000/	0	9.9833/	−1	9.9666/	−1	9.9499/	−1
8.00	9.9333/	−1	9.9167/	−1	9.9001/	−1	9.8835/	−1
16.00	9.8670/	−1	9.8505/	−1	9.8340/	−1	9.8176/	−1
24.00	9.8011/	−1	9.7847/	−1	9.7684/	−1	9.7520/	−1
32.00	9.7357/	−1	9.7194/	−1	9.7032/	−1	9.6870/	−1
40.00	9.6708/	−1	9.6546/	−1	9.6384/	−1	9.6223/	−1
56.00	9.6062/	−1	9.5902/	−1	9.5741/	−1	9.5581/	−1
48.00	9.5421/	−1	9.5262/	−1	9.5102/	−1	9.4943/	−1
64.00	9.4784/	−1	9.4626/	−1	9.4468/	−1	9.4310/	−1
72.00	9.4152/	−1	9.3994/	−1	9.3837/	−1	9.3680/	−1
80.00	9.3524/	−1	9.3367/	−1	9.3211/	−1	9.3055/	−1
88.00	9.2899/	−1	9.2744/	−1	9.2589/	−1	9.2434/	−1
96.00	9.2280/	−1	9.2125/	−1	9.1971/	−1	9.1817/	−1
104.00	9.1664/	−1	9.1510/	−1	9.1357/	−1	9.1205/	−1
112.00	9.1052/	−1	9.0900/	−1	9.0748/	−1	9.0596/	−1
120.00	9.0444/	−1	9.0293/	−1	9.0142/	−1	8.9991/	−1
128.00	8.9841/	−1	8.9691/	−1	8.9541/	−1	8.9391/	−1
136.00	8.9241/	−1	8.9092/	−1	8.8943/	−1	8.8794/	−1
144.00	8.8646/	−1	8.8498/	−1	8.8350/	−1	8.8202/	−1
152.00	8.8054/	−1	8.7907/	−1	8.7760/	−1	8.7613/	−1
160.00	8.7467/	−1	8.7320/	−1	8.7174/	−1	8.7028/	−1
168.00	8.6883/	−1	8.6738/	−1	8.6593/	−1	8.6448/	−1
176.00	8.6303/	−1	8.6159/	−1	8.6015/	−1	8.5871/	−1

Minute	0.00		2.00		4.00		6.00	
184.00	8.5727/	−1	8.5584/	−1	8.5441/	−1	8.5298/	−1
192.00	8.5155/	−1	8.5013/	−1	8.4871/	−1	8.4729/	−1
200.00	8.4587/	−1	8.4445/	−1	8.4304/	−1	8.4163/	−1
208.00	8.4022/	−1	8.3882/	−1	8.3742/	−1	8.3602/	−1
216.00	8.3462/	−1	8.3322/	−1	8.3183/	−1	8.3044/	−1
224.00	8.2905/	−1	8.2766/	−1	8.2628/	−1	8.2489/	−1
232.00	8.2351/	−1	8.2214/	−1	8.2076/	−1	8.1939/	−1
240.00	8.1802/	−1	8.1665/	−1	8.1529/	−1	8.1392/	−1
248.00	8.1256/	−1	8.1120/	−1	8.0984/	−1	8.0849/	−1
256.00	8.0714/	−1	8.0579/	−1	8.0444/	−1	8.0309/	−1
264.00	8.0175/	−1	8.0041/	−1	7.9907/	−1	7.9774/	−1
272.00	7.9640/	−1	7.9507/	−1	7.9374/	−1	7.9241/	−1
280.00	7.9109/	−1	7.8976/	−1	7.8844/	−1	7.8712/	−1
288.00	7.8581/	−1	7.8449/	−1	7.8318/	−1	7.8187/	−1
296.00	7.8056/	−1	7.7926/	−1	7.7795/	−1	7.7665/	−1
304.00	7.7535/	−1	7.7406/	−1	7.7276/	−1	7.7147/	−1
312.00	7.7018/	−1	7.6889/	−1	7.6761/	−1	7.6632/	−1
320.00	7.6504/	−1	7.6376/	−1	7.6248/	−1	7.6121/	−1
328.00	7.5994/	−1	7.5866/	−1	7.5740/	−1	7.5613/	−1
336.00	7.5486/	−1	7.5360/	−1	7.5234/	−1	7.5108/	−1
344.00	7.4983/	−1	7.4857/	−1	7.4732/	−1	7.4607/	−1
352.00	7.4482/	−1	7.4358/	−1	7.4233/	−1	7.4109/	−1
360.00	7.3985/	−1	7.3862/	−1	7.3738/	−1	7.3615/	−1
368.00	7.3492/	−1	7.3369/	−1	7.3246/	−1	7.3123/	−1
376.00	7.3001/	−1	7.2879/	−1	7.2757/	−1	7.2635/	−1
384.00	7.2514/	−1	7.2393/	−1	7.2272/	−1	7.2151/	−1
392.00	7.2030/	−1	7.1910/	−1	7.1789/	−1	7.1669/	−1
400.00	7.1549/	−1						

Activation data for ^{69}Zn : $F \cdot A_2(\tau)$

$$F \cdot A_2(\text{sat}) \quad = -1.1374/ \quad 2$$

$$F \cdot A_2(1 \text{ sec}) = -2.3044/ \quad -2$$

Minute	0.00		2.00		4.00		6.00	
0.00	0.0000/	0	−2.7322/	0	−5.3988/	0	−8.0014/	0
8.00	−1.0541/	1	−1.3020/	1	−1.5440/	1	−1.7801/	1
16.00	−2.0106/	1	−2.2355/	1	−2.4550/	1	−2.6693/	1
24.00	−2.8784/	1	−3.0825/	1	−3.2816/	1	−3.4760/	1
32.00	−3.6657/	1	−3.8509/	1	−4.0316/	1	−4.2080/	1
40.00	−4.3801/	1	−4.5481/	1	−4.7121/	1	−4.8721/	1
48.00	−5.0283/	1	−5.1807/	1	−5.3295/	1	−5.4747/	1
56.00	−5.6164/	1	−5.7547/	1	−5.8897/	1	−6.0214/	1
64.00	−6.1500/	1	−6.2755/	1	−6.3980/	1	−6.5175/	1
72.00	−6.6341/	1	−6.7480/	1	−6.8591/	1	−6.9676/	1
80.00	−7.0734/	1	−7.1767/	1	−7.2775/	1	−7.3759/	1
88.00	−7.4720/	1	−7.5657/	1	−7.6572/	1	−7.7465/	1
96.00	−7.8336/	1	−7.9186/	1	−8.0016/	1	−8.0826/	1
104.00	−8.1617/	1	−8.2388/	1	−8.3142/	1	−8.3877/	1
112.00	−8.4594/	1	−8.5294/	1	−8.5977/	1	−8.6644/	1

Minute	0.00		2.00		4.00		6.00	
120.00	$-8.7295/$	1	$-8.7930/$	1	$-8.8550/$	1	$-8.9155/$	1
128.00	$-8.9746/$	1	$-9.0322/$	1	$-9.0884/$	1	$-9.1433/$	1
136.00	$-9.1969/$	1	$-9.2492/$	1	$-9.3002/$	1	$-9.3500/$	1
144.00	$-9.3986/$	1	$-9.4461/$	1	$-9.4924/$	1	$-9.5376/$	1
152.00	$-9.5817/$	1	$-9.6247/$	1	$-9.6668/$	1	$-9.7078/$	1
160.00	$-9.7478/$	1	$-9.7868/$	1	$-9.8250/$	1	$-9.8622/$	1
168.00	$-9.8985/$	1	$-9.9339/$	1	$-9.9685/$	1	$-1.0002/$	2
176.00	$-1.0035/$	2	$-1.0067/$	2	$-1.0099/$	2	$-1.0129/$	2
184.00	$-1.0159/$	2	$-1.0188/$	2	$-1.0217/$	2	$-1.0245/$	2
192.00	$-1.0272/$	2	$-1.0298/$	2	$-1.0324/$	2	$-1.0349/$	2
200.00	$-1.0374/$	2						

Decay factor for ^{69}Zn : $D_2(t)$

Minute	0.00	2.00	4.00	6.00
0.00	$1.0000/$ 0	$9.7598/-1$	$9.5253/-1$	$9.2965/-1$
8.00	$9.0732/-1$	$8.8552/-1$	$8.6425/-1$	$8.4349/-1$
16.00	$8.2322/-1$	$8.0345/-1$	$7.8415/-1$	$7.6531/-1$
24.00	$7.4693/-1$	$7.2898/-1$	$7.1147/-1$	$6.9438/-1$
32.00	$6.7770/-1$	$6.6142/-1$	$6.4553/-1$	$6.3002/-1$
40.00	$6.1489/-1$	$6.0012/-1$	$5.8570/-1$	$5.7163/-1$
48.00	$5.5790/-1$	$5.4450/-1$	$5.3142/-1$	$5.1865/-1$
56.00	$5.0619/-1$	$4.9403/-1$	$4.8216/-1$	$4.7058/-1$
64.00	$4.5928/-1$	$4.4824/-1$	$4.3747/-1$	$4.2697/-1$
72.00	$4.1671/-1$	$4.0670/-1$	$3.9693/-1$	$3.8739/-1$
80.00	$3.7809/-1$	$3.6900/-1$	$3.6014/-1$	$3.5149/-1$
88.00	$3.4304/-1$	$3.3480/-1$	$3.2676/-1$	$3.1891/-1$
96.00	$3.1125/-1$	$3.0377/-1$	$2.9648/-1$	$2.8935/-1$
104.00	$2.8240/-1$	$2.7562/-1$	$2.6900/-1$	$2.6254/-1$
112.00	$2.5623/-1$	$2.5007/-1$	$2.4407/-1$	$2.3820/-1$
120.00	$2.3248/-1$	$2.2690/-1$	$2.2145/-1$	$2.1613/-1$
128.00	$2.1093/-1$	$2.0587/-1$	$2.0092/-1$	$1.9609/-1$
136.00	$1.9138/-1$	$1.8679/-1$	$1.8230/-1$	$1.7792/-1$
144.00	$1.7365/-1$	$1.6947/-1$	$1.6540/-1$	$1.6143/-1$
152.00	$1.5755/-1$	$1.5377/-1$	$1.5007/-1$	$1.4647/-1$
160.00	$1.4295/-1$	$1.3952/-1$	$1.3616/-1$	$1.3289/-1$
168.00	$1.2970/-1$	$1.2658/-1$	$1.2354/-1$	$1.2058/-1$
176.00	$1.1768/-1$	$1.1485/-1$	$1.1209/-1$	$1.0940/-1$
184.00	$1.0677/-1$	$1.0421/-1$	$1.0170/-1$	$9.9261/-2$
192.00	$9.6877/-2$	$9.4550/-2$	$9.2278/-2$	$9.0061/-2$
200.00	$8.7898/-2$	$8.5786/-2$	$8.3726/-2$	$8.1714/-2$
208.00	$7.9751/-2$	$7.7835/-2$	$7.5966/-2$	$7.4141/-2$
216.00	$7.2360/-2$	$7.0612/-2$	$6.8925/-2$	$6.7269/-2$
224.00	$6.5653/-2$	$6.4076/-2$	$6.2537/-2$	$6.1035/-2$
232.00	$5.9568/-2$	$5.8137/-2$	$5.6741/-2$	$5.5378/-2$
240.00	$5.4047/-2$	$5.2749/-2$	$5.1482/-2$	$5.0245/-2$
248.00	$4.9038/-2$	$4.7860/-2$	$4.6710/-2$	$4.5588/-2$
256.00	$4.4493/-2$	$4.3424/-2$	$4.2381/-2$	$4.1363/-2$
264.00	$4.0369/-2$	$3.9400/-2$	$3.8453/-2$	$3.7529/-2$
272.00	$3.6628/-2$	$3.5748/-2$	$3.4889/-2$	$3.4051/-2$

Minute	0.00	2.00	4.00	6.00
280.00	3.3233/ −2	3.2435/ −2	3.1656/ −2	3.0895/ −2
288.00	3.0153/ −2	2.9429/ −2	2.8722/ −2	2.8032/ −2
296.00	2.7358/ −2	2.6701/ −2	2.6060/ −2	2.5434/ −2
304.00	2.4823/ −2	2.4226/ −2	2.3644/ −2	2.3076/ −2
312.00	2.2522/ −2	2.1981/ −2	2.1453/ −2	2.0938/ −2
320.00	2.0435/ −2	1.9944/ −2	1.9465/ −2	1.8997/ −2
328.00	1.8541/ −2	1.8095/ −2	1.7661/ −2	1.7236/ −2
336.00	1.6822/ −2	1.6418/ −2	1.6024/ −2	1.5639/ −2
344.00	1.5263/ −2	1.4896/ −2	1.4539/ −2	1.4189/ −2
352.00	1.3848/ −2	1.3516/ −2	1.3191/ −2	1.2874/ −2
360.00	1.2565/ −2	1.2263/ −2	1.1969/ −2	1.1681/ −2
368.00	1.1400/ −2	1.1127/ −2	1.0859/ −2	1.0598/ −2
376.00	1.0344/ −2	1.0095/ −2	9.8528/ −3	9.6161/ −3
384.00	9.3851/ −3	9.1596/ −3	8.9396/ −3	8.7249/ −3
392.00	8.5153/ −3	8.3107/ −3	8.1111/ −3	7.9162/ −3
400.00	7.7260/ −3			

See also ^{68}Zn(n, γ)^{69}Zn.

^{70}Zn(n, γ)^{71}Zn

$M = 65.37$ $\qquad$ $G = 0.62\%$ $\qquad$ $\sigma_{ac} = 0.09$ barn,

^{71}Zn $\quad$ $T_1 = 2.4$ minute

E_γ (keV)	1120	920	510	390
P	0.013	0.030	0.130	0.013

Activation data for ^{71}Zn : $A_1(\tau)$, dps/μg

$$A_1(\text{sat}) = 5.1412/ \quad 1$$
$$A_1(1 \text{ sec}) = 2.4683/ -1$$

Minute	0.00		0.25		0.50		0.75	
0.00	0.0000/	0	3.5805/	0	6.9117/	0	1.0011/	1
1.00	1.2894/	1	1.5577/	1	1.8073/	1	2.0394/	1
2.00	2.2555/	1	2.4564/	1	2.6434/	1	2.8174/	1
3.00	2.9792/	1	3.1298/	1	3.2699/	1	3.4002/	1
4.00	3.5215/	1	3.6343/	1	3.7392/	1	3.8369/	1
5.00	3.9277/	1	4.0122/	1	4.0908/	1	4.1640/	1
6.00	4.2321/	1	4.2954/	1	4.3543/	1	4.4091/	1
7.00	4.4601/	1	4.5075/	1	4.5517/	1	4.5927/	1
8.00	4.6309/	1	4.6665/	1	4.6995/	1	4.7303/	1
9.00	4.7589/	1						

Decay factor for ^{71}Zn : $D_1(t)$

Minute	0.00		0.25		0.50		0.75	
0.00	1.0000/	0	9.3036/	−1	8.6556/	−1	8.0528/	−1
1.00	7.4920/	−1	6.9702/	−1	6.4848/	−1	6.0332/	−1
2.00	5.6130/	−1	5.2221/	−1	4.8584/	−1	4.5200/	−1
3.00	4.2053/	−1	3.9124/	−1	3.6399/	−1	3.3864/	−1
4.00	3.1506/	−1	2.9312/	−1	2.7270/	−1	2.5371/	−1
5.00	2.3604/	−1	2.1960/	−1	2.0431/	−1	1.9008/	−1
6.00	1.7684/	−1	1.6453/	−1	1.5307/	−1	1.4241/	−1
7.00	1.3249/	−1	1.2326/	−1	1.1468/	−1	1.0669/	−1
8.00	9.9261/	−2	9.2348/	−2	8.5917/	−2	7.9933/	−2
9.00	7.4366/	−2	6.9187/	−2	6.4369/	−2	5.9886/	−2
10.00	5.5715/	−2	5.1835/	−2	4.8225/	−2	4.4867/	−2
11.00	4.1742/	−2	3.8835/	−2	3.6130/	−2	3.3614/	−2
12.00	3.1273/	−2	2.9095/	−2	2.7069/	−2	2.5184/	−2
13.00	2.3430/	−2	2.1798/	−2	2.0280/	−2	1.8868/	−2
14.00	1.7554/	−2	1.6331/	−2	1.5194/	−2	1.4136/	−2
15.00	1.3151/	−2	1.2235/	−2	1.1383/	−2	1.0590/	−2
16.00	9.8528/	−3	9.1666/	−3	8.5282/	−3	7.9343/	−3
17.00	7.3817/	−3	6.8676/	−3	6.3893/	−3	5.9444/	−3
18.00	5.5304/	−3						

^{70}Zn$(n, \gamma)^{71m}$Zn

$M = 65.37$ $\qquad G = 0.62\%$ $\qquad \sigma_{ac} = 0.009$ barn,

^{71m}Zn $\; T_1 = 4.0$ hour

E_γ (keV)	1110	990	760	609	495	385	130
P	0.040	0.080	0.050	0.650	0.750	0.940	0.090

Activation data for ^{71m}Zn : $A_1(\tau)$, dps/μg

$$A_1(\text{sat}) \quad = 5.1412/ \quad 0$$
$$A_1(1 \text{ sec}) = 2.4742/ \; -4$$

Hour	0.00		0.25		0.50		0.75	
0.00	0.0000/	0	2.1793/	-1	4.2662/	-1	6.2646/	-1
1.00	8.1783/	-1	1.0011/	0	1.1766/	0	1.3446/	0
2.00	1.5056/	0	1.6597/	0	1.8073/	0	1.9486/	0
3.00	2.0839/	0	2.2135/	0	2.3376/	0	2.4564/	0
4.00	2.5702/	0	2.6792/	0	2.7836/	0	2.8835/	0
5.00	2.9792/	0	3.0709/	0	3.1586/	0	3.2427/	0
6.00	3.3231/	0	3.4002/	0	3.4740/	0	3.5447/	0
7.00	3.6124/	0	3.6772/	0	3.7392/	0	3.7986/	0
8.00	3.8556/	0	3.9101/	0	3.9622/	0	4.0122/	0
9.00	4.0601/	0	4.1059/	0	4.1498/	0	4.1918/	0
10.00	4.2321/	0	4.2706/	0	4.3075/	0	4.3428/	0
11.00	4.3767/	0	4.4091/	0	4.4401/	0	4.4698/	0
12.00	4.4983/	0	4.5256/	0	4.5517/	0	4.5767/	0
13.00	4.6006/	0	4.6235/	0	4.6454/	0	4.6665/	0
14.00	4.6866/	0						

Decay factor for ^{71m}Zn : $D_1(t)$

Hour	0.00		0.25		0.50		0.75	
0.00	1.0000/	0	9.5761/	-1	9.1702/	-1	8.7815/	-1
1.00	8.4093/	-1	8.0528/	-1	7.7115/	-1	7.3846/	-1
2.00	7.0716/	-1	6.7718/	-1	6.4848/	-1	6.2099/	-1
3.00	5.9467/	-1	5.6946/	-1	5.4532/	-1	5.2221/	-1
4.00	5.0000/	-1	4.7888/	-1	4.5858/	-1	4.3914/	-1
5.00	4.2053/	-1	4.0270/	-1	3.8563/	-1	3.6928/	-1
6.00	3.5363/	-1	3.3864/	-1	3.2429/	-1	3.1054/	-1
7.00	2.9738/	-1	2.8477/	-1	2.7270/	-1	2.6114/	-1
8.00	2.5007/	-1	2.3947/	-1	2.2932/	-1	2.1960/	-1
9.00	2.1029/	-1	2.0138/	-1	1.9284/	-1	1.8467/	-1
10.00	1.7684/	-1	1.6935/	-1	1.6217/	-1	1.5529/	-1
11.00	1.4871/	-1	1.4241/	-1	1.3637/	-1	1.3059/	-1
12.00	1.2506/	-1	1.1975/	-1	1.1468/	-1	1.0982/	-1
13.00	1.0516/	-1	1.0070/	-1	9.6436/	-2	9.2348/	-2
14.00	8.8434/	-2	8.4685/	-2	8.1096/	-2	7.7658/	-2
15.00	7.4366/	-2	7.1214/	-2	6.8196/	-2	6.5305/	-2

Hour	0.00	0.25	0.50	0.75
16.00	6.2537/ −2	5.9886/ −2	5.7348/ −2	5.4917/ −2
17.00	5.2589/ −2	5.0360/ −2	4.8225/ −2	4.6181/ −2
18.00	4.4223/ −2	4.2349/ −2	4.0554/ −2	3.8835/ −2
19.00	3.7189/ −2	3.5612/ −2	3.4103/ −2	3.2657/ −2
20.00	3.1273/ −2	2.9947/ −2	2.8678/ −2	2.7462/ −2
21.00	2.6298/ −2	2.5184/ −2	2.4116/ −2	2.3094/ −2
22.00	2.2115/ −2	2.1178/ −2	2.0280/ −2	1.9420/ −2
23.00	1.8597/ −2	1.7809/ −2	1.7054/ −2	1.6331/ −2
24.00	1.5639/ −2	1.4976/ −2	1.4341/ −2	1.3733/ −2

7*

^{69}Ga$(n, \gamma)^{70}$Ga

$M = 69.72$ $\qquad\qquad G = 60.5\%$ $\qquad\qquad \sigma_{ac} = 1.8$ barn,

^{70}Ga $\quad T_1 = 21.1$ minute

E_γ (keV) 1040

$P \qquad\qquad 0.005$

Activation data for ^{70}Ga : $A_1(\tau)$, dps/μg

A_1(sat) $\quad = 9.4077/\ 4$

A_1(1 sec) $= 5.1483/\ 1$

Minute	0.00		1.00		2.00		3.00	
0.00	0.0000/	0	3.0396/	3	5.9811/	3	8.8275/	3
4.00	1.1582/	4	1.4247/	4	1.6827/	4	1.9323/	4
8.00	2.1738/	4	2.4075/	4	2.6337/	4	2.8526/	4
12.00	3.0644/	4	3.2693/	4	3.4676/	4	3.6596/	4
16.00	3.8453/	4	4.0250/	4	4.1989/	4	4.3672/	4
20.00	4.5301/	4	4.6877/	4	4.8402/	4	4.9878/	4
24.00	5.1306/	4	5.2688/	4	5.4025/	4	5.5319/	4
28.00	5.6571/	4	5.7783/	4	5.8956/	4	6.0091/	4
32.00	6.1189/	4	6.2251/	4	6.3280/	4	6.4275/	4
36.00	6.5238/	4	6.6169/	4	6.7071/	4	6.7944/	4
40.00	6.8788/	4	6.9605/	4	7.0396/	4	7.1161/	4
44.00	7.1901/	4	7.2618/	4	7.3311/	4	7.3982/	4
48.00	7.4631/	4	7.5260/	4	7.5868/	4	7.6456/	4
52.00	7.7025/	4	7.7576/	4	7.8109/	4	7.8625/	4
56.00	7.9125/	4	7.9608/	4	8.0075/	4	8.0528/	4
60.00	8.0965/	4	8.1389/	4	8.1799/	4	8.2196/	4
64.00	8.2580/	4	8.2951/	4	8.3311/	4	8.3658/	4
68.00	8.3995/	4	8.4321/	4	8.4636/	4	8.4941/	4
72.00	8.5236/	4						

Decay factor for ^{70}Ga : D_1(t)

Minute	0.00		1.00		2.00		3.00	
0.00	1.0000/	0	9.6769/	−1	9.3642/	−1	9.0617/	−1
4.00	8.7689/	−1	8.4856/	−1	8.2114/	−1	7.9461/	−1
8.00	7.6894/	−1	7.4409/	−1	7.2005/	−1	6.9678/	−1
12.00	6.7427/	−1	6.5249/	−1	6.3140/	−1	6.1100/	−1
16.00	5.9126/	−1	5.7216/	−1	5.5367/	−1	5.3578/	−1
20.00	5.1847/	−1	5.0172/	−1	4.8551/	−1	4.6982/	−1
24.00	4.5464/	−1	4.3995/	−1	4.2574/	−1	4.1198/	−1
28.00	3.9867/	−1	3.8579/	−1	3.7332/	−1	3.6126/	−1
32.00	3.4959/	−1	3.3829/	−1	3.2736/	−1	3.1679/	−1
36.00	3.0655/	−1	2.9665/	−1	2.8706/	−1	2.7779/	−1
40.00	2.6881/	−1	2.6013/	−1	2.5172/	−1	2.4359/	−1
44.00	2.3572/	−1	2.2810/	−1	2.2073/	−1	2.1360/	−1

Minute	0.00	1.00	2.00	3.00
48.00	2.0670/ −1	2.0002/ −1	1.9356/ −1	1.8730/ −1
52.00	1.8125/ −1	1.7540/ −1	1.6973/ −1	1.6424/ −1
56.00	1.5894/ −1	1.5380/ −1	1.4883/ −1	1.4402/ −1
60.00	1.3937/ −1	1.3487/ −1	1.3051/ −1	1.2629/ −1
64.00	1.2221/ −1	1.1826/ −1	1.1444/ −1	1.1075/ −1
68.00	1.0717/ −1	1.0370/ −1	1.0035/ −1	9.7111/ −2
72.00	9.3974/ −2	9.0937/ −2	8.7999/ −2	8.5156/ −2
76.00	8.2405/ −2	7.9742/ −2	7.7166/ −2	7.4672/ −2
80.00	7.2260/ −2	6.9925/ −2	6.7666/ −2	6.5479/ −2
84.00	6.3364/ −2	6.1317/ −2	5.9335/ −2	5.7418/ −2
88.00	5.5563/ −2	5.3768/ −2	5.2031/ −2	5.0349/ −2
92.00	4.8723/ −2	4.7148/ −2	4.5625/ −2	4.4151/ −2
96.00	4.2724/ −2	4.1344/ −2	4.0008/ −2	3.8715/ −2
100.00	3.7465/ −2	3.6254/ −2	3.5083/ −2	3.3949/ −2
104.00	3.2852/ −2	3.1791/ −2	3.0764/ −2	2.9770/ −2
108.00	2.8808/ −2	2.7877/ −2	2.6976/ −2	2.6105/ −2
112.00	2.5261/ −2	2.4445/ −2	2.3655/ −2	2.2891/ −2
116.00	2.2151/ −2	2.1436/ −2	2.0743/ −2	2.0073/ −2
120.00	1.9424/ −2	1.8797/ −2	1.8189/ −2	1.7602/ −2
124.00	1.7033/ −2	1.6483/ −2	1.5950/ −2	1.5435/ −2
128.00	1.4936/ −2	1.4453/ −2	1.3986/ −2	1.3535/ −2
132.00	1.3097/ −2	1.2674/ −2	1.2265/ −2	1.1868/ −2
136.00	1.1485/ −2	1.1114/ −2	1.0755/ −2	1.0407/ −2
140.00	1.0071/ −2	9.7455/ −3	9.4306/ −3	9.1259/ −3
144.00	8.8311/ −3			

$$^{71}\text{Ga}(n, \gamma)^{72}\text{Ga}$$

$M = 69.72$ $G = 39.5\%$ $\sigma_{ac} = 4.0$ barn,

^{72}Ga $T_1 = 14.12$ hour

E_γ (keV)	2500	2201	1860	1600	1465	1050	894	835	630
P	0.200	0.260	0.050	0.050	0.035	0.070	0.100	0.960	0.270

E_γ (keV)	601
P	0.080

Activation data for ^{72}Ga : $A_1(\tau)$, dps/μg

$A_1(\text{sat})$ $= 1.3649/\ 5$

$A_1(1 \text{ sec}) = 1.8608/\ 0$

Hour	0.00		1.00		2.00		3.00	
0.00	0.0000/	0	6.5373/	3	1.2761/	4	1.8688/	4
4.00	2.4330/	4	2.9702/	4	3.4817/	4	3.9686/	4
8.00	4.4323/	4	4.8737/	4	5.2940/	4	5.6942/	4
12.00	6.0752/	4	6.4380/	4	6.7834/	4	7.1122/	4
16.00	7.4253/	4	7.7234/	4	8.0072/	4	8.2774/	4
20.00	8.5347/	4	8.7797/	4	9.0129/	4	9.2350/	4
24.00	9.4464/	4	9.6477/	4	9.8394/	4	1.0022/	5
28.00	1.0196/	5	1.0361/	5	1.0518/	5	1.0668/	5
32.00	1.0811/	5	1.0947/	5	1.1077/	5	1.1200/	5
36.00	1.1317/	5	1.1429/	5	1.1535/	5	1.1636/	5
40.00	1.1733/	5	1.1825/	5	1.1912/	5	1.1995/	5
44.00	1.2074/	5	1.2150/	5	1.2222/	5	1.2290/	5
48.00	1.2355/	5						

Decay factor for ^{72}Ga : $D_1(t)$

Hour	0.00	1.00	2.00	3.00
0.00	1.0000/ 0	9.5211/ −1	9.0651/ −1	8.6309/ −1
4.00	8.2175/ −1	7.8239/ −1	7.4492/ −1	7.0924/ −1
8.00	6.7528/ −1	6.4293/ −1	6.1214/ −1	5.8282/ −1
12.00	5.5491/ −1	5.2833/ −1	5.0303/ −1	4.7894/ −1
16.00	4.5600/ −1	4.3416/ −1	4.1336/ −1	3.9357/ −1
20.00	3.7472/ −1	3.5677/ −1	3.3968/ −1	3.2341/ −1
24.00	3.0792/ −1	2.9318/ −1	2.7913/ −1	2.6577/ −1
28.00	2.5304/ −1	2.4092/ −1	2.2938/ −1	2.1839/ −1
32.00	2.0793/ −1	1.9797/ −1	1.8849/ −1	1.7946/ −1
36.00	1.7087/ −1	1.6269/ −1	1.5489/ −1	1.4748/ −1
40.00	1.4041/ −1	1.3369/ −1	1.2728/ −1	1.2119/ −1
44.00	1.1538/ −1	1.0986/ −1	1.0460/ −1	9.9587/ −2
48.00	9.4817/ −2	9.0276/ −2	8.5952/ −2	8.1835/ −2
52.00	7.7916/ −2	7.4184/ −2	7.0631/ −2	6.7248/ −2

Hour	0.00	1.00	2.00	3.00
56.00	6.4028/ —2	6.0961/ —2	5.8041/ —2	5.5261/ —2
60.00	5.2615/ —2	5.0095/ —2	4.7696/ —2	4.5411/ —2
64.00	4.3236/ —2	4.1165/ —2	3.9194/ —2	3.7317/ —2
68.00	3.5529/ —2	3.3828/ —2	3.2208/ —2	3.0665/ —2
72.00	2.9196/ —2	2.7798/ —2	2.6467/ —2	2.5199/ —2
76.00	2.3992/ —2	2.2843/ —2	2.1749/ —2	2.0707/ —2
80.00	1.9716/ —2	1.8771/ —2	1.7872/ —2	1.7016/ —2
84.00	1.6201/ —2	1.5425/ —2	1.4687/ —2	1.3983/ —2
88.00	1.3313/ —2	1.2676/ —2	1.2069/ —2	1.1491/ —2
92.00	1.0940/ —2	1.0416/ —2	9.9175/ —3	9.4425/ —3
96.00	8.9902/ —3			

$^{70}Ge(n, \gamma)^{71}Ge$

$M = 72.59$ $\qquad\qquad$ $G = 20.53\%$ $\qquad\qquad$ $\sigma_{ac} = 3.9$ barn,

^{71}Ge $\quad$ $T_1 = 11.4$ day

E_γ (keV) no gamma

Activation data for $^{71}Ge : A_1(\tau)$, dps/μg

$$A_1(\text{sat}) = 6.6434/ \quad 4$$
$$A_1(1 \text{ sec}) = 4.6742/ \quad -2$$

Day	0.00		0.50		1.00		1.50	
0.00	0.0000/	0	1.9889/	3	3.9182/	3	5.7897/	3
2.00	7.6053/	3	9.3665/	3	1.1075/	4	1.2732/	4
4.00	1.4340/	4	1.5899/	4	1.7412/	4	1.8880/	4
6.00	2.0304/	4	2.1685/	4	2.3024/	4	2.4324/	4
8.00	2.5585/	4	2.6807/	4	2.7994/	4	2.9145/	4
10.00	3.0261/	4	3.1344/	4	3.2394/	4	3.3413/	4
12.00	3.4402/	4	3.5361/	4	3.6291/	4	3.7194/	4
14.00	3.8069/	4	3.8918/	4	3.9742/	4	4.0541/	4
16.00	4.1316/	4	4.2068/	4	4.2798/	4	4.3505/	4
18.00	4.4192/	4	4.4857/	4	4.5503/	4	4.6130/	4
20.00	4.6738/	4	4.7327/	4	4.7899/	4	4.8454/	4
22.00	4.8993/	4	4.9515/	4	5.0021/	4	5.0513/	4
24.00	5.0989/	4	5.1452/	4	5.1900/	4	5.2335/	4
26.00	5.2757/	4	5.3167/	4	5.3564/	4	5.3949/	4
28.00	5.4323/	4	5.4686/	4	5.5037/	4	5.5378/	4
30.00	5.5709/	4	5.6031/	4	5.6342/	4	5.6644/	4
32.00	5.6937/	4	5.7221/	4	5.7497/	4	5.7765/	4
34.00	5.8024/	4	5.8276/	4	5.8520/	4	5.8757/	4
36.00	5.8987/	4	5.9210/	4	5.9426/	4	5.9636/	4
38.00	5.9840/	4	6.0037/	4	6.0228/	4	6.0414/	4
40.00	6.0594/	4						

Decay factor for $^{71}Ge : D_1(t)$

Day	0.00		0.50		1.00		1.50	
0.00	1.0000/	0	9.7006/	−1	9.4102/	−1	9.1285/	−1
2.00	8.8552/	−1	8.5901/	−1	8.3329/	−1	8.0835/	−1
4.00	7.8415/	−1	7.6067/	−1	7.3790/	−1	7.1581/	−1
6.00	6.9438/	−1	6.7359/	−1	6.5343/	−1	6.3386/	−1
8.00	6.1489/	−1	5.9648/	−1	5.7862/	−1	5.6130/	−1
10.00	5.4450/	−1	5.2820/	−1	5.1238/	−1	4.9704/	−1
12.00	4.8216/	−1	4.6773/	−1	4.5373/	−1	4.4014/	−1
14.00	4.2697/	−1	4.1418/	−1	4.0178/	−1	3.8976/	−1
16.00	3.7809/	−1	3.6677/	−1	3.5579/	−1	3.4514/	−1
18.00	3.3480/	−1	3.2478/	−1	3.1506/	−1	3.0563/	−1
20.00	2.9648/	−1	2.8760/	−1	2.7899/	−1	2.7064/	−1
22.00	2.6254/	−1	2.5468/	−1	2.4705/	−1	2.3966/	−1

Day	0.00	0.50	1.00	1.50
24.00	2.3248/ −1	2.2552/ −1	2.1877/ −1	2.1222/ −1
26.00	2.0587/ −1	1.9970/ −1	1.9372/ −1	1.8793/ −1
28.00	1.8230/ −1	1.7684/ −1	1.7155/ −1	1.6641/ −1
30.00	1.6143/ −1	1.5660/ −1	1.5191/ −1	1.4736/ −1
32.00	1.4295/ −1	1.3867/ −1	1.3452/ −1	1.3049/ −1
34.00	1.2658/ −1	1.2280/ −1	1.1912/ −1	1.1555/ −1
36.00	1.1209/ −1	1.0874/ −1	1.0548/ −1	1.0232/ −1
38.00	9.9261/ −2	9.6290/ −2	9.3407/ −2	9.0611/ −2
40.00	8.7898/ −2	8.5266/ −2	8.2714/ −2	8.0238/ −2
42.00	7.7835/ −2	7.5505/ −2	7.3245/ −2	7.1052/ −2
44.00	6.8925/ −2	6.6862/ −2	6.4860/ −2	6.2918/ −2
46.00	6.1035/ −2	5.9207/ −2	5.7435/ −2	5.5715/ −2
48.00	5.4047/ −2	5.2429/ −2	5.0860/ −2	4.9337/ −2
50.00	4.7860/ −2	4.6427/ −2	4.5037/ −2	4.3689/ −2
52.00	4.2381/ −2	4.1112/ −2	3.9882/ −2	3.8688/ −2
54.00	3.7529/ −2	3.6406/ −2	3.5316/ −2	3.4259/ −2
56.00	3.3233/ −2	3.2238/ −2	3.1273/ −2	3.0337/ −2
58.00	2.9429/ −2	2.8548/ −2	2.7693/ −2	2.6864/ −2
60.00	2.6060/ −2	2.5279/ −2	2.4523/ −2	2.3789/ −2
62.00	2.3076/ −2	2.2385/ −2	2.1715/ −2	2.1065/ −2
64.00	2.0435/ −2	1.9823/ −2	1.9229/ −2	1.8654/ −2
66.00	1.8095/ −2	1.7554/ −2	1.7028/ −2	1.6518/ −2
68.00	1.6024/ −2	1.5544/ −2	1.5079/ −2	1.4627/ −2
70.00	1.4189/ −2	1.3765/ −2	1.3352/ −2	1.2953/ −2
72.00	1.2565/ −2	1.2189/ −2	1.1824/ −2	1.1470/ −2
74.00	1.1127/ −2	1.0793/ −2	1.0470/ −2	1.0157/ −2
76.00	9.8528/ −3			

$^{74}\mathrm{Ge(n, \gamma)}^{75}\mathrm{Ge}$

$M = 72.59$ $\qquad\qquad G = 36.54\%$ $\qquad\qquad \sigma_{ac} = 0.246$ barn,

$^{75}\mathrm{Ge}$ $\quad T_1 = 82$ minute

E_γ (keV)	265	199
P	0.110	0.014

Activation data for $^{75}\mathrm{Ge} : A_1(\tau)$, dps/$\mu$g

$$A_1(\text{sat}) = 7.4583/\ 3$$
$$A_1(1\ \text{sec}) = 1.0505/\ 0$$

Hour	0.000		0.125		0.250		0.375	
0.00	0.0000/	0	4.5807/	2	8.8800/	2	1.2915/	3
0.50	1.6703/	3	2.0258/	3	2.3594/	3	2.6726/	3
1.00	2.9665/	3	3.2424/	3	3.5013/	3	3.7443/	3
1.50	3.9724/	3	4.1865/	3	4.3875/	3	4.5761/	3
2.00	4.7531/	3	4.9192/	3	5.0752/	3	5.2215/	3
2.50	5.3589/	3	5.4879/	3	5.6089/	3	5.7225/	3
3.00	5.8291/	3	5.9291/	3	6.0230/	3	6.1112/	3
3.50	6.1939/	3	6.2716/	3	6.3445/	3	6.4129/	3
4.00	6.4771/	3	6.5373/	3	6.5939/	3	6.6470/	3
4.50	6.6968/	3						

Decay factor for $^{75}\mathrm{Ge} : D_1(t)$

Hour	0.000		0.125		0.250		0.375	
0.00	1.0000/	0	9.3858/	−1	8.8094/	−1	8.2683/	−1
0.50	7.7605/	−1	7.2839/	−1	6.8365/	−1	6.4166/	−1
1.00	6.0226/	−1	5.6527/	−1	5.3055/	−1	4.9796/	−1
1.50	4.6738/	−1	4.3868/	−1	4.1173/	−1	3.8645/	−1
2.00	3.6271/	−1	3.4044/	−1	3.1953/	−1	2.9990/	−1
2.50	2.8148/	−1	2.6420/	−1	2.4797/	−1	2.3274/	−1
3.00	2.1845/	−1	2.0503/	−1	1.9244/	−1	1.8062/	−1
3.50	1.6952/	−1	1.5911/	−1	1.4934/	−1	1.4017/	−1
4.00	1.3156/	−1	1.2348/	−1	1.1590/	−1	1.0878/	−1
4.50	1.0210/	−1	9.5827/	−2	8.9941/	−2	8.4417/	−2
5.00	7.9233/	−2	7.4366/	−2	6.9799/	−2	6.5512/	−2
5.50	6.1489/	−2	5.7712/	−2	5.4168/	−2	5.0841/	−2
6.00	4.7718/	−2	4.4788/	−2	4.2037/	−2	3.9455/	−2
6.50	3.7032/	−2	3.4758/	−2	3.2623/	−2	3.0619/	−2
7.00	2.8739/	−2	2.6974/	−2	2.5317/	−2	2.3762/	−2
7.50	2.2303/	−2	2.0933/	−2	1.9647/	−2	1.8441/	−2
8.00	1.7308/	−2	1.6245/	−2	1.5247/	−2	1.4311/	−2
8.50	1.3432/	−2	1.2607/	−2	1.1833/	−2	1.1106/	−2
9.00	1.0424/	−2						

See also $^{74}\mathrm{Ge(n, \gamma)}^{75m}\mathrm{Ge} \to {}^{75}\mathrm{Ge}$

$$^{74}\text{Ge}(\text{n}, \gamma)^{75\text{m}}\text{Ge} \rightarrow {}^{75}\text{Ge}$$

$M = 72.59$ $G = 36.74\%$ $\sigma_{ac} = 0.04$ barn,

$^{75\text{m}}\text{Ge}$ $T_1 = 48$ second

E_γ (keV)	139
P	0.340

^{75}Ge $T_2 = 82$ minute

E_γ (keV)	265	199
P	0.110	0.014

Activation data for $^{75\text{m}}\text{Ge}$: $A_1(\tau)$, dps/μg

$$A_1(\text{sat}) = 1.2194/ \ 3$$
$$A_1(1 \ \text{sec}) = 1.7478/ \ 1$$

$K = -9.8520/ -3$

Time intervals with respect to T_1

Second	0.00		5.00		10.00		15.00	
0.00	0.0000/	0	8.4921/	1	1.6393/	2	2.3743/	2
20.00	3.0582/	2	3.6944/	2	4.2863/	2	4.8370/	2
40.00	5.3494/	2	5.8260/	2	6.2695/	2	6.6821/	2
60.00	7.0659/	2	7.4230/	2	7.7553/	2	8.0644/	2
80.00	8.3520/	2	8.6195/	2	8.8684/	2	9.1000/	2
100.00	9.3155/	2	9.5159/	2	9.7024/	2	9.8759/	2
120.00	1.0037/	3	1.0188/	3	1.0327/	3	1.0457/	3
140.00	1.0578/	3						

Decay factor for $^{75\text{m}}\text{Ge}$: $D_1(\text{t})$

Second	0.00		5.00		10.00		15.00	
0.00	1.0000/	0	9.3036/	−1	8.6556/	−1	8.0528/	−1
20.00	7.4920/	−1	6.9702/	−1	6.4848/	−1	6.0332/	−1
40.00	5.6130/	−1	5.2221/	−1	4.8584/	−1	4.5200/	−1
60.00	4.2053/	−1	3.9124/	−1	3.6399/	−1	3.3864/	−1
80.00	3.1506/	−1	2.9312/	−1	2.7270/	−1	2.5371/	−1
100.00	2.3604/	−1	2.1960/	−1	2.0431/	−1	1.9008/	−1
120.00	1.7684/	−1	1.6453/	−1	1.5307/	−1	1.4241/	−1
140.00	1.3249/	−1	1.2326/	−1	1.1468/	−1	1.0669/	−1
160.00	9.9261/	−2	9.2348/	−2	8.5917/	−2	7.9933/	−2
180.00	7.4366/	−2	6.9187/	−2	6.4369/	−2	5.9886/	−2
200.00	5.5715/	−2	5.1835/	−2	4.8225/	−2	4.4867/	−2
220.00	4.1742/	−2	3.8835/	−2	3.6130/	−2	3.3614/	−2
240.00	3.1273/	−2	2.9095/	−2	2.7069/	−2	2.5184/	−2
260.00	2.3430/	−2	2.1798/	−2	2.0280/	−2	1.8868/	−2
280.00	1.7554/	−2	1.6331/	−2	1.5194/	−2	1.4136/	−2
300.00	1.3151/	−2	1.2235/	−2	1.1383/	−2	1.0590/	−2
320.00	9.8528/	−3	9.1666/	−3	8.5282/	−3	7.9343/	−3
340.00	7.3817/	−3						

Activation data for ^{75}Ge : $F \cdot A_2(\tau)$

$$F \cdot A_2(\text{sat}) \quad = 1.2313/ \quad 3$$
$$F \cdot A_2(1 \text{ sec}) = 1.7342/ -1$$

Second	0.00		5.00		10.00		15.00	
0.00	0.0000/	0	8.6687/	−1	1.7331/	0	2.5988/	0
20.00	3.4638/	0	4.3283/	0	5.1921/	0	6.0553/	0
40.00	6.9179/	0	7.7799/	0	8.6413/	0	9.5021/	0
60.00	1.0362/	1	1.1222/	1	1.2081/	1	1.2939/	1
80.00	1.3797/	1	1.4654/	1	1.5511/	1	1.6367/	1
100.00	1.7222/	1	1.8077/	1	1.8931/	1	1.9784/	1
120.00	2.0637/	1	2.1490/	1	2.2341/	1	2.3193/	1
140.00	2.4043/	1						

Decay factor for ^{75}Ge : $D_2(t)$

Second	0.00		5.00		10.00		15.00	
0.00	1.0000/	0	9.9930/	−1	9.9859/	−1	9.9789/	−1
20.00	9.9719/	−1	9.9648/	−1	9.9578/	−1	9.9508/	−1
40.00	9.9438/	−1	9.9368/	−1	9.9298/	−1	9.9228/	−1
60.00	9.9158/	−1	9.9089/	−1	9.9019/	−1	9.8949/	−1
80.00	9.8879/	−1	9.8810/	−1	9.8740/	−1	9.8671/	−1
100.00	9.8601/	−1	9.8532/	−1	9.8463/	−1	9.8393/	−1
120.00	9.8324/	−1	9.8255/	−1	9.8186/	−1	9.8116/	−1
140.00	9.8047/	−1	9.7978/	−1	9.7909/	−1	9.7840/	−1
160.00	9.7772/	−1	9.7703/	−1	9.7634/	−1	9.7565/	−1
180.00	9.7497/	−1	9.7428/	−1	9.7359/	−1	9.7291/	−1
200.00	9.7222/	−1	9.7154/	−1	9.7085/	−1	9.7017/	−1
220.00	9.6949/	−1	9.6880/	−1	9.6812/	−1	9.6744/	−1
240.00	9.6676/	−1	9.6608/	−1	9.6540/	−1	9.6472/	−1
260.00	9.6404/	−1	9.6336/	−1	9.6268/	−1	9.6201/	−1
280.00	9.6133/	−1	9.6065/	−1	9.5998/	−1	9.5930/	−1
300.00	9.5862/	−1	9.5795/	−1	9.5727/	−1	9.5660/	−1
320.00	9.5593/	−1	9.5525/	−1	9.5458/	−1	9.5391/	−1
340.00	9.5324/	−1						

*

Activation data for ^{75m}Ge : $A_1(\tau)$, dps/μg

$$A_1(\text{sat}) \quad = 1.2194/ \ 3$$
$$A_1(1 \text{ sec}) = 1.7478/ \ 1$$

$K = -9.8520/ -3$

Time intervals with respect to T_2

Hour	0.000		0.125		0.250		0.375	
0.00	0.0000/	0	1.2175/	3	1.2194/	3	1.2194/	3
0.50	1.2194/	3	1.2194/	3	1.2194/	3	1.2194/	3

Decay factor for ^{75m}Ge : $D_1(t)$

Hour	0.000	0.125	0.250	0.375
0.00	1.0000/ 0	1.5081/ − 3	2.2745/ − 6	3.4303/ − 9
0.50	5.1734/ −12	7.8022/ −15	1.1767/ −17	1.7746/ −20

Activation data for ^{75}Ge : $F \cdot A_2(\tau)$

$$F \cdot A_2(\text{sat}) = 1.2313/ \quad 3$$
$$F \cdot A_2(1 \text{ sec}) = 1.7342/ \quad -1$$

Hour	0.000	0.125	0.250	0.375
0.00	0.0000/ 0	7.5624/ 1	1.4660/ 2	2.1322/ 2
0.50	2.7575/ 2	3.3444/ 2	3.8952/ 2	4.4122/ 2
1.00	4.8975/ 2	5.3530/ 2	5.7804/ 2	6.1817/ 2
1.50	6.5582/ 2	6.9117/ 2	7.2434/ 2	7.5548/ 2
2.00	7.8470/ 2	8.1213/ 2	8.3788/ 2	8.6204/ 2
2.50	8.8472/ 2	9.0601/ 2	9.2599/ 2	9.4474/ 2
3.00	9.6234/ 2	9.7886/ 2	9.9437/ 2	1.0089/ 3
3.50	1.0226/ 3	1.0354/ 3	1.0474/ 3	1.0587/ 3
4.00	1.0693/ 3	1.0793/ 3	1.0886/ 3	1.0974/ 3
4.50	1.1056/ 3	1.1133/ 3	1.1206/ 3	1.1274/ 3
5.00	1.1338/ 3			

Decay factor for ^{75}Ge : $D_2(t)$

Hour	0.00	0.125	0.250	0.375
0.00	1.0000/ 0	9.3858/ −1	8.8094/ −1	8.2683/ −1
0.50	7.7605/ −1	7.2839/ −1	6.8365/ −1	6.4166/ −1
1.00	6.0226/ −1	5.6527/ −1	5.3055/ −1	4.9796/ −1
1.50	4.6738/ −1	4.3868/ −1	4.1173/ −1	3.8645/ −1
2.00	3.6271/ −1	3.4044/ −1	3.1953/ −1	2.9990/ −1
2.50	2.8148/ −1	2.6420/ −1	2.4797/ −1	2.3274/ −1
3.00	2.1845/ −1	2.0503/ −1	1.9244/ −1	1.8062/ −1
3.50	1.6952/ −1	1.5911/ −1	1.4934/ −1	1.4017/ −1
4.00	1.3156/ −1	1.2348/ −1	1.1590/ −1	1.0878/ −1
4.50	1.0210/ −1	9.5827/ −2	8.9941/ −2	8.4417/ −2
5.00	7.9233/ −2	7.4366/ −2	6.9799/ −2	6.5512/ −2
5.50	6.1489/ −2	5.7712/ −2	5.4168/ −2	5.0841/ −2
6.00	4.7718/ −2	4.4788/ −2	4.2037/ −2	3.9455/ −2
6.50	3.7032/ −2	3.4758/ −2	3.2623/ −2	3.0619/ −2
7.00	2.8739/ −2	2.6974/ −2	2.5317/ −2	2.3762/ −2
7.50	2.2303/ −2	2.0933/ −2	1.9647/ −2	1.8441/ −2
8.00	1.7308/ −2	1.6245/ −2	1.5247/ −2	1.4311/ −2
8.50	1.3432/ −2	1.2607/ −2	1.1833/ −2	1.1106/ −2
9.00	1.0424/ −2	9.7836/ −3	9.1828/ −3	8.6188/ −3
9.50	8.0894/ −3	7.5926/ −3	7.1263/ −3	6.6886/ −3
10.00	6.2778/ −3			

See also ^{74}Ge(n, γ)^{75}Ge

$$^{76}\text{Ge}(\text{n}, \gamma)^{77}\text{Ge} \rightarrow {}^{77}\text{As}$$

$M = 72.59$ $G = 7.76\%$ $\sigma_{ac} = 0.09$ barn,

^{77}Ge $T_1 = 11.3$ hour

E_γ (keV)	1090	930	800	730	632	563	417	368	263
P	0.060	0.050	0.060	0.140	0.110	0.180	0.250	0.150	0.450

E_γ (keV)	210
P	0.610

^{77}As $T_2 = 38.7$ hour

E_γ (keV)	245
P	0.025

Activation data for ^{77}Ge : $A_1(\tau)$, dps/μg

$$A_1(\text{sat}) = 5.7948/\ \ 2$$
$$A_1(1 \text{ sec}) = 9.8716/\ -3$$

$K = -4.1240/ -1$

Time intervals with respect to T_1

Hour	0.00		0.50		1.00		1.50	
0.00	0.0000/	0	1.7499/	1	3.4470/	1	5.0929/	1
2.00	6.6890/	1	8.2370/	1	9.7382/	1	1.1194/	2
4.00	1.2606/	2	1.3975/	2	1.5303/	2	1.6591/	2
6.00	1.7840/	2	1.9051/	2	2.0226/	2	2.1365/	2
8.00	2.2470/	2	2.3541/	2	2.4580/	2	2.5588/	2
10.00	2.6565/	2	2.7513/	2	2.8432/	2	2.9323/	2
12.00	3.0188/	2	3.1026/	2	3.1839/	2	3.2627/	2
14.00	3.3392/	2	3.4134/	2	3.4853/	2	3.5550/	2
16.00	3.6227/	2	3.6883/	2	3.7519/	2	3.8136/	2
18.00	3.8734/	2	3.9314/	2	3.9877/	2	4.0423/	2
20.00	4.0952/	2	4.1465/	2	4.1963/	2	4.2446/	2
22.00	4.2914/	2	4.3368/	2	4.3808/	2	4.4235/	2
24.00	4.4649/	2	4.5051/	2	4.5440/	2	4.5818/	2
26.00	4.6184/	2	4.6540/	2	4.6884/	2	4.7218/	2
28.00	4.7542/	2	4.7856/	2	4.8161/	2	4.8457/	2
30.00	4.8743/	2	4.9021/	2	4.9291/	2	4.9552/	2
32.00	4.9806/	2	5.0052/	2	5.0290/	2	5.0522/	2
34.00	5.0746/	2	5.0963/	2	5.1174/	2	5.1379/	2
36.00	5.1577/	2	5.1770/	2	5.1956/	2	5.2137/	2
38.00	5.2313/	2	5.2483/	2	5.2648/	2	5.2808/	2
40.00	5.2963/	2						

Decay factor for ^{77}Ge : $D_1(t)$

Hour	0.00		0.50		1.00		1.50	
0.00	1.0000/	0	9.6980/	−1	9.4052/	−1	9.1211/	−1
2.00	8.8457/	−1	8.5786/	−1	8.3195/	−1	8.0683/	−1
4.00	7.8246/	−1	7.5883/	−1	7.3592/	−1	7.1369/	−1

Hour	0.00	0.50	1.00	1.50
6.00	6.9214/ −1	6.7124/ −1	6.5097/ −1	6.3131/ −1
8.00	6.1225/ −1	5.9376/ −1	5.7583/ −1	5.5844/ −1
10.00	5.4157/ −1	5.2522/ −1	5.0936/ −1	4.9398/ −1
12.00	4.7906/ −1	4.6459/ −1	4.5056/ −1	4.3696/ −1
14.00	4.2376/ −1	4.1096/ −1	3.9855/ −1	3.8652/ −1
16.00	3.7485/ −1	3.6353/ −1	3.5255/ −1	3.4190/ −1
18.00	3.3158/ −1	3.2156/ −1	3.1185/ −1	3.0244/ −1
20.00	2.9330/ −1	2.8445/ −1	2.7586/ −1	2.6753/ −1
22.00	2.5945/ −1	2.5161/ −1	2.4401/ −1	2.3664/ −1
24.00	2.2950/ −1	2.2257/ −1	2.1585/ −1	2.0933/ −1
26.00	2.0301/ −1	1.9688/ −1	1.9093/ −1	1.8517/ −1
28.00	1.7957/ −1	1.7415/ −1	1.6889/ −1	1.6379/ −1
30.00	1.5885/ −1	1.5405/ −1	1.4940/ −1	1.4489/ −1
32.00	1.4051/ −1	1.3627/ −1	1.3215/ −1	1.2816/ −1
34.00	1.2429/ −1	1.2054/ −1	1.1690/ −1	1.1337/ −1
36.00	1.0994/ −1	1.0662/ −1	1.0340/ −1	1.0028/ −1
38.00	9.7253/ −2	9.4316/ −2	9.1468/ −2	8.8705/ −2
40.00	8.6027/ −2	8.3429/ −2	8.0909/ −2	7.8466/ −2
42.00	7.6097/ −2	7.3799/ −2	7.1570/ −2	6.9409/ −2
44.00	6.7313/ −2	6.5280/ −2	6.3309/ −2	6.1397/ −2
46.00	5.9543/ −2	5.7745/ −2	5.6001/ −2	5.4310/ −2
48.00	5.2670/ −2	5.1079/ −2	4.9537/ −2	4.8041/ −2
50.00	4.6590/ −2	4.5183/ −2	4.3819/ −2	4.2495/ −2
52.00	4.1212/ −2	3.9967/ −2	3.8760/ −2	3.7590/ −2
54.00	3.6455/ −2	3.5354/ −2	3.4286/ −2	3.3251/ −2
56.00	3.2247/ −2	3.1273/ −2	3.0329/ −2	2.9413/ −2
58.00	2.8525/ −2	2.7663/ −2	2.6828/ −2	2.6018/ −2
60.00	2.5232/ −2	2.4470/ −2	2.3731/ −2	2.3014/ −2
62.00	2.2319/ −2	2.1645/ −2	2.0992/ −2	2.0358/ −2
64.00	1.9743/ −2	1.9147/ −2	1.8569/ −2	1.8008/ −2
66.00	1.7464/ −2	1.6937/ −2	1.6425/ −2	1.5929/ −2
68.00	1.5448/ −2	1.4982/ −2	1.4529/ −2	1.4090/ −2
70.00	1.3665/ −2	1.3252/ −2	1.2852/ −2	1.2464/ −2
72.00	1.2088/ −2	1.1723/ −2	1.1369/ −2	1.1025/ −2
74.00	1.0692/ −2	1.0369/ −2	1.0056/ −2	9.7526/ −3
76.00	9.4581/ −3	9.1725/ −3	8.8955/ −3	8.6268/ −3
78.00	8.3663/ −3			

Activation data for ^{77}As : $F \cdot A_2(\tau)$

$$F \cdot A_2(\text{sat}) = 8.1846/ \quad 2$$
$$F \cdot A_2(1 \text{ sec}) = 4.0711/ \quad -3$$

Hour	0.00		0.50		1.00		1.50	
0.00	0.0000/	0	7.2954/	0	1.4526/	1	2.1692/	1
2.00	2.8794/	1	3.5832/	1	4.2808/	1	4.9722/	1
4.00	5.6574/	1	6.3365/	1	7.0096/	1	7.6767/	1
6.00	8.3378/	1	8.9930/	1	9.6424/	1	1.0286/	2
8.00	1.0924/	2	1.1556/	2	1.2183/	2	1.2803/	2
10.00	1.3419/	2	1.4029/	2	1.4633/	2	1.5232/	2
12.00	1.5826/	2	1.6415/	2	1.6998/	2	1.7576/	2

Hour	0.00		0.50		1.00		1.50	
14.00	1.8149/	2	1.8717/	2	1.9279/	2	1.9837/	2
16.00	2.0390/	2	2.0937/	2	2.1480/	2	2.2018/	2
18.00	2.2552/	2	2.3080/	2	2.3604/	2	2.4123/	2
20.00	2.4638/	2	2.5148/	2	2.5653/	2	2.6154/	2
22.00	2.6650/	2	2.7142/	2	2.7630/	2	2.8113/	2
24.00	2.8592/	2	2.9067/	2	2.9537/	2	3.0003/	2
26.00	3.0466/	2	3.0924/	2	3.1377/	2	3.1827/	2
28.00	3.2273/	2	3.2715/	2	3.3153/	2	3.3587/	2
30.00	3.4017/	2	3.4443/	2	3.4866/	2	3.5285/	2
32.00	3.5700/	2	3.6111/	2	3.6519/	2	3.6923/	2
34.00	3.7323/	2	3.7720/	2	3.8113/	2	3.8503/	2
36.00	3.8890/	2	3.9272/	2	3.9652/	2	4.0028/	2
38.00	4.0401/	2	4.0770/	2	4.1136/	2	4.1499/	2
40.00	4.1859/	2						

Decay factor for ^{77}As : $D_2(t)$

Hour	0.00		0.50		1.00		1.50	
0.00	1.0000/	0	9.9109/	−1	9.8225/	−1	9.7350/	−1
2.00	9.6482/	−1	9.5622/	−1	9.4770/	−1	9.3925/	−1
4.00	9.3088/	−1	9.2258/	−1	9.1436/	−1	9.0621/	−1
6.00	8.9813/	−1	8.9012/	−1	8.8219/	−1	8.7433/	−1
8.00	8.6653/	−1	8.5881/	−1	8.5115/	−1	8.4357/	−1
10.00	8.3605/	−1	8.2860/	−1	8.2121/	−1	8.1389/	−1
12.00	8.0664/	−1	7.9945/	−1	7.9232/	−1	7.8526/	−1
14.00	7.7826/	−1	7.7132/	−1	7.6445/	−1	7.5763/	−1
16.00	7.5088/	−1	7.4419/	−1	7.3755/	−1	7.3098/	−1
18.00	7.2446/	−1	7.1800/	−1	7.1160/	−1	7.0526/	−1
20.00	6.9898/	−1	6.9275/	−1	6.8657/	−1	6.8045/	−1
22.00	6.7439/	−1	6.6837/	−1	6.6242/	−1	6.5651/	−1
24.00	6.5066/	−1	6.4486/	−1	6.3911/	−1	6.3342/	−1
26.00	6.2777/	−1	6.2217/	−1	6.1663/	−1	6.1113/	−1
28.00	6.0568/	−1	6.0029/	−1	5.9494/	−1	5.8963/	−1
30.00	5.8438/	−1	5.7917/	−1	5.7401/	−1	5.6889/	−1
32.00	5.6382/	−1	5.5879/	−1	5.5381/	−1	5.4888/	−1
34.00	5.4398/	−1	5.3913/	−1	5.3433/	−1	5.2957/	−1
36.00	5.2485/	−1	5.2017/	−1	5.1553/	−1	5.1094/	−1
38.00	5.0638/	−1	5.0187/	−1	4.9739/	−1	4.9296/	−1
40.00	4.8857/	−1	4.8421/	−1	4.7990/	−1	4.7562/	−1
42.00	4.7138/	−1	4.6718/	−1	4.6301/	−1	4.5889/	−1
44.00	4.5480/	−1	4.5074/	−1	4.4672/	−1	4.4274/	−1
46.00	4.3880/	−1	4.3488/	−1	4.3101/	−1	4.2717/	−1
48.00	4.2336/	−1	4.1959/	−1	4.1585/	−1	4.1214/	−1
50.00	4.0847/	−1	4.0482/	−1	4.0122/	−1	3.9764/	−1
52.00	3.9410/	−1	3.9058/	−1	3.8710/	−1	3.8365/	−1
54.00	3.8023/	−1	3.7684/	−1	3.7348/	−1	3.7015/	−1
56.00	3.6685/	−1	3.6358/	−1	3.6034/	−1	3.5713/	−1
58.00	3.5395/	−1	3.5079/	−1	3.4767/	−1	3.4457/	−1
60.00	3.4150/	−1	3.3845/	−1	3.3544/	−1	3.3245/	−1
62.00	3.2948/	−1	3.2655/	−1	3.2363/	−1	3.2075/	−1
64.00	3.1789/	−1	3.1506/	−1	3.1225/	−1	3.0947/	−1

Hour	0.00	0.50	1.00	1.50
66.00	3.0671/ −1	3.0397/ −1	3.0126/ −1	2.9858/ −1
68.00	2.9592/ −1	2.9328/ −1	2.9067/ −1	2.8807/ −1
70.00	2.8551/ −1	2.8296/ −1	2.8044/ −1	2.7794/ −1
72.00	2.7546/ −1	2.7301/ −1	2.7057/ −1	2.6816/ −1
74.00	2.6577/ −1	2.6340/ −1	2.6106/ −1	2.5873/ −1
76.00	2.5642/ −1	2.5414/ −1	2.5187/ −1	2.4963/ −1
78.00	2.4740/ −1			

*

Activation data for ^{77}Ge : $A_1(\tau)$, dps/μg

$$A_1(\text{sat}) = 5.7948/ \ 2$$
$$A_1(1 \text{ sec}) = 9.8716/ \ -3$$

$K = -4.1240/ \ -1$

Time intervals with respect to T_2

Hour	0.00	2.00	4.00	6.00
0.00	0.0000/ 0	6.6890/ 1	1.2606/ 2	1.7840/ 2
8.00	2.2470/ 2	2.6565/ 2	3.0188/ 2	3.3392/ 2
16.00	3.6227/ 2	3.8734/ 2	4.0952/ 2	4.2914/ 2
24.00	4.4649/ 2	4.6184/ 2	4.7542/ 2	4.8743/ 2
32.00	4.9806/ 2	5.0746/ 2	5.1577/ 2	5.2313/ 2
40.00	5.2963/ 2	5.3539/ 2	5.4048/ 2	5.4498/ 2
48.00	5.4896/ 2	5.5248/ 2	5.5560/ 2	5.5836/ 2
56.00	5.6080/ 2	5.6295/ 2	5.6486/ 2	5.6655/ 2
64.00	5.6804/ 2	5.6936/ 2	5.7053/ 2	5.7156/ 2
72.00	5.7248/ 2	5.7329/ 2	5.7400/ 2	5.7463/ 2
80.00	5.7519/ 2	5.7569/ 2	5.7613/ 2	5.7651/ 2
88.00	5.7686/ 2	5.7716/ 2	5.7743/ 2	5.7767/ 2
96.00	5.7787/ 2	5.7806/ 2	5.7822/ 2	5.7837/ 2
104.00	5.7850/ 2	5.7861/ 2	5.7871/ 2	5.7880/ 2
112.00	5.7888/ 2	5.7895/ 2	5.7901/ 2	5.7907/ 2
120.00	5.7911/ 2	5.7916/ 2	5.7919/ 2	5.7923/ 2
128.00	5.7926/ 2	5.7928/ 2	5.7931/ 2	5.7933/ 2
136.00	5.7934/ 2			

Decay factor for ^{77}Ge : $D_1(t)$

Hour	0.00	2.00	4.00	6.00
0.00	1.0000/ 0	8.8457/ −1	7.8246/ −1	6.9214/ −1
8.00	6.1225/ −1	5.4157/ −1	4.7906/ −1	4.2376/ −1
16.00	3.7485/ −1	3.3158/ −1	2.9330/ −1	2.5945/ −1
24.00	2.2950/ −1	2.0301/ −1	1.7957/ −1	1.5885/ −1
32.00	1.4051/ −1	1.2429/ −1	1.0994/ −1	9.7253/ −2
40.00	8.6027/ −2	7.6097/ −2	6.7313/ −2	5.9543/ −2
48.00	5.2670/ −2	4.6590/ −2	4.1212/ −2	3.6455/ −2
56.00	3.2247/ −2	2.8525/ −2	2.5232/ −2	2.2319/ −2
64.00	1.9743/ −2	1.7464/ −2	1.5448/ −2	1.3665/ −2
72.00	1.2088/ −2	1.0692/ −2	9.4581/ −3	8.3663/ −3

Hour	0.00	2.00	4.00	6.00
80.00	7.4006/ −3	6.5463/ −3	5.7907/ −3	5.1223/ −3
88.00	4.5310/ −3	4.0080/ −3	3.5453/ −3	3.1361/ −3
96.00	2.7741/ −3	2.4539/ −3	2.1706/ −3	1.9201/ −3
104.00	1.6984/ −3	1.5024/ −3	1.3290/ −3	1.1756/ −3
112.00	1.0399/ −3	9.1982/ −4	8.1365/ −4	7.1973/ −4
120.00	6.3665/ −4	5.6316/ −4	4.9815/ −4	4.4065/ −4
128.00	3.8979/ −4	3.4479/ −4	3.0499/ −4	2.6979/ −4
136.00	2.3865/ −4	2.1110/ −4	1.8673/ −4	1.6518/ −4
144.00	1.4611/ −4	1.2924/ −4	1.1433/ −4	1.0113/ −4
152.00	8.9455/ −5	7.9130/ −5	6.9995/ −5	6.1916/ −5
160.00	5.4769/ −5	4.8447/ −5	4.2855/ −5	3.7908/ −5
168.00	3.3532/ −5	2.9661/ −5	2.6238/ −5	2.3209/ −5
176.00	2.0530/ −5	1.8160/ −5	1.6064/ −5	1.4210/ −5
184.00	1.2569/ −5	1.1118/ −5	9.8351/ −6	8.6998/ −6
192.00	7.6956/ −6	6.8073/ −6	6.0215/ −6	5.3264/ −6
200.00	4.7116/ −6	4.1677/ −6	3.6866/ −6	3.2611/ −6
208.00	2.8847/ −6	2.5517/ −6	2.2571/ −6	1.9966/ −6
216.00	1.7661/ −6	1.5623/ −6	1.3819/ −6	1.2224/ −6
224.00	1.0813/ −6	9.5649/ −7	8.4608/ −7	7.4841/ −7
232.00	6.6202/ −7	5.8561/ −7	5.1801/ −7	4.5821/ −7
240.00	4.0532/ −7	3.5854/ −7	3.1715/ −7	2.8054/ −7
248.00	2.4816/ −7	2.1951/ −7	1.9417/ −7	1.7176/ −7
256.00	1.5193/ −7	1.3440/ −7	1.1888/ −7	1.0516/ −7
264.00	9.3021/ −8	8.2283/ −8	7.2785/ −8	6.4384/ −8
272.00	5.6952/ −8			

Activation data for ^{77}As : $F \cdot A_2(\tau)$

$$F \cdot A_2(\text{sat}) \quad = 8.1846/ \quad 2$$
$$F \cdot A_2(1 \text{ sec}) = 4.0711/ \ −3$$

Hour	0.00	2.00	4.00	6.00
0.00	0.0000/ 0	2.8794/ 1	5.6574/ 1	8.3378/ 1
8.00	1.0924/ 2	1.3419/ 2	1.5826/ 2	1.8149/ 2
16.00	2.0390/ 2	2.2552/ 2	2.4638/ 2	2.6650/ 2
24.00	2.8592/ 2	3.0466/ 2	3.2273/ 2	3.4017/ 2
32.00	3.5700/ 2	3.7323/ 2	3.8890/ 2	4.0401/ 2
40.00	4.1859/ 2	4.3266/ 2	4.4623/ 2	4.5932/ 2
48.00	4.7196/ 2	4.8415/ 2	4.9591/ 2	5.0726/ 2
56.00	5.1821/ 2	5.2877/ 2	5.3896/ 2	5.4879/ 2
64.00	5.5828/ 2	5.6743/ 2	5.7626/ 2	5.8478/ 2
72.00	5.9301/ 2	6.0094/ 2	6.0859/ 2	6.1597/ 2
80.00	6.2310/ 2	6.2997/ 2	6.3660/ 2	6.4300/ 2
88.00	6.4917/ 2	6.5513/ 2	6.6087/ 2	6.6642/ 2
96.00	6.7177/ 2	6.7693/ 2	6.8191/ 2	6.8671/ 2
104.00	6.9135/ 2	6.9582/ 2	7.0013/ 2	7.0429/ 2
112.00	7.0831/ 2	7.1219/ 2	7.1592/ 2	7.1953/ 2
120.00	7.2301/ 2	7.2637/ 2	7.2961/ 2	7.3274/ 2
128.00	7.3575/ 2	7.3866/ 2	7.4147/ 2	7.4418/ 2
136.00	7.4679/ 2			

Decay factor for ^{77}As : $D_2(t)$

Hour	0.00	2.00	4.00	6.00
0.00	1.0000/ 0	9.6482/ —1	9.3088/ —1	8.9813/ —1
8.00	8.6653/ —1	8.3605/ —1	8.0664/ —1	7.7826/ —1
16.00	7.5088/ —1	7.2446/ —1	6.9898/ —1	6.7439/ —1
24.00	6.5066/ —1	6.2777/ —1	6.0568/ —1	5.8438/ —1
32.00	5.6382/ —1	5.4398/ —1	5.2485/ —1	5.0638/ —1
40.00	4.8857/ —1	4.7138/ —1	4.5480/ —1	4.3880/ —1
48.00	4.2336/ —1	4.0847/ —1	3.9410/ —1	3.8023/ —1
56.00	3.6685/ —1	3.5395/ —1	3.4150/ —1	3.2948/ —1
64.00	3.1789/ —1	3.0671/ —1	2.9592/ —1	2.8551/ —1
72.00	2.7546/ —1	2.6577/ —1	2.5642/ —1	2.4740/ —1
80.00	2.3870/ —1	2.3030/ —1	2.2220/ —1	2.1438/ —1
88.00	2.0684/ —1	1.9956/ —1	1.9254/ —1	1.8577/ —1
96.00	1.7923/ —1	1.7293/ —1	1.6684/ —1	1.6097/ —1
104.00	1.5531/ —1	1.4985/ —1	1.4458/ —1	1.3949/ —1
112.00	1.3458/ —1	1.2985/ —1	1.2528/ —1	1.2087/ —1
120.00	1.1662/ —1	1.1252/ —1	1.0856/ —1	1.0474/ —1
128.00	1.0105/ —1	9.7500/ —2	9.4070/ —2	9.0760/ —2
136.00	8.7567/ —2	8.4487/ —2	8.1514/ —2	7.8647/ —2
144.00	7.5880/ —2	7.3210/ —2	7.0635/ —2	6.8150/ —2
152.00	6.5752/ —2	6.3439/ —2	6.1207/ —2	5.9054/ —2
160.00	5.6977/ —2	5.4972/ —2	5.3038/ —2	5.1172/ —2
168.00	4.9372/ —2	4.7635/ —2	4.5959/ —2	4.4342/ —2
176.00	4.2782/ —2	4.1277/ —2	3.9825/ —2	3.8424/ —2
184.00	3.7072/ —2	3.5768/ —2	3.4510/ —2	3.3296/ —2
192.00	3.2124/ —2	3.0994/ —2	2.9904/ —2	2.8852/ —2
200.00	2.7837/ —2	2.6858/ —2	2.5913/ —2	2.5001/ —2
208.00	2.4122/ —2	2.3273/ —2	2.2454/ —2	2.1664/ —2
216.00	2.0902/ —2	2.0167/ —2	1.9457/ —2	1.8773/ —2
224.00	1.8112/ —2	1.7475/ —2	1.6860/ —2	1.6267/ —2
232.00	1.5695/ —2	1.5143/ —2	1.4610/ —2	1.4096/ —2
240.00	1.3600/ —2	1.3122/ —2	1.2660/ —2	1.2215/ —2
248.00	1.1785/ —2	1.1370/ —2	1.0970/ —2	1.0584/ —2
256.00	1.0212/ —2	9.8528/ —3	9.5062/ —3	9.1717/ —3
264.00	8.8491/ —3	8.5378/ —3	8.2374/ —3	7.9476/ —3

See also ^{76}Ge(n, γ)^{77m}Ge → ^{77}Ge and ^{76}Ge(n, γ)^{77m}Ge → ^{77}As

$$^{76}\text{Ge}(\text{n}, \gamma)^{77\text{m}}\text{Ge} \rightarrow {}^{77}\text{Ge}$$

$M = 72.59$ $\qquad\qquad$ $G = 7.76\%$ $\qquad\qquad$ $\sigma_{\text{ac}} = 0.09$ barn,

$^{77\text{m}}\text{Ge}$ $\quad$ $T_1 = 54$ second

E_γ (keV)	215	159
P	0.210	0.120

^{77}Ge $\quad$ $T_2 = 11.3$ hour

E_γ (keV)	1090	930	800	730	632	563	417	368	263
P	0.060	0.050	0.060	0.140	0.110	0.180	0.250	0.150	0.450

E_γ (keV)	210
P	0.610

Activation data for $^{77\text{m}}\text{Ge} : A_1(\tau)$, dps/$\mu$g
$$A_1(\text{sat}) \quad = 5.7948/ \ 2$$
$$A_1(1 \text{ sec}) = 7.3892/ \ 0$$

$K = -3.1900/ \ -4$

Time intervals with respect to T_1

Second	0.00		5.00		10.00		15.00	
0.00	0.0000/	0	3.6016/	1	6.9793/	1	1.0147/	2
20.00	1.3118/	2	1.5904/	2	1.8517/	2	2.0968/	2
40.00	2.3266/	2	2.5422/	2	2.7443/	2	2.9339/	2
60.00	3.1117/	2	3.2785/	2	3.4349/	2	3.5816/	2
80.00	3.7191/	2	3.8481/	2	3.9691/	2	4.0826/	2
100.00	4.1890/	2	4.2888/	2	4.3824/	2	4.4702/	2
120.00	4.5525/	2	4.6297/	2	4.7021/	2	4.7701/	2
140.00	4.8337/	2	4.8935/	2	4.9495/	2	5.0020/	2
160.00	5.0513/	2	5.0975/	2	5.1409/	2	5.1815/	2
180.00	5.2196/	2						

Decay factor for $^{77\text{m}}\text{Ge} : D_1(t)$

Second	0.00		5.00		10.00		15.00	
0.00	1.0000/	0	9.3785/	-1	8.7956/	-1	8.2489/	-1
20.00	7.7363/	-1	7.2554/	-1	6.8045/	-1	6.3816/	-1
40.00	5.9850/	-1	5.6130/	-1	5.2641/	-1	4.9370/	-1
60.00	4.6301/	-1	4.3424/	-1	4.0725/	-1	3.8194/	-1
80.00	3.5820/	-1	3.3594/	-1	3.1506/	-1	2.9548/	-1
100.00	2.7711/	-1	2.5989/	-1	2.4374/	-1	2.2859/	-1
120.00	2.1438/	-1	2.0106/	-1	1.8856/	-1	1.7684/	-1
140.00	1.6585/	-1	1.5554/	-1	1.4588/	-1	1.3681/	-1
160.00	1.2831/	-1	1.2033/	-1	1.1285/	-1	1.0584/	-1
180.00	9.9261/	-2	9.3092/	-2	8.7306/	-2	8.1880/	-2
200.00	7.6791/	-2	7.2018/	-2	6.7542/	-2	6.3345/	-2
220.00	5.9408/	-2	5.5715/	-2	5.2253/	-2	4.9005/	-2
240.00	4.5959/	-2	4.3103/	-2	4.0424/	-2	3.7912/	-2

Hour	0.00	5.00	10.00	15.00
260.00	3.5555/ −2	3.3345/ −2	3.1273/ −2	2.9329/ −2
280.00	2.7506/ −2	2.5797/ −2	2.4194/ −2	2.2690/ −2
300.00	2.1280/ −2	1.9957/ −2	1.8717/ −2	1.7554/ −2
320.00	1.6463/ −2	1.5439/ −2	1.4480/ −2	1.3580/ −2
340.00	1.2736/ −2	1.1944/ −2	1.1202/ −2	1.0506/ −2
360.00	9.8528/ −3			

Activation data for ^{77}Ge : $F \cdot A_2(\tau)$

$$F \cdot A_2(\text{sat}) \quad = 1.3925/ \quad 2$$
$$F \cdot A_2(1 \text{ sec}) = 2.3722/ -3$$

Second	0.00	5.00	10.00	15.00
0.00	0.0000/ 0	1.1860/ −2	2.3720/ −2	3.5578/ −2
20.00	4.7435/ −2	5.9292/ −2	7.1147/ −2	8.3001/ −2
40.00	9.4855/ −2	1.0671/ −1	1.1856/ −1	1.3041/ −1
60.00	1.4226/ −1	1.5411/ −1	1.6595/ −1	1.7780/ −1
80.00	1.8964/ −1	2.0149/ −1	2.1333/ −1	2.2517/ −1
100.00	2.3702/ −1	2.4886/ −1	2.6069/ −1	2.7253/ −1
120.00	2.8437/ −1	2.9621/ −1	3.0804/ −1	3.1988/ −1
140.00	3.3171/ −1	3.4354/ −1	3.5537/ −1	3.6720/ −1
160.00	3.7903/ −1	3.9086/ −1	4.0269/ −1	4.1451/ −1
180.00	4.2634/ −1			

Decay factor for ^{77}Ge : $D_2(t)$

Second	0.00	5.00	10.00	15.00
0.00	1.0000/ 0	9.9991/ −1	9.9983/ −1	9.9974/ −1
20.00	9.9966/ −1	9.9957/ −1	9.9949/ −1	9.9940/ −1
40.00	9.9932/ −1	9.9923/ −1	9.9915/ −1	9.9906/ −1
60.00	9.9898/ −1	9.9889/ −1	9.9881/ −1	9.9872/ −1
80.00	9.9864/ −1	9.9855/ −1	9.9847/ −1	9.9838/ −1
100.00	9.9830/ −1	9.9821/ −1	9.9813/ −1	9.9804/ −1
120.00	9.9796/ −1	9.9787/ −1	9.9779/ −1	9.9770/ −1
140.00	9.9762/ −1	9.9753/ −1	9.9745/ −1	9.9736/ −1
160.00	9.9728/ −1	9.9719/ −1	9.9711/ −1	9.9702/ −1
180.00	9.9694/ −1	9.9685/ −1	9.9677/ −1	9.9668/ −1
200.00	9.9660/ −1	9.9651/ −1	9.9643/ −1	9.9634/ −1
220.00	9.9626/ −1	9.9617/ −1	9.9609/ −1	9.9600/ −1
240.00	9.9592/ −1	9.9584/ −1	9.9575/ −1	9.9567/ −1
260.00	9.9558/ −1	9.9550/ −1	9.9541/ −1	9.9533/ −1
280.00	9.9524/ −1	9.9516/ −1	9.9507/ −1	9.9499/ −1
300.00	9.9490/ −1	9.9482/ −1	9.9473/ −1	9.9465/ −1
320.00	9.9456/ −1	9.9448/ −1	9.9439/ −1	9.9431/ −1
340.00	9.9422/ −1	9.9414/ −1	9.9406/ −1	9.9397/ −1
360.00	9.9389/ −1			

*

Activation data for ^{77m}Ge : $A_1(\tau)$, dps/μg

$$A_1(\text{sat}) \quad = 5.7948/\ 2$$
$$A_1(1 \ \text{sec}) = 7.3892/\ 0$$

$K = -3.1900/\ -4$

Time intervals with respect to T_2

Hour	0.00		0.50		1.00		1.50	
0.00	0.0000/	0	5.7948/	2	5.7948/	2	5.7948/	2
2.00	5.7948/	2	5.7948/	2	5.7948/	2	5.7948/	2

Decay factor for ^{77m}Ge : $D_1(t)$

Hour	0.00		0.50		1.00		1.50	
0.00	1.0000/	0	9.2853/	−11	8.6217/	−21	8.0056/	−31
2.00	7.4334/	−41	6.9022/	−51	6.4089/	−61	5.9509/	−71

Activation data for ^{77}Ge : $F \cdot A_2(\tau)$

$$F \cdot A_2(\text{sat}) \quad = 1.3925/\quad 2$$
$$F \cdot A_2(1 \ \text{sec}) = 2.3722/\ -3$$

Hour	0.00		0.50		1.00		1.50	
0.00	0.0000/	0	4.2051/	0	8.2832/	0	1.2238/	1
2.00	1.6074/	1	1.9793/	1	2.3401/	1	2.6899/	1
4.00	3.0292/	1	3.3582/	1	3.6773/	1	3.9868/	1
6.00	4.2869/	1	4.5780/	1	4.8602/	1	5.1340/	1
8.00	5.3994/	1	5.6569/	1	5.9066/	1	6.1487/	1
10.00	6.3836/	1	6.6113/	1	6.8322/	1	7.0463/	1
12.00	7.2541/	1	7.4555/	1	7.6509/	1	7.8404/	1
14.00	8.0241/	1	8.2023/	1	8.3751/	1	8.5427/	1
16.00	8.7052/	1	8.8629/	1	9.0157/	1	9.1640/	1
18.00	9.3078/	1	9.4472/	1	9.5824/	1	9.7136/	1
20.00	9.8407/	1	9.9641/	1	1.0084/	2	1.0200/	2
22.00	1.0312/	2	1.0421/	2	1.0527/	2	1.0630/	2
24.00	1.0729/	2	1.0826/	2	1.0919/	2	1.1010/	2
26.00	1.1098/	2	1.1183/	2	1.1266/	2	1.1347/	2
28.00	1.1424/	2	1.1500/	2	1.1573/	2	1.1644/	2
30.00	1.1713/	2	1.1780/	2	1.1845/	2	1.1907/	2
32.00	1.1968/	2	1.2027/	2	1.2085/	2	1.2140/	2
34.00	1.2194/	2	1.2246/	2	1.2297/	2	1.2346/	2
36.00	1.2394/	2	1.2440/	2	1.2485/	2	1.2529/	2
38.00	1.2571/	2	1.2612/	2	1.2651/	2	1.2690/	2
40.00	1.2727/	2						

Decay factor for ^{77}Ge : $D_2(t)$

Hour	0.00	0.50	1.00	1.50
0.00	1.0000/ 0	9.6980/ —1	9.4052/ —1	9.1211/ —1
2.00	8.8457/ —1	8.5786/ —1	8.3195/ —1	8.0683/ —1
4.00	7.8246/ —1	7.5883/ —1	7.3592/ —1	7.1369/ —1
6.00	6.9214/ —1	6.7124/ —1	6.5097/ —1	6.3131/ —1
8.00	6.1225/ —1	5.9376/ —1	5.7583/ —1	5.5844/ —1
10.00	5.4157/ —1	5.2522/ —1	5.0936/ —1	4.9398/ —1
12.00	4.7906/ —1	4.6459/ —1	4.5056/ —1	4.3696/ —1
14.00	4.2376/ —1	4.1096/ —1	3.9855/ —1	3.8652/ —1
16.00	3.7485/ —1	3.6353/ —1	3.5255/ —1	3.4190/ —1
18.00	3.3158/ —1	3.2156/ —1	3.1185/ —1	3.0244/ —1
20.00	2.9330/ —1	2.8445/ —1	2.7586/ —1	2.6753/ —1
22.00	2.5945/ —1	2.5161/ —1	2.4401/ —1	2.3664/ —1
24.00	2.2950/ —1	2.2257/ —1	2.1585/ —1	2.0933/ —1
26.00	2.0301/ —1	1.9688/ —1	1.9093/ —1	1.8517/ —1
28.00	1.7957/ —1	1.7415/ —1	1.6889/ —1	1.6379/ —1
30.00	1.5885/ —1	1.5405/ —1	1.4940/ —1	1.4489/ —1
32.00	1.4051/ —1	1.3627/ —1	1.3215/ —1	1.2816/ —1
34.00	1.2429/ —1	1.2054/ —1	1.1690/ —1	1.1337/ —1
36.00	1.0994/ —1	1.0662/ —1	1.0340/ —1	1.0028/ —1
38.00	9.7253/ —2	9.4316/ —2	9.1468/ —2	8.8705/ —2
40.00	8.6027/ —2	8.3429/ —2	8.0909/ —2	7.8466/ —2
42.00	7.6097/ —2	7.3799/ —2	7.1570/ —2	6.9409/ —2
44.00	6.7313/ —2	6.5280/ —2	6.3309/ —2	6.1397/ —2
46.00	5.9543/ —2	5.7745/ —2	5.6001/ —2	5.4310/ —2
48.00	5.2670/ —2	5.1079/ —2	4.9537/ —2	4.8041/ —2
50.00	4.6590/ —2	4.5183/ —2	4.3819/ —2	4.2495/ —2
52.00	4.1212/ —2	3.9967/ —2	3.8760/ —2	3.7590/ —2
54.00	3.6455/ —2	3.5354/ —2	3.4286/ —2	3.3251/ —2
56.00	3.2247/ —2	3.1273/ —2	3.0329/ —2	2.9413/ —2
58.00	2.8525/ —2	2.7663/ —2	2.6828/ —2	2.6018/ —2
60.00	2.5232/ —2	2.4470/ —2	2.3731/ —2	2.3014/ —2
62.00	2.2319/ —2	2.1645/ —2	2.0992/ —2	2.0358/ —2
64.00	1.9743/ —2	1.9147/ —2	1.8569/ —2	1.8008/ —2
66.00	1.7464/ —2	1.6937/ —2	1.6425/ —2	1.5929/ —2
68.00	1.5448/ —2	1.4982/ —2	1.4529/ —2	1.4090/ —2
70.00	1.3665/ —2	1.3252/ —2	1.2852/ —2	1.2464/ —2
72.00	1.2088/ —2	1.1723/ —2	1.1369/ —2	1.1025/ —2
74.00	1.0692/ —2	1.0369/ —2	1.0056/ —2	9.7526/ —3
76.00	9.4581/ —3	9.1725/ —3	8.8955/ —3	8.6268/ —3
78.00	8.3663/ —3			

Note: ^{77}Ge decays to ^{77}As which is not tabulated.
See also ^{76}Ge(n, γ)^{77}Ge → ^{77}As and ^{76}Ge(n, γ)^{77m}Ge → ^{77}As

$M = 72.59$ $\qquad$ $G = 7.76\%$ $\qquad$ $\sigma_{ac} = 0.09$ barn,

^{77m}Ge $\quad$ T$_1 = 54$ second

E_γ (keV) $\quad$ 215 $\quad$ 159

P $\qquad$ 0.210 0.120

^{77}As $\quad$ T$_2 = 38.7$ hour

E_γ (keV) $\qquad$ 245

P $\qquad\qquad$ 0.025

Activation data for ^{77m}Ge : $A_1(\tau)$, dps/μg

A_1(sat) $= 5.7948/\ 2$

A_1(1 sec) $= 7.3892/\ 0$

$K = -2.9460/\ -4$

Time intervals with respect to T$_1$

Second	0.00		5.00		10.00		15.00	
0.00	0.0000/	0	3.6016/	1	6.9793/	1	1.0147/	2
20.00	1.3118/	2	1.5904/	2	1.8517/	2	2.0968/	2
40.00	2.3266/	2	2.5422/	2	2.7443/	2	2.9339/	2
60.00	3.1117/	2	3.2785/	2	3.4349/	2	3.5816/	2
80.00	3.7191/	2	3.8481/	2	3.9691/	2	4.0826/	2
100.00	4.1890/	2	4.2888/	2	4.3824/	2	4.4702/	2
120.00	4.5525/	2	4.6297/	2	4.7021/	2	4.7701/	2
140.00	4.8337/	2	4.8935/	2	4.9495/	2	5.0020/	2
160.00	5.0513/	2	5.0975/	2	5.1409/	2	5.1815/	2
180.00	5.2196/	2						

Decay factor for ^{77m}Ge : $D_1(t)$

Second	0.00		5.00		10.00		15.00	
0.00	1.0000/	0	9.3785/	−1	8.7956/	−1	8.2489/	−1
20.00	7.7363/	−1	7.2554/	−1	6.8045/	−1	6.3816/	−1
40.00	5.9850/	−1	5.6130/	−1	5.2641/	−1	4.9370/	−1
60.00	4.6301/	−1	4.3424/	−1	4.0725/	−1	3.8194/	−1
80.00	3.5820/	−1	3.3594/	−1	3.1506/	−1	2.9548/	−1
100.00	2.7711/	−1	2.5989/	−1	2.4374/	−1	2.2859/	−1
120.00	2.1438/	−1	2.0106/	−1	1.8856/	−1	1.7684/	−1
140.00	1.6585/	−1	1.5554/	−1	1.4588/	−1	1.3681/	−1
160.00	1.2831/	−1	1.2033/	−1	1.1285/	−1	1.0584/	−1
180.00	9.9261/	−2	9.3092/	−2	8.7306/	−2	8.1880/	−2
200.00	7.6791/	−2	7.2018/	−2	6.7542/	−2	6.3345/	−2
220.00	5.9408/	−2	5.5715/	−2	5.2253/	−2	4.9005/	−2
240.00	4.5959/	−2	4.3103/	−2	4.0424/	−2	3.7912/	−2
260.00	3.5555/	−2	3.3345/	−2	3.1273/	−2	2.9329/	−2

Second	0.00	5.00	10.00	15.00
280.00	2.7506/ −2	2.5797/ −2	2.4194/ −2	2.2690/ −2
300.00	2.1280/ −2	1.9957/ −2	1.8717/ −2	1.7554/ −2
320.00	1.6463/ −2	1.5439/ −2	1.4480/ −2	1.3580/ −2
340.00	1.2736/ −2	1.1944/ −2	1.1202/ −2	1.0506/ −2
360.00	9.8528/ −3			

Activation data for ^{77}As : $F \cdot A_2(\tau)$

$$F \cdot A_2(\text{sat}) \quad = 4.4057/ \quad 2$$
$$F \cdot A_2(1 \text{ sec}) = 2.1915/ \quad -3$$

Second	0.00	5.00	10.00	15.00
0.00	0.0000/ 0	1.0957/ −2	2.1914/ −2	3.2871/ −2
20.00	4.3828/ −2	5.4784/ −2	6.5740/ −2	7.6695/ −2
40.00	8.7651/ −2	9.8606/ −2	1.0956/ −1	1.2052/ −1
60.00	1.3147/ −1	1.4242/ −1	1.5338/ −1	1.6433/ −1
80.00	1.7528/ −1	1.8624/ −1	1.9719/ −1	2.0814/ −1
100.00	2.1909/ −1	2.3005/ −1	2.4100/ −1	2.5195/ −1
120.00	2.6290/ −1	2.7385/ −1	2.8480/ −1	2.9575/ −1
140.00	3.0670/ −1	3.1765/ −1	3.2860/ −1	3.3955/ −1
160.00	3.5050/ −1	3.6145/ −1	3.7240/ −1	3.8334/ −1
180.00	3.9429/ −1			

Decay factor for ^{77}As : $D_2(t)$

Second	0.00	5.00	10.00	15.00
0.00	1.0000/ 0	9.9998/ −1	9.9995/ −1	9.9993/ −1
20.00	9.9990/ −1	9.9988/ −1	9.9985/ −1	9.9983/ −1
40.00	9.9980/ −1	9.9978/ −1	9.9975/ −1	9.9973/ −1
60.00	9.9970/ −1	9.9968/ −1	9.9965/ −1	9.9963/ −1
80.00	9.9960/ −1	9.9958/ −1	9.9955/ −1	9.9953/ −1
100.00	9.9950/ −1	9.9948/ −1	9.9945/ −1	9.9943/ −1
120.00	9.9940/ −1	9.9938/ −1	9.9935/ −1	9.9933/ −1
140.00	9.9930/ −1	9.9928/ −1	9.9925/ −1	9.9923/ −1
160.00	9.9920/ −1	9.9918/ −1	9.9915/ −1	9.9913/ −1
180.00	9.9911/ −1	9.9908/ −1	9.9906/ −1	9.9903/ −1
200.00	9.9901/ −1	9.9898/ −1	9.9896/ −1	9.9893/ −1
220.00	9.9891/ −1	9.9888/ −1	9.9886/ −1	9.9883/ −1
240.00	9.9881/ −1	9.9878/ −1	9.9876/ −1	9.9873/ −1
260.00	9.9871/ −1	9.9868/ −1	9.9866/ −1	9.9863/ −1
280.00	9.9861/ −1	9.9858/ −1	9.9856/ −1	9.9853/ −1
300.00	9.9851/ −1	9.9848/ −1	9.9846/ −1	9.9843/ −1
320.00	9.9841/ −1	9.9838/ −1	9.9836/ −1	9.9834/ −1
340.00	9.9831/ −1	9.9829/ −1	9.9826/ −1	9.9824/ −1
360.00	9.9821/ −1			

*

Activation data for ^{77m}Ge : $A_1(\tau)$, dps/μg

$$A_1(\text{sat}) \quad = 5.7948/\ 2$$
$$A_1(1\ \text{sec}) = 7.3892/\ 0$$

$K = -2.9460/\ -4$

Time intervals with respect to T_2

Hour	0.00		2.00		4.00		6.00	
0.00	0.0000/	0	5.7948/	2	5.7948/	2	5.7948/	2
8.00	5.7948/	2	5.7948/	2	5.7948/	2	5.7948/	2

Decay factor for ^{77m}Ge : $D_1(t)$

Hour	0.00		2.00		4.00		6.00	
0.00	1.0000/	0	7.4334/	−41	0.0000/	0	0.0000/	0
8.00	0.0000/	0	0.0000/	0	0.0000/	0	0.0000/	0

Activation data for ^{77}As : $F \cdot A_2(\tau)$

$$F \cdot A_2(\text{sat}) \quad = 4.4057/\quad 2$$
$$F \cdot A_2(1\ \text{sec}) = 2.1915/\ -3$$

Hour	0.00		2.00		4.00		6.00	
0.00	0.0000/	0	1.5500/	1	3.0454/	1	4.4882/	1
8.00	5.8802/	1	7.2233/	1	8.5192/	1	9.7694/	1
16.00	1.0976/	2	1.2139/	2	1.3262/	2	1.4346/	2
24.00	1.5391/	2	1.6400/	2	1.7373/	2	1.8311/	2
32.00	1.9217/	2	2.0091/	2	2.0934/	2	2.1748/	2
40.00	2.2532/	2	2.3290/	2	2.4020/	2	2.4725/	2
48.00	2.5405/	2	2.6062/	2	2.6695/	2	2.7305/	2
56.00	2.7895/	2	2.8463/	2	2.9012/	2	2.9541/	2
64.00	3.0052/	2	3.0545/	2	3.1020/	2	3.1479/	2
72.00	3.1921/	2	3.2348/	2	3.2760/	2	3.3158/	2
80.00	3.3541/	2	3.3911/	2	3.4268/	2	3.4612/	2
88.00	3.4945/	2	3.5265/	2	3.5575/	2	3.5873/	2
96.00	3.6161/	2	3.6439/	2	3.6707/	2	3.6965/	2
104.00	3.7215/	2	3.7456/	2	3.7688/	2	3.7912/	2
112.00	3.8128/	2	3.8337/	2	3.8538/	2	3.8732/	2
120.00	3.8920/	2	3.9100/	2	3.9275/	2	3.9443/	2
128.00	3.9605/	2						

Decay factor for ^{77}As : $D_2(t)$

Hour	0.00		2.00		4.00		6.00	
0.00	1.0000/	0	9.6482/	−1	9.3088/	−1	8.9813/	−1
8.00	8.6653/	−1	8.3605/	−1	8.0664/	−1	7.7826/	−1
16.00	7.5088/	−1	7.2446/	−1	6.9898/	−1	6.7439/	−1

Hour	0.00	2.00	4.00	6.00
24.00	6.5066/ −1	6.2777/ −1	6.0568/ −1	5.8438/ −1
32.00	5.6382/ −1	5.4398/ −1	5.2485/ −1	5.0638/ −1
40.00	4.8857/ −1	4.7138/ −1	4.5480/ −1	4.3880/ −1
48.00	4.2336/ −1	4.0847/ −1	3.9410/ −1	3.8023/ −1
56.00	3.6685/ −1	3.5395/ −1	3.4150/ −1	3.2948/ −1
64.00	3.1789/ −1	3.0671/ −1	2.9592/ −1	2.8551/ −1
72.00	2.7546/ −1	2.6577/ −1	2.5642/ −1	2.4740/ −1
80.00	2.3870/ −1	2.3030/ −1	2.2220/ −1	2.1438/ −1
88.00	2.0684/ −1	1.9956/ −1	1.9254/ −1	1.8577/ −1
96.00	1.7923/ −1	1.7293/ −1	1.6684/ −1	1.6097/ −1
104.00	1.5531/ −1	1.4985/ −1	1.4458/ −1	1.3949/ −1
112.00	1.3458/ −1	1.2985/ −1	1.2528/ −1	1.2087/ −1
120.00	1.1662/ −1	1.1252/ −1	1.0856/ −1	1.0474/ −1
128.00	1.0105/ −1	9.7500/ −2	9.4070/ −2	9.0760/ −2
136.00	8.7567/ −2	8.4487/ −2	8.1514/ −2	7.8647/ −2
144.00	7.5880/ −2	7.3210/ −2	7.0635/ −2	6.8150/ −2
152.00	6.5752/ −2	6.3439/ −2	6.1207/ −2	5.9054/ −2
160.00	5.6977/ −2	5.4972/ −2	5.3038/ −2	5.1172/ −2
168.00	4.9372/ −2	4.7635/ −2	4.5959/ −2	4.4342/ −2
176.00	4.2782/ −2	4.1277/ −2	3.9825/ −2	3.8424/ −2
184.00	3.7072/ −2	3.5768/ −2	3.4510/ −2	3.3296/ −2
192.00	3.2124/ −2	3.0994/ −2	2.9904/ −2	2.8852/ −2
200.00	2.7837/ −2	2.6858/ −2	2.5913/ −2	2.5001/ −2
208.00	2.4122/ −2	2.3273/ −2	2.2454/ −2	2.1664/ −2
216.00	2.0902/ −2	2.0167/ −2	1.9457/ −2	1.8773/ −2
224.00	1.8112/ −2	1.7475/ −2	1.6860/ −2	1.6267/ −2
232.00	1.5695/ −2	1.5143/ −2	1.4610/ −2	1.4096/ −2
240.00	1.3600/ −2	1.3122/ −2	1.2660/ −2	1.2215/ −2
248.00	1.1785/ −2	1.1370/ −2	1.0970/ −2	1.0584/ −2
256.00	1.0212/ −2			

See also ^{76}Ge(n, γ)^{77}Ge → ^{77}As and ^{76}Ge(n, γ)^{77m}Ge → ^{77}Ge

^{75}As$(n, \gamma)^{76}$As

$M = 74.9216$ $\qquad\qquad G = 100\%$ $\qquad\qquad \sigma_{ac} = 4.30$ barn,

^{76}**As** $\quad$ $T_1 = 26.4$ hour

E_γ (keV)	1229	1216	1213	657	563	559
P	0.016	0.034	0.016	0.063	0.016	0.446

Activation data for ^{76}As : $A_1(\tau)$, dps/μg

$A_1(\text{sat}) = 3.4568/\ 5$

$A_1(1\ \text{sec}) = 2.5206/\ 0$

Hour	0.00		2.00		4.00		6.00	
0.00	0.0000/	0	1.7680/	4	3.4456/	4	5.0374/	4
8.00	6.5477/	4	7.9808/	4	9.3407/	4	1.0631/	5
16.00	1.1855/	5	1.3017/	5	1.4119/	5	1.5165/	5
24.00	1.6157/	5	1.7099/	5	1.7992/	5	1.8840/	5
32.00	1.9645/	5	2.0408/	5	2.1132/	5	2.1819/	5
40.00	2.2471/	5	2.3090/	5	2.3677/	5	2.4234/	5
48.00	2.4763/	5	2.5264/	5	2.5740/	5	2.6192/	5
56.00	2.6620/	5	2.7026/	5	2.7412/	5	2.7778/	5
64.00	2.8125/	5	2.8455/	5	2.8768/	5	2.9064/	5
72.00	2.9346/	5	2.9613/	5	2.9866/	5	3.0107/	5
80.00	3.0335/	5	3.0551/	5	3.0757/	5	3.0952/	5
88.00	3.1137/	5						

Decay factor for ^{76}As : $D_1(t)$

Hour	0.00		2.00		4.00		6.00	
0.00	1.0000/	0	9.4885/	−1	9.0032/	−1	8.5428/	−1
8.00	8.1058/	−1	7.6913/	−1	7.2979/	−1	6.9246/	−1
16.00	6.5705/	−1	6.2344/	−1	5.9156/	−1	5.6130/	−1
24.00	5.3259/	−1	5.0535/	−1	4.7951/	−1	4.5498/	−1
32.00	4.3171/	−1	4.0963/	−1	3.8868/	−1	3.6880/	−1
40.00	3.4994/	−1	3.3204/	−1	3.1506/	−1	2.9894/	−1
48.00	2.8365/	−1	2.6915/	−1	2.5538/	−1	2.4232/	−1
56.00	2.2993/	−1	2.1817/	−1	2.0701/	−1	1.9642/	−1
64.00	1.8637/	−1	1.7684/	−1	1.6780/	−1	1.5921/	−1
72.00	1.5107/	−1	1.4335/	−1	1.3601/	−1	1.2906/	−1
80.00	1.2246/	−1	1.1619/	−1	1.1025/	−1	1.0461/	−1
88.00	9.9261/	−2	9.4184/	−2	8.9367/	−2	8.4797/	−2
96.00	8.0460/	−2	7.6344/	−2	7.2440/	−2	6.8735/	−2
104.00	6.5219/	−2	6.1884/	−2	5.8719/	−2	5.5715/	−2
112.00	5.2866/	−2	5.0162/	−2	4.7596/	−2	4.5162/	−2
120.00	4.2852/	−2	4.0660/	−2	3.8581/	−2	3.6608/	−2
128.00	3.4735/	−2	3.2959/	−2	3.1273/	−2	2.9674/	−2
136.00	2.8156/	−2	2.6716/	−2	2.5349/	−2	2.4053/	−2
144.00	2.2823/	−2	2.1655/	−2	2.0548/	−2	1.9497/	−2
152.00	1.8500/	−2	1.7554/	−2	1.6656/	−2	1.5804/	−2
160.00	1.4996/	−2	1.4229/	−2	1.3501/	−2	1.2810/	−2
168.00	1.2155/	−2	1.1533/	−2	1.0944/	−2	1.0384/	−2
176.00	9.8528/	−3						

^{74}Se(n, γ)^{75}Se

$M = 78.96$ $G = 0.87\%$ $\sigma_{ac} = 30$ barn,

^{75}Se $T_1 = 120.4$ day

E_γ (keV)	400	304	279	264	198	136	121	97	66
P	0.116	0.013	0.250	0.580	0.014	0.606	0.170	0.034	0.010

Activation data for ^{75}Se : $A_1(\tau)$, dps/μg

A_1(sat) $= 1.9909/$ 4

A_1(1 sec) $= 1.3263/ -3$

Day	0.00		10.00		20.00		30.00	
0.00	0.0000/	0	1.1136/	3	2.1648/	3	3.1573/	3
40.00	4.0943/	3	4.9788/	3	5.8139/	3	6.6023/	3
80.00	7.3466/	3	8.0492/	3	8.7126/	3	9.3388/	3
120.00	9.9300/	3	1.0488/	4	1.1015/	4	1.1513/	4
160.00	1.1982/	4	1.2426/	4	1.2844/	4	1.3239/	4
200.00	1.3612/	4	1.3964/	4	1.4297/	4	1.4611/	4
240.00	1.4907/	4	1.5187/	4	1.5451/	4	1.5700/	4
280.00	1.5936/	4	1.6158/	4	1.6368/	4	1.6566/	4
320.00	1.6753/	4	1.6929/	4	1.7096/	4	1.7253/	4
360.00	1.7402/	4	1.7542/	4	1.7674/	4	1.7799/	4
400.00	1.7917/	4	1.8029/	4	1.8134/	4	1.8233/	4
440.00	1.8327/	4	1.8415/	4	1.8499/	4	1.8578/	4
480.00	1.8652/	4	1.8723/	4	1.8789/	4	1.8852/	4
520.00	1.8911/	4	1.8967/	4	1.9019/	4	1.9069/	4
560.00	1.9116/	4	1.9160/	4	1.9202/	4	1.9242/	4
600.00	1.9279/	4						

Decay factor for ^{75}Se : $D_1(t)$

Day	0.00		10.00		20.00		30.00	
0.00	1.0000/	0	9.4407/	-1	8.9126/	-1	8.4141/	-1
40.00	7.9435/	-1	7.4992/	-1	7.0797/	-1	6.6837/	-1
80.00	6.3099/	-1	5.9570/	-1	5.6238/	-1	5.3092/	-1
120.00	5.0123/	-1	4.7319/	-1	4.4672/	-1	4.2174/	-1
160.00	3.9815/	-1	3.7588/	-1	3.5485/	-1	3.3501/	-1
200.00	3.1627/	-1	2.9858/	-1	2.8188/	-1	2.6611/	-1
240.00	2.5123/	-1	2.3718/	-1	2.2391/	-1	2.1139/	-1
280.00	1.9956/	-1	1.8840/	-1	1.7786/	-1	1.6791/	-1
320.00	1.5852/	-1	1.4966/	-1	1.4128/	-1	1.3338/	-1
360.00	1.2592/	-1	1.1888/	-1	1.1223/	-1	1.0595/	-1
400.00	1.0003/	-1	9.4431/	-2	8.9149/	-2	8.4163/	-2
440.00	7.9456/	-2	7.5011/	-2	7.0816/	-2	6.6855/	-2
480.00	6.3115/	-2	5.9585/	-2	5.6252/	-2	5.3106/	-2
520.00	5.0136/	-2	4.7331/	-2	4.4684/	-2	4.2185/	-2
560.00	3.9825/	-2	3.7598/	-2	3.5495/	-2	3.3509/	-2
600.00	3.1635/	-2	2.9866/	-2	2.8195/	-2	2.6618/	-2
640.00	2.5129/	-2	2.3724/	-2	2.2397/	-2	2.1144/	-2
680.00	1.9961/	-2	1.8845/	-2	1.7791/	-2	1.6796/	-2
720.00	1.5856/	-2						

$$^{76}\text{Se}(\mathbf{n}, \gamma)^{77\text{m}}\text{Se}$$

$M = 78.96$ $\qquad$ $G = 9.02\%$ $\qquad$ $\sigma_{\text{ac}} = 21$ barn,

$^{77\text{m}}\text{Se}$ $\quad$ $T_1 = 17.5$ second

E_γ (keV)	161
P	0.500

Activation data for $^{77\text{m}}\text{Se}$: $A_1(\tau)$, dps/μg

$A_1(\text{sat})$ $\quad = 1.4449/\ 5$

$A_1(1\ \text{sec}) = 5.6099/\ 3$

Second	0.00		1.00		2.00		3.00	
0.00	0.0000/	0	5.6099/	3	1.1002/	4	1.6185/	4
4.00	2.1166/	4	2.5954/	4	3.0557/	4	3.4980/	4
8.00	3.9232/	4	4.3319/	4	4.7247/	4	5.1022/	4
12.00	5.4651/	4	5.8139/	4	6.1492/	4	6.4714/	4
16.00	6.7811/	4	7.0788/	4	7.3650/	4	7.6400/	4
20.00	7.9044/	4	8.1585/	4	8.4027/	4	8.6375/	4
24.00	8.8631/	4	9.0800/	4	9.2884/	4	9.4888/	4
28.00	9.6813/	4	9.8664/	4	1.0044/	5	1.0215/	5
32.00	1.0380/	5	1.0538/	5	1.0690/	5	1.0836/	5
36.00	1.0976/	5	1.1111/	5	1.1240/	5	1.1365/	5
40.00	1.1485/	5	1.1600/	5	1.1710/	5	1.1817/	5
44.00	1.1919/	5	1.2017/	5	1.2111/	5	1.2202/	5
48.00	1.2289/	5	1.2373/	5	1.2454/	5	1.2531/	5
52.00	1.2606/	5	1.2677/	5	1.2746/	5	1.2812/	5
56.00	1.2876/	5	1.2937/	5	1.2996/	5	1.3052/	5
60.00	1.3106/	5						

Decay factor for $^{77\text{m}}\text{Se}$: $D_1(t)$

Second	0.00		1.00		2.00		3.00	
0.00	1.0000/	0	9.6117/	-1	9.2386/	-1	8.8799/	-1
4.00	8.5351/	-1	8.2037/	-1	7.8852/	-1	7.5790/	-1
8.00	7.2848/	-1	7.0019/	-1	6.7301/	-1	6.4688/	-1
12.00	6.2176/	-1	5.9762/	-1	5.7442/	-1	5.5211/	-1
16.00	5.3068/	-1	5.1007/	-1	4.9027/	-1	4.7123/	-1
20.00	4.5294/	-1	4.3535/	-1	4.1845/	-1	4.0220/	-1
24.00	3.8659/	-1	3.7158/	-1	3.5715/	-1	3.4328/	-1
28.00	3.2995/	-1	3.1714/	-1	3.0483/	-1	2.9299/	-1
32.00	2.8162/	-1	2.7068/	-1	2.6018/	-1	2.5007/	-1
36.00	2.4036/	-1	2.3103/	-1	2.2206/	-1	2.1344/	-1
40.00	2.0515/	-1	1.9719/	-1	1.8953/	-1	1.8217/	-1
44.00	1.7510/	-1	1.6830/	-1	1.6177/	-1	1.5549/	-1
48.00	1.4945/	-1	1.4365/	-1	1.3807/	-1	1.3271/	-1
52.00	1.2756/	-1	1.2260/	-1	1.1784/	-1	1.1327/	-1
56.00	1.0887/	-1	1.0464/	-1	1.0058/	-1	9.6675/	-2
60.00	9.2922/	-2						

126

$$^{78}\text{Se}(n, \gamma)^{79m}\text{Se}$$

$M = 78.96$ $\qquad G = 23.52\%$ $\qquad \sigma_{ac} = 0.33$ barn,

^{79m}Se $\qquad T_1 = 3.91$ minute

E_γ (keV) $\qquad 96$

$P \qquad \qquad 0.090$

Activation data for ^{79m}Se : $A_1(\tau)$, dps/μg

$$A_1(\text{sat}) \quad = 5.9205/\ 3$$
$$A_1(1 \text{ sec}) = 1.7463/\ 1$$

Minute	0.00		0.25		0.50		0.75	
0.00	0.0000/	0	2.5661/	2	5.0209/	2	7.3694/	2
1.00	9.6160/	2	1.1765/	3	1.3821/	3	1.5788/	3
2.00	1.7670/	3	1.9470/	3	2.1193/	3	2.2840/	3
3.00	2.4416/	3	2.5924/	3	2.7366/	3	2.8746/	3
4.00	3.0067/	3	3.1329/	3	3.2538/	3	3.3693/	3
5.00	3.4799/	3	3.5857/	3	3.6869/	3	3.7837/	3
6.00	3.8763/	3	3.9649/	3	4.0497/	3	4.1308/	3
7.00	4.2083/	3	4.2825/	3	4.3535/	3	4.4214/	3
8.00	4.4864/	3	4.5486/	3	4.6080/	3	4.6649/	3
9.00	4.7193/	3	4.7714/	3	4.8212/	3	4.8688/	3
10.00	4.9144/	3	4.9580/	3	4.9997/	3	5.0396/	3
11.00	5.0778/	3	5.1143/	3	5.1493/	3	5.1827/	3
12.00	5.2147/	3	5.2453/	3	5.2745/	3	5.3025/	3
13.00	5.3293/	3	5.3549/	3	5.3795/	3	5.4029/	3
14.00	5.4253/	3						

Decay factor for ^{79m}Se : $D_1(t)$

Minute	0.00		0.25		0.50		0.75	
0.00	1.0000/	0	9.5666/	-1	9.1519/	-1	8.7553/	-1
1.00	8.3758/	-1	8.0128/	-1	7.6655/	-1	7.3333/	-1
2.00	7.0154/	-1	6.7113/	-1	6.4205/	-1	6.1422/	-1
3.00	5.8760/	-1	5.6213/	-1	5.3777/	-1	5.1446/	-1
4.00	4.9216/	-1	4.7083/	-1	4.5042/	-1	4.3090/	-1
5.00	4.1222/	-1	3.9436/	-1	3.7726/	-1	3.6091/	-1
6.00	3.4527/	-1	3.3031/	-1	3.1599/	-1	3.0229/	-1
7.00	2.8919/	-1	2.7666/	-1	2.6467/	-1	2.5320/	-1
8.00	2.4222/	-1	2.3172/	-1	2.2168/	-1	2.1207/	-1
9.00	2.0288/	-1	1.9409/	-1	1.8567/	-1	1.7763/	-1
10.00	1.6993/	-1	1.6256/	-1	1.5552/	-1	1.4878/	-1
11.00	1.4233/	-1	1.3616/	-1	1.3026/	-1	1.2461/	-1
12.00	1.1921/	-1	1.1404/	-1	1.0910/	-1	1.0437/	-1
13.00	9.9849/	-2	9.5522/	-2	9.1382/	-2	8.7421/	-2
14.00	8.3632/	-2	8.0007/	-2	7.6539/	-2	7.3222/	-2
15.00	7.0048/	-2	6.7012/	-2	6.4108/	-2	6.1329/	-2

Minute	0.00	0.25	0.50	0.75
16.00	5.8671/ −2	5.6128/ −2	5.3696/ −2	5.1368/ −2
17.00	4.9142/ −2	4.7012/ −2	4.4974/ −2	4.3025/ −2
18.00	4.1160/ −2	3.9376/ −2	3.7670/ −2	3.6037/ −2
19.00	3.4475/ −2	3.2981/ −2	3.1551/ −2	3.0184/ −2
20.00	2.8876/ −2	2.7624/ −2	2.6427/ −2	2.5281/ −2
21.00	2.4186/ −2	2.3137/ −2	2.2135/ −2	2.1175/ −2
22.00	2.0257/ −2	1.9379/ −2	1.8540/ −2	1.7736/ −2
23.00	1.6967/ −2	1.6232/ −2	1.5528/ −2	1.4855/ −2
24.00	1.4211/ −2	1.3595/ −2	1.3006/ −2	1.2443/ −2
25.00	1.1903/ −2	1.1387/ −2	1.0894/ −2	1.0422/ −2

^{80}Se$(n, \gamma)^{81}$Se

$M = 78.96$ $\qquad G = 49.82\%$ $\qquad \sigma_{ac} = 0.5$ barn,

^{81}Se $\qquad T_1 = 18.6$ minute

E_γ (keV) 280

P 0.009

Activation data for ^{81}Se : $A_1(\tau)$, dps/μg

A_1(sat) $= 1.9001/$ 4

A_1(1 sec) $= 1.1795/$ 1

Minute	0.00		1.00		2.00		3.00	
0.00	0.0000/	0	6.9492/	2	1.3644/	3	2.0094/	3
4.00	2.6309/	3	3.2296/	3	3.8064/	3	4.3621/	3
8.00	4.8975/	3	5.4133/	3	5.9102/	3	6.3890/	3
12.00	6.8502/	3	7.2946/	3	7.7228/	3	8.1353/	3
16.00	8.5326/	3	8.9155/	3	9.2844/	3	9.6397/	3
20.00	9.9821/	3	1.0312/	4	1.0630/	4	1.0936/	4
24.00	1.1231/	4	1.1515/	4	1.1789/	4	1.2053/	4
28.00	1.2307/	4	1.2552/	4	1.2787/	4	1.3015/	4
32.00	1.3234/	4	1.3445/	4	1.3648/	4	1.3844/	4
36.00	1.4032/	4	1.4214/	4	1.4389/	4	1.4558/	4
40.00	1.4720/	4	1.4877/	4	1.5028/	4	1.5173/	4
44.00	1.5313/	4	1.5448/	4	1.5578/	4	1.5703/	4
48.00	1.5824/	4	1.5940/	4	1.6052/	4	1.6160/	4
52.00	1.6264/	4	1.6364/	4	1.6460/	4	1.6553/	4
56.00	1.6643/	4	1.6729/	4	1.6812/	4	1.6892/	4
60.00	1.6969/	4	1.7043/	4	1.7115/	4	1.7184/	4
64.00	1.7250/	4						

Decay factor for ^{81}Se : $D_1(t)$

Minute	0.00		1.00		2.00		3.00	
0.00	1.0000/	0	9.6343/	-1	9.2819/	-1	8.9425/	-1
4.00	8.6154/	-1	8.3003/	-1	7.9968/	-1	7.7043/	-1
8.00	7.4225/	-1	7.1511/	-1	6.8895/	-1	6.6376/	-1
12.00	6.3948/	-1	6.1609/	-1	5.9356/	-1	5.7185/	-1
16.00	5.5094/	-1	5.3079/	-1	5.1138/	-1	4.9268/	-1
20.00	4.7466/	-1	4.5730/	-1	4.4057/	-1	4.2446/	-1
24.00	4.0894/	-1	3.9398/	-1	3.7957/	-1	3.6569/	-1
28.00	3.5232/	-1	3.3943/	-1	3.2702/	-1	3.1506/	-1
32.00	3.0354/	-1	2.9243/	-1	2.8174/	-1	2.7144/	-1
36.00	2.6151/	-1	2.5194/	-1	2.4273/	-1	2.3385/	-1
40.00	2.2530/	-1	2.1706/	-1	2.0912/	-1	2.0147/	-1
44.00	1.9411/	-1	1.8701/	-1	1.8017/	-1	1.7358/	-1
48.00	1.6723/	-1	1.6111/	-1	1.5522/	-1	1.4954/	-1
52.00	1.4408/	-1	1.3881/	-1	1.3373/	-1	1.2884/	-1

9

Minute	0.00	1.00	2.00	3.00
56.00	1.2413/ −1	1.1959/ −1	1.1521/ −1	1.1100/ −1
60.00	1.0694/ −1	1.0303/ −1	9.9261/ −2	9.5631/ −2
64.00	9.2134/ −2	8.8764/ −2	8.5518/ −2	8.2390/ −2
68.00	7.9377/ −2	7.6474/ −2	7.3677/ −2	7.0982/ −2
72.00	6.8386/ −2	6.5885/ −2	6.3476/ −2	6.1154/ −2
76.00	5.8918/ −2	5.6763/ −2	5.4687/ −2	5.2687/ −2
80.00	5.0760/ −2	4.8904/ −2	4.7115/ −2	4.5392/ −2
84.00	4.3732/ −2	4.2133/ −2	4.0592/ −2	3.9107/ −2
88.00	3.7677/ −2	3.6299/ −2	3.4971/ −2	3.3692/ −2
92.00	3.2460/ −2	3.1273/ −2	3.0129/ −2	2.9027/ −2
96.00	2.7966/ −2	2.6943/ −2	2.5958/ −2	2.5008/ −2
100.00	2.4094/ −2	2.3212/ −2	2.2364/ −2	2.1546/ −2
104.00	2.0758/ −2	1.9999/ −2	1.9267/ −2	1.8562/ −2
108.00	1.7884/ −2	1.7230/ −2	1.6599/ −2	1.5992/ −2
112.00	1.5407/ −2	1.4844/ −2	1.4301/ −2	1.3778/ −2
116.00	1.3274/ −2	1.2789/ −2	1.2321/ −2	1.1870/ −2
120.00	1.1436/ −2	1.1018/ −2	1.0615/ −2	1.0227/ −2
124.00	9.8528/ −3	9.4925/ −3	9.1453/ −3	8.8108/ −3
128.00	8.4886/ −3			

See also $^{80}Se(n, \gamma)^{81m}Se \rightarrow {}^{81}Se$

$$^{80}\text{Se}(\text{n}, \gamma)^{81\text{m}}\text{Se} \rightarrow {}^{81}\text{Se}$$

$M = 78.96$ $\qquad$ $G = 49.82\%$ $\qquad$ $\sigma_{\text{ac}} = 0.08$ barn

$^{81\text{m}}\text{Se}$ $\quad$ $T_1 = 56.8$ minute

E_γ (keV) $\quad$ 103

P $\qquad$ 0.080

^{81}Se $\quad$ $T_2 = 18.6$ minute

E_γ (keV) $\quad$ 280

P $\qquad$ 0.009

Activation data for $^{81\text{m}}\text{Se}$: $A_1(\tau)$, dps/μg

$A_1(\text{sat})$ $\quad = 3.0402/ \quad 3$

$A_1(1 \text{ sec}) = 6.1814/ \ -1$

$K = 1.4869/ \ 0$

Time intervals with respect to T_1

Minute	0.00		2.00		4.00		6.00	
0.00	0.0000/	0	7.3287/	1	1.4481/	2	2.1460/	2
8.00	2.8272/	2	3.4919/	2	4.1406/	2	4.7736/	2
16.00	5.3914/	2	5.9943/	2	6.5827/	2	7.1569/	2
24.00	7.7172/	2	8.2641/	2	8.7977/	2	9.3185/	2
32.00	9.8268/	2	1.0323/	3	1.0807/	3	1.1279/	3
40.00	1.1740/	3	1.2190/	3	1.2629/	3	1.3057/	3
48.00	1.3476/	3	1.3884/	3	1.4282/	3	1.4670/	3
56.00	1.5050/	3	1.5420/	3	1.5781/	3	1.6133/	3
64.00	1.6477/	3	1.6813/	3	1.7140/	3	1.7460/	3
72.00	1.7772/	3	1.8077/	3	1.8374/	3	1.8664/	3
80.00	1.8947/	3	1.9223/	3	1.9492/	3	1.9755/	3
88.00	2.0012/	3	2.0262/	3	2.0507/	3	2.0745/	3
96.00	2.0978/	3	2.1205/	3	2.1427/	3	2.1643/	3
104.00	2.1854/	3	2.2060/	3	2.2262/	3	2.2458/	3
112.00	2.2649/	3	2.2836/	3	2.3019/	3	2.3196/	3
120.00	2.3370/	3	2.3540/	3	2.3705/	3	2.3867/	3
128.00	2.4024/	3	2.4178/	3	2.4328/	3	2.4474/	3
136.00	2.4617/	3	2.4757/	3	2.4893/	3	2.5026/	3
144.00	2.5155/	3	2.5282/	3	2.5405/	3	2.5525/	3
152.00	2.5643/	3	2.5758/	3	2.5870/	3	2.5979/	3
160.00	2.6086/	3	2.6190/	3	2.6291/	3	2.6390/	3
168.00	2.6487/	3	2.6581/	3	2.6673/	3	2.6763/	3
176.00	2.6851/	3	2.6937/	3	2.7020/	3	2.7102/	3
184.00	2.7181/	3	2.7259/	3	2.7335/	3	2.7409/	3
192.00	2.7481/	3	2.7551/	3	2.7620/	3	2.7687/	3
200.00	2.7752/	3						

Decay factor for ^{81m}Se : $D_1(t)$

Minute	0.00	2.00	4.00	6.00
0.00	1.0000/ 0	9.7589/ −1	9.5237/ −1	9.2941/ −1
8.00	9.0701/ −1	8.8514/ −1	8.6380/ −1	8.4298/ −1
16.00	8.2266/ −1	8.0283/ −1	7.8348/ −1	7.6459/ −1
24.00	7.4616/ −1	7.2817/ −1	7.1062/ −1	6.9349/ −1
32.00	6.7677/ −1	6.6046/ −1	6.4454/ −1	6.2900/ −1
40.00	6.1384/ −1	5.9904/ −1	5.8460/ −1	5.7051/ −1
48.00	5.5675/ −1	5.4333/ −1	5.3023/ −1	5.1745/ −1
56.00	5.0498/ −1	4.9281/ −1	4.8093/ −1	4.6933/ −1
64.00	4.5802/ −1	4.4698/ −1	4.3620/ −1	4.2569/ −1
72.00	4.1543/ −1	4.0541/ −1	3.9564/ −1	3.8610/ −1
80.00	3.7679/ −1	3.6771/ −1	3.5885/ −1	3.5020/ −1
88.00	3.4175/ −1	3.3352/ −1	3.2548/ −1	3.1763/ −1
96.00	3.0997/ −1	3.0250/ −1	2.9521/ −1	2.8809/ −1
104.00	2.8115/ −1	2.7437/ −1	2.6776/ −1	2.6130/ −1
112.00	2.5500/ −1	2.4886/ −1	2.4286/ −1	2.3700/ −1
120.00	2.3129/ −1	2.2571/ −1	2.2027/ −1	2.1496/ −1
128.00	2.0978/ −1	2.0472/ −1	1.9979/ −1	1.9497/ −1
136.00	1.9027/ −1	1.8569/ −1	1.8121/ −1	1.7684/ −1
144.00	1.7258/ −1	1.6842/ −1	1.6436/ −1	1.6040/ −1
152.00	1.5653/ −1	1.5276/ −1	1.4907/ −1	1.4548/ −1
160.00	1.4197/ −1	1.3855/ −1	1.3521/ −1	1.3195/ −1
168.00	1.2877/ −1	1.2567/ −1	1.2264/ −1	1.1968/ −1
176.00	1.1680/ −1	1.1398/ −1	1.1123/ −1	1.0855/ −1
184.00	1.0594/ −1	1.0338/ −1	1.0089/ −1	9.8457/ −2
192.00	9.6084/ −2	9.3768/ −2	9.1507/ −2	8.9301/ −2
200.00	8.7149/ −2	8.5048/ −2	8.2998/ −2	8.0997/ −2
208.00	7.9044/ −2	7.7139/ −2	7.5279/ −2	7.3465/ −2
216.00	7.1694/ −2	6.9965/ −2	6.8279/ −2	6.6633/ −2
224.00	6.5027/ −2	6.3459/ −2	6.1929/ −2	6.0437/ −2
232.00	5.8980/ −2	5.7558/ −2	5.6170/ −2	5.4816/ −2
240.00	5.3495/ −2	5.2205/ −2	5.0947/ −2	4.9719/ −2
248.00	4.8520/ −2	4.7351/ −2	4.6209/ −2	4.5095/ −2
256.00	4.4008/ −2	4.2947/ −2	4.1912/ −2	4.0902/ −2
264.00	3.9916/ −2	3.8953/ −2	3.8014/ −2	3.7098/ −2
272.00	3.6204/ −2	3.5331/ −2	3.4479/ −2	3.3648/ −2
280.00	3.2837/ −2	3.2045/ −2	3.1273/ −2	3.0519/ −2
288.00	2.9783/ −2	2.9065/ −2	2.8365/ −2	2.7681/ −2
296.00	2.7014/ −2	2.6363/ −2	2.5727/ −2	2.5107/ −2
304.00	2.4502/ −2	2.3911/ −2	2.3335/ −2	2.2772/ −2
312.00	2.2223/ −2	2.1687/ −2	2.1165/ −2	2.0654/ −2
320.00	2.0157/ −2	1.9671/ −2	1.9196/ −2	1.8734/ −2
328.00	1.8282/ −2	1.7841/ −2	1.7411/ −2	1.6992/ −2
336.00	1.6582/ −2	1.6182/ −2	1.5792/ −2	1.5412/ −2
344.00	1.5040/ −2	1.4677/ −2	1.4324/ −2	1.3978/ −2
352.00	1.3641/ −2	1.3313/ −2	1.2992/ −2	1.2678/ −2
360.00	1.2373/ −2	1.2075/ −2	1.1783/ −2	1.1499/ −2
368.00	1.1222/ −2	1.0952/ −2	1.0688/ −2	1.0430/ −2
376.00	1.0179/ −2	9.9333/ −3	9.6938/ −3	9.4601/ −3
384.00	9.2321/ −3	9.0095/ −3	8.7924/ −3	8.5804/ −3
392.00	8.3736/ −3			

Activation data for ^{81}Se : $F \cdot A_2(\tau)$

$$F \cdot A_2(\text{sat}) \quad = \quad 1.4803/ \quad 3$$
$$F \cdot A_2(1 \text{ sec}) = -9.1891/ \; -1$$

Minute	0.00		2.00		4.00		6.00	
0.00	0.0000/	0	−1.0629/	2	−2.0496/	2	−2.9653/	2
8.00	−3.8153/	2	−4.6043/	2	−5.3366/	2	−6.0163/	2
16.00	−6.6473/	2	−7.2329/	2	−7.7765/	2	−8.2810/	2
24.00	−8.7493/	2	−9.1840/	2	−9.5874/	2	−9.9619/	2
32.00	−1.0310/	3	−1.0632/	3	−1.0932/	3	−1.1210/	3
40.00	−1.1468/	3	−1.1707/	3	−1.1929/	3	−1.2136/	3
48.00	−1.2327/	3	−1.2505/	3	−1.2670/	3	−1.2823/	3
56.00	−1.2965/	3	−1.3097/	3	−1.3220/	3	−1.3333/	3
64.00	−1.3439/	3	−1.3537/	3	−1.3628/	3	−1.3712/	3
72.00	−1.3790/	3	−1.3863/	3	−1.3931/	3	−1.3993/	3
80.00	−1.4051/	3	−1.4105/	3	−1.4155/	3	−1.4202/	3
88.00	−1.4245/	3	−1.4285/	3	−1.4322/	3	−1.4357/	3
96.00	−1.4389/	3	−1.4418/	3	−1.4446/	3	−1.4472/	3
104.00	−1.4495/	3	−1.4517/	3	−1.4538/	3	−1.4557/	3
112.00	−1.4575/	3	−1.4591/	3	−1.4606/	3	−1.4620/	3
120.00	−1.4633/	3	−1.4646/	3	−1.4657/	3	−1.4667/	3
128.00	−1.4677/	3	−1.4686/	3	−1.4694/	3	−1.4702/	3
136.00	−1.4709/	3	−1.4716/	3	−1.4722/	3	−1.4728/	3
144.00	−1.4733/	3	−1.4738/	3	−1.4743/	3	−1.4747/	3
152.00	−1.4751/	3	−1.4755/	3	−1.4758/	3	−1.4762/	3
160.00	−1.4765/	3	−1.4767/	3	−1.4770/	6	−1.4772/	3
168.00	−1.4774/	3	−1.4776/	3	−1.4778/	3	−1.4780/	3
176.00	−1.4782/	3	−1.4783/	3	−1.4785/	3	−1.4786/	3
184.00	−1.4787/	3	−1.4788/	3	−1.4789/	3	−1.4790/	3
192.00	−1.4791/	3	−1.4792/	3	−1.4793/	3	−1.4793/	3
200.00	−1.4794/	3						

Decay factor for ^{81}Se : $D_2(t)$

Minute	0.00		2.00		4.00		6.00	
0.00	1.0000/	0	9.2819/	−1	8.6154/	−1	7.9968/	−1
8.00	7.4225/	−1	6.8895/	−1	6.3948/	−1	5.9356/	−1
16.00	5.5094/	−1	5.1138/	−1	4.7466/	−1	4.4057/	−1
24.00	4.0894/	−1	3.7957/	−1	3.5232/	−1	3.2702/	−1
32.00	3.0354/	−1	2.8174/	−1	2.6151/	−1	2.4273/	−1
40.00	2.2530/	−1	2.0912/	−1	1.9411/	−1	1.8017/	−1
48.00	1.6723/	−1	1.5522/	−1	1.4408/	−1	1.3373/	−1
56.00	1.2413/	−1	1.1521/	−1	1.0694/	−1	9.9261/	−2
64.00	9.2134/	−2	8.5518/	−2	7.9377/	−2	7.3677/	−2
72.00	6.8386/	−2	6.3476/	−2	5.8918/	−2	5.4687/	−2
80.00	5.0760/	−2	4.7115/	−2	4.3732/	−2	4.0592/	−2
88.00	3.7677/	−2	3.4971/	−2	3.2460/	−2	3.0129/	−2
96.00	2.7966/	−2	2.5958/	−2	2.4094/	−2	2.2364/	−2
104.00	2.0758/	−2	1.9267/	−2	1.7884/	−2	1.6599/	−2
112.00	1.5407/	−2	1.4301/	−2	1.3274/	−2	1.2321/	−2

Minute	0.00	2.00	4.00	6.00
120.00	1.1436/ −2	1.0615/ −2	9.8528/ −3	9.1453/ −3
128.00	8.4886/ −3	7.8790/ −3	7.3133/ −3	6.7881/ −3
136.00	6.3007/ −3	5.8482/ −3	5.4283/ −3	5.0385/ −3
144.00	4.6767/ −3	4.3409/ −3	4.0292/ −3	3.7399/ −3
152.00	3.4713/ −3	3.2220/ −3	2.9907/ −3	2.7759/ −3
160.00	2.5766/ −3	2.3916/ −3	2.2198/ −3	2.0604/ −3
168.00	1.9125/ −3	1.7751/ −3	1.6477/ −3	1.5294/ −3
176.00	1.4195/ −3	1.3176/ −3	1.2230/ −3	1.1352/ −3
184.00	1.0537/ −3	9.7800/ −4	9.0777/ −4	8.4259/ −4
192.00	7.8208/ −4	7.2592/ −4	6.7380/ −4	6.2541/ −4
200.00	5.8050/ −4	5.3882/ −4	5.0013/ −4	4.6422/ −4

*

Activation data for ^{81m}Se : $A_1(\tau)$, dps/μg

$$A_1(\text{sat}) = 3.0402/ \ 3$$
$$A_1(1 \text{ sec}) = 6.1814/ −1$$

$K = 1.4869/ \ 0$

Time intervals with respect to T_2

Minute	0.00		1.00		2.00		3.00	
0.00	0.0000/	0	3.6867/	1	7.3287/	1	1.0927/	2
4.00	1.4481/	2	1.7992/	2	2.1460/	2	2.4887/	2
8.00	2.8272/	2	3.1616/	2	3.4919/	2	3.8182/	2
12.00	4.1406/	2	4.4590/	2	4.7736/	2	5.0844/	2
16.00	5.3914/	2	5.6947/	2	5.9943/	2	6.2903/	2
20.00	6.5827/	2	6.8715/	2	7.1569/	2	7.4388/	2
24.00	7.7172/	2	7.9923/	2	8.2641/	2	8.5325/	2
28.00	8.7977/	2	9.0597/	2	9.3185/	2	9.5742/	2
32.00	9.8268/	2	1.0076/	3	1.0323/	3	1.0566/	3
36.00	1.0807/	3	1.1044/	3	1.1279/	3	1.1511/	3
40.00	1.1740/	3	1.1966/	3	1.2190/	3	1.2411/	3
44.00	1.2629/	3	1.2844/	3	1.3057/	3	1.3268/	3
48.00	1.3476/	3	1.3681/	3	1.3884/	3	1.4084/	3
52.00	1.4282/	3	1.4477/	3	1.4670/	3	1.4861/	3
56.00	1.5050/	3	1.5236/	3	1.5420/	3	1.5601/	3
60.00	1.5781/	3	1.5958/	3	1.6133/	3	1.6306/	3
64.00	1.6477/	3						

Decay factor for ^{81m}Se : $D_1(t)$

Minute	0.00		1.00		2.00		3.00	
0.00	1.0000/	0	9.8787/	−1	9.7589/	−1	9.6406/	−1
4.00	9.5237/	−1	9.4082/	−1	9.2941/	−1	9.1814/	−1
8.00	9.0701/	−1	8.9601/	−1	8.8514/	−1	8.7441/	−1
12.00	8.6380/	−1	8.5333/	−1	8.4298/	−1	8.3276/	−1
16.00	8.2266/	−1	8.1268/	−1	8.0283/	−1	7.9309/	−1
20.00	7.8348/	−1	7.7398/	−1	7.6459/	−1	7.5532/	−1

Minute	0.00	1.00	2.00	3.00
24.00	7.4616/ −1	7.3711/ −1	7.2817/ −1	7.1934/ −1
28.00	7.1062/ −1	7.0200/ −1	6.9349/ −1	6.8508/ −1
32.00	6.7677/ −1	6.6856/ −1	6.6046/ −1	6.5245/ −1
36.00	6.4454/ −1	6.3672/ −1	6.2900/ −1	6.2137/ −1
40.00	6.1384/ −1	6.0639/ −1	5.9904/ −1	5.9177/ −1
44.00	5.8460/ −1	5.7751/ −1	5.7051/ −1	5.6359/ −1
48.00	5.5675/ −1	5.5000/ −1	5.4333/ −1	5.3674/ −1
52.00	5.3023/ −1	5.2380/ −1	5.1745/ −1	5.1118/ −1
56.00	5.0498/ −1	4.9885/ −1	4.9281/ −1	4.8683/ −1
60.00	4.8093/ −1	4.7509/ −1	4.6933/ −1	4.6364/ −1
64.00	4.5802/ −1	4.5246/ −1	4.4698/ −1	4.4156/ −1
68.00	4.3620/ −1	4.3091/ −1	4.2569/ −1	4.2053/ −1
72.00	4.1543/ −1	4.1039/ −1	4.0541/ −1	4.0050/ −1
76.00	3.9564/ −1	3.9084/ −1	3.8610/ −1	3.8142/ −1
80.00	3.7679/ −1	3.7222/ −1	3.6771/ −1	3.6325/ −1
84.00	3.5885/ −1	3.5450/ −1	3.5020/ −1	3.4595/ −1
88.00	3.4175/ −1	3.3761/ −1	3.3352/ −1	3.2947/ −1
92.00	3.2548/ −1	3.2153/ −1	3.1763/ −1	3.1378/ −1
96.00	3.0997/ −1	3.0621/ −1	3.0250/ −1	2.9883/ −1
100.00	2.9521/ −1	2.9163/ −1	2.8809/ −1	2.8460/ −1
104.00	2.8115/ −1	2.7774/ −1	2.7437/ −1	2.7104/ −1
108.00	2.6776/ −1	2.6451/ −1	2.6130/ −1	2.5813/ −1
112.00	2.5500/ −1	2.5191/ −1	2.4886/ −1	2.4584/ −1
116.00	2.4286/ −1	2.3991/ −1	2.3700/ −1	2.3413/ −1
120.00	2.3129/ −1	2.2848/ −1	2.2571/ −1	2.2298/ −1
124.00	2.2027/ −1	2.1760/ −1	2.1496/ −1	2.1236/ −1
128.00	2.0978/ −1			

Activation data for ^{81}Se : $F \cdot A_2(\tau)$

$$F \cdot A_2(\text{sat}) = -1.4803/ \quad 3$$
$$F \cdot A_2(1 \text{ sec}) = -9.1891/ \quad -1$$

Minute	0.00		1.00		2.00		3.00	
0.00	0.0000/	0	−5.4137/	1	−1.0629/	2	−1.5654/	2
4.00	−2.0496/	2	−2.5160/	2	−2.9653/	2	−3.3982/	2
8.00	−3.8153/	2	−4.2172/	2	−4.6043/	2	−4.9773/	2
12.00	−5.3366/	2	−5.6828/	2	−6.0163/	2	−6.3377/	2
16.00	−6.6473/	2	−6.9455/	2	−7.2329/	2	−7.5097/	2
20.00	−7.7765/	2	−8.0334/	2	−8.2810/	2	−8.5195/	2
24.00	−8.7493/	2	−8.9707/	2	−9.1840/	2	−9.3895/	2
28.00	−9.5874/	2	−9.7782/	2	−9.9619/	2	−1.0139/	3
32.00	−1.0310/	3	−1.0474/	3	−1.0632/	3	−1.0785/	3
36.00	−1.0932/	3	−1.1073/	3	−1.1210/	3	−1.1341/	3
40.00	−1.1468/	3	−1.1590/	3	−1.1707/	3	−1.1820/	3
44.00	−1.1929/	3	−1.2034/	3	−1.2136/	3	−1.2233/	3
48.00	−1.2327/	3	−1.2418/	3	−1.2505/	3	−1.2589/	3
52.00	−1.2670/	3	−1.2748/	3	−1.2823/	3	−1.2895/	3
56.00	−1.2965/	3	−1.3032/	3	−1.3097/	3	−1.3160/	3
60.00	−1.3220/	3	−1.3278/	3	−1.3333/	3	−1.3387/	3
64.00	−1.3439/	3						

Decay factor for ^{81}Se : $D_2(t)$

Minute	0.00	1.00	2.00	3.00
0.00	1.0000/ 0	9.6343/ −1	9.2819/ −1	8.9425/ −1
4.00	8.6154/ −1	8.3003/ −1	7.9968/ −1	7.7043/ −1
8.00	7.4225/ −1	7.1511/ −1	6.8895/ −1	6.6376/ −1
12.00	6.3948/ −1	6.1609/ −1	5.9356/ −1	5.7185/ −1
16.00	5.5094/ −1	5.3079/ −1	5.1138/ −1	4.9268/ −1
20.00	4.7466/ −1	4.5730/ −1	4.4057/ −1	4.2446/ −1
24.00	4.0894/ −1	3.9398/ −1	3.7957/ −1	3.6569/ −1
28.00	3.5232/ −1	3.3943/ −1	3.2702/ −1	3.1506/ −1
32.00	3.0354/ −1	2.9243/ −1	2.8174/ −1	2.7144/ −1
36.00	2.6151/ −1	2.5194/ −1	2.4273/ −1	2.3385/ −1
40.00	2.2530/ −1	2.1706/ −1	2.0912/ −1	2.0147/ −1
44.00	1.9411/ −1	1.8701/ −1	1.8017/ −1	1.7358/ −1
48.00	1.6723/ −1	1.6111/ −1	1.5522/ −1	1.4954/ −1
52.00	1.4408/ −1	1.3881/ −1	1.3373/ −1	1.2884/ −1
56.00	1.2413/ −1	1.1959/ −1	1.1521/ −1	1.1100/ −1
60.00	1.0694/ −1	1.0303/ −1	9.9261/ −2	9.5631/ −2
64.00	9.2134/ −2	8.8764/ −2	8.5518/ −2	8.2390/ −2
68.00	7.9377/ −2	7.6474/ −2	7.3677/ −2	7.0982/ −2
72.00	6.8386/ −2	6.5885/ −2	6.3476/ −2	6.1154/ −2
76.00	5.8918/ −2	5.6763/ −2	5.4687/ −2	5.2687/ −2
80.00	5.0760/ −2	4.8904/ −2	4.7115/ −2	4.5392/ −2
84.00	4.3732/ −2	4.2133/ −2	4.0592/ −2	3.9107/ −2
88.00	3.7677/ −2	3.6299/ −2	3.4971/ −2	3.3692/ −2
92.00	3.2460/ −2	3.1273/ −2	3.0129/ −2	2.9027/ −2
96.00	2.7966/ −2	2.6943/ −2	2.5958/ −2	2.5008/ −2
100.00	2.4094/ −2	2.3212/ −2	2.2364/ −2	2.1546/ −2
104.00	2.0758/ −2	1.9999/ −2	1.9267/ −2	1.8562/ −2
108.00	1.7884/ −2	1.7230/ −2	1.6599/ −2	1.5992/ −2
112.00	1.5407/ −2	1.4844/ −2	1.4301/ −2	1.3778/ −2
116.00	1.3274/ −2	1.2789/ −2	1.2321/ −2	1.1870/ −2
120.00	1.1436/ −2	1.1018/ −2	1.0615/ −2	1.0227/ −2
124.00	9.8528/ −3	9.4925/ −3	9.1453/ −3	8.8108/ −3

See also ^{80}Se(n, γ)^{81}Se

$$^{82}\text{Se}(\mathbf{n}, \gamma)^{83}\text{Se} \rightarrow {}^{83}\mathbf{Br}$$

$M = 78.96$ $\qquad G = 9.19\%$ $\qquad \sigma_{ac} = 0.004$ barn

^{83}**Se** $\qquad T_1 = 25$ minute

E_γ(keV)	2290	1880	1310	1060	830	710	°520	360
P	0.090	0.160	0.250	0.160	0.410	0.250	0.590	0.690

E_γ (keV)	220
P	0.440

^{83}**Br** $\qquad T_2 = 2.40$ hour

E_γ (keV)	530
P	0.014

Activation data for ^{83}Se : $A_1(\tau)$, dps/μg

$$A_1(\text{sat}) = 2.8040/ \quad 1$$
$$A_1(1 \text{ sec}) = 1.2952/ \ -2$$

$K = -2.1008/ \ -1$

Time intervals with respect to T_1

Minute	0.00	1.00	2.00	3.00
0.00	0.0000/ 0	7.6660/ −1	1.5122/ 0	2.2375/ 0
4.00	2.9429/ 0	3.6291/ 0	4.2965/ 0	4.9456/ 0
8.00	5.5770/ 0	6.1911/ 0	6.7885/ 0	7.3695/ 0
12.00	7.9346/ 0	8.4843/ 0	9.0189/ 0	9.5389/ 0
16.00	1.0045/ 1	1.0537/ 1	1.1015/ 1	1.1481/ 1
20.00	1.1933/ 1	1.2374/ 1	1.2802/ 1	1.3219/ 1
24.00	1.3624/ 1	1.4018/ 1	1.4401/ 1	1.4774/ 1
28.00	1.5137/ 1	1.5490/ 1	1.5833/ 1	1.6167/ 1
32.00	1.6491/ 1	1.6807/ 1	1.7114/ 1	1.7413/ 1
36.00	1.7703/ 1	1.7986/ 1	1.8261/ 1	1.8528/ 1
40.00	1.8788/ 1	1.9041/ 1	1.9287/ 1	1.9526/ 1
44.00	1.9759/ 1	1.9986/ 1	2.0206/ 1	2.0420/ 1
48.00	2.0628/ 1	2.0831/ 1	2.1028/ 1	2.1220/ 1
52.00	2.1406/ 1	2.1588/ 1	2.1764/ 1	2.1936/ 1
56.00	2.2103/ 1	2.2265/ 1	2.2423/ 1	2.2576/ 1
60.00	2.2726/ 1	2.2871/ 1	2.3012/ 1	2.3150/ 1
64.00	2.3283/ 1	2.3414/ 1	2.3540/ 1	2.3663/ 1
68.00	2.3783/ 1	2.3899/ 1	2.4012/ 1	2.4122/ 1
72.00	2.4230/ 1	2.4334/ 1	2.4435/ 1	2.4534/ 1
76.00	2.4630/ 1	2.4723/ 1	2.4813/ 1	2.4902/ 1
80.00	2.4987/ 1	2.5071/ 1	2.5152/ 1	2.5231/ 1
84.00	2.5308/ 1	2.5383/ 1	2.5455/ 1	2.5526/ 1
88.00	2.5595/ 1			

Decay factor for ^{83}Se : $D_1(t)$

Minute	0.00	1.00	2.00	3.00
0.00	1.0000/ 0	9.7266/ −1	9.4607/ −1	9.2020/ −1
4.00	8.9505/ −1	8.7058/ −1	8.4678/ −1	8.2362/ −1
8.00	8.0111/ −1	7.7921/ −1	7.5790/ −1	7.3718/ −1
12.00	7.1703/ −1	6.9743/ −1	6.7836/ −1	6.5981/ −1
16.00	6.4177/ −1	6.2423/ −1	6.0716/ −1	5.9056/ −1
20.00	5.7442/ −1	5.5871/ −1	5.4344/ −1	5.2858/ −1
24.00	5.1413/ −1	5.0007/ −1	4.8640/ −1	4.7310/ −1
28.00	4.6017/ −1	4.4759/ −1	4.3535/ −1	4.2345/ −1
32.00	4.1187/ −1	4.0061/ −1	3.8966/ −1	3.7901/ −1
36.00	3.6865/ −1	3.5857/ −1	3.4876/ −1	3.3923/ −1
40.00	3.2995/ −1	3.2093/ −1	3.1216/ −1	3.0363/ −1
44.00	2.9532/ −1	2.8725/ −1	2.7940/ −1	2.7176/ −1
48.00	2.6433/ −1	2.5710/ −1	2.5007/ −1	2.4324/ −1
52.00	2.3659/ −1	2.3012/ −1	2.2383/ −1	2.1771/ −1
56.00	2.1176/ −1	2.0597/ −1	2.0034/ −1	1.9486/ −1
60.00	1.8953/ −1	1.8435/ −1	1.7931/ −1	1.7441/ −1
64.00	1.6964/ −1	1.6500/ −1	1.6049/ −1	1.5610/ −1
68.00	1.5184/ −1	1.4768/ −1	1.4365/ −1	1.3972/ −1
72.00	1.3590/ −1	1.3218/ −1	1.2857/ −1	1.2506/ −1
76.00	1.2164/ −1	1.1831/ −1	1.1508/ −1	1.1193/ −1
80.00	1.0887/ −1	1.0589/ −1	1.0300/ −1	1.0018/ −1
84.00	9.7444/ −2	9.4780/ −2	9.2188/ −2	8.9668/ −2
88.00	8.7217/ −2	8.4832/ −2	8.2513/ −2	8.0257/ −2
92.00	7.8063/ −2	7.5929/ −2	7.3853/ −2	7.1834/ −2
96.00	6.9870/ −2	6.7960/ −2	6.6102/ −2	6.4295/ −2
100.00	6.2537/ −2	6.0827/ −2	5.9164/ −2	5.7547/ −2
104.00	5.5973/ −2	5.4443/ −2	5.2955/ −2	5.1507/ −2
108.00	5.0099/ −2	4.8729/ −2	4.7397/ −2	4.6101/ −2
112.00	4.4841/ −2	4.3615/ −2	4.2422/ −2	4.1263/ −2
116.00	4.0134/ −2	3.9037/ −2	3.7970/ −2	3.6932/ −2
120.00	3.5922/ −2	3.4940/ −2	3.3985/ −2	3.3056/ −2
124.00	3.2152/ −2	3.1273/ −2	3.0418/ −2	2.9586/ −2
128.00	2.8778/ −2	2.7991/ −2	2.7226/ −2	2.6481/ −2
132.00	2.5757/ −2	2.5053/ −2	2.4368/ −2	2.3702/ −2
136.00	2.3054/ −2	2.2424/ −2	2.1811/ −2	2.1214/ −2
140.00	2.0634/ −2	2.0070/ −2	1.9521/ −2	1.8988/ −2
144.00	1.8469/ −2	1.7964/ −2	1.7473/ −2	1.6995/ −2
148.00	1.6530/ −2	1.6078/ −2	1.5639/ −2	1.5211/ −2
152.00	1.4795/ −2	1.4391/ −2	1.3997/ −2	1.3615/ −2
156.00	1.3243/ −2	1.2881/ −2	1.2528/ −2	1.2186/ −2
160.00	1.1853/ −2	1.1529/ −2	1.1213/ −2	1.0907/ −2
164.00	1.0609/ −2	1.0319/ −2	1.0037/ −2	9.7622/ −3
168.00	9.4953/ −3	9.2357/ −3	8.9832/ −3	8.7376/ −3
172.00	8.4987/ −3	8.2664/ −3	8.0404/ −3	7.8206/ −3
176.00	7.6067/ −3			

Activation data for ^{83}Br : $F \cdot A_2(\tau)$

$$F \cdot A_2(\text{sat}) = 3.3931/ \quad 1$$
$$F \cdot A_2(1 \text{ sec}) = 2.7215/ \quad -3$$

Minute	0.00		1.00		2.00		3.00	
0.00	0.0000/	0	1.6290/	−1	3.2502/	−1	4.8637/	−1
4.00	6.4693/	−1	8.0673/	−1	9.6576/	−1	1.1240/	0
8.00	1.2815/	0	1.4383/	0	1.5943/	0	1.7495/	0
12.00	1.9040/	0	2.0578/	0	2.2108/	0	2.3631/	0
16.00	2.5147/	0	2.6655/	0	2.8156/	0	2.9650/	0
20.00	3.1137/	0	3.2616/	0	3.4089/	0	3.5554/	0
24.00	3.7012/	0	3.8464/	0	3.9908/	0	4.1345/	0
28.00	4.2776/	0	4.4200/	0	4.5616/	0	4.7026/	0
32.00	4.8430/	0	4.9826/	0	5.1216/	0	5.2599/	0
36.00	5.3976/	0	5.5346/	0	5.6709/	0	5.8066/	0
40.00	5.9416/	0	6.0760/	0	6.2097/	0	6.3428/	0
44.00	6.4752/	0	6.6071/	0	6.7382/	0	6.8688/	0
48.00	6.9987/	0	7.1280/	0	7.2567/	0	7.3848/	0
52.00	7.5122/	0	7.6391/	0	7.7653/	0	7.8909/	0
56.00	8.0159/	0	8.1403/	0	8.2642/	0	8.3874/	0
60.00	8.5100/	0	8.6321/	0	8.7535/	0	8.8744/	0
64.00	8.9947/	0	9.1144/	0	9.2336/	0	9.3521/	0
68.00	9.4702/	0	9.5876/	0	9.7045/	0	9.8208/	0
72.00	9.9365/	0	1.0052/	1	1.0166/	1	1.0280/	1
76.00	1.0394/	1	1.0507/	1	1.0619/	1	1.0731/	1
80.00	1.0843/	1	1.0954/	1	1.1064/	1	1.1174/	1
84.00	1.1283/	1	1.1392/	1	1.1500/	1	1.1608/	1
88.00	1.1715/	1						

Decay factor for ^{83}Br : $D_2(t)$

Minute	0.00		1.00		2.00		3.00	
0.00	1.0000/	0	9.9520/	−1	9.9042/	−1	9.8567/	−1
4.00	9.8093/	−1	9.7622/	−1	9.7154/	−1	9.6687/	−1
8.00	9.6223/	−1	9.5761/	−1	9.5301/	−1	9.4844/	−1
12.00	9.4389/	−1	9.3935/	−1	9.3484/	−1	9.3036/	−1
16.00	9.2589/	−1	9.2144/	−1	9.1702/	−1	9.1262/	−1
20.00	9.0824/	−1	9.0388/	−1	8.9954/	−1	8.9522/	−1
24.00	8.9092/	−1	8.8664/	−1	8.8239/	−1	8.7815/	−1
28.00	8.7393/	−1	8.6974/	−1	8.6556/	−1	8.6141/	−1
32.00	8.5727/	−1	8.5316/	−1	8.4906/	−1	8.4498/	−1
36.00	8.4093/	−1	8.3689/	−1	8.3287/	−1	8.2887/	−1
40.00	8.2489/	−1	8.2093/	−1	8.1699/	−1	8.1307/	−1
44.00	8.0917/	−1	8.0528/	−1	8.0142/	−1	7.9757/	−1
48.00	7.9374/	−1	7.8993/	−1	7.8614/	−1	7.8236/	−1
52.00	7.7861/	−1	7.7487/	−1	7.7115/	−1	7.6745/	−1
56.00	7.6376/	−1	7.6009/	−1	7.5645/	−1	7.5281/	−1
60.00	7.4920/	−1	7.4560/	−1	7.4202/	−1	7.3846/	−1
64.00	7.3492/	−1	7.3139/	−1	7.2788/	−1	7.2438/	−1
68.00	7.2090/	−1	7.1744/	−1	7.1400/	−1	7.1057/	−1
72.00	7.0716/	−1	7.0376/	−1	7.0039/	−1	6.9702/	−1
76.00	6.9368/	−1	6.9035/	−1	6.8703/	−1	6.8373/	−1

Minute	0.00	1.00	2.00	3.00
80.00	6.8045/ −1	6.7718/ −1	6.7393/ −1	6.7070/ −1
84.00	6.6748/ −1	6.6427/ −1	6.6108/ −1	6.5791/ −1
88.00	6.5475/ −1	6.5161/ −1	6.4848/ −1	6.4537/ −1
92.00	6.4227/ −1	6.3918/ −1	6.3612/ −1	6.3306/ −1
96.00	6.3002/ −1	6.2700/ −1	6.2399/ −1	6.2099/ −1
100.00	6.1801/ −1	6.1504/ −1	6.1209/ −1	6.0915/ −1
104.00	6.0623/ −1	6.0332/ −1	6.0042/ −1	5.9754/ −1
108.00	5.9467/ −1	5.9181/ −1	5.8897/ −1	5.8615/ −1
112.00	5.8333/ −1	5.8053/ −1	5.7774/ −1	5.7497/ −1
116.00	5.7221/ −1	5.6946/ −1	5.6673/ −1	5.6401/ −1
120.00	5.6130/ −1	5.5861/ −1	5.5592/ −1	5.5325/ −1
124.00	5.5060/ −1	5.4795/ −1	5.4532/ −1	5.4271/ −1
128.00	5.4010/ −1	5.3751/ −1	5.3493/ −1	5.3236/ −1
132.00	5.2980/ −1	5.2726/ −1	5.2473/ −1	5.2221/ −1
136.00	5.1970/ −1	5.1721/ −1	5.1472/ −1	5.1225/ −1
140.00	5.0979/ −1	5.0735/ −1	5.0491/ −1	5.0249/ −1
144.00	5.0007/ −1	4.9767/ −1	4.9528/ −1	4.9291/ −1
148.00	4.9054/ −1	4.8818/ −1	4.8584/ −1	4.8351/ −1
152.00	4.8119/ −1	4.7888/ −1	4.7658/ −1	4.7429/ −1
156.00	4.7201/ −1	4.6975/ −1	4.6749/ −1	4.6525/ −1
160.00	4.6301/ −1	4.6079/ −1	4.5858/ −1	4.5638/ −1
164.00	4.5419/ −1	4.5200/ −1	4.4983/ −1	4.4768/ −1
168.00	4.4553/ −1	4.4339/ −1	4.4126/ −1	4.3914/ −1
172.00	4.3703/ −1	4.3493/ −1	4.3285/ −1	4.3077/ −1
176.00	4.2870/ −1			

*

Activation data for ^{83}Se : $A_1(\tau)$, dps/μg

$$A_1(\text{sat}) = 2.8040/\ 1$$
$$A_1(1\ \text{sec}) = 1.2952/\ -2$$

$K = -2.1008/\ -1$

Time intervals with respect to T_2

Hour	0.000		0.125		0.250		0.375	
0.00	0.0000/	0	5.2635/	0	9.5389/	0	1.3012/	1
0.50	1.5833/	1	1.8124/	1	1.9986/	1	2.1498/	1
1.00	2.2726/	1	2.3723/	1	2.4534/	1	2.5192/	1
1.50	2.5727/	1	2.6161/	1	2.6514/	1	2.6800/	1
2.00	2.7033/	1	2.7222/	1	2.7376/	1	2.7500/	1
2.50	2.7602/	1	2.7684/	1	2.7751/	1	2.7805/	1
3.00	2.7849/	1	2.7885/	1	2.7914/	1	2.7938/	1
3.50	2.7957/	1	2.7973/	1	2.7985/	1	2.7996/	1
4.00	2.8004/	1	2.8011/	1	2.8016/	1	2.8021/	1
4.50	2.8024/	1	2.8027/	1	2.8030/	1	2.8032/	1
5.00	2.8033/	1	2.8035/	1	2.8036/	1	2.8037/	1
5.50	2.8037/	1	2.8038/	1	2.8038/	1	2.8039/	1
6.00	2.8039/	1	2.8039/	1	2.8039/	1	2.8040/	1
6.50	2.8040/	1	2.8040/	1	2.8040/	1	2.8040/	1
7.00	2.8040/	1	2.8040/	1	2.8040/	1	2.8040/	1

Decay factor for ^{83}Se : $D_1(t)$

Hour	0.000	0.125	0.250	0.375
0.00	1.0000/ 0	8.1229/ −1	6.5981/ −1	5.3596/ −1
0.50	4.3535/ −1	3.5363/ −1	2.8725/ −1	2.3333/ −1
1.00	1.8953/ −1	1.5395/ −1	1.2506/ −1	1.0158/ −1
1.50	8.2513/ −2	6.7024/ −2	5.4443/ −2	4.4223/ −2
2.00	3.5922/ −2	2.9179/ −2	2.3702/ −2	1.9253/ −2
2.50	1.5639/ −2	1.2703/ −2	1.0319/ −2	8.3817/ −3
3.00	6.8084/ −3	5.5304/ −3	4.4923/ −3	3.6490/ −3
3.50	2.9640/ −3	2.4077/ −3	1.9557/ −3	1.5886/ −3
4.00	1.2904/ −3	1.0482/ −3	8.5142/ −4	6.9160/ −4
4.50	5.6178/ −4	4.5633/ −4	3.7067/ −4	3.0109/ −4
5.00	2.4457/ −4	1.9866/ −4	1.6137/ −4	1.3108/ −4
5.50	1.0648/ −4	8.6488/ −5	7.0254/ −5	5.7066/ −5
6.00	4.6354/ −5	3.7653/ −5	3.0585/ −5	2.4844/ −5
6.50	2.0180/ −5	1.6392/ −5	1.3315/ −5	1.0816/ −5
7.00	8.7856/ −6	7.1364/ −6	5.7968/ −6	4.7087/ −6

Activation data for ^{83}Br : $F \cdot A_2(\tau)$

$$F \cdot A_2(\text{sat}) = 3.3931/ \quad 1$$
$$F \cdot A_2(1 \text{ sec}) = 2.7215/ \ -3$$

Hour	0.000	0.125	0.250	0.375
0.00	0.0000/ 0	1.2029/ 0	2.3631/ 0	3.4822/ 0
0.50	4.5616/ 0	5.6028/ 0	6.6071/ 0	7.5757/ 0
1.00	8.5100/ 0	9.4112/ 0	1.0280/ 1	1.1119/ 1
1.50	1.1928/ 1	1.2708/ 1	1.3460/ 1	1.4186/ 1
2.00	1.4886/ 1	1.5561/ 1	1.6212/ 1	1.6840/ 1
2.50	1.7446/ 1	1.8031/ 1	1.8594/ 1	1.9138/ 1
3.00	1.9662/ 1	2.0168/ 1	2.0656/ 1	2.1127/ 1
3.50	2.1581/ 1	2.2019/ 1	2.2441/ 1	2.2848/ 1
4.00	2.3241/ 1	2.3620/ 1	2.3986/ 1	2.4338/ 1
4.50	2.4678/ 1	2.5006/ 1	2.5323/ 1	2.5628/ 1
5.00	2.5922/ 1	2.6206/ 1	2.6480/ 1	2.6744/ 1
5.50	2.6999/ 1	2.7245/ 1	2.7482/ 1	2.7710/ 1
6.00	2.7931/ 1	2.8144/ 1	2.8349/ 1	2.8547/ 1
6.50	2.8738/ 1	2.8922/ 1	2.9099/ 1	2.9271/ 1
7.00	2.9436/ 1	2.9595/ 1	2.9749/ 1	2.9897/ 1
7.50	3.0040/ 1	3.0178/ 1	3.0311/ 1	3.0440/ 1
8.00	3.0563/ 1	3.0683/ 1	3.0798/ 1	3.0909/ 1
8.50	3.1016/ 1			

Decay factor for ^{83}Br : $D_2(t)$

Hour	0.000	0.125	0.250	0.375
0.00	1.0000/ 0	9.6455/ −1	9.3036/ −1	8.9738/ −1
0.50	8.6556/ −1	8.3488/ −1	8.0528/ −1	7.7673/ −1
1.00	7.4920/ −1	7.2264/ −1	6.9702/ −1	6.7231/ −1
1.50	6.4848/ −1	6.2549/ −1	6.0332/ −1	5.8193/ −1

Hour	0.000	0.125	0.250	0.375
2.00	5.6130/ −1	5.4140/ −1	5.2221/ −1	5.0370/ −1
2.50	4.8584/ −1	4.6862/ −1	4.5200/ −1	4.3598/ −1
3.00	4.2053/ −1	4.0562/ −1	3.9124/ −1	3.7737/ −1
3.50	3.6399/ −1	3.5109/ −1	3.3864/ −1	3.2664/ −1
4.00	3.1506/ −1	3.0389/ −1	2.9312/ −1	2.8272/ −1
4.50	2.7270/ −1	2.6303/ −1	2.5371/ −1	2.4472/ −1
5.00	2.3604/ −1	2.2767/ −1	2.1960/ −1	2.1182/ −1
5.50	2.0431/ −1	1.9707/ −1	1.9008/ −1	1.8334/ −1
6.00	1.7684/ −1	1.7057/ −1	1.6453/ −1	1.5869/ −1
6.50	1.5307/ −1	1.4764/ −1	1.4241/ −1	1.3736/ −1
7.00	1.3249/ −1	1.2779/ −1	1.2326/ −1	1.1889/ −1
7.50	1.1468/ −1	1.1061/ −1	1.0669/ −1	1.0291/ −1
8.00	9.9261/ −2	9.5742/ −2	9.2348/ −2	8.9075/ −2
8.50	8.5917/ −2	8.2871/ −2	7.9933/ −2	7.7100/ −2
9.00	7.4366/ −2	7.1730/ −2	6.9187/ −2	6.6735/ −2
9.50	6.4369/ −2	6.2087/ −2	5.9886/ −2	5.7763/ −2
10.00	5.5715/ −2	5.3740/ −2	5.1835/ −2	4.9998/ −2
10.50	4.8225/ −2	4.6516/ −2	4.4867/ −2	4.3276/ −2
11.00	4.1742/ −2	4.0262/ −2	3.8835/ −2	3.7458/ −2
11.50	3.6130/ −2	3.4849/ −2	3.3614/ −2	3.2422/ −2
12.00	3.1273/ −2	3.0164/ −2	2.9095/ −2	2.8064/ −2
12.50	2.7069/ −2	2.6109/ −2	2.5184/ −2	2.4291/ −2
13.00	2.3430/ −2	2.2599/ −2	2.1798/ −2	2.1025/ −2
13.50	2.0280/ −2	1.9561/ −2	1.8868/ −2	1.8199/ −2
14.00	1.7554/ −2	1.6931/ −2	1.6331/ −2	1.5752/ −2
14.50	1.5194/ −2	1.4655/ −2	1.4136/ −2	1.3634/ −2
15.00	1.3151/ −2	1.2685/ −2	1.2235/ −2	1.1801/ −2
15.50	1.1383/ −2	1.0980/ −2	1.0590/ −2	1.0215/ −2
16.00	9.8528/ −3	9.5035/ −3	9.1666/ −3	8.8417/ −3
16.50	8.5282/ −3			

See also ^{82}Se(n, γ)^{83m}Se → ^{83}Br

$$^{82}\text{Se}(\text{n}, \gamma)^{83\text{m}}\text{Se} \rightarrow {}^{83}\text{Br}$$

$M = 78.96$ \qquad $G = 9.19\%$ \qquad $\sigma_{\text{ac}} = 0.04$ barn,

$^{83\text{m}}\text{Se}$ \quad $T_1 = 70$ second

E_γ (keV)	2020	1010	650	350
P				

^{83}Br \quad $T_2 = 2.4$ hour

E_γ (keV)	530
P	0.014

Activation data for $^{83\text{m}}\text{Se}$: $A_1(\tau)$, dps/μg

$A_1(\text{sat}) = 2.8040/\ 2$
$A_1(1\ \text{sec}) = 2.7623/\ 0$

$K = -8.1680/\ -3$

Time intervals with respect to T_1

Minute	0.00	0.25	0.50	0.75
0.00	0.0000/ 0	3.8695/ 1	7.2051/ 1	1.0080/ 2
1.00	1.2559/ 2	1.4695/ 2	1.6537/ 2	1.8124/ 2
2.00	1.9493/ 2	2.0672/ 2	2.1689/ 2	2.2565/ 2
3.00	2.3321/ 2	2.3972/ 2	2.4534/ 2	2.5018/ 2
4.00	2.5435/ 2			

Decay factor for $^{83\text{m}}\text{Se}$: $D_1(t)$

Minute	0.00	0.25	0.50	0.75
0.00	1.0000/ 0	8.6200/ −1	7.4304/ −1	6.4050/ −1
1.00	5.5211/ −1	4.7592/ −1	4.1025/ −1	3.5363/ −1
2.00	3.0483/ −1	2.6276/ −1	2.2650/ −1	1.9525/ −1
3.00	1.6830/ −1	1.4508/ −1	1.2506/ −1	1.0780/ −1
4.00	9.2922/ −2	8.0098/ −2	6.9045/ −2	5.9517/ −2
5.00	5.1303/ −2	4.4223/ −2	3.8121/ −2	3.2860/ −2
6.00	2.8325/ −2	2.4416/ −2	2.1047/ −2	1.8142/ −2
7.00	1.5639/ −2	1.3481/ −2	1.1620/ −2	1.0017/ −2
8.00	8.6344/ −3			

Activation data for ^{83}Br : $F \cdot A_2(\tau)$

$F \cdot A_2(\text{sat}) = 2.8270/\ 2$
$F \cdot A_2(1\ \text{sec}) = 2.2674/\ -2$

Minute	0.00	0.25	0.50	0.75
0.00	0.0000/ 0	3.3992/ −1	6.7943/ −1	1.0185/ 0
1.00	1.3572/ 0	1.6955/ 0	2.0334/ 0	2.3709/ 0
2.00	2.7079/ 0	3.0446/ 0	3.3809/ 0	3.7167/ 0
3.00	4.0522/ 0	4.3872/ 0	4.7219/ 0	5.0561/ 0
4.00	5.3900/ 0			

Decay factor for ^{83}Br : $D_2(t)$

Minute	0.00	0.25	0.50	0.75
0.00	1.0000/ 0	9.9880/ −1	9.9760/ −1	9.9640/ −1
1.00	9.9520/ −1	9.9400/ −1	9.9281/ −1	9.9161/ −1
2.00	9.9042/ −1	9.8923/ −1	9.8804/ −1	9.8685/ −1
3.00	9.8567/ −1	9.8448/ −1	9.8330/ −1	9.8211/ −1
4.00	9.8093/ −1	9.7975/ −1	9.7858/ −1	9.7740/ −1
5.00	9.7622/ −1	9.7505/ −1	9.7388/ −1	9.7271/ −1
6.00	9.7154/ −1	9.7037/ −1	9.6920/ −1	9.6804/ −1
7.00	9.6687/ −1	9.6571/ −1	9.6455/ −1	9.6339/ −1
8.00	9.6223/ −1			

*

Activation data for ^{83m}Se : $A_1(\tau)$, dps/μg
A_1(sat) = 2.8040/ 2
A_1(1 sec) = 2.7623/ 0

$K = -8.1680/ -3$

Time intervals with respect to T_2

Hour	0.000	0.125	0.250	0.375
0.00	0.0000/ 0	2.7714/ 2	2.8036/ 2	2.8040/ 2
0.50	2.8040/ 2	2.8040/ 2	2.8040/ 2	2.8040/ 2

Decay factor for ^{83m}Se : $D_1(t)$

Hour	0.000	0.125	0.250	0.375
0.00	1.0000/ 0	1.1620/ − 2	1.3503/ − 4	1.5691/ − 6
0.50	1.8234/ −8	2.1188/ −10	2.4621/ −12	2.8611/ −14

Activation data for ^{83}Br : $F \cdot A_2(\tau)$
$F \cdot A_2$(sat) = 2.8270/ 2
$F \cdot A_2$(1 sec) = 2.2674/ −2

Hour	0.000	0.125	0.250	0.375
0.00	0.0000/ 0	1.0022/ 1	1.9688/ 1	2.9012/ 1
0.50	3.8005/ 1	4.6680/ 1	5.5047/ 1	6.3117/ 1
1.00	7.0902/ 1	7.8410/ 1	8.5652/ 1	9.2638/ 1
1.50	9.9375/ 1	1.0587/ 2	1.1214/ 2	1.1819/ 2
2.00	1.2402/ 2	1.2965/ 2	1.3507/ 2	1.4031/ 2
2.50	1.4535/ 2	1.5022/ 2	1.5492/ 2	1.5945/ 2
3.00	1.6382/ 2	1.6803/ 2	1.7210/ 2	1.7602/ 2
3.50	1.7980/ 2	1.8345/ 2	1.8697/ 2	1.9036/ 2
4.00	1.9363/ 2	1.9679/ 2	1.9984/ 2	2.0277/ 2
4.50	2.0561/ 2	2.0834/ 2	2.1098/ 2	2.1352/ 2
5.00	2.1597/ 2	2.1834/ 2	2.2062/ 2	2.2282/ 2

Hour	0.000		0.125		0.250		0.375	
5.50	2.2494/	2	2.2699/	2	2.2897/	2	2.3087/	2
6.00	2.3271/	2	2.3448/	2	2.3619/	2	2.3784/	2
6.50	2.3943/	2	2.4096/	2	2.4244/	2	2.4387/	2
7.00	2.4525/	2	2.4657/	2	2.4785/	2	2.4909/	2
7.50	2.5028/	2	2.5143/	2	2.5254/	2	2.5361/	2
8.00	2.5464/	2	2.5563/	2	2.5659/	2	2.5752/	2
8.50	2.5841/	2						

Decay factor for ^{83}Br : $D_2(t)$

Hour	0.000		0.125		0.250		0.375	
0.00	1.0000/	0	9.6455/	−1	9.3036/	−1	8.9738/	−1
0.50	8.6556/	−1	8.3488/	−1	8.0528/	−1	7.7673/	−1
1.00	7.4920/	−1	7.2264/	−1	6.9702/	−1	6.7231/	−1
1.50	6.4848/	−1	6.2549/	−1	6.0332/	−1	5.8193/	−1
2.00	5.6130/	−1	5.4140/	−1	5.2221/	−1	5.0370/	−1
2.50	4.8584/	−1	4.6862/	−1	4.5200/	−1	4.3598/	−1
3.00	4.2053/	−1	4.0562/	−1	3.9124/	−1	3.7737/	−1
3.50	3.6399/	−1	3.5109/	−1	3.3864/	−1	3.2664/	−1
4.00	3.1506/	−1	3.0389/	−1	2.9312/	−1	2.8272/	−1
4.50	2.7270/	−1	2.6303/	−1	2.5371/	−1	2.4472/	−1
5.00	2.3604/	−1	2.2767/	−1	2.1960/	−1	2.1182/	−1
5.50	2.0431/	−1	1.9707/	−1	1.9008/	−1	1.8334/	−1
6.00	1.7684/	−1	1.7057/	−1	1.6453/	−1	1.5869/	−1
6.50	1.5307/	−1	1.4764/	−1	1.4241/	−1	1.3736/	−1
7.00	1.3249/	−1	1.2779/	−1	1.2326/	−1	1.1889/	−1
7.50	1.1468/	−1	1.1061/	−1	1.0669/	−1	1.0291/	−1
8.00	9.9261/	−2	9.5742/	−2	9.2348/	−2	8.9075/	−2
8.50	8.5917/	−2	8.2871/	−2	7.9933/	−2	7.7100/	−2
9.00	7.4366/	−2	7.1730/	−2	6.9187/	−2	6.6735/	−2
9.50	6.4369/	−2	6.2087/	−2	5.9886/	−2	5.7763/	−2
10.00	5.5715/	−2	5.3740/	−2	5.1835/	−2	4.9998/	−2
10.50	4.8225/	−2	4.6516/	−2	4.4867/	−2	4.3276/	−2
11.00	4.1742/	−2	4.0262/	−2	3.8835/	−2	3.7458/	−2
11.50	3.6130/	−2	3.4849/	−2	3.3614/	−2	3.2422/	−2
12.00	3.1273/	−2	3.0164/	−2	2.9095/	−2	2.8064/	−2
12.50	2.7069/	−2	2.6109/	−2	2.5184/	−2	2.4291/	−2
13.00	2.3430/	−2	2.2599/	−2	2.1798/	−2	2.1025/	−2
13.50	2.0280/	−2	1.9561/	−2	1.8868/	−2	1.8199/	−2
14.00	1.7554/	−2	1.6931/	−2	1.6331/	−2	1.5752/	−2
14.50	1.5194/	−2	1.4655/	−2	1.4136/	−2	1.3634/	−2
15.00	1.3151/	−2	1.2685/	−2	1.2235/	−2	1.1801/	−2
15.50	1.1383/	−2	1.0980/	−2	1.0590/	−2	1.0215/	−2
16.00	9.8528/	−3	9.5035/	−3	9.1666/	−3	8.8417/	−3
16.50	8.5282/	−3						

See also ^{82}Se(n, γ)^{83}Se→^{83}Br

10

$^{79}\text{Br}(n, \gamma)^{80}\text{Br}$

$M = 79.909$ $\qquad G = 50.56\%$ $\qquad\qquad \sigma_{ac} = 8.5 \text{ barn,}$

$^{80}\textbf{Br}$ $\qquad T_1 = 17.6$ minute

E_γ (keV)	618	511
P	0.070	0.050

Activation data for ^{80}Br : $A_1(\tau)$, dps/μg

$A_1(\text{sat}) = 3.2392/\ 5$

$A_1(1\ \text{sec}) = 2.1251/\ 2$

Minute	0.00		1.00		2.00		3.00	
0.00	0.0000/	0	1.2507/	4	2.4530/	4	3.6090/	4
4.00	4.7203/	4	5.7887/	4	6.8159/	4	7.8034/	4
8.00	8.7528/	4	9.6655/	4	1.0543/	5	1.1387/	5
12.00	1.2198/	5	1.2977/	5	1.3727/	5	1.4448/	5
16.00	1.5140/	5	1.5807/	5	1.6447/	5	1.7063/	5
20.00	1.7654/	5	1.8224/	5	1.8771/	5	1.9297/	5
24.00	1.9802/	5	2.0288/	5	2.0756/	5	2.1205/	5
28.00	2.1637/	5	2.2052/	5	2.2451/	5	2.2835/	5
32.00	2.3204/	5	2.3559/	5	2.3900/	5	2.4228/	5
36.00	2.4543/	5	2.4846/	5	2.5138/	5	2.5418/	5
40.00	2.5687/	5	2.5946/	5	2.6195/	5	2.6434/	5
44.00	2.6664/	5	2.6885/	5	2.7098/	5	2.7302/	5
48.00	2.7499/	5	2.7688/	5	2.7869/	5	2.8044/	5
52.00	2.8212/	5	2.8373/	5	2.8529/	5	2.8678/	5
56.00	2.8821/	5	2.8959/	5	2.9092/	5	2.9219/	5
60.00	2.9342/	5						

Decay factor for ^{80}Br : $D_1(t)$

Minute	0.00		1.00		2.00		3.00	
0.00	1.0000/	0	9.6139/	-1	9.2427/	-1	8.8858/	-1
4.00	8.5428/	-1	8.2129/	-1	7.8958/	-1	7.5910/	-1
8.00	7.2979/	-1	7.0161/	-1	6.7452/	-1	6.4848/	-1
12.00	6.2344/	-1	5.9937/	-1	5.7623/	-1	5.5398/	-1
16.00	5.3259/	-1	5.1203/	-1	4.9226/	-1	4.7325/	-1
20.00	4.5498/	-1	4.3741/	-1	4.2053/	-1	4.0429/	-1
24.00	3.8868/	-1	3.7367/	-1	3.5925/	-1	3.4537/	-1
28.00	3.3204/	-1	3.1922/	-1	3.0689/	-1	2.9505/	-1
32.00	2.8365/	-1	2.7270/	-1	2.6217/	-1	2.5205/	-1
36.00	2.4232/	-1	2.3296/	-1	2.2397/	-1	2.1532/	-1
40.00	2.0701/	-1	1.9902/	-1	1.9133/	-1	1.8394/	-1
44.00	1.7684/	-1	1.7001/	-1	1.6345/	-1	1.5714/	-1
48.00	1.5107/	-1	1.4524/	-1	1.3963/	-1	1.3424/	-1
52.00	1.2906/	-1	1.2407/	-1	1.1928/	-1	1.1468/	-1
56.00	1.1025/	-1	1.0599/	-1	1.0190/	-1	9.7967/	-2

Minute	0.00	1.00	2.00	3.00
60.00	9.4184/ −2	9.0548/ −2	8.7052/ −2	8.3691/ −2
64.00	8.0460/ −2	7.7353/ −2	7.4366/ −2	7.1495/ −2
68.00	6.8735/ −2	6.6081/ −2	6.3530/ −2	6.1077/ −2
72.00	5.8719/ −2	5.6451/ −2	5.4272/ −2	5.2176/ −2
76.00	5.0162/ −2	4.8225/ −2	4.6363/ −2	4.4573/ −2
80.00	4.2852/ −2	4.1198/ −2	3.9607/ −2	3.8078/ −2
84.00	3.6608/ −2	3.5194/ −2	3.3835/ −2	3.2529/ −2
88.00	3.1273/ −2	3.0066/ −2	2.8905/ −2	2.7789/ −2
92.00	2.6716/ −2	2.5684/ −2	2.4693/ −2	2.3739/ −2
96.00	2.2823/ −2	2.1942/ −2	2.1094/ −2	2.0280/ −2
100.00	1.9497/ −2	1.8744/ −2	1.8020/ −2	1.7325/ −2
104.00	1.6656/ −2	1.6013/ −2	1.5394/ −2	1.4800/ −2
108.00	1.4229/ −2	1.3679/ −2	1.3151/ −2	1.2643/ −2
112.00	1.2155/ −2	1.1686/ −2	1.1235/ −2	1.0801/ −2
116.00	1.0384/ −2	9.9830/ −3	9.5975/ −3	9.2270/ −3
120.00	8.8707/ −3			

See also $^{79}Br(n, \gamma)^{80m}Br \rightarrow {}^{80}Br$

$$^{79}\mathbf{Br(n, \gamma)}^{80m}\mathbf{Br} \rightarrow {}^{80}\mathbf{Br}$$

$M = 79.909$ $\qquad G = 50.56\%$ $\qquad \sigma_{ac} = 2.6$ barn,

$^{80m}\mathbf{Br}$ $\quad T_1 = 4.38$ hour

E_γ (keV)	37
P	0.360

$^{80}\mathbf{Br}$ $\quad T_2 = 17.6$ minute

E_γ (keV)	618	511
P	0.070	0.050

Activation data for ^{80m}Br : $A_1(\tau)$, dps/μg

A_1(sat) $= 9.9083/$ 4

A_1(1 sec) $= 4.3546/$ 0

$K = 1.0718/$ 0

Time intervals with respect to T_1

Hour	0.00		0.25		0.50		0.75	
0.00	0.0000/	0	3.8427/	3	7.5364/	3	1.1087/	4
1.00	1.4499/	4	1.7780/	4	2.0933/	4	2.3964/	4
2.00	2.6877/	4	2.9677/	4	3.2369/	4	3.4957/	4
3.00	3.7444/	4	3.9834/	4	4.2132/	4	4.4341/	4
4.00	4.6464/	4	4.8504/	4	5.0466/	4	5.2351/	4
5.00	5.4164/	4	5.5906/	4	5.7580/	4	5.9190/	4
6.00	6.0737/	4	6.2224/	4	6.3654/	4	6.5028/	4
7.00	6.6348/	4	6.7618/	4	6.8838/	4	7.0011/	4
8.00	7.1139/	4	7.2222/	4	7.3264/	4	7.4265/	4
9.00	7.5228/	4	7.6153/	4	7.7042/	4	7.7897/	4
10.00	7.8719/	4	7.9509/	4	8.0268/	4	8.0997/	4
11.00	8.1699/	4	8.2373/	4	8.3021/	4	8.3644/	4
12.00	8.4243/	4	8.4818/	4	8.5371/	4	8.5903/	4
13.00	8.6414/	4	8.6906/	4	8.7378/	4	8.7832/	4
14.00	8.8268/	4	8.8688/	4	8.9091/	4	8.9478/	4
15.00	8.9851/	4						

Decay factor for ^{80m}Br : $D_1(t)$

Hour	0.00		0.25		0.50		0.75	
0.00	1.0000/	0	9.6122/	−1	9.2394/	−1	8.8811/	−1
1.00	8.5366/	−1	8.2056/	−1	7.8873/	−1	7.5814/	−1
2.00	7.2874/	−1	7.0048/	−1	6.7331/	−1	6.4720/	−1
3.00	6.2210/	−1	5.9797/	−1	5.7478/	−1	5.5249/	−1
4.00	5.3106/	−1	5.1047/	−1	4.9067/	−1	4.7164/	−1
5.00	4.5335/	−1	4.3577/	−1	4.1887/	−1	4.0262/	−1
6.00	3.8701/	−1	3.7200/	−1	3.5757/	−1	3.4370/	−1

Hour	0.00	0.25	0.50	0.75
7.00	3.3037/ −1	3.1756/ −1	3.0524/ −1	2.9341/ −1
8.00	2.8203/ −1	2.7109/ −1	2.6058/ −1	2.5047/ −1
9.00	2.4076/ −1	2.3142/ −1	2.2244/ −1	2.1382/ −1
10.00	2.0552/ −1	1.9755/ −1	1.8989/ −1	1.8253/ −1
11.00	1.7545/ −1	1.6864/ −1	1.6210/ −1	1.5582/ −1
12.00	1.4977/ −1	1.4397/ −1	1.3838/ −1	1.3301/ −1
13.00	1.2786/ −1	1.2290/ −1	1.1813/ −1	1.1355/ −1
14.00	1.0915/ −1	1.0491/ −1	1.0084/ −1	9.6933/ −2
15.00	9.3174/ −2	8.9560/ −2	8.6087/ −2	8.2748/ −2
16.00	7.9539/ −2	7.6454/ −2	7.3489/ −2	7.0639/ −2
17.00	6.7900/ −2	6.5266/ −2	6.2735/ −2	6.0302/ −2
18.00	5.7963/ −2	5.5715/ −2	5.3555/ −2	5.1478/ −2
19.00	4.9481/ −2	4.7562/ −2	4.5718/ −2	4.3944/ −2
20.00	4.2240/ −2	4.0602/ −2	3.9027/ −2	3.7514/ −2
21.00	3.6059/ −2	3.4660/ −2	3.3316/ −2	3.2024/ −2
22.00	3.0782/ −2	2.9588/ −2	2.8441/ −2	2.7338/ −2
23.00	2.6278/ −2	2.5258/ −2	2.4279/ −2	2.3337/ −2
24.00	2.2432/ −2	2.1562/ −2	2.0726/ −2	1.9922/ −2
25.00	1.9149/ −2	1.8407/ −2	1.7693/ −2	1.7007/ −2
26.00	1.6347/ −2	1.5713/ −2	1.5104/ −2	1.4518/ −2
27.00	1.3955/ −2	1.3414/ −2	1.2894/ −2	1.2394/ −2
28.00	1.1913/ −2	1.1451/ −2	1.1007/ −2	1.0580/ −2
29.00	1.0170/ −2	9.7752/ −3	9.3961/ −3	9.0316/ −3
30.00	8.6814/ −3			

Activation data for $^{80}Br : F \cdot A_2(\tau)$

$$F \cdot A_2(\text{sat}) = -7.1042/\ 3$$

$$F \cdot A_2(1\ \sec) = -4.6606/\ 0$$

Hour	0.00		0.25		0.50		0.75	
0.00	0.0000/	0	−3.1686/	3	−4.9240/	3	−5.8964/	3
1.00	−6.4351/	3	−6.7336/	3	−6.8989/	3	−6.9905/	3
2.00	−7.0412/	3	−7.0693/	3	−7.0849/	3	−7.0935/	3
3.00	−7.0983/	3	−7.1009/	3	−7.1024/	3	−7.1032/	3
4.00	−7.1037/	3	−7.1039/	3	−7.1041/	3	−7.1041/	3
5.00	−7.1042/	3	−7.1042/	3	−7.1042/	3	−7.1042/	3

Decay factor for $^{80}Br : D_2(t)$

Hour	0.00		0.25	0.50	0.75
0.00	1.0000/	0	5.5398/ −1	3.0689/ −1	1.7001/ −1
1.00	9.4184/ −2		5.2176/ −2	2.8905/ −2	1.6013/ −2
2.00	8.8707/ −3		4.9142/ −3	2.7224/ −3	1.5081/ −3
3.00	8.3548/ −4		4.6284/ −4	2.5641/ −4	1.4204/ −4
4.00	7.8690/ −5		4.3593/ −5	2.4149/ −5	1.3378/ −5
5.00	7.4113/ −6		4.1057/ −6	2.2745/ −6	1.2600/ −6

*

Activation data for ^{80m}Br : $A_1(\tau)$, dps/μg

$$A_1(\text{sat}) \quad = 9.9083/\ 4$$
$$A_1(1\ \text{sec}) = 4.3546/\ 0$$

$K = 1.0718/\ 0$

Time intervals with respect to T_2

Minute	0.00		1.00		2.00		3.00	
0.00	0.0000/	0	2.6094/	2	5.2118/	2	7.8075/	2
4.00	1.0396/	3	1.2978/	3	1.5553/	3	1.8122/	3
8.00	2.0683/	3	2.3238/	3	2.5786/	3	2.8328/	3
12.00	3.0863/	3	3.3391/	3	3.5912/	3	3.8427/	3
16.00	4.0935/	3	4.3437/	3	4.5932/	3	4.8420/	3
20.00	5.0902/	3	5.3377/	3	5.5846/	3	5.8308/	3
24.00	6.0764/	3	6.3213/	3	6.5656/	3	6.8093/	3
28.00	7.0523/	3	7.2946/	3	7.5364/	3	7.7774/	3
32.00	8.0179/	3	8.2577/	3	8.4969/	3	8.7355/	3
46.00	8.9734/	3	9.2107/	3	9.4474/	3	9.6834/	3
30.00	9.9189/	3	1.0154/	4	1.0388/	4	1.0621/	4
64.00	1.0854/	4	1.1087/	4	1.1319/	4	1.1550/	4
48.00	1.1780/	4	1.2010/	4	1.2239/	4	1.2468/	4
42.00	1.2696/	4	1.2924/	4	1.3151/	4	1.3377/	4
56.00	1.3603/	4	1.3828/	4	1.4052/	4	1.4276/	4
50.00	1.4499/	4						

Decay factor for ^{80m}Br : $D_1(t)$

Minute	0.00		1.00		2.00		3.00	
0.00	1.0000/	0	9.9737/	-1	9.9474/	-1	9.9212/	-1
4.00	9.8951/	-1	9.8690/	-1	9.8430/	-1	9.8171/	-1
8.00	9.7913/	-1	9.7655/	-1	9.7397/	-1	9.7141/	-1
12.00	9.6885/	-1	9.6630/	-1	9.6376/	-1	9.6122/	-1
6.000	9.5869/	-1	9.5616/	-1	9.5364/	-1	9.5113/	-1
4.000	9.4863/	-1	9.4613/	-1	9.4364/	-1	9.4115/	-1
8.000	9.3867/	-1	9.3620/	-1	9.3374/	-1	9.3128/	-1
32.00	9.2882/	-1	9.2638/	-1	9.2394/	-1	9.2151/	-1
46.00	9.1908/	-1	9.1666/	-1	9.1424/	-1	9.1184/	-1
40.00	9.0944/	-1	9.0704/	-1	9.0465/	-1	9.0227/	-1
224.0	8.9989/	-1	8.9752/	-1	8.9516/	-1	8.9280/	-1
310.2	8.9045/	-1	8.8811/	-1	8.8577/	-1	8.8343/	-1
48.00	8.8111/	-1	8.7879/	-1	8.7647/	-1	8.7416/	-1
52.00	8.7186/	-1	8.6957/	-1	8.6728/	-1	8.6499/	-1
56.00	8.6271/	-1	8.6044/	-1	8.5818/	-1	8.5592/	-1
60.00	8.5366/	-1	8.5141/	-1	8.4917/	-1	8.4694/	-1
64.00	8.4471/	-1	8.4248/	-1	8.4026/	-1	8.3805/	-1
68.00	8.3584/	-1	8.3364/	-1	8.3145/	-1	8.2926/	-1
72.00	8.2707/	-1	8.2489/	-1	8.2272/	-1	8.2056/	-1
76.00	8.1839/	-1	8.1624/	-1	8.1409/	-1	8.1195/	-1
80.00	8.0981/	-1	8.0767/	-1	8.0555/	-1	8.0343/	-1
84.00	8.0131/	-1	7.9920/	-1	7.9710/	-1	7.9500/	-1

Minute	0.00	1.00	2.00	3.00
88.00	7.9290/ −1	7.9081/ −1	7.8873/ −1	7.8665/ −1
92.00	7.8458/ −1	7.8252/ −1	7.8046/ −1	7.7840/ −1
96.00	7.7635/ −1	7.7431/ −1	7.7227/ −1	7.7023/ −1
100.00	7.6821/ −1	7.6618/ −1	7.6416/ −1	7.6215/ −1
104.00	7.6014/ −1	7.5814/ −1	7.5615/ −1	7.5415/ −1
108.00	7.5217/ −1	7.5019/ −1	7.4821/ −1	7.4624/ −1
112.00	7.4428/ −1	7.4232/ −1	7.4036/ −1	7.3841/ −1
116.00	7.3647/ −1	7.3453/ −1	7.3259/ −1	7.3066/ −1
120.00	7.2874/ −1			

Activation data for ^{80}Br : $F \cdot A_2(\tau)$

$$F \cdot A_2(\text{sat}) = -7.1042/ 3$$
$$F \cdot A_2(1 \text{ sec}) = -4.6606/ 0$$

Minute	0.00		1.00		2.00		3.00	
0.00	0.0000/	0	−2.7429/	2	−5.3800/	2	−7.9152/	2
4.00	−1.0353/	3	−1.2696/	3	−1.4948/	3	−1.7114/	3
8.00	−1.9196/	3	−2.1198/	3	−2.3123/	3	−2.4973/	3
12.00	−2.6752/	3	−2.8462/	3	−3.0106/	3	−3.1686/	3
16.00	−3.3206/	3	−3.4667/	3	−3.6071/	3	−3.7421/	3
20.00	−3.8719/	3	−3.9967/	3	−4.1167/	3	−4.2321/	3
24.00	−4.3430/	3	−4.4496/	3	−4.5521/	3	−4.6506/	3
28.00	−4.7453/	3	−4.8364/	3	−4.9240/	3	−5.0082/	3
32.00	−5.0891/	3	−5.1669/	3	−5.2417/	3	−5.3136/	3
36.00	−5.3827/	3	−5.4492/	3	−5.5131/	3	−5.5745/	3
40.00	−5.6336/	3	−5.6904/	3	−5.7450/	3	−5.7974/	3
44.00	−5.8479/	3	−5.8964/	3	−5.9430/	3	−5.9879/	3
48.00	−6.0310/	3	−6.0724/	3	−6.1123/	3	−6.1506/	3
52.00	−6.1874/	3	−6.2228/	3	−6.2568/	3	−6.2895/	3
56.00	−6.3210/	3	−6.3512/	3	−6.3803/	3	−6.4082/	3
60.00	−6.4351/	3						

Decay factor for ^{80}Br : $D_2(t)$

Minute	0.00		1.00	2.00	3.00
0.00	1.0000/	0	9.6139/ −1	9.2427/ −1	8.8858/ −1
4.00	8.5428/ −1		8.2129/ −1	7.8958/ −1	7.5910/ −1
8.00	7.2979/ −1		7.0161/ −1	6.7452/ −1	6.4848/ −1
12.00	6.2344/ −1		5.9937/ −1	5.7623/ −1	5.5398/ −1
16.00	5.3259/ −1		5.1203/ −1	4.9226/ −1	4.7325/ −1
20.00	4.5498/ −1		4.3741/ −1	4.2053/ −1	4.0429/ −1
24.00	3.8868/ −1		3.7367/ −1	3.5925/ −1	3.4537/ −1
28.00	3.3204/ −1		3.1922/ −1	3.0689/ −1	2.9505/ −1
32.00	2.8365/ −1		2.7270/ −1	2.6217/ −1	2.5205/ −1
36.00	2.4232/ −1		2.3296/ −1	2.2397/ −1	2.1532/ −1
40.00	2.0701/ −1		1.9902/ −1	1.9133/ −1	1.8394/ −1
44.00	1.7684/ −1		1.7001/ −1	1.6345/ −1	1.5714/ −1

Minute	0.00	1.00	2.00	3.00
48.00	1.5107/ −1	1.4524/ −1	1.3963/ −1	1.3424/ −1
52.00	1.2906/ −1	1.2407/ −1	1.1928/ −1	1.1468/ −1
56.00	1.1025/ −1	1.0599/ −1	1.0190/ −1	9.7967/ −2
60.00	9.4184/ −2	9.0548/ −2	8.7052/ −2	8.3691/ −2
64.00	8.0460/ −2	7.7353/ −2	7.4366/ −2	7.1495/ −2
68.00	6.8735/ −2	6.6081/ −2	6.3530/ −2	6.1077/ −2
72.00	5.8719/ −2	5.6451/ −2	5.4272/ −2	5.2176/ −2
76.00	5.0162/ −2	4.8225/ −2	4.6363/ −2	4.4573/ −2
80.00	4.2852/ −2	4.1198/ −2	3.9607/ −2	3.8078/ −2
84.00	3.6608/ −2	3.5194/ −2	3.3835/ −2	3.2529/ −2
88.00	3.1273/ −2	3.0066/ −2	2.8905/ −2	2.7789/ −2
92.00	2.6716/ −2	2.5684/ −2	2.4693/ −2	2.3739/ −2
96.00	2.2823/ −2	2.1942/ −2	2.1094/ −2	2.0280/ −2
100.00	1.9497/ −2	1.8744/ −2	1.8020/ −2	1.7325/ −2
104.00	1.6656/ −2	1.6013/ −2	1.5394/ −2	1.4800/ −2
108.00	1.4229/ −2	1.3679/ −2	1.3151/ −2	1.2643/ −2
112.00	1.2155/ −2	1.1686/ −2	1.1235/ −2	1.0801/ −2
116.00	1.0384/ −2	9.9830/ −3	9.5975/ −3	9.2270/ −3
120.00	8.8707/ −3			

See also ^{79}Br(n, γ)^{80}Br

^{81}Br(n, γ)^{82}Br

$M = 79.909$ $\qquad$ $G = 49.44\%$ $\qquad$ $\sigma_{ac} = 0.26$ barn,

^{82}**Br** $\qquad$ $T_1 = 35.34$ hour

E_γ(keV)	1475	1317	1044	828	777	698	619	554
P	0.170	0.260	0.290	0.250	0.830	0.270	0.410	0.660

Activation data for ^{82}Br : $A_1(\tau)$, dps/μg

$$A_1(\text{sat}) \;\; = 9.6888/ \quad 3$$
$$A_1(1 \text{ sec}) = 5.2775/ \;\; -2$$

Hour	0.00		2.00		4.00		6.00	
0.00	0.0000/	0	3.7263/	2	7.3093/	2	1.0754/	3
8.00	1.4067/	3	1.7252/	3	2.0315/	3	2.3260/	3
16.00	2.6092/	3	2.8815/	3	3.1433/	3	3.3950/	3
24.00	3.6371/	3	3.8698/	3	4.0936/	3	4.3088/	3
32.00	4.5157/	3	4.7147/	3	4.9060/	3	5.0899/	3
40.00	5.2668/	3	5.4369/	3	5.6004/	3	5.7576/	3
48.00	5.9088/	3	6.0542/	3	6.1940/	3	6.3284/	3
56.00	6.4576/	3	6.5819/	3	6.7014/	3	6.8163/	3
64.00	6.9268/	3	7.0330/	3	7.1351/	3	7.2333/	3
72.00	7.3278/	3	7.4186/	3	7.5059/	3	7.5898/	3
80.00	7.6706/	3	7.7482/	3	7.8228/	3	7.8946/	3
88.00	7.9636/	3	8.0299/	3	8.0937/	3	8.1551/	3
96.00	8.2141/	3	8.2708/	3	8.3253/	3	8.3778/	3
104.00	8.4282/	3	8.4767/	3	8.5233/	3	8.5681/	3
112.00	8.6112/	3	8.6527/	3	8.6925/	3	8.7308/	3
120.00	8.7677/	3	8.8031/	3	8.8372/	3	8.8699/	3
128.00	8.9014/	3						

Decay factor for ^{82}Br : $D_1(t)$

Hour	0.00		2.00		4.00		6.00	
0.00	1.0000/	0	9.6154/	−1	9.2456/	−1	8.8900/	−1
8.00	8.5481/	−1	8.2193/	−1	7.9032/	−1	7.5993/	−1
16.00	7.3070/	−1	7.0260/	−1	6.7558/	−1	6.4959/	−1
24.00	6.2461/	−1	6.0059/	−1	5.7749/	−1	5.5528/	−1
32.00	5.3392/	−1	5.1339/	−1	4.9364/	−1	4.7466/	−1
40.00	4.5640/	−1	4.3885/	−1	4.2197/	−1	4.0574/	−1
48.00	3.9014/	−1	3.7513/	−1	3.6071/	−1	3.4683/	−1
56.00	3.3349/	−1	3.2067/	−1	3.0833/	−1	2.9648/	−1
64.00	2.8507/	−1	2.7411/	−1	2.6357/	−1	2.5343/	−1
72.00	2.4368/	−1	2.3431/	−1	2.2530/	−1	2.1663/	−1
80.00	2.0830/	−1	2.0029/	−1	1.9259/	−1	1.8518/	−1
88.00	1.7806/	−1	1.7121/	−1	1.6463/	−1	1.5830/	−1
96.00	1.5221/	−1	1.4635/	−1	1.4072/	−1	1.3531/	−1
104.00	1.3011/	−1	1.2510/	−1	1.2029/	−1	1.1567/	−1

Hour	0.00	2.00	4.00	6.00
112.00	1.1122/ −1	1.0694/ −1	1.0283/ −1	9.8873/ −2
120.00	9.5070/ −2	9.1414/ −2	8.7898/ −2	8.4517/ −2
128.00	8.1267/ −2	7.8141/ −2	7.5136/ −2	7.2246/ −2
136.00	6.9468/ −2	6.6796/ −2	6.4227/ −2	6.1757/ −2
144.00	5.9382/ −2	5.7098/ −2	5.4902/ −2	5.2790/ −2
152.00	5.0760/ −2	4.8808/ −2	4.6931/ −2	4.5126/ −2
160.00	4.3390/ −2	4.1721/ −2	4.0117/ −2	3.8574/ −2
168.00	3.7090/ −2	3.5664/ −2	3.4292/ −2	3.2973/ −2
176.00	3.1705/ −2	3.0486/ −2	2.9313/ −2	2.8186/ −2
184.00	2.7102/ −2	2.6060/ −2	2.5057/ −2	2.4094/ −2
192.00	2.3167/ −2	2.2276/ −2	2.1419/ −2	2.0596/ −2
200.00	1.9803/ −2	1.9042/ −2	1.8309/ −2	1.7605/ −2
208.00	1.6928/ −2	1.6277/ −2	1.5651/ −2	1.5049/ −2
216.00	1.4470/ −2	1.3914/ −2	1.3379/ −2	1.2864/ −2
224.00	1.2369/ −2	1.1894/ −2	1.1436/ −2	1.0996/ −2
232.00	1.0573/ −2	1.0167/ −2	9.7758/ −3	9.3998/ −3
240.00	9.0383/ −3	8.6907/ −3	8.3565/ −3	8.0351/ −3
248.00	7.7260/ −3	7.4289/ −3	7.1432/ −3	6.8685/ −3
256.00	6.6043/ −3			

$M = 83.80$ $\qquad$ $G = 0.354\%$ $\qquad$ $\sigma_{ac} = 2$ barn,

^{79}Kr $\quad$ $T_1 = 34.92$ hour

E_γ (keV)	836	606	511	398	261
P	0.020	0.100	0.150	0.100	0.090

Activation data for ^{79}Kr : $A_1(\tau)$, dps/μg

$$A_1(\text{sat}) = 5.0886/ \quad 2$$
$$A_1(1 \text{ sec}) = 2.8052/ \ -3$$

Hour	0.00		2.00		4.00		6.00	
0.00	0.0000/	0	1.9802/	1	3.8833/	1	5.7123/	1
8.00	7.4702/	1	9.1597/	1	1.0783/	2	1.2344/	2
16.00	1.3844/	2	1.5285/	2	1.6671/	2	1.8002/	2
24.00	1.9282/	2	2.0512/	2	2.1694/	2	2.2830/	2
32.00	2.3921/	2	2.4971/	2	2.5979/	2	2.6948/	2
40.00	2.7880/	2	2.8775/	2	2.9636/	2	3.0462/	2
48.00	3.1257/	2	3.2021/	2	3.2755/	2	3.3461/	2
56.00	3.4139/	2	3.4791/	2	3.5417/	2	3.6019/	2
64.00	3.6597/	2	3.7153/	2	3.7688/	2	3.8201/	2
72.00	3.8695/	2	3.9169/	2	3.9625/	2	4.0064/	2
80.00	4.0485/	2	4.0890/	2	4.1279/	2	4.1652/	2
88.00	4.2012/	2	4.2357/	2	4.2689/	2	4.3008/	2
96.00	4.3315/	2	4.3609/	2	4.3892/	2	4.4165/	2
104.00	4.4426/	2	4.4678/	2	4.4919/	2	4.5151/	2
112.00	4.5375/	2	4.5589/	2	4.5795/	2	4.5993/	2
120.00	4.6184/	2						

Decay factor for ^{79}Kr : $D_1(t)$

Hour	0.00		2.00		4.00		6.00	
0.00	1.0000/	0	9.6109/	-1	9.2369/	-1	8.8774/	-1
8.00	8.5320/	-1	8.2000/	-1	7.8809/	-1	7.5742/	-1
16.00	7.2795/	-1	6.9962/	-1	6.7240/	-1	6.4623/	-1
24.00	6.2108/	-1	5.9692/	-1	5.7369/	-1	5.5136/	-1
32.00	5.2991/	-1	5.0929/	-1	4.8947/	-1	4.7042/	-1
40.00	4.5212/	-1	4.3452/	-1	4.1761/	-1	4.0136/	-1
48.00	3.8575/	-1	3.7073/	-1	3.5631/	-1	3.4244/	-1
56.00	3.2912/	-1	3.1631/	-1	3.0400/	-1	2.9217/	-1
64.00	2.8080/	-1	2.6988/	-1	2.5937/	-1	2.4928/	-1
72.00	2.3958/	-1	2.3026/	-1	2.2130/	-1	2.1269/	-1
80.00	2.0441/	-1	1.9646/	-1	1.8881/	-1	1.8146/	-1
88.00	1.7440/	-1	1.6762/	-1	1.6109/	-1	1.5482/	-1
96.00	1.4880/	-1	1.4301/	-1	1.3744/	-1	1.3210/	-1
104.00	1.2696/	-1	1.2202/	-1	1.1727/	-1	1.1270/	-1
112.00	1.0832/	-1	1.0410/	-1	1.0005/	-1	9.6159/	-2

Hour	0.00	2.00	4.00	6.00
120.00	9.2417/ —2	8.8821/ —2	8.5365/ —2	8.2043/ —2
128.00	7.8850/ —2	7.5782/ —2	7.2833/ —2	6.9999/ —2
136.00	6.7275/ —2	6.4657/ —2	6.2141/ —2	5.9723/ —2
144.00	5.7399/ —2	5.5165/ —2	5.3019/ —2	5.0955/ —2
152.00	4.8973/ —2	4.7067/ —2	4.5235/ —2	4.3475/ —2
160.00	4.1783/ —2	4.0157/ —2	3.8595/ —2	3.7093/ —2
168.00	3.5649/ —2	3.4262/ —2	3.2929/ —2	3.1648/ —2
176.00	3.0416/ —2	2.9232/ —2	2.8095/ —2	2.7002/ —2
184.00	2.5951/ —2	2.4941/ —2	2.3971/ —2	2.3038/ —2
192.00	2.2141/ —2	2.1280/ —2	2.0452/ —2	1.9656/ —2
200.00	1.8891/ —2	1.8156/ —2	1.7449/ —2	1.6770/ —2
208.00	1.6118/ —2	1.5491/ —2	1.4888/ —2	1.4308/ —2
216.00	1.3752/ —2	1.3217/ —2	1.2702/ —2	1.2208/ —2
224.00	1.1733/ —2	1.1276/ —2	1.0838/ —2	1.0416/ —2
232.00	1.0010/ —2	9.6209/ —3	9.2465/ —3	8.8867/ —3
240.00	8.5409/ —3	8.2086/ —3	7.8891/ —3	7.5821/ —3
248.00	7.2871/ —3			

^{82}Kr(n, γ)^{83m}Kr

$M = 83.80$ $G = 11.56\%$ $\sigma_{ac} = 3$ barn,

^{83m}Kr $T_1 = 1.86$ hour

E_γ (keV)   9

P 0.090

Activation data for ^{83m}Kr : $A_1(\tau)$, dps/μg

$$A_1(\text{sat}) = 2.4926/\ 4$$
$$A_1(1\ \text{sec}) = 2.5795/\ 0$$

Hour	0.000		0.125		0.250		0.375	
0.00	0.0000/	0	1.1342/	3	2.2169/	3	3.2502/	3
0.50	4.2366/	3	5.1780/	3	6.0766/	3	6.9344/	3
1.00	7.7530/	3	8.5345/	3	9.2804/	3	9.9923/	3
1.50	1.0672/	4	1.1320/	4	1.1940/	4	1.2530/	4
2.00	1.3095/	4	1.3633/	4	1.4147/	4	1.4637/	4
2.50	1.5105/	4	1.5552/	4	1.5979/	4	1.6386/	4
3.00	1.6775/	4	1.7146/	4	1.7500/	4	1.7837/	4
3.50	1.8160/	4	1.8468/	4	1.8762/	4	1.9042/	4
4.00	1.9310/	4	1.9566/	4	1.9809/	4	2.0042/	4
4.50	2.0264/	4	2.0477/	4	2.0679/	4	2.0872/	4
5.00	2.1057/	4	2.1233/	4	2.1401/	4	2.1561/	4
5.50	2.1714/	4	2.1860/	4	2.2000/	4	2.2133/	4
6.00	2.2260/	4	2.2381/	4	2.2497/	4	2.2608/	4
6.50	2.2713/	4	2.2814/	4	2.2910/	4		

Decay factor for ^{83m}Kr : $D_1(t)$

Hour	0.000		0.125		0.250		0.375	
0.00	1.0000/	0	9.5450/	−1	9.1106/	−1	8.6960/	−1
0.50	8.3003/	−1	7.9226/	−1	7.5621/	−1	7.2180/	−1
1.00	6.8895/	−1	6.5760/	−1	6.2768/	−1	5.9912/	−1
1.50	5.7185/	−1	5.4583/	−1	5.2099/	−1	4.9729/	−1
2.00	4.7466/	−1	4.5306/	−1	4.3244/	−1	4.1276/	−1
2.50	3.9398/	−1	3.7605/	−1	3.5894/	−1	3.4261/	−1
3.00	3.2702/	−1	3.1214/	−1	2.9793/	−1	2.8438/	−1
3.50	2.7144/	−1	2.5908/	−1	2.4729/	−1	2.3604/	−1
4.00	2.2530/	−1	2.1505/	−1	2.0526/	−1	1.9592/	−1
4.50	1.8701/	−1	1.7850/	−1	1.7037/	−1	1.6262/	−1
5.00	1.5522/	−1	1.4816/	−1	1.4142/	−1	1.3498/	−1
5.50	1.2884/	−1	1.2298/	−1	1.1738/	−1	1.1204/	−1
6.00	1.0694/	−1	1.0207/	−1	9.7429/	−2	9.2996/	−2
6.50	8.8764/	−2	8.4725/	−2	8.0869/	−2	7.7189/	−2
7.00	7.3677/	−2	7.0324/	−2	6.7124/	−2	6.4070/	−2
7.50	6.1154/	−2	5.8372/	−2	5.5715/	−2	5.3180/	−2
8.00	5.0760/	−2	4.8450/	−2	4.6246/	−2	4.4141/	−2

Hour	0.000	0.125	0.250	0.375
8.50	4.2133/ −2	4.0215/ −2	3.8385/ −2	3.6639/ −2
9.00	3.4971/ −2	3.3380/ −2	3.1861/ −2	3.0411/ −2
9.50	2.9027/ −2	2.7706/ −2	2.6446/ −2	2.5242/ −2
10.00	2.4094/ −2	2.2997/ −2	2.1951/ −2	2.0952/ −2
10.50	1.9999/ −2	1.9088/ −2	1.8220/ −2	1.7391/ −2
11.00	1.6599/ −2	1.5844/ −2	1.5123/ −2	1.4435/ −2
11.50	1.3778/ −2	1.3151/ −2	1.2553/ −2	1.1981/ −2
12.00	1.1436/ −2	1.0916/ −2	1.0419/ −2	9.9450/ −3

$^{84}\text{Kr}(\text{n}, \gamma)^{85}\text{Kr}$

$M = 83.80$ $\qquad$ $G = 56.9\%$ $\qquad$ $\sigma_{ac} = 0.04$ barn,

^{85}Kr $\qquad$ $T_1 = 10.76$ year

E_γ (keV) $\qquad$ 514

P $\qquad$ 0.0041

Activation data for ^{85}Kr : $A_1(\tau)$, dps/μg

$A_1(\text{sat})$ $\;= 1.6358/$ $\;\;3$

$A_1(1 \text{ sec}) = 3.3326/$ -6

Day	0.00		10.00		20.00		30.00	
0.00	0.0000/	0	2.8839/	0	5.7628/	0	8.6366/	0
40.00	1.1505/	1	1.4369/	1	1.7228/	1	2.0081/	1
80.00	2.2930/	1	2.5773/	1	2.8612/	1	3.1445/	1
120.00	3.4274/	1	3.7097/	1	3.9916/	1	4.2729/	1
160.00	4.5538/	1	4.8342/	1	5.1140/	1	5.3934/	1
200.00	5.6723/	1	5.9507/	1	6.2286/	1	6.5060/	1
240.00	6.7829/	1	7.0594/	1	7.3353/	1	7.6108/	1
280.00	7.8857/	1	8.1602/	1	8.4342/	1	8.7078/	1
320.00	8.9808/	1	9.2534/	1	9.5255/	1	9.7971/	1
360.00	1.0068/	2	1.0339/	2	1.0609/	2	1.0879/	2
400.00	1.1148/	2	1.1417/	2	1.1685/	2	1.1953/	2
440.00	1.2220/	2	1.2487/	2	1.2753/	2	1.3019/	2
480.00	1.3285/	2	1.3550/	2	1.3814/	2	1.4078/	2
520.00	1.4342/	2	1.4605/	2	1.4867/	2	1.5130/	2
560.00	1.5391/	2	1.5653/	2	1.5913/	2	1.6174/	2
600.00	1.6434/	2						

Decay factor for ^{85}Kr : $D_1(t)$

Day	0.00		10.00		20.00		30.00	
0.00	1.0000/	0	9.9824/	−1	9.9648/	−1	9.9472/	−1
40.00	9.9297/	−1	9.9122/	−1	9.8947/	−1	9.8772/	−1
80.00	9.8598/	−1	9.8424/	−1	9.8251/	−1	9.8078/	−1
120.00	9.7905/	−1	9.7732/	−1	9.7560/	−1	9.7388/	−1
160.00	9.7216/	−1	9.7045/	−1	9.6874/	−1	9.6703/	−1
200.00	9.6532/	−1	9.6362/	−1	9.6192/	−1	9.6023/	−1
240.00	9.5854/	−1	9.5685/	−1	9.5516/	−1	9.5347/	−1
280.00	9.5179/	−1	9.5012/	−1	9.4844/	−1	9.4677/	−1
320.00	9.4510/	−1	9.4343/	−1	9.4177/	−1	9.4011/	−1
360.00	9.3845/	−1	9.3680/	−1	9.3515/	−1	9.3350/	−1
400.00	9.3185/	−1	9.3021/	−1	9.2857/	−1	9.2693/	−1
440.00	9.2530/	−1	9.2367/	−1	9.2204/	−1	9.2041/	−1
480.00	9.1879/	−1	9.1717/	−1	9.1555/	−1	9.1394/	−1
520.00	9.1233/	−1	9.1072/	−1	9.0911/	−1	9.0751/	−1
560.00	9.0591/	−1	9.0431/	−1	9.0272/	−1	9.0113/	−1
600.00	8.9954/	−1	8.9795/	−1	8.9637/	−1	8.9479/	−1
640.00	8.9321/	−1	8.9164/	−1	8.9007/	−1	8.8850/	−1
680.00	8.8693/	−1	8.8537/	−1	8.8381/	−1	8.8225/	−1
720.00	8.8069/	−1						

$^{84}\mathbf{Kr(n, \gamma)}^{85m}\mathbf{Kr}$

$M = 83.80$ $\qquad G = 56.9\%$ $\qquad \sigma_{ac} = 0.10$ barn,

$^{85m}\mathbf{Kr}$ $\quad T_1 = 4.4$ hour

E_γ (keV)	305	150
P	0.130	0.740

Activation data for ^{85m}Kr : $A_1(\tau)$, dps/μg

$A_1(\text{sat}) \quad = 4.0896/ \quad 3$

$A_1(1 \text{ sec}) = 1.7892/ \; -1$

Hour	0.00		0.25		0.50		0.75	
0.00	0.0000/	0	1.5790/	2	3.0970/	2	4.5564/	2
1.00	5.9595/	2	7.3084/	2	8.6052/	2	9.8520/	2
2.00	1.1051/	3	1.2203/	3	1.3311/	3	1.4376/	3
3.00	1.5400/	3	1.6384/	3	1.7331/	3	1.8240/	3
4.00	1.9115/	3	1.9956/	3	2.0765/	3	2.1542/	3
5.00	2.2289/	3	2.3008/	3	2.3698/	3	2.4362/	3
6.00	2.5001/	3	2.5614/	3	2.6204/	3	2.6772/	3
7.00	2.7317/	3	2.7841/	3	2.8345/	3	2.8830/	3
8.00	2.9296/	3	2.9744/	3	3.0174/	3	3.0588/	3
9.00	3.0986/	3	3.1369/	3	3.1737/	3	3.2090/	3
10.00	3.2430/	3	3.2757/	3	3.3071/	3	3.3373/	3
11.00	3.3664/	3	3.3943/	3	3.4212/	3	3.4470/	3
12.00	3.4718/	3	3.4956/	3	3.5186/	3	3.5406/	3
13.00	3.5618/	3	3.5822/	3	3.6018/	3	3.6206/	3
14.00	3.6387/	3	3.6561/	3	3.6729/	3	3.6890/	3
15.00	3.7044/	3						

Decay factor for ^{85m}Kr : $D_1(t)$

Hour	0.00		0.25		0.50		0.75	
0.00	1.0000/	0	9.6139/	-1	9.2427/	-1	8.8858/	-1
1.00	8.5428/	-1	8.2129/	-1	7.8958/	-1	7.5910/	-1
2.00	7.2979/	-1	7.0161/	-1	6.7452/	-1	6.4848/	-1
3.00	6.2344/	-1	5.9937/	-1	5.7623/	-1	5.5398/	-1
4.00	5.3259/	-1	5.1203/	-1	4.9226/	-1	4.7325/	-1
5.00	4.5498/	-1	4.3741/	-1	4.2053/	-1	4.0429/	-1
6.00	3.8868/	-1	3.7367/	-1	3.5925/	-1	3.4537/	-1
7.00	3.3204/	-1	3.1922/	-1	3.0689/	-1	2.9505/	-1
8.00	2.8365/	-1	2.7270/	-1	2.6217/	-1	2.5205/	-1
9.00	2.4232/	-1	2.3296/	-1	2.2397/	-1	2.1532/	-1
10.00	2.0701/	-1	1.9902/	-1	1.9133/	-1	1.8394/	-1
11.00	1.7684/	-1	1.7001/	-1	1.6345/	-1	1.5714/	-1
12.00	1.5107/	-1	1.4524/	-1	1.3963/	-1	1.3424/	-1
13.00	1.2906/	-1	1.2407/	-1	1.1928/	-1	1.1468/	-1
14.00	1.1025/	-1	1.0599/	-1	1.0190/	-1	9.7967/	-2

Hour	0.00	0.25	0.50	0.75
15.00	9.4184/ -2	9.0548/ -2	8.7052/ -2	8.3691/ -2
16.00	8.0460/ -2	7.7353/ -2	7.4366/ -2	7.1495/ -2
17.00	6.8735/ -2	6.6081/ -2	6.3530/ -2	6.1077/ -2
18.00	5.8719/ -2	5.6451/ -2	5.4272/ -2	5.2176/ -2
19.00	5.0162/ -2	4.8225/ -2	4.6363/ -2	4.4573/ -2
20.00	4.2852/ -2	4.1198/ -2	3.9607/ -2	3.8078/ -2
21.00	3.6608/ -2	3.5194/ -2	3.3835/ -2	3.2529/ -2
22.00	3.1273/ -2	3.0066/ -2	2.8905/ -2	2.7789/ -2
23.00	2.6716/ -2	2.5684/ -2	2.4693/ -2	2.3739/ -2
24.00	2.2823/ -2	2.1942/ -2	2.1094/ -2	2.0280/ -2
25.00	1.9497/ -2	1.8744/ -2	1.8020/ -2	1.7325/ -2
26.00	1.6656/ -2	1.6013/ -2	1.5394/ -2	1.4800/ -2
27.00	1.4229/ -2	1.3679/ -2	1.3151/ -2	1.2643/ -2
28.00	1.2155/ -2	1.1686/ -2	1.1235/ -2	1.0801/ -2
29.00	1.0384/ -2	9.9830/ -3	9.5975/ -3	9.2270/ -3
30.00	8.8707/ -3			

$^{86}\text{Kr}(n, \gamma)^{87}\text{Kr}$

$M = 83.80$ $\qquad G = 17.37\%$ $\qquad \sigma_{ac} = 0.06$ barn,

^{87}Kr $\quad T_1 = 76$ minute

E_γ (keV) 2570 850 403

P 0.350 0.160 0.840

Activation data for ^{87}Kr : $A_1(\tau)$, dps/µg

$A_1(\text{sat}) = 7.4907/\ 2$

$A_1(1\ \text{sec}) = 1.1383/\ -1$

Hour	0.000		0.125		0.250		0.375	
0.00	0.0000/	0	4.9515/	1	9.5757/	1	1.3894/	2
0.50	1.7927/	2	2.1694/	2	2.5211/	2	2.8496/	2
1.00	3.1564/	2	3.4429/	2	3.7105/	2	3.9603/	2
1.50	4.1937/	2	4.4116/	2	4.6152/	2	4.8052/	2
2.00	4.9828/	2	5.1485/	2	5.3034/	2	5.4479/	2
2.50	5.5830/	2	5.7091/	2	5.8268/	2	5.9368/	2
3.00	6.0395/	2	6.1355/	2	6.2250/	2	6.3087/	2
3.50	6.3868/	2	6.4598/	2	6.5279/	2	6.5916/	2
4.00	6.6510/	2	6.7065/	2	6.7583/	2	6.8067/	2
4.50	6.8520/	2						

Decay factor for ^{87}Kr : $D_1(t)$

Hour	0.000		0.125		0.250		0.375	
0.00	1.0000/	0	9.3390/	−1	8.7217/	−1	8.1451/	−1
0.50	7.6067/	−1	7.1039/	−1	6.6343/	−1	6.1958/	−1
1.00	5.7862/	−1	5.4037/	−1	5.0465/	−1	4.7130/	−1
1.50	4.4014/	−1	4.1105/	−1	3.8388/	−1	3.5850/	−1
2.00	3.3480/	−1	3.1267/	−1	2.9200/	−1	2.7270/	−1
2.50	2.5468/	−1	2.3784/	−1	2.2212/	−1	2.0744/	−1
3.00	1.9372/	−1	1.8092/	−1	1.6896/	−1	1.5779/	−1
3.50	1.4736/	−1	1.3762/	−1	1.2852/	−1	1.2003/	−1
4.00	1.1209/	−1	1.0468/	−1	9.7764/	−2	9.1302/	−2
4.50	8.5266/	−2	7.9630/	−2	7.4366/	−2	6.9451/	−2
5.00	6.4860/	−2	6.0572/	−2	5.6569/	−2	5.2829/	−2
5.50	4.9337/	−2	4.6076/	−2	4.3030/	−2	4.0186/	−2
6.00	3.7529/	−2	3.5049/	−2	3.2732/	−2	3.0568/	−2
6.50	2.8548/	−2	2.6660/	−2	2.4898/	−2	2.3252/	−2
7.00	2.1715/	−2	2.0280/	−2	1.8939/	−2	1.7687/	−2
7.50	1.6518/	−2	1.5426/	−2	1.4407/	−2	1.3454/	−2
8.00	1.2565/	−2	1.1734/	−2	1.0959/	−2	1.0234/	−2
8.50	9.5578/	−3	8.9260/	−3	8.3360/	−3	7.7850/	−3
9.00	7.2704/	−3						

^{85}Rb(n, γ)^{86}Rb

$M = 85.47$ $\qquad$ $G = 72.15\%$ $\qquad$ $\sigma_{ac} = 0.91$ barn,

^{86}**Rb** $\quad$ $T_1 = 18.66$ day

E_γ (keV) $\quad$ 1078

$P \qquad\quad$ 0.088

Activation data for ^{86}Rb : $A_1(\tau)$, dps/μg

A_1(sat) $\quad = 4.6268/ \quad 4$

A_1(1 sec) $= 1.9887/ \; -2$

Day	0.00		1.00		2.00		3.00	
0.00	0.0000/	0	1.6868/	3	3.3121/	3	4.8781/	3
4.00	6.3870/	3	7.8410/	3	9.2419/	3	1.0592/	4
8.00	1.1892/	4	1.3146/	4	1.4353/	4	1.5517/	4
12.00	1.6638/	4	1.7718/	4	1.8759/	4	1.9762/	4
16.00	2.0728/	4	2.1659/	4	2.2556/	4	2.3421/	4
20.00	2.4254/	4	2.5056/	4	2.5830/	4	2.6575/	4
24.00	2.7293/	4	2.7984/	4	2.8651/	4	2.9293/	4
28.00	2.9912/	4	3.0508/	4	3.1083/	4	3.1636/	4
32.00	3.2170/	4	3.2684/	4	3.3179/	4	3.3656/	4
36.00	3.4116/	4	3.4559/	4	3.4986/	4	3.5397/	4
40.00	3.5793/	4	3.6175/	4	3.6543/	4	3.6898/	4
44.00	3.7239/	4	3.7568/	4	3.7886/	4	3.8191/	4
48.00	3.8486/	4	3.8769/	4	3.9043/	4	3.9306/	4
52.00	3.9560/	4	3.9804/	4	4.0040/	4	4.0267/	4
56.00	4.0486/	4	4.0697/	4	4.0900/	4	4.1095/	4
60.00	4.1284/	4						

Decay factor for ^{86}Rb : $D_1(t)$

Day	0.00		1.00		2.00		3.00	
0.00	1.0000/	0	9.6354/	-1	9.2841/	-1	8.9457/	-1
4.00	8.6195/	-1	8.3053/	-1	8.0025/	-1	7.7108/	-1
8.00	7.4297/	-1	7.1588/	-1	6.8978/	-1	6.6463/	-1
12.00	6.4040/	-1	6.1705/	-1	5.9456/	-1	5.7288/	-1
16.00	5.5200/	-1	5.3187/	-1	5.1248/	-1	4.9380/	-1
20.00	4.7580/	-1	4.5845/	-1	4.4174/	-1	4.2563/	-1
24.00	4.1011/	-1	3.9516/	-1	3.8076/	-1	3.6688/	-1
28.00	3.5350/	-1	3.4061/	-1	3.2819/	-1	3.1623/	-1
32.00	3.0470/	-1	2.9359/	-1	2.8289/	-1	2.7258/	-1
36.00	2.6264/	-1	2.5306/	-1	2.4384/	-1	2.3495/	-1
40.00	2.2638/	-1	2.1813/	-1	2.1018/	-1	2.0251/	-1
44.00	1.9513/	-1	1.8802/	-1	1.8116/	-1	1.7456/	-1
48.00	1.6819/	-1	1.6206/	-1	1.5615/	-1	1.5046/	-1
52.00	1.4498/	-1	1.3969/	-1	1.3460/	-1	1.2969/	-1
56.00	1.2496/	-1	1.2041/	-1	1.1602/	-1	1.1179/	-1

11*

Day	0.00	1.00	2.00	3.00
60.00	1.0771/ −1	1.0378/ −1	1.0000/ −1	9.6356/ −2
64.00	9.2843/ −2	8.9458/ −2	8.6197/ −2	8.3054/ −2
68.00	8.0026/ −2	7.7109/ −2	7.4297/ −2	7.1589/ −2
72.00	6.8979/ −2	6.6464/ −2	6.4041/ −2	6.1706/ −2
76.00	5.9457/ −2	5.7289/ −2	5.5200/ −2	5.3188/ −2
80.00	5.1249/ −2	4.9381/ −2	4.7580/ −2	4.5846/ −2
84.00	4.4174/ −2	4.2564/ −2	4.1012/ −2	3.9517/ −2
88.00	3.8076/ −2	3.6688/ −2	3.5350/ −2	3.4062/ −2
92.00	3.2820/ −2	3.1623/ −2	3.0470/ −2	2.9360/ −2
96.00	2.8289/ −2	2.7258/ −2	2.6264/ −2	2.5307/ −2
100.00	2.4384/ −2	2.3495/ −2	2.2639/ −2	2.1813/ −2
104.00	2.1018/ −2	2.0252/ −2	1.9513/ −2	1.8802/ −2
108.00	1.8116/ −2	1.7456/ −2	1.6820/ −2	1.6206/ −2
112.00	1.5616/ −2	1.5046/ −2	1.4498/ −2	1.3969/ −2
116.00	1.3460/ −2	1.2969/ −2	1.2496/ −2	1.2041/ −2
120.00	1.1602/ −2	1.1179/ −2	1.0771/ −2	1.0379/ −2
124.00	1.0000/ −2	9.6357/ −3	9.2844/ −3	8.9459/ −3
128.00	8.6198/ −3	8.3055/ −3	8.0027/ −3	7.7110/ −3
132.00	7.4298/ −3			

See also ^{85}Rb$(n, \gamma)^{84m}$Rb $\rightarrow$ ^{86}Rb

$$^{85}\text{Rb}(n, \gamma)^{86m}\text{Rb} \rightarrow {}^{86}\text{Rb}$$

$M = 85.47$ $G = 72.15\%$ $\sigma_{ac} = 0.10$ barn,

^{86m}Rb $T_1 = 1.02$ minute

E_γ (keV)   560

P

^{86}Rb $T_2 = 18.66$ day

E_γ (keV)   1078

P 0.088

Activation data for ^{86m}Rb : $A_1(\tau)$, dps/μg
$$A_1(\text{sat}) = 5.0844/ \ 3$$
$$A_1(1 \text{ sec}) = 5.7248/ \ 1$$

$K = -3.7960/ \ -5$

Time intervals with respect to T_1

Minute	0.00		0.25		0.50		0.75	
0.00	0.0000/	0	7.9423/	2	1.4644/	3	2.0299/	3
1.00	2.5070/	3	2.9096/	3	3.2493/	3	3.5360/	3
2.00	3.7779/	3	3.9819/	3	4.1542/	3	4.2995/	3
3.00	4.4221/	3	4.5255/	3	4.6128/	3	4.6865/	3
4.00	4.7486/	3						

Decay factor for ^{86m}Rb : $D_1(t)$

Minute	0.00		0.25		0.50		0.75	
0.00	1.0000/	0	8.4379/	-1	7.1198/	-1	6.0076/	-1
1.00	5.0692/	-1	4.2773/	-1	3.6091/	-1	3.0453/	-1
2.00	2.5696/	-1	2.1682/	-1	1.8295/	-1	1.5437/	-1
3.00	1.3026/	-1	1.0991/	-1	9.2741/	-2	7.8254/	-2
4.00	6.6030/	-2	5.5715/	-2	4.7012/	-2	3.9668/	-2
5.00	3.3472/	-2	2.8243/	-2	2.3831/	-2	2.0108/	-2
6.00	1.6967/	-2	1.4317/	-2	1.2080/	-2	1.0193/	-2
7.00	8.6010/	-3	7.2574/	-3	6.1237/	-3	5.1671/	-3
8.00	4.3600/	-3						

Activation data for ^{86}Rb : $F \cdot A_2(\tau)$
$$F \cdot A_2(\text{sat}) = 5.0844/ \ 3$$
$$F \cdot A_2(1 \text{ sec}) = 2.1854/ \ -3$$

Minute	0.00		0.25		0.50		0.75	
0.00	0.0000/	0	3.2782/	-2	6.5563/	-2	9.8345/	-2
1.00	1.3115/	-1	1.6391/	-1	1.9669/	-1	2.2947/	-1
2.00	2.6225/	-1	2.9503/	-1	3.2781/	-1	3.6059/	-1
3.00	3.9337/	-1	4.2615/	-1	4.5893/	-1	4.9171/	-1
4.00	5.2448/	-1						

Decay factor for ^{86}Rb : $D_2(t)$

Minute	0.00		0.25		0.50		0.75	
0.00	1.0000/	0	9.9999/	−1	9.9999/	−1	9.9998/	−1
1.00	9.9997/	−1	9.9997/	−1	9.9996/	−1	9.9995/	−1
2.00	9.9995/	−1	9.9994/	−1	9.9994/	−1	9.9993/	−1
3.00	9.9992/	−1	9.9992/	−1	9.9991/	−1	9.9990/	−1
4.00	9.9990/	−1	9.9989/	−1	9.9988/	−1	9.9988/	−1
5.00	9.9987/	−1	9.9986/	−1	9.9986/	−1	9.9985/	−1
6.00	9.9985/	−1	9.9984/	−1	9.9983/	−1	9.9983/	−1
7.00	9.9982/	−1	9.9981/	−1	9.9981/	−1	9.9980/	−1
8.00	9.9979/	−1						

*

Activation data for ^{86m}Rb : $A_1(\tau)$, dps/μg

$$A_1(\text{sat}) = 5.0844/\ 3$$
$$A_1(1\ \text{sec}) = 5.7248/\ 1$$

$K = -3.7960/\ -5$

Time intervals with respect to T_2

Day	0.00		1.00		2.00		3.00	
0.00	0.0000/	0	5.0844/	3	5.0844/	3	5.0844/	3
4.00	5.0844/	3	5.0844/	3	5.0844/	3	5.0844/	3

Decay factor for ^{86m}Rb : $D_1(t)$

Day	0.00		1.00		2.00		3.00	
0.00	1.0000/	0	0.0000/	0	0.0000/	0	0.0000/	0
4.00	0.0000/	0	0.0000/	0	0.0000/	0	0.0000/	0

Activation data for ^{86}Rb : $F \cdot A_2(\tau)$

$$F \cdot A_2(\text{sat}) = 5.0844/\ 3$$
$$F \cdot A_2(1\ \text{sec}) = 2.1854/\ -3$$

Day	0.00		1.00		2.00		3.00	
0.00	0.0000/	0	1.8536/	2	3.6396/	2	5.3606/	2
4.00	7.0187/	2	8.6165/	2	1.0156/	3	1.1639/	3
8.00	1.3069/	3	1.4446/	3	1.5773/	3	1.7051/	3
12.00	1.8283/	3	1.9470/	3	2.0614/	3	2.1716/	3
16.00	2.2778/	3	2.3801/	3	2.4787/	3	2.5737/	3
20.00	2.6652/	3	2.7534/	3	2.8384/	3	2.9203/	3
24.00	2.9992/	3	3.0752/	3	3.1485/	3	3.2190/	3
28.00	3.2870/	3	3.3526/	3	3.4157/	3	3.4765/	3
32.00	3.5351/	3	3.5916/	3	3.6460/	3	3.6985/	3

Day	0.00		1.00		2.00		3.00	
36.00	3.7490/	3	3.7977/	3	3.8446/	3	3.8898/	3
40.00	3.9333/	3	3.9753/	3	4.0157/	3	4.0547/	3
44.00	4.0922/	3	4.1284/	3	4.1633/	3	4.1968/	3
48.00	4.2292/	3	4.2604/	3	4.2904/	3	4.3194/	3
52.00	4.3472/	3	4.3741/	3	4.4000/	3	4.4250/	3
56.00	4.4490/	3	4.4722/	3	4.4945/	3	4.5160/	3
60.00	4.5367/	3						

Decay factor for ^{86}Rb : $D_2(t)$

Day	0.00		1.00		2.00		3.00	
0.00	1.0000/	0	9.6354/	−1	9.2841/	−1	8.9457/	−1
4.00	8.6195/	−1	8.3053/	−1	8.0025/	−1	7.7108/	−1
8.00	7.4297/	−1	7.1588/	−1	6.8978/	−1	6.6463/	−1
12.00	6.4040/	−1	6.1705/	−1	5.9456/	−1	5.7288/	−1
16.00	5.5200/	−1	5.3187/	−1	5.1248/	−1	4.9380/	−1
20.00	4.7580/	−1	4.5845/	−1	4.4174/	−1	4.2563/	−1
24.00	4.1011/	−1	3.9516/	−1	3.8076/	−1	3.6688/	−1
28.00	3.5350/	−1	3.4061/	−1	3.2819/	−1	3.1623/	−1
32.00	3.0470/	−1	2.9359/	−1	2.8289/	−1	2.7258/	−1
36.00	2.6264/	−1	2.5306/	−1	2.4384/	−1	2.3495/	−1
40.00	2.2638/	−1	2.1813/	−1	2.1018/	−1	2.0251/	−1
44.00	1.9513/	−1	1.8802/	−1	1.8116/	−1	1.7456/	−1
48.00	1.6819/	−1	1.6206/	−1	1.5615/	−1	1.5046/	−1
52.00	1.4498/	−1	1.3969/	−1	1.3460/	−1	1.2969/	−1
56.00	1.2496/	−1	1.2041/	−1	1.1602/	−1	1.1179/	−1
60.00	1.0771/	−1	1.0378/	−1	1.0000/	−1	9.6356/	−2
64.00	9.2843/	−2	8.9458/	−2	8.6197/	−2	8.3054/	−2
68.00	8.0026/	−2	7.7109/	−2	7.4297/	−2	7.1589/	−2
72.00	6.8979/	−2	6.6464/	−2	6.4041/	−2	6.1706/	−2
76.00	5.9457/	−2	5.7289/	−2	5.5200/	−2	5.3188/	−2
80.00	5.1249/	−2	4.9381/	−2	4.7580/	−2	4.5846/	−2
84.00	4.4174/	−2	4.2564/	−2	4.1012/	−2	3.9517/	−2
88.00	3.8076/	−2	3.6688/	−2	3.5350/	−2	3.4062/	−2
92.00	3.2820/	−2	3.1623/	−2	3.0470/	−2	2.9360/	−2
96.00	2.8289/	−2	2.7258/	−2	2.6264/	−2	2.5307/	−2
100.00	2.4384/	−2	2.3495/	−2	2.2639/	−2	2.1813/	−2
104.00	2.1018/	−2	2.0252/	−2	1.9513/	−2	1.8802/	−2
108.00	1.8116/	−2	1.7456/	−2	1.6820/	−2	1.6206/	−2
112.00	1.5616/	−2	1.5046/	−2	1.4498/	−2	1.3969/	−2
116.00	1.3460/	−2	1.2969/	−2	1.2496/	−2	1.2041/	−2
120.00	1.1602/	−2	1.1179/	−2	1.0771/	−2	1.0379/	−2
124.00	1.0000/	−2	9.6357/	−3	9.2844/	−3	8.9459/	−3
128.00	8.6198/	−3	8.3055/	−3	8.0027/	−3		

See also ^{85}Rb(n, γ)^{86}Rb

^{87}Rb(n, γ)^{88}Rb

$M = 85.47$ $\qquad$ $G = 27.85\%$ $\qquad$ $\sigma_{ac} = 0.12$ barn,

^{88}Rb $\qquad$ $T_1 = 17.8$ minute

E_γ (keV)	2680	1863	898
P	0.023	0.210	0.130

Activation data for ^{88}Rb : $A_1(\tau)$, dps/μg

A_1(sat) $= 2.3551/$ 3

A_1(1 sec) $= 1.5277/$ 0

Minute	0.00		1.00		2.00		3.00	
0.00	0.0000/	0	8.9927/	1	1.7642/	2	2.5961/	2
4.00	3.3963/	2	4.1659/	2	4.9061/	2	5.6180/	2
8.00	6.3027/	2	6.9614/	2	7.5948/	2	8.2041/	2
12.00	8.7901/	2	9.3537/	2	9.8958/	2	1.0417/	3
16.00	1.0919/	3	1.1401/	3	1.1865/	3	1.2311/	3
20.00	1.2740/	3	1.3153/	3	1.3550/	3	1.3932/	3
24.00	1.4299/	3	1.4653/	3	1.4992/	3	1.5319/	3
28.00	1.5634/	3	1.5936/	3	1.6227/	3	1.6506/	3
32.00	1.6775/	3	1.7034/	3	1.7283/	3	1.7522/	3
36.00	1.7752/	3	1.7974/	3	1.8187/	3	1.8392/	3
40.00	1.8589/	3	1.8778/	3	1.8960/	3	1.9136/	3
44.00	1.9304/	3	1.9466/	3	1.9622/	3	1.9772/	3
48.00	1.9917/	3	2.0055/	3	2.0189/	3	2.0317/	3
52.00	2.0441/	3	2.0559/	3	2.0674/	3	2.0784/	3
56.00	2.0889/	3	2.0991/	3	2.1089/	3	2.1183/	3
60.00	2.1273/	3						

Decay factor for ^{88}Rb : $D_1(t)$

Minute	0.00		1.00		2.00		3.00	
0.00	1.0000/	0	9.6182/	-1	9.2509/	-1	8.8977/	-1
4.00	8.5579/	-1	8.2311/	-1	7.9168/	-1	7.6145/	-1
8.00	7.3238/	-1	7.0441/	-1	6.7751/	-1	6.5164/	-1
12.00	6.2676/	-1	6.0283/	-1	5.7981/	-1	5.5767/	-1
16.00	5.3638/	-1	5.1589/	-1	4.9619/	-1	4.7725/	-1
20.00	4.5902/	-1	4.4150/	-1	4.2464/	-1	4.0842/	-1
24.00	3.9283/	-1	3.7783/	-1	3.6340/	-1	3.4953/	-1
28.00	3.3618/	-1	3.2334/	-1	3.1100/	-1	2.9912/	-1
32.00	2.8770/	-1	2.7671/	-1	2.6615/	-1	2.5598/	-1
36.00	2.4621/	-1	2.3681/	-1	2.2777/	-1	2.1907/	-1
40.00	2.1070/	-1	2.0266/	-1	1.9492/	-1	1.8748/	-1
44.00	1.8032/	-1	1.7343/	-1	1.6681/	-1	1.6044/	-1
48.00	1.5431/	-1	1.4842/	-1	1.4275/	-1	1.3730/	-1
52.00	1.3206/	-1	1.2702/	-1	1.2217/	-1	1.1750/	-1
56.00	1.1302/	-1	1.0870/	-1	1.0455/	-1	1.0056/	-1

Minute	0.00	1.00	2.00	3.00
60.00	9.6718/ −2	9.3025/ −2	8.9473/ −2	8.6056/ −2
64.00	8.2770/ −2	7.9610/ −2	7.6570/ −2	7.3646/ −2
68.00	7.0834/ −2	6.8129/ −2	6.5528/ −2	6.3026/ −2
72.00	6.0619/ −2	5.8304/ −2	5.6078/ −2	5.3937/ −2
76.00	5.1877/ −2	4.9896/ −2	4.7991/ −2	4.6158/ −2
80.00	4.4396/ −2	4.2701/ −2	4.1070/ −2	3.9502/ −2
84.00	3.7994/ −2	3.6543/ −2	3.5147/ −2	3.3805/ −2
88.00	3.2515/ −2	3.1273/ −2	3.0079/ −2	2.8930/ −2
92.00	2.7826/ −2	2.6763/ −2	2.5741/ −2	2.4758/ −2
96.00	2.3813/ −2	2.2904/ −2	2.2029/ −2	2.1188/ −2
100.00	2.0379/ −2	1.9601/ −2	1.8852/ −2	1.8132/ −2
104.00	1.7440/ −2	1.6774/ −2	1.6134/ −2	1.5518/ −2
108.00	1.4925/ −2	1.4355/ −2	1.3807/ −2	1.3280/ −2
112.00	1.2773/ −2	1.2285/ −2	1.1816/ −2	1.1365/ −2
116.00	1.0931/ −2	1.0513/ −2	1.0112/ −2	9.7258/ −3
120.00	9.3544/ −3	8.9972/ −3	8.6536/ −3	8.3232/ −3
124.00	8.0054/ −3			

$$^{84}\text{Sr}(\text{n}, \gamma)^{85}\text{Sr}$$

$M = 87.62$	$G = 0.55\%$	$\sigma_{ac} = 1.32$ barn,

^{85}Sr $\quad$ $T_1 = 64.0$ day

E_γ (keV) $\quad$ 514

P $\qquad$ 1.000

Activation data for ^{85}Sr : $A_1(\tau)$, dps/μg

A_1(sat) $\quad = 4.9905/ \quad 2$

A_1(1 sec) $= 6.2542/ \; -5$

Day	0.00		4.00		8.00		12.00	
0.00	0.0000/	0	2.1154/	1	4.1411/	1	6.0809/	1
16.00	7.9386/	1	9.7174/	1	1.1421/	2	1.3052/	2
32.00	1.4614/	2	1.6110/	2	1.7543/	2	1.8915/	2
48.00	2.0228/	2	2.1486/	2	2.2691/	2	2.3844/	2
64.00	2.4949/	2	2.6007/	2	2.7020/	2	2.7990/	2
80.00	2.8919/	2	2.9808/	2	3.0660/	2	3.1476/	2
96.00	3.2257/	2	3.3005/	2	3.3722/	2	3.4408/	2
112.00	3.5065/	2	3.5694/	2	3.6296/	2	3.6873/	2
128.00	3.7425/	2	3.7954/	2	3.8461/	2	3.8946/	2
144.00	3.9410/	2	3.9855/	2	4.0281/	2	4.0689/	2
160.00	4.1080/	2	4.1454/	2	4.1812/	2	4.2155/	2
176.00	4.2484/	2	4.2798/	2	4.3100/	2	4.3388/	2
192.00	4.3664/	2	4.3929/	2	4.4182/	2	4.4425/	2
208.00	4.4657/	2	4.4880/	2	4.5093/	2	4.5297/	2
224.00	4.5492/	2	4.5679/	2	4.5858/	2	4.6030/	2
240.00	4.6194/	2						

Decay factor for ^{85}Sr : $D_1(t)$

Day	0.00		4.00		8.00		12.00	
0.00	1.0000/	0	9.5761/	−1	9.1702/	−1	8.7815/	−1
16.00	8.4093/	−1	8.0528/	−1	7.7115/	−1	7.3846/	−1
32.00	7.0716/	−1	6.7718/	−1	6.4848/	−1	6.2099/	−1
48.00	5.9467/	−1	5.6946/	−1	5.4532/	−1	5.2221/	−1
64.00	5.0007/	−1	4.7888/	−1	4.5858/	−1	4.3914/	−1
80.00	4.2053/	−1	4.0270/	−1	3.8563/	−1	3.6928/	−1
96.00	3.5363/	−1	3.3864/	−1	3.2429/	−1	3.1054/	−1
112.00	2.9738/	−1	2.8477/	−1	2.7270/	−1	2.6114/	−1
128.00	2.5007/	−1	2.3947/	−1	2.2932/	−1	2.1960/	−1
144.00	2.1029/	−1	2.0138/	−1	1.9284/	−1	1.8467/	−1
160.00	1.7684/	−1	1.6935/	−1	1.6217/	−1	1.5529/	−1
176.00	1.4871/	−1	1.4241/	−1	1.3637/	−1	1.3059/	−1
192.00	1.2506/	−1	1.1975/	−1	1.1468/	−1	1.0982/	−1
208.00	1.0516/	−1	1.0070/	−1	9.6436/	−2	9.2348/	−2
224.00	8.8434/	−2	8.4685/	−2	8.1096/	−2	7.7658/	−2

Day	0.00	4.00	8.00	12.00
240.00	7.4366/ —2	7.1214/ —2	6.8196/ —2	6.5305/ —2
256.00	6.2537/ —2	5.9886/ —2	5.7348/ —2	5.4917/ —2
272.00	5.2589/ —2	5.0360/ —2	4.8225/ —2	4.6181/ —2
288.00	4.4223/ —2	4.2349/ —2	4.0554/ —2	3.8835/ —2
304.00	3.7189/ —2	3.5612/ —2	3.4103/ —2	3.2657/ —2
320.00	3.1273/ —2	2.9947/ —2	2.8678/ —2	2.7462/ —2
336.00	2.6298/ —2	2.5184/ —2	2.4116/ —2	2.3094/ —2
352.00	2.2115/ —2	2.1178/ —2	2.0280/ —2	1.9420/ —2
368.00	1.8597/ —2	1.7809/ —2	1.7054/ —2	1.6331/ —2
384.00	1.5639/ —2	1.4976/ —2	1.4341/ —2	1.3733/ —2
400.00	1.3151/ —2	1.2594/ —2	1.2060/ —2	1.1549/ —2
416.00	1.1059/ —2	1.0590/ —2	1.0141/ —2	9.7116/ —3
432.00	9.2999/ —3	8.9057/ —3	8.5282/ —3	8.1667/ —3
448.00	7.8206/ —3			

See also ^{84}Sr(n, γ)^{85m}Sr → ^{85}Sr

$^{84}\text{Sr}(n, \gamma)^{85m}\text{Sr} \rightarrow {}^{85}\text{Sr}$

$M = 87.62$ $G = 0.55\%$ $\sigma_{\text{ac}} = 0.57$ barn,

^{85m}Sr $T_1 = 70$ minute

E_γ (keV)	231	150
P	0.850	0.140

^{85}Sr $T_2 = 64.0$ day

E_γ (keV)	514
P	1.000

Activation data for ^{85m}Sr : $A_1(\tau)$, dps/μg

$A_1(\text{sat}) = 2.1550/ \quad 2$
$A_1(1 \text{ sec}) = 3.5555/ \ -2$

$K = -6.5230/ \ -4$

Time intervals with respect to T_1

Hour	0.000		0.125		0.250		0.375	
0.00	0.0000/	0	1.5421/	1	2.9739/	1	4.3032/	1
0.50	5.5374/	1	6.6833/	1	7.7471/	1	8.7349/	1
1.00	9.6519/	1	1.0503/	2	1.1294/	2	1.2028/	2
1.50	1.2709/	2	1.3342/	2	1.3929/	2	1.4475/	2
2.00	1.4981/	2	1.5451/	2	1.5887/	2	1.6293/	2
2.50	1.6669/	2	1.7018/	2	1.7342/	2	1.7644/	2
3.00	1.7923/	2	1.8183/	2	1.8424/	2	1.8647/	2
3.50	1.8855/	2	1.9048/	2	1.9227/	2	1.9393/	2
4.00	1.9548/	2						

Decay factor for ^{85m}Sr : $D_1(t)$

Hour	0.000		0.125		0.250		0.375	
0.00	1.0000/	0	9.2844/	−1	8.6200/	−1	8.0031/	−1
0.50	7.4304/	−1	6.8987/	−1	6.4050/	−1	5.9467/	−1
1.00	5.5211/	−1	5.1260/	−1	4.7592/	−1	4.4187/	−1
1.50	4.1025/	−1	3.8089/	−1	3.5363/	−1	3.2833/	−1
2.00	3.0483/	−1	2.8302/	−1	2.6276/	−1	2.4396/	−1
2.50	2.2650/	−1	2.1029/	−1	1.9525/	−1	1.8127/	−1
3.00	1.6830/	−1	1.5626/	−1	1.4508/	−1	1.3469/	−1
3.50	1.2506/	−1	1.1611/	−1	1.0780/	−1	1.0008/	−1
4.00	9.2922/	−2	8.6272/	−2	8.0098/	−2	7.4366/	−2
4.50	6.9045/	−2	6.4104/	−2	5.9517/	−2	5.5258/	−2
5.00	5.1303/	−2	4.7632/	−2	4.4223/	−2	4.1059/	−2
5.50	3.8121/	−2	3.5393/	−2	3.2860/	−2	3.0508/	−2
6.00	2.8325/	−2	2.6298/	−2	2.4416/	−2	2.2669/	−2
6.50	2.1047/	−2	1.9541/	−2	1.8142/	−2	1.6844/	−2
7.00	1.5639/	−2	1.4520/	−2	1.3481/	−2	1.2526/	−2
7.50	1.1620/	−2	1.0789/	−2	1.0017/	−2	9.2999/	−3
8.00	8.6344/	−3						

Activation data for ^{85}Sr : $F \cdot A_2(\tau)$

$$F \cdot A_2(\text{sat}) = 1.8546/ \quad 2$$
$$F \cdot A_2(1 \text{ sec}) = 2.3242/ -5$$

Hour	0.000	0.125	0.250	0.375
0.00	0.0000/ 0	1.0459/ −2	2.0917/ −2	3.1375/ −2
0.50	4.1832/ −2	5.2289/ −2	6.2745/ −2	7.3200/ −2
1.00	8.3655/ −2	9.4109/ −2	1.0456/ −1	1.1502/ −1
1.50	1.2547/ −1	1.3592/ −1	1.4637/ −1	1.5682/ −1
2.00	1.6727/ −1	1.7772/ −1	1.8817/ −1	1.9862/ −1
2.50	2.0907/ −1	2.1951/ −1	2.2996/ −1	2.4041/ −1
3.00	2.5085/ −1	2.6130/ −1	2.7174/ −1	2.8218/ −1
3.50	2.9263/ −1	3.0307/ −1	3.1351/ −1	3.2395/ −1
4.00	3.3439/ −1			

Decay factor for ^{85}Sr : $D_2(t)$

Hour	0.000	0.125	0.250	0.375
0.00	1.0000/ 0	9.9994/ −1	9.9989/ −1	9.9983/ −1
0.50	9.9977/ −1	9.9972/ −1	9.9966/ −1	9.9961/ −1
1.00	9.9955/ −1	9.9949/ −1	9.9944/ −1	9.9938/ −1
1.50	9.9932/ −1	9.9927/ −1	9.9921/ −1	9.9915/ −1
2.00	9.9910/ −1	9.9904/ −1	9.9899/ −1	9.9893/ −1
2.50	9.9887/ −1	9.9882/ −1	9.9876/ −1	9.9870/ −1
3.00	9.9865/ −1	9.9859/ −1	9.9853/ −1	9.9848/ −1
3.50	9.9842/ −1	9.9837/ −1	9.9831/ −1	9.9825/ −1
4.00	9.9820/ −1	9.9814/ −1	9.9808/ −1	9.9803/ −1
4.50	9.9797/ −1	9.9792/ −1	9.9786/ −1	9.9780/ −1
5.00	9.9775/ −1	9.9769/ −1	9.9763/ −1	9.9758/ −1
5.50	9.9752/ −1	9.9747/ −1	9.9741/ −1	9.9735/ −1
6.00	9.9730/ −1	9.9724/ −1	9.9718/ −1	9.9713/ −1
6.50	9.9707/ −1	9.9702/ −1	9.9696/ −1	9.9690/ −1
7.00	9.9685/ −1	9.9679/ −1	9.9673/ −1	9.9668/ −1
7.50	9.9662/ −1	9.9657/ −1	9.9651/ −1	9.9645/ −1
8.00	9.9640/ −1			

*

Activation data for ^{85m}Sr : $A_1(\tau)$, dps/μg

$$A_1(\text{sat}) = 2.1550/ \quad 2$$
$$A_1(1 \text{ sec}) = 3.5555/ -2$$

$K = -6.5230/ -4$

Time intervals with respect to T_2

Day	0.00	4.00	8.00	12.00
0.00	0.0000/ 0	2.1550/ 2	2.1550/ 2	2.1550/ 2
16.00	2.1550/ 2	2.1550/ 2	2.1550/ 2	2.1550/ 2

173

Decay factor for ^{85m}Sr : $D_1(t)$

Day	0.00		4.00		8.00		12.00	
0.00	1.0000/	0	1.7171/	−25	2.9484/	−50	5.0626/	−75
16.00	0.0000/	0	0.0000/	0	0.0000/	0	0.0000/	0

Activation data for ^{85}Sr : $F \cdot A_2(\tau)$

$$F \cdot A_2(\text{sat}) = 1.8546/ \quad 2$$
$$F \cdot A_2(1 \text{ sec}) = 2.3242/ \quad -5$$

Day	0.00		4.00		8.00		12.00	
0.00	0.0000/	0	7.8612/	0	1.5389/	1	2.2598/	1
16.00	2.9501/	1	3.6112/	1	4.2443/	1	4.8505/	1
32.00	5.4310/	1	5.9869/	1	6.5193/	1	7.0291/	1
48.00	7.5172/	1	7.9847/	1	8.4324/	1	8.8611/	1
64.00	9.2716/	1	9.6647/	1	1.0041/	2	1.0402/	2
80.00	1.0747/	2	1.1077/	2	1.1394/	2	1.1697/	2
96.00	1.1988/	2	1.2266/	2	1.2532/	2	1.2787/	2
112.00	1.3031/	2	1.3265/	2	1.3488/	2	1.3703/	2
128.00	1.3908/	2	1.4105/	2	1.4293/	2	1.4473/	2
144.00	1.4646/	2	1.4811/	2	1.4969/	2	1.5121/	2
160.00	1.5266/	2	1.5405/	2	1.5538/	2	1.5666/	2
176.00	1.5788/	2	1.5905/	2	1.6017/	2	1.6124/	2
192.00	1.6227/	2	1.6325/	2	1.6419/	2	1.6509/	2
208.00	1.6596/	2	1.6678/	2	1.6757/	2	1.6833/	2
224.00	1.6906/	2	1.6975/	2	1.7042/	2	1.7106/	2
240.00	1.7167/	2						

Decay factor for ^{85}Sr : $D_2(t)$

Day	0.00		4.00		8.00		12.00	
0.00	1.0000/	0	9.5761/	−1	9.1702/	−1	8.7815/	−1
16.00	8.4093/	−1	8.0528/	−1	7.7115/	−1	7.3846/	−1
32.00	7.0716/	−1	6.7718/	−1	6.4848/	−1	6.2099/	−1
48.00	5.9467/	−1	5.6946/	−1	5.4532/	−1	5.2221/	−1
64.00	5.0007/	−1	4.7888/	−1	4.5858/	−1	4.3914/	−1
80.00	4.2053/	−1	4.0270/	−1	3.8563/	−1	3.6928/	−1
96.00	3.5363/	−1	3.3864/	−1	3.2429/	−1	3.1054/	−1
112.00	2.9738/	−1	2.8477/	−1	2.7270/	−1	2.6114/	−1
128.00	2.5007/	−1	2.3947/	−1	2.2932/	−1	2.1960/	−1
144.00	2.1029/	−1	2.0138/	−1	1.9284/	−1	1.8467/	−1
160.00	1.7684/	−1	1.6935/	−1	1.6217/	−1	1.5529/	−1
176.00	1.4871/	−1	1.4241/	−1	1.3637/	−1	1.3059/	−1
192.00	1.2506/	−1	1.1975/	−1	1.1468/	−1	1.0982/	−1
208.00	1.0516/	−1	1.0070/	−1	9.6436/	−2	9.2348/	−2
224.00	8.8434/	−2	8.4685/	−2	8.1096/	−2	7.7658/	−2
240.00	7.4366/	−2	7.1214/	−2	6.8196/	−2	6.5305/	−2
256.00	6.2537/	−2	5.9886/	−2	5.7348/	−2	5.4917/	−2

Day	0.00	4.00	8.00	12.00
272.00	5.2589/ −2	5.0360/ −2	4.8225/ −2	4.6181/ −2
288.00	4.4223/ −2	4.2349/ −2	4.0554/ −2	3.8835/ −2
304.00	3.7189/ −2	3.5612/ −2	3.4103/ −2	3.2657/ −2
320.00	3.1273/ −2	2.9947/ −2	2.8678/ −2	2.7462/ −2
336.00	2.6298/ −2	2.5184/ −2	2.4116/ −2	2.3094/ −2
352.00	2.2115/ −2	2.1178/ −2	2.0280/ −2	1.9420/ −2
368.00	1.8597/ −2	1.7809/ −2	1.7054/ −2	1.6331/ −2
384.00	1.5639/ −2	1.4976/ −2	1.4341/ −2	1.3733/ −2
400.00	1.3151/ −2	1.2594/ −2	1.2060/ −2	1.1549/ −2
416.00	1.1059/ −2	1.0590/ −2	1.0141/ −2	9.7116/ −3
432.00	9.2999/ −3	8.9057/ −3	8.5282/ −3	8.1667/ −3
448.00	7.8206/ −3			

See also $^{84}Sr(n, \gamma)^{85}Sr$

$M = 87.62$ $G = 9.87\%$ $\sigma_{ac} = 0.8$ barn,

^{87m}Sr $T_1 = 2.83$ hour

E_γ (keV)   388

P 0.800

Activation data for ^{87m}Sr : $A_1(\tau)$, dps/μg

A_1(sat) $= 5.4277/$ 3

A_1(1 sec) $= 3.6919/ -1$

Hour	0.000		0.125		0.250		0.375	
0.00	0.0000/	0	1.6362/	2	3.2231/	2	4.7622/	2
0.50	6.2549/	2	7.7025/	2	9.1066/	2	1.0468/	3
1.00	1.1789/	3	1.3070/	3	1.4312/	3	1.5517/	3
1.50	1.6685/	3	1.7818/	3	1.8918/	3	1.9983/	3
2.00	2.1017/	3	2.2020/	3	2.2992/	3	2.3935/	3
2.50	2.4850/	3	2.5737/	3	2.6598/	3	2.7432/	3
3.00	2.8241/	3	2.9026/	3	2.9787/	3	3.0526/	3
3.50	3.1242/	3	3.1936/	3	3.2610/	3	3.3263/	3
4.00	3.3896/	3	3.4511/	3	3.5107/	3	3.5684/	3
4.50	3.6245/	3	3.6789/	3	3.7316/	3	3.7827/	3
5.00	3.8323/	3	3.8804/	3	3.9270/	3	3.9723/	3
5.50	4.0161/	3	4.0587/	3	4.1000/	3	4.1400/	3
6.00	4.1788/	3	4.2165/	3	4.2530/	3	4.2884/	3
6.50	4.3227/	3	4.3560/	3	4.3884/	3	4.4197/	3
7.00	4.4501/	3	4.4795/	3	4.5081/	3	4.5359/	3
7.50	4.5627/	3	4.5888/	3	4.6141/	3	4.6386/	3
8.00	4.6624/	3	4.6855/	3	4.7079/	3	4.7296/	3
8.50	4.7506/	3	4.7710/	3	4.7908/	3	4.8100/	3
9.00	4.8286/	3	4.8467/	3	4.8642/	3	4.8812/	3
9.50	4.8977/	3						

Decay factor for ^{87m}Sr : $D_1(t)$

Hour	0.000		0.125		0.250		0.375	
0.00	1.0000/	0	9.6985/	-1	9.4062/	-1	9.1226/	-1
0.50	8.8476/	-1	8.5809/	-1	8.3222/	-1	8.0713/	-1
1.00	7.8280/	-1	7.5920/	-1	7.3632/	-1	7.1412/	-1
1.50	6.9259/	-1	6.7171/	-1	6.5146/	-1	6.3182/	-1
2.00	6.1278/	-1	5.9431/	-1	5.7639/	-1	5.5901/	-1
2.50	5.4216/	-1	5.2582/	-1	5.0997/	-1	4.9459/	-1
3.00	4.7968/	-1	4.6522/	-1	4.5120/	-1	4.3760/	-1
3.50	4.2440/	-1	4.1161/	-1	3.9920/	-1	3.8717/	-1
4.00	3.7550/	-1	3.6418/	-1	3.5320/	-1	3.4255/	-1
4.50	3.3222/	-1	3.2221/	-1	3.1250/	-1	3.0308/	-1
5.00	2.9394/	-1	2.8508/	-1	2.7648/	-1	2.6815/	-1

Hour	0.000	0.125	0.250	0.375
5.50	2.6007/ −1	2.5223/ −1	2.4462/ −1	2.3725/ −1
6.00	2.3010/ −1	2.2316/ −1	2.1643/ −1	2.0991/ −1
6.50	2.0358/ −1	1.9744/ −1	1.9149/ −1	1.8572/ −1
7.00	1.8012/ −1	1.7469/ −1	1.6942/ −1	1.6432/ −1
7.50	1.5936/ −1	1.5456/ −1	1.4990/ −1	1.4538/ −1
8.00	1.4100/ −1	1.3675/ −1	1.3263/ −1	1.2863/ −1
8.50	1.2475/ −1	1.2099/ −1	1.1734/ −1	1.1380/ −1
9.00	1.1037/ −1	1.0705/ −1	1.0382/ −1	1.0069/ −1
9.50	9.7654/ −2	9.4710/ −2	9.1855/ −2	8.9086/ −2
10.00	8.6400/ −2	8.3796/ −2	8.1270/ −2	7.8820/ −2
10.50	7.6444/ −2	7.4139/ −2	7.1904/ −2	6.9737/ −2
11.00	6.7634/ −2	6.5595/ −2	6.3618/ −2	6.1700/ −2
11.50	5.9840/ −2	5.8036/ −2	5.6287/ −2	5.4590/ −2
12.00	5.2944/ −2	5.1348/ −2	4.9800/ −2	4.8299/ −2
12.50	4.6843/ −2	4.5431/ −2	4.4061/ −2	4.2733/ −2
13.00	4.1445/ −2	4.0195/ −2	3.8984/ −2	3.7809/ −2
13.50	3.6669/ −2	3.5563/ −2	3.4491/ −2	3.3451/ −2
14.00	3.2443/ −2	3.1465/ −2	3.0517/ −2	2.9597/ −2
14.50	2.8704/ −2	2.7839/ −2	2.7000/ −2	2.6186/ −2
15.00	2.5396/ −2	2.4631/ −2	2.3888/ −2	2.3168/ −2
15.50	2.2470/ −2	2.1792/ −2	2.1135/ −2	2.0498/ −2
16.00	1.9880/ −2	1.9281/ −2	1.8700/ −2	1.8136/ −2
16.50	1.7589/ −2	1.7059/ −2	1.6545/ −2	1.6046/ −2
17.00	1.5562/ −2	1.5093/ −2	1.4638/ −2	1.4197/ −2
17.50	1.3769/ −2	1.3354/ −2	1.2951/ −2	1.2561/ −2
18.00	1.2182/ −2	1.1815/ −2	1.1459/ −2	1.1113/ −2
18.50	1.0778/ −2	1.0453/ −2	1.0138/ −2	9.8327/ −3
19.00	9.5363/ −3			

$^{88}Sr(n, \gamma)^{89}Sr$

$M = 87.62$ $\qquad$ $G = 82.56\%$ $\qquad$ $\sigma_{ac} = 0.005$ barn,

^{89}Sr $\qquad$ $T_1 = 52.7$ day

E_γ (keV) no gamma

Activation data for ^{89}Sr : $A_1(\tau)$, dps/μg

$$A_1(\text{sat}) \quad = 2.8376/ \quad 2$$
$$A_1(1 \text{ sec}) = 4.3188/ \ -5$$

Day	0.00		2.00		4.00		6.00	
0.00	0.0000/	0	7.3655/	0	1.4540/	1	2.1528/	1
8.00	2.8335/	1	3.4965/	1	4.1423/	1	4.7713/	1
16.00	5.3840/	1	5.9808/	1	6.5621/	1	7.1283/	1
24.00	7.6799/	1	8.2171/	1	8.7403/	1	9.2500/	1
32.00	9.7465/	1	1.0230/	2	1.0701/	2	1.1160/	2
40.00	1.1607/	2	1.2042/	2	1.2466/	2	1.2879/	2
48.00	1.3281/	2	1.3673/	2	1.4055/	2	1.4426/	2
56.00	1.4788/	2	1.5141/	2	1.5485/	2	1.5819/	2
64.00	1.6145/	2	1.6463/	2	1.6772/	2	1.7073/	2
72.00	1.7367/	2	1.7652/	2	1.7931/	2	1.8202/	2
80.00	1.8466/	2	1.8723/	2	1.8974/	2	1.9218/	2
88.00	1.9455/	2	1.9687/	2	1.9913/	2	2.0132/	2
96.00	2.0346/	2	2.0555/	2	2.0758/	2	2.0955/	2
104.00	2.1148/	2	2.1336/	2	2.1518/	2	2.1696/	2
112.00	2.1870/	2	2.2039/	2	2.2203/	2	2.2363/	2
120.00	2.2519/	2						

Decay factor for ^{89}Sr : $D_1(t)$

Day	0.00		2.00		4.00		6.00	
0.00	1.0000/	0	9.7404/	−1	9.4876/	−1	9.2413/	−1
8.00	9.0015/	−1	8.7678/	−1	8.5402/	−1	8.3185/	−1
16.00	8.1026/	−1	7.8923/	−1	7.6874/	−1	7.4879/	−1
24.00	7.2935/	−1	7.1042/	−1	6.9198/	−1	6.7402/	−1
32.00	6.5652/	−1	6.3948/	−1	6.2288/	−1	6.0671/	−1
40.00	5.9097/	−1	5.7563/	−1	5.6069/	−1	5.4613/	−1
48.00	5.3196/	−1	5.1815/	−1	5.0470/	−1	4.9160/	−1
56.00	4.7884/	−1	4.6641/	−1	4.5430/	−1	4.4251/	−1
64.00	4.3102/	−1	4.1983/	−1	4.0894/	−1	3.9832/	−1
72.00	3.8798/	−1	3.7791/	−1	3.6810/	−1	3.5855/	−1
80.00	3.4924/	−1	3.4018/	−1	3.3135/	−1	3.2275/	−1
88.00	3.1437/	−1	3.0621/	−1	2.9826/	−1	2.9052/	−1
96.00	2.8298/	−1	2.7563/	−1	2.6848/	−1	2.6151/	−1
104.00	2.5472/	−1	2.4811/	−1	2.4167/	−1	2.3540/	−1
112.00	2.2929/	−1	2.2333/	−1	2.1754/	−1	2.1189/	−1
120.00	2.0639/	−1	2.0103/	−1	1.9581/	−1	1.9073/	−1
128.00	1.8578/	−1	1.8096/	−1	1.7626/	−1	1.7169/	−1

Day	0.00	2.00	4.00	6.00
136.00	1.6723/ −1	1.6289/ −1	1.5866/ −1	1.5454/ −1
144.00	1.5053/ −1	1.4662/ −1	1.4282/ −1	1.3911/ −1
152.00	1.3550/ −1	1.3198/ −1	1.2856/ −1	1.2522/ −1
160.00	1.2197/ −1	1.1880/ −1	1.1572/ −1	1.1272/ −1
168.00	1.0979/ −1	1.0694/ −1	1.0416/ −1	1.0146/ −1
176.00	9.8827/ −2	9.6262/ −2	9.3763/ −2	9.1329/ −2
184.00	8.8959/ −2	8.6650/ −2	8.4400/ −2	8.2210/ −2
192.00	8.0076/ −2	7.7997/ −2	7.5973/ −2	7.4001/ −2
200.00	7.2080/ −2	7.0209/ −2	6.8386/ −2	6.6611/ −2
208.00	6.4882/ −2	6.3198/ −2	6.1558/ −2	5.9960/ −2
216.00	5.8403/ −2	5.6888/ −2	5.5411/ −2	5.3973/ −2
224.00	5.2572/ −2	5.1207/ −2	4.9878/ −2	4.8583/ −2
232.00	4.7322/ −2	4.6094/ −2	4.4897/ −2	4.3732/ −2
240.00	4.2597/ −2	4.1491/ −2	4.0414/ −2	3.9365/ −2
248.00	3.8343/ −2	3.7348/ −2	3.6379/ −2	3.5434/ −2
256.00	3.4515/ −2	3.3619/ −2	3.2746/ −2	3.1896/ −2
264.00	3.1068/ −2	3.0262/ −2	2.9476/ −2	2.8711/ −2
272.00	2.7966/ −2	2.7240/ −2	2.6533/ −2	2.5844/ −2
280.00	2.5173/ −2	2.4520/ −2	2.3883/ −2	2.3263/ −2
288.00	2.2660/ −2	2.2071/ −2	2.1498/ −2	2.0940/ −2
296.00	2.0397/ −2	1.9867/ −2	1.9352/ −2	1.8849/ −2
304.00	1.8360/ −2	1.7884/ −2	1.7419/ −2	1.6967/ −2
312.00	1.6527/ −2	1.6098/ −2	1.5680/ −2	1.5273/ −2
320.00	1.4877/ −2	1.4490/ −2	1.4114/ −2	1.3748/ −2
328.00	1.3391/ −2	1.3043/ −2	1.2705/ −2	1.2375/ −2
336.00	1.2054/ −2	1.1741/ −2	1.1436/ −2	1.1139/ −2
344.00	1.0850/ −2	1.0569/ −2	1.0294/ −2	1.0027/ −2
352.00	9.7668/ −3	9.5133/ −3	9.2663/ −3	9.0258/ −3
360.00	8.7915/ −3	8.5633/ −3	8.3411/ −3	8.1245/ −3
368.00	7.9137/ −3			

$$^{89}\text{Y}(\text{n}, \gamma)^{90}\text{Y}$$

$M = 88.905$ $\qquad G = 100\%$ $\qquad \sigma_{ac} = 1.3$ barn,

^{90}Y $\qquad T_1 = 64.0$ hour

E_γ (keV) $\quad$ no gamma

Activation data for ^{90}Y : $A_1(\tau)$, dps/μg

$A_1(\text{sat}) = 8.8070/ \quad 4$

$A_1(1 \text{ sec}) = 2.6490/ \; -1$

Hour	0.00		4.00		8.00		12.00	
0.00	0.0000/	0	3.7331/	3	7.3080/	3	1.0731/	4
16.00	1.4010/	4	1.7149/	4	2.0155/	4	2.3034/	4
32.00	2.5791/	4	2.8431/	4	3.0959/	4	3.3379/	4
48.00	3.5698/	4	3.7918/	4	4.0043/	4	4.2079/	4
64.00	4.4029/	4	4.5896/	4	4.7683/	4	4.9395/	4
80.00	5.1035/	4	5.2604/	4	5.4108/	4	5.5547/	4
96.00	5.6926/	4	5.8246/	4	5.9510/	4	6.0721/	4
112.00	6.1880/	4	6.2990/	4	6.4053/	4	6.5071/	4
128.00	6.6046/	4	6.6980/	4	6.7874/	4	6.8730/	4
144.00	6.9550/	4	7.0335/	4	7.1087/	4	7.1806/	4
160.00	7.2496/	4	7.3156/	4	7.3788/	4	7.4394/	4
176.00	7.4973/	4	7.5529/	4	7.6060/	4	7.6569/	4
192.00	7.7057/	4	7.7524/	4	7.7971/	4	7.8399/	4
208.00	7.8809/	4						

Decay factor for ^{90}Y : $D_1(t)$

Hour	0.00		4.00		8.00		12.00	
0.00	1.0000/	0	9.5761/	−1	9.1702/	−1	8.7815/	−1
16.00	8.4093/	−1	8.0528/	−1	7.7115/	−1	7.3846/	−1
32.00	7.0716/	−1	6.7718/	−1	6.4848/	−1	6.2099/	−1
48.00	5.9467/	−1	5.6946/	−1	5.4532/	−1	5.2221/	−1
64.00	5.0007/	−1	4.7888/	−1	4.5858/	−1	4.3914/	−1
80.00	4.2053/	−1	4.0270/	−1	3.8563/	−1	3.6928/	−1
96.00	3.5363/	−1	3.3864/	−1	3.2429/	−1	3.1054/	−1
112.00	2.9738/	−1	2.8477/	−1	2.7270/	−1	2.6114/	−1
128.00	2.5007/	−1	2.3947/	−1	2.2932/	−1	2.1960/	−1
144.00	2.1029/	−1	2.0138/	−1	1.9284/	−1	1.8467/	−1
160.00	1.7684/	−1	1.6935/	−1	1.6217/	−1	1.5529/	−1
176.00	1.4871/	−1	1.4241/	−1	1.3637/	−1	1.3059/	−1
192.00	1.2506/	−1	1.1975/	−1	1.1468/	−1	1.0982/	−1
208.00	1.0516/	−1	1.0070/	−1	9.6436/	−2	9.2348/	−2
224.00	8.8434/	−2	8.4685/	−2	8.1096/	−2	7.7658/	−2
240.00	7.4366/	−2	7.1214/	−2	6.8196/	−2	6.5305/	−2
256.00	6.2537/	−2	5.9886/	−2	5.7348/	−2	5.4917/	−2
272.00	5.2589/	−2	5.0360/	−2	4.8225/	−2	4.6181/	−2
288.00	4.4223/	−2	4.2349/	−2	4.0554/	−2	3.8835/	−2

Hour	0.00	4.00	8.00	12.00
304.00	3.7189/ −2	3.5612/ −2	3.4103/ −2	3.2657/ −2
320.00	3.1273/ −2	2.9947/ −2	2.8678/ −2	2.7462/ −2
336.00	2.6298/ −2	2.5184/ −2	2.4116/ −2	2.3094/ −2
352.00	2.2115/ −2	2.1178/ −2	2.0280/ −2	1.9420/ −2
368.00	1.8597/ −2	1.7809/ −2	1.7054/ −2	1.6331/ −2
384.00	1.5639/ −2	1.4976/ −2	1.4341/ −2	1.3733/ −2
400.00	1.3151/ −2	1.2594/ −2	1.2060/ −2	1.1549/ −2
416.00	1.1059/ −2	1.0590/ −2	1.0141/ −2	9.7116/ −3
432.00	9.2999/ −3			

$$^{94}\text{Zr}(\text{n}, \gamma)^{95}\text{Zr} \rightarrow {}^{95}\text{Nb}$$

$M = 91.22$ $\qquad G = 17.4\%$ $\qquad \sigma_{\text{ac}} = 0.075$ barn,

^{95}Zr $\qquad T_1 = 65.5$ day

E_γ (keV)	756	724
P	0.490	0.490

^{95}Nb $\qquad T_2 = 35.0$ day

E_γ (keV)	765
P	1.000

Activation data for $^{95}\text{Zr}: A_1(\tau)$, dps/$\mu$g

$$A_1(\text{sat}) = 8.6165/ \quad 2$$
$$A_1(1 \text{ sec}) = 1.0551/ \ -4$$

$K = 2.1475/\ 0$

Time intervals with respect to T_1

Day	0.00		4.00		8.00		12.00	
0.00	0.0000/	0	3.5705/	1	6.9930/	1	1.0274/	2
16.00	1.3419/	2	1.6433/	2	1.9323/	2	2.2092/	2
32.00	2.4747/	2	2.7292/	2	2.9732/	2	3.2070/	2
48.00	3.4312/	2	3.6461/	2	3.8520/	2	4.0495/	2
64.00	4.2387/	2	4.4201/	2	4.5940/	2	4.7607/	2
80.00	4.9205/	2	5.0736/	2	5.2204/	2	5.3612/	2
96.00	5.4961/	2	5.6254/	2	5.7493/	2	5.8681/	2
112.00	5.9820/	2	6.0912/	2	6.1958/	2	6.2961/	2
128.00	6.3923/	2	6.4845/	2	6.5728/	2	6.6575/	2
144.00	6.7387/	2	6.8165/	2	6.8911/	2	6.9626/	2
160.00	7.0311/	2	7.0968/	2	7.1598/	2	7.2201/	2
176.00	7.2780/	2	7.3335/	2	7.3866/	2	7.4376/	2
192.00	7.4865/	2	7.5333/	2	7.5782/	2	7.6212/	2
208.00	7.6624/	2	7.7020/	2	7.7399/	2	7.7762/	2
224.00	7.8110/	2	7.8444/	2	7.8764/	2	7.9071/	2
240.00	7.9365/	2						

Decay factor for $^{95}\text{Zr}: D_1(\text{t})$

Day	0.00		4.00		8.00		12.00	
0.00	1.0000/	0	9.5856/	-1	9.1884/	-1	8.8077/	-1
16.00	8.4427/	-1	8.0929/	-1	7.7575/	-1	7.4361/	-1
32.00	7.1279/	-1	6.8326/	-1	6.5494/	-1	6.2780/	-1
48.00	6.0179/	-1	5.7685/	-1	5.5295/	-1	5.3004/	-1
64.00	5.0807/	-1	4.8702/	-1	4.6684/	-1	4.4749/	-1

Day	0.00	4.00	8.00	12.00
80.00	4.2895/ −1	4.1118/ −1	3.9414/ −1	3.7781/ −1
96.00	3.6215/ −1	3.4714/ −1	3.3276/ −1	3.1897/ −1
112.00	3.0575/ −1	2.9308/ −1	2.8094/ −1	2.6930/ −1
128.00	2.5814/ −1	2.4744/ −1	2.3719/ −1	2.2736/ −1
144.00	2.1794/ −1	2.0891/ −1	2.0025/ −1	1.9195/ −1
160.00	1.8400/ −1	1.7637/ −1	1.6907/ −1	1.6206/ −1
176.00	1.5534/ −1	1.4891/ −1	1.4274/ −1	1.3682/ −1
192.00	1.3115/ −1	1.2572/ −1	1.2051/ −1	1.1552/ −1
208.00	1.1073/ −1	1.0614/ −1	1.0174/ −1	9.7526/ −2
224.00	9.3485/ −2	8.9611/ −2	8.5898/ −2	8.2339/ −2
240.00	7.8927/ −2	7.5656/ −2	7.2521/ −2	6.9516/ −2
256.00	6.6635/ −2	6.3874/ −2	6.1227/ −2	5.8690/ −2
272.00	5.6258/ −2	5.3927/ −2	5.1692/ −2	4.9550/ −2
288.00	4.7497/ −2	4.5529/ −2	4.3642/ −2	4.1834/ −2
304.00	4.0101/ −2	3.8439/ −2	3.6846/ −2	3.5319/ −2
320.00	3.3856/ −2	3.2453/ −2	3.1108/ −2	2.9819/ −2
336.00	2.8583/ −2	2.7399/ −2	2.6264/ −2	2.5175/ −2
352.00	2.4132/ −2	2.3132/ −2	2.2174/ −2	2.1255/ −2
368.00	2.0374/ −2	1.9530/ −2	1.8720/ −2	1.7945/ −2
384.00	1.7201/ −2	1.6488/ −2	1.5805/ −2	1.5150/ −2
400.00	1.4522/ −2	1.3921/ −2	1.3344/ −2	1.2791/ −2
416.00	1.2261/ −2	1.1753/ −2	1.1266/ −2	1.0799/ −2
432.00	1.0351/ −2	9.9225/ −3	9.5114/ −3	9.1172/ −3
448.00	8.7394/ −3			

Activation data for ^{95}Nb : $F \cdot A_2(\tau)$

$$F \cdot A_2(\text{sat}) = -9.8875/ \quad 2$$
$$F \cdot A_2(1 \text{ sec}) = -2.2659/ \quad -4$$

Day	0.00		4.00		8.00		12.00	
0.00	0.0000/	0	−7.5288/	1	−1.4484/	2	−2.0910/	2
16.00	−2.6847/	2	−3.2331/	2	−3.7398/	2	−4.2079/	2
32.00	−4.6404/	2	−5.0400/	2	−5.4091/	2	−5.7501/	2
48.00	−6.0651/	2	−6.3562/	2	−6.6251/	2	−6.8735/	2
64.00	−7.1030/	2	−7.3150/	2	−7.5109/	2	−7.6919/	2
80.00	−7.8590/	2	−8.0135/	2	−8.1562/	2	−8.2880/	2
96.00	−8.4098/	2	−8.5223/	2	−8.6263/	2	−8.7223/	2
112.00	−8.8110/	2	−8.8930/	2	−8.9687/	2	−9.0387/	2
128.00	−9.1033/	2	−9.1630/	2	−9.2182/	2	−9.2692/	2
144.00	−9.3162/	2	−9.3597/	2	−9.3999/	2	−9.4370/	2
160.00	−9.4713/	2	−9.5030/	2	−9.5323/	2	−9.5594/	2
176.00	−9.5843/	2	−9.6074/	2	−9.6287/	2	−9.6485/	2
192.00	−9.6667/	2	−9.6835/	2	−9.6990/	2	−9.7134/	2
208.00	−9.7266/	2	−9.7389/	2	−9.7502/	2	−9.7606/	2
224.00	−9.7703/	2	−9.7792/	2	−9.7875/	2	−9.7951/	2
240.00	−9.8021/	2						

Decay factor for ^{95}Nb : $D_2(t)$

Day	0.00	4.00	8.00	12.00
0.00	1.0000/ 0	9.2386/ −1	8.5351/ −1	7.8852/ −1
16.00	7.2848/ −1	6.7301/ −1	6.2176/ −1	5.7442/ −1
32.00	5.3068/ −1	4.9027/ −1	4.5294/ −1	4.1845/ −1
48.00	3.8659/ −1	3.5715/ −1	3.2995/ −1	3.0483/ −1
64.00	2.8162/ −1	2.6018/ −1	2.4036/ −1	2.2206/ −1
80.00	2.0515/ −1	1.8953/ −1	1.7510/ −1	1.6177/ −1
96.00	1.4945/ −1	1.3807/ −1	1.2756/ −1	1.1784/ −1
112.00	1.0887/ −1	1.0058/ −1	9.2922/ −2	8.5846/ −2
128.00	7.9309/ −2	7.3270/ −2	6.7691/ −2	6.2537/ −2
144.00	5.7775/ −2	5.3376/ −2	4.9311/ −2	4.5557/ −2
160.00	4.2088/ −2	3.8883/ −2	3.5922/ −2	3.3187/ −2
176.00	3.0660/ −2	2.8325/ −2	2.6168/ −2	2.4176/ −2
192.00	2.2335/ −2	2.0634/ −2	1.9063/ −2	1.7612/ −2
208.00	1.6271/ −2	1.5032/ −2	1.3887/ −2	1.2830/ −2
224.00	1.1853/ −2	1.0950/ −2	1.0116/ −2	9.3461/ −3

*

Activation data for ^{95}Zr : $A_1(\tau)$, dps/μg

$$A_1(\text{sat}) = 8.6165/ \quad 2$$
$$A_1(1 \text{ sec}) = 1.0535/ \ -4$$

$K = 2.1475/\ 0$

Time intervals with respect to T_2

Day	0.00		2.00		4.00		6.00	
0.00	0.0000/	0	1.8014/	1	3.5652/	1	5.2920/	1
8.00	6.9828/	1	8.6382/	1	1.0259/	2	1.1846/	2
16.00	1.3400/	2	1.4921/	2	1.6410/	2	1.7869/	2
24.00	1.9297/	2	2.0695/	2	2.2063/	2	2.3404/	2
32.00	2.4716/	2	2.6000/	2	2.7258/	2	2.8490/	2
40.00	2.9696/	2	3.0876/	2	3.2032/	2	3.3164/	2
48.00	3.4272/	2	3.5357/	2	3.6419/	2	3.7459/	2
56.00	3.8477/	2	3.9474/	2	4.0450/	2	4.1406/	2
64.00	4.2342/	2	4.3258/	2	4.4155/	2	4.5033/	2
72.00	4.5893/	2	4.6735/	2	4.7560/	2	4.8367/	2
80.00	4.9157/	2	4.9931/	2	5.0688/	2	5.1430/	2
88.00	5.2156/	2	5.2867/	2	5.3563/	2	5.4245/	2
96.00	5.4912/	2	5.5566/	2	5.6205/	2	5.6832/	2
104.00	5.7445/	2	5.8045/	2	5.8633/	2	5.9209/	2
112.00	5.9772/	2	6.0324/	2	6.0865/	2	6.1393/	2
120.00	6.1911/	2						

Decay factor for ^{95}Zr : $D_1(t)$

Day	0.00	2.00	4.00	6.00
0.00	1.0000/ 0	9.7909/ −1	9.5862/ −1	9.3858/ −1
8.00	9.1896/ −1	8.9975/ −1	8.8094/ −1	8.6252/ −1
16.00	8.4449/ −1	8.2683/ −1	8.0955/ −1	7.9262/ −1
24.00	7.7605/ −1	7.5983/ −1	7.4394/ −1	7.2839/ −1
32.00	7.1316/ −1	6.9825/ −1	6.8365/ −1	6.6936/ −1
40.00	6.5537/ −1	6.4166/ −1	6.2825/ −1	6.1512/ −1
48.00	6.0226/ −1	5.8966/ −1	5.7734/ −1	5.6527/ −1
56.00	5.5345/ −1	5.4188/ −1	5.3055/ −1	5.1946/ −1
64.00	5.0860/ −1	4.9796/ −1	4.8755/ −1	4.7736/ −1
72.00	4.6738/ −1	4.5761/ −1	4.4804/ −1	4.3868/ −1
80.00	4.2950/ −1	4.2053/ −1	4.1173/ −1	4.0313/ −1
88.00	3.9470/ −1	3.8645/ −1	3.7837/ −1	3.7046/ −1
96.00	3.6271/ −1	3.5513/ −1	3.4770/ −1	3.4044/ −1
104.00	3.3332/ −1	3.2635/ −1	3.1953/ −1	3.1285/ −1
112.00	3.0631/ −1	2.9990/ −1	2.9363/ −1	2.8749/ −1
120.00	2.8148/ −1	2.7560/ −1	2.6984/ −1	2.6420/ −1
128.00	2.5867/ −1	2.5326/ −1	2.4797/ −1	2.4278/ −1
136.00	2.3771/ −1	2.3274/ −1	2.2787/ −1	2.2311/ −1
144.00	2.1845/ −1	2.1388/ −1	2.0941/ −1	2.0503/ −1
152.00	2.0074/ −1	1.9655/ −1	1.9244/ −1	1.8841/ −1
160.00	1.8447/ −1	1.8062/ −1	1.7684/ −1	1.7314/ −1
168.00	1.6952/ −1	1.6598/ −1	1.6251/ −1	1.5911/ −1
176.00	1.5579/ −1	1.5253/ −1	1.4934/ −1	1.4622/ −1
184.00	1.4316/ −1	1.4017/ −1	1.3724/ −1	1.3437/ −1
192.00	1.3156/ −1	1.2881/ −1	1.2612/ −1	1.2348/ −1
200.00	1.2090/ −1	1.1837/ −1	1.1590/ −1	1.1347/ −1
208.00	1.1110/ −1	1.0878/ −1	1.0650/ −1	1.0428/ −1
216.00	1.0210/ −1	9.9963/ −2	9.7873/ −2	9.5827/ −2
224.00	9.3823/ −2	9.1862/ −2	8.9941/ −2	8.8061/ −2
232.00	8.6220/ −2	8.4417/ −2	8.2653/ −2	

Activation data for ^{95}Nb : $F \cdot A_2(\tau)$

$$F \cdot A_2(\text{sat}) = -9.8875/ \quad 2$$
$$F \cdot A_2(1 \text{ sec}) = -2.2659/ \quad -4$$

Day	0.00	2.00	4.00	6.00
0.00	0.0000/ 0	−3.8389/ 1	−7.5288/ 1	−1.1075/ 2
8.00	−1.4484/ 2	−1.7761/ 2	−2.0910/ 2	−2.3937/ 2
16.00	−2.6847/ 2	−2.9643/ 2	−3.2331/ 2	−3.4915/ 2
24.00	−3.7398/ 2	−3.9785/ 2	−4.2079/ 2	−4.4285/ 2
32.00	−4.6404/ 2	−4.8441/ 2	−5.0400/ 2	−5.2282/ 2
40.00	−5.4091/ 2	−5.5829/ 2	−5.7501/ 2	−5.9107/ 2
48.00	−6.0651/ 2	−6.2135/ 2	−6.3562/ 2	−6.4933/ 2
56.00	−6.6251/ 2	−6.7517/ 2	−6.8735/ 2	−6.9905/ 2
64.00	−7.1030/ 2	−7.2111/ 2	−7.3150/ 2	−7.4149/ 2
72.00	−7.5109/ 2	−7.6032/ 2	−7.6919/ 2	−7.7771/ 2

Day	0.00		2.00		4.00		6.00	
80.00	−7.8590/	2	−7.9378/	2	−8.0135/	2	−8.0863/	2
88.00	−8.1562/	2	−8.2234/	2	−8.2880/	2	−8.3501/	2
96.00	−8.4098/	2	−8.4672/	2	−8.5223/	2	−8.5753/	2
104.00	−8.6263/	2	−8.6752/	2	−8.7223/	2	−8.7676/	2
112.00	−8.8110/	2	−8.8528/	2	−8.8930/	2	−8.9316/	2
120.00	−8.9687/	2						

Decay factor for ^{95}Nb : $D_2(t)$

Day	0.00		2.00		4.00		6.00	
0.00	1.0000/	0	9.6117/	−1	9.2386/	−1	8.8799/	−1
8.00	8.5351/	−1	8.2037/	−1	7.8852/	−1	7.5790/	−1
16.00	7.2848/	−1	7.0019/	−1	6.7301/	−1	6.4688/	−1
24.00	6.2176/	−1	5.9762/	−1	5.7442/	−1	5.5211/	−1
32.00	5.3068/	−1	5.1007/	−1	4.9027/	−1	4.7123/	−1
40.00	4.5294/	−1	4.3535/	−1	4.1845/	−1	4.0220/	−1
48.00	3.8659/	−1	3.7158/	−1	3.5715/	−1	3.4328/	−1
56.00	3.2995/	−1	3.1714/	−1	3.0483/	−1	2.9299/	−1
64.00	2.8162/	−1	2.7068/	−1	2.6018/	−1	2.5007/	−1
72.00	2.4036/	−1	2.3103/	−1	2.2206/	−1	2.1344/	−1
80.00	2.0515/	−1	1.9719/	−1	1.8953/	−1	1.8217/	−1
88.00	1.7510/	−1	1.6830/	−1	1.6177/	−1	1.5549/	−1
96.00	1.4945/	−1	1.4365/	−1	1.3807/	−1	1.3271/	−1
104.00	1.2756/	−1	1.2260/	−1	1.1784/	−1	1.1327/	−1
112.00	1.0887/	−1	1.0464/	−1	1.0058/	−1	9.6675/	−2
120.00	9.2922/	−2	8.9314/	−2	8.5846/	−2	8.2513/	−2
128.00	7.9309/	−2	7.6230/	−2	7.3270/	−2	7.0425/	−2
136.00	6.7691/	−2	6.5063/	−2	6.2537/	−2	6.0109/	−2
144.00	5.7775/	−2	5.5532/	−2	5.3376/	−2	5.1303/	−2
152.00	4.9311/	−2	4.7397/	−2	4.5557/	−2	4.3788/	−2
160.00	4.2088/	−2	4.0454/	−2	3.8883/	−2	3.7373/	−2
168.00	3.5922/	−2	3.4527/	−2	3.3187/	−2	3.1898/	−2
176.00	3.0660/	−2	2.9469/	−2	2.8325/	−2	2.7226/	−2
184.00	2.6168/	−2	2.5152/	−2	2.4176/	−2	2.3237/	−2
192.00	2.2335/	−2	2.1468/	−2	2.0634/	−2	1.9833/	−2
200.00	1.9063/	−2	1.8323/	−2	1.7612/	−2	1.6928/	−2
208.00	1.6271/	−2	1.5639/	−2	1.5032/	−2	1.4448/	−2
216.00	1.3887/	−2	1.3348/	−2	1.2830/	−2	1.2331/	−2
224.00	1.1853/	−2	1.1393/	−2	1.0950/	−2	1.0525/	−2
232.00	1.0116/	−2	9.7236/	−3	9.3461/	−3		

$$^{96}\mathbf{Zr(n, \gamma)}{}^{97}\mathbf{Zr} \to {}^{97}\mathbf{Nb}$$

$M = 91.22$ $\qquad\qquad G = 2.8\%$ $\qquad\qquad \sigma_{ac} = 0.05$ barn,

$^{97}\mathbf{Zr}$ $\qquad T_1 = 17$ hour

E_γ (keV) $\qquad 747$

P $\qquad\qquad 0.920$

$^{97}\mathbf{Nb}$ $\qquad T_2 = 72.0$ minute

E_γ (keV) $\qquad 665$

P $\qquad\qquad 0.980$

Activation data for ^{97}Zr : $A_1(\tau)$, dps/μg

$$A_1(\text{sat}) = 9.2438/\quad 1$$
$$A_1(1 \text{ sec}) = 1.0467/\ -3$$

$K = 1.0759/\ 0$

Time intervals with respect to T_1

Hour	0.00		1.00		2.00		3.00	
0.00	0.0000/	0	3.6924/	0	7.2374/	0	1.0641/	1
4.00	1.3908/	1	1.7045/	1	2.0057/	1	2.2948/	1
8.00	2.5724/	1	2.8389/	1	3.0947/	1	3.3403/	1
12.00	3.5761/	1	3.8025/	1	4.0199/	1	4.2286/	1
16.00	4.4289/	1	4.6212/	1	4.8059/	1	4.9831/	1
20.00	5.1533/	1	5.3167/	1	5.4736/	1	5.6242/	1
24.00	5.7688/	1	5.9076/	1	6.0409/	1	6.1688/	1
28.00	6.2916/	1	6.4096/	1	6.5228/	1	6.6315/	1
32.00	6.7358/	1	6.8360/	1	6.9322/	1	7.0245/	1
36.00	7.1132/	1	7.1983/	1	7.2800/	1	7.3584/	1
40.00	7.4337/	1	7.5060/	1	7.5755/	1	7.6421/	1
44.00	7.7061/	1	7.7675/	1	7.8265/	1	7.8831/	1
48.00	7.9374/	1	7.9896/	1	8.0397/	1	8.0878/	1
52.00	8.1340/	1	8.1783/	1	8.2209/	1	8.2617/	1
56.00	8.3010/	1	8.3386/	1	8.3748/	1	8.4095/	1
60.00	8.4428/	1						

Decay factor for ^{97}Zr : $D_1(t)$

Hour	0.00		1.00		2.00		3.00	
0.00	1.0000/	0	9.6005/	-1	9.2171/	-1	8.8489/	-1
4.00	8.4954/	-1	8.1561/	-1	7.8303/	-1	7.5175/	-1
8.00	7.2172/	-1	6.9289/	-1	6.6521/	-1	6.3864/	-1
12.00	6.1313/	-1	5.8864/	-1	5.6513/	-1	5.4255/	-1
16.00	5.2088/	-1	5.0000/	-1	4.8010/	-1	4.6092/	-1
20.00	4.4251/	-1	4.2483/	-1	4.0786/	-1	3.9157/	-1
24.00	3.7593/	-1	3.6091/	-1	3.4650/	-1	3.3266/	-1

Hour	0.00	1.00	2.00	3.00
28.00	3.1937/ −1	3.0661/ −1	2.9436/ −1	2.8260/ −1
32.00	2.7132/ −1	2.6048/ −1	2.5007/ −1	2.4008/ −1
36.00	2.3049/ −1	2.2129/ −1	2.1245/ −1	2.0396/ −1
40.00	1.9581/ −1	1.8799/ −1	1.8048/ −1	1.7327/ −1
44.00	1.6635/ −1	1.5971/ −1	1.5333/ −1	1.4720/ −1
48.00	1.4132/ −1	1.3568/ −1	1.3026/ −1	1.2506/ −1
52.00	1.2006/ −1	1.1526/ −1	1.1066/ −1	1.0624/ −1
56.00	1.0200/ −1	9.7922/ −2	9.4010/ −2	9.0255/ −2
60.00	8.6650/ −2	8.3188/ −2	7.9865/ −2	7.6675/ −2
64.00	7.3612/ −2	7.0672/ −2	6.7849/ −2	6.5139/ −2
68.00	6.2537/ −2	6.0039/ −2	5.7641/ −2	5.5338/ −2
72.00	5.3128/ −2	5.1005/ −2	4.8968/ −2	4.7012/ −2
76.00	4.5134/ −2	4.3331/ −2	4.1600/ −2	3.9939/ −2
80.00	3.8343/ −2	3.6812/ −2	3.5341/ −2	3.3929/ −2
84.00	3.2574/ −2	3.1273/ −2	3.0024/ −2	2.8825/ −2
88.00	2.7673/ −2	2.6568/ −2	2.5506/ −2	2.4488/ −2
92.00	2.3509/ −2	2.2570/ −2	2.1669/ −2	2.0803/ −2
96.00	1.9972/ −2	1.9174/ −2	1.8409/ −2	1.7673/ −2
100.00	1.6967/ −2	1.6289/ −2	1.5639/ −2	1.5014/ −2
104.00	1.4414/ −2	1.3839/ −2	1.3286/ −2	1.2755/ −2
108.00	1.2246/ −2	1.1756/ −2	1.1287/ −2	1.0836/ −2
112.00	1.0403/ −2	9.9876/ −3	9.5886/ −3	9.2056/ −3
116.00	8.8379/ −3	8.4849/ −3	8.1459/ −3	7.8206/ −3
120.00	7.5082/ −3			

Activation data for ^{97}Nb : $F \cdot A_2(\tau)$

$$F \cdot A_2(\text{sat}) = -7.0160/ \quad 0$$

$$F \cdot A_1(1 \text{ sec}) = -1.1254/ \quad -3$$

Hour	0.00		1.00		2.00		3.00	
0.00	0.0000/	0	−3.0779/	0	−4.8056/	0	−5.7753/	0
4.00	−6.3196/	0	−6.6251/	0	−6.7966/	0	−6.8929/	0
8.00	−6.9469/	0	−6.9772/	0	−6.9943/	0	−7.0038/	0
12.00	−7.0092/	0	−7.0122/	0	−7.0139/	0	−7.0148/	0
16.00	−7.0154/	0	−7.0157/	0	−7.0158/	0	−7.0159/	0
20.00	−7.0160/	0	−7.0160/	0	−7.0160/	0	−7.0160/	0

Decay factor for ^{97}Nb : $D_2(t)$

Hour	0.00	1.00	2.00	3.00
0.00	1.0000/ 0	5.6130/ −1	3.1506/ −1	1.7684/ −1
4.00	9.9261/ −2	5.5715/ −2	3.1273/ −2	1.7554/ −2
8.00	9.8528/ −3	5.5304/ −3	3.1042/ −3	1.7424/ −3
12.00	9.7800/ −4	5.4895/ −4	3.0813/ −4	1.7295/ −4
16.00	9.7078/ −5	5.4490/ −5	3.0585/ −5	1.7167/ −5
20.00	9.6360/ −6	5.4087/ −6	3.0359/ −6	1.7041/ −6

*

Activation data for ^{97}Zr : $A_1(\tau)$, dps/μg

$$A_1(\text{sat}) = 9.2438/ \quad 1$$
$$A_1(1 \text{ sec}) = 1.0467/ \ -3$$

$K = 1.0759/ \ 0$

Time intervals with respect to T_2

Hour	0.000		0.125		0.250		0.375	
0.00	0.0000/	0	4.6983/	−1	9.3727/	1	1.4023/	0
0.50	1.8650/	0	2.3254/	0	2.7834/	0	3.2391/	0
1.00	3.6924/	0	4.1435/	0	4.5923/	0	5.0388/	0
1.50	5.4830/	0	5.9249/	0	6.3646/	0	6.8021/	0
2.00	7.2374/	0	7.6704/	0	8.1013/	0	8.5299/	0
2.50	8.9564/	0	9.3807/	0	9.8029/	0	1.0223/	1
3.00	1.0641/	1	1.1056/	1	1.1470/	1	1.1882/	1
3.50	1.2291/	1	1.2698/	1	1.3104/	1	1.3507/	1
4.00	1.3908/	1						

Decay factor for ^{97}Zr : $D_1(t)$

Hour	0.000		0.125		0.250		0.375	
0.00	1.0000/	0	9.9492/	−1	9.8986/	−1	9.8483/	−1
0.50	9.7982/	−1	9.7484/	−1	9.6989/	−1	9.6496/	−1
1.00	9.6005/	−1	9.5518/	−1	9.5032/	−1	9.4549/	−1
1.50	9.4068/	−1	9.3590/	−1	9.3115/	−1	9.2641/	−1
2.00	9.2171/	−1	9.1702/	−1	9.1236/	−1	9.0772/	−1
2.50	9.0311/	−1	8.9852/	−1	8.9395/	−1	8.8941/	−1
3.00	8.8489/	−1	8.8039/	−1	8.7592/	−1	8.7146/	−1
3.50	8.6703/	−1	8.6263/	−1	8.5824/	−1	8.5388/	−1
4.00	8.4954/	−1	8.4522/	−1	8.4093/	−1	8.3665/	−1
4.50	8.3240/	−1	8.2817/	−1	8.2396/	−1	8.1977/	−1
5.00	8.1561/	−1	8.1146/	−1	8.0734/	−1	8.0323/	−1
5.50	7.9915/	−1	7.9509/	−1	7.9105/	−1	7.8703/	−1
6.00	7.8303/	−1	7.7905/	−1	7.7509/	−1	7.7115/	−1
6.50	7.6723/	−1	7.6333/	−1	7.5945/	−1	7.5559/	−1
7.00	7.5175/	−1	7.4793/	−1	7.4413/	−1	7.4034/	−1
7.50	7.3658/	−1	7.3284/	−1	7.2911/	−1	7.2541/	−1
8.00	7.2172/	−1						

Activation data for ^{97}Nb : $F \cdot A_2(\tau)$

$$F \cdot A_2(\text{sat}) = -7.0160/ \quad 0$$
$$F \cdot A_2(1 \text{ sec}) = -1.1254/ \ -3$$

Hour	0.000		0.125		0.250		0.375	
0.00	0.0000/	0	−4.8862/	−1	−9.4322/	−1	−1.3661/	0
0.50	−1.7596/	0	−2.1257/	0	−2.4663/	0	−2.7831/	0
1.00	−3.0779/	0	−3.3522/	0	−3.6074/	0	−3.8448/	0
1.50	−4.0656/	0	−4.2711/	0	−4.4623/	0	−4.6401/	0

189

Hour	0.000		0.125		0.250		0.375	
2.00	−4.8056/	0	−4.9595/	0	−5.1028/	0	−5.2360/	0
2.50	−5.3600/	0	−5.4753/	0	−5.5826/	0	−5.6824/	0
3.00	−5.7753/	0	−5.8617/	0	−5.9421/	0	−6.0169/	0
3.50	−6.0865/	0	−6.1512/	0	−6.2115/	0	−6.2675/	0
4.00	−6.3196/	0						

Decay factor for ^{97}Nb : $D_2(t)$

Hour	0.000		0.125		0.250		0.375	
0.00	1.0000/	0	9.3036/	−1	8.6556/	−1	8.0528/	−1
0.50	7.4920/	−1	6.9702/	−1	6.4848/	−1	6.0332/	−1
1.00	5.6130/	−1	5.2221/	−1	4.8584/	−1	4.5200/	−1
1.50	4.2053/	−1	3.9124/	−1	3.6399/	−1	3.3864/	−1
2.00	3.1506/	−1	2.9312/	−1	2.7270/	−1	2.5371/	−1
2.50	2.3604/	−1	2.1960/	−1	2.0431/	−1	1.9008/	−1
3.00	1.7684/	−1	1.6453/	−1	1.5307/	−1	1.4241/	−1
3.50	1.3249/	−1	1.2326/	−1	1.1468/	−1	1.0669/	−1
4.00	9.9261/	−2	9.2348/	−2	8.5917/	−2	7.9933/	−2
4.50	7.4366/	−2	6.9187/	−2	6.4369/	−2	5.9886/	−2
5.00	5.5715/	−2	5.1835/	−2	4.8225/	−2	4.4867/	−2
5.50	4.1742/	−2	3.8835/	−2	3.6130/	−2	3.3614/	−2
6.00	3.1273/	−2	2.9095/	−2	2.7069/	−2	2.5184/	−2
6.50	2.3430/	−2	2.1798/	−2	2.0280/	−2	1.8868/	−2
7.00	1.7554/	−2	1.6331/	−2	1.5194/	−2	1.4136/	−2
7.50	1.3151/	−2	1.2235/	−2	1.1383/	−2	1.0590/	−2
8.00	9.8528/	−3						

$M = 92.906$ $\qquad$ $G = 100\%$ $\qquad$ $\sigma_{ac} = 1.0$ barn,

^{94m}**Nb** $\quad$ $T_1 = 6.29$ minute

E_γ (keV) $\quad$ 871

P $\qquad$ 0.002

Activation data for ^{94m}Nb : $A_1(\tau)$, dps/μg
A_1(sat) $\quad = 6.4829/\ 4$
A_1(1 sec) $= 1.1893/\ 2$

Minute	0.00		0.50		1.00		1.50	
0.00	0.0000/	0	3.4747/	3	6.7631/	3	9.8753/	3
2.00	1.2821/	4	1.5608/	4	1.8246/	4	2.0743/	4
4.00	2.3106/	4	2.5342/	4	2.7459/	4	2.9462/	4
6.00	3.1357/	4	3.5151/	4	3.4849/	4	3.6456/	4
8.00	3.7977/	4	3.9416/	4	4.0778/	4	4.2067/	4
10.00	4.3287/	4	4.4442/	4	4.5534/	4	4.6568/	4
12.00	4.7547/	4	4.8473/	4	4.9350/	4	5.0180/	4
14.00	5.0965/	4	5.1708/	4	5.2411/	4	5.3077/	4
16.00	5.3707/	4	5.4303/	4	5.4867/	4	5.5401/	4
18.00	5.5906/	4	5.6384/	4	5.6837/	4	5.7265/	4
20.00	5.7671/	4	5.8054/	4	5.8418/	4	5.8761/	4
22.00	5.9086/	4						

Decay factor for ^{94m}Nb : $D_1(t)$

Minute	0.00		0.50		1.00		1.50	
0.00	1.0000/	0	9.4640/	−1	8.9568/	−1	8.4767/	−1
2.00	8.0224/	−1	7.5924/	−1	7.1855/	−1	6.8003/	−1
4.00	6.4359/	−1	6.0909/	−1	5.7645/	−1	5.4555/	−1
6.00	5.1631/	−1	4.8864/	−1	4.6245/	−1	4.3766/	−1
8.00	4.1420/	−1	3.9200/	−1	3.7099/	−1	3.5111/	−1
10.00	3.3229/	−1	3.1448/	−1	2.9762/	−1	2.8167/	−1
12.00	2.6658/	−1	2.5229/	−1	2.3877/	−1	2.2597/	−1
14.00	2.1386/	−1	2.0239/	−1	1.9155/	−1	1.8128/	−1
16.00	1.7156/	−1	1.6237/	−1	1.5367/	−1	1.4543/	−1
18.00	1.3764/	−1	1.3026/	−1	1.2328/	−1	1.1667/	−1
20.00	1.1042/	−1	1.0450/	−1	9.8897/	−2	9.3597/	−2
22.00	8.8580/	−2	8.3832/	−2	7.9339/	−2	7.5087/	−2
24.00	7.1062/	−2	6.7254/	−2	6.3649/	−2	6.0238/	−2
26.00	5.7009/	−2	5.3953/	−2	5.1062/	−2	4.8325/	−2
28.00	4.5735/	−2	4.3283/	−2	4.0964/	−2	3.8768/	−2
30.00	3.6690/	−2	3.4724/	−2	3.2863/	−2	3.1101/	−2
32.00	2.9434/	−2	2.7857/	−2	2.6364/	−2	2.4951/	−2
34.00	2.3613/	−2	2.2348/	−2	2.1150/	−2	2.0016/	−2
36.00	1.8943/	−2	1.7928/	−2	1.6967/	−2	1.6058/	−2
38.00	1.5197/	−2	1.4383/	−2	1.3612/	−2	1.2882/	−2
40.00	1.2192/	−2	1.1538/	−2	1.0920/	−2	1.0335/	−2
42.00	9.7807/	−3	9.2565/	−3	8.7603/	−3	8.2908/	−3
44.00	7.8464/	−3						

$^{92}\text{Mo}(n, \gamma)^{93m}\text{Mo}$

$M = 95.94$ $\qquad\qquad G = 15.86\%$ $\qquad\qquad \sigma_{ac} = 0.006$ barn,

^{93m}Mo $\quad T_1 = 6.95$ hour

E_γ (keV)	1479	685	264
P	1.000	1.000	0.580

Activation data for ^{93m}Mo : $A_1(\tau)$, dps/μg

$$A_1(\text{sat}) = 5.9740/ \quad 1$$
$$A_1(1 \text{ sec}) = 1.6547/ \ -3$$

Hour	0.00		0.50		1.00		1.50	
0.00	0.0000/	0	2.9054/	0	5.6695/	0	8.2992/	0
2.00	1.0801/	1	1.3181/	1	1.5445/	1	1.7600/	1
4.00	1.9649/	1	2.1599/	1	2.3454/	1	2.5219/	1
6.00	2.6897/	1	2.8495/	1	3.0014/	1	3.1460/	1
8.00	3.2835/	1	3.4144/	1	3.5389/	1	3.6573/	1
10.00	3.7700/	1	3.8772/	1	3.9791/	1	4.0762/	1
12.00	4.1685/	1	4.2563/	1	4.3398/	1	4.4193/	1
14.00	4.4949/	1	4.5668/	1	4.6353/	1	4.7004/	1
16.00	4.7623/	1	4.8213/	1	4.8773/	1	4.9307/	1
18.00	4.9814/	1	5.0297/	1	5.0756/	1	5.1193/	1
20.00	5.1609/	1	5.2004/	1	5.2380/	1	5.2738/	1
22.00	5.3079/	1	5.3403/	1	5.3711/	1	5.4004/	1
24.00	5.4283/	1						

Decay factor for ^{93m}Mo : $D_1(t)$

Hour	0.00		0.50		1.00		1.50	
0.00	1.0000/	0	9.5137/	-1	9.0510/	-1	8.6108/	-1
2.00	8.1920/	-1	7.7936/	-1	7.4146/	-1	7.0540/	-1
4.00	6.7109/	-1	6.3845/	-1	6.0740/	-1	5.7786/	-1
6.00	5.4976/	-1	5.2302/	-1	4.9759/	-1	4.7339/	-1
8.00	4.5036/	-1	4.2846/	-1	4.0762/	-1	3.8780/	-1
10.00	3.6894/	-1	3.5100/	-1	3.3393/	-1	3.1769/	-1
12.00	3.0224/	-1	2.8754/	-1	2.7355/	-1	2.6025/	-1
14.00	2.4759/	-1	2.3555/	-1	2.2410/	-1	2.1320/	-1
16.00	2.0283/	-1	1.9296/	-1	1.8358/	-1	1.7465/	-1
18.00	1.6616/	-1	1.5808/	-1	1.5039/	-1	1.4307/	-1
20.00	1.3612/	-1	1.2950/	-1	1.2320/	-1	1.1721/	-1
22.00	1.1151/	-1	1.0608/	-1	1.0092/	-1	9.6016/	-2
24.00	9.1347/	-2	8.6904/	-2	8.2678/	-2	7.8657/	-2
26.00	7.4831/	-2	7.1192/	-2	6.7730/	-2	6.4436/	-2
28.00	6.1302/	-2	5.8321/	-2	5.5484/	-2	5.2786/	-2
30.00	5.0219/	-2	4.7776/	-2	4.5453/	-2	4.3242/	-2
32.00	4.1139/	-2	3.9139/	-2	3.7235/	-2	3.5424/	-2

Hour	0.00	0.50	1.00	1.50
34.00	3.3701/ —2	3.2062/ —2	3.0503/ —2	2.9020/ —2
36.00	2.7608/ —2	2.6266/ —2	2.4988/ —2	2.3773/ —2
38.00	2.2617/ —2	2.1517/ —2	2.0470/ —2	1.9475/ —2
40.00	1.8528/ —2	1.7627/ —2	1.6769/ —2	1.5954/ —2
42.00	1.5178/ —2	1.4440/ —2	1.3738/ —2	1.3069/ —2
44.00	1.2434/ —2	1.1829/ —2	1.1254/ —2	1.0706/ —2
46.00	1.0186/ —2	9.6904/ —3	9.2191/ —3	8.7708/ —3
48.00	8.3442/ —3			

$$^{98}\text{Mo}(n, \gamma)^{99}\text{Mo} \rightarrow {}^{99m}\text{Tc}$$

$M = 95.94$ $\qquad G = 23.75\%$ $\qquad \sigma_{ac} = 0.51$ barn,

^{99}Mo $\quad T_1 = 66.7$ hour

E_γ (keV)	780	740	372	181	41
P	0.040	0.120	0.010	0.070	0.020

^{99m}Tc $\quad T_2 = 6.049$ hour

E_γ (keV)	140
P	0.900

Activation data for ^{99}Mo : $A_1(\tau)$, dps/μg

$$A_1(\text{sat}) = 7.6041/\ \ 3$$
$$A_1(1\ \text{sec}) = 2.1946/\ -2$$

$K = 1.0997/\ 0$

Time intervals with respect to T_1

Hour	0.00		4.00		8.00		12.00	
0.00	0.0000/	0	3.0954/	2	6.0649/	2	8.9134/	2
16.00	1.1646/	3	1.4267/	3	1.6782/	3	1.9194/	3
32.00	2.1508/	3	2.3728/	3	2.5858/	3	2.7901/	3
48.00	2.9860/	3	3.1740/	3	3.3544/	3	3.5273/	3
64.00	3.6933/	3	3.8525/	3	4.0052/	3	4.1517/	3
80.00	4.2923/	3	4.4271/	3	4.5564/	3	4.6805/	3
96.00	4.7995/	3	4.9136/	3	5.0232/	3	5.1282/	3
112.00	5.2290/	3	5.3257/	3	5.4184/	3	5.5074/	3
128.00	5.5928/	3	5.6746/	3	5.7532/	3	5.8285/	3
144.00	5.9008/	3	5.9701/	3	6.0367/	3	6.1005/	3
160.00	6.1617/	3	6.2204/	3	6.2767/	3	6.3308/	3
176.00	6.3826/	3	6.4323/	3	6.4800/	3	6.5258/	3
192.00	6.5697/	3	6.6118/	3	6.6522/	3	6.6909/	3
208.00	6.7281/	3						

Decay factor for ^{99}Mo : $D_1(t)$

Hour	0.00	4.00	8.00	12.00
0.00	1.0000/ 0	9.5929/ -1	9.2024/ -1	8.8278/ -1
16.00	8.4685/ -1	8.1237/ -1	7.7930/ -1	7.4758/ -1
32.00	7.1715/ -1	6.8795/ -1	6.5995/ -1	6.3308/ -1
48.00	6.0731/ -1	5.8259/ -1	5.5888/ -1	5.3612/ -1
64.00	5.1430/ -1	4.9336/ -1	4.7328/ -1	4.5401/ -1
80.00	4.3553/ -1	4.1780/ -1	4.0080/ -1	3.8448/ -1
96.00	3.6883/ -1	3.5382/ -1	3.3941/ -1	3.2560/ -1
112.00	3.1234/ -1	2.9963/ -1	2.8743/ -1	2.7573/ -1

194

Hour	0.00	4.00	8.00	12.00
128.00	2.6451/ −1	2.5374/ −1	2.4341/ −1	2.3350/ −1
144.00	2.2399/ −1	2.1488/ −1	2.0613/ −1	1.9774/ −1
160.00	1.8969/ −1	1.8197/ −1	1.7456/ −1	1.6745/ −1
176.00	1.6064/ −1	1.5410/ −1	1.4783/ −1	1.4181/ −1
192.00	1.3604/ −1	1.3050/ −1	1.2519/ −1	1.2009/ −1
208.00	1.1520/ −1	1.1051/ −1	1.0601/ −1	1.0170/ −1
224.00	9.7557/ −2	9.3586/ −2	8.9776/ −2	8.6122/ −2
240.00	8.2616/ −2	7.9253/ −2	7.6027/ −2	7.2932/ −2
256.00	6.9963/ −2	6.7115/ −2	6.4383/ −2	6.1762/ −2
272.00	5.9248/ −2	5.6836/ −2	5.4522/ −2	5.2303/ −2
288.00	5.0174/ −2	4.8131/ −2	4.6172/ −2	4.4292/ −2
304.00	4.2489/ −2	4.0760/ −2	3.9101/ −2	3.7509/ −2
320.00	3.5982/ −2	3.4517/ −2	3.3112/ −2	3.1764/ −2
336.00	3.0471/ −2	2.9231/ −2	2.8041/ −2	2.6899/ −2
352.00	2.5804/ −2	2.4754/ −2	2.3746/ −2	2.2780/ −2
368.00	2.1852/ −2	2.0963/ −2	2.0109/ −2	1.9291/ −2
384.00	1.8506/ −2	1.7752/ −2	1.7030/ −2	1.6336/ −2
400.00	1.5671/ −2	1.5033/ −2	1.4421/ −2	1.3834/ −2
416.00	1.3271/ −2			

Activation data for ^{99m}Tc : $F \cdot A_2(\tau)$

$$F \cdot A_2(\text{sat}) = -7.5813/ \quad 2$$
$$F \cdot A_2(1 \text{ sec}) = -2.4126/ -2$$

Hour	0.00		4.00		8.00		12.00	
0.00	0.0000/	0	−2.7870/	2	−4.5494/	2	−5.6640/	2
16.00	−6.3688/	2	−6.8145/	2	−7.0964/	2	−7.2746/	2
32.00	−7.3874/	2	−7.4586/	2	−7.5037/	2	−7.5322/	2
48.00	−7.5503/	2	−7.5617/	2	−7.5689/	2	−7.5734/	2
64.00	−7.5763/	2	−7.5781/	2	−7.5793/	2	−7.5800/	2
80.00	−7.5805/	2	−7.5808/	2	−7.5810/	2	−7.5811/	2

Decay factor for ^{99m}Tc : $D_2(t)$

Hour	0.00		4.00		8.00		12.00	
0.00	1.0000/	0	6.3238/	−1	3.9991/	−1	2.5290/	−1
16.00	1.5993/	−1	1.0114/	−1	6.3957/	−2	4.0445/	−2
32.00	2.5577/	−2	1.6175/	−2	1.0229/	−2	6.4684/	−3
48.00	4.0905/	−3	2.5868/	−3	1.6358/	−3	1.0345/	−3
64.00	6.5418/	−4	4.1370/	−4	2.6162/	−4	1.6544/	−4
80.00	1.0462/	−4	6.6162/	−5	4.1840/	−5	2.6459/	−5

*

Activation data for ^{99}Mo : $A_1(\tau)$, dps/µg

$$A_1(\text{sat}) \quad = 7.6041/ \quad 3$$
$$A_1(1 \text{ sec}) = 2.1946/ \; -2$$

$K = 1.0997/\ 0$

Time intervals with respect to T_2

Hour	0.00		0.50		1.00		1.50	
0.00	0.0000/	0	3.9400/	1	7.8596/	1	1.1759/	2
2.00	1.5638/	2	1.9497/	2	2.3336/	2	2.7155/	2
4.00	3.0954/	2	3.4734/	2	3.8494/	2	4.2235/	2
6.00	4.5956/	2	4.9658/	2	5.3340/	2	5.7004/	2
8.00	6.0649/	2	6.4274/	2	6.7881/	2	7.1470/	2
10.00	7.5039/	2	7.8590/	2	8.2123/	2	8.5638/	2
12.00	8.9134/	2	9.2612/	2	9.6072/	2	9.9515/	2
14.00	1.0294/	3	1.0635/	3	1.0973/	3	1.1311/	3
16.00	1.1646/	3	1.1980/	3	1.2312/	3	1.2642/	3
18.00	1.2970/	3	1.3297/	3	1.3622/	3	1.3946/	3
20.00	1.4267/	3	1.4587/	3	1.4906/	3	1.5223/	3

Decay factor for ^{99}Mo : $D_1(t)$

Hour	0.00		0.50		1.00		1.50	
0.00	1.0000/	0	9.9482/	−1	9.8966/	−1	9.8454/	−1
2.00	9.7943/	−1	9.7436/	−1	9.6931/	−1	9.6429/	−1
4.00	9.5929/	−1	9.5432/	−1	9.4938/	−1	9.4446/	−1
6.00	9.3956/	−1	9.3470/	−1	9.2985/	−1	9.2504/	−1
8.00	9.2024/	−1	9.1547/	−1	9.1073/	−1	9.0601/	−1
10.00	9.0132/	−1	8.9665/	−1	8.9200/	−1	8.8738/	−1
12.00	8.8278/	−1	8.7821/	−1	8.7366/	−1	8.6913/	−1
14.00	8.6463/	−1	8.6015/	−1	8.5569/	−1	8.5126/	−1
16.00	8.4685/	−1	8.4246/	−1	8.3809/	−1	8.3375/	−1
18.00	8.2943/	−1	8.2513/	−1	8.2086/	−1	8.1660/	−1
20.00	8.1237/	−1	8.0816/	−1	8.0398/	−1	7.9981/	−1
22.00	7.9567/	−1	7.9154/	−1	7.8744/	−1	7.8336/	−1
24.00	7.7930/	−1	7.7527/	−1	7.7125/	−1	7.6725/	−1
26.00	7.6328/	−1	7.5932/	−1	7.5539/	−1	7.5147/	−1
28.00	7.4758/	−1	7.4371/	−1	7.3985/	−1	7.3602/	−1
30.00	7.3221/	−1	7.2841/	−1	7.2464/	−1	7.2088/	−1
32.00	7.1715/	−1	7.1343/	−1	7.0974/	−1	7.0606/	−1
34.00	7.0240/	−1	6.9876/	−1	6.9514/	−1	6.9154/	−1
36.00	6.8795/	−1	6.8439/	−1	6.8084/	−1	6.7732/	−1
38.00	6.7381/	−1	6.7032/	−1	6.6684/	−1	6.6339/	−1
40.00	6.5995/	−1	6.5653/	−1	6.5313/	−1	6.4974/	−1
42.00	6.4638/	−1	6.4303/	−1	6.3970/	−1		

Activation data for ^{99m}Tc : $F \cdot A_2(\tau)$

$$F \cdot A_2(\text{sat}) \quad = -7.5813/ \quad 2$$
$$F \cdot A_2(1 \text{ sec}) = -2.4126/ \ -2$$

Hour	0.00		0.50		1.00		1.50	
0.00	0.0000/	0	−4.2207/	1	−8.2064/	1	−1.1970/	2
2.00	−1.5524/	2	−1.8881/	2	−2.2050/	2	−2.5043/	2
4.00	−2.7870/	2	−3.0539/	2	−3.3060/	2	−3.5440/	2
6.00	−3.7687/	2	−3.9810/	2	−4.1814/	2	−4.3707/	2
8.00	−4.5494/	2	−4.7182/	2	−4.8776/	2	−5.0281/	2
10.00	−5.1703/	2	−5.3045/	2	−5.4313/	2	−5.5510/	2
12.00	−5.6640/	2	−5.7707/	2	−5.8715/	2	−5.9667/	2
14.00	−6.0566/	2	−6.1415/	2	−6.2216/	2	−6.2973/	2
16.00	−6.3688/	2	−6.4363/	2	−6.5001/	2	−6.5603/	2
18.00	−6.6171/	2	−6.6708/	2	−6.7215/	2	−6.7693/	2
20.00	−6.8145/	2	−6.8572/	2	−6.8975/	2	−6.9356/	2

Decay factor for ^{99m}Tc : $D_2(t)$

Hour	0.00		0.50		1.00		1.50	
0.00	1.0000/	0	9.4433/	−1	8.9175/	−1	8.4211/	−1
2.00	7.9523/	−1	7.5095/	−1	7.0915/	−1	6.6967/	−1
4.00	6.3238/	−1	5.9718/	−1	5.6393/	−1	5.3254/	−1
6.00	5.0289/	−1	4.7489/	−1	4.4845/	−1	4.2349/	−1
8.00	3.9991/	−1	3.7765/	−1	3.5662/	−1	3.3677/	−1
10.00	3.1802/	−1	3.0031/	−1	2.8359/	−1	2.6781/	−1
12.00	2.5290/	−1	2.3882/	−1	2.2552/	−1	2.1297/	−1
14.00	2.0111/	−1	1.8991/	−1	1.7934/	−1	1.6936/	−1
16.00	1.5993/	−1	1.5102/	−1	1.4262/	−1	1.3468/	−1
18.00	1.2718/	−1	1.2010/	−1	1.1341/	−1	1.0710/	−1
20.00	1.0114/	−1	9.5506/	−2	9.0189/	−2	8.5168/	−2
22.00	8.0426/	−2	7.5949/	−2	7.1720/	−2	6.7727/	−2
24.00	6.3957/	−2	6.0396/	−2	5.7034/	−2	5.3859/	−2
26.00	5.0860/	−2	4.8029/	−2	4.5355/	−2	4.2830/	−2
28.00	4.0445/	−2	3.8194/	−2	3.6067/	−2	3.4059/	−2
30.00	3.2163/	−2	3.0373/	−2	2.8682/	−2	2.7085/	−2
32.00	2.5577/	−2	2.4153/	−2	2.2808/	−2	2.1539/	−2
34.00	2.0340/	−2	1.9207/	−2	1.8138/	−2	1.7128/	−2
36.00	1.6175/	−2	1.5274/	−2	1.4424/	−2	1.3621/	−2
38.00	1.2862/	−2	1.2146/	−2	1.1470/	−2	1.0832/	−2
40.00	1.0229/	−2	9.6591/	−3	9.1213/	−3	8.6135/	−3
42.00	8.1340/	−3	7.6811/	−3	7.2535/	−3	

$^{100}\mathrm{Mo}(n, \gamma)^{101}\mathrm{Mo} \rightarrow {}^{101}\mathrm{Tc}$

$M = 95.94$ $\qquad\qquad$ $G = 9.62\%$ $\qquad\qquad$ $\sigma_{ac} = 0.2$ barn,

$^{101}\mathrm{Mo}$ $\qquad$ $T_1 = 14.6$ minute

E_γ (keV)	2080	1660	1560	1460	1380	1280	1180	1140
P	0.160	0.030	0.110	0.010	0.090	0.030	0.110	0.010
E_γ (keV)	1020	950	890	840	704	700	590	510
P	0.250	0.020	0.150	0.010	0.110	0.010	0.210	0.160
E_γ (keV)	400	300	193	191	80			
P	0.020	0.070	0.020	0.250	0.030			

$^{101}\mathrm{Tc}$ $\qquad$ $T_2 = 14$ minute

E_γ (keV)	547	307	130
P	0.080	0.910	0.030

Activation data for $^{101}\mathrm{Mo}$: $A_1(\tau)$, dps/µg

$A_1(\text{sat}) = 1.2079/ \quad 3$

$A_1(1 \text{ sec}) = 9.5516/ \; -1$

$K = 24.3330/ \; 0$

Minute	0.00		0.50		1.00		1.50	
0.00	0.0000/	0	2.8329/	1	5.5993/	1	8.3008/	1
2.00	1.0939/	2	1.3515/	2	1.6031/	2	1.8488/	2
4.00	2.0887/	2	2.3230/	2	2.5518/	2	2.7753/	2
6.00	2.9935/	2	3.2065/	2	3.4146/	2	3.6178/	2
8.00	3.8163/	2	4.0190/	2	4.1993/	2	4.3841/	2
10.00	4.5645/	2	4.7408/	2	4.9129/	2	5.0809/	2
12.00	5.2451/	2	5.4053/	2	5.5618/	2	5.7147/	2
14.00	5.8639/	2	6.0097/	2	6.1520/	2	6.2910/	2
16.00	6.4268/	2	6.5593/	2	6.6888/	2	6.8152/	2
18.00	6.9386/	2	7.0592/	2	7.1769/	2	7.2919/	2
20.00	7.4041/	2	7.5138/	2	7.6208/	2	7.7254/	2
22.00	7.8275/	2	7.9272/	2	8.0246/	2	8.1196/	2
24.00	8.2125/	2	8.3032/	2	8.3917/	2	8.4782/	2
26.00	8.5626/	2	8.6451/	2	8.7256/	2	8.8043/	2
28.00	8.8811/	2	8.9560/	2	9.0293/	2	9.1008/	2
30.00	9.1706/	2	9.2388/	2	9.3054/	2	9.3705/	2
32.00	9.4340/	2	9.4960/	2	9.5566/	2	9.6158/	2
34.00	9.6735/	2	9.7299/	2	9.7850/	2	9.8388/	2
36.00	9.8913/	2	9.9426/	2	9.9927/	2	1.0042/	3
38.00	1.0089/	3	1.0136/	3	1.0182/	3	1.0226/	3
40.00	1.0270/	3	1.0312/	3	1.0353/	3	1.0394/	3
42.00	1.0433/	3	1.0472/	3	1.0510/	3	1.0546/	3
44.00	1.0582/	3	1.0618/	3	1.0652/	3	1.0685/	3

Minute	0.00	0.50	1.00	1.50
46.00	1.0718/ 3	1.0750/ 3	1.0781/ 3	1.0811/ 3
48.00	1.0841/ 3	1.0870/ 3	1.0899/ 3	1.0926/ 3
50.00	1.0953/ 3			

Decay factor for ^{101}Mo : $D_1(t)$

Minute	0.00	0.50	1.00	1.50
0.00	1.0000/ 0	9.7655/ −1	9.5364/ −1	9.3128/ −1
2.00	9.0944/ −1	8.8811/ −1	8.6728/ −1	8.4694/ −1
4.00	8.2707/ −1	8.0767/ −1	7.8873/ −1	7.7023/ −1
6.00	7.5217/ −1	7.3453/ −1	7.1730/ −1	7.0048/ −1
8.00	6.8405/ −1	6.6801/ −1	6.5234/ −1	6.3704/ −1
10.00	6.2210/ −1	6.0751/ −1	5.9326/ −1	5.7935/ −1
12.00	5.6576/ −1	5.5249/ −1	5.3953/ −1	5.2688/ −1
14.00	5.1452/ −1	5.0245/ −1	4.9067/ −1	4.7916/ −1
16.00	4.6792/ −1	4.5695/ −1	4.4623/ −1	4.3577/ −1
18.00	4.2555/ −1	4.1556/ −1	4.0582/ −1	3.9630/ −1
20.00	3.8701/ −1	3.7793/ −1	3.6907/ −1	3.6041/ −1
22.00	3.5196/ −1	3.4370/ −1	3.3564/ −1	3.2777/ −1
24.00	3.2008/ −1	3.1257/ −1	3.0524/ −1	2.9808/ −1
26.00	2.9109/ −1	2.8427/ −1	2.7760/ −1	2.7109/ −1
28.00	2.6473/ −1	2.5852/ −1	2.5246/ −1	2.4654/ −1
30.00	2.4076/ −1	2.3511/ −1	2.2960/ −1	2.2421/ −1
32.00	2.1895/ −1	2.1382/ −1	2.0880/ −1	2.0390/ −1
34.00	1.9912/ −1	1.9445/ −1	1.8989/ −1	1.8544/ −1
36.00	1.8109/ −1	1.7684/ −1	1.7269/ −1	1.6864/ −1
38.00	1.6469/ −1	1.6083/ −1	1.5705/ −1	1.5337/ −1
40.00	1.4977/ −1	1.4626/ −1	1.4283/ −1	1.3948/ −1
42.00	1.3621/ −1	1.3301/ −1	1.2990/ −1	1.2685/ −1
44.00	1.2387/ −1	1.2097/ −1	1.1813/ −1	1.1536/ −1
46.00	1.1266/ −1	1.1001/ −1	1.0743/ −1	1.0491/ −1
48.00	1.0245/ −1	1.0005/ −1	9.7703/ −2	9.5412/ −2
50.00	9.3174/ −2	9.0989/ −2	8.8855/ −2	8.6771/ −2
52.00	8.4736/ −2	8.2748/ −2	8.0808/ −2	7.8912/ −2
54.00	7.7062/ −2	7.5254/ −2	7.3489/ −2	7.1766/ −2
56.00	7.0082/ −2	6.8439/ −2	6.6834/ −2	6.5266/ −2
58.00	6.3735/ −2	6.2241/ −2	6.0781/ −2	5.9355/ −2
60.00	5.7963/ −2	5.6604/ −2	5.5276/ −2	5.3980/ −2
62.00	5.2714/ −2	5.1478/ −2	5.0270/ −2	4.9091/ −2
64.00	4.7940/ −2	4.6815/ −2	4.5718/ −2	4.4645/ −2
66.00	4.3598/ −2	4.2576/ −2	4.1577/ −2	4.0602/ −2
68.00	3.9650/ −2	3.8720/ −2	3.7812/ −2	3.6925/ −2
70.00	3.6059/ −2	3.5213/ −2	3.4387/ −2	3.3581/ −2
72.00	3.2793/ −2	3.2024/ −2	3.1273/ −2	3.0540/ −2
74.00	2.9823/ −2	2.9124/ −2	2.8441/ −2	2.7774/ −2
76.00	2.7122/ −2	2.6486/ −2	2.5865/ −2	2.5258/ −2
78.00	2.4666/ −2	2.4088/ −2	2.3523/ −2	2.2971/ −2
80.00	2.2432/ −2	2.1906/ −2	2.1392/ −2	2.0891/ −2
82.00	2.0401/ −2	1.9922/ −2	1.9455/ −2	1.8999/ −2
84.00	1.8553/ −2	1.8118/ −2	1.7693/ −2	1.7278/ −2

Minute	0.00	0.50	1.00	1.50
86.00	1.6873/ −2	1.6477/ −2	1.6091/ −2	1.5713/ −2
88.00	1.5345/ −2	1.4985/ −2	1.4633/ −2	1.4290/ −2
90.00	1.3955/ −2	1.3628/ −2	1.3308/ −2	1.2996/ −2
92.00	1.2691/ −2	1.2394/ −2	1.2103/ −2	1.1819/ −2
94.00	1.1542/ −2	1.1271/ −2	1.1007/ −2	1.0749/ −2
96.00	1.0497/ −2	1.0250/ −2	1.0010/ −2	9.7752/ −3
98.00	9.5459/ −3	9.3220/ −3	9.1034/ −3	8.8899/ −3
100.00	8.6814/ −3	8.4778/ −3	8.2789/ −3	8.0848/ −3
102.00	7.8951/ −3			

Activation data for ^{101}Tc : $F \cdot A_2(\tau)$

$$F \cdot A_2(\text{sat}) = -2.8183/\ 4$$
$$F \cdot A_2(1\ \text{sec}) = -2.3241/\ 1$$

Minute	0.00		0.50		1.00		1.50	
0.00	0.0000/	0	−6.8897/	2	−1.3611/	3	−2.0168/	3
2.00	−2.6565/	3	−3.2805/	3	−3.8893/	3	−4.4832/	3
4.00	−5.0625/	3	−5.6277/	3	−6.1791/	3	−6.7171/	3
6.00	−7.2418/	3	−7.7538/	3	−8.2532/	3	−8.7404/	3
8.00	−9.2157/	3	−9.6794/	3	−1.0132/	4	−1.0573/	4
10.00	−1.1004/	4	−1.1423/	4	−1.1833/	4	−1.2233/	4
12.00	−1.2623/	4	−1.3003/	4	−1.3374/	4	−1.3736/	4
14.00	−1.4089/	4	−1.4434/	4	−1.4770/	4	−1.5098/	4
16.00	−1.5418/	4	−1.5730/	4	−1.6034/	4	−1.6331/	4
18.00	−1.6621/	4	−1.6904/	4	−1.7180/	4	−1.7448/	4
20.00	−1.7711/	4	−1.7967/	4	−1.8217/	4	−1.8460/	4
22.00	−1.8698/	4	−1.8930/	4	−1.9156/	4	−1.9377/	4
24.00	−1.9592/	4	−1.9802/	4	−2.0007/	4	−2.0207/	4
26.00	−2.0402/	4	−2.0592/	4	−2.0778/	4	−2.0959/	4
28.00	−2.1135/	4	−2.1308/	4	−2.1476/	4	−2.1640/	4
30.00	−2.1800/	4	−2.1956/	4	−2.2108/	4	−2.2256/	4
32.00	−2.2401/	4	−2.2543/	4	−2.2680/	4	−2.2815/	4
34.00	−2.2946/	4	−2.3074/	4	−2.3199/	4	−2.3321/	4
36.00	−2.3440/	4	−2.3556/	4	−2.3669/	4	−2.3779/	4
38.00	−2.3887/	4	−2.3992/	4	−2.4094/	4	−2.4194/	4
40.00	−2.4292/	4	−2.4387/	4	−2.4480/	4	−2.4570/	4
42.00	−2.4659/	4	−2.4745/	4	−2.4829/	4	−2.4911/	4
44.00	−2.4991/	4	−2.5069/	4	−2.5145/	4	−2.5219/	4
46.00	−2.5292/	4	−2.5362/	4	−2.5431/	4	−2.5499/	4
48.00	−2.5564/	4	−2.5628/	4	−2.5691/	4	−2.5752/	4
50.00	−2.5811/	4						

Decay factor for ^{101}Tc : $D_2(t)$

Minute	0.00		0.50		1.00		1.50	
0.00	1.0000/	0	9.7555/	−1	9.5171/	−1	9.2844/	−1
2.00	9.0574/	−1	8.8360/	−1	8.6200/	−1	8.4093/	−1
4.00	8.2037/	−1	8.0031/	−1	7.8075/	−1	7.6166/	−1

Minute	0.00	0.50	1.00	1.50
6.00	7.4304/ −1	7.2488/ −1	7.0716/ −1	6.8987/ −1
8.00	6.7301/ −1	6.5655/ −1	6.4050/ −1	6.2485/ −1
10.00	6.0957/ −1	5.9467/ −1	5.8013/ −1	5.6595/ −1
12.00	5.5211/ −1	5.3862/ −1	5.2545/ −1	5.1260/ −1
14.00	5.0007/ −1	4.8785/ −1	4.7592/ −1	4.6429/ −1
16.00	4.5294/ −1	4.4187/ −1	4.3106/ −1	4.2053/ −1
18.00	4.1025/ −1	4.0022/ −1	3.9043/ −1	3.8089/ −1
20.00	3.7158/ −1	3.6249/ −1	3.5363/ −1	3.4499/ −1
22.00	3.3655/ −1	3.2833/ −1	3.2030/ −1	3.1247/ −1
24.00	3.0483/ −1	2.9738/ −1	2.9011/ −1	2.8302/ −1
26.00	2.7610/ −1	2.6935/ −1	2.6276/ −1	2.5634/ −1
28.00	2.5007/ −1	2.4396/ −1	2.3800/ −1	2.3218/ −1
30.00	2.2650/ −1	2.2097/ −1	2.1556/ −1	2.1029/ −1
32.00	2.0515/ −1	2.0014/ −1	1.9525/ −1	1.9047/ −1
34.00	1.8582/ −1	1.8127/ −1	1.7684/ −1	1.7252/ −1
36.00	1.6830/ −1	1.6419/ −1	1.6017/ −1	1.5626/ −1
38.00	1.5244/ −1	1.4871/ −1	1.4508/ −1	1.4153/ −1
40.00	1.3807/ −1	1.3469/ −1	1.3140/ −1	1.2819/ −1
42.00	1.2506/ −1	1.2200/ −1	1.1902/ −1	1.1611/ −1
44.00	1.3127/ −1	1.1050/ −1	1.0780/ −1	1.0516/ −1
46.00	1.0259/ −1	1.0008/ −1	9.7637/ −2	9.5250/ −2
48.00	9.2922/ −2	9.0650/ −2	8.8434/ −2	8.6272/ −2
50.00	8.4163/ −2	8.2106/ −2	8.0098/ −2	7.8140/ −2
52.00	7.6230/ −2	7.4366/ −2	7.2548/ −2	7.0775/ −2
54.00	6.9045/ −2	6.7357/ −2	6.5710/ −2	6.4104/ −2
56.00	6.2537/ −2	6.1008/ −2	5.9517/ −2	5.8062/ −2
58.00	5.6642/ −2	5.5258/ −2	5.3907/ −2	5.2589/ −2
60.00	5.1303/ −2	5.0049/ −2	4.8826/ −2	4.7632/ −2
62.00	4.6468/ −2	4.5332/ −2	4.4223/ −2	4.3142/ −2
64.00	4.2088/ −2	4.1059/ −2	4.0055/ −2	3.9076/ −2
66.00	3.8121/ −2	3.7189/ −2	3.6280/ −2	3.5393/ −2
68.00	3.4527/ −2	3.3683/ −2	3.2860/ −2	3.2057/ −2
70.00	3.1273/ −2	3.0508/ −2	2.9763/ −2	2.9035/ −2
72.00	2.8325/ −2	2.7633/ −2	2.6957/ −2	2.6298/ −2
74.00	2.5655/ −2	2.5028/ −2	2.4416/ −2	2.3820/ −2
76.00	2.3237/ −2	2.2669/ −2	2.2115/ −2	2.1574/ −2
78.00	2.1047/ −2	2.0532/ −2	2.0030/ −2	1.9541/ −2
80.00	1.9063/ −2	1.8597/ −2	1.8142/ −2	1.7699/ −2
82.00	1.7266/ −2	1.6844/ −2	1.6432/ −2	1.6031/ −2
84.00	1.5639/ −2	1.5256/ −2	1.4884/ −2	1.4520/ −2
86.00	1.4165/ −2	1.3818/ −2	1.3481/ −2	1.3151/ −2
88.00	1.2830/ −2	1.2516/ −2	1.2210/ −2	1.1912/ −2
90.00	1.1620/ −2	1.1336/ −2	1.1059/ −2	1.0789/ −2
92.00	1.0525/ −2	1.0268/ −2	1.0017/ −2	9.7718/ −3
94.00	9.5330/ −3	9.2999/ −3	9.0726/ −3	8.8508/ −3
96.00	8.6344/ −3	8.4233/ −3	8.2174/ −3	8.0165/ −3
98.00	7.8206/ −3	7.6294/ −3	7.4429/ −3	7.2609/ −3
100.00	7.0834/ −3	6.9102/ −3	6.7413/ −3	6.5765/ −3
102.00	6.4157/ −3			

$^{96}\text{Ru}(n, \gamma)^{97}\text{Ru}$

$M = 101.07$ $\qquad G = 5.46\%$ $\qquad \sigma_{ac} = 0.21$ barn,

^{97}Ru $\qquad T_1 = 69.12$ hour

E_γ (keV)	324	215
P	0.080	0.910

Activation data for ^{97}Ru : $A_1(\tau)$, dps/μg

$$A_1(\text{sat}) = 6.8329/ \quad 2$$
$$A_1(1 \text{ sec}) = 1.9030/ \; -3$$

Hour	0.00		4.00		8.00		12.00	
0.00	0.0000/	0	2.6860/	1	5.2665/	1	7.7455/	1
16.00	1.0127/	2	1.2415/	2	1.4613/	2	1.6725/	2
32.00	1.8753/	2	2.0702/	2	2.2574/	2	2.4373/	2
48.00	2.6101/	2	2.7761/	2	2.9356/	2	3.0888/	2
64.00	3.2359/	2	3.3773/	2	3.5132/	2	3.6437/	2
80.00	3.7690/	2	3.8895/	2	4.0052/	2	4.1164/	2
96.00	4.2231/	2	4.3257/	2	4.4243/	2	4.5190/	2
112.00	4.6099/	2	4.6973/	2	4.7813/	2	4.8619/	2
128.00	4.9394/	2	5.0138/	2	5.0853/	2	5.1540/	2
144.00	5.2200/	2	5.2834/	2	5.3443/	2	5.4029/	2
160.00	5.4591/	2	5.5131/	2	5.5650/	2	5.6148/	2
176.00	5.6627/	2	5.7087/	2	5.7529/	2	5.7953/	2
192.00	5.8361/	2	5.8753/	2	5.9129/	2	5.9491/	2
208.00	5.9838/	2	6.0172/	2	6.0493/	2	6.0801/	2
224.00	6.1097/	2	6.1381/	2	6.1654/	2	6.1917/	2
240.00	6.2169/	2						

Decay factor for ^{97}Ru : $D_1(t)$

Hour	0.00		4.00		8.00		12.00	
0.00	1.0000/	0	9.6069/	-1	9.2292/	-1	8.8664/	-1
16.00	8.5179/	-1	8.1830/	-1	7.8614/	-1	7.5523/	-1
32.00	7.2554/	-1	6.9702/	-1	6.6962/	-1	6.4330/	-1
48.00	6.1801/	-1	5.9372/	-1	5.7038/	-1	5.4795/	-1
64.00	5.2641/	-1	5.0572/	-1	4.8584/	-1	4.6674/	-1
80.00	4.4839/	-1	4.3077/	-1	4.1383/	-1	3.9757/	-1
96.00	3.8194/	-1	3.6692/	-1	3.5250/	-1	3.3864/	-1
112.00	3.2533/	-1	3.1254/	-1	3.0025/	-1	2.8845/	-1
128.00	2.7711/	-1	2.6622/	-1	2.5575/	-1	2.4570/	-1
144.00	2.3604/	-1	2.2676/	-1	2.1785/	-1	2.0928/	-1
160.00	2.0106/	-1	1.9315/	-1	1.8556/	-1	1.7827/	-1
176.00	1.7126/	-1	1.6453/	-1	1.5806/	-1	1.5184/	-1
192.00	1.4588/	-1	1.4014/	-1	1.3463/	-1	1.2934/	-1
208.00	1.2426/	-1	1.1937/	-1	1.1468/	-1	1.1017/	-1
224.00	1.0584/	-1	1.0168/	-1	9.7682/	-2	9.3842/	-2

Hour	0.00	4.00	8.00	12.00
240.00	9.0153/ −2	8.6609/ −2	8.3204/ −2	7.9933/ −2
256.00	7.6791/ −2	7.3772/ −2	7.0872/ −2	6.8086/ −2
272.00	6.5410/ −2	6.2838/ −2	6.0368/ −2	5.7995/ −2
288.00	5.5715/ −2	5.3525/ −2	5.1421/ −2	4.9400/ −2
304.00	4.7458/ −2	4.5592/ −2	4.3800/ −2	4.2078/ −2
320.00	4.0424/ −2	3.8835/ −2	3.7308/ −2	3.5842/ −2
336.00	3.4433/ −2	3.3079/ −2	3.1779/ −2	3.0529/ −2
352.00	2.9329/ −2	2.8176/ −2	2.7069/ −2	2.6005/ −2
368.00	2.4982/ −2	2.4000/ −2	2.3057/ −2	2.2150/ −2
384.00	2.1280/ −2	2.0443/ −2	1.9640/ −2	1.8868/ −2
400.00	1.8126/ −2	1.7413/ −2	1.6729/ −2	1.6071/ −2
416.00	1.5439/ −2	1.4832/ −2	1.4249/ −2	1.3689/ −2
432.00	1.3151/ −2	1.2634/ −2	1.2137/ −2	1.1660/ −2
448.00	1.1202/ −2	1.0762/ −2	1.0339/ −2	9.9321/ −3
464.00	9.5417/ −3	9.1666/ −3	8.8063/ −3	8.4601/ −3
480.00	8.1275/ −3			

$^{102}\text{Ru}(n, \gamma)^{103}\text{Ru}$

$M = 101.07$ $\qquad G = 31.6\%$ $\qquad \sigma_{ac} = 1.44$ barn,

^{103}Ru $\quad T_1 = 39.5$ day

E_γ (keV)	610	497
P	0.060	0.900

Activation data for $^{103}\text{Ru}: A_1(\tau)$, dps/$\mu$g

$$A_1(\text{sat}) \quad = 2.7117/ \quad 4$$
$$A_1(1 \text{ sec}) = 5.5063/ -3$$

Day	0.00		2.00		4.00		6.00	
0.00	0.0000/	0	9.3499/	2	1.8378/	3	2.7094/	3
8.00	3.5510/	3	4.3635/	3	5.1481/	3	5.9055/	3
16.00	6.6369/	3	7.3431/	3	8.0249/	3	8.6832/	3
24.00	9.3188/	3	9.9324/	3	1.0525/	4	1.1097/	4
32.00	1.1649/	4	1.2183/	4	1.2698/	4	1.3195/	4
40.00	1.3675/	4	1.4138/	4	1.4586/	4	1.5018/	4
48.00	1.5435/	4	1.5838/	4	1.6227/	4	1.6602/	4
56.00	1.6965/	4	1.7315/	4	1.7653/	4	1.7979/	4
64.00	1.8294/	4	1.8598/	4	1.8892/	4	1.9176/	4
72.00	1.9450/	4	1.9714/	4	1.9969/	4	2.0216/	4
80.00	2.0454/	4	2.0683/	4	2.0905/	4	2.1119/	4
88.00	2.1326/	4	2.1526/	4	2.1719/	4	2.1905/	4
96.00	2.2084/	4	2.2258/	4	2.2426/	4	2.2587/	4
104.00	2.2743/	4	2.2894/	4	2.3040/	4	2.3180/	4
112.00	2.3316/	4	2.3447/	4	2.3574/	4	2.3696/	4
120.00	2.3814/	4						

Decay factor for $^{103}\text{Ru}: D_1(t)$

Day	0.00		2.00		4.00		6.00	
0.00	1.0000/	0	9.6552/	−1	9.3223/	−1	9.0009/	−1
8.00	8.6905/	−1	8.3909/	−1	8.1015/	−1	7.8222/	−1
16.00	7.5525/	−1	7.2921/	−1	7.0406/	−1	6.7979/	−1
24.00	6.5635/	−1	6.3372/	−1	6.1187/	−1	5.9077/	−1
32.00	5.7040/	−1	5.5073/	−1	5.3174/	−1	5.1341/	−1
40.00	4.9571/	−1	4.7861/	−1	4.6211/	−1	4.4618/	−1
48.00	4.3079/	−1	4.1594/	−1	4.0160/	−1	3.8775/	−1
56.00	3.7438/	−1	3.6147/	−1	3.4901/	−1	3.3697/	−1
64.00	3.2536/	−1	3.1414/	−1	3.0331/	−1	2.9285/	−1
72.00	2.8275/	−1	2.7300/	−1	2.6359/	−1	2.5450/	−1
80.00	2.4572/	−1	2.3725/	−1	2.2907/	−1	2.2117/	−1
88.00	2.1355/	−1	2.0618/	−1	1.9907/	−1	1.9221/	−1
96.00	1.8558/	−1	1.7918/	−1	1.7301/	−1	1.6704/	−1
104.00	1.6128/	−1	1.5572/	−1	1.5035/	−1	1.4517/	−1
112.00	1.4016/	−1	1.3533/	−1	1.3066/	−1	1.2616/	−1

Day	0.00	2.00	4.00	6.00
120.00	1.2181/ −1	1.1761/ −1	1.1355/ −1	1.0964/ −1
128.00	1.0586/ −1	1.0221/ −1	9.8682/ −2	9.5280/ −2
136.00	9.1995/ −2	8.8823/ −2	8.5760/ −2	8.2803/ −2
144.00	7.9948/ −2	7.7191/ −2	7.4530/ −2	7.1960/ −2
152.00	6.9479/ −2	6.7083/ −2	6.4770/ −2	6.2537/ −2
160.00	6.0381/ −2	5.8299/ −2	5.6288/ −2	5.4348/ −2
168.00	5.2474/ −2	5.0664/ −2	4.8917/ −2	4.7231/ −2
176.00	4.5602/ −2	4.4030/ −2	4.2512/ −2	4.1046/ −2
184.00	3.9631/ −2	3.8264/ −2	3.6945/ −2	3.5671/ −2
192.00	3.4441/ −2	3.3254/ −2	3.2107/ −2	3.1000/ −2
200.00	2.9931/ −2	2.8899/ −2	2.7903/ −2	2.6940/ −2
208.00	2.6012/ −2	2.5115/ −2	2.4249/ −2	2.3413/ −2
216.00	2.2605/ −2	2.1826/ −2	2.1073/ −2	2.0347/ −2
224.00	1.9645/ −2	1.8968/ −2	1.8314/ −2	1.7682/ −2
232.00	1.7073/ −2	1.6484/ −2	1.5916/ −2	1.5367/ −2
240.00	1.4837/ −2	1.4325/ −2	1.3831/ −2	1.3355/ −2
248.00	1.2894/ −2	1.2449/ −2	1.2020/ −2	1.1606/ −2
256.00	1.1206/ −2	1.0819/ −2	1.0446/ −2	1.0086/ −2
264.00	9.7382/ −3	9.4025/ −3	9.0783/ −3	8.7652/ −3
272.00	8.4630/ −3			

$$^{104}\text{Ru}(n, \gamma)^{105}\text{Ru} \rightarrow {}^{105}\text{Rh}$$

$M = 101.07$ $\qquad G = 18.87\%$ $\qquad \sigma_{ac} = 0.47$ barn,

^{105}Ru $\quad T_1 = 4.44$ hour

E_γ (keV)	950	920	880	870	725	680	650	570	490
P	0.010	0.020	0.020	0.010	0.440	0.060	0.020	0.010	0.030
E_γ (keV)	470	413	393	317	315	263	210	188	150
P	0.190	0.020	0.030	0.030	0.100	0.090	0.020	0.020	0.020
E_γ (keV)	148	130
P	0.020	0.060

^{105}Rh $\quad T_2 = 35.9$ hour

E_γ (keV)	319	306
P	0.190	0.050

Activation data for ^{105}Ru : $A_1(\tau)$, dps/μg

$\qquad A_1(\text{sat}) = 5.2852/\quad 3$

$\qquad A_1(1 \text{ sec}) = 2.2914/ -1$

$K = -1.4113/ -1$

Time intervals with respect to T_1

Hour	0.00		0.25		0.50		0.75	
0.00	0.0000/	0	2.0226/	2	3.9678/	2	5.8385/	3
1.00	7.6376/	2	9.3679/	2	1.1032/	3	1.2632/	2
2.00	1.4172/	3	1.5652/	3	1.7075/	3	1.8445/	3
3.00	1.9761/	3	2.1028/	3	2.2245/	3	2.3417/	3
4.00	2.4543/	3	2.5627/	3	2.6668/	3	2.7670/	3
5.00	2.8634/	3	2.9561/	3	3.0452/	3	3.1309/	3
6.00	3.2134/	3	3.2927/	3	3.3689/	3	3.4422/	3
7.00	3.5128/	3	3.5806/	3	3.6458/	3	3.7086/	3
8.00	3.7689/	3	3.8269/	3	3.8827/	3	3.9364/	3
9.00	3.9880/	3	4.0377/	3	4.0854/	3	4.1313/	3
10.00	4.1755/	3	4.2179/	3	4.2588/	3	4.2981/	3
11.00	4.3358/	3	4.3722/	3	4.4071/	3	4.4407/	3
12.00	4.4730/	3	4.5041/	3	4.5340/	3	4.5628/	3
13.00	4.5904/	3	4.6170/	3	4.6426/	3	4.6671/	3
14.00	4.6908/	3	4.7135/	3	4.7354/	3	4.7565/	3
15.00	4.7767/	3						

Decay factor for ^{105}Ru : $D_1(t)$

Hour	0.00		0.25		0.50		0.75	
0.00	1.0000/	0	9.6173/	−1	9.2493/	−1	8.8953/	−1
1.00	8.5549/	−1	8.2275/	−1	7.9127/	−1	7.6098/	−1
2.00	7.3186/	−1	7.0386/	−1	6.7692/	−1	6.5101/	−1

Hour	0.00		0.25		0.50		0.75	
3.00	6.2610/ −1		6.0214/ −1		5.7910/ −1		5.5694/ −1	
4.00	5.3562/ −1		5.1513/ −1		4.9541/ −1		4.7645/ −1	
5.00	4.5822/ −1		4.4068/ −1		4.2382/ −1		4.0760/ −1	
6.00	3.9200/ −1		3.7700/ −1		3.6257/ −1		3.4870/ −1	
7.00	3.3535/ −1		3.2252/ −1		3.1018/ −1		2.9831/ −1	
8.00	2.8689/ −1		2.7591/ −1		2.6535/ −1		2.5520/ −1	
9.00	2.4543/ −1		2.3604/ −1		2.2701/ −1		2.1832/ −1	
10.00	2.0997/ −1		2.0193/ −1		1.9420/ −1		1.8677/ −1	
11.00	1.7962/ −1		1.7275/ −1		1.6614/ −1		1.5978/ −1	
12.00	1.5367/ −1		1.4779/ −1		1.4213/ −1		1.3669/ −1	
13.00	1.3146/ −1		1.2643/ −1		1.2159/ −1		1.1694/ −1	
14.00	1.1246/ −1		1.0816/ −1		1.0402/ −1		1.0004/ −1	
15.00	9.6211/ −2		9.2529/ −2		8.8988/ −2		8.5582/ −2	
16.00	8.2307/ −2		7.9157/ −2		7.6128/ −2		7.3215/ −2	
17.00	7.0413/ −2		6.7718/ −2		6.5127/ −2		6.2634/ −2	
18.00	6.0238/ −2		5.7932/ −2		5.5715/ −2		5.3583/ −2	
19.00	5.1533/ −2		4.9561/ −2		4.7664/ −2		4.5840/ −2	
20.00	4.4086/ −2		4.2399/ −2		4.0776/ −2		3.9216/ −2	
21.00	3.7715/ −2		3.6271/ −2		3.4883/ −2		3.3548/ −2	
22.00	3.2265/ −2		3.1030/ −2		2.9842/ −2		2.8700/ −2	
23.00	2.7602/ −2		2.6546/ −2		2.5530/ −2		2.4553/ −2	
24.00	2.3613/ −2		2.2710/ −2		2.1841/ −2		2.1005/ −2	
25.00	2.0201/ −2		1.9428/ −2		1.8684/ −2		1.7969/ −2	
26.00	1.7282/ −2		1.6620/ −2		1.5984/ −2		1.5373/ −2	
27.00	1.4784/ −2		1.4219/ −2		1.3674/ −2		1.3151/ −2	
28.00	1.2648/ −2		1.2164/ −2		1.1698/ −2		1.1251/ −2	
29.00	1.0820/ −2		1.0406/ −2		1.0008/ −2		9.6248/ −3	
30.00	9.2565/ −3							

Activation data for ^{105}Rh : $F \cdot A_2(\tau)$

$$F \cdot A_2(\text{sat}) = 6.0311/ \quad 3$$
$$F \cdot A_2(1 \text{ sec}) = 3.2339/ \quad -2$$

Hour	0.00		0.25		0.50		0.75	
0.00	0.0000/	0	2.9035/	1	5.7931/	1	8.6687/	1
1.00	1.1531/	2	1.4379/	2	1.7213/	2	2.0034/	2
2.00	2.2841/	2	2.5634/	2	2.8414/	2	3.1181/	2
3.00	3.3934/	2	3.6675/	2	3.9402/	2	4.2115/	2
4.00	4.4816/	2	4.7504/	2	5.0179/	2	5.2841/	2
5.00	5.5490/	2	5.8126/	2	6.0750/	2	6.3361/	2
6.00	6.5960/	2	6.8546/	2	7.1119/	2	7.3680/	2
7.00	7.6229/	2	7.8766/	2	8.1290/	2	8.3802/	2
8.00	8.6302/	2	8.8790/	2	9.1266/	2	9.3730/	2
9.00	9.6183/	2	9.8623/	2	1.0105/	3	1.0347/	3
10.00	1.0587/	3	1.0827/	3	1.1065/	3	1.1302/	3
11.00	1.1538/	3	1.1773/	3	1.2007/	3	1.2239/	3
12.00	1.2471/	3	1.2701/	3	1.2930/	3	1.3158/	3
13.00	1.3385/	3	1.3611/	3	1.3836/	3	1.4060/	3
14.00	1.4282/	3	1.4504/	3	1.4724/	3	1.4944/	3
15.00	1.5162/	3						

Decay factor for ^{105}Rh : $D_2(t)$

Hour	0.00	0.25	0.50	0.75
0.00	1.0000/ 0	9.9519/ −1	9.9039/ −1	9.8563/ −1
1.00	9.8088/ −1	9.7616/ −1	9.7146/ −1	9.6678/ −1
2.00	9.6213/ −1	9.5750/ −1	9.5289/ −1	9.4830/ −1
3.00	9.4373/ −1	9.3919/ −1	9.3467/ −1	9.3017/ −1
4.00	9.2569/ −1	9.2123/ −1	9.1680/ −1	9.1239/ −1
5.00	9.0799/ −1	9.0362/ −1	8.9927/ −1	8.9494/ −1
6.00	8.9063/ −1	8.8635/ −1	8.8208/ −1	8.7783/ −1
7.00	8.7361/ −1	8.6940/ −1	8.6522/ −1	8.6105/ −1
8.00	8.5690/ −1	8.5278/ −1	8.4867/ −1	8.4459/ −1
9.00	8.4052/ −1	8.3648/ −1	8.3245/ −1	8.2844/ −1
10.00	8.2445/ −1	8.2048/ −1	8.1653/ −1	8.1260/ −1
11.00	8.0869/ −1	8.0480/ −1	8.0092/ −1	7.9707/ −1
12.00	7.9323/ −1	7.8941/ −1	7.8561/ −1	7.8183/ −1
13.00	7.7806/ −1	7.7432/ −1	7.7059/ −1	7.6688/ −1
14.00	7.6319/ −1	7.5951/ −1	7.5586/ −1	7.5222/ −1
15.00	7.4860/ −1	7.4499/ −1	7.4141/ −1	7.3784/ −1
16.00	7.3429/ −1	7.3075/ −1	7.2723/ −1	7.2373/ −1
17.00	7.2025/ −1	7.1678/ −1	7.1333/ −1	7.0989/ −1
18.00	7.0648/ −1	7.0308/ −1	6.9969/ −1	6.9632/ −1
19.00	6.9297/ −1	6.8963/ −1	6.8631/ −1	6.8301/ −1
20.00	6.7972/ −1	6.7645/ −1	6.7319/ −1	6.6995/ −1
21.00	6.6673/ −1	6.6352/ −1	6.6032/ −1	6.5714/ −1
22.00	6.5398/ −1	6.5083/ −1	6.4770/ −1	6.4458/ −1
23.00	6.4148/ −1	6.3839/ −1	6.3531/ −1	6.3226/ −1
24.00	6.2921/ −1	6.2618/ −1	6.2317/ −1	6.2017/ −1
25.00	6.1718/ −1	6.1421/ −1	6.1125/ −1	6.0831/ −1
26.00	6.0538/ −1	6.0247/ −1	5.9957/ −1	5.9668/ −1
27.00	5.9381/ −1	5.9095/ −1	5.8811/ −1	5.8527/ −1
28.00	5.8246/ −1	5.7965/ −1	5.7686/ −1	5.7408/ −1
29.00	5.7132/ −1	5.6857/ −1	5.6583/ −1	5.6311/ −1
30.00	5.6040/ −1			

*

Activation data for ^{105}Ru : $A_1(\tau)$, dps/μg

$$A_1(\text{sat}) \quad = 5.2852/ \quad 3$$

$$A_1(1 \text{ sec}) = 2.2914/ \ -1$$

$K = -1.4113/ \ -1$

Time intervals with respect to T_2

Hour	0.00		2.00		4.00		6.00	
0.00	0.0000/	0	1.4172/	3	2.4543/	3	3.2134/	3
8.00	3.7689/	3	4.1755/	3	4.4730/	3	4.6908/	3
16.00	4.8502/	3	4.9668/	3	5.0522/	3	5.1147/	3
24.00	5.1604/	3	5.1939/	3	5.2183/	3	5.2363/	3
32.00	5.2494/	3	5.2590/	3	5.2660/	3	5.2712/	3
40.00	5.2749/	3	5.2777/	3	5.2797/	3	5.2812/	3
48.00	5.2822/	3	5.2830/	3	5.2836/	3	5.2840/	3

Decay factor for ^{105}Ru : $D_1(t)$

Hour	0.00	2.00	4.00	6.00
0.00	1.0000/ 0	7.3186/ −1	5.3562/ −1	3.9200/ −1
8.00	2.8689/ −1	2.0997/ −1	1.5367/ −1	1.1246/ −1
16.00	8.2307/ −2	6.0238/ −2	4.4086/ −2	3.2265/ −2
24.00	2.3613/ −2	1.7282/ −2	1.2648/ −2	9.2565/ −3
32.00	6.7745/ −3	4.9580/ −3	3.6286/ −3	2.6556/ −3
40.00	1.9435/ −3	1.4224/ −3	1.0410/ −3	7.6187/ −4
48.00	5.5759/ −4	4.0808/ −4	2.9866/ −4	2.1858/ −4
56.00	1.5997/ −4	1.1707/ −4	8.5682/ −5	6.2708/ −5
64.00	4.5893/ −5	3.3588/ −5	2.4582/ −5	1.7990/ −5
72.00	1.3166/ −5	9.6360/ −6	7.0523/ −6	5.1613/ −6

Activation data for ^{105}Rh : $F \cdot A_2(\tau)$

$$F \cdot A_2(\text{sat}) = 6.0311/ \quad 3$$
$$F \cdot A_2(1 \text{ sec}) = 3.2339/ \quad -2$$

Hour	0.00	2.00	4.00	6.00
0.00	0.0000/ 0	2.2841/ 2	4.4816/ 2	6.5960/ 2
8.00	8.6302/ 2	1.0587/ 3	1.2471/ 3	1.4282/ 3
16.00	1.6025/ 3	1.7703/ 3	1.9316/ 3	2.0869/ 3
24.00	2.2363/ 3	2.3800/ 3	2.5182/ 3	2.6513/ 3
32.00	2.7793/ 3	2.9024/ 3	3.0209/ 3	3.1349/ 3
40.00	3.2446/ 3	3.3501/ 3	3.4517/ 3	3.5493/ 3
48.00	3.6433/ 3	3.7338/ 3	3.8208/ 3	3.9045/ 3
56.00	3.9850/ 3	4.0625/ 3	4.1370/ 3	4.2088/ 3
64.00	4.2778/ 3	4.3442/ 3	4.4081/ 3	4.4695/ 3
72.00	4.5287/ 3	4.5856/ 3	4.6403/ 3	4.6930/ 3
80.00	4.7437/ 3	4.7924/ 3	4.8393/ 3	4.8845/ 3
88.00	4.9279/ 3	4.9697/ 3	5.0099/ 3	5.0485/ 3
96.00	5.0858/ 3	5.1216/ 3	5.1560/ 3	5.1891/ 3
104.00	5.2210/ 3	5.2517/ 3	5.2812/ 3	5.3096/ 3
112.00	5.3369/ 3	5.3632/ 3	5.3885/ 3	5.4129/ 3
120.00	5.4363/ 3			

Decay factor for ^{105}Rh : $D_2(t)$

Hour	0.00	2.00	4.00	6.00
0.00	1.0000/ 0	9.6213/ −1	9.2569/ −1	8.9063/ −1
8.00	8.5690/ −1	8.2445/ −1	7.9323/ −1	7.6319/ −1
16.00	7.3429/ −1	7.0648/ −1	6.7972/ −1	6.5398/ −1
24.00	6.2921/ −1	6.0538/ −1	5.8246/ −1	5.6040/ −1
32.00	5.3917/ −1	5.1876/ −1	4.9911/ −1	4.8021/ −1
40.00	4.6202/ −1	4.4452/ −1	4.2769/ −1	4.1149/ −1
48.00	3.9591/ −1	3.8091/ −1	3.6649/ −1	3.5261/ −1
56.00	3.3926/ −1	3.2641/ −1	3.1405/ −1	3.0215/ −1

14

Hour	0.00	2.00	4.00	6.00
64.00	2.9071/ −1	2.7970/ −1	2.6911/ −1	2.5892/ −1
72.00	2.4911/ −1	2.3968/ −1	2.3060/ −1	2.2187/ −1
80.00	2.1346/ −1	2.0538/ −1	1.9760/ −1	1.9012/ −1
88.00	1.8292/ −1	1.7599/ −1	1.6933/ −1	1.6291/ −1
96.00	1.5674/ −1	1.5081/ −1	1.4510/ −1	1.3960/ −1
104.00	1.3431/ −1	1.2923/ −1	1.2433/ −1·	1.1962/ −1
112.00	1.1509/ −1	1.1074/ −1	1.0654/ −1	1.0251/ −1
120.00	9.8625/ −2	9.4890/ −2	9.1296/ −2	8.7838/ −2
128.00	8.4512/ −2	8.1311/ −2	7.8232/ −2	7.5269/ −2
136.00	7.2419/ −2	6.9676/ −2	6.7037/ −2	6.4498/ −2
144.00	6.2056/ −2	5.9706/ −2	5.7445/ −2	5.5269/ −2
152.00	5.3176/ −2	5.1162/ −2	4.9224/ −2	4.7360/ −2
160.00	4.5567/ −2	4.3841/ −2	4.2181/ −2	4.0583/ −2
168.00	3.9046/ −2	3.7568/ −2	3.6145/ −2	3.4776/ −2
176.00	3.3459/ −2	3.2192/ −2	3.0973/ −2	2.9800/ −2
184.00	2.8671/ −2	2.7585/ −2	2.6541/ −2	2.5535/ −2
192.00	2.4568/ −2	2.3638/ −2	2.2743/ −2	2.1881/ −2
200.00	2.1053/ −2	2.0255/ −2	1,9488/ −2	1.8750/ −2
208.00	1.8040/ −2	1.7357/ −2	1.6700/ −2	1.6067/ −2
216.00	1.5459/ −2	1.4873/ −2	1.4310/ −2	1.3768/ −2
224.00	1.3247/ −2	1.2745/ −2	1.2262/ −2	1.1798/ −2
232.00	1.1351/ −2	1.0921/ −2	1.0508/ −2	1.0110/ −2
240.00	9.7268/ −3			

^{103}Rh(n, γ)^{104}Rh

$M = 102.905$ $G = 100\%$ $\sigma_{ac} = 139$ barn,

^{104}Rh $T_{1} = 43$ second

E_{γ} (keV)   560

P 0.020

Activation data for ^{104}Rh : $A_1(\tau)$, dps/μg

A_1(sat) $= 8.1356/\ 6$

A_1(1 sec) $= 1.3007/\ 5$

Second	0.00		5.00		10.00		15.00	
0.00	0.0000/	0	6.2986/	5	1.2110/	6	1.7471/	6
20.00	2.2417/	6	2.6980/	6	3.1190/	6	3.5074/	6
40.00	3.8657/	6	4.1963/	6	4.5012/	6	4.7826/	6
60.00	5.0422/	6	5.2817/	6	5.5027/	6	5.7065/	6
80.00	5.8946/	6	6.0681/	6	6.2281/	6	6.3758/	6
100.00	6.5121/	6	6.6378/	6	6.7537/	6	6.8607/	6
120.00	6.9594/	6	7.0505/	6	7.1345/	6	7.2120/	6
140.00	7.2835/	6	7.3495/	6	7.4103/	6	7.4665/	6
160.00	7.5183/	6						

Decay factor for ^{104}Rh : $D_1(t)$

Second	0.00		5.00		10.00		15.00	
0.00	1.0000/	0	9.2258/	−1	8.5115/	−1	7.8526/	−1
20.00	7.2446/	−1	6.6837/	−1	6.1663/	−1	5.6889/	−1
40.00	5.2485/	−1	4.8421/	−1	4.4672/	−1	4.1214/	−1
60.00	3.8023/	−1	3.5079/	−1	3.2363/	−1	2.9858/	−1
80.00	2.7546/	−1	2.5414/	−1	2.3446/	−1	2.1631/	−1
100.00	1.9956/	−1	1.8411/	−1	1.6986/	−1	1.5671/	−1
120.00	1.4458/	−1	1.3338/	−1	1.2306/	−1	1.1353/	−1
140.00	1.0474/	−1	9.6631/	−2	8.9149/	−2	8.2247/	−2
160.00	7.5880/	−2	7.0005/	−2	6.4585/	−2	5.9585/	−2
180.00	5.4972/	−2	5.0716/	−2	4.6790/	−2	4.3167/	−2
200.00	3.9825/	−2	3.6742/	−2	3.3897/	−2	3.1273/	−2
220.00	2.8852/	−2	2.6618/	−2	2.4557/	−2	2.2656/	−2
240.00	2.0902/	−2	1.9284/	−2	1.7791/	−2	1.6413/	−2
260.00	1.5143/	−2	1.3970/	−2	1.2889/	−2	1.1891/	−2
280.00	1.0970/	−2	1.0121/	−2	9.3375/	−3	8.6146/	−3
300.00	7.9476/	−3	7.3323/	−3	6.7646/	−3	6.2409/	−3

See also ^{103}Rh(n, γ)^{104m}Rh → ^{104}Rh

14*

$^{103}\mathbf{Rh}(\mathbf{n}, \gamma)^{104m}\mathbf{Rh} \rightarrow {}^{104}\mathbf{Rh}$

$M = 102.905$ \qquad $G = 100\%$ \qquad\qquad $\sigma_{ac} = 11$ barn,

$^{104m}\mathbf{Rh}$ \quad $T_1 = 4.41$ minute

E_γ (keV)	97	78	51
P	0.026	0.025	0.470

$^{104}\mathbf{Rh}$ \quad $T_2 = 43.0$ second

E_γ (keV)	560
P	0.020

Activation data for ^{104m}Rh : $A_1(\tau)$, dps/μg

$A_1(\text{sat}) = 6.4383/\ 5$

$A_1(1\ \text{sec}) = 1.6840/\ 3$

$K = 1.1940/\ 0$

Time intervals with respect to T_1

Minute	0.00		0.25		0.50		0.75	
0.00	0.0000/	0	2.4803/	4	4.8650/	4	7.1579/	4
1.00	9.3624/	4	1.1482/	5	1.3520/	5	1.5479/	5
2.00	1.7363/	5	1.9175/	5	2.0916/	5	2.2591/	5
3.00	2.4201/	5	2.5749/	5	2.7237/	5	2.8668/	5
4.00	3.0044/	5	3.1367/	5	3.2639/	5	3.3862/	5
5.00	3.5037/	5	3.6168/	5	3.7255/	5	3.8300/	5
6.00	3.9305/	5	4.0271/	5	4.1200/	5	4.2093/	5
7.00	4.2952/	5	4.3777/	5	4.4571/	5	4.5334/	5
8.00	4.6068/	5	4.6774/	5	4.7452/	5	4.8104/	5
9.00	4.8731/	5	4.9334/	5	4.9914/	5	5.0471/	5
10.00	5.1007/	5	5.1523/	5	5.2018/	5	5.2494/	5
11.00	5.2952/	5	5.3393/	5	5.3816/	5	5.4223/	5
12.00	5.4615/	5	5.4991/	5	5.5353/	5	5.5700/	5
13.00	5.6035/	5	5.6357/	5	5.6666/	5	5.6963/	5
14.00	5.7249/	5	5.7524/	5	5.7788/	5	5.8042/	5
15.00	5.8286/	5	5.8521/	5	5.8747/	5		

Decay factor for ^{104m}Rh : $D_1(t)$

Minute	0.00		0.25		0.50		0.75	
0.00	1.0000/	0	9.6148/	—1	9.2444/	—1	8.8882/	—1
1.00	8.5458/	—1	8.2166/	—1	7.9001/	—1	7.5957/	—1
2.00	7.3031/	—1	7.0218/	—1	6.7513/	—1	6.4912/	—1
3.00	6.2411/	—1	6.0007/	—1	5.7695/	—1	5.5472/	—1
4.00	5.3335/	—1	5.1281/	—1	4.9305/	—1	4.7406/	—1
5.00	4.5579/	—1	4.3823/	—1	4.2135/	—1	4.0512/	—1
6.00	3.8951/	—1	3.7451/	—1	3.6008/	—1	3.4621/	—1

Minute	0.00	0.25	0.50	0.75
7.00	3.3287/ −1	3.2005/ −1	3.0772/ −1	2.9586/ −1
8.00	2.8447/ −1	2.7351/ −1	2.6297/ −1	2.5284/ −1
9.00	2.4310/ −1	2.3373/ −1	2.2473/ −1	2.1607/ −1
10.00	2.0775/ −1	1.9974/ −1	1.9205/ −1	1.8465/ −1
11.00	1.7754/ −1	1.7070/ −1	1.6412/ −1	1.5780/ −1
12.00	1.5172/ −1	1.4588/ −1	1.4026/ −1	1.3485/ −1
13.00	1.2966/ −1	1.2466/ −1	1.1986/ −1	1.1524/ −1
14.00	1.1080/ −1	1.0653/ −1	1.0243/ −1	9.8484/ −2
15.00	9.4690/ −2	9.1043/ −2	8.7535/ −2	8.4163/ −2
16.00	8.0921/ −2	7.7803/ −2	7.4806/ −2	7.1924/ −2
17.00	6.9153/ −2	6.6489/ −2	6.3928/ −2	6.1465/ −2
18.00	5.9097/ −2	5.6821/ −2	5.4632/ −2	5.2527/ −2
19.00	5.0503/ −2	4.8558/ −2	4.6687/ −2	4.4889/ −2
20.00	4.3159/ −2	4.1497/ −2	3.9898/ −2	3.8361/ −2
21.00	3.6883/ −2	3.5462/ −2	3.4096/ −2	3.2783/ −2
22.00	3.1520/ −2	3.0305/ −2	2.9138/ −2	2.8015/ −2
23.00	2.6936/ −2	2.5898/ −2	2.4901/ −2	2.3941/ −2
24.00	2.3019/ −2	2.2132/ −2	2.1280/ −2	2.0460/ −2
25.00	1.9672/ −2	1.8914/ −2	1.8185/ −2	1.7485/ −2
26.00	1.6811/ −2	1.6163/ −2	1.5541/ −2	1.4942/ −2
27.00	1.4366/ −2	1.3813/ −2	1.3281/ −2	1.2769/ −2
28.00	1.2277/ −2	1.1804/ −2	1.1350/ −2	1.0912/ −2
29.00	1.0492/ −2	1.0088/ −2	9.6992/ −3	9.3255/ −3
30.00	8.9663/ −3	8.6209/ −3	8.2887/ −3	7.9694/ −3
31.00	7.6624/ −3			

Activation data for ^{104}Rh : $F \cdot A_2(\tau)$

$$F \cdot A_2(\text{sat}) = -1.2490/\ 5$$
$$F \cdot A_2(1\ \text{sec}) = -1.9968/\ 3$$

Minute	0.00		0.25		0.50		0.75	
0.00	0.0000/	0	−2.6822/	4	−4.7884/	4	−6.4423/	4
1.00	−7.7411/	4	−8.7609/	4	−9.5618/	4	−1.0191/	5
2.00	−1.0684/	5	−1.1072/	5	−1.1377/	5	−1.1616/	5
3.00	−1.1804/	5	−1.1951/	5	−1.2067/	5	−1.2158/	5
4.00	−1.2229/	5	−1.2285/	5	−1.2329/	5	−1.2364/	5
5.00	−1.2391/	5	−1.2412/	5	−1.2429/	5	−1.2442/	5
6.00	−1.2452/	5	−1.2461/	5	−1.2467/	5	−1.2472/	5
7.00	−1.2476/	5	−1.2479/	5	−1.2481/	5	−1.2483/	5
8.00	−1.2485/	5	−1.2486/	5	−1.2487/	5	−1.2488/	5
9.00	−1.2488/	5	−1.2489/	5	−1.2489/	5	−1.2489/	5
10.00	−1.2489/	5	−1.2490/	5	−1.2490/	5	−1.2490/	5

Decay factor for ^{104}Rh : $D_2(t)$

Minute	0.00		0.25	0.50	0.75
0.00	1.0000/	0	7.8526/ −1	6.1663/ −1	4.8421/ −1
1.00	3.8023/ −1		2.9858/ −1	2.3446/ −1	1.8411/ −1
2.00	1.4458/ −1		1.1353/ −1	8.9149/ −2	7.0005/ −2

Minute	0.00	0.25	0.50	0.75
3.00	5.4972/ −2	4.3167/ −2	3.3897/ −2	2.6618/ −2
4.00	2.0902/ −2	1.6413/ −2	1.2889/ −2	1.0121/ −2
5.00	7.9476/ −3	6.2409/ −3	4.9007/ −3	3.8483/ −3
6.00	3.0219/ −3	2.3730/ −3	1.8634/ −3	1.4633/ −3
7.00	1.1490/ −3	9.0228/ −4	7.0852/ −4	5.5637/ −4
8.00	4.3690/ −4	3.4308/ −4	2.6940/ −4	2.1155/ −4
9.00	1.6612/ −4	1.3045/ −4	1.0244/ −4	8.0438/ −5
10.00	6.3165/ −5	4.9600/ −5	3.8949/ −5	3.0585/ −5

*

Activation data for ^{104m}Rh : $A_1(\tau)$, dps/μg

$$A_1(\text{sat}) = 6.4383/\ 5$$
$$A_1(1\ \text{sec}) = 1.6840/\ 3$$

$K = 1.1940/\ 0$

Time intervals with respect to T_2

Second	0.00		5.00		10.00		15.00	
0.00	0.0000/	0	8.3761/	3	1.6643/	4	2.4803/	4
20.00	3.2856/	4	4.0805/	4	4.8650/	4	5.6393/	4
40.00	6.4036/	4	7.1579/	4	7.9024/	4	8.6372/	4
60.00	9.3624/	4	1.0078/	5	1.0785/	5	1.1482/	5
80.00	1.2170/	5	1.2850/	5	1.3520/	5	1.4182/	5
100.00	1.4835/	5	1.5479/	5	1.6116/	5	1.6744/	5
120.00	1.7363/	5	1.7975/	5	1.8579/	5	1.9175/	5
140.00	1.9763/	5	2.0343/	5	2.0916/	5	2.1482/	5
160.00	2.2040/	5						

Decay factor for ^{104m}Rh : $D_1(t)$

Second	0.00		5.00		10.00		15.00	
0.00	1.0000/	0	9.8699/	−1	9.7415/	−1	9.6148/	−1
20.00	9.4897/	−1	9.3662/	−1	9.2444/	−1	9.1241/	−1
40.00	9.0054/	−1	8.8882/	−1	8.7726/	−1	8.6585/	−1
60.00	8.5458/	−1	8.4346/	−1	8.3249/	−1	8.2166/	−1
80.00	8.1097/	−1	8.0042/	−1	7.9001/	−1	7.7973/	−1
100.00	7.6958/	−1	7.5957/	−1	7.4969/	−1	7.3994/	−1
120.00	7.3031/	−1	7.2081/	−1	7.1143/	−1	7.0218/	−1
140.00	6.9304/	−1	6.8402/	−1	6.7513/	−1	6.6634/	−1
160.00	6.5767/	−1	6.4912/	−1	6.4067/	−1	6.3234/	−1
180.00	6.2411/	−1	6.1599/	−1	6.0798/	−1	6.0007/	−1
200.00	5.9226/	−1	5.8455/	−1	5.7695/	−1	5.6944/	−1
220.00	5.6204/	−1	5.5472/	−1	5.4751/	−1	5.4038/	−1
240.00	5.3335/	−1	5.2641/	−1	5.1957/	−1	5.1281/	−1
260.00	5.0613/	−1	4.9955/	−1	4.9305/	−1	4.8664/	−1
280.00	4.8031/	−1	4.7406/	−1	4.6789/	−1	4.6180/	−1
300.00	4.5579/	−1	4.4986/	−1	4.4401/	−1	4.3823/	−1
320.00	4.3253/	−1						

Activation data for ^{104}Rh : $F \cdot A_2(\tau)$

$$F \cdot A_2(\text{sat}) = -1.2490/\ 5$$
$$F \cdot A_2(1 \text{ sec}) = -1.9968/\ 3$$

Second	0.00		5.00		10.00		15.00	
0.00	0.0000/	0	−9.6700/	3	−1.8591/	4	−2.6822/	4
20.00	−3.4415/	4	−4.1421/	4	−4.7884/	4	−5.3847/	4
40.00	−5.9348/	4	−6.4423/	4	−6.9105/	4	−7.3425/	4
60.00	−7.7411/	4	−8.1087/	4	−8.4480/	4	−8.7609/	4
80.00	−9.0496/	4	−9.3160/	4	−9.5618/	4	−9.7885/	4
100.00	−9.9977/	4	−1.0191/	5	−1.0369/	5	−1.0533/	5
120.00	−1.0684/	5	−1.0824/	5	−1.0953/	5	−1.1072/	5
140.00	−1.1182/	5	−1.1283/	5	−1.1377/	5	−1.1463/	5
160.00	−1.1542/	5						

Decay factor for ^{104}Rh : $D_2(t)$

Second	0.00		5.00		10.00		15.00	
0.00	1.0000/	0	9.2258/	−1	8.5115/	−1	7.8526/	−1
20.00	7.2446/	−1	6.6837/	−1	6.1663/	−1	5.6889/	−1
40.00	5.2485/	−1	4.8421/	−1	4.4672/	−1	4.1214/	−1
60.00	3.8023/	−1	3.5079/	−1	3.2363/	−1	2.9858/	−1
80.00	2.7546/	−1	2.5414/	−1	2.3446/	−1	2.1631/	−1
100.00	1.9956/	−1	1.8411/	−1	1.6986/	−1	1.5671/	−1
120.00	1.4458/	−1	1.3338/	−1	1.2306/	−1	1.1353/	−1
140.00	1.0474/	−1	9.6631/	−2	8.9149/	−2	8.2247/	−2
160.00	7.5880/	−2	7.0005/	−2	6.4585/	−2	5.9585/	−2
180.00	5.4972/	−2	5.0716/	−2	4.6790/	−2	4.3167/	−2
200.00	3.9825/	−2	3.6742/	−2	3.3897/	−2	3.1273/	−2
220.00	2.8852/	−2	2.6618/	−2	2.4557/	−2	2.2656/	−2
240.00	2.0902/	−2	1.9284/	−2	1.7791/	−2	1.6413/	−2
260.00	1.5143/	−2	1.3970/	−2	1.2889/	−2	1.1891/	−2
280.00	1.0970/	−2	1.0121/	−2	9.3375/	−3	8.6146/	−3
300.00	7.9476/	−3	7.3323/	−3	6.7646/	−3	6.2409/	−3
320.00	5.7577/	−3						

See also ^{103}Rh(n, γ)^{104}Rh

$$^{102}\text{Pd}(n, \gamma)^{103}\text{Pd}$$

$M = 106.4$ $\qquad$ $G = 0.96\%$ $\qquad$ $\sigma_{ac} = 4.8$ barn,

^{103}Pd $\quad$ $T_1 = 17$ day

E_γ (keV) $\quad$ 362

P $\qquad$ 0.0006

Activation data for ^{103}Pd : $A_1(\tau)$, dps/μg
$$A_1(\text{sat}) \quad = 2.6085/ \quad 3$$
$$A_1(1 \text{ sec}) = 1.2307/ \; -3$$

Day	0.00		1.00		2.00		3.00	
0.00	0.0000/	0	1.0419/	2	2.0423/	2	3.0026/	2
4.00	3.9247/	2	4.8098/	2	5.6597/	2	6.4755/	2
8.00	7.2588/	2	8.0108/	2	8.7328/	2	9.4259/	2
12.00	1.0091/	3	1.0730/	3	1.1343/	3	1.1932/	3
16.00	1.2498/	3	1.3040/	3	1.3561/	3	1.4062/	3
20.00	1.4542/	3	1.5003/	3	1.5446/	3	1.5871/	3
24.00	1.6279/	3	1.6670/	3	1.7046/	3	1.7407/	3
28.00	1.7754/	3	1.8087/	3	1.8406/	3	1.8713/	3
32.00	1.9007/	3	1.9290/	3	1.9562/	3	1.9822/	3
36.00	2.0072/	3	2.0312/	3	2.0543/	3	2.0764/	3
40.00	2.0977/	3	2.1181/	3	2.1377/	3	2.1565/	3
44.00	2.1745/	3	2.1919/	3	2.2085/	3	2.2245/	3
48.00	2.2398/	3	2.2545/	3	2.2687/	3	2.2823/	3
52.00	2.2953/	3	2.3078/	3	2.3198/	3	2.3313/	3
56.00	2.3424/	3	2.3530/	3	2.3632/	3	2.3730/	3
60.00	2.3824/	3						

Decay factor for ^{103}Pd : $D_1(t)$

Day	0.00		1.00		2.00		3.00	
0.00	1.0000/	0	9.6005/	−1	9.2171/	−1	8.8489/	−1
4.00	8.4954/	−1	8.1561/	−1	7.8303/	−1	7.5175/	−1
8.00	7.2172/	−1	6.9289/	−1	6.6521/	−1	6.3864/	−1
12.00	6.1313/	−1	5.8864/	−1	5.6513/	−1	5.4255/	−1
16.00	5.2088/	−1	5.0000/	−1	4.8010/	−1	4.6092/	−1
20.00	4.4251/	−1	4.2483/	−1	4.0786/	−1	3.9157/	−1
24.00	3.7593/	−1	3.6091/	−1	3.4650/	−1	3.3266/	−1
28.00	3.1937/	−1	3.0661/	−1	2.9436/	−1	2.8260/	−1
32.00	2.7132/	−1	2.6048/	−1	2.5007/	−1	2.4008/	−1
36.00	2.3049/	−1	2.2129/	−1	2.1245/	−1	2.0396/	−1
40.00	1.9581/	−1	1.8799/	−1	1.8048/	−1	1.7327/	−1
44.00	1.6635/	−1	1.5971/	−1	1.5333/	−1	1.4720/	−1
48.00	1.4132/	−1	1.3568/	−1	1.3026/	−1	1.2506/	−1
52.00	1.2006/	−1	1.1526/	−1	1.1066/	−1	1.0624/	−1
56.00	1.0200/	−1	9.7922/	−2	9.4010/	−2	9.0255/	−2

Day	0.00	1.00	2.00	3.00
60.00	8.6650/ —2	8.3188/ —2	7.9865/ —2	7.6675/ —2
64.00	7.3612/ —2	7.0672/ —2	6.7849/ —2	6.5139/ —2
68.00	6.2537/ —2	6.0039/ —2	5.7641/ —2	5.5338/ —2
72.00	5.3128/ —2	5.1005/ —2	4.8968/ —2	4.7012/ —2
76.00	4.5134/ —2	4.3331/ —2	4.1600/ —2	3.9939/ —2
80.00	3.8343/ —2	3.6812/ —2	3.5341/ —2	3.3929/ —2
84.00	3.2574/ —2	3.1273/ —2	3.0024/ —2	2.8825/ —2
88.00	2.7673/ —2	2.6568/ —2	2.5506/ —2	2.4488/ —2
92.00	2.3509/ —2	2.2570/ —2	2.1669/ —2	2.0803/ —2
96.00	1.9972/ —2	1.9174/ —2	1.8409/ —2	1.7673/ —2
100.00	1.6967/ —2	1.6289/ —2	1.5639/ —2	1.5014/ —2
104.00	1.4414/ —2	1.3839/ —2	1.3286/ —2	1.2755/ —2
108.00	1.2246/ —2	1.1756/ —2	1.1287/ —2	1.0836/ —2
112.00	1.0403/ —2	9.9876/ —3	9.5886/ —3	9.2056/ —3
116.00	8.8379/ —3	8.4849/ —3	8.1459/ —3	7.8206/ —3
120.00	7.5082/ —3			

$M = 106.4$ $\qquad G = 26.7\%$ $\qquad \sigma_{ac} = 12$ barn,

^{109}Pd $\quad T_1 = 13.47$ hour

E_γ (keV) $\qquad 88$

$P \qquad\quad 0.050$

Activation data for ^{109}Pd : $A_1(\tau)$, dps/μg

$A_1(\text{sat}) = 1.8137/\ 5$

$A_1(1 \text{ sec}) = 2.5919/\ 0$

Hour	0.00		1.00		2.00		3.00	
0.00	0.0000/	0	9.0951/	3	1.7734/	4	2.5940/	4
4.00	3.3734/	4	4.1137/	4	4.8170/	4	5.4849/	4
8.00	6.1194/	4	6.7220/	4	7.2944/	4	7.8381/	4
12.00	8.3546/	4	8.8451/	4	9.3111/	4	9.7537/	4
16.00	1.0174/	5	1.0573/	5	1.0953/	5	1.1313/	5
20.00	1.1655/	5	1.1980/	5	1.2289/	5	1.2582/	5
24.00	1.2861/	5	1.3125/	5	1.3377/	5	1.3615/	5
28.00	1.3842/	5	1.4057/	5	1.4262/	5	1.4456/	5
32.00	1.4641/	5	1.4816/	5	1.4983/	5	1.5141/	5
36.00	1.5291/	5	1.5434/	5	1.5569/	5	1.5698/	5
40.00	1.5820/	5	1.5937/	5	1.6047/	5	1.6152/	5
44.00	1.6251/	5	1.6346/	5	1.6436/	5	1.6521/	5
48.00	1.6602/	5						

Decay factor for ^{109}Pd : $D_1(t)$

Hour	0.00		1.00		2.00		3.00	
0.00	1.0000/	0	9.4985/	-1	9.0222/	-1	8.5698/	-1
4.00	8.1400/	-1	7.7318/	-1	7.3441/	-1	6.9758/	-1
8.00	6.6260/	-1	6.2937/	-1	5.9781/	-1	5.6784/	-1
12.00	5.3936/	-1	5.1231/	-1	4.8662/	-1	4.6222/	-1
16.00	4.3904/	-1	4.1702/	-1	3.9611/	-1	3.7625/	-1
20.00	3.5738/	-1	3.3946/	-1	3.2244/	-1	3.0627/	-1
24.00	2.9091/	-1	2.7632/	-1	2.6246/	-1	2.4930/	-1
28.00	2.3680/	-1	2.2493/	-1	2.1365/	-1	2.0293/	-1
32.00	1.9276/	-1	1.8309/	-1	1.7391/	-1	1.6519/	-1
36.00	1.5690/	-1	1.4904/	-1	1.4156/	-1	1.3446/	-1
40.00	1.2772/	-1	1.2132/	-1	1.1523/	-1	1.0945/	-1
44.00	1.0397/	-1	9.8752/	-2	9.3800/	-2	8.9096/	-2
48.00	8.4628/	-2	8.0384/	-2	7.6353/	-2	7.2525/	-2
52.00	6.8888/	-2	6.5433/	-2	6.2152/	-2	5.9035/	-2
56.00	5.6075/	-2	5.3263/	-2	5.0592/	-2	4.8055/	-2
60.00	4.5645/	-2	4.3356/	-2	4.1182/	-2	3.9117/	-2
64.00	3.7155/	-2	3.5292/	-2	3.3522/	-2	3.1841/	-2
68.00	3.0244/	-2	2.8728/	-2	2.7287/	-2	2.5919/	-2

Hour	0.00	1.00	2.00	3.00
72.00	2.4619/ —2	2.3385/ —2	2.2212/ —2	2.1098/ —2
76.00	2.0040/ —2	1.9035/ —2	1.8081/ —2	1.7174/ —2
80.00	1.6313/ —2	1.5495/ —2	1.4718/ —2	1.3980/ —2
84.00	1.3279/ —2	1.2613/ —2	1.1980/ —2	1.1379/ —2
88.00	1.0809/ —2	1.0267/ —2	9.7519/ —3	9.2629/ —3
92.00	8.7984/ —3	8.3572/ —3	7.9381/ —3	7.5400/ —3

See also ^{108}Pd(n, γ)^{109m}Pd → ^{109}Pd

$$^{108}\text{Pd}(n, \gamma)^{109m}\text{Pd} \rightarrow {}^{109}\text{Pd}$$

$M = 106.4$ $G = 26.7\%$ $\sigma_{\text{ac}} = 0.20$ barn,

^{109m}Pd $T_1 = 4.69$ minute

E_γ (keV)   188

P 0.580

^{109}Pd $T_2 = 13.47$ hour

E_γ (keV)   88

P 0.050

Activation data for $^{109m}\text{Pd} : A_1(\tau)$, dps/$\mu$g

$$A_1(\text{sat}) \;\; = 3.0228/\;3$$
$$A_1(1 \text{ sec}) = 7.4351/\;0$$

$K = -5.8370/\;-3$

Time intervals with respect to T_1

Minute	0.00		0.25		0.50		0.75	
0.00	0.0000/	0	1.0963/	2	2.1528/	2	3.1710/	2
1.00	4.1522/	2	5.0979/	2	6.0093/	2	6.8876/	2
2.00	7.7341/	2	8.5499/	2	9.3361/	2	1.0094/	3
3.00	1.0824/	3	1.1528/	3	1.2206/	3	1.2859/	3
4.00	1.3489/	3	1.4096/	3	1.4681/	3	1.5245/	3
5.00	1.5789/	3	1.6312/	3	1.6817/	3	1.7303/	3
6.00	1.7772/	3	1.8224/	3	1.8659/	3	1.9079/	3
7.00	1.9483/	3	1.9873/	3	2.0248/	3	2.0610/	3
8.00	2.0959/	3	2.1295/	3	2.1619/	3	2.1931/	3
9.00	2.2232/	3	2.2522/	3	2.2802/	3	2.3071/	3
10.00	2.3331/	3	2.3581/	3	2.3822/	3	2.4054/	3
11.00	2.4278/	3	2.4494/	3	2.4702/	3	2.4902/	3
12.00	2.5095/	3	2.5282/	3	2.5461/	3	2.5634/	3
13.00	2.5801/	3	2.5961/	3	2.6116/	3	2.6265/	3
14.00	2.6409/	3	2.6547/	3	2.6681/	3	2.6809/	3
15.00	2.6933/	3	2.7053/	3	2.7168/	3	2.7279/	3
16.00	2.7386/	3						

Decay factor for $^{109m}\text{Pd} : D_1(t)$

Minute	0.00		0.25		0.50		0.75	
0.00	1.0000/	0	9.6373/	−1	9.2878/	−1	8.9510/	−1
1.00	8.6264/	−1	8.3135/	−1	8.0120/	−1	7.7215/	−1
2.00	7.4414/	−1	7.1716/	−1	6.9115/	−1	6.6608/	−1
3.00	6.4193/	−1	6.1864/	−1	5.9621/	−1	5.7459/	−1
4.00	5.5375/	−1	5.3367/	−1	5.1431/	−1	4.9566/	−1

Minute	0.00	0.25	0.50	0.75
5.00	4.7768/ −1	4.6036/ −1	4.4366/ −1	4.2757/ −1
6.00	4.1207/ −1	3.9712/ −1	3.8272/ −1	3.6884/ −1
7.00	3.5547/ −1	3.4257/ −1	3.3015/ −1	3.1818/ −1
8.00	3.0664/ −1	2.9552/ −1	2.8480/ −1	2.7447/ −1
9.00	2.6452/ −1	2.5492/ −1	2.4568/ −1	2.3677/ −1
10.00	2.2818/ −1	2.1991/ −1	2.1193/ −1	2.0425/ −1
11.00	1.9684/ −1	1.8970/ −1	1.8282/ −1	1.7619/ −1
12.00	1.6980/ −1	1.6364/ −1	1.5771/ −1	1.5199/ −1
13.00	1.4648/ −1	1.4116/ −1	1.3604/ −1	1.3111/ −1
14.00	1.2636/ −1	1.2177/ −1	1.1736/ −1	1.1310/ −1
15.00	1.0900/ −1	1.0505/ −1	1.0124/ −1	9.7565/ −2
16.00	9.4026/ −2	9.0616/ −2	8.7330/ −2	8.4163/ −2
17.00	8.1111/ −2	7.8169/ −2	7.5334/ −2	7.2602/ −2
18.00	6.9969/ −2	6.7432/ −2	6.4986/ −2	6.2629/ −2
19.00	6.0358/ −2	5.8169/ −2	5.6059/ −2	5.4026/ −2
20.00	5.2067/ −2	5.0179/ −2	4.8359/ −2	4.6605/ −2
21.00	4.4915/ −2	4.3286/ −2	4.1716/ −2	4.0203/ −2
22.00	3.8745/ −2	3.7340/ −2	3.5986/ −2	3.4681/ −2
23.00	3.3423/ −2	3.2211/ −2	3.1043/ −2	2.9917/ −2
24.00	2.8832/ −2	2.7786/ −2	2.6779/ −2	2.5808/ −2
25.00	2.4872/ −2	2.3970/ −2	2.3100/ −2	2.2263/ −2
26.00	2.1455/ −2	2.0677/ −2	1.9927/ −2	1.9204/ −2
27.00	1.8508/ −2	1.7837/ −2	1.7190/ −2	1.6566/ −2
28.00	1.5966/ −2	1.5387/ −2	1.4829/ −2	1.4291/ −2
29.00	1.3773/ −2	1.3273/ −2	1.2792/ −2	1.2328/ −2
30.00	1.1881/ −2	1.1450/ −2	1.1035/ −2	1.0634/ −2
31.00	1.0249/ −2	9.8771/ −3	9.5189/ −3	9.1737/ −3
32.00	8.8410/ −3			

Activation data for ^{109}Pd : $F \cdot A_2(\tau)$

$$F \cdot A_2(\text{sat}) = 3.0405/ \quad 3$$
$$F \cdot A_2(1 \text{ sec}) = 4.3451/ \quad -2$$

Minute	0.00	0.25	0.50	0.75
0.00	0.0000/ 0	6.5170/ −1	1.3033/ 0	1.9547/ 0
1.00	2.6060/ 0	3.2571/ 0	3.9081/ 0	4.5590/ 0
2.00	5.2097/ 0	5.8603/ 0	6.5107/ 0	7.1610/ 0
3.00	7.8112/ 0	8.4612/ 0	9.1111/ 0	9.7609/ 0
4.00	1.0410/ 1	1.1060/ 1	1.1709/ 1	1.2358/ 1
5.00	1.3008/ 1	1.3656/ 1	1.4305/ 1	1.4954/ 1
6.00	1.5602/ 1	1.6251/ 1	1.6899/ 1	1.7547/ 1
7.00	1.8195/ 1	1.8843/ 1	1.9490/ 1	2.0138/ 1
8.00	2.0785/ 1	2.1433/ 1	2.2080/ 1	2.2727/ 1
9.00	2.3373/ 1	2.4020/ 1	2.4667/ 1	2.5313/ 1
10.00	2.5959/ 1	2.6606/ 1	2.7252/ 1	2.7897/ 1
11.00	2.8543/ 1	2.9189/ 1	2.9834/ 1	3.0479/ 1
12.00	3.1125/ 1	3.1770/ 1	3.2415/ 1	3.3059/ 1
13.00	3.3704/ 1	3.4348/ 1	3.4993/ 1	3.5637/ 1
14.00	3.6281/ 1	3.6925/ 1	3.7569/ 1	3.8212/ 1
15.00	3.8856/ 1	3.9499/ 1	4.0143/ 1	4.0786/ 1
16.00	4.1429/ 1			

Decay factor for ^{109}Pd : $D_2(t)$

Minute	0.00		0.25		0.50		0.75	
0.00	1.0000/	0	9.9979/	−1	9.9957/	−1	9.9936/	−1
1.00	9.9914/	−1	9.9893/	−1	9.9871/	−1	9.9850/	−1
2.00	9.9829/	−1	9.9807/	−1	9.9786/	−1	9.9764/	−1
3.00	9.9743/	−1	9.9722/	−1	9.9700/	−1	9.9679/	−1
4.00	9.9658/	−1	9.9636/	−1	9.9615/	−1	9.9594/	−1
5.00	9.9572/	−1	9.9551/	−1	9.9530/	−1	9.9508/	−1
6.00	9.9487/	−1	9.9466/	−1	9.9444/	−1	9.9423/	−1
7.00	9.9402/	−1	9.9380/	−1	9.9359/	−1	9.9338/	−1
8.00	9.9316/	−1	9.9295/	−1	9.9274/	−1	9.9253/	−1
9.00	9.9231/	−1	9.9210/	−1	9.9189/	−1	9.9167/	−1
10.00	9.9146/	−1	9.9125/	−1	9.9104/	−1	9.9082/	−1
11.00	9.9061/	−1	9.9040/	−1	9.9019/	−1	9.8998/	−1
12.00	9.8976/	−1	9.8955/	−1	9.8934/	−1	9.8913/	−1
13.00	9.8891/	−1	9.8870/	−1	9.8849/	−1	9.8828/	−1
14.00	9.8807/	−1	9.8786/	−1	9.8764/	−1	9.8743/	−1
15.00	9.8722/	−1	9.8701/	−1	9.8680/	−1	9.8659/	−1
16.00	9.8637/	−1	9.8616/	−1	9.8595/	−1	9.8574/	−1
17.00	9.8553/	−1	9.8532/	−1	9.8511/	−1	9.8490/	−1
18.00	9.8468/	−1	9.8447/	−1	9.8426/	−1	9.8405/	−1
19.00	9.8384/	−1	9.8363/	−1	9.8342/	−1	9.8321/	−1
20.00	9.8300/	−1	9.8279/	−1	9.8258/	−1	9.8237/	−1
21.00	9.8215/	−1	9.8194/	−1	9.8173/	−1	9.8152/	−1
22.00	9.8131/	−1	9.8110/	−1	9.8089/	−1	9.8068/	−1
23.00	9.8047/	−1	9.8026/	−1	9.8005/	−1	9.7984/	−1
24.00	9.7963/	−1	9.7942/	−1	9.7921/	−1	9.7900/	−1
25.00	9.7879/	−1	9.7858/	−1	9.7837/	−1	9.7816/	−1
26.00	9.7795/	−1	9.7774/	−1	9.7753/	−1	9.7732/	−1
27.00	9.7711/	−1	9.7691/	−1	9.7670/	−1	9.7649/	−1
28.00	9.7628/	−1	9.7607/	−1	9.7586/	−1	9.7565/	−1
29.00	9.7544/	−1	9.7523/	−1	8.7502/	−1	9.7481/	−1
30.00	9.7460/	−1	9.7440/	−1	9.7419/	−1	9.7398/	−1
31.00	9.7377/	−1	9.7356/	−1	9.7335/	−1	9.7314/	−1
32.00	9.7293/	−1						

*

Activation data for ^{109m}Pd : $A_1(\tau)$, dps/μg

$$A_1(\text{sat}) = 3.0228/\ 3$$
$$A_1(1\ \text{sec}) = 7.4351/\ 0$$

$K = -5.8370/\ -3$

Time intervals with respect to T_2

Hour	0.00		1.00		2.00		3.00	
0.00	0.0000/	0	3.0224/	3	3.0228/	3	3.0228/	3
4.00	3.0228/	3	3.0228/	3	3.0228/	3	3.0228/	3

Decay factor for ^{109m}Pd : $D_1(t)$

Hour	0.00	1.00	2.00	3.00
0.00	1.0000/ 0	1.4115/ — 4	1.9924/ — 8	2.8123/ —12
4.00	3.9696/ —16	5.6032/ —20	7.9091/ —24	1.1164/ —27

Activation data for ^{109}Pd : $F \cdot A_2(\tau)$

$$F \cdot A_2(\text{sat}) = 3.0405/\ 3$$
$$F \cdot A_2(1 \text{ sec}) = 4.3451/ -2$$

Hour	0.00		1.00		2.00		3.00	
0.00	0.0000/	0	1.5247/	2	2.9729/	2	4.3485/	2
4.00	5.6552/	2	6.8963/	2	8.0752/	2	9.1949/	2
8.00	1.0259/	3	1.1269/	3	1.2228/	3	1.3140/	3
12.00	1.4006/	3	1.4828/	3	1.5609/	3	1.6351/	3
16.00	1.7056/	3	1.7725/	3	1.8361/	3	1.8965/	3
20.00	1.9539/	3	2.0084/	3	2.0601/	3	2.1093/	3
24.00	2.1560/	3	2.2003/	3	2.2425/	3	2.2825/	3
28.00	2.3205/	3	2.3566/	3	2.3909/	3	2.4235/	3
32.00	2.4544/	3	2.4838/	3	2.5117/	3	2.5382/	3
36.00	2.5634/	3	2.5873/	3	2.6101/	3	2.6316/	3
40.00	2.6521/	3	2.6716/	3	2.6901/	3	2.7077/	3
44.00	2.7244/	3	2.7402/	3	2.7553/	3	2.7696/	3
48.00	2.7832/	3						

Decay factor for ^{109}Pd : $D_2(t)$

Hour	0.00	1.00	2.00	3.00
0.00	1.0000/ 0	9.4985/ —1	9.0222/ —1	8.5698/ —1
4.00	8.1400/ —1	7.7318/ —1	7.3441/ —1	6.9758/ —1
8.00	6.6260/ —1	6.2937/ —1	5.9781/ —1	5.6784/ —1
12.00	5.3936/ —1	5.1231/ —1	4.8662/ —1	4.6222/ —1
16.00	4.3904/ —1	4.1702/ —1	3.9611/ —1	3.7625/ —1
20.00	3.5738/ —1	3.3946/ —1	3.2244/ —1	3.0627/ —1
24.00	2.9091/ —1	2.7632/ —1	2.6246/ —1	2.4930/ —1
28.00	2.3680/ —1	2.2493/ —1	2.1365/ —1	2.0293/ —1
32.00	1.9276/ —1	1.8309/ —1	1.7391/ —1	1.6519/ —1
36.00	1.5690/ —1	1.4904/ —1	1.4156/ —1	1.3446/ —1
40.00	1.2772/ —1	1.2132/ —1	1.1523/ —1	1.0945/ —1
44.00	1.0397/ —1	9.8752/ —2	9.3800/ —2	8.9096/ —2
48.00	8.4628/ —2	8.0384/ —2	7.6353/ —2	7.2525/ —2
52.00	6.8888/ —2	6.5433/ —2	6.2152/ —2	5.9035/ —2
56.00	5.6075/ —2	5.3263/ —2	5.0592/ —2	4.8055/ —2
60.00	4.5645/ —2	4.3356/ —2	4.1182/ —2	3.9117/ —2
64.00	3.7155/ —2	3.5292/ —2	3.3522/ —2	3.1841/ —2
68.00	3.0244/ —2	2.8728/ —2	2.7287/ —2	2.5919/ —2

Hour	0.00	1.00	2.00	3.00
72.00	2.4619/ −2	2.3385/ −2	2.2212/ −2	2.1098/ −2
76.00	2.0040/ −2	1.9035/ −2	1.8081/ −2	1.7174/ −2
80.00	1.6313/ −2	1.5495/ −2	1.4718/ −2	1.3980/ −2
84.00	1.3279/ −2	1.2613/ −2	1.1980/ −2	1.1379/ −2
88.00	1.0809/ −2	1.0267/ −2	9.7519/ −3	9.2629/ −3
92.00	8.7984/ −3	8.3572/ −3	7.9381/ −3	7.5400/ −3
96.00	7.1619/ −3			

See also ^{108}Pd(n, γ)^{109}Pd

$$^{110}\text{Pd}(n, \gamma)^{111}\text{Pd} \rightarrow {}^{111}\text{Ag}$$

$M = 106.4$ $G = 11.8\%$ $\sigma_{\text{ac}} = 0.2$ barn,

^{111}Pd $T_1 = 22$ minute

E_γ (keV) no gamma

^{111}Ag $T_2 = 7.6$ day

E_γ (keV)   342   247

P 0.60   0.010

Activation data for ^{111}Pd : $A_1(\tau)$, dps/μg

$$A_1(\text{sat}) = 1.3359/ \quad 3$$
$$A_1(1 \text{ sec}) = 7.0118/ \ -1$$

$K = -2.0140/ \ -3$

Time intervals with respect to T_1

Minute	0.00		1.00		2.00		3.00	
0.00	0.0000/	0	4.1426/	1	8.1567/	1	1.2046/	2
4.00	1.5815/	2	1.9468/	2	2.3006/	2	2.6436/	2
8.00	2.9759/	2	3.2978/	2	3.6098/	2	3.9121/	2
12.00	4.2051/	2	4.4890/	2	4.7640/	2	5.0305/	2
16.00	5.2888/	2	5.5391/	2	5.7816/	2	6.0165/	2
20.00	6.2442/	2	6.4649/	2	6.6787/	2	6.8858/	2
24.00	7.0866/	2	7.2811/	2	7.4695/	2	7.6522/	2
28.00	7.8292/	2	8.0006/	2	8.1668/	2	8.3278/	2
32.00	8.4838/	2	8.6350/	2	8.7815/	2	8.9235/	2
36.00	9.0610/	2	9.1943/	2	9.3235/	2	9.4486/	2
40.00	9.5699/	2	9.6874/	2	9.8012/	2	9.9116/	2
44.00	1.0018/	3	1.0122/	3	1.0222/	3	1.0320/	3
48.00	1.0414/	3	1.0505/	3	1.0594/	3	1.0680/	3
52.00	1.0763/	3	1.0843/	3	1.0921/	3	1.0997/	3
56.00	1.1070/	3	1.1141/	3	1.1210/	3	1.1276/	3
60.00	1.1341/	3	1.1404/	3	1.1464/	3	1.1523/	3
64.00	1.1580/	3	1.1635/	3	1.1689/	3	1.1740/	3
68.00	1.1791/	3	1.1839/	3	1.1886/	3	1.1932/	3
72.00	1.1976/	3	1.2019/	3	1.2061/	3	1.2101/	3
76.00	1.2140/	3						

Decay factor for ^{111}Pd : $D_1(t)$

Minute	0.00		1.00		2.00		3.00	
0.00	1.0000/	0	9.6899/	−1	9.3894/	−1	9.0983/	−1
4.00	8.8161/	−1	8.5428/	−1	8.2779/	−1	8.0212/	−1
8.00	7.7724/	−1	7.5314/	−1	7.2979/	−1	7.0716/	−1

15

Minute	0.00	1.00	2.00	3.00
12.00	6.8523/ −1	6.6398/ −1	6.4339/ −1	6.2344/ −1
16.00	6.0411/ −1	5.8538/ −1	5.6722/ −1	5.4964/ −1
20.00	5.3259/ −1	5.1608/ −1	5.0007/ −1	4.8457/ −1
24.00	4.6954/ −1	4.5498/ −1	4.4087/ −1	4.2720/ −1
28.00	4.1395/ −1	4.0112/ −1	3.8868/ −1	3.7663/ −1
32.00	3.6495/ −1	3.5363/ −1	3.4267/ −1	3.3204/ −1
36.00	3.2174/ −1	3.1177/ −1	3.0210/ −1	2.9273/ −1
40.00	2.8365/ −1	2.7486/ −1	2.6634/ −1	2.5808/ −1
44.00	2.5007/ −1	2.4232/ −1	2.3480/ −1	2.2752/ −1
48.00	2.2047/ −1	2.1363/ −1	2.0701/ −1	2.0059/ −1
52.00	1.9437/ −1	1.8834/ −1	1.8250/ −1	1.7684/ −1
56.00	1.7136/ −1	1.6604/ −1	1.6090/ −1	1.5591/ −1
60.00	1.5107/ −1	1.4639/ −1	1.4185/ −1	1.3745/ −1
64.00	1.3319/ −1	1.2906/ −1	1.2506/ −1	1.2118/ −1
68.00	1.1742/ −1	1.1378/ −1	1.1025/ −1	1.0683/ −1
72.00	1.0352/ −1	1.0031/ −1	9.7198/ −2	9.4184/ −2
76.00	9.1264/ −2	8.8434/ −2	8.5692/ −2	8.3034/ −2
80.00	8.0460/ −2	7.7965/ −2	7.5547/ −2	7.3204/ −2
84.00	7.0934/ −2	6.8735/ −2	6.6603/ −2	6.4538/ −2
88.00	6.2537/ −2	6.0598/ −2	5.8719/ −2	5.6898/ −2
92.00	5.5133/ −2	5.3424/ −2	5.1767/ −2	5.0162/ −2
96.00	4.8606/ −2	4.7099/ −2	4.5639/ −2	4.4223/ −2
100.00	4.2852/ −2	4.1523/ −2	4.0236/ −2	3.8988/ −2
104.00	3.7779/ −2	3.6608/ −2	3.5472/ −2	3.4372/ −2
108.00	3.3307/ −2	3.2274/ −2	3.1273/ −2	3.0303/ −2
112.00	2.9364/ −2	2.8453/ −2	2.7571/ −2	2.6716/ −2
116.00	2.5887/ −2	2.5085/ −2	2.4307/ −2	2.3553/ −2
120.00	2.2823/ −2	2.2115/ −2	2.1429/ −2	2.0765/ −2
124.00	2.0121/ −2	1.9497/ −2	1.8892/ −2	1.8306/ −2
128.00	1.7739/ −2	1.7189/ −2	1.6656/ −2	1.6139/ −2
132.00	1.5639/ −2	1.5154/ −2	1.4684/ −2	1.4229/ −2
136.00	1.3787/ −2	1.3360/ −2	1.2946/ −2	1.2544/ −2
140.00	1.2155/ −2	1.1778/ −2	1.1413/ −2	1.1059/ −2
144.00	1.0716/ −2	1.0384/ −2	1.0062/ −2	9.7499/ −3
148.00	9.4475/ −3	9.1546/ −3	8.8707/ −3	8.5956/ −3
152.00	8.3291/ −3			

Activation data for ^{111}Ag : $F \cdot A_2(\tau)$

$$F \cdot A_2(\text{sat}) = 1.3386/ \quad 3$$
$$F \cdot A_2(1 \text{ sec}) = 1.4127/ \quad -3$$

Minute	0.00	1.00	2.00	3.00
0.00	0.0000/ 0	8.4761/ −2	1.6952/ −1	2.5427/ −1
4.00	3.3901/ −1	4.2375/ −1	5.0848/ −1	5.9321/ −1
8.00	6.7794/ −1	7.6265/ −1	8.4737/ −1	9.3207/ −1
12.00	1.0168/ 0	1.1015/ 0	1.1862/ 0	1.2708/ 0
16.00	1.3555/ 0	1.4402/ 0	1.5249/ 0	1.6095/ 0
20.00	1.6942/ 0	1.7788/ 0	1.8635/ 0	1.9481/ 0
24.00	2.0328/ 0	2.1174/ 0	2.2020/ 0	2.2867/ 0

Minute	0.00		1.00		2.00		3.00	
28.00	2.3713/	0	2.4559/	0	2.5405/	0	2.6251/	0
32.00	2.7097/	0	2.7943/	0	2.8789/	0	2.9634/	0
36.00	3.0480/	0	3.1326/	0	3.2171/	0	3.3017/	0
40.00	3.3862/	0	3.4708/	0	3.5553/	0	3.6399/	0
44.00	3.7244/	0	3.8089/	0	3.8934/	0	3.9780/	0
48.00	4.0625/	0	4.1470/	0	4.2315/	0	4.3160/	0
52.00	4.4004/	0	4.4849/	0	4.5694/	0	4.6539/	0
56.00	4.7383/	0	4.8228/	0	4.9073/	0	4.9917/	0
60.00	5.0762/	0	5.1606/	0	5.2450/	0	5.3295/	0
64.00	5.4139/	0	5.4983/	0	5.5827/	0	5.6671/	0
68.00	5.7515/	0	5.8359/	0	5.9203/	0	6.0047/	0
72.00	6.0891/	0	6.1734/	0	6.2578/	0	6.3422/	0
76.00	6.4265/	0						

Decay factor for ^{111}Ag : $D_2(t)$

Minute	0.00		1.00		2.00		3.00	
0.00	1.0000/	0	9.9994/	−1	9.9987/	−1	9.9981/	−1
4.00	9.9975/	−1	9.9968/	−1	9.9962/	−1	9.9956/	−1
8.00	9.9949/	−1	9.9943/	−1	9.9937/	−1	9.9930/	−1
12.00	9.9924/	−1	9.9918/	−1	9.9911/	−1	9.9905/	−1
16.00	9.9899/	−1	9.9892/	−1	9.9886/	−1	9.9880/	−1
20.00	9.9873/	−1	9.9867/	−1	9.9861/	−1	9.9854/	−1
24.00	9.9848/	−1	9.9842/	−1	9.9835/	−1	9.9829/	−1
28.00	9.9823/	−1	9.9817/	−1	9.9810/	−1	9.9804/	−1
32.00	9.9798/	−1	9.9791/	−1	9.9785/	−1	9.9779/	−1
36.00	9.9772/	−1	9.9766/	−1	9.9760/	−1	9.9753/	−1
40.00	9.9747/	−1	9.9741/	−1	9.9734/	−1	9.9728/	−1
44.00	9.9722/	−1	9.9715/	−1	9.9709/	−1	9.9703/	−1
48.00	9.9697/	−1	9.9690/	−1	9.9684/	−1	9.9678/	−1
52.00	9.9671/	−1	9.9665/	−1	9.9659/	−1	9.9652/	−1
56.00	9.9646/	−1	9.9640/	−1	9.9633/	−1	9.9627/	−1
60.00	9.9621/	−1	9.9614/	−1	9.9608/	−1	9.9602/	−1
64.00	9.9596/	−1	9.9589/	−1	9.9583/	−1	9.9577/	−1
68.00	9.9570/	−1	9.9564/	−1	9.9558/	−1	9.9551/	−1
72.00	9.9545/	−1	9.9539/	−1	9.9533/	−1	9.9526/	−1
76.00	9.9520/	−1	9.9514/	−1	9.9507/	−1	9.9501/	−1
80.00	9.9495/	−1	9.9488/	−1	9.9482/	−1	9.9476/	−1
84.00	9.9470/	−1	9.9463/	−1	9.9457/	−1	9.9451/	−1
88.00	9.9444/	−1	9.9438/	−1	9.9432/	−1	9.9425/	−1
92.00	9.9419/	−1	9.9413/	−1	9.9407/	−1	9.9400/	−1
96.00	9.9394/	−1	9.9388/	−1	9.9381/	−1	9.9375/	−1
100.00	9.9369/	−1	9.9362/	−1	9.9356/	−1	9.9350/	−1
104.00	9.9344/	−1	9.9337/	−1	9.9331/	−1	9.9325/	−1
108.00	9.9318/	−1	9.9312/	−1	9.9306/	−1	9.9300/	−1
112.00	9.9293/	−1	9.9287/	−1	9.9281/	−1	9.9274/	−1
116.00	9.9268/	−1	9.9262/	−1	9.9256/	−1	9.9249/	−1
120.00	9.9243/	−1	9.9237/	−1	9.9230/	−1	9.9224/	−1
124.00	9.9218/	−1	9.9212/	−1	9.9205/	−1	9.9199/	−1
128.00	9.9193/	−1	9.9186/	−1	9.9180/	−1	9.9174/	−1

15*

Minute	0.00	1.00	2.00	3.00
132.00	9.9168/ −1	9.9161/ −1	9.9155/ −1	9.9149/ −1
136.00	9.9143/ −1	9.9136/ −1	9.9130/ −1	9.9124/ −1
140.00	9.9117/ −1	9.9111/ −1	9.9105/ −1	9.9099/ −1
144.00	9.9092/ −1	9.9086/ −1	9.9080/ −1	9.9073/ −1
148.00	9.9067/ −1	9.9061/ −1	9.9055/ −1	9.9048/ −1
152.00	9.9042/ −1			

*

Activation data for ^{111}Pd : $A_1(\tau)$, dps/μg

$$A_1(\text{sat}) = 1.3359/\quad 3$$
$$A_1(1 \text{ sec}) = 7.0118/\ -1$$

$K = -2.0140/\ -3$

Time intervals with respect to T_2

Day	0.00	0.25	0.50	0.75
0.00	0.0000/ 0	1.3359/ 3	1.3359/ 3	1.3359/ 3
1.00	1.3359/ 3	1.3359/ 3	1.3359/ 3	1.3359/ 3

Decay factor for ^{111}Pd : $D_1(t)$

Day	0.00	0.25	0.50	0.75
0.00	1.0000/ 0	1.1888/ − 5	1.4132/ −10	1.6800/ −15
1.00	1.9971/ −20	2.3741/ −25	2.8223/ −30	3.3551/ −35

Activation data for ^{111}Ag : $F \cdot A_2(\tau)$

$$F \cdot A_2(\text{sat}) = 1.3386/\quad 3$$
$$F \cdot A_2(1 \text{ sec}) = 1.4127/\ -3$$

Day	0.00	0.25	0.50	0.75
0.00	0.0000/ 0	3.0170/ 1	5.9659/ 1	8.8484/ 1
1.00	1.1666/ 2	1.4420/ 2	1.7112/ 2	1.9743/ 2
2.00	2.2315/ 2	2.4829/ 2	2.7287/ 2	2.9689/ 2
3.00	3.2036/ 2	3.4331/ 2	3.6575/ 2	3.8767/ 2
4.00	4.0910/ 2	4.3005/ 2	4.5053/ 2	4.7055/ 2
5.00	4.9011/ 2	5.0923/ 2	5.2793/ 2	5.4620/ 2
6.00	5.6406/ 2	5.8151/ 2	5.9858/ 2	6.1526/ 2
7.00	6.3156/ 2	6.4749/ 2	6.6307/ 2	6.7830/ 2
8.00	6.9318/ 2	7.0772/ 2	7.2194/ 2	7.3584/ 2
9.00	7.4943/ 2	7.6271/ 2	7.7568/ 2	7.8837/ 2
10.00	8.0077/ 2	8.1289/ 2	8.2474/ 2	8.3632/ 2
11.00	8.4764/ 2	8.5871/ 2	8.6953/ 2	8.8010/ 2
12.00	8.9043/ 2	9.0053/ 2	9.1041/ 2	9.2006/ 2

Day	0.00		0.25		0.50		0.75	
13.00	9.2949/	2	9.3871/	2	9.4772/	2	9.5653/	2
14.00	9.6514/	2	9.7356/	2	9.8179/	2	9.8983/	2
15.00	9.9769/	2	1.0054/	3	1.0129/	3	1.0202/	3
16.00	1.0274/	3	1.0344/	3	1.0413/	3	1.0480/	3
17.00	1.0545/	3	1.0609/	3	1.0672/	3	1.0733/	3
18.00	1.0793/	3	1.0851/	3	1.0908/	3	1.0964/	3
19.00	1.1019/	3	1.1072/	3	1.1124/	3	1.1175/	3
20.00	1.1225/	3	1.1274/	3	1.1321/	3	1.1368/	3
21.00	1.1413/	3	1.1458/	3	1.1501/	3	1.1544/	3
22.00	1.1585/	3	1.1626/	3	1.1666/	3	1.1704/	3
23.00	1.1742/	3	1.1779/	3	1.1816/	3	1.1851/	3
24.00	1.1886/	3	1.1919/	3	1.1952/	3	1.1985/	3
25.00	1.2016/	3	1.2047/	3	1.2077/	3	1.2107/	3
26.00	1.2136/	3	1.2164/	3	1.2191/	3		

Decay factor for ^{111}Ag : $D_2(t)$

Day	0.00		0.25		0.50		0.75	
0.00	1.0000/	0	9.7746/	−1	9.5543/	−1	9.3390/	−1
1.00	9.1285/	−1	8.9228/	−1	8.7217/	−1	8.5251/	−1
2.00	8.3329/	−1	8.1451/	−1	7.9616/	−1	7.7821/	−1
3.00	7.6067/	−1	7.4353/	−1	7.2677/	−1	7.1039/	−1
4.00	6.9438/	−1	6.7873/	−1	6.6343/	−1	6.4848/	−1
5.00	6.3386/	−1	6.1958/	−1	6.0561/	−1	5.9196/	−1
6.00	5.7862/	−1	5.6558/	−1	5.5283/	−1	5.4037/	−1
7.00	5.2820/	−1	5.1629/	−1	5.0465/	−1	4.9328/	−1
8.00	4.8216/	−1	4.7130/	−1	4.6067/	−1	4.5029/	−1
9.00	4.4014/	−1	4.3022/	−1	4.2053/	−1	4.1105/	−1
10.00	4.0178/	−1	3.9273/	−1	3.8388/	−1	3.7522/	−1
11.00	3.6677/	−1	3.5850/	−1	3.5042/	−1	3.4252/	−1
12.00	3.3480/	−1	3.2726/	−1	3.1988/	−1	3.1267/	−1
13.00	3.0563/	−1	2.9874/	−1	2.9200/	−1	2.8542/	−1
14.00	2.7899/	−1	2.7270/	−1	2.6656/	−1	2.6055/	−1
15.00	2.5468/	−1	2.4894/	−1	2.4333/	−1	2.3784/	−1
16.00	2.3248/	−1	2.2724/	−1	2.2212/	−1	2.1711/	−1
17.00	2.1222/	−1	2.0744/	−1	2.0276/	−1	1.9819/	−1
18.00	1.9372/	−1	1.8936/	−1	1.8509/	−1	1.8092/	−1
19.00	1.7684/	−1	1.7286/	−1	1.6896/	−1	1.6515/	−1
20.00	1.6143/	−1	1.5779/	−1	1.5424/	−1	1.5076/	−1
21.00	1.4736/	−1	1.4404/	−1	1.4079/	−1	1.3762/	−1
22.00	1.3452/	−1	1.3149/	−1	1.2852/	−1	1.2563/	−1
23.00	1.2280/	−1	1.2003/	−1	1.1732/	−1	1.1468/	−1
24.00	1.1209/	−1	1.0957/	−1	1.0710/	−1	1.0468/	−1
25.00	1.0232/	−1	1.0002/	−1	9.7764/	−2	9.5561/	−2
26.00	9.3407/	−2	9.1302/	−2	8.9244/	−2	8.7233/	−2
27.00	8.5266/	−2	8.3345/	−2	8.1466/	−2	7.9630/	−2
28.00	7.7835/	−2	7.6081/	−2	7.4366/	−2	7.2690/	−2
29.00	7.1052/	−2	6.9451/	−2	6.7885/	−2	6.6355/	−2
30.00	6.4860/	−2	6.3398/	−2	6.1969/	−2	6.0572/	−2
31.00	5.9207/	−2	5.7873/	−2	5.6569/	−2	5.5294/	−2

Day	0.00	0.25	0.50	0.75
32.00	5.4047/ −2	5.2829/ −2	5.1639/ −2	5.0475/ −2
33.00	4.9337/ −2	4.8225/ −2	4.7138/ −2	4.6076/ −2
34.00	4.5037/ −2	4.4022/ −2	4.3030/ −2	4.2060/ −2
35.00	4.1112/ −2	4.0186/ −2	3.9280/ −2	3.8395/ −2
36.00	3.7529/ −2	3.6684/ −2	3.5857/ −2	3.5049/ −2
37.00	3.4259/ −2	3.3487/ −2	3.2732/ −2	3.1994/ −2
38.00	3.1273/ −2	3.0568/ −2	2.9879/ −2	2.9206/ −2
39.00	2.8548/ −2	2.7904/ −2	2.7275/ −2	2.6660/ −2
40.00	2.6060/ −2	2.5472/ −2	2.4898/ −2	2.4337/ −2
41.00	2.3789/ −2	2.3252/ −2	2.2728/ −2	2.2216/ −2
42.00	2.1715/ −2	2.1226/ −2	2.0748/ −2	2.0280/ −2
43.00	1.9823/ −2	1.9376/ −2	1.8939/ −2	1.8512/ −2
44.00	1.8095/ −2	1.7687/ −2	1.7289/ −2	1.6899/ −2
45.00	1.6518/ −2	1.6146/ −2	1.5782/ −2	1.5426/ −2
46.00	1.5079/ −2	1.4739/ −2	1.4407/ −2	1.4082/ −2
47.00	1.3765/ −2	1.3454/ −2	1.3151/ −2	1.2855/ −2
48.00	1.2565/ −2	1.2282/ −2	1.2005/ −2	1.1734/ −2
49.00	1.1470/ −2	1.1211/ −2	1.0959/ −2	1.0712/ −2
50.00	1.0470/ −2	1.0234/ −2	1.0004/ −2	9.7782/ −3
51.00	9.5578/ −3	9.3424/ −3	9.1319/ −3	8.9260/ −3
52.00	8.7249/ −3	8.5282/ −3	8.3360/ −3	8.1481/ −3
53.00	7.9645/ −3			

See also ^{110}Pd(n, γ)^{111m}Pd → ^{111}Pd and ^{110}Pd(n, γ)^{111m}Pd → ^{111}Ag

$$^{110}\text{Pd}(\text{n}, \gamma)^{111\text{m}}\text{Pd} \rightarrow \,^{111}\text{Pd}$$

$M = 106.4$ $\qquad\qquad G = 11.8\%$ $\qquad\qquad \sigma_{ac} = 0.037$ barn,

$^{111\text{m}}\text{Pd}$ $\quad$ T$_1 = 5.5$ hour

E_γ (keV) 170

^{111}Pd $\quad$ T$_2 = 22$ minute

E_γ (keV) no gamma

Activation data for $^{111\text{m}}\text{Pd}$: $A_1(\tau)$, dps/μg

$\qquad A_1(\text{sat}) \quad = 2.4715/\quad 2$

$\qquad A_1(1 \text{ sec}) = 8.6500/\ -3$

$K = 8.0360/\ -1$

Time intervals with respect to T$_1$

Hour	0.00		0.25		0.50		0.75	
0.00	0.0000/	0	7.6638/	0	1.5090/	1	2.2286/	1
1.00	2.9259/	1	3.6015/	1	4.2562/	1	4.8906/	1
2.00	5.5053/	1	6.1010/	1	6.6782/	1	7.2375/	1
3.00	7.7794/	1	8.3046/	1	8.8134/	1	9.3065/	1
4.00	9.7843/	1	1.0247/	2	1.0696/	2	1.1131/	2
5.00	1.1552/	2	1.1960/	2	1.2356/	2	1.2739/	2
6.00	1.3110/	2	1.3470/	2	1.3819/	2	1.4157/	2
7.00	1.4484/	2	1.4801/	2	1.5109/	2	1.5406/	2
8.00	1.5695/	2	1.5975/	2	1.6246/	2	1.6508/	2
9.00	1.6763/	2	1.7009/	2	1.7248/	2	1.7480/	2
10.00	1.7704/	2	1.7922/	2	1.8132/	2	1.8336/	2
11.00	1.8534/	2	1.8726/	2	1.8912/	2	1.9091/	2
12.00	1.9266/	2	1.9435/	2	1.9599/	2	1.9757/	2
13.00	1.9911/	2	2.0060/	2	2.0204/	2	2.0344/	2
14.00	2.0480/	2	2.0611/	2	2.0738/	2	2.0862/	2
15.00	2.0981/	2	2.1097/	2	2.1209/	2	2.1318/	2
16.00	2.1423/	2	2.1525/	2	2.1624/	2	2.1720/	2
17.00	2.1813/	2	2.1903/	2	2.1990/	2	2.2074/	2
18.00	2.2156/	2	2.2236/	2	2.2312/	2	2.2387/	2
19.00	2.2459/	2						

Decay factor for $^{111\text{m}}\text{Pd}$: $D_1(t)$

Hour	0.00		0.25		0.50		0.75	
0.00	1.0000/	0	9.6899/	−1	9.3894/	−1	9.0983/	−1
1.00	8.8161/	−1	8.5428/	−1	8.2779/	−1	8.0212/	−1
2.00	7.7724/	−1	7.5314/	−1	7.2979/	−1	7.0716/	−1
3.00	6.8523/	−1	6.6398/	−1	6.4339/	−1	6.2344/	−1

Hour	0.00	0.25	0.50	0.75
4.00	6.0411/ −1	5.8538/ −1	5.6722/ −1	5.4964/ −1
5.00	5.3259/ −1	5.1608/ −1	5.0007/ −1	4.8457/ −1
6.00	4.6954/ −1	4.5498/ −1	4.4087/ −1	4.2720/ −1
7.00	4.1395/ −1	4.0112/ −1	3.8868/ −1	3.7663/ −1
8.00	3.6495/ −1	3.5363/ −1	3.4267/ −1	3.3204/ −1
9.00	3.2174/ −1	3.1177/ −1	3.0210/ −1	2.9273/ −1
10.00	2.8365/ −1	2.7486/ −1	2.6634/ −1	2.5808/ −1
11.00	2.5007/ −1	2.4232/ −1	2.3480/ −1	2.2752/ −1
12.00	2.2047/ −1	2.1363/ −1	2.0701/ −1	2.0059/ −1
13.00	1.9437/ −1	1.8834/ −1	1.8250/ −1	1.7684/ −1
14.00	1.7136/ −1	1.6604/ −1	1.6090/ −1	1.5591/ −1
15.00	1.5107/ −1	1.4639/ −1	1.4185/ −1	1.3745/ −1
16.00	1.3319/ −1	1.2906/ −1	1.2506/ −1	1.2118/ −1
17.00	1.1742/ −1	1.1378/ −1	1.1025/ −1	1.0683/ −1
18.00	1.0352/ −1	1.0031/ −1	9.7198/ −2	9.4184/ −2
19.00	9.1264/ −2	8.8434/ −2	8.5692/ −2	8.3034/ −2
20.00	8.0460/ −2	7.7965/ −2	7.5547/ −2	7.3204/ −2
21.00	7.0934/ −2	6.8735/ −2	6.6603/ −2	6.4538/ −2
22.00	6.2537/ −2	6.0598/ −2	5.8719/ −2	5.6898/ −2
23.00	5.5133/ −2	5.3424/ −2	5.1767/ −2	5.0162/ −2
24.00	4.8606/ −2	4.7099/ −2	4.5639/ −2	4.4223/ −2
25.00	4.2852/ −2	4.1523/ −2	4.0236/ −2	3.8988/ −2
26.00	3.7779/ −2	3.6608/ −2	3.5472/ −2	3.4372/ −2
27.00	3.3307/ −2	3.2274/ −2	3.1273/ −2	3.0303/ −2
28.00	2.9364/ −2	2.8453/ −2	2.7571/ −2	2.6716/ −2
29.00	2.5887/ −2	2.5085/ −2	2.4307/ −2	2.3553/ −2
30.00	2.2823/ −2	2.2115/ −2	2.1429/ −2	2.0765/ −2
31.00	2.0121/ −2	1.9497/ −2	1.8892/ −2	1.8306/ −2
32.00	1.7739/ −2	1.7189/ −2	1.6656/ −2	1.6139/ −2
33.00	1.5639/ −2	1.5154/ −2	1.4684/ −2	1.4229/ −2
34.00	1.3787/ −2	1.3360/ −2	1.2946/ −2	1.2544/ −2
35.00	1.2155/ −2	1.1778/ −2	1.1413/ −2	1.1059/ −2
36.00	1.0716/ −2	1.0384/ −2	1.0062/ −2	9.7499/ −3
37.00	9.4475/ −3	9.1546/ −3	8.8707/ −3	8.5956/ −3
38.00	8.3291/ −3			

Activation data for ^{111}Pd : $F \cdot A_2(\tau)$

$$F \cdot A_2(\text{sat}) \ = -1.3247/ \quad 1$$

$$F \cdot A_2(1 \text{ sec}) = -6.9529/ \ -3$$

Hour	0.00		0.25		0.50		0.75	
								1
0.00	0.0000/	0	−4.9883/	0	−8.0982/	0	−1.0037/	1
1.00	−1.1246/	1	−1.1999/	1	−1.2469/	1	−1.2762/	1
2.00	−1.2945/	1	−1.3059/	1	−1.3130/	1	−1.3174/	1
3.00	−1.3201/	1	−1.3219/	1	−1.3229/	1	−1.3236/	1
4.00	−1.3240/	1	−1.3243/	1	−1.3244/	1	−1.3245/	1
5.00	−1.3246/	1	−1.3246/	1	−1.3247/	1	−1.3247/	1
6.00	−1.3247/	1	−1.3247/	1	−1.3247/	1	−1.3247/	1
7.00	−1.3247/	1	−1.3247/	1	−1.3247/	1	−1.3247/	

Decay factor for ^{111}Pd : $D_2(t)$

Hour	0.00	0.25	0.50	0.75
0.00	1.0000/ 0	6.2344/ −1	3.8868/ −1	2.4232/ −1
1.00	1.5107/ −1	9.4184/ −2	5.8719/ −2	3.6608/ −2
2.00	2.2823/ −2	1.4229/ −2	8.8707/ −3	5.5304/ −3
3.00	3.4479/ −3	2.1495/ −3	1.3401/ −3	8.3548/ −4
4.00	5.2088/ −4	3.2474/ −4	2.0245/ −4	1.2622/ −4
5.00	7.8690/ −5	4.9058/ −5	3.0585/ −5	1.9068/ −5
6.00	1.1888/ −5	7.4113/ −6	4.6205/ −6	2.8806/ −6
7.00	1.7959/ −6	1.1196/ −6	6.9803/ −7	4.3518/ −7

*

Activation data for ^{111m}Pd : $A_1(\tau)$, dps/μg

$$A_1(\text{sat}) = 2.4715/ \quad 2$$
$$A_1(1 \text{ sec}) = 8.6500/ \quad -3$$

$K = 8.0360/ \; -1$

Time intervals with respect to T_2

Minute	0.00	1.00	2.00	3.00
0.00	0.0000/ 0	5.1846/ −1	1.0358/ 0	1.5521/ 0
4.00	2.0673/ 0	2.5815/ 0	3.0945/ 0	3.6065/ 0
8.00	4.1174/ 0	4.6272/ 0	5.1360/ 0	5.6437/ 0
12.00	6.1503/ 0	6.6558/ 0	7.1603/ 0	7.6638/ 0
16.00	8.1662/ 0	8.6675/ 0	9.1678/ 0	9.6670/ 0
20.00	1.0165/ 1	1.0662/ 1	1.1158/ 1	1.1653/ 1
24.00	1.2148/ 1	1.2640/ 1	1.3132/ 1	1.3623/ 1
28.00	1.4113/ 1	1.4602/ 1	1.5090/ 1	1.5577/ 1
32.00	1.6063/ 1	1.6547/ 1	1.7031/ 1	1.7514/ 1
36.00	1.7995/ 1	1.8476/ 1	1.8956/ 1	1.9435/ 1
40.00	1.9912/ 1	2.0389/ 1	2.0865/ 1	2.1339/ 1
44.00	2.1813/ 1	2.2286/ 1	2.2757/ 1	2.3228/ 1
48.00	2.3698/ 1	2.4167/ 1	2.4634/ 1	2.5101/ 1
52.00	2.5567/ 1	2.6032/ 1	2.6496/ 1	2.6959/ 1
56.00	2.7421/ 1	2.7881/ 1	2.8341/ 1	2.8800/ 1
60.00	2.9259/ 1	2.9716/ 1	3.0172/ 1	3.0627/ 1
64.00	3.1081/ 1	3.1534/ 1	3.1987/ 1	3.2438/ 1
68.00	3.2888/ 1	3.3338/ 1	3.3786/ 1	3.4234/ 1
72.00	3.4681/ 1	3.5126/ 1	3.5571/ 1	3.6015/ 1
76.00	3.6458/ 1			

Decay factor for ^{111m}Pd : $D_1(t)$

Minute	0.00	1.00	2.00	3.00
0.00	1.0000/ 0	9.9790/ −1	9.9581/ −1	9.9372/ −1
4.00	9.9164/ −1	9.8955/ −1	9.8748/ −1	9.8541/ −1
8.00	9.8334/ −1	9.8128/ −1	9.7922/ −1	9.7716/ −1

Minute	0.00	1.00	2.00	3.00
12.00	9.7511/ −1	9.7307/ −1	9.7103/ −1	9.6899/ −1
16.00	9.6696/ −1	9.6493/ −1	9.6291/ −1	9.6089/ −1
20.00	9.5887/ −1	9.5686/ −1	9.5485/ −1	9.5285/ −1
24.00	9.5085/ −1	9.4885/ −1	9.4686/ −1	9.4488/ −1
28.00	9.4290/ −1	9.4092/ −1	9.3894/ −1	9.3697/ −1
32.00	9.3501/ −1	9.3305/ −1	9.3109/ −1	9.2914/ −1
36.00	9.2719/ −1	9.2524/ −1	9.2330/ −1	9.2136/ −1
40.00	9.1943/ −1	9.1750/ −1	9.1558/ −1	9.1366/ −1
44.00	9.1174/ −1	9.0983/ −1	9.0792/ −1	9.0601/ −1
48.00	9.0411/ −1	9.0222/ −1	9.0032/ −1	8.9844/ −1
52.00	8.9655/ −1	8.9467/ −1	8.9279/ −1	8.9092/ −1
56.00	8.8905/ −1	8.8719/ −1	8.8533/ −1	8.8347/ −1
60.00	8.8161/ −1	8.7977/ −1	8.7792/ −1	8.7608/ −1
64.00	8.7424/ −1	8.7241/ −1	8.7058/ −1	8.6875/ −1
68.00	8.6693/ −1	8.6511/ −1	8.6329/ −1	8.6148/ −1
72.00	8.5968/ −1	8.5787/ −1	8.5607/ −1	8.5428/ −1
76.00	8.5248/ −1	8.5070/ −1	8.4891/ −1	8.4713/ −1
80.00	8.4535/ −1	8.4358/ −1	8.4181/ −1	8.4004/ −1
84.00	8.3828/ −1	8.3652/ −1	8.3477/ −1	8.3302/ −1
88.00	8.3127/ −1	8.2953/ −1	8.2779/ −1	8.2605/ −1
92.00	8.2432/ −1	8.2259/ −1	8.2086/ −1	8.1914/ −1
96.00	8.1742/ −1	8.1571/ −1	8.1400/ −1	8.1229/ −1
100.00	8.1058/ −1	8.0888/ −1	8.0719/ −1	8.0549/ −1
104.00	8.0380/ −1	8.0212/ −1	8.0043/ −1	7.9876/ −1
108.00	7.9708/ −1	7.9541/ −1	7.9374/ −1	7.9207/ −1
112.00	7.9041/ −1	7.8875/ −1	7.8710/ −1	7.8545/ −1
116.00	7.8380/ −1	7.8216/ −1	7.8052/ −1	7.7888/ −1
120.00	7.7724/ −1	7.7561/ −1	7.7399/ −1	7.7236/ −1
124.00	7.7074/ −1	7.6913/ −1	7.6751/ −1	7.6590/ −1
128.00	7.6430/ −1	7.6269/ −1	7.6109/ −1	7.5950/ −1
132.00	7.5790/ −1	7.5631/ −1	7.5473/ −1	7.5314/ −1
136.00	7.5156/ −1	7.4999/ −1	7.4841/ −1	7.4684/ −1
140.00	7.4528/ −1	7.4371/ −1	7.4215/ −1	7.4060/ −1
144.00	7.3904/ −1	7.3749/ −1	7.3594/ −1	7.3440/ −1
148.00	7.3286/ −1	7.3132/ −1	7.2979/ −1	7.2826/ −1
152.00	7.2673/ −1			

Activation data for ^{111}Pd : $F \cdot A_2(\tau)$

$$F \cdot A_2(\text{sat}) = -1.3247/ \quad 1$$

$$F \cdot A_2(1 \text{ sec}) = -6.9529/ \quad -3$$

Minute	0.00		1.00		2.00		3.00	
0.00	0.0000/	0	−4.1078/	−1	−8.0882/	−1	−1.1945/	0
4.00	−1.5683/	0	−1.9304/	0	−2.2813/	0	−2.6214/	0
8.00	−2.9509/	0	−3.2701/	0	−3.5795/	0	−3.8793/	0
12.00	−4.1698/	0	−4.4513/	0	−4.7240/	0	−4.9883/	0
16.00	−5.2444/	0	−5.4925/	0	−5.7330/	0	−5.9660/	0
20.00	−6.1918/	0	−6.4106/	0	−6.6226/	0	−6.8280/	0
24.00	−7.0270/	0	−7.2199/	0	−7.4068/	0	−7.5879/	0

Minute	0.00		1.00		2.00		3.00	
28.00	−7.7634/	0	−7.9334/	0	−8.0982/	0	−8.2579/	0
32.00	−8.4126/	0	−8.5625/	0	−8.7078/	0	−8.8485/	0
36.00	−8.9849/	0	−9.1171/	0	−9.2451/	0	−9.3692/	0
40.00	−9.4895/	0	−9.6060/	0	−9.7189/	0	−9.8283/	0
44.00	−9.9343/	0	−1.0037/	1	−1.0137/	1	−1.0233/	1
48.00	−1.0327/	1	−1.0417/	1	−1.0505/	1	−1.0590/	1
52.00	−1.0672/	1	−1.0752/	1	−1.0829/	1	−1.0904/	1
56.00	−1.0977/	1	−1.1047/	1	−1.1116/	1	−1.1182/	1
60.00	−1.1246/	1	−1.1308/	1	−1.1368/	1	−1.1426/	1
64.00	−1.1483/	1	−1.1537/	1	−1.1590/	1	−1.1642/	1
68.00	−1.1692/	1	−1.1740/	1	−1.1787/	1	−1.1832/	1
72.00	−1.1876/	1	−1.1918/	1	−1.1959/	1	−1.1999/	1
76.00	−1.2038/	1						

Decay factor for ^{111}Pd : $D_2(t)$

Minute	0.00		1.00		2.00		3.00	
0.00	1.0000/	0	9.6899/	−1	9.3894/	−1	9.0983/	−1
4.00	8.8161/	−1	8.5428/	−1	8.2779/	−1	8.0212/	−1
8.00	7.7724/	−1	7.5314/	−1	7.2979/	−1	7.0716/	−1
12.00	6.8523/	−1	6.6398/	−1	6.4339/	−1	6.2344/	−1
16.00	6.0411/	−1	5.8538/	−1	5.6722/	−1	5.4964/	−1
20.00	5.3259/	−1	5.1608/	−1	5.0007/	−1	4.8457/	−1
24.00	4.6954/	−1	4.5498/	−1	4.4087/	−1	4.2720/	−1
28.00	4.1395/	−1	4.0112/	−1	3.8868/	−1	3.7663/	−1
32.00	3.6495/	−1	3.5363/	−1	3.4267/	−1	3.3204/	−1
36.00	3.2174/	−1	3.1177/	−1	3.0210/	−1	2.9273/	−1
40.00	2.8365/	−1	2.7486/	−1	2.6634/	−1	2.5808/	−1
44.00	2.5007/	−1	2.4232/	−1	2.3480/	−1	2.2752/	−1
48.00	2.2047/	−1	2.1363/	−1	2.0701/	−1	2.0059/	−1
52.00	1.9437/	−1	1.8834/	−1	1.8250/	−1	1.7684/	−1
56.00	1.7136/	−1	1.6604/	−1	1.6090/	−1	1.5591/	−1
60.00	1.5107/	−1	1.4639/	−1	1.4185/	−1	1.3745/	−1
64.00	1.3319/	−1	1.2906/	−1	1.2506/	−1	1.2118/	−1
68.00	1.1742/	−1	1.1378/	−1	1.1025/	−1	1.0683/	−1
72.00	1.0352/	−1	1.0031/	−1	9.7198/	−2	9.4184/	−2
76.00	9.1264/	−2	8.8434/	−2	8.5692/	−2	8.3034/	−2
80.00	8.0460/	−2	7.7965/	−2	7.5547/	−2	7.3204/	−2
84.00	7.0934/	−2	6.8735/	−2	6.6603/	−2	6.4538/	−2
88.00	6.2537/	−2	6.0598/	−2	5.8719/	−2	5.6898/	−2
92.00	5.5133/	−2	5.3424/	−2	5.1767/	−2	5.0162/	−2
96.00	4.8606/	−2	4.7099/	−2	4.5639/	−2	4.4223/	−2
100.00	4.2852/	−2	4.1523/	−2	4.0236/	−2	3.8988/	−2
104.00	3.7779/	−2	3.6608/	−2	3.5472/	−2	3.4372/	−2
108.00	3.3307/	−2	3.2274/	−2	3.1273/	−2	3.0303/	−2
112.00	2.9364/	−2	2.8453/	−2	2.7571/	−2	2.6716/	−2
116.00	2.5887/	−2	2.5085/	−2	2.4307/	−2	2.3553/	−2
120.00	2.2823/	−2	2.2115/	−2	2.1429/	−2	2.0765/	−2
124.00	2.0121/	−2	1.9497/	−2	1.8892/	−2	1.8306/	−2

Minute	0.00	1.00	2.00	3.00
128.00	1.7739/ −2	1.7189/ −2	1.6656/ −2	1.6139/ −2
132.00	1.5639/ −2	1.5154/ −2	1.4684/ −2	1.4229/ −2
136.00	1.3787/ −2	1.3360/ −2	1.2946/ −2	1.2544/ −2
140.00	1.2155/ −2	1.1778/ −2	1.1413/ −2	1.1059/ −2
144.00	1.0716/ −2	1.0384/ −2	1.0062/ −2	9.7499/ −3
148.00	9.4475/ −3	9.1546/ −3	8.8707/ −3	8.5956/ −3
152.00	8.3291/ −3			

See also ^{110}Pd(n, γ)^{111}Pd → ^{111}Ag and ^{110}Pd(n, γ)^{111m}Pd → ^{111}Ag

$$^{110}\text{Pd(n, }\gamma\text{)}^{111\text{m}}\text{Pd} \rightarrow {}^{111}\text{Ag}$$

$M = 106.4$ $\qquad$ $G = 11.8\%$ $\qquad$ $\sigma_{\text{ac}} = 0.037$ barn,

$^{111\text{m}}\text{Pd}$ $\quad T_1 = 5.5$ hour

E_γ (keV) $\quad$ 170

P

^{111}Ag $\quad T_2 = 7.6$ day

E_γ (keV) $\qquad$ 342 $\qquad$ 247

P $\qquad$ 0.060 $\quad$ 0.010

Activation data for $^{111\text{m}}\text{Pd}$: $A_1(\tau)$, dps/μg

$$A_1(\text{sat}) = 2.4715/ \quad 2$$
$$A_1(1 \text{ sec}) = 8.6500/ \ -3$$

$K = -7.7720/ \ -3$

Time intervals with respect to T_1

Hour	0.00		0.25		0.50		0.75	
0.00	0.0000/	0	7.6638/	0	1.5090/	1	2.2286/	1
1.00	2.9259/	1	3.6015/	1	4.2562/	1	4.8906/	1
2.00	5.5053/	1	6.1010/	1	6.6782/	1	7.2375/	1
3.00	7.7794/	1	8.3046/	1	8.8134/	1	9.3065/	1
4.00	9.7843/	1	1.0247/	2	1.0696/	2	1.1131/	2
5.00	1.1552/	2	1.1960/	2	1.2356/	2	1.2739/	2
6.00	1.3110/	2	1.3470/	2	1.3819/	2	1.4157/	2
7.00	1.4484/	2	1.4801/	2	1.5109/	2	1.5406/	2
8.00	1.5695/	2	1.5975/	2	1.6246/	2	1.6508/	2
9.00	1.6763/	2	1.7009/	2	1.7248/	2	1.7480/	2
10.00	1.7704/	2	1.7922/	2	1.8132/	2	1.8336/	2
11.00	1.8534/	2	1.8726/	2	1.8912/	2	1.9091/	2
12.00	1.9266/	2	1.9435/	2	1.9599/	2	1.9757/	2
13.00	1.9911/	2	2.0060/	2	2.0204/	2	2.0344/	2
14.00	2.0480/	2	2.0611/	2	2.0738/	2	2.0862/	2
15.00	2.0981/	2	2.1097/	2	2.1209/	2	2.1318/	2
16.00	2.1423/	2	2.1525/	2	2.1624/	2	2.1720/	2
17.00	2.1813/	2	2.1903/	2	2.1990/	2	2.2074/	2
18.00	2.2156/	2	2.2236/	2	2.2312/	2	2.2387/	2
19.00	2.2459/	2						

Decay factor for $^{111\text{m}}\text{Pd}$: $D_1(\text{t})$

Hour	0.00		0.25		0.50		0.75	
0.00	1.0000/	0	9.6899/	−1	9.3894/	−1	9.0983/	−1
1.00	8.8161/	−1	8.5428/	−1	8.2779/	−1	8.0212/	−1
2.00	7.7724/	−1	7.5314/	−1	7.2979/	−1	7.0716/	−1

Hour	0.00	0.25	0.50	0.75
3.00	6.8523/ −1	6.6398/ −1	6.4339/ −1	6.2344/ −1
4.00	6.0411/ −1	5.8538/ −1	5.6722/ −1	5.4964/ −1
5.00	5.3259/ −1	5.1608/ −1	5.0007/ −1	4.8457/ −1
6.00	4.6954/ −1	4.5498/ −1	4.4087/ −1	4.2720/ −1
7.00	4.1395/ −1	4.0112/ −1	3.8868/ −1	3.7663/ −1
8.00	3.6495/ −1	3.5363/ −1	3.4267/ −1	3.3204/ −1
9.00	3.2174/ −1	3.1177/ −1	3.0210/ −1	2.9273/ −1
10.00	2.8365/ −1	2.7486/ −1	2.6634/ −1	2.5808/ −1
11.00	2.5007/ −1	2.4232/ −1	2.3480/ −1	2.2752/ −1
12.00	2.2047/ −1	2.1363/ −1	2.0701/ −1	2.0059/ −1
13.00	1.9437/ −1	1.8834/ −1	1.8250/ −1	1.7684/ −1
14.00	1.7136/ −1	1.6604/ −1	1.6090/ −1	1.5591/ −1
15.00	1.5107/ −1	1.4639/ −1	1.4185/ −1	1.3745/ −1
16.00	1.3319/ −1	1.2906/ −1	1.2506/ −1	1.2118/ −1
17.00	1.1742/ −1	1.1378/ −1	1.1025/ −1	1.0683/ −1
18.00	1.0352/ −1	1.0031/ −1	9.7198/ −2	9.4184/ −2
19.00	9.1264/ −2	8.8434/ −2	8.5692/ −2	8.3034/ −2
20.00	8.0460/ −2	7.7965/ −2	7.5547/ −2	7.3204/ −2
21.00	7.0934/ −2	6.8735/ −2	6.6603/ −2	6.4538/ −2
22.00	6.2537/ −2	6.0598/ −2	5.8719/ −2	5.6898/ −2
23.00	5.5133/ −2	5.3424/ −2	5.1767/ −2	5.0162/ −2
24.00	4.8606/ −2	4.7099/ −2	4.5639/ −2	4.4223/ −2
25.00	4.2852/ −2	4.1523/ −2	4.0236/ −2	3.8988/ −2
26.00	3.7779/ −2	3.6608/ −2	3.5472/ −2	3.4372/ −2
27.00	3.3307/ −2	3.2274/ −2	3.1273/ −2	3.0303/ −2
28.00	2.9364/ −2	2.8453/ −2	2.7571/ −2	2.6716/ −2
29.00	2.5887/ −2	2.5085/ −2	2.4307/ −2	2.3553/ −2
30.00	2.2823/ −2	2.2115/ −2	2.1429/ −2	2.0765/ −2
31.00	2.0121/ −2	1.9497/ −2	1.8892/ −2	1.8306/ −2
32.00	1.7739/ −2	1.7189/ −2	1.6656/ −2	1.6139/ −2
33.00	1.5639/ −2	1.5154/ −2	1.4684/ −2	1.4229/ −2
34.00	1.3787/ −2	1.3360/ −2	1.2946/ −2	1.2544/ −2
35.00	1.2155/ −2	1.1778/ −2	1.1413/ −2	1.1059/ −2
36.00	1.0716/ −2	1.0384/ −2	1.0062/ −2	9.7499/ −3
37.00	9.4475/ −3	9.1546/ −3	8.8707/ −3	8.5956/ −3
38.00	8.3291/ −3			

Activation data for ^{111}Ag : $F \cdot A_2(\tau)$

$$F \cdot A_2(\text{sat}) = 6.3690/ \quad 1$$

$$F \cdot A_2(1 \text{ sec}) = 6.7217/ \quad -5$$

Hour	0.00	0.25	0.50	0.75
0.00	0.0000/ 0	6.0466/ −2	1.2087/ −1	1.8123/ −1
1.00	2.4152/ −1	3.0176/ −1	3.6194/ −1	4.2206/ −1
2.00	4.8212/ −1	5.4213/ −1	6.0208/ −1	6.6198/ −1
3.00	7.2182/ −1	7.8160/ −1	8.4132/ −1	9.0099/ −1
4.00	9.6060/ −1	1.0202/ 0	1.0797/ 0	1.1391/ 0
5.00	1.1985/ 0	1.2578/ 0	1.3171/ 0	1.3763/ 0
6.00	1.4355/ 0	1.4946/ 0	1.5536/ 0	1.6126/ 0

Hour	0.00		0.25		0.50		0.75	
7.00	1.6715/	0	1.7304/	0	1.7892/	0	1.8480/	0
8.00	1.9067/	0	1.9654/	0	2.0240/	0	2.0825/	0
9.00	2.1410/	0	2.1994/	0	2.2578/	0	2.3161/	0
10.00	2.3744/	0	2.4326/	0	2.4908/	0	2.5489/	0
11.00	2.6069/	0	2.6649/	0	2.7228/	0	2.7807/	0
12.00	2.8385/	0	2.8963/	0	2.9540/	0	3.0117/	0
13.00	3.0693/	0	3.1269/	0	3.1844/	0	3.2418/	0
14.00	3.2992/	0	3.3565/	0	3.4138/	0	3.4710/	0
15.00	3.5282/	0	3.5853/	0	3.6424/	0	3.6994/	0
16.00	3.7563/	0	3.8132/	0	3.8701/	0	3.9269/	0
17.00	3.9836/	0	4.0403/	0	4.0969/	0	4.1535/	0
18.00	4.2100/	0	4.2665/	0	4.3229/	0	4.3793/	0
19.00	4.4356/	0						

Decay factor for ^{111}Ag : $D_2(t)$

Hour	0.00		0.25		0.50		0.75	
0.00	1.0000/	0	9.9905/	−1	9.9810/	−1	9.9715/	−1
1.00	9.9621/	−1	9.9526/	−1	9.9432/	−1	9.9337/	−1
2.00	9.9243/	−1	9.9149/	−1	9.9055/	−1	9.8961/	−1
3.00	9.8867/	−1	9.8773/	−1	9.8679/	−1	9.8585/	−1
4.00	9.8492/	−1	9.8398/	−1	9.8305/	−1	9.8211/	−1
5.00	9.8118/	−1	9.8025/	−1	9.7932/	−1	9.7839/	−1
6.00	9.7746/	−1	9.7653/	−1	9.7561/	−1	9.7468/	−1
7.00	9.7376/	−1	9.7283/	−1	9.7191/	−1	9.7098/	−1
8.00	9.7006/	−1	9.6914/	−1	9.6822/	−1	9.6730/	−1
9.00	9.6638/	−1	9.6547/	−1	9.6455/	−1	9.6363/	−1
10.00	9.6272/	−1	9.6181/	−1	9.6089/	−1	9.5998/	−1
11.00	9.5907/	−1	9.5816/	−1	9.5725/	−1	9.5634/	−1
12.00	9.5543/	−1	9.5452/	−1	9.5362/	−1	9.5271/	−1
13.00	9.5181/	−1	9.5090/	−1	9.5000/	−1	9.4910/	−1
14.00	9.4820/	−1	9.4730/	−1	9.4640/	−1	9.4550/	−1
15.00	9.4460/	−1	9.4371/	−1	9.4281/	−1	9.4192/	−1
16.00	9.4102/	−1	9.4013/	−1	9.3924/	−1	9.3834/	−1
17.00	9.3745/	−1	9.3656/	−1	9.3567/	−1	9.3479/	−1
18.00	9.3390/	−1	9.3301/	−1	9.3213/	−1	9.3124/	−1
19.00	9.3036/	−1	9.2947/	−1	9.2859/	−1	9.2771/	−1
20.00	9.2683/	−1	9.2595/	−1	9.2507/	−1	9.2419/	−1
21.00	9.2331/	−1	9.2244/	−1	9.2156/	−1	9.2069/	−1
22.00	9.1981/	−1	9.1894/	−1	9.1807/	−1	9.1720/	−1
23.00	9.1632/	−1	9.1545/	−1	9.1459/	−1	9.1372/	−1
24.00	9.1285/	−1	9.1198/	−1	9.1112/	−1	9.1025/	−1
25.00	9.0939/	−1	9.0852/	−1	9.0766/	−1	9.0680/	−1
26.00	9.0594/	−1	9.0508/	−1	9.0422/	−1	9.0336/	−1
27.00	9.0250/	−1	9.0165/	−1	9.0079/	−1	8.9994/	−1
28.00	8.9908/	−1	8.9823/	−1	8.9738/	−1	8.9652/	−1
29.00	8.9567/	−1	8.9482/	−1	8.9397/	−1	8.9312/	−1
30.00	8.9228/	−1	8.9143/	−1	8.9058/	−1	8.8974/	−1
31.00	8.8889/	−1	8.8805/	−1	8.8720/	−1	8.8636/	−1
32.00	8.8552/	−1	8.8468/	−1	8.8384/	−1	8.8300/	−1

Hour	0.00	0.25	0.50	0.75
33.00	8.8216/ −1	8.8133/ −1	8.8049/ −1	8.7965/ −1
34.00	8.7882/ −1	8.7798/ −1	8.7715/ −1	8.7632/ −1
35.00	8.7549/ −1	8.7465/ −1	8.7382/ −1	8.7299/ −1
36.00	8.7217/ −1	8.7134/ −1	8.7051/ −1	8.6968/ −1
37.00	8.6886/ −1	8.6803/ −1	8.6721/ −1	8.6639/ −1
38.00	8.6556/ −1			

*

Activation data for ^{111m}Pd : $A_1(\tau)$, dps/μg

$$A_1(\text{sat}) = 2.4715/\ 2$$
$$A_1(1\ \text{sec}) = 8.6500/\ -3$$

$K = -7.7720/\ -3$

Time intervals with respect to T_2

Day	0.00	0.25	0.50	0.75
0.00	0.0000/ 0	1.3110/ 2	1.9266/ 2	2.2156/ 2
1.00	2.3513/ 2	2.4151/ 2	2.4450/ 2	2.4590/ 2
2.00	2.4656/ 2	2.4687/ 2	2.4702/ 2	2.4709/ 2
3.00	2.4712/ 2	2.4713/ 2	2.4714/ 2	2.4714/ 2
4.00	2.4715/ 2	2.4715/ 2	2.4715/ 2	2.4715/ 2

Decay factor for ^{111m}Pd : $D_1(t)$

Day	0.00	0.25	0.50	0.75
0.00	1.0000/ 0	4.6954/ −1	2.2047/ −1	1.0352/ −1
1.00	4.8606/ −2	2.2823/ −2	1.0716/ −2	5.0317/ −3
2.00	2.3626/ −3	1.1093/ −3	5.2088/ −4	2.4457/ −4
3.00	1.1484/ −4	5.3920/ −5	2.5318/ −5	1.1888/ −5
4.00	5.5818/ −6	2.6209/ −6	1.2306/ −6	5.7782/ −7

Activation data for ^{111}Ag : $F \cdot A_2(\tau)$

$$F \cdot A_2(\text{sat}) = 6.3690/\ 1$$
$$F \cdot A_2(1\ \text{sec}) = 6.7217/\ -5$$

Day	0.00	0.25	0.50	0.75
0.00	0.0000/ 0	1.4355/ 0	2.8385/ 0	4.2100/ 0
1.00	5.5506/ 0	6.8609/ 0	8.1418/ 0	9.3937/ 0
2.00	1.0617/ 1	1.1814/ 1	1.2983/ 1	1.4126/ 1
3.00	1.5243/ 1	1.6335/ 1	1.7402/ 1	1.8445/ 1
4.00	1.9465/ 1	2.0462/ 1	2.1436/ 1	2.2388/ 1
5.00	2.3319/ 1	2.4229/ 1	2.5118/ 1	2.5988/ 1
6.00 ·	2.6837/ 1	2.7668/ 1	2.8480/ 1	2.9273/ 1
7.00	3.0049/ 1	3.0807/ 1	3.1548/ 1	3.2273/ 1

Day	0.00		0.25		0.50		0.75	
8.00	3.2981/	1	3.3673/	1	3.4350/	1	3.5011/	1
9.00	3.5657/	1	3.6289/	1	3.6907/	1	3.7510/	1
10.00	3.8100/	1	3.8677/	1	3.9241/	1	3.9792/	1
11.00	4.0330/	1	4.0857/	1	4.1371/	1	4.1874/	1
12.00	4.2366/	1	4.2847/	1	4.3317/	1	4.3776/	1
13.00	4.4225/	1	4.4663/	1	4.5092/	1	4.5511/	1
14.00	4.5921/	1	4.6321/	1	4.6713/	1	4.7095/	1
15.00	4.7469/	1	4.7835/	1	4.8192/	1	4.8542/	1
16.00	4.8883/	1	4.9217/	1	4.9543/	1	4.9862/	1
17.00	5.0173/	1	5.0478/	1	5.0776/	1	5.1067/	1
18.00	5.1351/	1	5.1630/	1	5.1901/	1	5.2167/	1
19.00	5.2427/	1	5.2681/	1	5.2929/	1	5.3171/	1
20.00	5.3408/	1	5.3640/	1	5.3867/	1	5.4088/	1
21.00	5.4304/	1	5.4516/	1	5.4723/	1	5.4925/	1
22.00	5.5122/	1	5.5315/	1	5.5504/	1	5.5689/	1
23.00	5.5869/	1	5.6045/	1	5.6217/	1	5.6386/	1
24.00	5.6551/	1	5.6711/	1	5.6869/	1	5.7022/	1
25.00	5.7173/	1	5.7320/	1	5.7463/	1	5.7603/	1
26.00	5.7741/	1	5.7875/	1	5.8006/	1	5.8134/	1
27.00	5.8259/	1						

Decay factor for ^{111}Ag : $D_2(t)$

Day	0.00		0.25		0.50		0.75	
0.00	1.0000/	0	9.7746/	−1	9.5543/	−1	9.3390/	−1
1.00	9.1285/	−1	8.9228/	−1	8.7217/	−1	8.5251/	−1
2.00	8.3329/	−1	8.1451/	−1	7.9616/	−1	7.7821/	−1
3.00	7.6067/	−1	7.4353/	−1	7.2677/	−1	7.1039/	−1
4.00	6.9438/	−1	6.7873/	−1	6.6343/	−1	6.4848/	−1
5.00	6.3386/	−1	6.1958/	−1	6.0561/	−1	5.9196/	−1
6.00	5.7862/	−1	5.6558/	−1	5.5283/	−1	5.4037/	−1
7.00	5.2820/	−1	5.1629/	−1	5.0465/	−1	4.9328/	−1
8.00	4.8216/	−1	4.7130/	−1	4.6067/	−1	4.5029/	−1
9.00	4.4014/	−1	4.3022/	−1	4.2053/	−1	4.1105/	−1
10.00	4.0178/	−1	3.9273/	−1	3.8388/	−1	3.7522/	−1
11.00	3.6677/	−1	3.5850/	−1	3.5042/	−1	3.4252/	−1
12.00	3.3480/	−1	3.2726/	−1	3.1988/	−1	3.1267/	−1
13.00	3.0563/	−1	2.9874/	−1	2.9200/	−1	2.8542/	−1
14.00	2.7899/	−1	2.7270/	−1	2.6656/	−1	2.6055/	−1
15.00	2.5468/	−1	2.4894/	−1	2.4333/	−1	2.3784/	−1
16.00	2.3248/	−1	2.2724/	−1	2.2212/	−1	2.1711/	−1
17.00	2.1222/	−1	2.0744/	−1	2.0276/	−1	1.9819/	−1
18.00	1.9372/	−1	1.8936/	−1	1.8509/	−1	1.8092/	−1
19.00	1.7684/	−1	1.7286/	−1	1.6896/	−1	1.6515/	−1
20.00	1.6143/	−1	1.5779/	−1	1.5424/	−1	1.5076/	−1
21.00	1.4736/	−1	1.4404/	−1	1.4079/	−1	1.3762/	−1
22.00	1.3452/	−1	1.3149/	−1	1.2852/	−1	1.2563/	−1
23.00	1.2280/	−1	1.2003/	−1	1.1732/	−1	1.1468/	−1
24.00	1.1209/	−1	1.0957/	−1	1.0710/	−1	1.0468/	−1
25.00	1.0232/	−1	1.0002/	−1	9.7764/	−2	9.5561/	−2

Day	0.00	0.25	0.50	0.75
26.00	9.3407/ −2	9.1302/ −2	8.9244/ −2	8.7233/ −2
27.00	8.5266/ −2	8.3345/ −2	8.1466/ −2	7.9630/ −2
28.00	7.7835/ −2	7.6081/ −2	7.4366/ −2	7.2690/ −2
29.00	7.1052/ −2	6.9451/ −2	6.7885/ −2	6.6355/ −2
30.00	6.4860/ −2	6.3398/ −2	6.1969/ −2	6.0572/ −2
31.00	5.9207/ −2	5.7873/ −2	5.6569/ −2	5.5294/ −2
32.00	5.4047/ −2	5.2829/ −2	5.1639/ −2	5.0475/ −2
33.00	4.9337/ −2	4.8225/ −2	4.7138/ −2	4.6076/ −2
34.00	4.5037/ −2	4.4022/ −2	4.3030/ −2	4.2060/ −2
35.00	4.1112/ −2	4.0186/ −2	3.9280/ −2	3.8395/ −2
36.00	3.7529/ −2	3.6684/ −2	3.5857/ −2	3.5049/ −2
37.00	3.4259/ −2	3.3487/ −2	3.2732/ −2	3.1994/ −2
38.00	3.1273/ −2	3.0568/ −2	2.9879/ −2	2.9206/ −2
39.00	2.8548/ −2	2.7904/ −2	2.7275/ −2	2.6660/ −2
40.00	2.6060/ −2	2.5472/ −2	2.4898/ −2	2.4337/ −2
41.00	2.3789/ −2	2.3252/ −2	2.2728/ −2	2.2216/ −2
42.00	2.1715/ −2	2.1226/ −2	2.0748/ −2	2.0280/ −2
43.00	1.9823/ −2	1.9376/ −2	1.8939/ −2	1.8512/ −2
44.00	1.8095/ −2	1.7687/ −2	1.7289/ −2	1.6899/ −2
45.00	1.6518/ −2	1.6146/ −2	1.5782/ −2	1.5426/ −2
46.00	1.5079/ −2	1.4739/ −2	1.4407/ −2	1.4082/ −2
47.00	1.3765/ −2	1.3454/ −2	1.3151/ −2	1.2855/ −2
48.00	1.2565/ −2	1.2282/ −2	1.2005/ −2	1.1734/ −2
49.00	1.1470/ −2	1.1211/ −2	1.0959/ −2	1.0712/ −2
50.00	1.0470/ −2	1.0234/ −2	1.0004/ −2	9.7782/ −3
51.00	9.5578/ −3	9.3424/ −3	9.1319/ −3	8.9260/ −3
52.00	8.7249/ −3	8.5282/ −3	8.3360/ −3	8.1481/ −3
53.00	7.9645/ −3	7.7850/ −3	7.6095/ −3	7.4380/ −3
54.00	7.2704/ −3			

See also ^{110}Pd(n, γ)^{111}Pd → ^{111}Ag and ^{110}Pd(n, γ)^{111m}Pd → ^{111}Pd

$$^{107}\text{Ag(n, }\gamma)^{108}\text{Ag}$$

$M = 107.870$ $G = 51.35\%$ $\sigma_{ac} = 35$ barn,

^{108}Ag $T_1 = 2.42$ minute

E_γ (keV)   632

P 0.017

Activation data for ^{108}Ag : $A_1(\tau)$, dps/μg

$A_1(\text{sat}) = 1.0035/\ 6$

$A_1(1\ \text{sec}) = 4.7781/\ 3$

Minute	0.00		0.25		0.50		0.75	
0.00	0.0000/	0	6.9331/	4	1.3387/	5	1.9395/	5
1.00	2.4988/	5	3.0195/	5	3.5042/	5	3.9554/	5
2.00	4.3754/	5	4.7665/	5	5.1305/	5	5.4693/	5
3.00	5.7848/	5	6.0784/	5	6.3518/	5	6.6062/	5
4.00	6.8431/	5	7.0637/	5	7.2689/	5	7.4601/	5
5.00	7.6380/	5	7.8036/	5	7.9577/	5	8.1013/	5
6.00	8.2349/	5	8.3592/	5	8.4750/	5	8.5828/	5
7.00	8.6831/	5	8.7765/	5	8.8635/	5	8.9444/	5
8.00	9.0198/	5						

Decay factor for ^{108}Ag : $D_1(t)$

Minute	0.00		0.25		0.50		0.75	
0.00	1.0000/	0	9.3091/	−1	8.6660/	−1	8.0672/	−1
1.00	7.5099/	−1	6.9910/	−1	6.5080/	−1	6.0584/	−1
2.00	5.6399/	−1	5.2502/	−1	4.8875/	−1	4.5498/	−1
3.00	4.2355/	−1	3.9428/	−1	3.6704/	−1	3.4169/	−1
4.00	3.1808/	−1	2.9610/	−1	2.7565/	−1	2.5660/	−1
5.00	2.3887/	−1	2.2237/	−1	2.0701/	−1	1.9271/	−1
6.00	1.7939/	−1	1.6700/	−1	1.5546/	−1	1.4472/	−1
7.00	1.3472/	−1	1.2541/	−1	1.1675/	−1	1.0868/	−1
8.00	1.0117/	−1	9.4184/	−2	8.7677/	−2	8.1620/	−2
9.00	7.5981/	−2	7.0732/	−2	6.5845/	−2	6.1296/	−2
10.00	5.7061/	−2	5.3119/	−2	4.9449/	−2	4.6032/	−2
11.00	4.2852/	−2	3.9892/	−2	3.7136/	−2	3.4570/	−2
12.00	3.2181/	−2	2.9958/	−2	2.7888/	−2	2.5962/	−2
13.00	2.4168/	−2	2.2498/	−2	2.0944/	−2	1.9497/	−2
14.00	1.8150/	−2	1.6896/	−2	1.5729/	−2	1.4642/	−2
15.00	1.3630/	−2	1.2689/	−2	1.1812/	−2	1.0996/	−2
16.00	1.0236/	−2						

^{109}Ag(n, γ)^{110}Ag

$M = 107.870$ $G = 48.65\%$ $\sigma_{ac} = 89$ barn,

^{110}Ag $T_1 = 24.4$ second

E_γ (keV)   658

P 0.045

Activation data for ^{110}Ag : $A_1(\tau)$, dps/μg

A_1(sat) $= 2.4176/\ 6$

A_1(1 sec) $= 6.7698/\ 4$

Second	0.00		1.00		2.00		3.00	
0.00	0.0000/	0	6.7698/	4	1.3350/	5	1.9746/	5
4.00	2.5963/	5	3.2006/	5	3.7879/	5	4.3588/	5
8.00	4.9138/	5	5.4531/	5	5.9774/	5	6.4870/	5
12.00	6.9823/	5	7.4638/	5	7.9318/	5	8.3867/	5
16.00	8.8288/	5	9.2585/	5	9.6763/	5	1.0082/	6
20.00	1.0477/	6	1.0861/	6	1.1233/	6	1.1596/	6
24.00	1.1948/	6	1.2291/	6	1.2623/	6	1.2947/	6
28.00	1.3261/	6	1.3567/	6	1.3864/	6	1.4153/	6
32.00	1.4433/	6	1.4706/	6	1.4971/	6	1.5229/	6
36.00	1.5480/	6	1.5723/	6	1.5960/	6	1.6190/	6
40.00	1.6414/	6	1.6631/	6	1.6842/	6	1.7048/	6
44.00	1.7247/	6	1.7441/	6	1.7630/	6	1.7813/	6
48.00	1.7991/	6	1.8164/	6	1.8333/	6	1.8496/	6
52.00	1.8655/	6	1.8810/	6	1.8960/	6	1.9106/	6
56.00	1.9248/	6	1.9386/	6	1.9520/	6	1.9651/	6
60.00	1.9778/	6						

Decay factor for ^{110}Ag : $D_1(t)$

Second	0.00		1.00		2.00		3.00	
0.00	1.0000/	0	9.7200/	−1	9.4478/	−1	9.1832/	−1
4.00	8.9261/	−1	8.6761/	−1	8.4332/	−1	8.1970/	−1
8.00	7.9675/	−1	7.7444/	−1	7.5275/	−1	7.3168/	−1
12.00	7.1119/	−1	6.9127/	−1	6.7192/	−1	6.5310/	−1
16.00	6.3481/	−1	6.1704/	−1	5.9976/	−1	5.8296/	−1
20.00	5.6664/	−1	5.5077/	−1	5.3535/	−1	5.2036/	−1
24.00	5.0579/	−1	4.9162/	−1	4.7786/	−1	4.6448/	−1
28.00	4.5147/	−1	4.3883/	−1	4.2654/	−1	4.1460/	−1
32.00	4.0299/	−1	3.9170/	−1	3.8073/	−1	3.7007/	−1
36.00	3.5971/	−1	3.4964/	−1	3.3985/	−1	3.3033/	−1
40.00	3.2108/	−1	3.1209/	−1	3.0335/	−1	2.9486/	−1
44.00	2.8660/	−1	2.7857/	−1	2.7077/	−1	2.6319/	−1
48.00	2.5582/	−1	2.4866/	−1	2.4169/	−1	2.3493/	−1
52.00	2.2835/	−1	2.2195/	−1	2.1574/	−1	2.0970/	−1
56.00	2.0383/	−1	1.9812/	−1	1.9257/	−1	1.8718/	−1
60.00	1.8194/	−1						

$^{109}\text{Ag}(n, \gamma)^{110\text{m}}\text{Ag}$

$M = 107.870$ $\qquad$ $G = 48.65\%$ $\qquad$ $\sigma_{ac} = 4.2$ barn,

$^{110\text{m}}\text{Ag}$ $\quad$ $T_{\frac{1}{2}} = 255$ day

E_γ (keV)	1505	1384	937	885	818	764	706	680	658
P	0.100	0.210	0.820	0.710	0.080	0.230	0.190	0.160	0.960

Activation data for $^{110\text{m}}\text{Ag}$: $A_1(\tau)$, dps/µg

$$A_1(\text{sat}) \;\; = 1.1409/ \quad 5$$
$$A_1(1 \text{ sec}) = 3.5894/ \; -3$$

Day	0.00		10.00		20.00		30.00	
0.00	0.0000/	0	3.0588/	3	6.0356/	3	8.9325/	3
40.00	1.1752/	4	1.4496/	4	1.7166/	4	1.9764/	4
80.00	2.2293/	4	2.4754/	4	2.7149/	4	2.9480/	4
120.00	3.1749/	4	3.3956/	4	3.6105/	4	3.8195/	4
160.00	4.0230/	4	4.2210/	4	4.4138/	4	4.6013/	4
200.00	4.7838/	4	4.9614/	4	5.1343/	4	5.3025/	4
240.00	5.4662/	4	5.6256/	4	5.7806/	4	5.9315/	4
280.00	6.0784/	4	6.2213/	4	6.3604/	4	6.4957/	4
320.00	6.6274/	4	6.7556/	4	6.8804/	4	7.0018/	4
360.00	7.1200/	4	7.2350/	4	7.3469/	4	7.4558/	4
400.00	7.5618/	4	7.6649/	4	7.7653/	4	7.8630/	4
440.00	7.9580/	4	8.0506/	4	8.1406/	4	8.2282/	4
480.00	8.3135/	4	8.3965/	4	8.4772/	4	8.5558/	4
520.00	8.6323/	4	8.7068/	4	8.7792/	4	8.8497/	4
560.00	8.9183/	4	8.9851/	4	9.0501/	4	9.1133/	4
600.00	9.1749/	4						

Decay factor for $^{110\text{m}}\text{Ag}$: $D_1(t)$

Day	0.00		10.00		20.00		30.00	
0.00	1.0000/	0	9.7319/	−1	9.4710/	−1	9.2171/	−1
40.00	8.9699/	−1	8.7295/	−1	8.4954/	−1	8.2676/	−1
80.00	8.0460/	−1	7.8303/	−1	7.6203/	−1	7.4160/	−1
120.00	7.2172/	−1	7.0237/	−1	6.8354/	−1	6.6521/	−1
160.00	6.4738/	−1	6.3002/	−1	6.1313/	−1	5.9669/	−1
200.00	5.8070/	−1	5.6513/	−1	5.4998/	−1	5.3523/	−1
240.00	5.2088/	−1	5.0692/	−1	4.9332/	−1	4.8010/	−1
280.00	4.6723/	−1	4.5470/	−1	4.4251/	−1	4.3065/	−1
320.00	4.1910/	−1	4.0786/	−1	3.9693/	−1	3.8629/	−1
360.00	3.7593/	−1	3.6585/	−1	3.5604/	−1	3.4650/	−1
400.00	3.3721/	−1	3.2817/	−1	3.1937/	−1	3.1081/	−1
440.00	3.0247/	−1	2.9436/	−1	2.8647/	−1	2.7879/	−1
480.00	2.7132/	−1	2.6404/	−1	2.5696/	−1	2.5007/	−1
520.00	2.4337/	−1	2.3684/	−1	2.3049/	−1	2.2431/	−1

Day	0.00	10.00	20.00	30.00
560.00	2.1830/ −1	2.1245/ −1	2.0675/ −1	2.0121/ −1
600.00	1.9581/ −1	1.9056/ −1	1.8546/ −1	1.8048/ −1
640.00	1.7564/ −1	1.7094/ −1	1.6635/ −1	1.6189/ −1
680.00	1.5755/ −1	1.5333/ −1	1.4922/ −1	1.4522/ −1
720.00	1.4132/ −1			

Note: ^{110m}Ag decays to ^{110}Ag which is not tabulated

^{106}Cd(n, γ)^{107}Cd

$M = 112.40$ $\qquad\qquad G = 1.22\%$ $\qquad\qquad \sigma_{ac} = 1.0$ barn,

^{107}Cd $\quad$ T$_1$ = 6.49 hour

E_γ (keV) $\quad$ 511

P $\qquad$ 0.0056

Activation data for ^{107}Cd : $A_1(\tau)$, dps/μg

$$A_1(\text{sat}) = 6.5374/ \quad 2$$
$$A_1(1 \text{ sec}) = 1.9390/ -2$$

Hour	0.00		0.50		1.00		1.50	
0.00	0.0000/	0	3.3988/	1	6.6209/	1	9.6754/	1
2.00	1.2571/	2	1.5316/	2	1.7919/	2	2.0386/	2
4.00	2.2725/	2	2.4942/	2	2.7044/	2	2.9037/	2
6.00	3.0926/	2	3.2717/	2	3.4415/	2	3.6025/	2
8.00	3.7550/	2	3.8997/	2	4.0368/	2	4.1668/	2
10.00	4.2901/	2	4.4069/	2	4.5177/	2	4.6227/	2
12.00	4.7222/	2	4.8166/	2	4.9061/	2	4.9909/	2
14.00	5.0713/	2	5.1475/	2	5.2198/	2	5.2883/	2
16.00	5.3532/	2	5.4148/	2	5.4732/	2	5.5285/	2
18.00	5.5809/	2	5.6307/	2	5.6778/	2	5.7225/	2
20.00	5.7649/	2	5.8050/	2	5.8431/	2	5.8792/	2
22.00	5.9134/	2						

Decay factor for ^{107}Cd : $D_1(t)$

Hour	0.00		0.50		1.00		1.50	
0.00	1.0000/	0	9.4801/	−1	8.9872/	−1	8.5200/	−1
2.00	8.0770/	−1	7.6571/	−1	7.2590/	−1	6.8816/	−1
4.00	6.5239/	−1	6.1847/	−1	5.8631/	−1	5.5583/	−1
6.00	5.2694/	−1	4.9954/	−1	4.7357/	−1	4.4895/	−1
8.00	4.2561/	−1	4.0348/	−1	3.8250/	−1	3.6262/	−1
10.00	3.4377/	−1	3.2589/	−1	3.0895/	−1	2.9289/	−1
12.00	2.7766/	−1	2.6323/	−1	2.4954/	−1	2.3657/	−1
14.00	2.2427/	−1	2.1261/	−1	2.0155/	−1	1.9108/	−1
16.00	1.8114/	−1	1.7172/	−1	1.6280/	−1	1.5433/	−1
18.00	1.4631/	−1	1.3870/	−1	1.3149/	−1	1.2466/	−1
20.00	1.1817/	−1	1.1203/	−1	1.0621/	−1	1.0068/	−1
22.00	9.5450/	−2	9.0488/	−2	8.5783/	−2	8.1323/	−2
24.00	7.7095/	−2	7.3087/	−2	6.9287/	−2	6.5685/	−2
26.00	6.2270/	−2	5.9033/	−2	5.5964/	−2	5.3054/	−
28.00	5.0296/	−2	4.7681/	−2	4.5202/	−2	4.2852/	−2
30.00	4.0624/	−2	3.8512/	−2	3.6510/	−2	3.4612/	−2
32.00	3.2812/	−2	3.1106/	−2	2.9489/	−2	2.7956/	−2
34.00	2.6503/	−2	2.5125/	−2	2.3819/	−2	2.2580/	−2

Hour	0.00	0.50	1.00	1.50
36.00	2.1406/ −2	2.0293/ −2	1.9238/ −2	1.8238/ −2
38.00	1.7290/ −2	1.6391/ −2	1.5539/ −2	1.4731/ −2
40.00	1.3965/ −2	1.3239/ −2	1.2551/ −2	1.1898/ −2
42.00	1.1280/ −2	1.0693/ −2	1.0137/ −2	9.6103/ −3
44.00	9.1107/ −3			

^{110}Cd(n, γ)^{111m}Cd

$M = 112.40$ $G = 12.39\%$ $\sigma_{ac} = 0.10$ barn,

^{111m}Cd $T_1 = 48.6$ minute

E_γ (keV)	247	150
P	0.940	0.300

Activation data for ^{111m}Cd : $A_1(\tau)$, dps/μg

$$A_1(\text{sat}) = 6.6392/ \quad 2$$
$$A_1(1 \text{ sec}) = 1.5777/ \; -1$$

Minute	0.00		2.00		4.00		6.00	
0.00	0.0000/	0	1.8667/	1	3.6809/	1	5.4440/	1
8.00	7.1576/	1	8.8231/	1	1.0442/	2	1.2015/	2
16.00	1.3544/	2	1.5029/	2	1.6474/	2	1.7877/	2
24.00	1.9241/	2	2.0567/	2	2.1855/	2	2.3107/	2
32.00	2.4324/	2	2.5507/	2	2.6657/	2	2.7774/	2
40.00	2.8860/	2	2.9915/	2	3.0941/	2	3.1937/	2
48.00	3.2906/	2	3.3847/	2	3.4763/	2	3.5652/	2
56.00	3.6516/	2	3.7356/	2	3.8172/	2	3.8966/	2
64.00	3.9737/	2	4.0486/	2	4.1215/	2	4.1923/	2
72.00	4.2611/	2	4.3279/	2	4.3929/	2	4.4561/	2
80.00	4.5175/	2	4.5771/	2	4.6351/	2	4.6914/	2
88.00	4.7462/	2	4.7994/	2	4.8511/	2	4.9014/	2
96.00	4.9503/	2	4.9978/	2	5.0439/	2	5.0888/	2
104.00	5.1324/	2	5.1747/	2	5.2159/	2	5.2559/	2
112.00	5.2948/	2	5.3326/	2	5.3694/	2	5.4051/	2
120.00	5.4398/	2	5.4735/	2	5.5063/	2	5.5381/	2
128.00	5.5691/	2	5.5992/	2	5.6284/	2	5.6568/	2
136.00	5.6844/	2	5.7113/	2	5.7374/	2	5.7627/	2
144.00	5.7874/	2	5.8113/	2	5.8346/	2	5.8572/	2
152.00	5.8792/	2	5.9006/	2	5.9213/	2	5.9415/	2
160.00	5.9611/	2	5.9802/	2	5.9987/	2	6.0168/	2
168.00	6.0343/	2						

Decay factor for ^{111m}Cd : $D_1(t)$

Minute	0.00		2.00		4.00		6.00	
0.00	1.0000/	0	9.7188/	−1	9.4456/	−1	9.1800/	−1
8.00	8.9219/	−1	8.6711/	−1	8.4273/	−1	8.1903/	−1
16.00	7.9601/	−1	7.7363/	−1	7.5188/	−1	7.3074/	−1
24.00	7.1019/	−1	6.9022/	−1	6.7082/	−1	6.5196/	−1
32.00	6.3363/	−1	6.1581/	−1	5.9850/	−1	5.8167/	−1
40.00	5.6532/	−1	5.4942/	−1	5.3397/	−1	5.1896/	−1
48.00	5.0437/	−1	4.9019/	−1	4.7641/	−1	4.6301/	−1
56.00	4.5000/	−1	4.3734/	−1	4.2505/	−1	4.1310/	−1
64.00	4.0148/	−1	3.9019/	−1	3.7922/	−1	3.6856/	−1

Minute	0.00	2.00	4.00	6.00
72.00	3.5820/ −1	3.4813/ −1	3.3834/ −1	3.2883/ −1
80.00	3.1958/ −1	3.1060/ −1	3.0186/ −1	2.9338/ −1
88.00	2.8513/ −1	2.7711/ −1	2.6932/ −1	2.6175/ −1
96.00	2.5439/ −1	2.4724/ −1	2.4029/ −1	2.3353/ −1
104.00	2.2696/ −1	2.2058/ −1	2.1438/ −1	2.0835/ −1
112.00	2.0250/ −1	1.9680/ −1	1.9127/ −1	1.8589/ −1
120.00	1.8066/ −1	1.7559/ −1	1.7065/ −1	1.6585/ −1
128.00	1.6119/ −1	1.5666/ −1	1.5225/ −1	1.4797/ −1
136.00	1.4381/ −1	1.3977/ −1	1.3584/ −1	1.3202/ −1
144.00	1.2831/ −1	1.2470/ −1	1.2119/ −1	1.1779/ −1
152.00	1.1447/ −1	1.1126/ −1	1.0813/ −1	1.0509/ −1
160.00	1.0213/ −1	9.9261/ −2	9.6470/ −2	9.3758/ −2
168.00	9.1122/ −2	8.8560/ −2	8.6070/ −2	8.3650/ −2
176.00	8.1298/ −2	7.9013/ −2	7.6791/ −2	7.4632/ −2
184.00	7.2534/ −2	7.0494/ −2	6.8512/ −2	6.6586/ −2
192.00	6.4714/ −2	6.2895/ −2	6.1126/ −2	5.9408/ −2
200.00	5.7737/ −2	5.6114/ −2	5.4536/ −2	5.3003/ −2
208.00	5.1513/ −2	5.0064/ −2	4.8657/ −2	4.7289/ −2
216.00	4.5959/ −2	4.4667/ −2	4.3411/ −2	4.2191/ −2
224.00	4.1004/ −2	3.9852/ −2	3.8731/ −2	3.7642/ −2
232.00	3.6584/ −2	3.5555/ −2	3.4556/ −2	3.3584/ −2
240.00	3.2640/ −2	3.1722/ −2	3.0830/ −2	2.9963/ −2
248.00	2.9121/ −2	2.8302/ −2	2.7506/ −2	2.6733/ −2
256.00	2.5982/ −2	2.5251/ −2	2.4541/ −2	2.3851/ −2
264.00	2.3180/ −2	2.2529/ −2	2.1895/ −2	2.1280/ −2
272.00	2.0681/ −2	2.0100/ −2	1.9535/ −2	1.8986/ −2
280.00	1.8452/ −2	1.7933/ −2	1.7429/ −2	1.6939/ −2
288.00	1.6463/ −2	1.6000/ −2	1.5550/ −2	1.5113/ −2
296.00	1.4688/ −2	1.4275/ −2	1.3873/ −2	1.3483/ −2
304.00	1.3104/ −2	1.2736/ −2	1.2378/ −2	1.2030/ −2
312.00	1.1692/ −2	1.1363/ −2	1.1043/ −2	1.0733/ −2
320.00	1.0431/ −2	1.0138/ −2	9.8528/ −3	9.5758/ −3
328.00	9.3065/ −3	9.0449/ −3	8.7906/ −3	8.5434/ −3
336.00	8.3032/ −3			

$M = 112.40$ $\qquad G = 24.07\%$ $\qquad \sigma_{ac} = 0.03$ barn,

^{113m}Cd $\quad T_1 = 13.6$ year

E_γ (keV) $\qquad$ 265

$P \qquad\qquad$ 0.001

Activation data for ^{113m}Cd : $A_1(\tau)$, dps/μg

$$A_1(\text{sat}) \quad = 3.8694/ \quad 2$$
$$A_1(1 \text{ sec}) = 6.2501/ -7$$

Day	0.00		10.00		20.00		30.00	
0.00	0.0000/	0	5.3981/	−1	1.0789/	0	1.6172/	0
40.00	2.1547/	0	2.6915/	0	3.2276/	0	3.7629/	0
80.00	4.2975/	0	4.8313/	0	5.3644/	0	5.8967/	0
120.00	6.4283/	0	6.9591/	0	7.4892/	0	8.0186/	0
160.00	8.5472/	0	9.0751/	0	9.6022/	0	1.0129/	1
200.00	1.0654/	1	1.1179/	1	1.1704/	1	1.2227/	1
240.00	1.2750/	1	1.3272/	1	1.3793/	1	1.4314/	1
280.00	1.4833/	1	1.5353/	1	1.5871/	1	1.6389/	1
320.00	1.6906/	1	1.7422/	1	1.7937/	1	1.8452/	1
360.00	1.8966/	1	1.9480/	1	1.9992/	1	2.0504/	1
400.00	2.1015/	1	2.1526/	1	2.2036/	1	2.2545/	1
440.00	2.3053/	1	2.3561/	1	2.4068/	1	2.4574/	1
480.00	2.5079/	1	2.5584/	1	2.6088/	1	2.6592/	1
520.00	2.7094/	1	2.7596/	1	2.8098/	1	2.8598/	1
560.00	2.9098/	1	2.9598/	1	3.0096/	1	3.0594/	1
600.00	3.1091/	1						

Decay factor for ^{113m}Cd : $D_1(t)$

Day	0.00		10.00		20.00		30.00	
0.00	1.0000/	0	9.9860/	−1	9.9721/	−1	9.9582/	−1
40.00	9.9443/	−1	9.9304/	−1	9.9166/	−1	9.9028/	−1
80.00	9.8889/	−1	9.8751/	−1	9.8614/	−1	9.8476/	−1
120.00	9.8339/	−1	9.8202/	−1	9.8065/	−1	9.7928/	−1
160.00	9.7791/	−1	9.7655/	−1	9.7518/	−1	9.7382/	−1
200.00	9.7247/	−1	9.7111/	−1	9.6975/	−1	9.6840/	−1
240.00	9.6705/	−1	9.6570/	−1	9.6435/	−1	9.6301/	−1
280.00	9.6166/	−1	9.6032/	−1	9.5898/	−1	9.5765/	−1
320.00	9.5631/	−1	9.5498/	−1	9.5364/	−1	9.5231/	−1
360.00	9.5098/	−1	9.4966/	−1	9.4833/	−1	9.4701/	−1
400.00	9.4569/	−1	9.4437/	−1	9.4305/	−1	9.4174/	−1
440.00	9.4042/	−1	9.3911/	−1	9.3780/	−1	9.3649/	−1
480.00	9.3519/	−1	9.3388/	−1	9.3258/	−1	9.3128/	−1
520.00	9.2998/	−1	9.2868/	−1	9.2738/	−1	9.2609/	−1
560.00	9.2480/	−1	9.2351/	−1	9.2222/	−1	9.2093/	−1
600.00	9.1965/	−1	9.1837/	−1	9.1708/	−1	9.1581/	−1
640.00	9.1453/	−1	9.1325/	−1	9.1198/	−1	9.1071/	−1
680.00	9.0944/	−1	9.0817/	−1	9.0690/	−1	9.0563/	−1
720.00	9.0437/	−1						

$$^{114}\text{Cd}(\text{n}, \gamma)^{115}\text{Cd} \rightarrow {}^{115\text{m}}\text{In}$$

$M = 112.40$ $\qquad$ $G = 28.86\%$ $\qquad$ $\sigma_{ac} = 0.30$ barn,

^{115}Cd $\quad$ $T_1 = 53.5$ hour

E_γ (keV)	530	490	262
P	0.260	0.100	0.020

$^{115\text{m}}\text{In}$ $\quad$ $T_2 = 4.48$ hour

E_γ (keV)	335
P	0.500

Activation data for ^{115}Cd : $A_1(\tau)$, dps/μg

$$A_1(\text{sat}) \quad = 4.6394/ \quad 3$$
$$A_1(1 \text{ sec}) = 1.6693/ \; -2$$

$K = 1.0914/\ 0$

Time intervals with respect to T_1

Hour	0.00		4.00		8.00		12.00	
0.00	0.0000/	0	2.3426/	2	4.5669/	2	6.6790/	2
16.00	8.6843/	2	1.0588/	3	1.2396/	3	1.4113/	3
32.00	1.5743/	3	1.7291/	3	1.8760/	3	2.0156/	3
48.00	2.1481/	3	2.2739/	3	2.3933/	3	2.5067/	3
64.00	2.6144/	3	2.7167/	3	2.8137/	3	2.9059/	3
80.00	2.9935/	3	3.0766/	3	3.1555/	3	3.2304/	3
96.00	3.3016/	3	3.3691/	3	3.4333/	3	3.4942/	3
112.00	3.5520/	3	3.6069/	3	3.6590/	3	3.7085/	3
128.00	3.7555/	3	3.8002/	3	3.8425/	3	3.8828/	3
144.00	3.9210/	3	3.9573/	3	3.9917/	3	4.0244/	3
160.00	4.0555/	3	4.0850/	3	4.1130/	3	4.1395/	3
176.00	4.1648/	3						

Decay factor for ^{115}Cd : $D_1(\text{t})$

Hour	0.00	4.00	8.00	12.00
0.00	1.0000/ 0	9.4951/ -1	9.0156/ -1	8.5604/ -1
16.00	8.1281/ -1	7.7177/ -1	7.3280/ -1	6.9580/ -1
32.00	6.6067/ -1	6.2731/ -1	5.9563/ -1	5.6556/ -1
48.00	5.3700/ -1	5.0988/ -1	4.8414/ -1	4.5969/ -1
64.00	4.3648/ -1	4.1444/ -1	3.9352/ -1	3.7365/ -1
80.00	3.5478/ -1	3.3686/ -1	3.1985/ -1	3.0370/ -1
96.00	2.8837/ -1	2.7381/ -1	2.5998/ -1	2.4686/ -1
112.00	2.3439/ -1	2.2256/ -1	2.1132/ -1	2.0065/ -1
128.00	1.9052/ -1	1.8090/ -1	1.7176/ -1	1.6309/ -1
144.00	1.5485/ -1	1.4704/ -1	1.3961/ -1	1.3256/ -1
160.00	1.2587/ -1	1.1951/ -1	1.1348/ -1	1.0775/ -1

Hour	0.00	4.00	8.00	12.00
176.00	1.0231/ −1	9.7141/ −2	9.2236/ −2	8.7579/ −2
192.00	8.3157/ −2	7.8958/ −2	7.4971/ −2	7.1185/ −2
208.00	6.7591/ −2	6.4178/ −2	6.0937/ −2	5.7861/ −2
224.00	5.4939/ −2	5.2165/ −2	4.9531/ −2	4.7030/ −2
240.00	4.4655/ −2	4.2400/ −2	4.0259/ −2	3.8227/ −2
256.00	3.6296/ −2	3.4464/ −2	3.2723/ −2	3.1071/ −2
272.00	2.9502/ −2	2.8013/ −2	2.6598/ −2	2.5255/ −2
288.00	2.3980/ −2	2.2769/ −2	2.1619/ −2	2.0528/ −2
304.00	1.9491/ −2	1.8507/ −2	1.7572/ −2	1.6685/ −2
320.00	1.5843/ −2	1.5043/ −2	1.4283/ −2	1.3562/ −2
336.00	1.2877/ −2	1.2227/ −2	1.1610/ −2	1.1023/ −2
352.00	1.0467/ −2			

Activation data for ^{115m}In : $F \cdot A_2(\tau)$

$$F \cdot A_2(\text{sat}) = -4.2404/ \quad 2$$
$$F \cdot A_2(1 \text{ sec}) = -1.8220/ \ -2$$

Hour	0.00	4.00	8.00	12.00
0.00	0.0000/ 0	−1.9565/ 2	−3.0102/ 2	−3.5778/ 2
16.00	−3.8835/ 2	−4.0482/ 2	−4.1369/ 2	−4.1847/ 2
32.00	−4.2104/ 2	−4.2243/ 2	−4.2317/ 2	−4.2357/ 2
48.00	−4.2379/ 2	−4.2391/ 2	−4.2397/ 2	−4.2400/ 2
64.00	−4.2402/ 2	−4.2403/ 2	−4.2404/ 2	−4.2404/ 2
80.00	−4.2404/ 2	−4.2404/ 2	−4.2404/ 2	−4.2404/ 2

Decay factor for ^{115m}In : $D_2(t)$

Hour	0.00	4.00	8.00	12.00
0.00	1.0000/ 0	5.3862/ −1	2.9011/ −1	1.5626/ −1
16.00	8.4163/ −2	4.5332/ −2	2.4416/ −2	1.3151/ −2
32.00	7.0834/ −3	3.8152/ −3	2.0550/ −3	1.1068/ −3
48.00	5.9616/ −4	3.2110/ −4	1.7295/ −4	9.3155/ −5
64.00	5.0175/ −5	2.7025/ −5	1.4556/ −5	7.8402/ −6
80.00	4.2229/ −6	2.2745/ −6	1.2251/ −6	6.5985/ −7

*

Activation data for ^{115}Cd : $A_1(\tau)$, dps/μg

$$A_1(\text{sat}) = 4.6394/ \quad 3$$
$$A_1(1 \text{ sec}) = 1.6693/ \ -2$$

$K = 1.0914/ \ 0$

Time intervals with respect to T_2

Hour	0.00	0.25	0.50	0.75
0.00	0.0000/ 0	1.5000/ 1	2.9951/ 1	4.4854/ 1
1.00	5.9708/ 1	7.4515/ 1	8.9273/ 1	1.0398/ 2
2.00	1.1865/ 2	1.3326/ 2	1.4783/ 2	1.6235/ 2

Hour	0.00		0.25		0.50		0.75	
3.00	1.7683/	2	1.9126/	2	2.0564/	2	2.1997/	2
4.00	2.3426/	2	2.4850/	2	2.6270/	2	2.7685/	2
5.00	2.9095/	2	3.0501/	2	3.1903/	2	3.3300/	2
6.00	3.4692/	2	3.6080/	2	3.7463/	2	3.8842/	2
7.00	4.0216/	2	4.1586/	2	4.2952/	2	4.4313/	2
8.00	4.5669/	2	4.7022/	2	4.8370/	2	4.9713/	2
9.00	5.1053/	2	5.2387/	2	5.3718/	2	5.5044/	2
10.00	5.6366/	2	5.7684/	2	5.8997/	2	6.0307/	2
11.00	6.1612/	2	6.2912/	2	6.4209/	2	6.5501/	2
12.00	6.6790/	2	6.8074/	2	6.9353/	2	7.0629/	2
13.00	7.1901/	2	7.3168/	2	7.4432/	2	7.5691/	2
14.00	7.6946/	2	7.8198/	2	7.9445/	2	8.0688/	2
15.00	8.1927/	2	8.3162/	2	8.4393/	2	8.5620/	2
16.00	8.6843/	2						

Decay factor for ^{115}Cd : $D_1(t)$

Hour	0.00		0.25		0.50		0.75	
0.00	1.0000/	0	9.9677/	−1	9.9354/	−1	9.9033/	−1
1.00	9.8713/	−1	9.8394/	−1	9.8076/	−1	9.7759/	−1
2.00	9.7443/	−1	9.7128/	−1	9.6814/	−1	9.6501/	−1
3.00	9.6189/	−1	9.5878/	−1	9.5568/	−1	9.5259/	−1
4.00	9.4951/	−1	9.4644/	−1	9.4338/	−1	9.4033/	−1
5.00	9.3729/	−1	9.3426/	−1	9.3124/	−1	9.2822/	−1
6.00	9.2522/	−1	9.2223/	−1	9.1925/	−1	9.1628/	−1
7.00	9.1332/	−1	9.1036/	−1	9.0742/	−1	9.0449/	−1
8.00	9.0156/	−1	8.9865/	−1	8.9574/	−1	8.9285/	−1
9.00	8.8996/	−1	8.8708/	−1	8.8421/	−1	8.8136/	−1
10.00	8.7851/	−1	8.7567/	−1	8.7283/	−1	8.7001/	−1
11.00	8.6720/	−1	8.6440/	−1	8.6160/	−1	8.5882/	−1
12.00	8.5604/	−1	8.5327/	−1	8.5051/	−1	8.4776/	−1
13.00	8.4502/	−1	8.4229/	−1	8.3957/	−1	8.3685/	−1
14.00	8.3415/	−1	8.3145/	−1	8.2876/	−1	8.2608/	−1
15.00	8.2341/	−1	8.2075/	−1	8.1810/	−1	8.1545/	−1
16.00	8.1281/	−1	8.1019/	−1	8.0757/	−1	8.0496/	−1
17.00	8.0235/	−1	7.9976/	−1	7.9717/	−1	7.9460/	−1
18.00	7.9203/	−1	7.8947/	−1	7.8691/	−1	7.8437/	−1
19.00	7.8183/	−1	7.7931/	−1	7.7679/	−1	7.7428/	−1
20.00	7.7177/	−1	7.6928/	−1	7.6679/	−1	7.6431/	−1
21.00	7.6184/	−1	7.5938/	−1	7.5692/	−1	7.5447/	−1
22.00	7.5204/	−1	7.4960/	−1	7.4718/	−1	7.4476/	−1
23.00	7.4236/	−1	7.3996/	−1	7.3756/	−1	7.3518/	−1
24.00	7.3280/	−1	7.3043/	−1	7.2807/	−1	7.2572/	−1
25.00	7.2337/	−1	7.2103/	−1	7.1870/	−1	7.1638/	−1
26.00	7.1406/	−1	7.1175/	−1	7.0945/	−1	7.0716/	−1
27.00	7.0487/	−1	7.0259/	−1	7.0032/	−1	6.9806/	−1
28.00	6.9580/	−1	6.9355/	−1	6.9131/	−1	6.8907/	−1
29.00	6.8685/	−1	6.8463/	−1	6.8241/	−1	6.8021/	−1
30.00	6.7801/	−1	6.7581/	−1	6.7363/	−1	6.7145/	−1
31.00	6.6928/	−1	6.6712/	−1	6.6496/	−1	6.6281/	−1
32.00	6.6067/	−1						

Activation data for ^{115m}In : $F \cdot A_2(\tau)$

$$F \cdot A_2(\text{sat}) = -4.2404/\ \ 2$$
$$F \cdot A_2(1\ \text{sec}) = -1.8220/\ -2$$

Hour	0.00		0.25		0.50		0.75	
0.00	0.0000/	0	−1.6086/	1	−3.1561/	1	−4.6449/	1
1.00	−6.0773/	1	−7.4553/	1	−8.7810/	1	−1.0056/	2
2.00	−1.1284/	2	−1.2464/	2	−1.3600/	2	−1.4692/	2
3.00	−1.5744/	2	−1.6755/	2	−1.7728/	2	−1.8664/	2
4.00	−1.9565/	2	−2.0431/	2	−2.1265/	2	−2.2066/	2
5.00	−2.2838/	2	−2.3580/	2	−2.4294/	2	−2.4981/	2
6.00	−2.5642/	2	−2.6278/	2	−2.6890/	2	−2.7478/	2
7.00	−2.8044/	2	−2.8589/	2	−2.9113/	2	−2.9617/	2
8.00	−3.0102/	2	−3.0569/	2	−3.1018/	2	−3.1450/	2
9.00	−3.1866/	2	−3.2265/	2	−3.2650/	2	−3.3020/	2
10.00	−3.3376/	2	−3.3718/	2	−3.4048/	2	−3.4365/	2
11.00	−3.4670/	2	−3.4963/	2	−3.5246/	2	−3.5517/	2
12.00	−3.5778/	2	−3.6030/	2	−3.6272/	2	−3.6504/	2
13.00	−3.6728/	2	−3.6943/	2	−3.7150/	2	−3.7350/	2
14.00	−3.7541/	2	−3.7726/	2	−3.7903/	2	−3.8074/	2
15.00	−3.8238/	2	−3.8396/	2	−3.8548/	2	−3.8695/	2
16.00	−3.8835/	2						

Decay factor for ^{115m}In : $D_2(t)$

Hour	0.00		0.25		0.50		0.75	
0.00	1.0000/	0	9.6207/	−1	9.2557/	−1	8.9046/	−1
1.00	8.5668/	−1	8.2419/	−1	7.9292/	−1	7.6284/	−1
2.00	7.3391/	−1	7.0607/	−1	6.7928/	−1	6.5351/	−1
3.00	6.2872/	−1	6.0487/	−1	5.8193/	−1	5.5985/	−1
4.00	5.3862/	−1	5.1819/	−1	4.9853/	−1	4.7962/	−1
5.00	4.6142/	−1	4.4392/	−1	4.2708/	−1	4.1088/	−1
6.00	3.9529/	−1	3.8030/	−1	3.6587/	−1	3.5199/	−1
7.00	3.3864/	−1	3.2580/	−1	3.1344/	−1	3.0155/	−1
8.00	2.9011/	−1	2.7910/	−1	2.6852/	−1	2.5833/	−1
9.00	2.4853/	−1	2.3910/	−1	2.3003/	−1	2.2131/	−1
10.00	2.1291/	−1	2.0484/	−1	1.9707/	−1	1.8959/	−1
11.00	1.8240/	−1	1.7548/	−1	1.6882/	−1	1.6242/	−1
12.00	1.5626/	−1	1.5033/	−1	1.4463/	−1	1.3914/	−1
13.00	1.3386/	−1	1.2879/	−1	1.2390/	−1	1.1920/	−1
14.00	1.1468/	−1	1.1033/	−1	1.0614/	−1	1.0212/	−1
15.00	9.8243/	−2	9.4516/	−2	9.0931/	−2	8.7481/	−2
16.00	8.4163/	−2	8.0970/	−2	7.7899/	−2	7.4944/	−2
17.00	7.2101/	−2	6.9366/	−2	6.6735/	−2	6.4203/	−2
18.00	6.1768/	−2	5.9425/	−2	5.7170/	−2	5.5002/	−2
19.00	5.2915/	−2	5.0908/	−2	4.8977/	−2	4.7119/	−2
20.00	4.5332/	−2	4.3612/	−2	4.1958/	−2	4.0366/	−2
21.00	3.8835/	−2	3.7362/	−2	3.5944/	−2	3.4581/	−2
22.00	3.3269/	−2	3.2007/	−2	3.0793/	−2	2.9625/	−2
23.00	2.8501/	−2	2.7420/	−2	2.6380/	−2	2.5379/	−2

255

Hour	0.00	0.25	0.50	0.75
24.00	2.4416/ −2	2.3490/ −2	2.2599/ −2	2.1742/ −2
25.00	2.0917/ −2	2.0124/ −2	1.9360/ −2	1.8626/ −2
26.00	1.7919/ −2	1.7240/ −2	1.6586/ −2	1.5956/ −2
27.00	1.5351/ −2	1.4769/ −2	1.4209/ −2	1.3670/ −2
28.00	1.3151/ −2	1.2652/ −2	1.2172/ −2	1.1711/ −2
29.00	1.1266/ −2	1.0839/ −2	1.0428/ −2	1.0032/ −2
30.00	9.6517/ −3	9.2855/ −3	8.9333/ −3	8.5944/ −3
31.00	8.2684/ −3	7.9548/ −3	7.6530/ −3	7.3627/ −3
32.00	7.0834/ −3			

$M = 112.40$ $\qquad$ $G = 28.86\%$ $\qquad$ $\sigma_{ac} = 0.14$ barn,

^{115m}Cd $\quad$ $T_1 = 43$ day

E_γ (keV) $\quad$ 935

P $\qquad$ 0.019

Activation data for ^{115m}Cd : $A_1(\tau)$, dps/μg

$$A_1(\text{sat}) \quad = 2.1651/ \quad 3$$
$$A_1(1 \text{ sec}) = 4.0384/ \; -4$$

Day	0.00		2.00		4.00		6.00	
0.00	0.0000/	0	6.8673/	1	1.3517/	2	1.9955/	2
8.00	2.6190/	2	3.2226/	2	3.8071/	2	4.3731/	2
16.00	4.9211/	2	5.4518/	2	5.9656/	2	6.4631/	2
24.00	6.9448/	2	7.4113/	2	7.8629/	2	8.3002/	2
32.00	8.7237/	2	9.1337/	2	9.5307/	2	9.9152/	2
40.00	1.0287/	3	1.0648/	3	1.0997/	3	1.1335/	3
48.00	1.1662/	3	1.1979/	3	1.2286/	3	1.2583/	3
56.00	1.2870/	3	1.3149/	3	1.3418/	3	1.3680/	3
64.00	1.3932/	3	1.4177/	3	1.4414/	3	1.4644/	3
72.00	1.4866/	3	1.5081/	3	1.5290/	3	1.5491/	3
80.00	1.5687/	3	1.5876/	3	1.6059/	3	1.6236/	3
88.00	1.6408/	3	1.6574/	3	1.6735/	3	1.6891/	3
96.00	1.7042/	3	1.7188/	3	1.7330/	3	1.7467/	3
104.00	1.7600/	3	1.7728/	3	1.7853/	3	1.7973/	3
112.00	1.8090/	3	1.8203/	3	1.8312/	3	1.8418/	3
120.00	1.8520/	3						

Decay factor for ^{115m}Cd : $D_1(t)$

Day	0.00		2.00		4.00		6.00	
0.00	1.0000/	0	9.6828/	−1	9.3757/	−1	9.0783/	−1
8.00	8.7904/	−1	8.5115/	−1	8.2416/	−1	7.9801/	−1
16.00	7.7270/	−1	7.4819/	−1	7.2446/	−1	7.0148/	−1
24.00	6.7923/	−1	6.5769/	−1	6.3683/	−1	6.1663/	−1
32.00	5.9707/	−1	5.7813/	−1	5.5979/	−1	5.4204/	−1
40.00	5.2485/	−1	5.0820/	−1	4.9208/	−1	4.7647/	−1
48.00	4.6136/	−1	4.4672/	−1	4.3255/	−1	4.1883/	−1
56.00	4.0555/	−1	3.9269/	−1	3.8023/	−1	3.6817/	−1
64.00	3.5649/	−1	3.4519/	−1	3.3424/	−1	3.2363/	−1
72.00	3.1337/	−1	3.0343/	−1	2.9381/	−1	2.8449/	−1
80.00	2.7546/	−1	2.6673/	−1	2.5827/	−1	2.5007/	−1
88.00	2.4214/	−1	2.3446/	−1	2.2702/	−1	2.1982/	−1
96.00	2.1285/	−1	2.0610/	−1	1.9956/	−1	1.9323/	−1
104.00	1.8710/	−1	1.8117/	−1	1.7542/	−1	1.6986/	−1
112.00	1.6447/	−1	1.5925/	−1	1.5420/	−1	1.4931/	−1

Day	0.00	2.00	4.00	6.00
120.00	1.4458/ −1	1.3999/ −1	1.3555/ −1	1.3125/ −1
128.00	1.2709/ −1	1.2306/ −1	1.1915/ −1	1.1537/ −1
136.00	1.1171/ −1	1.0817/ −1	1.0474/ −1	1.0142/ −1
144.00	9.8200/ −2	9.5086/ −2	9.2070/ −2	8.9149/ −2
152.00	8.6322/ −2	8.3584/ −2	8.0933/ −2	7.8365/ −2
160.00	7.5880/ −2	7.3473/ −2	7.1143/ −2	6.8886/ −2
168.00	6.6701/ −2	6.4585/ −2	6.2537/ −2	6.0553/ −2
176.00	5.8633/ −2	5.6773/ −2	5.4972/ −2	5.3228/ −2
184.00	5.1540/ −2	4.9905/ −2	4.8322/ −2	4.6790/ −2
192.00	4.5306/ −2	4.3869/ −2	4.2477/ −2	4.1130/ −2
200.00	3.9825/ −2	3.8562/ −2	3.7339/ −2	3.6155/ −2
208.00	3.5008/ −2	3.3897/ −2	3.2822/ −2	3.1781/ −2
216.00	3.0773/ −2	2.9797/ −2	2.8852/ −2	2.7937/ −2
224.00	2.7051/ −2	2.6193/ −2	2.5362/ −2	2.4557/ −2
232.00	2.3778/ −2	2.3024/ −2	2.2294/ −2	2.1587/ −2
240.00	2.0902/ −2	2.0239/ −2	1.9597/ −2	1.8976/ −2
248.00	1.8374/ −2	1.7791/ −2	1.7227/ −2	1.6680/ −2
256.00	1.6151/ −2	1.5639/ −2	1.5143/ −2	1.4662/ −2
264.00	1.4197/ −2	1.3747/ −2	1.3311/ −2	1.2889/ −2
272.00	1.2480/ −2	1.2084/ −2	1.1701/ −2	1.1330/ −2
280.00	1.0970/ −2	1.0622/ −2	1.0285/ −2	9.9592/ −3
288.00	9.6433/ −3	9.3375/ −3	9.0413/ −3	8.7545/ −3
296.00	8.4768/ −3			

$M = 112.40$ $G = 7.58\%$ $\sigma_{ac} = 0.05$ barn,

^{117}Cd $T_1 = 2.40$ hour

E_γ (keV)	1577	1303	1052	950	880	832	434	345
P	0.170	0.190	0.050	0.040	0.030	0.040	0.130	0.180

E_γ (keV)	314	273	89
P	0.160	0.310	0.070

^{117m}In $T_2 = 1.93$ hour

E_γ (keV)	314	158
P	0.310	0.140

Activation data for ^{117}Cd : $A_1(\tau)$, dps/μg

$$A_1(\text{sat}) \;= 2.0309/ \;\; 2$$
$$A_1(1 \text{ sec}) = 1.6289/ -2$$

$K = 4.7489/ \; 0$

Hour	0.000		0.125		0.250		0.375	
0.00	0.0000/	0	7.1995/	0	1.4144/	1	2.0842/	1
0.50	2.7303/	1	3.3534/	1	3.9545/	1	4.5343/	1
1.00	5.0935/	1	5.6329/	1	6.1531/	1	6.6550/	1
1.50	7.1390/	1	7.6059/	1	8.0562/	1	8.4905/	1
2.00	8.9095/	1	9.3136/	1	9.7034/	1	1.0079/	2
2.50	1.0442/	2	1.0792/	2	1.1129/	2	1.1455/	2
3.00	1.1768/	2	1.2071/	2	1.2363/	2	1.2645/	2
3.50	1.2917/	2	1.3179/	2	1.3431/	2	1.3675/	2
4.00	1.3910/	2	1.4137/	2	1.4356/	2	1.4567/	2
4.50	1.4771/	2	1.4967/	2	1.5156/	2	1.5339/	2
5.00	1.5515/	2	1.5685/	2	1.5849/	2	1.6007/	2
5.50	1.6160/	2	1.6307/	2	1.6449/	2	1.6585/	2
6.00	1.6717/	2	1.6845/	2	1.6968/	2	1.7086/	2
6.50	1.7200/	2	1.7310/	2	1.7417/	2	1.7519/	2
7.00	1.7618/	2	1.7714/	2	1.7806/	2	1.7894/	2
7.50	1.7980/	2	1.8062/	2	1.8142/	2	1.8219/	2
8.00	1.8293/	2	1.8364/	2	1.8433/	2	1.8500/	2
8.50	1.8564/	2						

Decay factor for ^{117}Cd : $D_1(t)$

Hour	0.000		0.125		0.250		0.375	
0.00	1.0000/	0	9.6455/	−1	9.3036/	−1	8.9738/	−1
0.50	8.6556/	−1	8.3488/	−1	8.0528/	−1	7.7673/	−1
1.00	7.4920/	−1	7.2264/	−1	6.9702/	−1	6.7231/	−1

Hour	0.000	0.125	0.250	0.375
1.50	6.4848/ −1	6.2549/ −1	6.0332/ −1	5.8193/ −1
2.00	5.6130/ −1	5.4140/ −1	5.2221/ −1	5.0370/ −1
2.50	4.8584/ −1	4.6862/ −1	4.5200/ −1	4.3598/ −1
3.00	4.2053/ −1	4.0562/ −1	3.9124/ −1	3.7737/ −1
3.50	3.6399/ −1	3.5109/ −1	3.3864/ −1	3.2664/ −1
4.00	3.1506/ −1	3.0389/ −1	2.9312/ −1	2.8272/ −1
4.50	2.7270/ −1	2.6303/ −1	2.5371/ −1	2.4472/ −1
5.00	2.3604/ −1	2.2767/ −1	2.1960/ −1	2.1182/ −1
5.50	2.0431/ −1	1.9707/ −1	1.9008/ −1	1.8334/ −1
6.00	1.7684/ −1	1.7057/ −1	1.6453/ −1	1.5869/ −1
6.50	1.5307/ −1	1.4764/ −1	1.4241/ −1	1.3736/ −1
7.00	1.3249/ −1	1.2779/ −1	1.2326/ −1	1.1889/ −1
7.50	1.1468/ −1	1.1061/ −1	1.0669/ −1	1.0291/ −1
8.00	9.9261/ −2	9.5742/ −2	9.2348/ −2	8.9075/ −2
8.50	8.5917/ −2	8.2871/ −2	7.9933/ −2	7.7100/ −2
9.00	7.4366/ −2	7.1730/ −2	6.9187/ −2	6.6735/ −2
9.50	6.4369/ −2	6.2087/ −2	5.9886/ −2	5.7763/ −2
10.00	5.5715/ −2	5.3740/ −2	5.1835/ −2	4.9998/ −2
10.50	4.8225/ −2	4.6516/ −2	4.4867/ −2	4.3276/ −2
11.00	4.1742/ −2	4.0262/ −2	3.8835/ −2	3.7458/ −2
11.50	3.6130/ −2	3.4849/ −2	3.3614/ −2	3.2422/ −2
12.00	3.1273/ −2	3.0164/ −2	2.9095/ −2	2.8064/ −2
12.50	2.7069/ −2	2.6109/ −2	2.5184/ −2	2.4291/ −2
13.00	2.3430/ −2	2.2599/ −2	2.1798/ −2	2.1025/ −2
13.50	2.0280/ −2	1.9561/ −2	1.8868/ −2	1.8199/ −2
14.00	1.7554/ −2	1.6931/ −2	1.6331/ −2	1.5752/ −2
14.50	1.5194/ −2	1.4655/ −2	1.4136/ −2	1.3634/ −2
15.00	1.3151/ −2	1.2685/ −2	1.2235/ −2	1.1801/ −2
15.50	1.1383/ −2	1.0980/ −2	1.0590/ −2	1.0215/ −2
16.00	9.8528/ −3	9.5035/ −3	9.1666/ −3	8.8417/ −3
16.50	8.5282/ −3			

Activation data for ^{117m}In : $F \cdot A_2(\tau)$

$$F \cdot A_2(\text{sat}) = -7.7558/ \quad 2$$

$$F \cdot A_2(1 \text{ sec}) = -7.7353/ \quad -2$$

Hour	0.000		0.125		0.250		0.375	
0.00	0.0000/	0	−3.4041/	1	−6.6588/	1	−9.7706/	1
0.50	−1.2746/	2	−1.5590/	2	−1.8310/	2	−2.0911/	2
1.00	−2.3397/	2	−2.5774/	2	−2.8047/	2	−3.0220/	2
1.50	−3.2298/	2	−3.4284/	2	−3.6184/	2	−3.8000/	2
2.00	−3.9736/	2	−4.1396/	2	−4.2983/	2	−4.4500/	2
2.50	−4.5951/	2	−4.7339/	2	−4.8665/	2	−4.9933/	2
3.00	−5.1146/	2	−5.2305/	2	−5.3413/	2	−5.4473/	2
3.50	−5.5486/	2	−5.6455/	2	−5.7381/	2	−5.8267/	2
4.00	−5.9113/	2	−5.9923/	2	−6.0697/	2	−6.1437/	2
4.50	−6.2144/	2	−6.2821/	2	−6.3468/	2	−6.4086/	2
5.00	−6.4677/	2	−6.5243/	2	−6.5783/	2	−6.6300/	2
5.50	−6.6794/	2	−6.7267/	2	−6.7718/	2	−6.8150/	2

Hour	0.000		0.125		0.250		0.375	
6.00	−6.8563/	2	−6.8958/	2	−6.9335/	2	−6.9696/	2
6.50	−7.0041/	2	−7.0371/	2	−7.0687/	2	−7.0988/	2
7.00	−7.1276/	2	−7.1552/	2	−7.1816/	2	−7.2068/	2
7.50	−7.2309/	2	−7.2539/	2	−7.2759/	2	−7.2970/	2
8.00	−7.3171/	2	−7.3364/	2	−7.3548/	2	−7.3724/	2
8.50	−7.3892/	2						

Decay factor for ^{117m}In : $D_2(t)$

Hour	0.000		0.125		0.250		0.375	
0.00	1.0000/	0	9.5611/	−1	9.1414/	−1	8.7402/	−1
0.50	8.3566/	−1	7.9898/	−1	7.6391/	−1	7.3038/	−1
1.00	6.9833/	−1	6.6768/	−1	6.3837/	−1	6.1035/	−1
1.50	5.8356/	−1	5.5795/	−1	5.3346/	−1	5.1005/	−1
2.00	4.8766/	−1	4.6626/	−1	4.4579/	−1	4.2623/	−1
2.50	4.0752/	−1	3.8963/	−1	3.7253/	−1	3.5618/	−1
3.00	3.4055/	−1	3.2560/	−1	3.1131/	−1	2.9765/	−1
3.50	2.8458/	−1	2.7209/	−1	2.6015/	−1	2.4873/	−1
4.00	2.3781/	−1	2.2738/	−1	2.1740/	−1	2.0785/	−1
4.50	1.9873/	−1	1.9001/	−1	1.8167/	−1	1.7370/	−1
5.00	1.6607/	−1	1.5878/	−1	1.5181/	−1	1.4515/	−1
5.50	1.3878/	−1	1.3269/	−1	1.2686/	−1	1.2130/	−1
6.00	1.1597/	−1	1.1088/	−1	1.0602/	−1	1.0136/	−1
6.50	9.6913/	−2	9.2660/	−2	8.8593/	−2	8.4704/	−2
7.00	8.0987/	−2	7.7432/	−2	7.4033/	−2	7.0784/	−2
7.50	6.7677/	−2	6.4707/	−2	6.1867/	−2	5.9151/	−2
8.00	5.6555/	−2	5.4073/	−2	5.1700/	−2	4.9430/	−2
8.50	4.7261/	−2	4.5187/	−2	4.3203/	−2	4.1307/	−2
9.00	3.9494/	−2	3.7761/	−2	3.6103/	−2	3.4519/	−2
9.50	3.3004/	−2	3.1555/	−2	3.0170/	−2	2.8846/	−2
10.00	2.7580/	−2	2.6369/	−2	2.5212/	−2	2.4105/	−2
10.50	2.3047/	−2	2.2036/	−2	2.1069/	−2	2.0144/	−2
11.00	1.9260/	−2	1.8414/	−2	1.7606/	−2	1.6833/	−2
11.50	1.6095/	−2	1.5388/	−2	1.4713/	−2	1.4067/	−2
12.00	1.3450/	−2	1.2859/	−2	1.2295/	−2	1.1755/	−2
12.50	1.1239/	−2	1.0746/	−2	1.0274/	−2	9.8234/	−3
13.00	9.3922/	−3	8.9800/	−3	8.5858/	−3	8.2090/	−3
13.50	7.4887/	−3	7.5042/	−3	7.1748/	−3	6.8599/	−3
14.00	6.5588/	−3	6.2710/	−3	5.9957/	−3	5.7326/	−3
14.50	5.4810/	−3	5.2404/	−3	5.0104/	−3	4.7905/	−3
15.00	4.5802/	−3	4.3792/	−3	4.1870/	−3	4.0032/	−3
15.50	3.8275/	−3	3.6595/	−3	3.4989/	−3	3.3453/	−3
16.00	3.1985/	−3	3.0581/	−3	2.9239/	−3	2.7955/	−3
16.50	2.6728/	−3						

Note: ^{117m}In decays to ^{117}In which is not tabulated
See also ^{116}Cd$(n, \gamma)^{117m}$Cd → ^{117m}In

$$^{116}\text{Cd}(n, \gamma)^{117m}\text{Cd} \rightarrow {}^{117}\text{In}$$

$M = 112.40$ $G = 7.58\%$ $\sigma_{ac} = 0.027$ barn,

^{117m}Cd $T_1 = 3.4$ hour

E_γ (keV)	2319	1998	1562	1433	1408	1338	1240	1117
P	0.030	0.150	0.060	0.100	0.080	0.080	0.110	0.040
E_γ (keV)	1065	880	715	565	434	345	314	273
P	0.090	0.100	0.040	0.060	0.040	0.040	0.080	0.180

^{117}In $T_2 = 45$ minute

E_γ (keV)	565	158
P	1.000	0.870

Activation data for ^{117m}Cd : $A_1(\tau)$, dps/μg

$A_1(\text{sat}) = 1.0967/ \quad 2$

$A_1(1 \text{ sec}) = 6.2090/ \; -3$

$K = 7.1849/ \; -1$

Time intervals with respect to T_1

Hour	0.00	0.25	0.50	0.75
0.00	0.0000/ 0	5.4482/ 0	1.0626/ 1	1.5546/ 1
1.00	2.0222/ 1	2.4666/ 1	2.8889/ 1	3.2902/ 1
2.00	3.6715/ 1	4.0340/ 1	4.3784/ 1	4.7057/ 1
3.00	5.0167/ 1	5.3123/ 1	5.5932/ 1	5.8602/ 1
4.00	6.1139/ 1	6.3550/ 1	6.5841/ 1	6.8018/ 1
5.00	7.0087/ 1	7.2054/ 1	7.3922/ 1	7.5698/ 1
6.00	7.7386/ 1	7.8989/ 1	8.0514/ 1	8.1962/ 1
7.00	8.3338/ 1	8.4646/ 1	8.5889/ 1	8.7071/ 1
8.00	8.8193/ 1	8.9260/ 1	9.0274/ 1	9.1238/ 1
9.00	9.2153/ 1	9.3023/ 1	9.3850/ 1	9.4636/ 1
10.00	9.5383/ 1	9.6092/ 1	9.6767/ 1	9.7408/ 1
11.00	9.8017/ 1	9.8596/ 1	9.9146/ 1	9.9668/ 1
12.00	1.0017/ 2			

Decay factor for ^{117m}Cd : $D_1(t)$

Hour	0.00	0.25	0.50	0.75
0.00	1.0000/ 0	9.5032/ −1	9.0311/ −1	8.5824/ −1
1.00	8.1561/ −1	7.7509/ −1	7.3658/ −1	6.9999/ −1
2.00	6.6521/ −1	6.3217/ −1	6.0076/ −1	5.7092/ −1
3.00	5.4255/ −1	5.1560/ −1	4.8998/ −1	4.6564/ −1
4.00	4.4251/ −1	4.2053/ −1	3.9963/ −1	3.7978/ −1
5.00	3.6091/ −1	3.4298/ −1	3.2594/ −1	3.0975/ −1

Hour	0.00	0.25	0.50	0.75
6.00	2.9436/ −1	2.7974/ −1	2.6584/ −1	2.5264/ −1
7.00	2.4008/ −1	2.2816/ −1	2.1682/ −1	2.0605/ −1
8.00	1.9581/ −1	1.8609/ −1	1.7684/ −1	1.6806/ −1
9.00	1.5971/ −1	1.5177/ −1	1.4423/ −1	1.3707/ −1
10.00	1.3026/ −1	1.2379/ −1	1.1764/ −1	1.1179/ −1
11.00	1.0624/ −1	1.0096/ −1	9.5946/ −2	9.1179/ −2
12.00	8.6650/ −2	8.2345/ −2	7.8254/ −2	7.4366/ −2
13.00	7.0672/ −2	6.7161/ −2	6.3825/ −2	6.0654/ −2
14.00	5.7641/ −2	5.4777/ −2	5.2056/ −2	4.9470/ −2
15.00	4.7012/ −2	4.4676/ −2	4.2457/ −2	4.0348/ −2
16.00	3.8343/ −2	3.6438/ −2	3.4628/ −2	3.2908/ −2
17.00	3.1273/ −2	2.9719/ −2	2.8243/ −2	2.6840/ −2
18.00	2.5506/ −2	2.4239/ −2	2.3035/ −2	2.1891/ −2
19.00	2.0803/ −2	1.9770/ −2	1.8788/ −2	1.7854/ −2
20.00	1.6967/ −2	1.6124/ −2	1.5323/ −2	1.4562/ −2
21.00	1.3839/ −2	1.3151/ −2	1.2498/ −2	1.1877/ −2
22.00	1.1287/ −2	1.0726/ −2	1.0193/ −2	9.6869/ −3
23.00	9.2056/ −3	8.7483/ −3	8.3137/ −3	7.9007/ −3
24.00	7.5082/ −3			

Activation data for ^{117}In : $F \cdot A_2(\tau)$

$$F \cdot A_2(\text{sat}) = -1.7382/ \quad 1$$
$$F \cdot A_2(1 \text{ sec}) = -4.4609/ \quad -3$$

Hour	0.00		0.25		0.50		0.75	
0.00	0.0000/	0	−3.5853/	0	−6.4311/	0	−8.6899/	0
1.00	−1.0483/	1	−1.1906/	1	−1.3035/	1	−1.3932/	1
2.00	−1.4644/	1	−1.5209/	1	−1.5657/	1	−1.6013/	1
3.00	−1.6295/	1	−1.6520/	1	−1.6698/	1	−1.6839/	1
4.00	−1.6951/	1	−1.7040/	1	−1.7111/	1	−1.7167/	1
5.00	−1.7211/	1	−1.7246/	1	−1.7274/	1	−1.7297/	1
6.00	−1.7314/	1	−1.7328/	1	−1.7340/	1	−1.7348/	1
7.00	−1.7355/	1	−1.7361/	1	−1.7365/	1	−1.7369/	1
8.00	−1.7372/	1	−1.7374/	1	−1.7376/	1	−1.7377/	1
9.00	−1.7378/	1	−1.7379/	1	−1.7380/	1	−1.7380/	1
10.00	−1.7381/	1	−1.7381/	1	−1.7381/	1	−1.7382/	1
11.00	−1.7382/	1	−1.7382/	1	−1.7382/	1	−1.7382/	1
12.00	−1.7382/	1						

Decay factor for ^{117}In : $D_2(t)$

Hour	0.00		0.25	0.50	0.75	
0.00	1.0000/	0	7.9374/ −1	6.3002/ −1	5.0007/ −	1
1.00	3.9693/ −1		3.1506/ −1	2.5007/ −1	1.9849/ −1	
2.00	1.5755/ −1		1.2506/ −1	9.9261/ −2	7.8788/ −2	
3.00	6.2537/ −2		4.9638/ −2	3.9400/ −2	3.1273/ −2	
4.00	2.4823/ −2		1.9703/ −2	1.5639/ −2	1.2413/ −2	
5.00	9.8528/ −3		7.8206/ −3	6.2075/ −3	4.9271/ −3	

*

Activation data for ^{117m}Cd : $A_1(\tau)$, dps/μg

$$A_1(\text{sat}) = 1.0967/ \quad 2$$
$$A_1(1 \text{ sec}) = 6.2090/ \ -3$$

$K = 7.1849/ -1$

Time intervals with respect to T_2

Minute	0.00		2.00		4.00		6.00	
0.00	0.0000/	0	7.4257/	−1	1.4801/	0	2.2127/	0
8.00	2.9403/	0	3.6629/	0	4.3807/	0	5.0936/	0
16.00	5.8017/	0	6.5050/	0	7.2035/	0	7.8973/	0
24.00	8.5864/	0	9.2708/	0	9.9506/	0	1.0626/	1
32.00	1.1296/	1	1.1963/	1	1.2624/	1	1.3281/	1
40.00	1.3934/	1	1.4582/	1	1.5226/	1	1.5865/	1
48.00	1.6500/	1	1.7131/	1	1.7758/	1	1.8380/	1
56.00	1.8998/	1	1.9612/	1	2.0222/	1	2.0828/	1
64.00	2.1429/	1	2.2027/	1	2.2620/	1	2.3210/	1
72.00	2.3795/	1	2.4376/	1	2.4954/	1	2.5528/	1
80.00	2.6097/	1	2.6663/	1	2.7225/	1	2.7783/	1
88.00	2.8338/	1	2.8889/	1	2.9436/	1	2.9979/	1
96.00	3.0518/	1	3.1054/	1	3.1587/	1	3.2115/	1
104.00	3.2640/	1	3.3162/	1	3.3680/	1	3.4195/	1
112.00	3.4706/	1	3.5213/	1	3.5717/	1	3.6218/	1
120.00	3.6715/	1	3.7209/	1	3.7700/	1	3.8187/	1
128.00	3.8671/	1	3.9152/	1	3.9629/	1	4.0104/	1
136.00	4.0575/	1	4.1043/	1	4.1507/	1	4.1969/	1
144.00	4.2427/	1	4.2882/	1	4.3335/	1	4.3784/	1
152.00	4.4230/	1	4.4673/	1	4.5113/	1		

Decay factor for ^{117m}Cd : $D_1(t)$

Minute	0.00		2.00		4.00		6.00	
0.00	1.0000/	0	9.9323/	−1	9.8650/	−1	9.7982/	−1
8.00	9.7319/	−1	9.6660/	−1	9.6005/	−1	9.5355/	−1
16.00	9.4710/	−1	9.4068/	−1	9.3432/	−1	9.2799/	−1
24.00	9.2171/	−1	9.1546/	−1	9.0927/	−1	9.0311/	−1
32.00	8.9699/	−1	8.9092/	−1	8.8489/	−1	8.7890/	−1
40.00	8.7295/	−1	8.6703/	−1	8.6116/	−1	8.5533/	−1
48.00	8.4954/	−1	8.4379/	−1	8.3808/	−1	8.3240/	−1
56.00	8.2676/	−1	8.2117/	−1	8.1561/	−1	8.1008/	−1
64.00	8.0460/	−1	7.9915/	−1	7.9374/	−1	7.8836/	−1
72.00	7.8303/	−1	7.7772/	−1	7.7246/	−1	7.6723/	−1
80.00	7.6203/	−1	7.5687/	−1	7.5175/	−1	7.4666/	−1
88.00	7.4160/	−1	7.3658/	−1	7.3159/	−1	7.2664/	−1
96.00	7.2172/	−1	7.1683/	−1	7.1198/	−1	7.0716/	−1
104.00	7.0237/	−1	6.9761/	−1	6.9289/	−1	6.8820/	−1
112.00	6.8354/	−1	6.7891/	−1	6.7431/	−1	6.6975/	−1
120.00	6.6521/	−1	6.6071/	−1	6.5624/	−1	6.5179/	−1
128.00	6.4738/	−1	6.4300/	−1	6.3864/	−1	6.3432/	−1
136.00	6.3002/	−1	6.2576/	−1	6.2152/	−1	6.1731/	−1
144.00	6.1313/	−1	6.0898/	−1	6.0486/	−1	6.0076/	−1

Minute	0.00	2.00	4.00	6.00
152.00	5.9669/ −1	5.9265/ −1	5.8864/ −1	5.8465/ −1
160.00	5.8070/ −1	5.7676/ −1	5.7286/ −1	5.6898/ −1
168.00	5.6513/ −1	5.6130/ −1	5.5750/ −1	5.5372/ −1
176.00	5.4998/ −1	5.4625/ −1	5.4255/ −1	5.3888/ −1
184.00	5.3523/ −1	5.3161/ −1	5.2801/ −1	5.2443/ −1
192.00	5.2088/ −1	5.1735/ −1	5.1385/ −1	5.1037/ −1
200.00	5.0692/ −1	5.0348/ −1	5.0007/ −1	4.9669/ −1
208.00	4.9332/ −1	4.8998/ −1	4.8667/ −1	4.8337/ −1
216.00	4.8010/ −1	4.7685/ −1	4.7362/ −1	4.7041/ −1
224.00	4.6723/ −1	4.6406/ −1	4.6092/ −1	4.5780/ −1
232.00	4.5470/ −1	4.5162/ −1	4.4856/ −1	4.4553/ −1
240.00	4.4251/ −1	4.3951/ −1	4.3654/ −1	4.3358/ −1
248.00	4.3065/ −1	4.2773/ −1	4.2483/ −1	4.2196/ −1
256.00	4.1910/ −1	4.1626/ −1	4.1344/ −1	4.1064/ −1
264.00	4.0786/ −1	4.0510/ −1	4.0236/ −1	3.9963/ −1
272.00	3.9693/ −1	3.9424/ −1	3.9157/ −1	3.8892/ −1
280.00	3.8629/ −1	3.8367/ −1	3.8107/ −1	3.7849/ −1
288.00	3.7593/ −1	3.7338/ −1	3.7086/ −1	3.6834/ −1

Activation data for [117]In : $F \cdot A_2(\tau)$

$$F \cdot A_2(\text{sat}) = -1.7382/ \quad 1$$
$$F \cdot A_2(1 \text{ sec}) = -4.4609/ \quad -3$$

Minute	0.00		2.00		4.00		6.00	
0.00	0.0000/	0	−5.2722/	−1	−1.0384/	0	−1.5342/	0
8.00	−2.0148/	0	−2.4809/	0	−2.9329/	0	−3.3712/	0
16.00	−3.7961/	0	−4.2082/	0	−4.6078/	0	−4.9953/	0
24.00	−5.3710/	0	−5.7353/	0	−6.0885/	0	−6.4311/	0
32.00	−6.7632/	0	−7.0853/	0	−7.3976/	0	−7.7005/	0
40.00	−7.9941/	0	−8.2789/	0	−8.5550/	0	−8.8227/	0
48.00	−9.0824/	0	−9.3341/	0	−9.5782/	0	−9.8149/	0
56.00	−1.0044/	1	−1.0267/	1	−1.0483/	1	−1.0692/	1
64.00	−1.0895/	1	−1.1092/	1	−1.1283/	1	−1.1468/	1
72.00	−1.1647/	1	−1.1821/	1	−1.1990/	1	−1.2153/	1
80.00	−1.2312/	1	−1.2466/	1	−1.2615/	1	−1.2759/	1
88.00	−1.2900/	1	−1.3035/	1	−1.3167/	1	−1.3295/	1
96.00	−1.3419/	1	−1.3539/	1	−1.3656/	1	−1.3769/	1
104.00	−1.3879/	1	−1.3985/	1	−1.4088/	1	−1.4188/	1
112.00	−1.4285/	1	−1.4379/	1	−1.4470/	1	−1.4558/	1
120.00	−1.4644/	1	−1.4727/	1	−1.4807/	1	−1.4885/	1
128.00	−1.4961/	1	−1.5035/	1	−1.5106/	1	−1.5175/	1
136.00	−1.5242/	1	−1.5307/	1	−1.5370/	1	−1.5431/	1
144.00	−1.5490/	1	−1.5547/	1	−1.5603/	1	−1.5657/	1
152.00	−1.5709/	1	−1.5760/	1	−1.5809/	1		

Decay factor for ^{117}In : $D_2(t)$

Minute	0.00	2.00	4.00	6.00
0.00	1.0000/ 0	9.6967/ −1	9.4026/ −1	9.1174/ −1
8.00	8.8409/ −1	8.5727/ −1	8.3127/ −1	8.0606/ −1
16.00	7.8161/ −1	7.5790/ −1	7.3492/ −1	7.1262/ −1
24.00	6.9101/ −1	6.7005/ −1	6.4973/ −1	6.3002/ −1
32.00	6.1091/ −1	5.9238/ −1	5.7442/ −1	5.5699/ −1
40.00	5.4010/ −1	5.2372/ −1	5.0783/ −1	4.9243/ −1
48.00	4.7750/ −1	4.6301/ −1	4.4897/ −1	4.3535/ −1
56.00	4.2215/ −1	4.0934/ −1	3.9693/ −1	3.8489/ −1
64.00	3.7322/ −1	3.6190/ −1	3.5092/ −1	3.4028/ −1
72.00	3.2995/ −1	3.1995/ −1	3.1024/ −1	3.0083/ −1
80.00	2.9171/ −1	2.8286/ −1	2.7428/ −1	2.6596/ −1
88.00	2.5790/ −1	2.5007/ −1	2.4249/ −1	2.3513/ −1
96.00	2.2800/ −1	2.2109/ −1	2.1438/ −1	2.0788/ −1
104.00	2.0157/ −1	1.9546/ −1	1.8953/ −1	1.8378/ −1
112.00	1.7821/ −1	1.7280/ −1	1.6756/ −1	1.6248/ −1
120.00	1.5755/ −1	1.5277/ −1	1.4814/ −1	1.4365/ −1
128.00	1.3929/ −1	1.3506/ −1	1.3097/ −1	1.2700/ −1
136.00	1.2314/ −1	1.1941/ −1	1.1579/ −1	1.1228/ −1
144.00	1.0887/ −1	1.0557/ −1	1.0237/ −1	9.9261/ −2
152.00	9.6251/ −2	9.3331/ −2	9.0500/ −2	8.7756/ −2
160.00	8.5094/ −2	8.2513/ −2	8.0010/ −2	7.7584/ −2
168.00	7.5230/ −2	7.2949/ −2	7.0736/ −2	6.8591/ −2
176.00	6.6510/ −2	6.4493/ −2	6.2537/ −2	6.0640/ −2
184.00	5.8801/ −2	5.7017/ −2	5.5288/ −2	5.3611/ −2
192.00	5.1985/ −2	5.0408/ −2	4.8879/ −2	4.7397/ −2
200.00	4.5959/ −2	4.4565/ −2	4.3214/ −2	4.1903/ −2
208.00	4.0632/ −2	3.9400/ −2	3.8205/ −2	3.7046/ −2
216.00	3.5922/ −2	3.4833/ −2	3.3776/ −2	3.2752/ −2
224.00	3.1758/ −2	3.0795/ −2	2.9861/ −2	2.8955/ −2
232.00	2.8077/ −2	2.7226/ −2	2.6400/ −2	2.5599/ −2
240.00	2.4823/ −2	2.4070/ −2	2.3340/ −2	2.2632/ −2
248.00	2.1945/ −2	2.1280/ −2	2.0634/ −2	2.0008/ −2
256.00	1.9402/ −2	1.8813/ −2	1.8243/ −2	1.7689/ −2
264.00	1.7153/ −2	1.6632/ −2	1.6128/ −2	1.5639/ −2
272.00	1.5164/ −2	1.4705/ −2	1.4259/ −2	1.3826/ −2
280.00	1.3407/ −2	1.3000/ −2	1.2606/ −2	1.2223/ −2
288.00	1.1853/ −2	1.1493/ −2	1.1145/ −2	1.0807/ −2
296.00	1.0479/ −2	1.0161/ −2	9.8528/ −3	9.5540/ −3
304.00	9.2642/ −3	8.9832/ −3	8.7107/ −3	8.4465/ −3
312.00	8.1903/ −3			

See also ^{116}Cd(n, γ)^{117m}Cd → ^{117m}In

$$^{116}\text{Cd}(n, \gamma)^{117m}\text{Cd} \rightarrow {}^{117m}\text{In}$$

$M = 112.40$ $\qquad$ $G = 7.58\%$ $\qquad$ $\sigma_{ac} = 0.027$ barn,

^{117m}Cd $\quad$ $T_1 = 3.4$ hour

E_γ (keV)	2319	1998	1562	1433	1408	1338	1240	1117
P	0.030	0.150	0.060	0.100	0.080	0.080	0.110	0.040
E_γ (keV)	1065	880	715	565	434	345	314	273
P	0.090	0.100	0.040	0.060	0.040	0.040	0.080	0.180

^{117m}In $\quad$ $T_2 = 1.93$ hour

E_γ (keV)	314	158
P	0.310	0.140

Activation data for ^{117m}Cd : $A_1(\tau)$, dps/μg

$$A_1(\text{sat}) = 1.0967/ \quad 2$$
$$A_1(1 \text{ sec}) = 6.2090/ \ -3$$

$K = 1.0177/\ 0$

Hour	0.00		0.25		0.50		0.75	
0.00	0.0000/	0	5.4482/	0	1.0626/	1	1.5546/	1
1.00	2.0222/	1	2.4666/	1	2.8889/	1	3.2902/	1
2.00	3.6715/	1	4.0340/	1	4.3784/	1	4.7057/	1
3.00	5.0167/	1	5.3123/	1	5.5932/	1	5.8602/	1
4.00	6.1139/	1	6.3550/	1	6.5841/	1	6.8018/	1
5.00	7.0087/	1	7.2054/	1	7.3922/	1	7.5698/	1
6.00	7.7386/	1	7.8989/	1	8.0514/	1	8.1962/	1
7.00	8.3338/	1	8.4646/	1	8.5889/	1	8.7071/	1
8.00	8.8193/	1	8.9260/	1	9.0274/	1	9.1238/	1
9.00	9.2153/	1	9.3023/	1	9.3850/	1	9.4636/	1
10.00	9.5383/	1	9.6092/	1	9.6767/	1	9.7408/	1
11.00	9.8017/	1	9.8596/	1	9.9146/	1	9.9668/	1
12.00	1.0017/	2						

Decay factor for ^{117m}Cd : $D_1(t)$

Hour	0.00		0.25		0.50		0.75	
0.00	1.0000/	0	9.5032/	−1	9.0311/	−1	8.5824/	−1
1.00	8.1561/	−1	7.7509/	−1	7.3658/	−1	6.9999/	−1
2.00	6.6521/	−1	6.3217/	−1	6.0076/	−1	5.7092/	−1
3.00	5.4255/	−1	5.1560/	−1	4.8998/	−1	4.6564/	−1
4.00	4.4251/	−1	4.2053/	−1	3.9963/	−1	3.7978/	−1
5.00	3.6091/	−1	3.4298/	−1	3.2594/	−1	3.0975/	−1
6.00	2.9436/	−1	2.7974/	−1	2.6584/	−1	2.5264/	−1

Hour	0.00	0.25	0.50	0.75
7.00	2.4008/ −1	2.2816/ −1	2.1682/ −1	2.0605/ −1
8.00	1.9581/ −1	1.8609/ −1	1.7684/ −1	1.6806/ −1
9.00	1.5971/ −1	1.5177/ −1	1.4423/ −1	1.3707/ −1
10.00	1.3026/ −1	1.2379/ −1	1.1764/ −1	1.1179/ −1
11.00	1.0624/ −1	1.0096/ −1	9.5946/ −2	9.1179/ −2
12.00	8.6650/ −2	8.2345/ −2	7.8254/ −2	7.4366/ −2
13.00	7.0672/ −2	6.7161/ −2	6.3825/ −2	6.0654/ −2
14.00	5.7641/ −2	5.4777/ −2	5.2056/ −2	4.9470/ −2
15.00	4.7012/ −2	4.4676/ −2	4.2457/ −2	4.0348/ −2
16.00	3.8343/ −2	3.6438/ −2	3.4628/ −2	3.2908/ −2
17.00	3.1273/ −2	2.9719/ −2	2.8243/ −2	2.6840/ −2
18.00	2.5506/ −2	2.4239/ −2	2.3035/ −2	2.1891/ −2
19.00	2.0803/ −2	1.9770/ −2	1.8788/ −2	1.7854/ −2
20.00	1.6967/ −2	1.6124/ −2	1.5323/ −2	1.4562/ −2
21.00	1.3839/ −2	1.3151/ −2	1.2498/ −2	1.1877/ −2
22.00	1.1287/ −2	1.0726/ −2	1.0193/ −2	9.6869/ −3
23.00	9.2056/ −3	8.7483/ −3	8.3137/ −3	7.9007/ −3
24.00	7.5082/ −3			

Activation data for ^{117m}In : $F \cdot A_2(\tau)$

$$F \cdot A_2(\text{sat}) = -6.3355/ \quad 1$$

$$F \cdot A_2(1 \text{ sec}) = -6.3188/ \ -3$$

Hour	0.00		0.25		0.50		0.75	
0.00	0.0000/	0	−5.4394/	0	−1.0412/	1	−1.4957/	1
1.00	−1.9113/	1	−2.2911/	1	−2.6383/	1	−2.9558/	1
2.00	−3.2459/	1	−3.5112/	1	−3.7537/	1	−3.9753/	1
3.00	−4.1780/	1	−4.3632/	1	−4.5325/	1	−4.6873/	1
4.00	−4.8288/	1	−4.9582/	1	−5.0765/	1	−5.1845/	1
5.00	−5.2834/	1	−5.3737/	1	−5.4563/	1	−5.5318/	1
6.00	−5.6008/	1	−5.6639/	1	−5.7215/	1	−5.7742/	1
7.00	−5.8224/	1	−5.8665/	1	−5.9067/	1	−5.9436/	1
8.00	−5.9772/	1	−6.0080/	1	−6.0361/	1	−6.0618/	1
9.00	−6.0853/	1	−6.1068/	1	−6.1264/	1	−6.1444/	1
10.00	−6.1608/	1	−6.1758/	1	−6.1895/	1	−6.2020/	1
11.00	−6.2135/	1	−6.2240/	1	−6.2335/	1	−6.2423/	1
12.00	−6.2503/	1						

Decay factor for ^{117m}In : $D_2(t)$

Hour	0.00		0.25	0.50	0.75
0.00	1.0000/	0	9.1414/ −1	8.3566/ −1	7.6391/ −1
1.00	6.9833/ −1		6.3837/ −1	5.8356/ −1	5.3346/ −1
2.00	4.8766/ −1		4.4579/ −1	4.0752/ −1	3.7253/ −1
3.00	3.4055/ −1		3.1131/ −1	2.8458/ −1	2.6015/ −1
4.00	2.3781/ −1		2.1740/ −1	1.9873/ −1	1.8167/ −1

Hour	0.00	0.25	0.50	0.75
5.00	1.6607/ −1	1.5181/ −1	1.3878/ −1	1.2686/ −1
6.00	1.1597/ −1	1.0602/ −1	9.6913/ −2	8.8593/ −2
7.00	8.0987/ −2	7.4033/ −2	6.7677/ −2	6.1867/ −2
8.00	5.6555/ −2	5.1700/ −2	4.7261/ −2	4.3203/ −2
9.00	3.9494/ −2	3.6103/ −2	3.3004/ −2	3.0170/ −2
10.00	2.7580/ −2	2.5212/ −2	2.3047/ −2	2.1069/ −2
11.00	1.9260/ −2	1.7606/ −2	1.6095/ −2	1.4713/ −2
12.00	1.3450/ −2	1.2295/ −2	1.1239/ −2	1.0274/ −2
13.00	9.3922/ −3	8.5858/ −3	7.8487/ −3	7.1748/ −3
14.00	6.5588/ −3	5.9957/ −3	5.4810/ −3	5.0104/ −3
15.00	4.5802/ −3	4.1870/ −3	3.8275/ −3	3.4989/ −3
16.00	3.1985/ −3	2.9239/ −3	2.6728/ −3	2.4434/ −3
17.00	2.2336/ −3	2.0418/ −3	1.8665/ −3	1.7063/ −3
18.00	1.5598/ −3	1.4259/ −3	1.3034/ −3	1.1915/ −3
19.00	1.0892/ −3	9.9572/ −4	9.1023/ −4	8.3208/ −4
20.00	7.6064/ −4	6.9534/ −4	6.3564/ −4	5.8107/ −4
21.00	5.3118/ −4	4.8557/ −4	4.4388/ −4	4.0577/ −4
22.00	3.7094/ −4	3.3909/ −4	3.0998/ −4	2.8336/ −4

See also $^{116}Cd(n, \gamma)^{117m}Cd \rightarrow {}^{117}In$ and $^{116}Cd(n, \gamma)^{117}Cs \rightarrow {}^{117m}In$

$$^{113}\text{In}(\text{n}, \gamma)^{114}\text{In}$$

$M = 114.82$ $G = 4.28\%$ $\sigma_{ac} = 3$ barn,

^{114}In $T_1 = 72$ second

E_γ (keV) 1299

P 0.0017

Activation data for ^{114}In : $A_1(\tau)$, dps/μg

$A_1(\text{sat})$ = 6.7354/ 3

$A_1(1 \text{ sec})$ = 6.4517/ 1

Minute	0.00		0.25		0.50		0.75	
0.00	0.0000/	0	9.0548/	2	1.6892/	3	2.3676/	3
1.00	2.9548/	3	3.4630/	3	3.9030/	3	4.2837/	3
2.00	4.6133/	3	4.8986/	3	5.1455/	3	5.3593/	3
3.00	5.5443/	3	5.7044/	3	5.8430/	3	5.9630/	3
4.00	6.0668/	3						

Decay factor for ^{114}In : $D_1(t)$

Minute	0.00		0.25		0.50		0.75	
0.00	1.0000/	0	8.6556/	−1	7.4920/	−1	6.4848/	−1
1.00	5.6130/	−1	4.8584/	−1	4.2053/	−1	3.6399/	−1
2.00	3.1506/	−1	2.7270/	−1	2.3604/	−1	2.0431/	−1
3.00	1.7684/	−1	1.5307/	−1	1.3249/	−1	1.1468/	−1
4.00	9.9261/	−2	8.5917/	−2	7.4366/	−2	6.4369/	−2
5.00	5.5715/	−2	4.8225/	−2	4.1742/	−2	3.6130/	−2
6.00	3.1273/	−2	2.7069/	−2	2.3430/	−2	2.0280/	−2
7.00	1.7554/	−2	1.5194/	−2	1.3151/	−2	1.1383/	−2
8.00	9.8528/	−3						

See also $^{113}\text{In}(\text{n}, \gamma)^{114\text{m}}\text{In} \rightarrow ^{114}\text{In}$

$$^{113}\text{In}(n, \gamma)^{114m}\text{In} \rightarrow {}^{114}\text{In}$$

$M = 114.82$ $\qquad G = 4.33\%$ $\qquad \sigma_{ac} = 4.5$ barn,

^{114m}In $\quad T_1 = 50$ day

E_γ (keV)	724	558	192
P	0.035	0.035	0.170

^{114}In $\quad T_2 = 72$ second

E_γ (keV)	1299
P	0.0017

Activation data for ^{114m}In : $A_1(\tau)$, dps/μg

$A_1(\text{sat}) = 1.0221/ \quad 4$

$A_1(1 \text{ sec}) = 1.6397/ \ -3$

$K = 9.6502/ \ -1$

Day	0.00		2.00		4.00		6.00	
0.00	0.0000/	0	2.7944/	2	5.5123/	2	8.1560/	2
8.00	1.0727/	3	1.3228/	3	1.5661/	3	1.8027/	3
16.00	2.0329/	3	2.2567/	3	2.4745/	3	2.6863/	3
24.00	2.8923/	3	3.0926/	3	3.2875/	3	3.4771/	3
32.00	3.6615/	3	3.8408/	3	4.0152/	3	4.1849/	3
40.00	4.3499/	3	4.5104/	3	4.6665/	3	4.8184/	3
48.00	4.9661/	3	5.1098/	3	5.2495/	3	5.3854/	3
56.00	5.5176/	3	5.6462/	3	5.7713/	3	5.8930/	3
64.00	6.0113/	3	6.1264/	3	6.2383/	3	6.3472/	3
72.00	6.4531/	3	6.5561/	3	6.6563/	3	6.7538/	3
80.00	6.8486/	3	6.9408/	3	7.0305/	3	7.1177/	3
88.00	7.2025/	3	7.2851/	3	7.3653/	3	7.4434/	3
96.00	7.5193/	3	7.5932/	3	7.6650/	3	7.7349/	3
104.00	7.8029/	3	7.8690/	3	7.9333/	3	7.9958/	3
112.00	8.0567/	3	8.1159/	3	8.1734/	3	8.2294/	3
120.00	8.2838/	3						

Decay factor for ^{114m}In : $D_1(t)$

Day	0.00		2.00		4.00		6.00	
0.00	1.0000/	0	9.7266/	-1	9.4607/	-1	9.2020/	-1
8.00	8.9505/	-1	8.7058/	-1	8.4678/	-1	8.2362/	-1
16.00	8.0111/	-1	7.7921/	-1	7.5790/	-1	7.3718/	-1
24.00	7.1703/	-1	6.9743/	-1	6.7836/	-1	6.5981/	-1
32.00	6.4177/	-1	6.2423/	-1	6.0716/	-1	5.9056/	-1
40.00	5.7442/	-1	5.5871/	-1	5.4344/	-1	5.2858/	-1
48.00	5.1413/	-1	5.0007/	-1	4.8640/	-1	4.7310/	-1
56.00	4.6017/	-1	4.4759/	-1	4.3535/	-1	4.2345/	-1
64.00	4.1187/	-1	4.0061/	-1	3.8966/	-1	3.7901/	-1
72.00	3.6865/	-1	3.5857/	-1	3.4876/	-1	3.3923/	-1
80.00	3.2995/	-1	3.2093/	-1	3.1216/	-1	3.0363/	-1
88.00	2.9532/	-1	2.8725/	-1	2.7940/	-1	2.7176/	-1

271

Day	0.00	2.00	4.00	6.00
96.00	2.6433/ −1	2.5710/ −1	2.5007/ −1	2.4324/ −1
104.00	2.3659/ −1	2.3012/ −1	2.2383/ −1	2.1771/ −1
112.00	2.1176/ −1	2.0597/ −1	2.0034/ −1	1.9486/ −1
120.00	1.8953/ −1	1.8435/ −1	1.7931/ −1	1.7441/ −1
128.00	1.6964/ −1	1.6500/ −1	1.6049/ −1	1.5610/ −1
136.00	1.5184/ −1	1.4768/ −1	1.4365/ −1	1.3972/ −1
144.00	1.3590/ −1	1.3218/ −1	1.2857/ −1	1.2506/ −1
152.00	1.2164/ −1	1.1831/ −1	1.1508/ −1	1.1193/ −1
160.00	1.0887/ −1	1.0589/ −1	1.0300/ −1	1.0018/ −1
168.00	9.7444/ −2	9.4780/ −2	9.2188/ −2	8.9668/ −2
176.00	8.7217/ −2	8.4832/ −2	8.2513/ −2	8.0257/ −2
184.00	7.8063/ −2	7.5929/ −2	7.3853/ −2	7.1834/ −2
192.00	6.9870/ −2	6.7960/ −2	6.6102/ −2	6.4295/ −2
200.00	6.2537/ −2	6.0827/ −2	5.9164/ −2	5.7547/ −2
208.00	5.5973/ −2	5.4443/ −2	5.2955/ −2	5.1507/ −2
216.00	5.0099/ −2	4.8729/ −2	4.7397/ −2	4.6101/ −2
224.00	4.4841/ −2	4.3615/ −2	4.2422/ −2	4.1263/ −2
232.00	4.0134/ −2	3.9037/ −2	3.7970/ −2	3.6932/ −2
240.00	3.5922/ −2	3.4940/ −2	3.3985/ −2	3.3056/ −2
248.00	3.2152/ −2	3.1273/ −2	3.0418/ −2	2.9586/ −2
256.00	2.8778/ −2	2.7991/ −2	2.7226/ −2	2.6481/ −2
264.00	2.5757/ −2	2.5053/ −2	2.4368/ −2	2.3702/ −2
272.00	2.3054/ −2	2.2424/ −2	2.1811/ −2	2.1214/ −2
280.00	2.0634/ −2	2.0070/ −2	1.9521/ −2	1.8988/ −2
288.00	1.8469/ −2	1.7964/ −2	1.7473/ −2	1.6995/ −2
296.00	1.6530/ −2	1.6078/ −2	1.5639/ −2	1.5211/ −2
304.00	1.4795/ −2	1.4391/ −2	1.3997/ −2	1.3615/ −2
312.00	1.3243/ −2	1.2881/ −2	1.2528/ −2	1.2186/ −2
320.00	1.1853/ −2	1.1529/ −2	1.1213/ −2	1.0907/ −2
328.00	1.0609/ −2	1.0319/ −2	1.0037/ −2	9.7622/ −3
336.00	9.4953/ −3	9.2357/ −3	8.9832/ −3	8.7376/ −3
344.00	8.4987/ −3	8.2664/ −3	8.0404/ −3	7.8206/ −3
352.00	7.6067/ −3			

Activation data for ^{114}In : $F \cdot A_2(\tau)$

$$F \cdot A_2(\text{sat}) = -1.6456/ -1$$
$$F \cdot A_2(1 \text{ sec}) = -1.5763/ -3$$

Day	0.00	2.00	4.00	6.00
0.00	0.0000/ 0	−1.6456/ −1	−1.6456/ −1	−1.6456/ −1
8.00	−1.6456/ −1	−1.6456/ −1	−1.6456/ −1	−1.6456/ −1

Decay factor for ^{114}In : $D_2(t)$

Day	0.00	2.00	4.00	6.00
0.00	1.0000/ 0	0.0000/ 0	0.0000/ 0	0.0000/ 0
8.00	0.0000/ 0	0.0000/ 0	0.0000/ 0	0.0000/ 0

See also ^{113}In(n, γ)^{114}In

$^{115}\text{In}(\text{n}, \gamma)^{116}\text{In}$

$M = 114.82$ $G = 95.67\%$ $\sigma_{ac} = 42$ barn,

^{116}In $T_1 = 14$ second

E_γ (keV)   1270

P 0.012

Activation data for $^{116}\text{In} : A_1(\tau)$, dps/$\mu$g

$A_1(\text{sat})\quad = 2.1078/\ 6$

$A_1(1\ \text{sec}) = 1.0179/\ 5$

Second	0.00		1.00		2.00		3.00	
0.00	0.0000/	0	1.0179/	5	1.9867/	5	2.9087/	5
4.00	3.7862/	5	4.6213/	5	5.4160/	5	6.1724/	5
8.00	6.8922/	5	7.5773/	5	8.2293/	5	8.8498/	5
12.00	9.4403/	5	1.0002/	6	1.0537/	6	1.1046/	6
16.00	1.1531/	6	1.1992/	6	1.2431/	6	1.2848/	6
20.00	1.3246/	6	1.3624/	6	1.3984/	6	1.4326/	6
24.00	1.4652/	6	1.4963/	6	1.5258/	6	1.5539/	6
28.00	1.5807/	6	1.6061/	6	1.6303/	6	1.6534/	6
32.00	1.6753/	6	1.6962/	6	1.7161/	6	1.7350/	6
36.00	1.7530/	6	1.7702/	6	1.7865/	6	1.8020/	6
40.00	1.8167/	6	1.8308/	6	1.8442/	6	1.8569/	6
44.00	1.8690/	6	1.8805/	6	1.8915/	6	1.9020/	6
48.00	1.9119/	6	1.9214/	6	1.9304/	6	1.9389/	6
52.00	1.9471/	6	1.9548/	6	1.9622/	6	1.9693/	6
56.00	1.9759/	6	1.9823/	6	1.9884/	6	1.9941/	6
60.00	1.9996/	6						

Decay factor for $^{116}\text{In} : D_1(t)$

Second	0.00		1.00		2.00		3.00	
0.00	1.0000/	0	9.5171/	−1	9.0574/	−1	8.6200/	−1
4.00	8.2037/	−1	7.8075/	−1	7.4304/	−1	7.0716/	−1
8.00	6.7301/	−1	6.4050/	−1	6.0957/	−1	5.8013/	−1
12.00	5.5211/	−1	5.2545/	−1	5.0007/	−1	4.7592/	−1
16.00	4.5294/	−1	4.3106/	−1	4.1025/	−1	3.9043/	−1
20.00	3.7158/	−1	3.5363/	−1	3.3655/	−1	3.2030/	−1
24.00	3.0483/	−1	2.9011/	−1	2.7610/	−1	2.6276/	−1
28.00	2.5007/	−1	2.3800/	−1	2.2650/	−1	2.1556/	−1
32.00	2.0515/	−1	1.9525/	−1	1.8582/	−1	1.7684/	−1
36.00	1.6830/	−1	1.6017/	−1	1.5244/	−1	1.4508/	−1
40.00	1.3807/	−1	1.3140/	−1	1.2506/	−1	1.1902/	−1
44.00	1.1327/	−1	1.0780/	−1	1.0259/	−1	9.7637/	−2
48.00	9.2922/	−2	8.8434/	−2	8.4163/	−2	8.0098/	−2
52.00	7.6230/	−2	7.2548/	−2	6.9045/	−2	6.5710/	−2
56.00	6.2537/	−2	5.9517/	−2	5.6642/	−2	5.3907/	−2
60.00	5.1303/	−2						

$^{115}\text{In}(\text{n}, \gamma)^{116\text{m}_1}\text{In}$

$M = 114.82$ $\qquad\qquad G = 95.67\%$ $\qquad\qquad \sigma_{\text{ac}} = 155$ barn,

$^{116\text{m}_1}\text{In}$ $\qquad$ $T_1 = 54$ Minute

E_γ (keV)	2120	1770	1490	1290	1090	820	415	385	137
P	0.200	0.015	0.110	0.800	0.530	0.170	0.360	0.010	0.030

Activation data for $^{116\text{m}_1}\text{In}$: $A_1(\tau)$, dps/μg

$A_1(\text{sat})$ $\;= 7.7786/\;6$

$A_1(1 \text{ sec}) = 1.6636/\;3$

Minute	0.00		2.00		4.00		6.00	
0.00	0.0000/	0	1.9711/	5	3.8923/	5	5.7647/	5
8.00	7.5898/	5	9.3686/	5	1.1102/	6	1.2792/	6
16.00	1.4439/	6	1.6044/	6	1.7609/	6	1.9134/	6
24.00	2.0620/	6	2.2069/	6	2.3480/	6	2.4857/	6
32.00	2.6198/	6	2.7505/	6	2.8779/	6	3.0021/	6
40.00	3.1231/	6	3.2411/	6	3.3561/	6	3.4682/	6
48.00	3.5774/	6	3.6838/	6	3.7876/	6	3.8887/	6
56.00	3.9873/	6	4.0834/	6	4.1770/	6	4.2683/	6
64.00	4.3572/	6	4.4439/	6	4.5284/	6	4.6108/	6
72.00	4.6911/	6	4.7693/	6	4.8456/	6	4.9199/	6
80.00	4.9923/	6	5.0629/	6	5.1317/	6	5.1988/	6
88.00	5.2642/	6	5.3279/	6	5.3900/	6	5.4505/	6
96.00	5.5095/	6	5.5670/	6	5.6231/	6	5.6777/	6
104.00	5.7309/	6	6.7828/	6	5.8334/	6	5.8827/	6
112.00	5.9307/	6	5.9776/	6	6.0232/	6	6.0677/	6
120.00	6.1110/	6	6.1533/	6	6.1945/	6	6.2346/	6
128.00	6.2737/	6	6.3119/	6	6.3490/	6	6.3853/	6
136.00	6.4206/	6	6.4550/	6	6.4885/	6	6.5212/	6
144.00	6.5531/	6	6.5841/	6	6.6144/	6	6.6439/	6
152.00	6.6727/	6	6.7007/	6	6.7280/	6	6.7546/	6
160.00	6.7806/	6	6.8059/	6	6.8305/	6	6.8545/	6
168.00	6.8780/	6	6.9008/	6	6.9230/	6	6.9447/	6
176.00	6.9658/	6	6.9864/	6	7.0065/	6	7.0261/	6
184.00	7.0451/	6	7.0637/	6	7.0818/	6		

Decay factor for $^{116\text{m}_1}\text{In}$: $D_1(t)$

Minute	0.00		2.00		4.00		6.00	
0.00	1.0000/	0	9.7466/	−1	9.4996/	−1	9.2589/	−1
8.00	9.0243/	−1	8.7956/	−1	8.5727/	−1	8.3555/	−1
16.00	8.1438/	−1	7.9374/	−1	7.7363/	−1	7.5402/	−1
24.00	7.3492/	−1	7.1629/	−1	6.9814/	−1	6.8045/	−1
32.00	6.6321/	−1	6.4640/	−1	6.3002/	−1	6.1406/	−1
40.00	5.9850/	−1	5.8333/	−1	5.6855/	−1	5.5414/	−1
48.00	5.4010/	−1	5.2641/	−1	5.1307/	−1	5.0007/	−1

Minute	0.00	2.00	4.00	6.00
56.00	4.8740/ —1	4.7505/ —1	4.6301/ —1	4.5128/ —1
64.00	4.3984/ —1	4.2870/ —1	4.1784/ —1	4.0725/ —1
72.00	3.9693/ —1	3.8687/ —1	3.7707/ —1	3.6751/ —1
80.00	3.5820/ —1	3.4912/ —1	3.4028/ —1	3.3165/ —1
88.00	3.2325/ —1	3.1506/ —1	3.0707/ —1	2.9929/ —1
96.00	2.9171/ —1	2.8432/ —1	2.7711/ —1	2.7009/ —1
104.00	2.6325/ —1	2.5658/ —1	2.5007/ —1	2.4374/ —1
112.00	2.3756/ —1	2.3154/ —1	2.2567/ —1	2.1995/ —1
120.00	2.1438/ —1	2.0895/ —1	2.0365/ —1	1.9849/ —1
128.00	1.9346/ —1	1.8856/ —1	1.8378/ —1	1.7913/ —1
136.00	1.7459/ —1	1.7016/ —1	1.6585/ —1	1.6165/ —1
144.00	1.5755/ —1	1.5356/ —1	1.4967/ —1	1.4588/ —1
152.00	1.4218/ —1	1.3858/ —1	1.3506/ —1	1.3164/ —1
160.00	1.2831/ —1	1.2506/ —1	1.2189/ —1	1.1880/ —1
168.00	1.1579/ —1	1.1285/ —1	1.0999/ —1	1.0721/ —1
176.00	1.0449/ —1	1.0184/ —1	9.9261/ —2	9.6746/ —2
184.00	9.4294/ —2	9.1905/ —2	8.9576/ —2	8.7306/ —2
192.00	8.5094/ —2	8.2938/ —2	8.0836/ —2	7.8788/ —2
200.00	7.6791/ —2	7.4845/ —2	7.2949/ —2	7.1100/ —2
208.00	6.9298/ —2	6.7542/ —2	6.5831/ —2	6.4163/ —2
216.00	6.2537/ —2	6.0952/ —2	5.9408/ —2	5.7902/ —2
224.00	5.6435/ —2	5.5005/ —2	5.3611/ —2	5.2253/ —2
232.00	5.0928/ —2	4.9638/ —2	4.8380/ —2	4.7154/ —2
240.00	4.5959/ —2	4.4795/ —2	4.3660/ —2	4.2553/ —2
248.00	4.1475/ —2	4.0424/ —2	3.9400/ —2	3.8401/ —2
256.00	3.7428/ —2	3.6480/ —2	3.5555/ —2	3.4654/ —2
264.00	3.3776/ —2	3.2920/ —2	3.2086/ —2	3.1273/ —2
272.00	3.0481/ —2	2.9708/ —2	2.8955/ —2	2.8222/ —2
280.00	2.7506/ —2	2.6809/ —2	2.6130/ —2	2.5468/ —2
288.00	2.4823/ —2	2.4194/ —2	2.3581/ —2	2.2983/ —2
296.00	2.2401/ —2	2.1833/ —2	2.1280/ —2	2.0741/ —2
304.00	2.0215/ —2	1.9703/ —2	1.9203/ —2	1.8717/ —2
312.00	1.8243/ —2	1.7780/ —2	1.7330/ —2	1.6891/ —2
320.00	1.6463/ —2	1.6045/ —2	1.5639/ —2	1.5243/ —2
328.00	1.4856/ —2	1.4480/ —2	1.4113/ —2	1.3755/ —2
336.00	1.3407/ —2	1.3067/ —2	1.2736/ —2	1.2413/ —2
344.00	1.2099/ —2	1.1792/ —2	1.1493/ —2	1.1202/ —2
352.00	1.0918/ —2	1.0641/ —2	1.0372/ —2	1.0109/ —2
360.00	9.8528/ —3	9.6031/ —3	9.3598/ —3	9.1226/ —3
368.00	8.8914/ —3	8.6661/ —3	8.4465/ —3	8.2325/ —3
376.00	8.0239/ —3			

See also ^{115}In(n, γ)^{116m_2}In → ^{116m_1}In

$$^{115}\mathbf{In}(n, \gamma)^{116m_2}\mathbf{In} \rightarrow {}^{116m_1}\mathbf{In}$$

$M = 114.82$ $G = 95.67\%$ $\sigma_{ac} = 85$ barn,

$^{116m_2}\mathbf{In}$ $T_1 = 2.16$ second

E_γ (keV) 164

P

$^{116m_1}\mathbf{In}$ $T_2 = 54$ minute

E_γ (keV)	2120	1770	1490	1290	1090	820	415	385	137
P	0.200	0.015	0.110	0.800	0.530	0.170	0.360	0.010	0.030

Activation data for ^{116m_2}In : $A_1(\tau)$, dps/μg

$$A_1(\text{sat}) = 4.2657/\ 6$$
$$A_1(1\ \text{sec}) = 1.1707/\ 6$$

$K = -6.6711/\ -4$

Time intervals with respect to T_1

Second	0.00		1.00		2.00		3.00	
0.00	0.0000/	0	1.1707/	6	2.0202/	6	2.6365/	6
4.00	3.0836/	6	3.4080/	6	3.6434/	6	3.8142/	6
8.00	3.9381/	6	4.0280/	6	4.0933/	6	4.1406/	6
12.00	4.1749/	6	4.1998/	6	4.2179/	6	4.2310/	6
16.00	4.2405/	6	4.2474/	6	4.2525/	6	4.2561/	6
20.00	4.2587/	6	4.2606/	6	4.2620/	6	4.2630/	6
24.00	4.2638/	6	4.2643/	6	4.2647/	6	4.2650/	6
28.00	4.2652/	6	4.2653/	6	4.2654/	6	4.2655/	6
32.00	4.2655/	6	4.2656/	6	4.2656/	6	4.2656/	6
36.00	4.2657/	6	4.2657/	6	4.2657/	6	4.2657/	6
40.00	4.2657/	6	4.2657/	6	4.2657/	6	4.2657/	6

Decay factor for ^{116m_2}In : $D_1(t)$

Second	0.00		1.00		2.00		3.00	
0.00	1.0000/	0	7.2554/	−1	5.2641/	−1	3.8194/	−1
4.00	2.7711/	−1	2.0106/	−1	1.4588/	−1	1.0584/	−1
8.00	7.6791/	−2	5.5715/	−2	4.0424/	−2	2.9329/	−2
12.00	2.1280/	−2	1.5439/	−2	1.1202/	−2	8.1275/	−3
16.00	5.8969/	−3	4.2784/	−3	3.1042/	−3	2.2522/	−3
20.00	1.6341/	−3	1.1856/	−3	8.6021/	−4	6.2412/	−4
24.00	4.5283/	−4	3.2855/	−4	2.3837/	−4	1.7295/	−4
28.00	1.2548/	−4	9.1044/	−5	6.6057/	−5	4.7927/	−5
32.00	3.4773/	−5	2.5229/	−5	1.8305/	−5	1.3281/	−5
36.00	9.6360/	−6	6.9914/	−6	5.0726/	−6	3.6804/	−6
40.00	2.6703/	−6	1.9374/	−6	1.4057/	−6	1.0199/	−6

Activation data for ^{116m_1}In : $F \cdot A_2(\tau)$

$$F \cdot A_2(\text{sat}) \quad = 4.2685/\ 6$$
$$F \cdot A_2(1\ \text{sec}) = 9.1289/\ 2$$

Second	0.00		1.00		2.00		3.00	
0.00	0.0000/	0	9.1289/	2	1.8256/	3	2.7381/	3
4.00	3.6504/	3	4.5625/	3	5.4744/	3	6.3861/	3
8.00	7.2977/	3	8.2090/	3	9.1201/	3	1.0031/	4
12.00	1.0942/	4	1.1852/	4	1.2763/	4	1.3673/	4
16.00	1.4583/	4	1.5493/	4	1.6402/	4	1.7312/	4
20.00	1.8221/	4	1.9130/	4	2.0039/	4	2.0947/	4
24.00	2.1856/	4	2.2764/	4	2.3672/	4	2.4580/	4
28.00	2.5487/	4	2.6395/	4	2.7302/	4	2.8209/	4
32.00	2.9116/	4	3.0023/	4	3.0929/	4	3.1835/	4
36.00	3.2741/	4	3.3647/	4	3.4553/	4	3.5458/	4
40.00	3.6364/	4	3.7269/	4	3.8174/	4	3.9078/	4
44.00	3.9983/	4	4.0887/	4	4.1791/	4	4.2695/	4
48.00	4.3599/	4	4.4503/	4	4.5406/	4	4.6309/	4
52.00	4.7212/	4	4.8115/	4	4.9018/	4	4.9920/	4
56.00	5.0822/	4	5.1724/	4	5.2626/	4	5.3528/	4
50.00	5.4429/	4						

Decay factor for ^{116m_1}In : $D_2(t)$

Second	0.00		1.00		2.00		3.00	
0.00	1.0000/	0	9.9979/	−1	9.9957/	−1	9.9936/	−1
4.00	9.9914/	−1	9.9893/	−1	9.9872/	−1	9.9850/	−1
8.00	9.9829/	−1	9.9808/	−1	9.9786/	−1	9.9765/	−1
12.00	9.9744/	−1	9.9722/	−1	9.9701/	−1	9.9680/	−1
16.00	9.9658/	−1	9.9637/	−1	9.9616/	−1	9.9594/	−1
20.00	9.9573/	−1	9.9552/	−1	9.9531/	−1	9.9509/	−1
24.00	9.9488/	−1	9.9467/	−1	9.9445/	−1	9.9424/	−1
28.00	9.9403/	−1	9.9382/	−1	9.9360/	−1	9.9339/	−1
32.00	9.9318/	−1	9.9297/	−1	9.9275/	−1	9.9254/	−1
36.00	9.9233/	−1	9.9212/	−1	9.9191/	−1	9.9169/	−1
40.00	9.9148/	−1	9.9127/	−1	9.9106/	−1	9.9084/	−1
44.00	9.9063/	−1	9.9042/	−1	9.9021/	−1	9.9000/	−1
48.00	9.8979/	−1	9.8957/	−1	9.8936/	−1	9.8915/	−1
52.00	9.8894/	−1	9.8873/	−1	9.8852/	−1	9.8831/	−1
56.00	9.8809/	−1	9.8788/	−1	9.8767/	−1	9.8746/	−1
60.00	9.8725/	−1						

*

Activation data for ^{116m_2}In : $A_1(\tau)$, dps/μg

$$A_1(\text{sat}) \quad = 4.2657/\ 6$$
$$A_1(1\ \text{sec}) = 1.1707/\ 6$$

$K = -6.6711/\ -4$

Time intervals with respect to T_2

Minute	0.00		2.00		4.00		6.00	
0.00	0.0000/	0	4.2657/	6	4.2657/	6	4.2657/	6
8.00	4.2657/	6	4.2657/	6	4.2657/	6	4.2657/	6

Decay factor for ^{116m_2}In : $D_1(t)$

Minute	0.00		2.00		4.00		6.00	
0.00	1.0000/	0	1.9040/	−17	3.6251/	−34	6.9022/	−51
8.00	1.3142/	−67	0.0000/	0	0.0000/	0	0.0000/	0

Activation data for ^{116m_1}In : $F \cdot A_2(\tau)$

$$F \cdot A_2(\text{sat}) \quad = 4.2685/\ 6$$
$$F \cdot A_2(1\ \text{sec}) = 9.1289/\ 2$$

Minute	0.00		2.00		4.00		6.00	
0.00	0.0000/	0	1.0816/	5	2.1359/	5	3.1634/	5
8.00	4.1649/	5	5.1410/	5	6.0924/	5	7.0196/	5
16.00	7.9234/	5	8.8043/	5	9.6628/	5	1.0500/	6
24.00	1.1315/	6	1.2110/	6	1.2885/	6	1.3640/	6
32.00	1.4376/	6	1.5093/	6	1.5793/	6	1.6474/	6
40.00	1.7138/	6	1.7786/	6	1.8417/	6	1.9031/	6
48.00	1.9631/	6	2.0215/	6	2.0784/	6	2.1339/	6
56.00	2.1880/	6	2.2408/	6	2.2921/	6	2.3422/	6
64.00	2.3910/	6	2.4386/	6	2.4850/	6	2.5302/	6
72.00	2.5742/	6	2.6172/	6	2.6590/	6	2.6998/	6
80.00	2.7395/	6	2.7783/	6	2.8160/	6	2.8528/	6
88.00	2.8887/	6	2.9237/	6	2.9578/	6	2.9910/	6
96.00	3.0234/	6	3.0549/	6	3.0857/	6	3.1156/	6
104.00	3.1448/	6	3.1733/	6	3.2011/	6	3.2281/	6
112.00	3.2545/	6	3.2802/	6	3.3052/	6	3.3296/	6
120.00	3.3534/	6	3.3766/	6	3.3992/	6	3.4212/	6
128.00	3.4427/	6	3.4636/	6	3.4840/	6	3.5039/	6
136.00	3.5233/	6	3.5422/	6	3.5606/	6	3.5785/	6
144.00	3.5960/	6	3.6130/	6	3.6297/	6	3.6458/	6
152.00	3.6616/	6	3.6770/	6	3.6920/	6	3.7066/	6
160.00	3.7208/	6	3.7347/	6	3.7482/	6	3.7614/	6
168.00	3.7743/	6	3.7868/	6	3.7990/	6	3.8109/	6
176.00	3.8225/	6	3.8338/	6	3.8448/	6	3.8556/	6
184.00	3.8660/	6	3.8762/	6	3.8862/	6		

Decay factor for $^{116m_1}\text{In}$: $D_2(t)$

Minute	0.00	2.00	4.00	6.00
0.00	1.0000/ 0	9.7466/ −1	9.4996/ −1	9.2589/ −1
8.00	9.0243/ −1	8.7956/ −1	8.5727/ −1	8.3555/ −1
16.00	8.1438/ −1	7.9374/ −1	7.7363/ −1	7.5402/ −1
24.00	7.3492/ −1	7.1629/ −1	6.9814/ −1	6.8045/ −1
32.00	6.6321/ −1	6.4640/ −1	6.3002/ −1	6.1406/ −1
40.00	5.9850/ −1	5.8333/ −1	5.6855/ −1	5.5414/ −1
48.00	5.4010/ −1	5.2641/ −1	5.1307/ −1	5.0007/ −1
56.00	4.8740/ −1	4.7505/ −1	4.6301/ −1	4.5128/ −1
64.00	4.3984/ −1	4.2870/ −1	4.1784/ −1	4.0725/ −1
72.00	3.9693/ −1	3.8687/ −1	3.7707/ −1	3.6751/ −1
80.00	3.5820/ −1	3.4912/ −1	3.4028/ −1	3.3165/ −1
88.00	3.2325/ −1	3.1506/ −1	3.0707/ −1	2.9929/ −1
96.00	2.9171/ −1	2.8432/ −1	2.7711/ −1	2.7009/ −1
104.00	2.6325/ −1	2.5658/ −1	2.5007/ −1	2.4374/ −1
112.00	2.3756/ −1	2.3154/ −1	2.2567/ −1	2.1995/ −1
120.00	2.1438/ −1	2.0895/ −1	2.0365/ −1	1.9849/ −1
128.00	1.9346/ −1	1.8856/ −1	1.8378/ −1	1.7913/ −1
136.00	1.7459/ −1	1.7016/ −1	1.6585/ −1	1.6165/ −1
144.00	1.5755/ −1	1.5356/ −1	1.4967/ −1	1.4588/ −1
152.00	1.4218/ −1	1.3858/ −1	1.3506/ −1	1.3164/ −1
160.00	1.2831/ −1	1.2506/ −1	1.2189/ −1	1.1880/ −1
168.00	1.1579/ −1	1.1285/ −1	1.0999/ −1	1.0721/ −1
176.00	1.0449/ −1	1.0184/ −1	9.9261/ −2	9.6746/ −2
184.00	9.4294/ −2	9.1905/ −2	8.9576/ −2	8.7306/ −2
192.00	8.5094/ −2	8.2938/ −2	8.0836/ −2	7.8788/ −2
200.00	7.6791/ −2	7.4845/ −2	7.2949/ −2	7.1100/ −2
208.00	6.9298/ −2	6.7542/ −2	6.5831/ −2	6.4163/ −2
216.00	6.2537/ −2	6.0952/ −2	5.9408/ −2	5.7902/ −2
224.00	5.6435/ −2	5.5005/ −2	5.3611/ −2	5.2253/ −2
232.00	5.0928/ −2	4.9638/ −2	4.8380/ −2	4.7154/ −2
240.00	4.5959/ −2	4.4795/ −2	4.3660/ −2	4.2553/ −2
248.00	4.1475/ −2	4.0424/ −2	3.9400/ −2	3.8401/ −2
256.00	3.7428/ −2	3.6480/ −2	3.5555/ −2	3.4654/ −2
264.00	3.3776/ −2	3.2920/ −2	3.2086/ −2	3.1273/ −2
272.00	3.0481/ −2	2.9708/ −2	2.8955/ −2	2.8222/ −2
280.00	2.7506/ −2	2.6809/ −2	2.6130/ −2	2.5468/ −2
288.00	2.4823/ −2	2.4194/ −2	2.3581/ −2	2.2983/ −2
296.00	2.2401/ −2	2.1833/ −2	2.1280/ −2	2.0741/ −2
304.00	2.0215/ −2	1.9703/ −2	1.9203/ −2	1.8717/ −2
312.00	1.8243/ −2	1.7780/ −2	1.7330/ −2	1.6891/ −2
320.00	1.6463/ −2	1.6045/ −2	1.5639/ −2	1.5243/ −2
328.00	1.4856/ −2	1.4480/ −2	1.4113/ −2	1.3755/ −2
336.00	1.3407/ −2	1.3067/ −2	1.2736/ −2	1.2413/ −2
344.00	1.2099/ −2	1.1792/ −2	1.1493/ −2	1.1202/ −2
352.00	1.0918/ −2	1.0641/ −2	1.0372/ −2	1.0109/ −2
360.00	9.8528/ −3	9.6031/ −3	9.3598/ −3	9.1226/ −3
368.00	8.8914/ −3	8.6661/ −3	8.4465/ −3	8.2325/ −3
376.00	8.0239/ −3			

See also $^{115}\text{In}(n, \gamma)^{116m_1}\text{In}$

279

$$^{112}\text{Sn}(n, \gamma)^{113}\text{Sn} \rightarrow {}^{113m}\text{In}$$

$M = 118.69$ $G = 0.95\%$ $\sigma_{ac} = 0.8$ barn,

^{113}Sn $T_1 = 115$ day

E_γ (keV)   255

P 0.018

^{113m}In $T_2 = 99.8$ minute

E_γ (keV)   393

P 0.640

Activation data for ^{113}Sn : $A_1(\tau)$, dps/μg

$A_1(\text{sat}) = 3.8567/ \quad 2$

$A_1(1 \text{ sec}) = 2.6899/ \ -5$

$K = 1.0006/ \ 0$

Time intervals with respect to T_1

Day	0.00		4.00		8.00		12.00	
0.00	0.0000/	0	9.1851/	0	1.8151/	1	2.6904/	1
16.00	3.5449/	1	4.3789/	1	5.1932/	1	5.9880/	1
32.00	6.7639/	1	7.5213/	1	8.2607/	1	8.9825/	1
48.00	9.6871/	1	1.0375/	2	1.1046/	2	1.1702/	2
64.00	1.2342/	2	1.2966/	2	1.3576/	2	1.4171/	2
80.00	1.4752/	2	1.5319/	2	1.5873/	2	1.6413/	2
96.00	1.6941/	2	1.7456/	2	1.7959/	2	1.8450/	2
112.00	1.8929/	2	1.9396/	2	1.9853/	2	2.0299/	2
128.00	2.0734/	2	2.1158/	2	2.1573/	2	2.1978/	2
144.00	2.2373/	2	2.2758/	2	2.3135/	2	2.3503/	2
160.00	2.3861/	2	2.4212/	2	2.4553/	2	2.4887/	2
176.00	2.5213/	2	2.5531/	2	2.5841/	2	2.6144/	2
192.00	2.6440/	2	2.6729/	2	2.7011/	2	2.7286/	2
208.00	2.7555/	2	2.7817/	2	2.8073/	2	2.8323/	2
224.00	2.8567/	2	2.8805/	2	2.9038/	2	2.9265/	2
240.00	2.9486/	2						

Decay factor for ^{113}Sn : $D_1(t)$

Day	0.00		4.00		8.00		12.00	
0.00	1.0000/	0	9.7618/	-1	9.5293/	-1	9.3024/	-1
16.00	9.0808/	-1	8.8646/	-1	8.6535/	-1	8.4474/	-1
32.00	8.2462/	-1	8.0498/	-1	7.8581/	-1	7.6709/	-1
48.00	7.4882/	-1	7.3099/	-1	7.1358/	-1	6.9659/	-1
64.00	6.8000/	-1	6.6380/	-1	6.4799/	-1	6.3256/	-1
80.00	6.1749/	-1	6.0279/	-1	5.8843/	-1	5.7442/	-1
96.00	5.6074/	-1	5.4738/	-1	5.3435/	-1	5.2162/	-1
112.00	5.0920/	-1	4.9707/	-1	4.8523/	-1	4.7367/	-1
128.00	4.6239/	-1	4.5138/	-1	4.4063/	-1	4.3014/	-1

Day	0.00	4.00	8.00	12.00
144.00	4.1989/ −1	4.0989/ −1	4.0013/ −1	3.9060/ −1
160.00	3.8130/ −1	3.7222/ −1	3.6335/ −1	3.5470/ −1
176.00	3.4625/ −1	3.3800/ −1	3.2995/ −1	3.2210/ −1
192.00	3.1443/ −1	3.0694/ −1	2.9963/ −1	2.9249/ −1
208.00	2.8552/ −1	2.7872/ −1	2.7209/ −1	2.6561/ −1
224.00	2.5928/ −1	2.5311/ −1	2.4708/ −1	2.4119/ −1
240.00	2.3545/ −1	2.2984/ −1	2.2437/ −1	2.1902/ −1
256.00	2.1381/ −1	2.0872/ −1	2.0374/ −1	1.9889/ −1
272.00	1.9416/ −1	1.8953/ −1	1.8502/ −1	1.8061/ −1
288.00	1.7631/ −1	1.7211/ −1	1.6801/ −1	1.6401/ −1
304.00	1.6010/ −1	1.5629/ −1	1.5257/ −1	1.4894/ −1
320.00	1.4539/ −1	1.4193/ −1	1.3855/ −1	1.3525/ −1
336.00	1.3202/ −1	1.2888/ −1	1.2581/ −1	1.2281/ −1
352.00	1.1989/ −1	1.1703/ −1	1.1425/ −1	1.1153/ −1
368.00	1.0887/ −1	1.0628/ −1	1.0375/ −1	1.0128/ −1
384.00	9.8863/ −2	9.6509/ −2	9.4210/ −2	9.1967/ −2
400.00	8.9776/ −2	8.7638/ −2	8.5551/ −2	8.3513/ −2
416.00	8.1524/ −2	7.9583/ −2	7.7688/ −2	7.5837/ −2
432.00	7.4031/ −2	7.2268/ −2	7.0547/ −2	6.8867/ −2
448.00	6.7227/ −2	6.5625/ −2	6.4063/ −2	6.2537/ −2
464.00	6.1047/ −2	5.9594/ −2	5.8174/ −2	5.6789/ −2
480.00	5.5436/ −2	5.4116/ −2	5.2827/ −2	5.1569/ −2
496.00	5.0341/ −2	4.9142/ −2	4.7972/ −2	4.6829/ −2
512.00	4.5714/ −2	4.4625/ −2	4.3562/ −2	4.2525/ −2
528.00	4.1512/ −2	4.0523/ −2	3.9558/ −2	3.8616/ −2
544.00	3.7696/ −2	3.6799/ −2	3.5922/ −2	3.5067/ −2
560.00	3.4232/ −2	3.3416/ −2	3.2620/ −2	3.1844/ −2
576.00	3.1085/ −2	3.0345/ −2	2.9622/ −2	2.8917/ −2
592.00	2.8228/ −2	2.7556/ −2	2.6899/ −2	2.6259/ −2
608.00	2.5633/ −2	2.5023/ −2	2.4427/ −2	2.3845/ −2
624.00	2.3277/ −2	2.2723/ −2	2.2182/ −2	2.1653/ −2
640.00	2.1138/ −2	2.0634/ −2	2.0143/ −2	1.9663/ −2
656.00	1.9195/ −2	1.8738/ −2	1.8291/ −2	1.7856/ −2
672.00	1.7431/ −2	1.7015/ −2	1.6610/ −2	1.6215/ −2
688.00	1.5828/ −2	1.5451/ −2	1.5083/ −2	1.4724/ −2
704.00	1.4374/ −2	1.4031/ −2	1.3697/ −2	1.3371/ −2
720.00	1.3052/ −2	1.2742/ −2	1.2438/ −2	1.2142/ −2
736.00	1.1853/ −2	1.1570/ −2	1.1295/ −2	1.1026/ −2
752.00	1.0763/ −2	1.0507/ −2	1.0257/ −2	1.0012/ −2
768.00	9.7739/ −3	9.5412/ −3	9.3139/ −3	9.0921/ −3
784.00	8.8756/ −3	8.6642/ −3	8.4578/ −3	8.2564/ −3
800.00	8.0598/ −3			

Activation data for ^{113m}In : $F \cdot A_2(\tau)$

$$F \cdot A_2(\text{sat}) \;\; = -2.3256/\;-1$$
$$F \cdot A_2(1 \text{ sec}) = -2.6913/\;-5$$

Day	0.00	4.00	8.00	12.00
0.00	0.0000/ 0	−2.3256/ −1	−2.3256/ −1	−2.3256/ −1
16.00	−2.3256/ −1	−2.3256/ −1	−2.3256/ −1	−2.3256/ −1

Decay factor for ^{113m}In : $D_2(t)$

Day	0.00	4.00	8.00	12.00
0.00	1.0000/ 0	4.2620/ −18	1.8165/ −35	7.7418/ −53
16.00	3.2995/ −70	0.0000/ 0	0.0000/ 0	0.0000/ 0

*

Activation data for ^{113}Sn : $A_1(\tau)$, dps/μg

$$A_1(\text{sat}) = 3.8567/ \quad 2$$
$$A_1(1 \text{ sec}) = 2.6899/ \ -5$$

$K = 1.0006/ 0$

Time intervals with respect to T_2

Hour	0.000	0.125	0.250	0.375
0.00	0.0000/ 0	1.2104/ −2	2.4208/ −2	3.6312/ −2
0.50	4.8415/ −2	6.0518/ −2	7.2620/ −2	8.4722/ −2
1.00	9.6824/ −2	1.0893/ −1	1.2103/ −1	1.3313/ −1
1.50	1.4523/ −1	1.5733/ −1	1.6943/ −1	1.8152/ −1
2.00	1.9362/ −1	2.0572/ −1	2.1782/ −1	2.2992/ −1
2.50	2.4201/ −1	2.5411/ −1	2.6621/ −1	2.7830/ −1
3.00	2.9040/ −1	3.0249/ −1	3.1459/ −1	3.2668/ −1
3.50	3.3878/ −1	3.5087/ −1	3.6296/ −1	3.7506/ −1
4.00	3.8715/ −1	3.9924/ −1	4.1133/ −1	4.2342/ −1
4.50	4.3552/ −1	4.4761/ −1	4.5970/ −1	4.7179/ −1
5.00	4.8388/ −1	4.9596/ −1	5.0805/ −1	5.2014/ −1
5.50	5.3223/ −1			

Decay factor for ^{113}Sn : $D_1(t)$

Hour	0.000	0.125	0.250	0.375
0.00	1.0000/ 0	9.9997/ −1	9.9994/ −1	9.9991/ −1
0.50	9.9987/ −1	9.9984/ −1	9.9981/ −1	9.9978/ −1
1.00	9.9975/ −1	9.9972/ −1	9.9969/ −1	9.9965/ −1
1.50	9.9962/ −1	9.9959/ −1	9.9956/ −1	9.9953/ −1
2.00	9.9950/ −1	9.9947/ −1	9.9944/ −1	9.9940/ −1
2.50	9.9937/ −1	9.9934/ −1	9.9931/ −1	9.9928/ −1
3.00	9.9925/ −1	9.9922/ −1	9.9918/ −1	9.9915/ −1
3.50	9.9912/ −1	9.9909/ −1	9.9906/ −1	9.9903/ −1
4.00	9.9900/ −1	9.9896/ −1	9.9893/ −1	9.9890/ −1
4.50	9.9887/ −1	9.9884/ −1	9.9881/ −1	9.9878/ −1
5.00	9.9875/ −1	9.9871/ −1	9.9868/ −1	9.9865/ −1
5.50	9.9862/ −1	9.9859/ −1	9.9856/ −1	9.9853/ −1
6.00	9.9849/ −1	9.9846/ −1	9.9843/ −1	9.9840/ −1
6.50	9.9837/ −1	9.9834/ −1	9.9831/ −1	9.9828/ −1
7.00	9.9824/ −1	9.9821/ −1	9.9818/ −1	9.9815/ −1
7.50	9.9812/ −1	9.9809/ −1	9.9806/ −1	9.9802/ −1
8.00	9.9799/ −1	9.9796/ −1	9.9793/ −1	9.9790/ −1
8.50	9.9787/ −1	9.9784/ −1	9.9781/ −1	9.9777/ −1
9.00	9.9774/ −1	9.9771/ −1	9.9768/ −1	9.9765/ −1
9.50	9.9762/ −1	9.9759/ −1	9.9755/ −1	9.9752/ −1

Hour	0.000	0.125	0.250	0.375
10.00	9.9749/ −1	9.9746/ −1	9.9743/ −1	9.9740/ −1
10.50	9.9737/ −1	9.9734/ −1	9.9730/ −1	9.9727/ −1
11.00	9.9724/ −1			

Activation data for ^{113m}In : $F \cdot A_2(\tau)$
$$F \cdot A_2(\text{sat}) = -2.3256/ -1$$
$$F \cdot A_2(1 \text{ sec}) = -2.6913/ -5$$

Hour	0.000	0.125	0.250	0.375
0.00	0.0000/ 0	−1.1801/ −2	−2.3004/ −2	−3.3638/ −2
0.50	−4.3732/ −2	−5.3315/ −2	−6.2410/ −2	−7.1045/ −2
1.00	−7.9241/ −2	−8.7021/ −2	−9.4407/ −2	−1.0142/ −1
1.50	−1.0807/ −1	−1.1439/ −1	−1.2039/ −1	−1.2608/ −1
2.00	−1.3148/ −1	−1.3661/ −1	−1.4148/ −1	−1.4610/ −1
2.50	−1.5049/ −1	−1.5465/ −1	−1.5861/ −1	−1.6236/ −1
3.00	−1.6592/ −1	−1.6930/ −1	−1.7251/ −1	−1.7556/ −1
3.50	−1.7845/ −1	−1.8120/ −1	−1.8380/ −1	−1.8628/ −1
4.00	−1.8863/ −1	−1.9086/ −1	−1.9297/ −1	−1.9498/ −1
4.50	−1.9689/ −1	−1.9870/ −1	−2.0042/ −1	−2.0205/ −1
5.00	−2.0360/ −1	−2.0507/ −1	−2.0646/ −1	−2.0778/ −1
5.50	−2.0904/ −1			

Decay factor for ^{113m}In : $D_2(t)$

Hour	0.000	0.125	0.250	0.375
0.00	1.0000/ 0	9.4925/ −1	9.0108/ −1	8.5536/ −1
0.50	8.1195/ −1	7.7075/ −1	7.3163/ −1	6.9451/ −1
1.00	6.5926/ −1	6.2581/ −1	5.9405/ −1	5.6390/ −1
1.50	5.3529/ −1	5.0812/ −1	4.8234/ −1	4.5786/ −1
2.00	4.3463/ −1	4.1257/ −1	3.9164/ −1	3.7176/ −1
2.50	3.5290/ −1	3.3499/ −1	3.1799/ −1	3.0185/ −1
3.00	2.8653/ −1	2.7199/ −1	2.5819/ −1	2.4509/ −1
3.50	2.3265/ −1	2.2084/ −1	2.0964/ −1	1.9900/ −1
4.00	1.8890/ −1	1.7931/ −1	1.7022/ −1	1.6158/ −1
4.50	1.5338/ −1	1.4559/ −1	1.3821/ −1	1.3119/ −1
5.00	1.2454/ −1	1.1822/ −1	1.1222/ −1	1.0652/ −1
5.50	1.0112/ −1	9.5985/ −2	9.1114/ −2	8.6491/ −2
6.00	8.2101/ −2	7.7935/ −2	7.3980/ −2	7.0226/ −2
6.50	6.6662/ −2	6.3279/ −2	6.0068/ −2	5.7020/ −2
7.00	5.4126/ −2	5.1380/ −2	4.8772/ −2	4.6297/ −2
7.50	4.3948/ −2	4.1718/ −2	3.9601/ −2	3.7591/ −2
8.00	3.5684/ −2	3.3873/ −2	3.2154/ −2	3.0522/ −2
8.50	2.8973/ −2	2.7503/ −2	2.6107/ −2	2.4782/ −2
9.00	2.3525/ −2	2.2331/ −2	2.1198/ −2	2.0122/ −2
9.50	1.9101/ −2	1.8132/ −2	1.7212/ −2	1.6338/ −2
10.00	1.5509/ −2	1.4722/ −2	1.3975/ −2	1.3266/ −2
10.50	1.2593/ −2	1.1954/ −2	1.1347/ −2	1.0771/ −2
11.00	1.0225/ −2			

See also ^{112}Sn(n, γ)^{113m}Sn → ^{113}Sn

$$^{112}\text{Sn}(n, \gamma)^{113m}\text{Sn} \rightarrow {}^{113}\text{Sn}$$

$M = 118.69$ $\qquad G = 0.95\%$ $\qquad \sigma_{ac} = 0.35$ barn,

^{113m}Sn $\qquad T_1 = 20$ minute

E_γ (keV) $\qquad$ 79

$P \qquad\qquad$ 0.006

^{113}Sn $\qquad T_2 = 115$ day

E_γ (keV) $\qquad$ 255

$P \qquad\qquad$ 0.018

Activation data for ^{113m}Sn : $A_1(\tau)$, dps/μg

A_1(sat) $= 1.6873/\quad 2$

A_1(1 sec) $= 9.7413/\ -2$

$K = -1.0991/\ -4$

Time intervals with respect to T_1

Minute	0.00		1.00		2.00		3.00	
0.00	0.0000/	0	5.7463/	0	1.1297/	1	1.6659/	1
4.00	2.1838/	1	2.6840/	1	3.1672/	1	3.6340/	1
8.00	4.0849/	1	4.5204/	1	4.9411/	1	5.3474/	1
12.00	5.7400/	1	6.1191/	1	6.4854/	1	6.8391/	1
16.00	7.1808/	1	7.5109/	1	7.8298/	1	8.1377/	1
20.00	8.4352/	1	8.7226/	1	9.0002/	1	9.2683/	1
24.00	9.5273/	1	9.7774/	1	1.0019/	2	1.0252/	2
28.00	1.0478/	2	1.0696/	2	1.0906/	2	1.1109/	2
32.00	1.1306/	2	1.1495/	2	1.1678/	2	1.1855/	2
36.00	1.2026/	2	1.2191/	2	1.2351/	2	1.2505/	2
40.00	1.2653/	2	1.2797/	2	1.2936/	2	1.3070/	2
44.00	1.3200/	2	1.3325/	2	1.3445/	2	1.3562/	2
48.00	1.3675/	2	1.3784/	2	1.3889/	2	1.3991/	2
52.00	1.4089/	2	1.4184/	2	1.4275/	2	1.4364/	2
56.00	1.4449/	2	1.4532/	2	1.4611/	2	1.4688/	2
60.00	1.4763/	2	1.4835/	2	1.4904/	2	1.4971/	2
64.00	1.5036/	2	1.5099/	2	1.5159/	2	1.5217/	2
68.00	1.5274/	2						

Decay factor for ^{113m}Sn : $D_1(t)$

Minute	0.00		1.00		2.00		3.00	
0.00	1.0000/	0	9.6594/	−1	9.3305/	−1	9.0127/	−1
4.00	8.7058/	−1	8.4093/	−1	8.1229/	−1	7.8462/	−1
8.00	7.5790/	−1	7.3209/	−1	7.0716/	−1	6.8308/	−1
12.00	6.5981/	−1	6.3734/	−1	6.1564/	−1	5.9467/	−1
16.00	5.7442/	−1	5.5485/	−1	5.3596/	−1	5.1770/	−1

Minute	0.00	1.00	2.00	3.00
20.00	5.0007/ −1	4.8304/ −1	4.6659/ −1	4.5070/ −1
24.00	4.3535/ −1	4.2053/ −1	4.0620/ −1	3.9237/ −1
28.00	3.7901/ −1	3.6610/ −1	3.5363/ −1	3.4159/ −1
32.00	3.2995/ −1	3.1872/ −1	3.0786/ −1	2.9738/ −1
36.00	2.8725/ −1	2.7747/ −1	2.6802/ −1	2.5889/ −1
40.00	2.5007/ −1	2.4156/ −1	2.3333/ −1	2.2538/ −1
44.00	2.1771/ −1	2.1029/ −1	2.0313/ −1	1.9621/ −1
48.00	1.8953/ −1	1.8308/ −1	1.7684/ −1	1.7082/ −1
52.00	1.6500/ −1	1.5938/ −1	1.5395/ −1	1.4871/ −1
56.00	1.4365/ −1	1.3875/ −1	1.3403/ −1	1.2946/ −1
60.00	1.2506/ −1	1.2080/ −1	1.1668/ −1	1.1271/ −1
64.00	1.0887/ −1	1.0516/ −1	1.0158/ −1	9.8121/ −2
68.00	9.4780/ −2	9.1552/ −2	8.8434/ −2	8.5422/ −2
72.00	8.2513/ −2	7.9703/ −2	7.6988/ −2	7.4366/ −2
76.00	7.1834/ −2	6.9387/ −2	6.7024/ −2	6.4742/ −2
80.00	6.2537/ −2	6.0407/ −2	5.8350/ −2	5.6363/ −2
84.00	5.4443/ −2	5.2589/ −2	5.0798/ −2	4.9068/ −2
88.00	4.7397/ −2	4.5783/ −2	4.4223/ −2	4.2717/ −2
92.00	4.1263/ −2	3.9857/ −2	3.8500/ −2	3.7189/ −2
96.00	3.5922/ −2	3.4699/ −2	3.3517/ −2	3.2376/ −2
100.00	3.1273/ −2	3.0208/ −2	2.9179/ −2	2.8185/ −2
104.00	2.7226/ −2	2.6298/ −2	2.5403/ −2	2.4538/ −2
108.00	2.3702/ −2	2.2895/ −2	2.2115/ −2	2.1362/ −2
112.00	2.0634/ −2	1.9932/ −2	1.9253/ −2	1.8597/ −2
116.00	1.7964/ −2	1.7352/ −2	1.6761/ −2	1.6190/ −2
120.00	1.5639/ −2	1.5106/ −2	1.4592/ −2	1.4095/ −2
124.00	1.3615/ −2	1.3151/ −2	1.2703/ −2	1.2271/ −2
128.00	1.1853/ −2	1.1449/ −2	1.1059/ −2	1.0682/ −2
132.00	1.0319/ −2	9.9673/ −3	9.6278/ −3	9.2999/ −3
136.00	8.9832/ −3			

Activation data for ^{113}Sn : $F \cdot A_2(\tau)$

$$F \cdot A_2(\text{sat}) = 1.5356/ \quad 2$$

$$F \cdot A_2(1 \text{ sec}) = 1.0710/ \quad -5$$

Minute	0.00	1.00	2.00	3.00
0.00	0.0000/ 0	6.4261/ −4	1.2852/ −3	1.9278/ −3
4.00	2.5704/ −3	3.2131/ −3	3.8557/ −3	4.4983/ −3
8.00	5.1409/ −3	5.7834/ −3	6.4260/ −3	7.0686/ −3
12.00	7.7112/ −3	8.3538/ −3	8.9964/ −3	9.6390/ −3
16.00	1.0282/ −2	1.0924/ −2	1.1567/ −2	1.2209/ −2
20.00	1.2852/ −2	1.3494/ −2	1.4137/ −2	1.4779/ −2
24.00	1.5422/ −2	1.6065/ −2	1.6707/ −2	1.7350/ −2
28.00	1.7992/ −2	1.8635/ −2	1.9277/ −2	1.9920/ −2
32.00	2.0562/ −2	2.1205/ −2	2.1847/ −2	2.2490/ −2
36.00	2.3132/ −2	2.3775/ −2	2.4418/ −2	2.5060/ −2
40.00	2.5703/ −2	2.6345/ −2	2.6988/ −2	2.7630/ −2
44.00	2.8273/ −2	2.8915/ −2	2.9558/ −2	3.0200/ −2
48.00	3.0843/ −2	3.1485/ −2	3.2128/ −2	3.2770/ −2

Minute	0.00	1.00	2.00	3.00
52.00	3.3412/ −2	3.4055/ −2	3.4697/ −2	3.5340/ −2
56.00	3.5982/ −2	3.6625/ −2	3.7267/ −2	3.7910/ −2
60.00	3.8552/ −2	3.9195/ −2	3.9837/ −2	4.0480/ −2
64.00	4.1122/ −2	4.1764/ −2	4.2407/ −2	4.3049/ −2
68.00	4.3692/ −2			

Decay factor for ^{113}Sn : $D_2(t)$

Minute	0.00	1.00	2.00	3.00
0.00	1.0000/ 0	1.0000/ 0	9.9999/ −1	9.9999/ −1
4.00	9.9998/ −1	9.9998/ −1	9.9997/ −1	9.9997/ −1
8.00	9.9997/ −1	9.9996/ −1	9.9996/ −1	9.9995/ −1
12.00	9.9995/ −1	9.9995/ −1	9.9994/ −1	9.9994/ −1
16.00	9.9993/ −1	9.9993/ −1	9.9992/ −1	9.9992/ −1
20.00	9.9992/ −1	9.9991/ −1	9.9991/ −1	9.9990/ −1
24.00	9.9990/ −1	9.9990/ −1	9.9989/ −1	9.9989/ −1
28.00	9.9988/ −1	9.9988/ −1	9.9987/ −1	9.9987/ −1
32.00	9.9987/ −1	9.9986/ −1	9.9986/ −1	9.9985/ −1
36.00	9.9985/ −1	9.9985/ −1	9.9984/ −1	9.9984/ −1
40.00	9.9983/ −1	9.9983/ −1	9.9982/ −1	9.9982/ −1
44.00	9.9982/ −1	9.9981/ −1	9.9981/ −1	9.9980/ −1
48.00	9.9980/ −1	9.9979/ −1	9.9979/ −1	9.9979/ −1
52.00	9.9978/ −1	9.9978/ −1	9.9977/ −1	9.9977/ −1
56.00	9.9977/ −1	9.9976/ −1	9.9976/ −1	9.9975/ −1
60.00	9.9975/ −1	9.9974/ −1	9.9974/ −1	9.9974/ −1
64.00	9.9973/ −1	9.9973/ −1	9.9972/ −1	9.9972/ −1
68.00	9.9972/ −1	9.9971/ −1	9.9971/ −1	9.9970/ −1

*

Activation data for ^{113m}Sn : $A_1(\tau)$, dps/μg

$$A_1(\text{sat}) = 1.6873/\ \ 2$$
$$A_1(1\ \text{sec}) = 9.7413/\ -2$$

$K = -1.0991/\ -4$

Time intervals with respect to T_2

Day	0.00	4.00	8.00	12.00
0.00	0.0000/ 0	1.6873/ 2	1.6873/ 2	1.6873/ 2
16.00	1.6873/ 2	1.6873/ 2	1.6873/ 2	1.6873/ 2

Decay factor for ^{113m}Sn : $D_1(t)$

Day	0.00	4.00	8.00	12.00
0.00	1.0000/ 0	0.0000/ 0	0.0000/ 0	0.0000/ 0
16.00	0.0000/ 0	0.0000/ 0	0.0000/ 0	0.0000/ 0

Activation data for ^{113}Sn : $F \cdot A_2(\tau)$

$$F \cdot A_2(\text{sat}) = 1.5356/\quad 2$$
$$F \cdot A_2(1 \text{ sec}) = 1.0710/\ -5$$

Day	0.00		4.00		8.00		12.00	
0.00	0.0000/	0	3.6572/	0	7.2273/	0	1.0712/	1
16.00	1.4115/	1	1.7436/	1	2.0678/	1	2.3842/	1
32.00	2.6932/	1	2.9948/	1	3.2892/	1	3.5765/	1
48.00	3.8571/	1	4.1309/	1	4.3983/	1	4.6593/	1
64.00	4.9140/	1	5.1627/	1	5.4055/	1	5.6425/	1
80.00	5.8738/	1	6.0996/	1	6.3201/	1	6.5353/	1
96.00	6.7454/	1	6.9504/	1	7.1506/	1	7.3460/	1
112.00	7.5368/	1	7.7230/	1	7.9048/	1	8.0823/	1
128.00	8.2555/	1	8.4246/	1	8.5897/	1	8.7508/	1
144.00	8.9082/	1	9.0617/	1	9.2116/	1	9.3580/	1
160.00	9.5008/	1	9.6403/	1	9.7764/	1	9.9093/	1
176.00	1.0039/	2	1.0166/	2	1.0289/	2	1.0410/	2
192.00	1.0528/	2	1.0643/	2	1.0755/	2	1.0865/	2
208.00	1.0972/	2	1.1076/	2	1.1178/	2	1.1277/	2
224.00	1.1375/	2	1.1469/	2	1.1562/	2	1.1652/	2
240.00	1.1740/	2						

Decay factor for ^{113}Sn : $D_2(t)$

Day	0.00		4.00		8.00		12.00	
0.00	1.0000/	0	9.7618/	−1	9.5293/	−1	9.3024/	−1
16.00	9.0808/	−1	8.8646/	−1	8.6535/	−1	8.4474/	−1
32.00	8.2462/	−1	8.0498/	−1	7.8581/	−1	7.6709/	−1
48.00	7.4882/	−1	7.3099/	−1	7.1358/	−1	6.9659/	−1
64.00	6.8000/	−1	6.6380/	−1	6.4799/	−1	6.3256/	−1
80.00	6.1749/	−1	6.0279/	−1	5.8843/	−1	5.7442/	−1
96.00	5.6074/	−1	5.4738/	−1	5.3435/	−1	5.2162/	−1
112.00	5.0920/	−1	4.9707/	−1	4.8523/	−1	4.7367/	−1
128.00	4.6239/	−1	4.5138/	−1	4.4063/	−1	4.3014/	−1
144.00	4.1989/	−1	4.0989/	−1	4.0013/	−1	3.9060/	−1
160.00	3.8130/	−1	3.7222/	−1	3.6335/	−1	3.5470/	−1
176.00	3.4625/	−1	3.3800/	−1	3.2995/	−1	3.2210/	−1
192.00	3.1443/	−1	3.0694/	−1	2.9963/	−1	2.9249/	−1
208.00	2.8552/	−1	2.7872/	−1	2.7209/	−1	2.6561/	−1
224.00	2.5928/	−1	2.5311/	−1	2.4708/	−1	2.4119/	−1
240.00	2.3545/	−1	2.2984/	−1	2.2437/	−1	2.1902/	−1
256.00	2.1381/	−1	2.0872/	−1	2.0374/	−1	1.9889/	−1
272.00	1.9416/	−1	1.8953/	−1	1.8502/	−1	1.8061/	−1
288.00	1.7631/	−1	1.7211/	−1	1.6801/	−1	1.6401/	−1
304.00	1.6010/	−1	1.5629/	−1	1.5257/	−1	1.4894/	−1
320.00	1.4539/	−1	1.4193/	−1	1.3855/	−1	1.3525/	−1
336.00	1.3202/	−1	1.2888/	−1	1.2581/	−1	1.2281/	−1
352.00	1.1989/	−1	1.1703/	−1	1.1425/	−1	1.1153/	−1
368.00	1.0887/	−1	1.0628/	−1	1.0375/	−1	1.0128/	−1
384.00	9.8863/	−2	9.6509/	−2	9.4210/	−2	9.1967/	−2

Day	0.00	4.00	8.00	12.00
400.00	8.9776/ —2	8.7638/ —2	8.5551/ —2	8.3513/ —2
416.00	8.1524/ —2	7.9583/ —2	7.7688/ —2	7.5837/ —2
432.00	7.4031/ —2	7.2268/ —2	7.0547/ —2	6.8867/ —2
448.00	6.7227/ —2	6.5625/ —2	6.4063/ —2	6.2537/ —2
464.00	6.1047/ —2	5.9594/ —2	5.8174/ —2	5.6789/ —2
480.00	5.5436/ —2	5.4116/ —2	5.2827/ —2	5.1569/ —2
496.00	5.0341/ —2	4.9142/ —2	4.7972/ —2	4.6829/ —2
512.00	4.5714/ —2	4.4625/ —2	4.3562/ —2	4.2525/ —2
528.00	4.1512/ —2	4.0523/ —2	3.9558/ —2	3.8616/ —2
544.00	3.7696/ —2	3.6799/ —2	3.5922/ —2	3.5067/ —2
560.00	3.4232/ —2	3.3416/ —2	3.2620/ —2	3.1844/ —2
576.00	3.1085/ —2	3.0345/ —2	2.9622/ —2	2.8917/ —2
592.00	2.8228/ —2	2.7556/ —2	2.6899/ —2	2.6259/ —2
608.00	2.5633/ —2	2.5023/ —2	2.4427/ —2	2.3845/ —2
624.00	2.3277/ —2	2.2723/ —2	2.2182/ —2	2.1653/ —2
640.00	2.1138/ —2	2.0634/ —2	2.0143/ —2	1.9663/ —2
656.00	1.9195/ —2	1.8738/ —2	1.8291/ —2	1.7856/ —2
672.00	1.7431/ —2	1.7015/ —2	1.6610/ —2	1.6215/ —2
688.00	1.5828/ —2	1.5451/ —2	1.5083/ —2	1.4724/ —2
704.00	1.4374/ —2	1.4031/ —2	1.3697/ —2	1.3371/ —2
720.00	1.3052/ —2	1.2742/ —2	1.2438/ —2	1.2142/ —2
736.00	1.1853/ —2	1.1570/ —2	1.1295/ —2	1.1026/ —2
752.00	1.0763/ —2	1.0507/ —2	1.0257/ —2	1.0012/ —2
768.00	9.7739/ —3	9.5412/ —3	9.3139/ —3	9.0921/ —3
784.00	8.8756/ —3	8.6642/ —3	8.4578/ —3	8.2564/ —3
800.00	8.0598/ —3			

See also $^{112}Sn(n, \gamma)^{113}Sn \rightarrow \; ^{113m}In$

$$^{116}\text{Sn}(n, \gamma)^{117m}\text{Sn}$$

$M = 118.69$ $G = 14.24\%$ $\sigma_{ac} = 0.006$ barn,

^{117m}Sn $T_{\frac{1}{2}} = 14$ day

E_γ (keV)   158

P 0.870

Activation data for ^{117m}Sn : $A_1(\tau)$, dps/μg

$$A_1(\text{sat}) = 4.3361/ \quad 1$$
$$A_1(1 \text{ sec}) = 2.4842/ \ -5$$

Day	0.00		0.50		1.00		1.50	
0.00	0.0000/	0	1.0600/	0	2.0941/	0	3.1029/	0
2.00	4.0871/	0	5.0472/	0	5.9838/	0	6.8975/	0
4.00	7.7889/	0	8.6585/	0	9.5068/	0	1.0334/	1
6.00	1.1142/	1	1.1929/	1	1.2698/	1	1.3447/	1
8.00	1.4179/	1	1.4892/	1	1.5588/	1	1.6267/	1
10.00	1.6929/	1	1.7575/	1	1.8206/	1	1.8821/	1
12.00	1.9421/	1	2.0006/	1	2.0577/	1	2.1134/	1
14.00	2.1677/	1	2.2207/	1	2.2724/	1	2.3229/	1
16.00	2.3721/	1	2.4201/	1	2.4670/	1	2.5126/	1
18.00	2.5572/	1	2.6007/	1	2.6431/	1	2.6845/	1
20.00	2.7249/	1	2.7643/	1	2.8027/	1	2.8402/	1
22.00	2.8768/	1	2.9124/	1	2.9472/	1	2.9812/	1
24.00	3.0143/	1	3.0466/	1	3.0781/	1	3.1089/	1
26.00	3.1389/	1	3.1682/	1	3.1967/	1	3.2246/	1
28.00	3.2517/	1	3.2782/	1	3.3041/	1	3.3293/	1
30.00	3.3539/	1	3.3780/	1	3.4014/	1	3.4242/	1
32.00	3.4465/	1	3.4683/	1	3.4895/	1	3.5102/	1
34.00	3.5304/	1	3.5501/	1	3.5693/	1	3.5880/	1
36.00	3.6063/	1	3.6241/	1	3.6416/	1	3.6585/	1
38.00	3.6751/	1	3.6913/	1	3.7070/	1	3.7224/	1
40.00	3.7374/	1	3.7520/	1	3.7663/	1	3.7802/	1
42.00	3.7938/	1	3.8071/	1	3.8200/	1	3.8326/	1
44.00	3.8449/	1	3.8569/	1	3.8687/	1	3.8801/	1
46.00	3.8912/	1	3.9021/	1	3.9127/	1	3.9231/	1
48.00	3.9332/	1						

Decay factor for ^{117m}Sn : $D_1(t)$

Day	0.00		0.50		1.00		1.50	
0.00	1.0000/	0	9.7555/	−1	9.5171/	−1	9.2844/	−1
2.00	9.0574/	−1	8.8360/	−1	8.6200/	−1	8.4093/	−1
4.00	8.2037/	−1	8.0031/	−1	7.8075/	−1	7.6166/	−1
6.00	7.4304/	−1	7.2488/	−1	7.0716/	−1	6.8987/	−1
8.00	6.7301/	−1	6.5655/	−1	6.4050/	−1	6.2485/	−1
10.00	6.0957/	−1	5.9467/	−1	5.8013/	−1	5.6595/	−1

Day	0.00	0.50	1.00	1.50
12.00	5.5211/ −1	5.3862/ −1	5.2545/ −1	5.1260/ −1
14.00	5.0000/ −1	4.8785/ −1	4.7592/ −1	4.6429/ −1
16.00	4.5294/ −1	4.4187/ −1	4.3106/ −1	4.2053/ −1
18.00	4.1025/ −1	4.0022/ −1	3.9043/ −1	3.8089/ −1
20.00	3.7158/ −1	3.6249/ −1	3.5363/ −1	3.4499/ −1
22.00	3.3655/ −1	3.2833/ −1	3.2030/ −1	3.1247/ −1
24.00	3.0483/ −1	2.9738/ −1	2.9011/ −1	2.8302/ −1
26.00	2.7610/ −1	2.6935/ −1	2.6276/ −1	2.5634/ −1
28.00	2.5007/ −1	2.4396/ −1	2.3800/ −1	2.3218/ −1
30.00	2.2650/ −1	2.2097/ −1	2.1556/ −1	2.1029/ −1
32.00	2.0515/ −1	2.0014/ −1	1.9525/ −1	1.9047/ −1
34.00	1.8582/ −1	1.8127/ −1	1.7684/ −1	1.7252/ −1
36.00	1.6830/ −1	1.6419/ −1	1.6017/ −1	1.5626/ −1
38.00	1.5244/ −1	1.4871/ −1	1.4508/ −1	1.4153/ −1
40.00	1.3807/ −1	1.3469/ −1	1.3140/ −1	1.2819/ −1
42.00	1.2506/ −1	1.2200/ −1	1.1902/ −1	1.1611/ −1
44.00	1.1327/ −1	1.1050/ −1	1.0780/ −1	1.0516/ −1
46.00	1.0259/ −1	1.0008/ −1	9.7637/ −2	9.5250/ −2
48.00	9.2922/ −2	9.0650/ −2	8.8434/ −2	8.6272/ −2
50.00	8.4163/ −2	8.2106/ −2	8.0098/ −2	7.8140/ −2
52.00	7.6230/ −2	7.4366/ −2	7.2548/ −2	7.0775/ −2
54.00	6.9045/ −2	6.7357/ −2	6.5710/ −2	6.4104/ −2
56.00	6.2537/ −2	6.1008/ −2	5.9517/ −2	5.8062/ −2
58.00	5.6642/ −2	5.5258/ −2	5.3907/ −2	5.2589/ −2
60.00	5.1303/ −2	5.0049/ −2	4.8826/ −2	4.7632/ −2
62.00	4.6468/ −2	4.5332/ −2	4.4223/ −2	4.3142/ −2
64.00	4.2088/ −2	4.1059/ −2	4.0055/ −2	3.9076/ −2
66.00	3.8121/ −2	3.7189/ −2	3.6280/ −2	3.5393/ −2
68.00	3.4527/ −2	3.3683/ −2	3.2860/ −2	3.2057/ −2
70.00	3.1273/ −2	3.0508/ −2	2.9763/ −2	2.9035/ −2
72.00	2.8325/ −2	2.7633/ −2	2.6957/ −2	2.6298/ −2
74.00	2.5655/ −2	2.5028/ −2	2.4416/ −2	2.3820/ −2
76.00	2.3237/ −2	2.2669/ −2	2.2115/ −2	2.1574/ −2
78.00	2.1047/ −2	2.0532/ −2	2.0030/ −2	1.9541/ −2
80.00	1.9063/ −2	1.8597/ −2	1.8142/ −2	1.7699/ −2
82.00	1.7266/ −2	1.6844/ −2	1.6432/ −2	1.6031/ −2
84.00	1.5639/ −2	1.5256/ −2	1.4884/ −2	1.4520/ −2
86.00	1.4165/ −2	1.3818/ −2	1.3481/ −2	1.3151/ −2
88.00	1.2830/ −2	1.2516/ −2	1.2210/ −2	1.1912/ −2
90.00	1.1620/ −2			

$M = 118.69$ $\qquad G = 24.01\%$ $\qquad \sigma_{ac} = 0.01$ barn,

^{119m}Sn $\qquad T_1 = 250$ day

E_γ (keV) $\qquad 24$

$P \qquad 0.160$

Activation data for $^{119m}Sn : A_1(\tau)$, dps/μg

$A_1(\text{sat}) = 1.2184/ \quad 2$

$A_1(1 \text{ sec}) = 3.9095/ \quad -6$

Day	0.00		10.00		20.00		30.00	
0.00	0.0000/	0	3.3310/	0	6.5710/	0	9.7224/	0
40.00	1.2788/	1	1.5769/	1	1.8669/	1	2.1490/	1
80.00	2.4233/	1	2.6902/	1	2.9497/	1	3.2022/	1
120.00	3.4477/	1	3.6866/	1	3.8189/	1	4.1449/	1
160.00	4.3646/	1	4.5784/	1	4.7864/	1	4.9886/	1
200.00	5.1853/	1	5.3767/	1	5.5628/	1	5.7438/	1
240.00	5.9199/	1	6.0911/	1	6.2577/	1	6.4197/	1
280.00	6.5773/	1	6.7306/	1	6.8797/	1	7.0247/	1
320.00	7.1658/	1	7.3030/	1	7.4364/	1	7.5662/	1
360.00	7.6924/	1	7.8152/	1	7.9347/	1	8.0509/	1
400.00	8.1639/	1	8.2738/	1	8.3807/	1	8.4846/	1
440.00	8.5858/	1	8.6842/	1	8.7798/	1	8.8729/	1
480.00	8.9634/	1	9.0515/	1	9.1371/	1	9.2204/	1
520.00	9.3014/	1	9.3803/	1	9.4569/	1	9.5315/	1
560.00	9.6040/	1	9.6745/	1	9.7431/	1	9.8099/	1
600.00	9.8748/	1						

Decay factor for $^{119m}Sn : D_1(t)$

Day	0.00		10.00		20.00		30.00	
0.00	1.0000/	0	9.7266/	−1	9.4607/	−1	9.2020/	−1
40.00	8.9505/	−1	8.7058/	−1	8.4678/	−1	8.2362/	−1
80.00	8.0111/	−1	7.7921/	−1	7.5790/	−1	7.3718/	−1
120.00	7.1703/	−1	6.9743/	−1	6.7836/	−1	6.5981/	−1
160.00	6.4177/	−1	6.2423/	−1	6.0716/	−1	5.9056/	−1
200.00	5.7442/	−1	5.5871/	−1	5.4344/	−1	5.2858/	−1
240.00	5.1413/	−1	5.0007/	−1	4.8640/	−1	4.7310/	−1
280.00	4.6017/	−1	4.4759/	−1	4.3535/	−1	4.2345/	−1
320.00	4.1187/	−1	4.0061/	−1	3.8966/	−1	3.7901/	−1
360.00	3.6865/	−1	3.5857/	−1	3.4877/	−1	3.3923/	−1
400.00	3.2995/	−1	3.2093/	−1	3.1216/	−1	3.0363/	−1
440.00	2.9532/	−1	2.8725/	−1	2.7940/	−1	2.7176/	−1
480.00	2.6433/	−1	2.5710/	−1	2.5007/	−1	2.4324/	−1
520.00	2.3659/	−1	2.3012/	−1	2.2383/	−1	2.1771/	−1
560.00	2.1176/	−1	2.0597/	−1	2.0034/	−1	1.9486/	−1
600.00	1.8953/	−1	1.8435/	−1	1.7931/	−1	1.7441/	−1
640.00	1.6964/	−1	1.6500/	−1	1.6049/	−1	1.5610/	−1
680.00	1.5184/	−1	1.4768/	−1	1.4365/	−1	1.3972/	−1
720.00	1.3590/	−1						

$M = 118.69$ $\qquad$ $G = 32.97\%$ $\qquad$ $\sigma_{ac} = 0.14$ barn,

^{121}Sn $\qquad$ $T_1 = 27$ hour

E_γ (keV) $\quad$ no gamma

Activation data for ^{121}Sn : $A_1(\tau)$, dps/μg
$$A_1(\text{sat}) \quad = 2.3423/ \quad 3$$
$$A_1(1 \text{ sec}) = 1.6700/ \ -2$$

Hour	0.00		2.00		4.00		6.00	
0.00	0.0000/	0	1.1720/	2	2.2855/	2	3.3431/	2
8.00	4.3479/	2	5.3024/	2	6.2091/	2	7.0705/	2
16.00	7.8887/	2	8.6661/	2	9.4045/	2	1.0106/	3
24.00	1.0772/	3	1.1405/	3	1.2007/	3	1.2578/	3
32.00	1.3121/	3	1.3636/	3	1.4126/	3	1.4591/	3
40.00	1.5033/	3	1.5453/	3	1.5852/	3	1.6231/	3
48.00	1.6590/	3	1.6932/	3	1.7257/	3	1.7566/	3
56.00	1.7859/	3	1.8137/	3	1.8402/	3	1.8653/	3
64.00	1.8892/	3	1.9118/	3	1.9334/	3	1.9538/	3
72.00	1.9733/	3	1.9917/	3	2.0093/	3	2.0260/	3
80.00	2.0418/	3	2.0568/	3	2.0711/	3	2.0847/	3
88.00	2.0976/	3						

Decay factor for ^{121}Sn : $D_1(t)$

Hour	0.00		2.00		4.00		6.00	
0.00	1.0000/	0	9.4996/	−1	9.0243/	−1	8.5727/	−1
8.00	8.1438/	−1	7.7363/	−1	7.3492/	−1	6.9814/	−1
16.00	6.6321/	−1	6.3002/	−1	5.9850/	−1	5.6855/	−1
24.00	5.4010/	−1	5.1307/	−1	4.8740/	−1	4.6301/	−1
32.00	4.3984/	−1	4.1784/	−1	3.9693/	−1	3.7707/	−1
40.00	3.5820/	−1	3.4028/	−1	3.2325/	−1	3.0707/	−1
48.00	2.9171/	−1	2.7711/	−1	2.6325/	−1	2.5007/	−1
56.00	2.3756/	−1	2.2567/	−1	2.1438/	−1	2.0365/	−1
64.00	1.9346/	−1	1.8378/	−1	1.7459/	−1	1.6585/	−1
72.00	1.5755/	−1	1.4967/	−1	1.4218/	−1	1.3506/	−1
80.00	1.2831/	−1	1.2189/	−1	1.1579/	−1	1.0999/	−1
88.00	1.0449/	−1	9.9261/	−2	9.4294/	−2	8.9576/	−2
96.00	8.5094/	−2	8.0836/	−2	7.6791/	−2	7.2949/	−2
104.00	6.9298/	−2	6.5831/	−2	6.2537/	−2	5.9408/	−2
112.00	5.6435/	−2	5.3611/	−2	5.0928/	−2	4.8380/	−2
120.00	4.5959/	−2	4.3660/	−2	4.1475/	−2	3.9400/	−2
128.00	3.7428/	−2	3.5555/	−2	3.3776/	−2	3.2086/	−2
136.00	3.0481/	−2	2.8955/	−2	2.7506/	−2	2.6130/	−2
144.00	2.4823/	−2	2.3581/	−2	2.2401/	−2	2.1280/	−2
152.00	2.0215/	−2	1.9203/	−2	1.8243/	−2	1.7330/	−2
160.00	1.6463/	−2	1.5639/	−2	1.4856/	−2	1.4113/	−2
168.00	1.3407/	−2	1.2736/	−2	1.2099/	−2	1.1493/	−2
176.00	1.0918/	−2						

^{122}Sn(n, γ)^{123}Sn

$M = 118.69$ $\qquad$ $G = 4.71\%$ $\qquad$ $\sigma_{ac} = 0.001$ barn,

^{123}Sn $\qquad$ $T_1 = 125$ day

E_γ (keV) $\quad$ no gamma

Activation data for ^{123}Sn : $A_1(\tau)$, dps/μg

$$A_1(\text{sat}) \quad = 2.3901/ \quad 0$$
$$A_1(1 \text{ sec}) = 1.5335/ \ -7$$

Day	0.00	10.00	20.00	30.00
0.00	0.0000/ 0	1.2890/ —1	2.5085/ —1	3.6623/ —1
40.00	4.7538/ —1	5.7864/ —1	6.7634/ —1	7.6876/ —1
80.00	8.5620/ —1	9.3893/ —1	1.0172/ 0	1.0912/ 0
120.00	1.1613/ 0	1.2276/ 0	1.2903/ 0	1.3496/ 0
160.00	1.4057/ 0	1.4588/ 0	1.5090/ 0	1.5565/ 0
200.00	1.6015/ 0	1.6440/ 0	1.6843/ 0	1.7223/ 0
240.00	1.7583/ 0	1.7924/ 0	1.8246/ 0	1.8551/ 0
280.00	1.8840/ 0	1.9113/ 0	1.9371/ 0	1.9615/ 0
320.00	1.9847/ 0	2.0065/ 0	2.0272/ 0	2.0468/ 0
360.00	2.0653/ 0	2.0828/ 0	2.0994/ 0	2.1151/ 0
400.00	2.1299/ 0	2.1439/ 0	2.1572/ 0	2.1698/ 0
440.00	2.1817/ 0	2.1929/ 0	2.2035/ 0	2.2136/ 0
480.00	2.2231/ 0	2.2321/ 0	2.2406/ 0	2.2487/ 0
520.00	2.2563/ 0	2.2636/ 0	2.2704/ 0	2.2768/ 0
560.00	2.2829/ 0	2.2887/ 0	2.2942/ 0	2.2994/ 0

Decay factor for ^{123}Sn : $D_1(t)$

Day	0.00	10.00	20.00	30.00
0.00	1.0000/ 0	9.4607/ —1	8.9505/ —1	8.4678/ —1
40.00	8.0111/ —1	7.5790/ —1	7.1703/ —1	6.7836/ —1
80.00	6.4177/ —1	6.0716/ —1	5.7442/ —1	5.4344/ —1
120.00	5.1413/ —1	4.8640/ —1	4.6017/ —1	4.3535/ —1
160.00	4.1187/ —1	3.8966/ —1	3.6865/ —1	3.4876/ —1
200.00	3.2995/ —1	3.1216/ —1	2.9532/ —1	2.7940/ —1
240.00	2.6433/ —1	2.5007/ —1	2.3659/ —1	2.2383/ —1
280.00	2.1176/ —1	2.0034/ —1	1.8953/ —1	1.7931/ —1
320.00	1.6964/ —1	1.6049/ —1	1.5184/ —1	1.4365/ —1
360.00	1.3590/ —1	1.2857/ —1	1.2164/ —1	1.1508/ —1
400.00	1.0887/ —1	1.0300/ —1	9.7444/ —2	9.2188/ —2
440.00	8.7217/ —2	8.2513/ —2	7.8063/ —2	7.3853/ —2
480.00	6.9870/ —2	6.6102/ —2	6.2537/ —2	5.9164/ —2
520.00	5.5973/ —2	5.2955/ —2	5.0099/ —2	4.7397/ —2
560.00	4.4841/ —2	4.2422/ —2	4.0134/ —2	3.7970/ —2
600.00	3.5922/ —2	3.3985/ —2	3.2152/ —2	3.0418/ —2
640.00	2.8778/ —2	2.7226/ —2	2.5757/ —2	2.4368/ —2
680.00	2.3054/ —2	2.1811/ —2	2.0634/ —2	1.9521/ —2
720.00	1.8469/ —2			

$$^{122}\text{Sn}(n, \gamma)^{123\text{m}}\text{Sn}$$

$M = 118.69$ $\qquad G = 4.71\%$ $\qquad\qquad \sigma_{ac} = 0.15 \text{ barn,}$

$^{123\text{m}}\text{Sn}$ $\qquad T_1 = 42$ minute

E_γ (keV) $\qquad$ 160

P $\qquad\qquad$ 0.840

Activation data for $^{123\text{m}}\text{Sn}$: $A_1(\tau)$, dps/μg

$A_1(\text{sat})\ = 3.5852/\ \ 2$

$A_1(1\ \text{sec}) = 9.8579/\ -2$

Minute	0.00		2.00		4.00		6.00	
0.00	0.0000/	0	1.1638/	1	2.2898/	1	3.3793/	1
8.00	4.4334/	1	5.4533/	1	6.4401/	1	7.3948/	1
16.00	8.3186/	1	9.2123/	1	1.0077/	2	1.0914/	2
24.00	1.1723/	2	1.2507/	2	1.3264/	2	1.3998/	2
32.00	1.4707/	2	1.5393/	2	1.6058/	2	1.6700/	2
40.00	1.7322/	2	1.7923/	2	1.8505/	2	1.9068/	2
48.00	1.9613/	2	2.0140/	2	2.0650/	2	2.1144/	2
56.00	2.1621/	2	2.2083/	2	2.2530/	2	2.2963/	2
64.00	2.3381/	2	2.3786/	2	2.4177/	2	2.4556/	2
72.00	2.4923/	2	2.5278/	2	2.5621/	2	2.5953/	2
80.00	2.6275/	2	2.6585/	2	2.6886/	2	2.7177/	2
88.00	2.7459/	2	2.7731/	2	2.7995/	2	2.8250/	2
96.00	2.8497/	2	2.8735/	2	2.8966/	2	2.9190/	2
104.00	2.9406/	2	2.9615/	2	2.9818/	2	3.0014/	2
112.00	3.0203/	2	3.0387/	2	3.0564/	2	3.0736/	2
120.00	3.0902/	2	3.1062/	2	3.1218/	2	3.1368/	2
128.00	3.1514/	2	3.1655/	2	3.1791/	2	3.1923/	2
136.00	3.2050/	2	3.2174/	2	3.2293/	2	3.2409/	2

Decay factor for $^{123\text{m}}\text{Sn}$: $D_1(t)$

Minute	0.00		2.00		4.00		6.00	
0.00	1.0000/	0	9.6754/	−1	9.3613/	−1	9.0574/	−1
8.00	8.7634/	−1	8.4789/	−1	8.2037/	−1	7.9374/	−1
16.00	7.6797/	−1	7.4304/	−1	7.1892/	−1	6.9559/	−1
24.00	6.7301/	−1	6.5116/	−1	6.3002/	−1	6.0957/	−1
32.00	5.8978/	−1	5.7064/	−1	5.5211/	−1	5.3419/	−1
40.00	5.1685/	−1	5.0007/	−1	4.8384/	−1	4.6813/	−1
48.00	4.5294/	−1	4.3823/	−1	4.2401/	−1	4.1025/	−1
56.00	3.9693/	−1	3.8404/	−1	3.7158/	−1	3.5951/	−1
64.00	3.4784/	−1	3.3655/	−1	3.2563/	−1	3.1506/	−1
72.00	3.0483/	−1	2.9494/	−1	2.8536/	−1	2.7610/	−1
80.00	2.6714/	−1	2.5846/	−1	2.5007/	−1	2.4196/	−1
88.00	2.3410/	−1	2.2650/	−1	2.1915/	−1	2.1204/	−1
96.00	2.0515/	−1	1.9849/	−1	1.9205/	−1	1.8582/	−1

Minute	0.00	2.00	4.00	6.00
104.00	1.7978/ −1	1.7395/ −1	1.6830/ −1	1.6284/ −1
112.00	1.5755/ −1	1.5244/ −1	1.4749/ −1	1.4270/ −1
120.00	1.3807/ −1	1.3359/ −1	1.2925/ −1	1.2506/ −1
128.00	1.2100/ −1	1.1707/ −1	1.1327/ −1	1.0959/ −1
136.00	1.0603/ −1	1.0259/ −1	9.9261/ −2	9.6039/ −2
144.00	9.2922/ −2	8.9905/ −2	8.6987/ −2	8.4163/ −2
152.00	8.1431/ −2	7.8788/ −2	7.6230/ −2	7.3755/ −2
160.00	7.1361/ −2	6.9045/ −2	6.6803/ −2	6.4635/ −2
168.00	6.2537/ −2	6.0507/ −2	5.8543/ −2	5.6642/ −2
176.00	5.4804/ −2	5.3025/ −2	5.1303/ −2	4.9638/ −2
184.00	4.8027/ −2	4.6468/ −2	4.4959/ −2	4.3500/ −2
192.00	4.2088/ −2	4.0721/ −2	3.9400/ −2	3.8121/ −2
200.00	3.6883/ −2	3.5686/ −2	3.4527/ −2	3.3407/ −2
208.00	3.2322/ −2	3.1273/ −2	3.0258/ −2	2.9276/ −2
216.00	2.8325/ −2	2.7406/ −2	2.6516/ −2	2.5655/ −2
224.00	2.4823/ −2	2.4017/ −2	2.3237/ −2	2.2483/ −2
232.00	2.1753/ −2	2.1047/ −2	2.0364/ −2	1.9703/ −2
240.00	1.9063/ −2	1.8444/ −2	1.7846/ −2	1.7266/ −2
248.00	1.6706/ −2	1.6163/ −2	1.5639/ −2	1.5131/ −2
256.00	1.4640/ −2	1.4165/ −2	1.3705/ −2	1.3260/ −2
264.00	1.2830/ −2	1.2413/ −2	1.2010/ −2	1.1620/ −2
272.00	1.1243/ −2	1.0878/ −2	1.0525/ −2	1.0183/ −2

$$^{124}\text{Sn}(\text{n, }\gamma)^{125}\text{Sn}$$

$M = 118.69$ $\qquad$ $G = 5.98\%$ $\qquad$ $\sigma_{\text{ac}} = 0.004$ barn,

^{125}Sn $\qquad$ $T_1 = 9.4$ day

E_γ (keV)	1068	904	811
P	0.040	0.014	0.015

Activation data for ^{125}Sn : $A_1(\tau)$, dps/μg

$$A_1(\text{sat}) = 1.2138/ \quad 1$$
$$A_1(1 \text{ sec}) = 1.0357/ \; -5$$

Day	0.00		0.50		1.00		1.50	
0.00	0.0000/	0	4.3929/	—1	8.6269/	—1	1.2708/	0
2.00	1.6641/	0	2.0431/	0	2.4085/	0	2.7606/	0
4.00	3.1000/	0	3.4271/	0	3.7424/	0	4.0462/	0
6.00	4.3391/	0	4.6213/	0	4.8934/	0	5.1556/	0
8.00	5.4083/	0	5.6519/	0	5.8866/	0	6.1129/	0
10.00	6.3309/	0	6.5411/	0	6.7437/	0	6.9389/	0
12.00	7.1271/	0	7.3084/	0	7.4832/	0	7.6517/	0
14.00	7.8141/	0	7.9706/	0	8.1214/	0	8.2668/	0
16.00	8.4069/	0	8.5420/	0	8.6721/	0	8.7976/	0
18.00	8.9185/	0	9.0350/	0	9.1473/	0	9.2556/	0
20.00	9.3599/	0	9.4604/	0	9.5574/	0	9.6508/	0
22.00	9.7408/	0	9.8276/	0	9.9112/	0	9.9918/	0
24.00	1.0069/	1	1.0144/	1	1.0217/	1	1.0286/	1
26.00	1.0353/	1	1.0418/	1	1.0480/	1	1.0540/	1
28.00	1.0598/	1	1.0654/	1	1.0707/	1	1.0759/	1
30.00	1.0809/	1	1.0857/	1	1.0904/	1	1.0948/	1

Decay factor for ^{125}Sn : $D_1(t)$

Day	0.00		0.50		1.00		1.50	
0.00	1.0000/	0	9.6381/	—1	9.2893/	—1	8.9531/	—1
2.00	8.6291/	—1	8.3168/	—1	8.0158/	—1	7.7257/	—1
4.00	7.4461/	—1	7.1766/	—1	6.9169/	—1	6.6666/	—1
6.00	6.4253/	—1	6.1928/	—1	5.9687/	—1	5.7526/	—1
8.00	5.5445/	—1	5.3438/	—1	5.1504/	—1	4.9640/	—1
10.00	4.7844/	—1	4.6112/	—1	4.4443/	—1	4.2835/	—1
12.00	4.1285/	—1	3.9790/	—1	3.8350/	—1	3.6963/	—1
14.00	3.5625/	—1	3.4336/	—1	3.3093/	—1	3.1895/	—1
16.00	3.0741/	—1	2.9628/	—1	2.8556/	—1	2.7523/	—1
18.00	2.6527/	—1	2.5567/	—1	2.4641/	—1	2.3750/	—1
20.00	2.2890/	—1	2.2062/	—1	2.1263/	—1	2.0494/	—1
22.00	1.9752/	—1	1.9037/	—1	1.8348/	—1	1.7684/	—1
24.00	1.7044/	—1	1.6427/	—1	1.5833/	—1	1.5260/	—1
26.00	1.4708/	—1	1.4175/	—1	1.3662/	—1	1.3168/	—1
28.00	1.2691/	—1	1.2232/	—1	1.1789/	—1	1.1363/	—1

Day	0.00	0.50	1.00	1.50
30.00	1.0951/ −1	1.0555/ −1	1.0173/ −1	9.8049/ −2
32.00	9.4501/ −2	9.1081/ −2	8.7784/ −2	8.4607/ −2
34.00	8.1545/ −2	7.8594/ −2	7.5750/ −2	7.3008/ −2
36.00	7.0366/ −2	6.7820/ −2	6.5365/ −2	6.3000/ −2
38.00	6.0720/ −2	5.8522/ −2	5.6404/ −2	5.4363/ −2
40.00	5.2395/ −2	5.0499/ −2	4.8672/ −2	4.6910/ −2
42.00	4.5212/ −2	4.3576/ −2	4.1999/ −2	4.0479/ −2
44.00	3.9014/ −2	3.7602/ −2	3.6241/ −2	3.4930/ −2
46.00	3.3666/ −2	3.2447/ −2	3.1273/ −2	3.0141/ −2
48.00	2.9050/ −2	2.7999/ −2	2.6986/ −2	2.6009/ −2
50.00	2.5068/ −2	2.4161/ −2	2.3286/ −2	2.2443/ −2
52.00	2.1631/ −2	2.0848/ −2	2.0094/ −2	1.9367/ −2
54.00	1.8666/ −2	1.7990/ −2	1.7339/ −2	1.6712/ −2
56.00	1.6107/ −2	1.5524/ −2	1.4962/ −2	1.4421/ −2
58.00	1.3899/ −2	1.3396/ −2	1.2911/ −2	1.2444/ −2
60.00	1.1993/ −2	1.1559/ −2	1.1141/ −2	1.0738/ −2

<h2 align="center">$^{124}\text{Sn}(n, \gamma)^{125m}\text{Sn}$</h2>

$M = 118.69$ $G = 5.98\%$ $\sigma_{ac} = 0.14$ barn,

^{125m}Sn $T_{\frac{1}{2}} = 9.7$ minute

E_γ (keV)   325

P 0.970

Activation data for ^{125m}Sn : $A_1(\tau)$, dps/μg

$$A_1(\text{sat}) = 4.2484/ \quad 2$$
$$A_1(1 \text{ sec}) = 5.0557/ \ -1$$

Minute	0.00		0.50		1.00		1.50	
0.00	0.0000/	0	1.4908/	1	2.9293/	1	4.3174/	1
2.00	5.6567/	1	6.9490/	1	8.1960/	1	9.3992/	1
4.00	1.0560/	2	1.1680/	2	1.2761/	2	1.3804/	2
6.00	1.4811/	2	1.5782/	2	1.6719/	2	1.7623/	2
8.00	1.8495/	2	1.9337/	2	2.0150/	2	2.0933/	2
10.00	2.1690/	2	2.2419/	2	2.3123/	2	2.3803/	2
12.00	2.4458/	2	2.5091/	2	2.5701/	2	2.6290/	2
14.00	2.6858/	2	2.7407/	2	2.7936/	2	2.8446/	2
16.00	2.8939/	2	2.9414/	2	2.9873/	2	3.0315/	2
18.00	3.0742/	2	3.1154/	2	3.1552/	2	3.1936/	2
20.00	3.2306/	2	3.2663/	2	3.3008/	2	3.3340/	2
22.00	3.3661/	2	3.3971/	2	3.4269/	2	3.4558/	2
24.00	3.4836/	2	3.5104/	2	3.5363/	2	3.5613/	2
26.00	3.5854/	2	3.6087/	2	3.6311/	2	3.6528/	2
28.00	3.6737/	2	3.6939/	2	3.7133/	2	3.7321/	2
30.00	3.7502/	2	3.7677/	2	3.7846/	2	3.8009/	2
32.00	3.8166/	2	3.8317/	2	3.8463/	2	3.8604/	2

Decay factor for ^{125m}Sn : $D_1(t)$

Minute	0.00		0.50		1.00		1.50	
0.00	1.0000/	0	9.6491/	−1	9.3105/	−1	8.9838/	−1
2.00	8.6685/	−1	8.3643/	−1	8.0708/	−1	7.7876/	−1
4.00	7.5143/	−1	7.2506/	−1	6.9962/	−1	6.7507/	−1
6.00	6.5138/	−1	6.2852/	−1	6.0647/	−1	5.8519/	−1
8.00	5.6465/	−1	5.4484/	−1	5.2572/	−1	5.0727/	−1
10.00	4.8947/	−1	4.7229/	−1	4.5572/	−1	4.3973/	−1
12.00	4.2430/	−1	4.0941/	−1	3.9504/	−1	3.8118/	−1
14.00	3.6780/	−1	3.5490/	−1	3.4244/	−1	3.3043/	−1
16.00	3.1883/	−1	3.0764/	−1	2.9685/	−1	2.8643/	−1
18.00	2.7638/	−1	2.6668/	−1	2.5732/	−1	2.4829/	−1
20.00	2.3958/	−1	2.3117/	−1	2.2306/	−1	2.1523/	−1
22.00	2.0768/	−1	2.0039/	−1	1.9336/	−1	1.8658/	−1
24.00	1.8003/	−1	1.7371/	−1	1.6762/	−1	1.6173/	−1
26.00	1.5606/	−1	1.5058/	−1	1.4530/	−1	1.4020/	−1

Minute	0.00	0.50	1.00	1.50
28.00	1.3528/ −1	1.3053/ −1	1.2595/ −1	1.2153/ −1
30.00	1.1727/ −1	1.1315/ −1	1.0918/ −1	1.0535/ −1
32.00	1.0165/ −1	9.8086/ −2	9.4644/ −2	9.1323/ −2
34.00	8.8119/ −2	8.5026/ −2	8.2043/ −2	7.9164/ −2
36.00	7.6386/ −2	7.3705/ −2	7.1119/ −2	6.8623/ −2
38.00	6.6215/ −2	6.3892/ −2	6.1650/ −2	5.9486/ −2
40.00	5.7399/ −2	5.5385/ −2	5.3441/ −2	5.1566/ −2
42.00	4.9756/ −2	4.8010/ −2	4.6326/ −2	4.4700/ −2
44.00	4.3131/ −2	4.1618/ −2	4.0157/ −2	3.8748/ −2
46.00	3.7389/ −2	3.6077/ −2	3.4811/ −2	3.3589/ −2
48.00	3.2410/ −2	3.1273/ −2	3.0176/ −2	2.9117/ −2
50.00	2.8095/ −2	2.7109/ −2	2.6158/ −2	2.5240/ −2
52.00	2.4354/ −2	2.3500/ −2	2.2675/ −2	2.1879/ −2
54.00	2.1111/ −2	2.0371/ −2	1.9656/ −2	1.8966/ −2
56.00	1.8301/ −2	1.7658/ −2	1.7039/ −2	1.6441/ −2
58.00	1.5864/ −2	1.5307/ −2	1.4770/ −2	1.4252/ −2
60.00	1.3752/ −2	1.3269/ −2	1.2803/ −2	1.2354/ −2
62.00	1.1921/ −2	1.1502/ −2	1.1099/ −2	1.0709/ −2

$M = 121.75$ $\qquad$ $G = 57.25\%$ $\qquad$ $\sigma_{ac} = 6.2$ barn,

^{122}Sb $\qquad$ $T_1 = 2.8$ day

E_γ (keV)	686	564
P	0.034	0.660

Activation data for ^{122}Sb : $A_1(\tau)$, dps/μg

$$A_1(\text{sat}) = 1.7559/ \quad 5$$
$$A_1(1\ \text{sec}) = 5.0300/ -1$$

Hour	0.00		4.00		8.00		12.00	
0.00	0.0000/	0	7.0959/	3	1.3905/	4	2.0439/	4
16.00	2.6709/	4	3.2726/	4	3.8499/	4	4.4039/	4
32.00	4.9355/	4	5.4457/	4	5.9352/	4	6.4050/	4
48.00	6.8557/	4	7.2883/	4	7.7033/	4	8.1016/	4
64.00	8.4838/	4	8.8506/	4	9.2025/	4	9.5402/	4
80.00	9.8643/	4	1.0175/	5	1.0474/	5	1.0760/	5
96.00	1.1035/	5	1.1298/	5	1.1551/	5	1.1794/	5
112.00	1.2027/	5	1.2251/	5	1.2465/	5	1.2671/	5
128.00	1.2869/	5	1.3058/	5	1.3240/	5	1.3415/	5
144.00	1.3582/	5	1.3743/	5	1.3897/	5	1.4045/	5
160.00	1.4187/	5	1.4323/	5	1.4454/	5	1.4580/	5
176.00	1.4700/	5	1.4816/	5	1.4927/	5	1.5033/	5
192.00	1.5135/	5	1.5233/	5	1.5327/	5	1.5417/	5
208.00	1.5504/	5	1.5587/	5	1.5667/	5	1.5743/	5

Decay factor for ^{122}Sb : $D_1(\text{t})$

Hour	0.00		4.00		8.00		12.00	
0.00	1.0000/	0	9.5959/	−1	9.2081/	−1	8.8360/	−1
16.00	8.4789/	−1	8.1363/	−1	7.8075/	−1	7.4920/	−1
32.00	7.1892/	−1	6.8987/	−1	6.6199/	−1	6.3524/	−1
48.00	6.0957/	−1	5.8494/	−1	5.6130/	−1	5.3862/	−1
64.00	5.1685/	−1	4.9596/	−1	4.7592/	−1	4.5669/	−1
80.00	4.3823/	−1	4.2053/	−1	4.0353/	−1	3.8722/	−1
96.00	3.7158/	−1	3.5656/	−1	3.4215/	−1	3.2833/	−1
112.00	3.1506/	−1	3.0233/	−1	2.9011/	−1	2.7839/	−1
128.00	2.6714/	−1	2.5634/	−1	2.4598/	−1	2.3604/	−1
144.00	2.2650/	−1	2.1735/	−1	2.0857/	−1	2.0014/	−1
160.00	1.9205/	−1	1.8429/	−1	1.7684/	−1	1.6970/	−1
176.00	1.6284/	−1	1.5626/	−1	1.4994/	−1	1.4388/	−1
192.00	1.3807/	−1	1.3249/	−1	1.2714/	−1	1.2200/	−1
208.00	1.1707/	−1	1.1234/	−1	1.0780/	−1	1.0344/	−1
224.00	9.9261/	−2	9.5250/	−2	9.1401/	−2	8.7707/	−2
240.00	8.4163/	−2	8.0762/	−2	7.7498/	−2	7.4366/	−2
256.00	7.1361/	−2	6.8478/	−2	6.5710/	−2	6.3055/	−2

Hour	0.00	4.00	8.00	12.00
272.00	6.0507/ −2	5.8062/ −2	5.5715/ −2	5.3464/ −2
288.00	5.1303/ −2	4.9230/ −2	4.7241/ −2	4.5332/ −2
304.00	4.3500/ −2	4.1742/ −2	4.0055/ −2	3.8436/ −2
320.00	3.6883/ −2	3.5393/ −2	3.3962/ −2	3.2590/ −2
336.00	3.1273/ −2	3.0009/ −2	2.8797/ −2	2.7633/ −2
352.00	2.6516/ −2	2.5445/ −2	2.4416/ −2	2.3430/ −2
368.00	2.2483/ −2	2.1574/ −2	2.0703/ −2	1.9866/ −2
384.00	1.9063/ −2	1.8293/ −2	1.7554/ −2	1.6844/ −2
400.00	1.6163/ −2	1.5510/ −2	1.4884/ −2	1.4282/ −2
416.00	1.3705/ −2	1.3151/ −2	1.2620/ −2	1.2110/ −2
432.00	1.1620/ −2	1.1151/ −2	1.0700/ −2	1.0268/ −2

See also ^{121}Sb(n, γ)^{122m}Sb → ^{122}Sb

$$^{121}\text{Sb}(\text{n}, \gamma)^{122\text{m}}\text{Sb} \rightarrow {}^{122}\text{Sb}$$

$M = 121.75$ $G = 57.25\%$ $\sigma_{ac} = 0.055$ barn,

$^{122\text{m}}\text{Sb}$ $T_1 = 4.2$ minute

E_γ (keV)	75	61
P	0.170	0.500

^{122}Sb $T_2 = 2.8$ day

E_γ (keV)	686	564
P	0.034	0.660

Activation data for $^{122\text{m}}\text{Sb}$: $A_1(\tau)$, dps/μg

$A_1(\text{sat}) = 1.5577/\ 3$

$A_1(1\ \text{sec}) = 4.2778/\ 0$

$K = -1.0427/\ -3$

Time intervals with respect to T_1

Minute	0.00		0.25		0.50		0.75	
0.00	0.0000/	0	6.2948/	1	1.2335/	2	1.8131/	2
1.00	2.3694/	2	2.9031/	2	3.4152/	2	3.9067/	2
2.00	4.3783/	2	4.8309/	2	5.2651/	2	5.6818/	2
3.00	6.0817/	2	6.4654/	2	6.8336/	2	7.1869/	2
4.00	7.5260/	2	7.8513/	2	8.1635/	2	8.4631/	2
5.00	8.7506/	2	9.0264/	2	9.2911/	2	9.5452/	2
6.00	9.7889/	2	1.0023/	3	1.0247/	3	1.0463/	3
7.00	1.0669/	3	1.0868/	3	1.1058/	3	1.1241/	3
8.00	1.1416/	3	1.1584/	3	1.1745/	3	1.1900/	3
9.00	1.2049/	3	1.2191/	3	1.2328/	3	1.2459/	3
10.00	1.2585/	3	1.2706/	3	1.2822/	3	1.2934/	3
11.00	1.3040/	3	1.3143/	3	1.3241/	3	1.3336/	3
12.00	1.3426/	3	1.3513/	3	1.3597/	3	1.3677/	3
13.00	1.3753/	3	1.3827/	3	1.3898/	3	1.3966/	3
14.00	1.4031/	3	1.4093/	3	1.4153/	3	1.4211/	3
15.00	1.4266/	3						

Decay factor for $^{122\text{m}}\text{Sb}$: $D_1(\text{t})$

Minute	0.00		0.25		0.50		0.75	
0.00	1.0000/	0	9.5959/	−1	9.2081/	−1	8.8360/	−1
1.00	8.4789/	−1	8.1363/	−1	7.8075/	−1	7.4920/	−1
2.00	7.1892/	−1	6.8987/	−1	6.6199/	−1	6.3524/	−1
3.00	6.0957/	−1	5.8494/	−1	5.6130/	−1	5.3862/	−1
4.00	5.1685/	−1	4.9596/	−1	4.7592/	−1	4.5669/	−1
5.00	4.3823/	−1	4.2053/	−1	4.0353/	−1	3.8722/	−1

Minute	0.00	0.25	0.50	0.75
6.00	3.7158/ −1	3.5656/ −1	3.4215/ −1	3.2833/ −1
7.00	3.1506/ −1	3.0233/ −1	2.9011/ −1	2.7839/ −1
8.00	2.6714/ −1	2.5634/ −1	2.4598/ −1	2.3604/ −1
9.00	2.2650/ −1	2.1735/ −1	2.0857/ −1	2.0014/ −1
10.00	1.9205/ −1	1.8429/ −1	1.7684/ −1	1.6970/ −1
11.00	1.6284/ −1	1.5626/ −1	1.4994/ −1	1.4388/ −1
12.00	1.3807/ −1	1.3249/ −1	1.2714/ −1	1.2200/ −1
13.00	1.1707/ −1	1.1234/ −1	1.0780/ −1	1.0344/ −1
14.00	9.9261/ −2	9.5250/ −2	9.1401/ −2	8.7707/ −2
15.00	8.4163/ −2	8.0762/ −2	7.7498/ −2	7.4366/ −2
16.00	7.1361/ −2	6.8478/ −2	6.5710/ −2	6.3055/ −2
17.00	6.0507/ −2	5.8062/ −2	5.5715/ −2	5.3464/ −2
18.00	5.1303/ −2	4.9230/ −2	4.7241/ −2	4.5332/ −2
19.00	4.3500/ −2	4.1742/ −2	4.0055/ −2	3.8436/ −2
20.00	3.6883/ −2	3.5393/ −2	3.3962/ −2	3.2590/ −2
21.00	3.1273/ −2	3.0009/ −2	2.8797/ −2	2.7633/ −2
22.00	2.6516/ −2	2.5445/ −2	2.4416/ −2	2.3430/ −2
23.00	2.2483/ −2	2.1574/ −2	2.0703/ −2	1.9866/ −2
24.00	1.9063/ −2	1.8293/ −2	1.7554/ −2	1.6844/ −2
25.00	1.6163/ −2	1.5510/ −2	1.4884/ −2	1.4282/ −2
26.00	1.3705/ −2	1.3151/ −2	1.2620/ −2	1.2110/ −2
27.00	1.1620/ −2	1.1151/ −2	1.0700/ −2	1.0268/ −2
28.00	9.8528/ −3	9.4546/ −3	9.0726/ −3	8.7059/ −3

Activation data for ^{122}Sb : $F \cdot A_2(\tau)$

$$F \cdot A_2(\text{sat}) = 1.5593/ \quad 3$$
$$F \cdot A_2(1 \text{ sec}) = 4.4666/ \ -3$$

Minute	0.00	0.25	0.50	0.75
0.00	0.0000/ 0	6.6998/ −2	1.3399/ −1	2.0098/ −1
1.00	2.6797/ −1	3.3496/ −1	4.0194/ −1	4.6892/ −1
2.00	5.3590/ −1	6.0288/ −1	6.6985/ −1	7.3682/ −1
3.00	8.0378/ −1	8.7074/ −1	9.3771/ −1	1.0047/ 0
4.00	1.0716/ 0	1.1386/ 0	1.2055/ 0	1.2725/ 0
5.00	1.3394/ 0	1.4063/ 0	1.4733/ 0	1.5402/ 0
6.00	1.6071/ 0	1.6741/ 0	1.7410/ 0	1.8079/ 0
7.00	1.8748/ 0	1.9418/ 0	2.0087/ 0	2.0756/ 0
8.00	2.1425/ 0	2.2094/ 0	2.2763/ 0	2.3432/ 0
9.00	2.4101/ 0	2.4770/ 0	2.5439/ 0	2.6108/ 0
10.00	2.6777/ 0	2.7445/ 0	2.8114/ 0	2.8783/ 0
11.00	2.9452/ 0	3.0120/ 0	3.0789/ 0	3.1458/ 0
12.00	3.2126/ 0	3.2795/ 0	3.3464/ 0	3.4132/ 0
13.00	3.4801/ 0	3.5469/ 0	3.6138/ 0	3.6806/ 0
14.00	3.7474/ 0	3.8143/ 0	3.8811/ 0	3.9479/ 0
15.00	4.0148/ 0			

Decay factor for ^{122}Sb : $D_2(t)$

Minute	0.00	0.25	0.50	0.75
0.00	1.0000/ 0	9.9996/ −1	9.9991/ −1	9.9987/ −1
1.00	9.9983/ −1	9.9979/ −1	9.9974/ −1	9.9970/ −1
2.00	9.9966/ −1	9.9961/ −1	9.9957/ −1	9.9953/ −1
3.00	9.9948/ −1	9.9944/ −1	9.9940/ −1	9.9936/ −1
4.00	9.9931/ −1	9.9927/ −1	9.9923/ −1	9.9918/ −1
5.00	9.9914/ −1	9.9910/ −1	9.9906/ −1	9.9901/ −1
6.00	9.9897/ −1	9.9893/ −1	9.9888/ −1	9.9884/ −1
7.00	9.9880/ −1	9.9875/ −1	9.9871/ −1	9.9867/ −1
8.00	9.9863/ −1	9.9858/ −1	9.9854/ −1	9.9850/ −1
9.00	9.9845/ −1	9.9841/ −1	9.9837/ −1	9.9833/ −1
10.00	9.9828/ −1	9.9824/ −1	9.9820/ −1	9.9815/ −1
11.00	9.9811/ −1	9.9807/ −1	9.9803/ −1	9.9798/ −1
12.00	9.9794/ −1	9.9790/ −1	9.9785/ −1	9.9781/ −1
13.00	9.9777/ −1	9.9773/ −1	9.9768/ −1	9.9764/ −1
14.00	9.9760/ −1	9.9755/ −1	9.9751/ −1	9.9747/ −1
15.00	9.9743/ −1	9.9738/ −1	9.9734/ −1	9.9730/ −1
16.00	9.9725/ −1	9.9721/ −1	9.9717/ −1	9.9713/ −1
17.00	9.9708/ −1	9.9704/ −1	9.9700/ −1	9.9695/ −1
18.00	9.9691/ −1	9.9687/ −1	9.9683/ −1	9.9678/ −1
19.00	9.9674/ −1	9.9670/ −1	9.9665/ −1	9.9661/ −1
20.00	9.9657/ −1	9.9653/ −1	9.9648/ −1	9.9644/ −1
21.00	9.9640/ −1	9.9635/ −1	9.9631/ −1	9.9627/ −1
22.00	9.9623/ −1	9.9618/ −1	9.9614/ −1	9.9610/ −1
23.00	9.9605/ −1	9.9601/ −1	9.9597/ −1	9.9593/ −1
24.00	9.9588/ −1	9.9584/ −1	9.9580/ −1	9.9576/ −1
25.00	9.9571/ −1	9.9567/ −1	9.9563/ −1	9.9558/ −1
26.00	9.9554/ −1	9.9550/ −1	9.9546/ −1	9.9541/ −1
27.00	9.9537/ −1	9.9533/ −1	9.9528/ −1	9.9524/ −1
28.00	9.9520/ −1	9.9516/ −1	9.9511/ −1	9.9507/ −1
29.00	9.9503/ −1			

*

Activation data for ^{122m}Sb : $A_1(\tau)$, dps/μg

$$A_1(\text{sat}) = 1.5577/ 3$$
$$A_1(1 \text{ sec}) = 4.2778/ 0$$

$K = -1.0427/ -3$

Time intervals with respect to T_2

Hour	0.00	4.00	8.00	12.00
0.00	0.0000/ 0	1.5577/ 3	1.5577/ 3	1.5577/ 3
16.00	1.5577/ 3	1.5577/ 3	1.5577/ 3	1.5577/ 3

Decay factor for ^{122}Sb : $D_1(t)$

Hour	0.00	4.00	8.00	12.00
0.00	1.0000/ 0	6.3378/−18	4.0168/−35	2.5457/−52
16.00	1.6134/−69	0.0000/ 0	0.0000/ 0	0.0000/ 0

304

Activation data for ^{122}Sb : $F \cdot A_2(\tau)$

$$F \cdot A_2(\text{sat}) = 1.5593/ \quad 3$$
$$F \cdot A_2(1 \text{ sec}) = 4.4666/ \quad -3$$

Hour	0.00		4.00		8.00		12.00	
0.00	0.0000/	0	6.3011/	1	1.2347/	2	1.8150/	2
16.00	2.3717/	2	2.9060/	2	3.4187/	2	3.9106/	2
32.00	4.3827/	2	4.8357/	2	5.2704/	2	5.6875/	2
48.00	6.0878/	2	6.4719/	2	6.8404/	2	7.1941/	2
64.00	7.5335/	2	7.8592/	2	8.1717/	2	8.4716/	2
80.00	8.7593/	2	9.0355/	2	9.3004/	2	9.5547/	2
96.00	9.7987/	2	1.0033/	3	1.0258/	3	1.0473/	3
112.00	1.0680/	3	1.0878/	3	1.1069/	3	1.1252/	3
128.00	1.1427/	3	1.1596/	3	1.1757/	3	1.1912/	3
144.00	1.2061/	3	1.2203/	3	1.2340/	3	1.2472/	3
160.00	1.2598/	3	1.2719/	3	1.2835/	3	1.2947/	3
176.00	1.3053/	3	1.3156/	3	1.3255/	3	1.3349/	3
192.00	1.3440/	3	1.3527/	3	1.3610/	3	1.3690/	3
208.00	1.3767/	3	1.3841/	3	1.3912/	3	1.3980/	3
224.00	1.4045/	3	1.4107/	3	1.4167/	3	1.4225/	3
240.00	1.4280/	3						

Decay factor for ^{122}Sb : $D_2(t)$

Hour	0.00		4.00		8.00		12.00	
0.00	1.0000/	0	9.5959/	-1	9.2081/	-1	8.8360/	-1
16.00	8.4789/	-1	8.1363/	-1	7.8075/	-1	7.4920/	-1
32.00	7.1892/	-1	6.8987/	-1	6.6199/	-1	6.3524/	-1
48.00	6.0957/	-1	5.8494/	-1	5.6130/	-1	5.3862/	-1
64.00	5.1685/	-1	4.9596/	-1	4.7592/	-1	4.5669/	-1
80.00	4.3823/	-1	4.2053/	-1	4.0353/	-1	3.8722/	-1
96.00	3.7158/	-1	3.5656/	-1	3.4215/	-1	3.2833/	-1
112.00	3.1506/	-1	3.0233/	-1	2.9011/	-1	2.7839/	-1
128.00	2.6714/	-1	2.5634/	-1	2.4598/	-1	2.3604/	-1
144.00	2.2650/	-1	2.1735/	-1	2.0857/	-1	2.0014/	-1
160.00	1.9205/	-1	1.8429/	-1	1.7684/	-1	1.6970/	-1
176.00	1.6284/	-1	1.5626/	-1	1.4994/	-1	1.4388/	-1
192.00	1.3807/	-1	1.3249/	-1	1.2714/	-1	1.2200/	-1
208.00	1.1707/	-1	1.1234/	-1	1.0780/	-1	1.0344/	-1
224.00	9.9261/	-2	9.5250/	-2	9.1401/	-2	8.7707/	-2
240.00	8.4163/	-2	8.0762/	-2	7.7498/	-2	7.4366/	-2
256.00	7.1361/	-2	6.8478/	-2	6.5710/	-2	6.3055/	-2
272.00	6.0507/	-2	5.8062/	-2	5.5715/	-2	5.3464/	-2
288.00	5.1303/	-2	4.9230/	-2	4.7241/	-2	4.5332/	-2
304.00	4.3500/	-2	4.1742/	-2	4.0055/	-2	3.8436/	-2
320.00	3.6883/	-2	3.5393/	-2	3.3962/	-2	3.2590/	-2
336.00	3.1273/	-2	3.0009/	-2	2.8797/	-2	2.7633/	-2
352.00	2.6516/	-2	2.5445/	-2	2.4416/	-2	2.3430/	-2
368.00	2.2483/	-2	2.1574/	-2	2.0703/	-2	1.9866/	-2

Hour	0.00	4.00	8.00	12.00
384.00	1.9063/ −2	1.8293/ −2	1.7554/ −2	1.6844/ −2
400.00	1.6163/ −2	1.5510/ −2	1.4884/ −2	1.4282/ −2
416.00	1.3705/ −2	1.3151/ −2	1.2620/ −2	1.2110/ −2
432.00	1.1620/ −2	1.1151/ −2	1.0700/ −2	1.0268/ −2
448.00	9.8528/ −3	9.4546/ −3	9.0726/ −3	8.7059/ −3
464.00	8.3541/ −3	8.0165/ −3	7.6926/ −3	7.3817/ −3

See also ^{121}Sb(n, γ)^{122}Sb

$^{122}\text{Sb}(n, \gamma)^{124}\text{Sb}$

$M = 121.75$ $\qquad$ $G = 42.75\%$ $\qquad$ $\sigma_{ac} = 3.4$ barn,

^{124}Sb $\qquad$ $T_1 = 60.3$ day

E_γ (keV)	2088	1692	1450	1370	1310	1048	967	720
P	0.070	0.500	0.020	0.050	0.030	0.024	0.024	0.140

E_γ (keV)	644	603
P	0.070	0.970

Activation data for ^{124}Sb : $A_1(\tau)$, dps/μg

$$A_1(\text{sat}) = 7.1905/ \quad 4$$
$$A_1(1 \text{ sec}) = 9.5647/ \ -3$$

Day	0.00		4.00		8.00		12.00	
0.00	0.0000/	0	3.2307/	3	6.3162/	3	9.2630/	3
16.00	1.2078/	4	1.4766/	4	1.7333/	4	1.9785/	4
32.00	2.2126/	4	2.4363/	4	2.6499/	4	2.8539/	4
48.00	3.0487/	4	3.2348/	4	3.4126/	4	3.5823/	4
64.00	3.7444/	4	3.8992/	4	4.0471/	4	4.1884/	4
80.00	4.3232/	4	4.4521/	4	4.5751/	4	4.6926/	4
96.00	4.8048/	4	4.9120/	4	5.0144/	4	5.1122/	4
112.00	5.2055/	4	5.2947/	4	5.3799/	4	5.4613/	4
128.00	5.5389/	4	5.6131/	4	5.6840/	4	5.7517/	4
144.00	5.8163/	4	5.8781/	4	5.9371/	4	5.9934/	4
160.00	6.0472/	4	6.0985/	4	6.1476/	4	6.1944/	4
176.00	6.2392/	4	6.2819/	4	6.3228/	4	6.3617/	4
192.00	6.3990/	4	6.4345/	4	6.4685/	4	6.5009/	4
208.00	6.5319/	4	6.5615/	4	6.5898/	4	6.6168/	4
224.00	6.6425/	4	6.6672/	4	6.6907/	4	6.7131/	4

Decay factor for ^{124}Sb : $D_1(t)$

Day	0.00		4.00		8.00		12.00	
0.00	1.0000/	0	9.5507/	−1	9.1216/	−1	8.7118/	−1
16.00	8.3204/	−1	7.9465/	−1	7.5895/	−1	7.2485/	−1
32.00	6.9228/	−1	6.6118/	−1	6.3147/	−1	6.0310/	−1
48.00	5.7600/	−1	5.5012/	−1	5.2541/	−1	5.0180/	−1
64.00	4.7926/	−1	4.5772/	−1	4.3716/	−1	4.1752/	−1
80.00	3.9876/	−1	3.8084/	−1	3.6373/	−1	3.4739/	−1
96.00	3.3178/	−1	3.1687/	−1	3.0264/	−1	2.8904/	−1
112.00	2.7605/	−1	2.6365/	−1	2.5180/	−1	2.4049/	−1
128.00	2.2969/	−1	2.1937/	−1	2.0951/	−1	2.0010/	−1
144.00	1.9111/	−1	1.8252/	−1	1.7432/	−1	1.6649/	−1
160.00	1.5901/	−1	1.5186/	−1	1.4504/	−1	1.3852/	−1
176.00	1.3230/	−1	1.2636/	−1	1.2068/	−1	1.1526/	−1

Day	0.00	4.00	8.00	12.00
192.00	1.1008/ −1	1.0513/ −1	1.0041/ −1	9.5897/ −2
208.00	9.1589/ −2	8.7474/ −2	8.3543/ −2	7.9790/ −2
224.00	7.6205/ −2	7.2781/ −2	6.9511/ −2	6.6388/ −2
240.00	6.3405/ −2	6.0556/ −2	5.7836/ −2	5.5237/ −2
256.00	5.2755/ −2	5.0385/ −2	4.8121/ −2	4.5959/ −2
272.00	4.3894/ −2	4.1922/ −2	4.0039/ −2	3.8240/ −2
288.00	3.6522/ −2	3.4881/ −2	3.3314/ −2	3.1817/ −2
304.00	3.0387/ −2	2.9022/ −2	2.7718/ −2	2.6473/ −2
320.00	2.5283/ −2	2.4147/ −2	2.3062/ −2	2.2026/ −2
336.00	2.1037/ −2	2.0091/ −2	1.9189/ −2	1.8327/ −2
352.00	1.7503/ −2	1.6717/ −2	1.5966/ −2	1.5248/ −2
368.00	1.4563/ −2	1.3909/ −2	1.3284/ −2	1.2687/ −2
384.00	1.2117/ −2	1.1573/ −2	1.1053/ −2	1.0556/ −2

See also ^{123}Sb(n, γ)^{124m1}Sb → ^{124}Sb and ^{123}Sb(n, γ)^{124m2}Sb → ^{124}Sb

$$^{123}\text{Sb}(n, \gamma)^{124m_1}\text{Sb} \rightarrow {}^{124}\text{Sb}$$

$M = 121.75$ $\qquad G = 42.75\%$ $\qquad \sigma_{ac} = 0.03$ barn,

$^{124m_1}\text{Sb}$ $\quad T_1 = 93$ second

E_γ (keV)	644	603	505
P	0.200	0.200	0.200

^{124}Sb $\quad T_2 = 60.3$ day

E_γ (keV)	2088	1692	1450	1370	1310	1048	967	720
P	0.070	0.500	0.020	0.050	0.030	0.024	0.024	0.140

E_γ (keV)	644	603
P	0.070	0.970

Activation data for $^{124m_1}\text{Sb}$: $A_1(\tau)$, dps/μg

$A_1(\text{sat}) = 6.3446/\ 2$

$A_1(1\ \text{sec}) = 4.7101/\ 0$

$K = -1.4328/\ -5$

Time intervals with respect to T_1

Minute	0.00		0.25		0.50		0.75	
0.00	0.0000/	0	6.7096/	1	1.2710/	2	1.8075/	2
1.00	2.2873/	2	2.7164/	2	3.1001/	2	3.4432/	2
2.00	3.7500/	2	4.0244/	2	4.2698/	2	4.4892/	2
3.00	4.6854/	2	4.8609/	2	5.0178/	2	5.1581/	2
4.00	5.2836/	2	5.3958/	2	5.4961/	2	5.5858/	2
5.00	5.6661/	2						

Decay factor for $^{124m_1}\text{Sb}$: $D_1(t)$

Minute	0.00		0.25		0.50		0.75	
0.00	1.0000/	0	8.9425/	−1	7.9968/	−1	7.1511/	−1
1.00	6.3948/	−1	5.7185/	−1	5.1138/	−1	4.5730/	−1
2.00	4.0894/	−1	3.6569/	−1	3.2702/	−1	2.9243/	−1
3.00	2.6151/	−1	2.3385/	−1	2.0912/	−1	1.8701/	−1
4.00	1.6723/	−1	1.4954/	−1	1.3373/	−1	1.1959/	−1
5.00	1.0694/	−1	9.5631/	−2	8.5518/	−2	7.6474/	−2
6.00	6.8386/	−2	6.1154/	−2	5.4687/	−2	4.8904/	−2
7.00	4.3732/	−2	3.9107/	−2	3.4971/	−2	3.1273/	−2
8.00	2.7966/	−2	2.5008/	−2	2.2364/	−2	1.9999/	−2
9.00	1.7884/	−2	1.5992/	−2	1.4301/	−2	1.2789/	−2
10.00	1.1436/	−2	1.0227/	−2	9.1453/	−3	8.1781/	−3
11.00	7.3133/	−3						

Activation data for ^{124}Sb : $F \cdot A_2(\tau)$

$$F \cdot A_2(\text{sat}) \ = 5.0757/ \quad 2$$
$$F \cdot A_2(1 \text{ sec}) = 6.7738/ \ -5$$

Minute	0.00	0.25	0.50	0.75
0.00	0.0000/ 0	1.0161/ −3	2.0322/ −3	3.0483/ −3
1.00	4.0643/ −3	5.0804/ −3	6.0965/ −3	7.1126/ −3
2.00	8.1287/ −3	9.1447/ −3	1.0161/ −2	1.1177/ −2
3.00	1.2193/ −2	1.3209/ −2	1.4225/ −2	1.5241/ −2
4.00	1.6257/ −2	1.7273/ −2	1.8289/ −2	1.9305/ −2
5.00	2.0321/ −2			

Decay factor for ^{124}Sb : $D_2(t)$

Minute	0.00	0.25	0.50	0.75
0.00	1.0000/ 0	1.0000/ 0	1.0000/ 0	9.9999/ −1
1.00	9.9999/ −1	9.9999/ −1	9.9999/ −1	9.9999/ −1
2.00	9.9998/ −1	9.9998/ −1	9.9998/ −1	9.9998/ −1
3.00	9.9998/ −1	9.9997/ −1	9.9997/ −1	9.9997/ −1
4.00	9.9997/ −1	9.9997/ −1	9.9996/ −1	9.9996/ −1
5.00	9.9996/ −1	9.9996/ −1	9.9996/ −1	9.9995/ −1
6.00	9.9995/ −1	9.9995/ −1	9.9995/ −1	9.9995/ −1
7.00	9.9994/ −1	9.9994/ −1	9.9994/ −1	9.9994/ −1
8.00	9.9994/ −1	9.9993/ −1	9.9993/ −1	9.9993/ −1
9.00	9.9993/ −1	9.9993/ −1	9.9992/ −1	9.9992/ −1
10.00	9.9992/ −1	9.9992/ −1	9.9992/ −1	9.9991/ −1
11.00	9.9991/ −1			

*

Activation data for ^{124m_1}Sb : $A_1(\tau)$, dps/μg

$$A_1(\text{sat}) \ = 6.3446/ \quad 2$$
$$A_1(1 \text{ sec}) = 4.7101/ \quad 0$$

$K = -1.4328/ \ -5$

Time intervals with respect to T_2

Day	0.00	4.00	8.00	12.00
0.00	0.0000/ 0	6.3446/ 2	6.3446/ 2	6.3446/ 2
16.00	6.3446/ 2	6.3446/ 2	6.3446/ 2	6.3446/ 2

Decay factor for ^{124m_1}Sb : $D_1(t)$

Day	0.00	4.00	8.00	12.00
0.00	1.0000/ 0	0.0000/ 0	0.0000/ 0	0.0000/ 0
16.00	0.0000/ 0	0.0000/ 0	0.0000/ 0	0.0000/ 0

Activation data for ^{124}Sb : $F \cdot A_2(\tau)$

$$F \cdot A_2(\text{sat}) = 5.0757/\ \ 2$$
$$F \cdot A_2(1\ \text{sec}) = 6.7738/\ -5$$

Day	0.00		4.00		8.00		12.00	
0.00	0.0000/	0	2.2879/	1	4.4727/	1	6.5590/	1
16.00	8.5512/	1	1.0454/	2	1.2270/	2	1.4005/	2
32.00	1.5662/	2	1.7244/	2	1.8754/	2	2.0197/	2
48.00	2.1574/	2	2.2890/	2	2.4146/	2	2.5346/	2
64.00	2.6491/	2	2.7585/	2	2.8629/	2	2.9627/	2
80.00	3.0579/	2	3.1489/	2	3.2357/	2	3.3187/	2
96.00	3.3979/	2	3.4735/	2	3.5457/	2	3.6147/	2
112.00	3.6805/	2	3.7434/	2	3.8035/	2	3.8608/	2
128.00	3.9156/	2	3.9679/	2	4.0178/	2	4.0655/	2
144.00	4.1110/	2	4.1545/	2	4.1960/	2	4.2357/	2
160.00	4.2736/	2	4.3097/	2	4.3442/	2	4.3772/	2
176.00	4.4087/	2	4.4388/	2	4.4675/	2	4.4949/	2
192.00	4.5211/	2	4.5461/	2	4.5699/	2	4.5927/	2
208.00	4.6145/	2	4.6353/	2	4.6552/	2	4.6741/	2
224.00	4.6922/	2	4.7095/	2	4.7260/	2	4.7418/	2
240.00	4.7568/	2						

Decay factor for ^{124}Sb : $D_2(t)$

Day	0.00		4.00		8.00		12.00	
0.00	1.0000/	0	9.5492/	−1	9.1188/	−1	8.7078/	−1
16.00	8.3153/	−1	7.9404/	−1	7.5825/	−1	7.2407/	−1
32.00	6.9144/	−1	6.6027/	−1	6.3051/	−1	6.0209/	−1
48.00	5.7495/	−1	5.4903/	−1	5.2428/	−1	5.0065/	−1
64.00	4.7808/	−1	4.5653/	−1	4.3595/	−1	4.1630/	−1
80.00	3.9754/	−1	3.7962/	−1	3.6251/	−1	3.4617/	−1
96.00	3.3056/	−1	3.1566/	−1	3.0143/	−1	2.8785/	−1
112.00	2.7487/	−1	2.6248/	−1	2.5065/	−1	2.3935/	−1
128.00	2.2856/	−1	2.1826/	−1	2.0842/	−1	1.9903/	−1
144.00	1.9006/	−1	1.8149/	−1	1.7331/	−1	1.6550/	−1
160.00	1.5804/	−1	1.5091/	−1	1.4411/	−1	1.3762/	−1
176.00	1.3141/	−1	1.2549/	−1	1.1983/	−1	1.1443/	−1
192.00	1.0927/	−1	1.0435/	−1	9.9644/	−2	9.5152/	−2
208.00	9.0863/	−2	8.6767/	−2	8.2856/	−2	7.9121/	−2
224.00	7.5555/	−2	7.2149/	−2	6.8897/	−2	6.5792/	−2
240.00	6.2826/	−2	5.9994/	−2	5.7290/	−2	5.4707/	−2
256.00	5.2241/	−2	4.9887/	−2	4.7638/	−2	4.5491/	−2
272.00	4.3440/	−2	4.1482/	−2	3.9612/	−2	3.7827/	−2
288.00	3.6122/	−2	3.4493/	−2	3.2939/	−2	3.1454/	−2
304.00	3.0036/	−2	2.8682/	−2	2.7389/	−2	2.6155/	−2
320.00	2.4976/	−2	2.3850/	−2	2.2775/	−2	2.1748/	−2
336.00	2.0768/	−2	1.9832/	−2	1.8938/	−2	1.8084/	−2
352.00	1.7269/	−2	1.6491/	−2	1.5747/	−2	1.5038/	−2
368.00	1.4360/	−2	1.3712/	−2	1.3094/	−2	1.2504/	−2
384.00	1.1940/	−2	1.1402/	−2	1.0888/	−2	1.0398/	−2
400.00	9.9288/	−3	9.4813/	−3	9.0539/	−3	8.6458/	−3

See also ^{123}Sb(n, γ)^{124}Sb and ^{123}Sb(n, γ)^{124m_2}Sb → ^{124}Sb

311

$$^{123}\text{Sb}(n, \gamma)^{124m_2}\text{Sb} \rightarrow {}^{124}\text{Sb}$$

$M = 121.75$ $\qquad G = 42.75\%$ $\qquad \sigma_{ac} = 0.015$ barn,

$^{123m_2}\text{Sb}$ $\qquad T_1 = 21$ minute

E_γ (keV)
P

^{124}Sb $\qquad T_2 = 60.3$ day

E_γ (keV)	2088	1692	1450	1370	1310	1048	967	720
P	0.070	0.500	0.020	0.050	0.030	0.024	0.024	0.140

E_γ (keV)	644	603
P	0.070	0.970

Activation data for $^{123m_2}\text{Sb}$: $A_1(\tau)$, dps/μg
$$A_1(\text{sat}) = 3.1723/\quad 2$$
$$A_1(1 \text{ sec}) = 1.7443/\ -1$$
$K = -1.9416/\ -4$
Time intervals with respect to T_1

Minute	0.00		1.00		2.00		3.00	
0.00	0.0000/	0	1.0298/	1	2.0261/	1	2.9901/	1
4.00	3.9228/	1	4.8252/	1	5.6984/	1	6.5432/	1
8.00	7.3605/	1	8.1514/	1	8.9165/	1	9.6568/	1
12.00	1.0373/	2	1.1066/	2	1.1737/	2	1.2385/	2
16.00	1.3013/	2	1.3621/	2	1.4208/	2	1.4777/	2
20.00	1.5327/	2	1.5859/	2	1.6374/	2	1.6872/	2
24.00	1.7354/	2	1.7821/	2	1.8272/	2	1.8709/	2
28.00	1.9131/	2	1.9540/	2	1.9935/	2	2.0318/	2
32.00	2.0688/	2	2.1046/	2	2.1393/	2	2.1728/	2
36.00	2.2053/	2	2.2367/	2	2.2670/	2	2.2964/	2
40.00	2.3249/	2	2.3524/	2	2.3790/	2	2.4047/	2
44.00	2.4296/	2	2.4537/	2	2.4771/	2	2.4996/	2
48.00	2.5215/	2	2.5426/	2	2.5630/	2	2.5828/	2
52.00	2.6020/	2	2.6205/	2	2.6384/	2	2.6557/	2
56.00	2.6725/	2	2.6887/	2	2.7044/	2	2.7196/	2
60.00	2.7343/	2	2.7485/	2	2.7623/	2	2.7756/	2
64.00	2.7884/	2	2.8009/	2	2.8130/	2	2.8246/	2
68.00	2.8359/	2	2.8468/	2	2.8574/	2	2.8676/	2
72.00	2.8775/	2						

Decay factor for $^{133m_2}\text{Sb}$: $D_1(t)$

Minute	0.00		1.00		2.00		3.00	
0.00	1.0000/	0	9.6754/	-1	9.3613/	-1	9.0574/	-1
4.00	8.7634/	-1	8.4789/	-1	8.2037/	-1	7.9374/	-1
8.00	7.6797/	-1	7.4304/	-1	7.1892/	-1	6.9559/	-1

312

Minute	0.00	1.00	2.00	3.00
12.00	6.7301/ —1	6.5116/ —1	6.3002/ —1	6.0957/ —1
16.00	5.8978/ —1	5.7064/ —1	5.5211/ —1	5.3419/ —1
20.00	5.1685/ —1	5.0007/ —1	4.8384/ —1	4.6813/ —1
24.00	4.5294/ —1	4.3823/ —1	4.2401/ —1	4.1025/ —1
28.00	3.9693/ —1	3.8404/ —1	3.7158/ —1	3.5951/ —1
32.00	3.4784/ —1	3.3655/ —1	3.2563/ —1	3.1506/ —1
36.00	3.0483/ —1	2.9494/ —1	2.8536/ —1	2.7610/ —1
40.00	2.6714/ —1	2.5846/ —1	2.5007/ —1	2.4196/ —1
44.00	2.3410/ —1	2.2650/ —1	2.1915/ —1	2.1204/ —1
48.00	2.0515/ —1	1.9849/ —1	1.9205/ —1	1.8582/ —1
52.00	1.7978/ —1	1.7395/ —1	1.6830/ —1	1.6284/ —1
56.00	1.5755/ —1	1.5244/ —1	1.4749/ —1	1.4270/ —1
60.00	1.3807/ —1	1.3359/ —1	1.2925/ —1	1.2506/ —1
64.00	1.2100/ —1	1.1707/ —1	1.1327/ —1	1.0959/ —1
68.00	1.0603/ —1	1.0259/ —1	9.9261/ —2	9.6039/ —2
72.00	9.2922/ —2	8.9905/ —2	8.6987/ —2	8.4163/ —2
76.00	8.1431/ —2	7.8788/ —2	7.6230/ —2	7.3755/ —2
80.00	7.1361/ —2	6.9045/ —2	6.6803/ —2	6.4635/ —2
84.00	6.2537/ —2	6.0507/ —2	5.8543/ —2	5.6642/ —2
88.00	5.4804/ —2	5.3025/ —2	5.1303/ —2	4.9638/ —2
92.00	4.8027/ —2	4.6468/ —2	4.4959/ —2	4.3500/ —2
96.00	4.2088/ —2	4.0721/ —2	3.9400/ —2	3.8121/ —2
100.00	3.6883/ —2	3.5686/ —2	3.4527/ —2	3.3407/ —2
104.00	3.2322/ —2	3.1273/ —2	3.0258/ —2	2.9276/ —2
108.00	2.8325/ —2	2.7406/ —2	2.6516/ —2	2.5655/ —2
112.00	2.4823/ —2	2.4017/ —2	2.3237/ —2	2.2483/ —2
116.00	2.1753/ —2	2.1047/ —2	2.0364/ —2	1.9703/ —2
120.00	1.9063/ —2	1.8444/ —2	1.7846/ —2	1.7266/ —2
124.00	1.6706/ —2	1.6163/ —2	1.5639/ —2	1.5131/ —2
128.00	1.4640/ —2	1.4165/ —2	1.3705/ —2	1.3260/ —2
132.00	1.2830/ —2	1.2413/ —2	1.2010/ —2	1.1620/ —2
136.00	1.1243/ —2	1.0878/ —2	1.0525/ —2	1.0183/ —2

Activation data for ^{124}Sb : $F \cdot A_2(\tau)$

$$F \cdot A_2(\text{sat}) = 2.5385/ \quad 2$$
$$F \cdot A_2(1 \text{ sec}) = 3.3877/ \quad -5$$

Minute	0.00	1.00	2.00	3.00
0.00	0.0000/ 0	2.0327/ —3	4.0653/ —3	6.0979/ —3
4.00	8.1305/ —3	1.0163/ —2	1.2196/ —2	1.4228/ —2
8.00	1.6261/ —2	1.8293/ —2	2.0326/ —2	2.2358/ —2
12.00	2.4391/ —2	2.6423/ —2	2.8456/ —2	3.0488/ —2
16.00	3.2521/ —2	3.4553/ —2	3.6585/ —2	3.8618/ —2
20.00	4.0650/ —2	4.2682/ —2	4.4715/ —2	4.6747/ —2
24.00	4.8779/ —2	5.0812/ —2	5.2844/ —2	5.4876/ —2
28.00	5.6908/ —2	5.8940/ —2	6.0973/ —2	6.3005/ —2
32.00	6.5037/ —2	6.7069/ —2	6.9101/ —2	7.1133/ —2
36.00	7.3165/ —2	7.5198/ —2	7.7230/ —2	7.9262/ —2

Minute	0.00	1.00	2.00	3.00
40.00	8.1294/ —2	8.3326/ —2	8.5358/ —2	8.7390/ —2
44.00	8.9422/ —2	9.1454/ —2	9.3485/ —2	9.5517/ —2
48.00	9.7549/ —2	9.9581/ —2	1.0161/ —1	1.0364/ —1
52.00	1.0568/ —1	1.0771/ —1	1.0974/ —1	1.1177/ —1
56.00	1.1380/ —1	1.1584/ —1	1.1787/ —1	1.1990/ —1
60.00	1.2193/ —1	1.2396/ —1	1.2599/ —1	1.2803/ —1
64.00	1.3006/ —1	1.3209/ —1	1.3412/ —1	1.3615/ —1
68.00	1.3818/ —1	1.4022/ —1	1.4225/ —1	1.4428/ —1

Decay factor for ^{124}Sb : $D_2(t)$

Minute	0.00	1.00	2.00	3.00
0.00	1.0000/ 0	9.9999/ —1	9.9998/ —1	9.9998/ —1
4.00	9.9997/ —1	9.9996/ —1	9.9995/ —1	9.9994/ —1
8.00	9.9994/ —1	9.9993/ —1	9.9992/ —1	9.9991/ —1
12.00	9.9990/ —1	9.9990/ —1	9.9989/ —1	9.9988/ —1
16.00	9.9987/ —1	9.9986/ —1	9.9986/ —1	9.9985/ —1
20.00	9.9984/ —1	9.9983/ —1	9.9982/ —1	9.9982/ —1
24.00	9.9981/ —1	9.9980/ —1	9.9979/ —1	9.9978/ —1
28.00	9.9978/ —1	9.9977/ —1	9.9976/ —1	9.9975/ —1
32.00	9.9974/ —1	9.9974/ —1	9.9973/ —1	9.9972/ —1
36.00	9.9971/ —1	9.9970/ —1	9.9970/ —1	9.9969/ —1
40.00	9.9968/ —1	9.9967/ —1	9.9966/ —1	9.9966/ —1
44.00	9.9965/ —1	9.9964/ —1	9.9963/ —1	9.9962/ —1
48.00	9.9962/ —1	9.9961/ —1	9.9960/ —1	9.9959/ —1
52.00	9.9958/ —1	9.9958/ —1	9.9957/ —1	9.9956/ —1
56.00	9.9955/ —1	9.9954/ —1	9.9954/ —1	9.9953/ —1
60.00	9.9952/ —1	9.9951/ —1	9.9950/ —1	9.9950/ —1
64.00	9.9949/ —1	9.9948/ —1	9.9947/ —1	9.9946/ —1
68.00	9.9946/ —1	9.9945/ —1	9.9944/ —1	9.9943/ —1
72.00	9.9942/ —1	9.9942/ —1	9.9941/ —1	9.9940/ —1
76.00	9.9939/ —1	9.9938/ —1	9.9938/ —1	9.9937/ —1
80.00	9.9936/ —1	9.9935/ —1	9.9934/ —1	9.9934/ —1
84.00	9.9933/ —1	9.9932/ —1	9.9931/ —1	9.9930/ —1
88.00	9.9930/ —1	9.9929/ —1	9.9928/ —1	9.9927/ —1
92.00	9.9926/ —1	9.9926/ —1	9.9925/ —1	9.9924/ —1
96.00	9.9923/ —1	9.9922/ —1	9.9922/ —1	9.9921/ —1
100.00	9.9920/ —1	9.9919/ —1	9.9918/ —1	9.9918/ —1
104.00	9.9917/ —1	9.9916/ —1	9.9915/ —1	9.9914/ —1
108.00	9.9914/ —1	9.9913/ —1	9.9912/ —1	9.9911/ —1
112.00	9.9910/ —1	9.9910/ —1	9.9909/ —1	9.9908/ —1
116.00	9.9907/ —1	9.9906/ —1	9.9906/ —1	9.9905/ —1
120.00	9.9904/ —1	9.9903/ —1	9.9902/ —1	9.9902/ —1
124.00	9.9901/ —1	9.9900/ —1	9.9899/ —1	9.9898/ —1
128.00	9.9898/ —1	9.9897/ —1	9.9896/ —1	9.9895/ —1
132.00	9.9894/ —1	9.9894/ —1	9.9893/ —1	9.9892/ —1
136.00	9.9891/ —1	9.9890/ —1	9.9890/ —1	9.9889/ —1
140.00	9.9888/ —1	9.9887/ —1	9.9886/ —1	9.9886/ —1

*

Activation data for ^{123m_2}Sb : $A_1(\tau)$, dps/μg

$$A_1(\text{sat}) \quad = 3.1723/ \quad 2$$
$$A_1(1 \text{ sec}) = 1.7443/ \ -1$$

$K = -1.9416/ \ -4$

Time intervals with respect to T_2

Day	0.00		4.00		8.00		12.00	
0.00	0.0000/	0	3.1723/	2	3.1723/	2	3.1723/	2
16.00	3.1723/	2	3.1723/	2	3.1723/	2	3.1723/	2

Decay factor for ^{123m_2}Sb : $D_1(t)$

Day	0.00		4.00		8.00		12.00	
0.00	1.0000/	0	0.0000/	0	0.0000/	0	0.0000/	0
16.00	0.0000/	0	0.0000/	0	0.0000/	0	0.0000/	0

Activation data for ^{124}Sb : $F \cdot A_2(\tau)$

$$F \cdot A_2(\text{sat}) \quad = 2.5385/ \quad 2$$
$$F \cdot A_2(1 \text{ sec}) = 3.3877/ \ -5$$

Day	0.00		4.00		8.00		12.00	
0.00	0.0000/	0	1.1442/	1	2.2369/	1	3.2803/	1
16.00	4.2766/	1	5.2281/	1	6.1367/	1	7.0043/	1
32.00	7.8328/	1	8.6239/	1	9.3794/	1	1.0101/	2
48.00	1.0790/	2	1.1448/	2	1.2076/	2	1.2676/	2
64.00	1.3249/	2	1.3796/	2	1.4318/	2	1.4817/	2
80.00	1.5293/	2	1.5748/	2	1.6182/	2	1.6597/	2
96.00	1.6993/	2	1.7372/	2	1.7733/	2	1.8078/	2
112.00	1.8407/	2	1.8722/	2	1.9022/	2	1.9309/	2
128.00	1.9583/	2	1.9844/	2	2.0094/	2	2.0332/	2
144.00	2.0560/	2	2.0778/	2	2.0985/	2	2.1183/	2
160.00	2.1373/	2	2.1554/	2	2.1726/	2	2.1891/	2
176.00	2.2049/	2	2.2199/	2	2.2343/	2	2.2480/	2
192.00	2.2611/	2	2.2736/	2	2.2855/	2	2.2969/	2
208.00	2.3078/	2	2.3182/	2	2.3281/	2	2.3376/	2

Decay factor for ^{124}Sb : $D_2(t)$

Day	0.00		4.00		8.00		12.00	
0.00	1.0000/	0	9.5492/	−1	9.1188/	−1	8.7078/	−1
16.00	8.3153/	−1	7.9404/	−1	7.5825/	−1	7.2407/	−1
32.00	6.9144/	−1	6.6027/	−1	6.3051/	−1	6.0209/	−1
48.00	5.7495/	−1	5.4903/	−1	5.2428/	−1	5.0065/	−1
64.00	4.7808/	−1	4.5653/	−1	4.3595/	−1	4.1630/	−1
80.00	3.9754/	−1	3.7962/	−1	3.6251/	−1	3.4617/	−1

315

Day	0.00	4.00	8.00	12.00
96.00	3.3056/ −1	3.1566/ −1	3.0143/ −1	2.8785/ −1
112.00	2.7487/ −1	2.6248/ −1	2.5065/ −1	2.3935/ −1
128.00	2.2856/ −1	2.1826/ −1	2.0842/ −1	1.9903/ −1
144.00	1.9006/ −1	1.8149/ −1	1.7331/ −1	1.6550/ −1
160.00	1.5804/ −1	1.5091/ −1	1.4411/ −1	1.3762/ −1
176.00	1.3141/ −1	1.2549/ −1	1.1983/ −1	1.1443/ −1
192.00	1.0927/ −1	1.0435/ −1	9.9644/ −2	9.5152/ −2
208.00	9.0863/ −2	8.6767/ −2	8.2856/ −2	7.9121/ −2
224.00	7.5555/ −2	7.2149/ −2	6.8897/ −2	6.5792/ −2
240.00	6.2826/ −2	5.9994/ −2	5.7290/ −2	5.4707/ −2
256.00	5.2241/ −2	4.9887/ −2	4.7638/ −2	4.5491/ −2
272.00	4.3440/ −2	4.1482/ −2	3.9612/ −2	3.7827/ −2
288.00	3.6122/ −2	3.4493/ −2	3.2939/ −2	3.1454/ −2
304.00	3.0036/ −2	2.8682/ −2	2.7389/ −2	2.6155/ −2
320.00	2.4976/ −2	2.3850/ −2	2.2775/ −2	2.1748/ −2
336.00	2.0768/ −2	1.9832/ −2	1.8938/ −2	1.8084/ −2
352.00	1.7269/ −2	1.6491/ −2	1.5747/ −2	1.5038/ −2
368.00	1.4360/ −2	1.3712/ −2	1.3094/ −2	1.2504/ −2
384.00	1.1940/ −2	1.1402/ −2	1.0888/ −2	1.0398/ −2
400.00	9.9288/ −3	9.4813/ −3	9.0539/ −3	8.6458/ −3

Note: ^{124m_2}Sb decays to ^{124m_1}Sb which is not tabulated
See also ^{123}Sb(n, γ)^{124}Sb and ^{123}Sb(n, γ)^{124m_1}Sb → ^{124}Sb

$^{120}\text{Te}(\text{n}, \gamma)^{121}\text{Te}$

$M = 127.60$ $\qquad G = 0.089\%$ $\qquad \sigma_{ac} = 2.3$ barn,

^{121}Te $\qquad T_1 = 17.0$ day

E_γ (keV)	573	508
P	0.800	0.180

Activation data for ^{121}Te : $A_1(\tau)$, dps/μg

$A_1(\text{sat}) = 9.6623/ \quad 1$

$A_1(1 \text{ sec}) = 4.5588/ \ -5$

Day	0.00		1.00		2.00		3.00	
0.00	0.0000/	0	3.8596/	0	7.5650/	0	1.1122/	1
4.00	1.4538/	1	1.7817/	1	2.0965/	1	2.3987/	1
8.00	2.6888/	1	2.9674/	1	3.2348/	1	3.4915/	1
12.00	3.7380/	1	3.9747/	1	4.2019/	1	4.4200/	1
16.00	4.6294/	1	4.8304/	1	5.0234/	1	5.2087/	1
20.00	5.3866/	1	5.5574/	1	5.7214/	1	5.8788/	1
24.00	6.0299/	1	6.1750/	1	6.3143/	1	6.4481/	1
28.00	6.5765/	1	6.6997/	1	6.8181/	1	6.9317/	1
32.00	7.0408/	1	7.1455/	1	7.2460/	1	7.3425/	1
36.00	7.4352/	1	7.5241/	1	7.6096/	1	7.6916/	1
40.00	7.7703/	1	7.8459/	1	7.9184/	1	7.9881/	1
44.00	8.0549/	1	8.1191/	1	8.1808/	1	8.2400/	1
48.00	8.2968/	1	8.3513/	1	8.4037/	1	8.4540/	1
52.00	8.5022/	1	8.5486/	1	8.5931/	1	8.6358/	1
56.00	8.6768/	1	8.7161/	1	8.7539/	1	8.7902/	1

Decay factor for ^{121}Te : $D_1(t)$

Day	0.00		1.00		2.00		3.00	
0.00	1.0000/	0	9.6005/	−1	9.2171/	−1	8.8489/	−1
4.00	8.4954/	−1	8.1561/	−1	7.8303/	−1	7.5175/	−1
8.00	7.2172/	−1	6.9289/	−1	6.6521/	−1	6.3864/	−1
12.00	6.1313/	−1	5.8864/	−1	5.6513/	−1	5.4255/	−1
16.00	5.2088/	−1	5.0007/	−1	4.8010/	−1	4.6092/	−1
20.00	4.4251/	−1	4.2483/	−1	4.0786/	−1	3.9157/	−1
24.00	3.7593/	−1	3.6091/	−1	3.4650/	−1	3.3266/	−1
28.00	3.1937/	−1	3.0661/	−1	2.9436/	−1	2.8260/	−1
32.00	2.7132/	−1	2.6048/	−1	2.5007/	−1	2.4008/	−1
36.00	2.3049/	−1	2.2129/	−1	2.1245/	−1	2.0396/	−1
40.00	1.9581/	−1	1.8799/	−1	1.8048/	−1	1.7327/	−1
44.00	1.6635/	−1	1.5971/	−1	1.5333/	−1	1.4720/	−1
48.00	1.4132/	−1	1.3568/	−1	1.3026/	−1	1.2506/	−1
52.00	1.2006/	−1	1.1526/	−1	1.1066/	−1	1.0624/	−1
56.00	1.0200/	−1	9.7922/	−2	9.4010/	−2	9.0255/	−2
60.00	8.6650/	−2	8.3188/	−2	7.9865/	−2	7.6675/	−2

Day	0.00	1.00	2.00	3.00
64.00	7.3612/ −2	7.0672/ −2	6.7849/ −2	6.5139/ −2
68.00	6.2537/ −2	6.0039/ −2	5.7641/ −2	5.5338/ −2
72.00	5.3128/ −2	5.1005/ −2	4.8968/ −2	4.7012/ −2
76.00	4.5134/ −2	4.3331/ −2	4.1600/ −2	3.9939/ −2
80.00	3.8343/ −2	3.6812/ −2	3.5341/ −2	3.3929/ −2
84.00	3.2574/ −2	3.1273/ −2	3.0024/ −2	2.8825/ −2
88.00	2.7673/ −2	2.6568/ −2	2.5506/ −2	2.4488/ −2
92.00	2.3509/ −2	2.2570/ −2	2.1669/ −2	2.0803/ −2
96.00	1.9972/ −2	1.9174/ −2	1.8409/ −2	1.7673/ −2
100.00	1.6967/ −2	1.6289/ −2	1.5639/ −2	1.5014/ −2

$$^{120}\text{Te}(n, \gamma)^{121m}\text{Te}$$

$M = 127.60 \qquad\qquad G = 0.089\% \qquad\qquad \sigma_{ac} = 0.34 \text{ barn,}$

$^{121m}\text{Te} \qquad T_1 = 154 \text{ day}$

E_γ (keV)	1100	212
P	0.030	0.820

Activation data for ^{121m}Te : $A_1(\tau)$, dps/μg

$A_1(\text{sat}) \quad = 1.4283/ \quad 1$

$A_1(1 \text{ sec}) = 7.4390/ \ -7$

Day	0.00		10.00		20.00		30.00	
0.00	0.0000/	0	6.2850/	-1	1.2294/	0	1.8038/	0
40.00	2.3529/	0	2.8779/	0	3.3797/	0	3.8595/	0
80.00	4.3182/	0	4.7657/	0	5.1759/	0	5.5766/	0
120.00	5.9598/	0	6.3260/	0	6.6762/	0	7.0109/	0
160.00	7.3309/	0	7.6368/	0	7.9293/	0	8.2089/	0
200.00	8.4762/	0	8.7317/	0	8.9760/	0	9.2095/	0
240.00	9.4328/	0	9.6462/	0	9.8503/	0	1.0045/	1
280.00	1.0232/	1	1.0410/	1	1.0581/	1	1.0743/	1
320.00	1.0899/	1	1.1048/	1	1.1191/	1	1.1327/	1
360.00	1.1457/	1	1.1581/	1	1.1700/	1	1.1814/	1
400.00	1.1922/	1	1.2026/	1	1.2126/	1	1.2221/	1
440.00	1.2311/	1	1.2398/	1	1.2481/	1	1.2560/	1
480.00	1.2636/	1	1.2709/	1	1.2778/	1	1.2844/	1
520.00	1.2907/	1	1.2968/	1	1.3026/	1	1.3081/	1
560.00	1.3134/	1	1.3185/	1	1.3233/	1	1.3279/	1
600.00	1.3323/	1						

Decay factor for ^{121m}Te : $D_1(t)$

Day	0.00		10.00		20.00		30.00	
0.00	1.0000/	0	9.5600/	-1	9.1393/	-1	8.7372/	-1
40.00	8.3527/	-1	7.9852/	-1	7.6338/	-1	7.2979/	-1
80.00	6.9768/	-1	6.6698/	-1	6.3763/	-1	6.0957/	-1
120.00	5.8275/	-1	5.5711/	-1	5.3259/	-1	5.0916/	-1
160.00	4.8675/	-1	4.6533/	-1	4.4486/	-1	4.2528/	-1
200.00	4.0657/	-1	3.8868/	-1	3.7158/	-1	3.5523/	-1
240.00	3.3960/	-1	3.2465/	-1	3.1037/	-1	2.9671/	-1
280.00	2.8365/	-1	2.7117/	-2	2.5924/	-1	2.4783/	-1
320.00	2.3693/	-1	2.2650/	-1	2.1654/	-1	2.0701/	-1
360.00	1.9790/	-1	1.8919/	-1	1.8087/	-1	1.7291/	-1
400.00	1.6530/	-1	1.5803/	-1	1.5107/	-1	1.4442/	-1
440.00	1.3807/	-1	1.3199/	-1	1.2619/	-1	1.2063/	-1
480.00	1.1533/	-1	1.1025/	-1	1.0540/	-1	1.0076/	-1
520.00	9.6328/	-2	9.2089/	-2	8.8037/	-2	8.4163/	-2

Day	0.00	10.00	20.00	30.00
560.00	8.0460/ −2	7.6919/ −2	7.3535/ −2	7.0299/ −2
600.00	6.7206/ −2	6.4248/ −2	6.1421/ −2	5.8719/ −2
640.00	5.6135/ −2	5.3665/ −2	5.1303/ −2	4.9046/ −2
680.00	4.6888/ −2	4.4825/ −2	4.2852/ −2	4.0967/ −2
720.00	3.9164/ −2			

Note: ^{121m}Te decays to ^{121}Te which is not tabulated

$M = 127.60$ $G = 2.46\%$ $\sigma_{ac} = 1.1$ barn,

^{123m}Te $T_1 = 117$ day

E_γ (keV)   159

P 0.840

Activation data for ^{123m}Te : $A_1(\tau)$, dps/μg

A_1(sat) $= 1.2773/$ 3

A_1(1 sec) $= 8.7564/$ -5

Day	0.00		4.00		8.00		12.00	
0.00	0.0000/	0	2.9906/	1	5.9112/	1	8.7635/	1
16.00	1.1549/	2	1.4269/	2	1.6926/	2	1.9520/	2
32.00	2.2054/	2	2.4528/	2	2.6944/	2	2.9304/	2
48.00	3.1608/	2	3.3859/	2	3.6057/	2	3.8203/	2
64.00	4.0299/	2	4.2347/	2	4.4346/	2	4.6298/	2
80.00	4.8205/	2	5.0067/	2	5.1885/	2	5.3661/	2
96.00	5.5395/	2	5.7089/	2	5.8743/	2	6.0358/	2
112.00	6.1935/	2	6.3476/	2	6.4980/	2	6.6449/	2
128.00	6.7884/	2	6.9285/	2	7.0654/	2	7.1990/	2
144.00	7.3295/	2	7.4570/	2	7.5814/	2	7.7030/	2
160.00	7.8217/	2	7.9376/	2	8.0508/	2	8.1614/	2
176.00	8.2694/	2	8.3748/	2	8.4778/	2	8.5784/	2
192.00	8.6766/	2	8.7725/	2	8.8661/	2	8.9576/	2
208.00	9.0469/	2	9.1342/	2	9.2194/	2	9.3026/	2
224.00	9.3838/	2	9.4632/	2	9.5407/	2	9.6164/	2

Decay factor for ^{123m}Te : $D_1(t)$

Day	0.00		4.00		8.00		12.00	
0.00	1.0000/	0	9.7659/	-1	9.5372/	-1	9.3139/	-1
16.00	9.0958/	-1	8.8829/	-1	8.6749/	-1	8.4718/	-1
32.00	8.2734/	-1	8.0797/	-1	7.8905/	-1	7.7058/	-1
48.00	7.5254/	-1	7.3492/	-1	7.1771/	-1	7.0090/	-1
64.00	6.8449/	-1	6.6847/	-1	6.5281/	-1	6.3753/	-1
80.00	6.2260/	-1	6.0803/	-1	5.9379/	-1	5.7989/	-1
96.00	5.6631/	-1	5.5305/	-1	5.4010/	-1	5.2745/	-1
112.00	5.1510/	-1	5.0304/	-1	4.9127/	-1	4.7976/	-1
128.00	4.6853/	-1	4.5756/	-1	4.4685/	-1	4.3638/	-1
144.00	4.2617/	-1	4.1619/	-1	4.0644/	-1	3.9693/	-1
160.00	3.8763/	-1	3.7856/	-1	3.6970/	-1	3.6104/	-1
176.00	3.5259/	-1	3.4433/	-1	3.3627/	-1	3.2839/	-1
192.00	3.2071/	-1	3.1320/	-1	3.0586/	-1	2.9870/	-1
208.00	2.9171/	-1	2.8488/	-1	2.7821/	-1	2.7169/	-1
224.00	2.6533/	-1	2.5912/	-1	2.5305/	-1	2.4713/	-1
240.00	2.4134/	-1	2.3569/	-1	2.3017/	-1	2.2478/	-1

21

Day	0.00	4.00	8.00	12.00
256.00	2.1952/ −1	2.1438/ −1	2.0936/ −1	2.0446/ −1
272.00	1.9967/ −1	1.9500/ −1	1.9043/ −1	1.8597/ −1
288.00	1.8162/ −1	1.7737/ −1	1.7321/ −1	1.6916/ −1
304.00	1.6520/ −1	1.6133/ −1	1.5755/ −1	1.5386/ −1
320.00	1.5026/ −1	1.4674/ −1	1.4331/ −1	1.3995/ −1
336.00	1.3667/ −1	1.3347/ −1	1.3035/ −1	1.2730/ −1
352.00	1.2432/ −1	1.2141/ −1	1.1856/ −1	1.1579/ −1
368.00	1.1308/ −1	1.1043/ −1	1.0784/ −1	1.0532/ −1
384.00	1.0285/ −1	1.0044/ −1	9.8092/ −2	9.5796/ −2
400.00	9.3553/ −2	9.1362/ −2	8.9223/ −2	8.7134/ −2
416.00	8.5094/ −2	8.3102/ −2	8.1156/ −2	7.9256/ −2
432.00	7.7400/ −2	7.5588/ −2	7.3818/ −2	7.2090/ −2
448.00	7.0402/ −2	6.8753/ −2	6.7144/ −2	6.5571/ −2
464.00	6.4036/ −2	6.2537/ −2	6.1073/ −2	5.9643/ −2
480.00	5.8246/ −2	5.6882/ −2	5.5551/ −2	5.4250/ −2
496.00	5.2980/ −2	5.1739/ −2	5.0528/ −2	4.9345/ −2
512.00	4.8189/ −2	4.7061/ −2	4.5959/ −2	4.4883/ −2
528.00	4.3832/ −2	4.2806/ −2	4.1804/ −2	4.0825/ −2
544.00	3.9869/ −2	3.8936/ −2	3.8024/ −2	3.7134/ −2
560.00	3.6264/ −2	3.5415/ −2	3.4586/ −2	3.3776/ −2
576.00	3.2985/ −2	3.2213/ −2	3.1459/ −2	3.0722/ −2
592.00	3.0003/ −2	2.9300/ −2	2.8614/ −2	2.7944/ −2
608.00	2.7290/ −2	2.6651/ −2	2.6027/ −2	2.5418/ −2
624.00	2.4823/ −2	2.4241/ −2	2.3674/ −2	2.3120/ −2
640.00	2.2578/ −2	2.2050/ −2	2.1533/ −2	2.1029/ −2
656.00	2.0537/ −2	2.0056/ −2	1.9586/ −2	1.9128/ −2
672.00	1.8680/ −2	1.8243/ −2	1.7815/ −2	1.7398/ −2
688.00	1.6991/ −2	1.6593/ −2	1.6205/ −2	1.5825/ −2
704.00	1.5455/ −2	1.5093/ −2	1.4739/ −2	1.4394/ −2
720.00	1.4057/ −2	1.3728/ −2	1.3407/ −2	1.3093/ −2
736.00	1.2786/ −2	1.2487/ −2	1.2195/ −2	1.1909/ −2
752.00	1.1630/ −2	1.1358/ −2	1.1092/ −2	1.0832/ −2
768.00	1.0579/ −2	1.0331/ −2	1.0089/ −2	9.8528/ −3

$M = 127.60$ $G = 4.61\%$ $\sigma_{ac} = 0.040$ barn,

^{125m}Te $T_1 = 58$ day

E_γ (keV)   110   35

P 0.003   0.070

Activation data for ^{125m}Te : $A_1(\tau)$, dps/μg

$$A_1(\text{sat}) = 8.7041/ \quad 1$$
$$A_1(1 \text{ sec}) = 1.2037/ \ -5$$

Day	0.00		2.00		4.00		6.00	
0.00	0.0000/	0	2.0553/	0	4.0621/	0	6.0215/	0
8.00	7.9346/	0	9.8026/	0	1.1626/	1	1.3407/	1
16.00	1.5146/	1	1.6844/	1	1.8501/	1	2.0120/	1
24.00	2.1700/	1	2.3243/	1	2.4749/	1	2.6220/	1
32.00	2.7656/	1	2.9059/	1	3.0428/	1	3.1765/	1
40.00	3.3070/	1	3.4344/	1	3.5589/	1	3.6804/	1
48.00	3.7990/	1	3.9148/	1	4.0279/	1	4.1383/	1
56.00	4.2461/	1	4.3514/	1	4.4542/	1	4.5545/	1
64.00	4.6525/	1	4.7482/	1	4.8416/	1	4.9328/	1
72.00	5.0219/	1	5.1088/	1	5.1937/	1	5.2766/	1
80.00	5.3575/	1	5.4366/	1	5.5137/	1	5.5890/	1
88.00	5.6626/	1	5.7344/	1	5.8045/	1	5.8730/	1
96.00	5.9399/	1	6.0051/	1	6.0689/	1	6.1311/	1
104.00	6.1919/	1	6.2512/	1	6.3091/	1	6.3656/	1
112.00	6.4209/	1	6.4748/	1	6.5274/	1	6.5788/	1

Decay factor for ^{125m}Te : $D_1(t)$

Day	0.00		2.00		4.00		6.00	
0.00	1.0000/	0	9.7639/	−1	9.5333/	−1	9.3082/	−1
8.00	9.0884/	−1	8.8738/	−1	8.6643/	−1	8.4597/	−1
16.00	8.2599/	−1	8.0649/	−1	7.8744/	−1	7.6885/	−1
24.00	7.5069/	−1	7.3297/	−1	7.1566/	−1	6.9876/	−1
32.00	6.8226/	−1	6.6615/	−1	6.5042/	−1	6.3506/	−1
40.00	6.2006/	−1	6.0542/	−1	5.9113/	−1	5.7717/	−1
48.00	5.6354/	−1	5.5023/	−1	5.3724/	−1	5.2455/	−1
56.00	5.1217/	−1	5.0007/	−1	4.8827/	−1	4.7674/	−1
64.00	4.6548/	−1	4.5449/	−1	4.4375/	−1	4.3328/	−1
72.00	4.2305/	−1	4.1306/	−1	4.0330/	−1	3.9378/	−1
80.00	3.8448/	−1	3.7540/	−1	3.6654/	−1	3.5788/	−1
88.00	3.4943/	−1	3.4118/	−1	3.3312/	−1	3.2526/	−1
96.00	3.1758/	−1	3.1008/	−1	3.0276/	−1	2.9561/	−1
104.00	2.8863/	−1	2.8181/	−1	2.7516/	−1	2.6866/	−1
112.00	2.6232/	−1	2.5612/	−1	2.5007/	−1	2.4417/	−1
120.00	2.3840/	−1	2.3277/	−1	2.2728/	−1	2.2191/	−1

Day	0.00	2.00	4.00	6.00
128.00	2.1667/ −1	2.1155/ −1	2.0656/ −1	2.0168/ −1
136.00	1.9692/ −1	1.9227/ −1	1.8773/ −1	1.8330/ −1
144.00	1.7897/ −1	1.7474/ −1	1.7062/ −1	1.6659/ −1
152.00	1.6265/ −1	1.5881/ −1	1.5506/ −1	1.5140/ −1
160.00	1.4783/ −1	1.4433/ −1	1.4093/ −1	1.3760/ −1
168.00	1.3435/ −1	1.3118/ −1	1.2808/ −1	1.2506/ −1
176.00	1.2210/ −1	1.1922/ −1	1.1640/ −1	1.1366/ −1
184.00	1.1097/ −1	1.0835/ −1	1.0579/ −1	1.0329/ −1
192.00	1.0086/ −1	9.8474/ −2	9.6148/ −2	9.3878/ −2
200.00	9.1661/ −2	8.9497/ −2	8.7384/ −2	8.5320/ −2
208.00	8.3305/ −2	8.1338/ −2	7.9418/ −2	7.7542/ −2
216.00	7.5711/ −2	7.3924/ −2	7.2178/ −2	7.0474/ −2
224.00	6.8809/ −2	6.7185/ −2	6.5598/ −2	6.4049/ −2
232.00	6.2537/ −2	6.1060/ −2	5.9618/ −2	5.8210/ −2
240.00	5.6836/ −2	5.5494/ −2	5.4183/ −2	5.2904/ −2
248.00	5.1655/ −2	5.0435/ −2	4.9244/ −2	4.8081/ −2
256.00	4.6946/ −2	4.5837/ −2	4.4755/ −2	4.3698/ −2
264.00	4.2666/ −2	4.1659/ −2	4.0675/ −2	3.9715/ −2
272.00	3.8777/ −2	3.7861/ −2	3.6967/ −2	3.6094/ −2
280.00	3.5242/ −2	3.4410/ −2	3.3597/ −2	3.2804/ −2
288.00	3.2029/ −2	3.1273/ −2	3.0535/ −2	2.9814/ −2
296.00	2.9110/ −2	2.8422/ −2	2.7751/ −2	2.7096/ −2
304.00	2.6456/ −2	2.5831/ −2	2.5221/ −2	2.4626/ −2
312.00	2.4044/ −2	2.3476/ −2	2.2922/ −2	2.2381/ −2
320.00	2.1852/ −2	2.1336/ −2	2.0832/ −2	2.0341/ −2
328.00	1.9860/ −2	1.9391/ −2	1.8933/ −2	1.8486 /−2
336.00	1.8050/ −2	1.7624/ −2	1.7207/ −2	1.6801/ −2
344.00	1.6404/ −2	1.6017/ −2	1.5639/ −2	1.5270/ −2
352.00	1.4909/ −2	1.4557/ −2	1.4213/ −2	1.3878/ −2
360.00	1.3550/ −2	1.3230/ −2	1.2917/ −2	1.2612/ −2
368.00	1.2315/ −2	1.2024/ −2	1.1740/ −2	1.1463/ −2
376.00	1.1192/ −2	1.0928/ −2	1.0670/ −2	1.0418/ −2

$^{126}\text{Te}(\text{n}, \gamma)^{127}\text{Te}$

$M = 127.60$ $\qquad$ $G = 18.71\%$ $\qquad$ $\sigma_{ac} = 0.90$ barn,

^{127}Te $\qquad$ $T_1 = 9.4$ hour

E_γ (keV) $\quad$ 417

P $\qquad$ 0.003

Activation data for ^{127}Te : $A_1(\tau)$, dps/μg

$$A_1(\text{sat}) \quad = 7.9484/ \quad 3$$
$$A_1(1 \text{ sec}) = 1.6277/ \ -1$$

Hour	0.00		0.50		1.00		1.50	
0.00	0.0000/	0	2.8766/	2	5.6490/	2	8.3211/	2
2.00	1.0897/	3	1.3379/	3	1.5771/	3	1.8077/	3
4.00	2.0299/	3	2.2441/	3	2.4506/	3	2.6495/	3
6.00	2.8413/	3	3.0261/	3	3.2043/	3	3.3760/	3
8.00	3.5414/	3	3.7009/	3	3.8546/	3	4.0028/	3
10.00	4.1456/	3	4.2832/	3	4.4159/	3	4.5437/	3
12.00	4.6669/	3	4.7857/	3	4.9001/	3	5.0105/	3
14.00	5.1168/	3	5.2193/	3	5.3180/	3	5.4132/	3
16.00	5.5050/	3	5.5934/	3	5.6786/	3	5.7608/	3
18.00	5.8399/	3	5.9162/	3	5.9898/	3	6.0607/	3
20.00	6.1290/	3	6.1948/	3	6.2583/	3	6.3195/	3
22.00	6.3784/	3	6.4352/	3	6.4900/	3	6.5428/	3
24.00	6.5936/	3	6.6427/	3	6.6899/	3	6.7355/	3
26.00	6.7794/	3	6.8217/	3	6.8624/	3	6.9017/	3
28.00	6.9396/	3	6.9761/	3	7.0113/	3	7.0452/	3
30.00	7.0779/	3	7.1094/	3	7.1398/	3	7.1690/	3

Decay factor for ^{127}Te : $D_1(t)$

Hour	0.00		0.50		1.00		1.50	
0.00	1.0000/	0	9.6381/	−1	9.2893/	−1	8.9531/	−1
2.00	8.6291/	−1	8.3168/	−1	8.0158/	−1	7.7257/	−1
4.00	7.4461/	−1	7.1766/	−1	6.9169/	−1	6.6666/	−1
6.00	6.4253/	−1	6.1928/	−1	5.9687/	−1	5.7526/	−1
8.00	5.5445/	−1	5.3438/	−1	5.1504/	−1	4.9640/	−1
10.00	4.7844/	−1	4.6112/	−1	4.4443/	−1	4.2835/	−1
12.00	4.1285/	−1	3.9790/	−1	3.8350/	−1	3.6963/	−1
14.00	3.5625/	−1	3.4336/	−1	3.3093/	−1	3.1895/	−1
16.00	3.0741/	−1	2.9628/	−1	2.8556/	−1	2.7523/	−1
18.00	2.6527/	−1	2.5567/	−1	2.4641/	−1	2.3750/	−1
20.00	2.2890/	−1	2.2062/	−1	2.1263/	−1	2.0494/	−1
22.00	1.9752/	−1	1.9037/	−1	1.8348/	−1	1.7684/	−1
24.00	1.7044/	−1	1.6427/	−1	1.5833/	−1	1.5260/	−1
26.00	1.4708/	−1	1.4175/	−1	1.3662/	−1	1.3168/	−1
28.00	1.2691/	−1	1.2232/	−1	1.1789/	−1	1.1363/	−1

Hour	0.00	0.50	1.00	1.50
30.00	1.0951/ −1	1.0555/ −1	1.0173/ −1	9.8049/ −2
32.00	9.4501/ −2	9.1081/ −2	8.7784/ −2	8.4607/ −2
34.00	8.1545/ −2	7.8594/ −2	7.5750/ −2	7.3008/ −2
36.00	7.0366/ −2	6.7820/ −2	6.5365/ −2	6.3000/ −2
38.00	6.0720/ −2	5.8522/ −2	5.6404/ −2	5.4363/ −2
40.00	5.2395/ −2	5.0499/ −2	4.8672/ −2	4.6910/ −2
42.00	4.5212/ −2	4.3576/ −2	4.1999/ −2	4.0479/ −2
44.00	3.9014/ −2	3.7602/ −2	3.6241/ −2	3.4930/ −2
46.00	3.3666/ −2	3.2447/ −2	3.1273/ −2	3.0141/ −2
48.00	2.9050/ −2	2.7999/ −2	2.6986/ −2	2.6009/ −2
50.00	2.5068/ −2	2.4161/ −2	2.3286/ −2	2.2443/ −2
52.00	2.1631/ −2	2.0848/ −2	2.0094/ −2	1.9367/ −2
54.00	1.8666/ −2	1.7990/ −2	1.7339/ −2	1.6712/ −2
56.00	1.6107/ −2	1.5524/ −2	1.4962/ −2	1.4421/ −2
58.00	1.3899/ −2	1.3396/ −2	1.2911/ −2	1.2444/ −2
60.00	1.1993/ −2	1.1559/ −2	1.1141/ −2	1.0738/ −2

^{126}Te(n, γ)^{127m}Te

$M = 127.60$ $\qquad$ $G = 18.71\%$ $\qquad$ $\sigma_{ac} = 0.125$ barn,

^{127m}Te $\qquad$ T$_1 = 109$ day

E_γ (keV) $\qquad$ 59

P $\qquad$ 0.0019

Activation data for ^{127m}Te : $A_1(\tau)$, dps/μg

$$A_1(\text{sat}) = 1.1039/ \quad 3$$
$$A_1(1 \text{ sec}) = 8.1238/ \; -5$$

Day	0.00		4.00		8.00		12.00	
0.00	0.0000/	0	2.7721/	1	5.4745/	1	8.1091/	1
16.00	1.0678/	2	1.3181/	2	1.5623/	2	1.8002/	2
32.00	2.0322/	2	2.2584/	2	2.4789/	2	2.6939/	2
48.00	2.9034/	2	3.1077/	2	3.3069/	2	3.5011/	2
64.00	3.6904/	2	3.8749/	2	4.0548/	2	4.2302/	2
80.00	4.4012/	2	4.5679/	2	4.7304/	2	4.8888/	2
96.00	5.0432/	2	5.1938/	2	5.3406/	2	5.4837/	2
112.00	5.6232/	2	5.7592/	2	5.8918/	2	6.0210/	2
128.00	6.1471/	2	6.2699/	2	6.3897/	2	6.5064/	2
144.00	6.6203/	2	6.7312/	2	6.8394/	2	6.9449/	2
160.00	7.0477/	2	7.1479/	2	7.2456/	2	7.3409/	2
176.00	7.4338/	2	7.5243/	2	7.6126/	2	7.6986/	2
192.00	7.7825/	2	7.8643/	2	7.9440/	2	8.0218/	2
208.00	8.0975/	2	8.1714/	2	8.2434/	2	8.3136/	2
224.00	8.3821/	2	8.4488/	2	8.5139/	2	8.5773/	2
240.00	8.6391/	2						

Decay factor for ^{127m}Te : $D_1(t)$

Day	0.00		4.00		8.00		12.00	
0.00	1.0000/	0	9.7489/	-1	9.5041/	-1	9.2654/	-1
16.00	9.0328/	-1	8.8060/	-1	8.5848/	-1	8.3693/	-1
32.00	8.1591/	-1	7.9542/	-1	7.7545/	-1	7.5598/	-1
48.00	7.3699/	-1	7.1849/	-1	7.0045/	-1	6.8286/	-1
64.00	6.6571/	-1	6.4899/	-1	6.3270/	-1	6.1681/	-1
80.00	6.0132/	-1	5.8622/	-1	5.7150/	-1	5.5715/	-1
96.00	5.4316/	-1	5.2952/	-1	5.1623/	-1	5.0326/	-1
112.00	4.9063/	-1	4.7831/	-1	4.6630/	-1	4.5459/	-1
128.00	4.4317/	-1	4.3204/	-1	4.2119/	-1	4.1062/	-1
144.00	4.0031/	-1	3.9026/	-1	3.8046/	-1	3.7090/	-1
160.00	3.6159/	-1	3.5251/	-1	3.4366/	-1	3.3503/	-1
176.00	3.2662/	-1	3.1841/	-1	3.1042/	-1	3.0262/	-1
192.00	2.9502/	-1	2.8762/	-1	2.8039/	-1	2.7335/	-1
208.00	2.6649/	-1	2.5980/	-1	2.5327/	-1	2.4691/	-1
224.00	2.4071/	-1	2.3467/	-1	2.2878/	-1	2.2303/	-1

Day	0.00	4.00	8.00	12.00
240.00	2.1743/ −1	2.1197/ −1	2.0665/ −1	2.0146/ −1
256.00	1.9640/ −1	1.9147/ −1	1.8666/ −1	1.8197/ −1
272.00	1.7740/ −1	1.7295/ −1	1.6861/ −1	1.6437/ −1
288.00	1.6025/ −1	1.5622/ −1	1.5230/ −1	1.4847/ −1
304.00	1.4475/ −1	1.4111/ −1	1.3757/ −1	1.3411/ −1
320.00	1.3075/ −1	1.2746/ −1	1.2426/ −1	1.2114/ −1
336.00	1.1810/ −1	1.1513/ −1	1.1224/ −1	1.0943/ −1
352.00	1.0668/ −1	1.0400/ −1	1.0139/ −1	9.8841/ −2
368.00	9.6359/ −2	9.3940/ −2	9.1581/ −2	8.9281/ −2
384.00	8.7039/ −2	8.4854/ −2	8.2723/ −2	8.0646/ −2
400.00	7.8621/ −2	7.6647/ −2	7.4722/ −2	7.2846/ −2
416.00	7.1016/ −2	6.9233/ −2	6.7495/ −2	6.5800/ −2
432.00	6.4148/ −2	6.2537/ −2	6.0966/ −2	5.9436/ −2
448.00	5.7943/ −2	5.6488/ −2	5.5070/ −2	5.3687/ −2
464.00	5.2339/ −2	5.1024/ −2	4.9743/ −2	4.8494/ −2
480.00	4.7276/ −2	4.6089/ −2	4.4932/ −2	4.3804/ −2
496.00	4.2704/ −2	4.1631/ −2	4.0586/ −2	3.9567/ −2
512.00	3.8573/ −2	3.7605/ −2	3.6661/ −2	3.5740/ −2
528.00	3.4842/ −2	3.3968/ −2	3.3115/ −2	3.2283/ −2
544.00	3.1472/ −2	3.0682/ −2	2.9912/ −2	2.9161/ −2
560.00	2.8428/ −2	2.7715/ −2	2.7019/ −2	2.6340/ −2
576.00	2.5679/ −2	2.5034/ −2	2.4405/ −2	2.3792/ −2
592.00	2.3195/ −2	2.2613/ −2	2.2045/ −2	2.1491/ −2
608.00	2.0952/ −2	2.0425/ −2	1.9913/ −2	1.9413/ −2
624.00	1.8925/ −2	1.8450/ −2	1.7987/ −2	1.7535/ −2
640.00	1.7095/ −2	1.6665/ −2	1.6247/ −2	1.5839/ −2
656.00	1.5441/ −2	1.5053/ −2	1.4675/ −2	1.4307/ −2
672.00	1.3948/ −2	1.3597/ −2	1.3256/ −2	1.2923/ −2
688.00	1.2599/ −2	1.2282/ −2	1.1974/ −2	1.1673/ −2
704.00	1.1380/ −2	1.1094/ −2	1.0816/ −2	1.0544/ −2
720.00	1.0279/ −2	1.0021/ −2	9.7696/ −3	9.5243/ −3
736.00	9.2851/ −3	9.0520/ −3	8.8247/ −3	8.6031/ −3
752.00	8.3871/ −3			

Note: ^{127m}Te decays to ^{127}Te which is not tabulated

$^{128}\text{Te}(\text{n, }\gamma)^{129}\text{Te}$

$M = 127.60$ $\qquad G = 31.79\%$ $\qquad \sigma_{ac} = 0.155$ barn,

^{129}Te $\qquad T_1 = 69$ minute

E_γ (keV)	1080	455	275	27
P	0.015	0.150	0.017	0.190

Activation data for ^{129}Te : $A_1(\tau)$, dps/μg

$A_1(\text{sat})$ $= 2.3259/$ 3

$A_1(1\ \text{sec}) = 3.8930/\ -1$

Hour	0.000		0.125		0.250		0.375	
0.00	0.0000/	0	1.6876/	2	3.2528/	2	4.7044/	2
0.50	6.0507/	2	7.2993/	2	8.4573/	2	9.5312/	2
1.00	1.0527/	3	1.1451/	3	1.2308/	3	1.3102/	3
1.50	1.3839/	3	1.4523/	3	1.5157/	3	1.5745/	3
2.00	1.6290/	3	1.6795/	3	1.7264/	3	1.7699/	3
2.50	1.8103/	3	1.8477/	3	1.8824/	3	1.9146/	3
3.00	1.9444/	3	1.9721/	3	1.9977/	3	2.0216/	3
3.50	2.0436/	3	2.0641/	3	2.0831/	3	2.1007/	3

Decay factor for ^{129}Te : $D_1(t)$

Hour	0.000		0.125		0.250		0.375	
0.00	1.0000/	0	9.2744/	-1	8.6015/	-1	7.9774/	-1
0.50	7.3985/	-1	6.8617/	-1	6.3638/	-1	5.9021/	-1
1.00	5.4738/	-1	5.0766/	-1	4.7083/	-1	4.3667/	-1
1.50	4.0498/	-1	3.7560/	-1	3.4834/	-1	3.2307/	-1
2.00	2.9963/	-1	2.7789/	-1	2.5772/	-1	2.3902/	-1
2.50	2.2168/	-1	2.0559/	-1	1.9068/	-1	1.7684/	-1
3.00	1.6401/	-1	1.5211/	-1	1.4107/	-1	1.3084/	-1
3.50	1.2134/	-1	1.1254/	-1	1.0437/	-1	9.6800/	-2
4.00	8.9776/	-2	8.3262/	-2	7.7221/	-2	7.1618/	-2
4.50	6.6421/	-2	6.1602/	-2	5.7132/	-2	5.2987/	-2
5.00	4.9142/	-2	4.5576/	-2	4.2269/	-2	3.9202/	-2
5.50	3.6358/	-2	3.3720/	-2	3.1273/	-2	2.9004/	-2
6.00	2.6899/	-2	2.4948/	-2	2.3137/	-2	2.1459/	-2
6.50	1.9902/	-2	1.8458/	-2	1.7118/	-2	1.5876/	-2
7.00	1.4724/	-2	1.3656/	-2	1.2665/	-2	1.1746/	-2
7.50	1.0894/	-2	1.0103/	-2	9.3702/	-3	8.6903/	-3

See also $^{128}\text{Te}(\text{n, }\gamma)^{129m}\text{Te} \rightarrow {}^{129}\text{Te}$

$$^{128}\text{Te}(\text{n}, \gamma)^{129\text{m}}\text{Te} \rightarrow {}^{129}\text{Te}$$

$M = 127.60$ $G = 31.79\%$ $\sigma_{ac} = 0.014$ barn,

$^{129\text{m}}\text{Te}$ $T_1 = 34$ day

E_γ (keV)	690
P	0.060

^{129}Te $T_2 = 69$ minute

E_γ (keV)	1080	455	275	27
P	0.015	0.150	0.017	0.190

Activation data for $^{129\text{m}}\text{Te}$: $A_1(\tau)$, dps/μg
$$A_1(\text{sat}) = 2.1008/\ \ 2$$
$$A_1(1\ \text{sec}) = 4.9558/\ -5$$

$K = 6.4089/\ -1$

Time intervals with respect to T_1

Day	0.00		2.00		4.00		6.00	
0.00	0.0000/	0	8.3916/	0	1.6448/	1	2.4182/	1
8.00	3.1608/	1	3.8737/	1	4.5581/	1	5.2152/	1
16.00	5.8460/	1	6.4517/	1	7.0331/	1	7.5913/	1
24.00	8.1273/	1	8.6418/	1	9.1357/	1	9.6100/	1
32.00	1.0065/	2	1.0502/	2	1.0922/	2	1.1325/	2
40.00	1.1712/	2	1.2083/	2	1.2439/	2	1.2782/	2
48.00	1.3110/	2	1.3426/	2	1.3729/	2	1.4019/	2
56.00	1.4299/	2	1.4567/	2	1.4824/	2	1.5071/	2
64.00	1.5308/	2	1.5536/	2	1.5754/	2	1.5964/	2
72.00	1.6166/	2	1.6359/	2	1.6545/	2	1.6723/	2
80.00	1.6894/	2	1.7058/	2	1.7216/	2	1.7368/	2
88.00	1.7513/	2	1.7653/	2	1.7787/	2	1.7915/	2
96.00	1.8039/	2	1.8158/	2	1.8271/	2	1.8381/	2
104.00	1.8486/	2	1.8586/	2	1.8683/	2	1.8776/	2
112.00	1.8865/	2	1.8951/	2	1.9033/	2	1.9112/	2
120.00	1.9187/	2						

Decay factor for $^{129\text{m}}\text{Te}$: $D_1(\text{t})$

Day	0.00		2.00		4.00		6.00	
0.00	1.0000/	0	9.6005/	−1	9.2171/	−1	8.8489/	−1
8.00	8.4954/	−1	8.1561/	−1	7.8303/	−1	7.5175/	−1
16.00	7.2172/	−1	6.9289/	−1	6.6521/	−1	6.3864/	−1
24.00	6.1313/	−1	5.8864/	−1	5.6513/	−1	5.4255/	−1
32.00	5.2088/	−1	5.0007/	−1	4.8010/	−1	4.6092/	−1
40.00	4.4251/	−1	4.2483/	−1	4.0786/	−1	3.9157/	−1
48.00	3.7593/	−1	3.6091/	−1	3.4650/	−1	3.3266/	−1
56.00	3.1937/	−1	3.0661/	−1	2.9436/	−1	2.8260/	−1

Day	0.00	2.00	4.00	6.00
64.00	2.7132/ −1	2.6048/ −1	2.5007/ −1	2.4008/ −1
72.00	2.3049/ −1	2.2129/ −1	2.1245/ −1	2.0396/ −1
80.00	1.9581/ −1	1.8799/ −1	1.8048/ −1	1.7327/ −1
88.00	1.6635/ −1	1.5971/ −1	1.5333/ −1	1.4720/ −1
96.00	1.4132/ −1	1.3568/ −1	1.3026/ −1	1.2506/ −1
104.00	1.2006/ −1	1.1526/ −1	1.1066/ −1	1.0624/ −1
112.00	1.0200/ −1	9.7922/ −2	9.4010/ −2	9.0255/ −2
120.00	8.6650/ −2	8.3188/ −2	7.9865/ −2	7.6675/ −2
128.00	7.3612/ −2	7.0672/ −2	6.7849/ −2	6.5139/ −2
136.00	6.2537/ −2	6.0039/ −2	5.7641/ −2	5.5338/ −2
144.00	5.3128/ −2	5.1005/ −2	4.8968/ −2	4.7012/ −2
152.00	4.5134/ −2	4.3331/ −2	4.1600/ −2	3.9939/ −2
160.00	3.8343/ −2	3.6812/ −2	3.5341/ −2	3.3929/ −2
168.00	3.2574/ −2	3.1273/ −2	3.0024/ −2	2.8825/ −2
176.00	2.7673/ −2	2.6568/ −2	2.5506/ −2	2.4488/ −2
184.00	2.3509/ −2	2.2570/ −2	2.1669/ −2	2.0803/ −2
192.00	1.9972/ −2	1.9174/ −2	1.8409/ −2	1.7673/ −2
200.00	1.6967/ −2	1.6289/ −2	1.5639/ −2	1.5014/ −2
208.00	1.4414/ −2	1.3839/ −2	1.3286/ −2	1.2755/ −2
216.00	1.2246/ −2	1.1756/ −2	1.1287/ −2	1.0836/ −2
224.00	1.0403/ −2	9.9876/ −3	9.5886/ −3	9.2056/ −3

Activation data for ^{129}Te : $F \cdot A_2(\tau)$

$$F \cdot A_2(\text{sat}) = -1.8886/ -1$$
$$F \cdot A_2(1 \text{ sec}) = -3.1749/ -5$$

Day	0.00	2.00	4.00	6.00
0.00	0.0000/ 0	−1.8886/ −1	−1.8886/ −1	−1.8886/ −1
8.00	−1.8886/ −1	−1.8886/ −1	−1.8886/ −1	−1.8886/ −1
16.00	−1.8886/ −1	−1.8886/ −1	−1.8886/ −1	−1.8886/ −1
24.00	−1.8886/ −1	−1.8886/ −1	−1.8886/ −1	−1.8886/ −1
32.00	−1.8886/ −1	−1.8886/ −1	−1.8886/ −1	−1.8886/ −1
40.00	−1.8886/ −1	−1.8886/ −1	−1.8886/ −1	−1.8886/ −1
48.00	−1.8886/ −1	−1.8886/ −1	−1.8886/ −1	−1.8886/ −1
56.00	−1.8886/ −1	−1.8886/ −1	−1.8886/ −1	−1.8886/ −1
64.00	−1.8886/ −1	−1.8886/ −1	−1.8886/ −1	−1.8886/ −1
72.00	−1.8886/ −1	−1.8886/ −1	−1.8886/ −1	−1.8886/ −1
80.00	−1.8886/ −1	−1.8886/ −1	−1.8886/ −1	−1.8886/ −1
88.00	−1.8886/ −1	−1.8886/ −1	−1.8886/ −1	−1.8886/ −1
96.00	−1.8886/ −1	−1.8886/ −1	−1.8886/ −1	−1.8886/ −1
104.00	−1.8886/ −1	−1.8886/ −1	−1.8886/ −1	−1.8886/ −1
112.00	−1.8886/ −1	−1.8886/ −1	−1.8886/ −1	−1.8886/ −1

Decay factor for ^{129}Te : $D_2(t)$

Day	0.00	2.00	4.00	6.00
0.00	1.0000/ 0	2.4159/−13	5.8366/−26	1.4101/−38
8.00	3.4066/−51	8.2301/−64	1.9883/−76	0.0000/ 0

*

Activation data for ^{129m}Te : $A_1(\tau)$, dps/μg

$$A_1(\text{sat}) = 2.1008/\quad 2$$
$$A_1(1 \text{ sec}) = 4.9558/\ -5$$

$K = 6.4089/\ -1$

Time intervals with respect to T_2

Hour	0.000	0.125	0.250	0.375
0.00	0.0000/ 0	2.2300/ −2	4.4598/ −2	6.6894/ −2
0.50	8.9187/ −2	1.1148/ −1	1.3377/ −1	1.5605/ −1
1.00	1.7834/ −1	2.0062/ −1	2.2290/ −1	2.4517/ −1
1.50	2.6745/ −1	2.8972/ −1	3.1199/ −1	3.3426/ −1
2.00	3.5652/ −1	3.7878/ −1	4.0104/ −1	4.2330/ −1
2.50	4.4556/ −1	4.6781/ −1	4.9006/ −1	5.1231/ −1
3.00	5.3455/ −1	5.5680/ −1	5.7904/ −1	6.0128/ −1
3.50	6.2351/ −1	6.4575/ −1	6.6798/ −1	6.9021/ −1
4.00	7.1244/ −1			

Decay factor for ^{129m}Te : $D_1(t)$

Hour	0.000	0.125	0.250	0.375
0.00	1.0000/ 0	9.9989/ −1	9.9979/ −1	9.9968/ −1
0.50	9.9958/ −1	9.9947/ −1	9.9936/ −1	9.9926/ −1
1.00	9.9915/ −1	9.9905/ −1	9.9894/ −1	9.9883/ −1
1.50	9.9873 /−1	9.9862/ −1	9.9851/ −1	9.9841/ −1
2.00	9.9830/ −1	9.9820/ −1	9.9809/ −1	9.9799/ −1
2.50	9.9788/ −1	9.9777/ −1	9.9767/ −1	9.9756/ −1
3.00	9.9746/ −1	9.9735/ −1	9.9724/ −1	9.9714/ −1
3.50	9.9703/ −1	9.9693/ −1	9.9682/ −1	9.9671/ −1
4.00	9.9661/ −1	9.9650/ −1	9.9640/ −1	9.9629/ −1
4.50	9.9619/ −1	9.9608/ −1	9.9597/ −1	9.9587/ −1
5.00	9.9576/ −1	9.9566/ −1	9.9555/ −1	9.9545/ −1
5.50	9.9534/ −1	9.9523/ −1	9.9513/ −1	9.9502/ −1
6.00	9.9492/ −1	9.9481/ −1	9.9471/ −1	9.9460/ −1
6.50	9.9449/ −1	9.9439/ −1	9.9428/ −1	9.9418/ −1
7.00	9.9407/ −1	9.9397/ −1	9.9386/ −1	9.9376/ −1
7.50	9.9365/ −1	9.9355/ −1	9.9344/ −1	9.9333/ −1
8.00	9.9323/ −1			

Activation data for ^{129}Te : $F \cdot A_2(\tau)$

$$F \cdot A_2(\text{sat}) = -1.8886/\ -1$$
$$F \cdot A_2(1 \text{ sec}) = -3.1749/\ -5$$

Hour	0.000	0.125	0.250	0.375
0.00	0.0000/ 0	−1.3761/ −2	−2.6520/ −2	−3.8348/ −2
0.50	−4.9315/ −2	−5.9483/ −2	−6.8910/ −2	−7.7650/ −2
1.00	−8.5753/ −2	−9.3266/ −2	−1.0023/ −1	−1.0669/ −1
1.50	−1.1268/ −1	−1.1823/ −1	−1.2337/ −1	−1.2815/ −1
2.00	−1.3257/ −1	−1.3667/ −1	−1.4047/ −1	−1.4400/ −1
2.50	−1.4727/ −1	−1.5030/ −1	−1.5311/ −1	−1.5571/ −1
3.00	−1.5813/ −1	−1.6037/ −1	−1.6244/ −1	−1.6437/ −1
3.50	−1.6615/ −1	−1.6781/ −1	−1.6934/ −1	−1.7076/ −1
4.00	−1.7208/ −1			

Decay factor for ^{129}Te : $D_2(t)$

Hour	0.000	0.125	0.250	0.375
0.00	1.0000/ 0	9.2714/ −1	8.5958/ −1	7.9695/ −1
0.50	7.3888/ −1	6.8504/ −1	6.3513/ −1	5.8885/ −1
1.00	5.4594/ −1	5.0616/ −1	4.6928/ −1	4.3509/ −1
1.50	4.0339/ −1	3.7399/ −1	3.4674/ −1	3.2148/ −1
2.00	2.9805/ −1	2.7634/ −1	2.5620/ −1	2.3753/ −1
2.50	2.2023/ −1	2.0418/ −1	1.8930/ −1	1.7551/ −1
3.00	1.6272/ −1	1.5086/ −1	1.3987/ −1	1.2968/ −1
3.50	1.2023/ −1	1.1147/ −1	1.0335/ −1	9.5818/ −2
4.00	8.8836/ −2	8.2363/ −2	7.6362/ −2	7.0798/ −2
4.50	6.5639/ −2	6.0857/ −2	5.6422/ −2	5.2311/ −2
5.00	4.8500/ −2	4.4966/ −2	4.1689/ −2	3.8652/ −2
5.50	3.5835/ −2	3.3224/ −2	3.0803/ −2	2.8559/ −2
6.00	2.6478/ −2	2.4549/ −2	2.2760/ −2	2.1102/ −2
6.50	1.9564/ −2	1.8139/ −2	1.6817/ −2	1.5592/ −2
7.00	1.4455/ −2	1.3402/ −2	1.2426/ −2	1.1520/ −3
7.50	1.0681/ −2	9.9026/ −3	9.1811/ −3	8.5121/ −2

See also ^{128}Te(n, γ)^{129}Te

$$^{130}\text{Te}(n, \gamma)^{131}\text{Te} \to {}^{131}\text{I}$$

$M = 127.60$	$G = 34.49\%$				$\sigma_{ac} = 0.2$ barn,

^{131}Te $\qquad$ T$_1 = 24.8$ minute

E_γ (keV)	1147	1000	950	603	493	453	150
P	0.060	0.040	0.030	0.040	0.050	0.160	0.680

^{131}I $\qquad$ T$_2 = 8.05$ day

E_γ (keV)	723	637	364	284	80
P	0.016	0.068	0.820	0.054	0.026

Activation data for ^{131}Te : $A_1(\tau)$, dps/μg

$A_1(\text{sat}) = 3.2560/ \ 3$

$A_1(1 \ \text{sec}) = 1.5039/ \ 0$

$K = -2.1613/ \ -3$

Time intervals with respect to T$_1$

Minute	0.00		1.00		2.00		3.00	
0.00	0.0000/	0	8.9017/	1	1.7560/	2	2.5982/	2
4.00	3.4173/	2	4.2140/	2	4.9890/	2	5.7428/	2
8.00	6.4760/	2	7.1891/	2	7.8827/	2	8.5574/	2
12.00	9.2136/	2	9.8519/	2	1.0473/	3	1.1077/	3
16.00	1.1664/	3	1.2235/	3	1.2791/	3	1.3331/	3
20.00	1.3857/	3	1.4368/	3	1.4866/	3	1.5349/	3
24.00	1.5820/	3	1.6278/	3	1.6723/	3	1.7156/	3
28.00	1.7577/	3	1.7987/	3	1.8385/	3	1.8773/	3
32.00	1.9149/	3	1.9516/	3	1.9873/	3	2.0220/	3
36.00	2.0557/	3	2.0885/	3	2.1204/	3	2.1515/	3
40.00	2.1817/	3	2.2110/	3	2.2396/	3	2.2674/	3
44.00	2.2944/	3	2.3207/	3	2.3463/	3	2.3712/	3
48.00	2.3953/	3	2.4189/	3	2.4418/	3	2.4640/	3
52.00	2.4857/	3	2.5067/	3	2.5272/	3	2.5471/	3
56.00	2.5665/	3	2.5854/	3	2.6037/	3	2.6215/	3
60.00	2.6389/	3	2.6558/	3	2.6722/	3	2.6881/	3
64.00	2.7037/	3	2.7188/	3	2.7334/	3	2.7477/	3
68.00	2.7616/	3	2.7751/	3	2.7883/	3	2.8011/	3
72.00	2.8135/	3	2.8256/	3	2.8374/	3	2.8488/	3
76.00	2.8600/	3	2.8708/	3	2.8813/	3	2.8916/	3
80.00	2.9015/	3	2.9112/	3	2.9206/	3	2.9298/	3
84.00	2.9387/	3	2.9474/	3	2.9558/	3	2.9640/	3
88.00	2.9720/	3						

Decay factor for ^{131}Te : $D_1(t)$

Minute	0.00		1.00		2.00		3.00	
0.00	1.0000/	0	9.7266/	-1	9.4607/	-1	9.2020/	-1
4.00	8.9505/	-1	8.7058/	-1	8.4678/	-1	8.2362/	-1
8.00	8.0111/	-1	7.7921/	-1	7.5790/	-1	7.3718/	-1

Minute	0.00	1.00	2.00	3.00
12.00	7.1703/ −1	6.9743/ −1	6.7836/ −1	6.5981/ −1
16.00	6.4177/ −1	6.2423/ −1	6.0716/ −1	5.9056/ −1
20.00	5.7442/ −1	5.5871/ −1	5.4344/ −1	5.2858/ −1
24.00	5.1413/ −1	5.0007/ −1	4.8640/ −1	4.7310/ −1
28.00	4.6017/ −1	4.4759/ −1	4.3535/ −1	4.2345/ −1
32.00	4.1187/ −1	4.0061/ −1	3.8966/ −1	3.7901/ −1
36.00	3.6865/ −1	3.5857/ −1	3.4876/ −1	3.3923/ −1
40.00	3.2995/ −1	3.2093/ −1	3.1216/ −1	3.0363/ −1
44.00	2.9532/ −1	2.8725/ −1	2.7940/ −1	2.7176/ −1
48.00	2.6433/ −1	2.5710/ −1	2.5007/ −1	2.4324/ −1
52.00	2.3659/ −1	2.3012/ −1	2.2383/ −1	2.1771/ −1
56.00	2.1176/ −1	2.0597/ −1	2.0034/ −1	1.9486/ −1
60.00	1.8953/ −1	1.8435/ −1	1.7931/ −1	1.7441/ −1
64.00	1.6964/ −1	1.6500/ −1	1.6049/ −1	1.5610/ −1
68.00	1.5184/ −1	1.4768/ −1	1.4365/ −1	1.3972/ −1
72.00	1.3590/ −1	1.3218/ −1	1.2857/ −1	1.2506/ −1
76.00	1.2164/ −1	1.1831/ −1	1.1508/ −1	1.1193/ −1
80.00	1.0887/ −1	1.0589/ −1	1.0300/ −1	1.0018/ −1
84.00	9.7444/ −2	9.4780/ −2	9.2188/ −2	8.9668/ −2
88.00	8.7217/ −2	8.4832/ −2	8.2513/ −2	8.0257/ −2
92.00	7.8063/ −2	7.5929/ −2	7.3853/ −2	7.1834/ −2
96.00	6.9870/ −2	6.7960/ −2	6.6102/ −2	6.4295/ −2
100.00	6.2537/ −2	6.0827/ −2	5.9164/ −2	5.7547/ −2
104.00	5.5973/ −2	5.4443/ −2	5.2955/ −2	5.1507/ −2
108.00	5.0099/ −2	4.8729/ −2	4.7397/ −2	4.6101/ −2
112.00	4.4841/ −2	4.3615/ −2	4.2422/ −2	4.1263/ −2
116.00	4.0134/ −2	3.9037/ −2	3.7970/ −2	3.6932/ −2
120.00	3.5922/ −2	3.4940/ −2	3.3985/ −2	3.3056/ −2
124.00	3.2152/ −2	3.1273/ −2	3.0418/ −2	2.9586/ −2
128.00	2.8778/ −2	2.7991/ −2	2.7226/ −2	2.6481/ −2
132.00	2.5757/ −2	2.5053/ −2	2.4368/ −2	2.3702/ −2
136.00	2.3054/ −2	2.2424/ −2	2.1811/ −2	2.1214/ −2
140.00	2.0634/ −2	2.0070/ −2	1.9521/ −2	1.8988/ −2
144.00	1.8469/ −2	1.7964/ −2	1.7473/ −2	1.6995/ −2
148.00	1.6530/ −2	1.6078/ −2	1.5639/ −2	1.5211/ −2
152.00	1.4795/ −2	1.4391/ −2	1.3997/ −2	1.3615/ −2
156.00	1.3243/ −2	1.2881/ −2	1.2528/ −2	1.2186/ −2
160.00	1.1853/ −2	1.1529/ −2	1.1213/ −2	1.0907/ −2
164.00	1.0609/ −2	1.0319/ −2	1.0037/ −2	9.7622/ −3

Activation data for ^{131}I : $F \cdot A_2(\tau)$

$$F \cdot A_2(\text{sat}) = 3.2632/ \quad 3$$

$$F \cdot A_2(1 \text{ sec}) = 3.2513/ \ −3$$

Minute	0.00	1.00	2.00	3.00
0.00	0.0000/ 0	1.9508/ −1	3.9014/ −1	5.8519/ −1
4.00	7.8023/ −1	9.7526/ −1	1.1703/ 0	1.3653/ 0
8.00	1.5603/ 0	1.7553/ 0	1.9502/ 0	2.1452/ 0
12.00	2.3401/ 0	2.5351/ 0	2.7300/ 0	2.9249/ 0

335

Minute	0.00		1.00		2.00		3.00	
16.00	3.1198/	0	3.3147/	0	3.5096/	0	3.7044/	0
20.00	3.8993/	0	4.0941/	0	4.2890/	0	4.4838/	0
24.00	4.6786/	0	4.8734/	0	5.0682/	0	5.2629/	0
28.00	5.4577/	0	5.6524/	0	5.8472/	0	6.0419/	0
32.00	6.2366/	0	6.4313/	0	6.6260/	0	6.8207/	0
36.00	7.0154/	0	7.2100/	0	7.4047/	0	7.5993/	0
40.00	7.7939/	0	7.9885/	0	8.1831/	0	8.3777/	0
44.00	8.5723/	0	8.7668/	0	8.9614/	0	9.1559/	0
48.00	9.3505/	0	9.5450/	0	9.7395/	0	9.9340/	0
52.00	1.0128/	1	1.0323/	1	1.0517/	1	1.0712/	1
56.00	1.0906/	1	1.1101/	1	1.1295/	1	1.1489/	1
60.00	1.1684/	1	1.1878/	1	1.2073/	1	1.2267/	1
64.00	1.2461/	1	1.2656/	1	1.2850/	1	1.3044/	1
68.00	1.3239/	1	1.3433/	1	1.3627/	1	1.3821/	1
72.00	1.4016/	1	1.4210/	1	1.4404/	1	1.4598/	1
76.00	1.4793/	1	1.4987/	1	1.5181/	1	1.5375/	1
80.00	1.5569/	1	1.5763/	1	1.5957/	1	1.6152/	1
84.00	1.6346/	1	1.6540/	1	1.6734/	1	1.6928/	1

Decay factor for ^{131}I : $D_2(t)$

Minute	0.00		1.00		2.00		3.00	
0.00	1.0000/	0	9.9994/	−1	9.9988/	−1	9.9982/	−1
4.00	9.9976/	−1	9.9970/	−1	9.9964/	−1	9.9958/	−1
8.00	9.9952/	−1	9.9946/	−1	9.9940/	−1	9.9934/	−1
12.00	9.9928/	−1	9.9922/	−1	9.9916/	−1	9.9910/	−1
16.00	9.9904/	−1	9.9898/	−1	9.9892/	−1	9.9886/	−1
20.00	9.9881/	−1	9.9875/	−1	9.9869/	−1	9.9863/	−1
24.00	9.9857/	−1	9.9851/	−1	9.9845/	−1	9.9839/	−1
28.00	9.9833/	−1	9.9827/	−1	9.9821/	−1	9.9815/	−1
32.00	9.9809/	−1	9.9803/	−1	9.9797/	−1	9.9791/	−1
36.00	9.9785/	−1	9.9779/	−1	9.9773/	−1	9.9767/	−1
40.00	9.9761/	−1	9.9755/	−1	9.9749/	−1	9.9743/	−1
44.00	9.9737/	−1	9.9731/	−1	9.9725/	−1	9.9719/	−1
48.00	9.9713/	−1	9.9707/	−1	9.9702/	−1	9.9696/	−1
52.00	9.9690/	−1	9.9684/	−1	9.9678/	−1	9.9672/	−1
56.00	9.9666/	−1	9.9660/	−1	9.9654/	−1	9.9648/	−1
60.00	9.9642/	−1	9.9636/	−1	9.9630/	−1	9.9624/	−1
64.00	9.9618/	−1	9.9612/	−1	9.9606/	−1	9.9600/	−1
68.00	9.9594/	−1	9.9588/	−1	9.9582/	−1	9.9576/	−1
72.00	9.9570/	−1	9.9565/	−1	9.9559/	−1	9.9553/	−1
76.00	9.9547/	−1	9.9541/	−1	9.9535/	−1	9.9529/	−1
80.00	9.9523/	−1	9.9517/	−1	9.9511/	−1	9.9505/	−1
84.00	9.9499/	−1	9.9493/	−1	9.9487/	−1	9.9481/	−1
88.00	9.9475/	−1	9.9469/	−1	9.9463/	−1	9.9457/	−1
92.00	9.9452/	−1	9.9446/	−1	9.9440/	−1	9.9434/	−1
96.00	9.9428/	−1	9.9422/	−1	9.9416/	−1	9.9410/	−1
100.00	9.9404/	−1	9.9398/	−1	9.9392/	−1	9.9386/	−1
104.00	9.9380/	−1	9.9374/	−1	9.9368/	−1	9.9362/	−1
108.00	9.9356/	−1	9.9350/	−1	9.9345/	−1	9.9339/	−1

Minute	0.00	1.00	2.00	3.00
112.00	9.9333/ −1	9.9327/ −1	9.9321/ −1	9.9315/ −1
116.00	9.9309/ −1	9.9303/ −1	9.9297/ −1	9.9291/ −1
120.00	9.9285/ −1	9.9279/ −1	9.9273/ −1	9.9267/ −1
124.00	9.9261/ −1	9.9256/ −1	9.9250/ −1	9.9244/ −1
128.00	9.9238/ −1	9.9232/ −1	9.9226/ −1	9.9220/ −1
132.00	9.9214/ −1	9.9208/ −1	9.9202/ −1	9.9196/ −1
136.00	9.9190/ −1	9.9184/ −1	9.9178/ −1	9.9172/ −1
140.00	9.9167/ −1	9.9161/ −1	9.9155/ −1	9.9149/ −1
144.00	9.9143/ −1	9.9137/ −1	9.9131/ −1	9.9125/ −1
148.00	9.9119/ −1	9.9113/ −1	9.9107/ −1	9.9101/ −1
152.00	9.9095/ −1	9.9089/ −1	9.9084/ −1	9.9078/ −1
156.00	9.9072/ −1	9.9066/ −1	9.9060/ −1	9.9054/ −1
160.00	9.9048/ −1	9.9042/ −1	9.9036/ −1	9.9030/ −1
164.00	9.9024/ −1	9.9018/ −1	9.9013/ −1	9.9007/ −1
168.00	9.9001/ −1	9.8995/ −1	9.8989/ −1	9.8983/ −1
172.00	9.8977/ −1			

*

Activation data for ^{131}Te : $A_1(\tau)$, dps/μg

$$A_1(\text{sat}) = 3.2560/ 3$$
$$A_1(1 \text{ sec}) = 1.5039/ 0$$

$K = -2.1613/ -3$

Time intervals with respect to T_2

Day	0.00	0.50	1.00	1.50
0.00	0.0000/ 0	3.2560/ 3	3.2560/ 3	3.2560/ 3
2.00	3.2560/ 3	3.2560/ 3	3.2560/ 3	3.2560/ 3

Decay factor for ^{131}Te : $D_1(t)$

Day	0.00	0.50	1.00	1.50
0.00	1.0000/ 0	2.1487/ −9	4.6169/−18	9.9204/−27
2.00	2.1316/−35	4.5802/−44	9.8415/−53	2.1147/−61

Activation data for ^{131}I : $F \cdot A_2(\tau)$

$$F \cdot A_2(\text{sat}) = 3.2632/ 3$$
$$F \cdot A_2(1 \text{ sec}) = 3.2513/ -3$$

Day	0.00	0.50	1.00	1.50
0.00	0.0000/ 0	1.3748/ 2	2.6916/ 2	3.9530/ 2
2.00	5.1613/ 2	6.3186/ 2	7.4272/ 2	8.4891/ 2
4.00	9.5062/ 2	1.0480/ 3	1.1414/ 3	1.2308/ 3
6.00	1.3164/ 3	1.3984/ 3	1.4770/ 3	1.5522/ 3

Day	0.00		0.50		1.00		1.50	
8.00	1.6243/	3	1.6934/	3	1.7595/	3	1.8228/	3
10.00	1.8835/	3	1.9416/	3	1.9973/	3	2.0507/	3
12.00	2.1017/	3	2.1507/	3	2.1975/	3	2.2424/	3
14.00	2.2854/	3	2.3266/	3	2.3661/	3	2.4039/	3
16.00	2.4401/	3	2.4748/	3	2.5080/	3	2.5398/	3
18.00	2.5703/	3	2.5995/	3	2.6274/	3	2.6542/	3
20.00	2.6799/	3	2.7044/	3	2.7280/	3	2.7505/	3
22.00	2.7721/	3	2.7928/	3	2.8126/	3	2.8316/	3
24.00	2.8498/	3	2.8672/	3	2.8839/	3	2.8999/	3
26.00	2.9152/	3	2.9298/	3	2.9439/	3	2.9573/	3
28.00	2.9702/	3						

Decay factor for ^{131}I : $D_2(t)$

Day	0.00		0.50		1.00		1.50	
0.00	1.0000/	0	9.5787/	−1	9.1751/	−1	8.7886/	−1
2.00	8.4183/	−1	8.0637/	−1	7.7239/	−1	7.3985/	−1
4.00	7.0868/	−1	6.7883/	−1	6.5023/	−1	6.2283/	−1
6.00	5.9659/	−1	5.7146/	−1	5.4738/	−1	5.2432/	−1
8.00	5.0223/	−1	4.8107/	−1	4.6080/	−1	4.4139/	−1
10.00	4.2279/	−1	4.0498/	−1	3.8792/	−1	3.7158/	−1
12.00	3.5592/	−1	3.4093/	−1	3.2656/	−1	3.1281/	−1
14.00	2.9963/	−1	2.8700/	−1	2.7491/	−1	2.6333/	−1
16.00	2.5224/	−1	2.4161/	−1	2.3143/	−1	2.2168/	−1
18.00	2.1234/	−1	2.0339/	−1	1.9483/	−1	1.8662/	−1
20.00	1.7875/	−1	1.7122/	−1	1.6401/	−1	1.5710/	−1
22.00	1.5048/	−1	1.4414/	−1	1.3807/	−1	1.3225/	−1
24.00	1.2668/	−1	1.2134/	−1	1.1623/	−1	1.1133/	−1
26.00	1.0664/	−1	1.0215/	−1	9.7847/	−2	9.3725/	−2
28.00	8.9776/	−2	8.5994/	−2	8.2371/	−2	7.8901/	−2
30.00	7.5577/	−2	7.2393/	−2	6.9343/	−2	6.6421/	−2
32.00	6.3623/	−2	6.0942/	−2	5.8375/	−2	5.5916/	−2
34.00	5.3560/	−2	5.1303/	−2	4.9142/	−2	4.7072/	−2
36.00	4.5088/	−2	4.3189/	−2	4.1369/	−2	3.9626/	−2
38.00	3.7957/	−2	3.6358/	−2	3.4826/	−2	3.3359/	−2
40.00	3.1953/	−2	3.0607/	−2	2.9318/	−2	2.8082/	−2
42.00	2.6899/	−2	2.5766/	−2	2.4681/	−2	2.3641/	−2
44.00	2.2645/	−2	2.1691/	−2	2.0777/	−2	1.9902/	−2
46.00	1.9063/	−2	1.8260/	−2	1.7491/	−2	1.6754/	−2
48.00	1.6048/	−2	1.5372/	−2	1.4724/	−2	1.4104/	−2
50.00	1.3510/	−2	1.2941/	−2	1.2395/	−2	1.1873/	−2
52.00	1.1373/	−2	1.0894/	−2	1.0435/	−2	9.9952/	−3
54.00	9.5741/	−3	9.1707/	−3	8.7844/	−3	8.4143/	−3
56.00	8.0598/	−3						

See also ^{130}Te(n, γ)^{131m}Te → ^{131}Te and ^{130}Te(n, γ)^{131m}Te → ^{131}I

$$^{130}\text{Te}(n, \gamma)^{131m}\text{Te} \rightarrow {}^{131}\text{Te}$$

$M = 127.60$ $G = 34.49\%$ $\sigma_{ac} = 0.02$ barn,

^{131m}Te $T_1 = 30$ hour

E_γ (keV)	1965	1860	1629	1206	1127	850	780	336
P	0.020	0.010	0.030	0.110	0.130	0.310	0.600	0.090

E_γ (keV)	241	200	102	81
P	0.080	0.080	0.050	0.020

^{131}Te $T_2 = 24.8$ minute

E_γ (keV)	1147	1000	950	603	493	453	150
P	0.060	0.040	0.030	0.040	0.050	0.160	0.680

Activation data for $^{131m}\text{Te} : A_1(\tau)$, dps/µg

$$A_1(\text{sat}) = 3.2560/ \quad 2$$
$$A_1(1 \text{ sec}) = 2.0893/ -3$$

$K = 1.8250/ -1$

Time intervals with respect to T_1

Hour	0.00		2.00		4.00		6.00	
0.00	0.0000/	0	1.4701/	1	2.8737/	1	4.2140/	1
8.00	5.4938/	1	6.7159/	1	7.8827/	1	8.9969/	1
16.00	1.0061/	2	1.1077/	2	1.2046/	2	1.2973/	2
24.00	1.3857/	2	1.4701/	2	1.5508/	2	1.6278/	2
32.00	1.7013/	2	1.7715/	2	1.8385/	2	1.9025/	2
40.00	1.9636/	2	2.0220/	2	2.0777/	2	2.1309/	2
48.00	2.1817/	2	2.2302/	2	2.2765/	2	2.3207/	2
56.00	2.3629/	2	2.4033/	2	2.4418/	2	2.4785/	2
64.00	2.5136/	2	2.5471/	2	2.5792/	2	2.6097/	2
72.00	2.6389/	2	2.6668/	2	2.6934/	2	2.7188/	2
80.00	2.7430/	2	2.7662/	2	2.7883/	2	2.8094/	2
88.00	2.8296/	2	2.8488/	2	2.8672/	2	2.8848/	2
96.00	2.9015/	2	2.9175/	2	2.9328/	2	2.9474/	2
104.00	2.9613/	2						

Decay factor for $^{131m}\text{Te} : D_1(t)$

Hour	0.00		2.00		4.00		6.00	
0.00	1.0000/	0	9.5485/	−1	9.1174/	−1	8.7058/	−1
8.00	8.3127/	−1	7.9374/	−1	7.5790/	−1	7.2368/	−1
16.00	6.9101/	−1	6.5981/	−1	6.3002/	−1	6.0158/	−1
24.00	5.7442/	−1	5.4848/	−1	5.2372/	−1	5.0007/	−1
32.00	4.7750/	−1	4.5594/	−1	4.3535/	−1	4.1570/	−1
40.00	3.9693/	−1	3.7901/	−1	3.6190/	−1	3.4556/	−1
48.00	3.2995/	−1	3.1506/	−1	3.0083/	−1	2.8725/	−1
56.00	2.7428/	−1	2.6190/	−1	2.5007/	−1	2.3878/	−1

Hour	0.00	2.00	4.00	6.00
64.00	2.2800/ −1	2.1771/ −1	2.0788/ −1	1.9849/ −1
72.00	1.8953/ −1	1.8097/ −1	1.7280/ −1	1.6500/ −1
80.00	1.5755/ −1	1.5044/ −1	1.4365/ −1	1.3716/ −1
88.00	1.3097/ −1	1.2506/ −1	1.1941/ −1	1.1402/ −1
96.00	1.0887/ −1	1.0395/ −1	9.9261/ −2	9.4780/ −2
104.00	9.0500/ −2	8.6414/ −2	8.2513/ −2	7.8788/ −2
112.00	7.5230/ −2	7.1834/ −2	6.8591/ −2	6.5494/ −2
120.00	6.2537/ −2	5.9713/ −2	5.7017/ −2	5.4443/ −2
128.00	5.1985/ −2	4.9638/ −2	4.7397/ −2	4.5257/ −2
136.00	4.3214/ −2	4.1263/ −2	3.9400/ −2	3.7621/ −2
144.00	3.5922/ −2	3.4300/ −2	3.2752/ −2	3.1273/ −2
152.00	2.9861/ −2	2.8513/ −2	2.7226/ −2	2.5996/ −2
160.00	2.4823/ −2	2.3702/ −2	2.2632/ −2	2.1610/ −2
168.00	2.0634/ −2	1.9703/ −2	1.8813/ −2	1.7964/ −2
176.00	1.7153/ −2	1.6378/ −2	1.5639/ −2	1.4933/ −2
184.00	1.4259/ −2	1.3615/ −2	1.3000/ −2	1.2413/ −2
192.00	1.1853/ −2	1.1318/ −2	1.0807/ −2	1.0319/ −2
200.00	9.8528/ −3	9.4080/ −3	8.9832/ −3	8.5776/ −3

Activation data for ^{131}Te : $F \cdot A_2(\tau)$

$$F \cdot A_2(\text{sat}) = -8.1400/ -1$$
$$F \cdot A_2(1 \text{ sec}) = -3.7901/ -4$$

Hour	0.00	2.00	4.00	6.00
0.00	0.0000/ 0	−7.8554/ −1	−8.1301/ −1	−8.1397/ −1
8.00	−8.1400/ −1	−8.1400/ −1	−8.1400/ −1	−8.1400/ −1
16.00	−8.1400/ −1	−8.1400/ −1	−8.1400/ −1	−8.1400/ −1
24.00	−8.1400/ −1	−8.1400/ −1	−8.1400/ −1	−8.1400/ −1
32.00	−8.1400/ −1	−8.1400/ −1	−8.1400/ −1	−8.1400/ −1
40.00	−8.1400/ −1	−8.1400/ −1	−8.1400/ −1	−8.1400/ −1
48.00	−8.1400/ −1	−8.1400/ −1	−8.1400/ −1	−8.1400/ −1
56.00	−8.1400/ −1	−8.1400/ −1	−8.1400/ −1	−8.1400/ −1
64.00	−8.1400/ −1	−8.1400/ −1	−8.1400/ −1	−8.1400/ −1
72.00	−8.1400/ −1	−8.1400/ −1	−8.1400/ −1	−8.1400/ −1
80.00	−8.1400/ −1	−8.1400/ −1	−8.1400/ −1	−8.1400/ −1
88.00	−8.1400/ −1	−8.1400/ −1	−8.1400/ −1	−8.1400/ −1
96.00	−8.1400/ −1	−8.1400/ −1	−8.1400/ −1	−8.1400/ −1

Decay factor for ^{131}Te : $D_2(t)$

Hour	0.00	2.00	4.00	6.00
0.00	1.0000/ 0	3.4971/ −2	1.2230/ −3	4.2770/ −5
8.00	1.4957/ −6	5.2307/ −8	1.8293/ −9	6.3972/−11
16.00	2.2372/−12	7.8237/−14	2.7361/−15	9.5684/−17

*

Activation data for ^{131m}Te : $A_1(\tau)$, dps/μg

$$A_1(\text{sat}) = 3.2560/\quad 2$$
$$A_1(1\ \text{sec}) = 2.0893/\ -3$$

$K = 1.8250/\ -1$

Time intervals with respect to T_2

Minute	0.00		1.00		2.00		3.00	
0.00	0.0000/	0	1.2533/	−1	2.5062/	−1	3.7585/	−1
4.00	5.0104/	−1	6.2618/	−1	7.5127/	−1	8.7631/	−1
8.00	1.0013/	0	1.1263/	0	1.2512/	0	1.3760/	0
12.00	1.5008/	0	1.6256/	0	1.7503/	0	1.8749/	0
16.00	1.9995/	0	2.1241/	0	2.2486/	0	2.3731/	0
20.00	2.4975/	0	2.6219/	0	2.7462/	0	2.8705/	0
24.00	2.9947/	0	3.1189/	0	3.2430/	0	3.3671/	0
28.00	3.4911/	0	3.6151/	0	3.7391/	0	3.8629/	0
32.00	3.9868/	0	4.1106/	0	4.2343/	0	4.3580/	0
36.00	4.4817/	0	4.6053/	0	4.7289/	0	4.8524/	0
40.00	4.9758/	0	5.0993/	0	5.2226/	0	5.3459/	0
44.00	5.4692/	0	5.5924/	0	5.7156/	0	5.8388/	0
48.00	5.9618/	0	6.0849/	0	6.2079/	0	6.3308/	0
52.00	6.4537/	0	6.5766/	0	6.6994/	0	6.8221/	0
56.00	6.9448/	0	7.0675/	0	7.1901/	0	7.3127/	0
60.00	7.4352/	0	7.5576/	0	7.6801/	0	7.8024/	0
64.00	7.9248/	0	8.0470/	0	8.1693/	0	8.2915/	0
68.00	8.4136/	0	8.5357/	0	8.6578/	0	8.7798/	0
72.00	8.9017/	0	9.0236/	0	9.1455/	0	9.2673/	0
76.00	9.3890/	0	9.5108/	0	9.6324/	0	9.7541/	0
80.00	9.8756/	0	9.9972/	0	1.0119/	1		

Decay factor for ^{131m}Te : $D_1(t)$

Minute	0.00		1.00		2.00		3.00	
0.00	1.0000/	0	9.9962/	−1	9.9923/	−1	9.9885/	−1
4.00	9.9846/	−1	9.9808/	−1	9.9769/	−1	9.9731/	−1
8.00	9.9692/	−1	9.9654/	−1	9.9616/	−1	9.9577/	−1
12.00	9.9539/	−1	9.9501/	−1	9.9462/	−1	9.9424/	−1
16.00	9.9386/	−1	9.9348/	−1	9.9309/	−1	9.9271/	−1
20.00	9.9233/	−1	9.9195/	−1	9.9157/	−1	9.9118/	−1
24.00	9.9080/	−1	9.9042/	−1	9.9004/	−1	9.8966/	−1
28.00	9.8928/	−1	9.8890/	−1	9.8852/	−1	9.8814/	−1
32.00	9.8776/	−1	9.8738/	−1	9.8700/	−1	9.8662/	−1
36.00	9.8624/	−1	9.8586/	−1	9.8548/	−1	9.8510/	−1
40.00	9.8472/	−1	9.8434/	−1	9.8396/	−1	9.8358/	−1
44.00	9.8320/	−1	9.8282/	−1	9.8245/	−1	9.8207/	−1
48.00	9.8169/	−1	9.8131/	−1	9.8093/	−1	9.8056/	−1
52.00	9.8018/	−1	9.7980/	−1	9.7942/	−1	9.7905/	−1
56.00	9.7867/	−1	9.7829/	−1	9.7792/	−1	9.7754/	−1
60.00	9.7716/	−1	9.7679/	−1	9.7641/	−1	9.7604/	−1
64.00	9.7566/	−1	9.7529/	−1	9.7491/	−1	9.7453/	−1
68.00	9.7416/	−1	9.7378/	−1	9.7341/	−1	9.7304/	−1

Minute	0.00	1.00	2.00	3.00
72.00	9.7266/ −1	9.7229/ −1	9.7191/ −1	9.7154/ −1
76.00	9.7116/ −1	9.7079/ −1	9.7042/ −1	9.7004/ −1
80.00	9.6967/ −1	9.6930/ −1	9.6892/ −1	9.6855/ −1
84.00	9.6818/ −1	9.6780/ −1	9.6743/ −1	9.6706/ −1
88.00	9.6669/ −1	9.6632/ −1	9.6594/ −1	9.6557/ −1
92.00	9.6520/ −1	9.6483/ −1	9.6446/ −1	9.6409/ −1
96.00	9.6371/ −1	9.6334/ −1	9.6297/ −1	9.6260/ −1
100.00	9.6223/ −1	9.6186/ −1	9.6149/ −1	9.6112/ −1
104.00	9.6075/ −1	9.6038/ −1	9.6001/ −1	9.5964/ −1
108.00	9.5927/ −1	9.5890/ −1	9.5853/ −1	9.5817/ −1
112.00	9.5780/ −1	9.5743/ −1	9.5706/ −1	9.5669/ −1
116.00	9.5632/ −1	9.5595/ −1	9.5559/ −1	9.5522/ −1
120.00	9.5485/ −1	9.5448/ −1	9.5412/ −1	9.5375/ −1
124.00	9.5338/ −1	9.5301/ −1	9.5265/ −1	9.5228/ −1
128.00	9.5191/ −1	9.5155/ −1	9.5118/ −1	9.5082/ −1
132.00	9.5045/ −1	9.5008/ −1	9.4972/ −1	9.4935/ −1
136.00	9.4899/ −1	9.4862/ −1	9.4826/ −1	9.4789/ −1
140.00	9.4753/ −1	9.4716/ −1	9.4680/ −1	9.4643/ −1
144.00	9.4607/ −1	9.4570/ −1	9.4534/ −1	9.4498/ −1
148.00	9.4461/ −1	9.4425/ −1	9.4389/ −1	9.4352/ −1
152.00	9.4316/ −1	9.4280/ −1	9.4243/ −1	9.4207/ −1
156.00	9.4171/ −1	9.4135/ −1	9.4098/ −1	9.4062/ −1

Activation data for ^{131}Te : $F \cdot A_2(\tau)$

$$F \cdot A_2(\text{sat}) = -8.1400/ -1$$
$$F \cdot A_2(1 \text{ sec}) = -3.7901/ -4$$

Minute	0.00	1.00	2.00	3.00
0.00	0.0000/ 0	−2.2431/ −2	−4.4244/ −2	−6.5456/ −2
4.00	−8.6084/ −2	−1.0614/ −1	−1.2565/ −1	−1.4462/ −1
8.00	−1.6306/ −1	−1.8100/ −1	−1.9845/ −1	−2.1541/ −1
12.00	−2.3190/ −1	−2.4794/ −1	−2.6354/ −1	−2.7871/ −1
16.00	−2.9346/ −1	−3.0781/ −1	−3.2176/ −1	−3.3532/ −1
20.00	−3.4851/ −1	−3.6134/ −1	−3.7381/ −1	−3.8594/ −1
24.00	−3.9774/ −1	−4.0921/ −1	−4.2036/ −1	−4.3121/ −1
28.00	−4.4176/ −1	−4.5202/ −1	−4.6199/ −1	−4.7169/ −1
32.00	−4.8113/ −1	−4.9030/ −1	−4.9922/ −1	−5.0789/ −1
36.00	−5.1633/ −1	−5.2453/ −1	−5.3251/ −1	−5.4027/ −1
40.00	−5.4781/ −1	−5.5514/ −1	−5.6228/ −1	−5.6921/ −1
44.00	−5.7596/ −1	−5.8252/ −1	−5.8890/ −1	−5.9510/ −1
48.00	−6.0113/ −1	−6.0700/ −1	−6.1270/ −1	−6.1825/ −1
52.00	−6.2365/ −1	−6.2889/ −1	−6.3399/ −1	−6.3895/ −1
56.00	−6.4378/ −1	−6.4847/ −1	−6.5303/ −1	−6.5746/ −1
60.00	−6.6178/ −1	−6.6597/ −1	−6.7005/ −1	−6.7402/ −1
64.00	−6.7788/ −1	−6.8163/ −1	−6.8528/ −1	−6.8882/ −1
68.00	−6.9227/ −1	−6.9563/ −1	−6.9889/ −1	−7.0206/ −1
72.00	−7.0515/ −1	−7.0815/ −1	−7.1106/ −1	−7.1390/ −1
76.00	−7.1666/ −1	−7.1934/ −1	−7.2195/ −1	−7.2449/ −1
80.00	−7.2695/ −1	−7.2935/ −1	−7.3168/ −1	

Decay factor for ^{131}Te : $D_2(t)$

Minute	0.00	1.00	2.00	3.00
0.00	1.0000/ 0	9.7244/ −1	9.4565/ −1	9.1959/ −1
4.00	8.9425/ −1	8.6960/ −1	8.4564/ −1	8.2234/ −1
8.00	7.9968/ −1	7.7764/ −1	7.5621/ −1	7.3537/ −1
12.00	7.1511/ −1	6.9540/ −1	6.7624/ −1	6.5760/ −1
16.00	6.3948/ −1	6.2186/ −1	6.0472/ −1	5.8806/ −1
20.00	5.7185/ −1	5.5610/ −1	5.4077/ −1	5.2587/ −1
24.00	5.1138/ −1	4.9729/ −1	4.8358/ −1	4.7026/ −1
28.00	4.5730/ −1	4.4470/ −1	4.3244/ −1	4.2053/ −1
32.00	4.0894/ −1	3.9767/ −1	3.8671/ −1	3.7605/ −1
36.00	3.6569/ −1	3.5561/ −1	3.4581/ −1	3.3628/ −1
40.00	3.2702/ −1	3.1801/ −1	3.0924/ −1	3.0072/ −1
44.00	2.9243/ −1	2.8438/ −1	2.7654/ −1	2.6892/ −1
48.00	2.6151/ −1	2.5430/ −1	2.4729/ −1	2.4048/ −1
52.00	2.3385/ −1	2.2741/ −1	2.2114/ −1	2.1505/ −1
56.00	2.0912/ −1	2.0336/ −1	1.9776/ −1	1.9231/ −1
60.00	1.8701/ −1	1.8185/ −1	1.7684/ −1	1.7197/ −1
64.00	1.6723/ −1	1.6262/ −1	1.5814/ −1	1.5378/ −1
68.00	1.4954/ −1	1.4542/ −1	1.4142/ −1	1.3752/ −1
72.00	1.3373/ −1	1.3004/ −1	1.2646/ −1	1.2298/ −1
76.00	1.1959/ −1	1.1629/ −1	1.1309/ −1	1.0997/ −1
80.00	1.0694/ −1	1.0399/ −1	1.0113/ −1	9.8341/ −2
84.00	9.5631/ −2	9.2996/ −2	9.0433/ −2	8.7941/ −2
88.00	8.5518/ −2	8.3161/ −2	8.0869/ −2	7.8641/ −2
92.00	7.6474/ −2	7.4366/ −2	7.2317/ −2	7.0324/ −2
96.00	6.8386/ −2	6.6502/ −2	6.4669/ −2	6.2887/ −2
100.00	6.1154/ −2	5.9469/ −2	5.7830/ −2	5.6237/ −2
104.00	5.4687/ −2	5.3180/ −2	5.1715/ −2	5.0289/ −2
108.00	4.8904/ −2	4.7556/ −2	4.6246/ −2	4.4971/ −2
112.00	4.3732/ −2	4.2527/ −2	4.1355/ −2	4.0215/ −2
116.00	3.9107/ −2	3.8029/ −2	3.6981/ −2	3.5962/ −2
120.00	3.4971/ −2	3.4008/ −2	3.3071/ −2	3.2159/ −2
124.00	3.1273/ −2	3.0411/ −2	2.9573/ −2	2.8758/ −2
128.00	2.7966/ −2	2.7195/ −2	2.6446/ −2	2.5717/ −2
132.00	2.5008/ −2	2.4319/ −2	2.3649/ −2	2.2997/ −2
136.00	2.2364/ −2	2.1747/ −2	2.1148/ −2	2.0565/ −2
140.00	1.9999/ −2	1.9447/ −2	1.8912/ −2	1.8390/ −2
144.00	1.7884/ −2	1.7391/ −2	1.6912/ −2	1.6446/ −2
148.00	1.5992/ −2	1.5552/ −2	1.5123/ −2	1.4706/ −2
152.00	1.4301/ −2	1.3907/ −2	1.3524/ −2	1.3151/ −2
156.00	1.2789/ −2	1.2436/ −2	1.2094/ −2	1.1760/ −2
160.00	1.1436/ −2	1.1121/ −2	1.0815/ −2	1.0517/ −2
164.00	1.0227/ −2			

Note: ^{131}Te decays to ^{131}I which is not tabulated.
See also ^{130}Te(n, γ)^{131}Te → ^{131}I and ^{130}Te(n, γ)^{131m}Te → ^{131}I

$$^{130}\text{Te}(\text{n}, \gamma)^{131\text{m}}\text{Te} \rightarrow {}^{131}\text{I}$$

$M = 127.60$ $\qquad G = 34.49\%$ $\qquad\qquad \sigma_{\text{ac}} = 0.02$ barn,

$^{131\text{m}}$**Te** $\qquad T_1 = 30$ hour

E_γ (keV)	1965	1860	1629	1206	1127	850	780	336
P	0.020	0.010	0.030	0.110	0.130	0.310	0.600	0.090

E_γ (keV)	241	200	102	81
P	0.080	0.080	0.050	0.020

^{131}**I** $\qquad T_2 = 8.05$ day

E_γ (keV)	723	637	364	284	80
P	0.016	0.068	0.820	0.054	0.026

Activation data for $^{131\text{m}}$Te : $A_1(\tau)$, dps/μg

$A_1(\text{sat}) = 3.2560/\ 2$

$A_1(1 \text{ sec}) = 2.0893/\ -3$

$K = -1.5073/\ -1$

Time intervals with respect to T_1

Hour	0.00		2.00		4.00		6.00	
0.00	0.0000/	0	1.4701/	1	2.8737/	1	4.2140/	1
8.00	5.4938/	1	6.7159/	1	7.8827/	1	8.9969/	1
16.00	1.0061/	2	1.1077/	2	1.2046/	2	1.2973/	2
24.00	1.3857/	2	1.4701/	2	1.5508/	2	1.6278/	2
32.00	1.7013/	2	1.7715/	2	1.8385/	2	1.9025/	2
40.00	1.9636/	2	2.0220/	2	2.0777/	2	2.1309/	2
48.00	2.1817/	2	2.2302/	2	2.2765/	2	2.3207/	2
56.00	2.3629/	2	2.4033/	2	2.4418/	2	2.4785/	2
64.00	2.5136/	2	2.5471/	2	2.5792/	2	2.6097/	2
72.00	2.6389/	2	2.6668/	2	2.6934/	2	2.7188/	2
80.00	2.7430/	2	2.7662/	2	2.7883/	2	2.8094/	2
88.00	2.8296/	2	2.8488/	2	2.8672/	2	2.8848/	2
96.00	2.9015/	2	2.9175/	2	2.9328/	2	2.9474/	2
104.00	2.9613/	2						

Decay factor for $^{131\text{m}}$Te : $D_1(t)$

Hour	0.00		2.00		4.00		6.00	
0.00	1.0000/	0	9.5485/	-1	9.1174/	-1	8.7058/	-1
8.00	8.3127/	-1	7.9374/	-1	7.5790/	-1	7.2368/	-1
16.00	6.9101/	-1	6.5981/	-1	6.3002/	-1	6.0158/	-1
24.00	5.7442/	-1	5.4848/	-1	5.2372/	-1	5.0007/	-1

Hour	0.00	2.00	4.00	6.00
32.00	4.7750/ −1	4.5594/ −1	4.3535/ −1	4.1570/ −1
40.00	3.9693/ −1	3.7901/ −1	3.6190/ −1	3.4556/ −1
48.00	3.2995/ −1	3.1506/ −1	3.0083/ −1	2.8725/ −1
56.00	2.7428/ −1	2.6190/ −1	2.5007/ −1	2.3878/ −1
64.00	2.2800/ −1	2.1771/ −1	2.0788/ −1	1.9849/ −1
72.00	1.8953/ −1	1.8097/ −1	1.7280/ −1	1.6500/ −1
80.00	1.5755/ −1	1.5044/ −1	1.4365/ −1	1.3716/ −1
88.00	1.3097/ −1	1.2506/ −1	1.1941/ −1	1.1402/ −1
96.00	1.0887/ −1	1.0395/ −1	9.9261/ −2	9.4780/ −2
104.00	9.0500/ −2	8.6414/ −2	8.2513/ −2	7.8788/ −2
112.00	7.5230/ −2	7.1834/ −2	6.8591/ −2	6.5494/ −2
120.00	6.2537/ −2	5.9713/ −2	5.7017/ −2	5.4443/ −2
128.00	5.1985/ −2	4.9638/ −2	4.7397/ −2	4.5257/ −2
136.00	4.3214/ −2	4.1263/ −2	3.9400/ −2	3.7621/ −2
144.00	3.5922/ −2	3.4300/ −2	3.2752/ −2	3.1273/ −2
152.00	2.9861/ −2	2.8513/ −2	2.7226/ −2	2.5996/ −2
160.00	2.4823/ −2	2.3702/ −2	2.2632/ −2	2.1610/ −2
168.00	2.0634/ −2	1.9703/ −2	1.8813/ −2	1.7964/ −2
176.00	1.7153/ −2	1.6378/ −2	1.5639/ −2	1.4933/ −2
184.00	1.4259/ −2	1.3615/ −2	1.3000/ −2	1.2413/ −2
192.00	1.1853/ −2	1.1318/ −2	1.0807/ −2	1.0319/ −2

Activation data for ^{131}I : $F \cdot A_2(\tau)$

$$F \cdot A_2(\text{sat}) = 3.1606/ \quad 2$$

$$F \cdot A_2(1 \text{ sec}) = 3.1491/ \ −4$$

Hour	0.00		2.00		4.00		6.00	
0.00	0.0000/	0	2.2593/	0	4.5024/	0	6.7295/	0
8.00	8.9407/	0	1.1136/	1	1.3316/	1	1.5480/	1
16.00	1.7628/	1	1.9762/	1	2.1880/	1	2.3983/	1
24.00	2.6070/	1	2.8143/	1	3.0201/	1	3.2245/	1
32.00	3.4274/	1	3.6288/	1	3.8288/	1	4.0273/	1
40.00	4.2245/	1	4.4202/	1	4.6145/	1	4.8075/	1
48.00	4.9990/	1	5.1892/	1	5.3781/	1	5.5656/	1
56.00	5.7517/	1	5.9365/	1	6.1200/	1	6.3022/	1
64.00	6.4831/	1	6.6626/	1	6.8410/	1	7.0180/	1
72.00	7.1937/	1	7.3682/	1	7.5415/	1	7.7135/	1
80.00	7.8843/	1	8.0539/	1	8.2222/	1	8.3894/	1
88.00	8.5553/	1	8.7201/	1	8.8837/	1	9.0461/	1
96.00	9.2074/	1	9.3675/	1	9.5265/	1	9.6843/	1

Decay factor for ^{131}I : $D_2(t)$

Hour	0.00		2.00	4.00	6.00
0.00	1.0000/	0	9.9285/ −1	9.8575/ −1	9.7871/ −1
8.00	9.7171/ −1		9.6477/ −1	9.5787/ −1	9.5102/ −1
16.00	9.4422/ −1		9.3747/ −1	9.3077/ −1	9.2412/ −1

Hour	0.00	2.00	4.00	6.00
24.00	9.1751/ -1	9.1096/ -1	9.0444/ -1	8.9798/ -1
32.00	8.9156/ -1	8.8519/ -1	8.7886/ -1	8.7258/ -1
40.00	8.6634/ -1	8.6015/ -1	8.5400/ -1	8.4789/ -1
48.00	8.4183/ -1	8.3582/ -1	8.2984/ -1	8.2391/ -1
56.00	8.1802/ -1	8.1217/ -1	8.0637/ -1	8.0060/ -1
64.00	7.9488/ -1	7.8920/ -1	7.8356/ -1	7.7795/ -1
72.00	7.7239/ -1	7.6687/ -1	7.6139/ -1	7.5595/ -1
80.00	7.5054/ -1	7.4518/ -1	7.3985/ -1	7.3456/ -1
88.00	7.2931/ -1	7.2410/ -1	7.1892/ -1	7.1378/ -1
96.00	7.0868/ -1	7.0362/ -1	6.9859/ -1	6.9359/ -1
104.00	6.8864/ -1	6.8371/ -1	6.7883/ -1	6.7397/ -1
112.00	6.6916/ -1	6.6437/ -1	6.5962/ -1	6.5491/ -1
120.00	6.5023/ -1	6.4558/ -1	6.4096/ -1	6.3638/ -1
128.00	6.3183/ -1	6.2732/ -1	6.2283/ -1	6.1838/ -1
136.00	6.1396/ -1	6.0957/ -1	6.0521/ -1	6.0089/ -1
144.00	5.9659/ -1	5.9233/ -1	5.8809/ -1	5.8389/ -1
152.00	5.7972/ -1	5.7557/ -1	5.7146/ -1	5.6737/ -1
160.00	5.6332/ -1	5.5929/ -1	5.5529/ -1	5.5132/ -1
168.00	5.4738/ -1	5.4347/ -1	5.3958/ -1	5.3573/ -1
176.00	5.3190/ -1	5.2810/ -1	5.2432/ -1	5.2057/ -1

*

Activation data for ^{131m}Te : $A_1(\tau)$, dps/μg

$$A_1(\text{sat}) = 3.2560/ \quad 2$$
$$A_1(1 \text{ sec}) = 2.0893/ \ -3$$

$K = -1.5073/ \ -1$

Time intervals with respect to T_2

Day	0.00		0.50		1.00		1.50	
0.00	0.0000/	0	7.8827/	1	1.3857/	2	1.8385/	2
2.00	2.1817/	2	2.4418/	2	2.6389/	2	2.7883/	2
4.00	2.9015/	2	2.9873/	2	3.0524/	2	3.1017/	2
6.00	3.1390/	2	3.1674/	2	3.1888/	2	3.2051/	2
8.00	3.2174/	2	3.2268/	2	3.2338/	2	3.2392/	2
10.00	3.2433/	2	3.2464/	2	3.2487/	2	3.2505/	2
12.00	3.2518/	2	3.2528/	2	3.2536/	2	3.2542/	2
14.00	3.2546/	2	3.2550/	2	3.2552/	2	3.2554/	2
16.00	3.2555/	2	3.2557/	2	3.2557/	2	3.2558/	2
18.00	3.2559/	2	3.2559/	2	3.2559/	2	3.2559/	2
20.00	3.2560/	2	3.2560/	2	3.2560/	2	3.2560/	2
22.00	3.2560/	2	3.2560/	2	3.2560/	2	3.2560/	2
24.00	3.2560/	2	3.2560/	2	3.2560/	2	3.2560/	2
26.00	3.2560/	2	3.2560/	2	3.2560/	2	3.2560/	2

Decay factor for ^{131m}Te : $D_1(t)$

Day	0.00	0.50	1.00	1.50
0.00	1.0000/ 0	7.5790/ −1	5.7442/ −1	4.3535/ −1
2.00	3.2995/ −1	2.5007/ −1	1.8953/ −1	1.4365/ −1
4.00	1.0887/ −1	8.2513/ −2	6.2537/ −2	4.7397/ −2
6.00	3.5922/ −2	2.7226/ −2	2.0634/ −2	1.5639/ −2
8.00	1.1853/ −2	8.9832/ −3	6.8084/ −3	5.1601/ −3
10.00	3.9109/ −3	2.9640/ −3	2.2465/ −3	1.7026/ −3
12.00	1.2904/ −3	9.7800/ −4	7.4123/ −4	5.6178/ −4
14.00	4.2577/ −4	3.2270/ −4	2.4457/ −4	1.8536/ −4
16.00	1.4049/ −4	1.0648/ −4	8.0698/ −5	6.1161/ −5
18.00	4.6354/ −5	3.5132/ −5	2.6627/ −5	2.0180/ −5
20.00	1.5295/ −5	1.1592/ −5	8.7856/ −6	6.6586/ −6
22.00	5.0466/ −6	3.8248/ −6	2.8988/ −6	2.1970/ −6
24.00	1.6651/ −6	1.2620/ −6	9.5649/ −7	7.2492/ −7
26.00	5.4942/ −7	4.1641/ −7	3.1560/ −7	2.3919/ −7
28.00	1.8128/ −7	1.3740/ −7	1.0413/ −7	7.8922/ −8
30.00	5.9816/ −8	4.5334/ −8	3.4359/ −8	2.6041/ −8
32.00	1.9736/ −8	1.4958/ −8	1.1337/ −8	8.5923/ −9
34.00	6.5121/ −9	4.9356/ −9	3.7407/ −9	2.8351/ −9
36.00	2.1487/ −9	1.6285/ −9	1.2343/ −9	9.3544/ −10
38.00	7.0898/ −10	5.3733/ −10	4.0725/ −10	3.0865/ −10
40.00	2.3393/ −10	1.7730/ −10	1.3437/ −10	1.0184/ −10

Activation data for ^{131}I : $F \cdot A_2(\tau)$

$$F \cdot A_2(\text{sat}) = 3.1606/ \quad 2$$
$$F \cdot A_2(1 \text{ sec}) = 3.1491/ \ -4$$

Day	0.00		0.50		1.00		1.50	
0.00	0.0000/	0	1.3316/	1	2.6070/	1	3.8288/	1
2.00	4.9990/	1	6.1200/	1	7.1937/	1	8.2222/	1
4.00	9.2074/	1	1.0151/	2	1.1055/	2	1.1921/	2
6.00	1.2750/	2	1.3545/	2	1.4305/	2	1.5034/	2
8.00	1.5733/	2	1.6401/	2	1.7042/	2	1.7655/	2
10.00	1.8243/	2	1.8806/	2	1.9345/	2	1.9862/	2
12.00	2.0357/	2	2.0831/	2	2.1285/	2	2.1720/	2
14.00	2.2136/	2	2.2535/	2	2.2917/	2	2.3283/	2
16.00	2.3634/	2	2.3970/	2	2.4291/	2	2.4600/	2
18.00	2.4895/	2	2.5178/	2	2.5448/	2	2.5708/	2
20.00	2.5956/	2	2.6194/	2	2.6422/	2	2.6641/	2
22.00	2.6850/	2	2.7050/	2	2.7242/	2	2.7426/	2
24.00	2.7602/	2	2.7771/	2	2.7932/	2	2.8087/	2
26.00	2.8235/	2	2.8377/	2	2.8513/	2	2.8644/	2

Decay factor for ^{131}I : $D_2(t)$

Day	0.00	0.50	1.00	1.50
0.00	1.0000/ 0	9.5787/ −1	9.1751/ −1	8.7886/ −1
2.00	8.4183/ −1	8.0637/ −1	7.7239/ −1	7.3985/ −1
4.00	7.0868/ −1	6.7883/ −1	6.5023/ −1	6.2283/ −1

Day	0.00	0.50	1.00	1.50
6.00	5.9659/ −1	5.7146/ −1	5.4738/ −1	5.2432/ −1
8.00	5.0223/ −1	4.8107/ −1	4.6080/ −1	4.4139/ −1
10.00	4.2279/ −1	4.0498/ −1	3.8792/ −1	3.7158/ −1
12.00	3.5592/ −1	3.4093/ −1	3.2656/ −1	3.1281/ −1
14.00	2.9963/ −1	2.8700/ −1	2.7491/ −1	2.6333/ −1
16.00	2.5224/ −1	2.4161/ −1	2.3143/ −1	2.2168/ −1
18.00	2.1234/ −1	2.0339/ −1	1.9483/ −1	1.8662/ −1
20.00	1.7875/ −1	1.7122/ −1	1.6401/ −1	1.5710/ −1
22.00	1.5048/ −1	1.4414/ −1	1.3807/ −1	1.3225/ −1
24.00	1.2668/ −1	1.2134/ −1	1.1623/ −1	1.1133/ −1
26.00	1.0664/ −1	1.0215/ −1	9.7847/ −2	9.3725/ −2
28.00	8.9776/ −2	8.5994/ −2	8.2371/ −2	7.8901/ −2
30.00	7.5577/ −2	7.2393/ −2	6.9343/ −2	6.6421/ −2
32.00	6.3623/ −2	6.0942/ −2	5.8375/ −2	5.5916/ −2
34.00	5.3560/ −2	5.1303/ −2	4.9142/ −2	4.7072/ −2
36.00	4.5088/ −2	4.3189/ −2	4.1369/ −2	3.9626/ −2
38.00	3.7957/ −2	3.6358/ −2	3.4826/ −2	3.3359/ −2
40.00	3.1953/ −2	3.0607/ −2	2.9318/ −2	2.8082/ −2
42.00	2.6899/ −2	2.5766/ −2	2.4681/ −2	2.3641/ −2
44.00	2.2645/ −2	2.1691/ −2	2.0777/ −2	1.9902/ −2
46.00	1.9063/ −2	1.8260/ −2	1.7491/ −2	2.6754/ −2
48.00	1.6048/ −2	1.5372/ −2	1.4724/ −2	1.4104/ −2
50.00	1.3510/ −2	1.2941/ −2	1.2395/ −2	1.1873/ −2
52.00	1.1373/ −2	1.0894/ −2	1.0435/ −2	9.9952/ −3
54.00	9.5741/ −3	9.1707/ −3	8.7844/ −3	8.4143/ −3

See also ^{130}Te(n, γ)^{131}Te → ^{131}I and ^{130}Te(n, γ)^{131m}Te → ^{131}Te

$^{127}\text{I}(\text{n}, \gamma)^{128}\text{I}$

$M = 126.904$ $G = 100\%$ $\sigma_{\text{ac}} = 6.2$ barn,

^{128}I $T_1 = 25.08$ minute

E_γ (keV)	528	441
P	0.014	0.140

Activation data for ^{128}I : $A_1(\tau)$, dps/μg

$A_1(\text{sat})\quad = 2.9426/\ 5$

$A_1(1\ \text{sec}) = 1.3548/\ 2$

Minute	0.00		1.00		2.00		3.00	
0.00	0.0000/	0	8.0195/	3	1.5820/	4	2.3409/	4
4.00	3.0790/	4	3.7971/	4	4.4955/	4	5.1750/	4
8.00	5.8359/	4	6.4788/	4	7.1042/	4	7.7125/	4
12.00	8.3043/	4	8.8799/	4	9.4399/	4	9.9846/	4
16.00	1.0514/	5	1.1030/	5	1.1531/	5	1.2019/	5
20.00	1.2493/	5	1.2955/	5	1.3404/	5	1.3840/	5
24.00	1.4265/	5	1.4678/	5	1.5080/	5	1.5471/	5
28.00	1.5851/	5	1.6221/	5	1.6581/	5	1.6931/	5
32.00	1.7272/	5	1.7603/	5	1.7925/	5	1.8239/	5
36.00	1.8544/	5	1.8840/	5	1.9129/	5	1.9409/	5
40.00	1.9682/	5	1.9948/	5	2.0206/	5	2.0457/	5
44.00	2.0702/	5	2.0940/	5	2.1171/	5	2.1396/	5
48.00	2.1615/	5	2.1828/	5	2.2035/	5	2.2236/	5
52.00	2.2432/	5	2.2623/	5	2.2808/	5	2.2988/	5
56.00	2.3164/	5	2.3334/	5	2.3500/	5	2.3662/	5
60.00	2.3819/	5	2.3972/	5	2.4121/	5	2.4265/	5
64.00	2.4406/	5	2.4543/	5	2.4676/	5	2.4805/	5
68.00	2.4931/	5	2.5054/	5	2.5173/	5	2.5289/	5
72.00	2.5401/	5	2.5511/	5	2.5618/	5	2.5722/	5
76.00	2.5822/	5	2.5921/	5	2.6016/	5	2.6109/	5
80.00	2.6200/	5	2.6287/	5	2.6373/	5	2.6456/	5
84.00	2.6537/	5	2.6616/	5	2.6692/	5	2.6767/	5

Decay factor for ^{128}I : $D_1(\text{t})$

Minute	0.00		1.00		2.00		3.00	
0.00	1.0000/	0	9.7275/	−1	9.4624/	−1	9.2045/	−1
4.00	8.9536/	−1	8.7096/	−1	8.4722/	−1	8.2413/	−1
8.00	8.0167/	−1	7.7983/	−1	7.5857/	−1	7.3790/	−1
12.00	7.1779/	−1	6.9823/	−1	6.7920/	−1	6.6069/	−1
16.00	6.4268/	−1	6.2517/	−1	6.0813/	−1	5.9156/	−1
20.00	5.7543/	−1	5.5975/	−1	5.4450/	−1	5.2966/	−1
24.00	5.1522/	−1	5.0118/	−1	4.8752/	−1	4.7423/	−1
28.00	4.6131/	−1	4.4874/	−1	4.3651/	−1	4.2461/	−1
32.00	4.1304/	−1	4.0178/	−1	3.9083/	−1	3.8018/	−1

Minute	0.00	1.00	2.00	3.00
36.00	3.6982/ −1	3.5974/ −1	3.4994/ −1	3.4040/ −1
40.00	3.3112/ −1	3.2210/ −1	3.1332/ −1	3.0478/ −1
44.00	2.9648/ −1	2.8840/ −1	2.8054/ −1	2.7289/ −1
48.00	2.6545/ −1	2.5822/ −1	2.5118/ −1	2.4434/ −1
52.00	2.3768/ −1	2.3120/ −1	2.2490/ −1	2.1877/ −1
56.00	2.1281/ −1	2.0701/ −1	2.0137/ −1	1.9588/ −1
60.00	1.9054/ −1	1.8535/ −1	1.8030/ −1	1.7538/ −1
64.00	1.7060/ −1	1.6595/ −1	1.6143/ −1	1.5703/ −1
68.00	1.5275/ −1	1.4859/ −1	1.4454/ −1	1.4060/ −1
72.00	1.3677/ −1	1.3304/ −1	1.2941/ −1	1.2589/ −1
76.00	1.2246/ −1	1.1912/ −1	1.1587/ −1	1.1271/ −1
80.00	1.0964/ −1	1.0665/ −1	1.0375/ −1	1.0092/ −1
84.00	9.8170/ −2	9.5495/ −2	9.2892/ −2	9.0361/ −2
88.00	8.7898/ −2	8.5502/ −2	8.3172/ −2	8.0905/ −2
92.00	7.8701/ −2	7.6556/ −2	7.4469/ −2	7.2440/ −2
96.00	7.0466/ −2	6.8545/ −2	6.6677/ −2	6.4860/ −2
100.00	6.3092/ −2	6.1373/ −2	5.9700/ −2	5.8073/ −2
104.00	5.6490/ −2	5.4951/ −2	5.3453/ −2	5.1996/ −2
108.00	5.0579/ −2	4.9201/ −2	4.7860/ −2	4.6556/ −2
112.00	4.5287/ −2	4.4053/ −2	4.2852/ −2	4.1684/ −2
116.00	4.0548/ −2	3.9443/ −2	3.8368/ −2	3.7323/ −2
120.00	3.6305/ −2	3.5316/ −2	3.4353/ −2	3.3417/ −2
124.00	3.2506/ −2	3.1621/ −2	3.0759/ −2	2.9921/ −2
128.00	2.9105/ −2	2.8312/ −2	2.7540/ −2	2.6790/ −2
132.00	2.6060/ −2	2.5349/ −2	2.4659/ −2	2.3987/ −2
136.00	2.3333/ −2	2.2697/ −2	2.2078/ −2	2.1477/ −2
140.00	2.0891/ −2	2.0322/ −2	1.9768/ −2	1.9229/ −2
144.00	1.8705/ −2	1.8196/ −2	1.7700/ −2	1.7217/ −2
148.00	1.6748/ −2	1.6292/ −2	1.5848/ −2	1.5416/ −2
152.00	1.4996/ −2	1.4587/ −2	1.4189/ −2	1.3803/ −2
156.00	1.3426/ −2	1.3061/ −2	1.2705/ −2	1.2358/ −2
160.00	1.2022/ −2	1.1694/ −2	1.1375/ −2	1.1065/ −2
164.00	1.0764/ −2	1.0470/ −2	1.0185/ −2	9.9074/ −3
168.00	9.6374/ −3	9.3747/ −3	9.1192/ −3	8.8707/ −3

$$^{124}\text{Xe}(n, \gamma)^{125}\text{Xe} \rightarrow {}^{125}\text{I}$$

$M = 131.30$ $\qquad\qquad G = 0.096\%$ $\qquad\qquad \sigma_{ac} = 100$ barn,

^{125}Xe $\qquad$ $T_1 = 17$ hour

E_γ (keV)

P

^{125}I $\qquad$ $T_2 = 60.2$ day

E_γ (keV) $\quad$ 35

P $\qquad$ 0.070

Activation data for ^{125}Xe : $A_1(\tau)$, dps/μg

$A_1(\text{sat})\quad = 4.4037/ \quad 3$

$A_1(1\text{ sec}) = 4.9865/\ -2$

$K = -1.1906/\ -2$

Time intervals with respect to T_1

Hour	0.00		1.00		2.00		3.00	
0.00	0.0000/	0	1.7591/	2	3.4479/	2	5.0692/	2
4.00	6.6258/	2	8.1202/	2	9.5549/	2	1.0932/	3
8.00	1.2255/	3	1.3524/	3	1.4743/	3	1.5913/	3
12.00	1.7037/	3	1.8115/	3	1.9151/	3	2.0145/	3
16.00	2.1099/	3	2.2015/	3	2.2895/	3	2.3740/	3
20.00	2.4550/	3	2.5329/	3	2.6076/	3	2.6793/	3
24.00	2.7482/	3	2.8144/	3	2.8778/	3	2.9388/	3
28.00	2.9973/	3	3.0535/	3	3.1074/	3	3.1592/	3
32.00	3.2089/	3	3.2566/	3	3.3025/	3	3.3465/	3
36.00	3.3887/	3	3.4292/	3	3.4682/	3	3.5055/	3
40.00	3.5414/	3	3.5759/	3	3.6089/	3	3.6407/	3
44.00	3.6711/	3	3.7004/	3	3.7285/	3	3.7555/	3
48.00	3.7814/	3	3.8062/	3	3.8301/	3	3.8530/	3
52.00	3.8750/	3	3.8961/	3	3.9164/	3	3.9359/	3
56.00	3.9546/	3	3.9725/	3	3.9897/	3	4.0063/	3
60.00	4.0221/	3						

Decay factor for ^{125}Xe : $D_1(t)$

Hour	0.00		1.00		2.00		3.00	
0.00	1.0000/	0	9.6005/	-1	9.2171/	-1	8.8489/	-1
4.00	8.4954/	-1	8.1561/	-1	7.8303/	-1	7.5175/	-1
8.00	7.2172/	-1	6.9289/	-1	6.6521/	-1	6.3864/	-1
12.00	6.1313/	-1	5.8864/	-1	5.6513/	-1	5.4255/	-1
16.00	5.2088/	-1	5.0000/	-1	4.8010/	-1	4.6092/	-1
20.00	4.4251/	-1	4.2483/	-1	4.0786/	-1	3.9157/	-1

Hour	0.00	1.00	2.00	3.00
24.00	3.7593/ −1	3.6091/ −1	3.4650/ −1	3.3266/ −1
28.00	3.1937/ −1	3.0661/ −1	2.9436/ −1	2.8260/ −1
32.00	2.7132/ −1	2.6048/ −1	2.5007/ −1	2.4008/ −1
36.00	2.3049/ −1	2.2129/ −1	2.1245/ −1	2.0396/ −1
40.00	1.9581/ −1	1.8799/ −1	1.8048/ −1	1.7327/ −1
44.00	1.6635/ −1	1.5971/ −1	1.5333/ −1	1.4720/ −1
48.00	1.4132/ −1	1.3568/ −1	1.3026/ −1	1.2506/ −1
52.00	1.2006/ −1	1.1526/ −1	1.1066/ −1	1.0624/ −1
56.00	1.0200/ −1	9.7922/ −2	9.4010/ −2	9.0255/ −2
60.00	8.6650/ −2	8.3188/ −2	7.9865/ −2	7.6675/ −2
64.00	7.3612/ −2	7.0672/ −2	6.7849/ −2	6.5139/ −2
68.00	6.2537/ −2	6.0039/ −2	5.7641/ −2	5.5338/ −2
72.00	5.3128/ −2	5.1005/ −2	4.8968/ −2	4.7012/ −2
76.00	4.5134/ −2	4.3331/ −2	4.1600/ −2	3.9939/ −2
80.00	3.8343/ −2	3.6812/ −2	3.5341/ −2	3.3929/ −2
84.00	3.2574/ −2	3.1273/ −2	3.0024/ −2	2.8825/ −2
88.00	2.7673/ −2	2.6568/ −2	2.5506/ −2	2.4488/ −2
92.00	2.3509/ −2	2.2570/ −2	2.1669/ −2	2.0803/ −2
96.00	1.9972/ −2	1.9174/ −2	1.8409/ −2	1.7673/ −2
100.00	1.6967/ −2	1.6289/ −2	1.5639/ −2	1.5014/ −2
104.00	1.4414/ −2	1.3839/ −2	1.3286/ −2	1.2755/ −2
108.00	1.2246/ −2	1.1756/ −2	1.1287/ −2	1.0836/ −2
112.00	1.0403/ −2	9.9876/ −3	9.5886/ −3	9.2056/ −3
116.00	8.8379/ −3	8.4849/ −3	8.1459/ −3	7.8206/ −3

Activation data for $^{125}I : F \cdot A_2(\tau)$

$$F \cdot A_2(\text{sat}) \quad = 4.4561/ \quad 3$$
$$F \cdot A_2(1 \text{ sec}) = 5.9372/ \ -4$$

Hour	0.00		1.00		2.00		3.00	
0.00	0.0000/	0	2.1369/	0	4.2727/	0	6.4075/	0
4.00	8.5413/	0	1.0674/	1	1.2806/	1	1.4937/	1
8.00	1.7066/	1	1.9195/	1	2.1323/	1	2.3449/	1
12.00	2.5575/	1	2.7700/	1	2.9823/	1	3.1946/	1
16.00	3.4067/	1	3.6188/	1	3.8307/	1	4.0426/	1
20.00	4.2543/	1	4.4660/	1	4.6775/	1	4.8890/	1
24.00	5.1003/	1	5.3115/	1	5.5227/	1	5.7337/	1
28.00	5.9447/	1	6.1555/	1	6.3662/	1	6.5769/	1
32.00	6.7874/	1	6.9978/	1	7.2082/	1	7.4184/	1
36.00	7.6285/	1	7.8386/	1	8.0485/	1	8.2583/	1
40.00	8.4680/	1	8.6777/	1	8.8872/	1	9.0966/	1
44.00	9.3059/	1	9.5152/	1	9.7243/	1	9.9333/	1
48.00	1.0142/	2	1.0351/	2	1.0560/	2	1.0768/	2
52.00	1.0977/	2	1.1185/	2	1.1394/	2	1.1602/	2
56.00	1.1810/	2	1.2018/	2	1.2226/	2	1.2434/	2

Decay factor for ^{125}I : $D_2(t)$

Hour	0.00	1.00	2.00	3.00
0.00	1.0000/ 0	9.9952/ −1	9.9904/ −1	9.9856/ −1
4.00	9.9808/ −1	9.9760/ −1	9.9713/ −1	9.9663/ −1
8.00	9.9617/ −1	9.9569/ −1	9.9521/ −1	9.9474/ −1
12.00	9.9426/ −1	9.9378/ −1	9.9331/ −1	9.9283/ −1
16.00	9.9235/ −1	9.9188/ −1	9.9140/ −1	9.9093/ −1
20.00	9.9045/ −1	9.8998/ −1	9.8950/ −1	9.8903/ −1
24.00	9.8855/ −1	9.8808/ −1	9.8761/ −1	9.8713/ −1
28.00	9.8666/ −1	9.8619/ −1	9.8517/ −1	9.8524/ −1
32.00	9.8477/ −1	9.8430/ −1	9.8382/ −1	9.8335/ −1
36.00	9.8288/ −1	9.8241/ −1	9.8194/ −1	9.8147/ −1
40.00	9.8100/ −1	9.8053/ −1	9.8006/ −1	9.7959/ −1
44.00	9.7912/ −1	9.7865/ −1	9.7818/ −1	9.7771/ −1
48.00	9.7724/ −1	9.7677/ −1	9.7630/ −1	9.7583/ −1
52.00	9.7537/ −1	9.7490/ −1	9.7443/ −1	9.7396/ −1
56.00	9.7350/ −1	9.7303/ −1	9.7256/ −1	9.7210/ −1
60.00	9.7163/ −1	9.7117/ −1	9.7070/ −1	9.7023/ −1
64.00	9.6977/ −1	9.6930/ −1	9.6884/ −1	9.6837/ −1
68.00	9.6791/ −1	9.6745/ −1	9.6698/ −1	9.6652/ −1
72.00	9.6605/ −1	9.6559/ −1	9.6513/ −1	9.6467/ −1
76.00	9.6420/ −1	9.6374/ −1	9.6328/ −1	9.6282/ −1
80.00	9.6235/ −1	9.6189/ −1	9.6143/ −1	9.6097/ −1
84.00	9.6051/ −1	9.6005/ −1	9.5959/ −1	9.5913/ −1
88.00	9.5867/ −1	9.5821/ −1	9.5775/ −1	9.5729/ −1
92.00	9.5683/ −1	9.5637/ −1	9.5591/ −1	9.5546/ −1
96.00	9.5500/ −1	9.5454/ −1	9.5408/ −1	9.5362/ −1
100.00	9.5317/ −1	9.5271/ −1	9.5225/ −1	9.5180/ −1
104.00	9.5134/ −1	9.5088/ −1	9.5043/ −1	9.4997/ −1
108.00	9.4952/ −1	9.4906/ −1	9.4861/ −1	9.4815/ −1
112.00	9.4770/ −1	9.4724/ −1	9.4679/ −1	9.4633/ −1
116.00	9.4588/ −1	9.4543/ −1	9.4497/ −1	9.4452/ −1
120.00	9.4407/ −1			

*

Activation data for ^{125}Xe : $A_1(\tau)$, dps/μg

$$A_1(\text{sat}) = 4.4037/ \quad 3$$
$$A_1(1 \text{ sec}) = 4.9865/ \quad -2$$

$K = -1.1906/ \quad -2$

Time intervals with respect to T_2

Day	0.00	4.00	8.00	12.00
0.00	0.0000/ 0	4.3158/ 3	4.4020/ 3	4.4037/ 3
16.00	4.4037/ 3	4.4037/ 3	4.4037/ 3	4.4037/ 3

Decay factor for ^{125}Xe : $D_1(t)$

Day	0.00	4.00	8.00	12.00
0.00	1.0000/ 0	1.9972/ −2	3.9889/ −4	7.9667/ −6
16.00	1.5911/ −7	3.1779/ −9	6.3469/−11	1.2676/−12

23

Activation data for ^{125}I : $F \cdot A_2(\tau)$

$$F \cdot A_2(\text{sat}) = 4.4561/ \quad 3$$
$$F \cdot A_2(1 \text{ sec}) = 5.9372/ \ -4$$

Day	0.00		4.00		8.00		12.00	
0.00	0.0000/	0	2.0054/	2	3.9205/	2	5.7494/	2
16.00	7.4960/	2	9.1641/	2	1.0757/	3	1.2278/	3
32.00	1.3731/	3	1.5119/	3	1.6444/	3	1.7709/	3
48.00	1.8917/	3	2.0071/	3	2.1173/	3	2.2226/	3
64.00	2.3231/	3	2.4191/	3	2.5108/	3	2.5983/	3
80.00	2.6819/	3	2.7618/	3	2.8380/	3	2.9108/	3
96.00	2.9804/	3	3.0468/	3	3.1102/	3	3.1708/	3
112.00	3.2286/	3	3.2839/	3	3.3366/	3	3.3870/	3
128.00	3.4351/	3	3.4811/	3	3.5249/	3	3.5668/	3
144.00	3.6069/	3	3.6451/	3	3.6816/	3	3.7164/	3
160.00	3.7497/	3	3.7815/	3	3.8119/	3	3.8409/	3
176.00	3.8686/	3	3.8950/	3	3.9202/	3	3.9444/	3
192.00	3.9674/	3	3.9894/	3	4.0104/	3	4.0305/	3
208.00	4.0496/	3	4.0679/	3	4.0854/	3	4.1021/	3
224.00	4.1180/	3	4.1332/	3	4.1477/	3	4.1616/	3
240.00	4.1749/	3						

Decay factor for ^{125}I : $D_2(t)$

Day	0.00		4.00		8.00		12.00	
0.00	1.0000/	0	9.5500/	−1	9.1202/	−1	8.7098/	−1
16.00	8.3178/	−1	7.9435/	−1	7.5860/	−1	7.2446/	−1
32.00	6.9186/	−1	6.6072/	−1	6.3099/	−1	6.0259/	−1
48.00	5.7548/	−1	5.4958/	−1	5.2485/	−1	5.0123/	−1
64.00	4.7867/	−1	4.5713/	−1	4.3656/	−1	4.1691/	−1
80.00	3.9815/	−1	3.8023/	−1	3.6312/	−1	3.4678/	−1
96.00	3.3117/	−1	3.1627/	−1	3.0204/	−1	2.8844/	−1
112.00	2.7546/	−1	2.6307/	−1	2.5123/	−1	2.3992/	−1
128.00	2.2912/	−1	2.1881/	−1	2.0897/	−1	1.9956/	−1
144.00	1.9058/	−1	1.8201/	−1	1.7381/	−1	1.6599/	−1
160.00	1.5852/	−1	1.5139/	−1	1.4458/	−1	1.3807/	−1
176.00	1.3186/	−1	1.2592/	−1	1.2026/	−1	1.1484/	−1
192.00	1.0968/	−1	1.0474/	−1	1.0003/	−1	9.5525/	−2
208.00	9.1226/	−2	8.7120/	−2	8.3200/	−2	7.9456/	−2
224.00	7.5880/	−2	7.2465/	−2	6.9204/	−2	6.6090/	−2
240.00	6.3115/	−2	6.0275/	−2	5.7563/	−2	5.4972/	−2
256.00	5.2498/	−2	5.0136/	−2	4.7879/	−2	4.5725/	−2
272.00	4.3667/	−2	4.1702/	−2	3.9825/	−2	3.8033/	−2
288.00	3.6321/	−2	3.4687/	−2	3.3126/	−2	3.1635/	−2
304.00	3.0211/	−2	2.8852/	−2	2.7553/	−2	2.6313/	−2
320.00	2.5129/	−2	2.3998/	−2	2.2918/	−2	2.1887/	−2
336.00	2.0902/	−2	1.9961/	−2	1.9063/	−2	1.8205/	−2
352.00	1.7386/	−2	1.6604/	−2	1.5856/	−2	1.5143/	−2
368.00	1.4461/	−2	1.3811/	−2	1.3189/	−2	1.2595/	−2
384.00	1.2029/	−2	1.1487/	−2	1.0970/	−2	1.0477/	−2
400.00	1.0005/	−2	9.5549/	−3	9.1249/	−3	8.7143/	−3
416.00	8.3221/	−3	7.9476/	−3	7.5900/	−3		

$^{128}\text{Xe}(\text{n}, \gamma)^{129\text{m}}\text{Xe}$

$M = 131.30$ $G = 1.92\%$ $\sigma_{ac} = 0.43$ barn,

$^{129\text{m}}\text{Xe}$ $T_1 = 8.0$ day

E_γ (keV)	197	40
P	0.060	0.090

Activation data for $^{129\text{m}}\text{Xe} : A_1(\tau)$, dps/µg

$A_1(\text{sat}) = 3.7872/\ \ 2$

$A_1(1\ \text{sec}) = 3.7970/\ -4$

Day	0.00		0.50		1.00		1.50	
0.00	0.0000/	0	1.6053/	1	3.1426/	1	4.6147/	1
2.00	6.0244/	1	7.3743/	1	8.6671/	1	9.9050/	1
4.00	1.1090/	2	1.2226/	2	1.3313/	2	1.4354/	2
6.00	1.5351/	2	1.6305/	2	1.7219/	2	1.8095/	2
8.00	1.8933/	2	1.9736/	2	2.0505/	2	2.1241/	2
10.00	2.1946/	2	2.2621/	2	2.3267/	2	2.3886/	2
12.00	2.4479/	2	2.5047/	2	2.5591/	2	2.6111/	2
14.00	2.6610/	2	2.7087/	2	2.7544/	2	2.7982/	2
16.00	2.8401/	2	2.8803/	2	2.9187/	2	2.9555/	2
18.00	2.9908/	2	3.0245/	2	3.0569/	2	3.0878/	2
20.00	3.1175/	2	3.1459/	2	3.1730/	2	3.1991/	2
22.00	3.2240/	2	3.2479/	2	3.2707/	2	3.2926/	2
24.00	3.3136/	2	3.3337/	2	3.3529/	2	3.3713/	2
26.00	3.3889/	2	3.4058/	2	3.4220/	2	3.4375/	2

Decay factor for $^{129\text{m}}\text{Xe} : D_1(\text{t})$

Day	0.00		0.50		1.00		1.50	
0.00	1.0000/	0	9.5761/	−1	9.1702/	−1	8.7815/	−1
2.00	8.4093/	−1	8.0528/	−1	7.7115/	−1	7.3846/	−1
4.00	7.0716/	−1	6.7718/	−1	6.4848/	−1	6.2099/	−1
6.00	5.9467/	−1	5.6946/	−1	5.4532/	−1	5.2221/	−1
8.00	5.0000/	−1	4.7888/	−1	4.5858/	−1	4.3914/	−1
10.00	4.2053/	−1	4.0270/	−1	3.8563/	−1	3.6928/	−1
12.00	3.5363/	−1	3.3864/	−1	3.2429/	−1	3.1054/	−1
14.00	2.9738/	−1	2.8477/	−1	2.7270/	−1	2.6114/	−1
16.00	2.5000/	−1	2.3947/	−1	2.2932/	−1	2.1960/	−1
18.00	2.1029/	−1	2.0138/	−1	1.9284/	−1	1.8467/	−1
20.00	1.7684/	−1	1.6935/	−1	1.6217/	−1	1.5529/	−1
22.00	1.4871/	−1	1.4241/	−1	1.3637/	−1	1.3059/	−1
24.00	1.2500/	−1	1.1975/	−1	1.1468/	−1	1.0982/	−1
26.00	1.0516/	−1	1.0070/	−1	9.6436/	−2	9.2348/	−2
28.00	8.8434/	−2	8.4685/	−2	8.1096/	−2	7.7658/	−2
30.00	7.4366/	−2	7.1214/	−2	6.8196/	−2	6.5305/	−2
32.00	6.2537/	−2	5.9886/	−2	5.7348/	−2	5.4917/	−2

Day	0.00	0.50	1.00	1.50
34.00	5.2589/ −2	5.0360/ −2	4.8225/ −2	4.6181/ −2
36.00	4.4223/ −2	4.2349/ −2	4.0554/ −2	3.8835/ −2
38.00	3.7189/ −2	3.5612/ −2	3.4103/ −2	3.2657/ −2
40.00	3.1273/ −2	2.9947/ −2	2.8678/ −2	2.7462/ −2
42.00	2.6298/ −2	2.5184/ −2	2.4116/ −2	2.3094/ −2
44.00	2.2115/ −2	2.1178/ −2	2.0280/ −2	1.9420/ −2
46.00	1.8597/ −2	1.7809/ −2	1.7054/ −2	1.6331/ −2
48.00	1.5639/ −2	1.4976/ −2	1.4341/ −2	1.3733/ −2
50.00	1.3151/ −2	1.2594/ −2	1.2060/ −2	1.1549/ −2
52.00	1.1059/ −2	1.0590/ −2	1.0141/ −2	9.7116/ −3

^{130}Xe$(n, \gamma)^{131m}$Xe

$M = 131.30$ $\qquad\qquad G = 4.08\%$ $\qquad\qquad \sigma_{ac} = 0.34$ barn,

^{131m}Xe $\qquad T_1 = 11.8$ day

E_γ (keV) $\qquad$ 164

$P \qquad\qquad$ 0.020

Activation data for ^{131m}Xe : $A_1(\tau)$, dps/μg

$A_1(\text{sat}) \quad = 6.3634/ \quad 2$

$A_1(1 \text{ sec}) = 4.3254/ \ -4$

Day	0.00		0.50		1.00		1.50	
0.00	0.0000/	0	1.8414/	1	3.6295/	1	5.3659/	1
2.00	7.0520/	1	8.6893/	1	1.0279/	2	1.1823/	2
4.00	1.3322/	2	1.4778/	2	1.6192/	2	1.7565/	2
6.00	1.8898/	2	2.0193/	2	2.1450/	2	2.2670/	2
8.00	2.3856/	2	2.5007/	2	2.6125/	2	2.7210/	2
10.00	2.8264/	2	2.9288/	2	3.0281/	2	3.1247/	2
12.00	3.2184/	2	3.3094/	2	3.3978/	2	3.4836/	2
14.00	3.5669/	2	3.6478/	2	3.7264/	2	3.8027/	2
16.00	3.8768/	2	3.9488/	2	4.0186/	2	4.0865/	2
18.00	4.1524/	2	4.2164/	2	4.2785/	2	4.3388/	2
20.00	4.3974/	2	4.4543/	2	4.5095/	2	4.5632/	2
22.00	4.6153/	2	4.6659/	2	4.7150/	2	4.7627/	2
24.00	4.8090/	2	4.8540/	2	4.8977/	2	4.9401/	2
26.00	4.9813/	2	5.0213/	2	5.0601/	2	5.0978/	2
28.00	5.1344/	2	5.1700/	2	5.2045/	2	5.2381/	2
30.00	5.2706/	2	5.3022/	2	5.3330/	2	5.3628/	2
32.00	5.3917/	2	5.4198/	2	5.4471/	2	5.4737/	2
34.00	5.4994/	2	5.5244/	2	5.5487/	2	5.5723/	2
36.00	5.5952/	2	5.6174/	2	5.6390/	2	5.6599/	2
38.00	5.6803/	2	5.7001/	2	5.7192/	2	5.7379/	2
40.00	5.7560/	2	5.7736/	2	5.7906/	2	5.8072/	2

Decay factor for ^{131m}Xe : $D_1(t)$

Day	0.00		0.50		1.00		1.50	
0.00	1.0000/	0	9.7106/	-1	9.4296/	-1	9.1568/	-1
2.00	8.8918/	-1	8.6345/	-1	8.3846/	-1	8.1420/	-1
4.00	7.9064/	-1	7.6776/	-1	7.4554/	-1	7.2397/	-1
6.00	7.0302/	-1	6.8267/	-1	6.6292/	-1	6.4374/	-1
8.00	6.2511/	-1	6.0702/	-1	5.8945/	-1	5.7240/	-1
10.00	5.5583/	-1	5.3975/	-1	5.2413/	-1	5.0896/	-1
12.00	4.9423/	-1	4.7993/	-1	4.6604/	-1	4.5256/	-1
14.00	4.3946/	-1	4.2675/	-1	4.1440/	-1	4.0240/	-1
16.00	3.9076/	-1	3.7945/	-1	3.6847/	-1	3.5781/	-1
18.00	3.4746/	-1	3.3740/	-1	3.2764/	-1	3.1816/	-1

357

Day	0.00	0.50	1.00	1.50
20.00	3.0895/ −1	3.0001/ −1	2.9133/ −1	2.8290/ −1
22.00	2.7471/ −1	2.6676/ −1	2.5904/ −1	2.5155/ −1
24.00	2.4427/ −1	2.3720/ −1	2.3034/ −1	2.2367/ −1
26.00	2.1720/ −1	2.1091/ −1	2.0481/ −1	1.9888/ −1
28.00	1.9313/ −1	1.8754/ −1	1.8211/ −1	1.7684/ −1
30.00	1.7172/ −1	1.6676/ −1	1.6193/ −1	1.5724/ −1
32.00	1.5269/ −1	1.4828/ −1	1.4398/ −1	1.3982/ −1
34.00	1.3577/ −1	1.3184/ −1	1.2803/ −1	1.2432/ −1
36.00	1.2073/ −1	1.1723/ −1	1.1384/ −1	1.1055/ −1
38.00	1.0735/ −1	1.0424/ −1	1.0122/ −1	9.8294/ −2
40.00	9.5450/ −2	9.2688/ −2	9.0006/ −2	8.7401/ −2
42.00	8.4872/ −2	8.2416/ −2	8.0031/ −2	7.7715/ −2
44.00	7.5466/ −2	7.3283/ −2	7.1162/ −2	6.9103/ −2
46.00	6.7103/ −2	6.5161/ −2	6.3276/ −2	6.1445/ −2
48.00	5.9667/ −2	5.7940/ −2	5.6263/ −2	5.4635/ −2
50.00	5.3054/ −2	5.1519/ −2	5.0028/ −2	4.8580/ −2
52.00	4.7175/ −2	4.5810/ −2	4.4484/ −2	4.3197/ −2
54.00	4.1947/ −2	4.0733/ −2	3.9554/ −2	3.8410/ −2
56.00	3.7298/ −2	3.6219/ −2	3.5171/ −2	3.4153/ −2
58.00	3.3165/ −2	3.2205/ −2	3.1273/ −2	3.0368/ −2
60.00	2.9489/ −2	2.8636/ −2	2.7807/ −2	2.7003/ −2
62.00	2.6221/ −2	2.5462/ −2	2.4726/ −2	2.4010/ −2
64.00	2.3315/ −2	2.2641/ −2	2.1985/ −2	2.1349/ −2
66.00	2.0731/ −2	2.0132/ −2	1.9549/ −2	1.8983/ −2
68.00	1.8434/ −2	1.7901/ −2	1.7383/ −2	1.6880/ −2
70.00	1.6391/ −2	1.5917/ −2	1.5456/ −2	1.5009/ −2
72.00	1.4575/ −2	1.4153/ −2	1.3743/ −2	1.3346/ −2
74.00	1.2959/ −2	1.2584/ −2	1.2220/ −2	1.1867/ −2
76.00	1.1523/ −2	1.1190/ −2	1.0866/ −2	1.0552/ −2

$$^{132}\text{Xe}(n, \gamma)^{133}\text{Xe}$$

$$M = 131.30 \qquad G = 26.89\% \qquad \sigma_{ac} = 0.050 \text{ barn,}$$

$$^{133}\text{Xe} \qquad T_1 = 5.27 \text{ day}$$

| E_γ (keV) | 81 |
| P | 0.370 |

Activation data for ^{133}Xe : $A_1(\tau)$, dps/μg

$$A_1(\text{sat}) = 6.1675/ \quad 2$$
$$A_1(1 \text{ sec}) = 9.3868/ \; -4$$

Day	0.00		0.25		0.50		0.75	
0.00	0.0000/	0	1.9946/	1	3.9247/	1	5.7923/	1
1.00	7.5996/	1	9.3484/	1	1.1041/	2	1.2678/	2
2.00	1.4263/	2	1.5796/	2	1.7280/	2	1.8716/	2
3.00	2.0105/	2	2.1449/	2	2.2750/	2	2.4009/	2
4.00	2.5227/	2	2.6406/	2	2.7546/	2	2.8650/	2
5.00	2.9718/	2	3.0752/	2	3.1752/	2	3.2720/	2
6.00	3.3656/	2	3.4562/	2	3.5439/	2	3.6287/	2
7.00	3.7108/	2	3.7903/	2	3.8672/	2	3.9416/	2
8.00	4.0136/	2	4.0832/	2	4.1506/	2	4.2158/	2
9.00	4.2790/	2	4.3400/	2	4.3991/	2	4.4563/	2
10.00	4.5117/	2	4.5652/	2	4.6170/	2	4.6672/	2
11.00	4.7157/	2	4.7626/	2	4.8081/	2	4.8520/	2
12.00	4.8946/	2	4.9358/	2	4.9756/	2	5.0141/	2
13.00	5.0514/	2	5.0875/	2	5.1225/	2	5.1563/	2
14.00	5.1890/	2	5.2206/	2	5.2512/	2	5.2809/	2
15.00	5.3095/	2	5.3373/	2	5.3641/	2	5.3901/	2
16.00	5.4153/	2	5.4396/	2	5.4631/	2	5.4859/	2
17.00	5.5079/	2	5.5293/	2	5.5499/	2	5.5699/	2
18.00	5.5892/	2	5.6079/	2	5.6260/	2	5.6435/	2

Decay factor for ^{133}Xe : $D_1(t)$

Day	0.00		0.25		0.50		0.75	
0.00	1.0000/	0	9.6766/	−1	9.3637/	−1	9.0608/	−1
1.00	8.7678/	−1	8.4842/	−1	8.2099/	−1	7.9444/	−1
2.00	7.6874/	−1	7.4388/	−1	7.1982/	−1	6.9655/	−1
3.00	6.7402/	−1	6.5222/	−1	6.3113/	−1	6.1072/	−1
4.00	5.9097/	−1	5.7185/	−1	5.5336/	−1	5.3546/	−1
5.00	5.1815/	−1	5.0139/	−1	4.8518/	−1	4.6948/	−1
6.00	4.5430/	−1	4.3961/	−1	4.2539/	−1	4.1163/	−1
7.00	3.9832/	−1	3.8544/	−1	3.7298/	−1	3.6091/	−1
8.00	3.4924/	−1	3.3795/	−1	3.2702/	−1	3.1644/	−1
9.00	3.0621/	−1	2.9630/	−1	2.8672/	−1	2.7745/	−1
10.00	2.6848/	−1	2.5979/	−1	2.5139/	−1	2.4326/	−1
11.00	2.3540/	−1	2.2778/	−1	2.2042/	−1	2.1329/	−1

Day	0.00	0.25	0.50	0.75
12.00	2.0639/ −1	1.9972/ −1	1.9326/ −1	1.8701/ −1
13.00	1.8096/ −1	1.7511/ −1	1.6944/ −1	1.6396/ −1
14.00	1.5866/ −1	1.5353/ −1	1.4856/ −1	1.4376/ −1
15.00	1.3911/ −1	1.3461/ −1	1.3026/ −1	1.2605/ −1
16.00	1.2197/ −1	1.1802/ −1	1.1421/ −1	1.1051/ −1
17.00	1.0694/ −1	1.0348/ −1	1.0014/ −1	9.6897/ −2
18.00	9.3763/ −2	9.0731/ −2	8.7797/ −2	8.4957/ −2
19.00	8.2210/ −2	7.9551/ −2	7.6978/ −2	7.4489/ −2
20.00	7.2080/ −2	6.9749/ −2	6.7493/ −2	6.5310/ −2
21.00	6.3198/ −2	6.1154/ −2	5.9177/ −2	5.7263/ −2
22.00	5.5411/ −2	5.3619/ −2	5.1885/ −2	5.0207/ −2
23.00	4.8583/ −2	4.7012/ −2	4.5492/ −2	4.4020/ −2
24.00	4.2597/ −2	4.1219/ −2	3.9886/ −2	3.8596/ −2
25.00	3.7348/ −2	3.6140/ −2	3.4971/ −2	3.3840/ −2
26.00	3.2746/ −2	3.1687/ −2	3.0662/ −2	2.9671/ −2
27.00	2.8711/ −2	2.7782/ −2	2.6884/ −2	2.6015/ −2
28.00	2.5173/ −2	2.4359/ −2	2.3571/ −2	2.2809/ −2
29.00	2.2071/ −2	2.1358/ −2	2.0667/ −2	1.9999/ −2
30.00	1.9352/ −2	1.8726/ −2	1.8120/ −2	1.7534/ −2
31.00	1.6967/ −2	1.6419/ −2	1.5888/ −2	1.5374/ −2
32.00	1.4877/ −2	1.4395/ −2	1.3930/ −2	1.3479/ −2
33.00	1.3043/ −2	1.2622/ −2	1.2213/ −2	1.1818/ −2
34.00	1.1436/ −2	1.1066/ −2	1.0709/ −2	1.0362/ −2
35.00	1.0027/ −2	9.7028/ −3	9.3890/ −3	9.0854/ −3

See also ^{132}Xe(n, γ)^{133m}Xe → ^{133}Xe

$$^{132}\text{Xe}(\text{n}, \gamma)^{133\text{m}}\text{Xe} \rightarrow {}^{133}\text{Xe}$$

$M = 131.30$ $\qquad\qquad G = 26.89\%$ $\qquad\qquad \sigma_{ac} = 0.53$ barn,

$^{133\text{m}}\text{Xe}$ $\qquad T_1 = 2.26$ day

E_γ (keV)	233
P	0.140

^{133}Xe $\qquad T_2 = 5.27$ day

E_γ (keV)	81
P	0.370

Activation data for $^{133\text{m}}\text{Xe} : A_1(\tau)$, dps/$\mu$g

$$A_1(\text{sat}) = 6.5375/ \quad 3$$
$$A_1(1 \text{ sec}) = 2.3202/ -2$$

$K = -7.5083/ -1$

Time intervals with respect to T_1

Hour	0.00		4.00		8.00		12.00	
0.00	0.0000/	0	3.2572/	2	6.3520/	2	9.2927/	2
16.00	1.2087/	3	1.4742/	3	1.7265/	3	1.9662/	3
32.00	2.1939/	3	2.4103/	3	2.6159/	3	2.8113/	3
48.00	2.9970/	3	3.1734/	3	3.3410/	3	3.5002/	3
64.00	3.6516/	3	3.7954/	3	3.9320/	3	4.0618/	3
80.00	4.1851/	3	4.3023/	3	4.4137/	3	4.5195/	3
96.00	4.6201/	3	4.7156/	3	4.8064/	3	4.8926/	3
112.00	4.9746/	3	5.0524/	3	5.1264/	3	5.1967/	3
128.00	5.2635/	3	5.3270/	3	5.3873/	3	5.4446/	3
144.00	5.4991/	3	5.5508/	3	5.6000/	3	5.6467/	3
160.00	5.6911/	3	5.7333/	3	5.7733/	3	5.8114/	3

Decay factor for $^{133\text{m}}\text{Xe} : D_1(t)$

Hour	0.00		4.00		8.00		12.00	
0.00	1.0000/	0	9.5018/	−1	9.0284/	−1	8.5786/	−1
16.00	8.1512/	−1	7.7451/	−1	7.3592/	−1	6.9925/	−1
32.00	6.6441/	−1	6.3131/	−1	5.9986/	−1	5.6997/	−1
48.00	5.4157/	−1	5.1459/	−1	4.8895/	−1	4.6459/	−1
64.00	4.4145/	−1	4.1945/	−1	3.9855/	−1	3.7870/	−1
80.00	3.5983/	−1	3.4190/	−1	3.2487/	−1	3.0868/	−1
96.00	2.9330/	−1	2.7869/	−1	2.6481/	−1	2.5161/	−1
112.00	2.3908/	−1	2.2716/	−1	2.1585/	−1	2.0509/	−1
128.00	1.9487/	−1	1.8517/	−1	1.7594/	−1	1.6717/	−1
144.00	1.5885/	−1	1.5093/	−1	1.4341/	−1	1.3627/	−1
160.00	1.2948/	−1	1.2303/	−1	1.1690/	−1	1.1107/	−1
176.00	1.0554/	−1	1.0028/	−1	9.5285/	−2	9.0537/	−2

Hour	0.00	4.00	8.00	12.00
192.00	8.6027/ −2	8.1741/ −2	7.7668/ −2	7.3799/ −2
208.00	7.0122/ −2	6.6628/ −2	6.3309/ −2	6.0154/ −2
224.00	5.7157/ −2	5.4310/ −2	5.1604/ −2	4.9033/ −2
240.00	4.6590/ −2	4.4269/ −2	4.2063/ −2	3.9967/ −2
256.00	3.7976/ −2	3.6084/ −2	3.4286/ −2	3.2578/ −2
272.00	3.0955/ −2	2.9413/ −2	2.7947/ −2	2.6555/ −2
288.00	2.5232/ −2	2.3975/ −2	2.2780/ −2	2.1645/ −2
304.00	2.0567/ −2	1.9542/ −2	1.8569/ −2	1.7643/ −2
320.00	1.6764/ −2	1.5929/ −2	1.5136/ −2	1.4381/ −2
336.00	1.3665/ −2	1.2984/ −2	1.2337/ −2	1.1723/ −2
352.00	1.1139/ −2			

Activation data for ^{133}Xe : $F \cdot A_2(\tau)$

$$F \cdot A_2(\text{sat}) = 1.1446/ \quad 4$$
$$F \cdot A_2(1 \text{ sec}) = 1.7421/ \quad -2$$

Hour	0.00		4.00		8.00		12.00	
0.00	0.0000/	0	2.4813/	2	4.9087/	2	7.2836/	2
16.00	9.6069/	2	1.1880/	3	1.4104/	3	1.6279/	3
32.00	1.8408/	3	2.0490/	3	2.2527/	3	2.4520/	3
48.00	2.6469/	3	2.8377/	3	3.0243/	3	3.2069/	3
64.00	3.3855/	3	3.5602/	3	3.7312/	3	3.8984/	3
80.00	4.0620/	3	4.2221/	3	4.3787/	3	4.5319/	3
96.00	4.6818/	3	4.8284/	3	4.9719/	3 ·	5.1122/	3
112.00	5.2495/	3	5.3838/	3	5.5153/	3	5.6438/	3
128.00	5.7696/	3	5.8926/	3	6.0130/	3	6.1308/	3
144.00	6.2460/	3	6.3588/	3	6.4690/	3	6.5769/	3
160.00	6.6825/	3	6.7857/	3	6.8868/	3	6.9856/	3

Decay factor for ^{133}Xe : $D_2(t)$

Hour	0.00		4.00		8.00		12.00	
0.00	1.0000/	0	9.7832/	−1	9.5711/	−1	9.3637/	−1
16.00	9.1607/	−1	8.9621/	−1	8.7678/	−1	8.5777/	−1
32.00	8.3918/	−1	8.2099/	−1	8.0319/	−1	7.8578/	−1
48.00	7.6874/	−1	7.5208/	−1	7.3577/	−1	7.1982/	−1
64.00	7.0422/	−1	6.8895/	−1	6.7402/	−1	6.5941/	−1
80.00	6.4511/	−1	6.3113/	−1	6.1745/	−1	6.0406/	−1
96.00	5.9097/	−1	5.7816/	−1	5.6562/	−1	5.5336/	−1
112.00	5.4136/	−1	5.2963/	−1	5.1815/	−1	5.0692/	−1
128.00	4.9593/	−1	4.8518/	−1	4.7466/	−1	4.6437/	−1
144.00	4.5430/	−1	4.4445/	−1	4.3482/	−1	4.2539/	−1
160.00	4.1617/	−1	4.0715/	−1	3.9832/	−1	3.8969/	−1
176.00	3.8124/	−1	3.7298/	−1	3.6489/	−1	3.5698/	−1
192.00	3.4924/	−1	3.4167/	−1	3.3426/	−1	3.2702/	−1
208.00	3.1993/	−1	3.1299/	−1	3.0621/	−1	2.9957/	−1

Hour	0.00	4.00	8.00	12.00
224.00	2.9308/ −1	2.8672/ −1	2.8051/ −1	2.7443/ −1
240.00	2.6848/ −1	2.6266/ −1	2.5696/ −1	2.5139/ −1
256.00	2.4594/ −1	2.4061/ −1	2.3540/ −1	2.3029/ −1
272.00	2.2530/ −1	2.2042/ −1	2.1564/ −1	2.1096/ −1
288.00	2.0639/ −1	2.0192/ −1	1.9754/ −1	1.9326/ −1
304.00	1.8907/ −1	1.8497/ −1	1.8096/ −1	1.7704/ −1
320.00	1.7320/ −1	1.6944/ −1	1.6577/ −1	1.6218/ −1
336.00	1.5866/ −1	1.5522/ −1	1.5186/ −1	1.4856/ −1
352.00	1.4534/ −1			

*

Activation data for ^{133m}Xe : $A_1(\tau)$, dps/μg

$$A_1(\text{sat}) = 6.5375/ \quad 3$$
$$A_1(1 \text{ sec}) = 2.3202/ -2$$

$K = -7.5083/ -1$

Time intervals with respect to T_2

Day	0.00		0.25		0.50		0.75	
0.00	0.0000/	0	4.8244/	2	9.2927/	2	1.3431/	3
1.00	1.7265/	3	2.0815/	3	2.4103/	3	2.7149/	3
2.00	2.9970/	3	3.2583/	3	3.5002/	3	3.7244/	3
3.00	3.9320/	3	4.1243/	3	4.3023/	3	4.4673/	3
4.00	4.6201/	3	4.7616/	3	4.8926/	3	5.0140/	3
5.00	5.1264/	3	5.2306/	3	5.3270/	3	5.4163/	3
6.00	5.4991/	3	5.5757/	3	5.6467/	3	5.7124/	3
7.00	5.7733/	3	5.8297/	3	5.8820/	3	5.9303/	3
8.00	5.9751/	3	6.0166/	3	6.0551/	3	6.0907/	3
9.00	6.1237/	3	6.1542/	3	6.1825/	3	6.2087/	3
10.00	6.2330/	3	6.2554/	3	6.2763/	3	6.2955/	3
11.00	6.3134/	3	6.3299/	3	6.3453/	3	6.3594/	3
12.00	6.3726/	3	6.3848/	3	6.3960/	3	6.4065/	3
13.00	6.4162/	3	6.4251/	3	6.4334/	3	6.4411/	3
14.00	6.4482/	3	6.4548/	3	6.4609/	3	6.4666/	3
15.00	6.4718/	3	6.4767/	3	6.4811/	3	6.4853/	3
16.00	6.4892/	3	6.4927/	3	6.4960/	3	6.4991/	3
17.00	6.5019/	3	6.5046/	3	6.5070/	3	6.5093/	3
18.00	6.5113/	3	6.5133/	3	6.5151/	3	6.5167/	3

Decay factor for ^{133m}Xe : $D_1(t)$

Day	0.00		0.25		0.50		0.75	
0.00	1.0000/	0	9.2621/	−1	8.5786/	−1	7.9455/	−1
1.00	7.3592/	−1	6.8161/	−1	6.3131/	−1	5.8472/	−1
2.00	5.4157/	−1	5.0161/	−1	4.6459/	−1	4.3031/	−1
3.00	3.9855/	−1	3.6914/	−1	3.4190/	−1	3.1667/	−1
4.00	2.9330/	−1	2.7166/	−1	2.5161/	−1	2.3304/	−1
5.00	2.1585/	−1	1.9992/	−1	1.8517/	−1	1.7150/	−1

Day	0.00	0.25	0.50	0.75
6.00	1.5885/ −1	1.4712/ −1	1.3627/ −1	1.2621/ −1
7.00	1.1690/ −1	1.0827/ −1	1.0028/ −1	9.2881/ −2
8.00	8.6027/ −2	7.9678/ −2	7.3799/ −2	6.8353/ −2
9.00	6.3309/ −2	5.8637/ −2	5.4310/ −2	5.0302/ −2
10.00	4.6590/ −2	4.3152/ −2	3.9967/ −2	3.7018/ −2
11.00	3.4286/ −2	3.1756/ −2	2.9413/ −2	2.7242/ −2
12.00	2.5232/ −2	2.3370/ −2	2.1645/ −2	2.0048/ −2
13.00	1.8569/ −2	1.7198/ −2	1.5929/ −2	1.4754/ −2
14.00	1.3665/ −2	1.2657/ −2	1.1723/ −2	1.0858/ −2
15.00	1.0056/ −2	9.3142/ −3	8.6268/ −3	7.9902/ −3
16.00	7.4006/ −3	6.8545/ −3	6.3486/ −3	5.8802/ −3
17.00	5.4462/ −3	5.0443/ −3	4.6721/ −3	4.3273/ −3
18.00	4.0080/ −3	3.7122/ −3	3.4383/ −3	3.1845/ −3
19.00	2.9495/ −3	2.7319/ −3	2.5303/ −3	2.3436/ −3
20.00	2.1706/ −3	2.0104/ −3	1.8621/ −3	1.7247/ −3
21.00	1.5974/ −3	1.4795/ −3	1.3703/ −3	1.2692/ −3
22.00	1.1756/ −3	1.0888/ −3	1.0085/ −3	9.3404/ −4

Activation data for ^{133}Xe : $F \cdot A_2(\tau)$

$$F \cdot A_2(\text{sat}) = 1.1446/ \quad 4$$
$$F \cdot A_2(1 \text{ sec}) = 1.7421/ \quad -2$$

Day	0.00	0.25	0.50	0.75
0.00	0.0000/ 0	3.7016/ 2	7.2836/ 2	1.0750/ 3
1.00	1.4104/ 3	1.7349/ 3	2.0490/ 3	2.3529/ 3
2.00	2.6469/ 3	2.9315/ 3	3.2069/ 3	3.4733/ 3
3.00	3.7312/ 3	3.9807/ 3	4.2221/ 3	4.4557/ 3
4.00	4.6818/ 3	4.9005/ 3	5.1122/ 3	5.3170/ 3
5.00	5.5153/ 3	5.7071/ 3	5.8926/ 3	6.0722/ 3
6.00	6.2460/ 3	6.4142/ 3	6.5769/ 3	6.7344/ 3
7.00	6.8868/ 3	7.0342/ 3	7.1769/ 3	7.3149/ 3
8.00	7.4485/ 3	7.5778/ 3	7.7029/ 3	7.8240/ 3
9.00	7.9411/ 3	8.0544/ 3	8.1641/ 3	8.2703/ 3
10.00	8.3730/ 3	8.4723/ 3	8.5685/ 3	8.6616/ 3
11.00	8.7516/ 3	8.8388/ 3	8.9231/ 3	9.0047/ 3
12.00	9.0836/ 3	9.1600/ 3	9.2339/ 3	9.3055/ 3
13.00	9.3747/ 3	9.4417/ 3	9.5065/ 3	9.5692/ 3
14.00	9.6299/ 3	9.6886/ 3	9.7455/ 3	9.8005/ 3
15.00	9.8537/ 3	9.9052/ 3	9.9550/ 3	1.0003/ 4
16.00	1.0050/ 4	1.0095/ 4	1.0139/ 4	1.0181/ 4
17.00	1.0222/ 4	1.0261/ 4	1.0300/ 4	1.0337/ 4
18.00	1.0373/ 4	1.0407/ 4	1.0441/ 4	1.0474/ 4
19.00	1.0505/ 4			

Decay factor for ^{133}Xe : $D_2(t)$

Day	0.00	0.25	0.50	0.75
0.00	1.0000/ 0	9.6766/ −1	9.3637/ −1	9.0608/ −1
1.00	8.7678/ −1	8.4842/ −1	8.2099/ −1	7.9444/ −1
2.00	7.6874/ −1	7.4388/ −1	7.1982/ −1	6.9655/ −1

Day	0.00	0.25	0.50	0.75
3.00	6.7402/ —1	6.5222/ —1	6.3113/ —1	6.1072/ —1
4.00	5.9097/ —1	5.7185/ —1	5.5336/ —1	5.3546/ —1
5.00	5.1815/ —1	5.0139/ —1	4.8518/ —1	4.6948/ —1
6.00	4.5430/ —1	4.3961/ —1	4.2539/ —1	4.1163/ —1
7.00	3.9832/ —1	3.8544/ —1	3.7298/ —1	3.6091/ —1
8.00	3.4924/ —1	3.3795/ —1	3.2702/ —1	3.1644/ —1
9.00	3.0621/ —1	2.9630/ —1	2.8672/ —1	2.7745/ —1
10.00	2.6848/ —1	2.5979/ —1	2.5139/ —1	2.4326/ —1
11.00	2.3540/ —1	2.2778/ —1	2.2042/ —1	2.1329/ —1
12.00	2.0639/ —1	1.9972/ —1	1.9326/ —1	1.8701/ —1
13.00	1.8096/ —1	1.7511/ —1	1.6944/ —1	1.6396/ —1
14.00	1.5866/ —1	1.5353/ —1	1.4856/ —1	1.4376/ —1
15.00	1.3911/ —1	1.3461/ —1	1.3026/ —1	1.2605/ —1
16.00	1.2197/ —1	1.1802/ —1	1.1421/ —1	1.1051/ —1
17.00	1.0694/ —1	1.0348/ —1	1.0014/ —1	9.6897/ —2
18.00	9.3763/ —2	9.0731/ —2	8.7797/ —2	8.4957/ —2
19.00	8.2210/ —2	7.9551/ —2	7.6978/ —2	7.4489/ —2
20.00	7.2080/ —2	6.9749/ —2	6.7493/ —2	6.5310/ —2
21.00	6.3198/ —2	6.1154/ —2	5.9177/ —2	5.7263/ —2
22.00	5.5411/ —2	5.3619/ —2	5.1885/ —2	5.0207/ —2
23.00	4.8583/ —2	4.7012/ —2	4.5492/ —2	4.4020/ —2
24.00	4.2597/ —2	4.1219/ —2	3.9886/ —2	3.8596/ —2
25.00	3.7348/ —2	3.6140/ —2	3.4971/ —2	3.3840/ —2
26.00	3.2746/ —2	3.1687/ —2	3.0662/ —2	2.9671/ —2
27.00	2.8711/ —2	2.7782/ —2	2.6884/ —2	2.6015/ —2
28.00	2.5173/ —2	2.4359/ —2	2.3571/ —2	2.2809/ —2
29.00	2.2071/ —2	2.1358/ —2	2.0667/ —2	1.9999/ —2
30.00	1.9352/ —2	1.8726/ —2	1.8120/ —2	1.7534/ —2
31.00	1.6967/ —2	1.6419/ —2	1.5888/ —2	1.5374/ —2
32.00	1.4877/ —2	1.4395/ —2	1.3930/ —2	1.3479/ —2
33.00	1.3043/ —2	1.2622/ —2	1.2213/ —2	1.1818/ —2
34.00	1.1436/ —2	1.1066/ —2	1.0709/ —2	1.0362/ —2
35.00	1.0027/ —2	9.7028/ —3	9.3890/ —3	9.0854/ —3
36.00	8.7915/ —3	8.5072/ —3	8.2321/ —3	7.9659/ —3
37.00	7.7082/ —3			

See also ^{132}Xe(n, γ)^{133}Xe

$^{134}\text{Xe}(\text{n}, \gamma)^{135}\text{Xe}$

$M = 131.30$ $G = 10.4\%$ $\sigma_{ac} = 0.23$ barn,

^{135}Xe $T_1 = 9.14$ hour

E_γ (keV)   610   250

P 0.030   0.910

Activation data for ^{135}Xe : $A_1(\tau)$, dps/μg

$A_1(\text{sat}) = 1.0973/ \quad 3$

$A_1(1 \text{ sec}) = 2.3109/ -2$

Hour	0.00		0.50		1.00		1.50	
0.00	0.0000/	0	4.0819/	1	8.0119/	1	1.1796/	2
2.00	1.5439/	2	1.8946/	2	2.2323/	2	2.5575/	2
4.00	2.8705/	2	3.1719/	2	3.4621/	2	3.7415/	2
6.00	4.0105/	2	4.2695/	2	4.5189/	2	4.7590/	2
8.00	4.9901/	2	5.2127/	2	5.4269/	2	5.6332/	2
10.00	5.8319/	2	6.0231/	2	6.2072/	2	6.3845/	2
12.00	6.5552/	2	6.7195/	2	6.8777/	2	7.0301/	2
14.00	7.1767/	2	7.3179/	2	7.4539/	2	7.5848/	2
16.00	7.7108/	2	7.8322/	2	7.9490/	2	8.0615/	2
18.00	8.1698/	2	8.2740/	2	8.3744/	2	8.4711/	2
20.00	8.5641/	2	8.6537/	2	8.7400/	2	8.8230/	2
22.00	8.9030/	2	8.9800/	2	9.0541/	2	9.1255/	2
24.00	9.1942/	2	9.2604/	2	9.3241/	2	9.3854/	2
26.00	9.4444/	2	9.5013/	2	9.5560/	2	9.6087/	2
28.00	9.6594/	2	9.7083/	2	9.7553/	2	9.8006/	2
30.00	9.8442/	2	9.8862/	2	9.9266/	2	9.9655/	2

Decay factor for ^{135}Xe : $D_1(t)$

Hour	0.00		0.50		1.00		1.50	
0.00	1.0000/	0	9.6280/	−1	9.2698/	−1	8.9250/	−1
2.00	8.5930/	−1	8.2733/	−1	7.9655/	−1	7.6692/	−1
4.00	7.3839/	−1	7.1092/	−1	6.8448/	−1	6.5901/	−1
6.00	6.3450/	−1	6.1089/	−1	5.8817/	−1	5.6629/	−1
8.00	5.4522/	−1	5.2494/	−1	5.0541/	−1	4.8661/	−1
10.00	4.6851/	−1	4.5108/	−1	4.3430/	−1	4.1814/	−1
12.00	4.0259/	−1	3.8761/	−1	3.7319/	−1	3.5931/	−1
14.00	3.4594/	−1	3.3307/	−1	3.2068/	−1	3.0875/	−1
16.00	2.9727/	−1	2.8621/	−1	2.7556/	−1	2.6531/	−1
18.00	2.5544/	−1	2.4594/	−1	2.3679/	−1	2.2798/	−1
20.00	2.1950/	−1	2.1133/	−1	2.0347/	−1	1.9590/	−1
22.00	1.8861/	−1	1.8160/	−1	1.7484/	−1	1.6834/	−1
24.00	1.6208/	−1	1.5605/	−1	1.5024/	−1	1.4465/	−1
26.00	1.3927/	−1	1.3409/	−1	1.2910/	−1	1.2430/	−1
28.00	1.1967/	−1	1.1522/	−1	1.1094/	−1	1.0681/	−1

Hour	0.00	0.25	0.50	0.75
30.00	1.0284/ −1	9.9011/ −2	9.5327/ −2	9.1781/ −2
32.00	8.8367/ −2	8.5080/ −2	8.1915/ −2	7.8867/ −2
34.00	7.5933/ −2	7.3109/ −2	7.0389/ −2	6.7770/ −2
36.00	6.5249/ −2	6.2822/ −2	6.0485/ −2	5.8235/ −2
38.00	5.6068/ −2	5.3983/ −2	5.1974/ −2	5.0041/ −2
40.00	4.8179/ −2	4.6387/ −2	4.4662/ −2	4.3000/ −2
42.00	4.1400/ −2	3.9860/ −2	3.8377/ −2	3.6950/ −2
44.00	3.5575/ −2	3.4252/ −2	3.2978/ −2	3.1751/ −2
46.00	3.0570/ −2	2.9432/ −2	2.8338/ −2	2.7283/ −2
48.00	2.6268/ −2	2.5291/ −2	2.4350/ −2	2.3445/ −2
50.00	2.2572/ −2	2.1733/ −2	2.0924/ −2	2.0146/ −2

See also $^{134}Xe(n, \gamma)^{135m}Xe \rightarrow {}^{135}Xe$

$$^{134}\text{Xe}(\text{n}, \gamma)^{135\text{m}}\text{Xe} \rightarrow {}^{135}\text{Xe}$$

$M = 131.30$ $G = 10.4\%$ $\sigma_{\text{ac}} = 5$ barn,

$^{135\text{m}}\text{Xe}$ $T_1 = 15.6$ minute

E_γ (keV)   527

P 0.800

^{135}Xe $T_2 = 9.14$ hour

E_γ (keV)   610   250

P 0.030   0.910

Activation data for $^{135\text{m}}\text{Xe}$: $A_1(\tau)$, dps/μg

$A_1(\text{sat}) = 2.3853/\ 4$

$A_1(1\ \text{sec}) = 1.7654/\ 1$

$K = -2.9279/\ -2$

Time intervals with respect to T_1

Minute	0.00		1.00		2.00		3.00	
0.00	0.0000/	0	1.0365/	3	2.0279/	3	2.9762/	3
4.00	3.8833/	3	4.7511/	3	5.5811/	3	6.3750/	3
8.00	7.1345/	3	7.8609/	3	8.5558/	3	9.2205/	3
12.00	9.8563/	3	1.0465/	4	1.1046/	4	1.1603/	4
16.00	1.2135/	4	1.2644/	4	1.3131/	4	1.3597/	4
20.00	1.4043/	4	1.4469/	4	1.4877/	4	1.5267/	4
24.00	1.5640/	4	1.5997/	4	1.6338/	4	1.6665/	4
28.00	1.6977/	4	1.7276/	4	1.7562/	4	1.7835/	4
32.00	1.8097/	4	1.8347/	4	1.8586/	4	1.8815/	4
36.00	1.9034/	4	1.9243/	4	1.9444/	4	1.9635/	4
40.00	1.9818/	4	1.9994/	4	2.0161/	4	2.0322/	4
44.00	2.0475/	4	2.0622/	4	2.0763/	4	2.0897/	4
48.00	2.1025/	4	2.1148/	4	2.1266/	4	2.1378/	4
52.00	2.1486/	4						

Decay factor for $^{135\text{m}}\text{Xe}$: $D_1(t)$

Minute	0.00		1.00		2.00		3.00	
0.00	1.0000/	0	9.5655/	−1	9.1499/	−1	8.7523/	−1
4.00	8.3720/	−1	8.0082/	−1	7.6603/	−1	7.3274/	−1
8.00	7.0090/	−1	6.7045/	−1	6.4132/	−1	6.1345/	−1
12.00	5.8680/	−1	5.6130/	−1	5.3691/	−1	5.1358/	−1
16.00	4.9127/	−1	4.6992/	−1	4.4950/	−1	4.2997/	−1
20.00	4.1129/	−1	3.9342/	−1	3.7632/	−1	3.5997/	−1
24.00	3.4433/	−1	3.2937/	−1	3.1506/	−1	3.0137/	−1
28.00	2.8827/	−1	2.7575/	−1	2.6377/	−1	2.5231/	−1
32.00	2.4134/	−1	2.3086/	−1	2.2083/	−1	2.1123/	−1
36.00	2.0205/	−1	1.9327/	−1	1.8487/	−1	1.7684/	−1

Minute	0.00	1.00	2.00	3.00
40.00	1.6916/ −1	1.6181/ −1	1.5478/ −1	1.4805/ −1
44.00	1.4162/ −1	1.3547/ −1	1.2958/ −1	1.2395/ −1
48.00	1.1856/ −1	1.1341/ −1	1.0848/ −1	1.0377/ −1
52.00	9.9261/ −2	9.4948/ −2	9.0823/ −2	8.6876/ −2
56.00	8.3102/ −2	7.9491/ −2	7.6037/ −2	7.2733/ −2
60.00	6.9573/ −2	6.6550/ −2	6.3658/ −2	6.0892/ −2
64.00	5.8246/ −2	5.5715/ −2	5.3294/ −2	5.0979/ −2
68.00	4.8764/ −2	4.6645/ −2	4.4618/ −2	4.2679/ −2
72.00	4.0825/ −2	3.9051/ −2	3.7354/ −2	3.5731/ −2
76.00	3.4179/ −2	3.2694/ −2	3.1273/ −2	2.9914/ −2
80.00	2.8614/ −2	2.7371/ −2	2.6182/ −2	2.5044/ −2
84.00	2.3956/ −2	2.2915/ −2	2.1919/ −2	2.0967/ −2
88.00	2.0056/ −2	1.9184/ −2	1.8351/ −2	1.7554/ −2
92.00	1.6791/ −2	1.6061/ −2	1.5363/ −2	1.4696/ −2
96.00	1.4057/ −2	1.3446/ −2	1.2862/ −2	1.2303/ −2
100.00	1.1769/ −2	1.1257/ −2	1.0768/ −2	1.0300/ −2

Activation data for ^{135}Xe : $F \cdot A_2(\tau)$
$$F \cdot A_2(\text{sat}) \quad = 2.4552/ \quad 4$$
$$F \cdot A_2(1 \text{ sec}) = 5.1710/ \ -1$$

Minute	0.00		1.00		2.00		3.00	
0.00	0.0000/	0	3.1007/	1	6.1974/	1	9.2903/	1
4.00	1.2379/	2	1.5464/	2	1.8545/	2	2.1623/	2
8.00	2.4696/	2	2.7765/	2	3.0831/	2	3.3893/	2
12.00	3.6951/	2	4.0005/	2	4.3055/	2	4.6101/	2
16.00	4.9144/	2	5.2182/	2	5.5217/	2	5.8248/	2
20.00	6.1275/	2	6.4298/	2	6.7318/	2	7.0333/	2
24.00	7.3345/	2	7.6353/	2	7.9357/	2	8.2358/	2
28.00	8.5355/	2	8.8347/	2	9.1337/	2	9.4322/	2
32.00	9.7303/	2	1.0028/	3	1.0326/	3	1.0623/	3
36.00	1.0919/	3	1.1215/	3	1.1511/	3	1.1807/	3
40.00	1.2102/	3	1.2397/	3	1.2691/	3	1.2985/	3
44.00	1.3279/	3	1.3572/	3	1.3865/	3	1.4158/	3
48.00	1.4450/	3	1.4742/	3	1.5033/	3	1.5324/	3

Decay factor for ^{135}Xe : $D_2(t)$

Minute	0.00	1.00	2.00	3.00
0.00	1.0000/ 0	9.9874/ −1	9.9748/ −1	9.9622/ −1
4.00	9.9496/ −1	9.9370/ −1	9.9245/ −1	9.9119/ −1
8.00	9.8994/ −1	9.8869/ −1	9.8744/ −1	9.8620/ −1
12.00	9.8495/ −1	9.8371/ −1	9.8246/ −1	9.8122/ −1
16.00	9.7998/ −1	9.7875/ −1	9.7751/ −1	9.7628/ −1
20.00	9.7504/ −1	9.7381/ −1	9.7258/ −1	9.7135/ −1
24.00	9.7013/ −1	9.6890/ −1	9.6768/ −1	9.6646/ −1
28.00	9.6524/ −1	9.6402/ −1	9.6280/ −1	9.6158/ −1
32.00	9.6037/ −1	9.5916/ −1	9.5794/ −1	9.5674/ −1

24

Minute	0.00	1.00	2.00	3.00
36.00	9.5553/ −1	9.5432/ −1	9.5312/ −1	9.5191/ −1
40.00	9.5071/ −1	9.4951/ −1	9.4831/ −1	9.4711/ −1
44.00	9.4592/ −1	9.4472/ −1	9.4353/ −1	9.4234/ −1
48.00	9.4115/ −1	9.3996/ −1	9.3877/ −1	9.3759/ −1
52.00	9.3640/ −1	9.3522/ −1	9.3404/ −1	9.3286/ −1
56.00	9.3168/ −1	9.3050/ −1	9.2933/ −1	9.2815/ −1
60.00	9.2698/ −1	9.2581/ −1	9.2464/ −1	9.2347/ −1
64.00	9.2231/ −1	9.2114/ −1	9.1998/ −1	9.1882/ −1
68.00	9.1766/ −1	9.1650/ −1	9.1534/ −1	9.1419/ −1
72.00	9.1303/ −1	9.1188/ −1	9.1073/ −1	9.0958/ −1
76.00	9.0843/ −1	9.0728/ −1	9.0614/ −1	9.0499/ −1
80.00	9.0385/ −1	9.0271/ −1	9.0157/ −1	9.0043/ −1
84.00	8.9929/ −1	8.9816/ −1	8.9702/ −1	8.9589/ −1
88.00	8.9476/ −1	8.9363/ −1	8.9250/ −1	8.9137/ −1
92.00	8.9025/ −1	8.8912/ −1	8.8800/ −1	8.8688/ −1
96.00	8.8576/ −1	8.8464/ −1	8.8352/ −1	8.8241/ −1

✱

Activation data for ^{135m}Xe : $A_1(\tau)$, dps/μg

$$A_1(\text{sat}) = 2.3853/ \ 4$$
$$A_1(1 \ \text{sec}) = 1.7654/ \ 1$$

$K = -2.9279/ \ -2$

Time intervals with respect to T_2

Hour	0.00		0.50		1.00		1.50	
0.00	0.0000/	0	1.7562/	4	2.2194/	4	2.3416/	4
2.00	2.3738/	4	2.3823/	4	2.3845/	4	2.3851/	4
4.00	2.3853/	4	2.3853/	4	2.3853/	4	2.3853/	4

Decay factor for ^{135m}Xe : $D_1(t)$

Hour	0.00		0.50		1.00		1.50	
0.00	1.0000/	0	2.6377/	−1	6.9573/	−2	1.8351/	−2
2.00	4.8403/	−3	1.2767/	−3	3.3676/	−4	8.8825/	−5
4.00	2.3429/	−5	6.1798/	−6	1.6300/	−6	4.2994/	−7

Activation data for ^{135}Xe : $F \cdot A_2(\tau)$

$$F \cdot A_2(\text{sat}) = 2.4552/ \ 4$$
$$F \cdot A_2(1 \ \text{sec}) = 5.1710/ \ -1$$

Hour	0.00		0.50		1.00		1.50	
0.00	0.0000/	0	9.1337/	2	1.7928/	3	2.6394/	3
2.00	3.4546/	3	4.2395/	3	4.9951/	3	5.7227/	3
4.00	6.4231/	3	7.0976/	3	7.7469/	3	8.3721/	3
6.00	8.9740/	3	9.5535/	3	1.0111/	4	1.0649/	4
8.00	1.1166/	4	1.1664/	4	1.2143/	4	1.2605/	4

Hour	0.00		0.50		1.00		1.50	
10.00	1.3049/	4	1.3477/	4	1.3889/	4	1.4286/	4
12.00	1.4668/	4	1.5036/	4	1.5390/	4	1.5731/	4
14.00	1.6059/	4	1.6375/	4	1.6679/	4	1.6972/	4
16.00	1.7254/	4	1.7525/	4	1.7787/	4	1.8038/	4
18.00	1.8281/	4	1.8514/	4	1.8739/	4	1.8955/	4
20.00	1.9163/	4	1.9364/	4	1.9557/	4	1.9743/	4
22.00	1.9921/	4	2.0094/	4	2.0260/	4	2.0419/	4
24.00	2.0573/	4	2.0721/	4	2.0864/	4	2.1001/	4
26.00	2.1133/	4	2.1260/	4	2.1383/	4	2.1501/	4
28.00	2.1614/	4	2.1723/	4	2.1829/	4	2.1930/	4
30.00	2.2027/	4	2.2121/	4	2.2212/	4	2.2299/	4
32.00	2.2383/	4						

Decay factor for ^{135}Xe : $D_2(t)$

Hour	0.00		0.50		1.00		1.50	
0.00	1.0000/	0	9.6280/	—1	9.2698/	—1	8.9250/	—1
2.00	8.5930/	—1	8.2733/	—1	7.9655/	—1	7.6692/	—1
4.00	7.3839/	—1	7.1092/	—1	6.8448/	—1	6.5901/	—1
6.00	6.3450/	—1	6.1089/	—1	5.8817/	—1	5.6629/	—1
8.00	5.4522/	—1	5.2494/	—1	5.0541/	—1	4.8661/	—1
10.00	4.6851/	—1	4.5108/	—1	4.3430/	—1	4.1814/	—1
12.00	4.0259/	—1	3.8761/	—1	3.7319/	—1	3.5931/	—1
14.00	3.4594/	—1	3.3307/	—1	3.2068/	—1	3.0875/	—1
16.00	2.9727/	—1	2.8621/	—1	2.7556/	—1	2.6531/	—1
18.00	2.5544/	—1	2.4594/	—1	2.3679/	—1	2.2798/	—1
20.00	2.1950/	—1	2.1133/	—1	2.0347/	—1	1.9590/	—1
22.00	1.8861/	—1	1.8160/	—1	1.7484/	—1	1.6834/	—1
24.00	1.6208/	—1	1.5605/	—1	1.5024/	—1	1.4465/	—1
26.00	1.3927/	—1	1.3409/	—1	1.2910/	—1	1.2430/	—1
28.00	1.1967/	—1	1.1522/	—1	1.1094/	—1	1.0681/	—1
30.00	1.0284/	—1	9.9011/	—2	9.5327/	—2	9.1781/	—2
32.00	8.8367/	—2	8.5080/	—2	8.1915/	—2	7.8867/	—2
34.00	7.5933/	—2	7.3109/	—2	7.0389/	—2	6.7770/	—2
36.00	6.5249/	—2	6.2822/	—2	6.0485/	—2	5.8235/	—2
38.00	5.6068/	—2	5.3983/	—2	5.1974/	—2	5.0041/	—2
40.00	4.8179/	—2	4.6387/	—2	4.4662/	—2	4.3000/	—2
42.00	4.1400/	—2	3.9860/	—2	3.8377/	—2	3.6950/	—2
44.00	3.5575/	—2	3.4252/	—2	3.2978/	—2	3.1751/	—2
46.00	3.0570/	—2	2.9432/	—2	2.8338/	—2	2.7283/	—2
48.00	2.6268/	—2	2.5291/	—2	2.4350/	—2	2.3445/	—2
50.00	2.2572/	—2	2.1733/	—2	2.0924/	—2	2.0146/	—2
52.00	1.9396/	—2	1.8675/	—2	1.7980/	—2	1.7311/	—2
54.00	1.6667/	—2	1.6047/	—2	1.5450/	—2	1.4875/	—2
56.00	1.4322/	—2	1.3789/	—2	1.3276/	—2	1.2782/	—2
58.00	1.2307/	—2	1.1849/	—2	1.1408/	—2	1.0984/	—2
60.00	1.0575/	—2	1.0182/	—2	9.8031/	—3	9.4384/	—3
62.00	9.0873/	—3	8.7493/	—3	8.4238/	—3	8.1104/	—3
64.00	7.8087/	—3						

See also ^{134}Xe(n, γ)^{135}Xe

24*

^{136}**Xe(n, γ)**^{137}**Xe**

$M = 131.30$ $\qquad$ $G = 8.87\%$ $\qquad$ $\sigma_{ac} = 0.280$ barn,

^{137}**Xe** $\qquad$ $T_1 = 3.9$ minute

E_γ (keV) $\qquad$ 455

P $\qquad$ 0.330

Activation data for ^{137}Xe : $A_1(\tau)$, dps/μg

A_1(sat) $\quad = 1.1393/\ 3$

A_1(1 sec) $= 3.3690/\ 0$

Minute	0.00		0.25		0.50		0.75	
0.00	0.0000/	0	4.9503/	1	9.6854/	1	1.4215/	2
1.00	1.8547/	2	2.2692/	2	2.6656/	2	3.0448/	2
2.00	3.4075/	2	3.7545/	2	4.0864/	2	4.4039/	2
3.00	4.7075/	2	4.9980/	2	5.2759/	2	5.5417/	2
4.00	5.7959/	2	6.0391/	2	6.2717/	2	6.4942/	2
5.00	6.7071/	2	6.9107/	2	7.1054/	2	7.2917/	2
6.00	7.4699/	2	7.6404/	2	7.8034/	2	7.9594/	2
7.00	8.1085/	2	8.2512/	2	8.3878/	2	8.5183/	2
8.00	8.6432/	2	8.7627/	2	8.8770/	2	8.9863/	2
9.00	9.0908/	2	9.1909/	2	9.2865/	2	9.3781/	2
10.00	9.4656/	2	9.5493/	2	9.6294/	2	9.7061/	2
11.00	9.7793/	2	9.8495/	2	9.9165/	2	9.9807/	2
12.00	1.0042/	3	1.0101/	3	1.0157/	3	1.0211/	3

Decay factor for ^{137}Xe : D_1(t)

Minute	0.00		0.25		0.50		0.75	
0.00	1.0000/	0	9.5655/	−1	9.1499/	−1	8.7523/	−1
1.00	8.3720/	−1	8.0082/	−1	7.6603/	−1	7.3274/	−1
2.00	7.0090/	−1	6.7045/	−1	6.4132/	−1	6.1345/	−1
3.00	5.8680/	−1	5.6130/	−1	5.3691/	−1	5.1358/	−1
4.00	4.9127/	−1	4.6992/	−1	4.4950/	−1	4.2997/	−1
5.00	4.1129/	−1	3.9342/	−1	3.7632/	−1	3.5997/	−1
6.00	3.4433/	−1	3.2937/	−1	3.1506/	−1	3.0137/	−1
7.00	2.8827/	−1	2.7575/	−1	2.6377/	−1	2.5231/	−1
8.00	2.4134/	−1	2.3086/	−1	2.2083/	−1	2.1123/	−1
9.00	2.0205/	−1	1.9327/	−1	1.8487/	−1	1.7684/	−1
10.00	1.6916/	−1	1.6181/	−1	1.5478/	−1	1.4805/	−1
11.00	1.4162/	−1	1.3547/	−1	1.2958/	−1	1.2395/	−1
12.00	1.1856/	−1	1.1341/	−1	1.0848/	−1	1.0377/	−1
13.00	9.9261/	−2	9.4948/	−2	9.0823/	−2	8.6876/	−2
14.00	8.3102/	−2	7.9491/	−2	7.6037/	−2	7.2733/	−2
15.00	6.9573/	−2	6.6550/	−2	6.3658/	−2	6.0892/	−2
16.00	5.8246/	−2	5.5715/	−2	5.3294/	−2	5.0979/	−2
17.00	4.8764/	−2	4.6645/	−2	4.4618/	−2	4.2679/	−2

Minute	0.00	0.25	0.50	0.75
18.00	4.0825/ −2	3.9051/ −2	3.7354/ −2	3.5731/ −2
19.00	3.4179/ −2	3.2694/ −2	3.1273/ −2	2.9914/ −2
20.00	2.8614/ −2	2.7371/ −2	2.6182/ −2	2.5044/ −2
21.00	2.3956/ −2	2.2915/ −2	2.1919/ −2	2.0967/ −2
22.00	2.0056/ −2	1.9184/ −2	1.8351/ −2	1.7554/ −2
23.00	1.6791/ −2	1.6061/ −2	1.5363/ −2	1.4696/ −2
24.00	1.4057/ −2	1.3446/ −2	1.2862/ −2	1.2303/ −2
25.00	1.1769/ −2	1.1257/ −2	1.0768/ −2	1.0300/ −2

$^{133}\text{Cs}(\text{n}, \gamma)^{134}\text{Cs}$

$$M = 132.905 \qquad G = 100\% \qquad \sigma_{ac} = 27.4 \text{ barn},$$

$$^{134}\text{Cs} \qquad T_1 = 2.05 \text{ year}$$

E_γ (keV)	1365	1168	1030	796	605	570
P	0.034	0.019	0.010	0.990	0.980	0.230

Activation data for ^{134}Cs : $A_1(\tau)$, dps/μg

$$A_1(\text{sat}) = 1.2417/ \quad 6$$
$$A_1(1 \text{ sec}) = 1.3317/ -2$$

Day	0.00		10.00		20.00		30.00	
0.00	0.0000/	0	1.1447/	4	2.2789/	4	3.4026/	4
40.00	4.5159/	4	5.6190/	4	6.7120/	4	7.7948/	4
80.00	8.8677/	4	9.9306/	4	1.0984/	5	1.2027/	5
120.00	1.3061/	5	1.4085/	5	1.5100/	5	1.6106/	5
160.00	1.7102/	5	1.8089/	5	1.9067/	5	2.0036/	5
200.00	2.0996/	5	2.1947/	5	2.2890/	5	2.3823/	5
240.00	2.4748/	5	2.5665/	5	2.6573/	5	2.7473/	5
280.00	2.8364/	5	2.9247/	5	3.0123/	5	3.0990/	5
320.00	3.1849/	5	3.2700/	5	3.3543/	5	3.4378/	5
360.00	3.5206/	5	3.6026/	5	3.6839/	5	3.7644/	5

Decay factor for ^{134}Cs : $D_1(t)$

Day	0.00		10.00		20.00		30.00	
0.00	1.0000/	0	9.9078/	−1	9.8165/	−1	9.7260/	−1
40.00	9.6363/	−1	9.5475/	−1	9.4595/	−1	9.3723/	−1
80.00	9.2859/	−1	9.2002/	−1	9.1154/	−1	9.0314/	−1
120.00	8.9481/	−1	8.8656/	−1	8.7839/	−1	8.7029/	−1
160.00	8.6227/	−1	8.5432/	−1	8.4645/	−1	8.3864/	−1
200.00	8.3091/	−1	8.2325/	−1	8.1566/	−1	8.0814/	−1
240.00	8.0069/	−1	7.9331/	−1	7.8600/	−1	7.7875/	−1
280.00	7.7157/	−1	7.6446/	−1	7.5741/	−1	7.5043/	−1
320.00	7.4351/	−1	7.3666/	−1	7.2987/	−1	7.2314/	−1
360.00	7.1647/	−1	7.0987/	−1	7.0332/	−1	6.9684/	−1
400.00	6.9041/	−1	6.8405/	−1	6.7774/	−1	6.7149/	−1
440.00	6.6530/	−1	6.5917/	−1	6.5309/	−1	6.4707/	−1
480.00	6.4111/	−1	6.3520/	−1	6.2934/	−1	6.2354/	−1
520.00	6.1779/	−1	6.1210/	−1	6.0645/	−1	6.0086/	−1
560.00	5.9532/	−1	5.8984/	−1	5.8440/	−1	5.7901/	−1
600.00	5.7367/	−1	5.6838/	−1	5.6314/	−1	5.5795/	−1
640.00	5.5281/	−1	5.4771/	−1	5.4266/	−1	5.3766/	−1
680.00	5.3270/	−1	5.2779/	−1	5.2293/	−1	5.1811 /−1
720.00	5.1333/	−1						

^{133}Cs(n, γ)^{134m}Cs

$M = 132.905$ $\qquad G = 100\%$ $\qquad \sigma_{ac} = 2.6$ barn,

^{134m}Cs $\qquad$ T$_1 = 2.90$ hour

E_γ (keV) $\qquad$ 128

P $\qquad$ 0.140

Activation data for ^{134m}Cs : $A_1(\tau)$, dps/μg

A_1(sat) $\quad = 1.1783/\ 5$

A_1(1 sec) $= 7.8210/\ 0$

Hour	0.000		0.125		0.250		0.375	
0.00	0.0000/	0	3.4675/	3	6.8330/	3	1.0099/	4
0.50	1.3270/	4	1.6347/	4	1.9333/	4	2.2232/	4
1.00	2.5045/	4	2.7776/	4	3.0426/	4	3.2998/	4
1.50	3.5494/	4	3.7917/	4	4.0269/	4	4.2551/	4
2.00	4.4767/	4	4.6917/	4	4.9004/	4	5.1029/	4
2.50	5.2995/	4	5.4903/	4	5.6754/	4	5.8552/	4
3.00	6.0296/	4	6.1989/	4	6.3633/	4	6.5227/	4
3.50	6.6775/	4	6.8278/	4	6.9736/	4	7.1151/	4
4.00	7.2525/	4	7.3858/	4	7.5152/	4	7.6408/	4
4.50	7.7627/	4	7.8810/	4	7.9958/	4	8.1073/	4
5.00	8.2154/	4	8.3204/	4	8.4223/	4	8.5212/	4
5.50	8.6172/	4	8.7103/	4	8.8007/	4	8.8885/	4
6.00	8.9737/	4	9.0563/	4	9.1366/	4	9.2144/	4
6.50	9.2900/	4	9.3634/	4	9.4346/	4	9.5037/	4
7.00	9.5708/	4	9.6358/	4	9.6990/	4	9.7603/	4
7.50	9.8199/	4	9.8776/	4	9.9337/	4	9.9881/	4
8.00	1.0041/	5	1.0092/	5	1.0142/	5	1.0190/	5
8.50	1.0237/	5	1.0283/	5	1.0327/	5	1.0370/	5
9.00	1.0411/	5	1.0452/	5	1.0491/	5	1.0529/	5
9.50	1.0566/	5	1.0601/	5	1.0636/	5	1.0670/	5
10.00	1.0703/	5	1.0734/	5	1.0765/	5	1.0795/	5
10.50	1.0824/	5						

Decay factor for ^{134m}Cs : $D_1(t)$

Hour	0.000		0.125		0.250		0.375	
0.00	1.0000/	0	9.7057/	−1	9.4201/	−1	9.1429/	−1
0.50	8.8738/	−1	8.6126/	−1	8.3592/	−1	8.1132/	−1
1.00	7.8744/	−1	7.6427/	−1	7.4178/	−1	7.1995/	−1
1.50	6.9876/	−1	6.7820/	−1	6.5824/	−1	6.3887/	−1
2.00	6.2006/	−1	6.0182/	−1	5.8411/	−1	5.6692/	−1
2.50	5.5023/	−1	5.3404/	−1	5.1832/	−1	5.0307/	−1
3.00	4.8827/	−1	4.7390/	−1	4.5995/	−1	4.4641/	−1
3.50	4.3328/	−1	4.2053/	−1	4.0815/	−1	3.9614/	−1
4.00	3.8448/	−1	3.7317/	−1	3.6218/	−1	3.5153/	−1

Hour	0.000	0.125	0.250	0.375
4.50	3.4118/ −1	3.3114/ −1	3.2139/ −1	3.1194/ −1
5.00	3.0276/ −1	2.9385/ −1	2.8520/ −1	2.7681/ −1
5.50	2.6866/ −1	2.6075/ −1	2.5308/ −1	2.4563/ −1
6.00	2.3840/ −1	2.3139/ −1	2.2458/ −1	2.1797/ −1
6.50	2.1155/ −1	2.0533/ −1	1.9929/ −1	1.9342/ −1
7.00	1.8773/ −1	1.8220/ −1	1.7684/ −1	1.7164/ −1
7.50	1.6659/ −1	1.6168/ −1	1.5693/ −1	1.5231/ −1
8.00	1.4783/ −1	1.4347/ −1	1.3925/ −1	1.3515/ −1
8.50	1.3118/ −1	1.2732/ −1	1.2357/ −1	1.1993/ −1
9.00	1.1640/ −1	1.1298/ −1	1.0965/ −1	1.0643/ −1
9.50	1.0329/ −1	1.0025/ −1	9.7304/ −2	9.4441/ −2
10.00	9.1661/ −2	8.8964/ −2	8.6346/ −2	8.3805/ −2
10.50	8.1338/ −2	7.8945/ −2	7.6621/ −2	7.4366/ −2
11.00	7.2178/ −2	7.0054/ −2	6.7992/ −2	6.5991/ −2
11.50	6.4049/ −2	6.2164/ −2	6.0335/ −2	5.8559/ −2
12.00	5.6836/ −2	5.5163/ −2	5.3540/ −2	5.1964/ −2
12.50	5.0435/ −2	4.8951/ −2	4.7510/ −2	4.6112/ −2
13.00	4.4755/ −2	4.3438/ −2	4.2160/ −2	4.0919/ −2
13.50	3.9715/ −2	3.8546/ −2	3.7412/ −2	3.6311/ −2
14.00	3.5242/ −2	3.4205/ −2	3.3198/ −2	3.2221/ −2
14.50	3.1273/ −2	3.0353/ −2	2.9459/ −2	2.8592/ −2
15.00	2.7751/ −2	2.6934/ −2	2.6142/ −2	2.5372/ −2
15.50	2.4626/ −2	2.3901/ −2	2.3198/ −2	2.2515/ −2
16.00	2.1852/ −2	2.1209/ −2	2.0585/ −2	1.9979/ −2
16.50	1.9391/ −2	1.8821/ −2	1.8267/ −2	1.7729/ −2
17.00	1.7207/ −2	1.6701/ −2	1.6210/ −2	1.5733/ −2
17.50	1.5270/ −2	1.4820/ −2	1.4384/ −2	1.3961/ −2
18.00	1.3550/ −2	1.3151/ −2	1.2764/ −2	1.2388/ −2
18.50	1.2024/ −2	1.1670/ −2	1.1327/ −2	1.0993/ −2
19.00	1.0670/ −2	1.0356/ −2	1.0051/ −2	9.7552/ −3
19.50	9.4681/ −3	9.1895/ −3	8.9190/ −3	8.6565/ −3
20.00	8.4018/ −3	8.1545/ −3	7.9146/ −3	7.6816/ −3
20.50	7.4556/ −3	7.2362/ −3	7.0232/ −3	6.8165/ −3
21.00	6.6159/ −3			

Note: ^{134m}Cs decays to ^{134}Cs which is not tabulated

$$^{130}\text{Ba}(n, \gamma)^{131}\text{Ba} \rightarrow {}^{131}\text{Cs}$$

$M = 137.34$ $G = 0.13\%$ $\sigma_{ac} = 11$ barn,

^{131}Ba $T_1 = 12.0$ day

E_γ (keV)	1048	600	496	373	250	216	124
P	0.013	0.030	0.480	0.130	0.050	0.190	0.280

^{131}Cs $T_2 = 9.7$ day

E_γ (keV)   no gamma

Activation data for ^{131}Ba : $A_1(\tau)$, dps/μg

$A_1(\text{sat}) = 6.2712/ \quad 2$

$A_1(1 \text{ sec}) = 4.1917/ -4$

$K = 5.2174/ \ 0$

Day	0.00		0.50		1.00		1.50	
0.00	0.0000/	0	1.7849/	1	3.5190/	1	5.2038/	1
2.00	6.8406/	1	8.4308/	1	9.9757/	1	1.1477/	2
4.00	1.2935/	2	1.4352/	2	1.5728/	2	1.7066/	2
6.00	1.8365/	2	1.9627/	2	2.0853/	2	2.2045/	2
8.00	2.3202/	2	2.4327/	2	2.5419/	2	2.6481/	2
10.00	2.7512/	2	2.8514/	2	2.9487/	2	3.0433/	2
12.00	3.1351/	2	3.2244/	2	3.3111/	2	3.3954/	2
14.00	3.4772/	2	3.5568/	2	3.6340/	2	3.7091/	2
16.00	3.7820/	2	3.8528/	2	3.9217/	2	3.9885/	2
18.00	4.0535/	2	4.1166/	2	4.1780/	2	4.2375/	2
20.00	4.2954/	2	4.3517/	2	4.4063/	2	4.4594/	2
22.00	4.5109/	2	4.5610/	2	4.6097/	2	4.6570/	2
24.00	4.7030/	2	4.7476/	2	4.7910/	2	4.8331/	2
26.00	4.8740/	2	4.9138/	2	4.9524/	2	4.9900/	2
28.00	5.0264/	2	5.0619/	2	5.0963/	2	5.1297/	2
30.00	5.1622/	2	5.1938/	2	5.2244/	2	5.2542/	2
32.00	5.2832/	2	5.3113/	2	5.3386/	2	5.3652/	2
34.00	5.3909/	2	5.4160/	2	5.4403/	2	5.4640/	2
36.00	5.4870/	2	5.5093/	2	5.5310/	2	5.5520/	2
38.00	5.5725/	2	5.5924/	2	5.6117/	2	5.6305/	2
40.00	5.6487/	2	5.6664/	2	5.6837/	2	5.7004/	2
42.00	5.7166/	2						

Decay factor for ^{131}Ba : $D_1(t)$

Day	0.00		0.50		1.00		1.50	
0.00	1.0000/	0	9.7154/	−1	9.4389/	−1	9.1702/	−1
2.00	8.9092/	−1	8.6556/	−1	8.4093/	−1	8.1699/	−1
4.00	7.9374/	−1	7.7115/	−1	7.4920/	−1	7.2788/	−1

377

Day	0.00	0.50	1.00	1.50
6.00	7.0716/ −1	6.8703/ −1	6.6748/ −1	6.4848/ −1
8.00	6.3002/ −1	6.1209/ −1	5.9467/ −1	5.7774/ −1
10.00	5.6130/ −1	5.4532/ −1	5.2980/ −1	5.1472/ −1
12.00	5.0007/ −1	4.8584/ −1	4.7201/ −1	4.5858/ −1
14.00	4.4553/ −1	4.3285/ −1	4.2053/ −1	4.0856/ −1
16.00	3.9693/ −1	3.8563/ −1	3.7465/ −1	3.6399/ −1
18.00	3.5363/ −1	3.4357/ −1	3.3379/ −1	3.2429/ −1
20.00	3.1506/ −1	3.0609/ −1	2.9738/ −1	2.8891/ −1
22.00	2.8069/ −1	2.7270/ −1	2.6494/ −1	2.5740/ −1
24.00	2.5007/ −1	2.4296/ −1	2.3604/ −1	2.2932/ −1
26.00	2.2280/ −1	2.1645/ −1	2.1029/ −1	2.0431/ −1
28.00	1.9849/ −1	1.9284/ −1	1.8736/ −1	1.8202/ −1
30.00	1.7684/ −1	1.7181/ −1	1.6692/ −1	1.6217/ −1
32.00	1.5755/ −1	1.5307/ −1	1.4871/ −1	1.4448/ −1
34.00	1.4037/ −1	1.3637/ −1	1.3249/ −1	1.2872/ −1
36.00	1.2506/ −1	1.2150/ −1	1.1804/ −1	1.1468/ −1
38.00	1.1141/ −1	1.0824/ −1	1.0516/ −1	1.0217/ −1
40.00	9.9261/ −2	9.6436/ −2	9.3691/ −2	9.1025/ −2
42.00	8.8434/ −2	8.5917/ −2	8.3472/ −2	8.1096/ −2
44.00	7.8788/ −2	7.6545/ −2	7.4366/ −2	7.2250/ −2
46.00	7.0193/ −2	6.8196/ −2	6.6255/ −2	6.4369/ −2
48.00	6.2537/ −2	6.0757/ −2	5.9028/ −2	5.7348/ −2
50.00	5.5715/ −2	5.4130/ −2	5.2589/ −2	5.1092/ −2
52.00	4.9638/ −2	4.8225/ −2	4.6853/ −2	4.5519/ −2
54.00	4.4223/ −2	4.2965/ −2	4.1742/ −2	4.0554/ −2
56.00	3.9400/ −2	3.8278/ −2	3.7189/ −2	3.6130/ −2
58.00	3.5102/ −2	3.4103/ −2	3.3132/ −2	3.2189/ −2
60.00	3.1273/ −2	3.0383/ −2	2.9518/ −2	2.8678/ −2
62.00	2.7862/ −2	2.7069/ −2	2.6298/ −2	2.5550/ −2
64.00	2.4823/ −2	2.4116/ −2	2.3430/ −2	2.2763/ −2
66.00	2.2115/ −2	2.1486/ −2	2.0874/ −2	2.0280/ −2
68.00	1.9703/ −2	1.9142/ −2	1.8597/ −2	1.8068/ −2
70.00	1.7554/ −2	1.7054/ −2	1.6569/ −2	1.6097/ −2
72.00	1.5639/ −2	1.5194/ −2	1.4761/ −2	1.4341/ −2
74.00	1.3933/ −2	1.3536/ −2	1.3151/ −2	1.2777/ −2
76.00	1.2413/ −2	1.2060/ −2	1.1717/ −2	1.1383/ −2
78.00	1.1059/ −2			

Activation data for ^{131}Cs : $F \cdot A_2(\tau)$

$$F \cdot A_2(\text{sat}) = -2.6448/ \quad 3$$

$$F \cdot A_2(1 \text{ sec}) = -2.1870/ \quad -3$$

Day	0.00		0.50		1.00		1.50	
0.00	0.0000/	0	−9.2810/	1	−1.8236/	2	−2.6877/	2
2.00	−3.5215/	2	−4.3260/	2	−5.1023/	2	−5.8514/	2
4.00	−6.5742/	2	−7.2716/	2	−7.9445/	2	−8.5938/	2
6.00	−9.2203/	2	−9.8249/	2	−1.0408/	3	−1.0971/	3
8.00	−1.1514/	3	−1.2038/	3	−1.2544/	3	−1.3032/	3
10.00	−1.3503/	3	−1.3957/	3	−1.4395/	3	−1.4818/	3

Day	0.00		0.50		1.00		1.50	
12.00	−1.5226/	3	−1.5620/	3	−1.6000/	3	−1.6367/	3
14.00	−1.6720/	3	−1.7062/	3	−1.7391/	3	−1.7709/	3
16.00	−1.8016/	3	−1.8312/	3	−1.8597/	3	−1.8873/	3
18.00	−1.9138/	3	−1.9395/	3	−1.9642/	3	−1.9881/	3
20.00	−2.0112/	3	−2.0334/	3	−2.0549/	3	−2.0756/	3
22.00	−2.0955/	3	−2.1148/	3	−2.1334/	3	−2.1514/	3
24.00	−2.1687/	3	−2.1854/	3	−2.2015/	3	−2.2171/	3
26.00	−2.2321/	3	−2.2466/	3	−2.2605/	3	−2.2740/	3
28.00	−2.2870/	3	−2.2996/	3	−2.3117/	3	−2.3234/	3
30.00	−2.3347/	3	−2.3456/	3	−2.3561/	3	−2.3662/	3
32.00	−2.3760/	3	−2.3854/	3	−2.3945/	3	−2.4033/	3
34.00	−2.4118/	3	−2.4199/	3	−2.4278/	3	−2.4354/	3
36.00	−2.4428/	3	−2.4499/	3	−2.4567/	3	−2.4633/	3
38.00	−2.4697/	3	−2.4758/	3	−2.4818/	3	−2.4875/	3
40.00	−2.4930/	3	−2.4983/	3	−2.5035/	3	−2.5084/	3

Decay factor for ^{131}Cs : $D_2(t)$

Day	0.00		0.50		1.00		1.50	
0.00	1.0000/	0	9.6491/	−1	9.3105/	−1	8.9838/	−1
2.00	8.6685/	−1	8.3643/	−1	8.0708/	−1	7.7876/	−1
4.00	7.5143/	−1	7.2506/	−1	6.9962/	−1	6.7507/	−1
6.00	6.5138/	−1	6.2852/	−1	6.0647/	−1	5.8519/	−1
8.00	5.6465/	−1	5.4484/	−1	5.2572/	−1	5.0727/	−1
10.00	4.8947/	−1	4.7229/	−1	4.5572/	−1	4.3973/	−1
12.00	4.2430/	−1	4.0941/	−1	3.9504/	−1	3.8118/	−1
14.00	3.6780/	−1	3.5490/	−1	3.4244/	−1	3.3043/	−1
16.00	3.1883/	−1	3.0764/	−1	2.9685/	−1	2.8643/	−1
18.00	2.7638/	−1	2.6668/	−1	2.5732/	−1	2.4829/	−1
20.00	2.3958/	−1	2.3117/	−1	2.2306/	−1	2.1523/	−1
22.00	2.0768/	−1	2.0039/	−1	1.9336/	−1	1.8658/	−1
24.00	1.8003/	−1	1.7371/	−1	1.6762/	−1	1.6173/	−1
26.00	1.5606/	−1	1.5058/	−1	1.4530/	−1	1.4020/	−1
28.00	1.3528/	−1	1.3053/	−1	1.2595/	−1	1.2153/	−1
30.00	1.1727/	−1	1.1315/	−1	1.0918/	−1	1.0535/	−1
32.00	1.0165/	−1	9.8086/	−2	9.4644/	−2	9.1323/	−2
34.00	8.8119/	−2	8.5026/	−2	8.2043/	−2	7.9164/	−2
36.00	7.6386/	−2	7.3705/	−2	7.1119/	−2	6.8623/	−2
38.00	6.6215/	−2	6.3892/	−2	6.1650/	−2	5.9486/	−2
40.00	5.7399/	−2	5.5385/	−2	5.3441/	−2	5.1566/	−2
42.00	4.9756/	−2	4.8010/	−2	4.6326/	−2	4.4700/	−2
44.00	4.3131/	−2	4.1618/	−2	4.0157/	−2	3.8748/	−2
46.00	3.7389/	−2	3.6077/	−2	3.4811/	−2	3.3589/	−2
48.00	3.2410/	−2	3.1273/	−2	3.0176/	−2	2.9117/	−2
50.00	2.8095/	−2	2.7109/	−2	2.6158/	−2	2.5240/	−2
52.00	2.4354/	−2	2.3500/	−2	2.2675/	−2	2.1879/	−2
54.00	2.1111/	−2	2.0371/	−2	1.9656/	−2	1.8966/	−2
56.00	1.8301/	−2	1.7658/	−2	1.7039/	−2	1.6441/	−2
58.00	1.5864/	−2	1.5307/	−2	1.4770/	−2	1.4252/	−2
60.00	1.3752/	−2	1.3269/	−2	1.2803/	−2	1.2354/	−2

Day	0.00	0.50	1.00	1.50
62.00	1.1921/ −2	1.1502/ −2	1.1099/ −2	1.0709/ −2
64.00	1.0333/ −2	9.9708/ −3	9.6209/ −3	9.2833/ −3
66.00	8.9576/ −3	8.6432/ −3	8.3399/ −3	8.0473/ −3
68.00	7.7649/ −3	7.4924/ −3	7.2295/ −3	6.9758/ −3
70.00	6.7310/ −3	6.4948/ −3	6.2669/ −3	6.0470/ −3
72.00	5.8348/ −3	5.6300/ −3	5.4325/ −3	5.2418/ −3
74.00	5.0579/ −3	4.8804/ −3	4.7092/ −3	4.5439/ −3
76.00	4.3845/ −3	4.2306/ −3	4.0821/ −3	3.9389/ −3
78.00	3.8007/ −3			

$^{132}\text{Ba}(n, \gamma)^{133}\text{Ba}$

$M = 137.34$ $\qquad\qquad G = 0.19\%$ $\qquad\qquad \sigma_{ac} = 8.5$ barn,

^{133}Ba $\qquad$ $T_1 = 7.2$ year

E_γ (keV)	382	356	302	276	80
P	0.080	0.690	0.140	0.070	0.360

Activation data for ^{133}Ba : $A_1(\tau)$, dps/μg

$A_1(\text{sat}) = 7.0825/ \quad 2$

$A_1(1 \text{ sec}) = 2.1644/ \ -6$

Day	0.00		10.00		20.00		30.00	
0.00	0.0000/	0	1.8652/	0	3.7255/	0	5.5809/	0
40.00	7.4314/	0	9.2770/	0	1.1118/	1	1.2954/	1
80.00	1.4785/	1	1.6611/	1	1.8432/	1	2.0249/	1
120.00	2.2061/	1	2.3868/	1	2.5670/	1	2.7468/	1
160.00	2.9261/	1	3.1049/	1	3.2832/	1	3.4611/	1
200.00	3.6385/	1	3.8155/	1	3.9919/	1	4.1679/	1
240.00	4.3435/	1	4.5186/	1	4.6932/	1	4.8673/	1
280.00	5.0410/	1	5.2143/	1	5.3871/	1	5.5594/	1
320.00	5.7313/	1	5.9027/	1	6.0737/	1	6.2442/	1
360.00	6.4143/	1	6.5839/	1	6.7531/	1	6.9218/	1

Decay factor for ^{133}Ba : $D_1(t)$

Day	0.00		10.00		20.00		30.00	
0.00	1.0000/	0	9.9737/	−1	9.9474/	−1	9.9212/	−1
40.00	9.8951/	−1	9.8690/	−1	9.8430/	−1	9.8171/	−1
80.00	9.7913/	−1	9.7655/	−1	9.7397/	−1	9.7141/	−1
120.00	9.6885/	−1	9.6630/	−1	9.6376/	−1	9.6122/	−1
160.00	9.5869/	−1	9.5616/	−1	9.5364/	−1	9.5113/	−1
200.00	9.4863/	−1	9.4613/	−1	9.4364/	−1	9.4115/	−1
240.00	9.3867/	−1	9.3620/	−1	9.3374/	−1	9.3128/	−1
280.00	9.2882/	−1	9.2638/	−1	9.2394/	−1	9.2151/	−1
320.00	9.1908/	−1	9.1666/	−1	9.1424/	−1	9.1184/	−1
360.00	9.0944/	−1	9.0704/	−1	9.0465/	−1	9.0227/	−1
400.00	8.9989/	−1	8.9752/	−1	8.9516/	−1	8.9280/	−1
440.00	8.9045/	−1	8.8811/	−1	8.8577/	−1	8.8343/	−1
480.00	8.8111/	−1	8.7879/	−1	8.7647/	−1	8.7416/	−1
520.00	8.7186/	−1	8.6957/	−1	8.6728/	−1	8.6499/	−1
560.00	8.6271/	−1	8.6044/	−1	8.5818/	−1	8.5592/	−1
600.00	8.5366/	−1	8.5141/	−1	8.4917/	−1	8.4694/	−1
640.00	8.4471/	−1	8.4248/	−1	8.4026/	−1	8.3805/	−1
680.00	8.3584/	−1	8.3364/	−1	8.3145/	−1	8.2926/	−1
720.00	8.2707/	−1						

$$^{132}\text{Ba}(\mathbf{n}, \gamma)^{133\text{m}}\text{Ba}$$

$M = 137.34 \qquad\qquad G = 0.19\% \qquad\qquad \sigma_{ac} = 0.2 \text{ barn,}$

$^{133\text{m}}\text{Ba} \qquad \text{T}_1 = 38.9 \text{ hour}$

E_γ (keV)	276
P	0.170

Activation data for $^{133\text{m}}\text{Ba} : A_1(\tau)$, dps/µg

$A_1(\text{sat}) \quad = 1.6665/ \quad 1$

$A_1(1 \text{ sec}) = 8.2467/ \; -5$

Hour	0.00	2.00	4.00	6.00
0.00	0.0000/ 0	5.8331/ −1	1.1462/ 0	1.6894/ 0
8.00	2.2136/ 0	2.7194/ 0	3.2075/ 0	3.6786/ 0
16.00	4.1331/ 0	4.5717/ 0	4.9950/ 0	5.4035/ 0
24.00	5.7977/ 0	6.1781/ 0	6.5451/ 0	6.8993/ 0
32.00	7.2411/ 0	7.5710/ 0	7.8893/ 0	8.1965/ 0
40.00	8.4929/ 0	8.7789/ 0	9.0549/ 0	9.3213/ 0
48.00	9.5783/ 0	9.8264/ 0	1.0066/ 1	1.0297/ 1
56.00	1.0520/ 1	1.0735/ 1	1.0942/ 1	1.1143/ 1
64.00	1.1336/ 1	1.1522/ 1	1.1702/ 1	1.1876/ 1
72.00	1.2044/ 1	1.2205/ 1	1.2362/ 1	1.2512/ 1
80.00	1.2658/ 1	1.2798/ 1	1.2933/ 1	1.3064/ 1
88.00	1.3190/ 1	1.3311/ 1	1.3429/ 1	1.3542/ 1
96.00	1.3651/ 1	1.3757/ 1	1.3859/ 1	1.3957/ 1
104.00	1.4052/ 1	1.4143/ 1	1.4231/ 1	1.4317/ 1
112.00	1.4399/ 1	1.4478/ 1	1.4555/ 1	1.4628/ 1
120.00	1.4700/ 1	1.4769/ 1	1.4835/ 1	1.4899/ 1
128.00	1.4961/ 1	1.5020/ 1	1.5078/ 1	1.5134/ 1
136.00	1.5187/ 1			

Decay factor for $^{133\text{m}}\text{Ba} : D_1(\text{t})$

Hour	0.00	2.00	4.00	6.00
0.00	1.0000/ 0	9.6500/ −1	9.3122/ −1	8.9863/ −1
8.00	8.6717/ −1	8.3682/ −1	8.0753/ −1	7.7926/ −1
16.00	7.5199/ −1	7.2566/ −1	7.0026/ −1	6.7575/ −1
24.00	6.5210/ −1	6.2927/ −1	6.0725/ −1	5.8599/ −1
32.00	5.6548/ −1	5.4569/ −1	5.2659/ −1	5.0816/ −1
40.00	4.9037/ −1	4.7321/ −1	4.5664/ −1	4.4066/ −1
48.00	4.2523/ −1	4.1035/ −1	3.9599/ −1	3.8213/ −1
56.00	3.6875/ −1	3.5584/ −1	3.4339/ −1	3.3137/ −1
64.00	3.1977/ −1	3.0858/ −1	2.9778/ −1	2.8735/ −1
72.00	2.7729/ −1	2.6759/ −1	2.5822/ −1	2.4918/ −1
80.00	2.4046/ −1	2.3205/ −1	2.2392/ −1	2.1609/ −1
88.00	2.0852/ −1	2.0122/ −1	1.9418/ −1	1.8738/ −1
96.00	1.8082/ −1	1.7449/ −1	1.6839/ −1	1.6249/ −1

Hour	0.00	2.00	4.00	6.00
104.00	1.5681/ −1	1.5132/ −1	1.4602/ −1	1.4091/ −1
112.00	1.3598/ −1	1.3122/ −1	1.2662/ −1	1.2219/ −1
120.00	1.1792/ −1	1.1379/ −1	1.0981/ −1	1.0596/ −1
128.00	1.0225/ −1	9.8674/ −2	9.5220/ −2	9.1887/ −2
136.00	8.8671/ −2	8.5567/ −2	8.2572/ −2	7.9682/ −2
144.00	7.6892/ −2	7.4201/ −2	7.1604/ −2	6.9098/ −2
152.00	6.6679/ −2	6.4345/ −2	6.2093/ −2	5.9919/ −2
160.00	5.7822/ −2	5.5798/ −2	5.3845/ −2	5.1960/ −2
168.00	5.0142/ −2	4.8386/ −2	4.6693/ −2	4.5058/ −2
176.00	4.3481/ −2	4.1959/ −2	4.0491/ −2	3.9073/ −2
184.00	3.7706/ −2	3.6386/ −2	3.5112/ −2	3.3883/ −2
192.00	3.2697/ −2	3.1553/ −2	3.0448/ −2	2.9383/ −2
200.00	2.8354/ −2	2.7362/ −2	2.6404/ −2	2.5480/ −2
208.00	2.4588/ −2	2.3727/ −2	2.2897/ −2	2.2095/ −2
216.00	2.1322/ −2	2.0576/ −2	1.9855/ −2	1.9160/ −2
224.00	1.8490/ −2	1.7843/ −2	1.7218/ −2	1.6615/ −2
232.00	1.6034/ −2	1.5473/ −2	1.4931/ −2	1.4408/ −2
240.00	1.3904/ −2	1.3417/ −2	1.2948/ −2	1.2494/ −2
248.00	1.2057/ −2	1.1635/ −2	1.1228/ −2	1.0835/ −2
256.00	1.0456/ −2	1.0090/ −2	9.7365/ −3	9.3957/ −3
264.00	9.0668/ −3			

Note: [133m]Ba decays to [133]Ba which is not tabulated

$^{134}\text{Ba}(n, \gamma)^{135m}\text{Ba}$

$M = 137.34$ $\qquad\qquad$ $G = 2.60\%$ $\qquad\qquad$ $\sigma_{ac} = 0.16$ barn,

^{135m}Ba $\qquad$ $T_{\frac{1}{2}} = 28.7$ hour

E_γ (keV) $\qquad$ 268

P $\qquad\qquad$ 0.160

Activation data for ^{135m}Ba : $A_1(\tau)$, dps/µg

$A_1(\text{sat}) = 1.8244/\ \ 2$

$A_1(1 \text{ sec}) = 1.2236/ -3$

Hour	0.00		2.00		4.00		6.00	
0.00	0.0000/	0	8.6009/	0	1.6796/	1	2.4605/	1
8.00	3.2046/	1	3.9136/	1	4.5892/	1	5.2330/	1
16.00	5.8464/	1	6.4308/	1	6.9877/	1	7.5184/	1
24.00	8.0240/	1	8.5058/	1	8.9649/	1	9.4024/	1
32.00	9.8192/	1	1.0216/	2	1.0595/	2	1.0955/	2
40.00	1.1299/	2	1.1626/	2	1.1938/	2	1.2236/	2
48.00	1.2519/	2	1.2789/	2	1.3046/	2	1.3291/	2
56.00	1.3524/	2	1.3747/	2	1.3959/	2	1.4161/	2
64.00	1.4353/	2	1.4537/	2	1.4712/	2	1.4878/	2
72.00	1.5037/	2	1.5188/	2	1.5332/	2	1.5469/	2
80.00	1.5600/	2	1.5725/	2	1.5843/	2	1.5957/	2
88.00	1.6064/	2	1.6167/	2	1.6265/	2	1.6358/	2
96.00	1.6447/	2	1.6532/	2	1.6613/	2	1.6689/	2

Decay factor for ^{135m}Ba : $D_1(t)$

Hour	0.00		2.00		4.00		6.00	
0.00	1.0000/	0	9.5285/	−1	9.0793/	−1	8.6513/	−1
8.00	8.2434/	−1	7.8548/	−1	7.4845/	−1	7.1316/	−1
16.00	6.7954/	−1	6.4750/	−1	6.1697/	−1	5.8789/	−1
24.00	5.6017/	−1	5.3376/	−1	5.0860/	−1	4.8462/	−1
32.00	4.6177/	−1	4.4000/	−1	4.1926/	−1	3.9949/	−1
40.00	3.8066/	−1	3.6271/	−1	3.4561/	−1	3.2932/	−1
48.00	3.1379/	−1	2.9900/	−1	2.8490/	−1	2.7147/	−1
56.00	2.5867/	−1	2.4648/	−1	2.3486/	−1	2.2378/	−1
64.00	2.1323/	−1	2.0318/	−1	1.9360/	−1	1.8447/	−1
72.00	1.7578/	−1	1.6749/	−1	1.5959/	−1	1.5207/	−1
80.00	1.4490/	−1	1.3807/	−1	1.3156/	−1	1.2536/	−1
88.00	1.1945/	−1	1.1382/	−1	1.0845/	−1	1.0334/	−1
96.00	9.8466/	−2	9.3823/	−2	8.9400/	−2	8.5185/	−2
104.00	8.1169/	−2	7.7342/	−2	7.3696/	−2	7.0222/	−2
112.00	6.6911/	−2	6.3757/	−2	6.0751/	−2	5.7887/	−2
120.00	5.5158/	−2	5.2557/	−2	5.0079/	−2	4.7718/	−2
128.00	4.5469/	−2	4.3325/	−2	4.1282/	−2	3.9336/	−2
136.00	3.7482/	−2	3.5715/	−2	3.4031/	−2	3.2426/	−2

Hour	0.00	2.00	4.00	6.00
144.00	3.0898/ —2	2.9441/ —2	2.8053/ —2	2.6730/ —2
152.00	2.5470/ —2	2.4269/ —2	2.3125/ —2	2.2035/ —2
160.00	2.0996/ —2	2.0006/ —2	1.9063/ —2	1.8164/ —2
168.00	1.7308/ —2	1.6492/ —2	1.5715/ —2	1.4974/ —2
176.00	1.4268/ —2	1.3595/ —2	1.2954/ —2	1.2343/ —2
184.00	1.1761/ —2	1.1207/ —2	1.0679/ —2	1.0175/ —2

$$^{136}\text{Ba}(\text{n}, \gamma)^{137\text{m}}\text{Ba}$$

$M = 137.34$ $G = 8.1\%$ $\sigma_{\text{ac}} = 0.010$ barn,

$^{137\text{m}}\text{Ba}$ $\text{T}_1 = 2.55$ minute

E_γ (keV)   662

P 0.858

Activation data for $^{137\text{m}}\text{Ba}$: $A_1(\tau)$, dps/μg

$A_1(\text{sat}) = 3.5522/ \quad 1$

$A_1(1 \text{ sec}) = 1.6053/ -1$

Minute	0.00		0.25		0.50		0.75	
0.00	0.0000/	0	2.3333/	0	4.5133/	0	6.5501/	0
1.00	8.4531/	0	1.0231/	1	1.1892/	1	1.3444/	1
2.00	1.4895/	1	1.6250/	1	1.7516/	1	1.8698/	1
3.00	1.9803/	1	2.0836/	1	2.1801/	1	2.2702/	1
4.00	2.3544/	1	2.4331/	1	2.5066/	1	2.5753/	1
5.00	2.6394/	1	2.6994/	1	2.7554/	1	2.8078/	1
6.00	2.8567/	1	2.9023/	1	2.9450/	1	2.9849/	1
7.00	3.0222/	1	3.0570/	1	3.0895/	1	3.1199/	1
8.00	3.1483/	1	3.1748/	1	3.1996/	1	3.2228/	1

Decay factor for $^{137\text{m}}\text{Ba}$: $D_1(\text{t})$

Minute	0.00		0.25		0.50		0.75	
0.00	1.0000/	0	9.3432/	-1	8.7295/	-1	8.1561/	-1
1.00	7.6203/	-1	7.1198/	-1	6.6521/	-1	6.2152/	-1
2.00	5.8070/	-1	5.4255/	-1	5.0692/	-1	4.7362/	-1
3.00	4.4251/	-1	4.1344/	-1	3.8629/	-1	3.6091/	-1
4.00	3.3721/	-1	3.1506/	-1	2.9436/	-1	2.7503/	-1
5.00	2.5696/	-1	2.4008/	-1	2.2431/	-1	2.0958/	-1
6.00	1.9581/	-1	1.8295/	-1	1.7094/	-1	1.5971/	-1
7.00	1.4922/	-1	1.3942/	-1	1.3026/	-1	1.2170/	-1
8.00	1.1371/	-1	1.0624/	-1	9.9261/	-2	9.2741/	-2
9.00	8.6650/	-2	8.0958/	-2	7.5640/	-2	7.0672/	-2
10.00	6.6030/	-2	6.1693/	-2	5.7641/	-2	5.3854/	-2
11.00	5.0317/	-2	4.7012/	-2	4.3924/	-2	4.1039/	-2
12.00	3.8343/	-2	3.5825/	-2	3.3472/	-2	3.1273/	-2
13.00	2.9219/	-2	2.7300/	-2	2.5506/	-2	2.3831/	-2
14.00	2.2266/	-2	2.0803/	-2	1.9437/	-2	1.8160/	-2
15.00	1.6967/	-2	1.5853/	-2	1.4811/	-2	1.3839/	-2
16.00	1.2930/	-2	1.2080/	-2	1.1287/	-2	1.0545/	-2
17.00	9.8528/	-3	9.2056/	-3	8.6010/	-3	8.0360/	-3
18.00	7.5082/	-3						

^{138}Ba(n, γ)^{139}Ba

$M = 137.34$ $\qquad G = 70.4\%$ $\qquad \sigma_{ac} = 0.35$ barn,

^{139}Ba $\qquad T_1 = 82.9$ minute

E_γ (keV) 166

P 0.230

Activation data for ^{139}Ba : $A_1(\tau)$, dps/μg

$$A_1(\text{sat}) = 1.0806/\ 4$$
$$A_1(1 \text{ sec}) = 1.5054/\ 0$$

Hour	0.000		0.125		0.250		0.375	
0.00	0.0000/	0	6.5668/	2	1.2735/	3	1.8527/	3
0.50	2.3968/	3	2.9078/	3	3.3878/	3	3.8386/	3
1.00	4.2620/	3	4.6597/	3	5.0332/	3	5.3840/	3
1.50	5.7135/	3	6.0230/	3	6.3136/	3	6.5866/	3
2.00	6.8430/	3	7.0838/	3	7.3100/	3	7.5225/	3
2.50	7.7220/	3	7.9094/	3	8.0854/	3	8.2507/	3
3.00	8.4060/	3	8.5518/	3	8.6888/	3	8.8175/	3
3.50	8.9383/	3	9.0518/	3	9.1584/	3	9.2585/	3
4.00	9.3525/	3	9.4408/	3	9.5238/	3	9.6017/	3
4.50	9.6749/	3	9.7436/	3	9.8082/	3	9.8688/	3

Decay factor for ^{139}Ba : $D_1(t)$

Hour	0.000		0.125		0.250		0.375	
0.00	1.0000/	0	9.3923/	−1	8.8215/	−1	8.2854/	−1
0.50	7.7819/	−1	7.3090/	−1	6.8648/	−1	6.4476/	−1
1.00	6.0558/	−1	5.6878/	−1	5.3421/	−1	5.0175/	−1
1.50	4.7126/	−1	4.4262/	−1	4.1572/	−1	3.9046/	−1
2.00	3.6673/	−1	3.4444/	−1	3.2351/	−1	3.0385/	−1
2.50	2.8538/	−1	2.6804/	−1	2.5175/	−1	2.3645/	−1
3.00	2.2208/	−1	2.0859/	−1	1.9591/	−1	1.8400/	−1
3.50	1.7282/	−1	1.6232/	−1	1.5246/	−1	1.4319/	−1
4.00	1.3449/	−1	1.2632/	−1	1.1864/	−1	1.1143/	−1
4.50	1.0466/	−1	9.8298/	−2	9.2324/	−2	8.6714/	−2
5.00	8.1444/	−2	7.6494/	−2	7.1846/	−2	6.7480/	−2
5.50	6.3379/	−2	5.9527/	−2	5.5910/	−2	5.2512/	−2
6.00	4.9321/	−2	4.6324/	−2	4.3508/	−2	4.0864/	−2
6.50	3.8381/	−2	3.6049/	−2	3.3858/	−2	3.1800/	−2
7.00	2.9868/	−2	2.8053/	−2	2.6348/	−2	2.4747/	−2
7.50	2.3243/	−2	2.1830/	−2	2.0504/	−2	1.9258/	−2
8.00	1.8087/	−2	1.6988/	−2	1.5956/	−2	1.4986/	−2
8.50	1.4075/	−2	1.3220/	−2	1.2417/	−2	1.1662/	−2
9.00	1.0953/	−2	1.0288/	−2	9.6625/	−3	9.0753/	−3
9.50	8.5238/	−3	8.0058/	−3	7.5192/	−3	7.0623/	−3
10.00	6.6331/	−3						

$^{139}\text{La}(n, \gamma)^{140}\text{La}$

$M = 138.91$ $\qquad G = 99.911\%$ $\qquad \sigma_{ac} = 8.8 \text{ barn,}$

^{140}La $\qquad T_1 = 40.22$ hour

E_γ (keV) $\qquad 868$

P $\qquad 0.050$

Activation data for ^{140}La : $A_1(\tau)$, dps/μg
$$A_1(\text{sat}) = 3.8122/\ 5$$
$$A_1(1\ \text{sec}) = 1.8246/\ 0$$

Hour	0.00		2.00		4.00		6.00	
0.00	0.0000/	0	1.2913/	4	2.5389/	4	3.7442/	4
8.00	4.9087/	4	6.0338/	4	7.1207/	4	8.1708/	4
16.00	9.1854/	4	1.0166/	5	1.1113/	5	1.2027/	5
24.00	1.2911/	5	1.3765/	5	1.4590/	5	1.5387/	5
32.00	1.6158/	5	1.6902/	5	1.7620/	5	1.8315/	5
40.00	1.8986/	5	1.9634/	5	2.0260/	5	2.0865/	5
48.00	2.1450/	5	2.2015/	5	2.2560/	5	2.3087/	5
56.00	2.3597/	5	2.4089/	5	2.4564/	5	2.5023/	5
64.00	2.5467/	5	2.5896/	5	2.6310/	5	2.6710/	5
72.00	2.7096/	5	2.7470/	5	2.7831/	5	2.8179/	5
80.00	2.8516/	5	2.8842/	5	2.9156/	5	2.9460/	5
88.00	2.9753/	5	3.0036/	5	3.0310/	5	3.0575/	5
96.00	3.0831/	5	3.1078/	5	3.1316/	5	3.1547/	5
104.00	3.1769/	5	3.1985/	5	3.2193/	5	3.2393/	5
112.00	3.2587/	5	3.2775/	5	3.2956/	5	3.3131/	5
120.00	3.3300/	5	3.3463/	5	3.3621/	5	3.3774/	5

Decay factor for ^{140}La : $D_1(t)$

Hour	0.00		2.00		4.00		6.00	
0.00	1.0000/	0	9.6613/	−1	9.3340/	−1	9.0178/	−1
8.00	8.7124/	−1	8.4172/	−1	8.1321/	−1	7.8567/	−1
16.00	7.5905/	−1	7.3334/	−1	7.0850/	−1	6.8450/	−1
24.00	6.6131/	−1	6.3891/	−1	6.1727/	−1	5.9636/	−1
32.00	5.7616/	−1	5.5664/	−1	5.3779/	−1	5.1957/	−1
40.00	5.0197/	−1	4.8497/	−1	4.6854/	−1	4.5267/	−1
48.00	4.3734/	−1	4.2252/	−1	4.0821/	−1	3.9438/	−1
56.00	3.8102/	−1	3.6812/	−1	3.5565/	−1	3.4360/	−1
64.00	3.3196/	−1	3.2072/	−1	3.0985/	−1	2.9936/	−1
72.00	2.8922/	−1	2.7942/	−1	2.6996/	−1	2.6081/	−1
80.00	2.5198/	−1	2.4344/	−1	2.3520/	−1	2.2723/	−1
88.00	2.1953/	−1	2.1209/	−1	2.0491/	−1	1.9797/	−1
96.00	1.9126/	−1	1.8478/	−1	1.7853/	−1	1.7248/	−1
104.00	1.6664/	−1	1.6099/	−1	1.5554/	−1	1.5027/	−1
112.00	1.4518/	−1	1.4026/	−1	1.3551/	−1	1.3092/	−1

Hour	0.00	2.00	4.00	6.00
120.00	1.2649/ —1	1.2220/ —1	1.1806/ —1	1.1406/ —1
128.00	1.1020/ —1	1.0647/ —1	1.0286/ —1	9.9375/ —2
136.00	9.6009/ —2	9.2757/ —2	8.9615/ —2	8.6579/ —2
144.00	8.3647/ —2	8.0813/ —2	7.8076/ —2	7.5431/ —2
152.00	7.2876/ —2	7.0407/ —2	6.8023/ —2	6.5718/ —2
160.00	6.3492/ —2	6.1342/ —2	5.9264/ —2	5.7256/ —2
168.00	5.5317/ —2	5.3443/ —2	5.1633/ —2	4.9884/ —2
176.00	4.8194/ —2	4.6561/ —2	4.4984/ —2	4.3461/ —2
184.00	4.1988/ —2	4.0566/ —2	3.9192/ —2	3.7864/ —2
192.00	3.6582/ —2	3.5343/ —2	3.4145/ —2	3.2989/ —2
200.00	3.1871/ —2	3.0792/ —2	2.9749/ —2	2.8741/ —2
208.00	2.7768/ —2	2.6827/ —2	2.5918/ —2	2.5040/ —2
216.00	2.4192/ —2	2.3373/ —2	2.2581/ —2	2.1816/ —2
224.00	2.1077/ —2	2.0363/ —2	1.9673/ —2	1.9007/ —2
232.00	1.8363/ —2	1.7741/ —2	1.7140/ —2	1.6559/ —2
240.00	1.5999/ —2	1.5457/ —2	1.4933/ —2	1.4427/ —2
248.00	1.3939/ —2	1.3466/ —2	1.3010/ —2	1.2570/ —2
256.00	1.2144/ —2			

$$^{136}\text{Ce}(\text{n}, \gamma)^{137}\text{Ce}$$

$M = 140.12$ $\qquad G = 0.193\%$ $\qquad \sigma_{ac} = 6.3$ barn,

^{137}Ce $\qquad \text{T}_1 = 9.0$ hour

E_γ (keV) 446

P 0.023

Activation data for $^{137}\text{Ce} : A_1(\tau)$, dps/$\mu$g
$$A_1(\text{sat}) \quad = 5.2265/ \quad 2$$
$$A_1(1 \text{ sec}) = 1.1179/ \ -2$$

Hour	0.00		0.50		1.00		1.50	
0.00	0.0000/	0	1.9740/	1	3.8734/	1	5.7010/	1
2.00	7.4597/	1	9.1519/	1	1.0780/	2	1.2347/	2
4.00	1.3855/	2	1.5305/	2	1.6701/	2	1.8044/	2
6.00	1.9337/	2	2.0581/	2	2.1777/	2	2.2929/	2
8.00	2.4037/	2	2.5103/	2	2.6129/	2	2.7116/	2
10.00	2.8066/	2	2.8980/	2	2.9859/	2	3.0705/	2
12.00	3.1520/	2	3.2303/	2	3.3057/	2	3.3782/	2
14.00	3.4480/	2	3.5152/	2	3.5798/	2	3.6420/	2
16.00	3.7019/	2	3.7595/	2	3.8149/	2	3.8682/	2
18.00	3.9195/	2	3.9689/	2	4.0163/	2	4.0621/	2
20.00	4.1060/	2	4.1484/	2	4.1891/	2	4.2283/	2
22.00	4.2660/	2	4.3022/	2	4.3371/	2	4.3707/	2
24.00	4.4031/	2	4.4342/	2	4.4641/	2	4.4929/	2
26.00	4.5206/	2	4.5472/	2	4.5729/	2	4.5976/	2
28.00	4.6213/	2	4.6442/	2	4.6662/	2	4.6873/	2
30.00	4.7077/	2	4.7273/	2	4.7462/	2	4.7643/	2

Decay factor for $^{137}\text{Ce} : D_1(\text{t})$

Hour	0.00		0.50		1.00		1.50	
0.00	1.0000/	0	9.6223/	−1	9.2589/	−1	8.9092/	−1
2.00	8.5727/	−1	8.2489/	−1	7.9374/	−1	7.6376/	−1
4.00	7.3492/	−1	7.0716/	−1	6.8045/	−1	6.5475/	−1
6.00	6.3002/	−1	6.0623/	−1	5.8333/	−1	5.6130/	−1
8.00	5.4010/	−1	5.1970/	−1	5.0007/	−1	4.8119/	−1
10.00	4.6301/	−1	4.4553/	−1	4.2870/	−1	4.1251/	−1
12.00	3.9693/	−1	3.8194/	−1	3.6751/	−1	3.5363/	−1
14.00	3.4028/	−1	3.2742/	−1	3.1506/	−1	3.0316/	−1
16.00	2.9171/	−1	2.8069/	−1	2.7009/	−1	2.5989/	−1
18.00	2.5007/	−1	2.4063/	−1	2.3154/	−1	2.2280/	−1
20.00	2.1438/	−1	2.0628/	−1	1.9849/	−1	1.9100/	−1
22.00	1.8378/	−1	1.7684/	−1	1.7016/	−1	1.6374/	−1
24.00	1.5755/	−1	1.5160/	−1	1.4588/	−1	1.4037/	−1
26.00	1.3506/	−1	1.2996/	−1	1.2506/	−1	1.2033/	−1
28.00	1.1579/	−1	1.1141/	−1	1.0721/	−1	1.0316/	−1

Hour	0.00	0.50	1.00	1.50
30.00	9.9261/ -2	9.5512/ -2	9.1905/ -2	8.8434/ -2
32.00	8.5094/ -2	8.1880/ -2	7.8788/ -2	7.5812/ -2
34.00	7.2949/ -2	7.0193/ -2	6.7542/ -2	6.4991/ -2
36.00	6.2537/ -2	6.0175/ -2	5.7902/ -2	5.5715/ -2
38.00	5.3611/ -2	5.1586/ -2	4.9638/ -2	4.7763/ -2
40.00	4.5959/ -2	4.4223/ -2	4.2553/ -2	4.0946/ -2
42.00	3.9400/ -2	3.7912/ -2	3.6480/ -2	3.5102/ -2
44.00	3.3776/ -2	3.2500/ -2	3.1273/ -2	3.0092/ -2
46.00	2.8955/ -2	2.7862/ -2	2.6809/ -2	2.5797/ -2
48.00	2.4823/ -2	2.3885/ -2	2.2983/ -2	2.2115/ -2
50.00	2.1280/ -2	2.0476/ -2	1.9703/ -2	1.8959/ -2
52.00	1.8243/ -2	1.7554/ -2	1.6891/ -2	1.6253/ -2
54.00	1.5639/ -2	1.5048/ -2	1.4480/ -2	1.3933/ -2
56.00	1.3407/ -2	1.2900/ -2	1.2413/ -2	1.1944/ -2
58.00	1.1493/ -2	1.1059/ -2	1.0641/ -2	1.0240/ -2
60.00	9.8528/ -3	9.4807/ -3	9.1226/ -3	8.7781/ -3

See also $^{136}Ce(n, \gamma)^{137m}Ce \rightarrow {}^{137}Ce$

$$^{136}\text{Ce}(n, \gamma)^{137m}\text{Ce} \rightarrow {}^{137}\text{Ce}$$

$M = 140.12$ $\qquad G = 0.193\%$ $\qquad \sigma_{ac} = 0.95$ barn,

^{137m}Ce $\qquad T_1 = 34.4$ hour

E_γ (keV) $\qquad 255$

$P \qquad\qquad 0.110$

^{137}Ce $\qquad T_2 = 9.0$ hour

E_γ (keV) $\qquad 446$

$P \qquad\qquad 0.023$

Activation data for ^{137m}Ce : $A_1(\tau)$, dps/μg

$A_1(\text{sat}) \quad = 7.8812/ \quad 1$

$A_1(1 \text{ sec}) = 4.4103/ \ -4$

$K = 1.3462/ \ 0$

Time intervals with respect to T_1

Hour	0.00		2.00		4.00		6.00	
0.00	0.0000/	0	3.1123/	0	6.1017/	0	8.9730/	0
8.00	1.1731/	1	1.4380/	1	1.6924/	1	1.9368/	1
16.00	2.1716/	1	2.3970/	1	2.6136/	1	2.8216/	1
24.00	3.0214/	1	3.2133/	1	3.3977/	1	3.5747/	1
32.00	3.7448/	1	3.9081/	1	4.0650/	1	4.2157/	1
40.00	4.3605/	1	4.4995/	1	4.6331/	1	4.7613/	1
48.00	4.8845/	1	5.0029/	1	5.1165/	1	5.2257/	1
56.00	5.3306/	1	5.4313/	1	5.5281/	1	5.6210/	1
64.00	5.7102/	1	5.7960/	1	5.8783/	1	5.9574/	1
72.00	6.0334/	1	6.1064/	1	6.1764/	1	6.2438/	1
80.00	6.3084/	1	6.3705/	1	6.4302/	1	6.4875/	1
88.00	6.5425/	1	6.5954/	1	6.6462/	1	6.6949/	1
96.00	6.7418/	1	6.7868/	1	6.8300/	1	6.8715/	1
104.00	6.9114/	1	6.9497/	1	6.9865/	1	7.0218/	1
112.00	7.0557/	1	7.0883/	1	7.1197/	1	7.1497/	1
120.00	7.1786/	1						

Decay factor for ^{137m}Ce : $D_1(t)$

Hour	0.00		2.00		4.00		6.00	
0.00	1.0000/	0	9.6051/	−1	9.2258/	−1	8.8615/	−1
8.00	8.5115/	−1	8.1754/	−1	7.8526/	−1	7.5425/	−1
16.00	7.2446/	−1	6.9585/	−1	6.6837/	−1	6.4198/	−1
24.00	6.1663/	−1	5.9228/	−1	5.6889/	−1	5.4642/	−1
32.00	5.2485/	−1	5.0412/	−1	4.8421/	−1	4.6509/	−1
40.00	4.4672/	−1	4.2908/	−1	4.1214/	−1	3.9586/	−1

Hour	0.00	2.00	4.00	6.00
48.00	3.8023/ −1	3.6522/ −1	3.5079/ −1	3.3694/ −1
56.00	3.2363/ −1	3.1085/ −1	2.9858/ −1	2.8679/ −1
64.00	2.7546/ −1	2.6458/ −1	2.5414/ −1	2.4410/ −1
72.00	2.3446/ −1	2.2520/ −1	2.1631/ −1	2.0777/ −1
80.00	1.9956/ −1	1.9168/ −1	1.8411/ −1	1.7684/ −1
88.00	1.6986/ −1	1.6315/ −1	1.5671/ −1	1.5052/ −1
96.00	1.4458/ −1	1.3887/ −1	1.3338/ −1	1.2812/ −1
104.00	1.2306/ −1	1.1820/ −1	1.1353/ −1	1.0905/ −1
112.00	1.0474/ −1	1.0060/ −1	9.6631/ −2	9.2815/ −2
120.00	8.9149/ −2	8.5629/ −2	8.2247/ −2	7.8999/ −2
128.00	7.5880/ −2	7.2883/ −2	7.0005/ −2	6.7241/ −2
136.00	6.4585/ −2	6.2035/ −2	5.9585/ −2	5.7232/ −2
144.00	5.4972/ −2	5.2801/ −2	5.0716/ −2	4.8713/ −2
152.00	4.6790/ −2	4.4942/ −2	4.3167/ −2	4.1463/ −2
160.00	3.9825/ −2	3.8252/ −2	3.6742/ −2	3.5291/ −2
168.00	3.3897/ −2	3.2559/ −2	3.1273/ −2	3.0038/ −2
176.00	2.8852/ −2	2.7712/ −2	2.6618/ −2	2.5567/ −2
184.00	2.4557/ −2	2.3588/ −2	2.2656/ −2	2.1761/ −2
192.00	2.0902/ −2	2.0077/ −2	1.9284/ −2	1.8522/ −2
200.00	1.7791/ −2	1.7088/ −2	1.6413/ −2	1.5765/ −2
208.00	1.5143/ −2	1.4545/ −2	1.3970/ −2	1.3419/ −2
216.00	1.2889/ −2	1.2380/ −2	1.1891/ −2	1.1421/ −2
224.00	1.0970/ −2	1.0537/ −2	1.0121/ −2	9.7214/ −3
232.00	9.3375/ −3	8.9687/ −3	8.6146/ −3	8.2744/ −3
240.00	7.9476/ −3			

Activation data for ^{137}Ce : $F \cdot A_2(\tau)$

$$F \cdot A_2(\text{sat}) = -2.7758/ \quad 1$$
$$F \cdot A_2(1 \text{ sec}) = -5.9370/ \quad -4$$

Hour	0.00		2.00		4.00		6.00	
0.00	0.0000/	0	−3.9618/	0	−7.3581/	0	−1.0270/	1
8.00	−1.2766/	1	−1.4906/	1	−1.6740/	1	−1.8312/	1
16.00	−1.9661/	1	−2.0816/	1	−2.1807/	1	−2.2656/	1
24.00	−2.3384/	1	−2.4009/	1	−2.4544/	1	−2.5002/	1
32.00	−2.5396/	1	−2.5733/	1	−2.6022/	1	−2.6270/	1
40.00	−2.6482/	1	−2.6664/	1	−2.6820/	1	−2.6954/	1
48.00	−2.7069/	1	−2.7167/	1	−2.7251/	1	−2.7324/	1
56.00	−2.7386/	1	−2.7439/	1	−2.7484/	1	−2.7523/	1
64.00	−2.7557/	1	−2.7585/	1	−2.7610/	1	−2.7631/	1
72.00	−2.7649/	1	−2.7665/	1	−2.7678/	1	−2.7689/	1
80.00	−2.7699/	1	−2.7707/	1	−2.7715/	1	−2.7721/	1
88.00	−2.7726/	1	−2.7731/	1	−2.7734/	1	−2.7738/	1
96.00	−2.7741/	1	−2.7743/	1	−2.7745/	1	−2.7747/	1
104.00	−2.7748/	1	−2.7750/	1	−2.7751/	1	−2.7752/	1
112.00	−2.7753/	1	−2.7753/	1	−2.7754/	1	−2.7755/	1
120.00	−2.7755/	1						

Decay factor for ^{137}Ce : $D_2(t)$

Hour	0.00	2.00	4.00	6.00
0.00	1.0000/ 0	8.5727/ −1	7.3492/ −1	6.3002/ −1
8.00	5.4010/ −1	4.6301/ −1	3.9693/ −1	3.4028/ −1
16.00	2.9171/ −1	2.5007/ −1	2.1438/ −1	1.8378/ −1
24.00	1.5755/ −1	1.3506/ −1	1.1579/ −1	9.9261/ −2
32.00	8.5094/ −2	7.2949/ −2	6.2537/ −2	5.3611/ −2
40.00	4.5959/ −2	3.9400/ −2	3.3776/ −2	2.8955/ −2
48.00	2.4823/ −2	2.1280/ −2	1.8243/ −2	1.5639/ −2
56.00	1.3407/ −2	1.1493/ −2	9.8528/ −3	8.4465/ −3
64.00	7.2410/ −3	6.2075/ −3	5.3215/ −3	4.5620/ −3
72.00	3.9109/ −3	3.3527/ −3	2.8741/ −3	2.4639/ −3
80.00	2.1123/ −3	1.8108/ −3	1.5523/ −3	1.3308/ −3
88.00	1.1408/ −3	9.7800/ −4	8.3841/ −4	7.1875/ −4
96.00	6.1616/ −4	5.2822/ −4	4.5283/ −4	3.8820/ −4
104.00	3.3279/ −4	2.8529/ −4	2.4457/ −4	2.0966/ −4
112.00	1.7974/ −4	1.5409/ −4	1.3209/ −4	1.1324/ −4
120.00	9.7078/ −5	8.3222/ −5	7.1344/ −5	6.1161/ −5

*

Activation data for ^{137m}Ce : $A_1(\tau)$, dps/μg

$$A_1(\text{sat}) = 7.8812/ 1$$

$$A_1(1 \text{ sec}) = 4.4103/ -4$$

$K = 1.3462/ 0$

Time intervals with respect to T_2

Hour	0.00	0.50	1.00	1.50
0.00	0.0000/ 0	7.8987/ −1	1.5718/ 0	2.3459/ 0
2.00	3.1123/ 0	3.8710/ 0	4.6220/ 0	5.3656/ 0
4.00	6.1017/ 0	6.8304/ 0	7.5518/ 0	8.2660/ 0
6.00	8.9730/ 0	9.6729/ 0	1.0366/ 1	1.1052/ 1
8.00	1.1731/ 1	1.2403/ 1	1.3069/ 1	1.3728/ 1
10.00	1.4380/ 1	1.5026/ 1	1.5665/ 1	1.6298/ 1
12.00	1.6924/ 1	1.7545/ 1	1.8159/ 1	1.8767/ 1
14.00	1.9368/ 1	1.9964/ 1	2.0554/ 1	2.1138/ 1
16.00	2.1716/ 1	2.2288/ 1	2.2854/ 1	2.3415/ 1
18.00	2.3970/ 1	2.4520/ 1	2.5064/ 1	2.5603/ 1
20.00	2.6136/ 1	2.6664/ 1	2.7187/ 1	2.7704/ 1
22.00	2.8216/ 1	2.8723/ 1	2.9225/ 1	2.9722/ 1
24.00	3.0214/ 1	3.0701/ 1	3.1184/ 1	3.1661/ 1
26.00	3.2133/ 1	3.2601/ 1	3.3064/ 1	3.3523/ 1
28.00	3.3977/ 1	3.4426/ 1	3.4871/ 1	3.5311/ 1
30.00	3.5747/ 1	3.6179/ 1	3.6606/ 1	3.7029/ 1

Decay factor for ^{137m}Ce : $D_1(t)$

Hour	0.00		0.50		1.00		1.50	
0.00	1.0000/	0	9.8998/	−1	9.8006/	−1	9.7023/	−1
2.00	9.6051/	−1	9.5088/	−1	9.4135/	−1	9.3192/	−1
4.00	9.2258/	−1	9.1333/	−1	9.0418/	−1	8.9512/	−1
6.00	8.8615/	−1	8.7727/	−1	8.6847/	−1	8.5977/	−1
8.00	8.5115/	−1	8.4262/	−1	8.3418/	−1	8.2582/	−1
10.00	8.1754/	−1	8.0935/	−1	8.0124/	−1	7.9321/	−1
12.00	7.8526/	−1	7.7739/	−1	7.6960/	−1	7.6188/	−1
14.00	7.5425/	−1	7.4669/	−1	7.3920/	−1	7.3180/	−1
16.00	7.2446/	−1	7.1720/	−1	7.1001/	−1	7.0290/	−1
18.00	6.9585/	−1	6.8888/	−1	6.8198/	−1	6.7514/	−1
20.00	6.6837/	−1	6.6168/	−1	6.5504/	−1	6.4848/	−1
22.00	6.4198/	−1	6.3555/	−1	6.2918/	−1	6.2287/	−1
24.00	6.1663/	−1	6.1045/	−1	6.0433/	−1	5.9827/	−1
26.00	5.9228/	−1	5.8634/	−1	5.8047/	−1	5.7465/	−1
28.00	5.6889/	−1	5.6319/	−1	5.5754/	−1	5.5196/	−1
30.00	5.4642/	−1	5.4095/	−1	5.3553/	−1	5.3016/	−1
32.00	5.2485/	−1	5.1959/	−1	5.1438/	−1	5.0922/	−1
34.00	5.0412/	−1	4.9907/	−1	4.9407/	−1	4.8911/	−1
36.00	4.8421/	−1	4.7936/	−1	4.7455/	−1	4.6980/	−1
38.00	4.6509/	−1	4.6043/	−1	4.5581/	−1	4.5125/	−1
40.00	4.4672/	−1	4.4225/	−1	4.3781/	−1	4.3343/	−1
42.00	4.2908/	−1	4.2478/	−1	4.2053/	−1	4.1631/	−1
44.00	4.1214/	−1	4.0801/	−1	4.0392/	−1	3.9987/	−1
46.00	3.9586/	−1	3.9190/	−1	3.8797/	−1	3.8408/	−1
48.00	3.8023/	−1	3.7642/	−1	3.7265/	−1	3.6891/	−1
50.00	3.6522/	−1	3.6156/	−1	3.5793/	−1	3.5434/	−1
52.00	3.5079/	−1	3.4728/	−1	3.4380/	−1	3.4035/	−1

Activation data for ^{137}Ce : $F \cdot A_2(\tau)$

$$F \cdot A_2(\text{sat}) = -2.7758/ \quad 1$$
$$F \cdot A_2(1 \text{ sec}) = -5.9370/ \quad -4$$

Hour	0.00		0.50		1.00		1.50	
0.00	0.0000/	0	−1.0484/	0	−2.0571/	0	−3.0278/	0
2.00	−3.9618/	0	−4.8605/	0	−5.7253/	0	−6.5574/	0
4.00	−7.3581/	0	−8.1286/	0	−8.8699/	0	−9.5833/	0
6.00	−1.0270/	1	−1.0930/	1	−1.1566/	1	−1.2177/	1
8.00	−1.2766/	1	−1.3332/	1	−1.3877/	1	−1.4401/	1
10.00	−1.4906/	1	−1.5391/	1	−1.5858/	1	−1.6307/	1
12.00	−1.6740/	1	−1.7156/	1	−1.7556/	1	−1.7942/	1
14.00	−1.8312/	1	−1.8669/	1	−1.9012/	1	−1.9343/	1
16.00	−1.9661/	1	−1.9966/	1	−2.0261/	1	−2.0544/	1
18.00	−2.0816/	1	−2.1078/	1	−2.1331/	1	−2.1573/	1
20.00	−2.1807/	1	−2.2032/	1	−2.2248/	1	−2.2456/	1
22.00	−2.2656/	1	−2.2849/	1	−2.3034/	1	−2.3213/	1
24.00	−2.3384/	1	−2.3550/	1	−2.3708/	1	−2.3861/	1
26.00	−2.4009/	1	−2.4150/	1	−2.4286/	1	−2.4418/	1
28.00	−2.4544/	1	−2.4665/	1	−2.4782/	1	−2.4894/	1
30.00	−2.5002/	1	−2.5106/	1	−2.5207/	1	−2.5303/	1

Decay factor for ^{137}Ce : $D_2(t)$

Hour	0.00	0.50	1.00	1.50
0.00	1.0000/ 0	9.6223/ −1	9.2589/ −1	8.9092/ −1
2.00	8.5727/ −1	8.2489/ −1	7.9374/ −1	7.6376/ −1
4.00	7.3492/ −1	7.0716/ −1	6.8045/ −1	6.5475/ −1
6.00	6.3002/ −1	6.0623/ −1	5.8333/ −1	5.6130/ −1
8.00	5.4010/ −1	5.1970/ −1	5.0007/ −1	4.8119/ −1
10.00	4.6301/ −1	4.4553/ −1	4.2870/ −1	4.1251/ −1
12.00	3.9693/ −1	3.8194/ −1	3.6751/ −1	3.5363/ −1
14.00	3.4028/ −1	3.2742/ −1	3.1506/ −1	3.0316/ −1
16.00	2.9171/ −1	2.8069/ −1	2.7009/ −1	2.5989/ −1
18.00	2.5007/ −1	2.4063/ −1	2.3154/ −1	2.2280/ −1
20.00	2.1438/ −1	2.0628/ −1	1.9849/ −1	1.9100/ −1
22.00	1.8378/ −1	1.7684/ −1	1.7016/ −1	1.6374/ −1
24.00	1.5755/ −1	1.5160/ −1	1.4588/ −1	1.4037/ −1
26.00	1.3506/ −1	1.2996/ −1	1.2506/ −1	1.2033/ −1
28.00	1.1579/ −1	1.1141/ −1	1.0721/ −1	1.0316/ −1
30.00	9.9261/ −2	9.5512/ −2	9.1905/ −2	8.8434/ −2
32.00	8.5094/ −2	8.1880/ −2	7.8788/ −2	7.5812/ −2
34.00	7.2949/ −2	7.0193/ −2	6.7542/ −2	6.4991/ −2
36.00	6.2537/ −2	6.0175/ −2	5.7902/ −2	5.5715/ −2
38.00	5.3611/ −2	5.1586/ −2	4.9638/ −2	4.7763/ −2
40.00	4.5959/ −2	4.4223/ −2	4.2553/ −2	4.0946/ −2
42.00	3.9400/ −2	3.7912/ −2	3.6480/ −2	3.5102/ −2
44.00	3.3776/ −2	3.2500/ −2	3.1273/ −2	3.0092/ −2
46.00	2.8955/ −2	2.7862/ −2	2.6809/ −2	2.5797/ −2
48.00	2.4823/ −2	2.3885/ −2	2.2983/ −2	2.2115/ −2
50.00	2.1280/ −2	2.0476/ −2	1.9703/ −2	1.8959/ −2
52.00	1.8243/ −2	1.7554/ −2	1.6891/ −2	1.6253/ −2
54.00	1.5639/ −2	1.5048/ −2	1.4480/ −2	1.3933/ −2
56.00	1.3407/ −2	1.2900/ −2	1.2413/ −2	1.1944/ −2
58.00	1.1493/ −2	1.1059/ −2	1.0641/ −2	1.0240/ −2
60.00	9.8528/ −3	9.4807/ −3	9.1226/ −3	8.7781/ −3
62.00	8.4465/ −3	8.1275/ −3	7.8206/ −3	7.5252/ −3

See also ^{136}Ce(n, γ)^{137}Ce

$M = 140.12$ $\qquad$ $G = 0.250\%$ $\qquad$ $\sigma_{ac} = 1.1$ barn,

^{139}Ce $\qquad$ $T_1 = 140$ day

E_γ (keV) $\quad$ 165

P $\qquad$ 0.800

Activation data for ^{139}Ce : $A_1(\tau)$, dps/μg

$$A_1(\text{sat}) \ = 1.1821/ \quad 2$$
$$A_1(1 \text{ sec}) = 6.7722/ \ -6$$

Day	0.00		10.00		20.00		30.00	
0.00	0.0000/	0	5.7088/	0	1.1142/	1	1.6313/	1
40.00	2.1234/	1	2.5917/	1	3.0374/	1	3.4616/	1
80.00	3.8653/	1	4.2495/	1	4.6152/	1	4.9632/	1
120.00	5.2943/	1	5.6095/	1	5.9095/	1	6.1950/	1
160.00	6.4667/	1	6.7253/	1	6.9713/	1	7.2056/	1
200.00	7.4284/	1	7.6406/	1	7.8424/	1	8.0346/	1
240.00	8.2174/	1	8.3915/	1	8.5571/	1	8.7147/	1
280.00	8.8647/	1	9.0075/	1	9.1433/	1	9.2726/	1
320.00	9.3957/	1	9.5128/	1	9.6243/	1	9.7304/	1
360.00	9.8313/	1	9.9274/	1	1.0019/	2	1.0106/	2
400.00	1.0189/	2	1.0267/	2	1.0343/	2	1.0414/	2
440.00	1.0482/	2	1.0547/	2	1.0608/	2	1.0667/	2
480.00	1.0722/	2	1.0775/	2	1.0826/	2	1.0874/	2
520.00	1.0920/	2	1.0963/	2	1.1005/	2	1.1044/	2
560.00	1.1082/	2	1.1117/	2	1.1151/	2	1.1184/	2

Decay factor for ^{139}Ce : $D_1(t)$

Day	0.00		10.00		20.00		30.00	
0.00	1.0000/	0	9.5171/	−1	9.0574/	−1	8.6200/	−1
40.00	8.2037/	−1	7.8075/	−1	7.4304/	−1	7.0716/	−1
80.00	6.7301/	−1	6.4050/	−1	6.0957/	−1	5.8013/	−1
120.00	5.5211/	−1	5.2545/	−1	5.0007/	−1	4.7592/	−1
160.00	4.5294/	−1	4.3106/	−1	4.1025/	−1	3.9043/	−1
200.00	3.7158/	−1	3.5363/	−1	3.3655/	−1	3.2030/	−1
240.00	3.0483/	−1	2.9011/	−1	2.7610/	−1	2.6276/	−1
280.00	2.5007/	−1	2.3800/	−1	2.2650/	−1	2.1556/	−1
320.00	2.0515/	−1	1.9525/	−1	1.8582/	−1	1.7684/	−1
360.00	1.6830/	−1	1.6017/	−1	1.5244/	−1	1.4508/	−1
400.00	1.3807/	−1	1.3140/	−1	1.2506/	−1	1.1902/	−1
440.00	1.1327/	−1	1.0780/	−1	1.0259/	−1	9.7637/	−2
480.00	9.2922/	−2	8.8434/	−2	8.4163/	−2	8.0098/	−2
520.00	7.6230/	−2	7.2548/	−2	6.9045/	−2	6.5710/	−2
560.00	6.2537/	−2	5.9517/	−2	5.6642/	−2	5.3907/	−2
600.00	5.1303/	−2	4.8826/	−2	4.6468/	−2	4.4223/	−2
640.00	4.2088/	−2	4.0055/	−2	3.8121/	−2	3.6280/	−2
680.00	3.4527/	−2	3.2860/	−2	3.1273/	−2	2.9763/	−2
720.00	2.8325/	−2						

$^{138}\text{Ce}(\text{n}, \gamma)^{139\text{m}}\text{Ce}$

$M = 140.12$ $G = 0.250\%$ $\sigma_{ac} = 0.015$ barn,

$^{139\text{m}}\text{Ce}$ $T_1 = 55$ second

E_γ (keV)	746
P	0.930

Activation data for $^{139\text{m}}\text{Ce}$: $A_1(\tau)$, dps/µg

$$A_1(\text{sat}) = 1.6119/ \quad 0$$
$$A_1(1 \text{ sec}) = 2.0183/ -2$$

Second	0.00	5.00	10.00	15.00
0.00	0.0000/ 0	9.8418/ −2	1.9083/ −1	2.7759/ −1
20.00	3.5906/ −1	4.3556/ −1	5.0738/ −1	5.7482/ −1
40.00	6.3814/ −1	6.9760/ −1	7.5343/ −1	8.0584/ −1
60.00	8.5506/ −1	9.0127/ −1	9.4466/ −1	9.8540/ −1
80.00	1.0237/ 0	1.0596/ 0	1.0933/ 0	1.1250/ 0
100.00	1.1547/ 0	1.1826/ 0	1.2088/ 0	1.2334/ 0
120.00	1.2565/ 0	1.2782/ 0	1.2986/ 0	1.3177/ 0

Decay factor for $^{139\text{m}}\text{Ce}$: $D_1(t)$

Second	0.00	5.00	10.00	15.00
0.00	1.0000/ 0	9.3894/ −1	8.8161/ −1	8.2779/ −1
20.00	7.7724/ −1	7.2979/ −1	6.8523/ −1	6.4339/ −1
40.00	6.0411/ −1	5.6722/ −1	5.3259/ −1	5.0007/ −1
60.00	4.6954/ −1	4.4087/ −1	4.1395/ −1	3.8868/ −1
80.00	3.6495/ −1	3.4267/ −1	3.2174/ −1	3.0210/ −1
100.00	2.8365/ −1	2.6634/ −1	2.5007/ −1	2.3480/ −1
120.00	2.2047/ −1	2.0701/ −1	1.9437/ −1	1.8250/ −1
140.00	1.7136/ −1	1.6090/ −1	1.5107/ − ᴵ	1.4185/ −1
160.00	1.3319/ −1	1.2506/ −1	1.1742/ −ᴵ	1.1025/ −1
180.00	1.0352/ −1	9.7198/ −2	9.1264/ −2	8.5692/ −2
200.00	8.0460/ −2	7.5547/ −2	7.0934/ −2	6.6603/ −2
220.00	6.2537/ −2	5.8719/ −2	5.5133/ −2	5.1767/ −2
240.00	4.8606/ −2	4.5639/ −2	4.2852/ −2	4.0236/ −2
260.00	3.7779/ −2	3.5472/ −2	3.3307/ −2	3.1273/ −2
280.00	2.9364/ −2	2.7571/ −2	2.5887/ −2	2.4307/ −2
300.00	2.2823/ −2	2.1429/ −2	2.0121/ −2	1.8892/ −2
320.00	1.7739/ −2	1.6656/ −2	1.5639/ −2	1.4684/ −2
340.00	1.3787/ −2	1.2946/ −2	1.2155/ −2	1.1413/ −2
360.00	1.0716/ −2	1.0062/ −2	9.4475/ −3	8.8707/ −3
380.00	8.3291/ −3			

Note: $^{139\text{m}}\text{Ce}$ decays to ^{139}Ce which is not tabulated

^{140}Ce(n, γ)^{141}Ce

$M = 140.12$ $\qquad$ $G = 88.48\%$ $\qquad$ $\sigma_{ac} = 0.58$ barn,

^{141}Ce $\qquad$ $T_1 = 32.5$ day

E_γ (keV) $\qquad$ 145

P $\qquad$ 0.480

Activation data for ^{141}Ce : $A_1(\tau)$, dps/μg

A_1(sat) $\quad = 2.2059/ \quad 4$

A_1(1 sec) $= 5.4442/ \ -3$

Day	0.00		2.00		4.00		6.00	
0.00	0.0000/	0	9.2095/	2	1.8035/	3	2.6491/	3
8.00	3.4595/	3	4.2360/	3	4.9801/	3	5.6931/	3
16.00	6.3764/	3	7.0311/	3	7.6586/	3	8.2598/	3
24.00	8.8359/	3	9.3879/	3	9.9170/	3	1.0424/	4
32.00	1.0910/	4	1.1375/	4	1.1821/	4	1.2249/	4
40.00	1.2658/	4	1.3051/	4	1.3427/	4	1.3787/	4
48.00	1.4132/	4	1.4463/	4	1.4781/	4	1.5084/	4
56.00	1.5376/	4	1.5655/	4	1.5922/	4	1.6178/	4
64.00	1.6424/	4	1.6659/	4	1.6884/	4	1.7100/	4
72.00	1.7308/	4	1.7506/	4	1.7696/	4	1.7878/	4
80.00	1.8053/	4	1.8220/	4	1.8380/	4	1.8534/	4
88.00	1.8681/	4	1.8822/	4	1.8957/	4	1.9087/	4
96.00	1.9211/	4	1.9330/	4	1.9444/	4	1.9553/	4
104.00	1.9657/	4	1.9758/	4	1.9854/	4	1.9946/	4
112.00	2.0034/	4	2.0119/	4	2.0200/	4	2.0277/	4

Decay factor for ^{141}Ce : $D_1(t)$

Day	0.00		2.00		4.00		6.00	
0.00	1.0000/	0	9.5825/	−1	9.1824/	−1	8.7991/	−1
8.00	8.4317/	−1	8.0797/	−1	7.7424/	−1	7.4191/	−1
16.00	7.1094/	−1	6.8126/	−1	6.5281/	−1	6.2556/	−1
24.00	5.9944/	−1	5.7442/	−1	5.5044/	−1	5.2745/	−1
32.00	5.0543/	−1	4.8433/	−1	4.6411/	−1	4.4473/	−1
40.00	4.2617/	−1	4.0838/	−1	3.9133/	−1	3.7499/	−1
48.00	3.5933/	−1	3.4433/	−1	3.2995/	−1	3.1618/	−1
56.00	3.0298/	−1	2.9033/	−1	2.7821/	−1	2.6659/	−1
64.00	2.5546/	−1	2.4480/	−1	2.3458/	−1	2.2478/	−1
72.00	2.1540/	−1	2.0641/	−1	1.9779/	−1	1.8953/	−1
80.00	1.8162/	−1	1.7404/	−1	1.6677/	−1	1.5981/	−1
88.00	1.5314/	−1	1.4674/	−1	1.4062/	−1	1.3475/	−1
96.00	1.2912/	−1	1.2373/	−1	1.1856/	−1	1.1361/	−1
104.00	1.0887/	−1	1.0432/	−1	9.9969/	−2	9.5796/	−2
112.00	9.1796/	−2	8.7964/	−2	8.4291/	−2	8.0772/	−2
120.00	7.7400/	−2	7.4169/	−2	7.1072/	−2	6.8105/	−2

Day	0.00	2.00	4.00	6.00
128.00	6.5261/ -2	6.2537/ -2	5.9926/ -2	5.7424/ -2
136.00	5.5027/ -2	5.2729/ -2	5.0528/ -2	4.8418/ -2
144.00	4.6397/ -2	4.4460/ -2	4.2604/ -2	4.0825/ -2
152.00	3.9121/ -2	3.7487/ -2	3.5922/ -2	3.4422/ -2
160.00	3.2985/ -2	3.1608/ -2	3.0289/ -2	2.9024/ -2
168.00	2.7812/ -2	2.6651/ -2	2.5538/ -2	2.4472/ -2
176.00	2.3451/ -2	2.2471/ -2	2.1533/ -2	2.0634/ -2
184.00	1.9773/ -2	1.8947/ -2	1.8156/ -2	1.7398/ -2
192.00	1.6672/ -2	1.5976/ -2	1.5309/ -2	1.4670/ -2
200.00	1.4057/ -2	1.3470/ -2	1.2908/ -2	1.2369/ -2
208.00	1.1853/ -2	1.1358/ -2	1.0884/ -2	1.0429/ -2

$$^{142}\text{Ce}(\text{n, }\gamma)^{143}\text{Ce} \rightarrow {}^{143}\text{Pr}$$

$M = 142.12$ $G = 11.07\%$ $\sigma_{\text{ac}} = 0.95$ barn,

^{143}Ce $T_1 = 33$ hour

E_γ (keV)	880	725	668	493	293	57
P	0.014	0.080	0.070	0.024	0.460	0.110

^{143}Pr $T_2 = 13.6$ day

E_γ (keV)   no gamma

Activation data for ^{143}Ce : $A_1(\tau)$, dps/μg

$A_1(\text{sat}) = 4.5205/\ 3$

$A_1(1\text{ sec}) = 2.6369/\ -2$

$K = -1.1835/\ -2$

Time intervals with respect to T_1

Hour	0.00		2.00		4.00		6.00	
0.00	0.0000/	0	1.8593/	2	3.6421/	2	5.3516/	2
8.00	6.9907/	2	8.5625/	2	1.0070/	3	1.1515/	3
16.00	1.2900/	3	1.4229/	3	1.5503/	3	1.6725/	3
24.00	1.7896/	3	1.9019/	3	2.0096/	3	2.1129/	3
32.00	2.2119/	3	2.3069/	3	2.3979/	3	2.4852/	3
40.00	2.5689/	3	2.6492/	3	2.7262/	3	2.8000/	3
48.00	2.8707/	3	2.9386/	3	3.0037/	3	3.0660/	3
56.00	3.1259/	3	3.1832/	3	3.2382/	3	3.2910/	3
64.00	3.3415/	3	3.3900/	3	3.4365/	3	3.4811/	3
72.00	3.5239/	3	3.5648/	3	3.6041/	3	3.6418/	3
80.00	3.6780/	3	3.7126/	3	3.7459/	3	3.7777/	3
88.00	3.8083/	3	3.8376/	3	3.8656/	3	3.8926/	3
96.00	3.9184/	3	3.9432/	3	3.9669/	3	3.9897/	3
104.00	4.0115/	3	4.0324/	3	4.0525/	3	4.0718/	3
112.00	4.0902/	3	4.1079/	3	4.1249/	3	4.1412/	3
120.00	4.1568/	3						

Decay factor for ^{143}Ce : $D_1(\text{t})$

Hour	0.00		2.00		4.00		6.00	
0.00	1.0000/	0	9.5887/	−1	9.1943/	−1	8.8161/	−1
8.00	8.4535/	−1	8.1058/	−1	7.7724/	−1	7.4528/	−1
16.00	7.1462/	−1	6.8523/	−1	6.5705/	−1	6.3002/	−1
24.00	6.0411/	−1	5.7926/	−1	5.5544/	−1	5.3259/	−1
32.00	5.1069/	−1	4.8968/	−1	4.6954/	−1	4.5023/	−1
40.00	4.3171/	−1	4.1395/	−1	3.9693/	−1	3.8060/	−1
48.00	3.6495/	−1	3.4994/	−1	3.3554/	−1	3.2174/	−1

26

Hour	0.00	2.00	4.00	6.00
56.00	3.0851/ −1	2.9582/ −1	2.8365/ −1	2.7199/ −1
64.00	2.6080/ −1	2.5007/ −1	2.3979/ −1	2.2993/ −1
72.00	2.2047/ −1	2.1140/ −1	2.0271/ −1	1.9437/ −1
80.00	1.8637/ −1	1.7871/ −1	1.7136/ −1	1.6431/ −1
88.00	1.5755/ −1	1.5107/ −1	1.4486/ −1	1.3890/ −1
96.00	1.3319/ −1	1.2771/ −1	1.2246/ −1	1.1742/ −1
104.00	1.1259/ −1	1.0796/ −1	1.0352/ −1	9.9261/ −2
112.00	9.5179/ −2	9.1264/ −2	8.7510/ −2	8.3911/ −2
120.00	8.0460/ −2	7.7150/ −2	7.3977/ −2	7.0934/ −2
128.00	6.8017/ −2	6.5219/ −2	6.2537/ −2	5.9965/ −2
136.00	5.7498/ −2	5.5133/ −2	5.2866/ −2	5.0691/ −2
144.00	4.8606/ −2	4.6607/ −2	4.4690/ −2	4.2852/ −2
152.00	4.1090/ −2	3.9400/ −2	3.7779/ −2	3.6225/ −2
160.00	3.4735/ −2	3.3307/ −2	3.1937/ −2	3.0623/ −2

Activation data for ^{143}Pr : $F \cdot A_2(\tau)$

$$F \cdot A_2(\text{sat}) = 5.0295/ \quad 3$$
$$F \cdot A_2(1 \text{ sec}) = 2.9662/ \quad -3$$

Hour	0.00		2.00		4.00		6.00	
0.00	0.0000/	0	2.1312/	1	4.2533/	1	6.3664/	1
8.00	8.4706/	1	1.0566/	2	1.2652/	2	1.4730/	2
16.00	1.6798/	2	1.8858/	2	2.0910/	2	2.2952/	2
24.00	2.4986/	2	2.7011/	2	2.9028/	2	3.1036/	2
32.00	3.3036/	2	3.5027/	2	3.7010/	2	3.8984/	2
40.00	4.0950/	2	4.2908/	2	4.4857/	2	4.6798/	2
48.00	4.8731/	2	5.0656/	2	5.2572/	2	5.4481/	2
56.00	5.6381/	2	5.8273/	2	6.0157/	2	6.2034/	2
64.00	6.3902/	2	6.5762/	2	6.7615/	2	6.9459/	2
72.00	7.1296/	2	7.3125/	2	7.4947/	2	7.6760/	2
80.00	7.8566/	2	8.0364/	2	8.2155/	2	8.3938/	2
88.00	8.5713/	2	8.7481/	2	8.9242/	2	9.0995/	2
96.00	9.2740/	2	9.4479/	2	9.6209/	2	9.7933/	2
104.00	9.9649/	2	1.0136/	3	1.0306/	3	1.0475/	3
112.00	1.0644/	3	1.0812/	3	1.0979/	3	1.1146/	3
120.00	1.1312/	3						

Decay factor for ^{143}Pr : $D_2(t)$

Hour	0.00	2.00	4.00	6.00
0.00	1.0000/ 0	9.9576/ −1	9.9154/ −1	9.8734/ −1
8.00	9.8316/ −1	9.7899/ −1	9.7484/ −1	9.7071/ −1
16.00	9.6660/ −1	9.6250/ −1	9.5843/ −1	9.5436/ −1
24.00	9.5032/ −1	9.4629/ −1	9.4228/ −1	9.3829/ −1
32.00	9.3432/ −1	9.3036/ −1	9.2641/ −1	9.2249/ −1
40.00	9.1858/ −1	9.1469/ −1	9.1081/ −1	9.0695/ −1
48.00	9.0311/ −1	8.9928/ −1	8.9547/ −1	8.9168/ −1

Hour	0.00	2.00	4.00	6.00
56.00	8.8790/ −1	8.8414/ −1	8.8039/ −1	8.7666/ −1
64.00	8.7295/ −1	8.6925/ −1	8.6556/ −1	8.6190/ −1
72.00	8.5824/ −1	8.5461/ −1	8.5099/ −1	8.4738/ −1
80.00	8.4379/ −1	8.4021/ −1	8.3665/ −1	8.3311/ −1
88.00	8.2958/ −1	8.2606/ −1	8.2256/ −1	8.1908/ −1
96.00	8.1561/ −1	8.1215/ −1	8.0871/ −1	8.0528/ −1
104.00	8.0187/ −1	7.9847/ −1	7.9509/ −1	7.9172/ −1
112.00	7.8836/ −1	7.8502/ −1	7.8170/ −1	7.7839/ −1
120.00	7.7509/ −1	7.7180/ −1	7.6853/ −1	7.6528/ −1
128.00	7.6203/ −1	7.5880/ −1	7.5559/ −1	7.5239/ −1
136.00	7.4920/ −1	7.4602/ −1	7.4286/ −1	7.3972/ −1
144.00	7.3658/ −1	7.3346/ −1	7.3035/ −1	7.2726/ −1
152.00	7.2418/ −1	7.2111/ −1	7.1805/ −1	7.1501/ −1
160.00	7.1198/ −1	7.0896/ −1	7.0596/ −1	7.0297/ −1
168.00	6.9999/ −1	6.9702/ −1	6.9407/ −1	6.9113/ −1
176.00	6.8820/ −1	6.8528/ −1	6.8238/ −1	6.7949/ −1
184.00	6.7661/ −1	6.7374/ −1	6.7089/ −1	6.6804/ −1
192.00	6.6521/ −1	6.6239/ −1	6.5959/ −1	6.5679/ −1
200.00	6.5401/ −1	6.5124/ −1	6.4848/ −1	6.4573/ −1
208.00	6.4300/ −1	6.4027/ −1	6.3756/ −1	6.3486/ −1
216.00	6.3217/ −1	6.2949/ −1	6.2682/ −1	6.2416/ −1
224.00	6.2152/ −1	6.1889/ −1	6.1626/ −1	6.1365/ −1
232.00	6.1105/ −1	6.0846/ −1	6.0588/ −1	6.0332/ −1
240.00	6.0076/ −1			

*

Activation data for ^{143}Ce : $A_1(\tau)$, dps/μg

$$A_1(\text{sat}) = 4.5205/ \quad 3$$
$$A_1(1 \text{ sec}) = 2.6369/ \quad -2$$

$K = -1.1835/ \ -2$

Time intervals with respect to T_2

Day	0.00	0.50	1.00	1.50
0.00	0.0000/ 0	1.0070/ 3	1.7896/ 3	2.3979/ 3
2.00	2.8707/ 3	3.2382/ 3	3.5239/ 3	3.7459/ 3
4.00	3.9184/ 3	4.0525/ 3	4.1568/ 3	4.2378/ 3
6.00	4.3007/ 3	4.3497/ 3	4.3877/ 3	4.4173/ 3
8.00	4.4403/ 3	4.4581/ 3	4.4720/ 3	4.4828/ 3
10.00	4.4912/ 3	4.4977/ 3	4.5028/ 3	4.5067/ 3
12.00	4.5098/ 3	4.5122/ 3	4.5140/ 3	4.5155/ 3
14.00	4.5166/ 3	4.5174/ 3	4.5181/ 3	4.5186/ 3
16.00	4.5191/ 3	4.5194/ 3	4.5196/ 3	4.5198/ 3
18.00	4.5200/ 3	4.5201/ 3	4.5202/ 3	4.5202/ 3
20.00	4.5203/ 3	4.5203/ 3	4.5204/ 3	4.5204/ 3
22.00	4.5204/ 3	4.5204/ 3	4.5204/ 3	4.5204/ 3
24.00	4.5204/ 3	4.5205/ 3	4.5205/ 3	4.5205/ 3
26.00	4.5205/ 3	4.5205/ 3	4.5205/ 3	4.5205/ 3

Decay factor for ^{143}Ce : $D_1(t)$

Day	0.00	0.50	1.00	1.50
0.00	1.0000/ 0	7.7724/ −1	6.0411/ −1	4.6954/ −1
2.00	3.6495/ −1	2.8365/ −1	2.2047/ −1	1.7136/ −1
4.00	1.3319/ −1	1.0352/ −1	8.0460/ −2	6.2537/ −2
6.00	4.8606/ −2	3.7779/ −2	2.9364/ −2	2.2823/ −2
8.00	1.7739/ −2	1.3787/ −2	1.0716/ −2	8.3291/ −3
10.00	6.4737/ −3	5.0317/ −3	3.9109/ −3	3.0397/ −3
12.00	2.3626/ −3	1.8363/ −3	1.4273/ −3	1.1093/ −3
14.00	8.6222/ −4	6.7016/ −4	5.2088/ −4	4.0485/ −4
16.00	3.1467/ −4	2.4457/ −4	1.9009/ −4	1.4775/ −4
18.00	1.1484/ −4	8.9256/ −5	6.9374/ −5	5.3920/ −5
20.00	4.1909/ −5	3.2574/ −5	2.5318/ −5	1.9678/ −5
22.00	1.5295/ −5	1.1888/ −5	9.2397/ −6	7.1815/ −6
24.00	5.5818/ −6	4.3384/ −6	3.3720/ −6	2.6209/ −6
26.00	2.0371/ −6	1.5833/ −6	1.2306/ −6	9.5649/ −7

Activation data for ^{143}Pr : $F \cdot A_2(\tau)$

$$F \cdot A_2(\text{sat}) = 5.0295/ \quad 3$$
$$F \cdot A_2(1 \text{ sec}) = 2.9662/ \quad -3$$

Day	0.00		0.50		1.00		1.50	
0.00	0.0000/	0	1.2652/	2	2.4986/	2	3.7010/	2
2.00	4.8731/	2	6.0157/	2	7.1296/	2	8.2155/	2
4.00	9.2740/	2	1.0306/	3	1.1312/	3	1.2293/	3
6.00	1.3249/	3	1.4181/	3	1.5089/	3	1.5975/	3
8.00	1.6838/	3	1.7680/	3	1.8500/	3	1.9300/	3
10.00	2.0080/	3	2.0840/	3	2.1581/	3	2.2303/	3
12.00	2.3007/	3	2.3694/	3	2.4363/	3	2.5015/	3
14.00	2.5651/	3	2.6271/	3	2.6875/	3	2.7465/	3
16.00	2.8039/	3	2.8599/	3	2.9145/	3	2.9677/	3
18.00	3.0195/	3	3.0701/	3	3.1194/	3	3.1674/	3
20.00	3.2143/	3	3.2599/	3	3.3045/	3	3.3478/	3
22.00	3.3902/	3	3.4314/	3	3.4716/	3	3.5108/	3
24.00	3.5490/	3	3.5862/	3	3.6225/	3	3.6579/	3
26.00	3.6924/	3	3.7261/	3	3.7589/	3	3.7908/	3
28.00	3.8220/	3	3.8524/	3	3.8820/	3	3.9108/	3
30.00	3.9390/	3	3.9664/	3	3.9932/	3	4.0192/	3
32.00	4.0446/	3	4.0694/	3	4.0936/	3	4.1171/	3
34.00	4.1401/	3	4.1624/	3	4.1842/	3	4.2055/	3
36.00	4.2262/	3	4.2464/	3	4.2661/	3	4.2853/	3
38.00	4.3041/	3	4.3223/	3	4.3401/	3	4.3574/	3
40.00	4.3743/	3	4.3908/	3	4.4069/	3	4.4226/	3
42.00	4.4378/	3	4.4527/	3	4.4672/	3	4.4814/	3
44.00	4.4951/	3	4.5086/	3	4.5217/	3	4.5345/	3
46.00	4.5469/	3	4.5591/	3	4.5709/	3	4.5824/	3
48.00	4.5937/	3						

Decay factor for ^{143}Pr : $D_2(t)$

Day	0.00	0.50	1.00	1.50
0.00	1.0000/ 0	9.7484/ —1	9.5032/ —1	9.2641/ —1
2.00	9.0311/ —1	8.8039/ —1	8.5824/ —1	8.3665/ —1
4.00	8.1561/ —1	7.9509/ —1	7.7509/ —1	7.5559/ —1
6.00	7.3658/ —1	7.1805/ —1	6.9999/ —1	6.8238/ —1
8.00	6.6521/ —1	6.4848/ —1	6.3217/ —1	6.1626/ —1
10.00	6.0076/ —1	5.8565/ —1	5.7092/ —1	5.5655/ —1
12.00	5.4255/ —1	5.2890/ —1	5.1560/ —1	5.0263/ —1
14.00	4.8998/ —1	4.7766/ —1	4.6564/ —1	4.5393/ —1
16.00	4.4251/ —1	4.3138/ —1	4.2053/ —1	4.0995/ —1
18.00	3.9963/ —1	3.8958/ —1	3.7978/ —1	3.7023/ —1
20.00	3.6091/ —1	3.5183/ —1	3.4298/ —1	3.3436/ —1
22.00	3.2594/ —1	3.1774/ —1	3.0975/ —1	3.0196/ —1
24.00	2.9436/ —1	2.8696/ —1	2.7974/ —1	2.7270/ —1
26.00	2.6584/ —1	2.5915/ —1	2.5264/ —1	2.4628/ —1
28.00	2.4008/ —1	2.3404/ —1	2.2816/ —1	2.2242/ —1
30.00	2.1682/ —1	2.1137/ —1	2.0605/ —1	2.0087/ —1
32.00	1.9581/ —1	1.9089/ —1	1.8609/ —1	1.8141/ —1
34.00	1.7684/ —1	1.7239/ —1	1.6806/ —1	1.6383/ —1
36.00	1.5971/ —1	1.5569/ —1	1.5177/ —1	1.4796/ —1
38.00	1.4423/ —1	1.4060/ —1	1.3707/ —1	1.3362/ —1
40.00	1.3026/ —1	1.2698/ —1	1.2379/ —1	1.2067/ —1
42.00	1.1764/ —1	1.1468/ —1	1.1179/ —1	1.0898/ —1
44.00	1.0624/ —1	1.0357/ —1	1.0096/ —1	9.8422/ —2
46.00	9.5946/ —2	9.3532/ —2	9.1179/ —2	8.8886/ —2
48.00	8.6650/ —2	8.4470/ —2	8.2345/ —2	8.0273/ —2
50.00	7.8254/ —2	7.6286/ —2	7.4366/ —2	7.2496/ —2
52.00	7.0672/ —2	6.8894/ —2	6.7161/ —2	6.5472/ —2
54.00	6.3825/ —2	6.2219/ —2	6.0654/ —2	5.9128/ —2
56.00	5.7641/ —2	5.6191/ —2	5.4777/ —2	5.3399/ —2
58.00	5.2056/ —2	5.0746/ —2	4.9470/ —2	4.8225/ —2
60.00	4.7012/ —2	4.5829/ —2	4.4676/ —2	4.3553/ —2
62.00	4.2457/ —2	4.1389/ —2	4.0348/ —2	3.9333/ —2
64.00	3.8343/ —2	3.7379/ —2	3.6438/ —2	3.5522/ —2
66.00	3.4628/ —2	3.3757/ —2	3.2908/ —2	3.2080/ —2
68.00	3.1273/ —2	3.0486/ —2	2.9719/ —2	2.8972/ —2
70.00	2.8243/ —2	2.7532/ —2	2.6840/ —2	2.6165/ —2
72.00	2.5506/ —2	2.4865/ —2	2.4239/ —2	2.3630/ —2
74.00	2.3035/ —2	2.2456/ —2	2.1891/ —2	2.1340/ —2
76.00	2.0803/ —2	2.0280/ —2	1.9770/ —2	1.9272/ —2
78.00	1.8788/ —2	1.8315/ —2	1.7854/ —2	1.7405/ —2
80.00	1.6967/ —2	1.6540/ —2	1.6124/ —2	1.5719/ —2
82.00	1.5323/ —2	1.4938/ —2	1.4562/ —2	1.4196/ —2
84.00	1.3839/ —2	1.3490/ —2	1.3151/ —2	1.2820/ —2
86.00	1.2498/ —2	1.2183/ —2	1.1877/ —2	1.1578/ —2
88.00	1.1287/ —2	1.1003/ —2	1.0726/ —2	1.0456/ —2
90.00	1.0193/ —2	9.9368/ —3	9.6869/ —3	9.4432/ —3
92.00	9.2056/ —3	8.9740/ —3	8.7483/ —3	8.5282/ —3
94.00	8.3137/ —3	8.1045/ —3	7.9007/ —3	7.7019/ —3
96.00	7.5082/ —3			

$^{141}\text{Pr}(n, \gamma)^{142}\text{Pr}$

$M = 140.907$ $\qquad\qquad$ $G = 100\%$ $\qquad\qquad$ $\sigma_{ac} = 10$ barn,

^{142}Pr $\qquad$ $T_1 = 19.2$ hour

E_γ (keV) $\quad$ 1570

P $\qquad$ 0.037

Activation data for ^{142}Pr : $A_1(\tau)$, dps/μg

A_1(sat) $\quad = 4.2745/\ 5$

A_1(1 sec) $= 4.2856/\ 0$

Hour	0.00		1.00		2.00		3.00	
0.00	0.0000/	0	1.5153/	4	2.9769/	4	4.3866/	4
4.00	5.7464/	4	7.0580/	4	8.3231/	4	9.5434/	4
8.00	1.0720/	5	1.1856/	5	1.2951/	5	1.4007/	5
12.00	1.5026/	5	1.6008/	5	1.6956/	5	1.7870/	5
16.00	1.8752/	5	1.9603/	5	2.0423/	5	2.1214/	5
20.00	2.1977/	5	2.2714/	5	2.3424/	5	2.4109/	5
24.00	2.4769/	5	2.5407/	5	2.6021/	5	2.6614/	5
28.00	2.7186/	5	2.7737/	5	2.8269/	5	2.8783/	5
32.00	2.9278/	5	2.9755/	5	3.0215/	5	3.0660/	5
36.00	3.1088/	5	3.1501/	5	3.1900/	5	3.2284/	5
40.00	3.2655/	5	3.3013/	5	3.3358/	5	3.3690/	5
44.00	3.4011/	5	3.4321/	5	3.4620/	5	3.4908/	5
48.00	3.5185/	5	3.5453/	5	3.5712/	5	3.5961/	5
52.00	3.6202/	5	3.6434/	5	3.6657/	5	3.6873/	5
56.00	3.7081/	5	3.7282/	5	3.7476/	5	3.7662/	5
60.00	3.7843/	5	3.8016/	5	3.8184/	5	3.8346/	5
64.00	3.8502/	5	3.8652/	5	3.8797/	5	3.8937/	5
68.00	3.9072/	5						

Decay factor for ^{142}Pr : $D_1(t)$

Hour	0.00		1.00		2.00		3.00	
0.00	1.0000/	0	9.6455/	-1	9.3036/	-1	8.9738/	-1
4.00	8.6556/	-1	8.3488/	-1	8.0528/	-1	7.7673/	-1
8.00	7.4920/	-1	7.2264/	-1	6.9702/	-1	6.7231/	-1
12.00	6.4848/	-1	6.2549/	-1	6.0332/	-1	5.8193/	-1
16.00	5.6130/	-1	5.4140/	-1	5.2221/	-1	5.0370/	-1
20.00	4.8584/	-1	4.6862/	-1	4.5200/	-1	4.3598/	-1
24.00	4.2053/	-1	4.0562/	-1	3.9124/	-1	3.7737/	-1
28.00	3.6399/	-1	3.5109/	-1	3.3864/	-1	3.2664/	-1
32.00	3.1506/	-1	3.0389/	-1	2.9312/	-1	2.8272/	-1
36.00	2.7270/	-1	2.6303/	-1	2.5371/	-1	2.4472/	-1
40.00	2.3604/	-1	2.2767/	-1	2.1960/	-1	2.1182/	-1
44.00	2.0431/	-1	1.9707/	-1	1.9008/	-1	1.8334/	-1
48.00	1.7684/	-1	1.7057/	-1	1.6453/	-1	1.5869/	-1

Hour	0.00	1.00	2.00	3.00
52.00	1.5307/ −1	1.4764/ −1	1.4241/ −1	1.3736/ −1
56.00	1.3249/ −1	1.2779/ −1	1.2326/ −1	1.1889/ −1
60.00	1.1468/ −1	1.1061/ −1	1.0669/ −1	1.0291/ −1
64.00	9.9261/ −2	9.5742/ −2	9.2348/ −2	8.9075/ −2
68.00	8.5917/ −2	8.2871/ −2	7.9933/ −2	7.7100/ −2
72.00	7.4366/ −2	7.1730/ −2	6.9187/ −2	6.6735/ −2
76.00	6.4369/ −2	6.2087/ −2	5.9886/ −2	5.7763/ −2
80.00	5.5715/ −2	5.3740/ −2	5.1835/ −2	4.9998/ −2
84.00	4.8225/ −2	4.6516/ −2	4.4867/ −2	4.3276/ −2
88.00	4.1742/ −2	4.0262/ −2	3.8835/ −2	3.7458/ −2
92.00	3.6130/ −2	3.4849/ −2	3.3614/ −2	3.2422/ −2
96.00	3.1273/ −2	3.0164/ −2	2.9095/ −2	2.8064/ −2
100.00	2.7069/ −2	2.6109/ −2	2.5184/ −2	2.4291/ −2
104.00	2.3430/ −2	2.2599/ −2	2.1798/ −2	2.1025/ −2
108.00	2.0280/ −2	1.9561/ −2	1.8868/ −2	1.8199/ −2
112.00	1.7554/ −2	1.6931/ −2	1.6331/ −2	1.5752/ −2
116.00	1.5194/ −2	1.4655/ −2	1.4136/ −2	1.3634/ −2
120.00	1.3151/ −2	1.2685/ −2	1.2235/ −2	1.1801/ −2
124.00	1.1383/ −2	1.0980/ −2	1.0590/ −2	1.0215/ −2

^{146}Nd$(n, \gamma)^{147}$Nd $\rightarrow$ ^{147}Pm

$M = 144.24$ $\qquad$ $G = 17.1\%$ $\qquad$ $\sigma_{ac} = 1.4$ barn,

^{147}Nd $\qquad$ $T_1 = 11.1$ day

E_γ (keV)	690	533	442	400	322	277	91
P	0.010	0.130	0.020	0.016	0.032	0.014	0.270

^{147}Pm $\qquad$ $T_2 = 2.6$ year

E_γ (keV) $\quad$ no gamma

Activation data for ^{147}Nd : $A_1(\tau)$, dps/μg

$$A_1(\text{sat}) \quad = 9.9966/ \quad 3$$
$$A_1(1 \text{ sec}) = 7.2236/ \; -3$$

$K = -1.1835/ \; -2$

Time intervals with respect to T_1

Day	0.00		0.50		1.00		1.50	
0.00	0.0000/	0	3.0723/	2	6.0503/	2	8.9367/	2
2.00	1.1734/	3	1.4446/	3	1.7074/	3	1.9622/	3
4.00	2.2091/	3	2.4485/	3	2.6805/	3	2.9053/	3
6.00	3.1233/	3	3.3345/	3	3.5392/	3	3.7377/	3
8.00	3.9301/	3	4.1165/	3	4.2972/	3	4.4724/	3
10.00	4.6422/	3	4.8067/	3	4.9662/	3	5.1208/	3
12.00	5.2707/	3	5.4159/	3	5.5567/	3	5.6932/	3
14.00	5.8254/	3	5.9536/	3	6.0779/	3	6.1983/	3
16.00	6.3151/	3	6.4282/	3	6.5379/	3	6.6442/	3
18.00	6.7472/	3	6.8471/	3	6.9439/	3	7.0377/	3
20.00	7.1286/	3	7.2168/	3	7.3022/	3	7.3850/	3
22.00	7.4653/	3	7.5431/	3	7.6185/	3	7.6916/	3
24.00	7.7624/	3	7.8311/	3	7.8976/	3	7.9621/	3
26.00	8.0247/	3	8.0853/	3	8.1440/	3	8.2010/	3
28.00	8.2561/	3	8.3096/	3	8.3615/	3	8.4117/	3
30.00	8.4604/	3	8.5077/	3	8.5534/	3	8.5978/	3
32.00	8.6408/	3	8.6824/	3	8.7228/	3	8.7620/	3
34.00	8.7999/	3	8.8367/	3	8.8723/	3	8.9069/	3
36.00	8.9404/	3	8.9728/	3	9.0043/	3	9.0348/	3

Decay factor for ^{147}Nd : $D_1(t)$

Day	0.00		0.50		1.00		1.50	
0.00	1.0000/	0	9.6927/	-1	9.3948/	-1	9.1060/	-1
2.00	8.8262/	-1	8.5549/	-1	8.2920/	-1	8.0371/	-1
4.00	7.7901/	-1	7.5507/	-1	7.3186/	-1	7.0937/	-1
6.00	6.8757/	-1	6.6644/	-1	6.4595/	-1	6.2610/	-1
8.00	6.0686/	-1	5.8821/	-1	5.7013/	-1	5.5261/	-1

Day	0.00	0.50	1.00	1.50
10.00	5.3562/ −1	5.1916/ −1	5.0321/ −1	4.8774/ −1
12.00	4.7275/ −1	4.5822/ −1	4.4414/ −1	4.3049/ −1
14.00	4.1726/ −1	4.0443/ −1	3.9200/ −1	3.7995/ −1
16.00	3.6828/ −1	3.5696/ −1	3.4599/ −1	3.3535/ −1
18.00	3.2505/ −1	3.1506/ −1	3.0537/ −1	2.9599/ −1
20.00	2.8689/ −1	2.7807/ −1	2.6953/ −1	2.6124/ −1
22.00	2.5322/ −1	2.4543/ −1	2.3789/ −1	2.3058/ −1
24.00	2.2349/ −1	2.1662/ −1	2.0997/ −1	2.0351/ −1
26.00	1.9726/ −1	1.9120/ −1	1.8532/ −1	1.7962/ −1
28.00	1.7410/ −1	1.6875/ −1	1.6357/ −1	1.5854/ −1
30.00	1.5367/ −1	1.4894/ −1	1.4437/ −1	1.3993/ −1
32.00	1.3563/ −1	1.3146/ −1	1.2742/ −1	1.2350/ −1
34.00	1.1971/ −1	1.1603/ −1	1.1246/ −1	1.0901/ −1
36.00	1.0566/ −1	1.0241/ −1	9.9261/ −2	9.6211/ −2
38.00	9.3254/ −2	9.0388/ −2	8.7610/ −2	8.4917/ −2
40.00	8.2307/ −2	7.9778/ −2	7.7326/ −2	7.4949/ −2
42.00	7.2646/ −2	7.0413/ −2	6.8249/ −2	6.6151/ −2
44.00	6.4118/ −2	6.2148/ −2	6.0238/ −2	5.8386/ −2
46.00	5.6592/ −2	5.4852/ −2	5.3167/ −2	5.1533/ −2
48.00	4.9949/ −2	4.8414/ −2	4.6926/ −2	4.5484/ −2
50.00	4.4086/ −2	4.2731/ −2	4.1417/ −2	4.0144/ −2
52.00	3.8911/ −2	3.7715/ −2	3.6556/ −2	3.5432/ −2
54.00	3.4343/ −2	3.3288/ −2	3.2265/ −2	3.1273/ −2
56.00	3.0312/ −2	2.9380/ −2	2.8477/ −2	2.7602/ −2
58.00	2.6754/ −2	2.5931/ −2	2.5135/ −2	2.4362/ −2
60.00	2.3613/ −2	2.2888/ −2	2.2184/ −2	2.1502/ −2
62.00	2.0841/ −2	2.0201/ −2	1.9580/ −2	1.8978/ −2
64.00	1.8395/ −2	1.7830/ −2	1.7282/ −2	1.6751/ −2
66.00	1.6236/ −2	1.5737/ −2	1.5253/ −2	1.4784/ −2
68.00	1.4330/ −2	1.3890/ −2	1.3463/ −2	1.3049/ −2
70.00	1.2648/ −2	1.2259/ −2	1.1882/ −2	1.1517/ −2
72.00	1.1163/ −2	1.0820/ −2	1.0488/ −2	1.0165/ −2
74.00	9.8528/ −3			

Activation data for ^{147}Pm : $F \cdot A_2(\tau)$

$$F \cdot A_2(\text{sat}) = 1.0115/ \quad 4$$
$$F \cdot A_2(1 \text{ sec}) = 8.5515/ \quad -5$$

Day	0.00		0.50		1.00		1.50	
0.00	0.0000/	0	3.6924/	0	7.3834/	0	1.1073/	1
2.00	1.4761/	1	1.8448/	1	2.2134/	1	2.5818/	1
4.00	2.9501/	1	3.3183/	1	3.6863/	1	4.0542/	1
6.00	4.4219/	1	4.7896/	1	5.1571/	1	5.5244/	1
8.00	5.8916/	1	6.2587/	1	6.6257/	1	6.9925/	1
10.00	7.3592/	1	7.7257/	1	8.0921/	1	8.4584/	1
12.00	8.8246/	1	9.1906/	1	9.5564/	1	9.9222/	1
14.00	1.0288/	2	1.0653/	2	1.1019/	2	1.1384/	2
16.00	1.1749/	2	1.2114/	2	1.2479/	2	1.2843/	2
18.00	1.3208/	2	1.3572/	2	1.3937/	2	1.4301/	2
20.00	1.4665/	2	1.5029/	2	1.5392/	2	1.5756/	2

Day	0.00		0.50		1.00		1.50	
22.00	1.6120/	2	1.6483/	2	1.6846/	2	1.7209/	2
24.00	1.7572/	2	1.7935/	2	1.8298/	2	1.8660/	2
26.00	1.9023/	2	1.9385/	2	1.9747/	2	2.0109/	2
28.00	2.0471/	2	2.0833/	2	2.1194/	2	2.1556/	2
30.00	2.1917/	2	2.2278/	2	2.2640/	2	2.3001/	2
32.00	2.3361/	2	2.3722/	2	2.4083/	2	2.4443/	2
34.00	2.4803/	2	2.5164/	2	2.5524/	2	2.5884/	2
36.00	2.6243/	2	2.6603/	2	2.6963/	2	2.7322/	2

Decay factor for ^{147}Pm : $D_2(t)$

Day	0.00	0.50	1.00	1.50
0.00	1.0000/ 0	9.9963/ −1	9.9927/ −1	9.9891/ −1
2.00	9.9854/ −1	9.9818/ −1	9.9781/ −1	9.9745/ −1
4.00	9.9708/ −1	9.9672/ −1	9.9636/ −1	9.9599/ −1
6.00	9.9563/ −1	9.9526/ −1	9.9490/ −1	9.9454/ −1
8.00	9.9418/ −1	9.9381/ −1	9.9345/ −1	9.9309/ −1
10.00	9.9272/ −1	9.9236/ −1	9.9200/ −1	9.9164/ −1
12.00	9.9128/ −1	9.9091/ −1	9.9055/ −1	9.9019/ −1
14.00	9.8983/ −1	9.8947/ −1	9.8911/ −1	9.8875/ −1
16.00	9.8838/ −1	9.8802/ −1	9.8766/ −1	9.8730/ −1
18.00	9.8694/ −1	9.8658/ −1	9.8622/ −1	9.8586/ −1
20.00	9.8550/ −1	9.8514/ −1	9.8478/ −1	9.8442/ −1
22.00	9.8406/ −1	9.8370/ −1	9.8334/ −1	9.8299/ −1
24.00	9.8263/ −1	9.8227/ −1	9.8191/ −1	9.8155/ −1
26.00	9.8119/ −1	9.8083/ −1	9.8048/ −1	9.8012/ −1
28.00	9.7976/ −1	9.7940/ −1	9.7905/ −1	9.7869/ −1
30.00	9.7833/ −1	9.7797/ −1	9.7762/ −1	9.7726/ −1
32.00	9.7690/ −1	9.7655/ −1	9.7619/ −1	9.7583/ −1
34.00	9.7548/ −1	9.7512/ −1	9.7477/ −1	9.7441/ −1
36.00	9.7405/ −1	9.7370/ −1	9.7334/ −1	9.7299/ −1
38.00	9.7263/ −1	9.7228/ −1	9.7192/ −1	9.7157/ −1
40.00	9.7121/ −1	9.7086/ −1	9.7050/ −1	9.7015/ −1
42.00	9.6980/ −1	9.6944/ −1	9.6909/ −1	9.6873/ −1
44.00	9.6838/ −1	9.6803/ −1	9.6767/ −1	9.6732/ −1
46.00	9.6697/ −1	9.6661/ −1	9.6626/ −1	9.6591/ −1
48.00	9.6556/ −1	9.6520/ −1	9.6485/ −1	9.6450/ −1
50.00	9.6415/ −1	9.6379/ −1	9.6344/ −1	9.6309/ −1
52.00	9.6274/ −1	9.6239/ −1	9.6204/ −1	9.6169/ −1
54.00	9.6133/ −1	9.6098/ −1	9.6063/ −1	9.6028/ −1
56.00	9.5993/ −1	9.5958/ −1	9.5923/ −1	9.5888/ −1
58.00	9.5853/ −1	9.5818/ −1	9.5783/ −1	9.5748/ −1
60.00	9.5713/ −1	9.5678/ −1	9.5643/ −1	9.5608/ −1
62.00	9.5573/ −1	9.5539/ −1	9.5504/ −1	9.5469/ −1
64.00	9.5434/ −1	9.5399/ −1	9.5364/ −1	9.5329/ −1
66.00	9.5295/ −1	9.5260/ −1	9.5225/ −1	9.5190/ −1
68.00	9.5156/ −1	9.5121/ −1	9.5086/ −1	9.5051/ −1
70.00	9.5017/ −1	9.4982/ −1	9.4947/ −1	9.4913/ −1
72.00	9.4878/ −1	9.4843/ −1	9.4809/ −1	9.4774/ −1

*

Activation data for ^{147}Nd : $A_1(\tau)$, dps/μg

$$A_1(\text{sat}) \quad = 9.9966/ \quad 3$$
$$A_1(1 \text{ sec}) = 7.2236/ \ -3$$

$K = -1.1835/ \ -2$

Time intervals with respect to T_2

Day	0.00		10.00		20.00		30.00	
0.00	0.0000/	0	4.6422/	3	7.1286/	3	8.4604/	3
40.00	9.1738/	3	9.5559/	3	9.7605/	3	9.8701/	3
80.00	9.9289/	3	9.9603/	3	9.9771/	3	9.9862/	3
120.00	9.9910/	3	9.9936/	3	9.9950/	3	9.9957/	3
160.00	9.9961/	3	9.9963/	3	9.9964/	3	9.9965/	3
200.00	9.9965/	3	9.9966/	3	9.9966/	3	9.9966/	3

Decay factor for ^{147}Nd : $D_1(t)$

Day	0.00		10.00		20.00		30.00	
0.00	1.0000/	0	5.3562/	−1	2.8689/	−1	1.5367/	−1
40.00	8.2307/	−2	4.4086/	−2	2.3613/	−2	1.2648/	−2
80.00	6.7745/	−3	3.6286/	−3	1.9435/	−3	1.0410/	−3
120.00	5.5759/	−4	2.9866/	−4	1.5997/	−4	8.5682/	−5
160.00	4.5893/	−5	2.4582/	−5	1.3166/	−5	7.0523/	−6
200.00	3.7774/	−6	2.0232/	−6	1.0837/	−6	5.8045/	−7

Activation data for ^{147}Pm : $F \cdot A_2(\tau)$

$$F \cdot A_2(\text{sat}) \quad = 1.0115/ \quad 4$$
$$F \cdot A_2(1 \text{ sec}) = 8.5515/ \ -5$$

Day	0.00		10.00		20.00		30.00	
0.00	0.0000/	0	7.3592/	1	1.4665/	2	2.1917/	2
40.00	2.9117/	2	3.6264/	2	4.3360/	2	5.0403/	2
80.00	5.7396/	2	6.4337/	2	7.1228/	2	7.8069/	2
120.00	8.4860/	2	9.1602/	2	9.8295/	2	1.0494/	3
160.00	1.1153/	3	1.1808/	3	1.2458/	3	1.3103/	3
200.00	1.3744/	3	1.4380/	3	1.5011/	3	1.5638/	3
240.00	1.6260/	3	1.6878/	3	1.7491/	3	1.8099/	3
280.00	1.8704/	3	1.9304/	3	1.9899/	3	2.0490/	3
320.00	2.1077/	3	2.1660/	3	2.2238/	3	2.2812/	3
360.00	2.3382/	3	2.3948/	3	2.4509/	3	2.5067/	3
400.00	2.5621/	3	2.6170/	3	2.6716/	3	2.7257/	3
440.00	2.7795/	3	2.8328/	3	2.8858/	3	2.9384/	3
480.00	2.9906/	3	3.0425/	3	3.0939/	3	3.1450/	3
520.00	3.1957/	3	3.2460/	3	3.2960/	3	3.3456/	3
560.00	3.3949/	3	3.4438/	3	3.4923/	3	3.5405/	3
600.00	3.5883/	3						

Decay factor for ^{147}Pm : $D_2(t)$

Day	0.00	10.00	20.00	30.00
0.00	1.0000/ 0	9.9272/ −1	9.8550/ −1	9.7833/ −1
40.00	9.7121/ −1	9.6415/ −1	9.5713/ −1	9.5017/ −1
80.00	9.4325/ −1	9.3639/ −1	9.2958/ −1	9.2281/ −1
120.00	9.1610/ −1	9.0944/ −1	9.0282/ −1	8.9625/ −1
160.00	8.8973/ −1	8.8326/ −1	8.7683/ −1	8.7045/ −1
200.00	8.6412/ −1	8.5783/ −1	8.5159/ −1	8.4539/ −1
240.00	8.3924/ −1	8.3313/ −1	8.2707/ −1	8.2105/ −1
280.00	8.1508/ −1	8.0915/ −1	8.0326/ −1	7.9742/ −1
320.00	7.9162/ −1	7.8586/ −1	7.8014/ −1	7.7446/ −1
360.00	7.6883/ −1	7.6323/ −1	7.5768/ −1	7.5217/ −1
400.00	7.4670/ −1	7.4126/ −1	7.3587/ −1	7.3052/ −1
440.00	7.2520/ −1	7.1992/ −1	7.1469/ −1	7.0949/ −1
480.00	7.0432/ −1	6.9920/ −1	6.9411/ −1	6.8906/ −1
520.00	6.8405/ −1	6.7907/ −1	6.7413/ −1	6.6923/ −1
560.00	6.6436/ −1	6.5952/ −1	6.5472/ −1	6.4996/ −1
600.00	6.4523/ −1	6.4054/ −1	6.3588/ −1	6.3125/ −1
640.00	6.2666/ −1	6.2210/ −1	6.1757/ −1	6.1308/ −1
680.00	6.0862/ −1	6.0419/ −1	5.9979/ −1	5.9543/ −1
720.00	5.9110/ −1			

$$^{148}\text{Nd}(n, \gamma)^{149}\text{Nd} \rightarrow {}^{149}\text{Pm}$$

$M = 144.24$ $G = 5.67\%$ $\sigma_{ac} = 2.5$ barn,

^{149}Nd $T_1 = 1.73$ hour

E_γ (keV)	654	541	424	327	270	210	156	114
P	0.090	0.100	0.090	0.050	0.260	0.270	0.040	0.180

^{149}Pm $T_2 = 53.1$ hour

E_γ (keV)	286
P	0.020

Activation data for ^{149}Nd : $A_1(\tau)$, dps/μg

$$A_1(\text{sat}) = 5.9190/ \quad 3$$
$$A_1(1 \text{ sec}) = 6.5858/ \quad -1$$

$K = -3.3670/ \ -2$

Time intervals with respect to T_1

Hour	0.000		0.125		0.250		0.375	
0.00	0.0000/	0	2.8908/	2	5.6404/	2	8.2558/	2
0.50	1.0743/	3	1.3109/	3	1.5360/	3	1.7501/	3
1.00	1.9537/	3	2.1473/	3	2.3315/	3	2.5068/	3
1.50	2.6734/	3	2.8319/	3	2.9827/	3	3.1261/	3
2.00	3.2625/	3	3.3923/	3	3.5157/	3	3.6330/	3
2.50	3.7447/	3	3.8509/	3	3.9519/	3	4.0480/	3
3.00	4.1393/	3	4.2263/	3	4.3089/	3	4.3876/	3
3.50	4.4624/	3	4.5335/	3	4.6012/	3	4.6655/	3
4.00	4.7268/	3	4.7850/	3	4.8404/	3	4.8931/	3
4.50	4.9432/	3	4.9908/	3	5.0362/	3	5.0793/	3
5.00	5.1203/	3	5.1593/	3	5.1964/	3	5.2317/	3
5.50	5.2653/	3	5.2972/	3	5.3276/	3	5.3564/	3
6.00	5.3839/	3	5.4101/	3	5.4349/	3	5.4586/	3
6.50	5.4810/	3	5.5024/	3	5.5228/	3	5.5421/	3
7.00	5.5605/	3	5.5781/	3	5.5947/	3	5.6105/	3

Decay factor for ^{149}Nd : $D_1(\text{t})$

Hour	0.000		0.125		0.250		0.375	
0.00	1.0000/	0	9.5116/	−1	9.0471/	−1	8.6052/	−1
0.50	8.1849/	−1	7.7852/	−1	7.4050/	−1	7.0433/	−1
1.00	6.6993/	−1	6.3721/	−1	6.0609/	−1	5.7649/	−1
1.50	5.4834/	−1	5.2156/	−1	4.9608/	−1	4.7185/	−1
2.00	4.4881/	−1	4.2689/	−1	4.0604/	−1	3.8621/	−1
2.50	3.6735/	−1	3.4941/	−1	3.3234/	−1	3.1611/	−1

Hour	0.000	0.125	0.250	0.375
3.00	3.0067/ −1	2.8599/ −1	2.7202/ −1	2.5874/ −1
3.50	2.4610/ −1	2.3408/ −1	2.2265/ −1	2.1177/ −1
4.00	2.0143/ −1	1.9159/ −1	1.8224/ −1	1.7334/ −1
4.50	1.6487/ −1	1.5682/ −1	1.4916/ −1	1.4187/ −1
5.00	1.3494/ −1	1.2835/ −1	1.2209/ −1	1.1612/ −1
5.50	1.1045/ −1	1.0506/ −1	9.9926/ −2	9.5046/ −2
6.00	9.0404/ −2	8.5989/ −2	8.1789/ −2	7.7794/ −2
6.50	7.3995/ −2	7.0381/ −2	6.6944/ −2	6.3674/ −2
7.00	6.0565/ −2	5.7607/ −2	5.4793/ −2	5.2117/ −2
7.50	4.9572/ −2	4.7151/ −2	4.4848/ −2	4.2658/ −2
8.00	4.0574/ −2	3.8593/ −2	3.6708/ −2	3.4915/ −2
8.50	3.3210/ −2	3.1588/ −2	3.0045/ −2	2.8578/ −2
9.00	2.7182/ −2	2.5854/ −2	2.4592/ −2	2.3391/ −2
9.50	2.2248/ −2	2.1162/ −2	2.0128/ −2	1.9145/ −2
10.00	1.8210/ −2	1.7321/ −2	1.6475/ −2	1.5670/ −2
10.50	1.4905/ −2	1.4177/ −2	1.3485/ −2	1.2826/ −2
11.00	1.2200/ −2	1.1604/ −2	1.1037/ −2	1.0498/ −2
11.50	9.9852/ −3	9.4976/ −3	9.0337/ −3	8.5925/ −3
12.00	8.1729/ −3	7.7737/ −3	7.3940/ −3	7.0329/ −3
12.50	6.6894/ −3	6.3627/ −3	6.0520/ −3	5.7564/ −3
13.00	5.4753/ −3	5.2079/ −3	4.9535/ −3	4.7116/ −3
13.50	4.4815/ −3	4.2626/ −3	4.0544/ −3	3.8564/ −3
14.00	3.6681/ −3	3.4889/ −3	3.3185/ −3	3.1564/ −3
14.50	3.0023/ −3	2.8557/ −3	2.7162/ −3	2.5835/ −3
15.00	2.4574/ −3			

Activation data for ^{149}Pm : $F \cdot A_2(\tau)$

$$F \cdot A_2(\text{sat}) = 6.1185/ \quad 3$$
$$F \cdot A_2(1 \text{ sec}) = 2.2181/ -2$$

Hour	0.000		0.125		0.250		0.375	
0.00	0.0000/	0	9.9733/	0	1.9930/	1	2.9871/	1
0.50	3.9796/	1	4.9704/	1	5.9597/	1	6.9473/	1
1.00	7.9333/	1	8.9177/	1	9.9005/	1	1.0882/	2
1.50	1.1861/	2	1.2839/	2	1.3816/	2	1.4790/	2
2.00	1.5764/	2	1.6735/	2	1.7705/	2	1.8674/	2
2.50	1.9641/	2	2.0606/	2	2.1570/	2	2.2532/	2
3.00	2.3493/	2	2.4452/	2	2.5409/	2	2.6365/	2
3.50	2.7319/	2	2.8272/	2	2.9223/	2	3.0173/	2
4.00	3.1121/	2	3.2068/	2	3.3013/	2	3.3956/	2
4.50	3.4898/	2	3.5839/	2	3.6778/	2	3.7715/	2
5.00	3.8651/	2	3.9585/	2	4.0518/	2	4.1449/	2
5.50	4.2379/	2	4.3307/	2	4.4234/	2	4.5159/	2
6.00	4.6083/	2	4.7005/	2	4.7926/	2	4.8845/	2
6.50	4.9763/	2	5.0679/	2	5.1594/	2	5.2507/	2
7.00	5.3419/	2	5.4329/	2	5.5238/	2	5.6145/	2
7.50	5.7051/	2						

414

Decay factor for ^{149}Pm : $D_2(t)$

Hour	0.000	0.125	0.250	0.375
0.00	1.0000/ 0	9.9837/ −1	9.9674/ −1	9.9512/ −1
0.50	9.9350/ −1	9.9188/ −1	9.9026/ −1	9.8865/ −1
1.00	9.8703/ −1	9.8543/ −1	9.8382/ −1	9.8222/ −1
1.50	9.8061/ −1	9.7902/ −1	9.7742/ −1	9.7583/ −1
2.00	9.7424/ −1	9.7265/ −1	9.7106/ −1	9.6948/ −1
2.50	9.6790/ −1	9.6632/ −1	9.6475/ −1	9.6317/ −1
3.00	9.6160/ −1	9.6004/ −1	9.5847/ −1	9.5691/ −1
3.50	9.5535/ −1	9.5379/ −1	9.5224/ −1	9.5069/ −1
4.00	9.4914/ −1	9.4759/ −1	9.4604/ −1	9.4450/ −1
4.50	9.4296/ −1	9.4143/ −1	9.3989/ −1	9.3836/ −1
5.00	9.3683/ −1	9.3530/ −1	9.3378/ −1	9.3226/ −1
5.50	9.3074/ −1	9.2922/ −1	9.2770/ −1	9.2619/ −1
6.00	9.2468/ −1	9.2318/ −1	9.2167/ −1	9.2017/ −1
6.50	9.1867/ −1	9.1717/ −1	9.1568/ −1	9.1418/ −1
7.00	9.1269/ −1	9.1121/ −1	9.0972/ −1	9.0824/ −1
7.50	9.0676/ −1	9.0528/ −1	9.0380/ −1	9.0233/ −1
8.00	9.0086/ −1	8.9939/ −1	8.9792/ −1	8.9646/ −1
8.50	8.9500/ −1	8.9354/ −1	8.9208/ −1	8.9063/ −1
9.00	8.8918/ −1	8.8773/ −1	8.8628/ −1	8.8484/ −1
9.50	8.8339/ −1	8.8195/ −1	8.8052/ −1	8.7908/ −1
10.00	8.7765/ −1	8.7622/ −1	8.7479/ −1	8.7336/ −1
10.50	8.7194/ −1	8.7052/ −1	8.6910/ −1	8.6768/ −1
11.00	8.6627/ −1	8.6486/ −1	8.6345/ −1	8.6204/ −1
11.50	8.6064/ −1	8.5923/ −1	8.5783/ −1	8.5643/ −1
12.00	8.5504/ −1	8.5364/ −1	8.5225/ −1	8.5086/ −1
12.50	8.4948/ −1	8.4809/ −1	8.4671/ −1	8.4533/ −1
13.00	8.4395/ −1	8.4258/ −1	8.4120/ −1	8.3983/ −1
13.50	8.3846/ −1	8.3709/ −1	8.3573/ −1	8.3437/ −1
14.00	8.3301/ −1	8.3165/ −1	8.3029/ −1	8.2894/ −1
14.50	8.2759/ −1	8.2624/ −1	8.2489/ −1	8.2355/ −1
15.00	8.2221/ −1			

*

Activation data for ^{149}Nd : $A_1(\tau)$, dps/µg

$$A_1(\text{sat}) = 5.9190/ \quad 3$$

$$A_1(1 \text{ sec}) = 6.5858/ \quad -1$$

$K = -3.3670/ \quad -2$

Time intervals with respect to T_2

Hour	0.00		4.00		8.00		12.00	
0.00	0.0000/	0	4.7268/	3	5.6789/	3	5.8707/	3
16.00	5.9093/	3	5.9171/	3	5.9186/	3	5.9189/	3

Decay factor for ^{149}Nd : $D_1(t)$

Hour	0.00	4.00	8.00	12.00
0.00	1.0000/ 0	2.0143/ −1	4.0574/ −2	8.1729/ −3
16.00	1.6463/ −3	3.3161/ −4	6.6796/ −5	1.3455/ −5
32.00	2.7102/ −6	5.4591/ −7	1.0996/ −7	2.2150/ −8
48.00	4.4617/ −9	8.9871/−10	1.8103/−10	3.6464/−11

Activation data for ^{149}Pm : $F \cdot A_2(\tau)$

$$F \cdot A_2(\text{sat}) = 6.1185/ \quad 3$$
$$F \cdot A_2(1 \text{ sec}) = 2.2181/ \ -2$$

Hour	0.00	4.00	8.00	12.00
0.00	0.0000/ 0	3.1121/ 2	6.0660/ 2	8.8695/ 2
16.00	1.1531/ 3	1.4056/ 3	1.6453/ 3	1.8729/ 3
32.00	2.0888/ 3	2.2938/ 3	2.4883/ 3	2.6730/ 3
48.00	2.8482/ 3	3.0146/ 3	3.1724/ 3	3.3223/ 3
64.00	3.4645/ 3	3.5995/ 3	3.7276/ 3	3.8492/ 3
80.00	3.9647/ 3	4.0742/ 3	4.1782/ 3	4.2769/ 3
96.00	4.3706/ 3	4.4595/ 3	4.5439/ 3	4.6239/ 3
112.00	4.7000/ 3	4.7721/ 3	4.8406/ 3	4.9056/ 3
128.00	4.9673/ 3	5.0258/ 3	5.0814/ 3	5.1342/ 3
144.00	5.1842/ 3	5.2318/ 3	5.2769/ 3	5.3197/ 3
160.00	5.3603/ 3	5.3989/ 3	5.4355/ 3	5.4702/ 3
176.00	5.5032/ 3			

Decay factor for ^{149}Pm : $D_2(t)$

Hour	0.00	4.00	8.00	12.00
0.00	1.0000/ 0	9.4914/ −1	9.0086/ −1	8.5504/ −1
16.00	8.1155/ −1	7.7027/ −1	7.3109/ −1	6.9390/ −1
32.00	6.5861/ −1	6.2511/ −1	5.9331/ −1	5.6313/ −1
48.00	5.3449/ −1	5.0730/ −1	4.8150/ −1	4.5701/ −1
64.00	4.3376/ −1	4.1170/ −1	3.9076/ −1	3.7088/ −1
80.00	3.5202/ −1	3.3411/ −1	3.1712/ −1	3.0099/ −1
96.00	2.8568/ −1	2.7115/ −1	2.5736/ −1	2.4427/ −1
112.00	2.3184/ −1	2.2005/ −1	2.0886/ −1	1.9823/ −1
128.00	1.8815/ −1	1.7858/ −1	1.6950/ −1	1.6088/ −1
144.00	1.5269/ −1	1.4493/ −1	1.3756/ −1	1.3056/ −1
160.00	1.2392/ −1	1.1761/ −1	1.1163/ −1	1.0595/ −1
176.00	1.0057/ −1	9.5450/ −2	9.0595/ −2	8.5987/ −2
192.00	8.1613/ −2	7.7462/ −2	7.3522/ −2	6.9782/ −2
208.00	6.6233/ −2	6.2864/ −2	5.9667/ −2	5.6632/ −2
224.00	5.3751/ −2	5.1017/ −2	4.8422/ −2	4.5959/ −2
240.00	4.3622/ −2	4.1403/ −2	3.9297/ −2	3.7298/ −2
256.00	3.5401/ −2	3.3600/ −2	3.1891/ −2	3.0269/ −2
272.00	2.8730/ −2	2.7268/ −2	2.5881/ −2	2.4565/ −2
288.00	2.3315/ −2	2.2129/ −2	2.1004/ −2	1.9935/ −2
304.00	1.8921/ −2	1.7959/ −2	1.7046/ −2	1.6179/ −2
320.00	1.5356/ −2	1.4575/ −2	1.3833/ −2	1.3130/ −2
336.00	1.2462/ −2	1.1828/ −2	1.1226/ −2	1.0655/ −2
352.00	1.0113/ −2			

^{150}Nd(n, γ)^{151}Nd $\rightarrow$ ^{151}Pm

$M = 144.24$ $\qquad$ $G = 5.56\%$ $\qquad\qquad$ $\sigma_{ac} = 1.3$ barn,

^{151}Nd $\qquad$ $T_1 = 10$ minute

E_γ (keV)	1180	1122	797	737	425	256	174
P	0.090	0.020	0.030	0.050	0.050	0.110	0.100

E_γ (keV)	138	118	86
P	0.060	0.400	0.050

^{151}Pm $\qquad$ $T_2 = 27.8$ hour

E_γ (keV)	720	660	450	340	275	240	170	100	70
P	0.060	0.030	0.050	0.210	0.060	0.050	0.180	0.070	0.050

Activation data for ^{151}Nd : $A_1(\tau)$, dps/μg

A_1(sat) $\quad = 3.0182/ 3$

A_1(1 sec) $= 3.4840/ 0$

$K = -6.0310/ -3$

Time intervals with respect to T_1

Minute	0.00		0.50		1.00		1.50	
0.00	0.0000/	0	1.0279/	2	2.0208/	2	2.9798/	2
2.00	3.9062/	2	4.8011/	2	5.6655/	2	6.5004/	2
4.00	7.3069/	2	8.0860/	2	8.8385/	2	9.5654/	2
6.00	1.0267/	3	1.0946/	3	1.1601/	3	1.2234/	3
8.00	1.2845/	3	1.3435/	3	1.4006/	3	1.4557/	3
10.00	1.5089/	3	1.5603/	3	1.6099/	3	1.6579/	3
12.00	1.7042/	3	1.7490/	3	1.7922/	3	1.8339/	3
14.00	1.8743/	3	1.9132/	3	1.9509/	3	1.9872/	3
16.00	2.0223/	3	2.0562/	3	2.0890/	3	2.1206/	3
18.00	2.1512/	3	2.1807/	3	2.2093/	3	2.2368/	3
20.00	2.2634/	3	2.2891/	3	2.3139/	3	2.3379/	3
22.00	2.3611/	3	2.3835/	3	2.4051/	3	2.4260/	3
24.00	2.4461/	3	2.4656/	3	2.4844/	3	2.5026/	3
26.00	2.5202/	3	2.5371/	3	2.5535/	3	2.5693/	3
28.00	2.5846/	3	2.5994/	3	2.6137/	3	2.6274/	3
30.00	2.6407/	3	2.6536/	3	2.6660/	3	2.6780/	3
32.00	2.6896/	3	2.7008/	3	2.7116/	3	2.7220/	3
34.00	2.7321/	3	2.7419/	3	2.7513/	3	2.7604/	3

Decay factor for ^{151}Nd : $D_1(t)$

Minute	0.00		0.50		1.00		1.50	
0.00	1.0000/	0	9.6594/	-1	9.3305/	-1	9.0127/	-1
2.00	8.7058/	-1	8.4093/	-1	8.1229/	-1	7.8462/	-1
4.00	7.5790/	-1	7.3209/	-1	7.0716/	-1	6.8308/	-1
6.00	6.5981/	-1	6.3734/	-1	6.1564/	-1	5.9467/	-1
8.00	5.7442/	-1	5.5485/	-1	5.3596/	-1	5.1770/	-1

27

Minute	0.00	0.50	1.00	1.50
10.00	5.0007/ −1	4.8304/ −1	4.6659/ −1	4.5070/ −1
12.00	4.3535/ −1	4.2053/ −1	4.0620/ −1	3.9237/ −1
14.00	3.7901/ −1	3.6610/ −1	3.5363/ −1	3.4159/ −1
16.00	3.2995/ −1	3.1872/ −1	3.0786/ −1	2.9738/ −1
18.00	2.8725/ −1	2.7747/ −1	2.6802/ −1	2.5889/ −1
20.00	2.5007/ −1	2.4156/ −1	2.3333/ −1	2.2538/ −1
22.00	2.1771/ −1	2.1029/ −1	2.0313/ −1	1.9621/ −1
24.00	1.8953/ −1	1.8308/ −1	1.7684/ −1	1.7082/ −1
26.00	1.6500/ −1	1.5938/ −1	1.5395/ −1	1.4871/ −1
28.00	1.4365/ −1	1.3875/ −1	1.3403/ −1	1.2946/ −1
30.00	1.2506/ −1	1.2080/ −1	1.1668/ −1	1.1271/ −1
32.00	1.0887/ −1	1.0516/ −1	1.0158/ −1	9.8121/ −2
34.00	9.4780/ −2	9.1552/ −2	8.8434/ −2	8.5422/ −2
36.00	8.2513/ −2	7.9703/ −2	7.6988/ −2	7.4366/ −2
38.00	7.1834/ −2	6.9387/ −2	6.7024/ −2	6.4742/ −2
40.00	6.2537/ −2	6.0407/ −2	5.8350/ −2	5.6363/ −2
42.00	5.4443/ −2	5.2589/ −2	5.0798/ −2	4.9068/ −2
44.00	4.7397/ −2	4.5783/ −2	4.4223/ −2	4.2717/ −2
46.00	4.1263/ −2	3.9857/ −2	3.8500/ −2	3.7189/ −2
48.00	3.5922/ −2	3.4699/ −2	3.3517/ −2	3.2376/ −2
50.00	3.1273/ −2	3.0208/ −2	2.9179/ −2	2.8185/ −2
52.00	2.7226/ −2	2.6298/ −2	2.5403/ −2	2.4538/ −2
54.00	2.3702/ −2	2.2895/ −2	2.2115/ −2	2.1362/ −2
56.00	2.0634/ −2	1.9932/ −2	1.9253/ −2	1.8597/ −2
58.00	1.7964/ −2	1.7352/ −2	1.6761/ −2	1.6190/ −2
60.00	1.5639/ −2	1.5106/ −2	1.4592/ −2	1.4095/ −2
62.00	1.3615/ −2	1.3151/ −2	1.2703/ −2	1.2271/ −2
64.00	1.1853/ −2	1.1449/ −2	1.1059/ −2	1.0682/ −2
66.00	1.0319/ −2	9.9673/ −3	9.6278/ −3	9.2999/ −3
68.00	8.9832/ −3	8.6773/ −3	8.3817/ −3	8.0963/ −3
70.00	7.8206/ −3	7.5542/ −3	7.2969/ −3	7.0484/ −3
72.00	6.8084/ −3			

Activation data for ^{151}Pm : $F \cdot A_2(\tau)$

$$F \cdot A_2(\text{sat}) = 3.0363/ \quad 3$$
$$F \cdot A_2(1 \text{ sec}) = 2.1025/ \quad -2$$

Minute	0.00		0.50		1.00		1.50	
0.00	0.0000/	0	6.3067/	−1	1.2612/	0	1.8916/	0
2.00	2.5219/	0	3.1521/	0	3.7821/	0	4.4120/	0
4.00	5.0417/	0	5.6714/	0	6.3009/	0	6.9302/	0
6.00	7.5595/	0	8.1886/	0	8.8175/	0	9.4464/	0
8.00	1.0075/	1	1.0704/	1	1.1332/	1	1.1960/	1
10.00	1.2589/	1	1.3217/	1	1.3845/	1	1.4472/	1
12.00	1.5100/	1	1.5728/	1	1.6355/	1	1.6982/	1
14.00	1.7609/	1	1.8236/	1	1.8863/	1	1.9490/	1
16.00	2.0117/	1	2.0743/	1	2.1370/	1	2.1996/	1
18.00	2.2622/	1	2.3248/	1	2.3874/	1	2.4499/	1
20.00	2.5125/	1	2.5751/	1	2.6376/	1	2.7001/	1

Minute	0.00		0.50		1.00		1.50	
22.00	2.7626/	1	2.8251/	1	2.8876/	1	2.9501/	1
24.00	3.0125/	1	3.0750/	1	3.1374/	1	3.1998/	1
26.00	3.2622/	1	3.3246/	1	3.3870/	1	3.4493/	1
28.00	3.5117/	1	3.5740/	1	3.6363/	1	3.6987/	1
30.00	3.7610/	1	3.8232/	1	3.8855/	1	3.9478/	1
32.00	4.0100/	1	4.0723/	1	4.1345/	1	4.1967/	1
34.00	4.2589/	1	4.3211/	1	4.3832/	1	4.4454/	1
36.00	4.5075/	1						

Decay factor for ^{151}Pm : $D_2(t)$

Minute	0.00		0.50		1.00		1.50	
0.00	1.0000/	0	9.9979/	—1	9.9958/	—1	9.9938/	—1
2.00	9.9917/	—1	9.9896/	—1	9.9875/	—1	9.9855/	—1
4.00	9.9834/	—1	9.9813/	—1	9.9792/	—1	9.9772/	—1
6.00	9.9751/	—1	9.9730/	—1	9.9710/	—1	9.9689/	—1
8.00	9.9668/	—1	9.9647/	—1	9.9627/	—1	9.9606/	—1
10.00	9.9585/	—1	9.9565/	—1	9.9544/	—1	9.9523/	—1
12.00	9.9503/	—1	9.9482/	—1	9.9461/	—1	9.9441/	—1
14.00	9.9420/	—1	9.9399/	—1	9.9379/	—1	9.9358/	—1
16.00	9.9337/	—1	9.9317/	—1	9.9296/	—1	9.9276/	—1
18.00	9.9255/	—1	9.9234/	—1	9.9214/	—1	9.9193/	—1
20.00	9.9173/	—1	9.9152/	—1	9.9131/	—1	9.9111/	—1
22.00	9.9090/	—1	9.9070/	—1	9.9049/	—1	9.9028/	—1
24.00	9.9008/	—1	9.8987/	—1	9.8967/	—1	9.8946/	—1
26.00	9.8926/	—1	9.8905/	—1	9.8885/	—1	9.8864/	—1
28.00	9.8843/	—1	9.8823/	—1	9.8802/	—1	9.8782/	—1
30.00	9.8761/	—1	9.8741/	—1	9.8720/	—1	9.8700/	—1
32.00	9.8679/	—1	9.8659/	—1	9.8638/	—1	9.8618/	—1
34.00	9.8597/	—1	9.8577/	—1	9.8556/	—1	9.8536/	—1
36.00	9.8515/	—1	9.8495/	—1	9.8475/	—1	9.8454/	—1
38.00	9.8434/	—1	9.8413/	—1	9.8393/	—1	9.8372/	—1
40.00	9.8352/	—1	9.8331/	—1	9.8311/	—1	9.8291/	—1
42.00	9.8270/	—1	9.8250/	—1	9.8229/	—1	9.8209/	—1
44.00	9.8189/	—1	9.8168/	—1	9.8148/	—1	9.8127/	—1
46.00	9.8107/	—1	9.8087/	—1	9.8066/	—1	9.8046/	—1
48.00	9.8026/	—1	9.8005/	—1	9.7985/	—1	9.7964/	—1
50.00	9.7944/	—1	9.7924/	—1	9.7903/	—1	9.7883/	—1
52.00	9.7863/	—1	9.7842/	—1	9.7822/	—1	9.7802/	—1
54.00	9.7781/	—1	9.7761/	—1	9.7741/	—1	9.7721/	—1
56.00	9.7700/	—1	9.7680/	—1	9.7660/	—1	9.7639/	—1
58.00	9.7619/	—1	9.7599/	—1	9.7579/	—1	9.7558/	—1
60.00	9.7538/	—1	9.7518/	—1	9.7497/	—1	9.7477/	—1
62.00	9.7457/	—1	9.7437/	—1	9.7417/	—1	8.7396/	—1
64.00	9.7376/	—1	9.7356/	—1	9.7336/	—1	9.7315/	—1
66.00	9.7295/	—1	9.7275/	—1	9.7255/	—1	9.7235/	—1
68.00	9.7214/	—1	9.7194/	—1	9.7174/	—1	9.7154/	—1
70.00	9.7134/	—1	9.7113/	—1	9.7093/	—1	9.7073/	—1

*

Activation data for ^{151}Nd : $A_1(\tau)$, dps/μg

$$A_1(\text{sat}) \;\; = 3.0182/\;3$$
$$A_1(1\;\text{sec}) = 3.4840/\;0$$

$K = -6.0310/\;-3$

Time intervals with respect to T_2

Hour	0.00		2.00		4.00		6.00	
0.00	0.0000/	0	3.0174/	3	3.0182/	3	3.0182/	3
8.00	3.0182/	3	3.0182/	3	3.0182/	3	3.0182/	3

Decay factor for ^{151}Nd : $D_1(t)$

Hour	0.00		2.00		4.00		6.00	
0.00	1.0000/	0	2.4457/	—4	5.9816/	—8	1.4629/	—11
8.00	3.5779/	—15	8.7506/	—19	2.1401/	—22	5.2342/	—26

Activation data for ^{151}Pm : $F \cdot A_2(\tau)$

$$F \cdot A_2(\text{sat}) \;\; = 3.0363/\;\;3$$
$$F \cdot A_2(1\;\text{sec}) = 2.1025/\;-2$$

Hour	0.00		2.00		4.00		6.00	
0.00	0.0000/	0	1.4767/	2	2.8815/	2	4.2180/	2
8.00	5.4895/	2	6.6992/	2	7.8501/	2	8.9450/	2
16.00	9.9866/	2	1.0978/	3	1.1920/	3	1.2817/	3
24.00	1.3671/	3	1.4482/	3	1.5255/	3	1.5989/	3
32.00	1.6689/	3	1.7354/	3	1.7986/	3	1.8588/	3
40.00	1.9161/	3	1.9706/	3	2.0224/	3	2.0717/	3
48.00	2.1186/	3	2.1632/	3	2.2057/	3	2.2461/	3
56.00	2.2845/	3	2.3211/	3	2.3559/	3	2.3890/	3
64.00	2.4204/	3	2.4504/	3	2.4789/	3	2.5060/	3
72.00	2.5318/	3	2.5563/	3	2.5797/	3	2.6019/	3
80.00	2.6230/	3	2.6431/	3	2.6622/	3	2.6804/	3
88.00	2.6977/	3	2.7142/	3	2.7299/	3	2.7448/	3
96.00	2.7589/	3	2.7724/	3	2.7853/	3	2.7975/	3

Decay factor for ^{151}Pm : $D_2(t)$

Hour	0.00		2.00		4.00		6.00	
0.00	1.0000/	0	9.5137/	—1	9.0510/	—1	8.6108/	—1
8.00	8.1920/	—1	7.7936/	—1	7.4146/	—1	7.0540/	—1
16.00	6.7109/	—1	6.3845/	—1	6.0740/	—1	5.7786/	—1
24.00	5.4976/	—1	5.2302/	—1	4.9759/	—1	4.7339/	—1
32.00	4.5036/	—1	4.2846/	—1	4.0762/	—1	3.8780/	—1

Hour	0.00	2.00	4.00	6.00
40.00	3.6894/ −1	3.5100/ −1	3.3393/ −1	3.1769/ −1
48.00	3.0224/ −1	2.8754/ −1	2.7355/ −1	2.6025/ −1
56.00	2.4759/ −1	2.3555/ −1	2.2410/ −1	2.1320/ −1
64.00	2.0283/ −1	1.9296/ −1	1.8358/ −1	1.7465/ −1
72.00	1.6616/ −1	1.5808/ −1	1.5039/ −1	1.4307/ −1
80.00	1.3612/ −1	1.2950/ −1	1.2320/ −1	1.1721/ −1
88.00	1.1151/ −1	1.0608/ −1	1.0092/ −1	9.6016/ −2
96.00	9.1347/ −2	8.6904/ −2	8.2678/ −2	7.8657/ −2
104.00	7.4831/ −2	7.1192/ −2	6.7730/ −2	6.4436/ −2
112.00	6.1302/ −2	5.8321/ −2	5.5484/ −2	5.2786/ −2
120.00	5.0219/ −2	4.7776/ −2	4.5453/ −2	4.3242/ −2
128.00	4.1139/ −2	3.9139/ −2	3.7235/ −2	3.5424/ −2
136.00	3.3701/ −2	3.2062/ −2	3.0503/ −2	2.9020/ −2
144.00	2.7608/ −2	2.6266/ −2	2.4988/ −2	2.3773/ −2
152.00	2.2617/ −2	2.1517/ −2	2.0470/ −2	1.9475/ −2
160.00	1.8528/ −2	1.7627/ −2	1.6769/ −2	1.5954/ −2
168.00	1.5178/ −2	1.4440/ −2	1.3738/ −2	1.3069/ −2
176.00	1.2434/ −2	1.1829/ −2	1.1254/ −2	1.0706/ −2
184.00	1.0186/ −2	9.6904/ −3	9.2191/ −3	8.7708/ −3
192.00	8.3442/ −3	7.9384/ −3	7.5523/ −3	7.1850/ −3
200.00	6.8356/ −3	6.5032/ −3	6.1869/ −3	5.8860/ −3

^{144}Sm(n, γ)^{145}Sm

$$M = 150.35 \qquad G = 3.15\% \qquad \sigma_{ac} = 0.7 \text{ barn,}$$

^{145}Sm $\qquad$ T$_1$ = 340 day

E_γ (keV) $\qquad$ 61

$P \qquad$ 0.130

Activation data for ^{145}Sm : $A_1(\tau)$, dps/μg

A_1(sat) $\quad = 8.8332/ \quad 2$

A_1(1 sec) $= 2.0836/ \; -5$

Day	0.00		10.00		20.00		30.00	
0.00	0.0000/	0	1.7822/	1	3.5284/	1	5.2394/	1
40.00	6.9159/	1	8.5586/	1	1.0168/	2	1.1745/	2
80.00	1.3290/	2	1.4804/	2	1.6288/	2	1.7741/	2
120.00	1.9166/	2	2.0561/	2	2.1929/	2	2.3268/	2
160.00	2.4581/	2	2.5867/	2	2.7128/	2	2.8362/	2
200.00	2.9572/	2	3.0758/	2	3.1920/	2	3.3058/	2
240.00	3.4173/	2	3.5266/	2	3.6336/	2	3.7385/	2
280.00	3.8413/	2	3.9420/	2	4.0407/	2	4.1374/	2
320.00	4.2322/	2	4.3250/	2	4.4159/	2	4.5051/	2
360.00	4.5924/	2	4.6780/	2	4.7618/	2	4.8439/	2
400.00	4.9244/	2	5.0033/	2	5.0806/	2	5.1563/	2
440.00	5.2305/	2	5.3032/	2	5.3744/	2	5.4442/	2
480.00	5.5125/	2	5.5795/	2	5.6452/	2	5.7095/	2
520.00	5.7725/	2	5.8343/	2	5.8948/	2	5.9541/	2
560.00	6.0122/	2	6.0691/	2	6.1248/	2	6.1795/	2

Decay factor for ^{145}Sm : $D_1(t)$

Day	0.00		10.00		20.00		30.00	
0.00	1.0000/	0	9.7982/	−1	9.6005/	−1	9.4068/	−1
40.00	9.2171/	−1	9.0311/	−1	8.8489/	−1	8.6703/	−1
80.00	8.4954/	−1	8.3240/	−1	8.1561/	−1	7.9915/	−1
120.00	7.8303/	−1	7.6723/	−1	7.5175/	−1	7.3658/	−1
160.00	7.2172/	−1	7.0716/	−1	6.9289/	−1	6.7891/	−1
200.00	6.6521/	−1	6.5179/	−1	6.3864/	−1	6.2576/	−1
240.00	6.1313/	−1	6.0076/	−1	5.8864/	−1	5.7676/	−1
280.00	5.6513/	−1	5.5372/	−1	5.4255/	−1	5.3161/	−1
320.00	5.2088/	−1	5.1037/	−1	5.0007/	−1	4.8998/	−1
360.00	4.8010/	−1	4.7041/	−1	4.6092/	−1	4.5162/	−1
400.00	4.4251/	−1	4.3358/	−1	4.2483/	−1	4.1626/	−1
440.00	4.0786/	−1	3.9963/	−1	3.9157/	−1	3.8367/	−1
480.00	3.7593/	−1	3.6834/	−1	3.6091/	−1	3.5363/	−1
520.00	3.4650/	−1	3.3951/	−1	3.3266/	−1	3.2594/	−1
560.00	3.1937/	−1	3.1292/	−1	3.0661/	−1	3.0042/	−1
600.00	2.9436/	−1	2.8842/	−1	2.8260/	−1	2.7690/	−1
640.00	2.7132/	−1	2.6584/	−1	2.6048/	−1	2.5522/	−1
680.00	2.5007/	−1	2.4503/	−1	2.4008/	−1	2.3524/	−1

^{152}Sm(n, γ)^{153}Sm

$M = 150.35$ $G = 26.60\%$ $\sigma_{ac} = 210$ barn,

^{153}Sm $T_1 = 46.8$ hour

E_γ (keV)	103	70
P	0.280	0.039

Activation data for ^{153}Sm : $A_1(\tau)$, dps/μg

$A_1(\text{sat}) = 2.2377/\ 6$

$A_1(1\ \text{sec}) = 9.2044/\ 0$

Hour	0.00		2.00		4.00		6.00	
0.00	0.0000/	0	6.5300/	4	1.2869/	5	1.9024/	5
8.00	2.4999/	5	3.0799/	5	3.6430/	5	4.1897/	5
16.00	4.7205/	5	5.2357/	5	5.7359/	5	6.2216/	5
24.00	6.6930/	5	7.1507/	5	7.5950/	5	8.0264/	5
32.00	8.4452/	5	8.8517/	5	9.2464/	5	9.6296/	5
40.00	1.0002/	6	1.0363/	6	1.0713/	6	1.1054/	6
48.00	1.1384/	6	1.1705/	6	1.2016/	6	1.2319/	6
56.00	1.2612/	6	1.2897/	6	1.3174/	6	1.3442/	6
64.00	1.3703/	6	1.3956/	6	1.4202/	6	1.4441/	6
72.00	1.4672/	6	1.4897/	6	1.5115/	6	1.5327/	6
80.00	1.5533/	6	1.5733/	6	1.5927/	6	1.6115/	6
88.00	1.6298/	6	1.6475/	6	1.6647/	6	1.6814/	6
96.00	1.6977/	6	1.7134/	6	1.7287/	6	1.7436/	6
104.00	1.7580/	6	1.7720/	6	1.7856/	6	1.7988/	6
112.00	1.8116/	6	1.8240/	6	1.8361/	6	1.8478/	6
120.00	1.8592/	6	1.8703/	6	1.8810/	6	1.8914/	6
128.00	1.9015/	6	1.9113/	6	1.9208/	6	1.9301/	6
136.00	1.9391/	6	1.9478/	6	1.9562/	6	1.9645/	6
144.00	1.9724/	6	1.9802/	6	1.9877/	6	1.9950/	6
152.00	2.0021/	6	2.0089/	6	2.0156/	6	2.0221/	6

Decay factor for ^{153}Sm : $D_1(t)$

Hour	0.00		2.00		4.00		6.00	
0.00	1.0000/	0	9.7082/	−1	9.4249/	−1	9.1499/	−1
8.00	8.8829/	−1	8.6236/	−1	8.3720/	−1	8.1277/	−1
16.00	7.8905/	−1	7.6603/	−1	7.4367/	−1	7.2197/	−1
24.00	7.0090/	−1	6.8045/	−1	6.6059/	−1	6.4132/	−1
32.00	6.2260/	−1	6.0443/	−1	5.8680/	−1	5.6967/	−1
40.00	5.5305/	−1	5.3691/	−1	5.2124/	−1	5.0603/	−1
48.00	4.9127/	−1	4.7693/	−1	4.6301/	−1	4.4950/	−1
56.00	4.3638/	−1	4.2365/	−1	4.1129/	−1	3.9929/	−1
64.00	3.8763/	−1	3.7632/	−1	3.6534/	−1	3.5468/	−1
72.00	3.4433/	−1	3.3428/	−1	3.2453/	−1	3.1506/	−1
80.00	3.0586/	−1	2.9694/	−1	2.8827/	−1	2.7986/	−1

423

Hour	0.00	2.00	4.00	6.00
88.00	2.7169/ −1	2.6377/ −1	2.5607/ −1	2.4860/ −1
96.00	2.4134/ −1	2.3430/ −1	2.2746/ −1	2.2083/ −1
104.00	2.1438/ −1	2.0813/ −1	2.0205/ −1	1.9616/ −1
112.00	1.9043/ −1	1.8487/ −1	1.7948/ −1	1.7424/ −1
120.00	1.6916/ −1	1.6422/ −1	1.5943/ −1	1.5478/ −1
128.00	1.5026/ −1	1.4588/ −1	1.4162/ −1	1.3749/ −1
136.00	1.3347/ −1	1.2958/ −1	1.2580/ −1	1.2213/ −1
144.00	1.1856/ −1	1.1510/ −1	1.1174/ −1	1.0848/ −1
152.00	1.0532/ −1	1.0224/ −1	9.9261/ −2	9.6365/ −2
160.00	9.3553/ −2	9.0823/ −2	8.8172/ −2	8.5599/ −2
168.00	8.3102/ −2	8.0677/ −2	7.8322/ −2	7.6037/ −2
176.00	7.3818/ −2	7.1664/ −2	6.9573/ −2	6.7542/ −2
184.00	6.5571/ −2	6.3658/ −2	6.1800/ −2	5.9997/ −2
192.00	5.8246/ −2	5.6546/ −2	5.4896/ −2	5.3294/ −2
200.00	5.1739/ −2	5.0229/ −2	4.8764/ −2	4.7341/ −2
208.00	4.5959/ −2	4.4618/ −2	4.3316/ −2	4.2052/ −2
216.00	4.0825/ −2	3.9634/ −2	3.8477/ −2	3.7354/ −2
224.00	3.6264/ −2	3.5206/ −2	3.4179/ −2	3.3181/ −2
232.00	3.2213/ −2	3.1273/ −2	3.0360/ −2	2.9474/ −2
240.00	2.8614/ −2	2.7779/ −2	2.6969/ −2	2.6182/ −2
248.00	2.5418/ −2	2.4676/ −2	2.3956/ −2	2.3257/ −2
256.00	2.2578/ −2	2.1919/ −2	2.1280/ −2	2.0659/ −2
264.00	2.0056/ −2	1.9471/ −2	1.8902/ −2	1.8351/ −2
272.00	1.7815/ −2	1.7296/ −2	1.6791/ −2	1.6301/ −2
280.00	1.5825/ −2	1.5363/ −2	1.4915/ −2	1.4480/ −2
288.00	1.4057/ −2	1.3647/ −2	1.3249/ −2	1.2862/ −2
296.00	1.2487/ −2	1.2122/ −2	1.1769/ −2	1.1425/ −2
304.00	1.1092/ −2	1.0768/ −2	1.0454/ −2	1.0149/ −2

$$^{154}\text{Sm}(n, \gamma)^{155}\text{Sm} \rightarrow {}^{155}\text{Eu}$$

$M = 150.35$ $G = 22.4\%$ $\sigma_{ac} = 5.5$ barn,

^{155}Sm	$T_1 = 22$ minute	
E_γ (keV)	246	104
P	0.040	0.730
^{155}Eu	$T_2 = 1.811$ year	
E_γ (keV)	105	87
P	0.200	0.320

Activation data for $^{155}\text{Sm} : A_1(\tau)$, dps/$\mu$g

$$A_1(\text{sat}) = 4.9354/\ 4$$
$$A_1(1 \text{ sec}) = 2.5904/\ 1$$

$K = -2.3110/\ -5$

Time intervals with respect to T_1

Minute	0.00		1.00		2.00		3.00	
0.00	0.0000/	0	1.5304/	3	3.0134/	3	4.4503/	3
4.00	5.8428/	3	7.1920/	3	8.4994/	3	9.7662/	3
8.00	1.0994/	4	1.2183/	4	1.3336/	4	1.4453/	4
12.00	1.5535/	4	1.6584	4	1.7600/	4	1.8585/	4
16.00	1.9539/	4	2.0463/	4	2.1359/	4	2.2227/	4
20.00	2.3068/	4	2.3883/	4	2.4673/	4	2.5439/	4
24.00	2.6180/	4	2.6899/	4	2.7595/	4	2.8270/	4
28.00	2.8924/	4	2.9557/	4	3.0171/	4	3.0766/	4
32.00	3.1342/	4	3.1901/	4	3.2442/	4	3.2966/	4
36.00	3.3474/	4	3.3967/	4	3.4444/	4	3.4906/	4
40.00	3.5354/	4	3.5788/	4	3.6209/	4	3.6617/	4
44.00	3.7012/	4	3.7394/	4	3.7765/	4	3.8125/	4
48.00	3.8473/	4	3.8810/	4	3.9137/	4	3.9454/	4
52.00	3.9761/	4	4.0058/	4	4.0347/	4	4.0626/	4
56.00	4.0897/	4	4.1159/	4	4.1413/	4	4.1659/	4
60.00	4.1898/	4	4.2129/	4	4.2353/	4	4.2570/	4
64.00	4.2780/	4	4.2984/	4	4.3182/	4	4.3373/	4
68.00	4.3559/	4	4.3738/	4	4.3912/	4	4.4081/	4
72.00	4.4245/	4	4.4403/	4	4.4557/	4	4.4705/	4
76.00	4.4850/	4						

Decay factor for $^{155}\text{Sm} : D_1(t)$

Minute	0.00		1.00		2.00		3.00	
0.00	1.0000/	0	9.6899/	−1	9.3894/	−1	9.0983/	−1
4.00	8.8161/	−1	8.5428/	−1	8.2779/	−1	8.0212/	−1
8.00	7.7724/	−1	7.5314/	−1	7.2979/	−1	7.0716/	−1
12.00	6.8523/	−1	6.6398/	−1	6.4339/	−1	6.2344/	−1
16.00	6.0411/	−1	5.8538/	−1	5.6722/	−1	5.4964/	−1
20.00	5.3259/	−1	5.1608/	−1	5.0007/	−1	4.8457/	−1

425

Minute	0.00	1.00	2.00	3.00
24.00	4.6954/ −1	4.5498/ −1	4.4087/ −1	4.2720/ −1
28.00	4.1395/ −1	4.0112/ −1	3.8868/ −1	3.7663/ −1
32.00	3.6495/ −1	3.5363/ −1	3.4267/ −1	3.3204/ −1
36.00	3.2174/ −1	3.1177/ −1	3.0210/ −1	2.9273/ −1
40.00	2.8365/ −1	2.7486/ −1	2.6634/ −1	2.5808/ −1
44.00	2.5007/ −1	2.4232/ −1	2.3480/ −1	2.2752/ −1
48.00	2.2047/ −1	2.1363/ −1	2.0701/ −1	2.0059/ −1
52.00	1.9437/ −1	1.8834/ −1	1.8250/ −1	1.7684/ −1
56.00	1.7136/ −1	1.6604/ −1	1.6090/ −1	1.5591/ −1
60.00	1.5107/ −1	1.4639/ −1	1.4185/ −1	1.3745/ −1
64.00	1.3319/ −1	1.2906/ −1	1.2506/ −1	1.2118/ −1
68.00	1.1742/ −1	1.1378/ −1	1.1025/ −1	1.0683/ −1
72.00	1.0352/ −1	1.0031/ −1	9.7198/ −2	9.4184/ −2
76.00	9.1264/ −2	8.8434/ −2	8.5692/ −2	8.3034/ −2
80.00	8.0460/ −2	7.7965/ −2	7.5547/ −2	7.3204/ −2
84.00	7.0934/ −2	6.8735/ −2	6.6603/ −2	6.4538/ −2
88.00	6.2537/ −2	6.0598/ −2	5.8719/ −2	5.6898/ −2
92.00	5.5133/ −2	5.3424/ −2	5.1767/ −2	5.0162/ −2
96.00	4.8606/ −2	4.7099/ −2	4.5639/ −2	4.4223/ −2
100.00	4.2852/ −2	4.1523/ −2	4.0236/ −2	3.8988/ −2
104.00	3.7779/ −2	3.6608/ −2	3.5472/ −2	3.4372/ −2
108.00	3.3307/ −2	3.2274/ −2	3.1273/ −2	3.0303/ −2
112.00	2.9364/ −2	2.8453/ −2	2.7571/ −2	2.6716/ −2
116.00	2.5887/ −2	2.5085/ −2	2.4307/ −2	2.3553/ −2
120.00	2.2823/ −2	2.2115/ −2	2.1429/ −2	2.0765/ −2
124.00	2.0121/ −2	1.9497/ −2	1.8892/ −2	1.8306/ −2
128.00	1.7739/ −2	1.7189/ −2	1.6656/ −2	1.6139/ −2
132.00	1.5639/ −2	1.5154/ −2	1.4684/ −2	1.4229/ −2
136.00	1.3787/ −2	1.3360/ −2	1.2946/ −2	1.2544/ −2
140.00	1.2155/ −2	1.1778/ −2	1.1413/ −2	1.1059/ −2
144.00	1.0716/ −2	1.0384/ −2	1.0062/ −2	9.7499/ −3

Activation data for ^{155}Eu : $F \cdot A_2(\tau)$

$$F \cdot A_2(\text{sat}) = 4.9354/ \quad 4$$
$$F \cdot A_2(1 \text{ sec}) = 5.9897/ \quad -4$$

Minute	0.00		1.00		2.00		3.00	
0.00	0.0000/	0	3.5932/	−2	7.1864/	−2	1.0780/	−1
4.00	1.4373/	−1	1.7966/	−1	2.1559/	−1	2.5152/	−1
8.00	2.8745/	−1	3.2339/	−1	3.5932/	−1	3.9525/	−1
12.00	4.3118/	−1	4.6711/	−1	5.0304/	−1	5.3897/	−1
16.00	5.7491/	−1	6.1084/	−1	6.4677/	−1	6.8270/	−1
20.00	7.1863/	−1	7.5456/	−1	7.9049/	−1	8.2643/	−1
24.00	8.6236/	−1	8.9829/	−1	9.3422/	−1	9.7015/	−1
28.00	1.0061/	0	1.0420/	0	1.0779/	0	1.1139/	0
32.00	1.1498/	0	1.1857/	0	1.2217/	0	1.2576/	0
36.00	1.2935/	0	1.3295/	0	1.3654/	0	1.4013/	0
40.00	1.4373/	0	1.4732/	0	1.5091/	0	1.5450/	0
44.00	1.5810/	0	1.6169/	0	1.6528/	0	1.6888/	0
48.00	1.7247/	0	1.7606/	0	1.7966/	0	1.8325/	0

Minute	0.00		1.00		2.00		3.00	
52.00	1.8684/	0	1.9044/	0	1.9403/	0	1.9762/	0
56.00	2.0121/	0	2.0481/	0	2.0840/	0	2.1199/	0
60.00	2.1559/	0	2.1918/	0	2.2277/	0	2.2637/	0
64.00	2.2996/	0	2.3355/	0	2.3714/	0	2.4074/	0
68.00	2.4433/	0	2.4792/	0	2.5152/	0	2.5511/	0
72.00	2.5870/	0	2.6230/	0	2.6589/	0	2.6948/	0
76.00	2.7307/	0						

Decay factor for ^{155}Eu : $D_2(t)$

Minute	0.00		1.00		2.00		3.00	
0.00	1.0000/	0	1.0000/	0	1.0000/	0	1.0000/	0
4.00	1.0000/	0	1.0000/	0	1.0000/	0	9.9999/	−1
8.00	9.9999/	−1	9.9999/	−1	9.9999/	−1	9.9999/	−1
12.00	9.9999/	−1	9.9999/	−1	9.9999/	−1	9.9999/	−1
16.00	9.9999/	−1	9.9999/	−1	9.9999/	−1	9.9999/	−1
20.00	9.9999/	−1	9.9998/	−1	9.9998/	−1	9.9998/	−1
24.00	9.9998/	−1	9.9998/	−1	9.9998/	−1	9.9998/	−1
28.00	9.9998/	−1	9.9998/	−1	9.9998/	−1	9.9998/	−1
32.00	9.9998/	−1	9.9998/	−1	9.9998/	−1	9.9997/	−1
36.00	9.9997/	−1	9.9997/	−1	9.9997/	−1	9.9997/	−1
40.00	9.9997/	−1	9.9997/	−1	9.9997/	−1	9.9997/	−1
44.00	9.9997/	−1	9.9997/	−1	9.9997/	−1	9.9997/	−1
48.00	9.9997/	−1	9.9996/	−1	9.9996/	−1	9.9996/	−1
52.00	9.9996/	−1	9.9996/	−1	9.9996/	−1	9.9996/	−1
56.00	9.9996/	−1	9.9996/	−1	9.9996/	−1	9.9996/	−1
60.00	9.9996/	−1	9.9996/	−1	9.9995/	−1	9.9995/	−1
64.00	9.9995/	−1	9.9995/	−1	9.9995/	−1	9.9995/	−1
68.00	9.9995/	−1	9.9995/	−1	9.9995/	−1	9.9995/	−1
72.00	9.9995/	−1	9.9995/	−1	9.9995/	−1	9.9995/	−1
76.00	9.9994/	−1	9.9994/	−1	9.9994/	−1	9.9994/	−1
80.00	9.9994/	−1	9.9994/	−1	9.9994/	−1	9.9994/	−1
84.00	9.9994/	−1	9.9994/	−1	9.9994/	−1	9.9994/	−1
88.00	9.9994/	−1	9.9994/	−1	9.9993/	−1	9.9993/	−1
92.00	9.9993/	−1	9.9993/	−1	9.9993/	−1	9.9993/	−1
96.00	9.9993/	−1	9.9993/	−1	9.9993/	−1	9.9993/	−1
100.00	9.9993/	−1	9.9993/	−1	9.9993/	−1	9.9993/	−1
104.00	9.9992/	−1	9.9992/	−1	9.9992/	−1	9.9992/	−1
108.00	9.9992/	−1	9.9992/	−1	9.9992/	−1	9.9992/	−1
112.00	9.9992/	−1	9.9992/	−1	9.9992/	−1	9.9992/	−1
116.00	9.9992/	−1	9.9991/	−1	9.9991/	−1	9.9991/	−1
120.00	9.9991/	−1	9.9991/	−1	9.9991/	−1	9.9991/	−1
124.00	9.9991/	−1	9.9991/	−1	9.9991/	−1	9.9991/	−1
128.00	9.9991/	−1	9.9991/	−1	9.9991/	−1	9.9990/	−1
132.00	9.9990/	−1	9.9990/	−1	9.9990/	−1	9.9990/	−1
136.00	9.9990/	−1	9.9990/	−1	9.9990/	−1	9.9990/	−1
140.00	9.9990/	−1	9.9990/	−1	9.9990/	−1	9.9990/	−1
144.00	9.9990/	−1	9.9989/	−1	9.9989/	−1	9.9989/	−1
148.00	9.9989/	−1	9.9989/	−1	9.9989/	−1	9.9989/	−1

*

Activation data for ^{155}Sm : $A_1(\tau)$, dps/μg

$$A_1(\text{sat}) = 4.9354/\ 4$$
$$A_1(1\ \text{sec}) = 2.5904/\ 1$$

$K = -2.3110/\ -5$

Time intervals with respect to T_2

Day	0.00		10.00		20.00		30.00	
0.00	0.0000/	0	4.9354/	4	4.9354/	4	4.9354/	4
40.00	4.9354/	4	4.9354/	4	4.9354/	4	4.9354/	4

Decay factor for ^{155}Sm : $D_1(t)$

Day	0.00		10.00		20.00		30.00	
0.00	1.0000/	0	0.0000/	0	0.0000/	0	0.0000/	0
40.00	0.0000/	0	0.0000/	0	0.0000/	0	0.0000/	0

Activation data for ^{155}Eu : $F \cdot A_2(\tau)$

$$F \cdot A_2(\text{sat}) = 4.9354/\ 4$$
$$F \cdot A_2(1\ \text{sec}) = 5.9897/\ -4$$

Day	0.00		10.00		20.00		30.00	
0.00	0.0000/	0	5.1472/	2	1.0241/	3	1.5281/	3
40.00	2.0269/	3	2.5205/	3	3.0089/	3	3.4922/	3
80.00	3.9705/	3	4.4438/	3	4.9122/	3	5.3757/	3
120.00	5.8343/	3	6.2882/	3	6.7373/	3	7.1818/	3
160.00	7.6216/	3	8.0568/	3	8.4875/	3	8.9137/	3
200.00	9.3355/	3	9.7528/	3	1.0166/	4	1.0575/	4
240.00	1.0979/	4	1.1379/	4	1.1775/	4	1.2167/	4
280.00	1.2555/	4	1.2939/	4	1.3319/	4	1.3694/	4
320.00	1.4066/	4	1.4434/	4	1.4798/	4	1.5159/	4
360.00	1.5515/	4	1.5868/	4	1.6218/	4	1.6563/	4
400.00	1.6905/	4	1.7244/	4	1.7578/	4	1.7910/	4
440.00	1.8238/	4	1.8562/	4	1.8883/	4	1.9201/	4
480.00	1.9516/	4	1.9827/	4	2.0135/	4	2.0439/	4
520.00	2.0741/	4	2.1039/	4	2.1335/	4	2.1627/	4
560.00	2.1916/	4	2.2202/	4	2.2485/	4	2.2766/	4

Decay factor for ^{155}Eu : $D_2(t)$

Day	0.00		10.00		20.00		30.00	
	1.0000/	0	9.8957/	−1	9.7925/	−1	9.6904/	−1
40.00	9.5893/	−1	9.4893/	−1	9.3903/	−1	9.2924/	−1
80.00	9.1955/	−1	9.0996/	−1	9.0047/	−1	8.9108/	−1
120.00	8.8179/	−1	8.7259/	−1	8.6349/	−1	8.5448/	−1
160.00	8.4557/	−1	8.3675/	−1	8.2803/	−1	8.1939/	−1
200.00	8.1085/	−1	8.0239/	−1	7.9402/	−1	7.8574/	−1

Day	0.00	10.00	20.00	30.00
240.00	7.7755/ −1	7.6944/ −1	7.6141/ −1	7.5347/ −1
280.00	7.4561/ −1	7.3784/ −1	7.3014/ −1	7.2253/ −1
320.00	7.1499/ −1	7.0754/ −1	7.0016/ −1	6.9285/ −1
360.00	6.8563/ −1	6.7848/ −1	6.7140/ −1	6.6440/ −1
400.00	6.5747/ −1	6.5061/ −1	6.4383/ −1	6.3711/ −1
440.00	6.3047/ −1	6.2389/ −1	6.1739/ −1	6.1095/ −1
480.00	6.0458/ −1	5.9827/ −1	5.9203/ −1	5.8586/ −1
520.00	5.7975/ −1	5.7370/ −1	5.6772/ −1	5.6180/ −1
560.00	5.5594/ −1	5.5014/ −1	5.4440/ −1	5.3873/ −1
600.00	5.3311/ −1	5.2755/ −1	5.2205/ −1	5.1660/ −1
640.00	5.1121/ −1	5.0588/ −1	5.0061/ −1	4.9539/ −1
680.00	4.9022/ −1	4.8511/ −1	4.8005/ −1	4.7504/ −1

^{151}Eu(n, γ)^{152m_1}Eu

$M = 151.96$ $G = 47.86\%$ $\sigma_{ac} = 3000$ barn,

^{152m_1}Eu $T_1 = 9.2$ hour

E_γ (keV)	963	482	122
P	0.100	0.120	0.140

Activation data for ^{152m_1}Eu : $A_1(\tau)$, dps/μg

$A_1(\text{sat}) = 5.6909/\ 7$

$A_1(1\ \text{sec}) = 1.1907/\ 3$

Hour	0.00		0.50		1.00		1.50	
0.00	0.0000/	0	2.1035/	6	4.1292/	6	6.0801/	6
2.00	7.9588/	6	9.7682/	6	1.1511/	7	1.3189/	7
4.00	1.4805/	7	1.6361/	7	1.7860/	7	1.9303/	7
6.00	2.0693/	7	2.2032/	7	2.3321/	7	2.4562/	7
8.00	2.5758/	7	2.6909/	7	2.8018/	7	2.9086/	7
10.00	3.0114/	7	3.1105/	7	3.2059/	7	3.2977/	7
12.00	3.3862/	7	3.4713/	7	3.5534/	7	3.6324/	7
14.00	3.7085/	7	3.7818/	7	3.8523/	7	3.9203/	7
16.00	3.9857/	7	4.0487/	7	4.1094/	7	4.1679/	7
18.00	4.2242/	7	4.2784/	7	4.3306/	7	4.3809/	7
20.00	4.4293/	7	4.4759/	7	4.5208/	7	4.5641/	7
22.00	4.6057/	7	4.6458/	7	4.6845/	7	4.7217/	7
24.00	4.7575/	7	4.7920/	7	4.8252/	7	4.8572/	7
26.00	4.8880/	7	4.9177/	7	4.9463/	7	4.9738/	7
28.00	5.0003/	7	5.0258/	7	5.0504/	7	5.0741/	7
30.00	5.0969/	7	5.1188/	7	5.1400/	7	5.1603/	7

Decay factor for ^{152m_1}Eu : $D_1(t)$

Hour	0.00		0.50		1.00		1.50	
0.00	1.0000/	0	9.6304/	−1	9.2744/	−1	8.9316/	−1
2.00	8.6015/	−1	8.2835/	−1	7.9774/	−1	7.6825/	−1
4.00	7.3985/	−1	7.1251/	−1	6.8617/	−1	6.6081/	−1
6.00	6.3638/	−1	6.1286/	−1	5.9021/	−1	5.6839/	−1
8.00	5.4738/	−1	5.2715/	−1	5.0766/	−1	4.8890/	−1
10.00	4.7083/	−1	4.5343/	−1	4.3667/	−1	4.2053/	−1
12.00	4.0498/	−1	3.9001/	−1	3.7560/	−1	3.6171/	−1
14.00	3.4834/	−1	3.3547/	−1	3.2307/	−1	3.1113/	−1
16.00	2.9963/	−1	2.8855/	−1	2.7789/	−1	2.6761/	−1
18.00	2.5772/	−1	2.4820/	−1	2.3902/	−1	2.3019/	−1
20.00	2.2168/	−1	2.1349/	−1	2.0559/	−1	1.9800/	−1
22.00	1.9068/	−1	1.8363/	−1	1.7684/	−1	1.7031/	−1
24.00	1.6401/	−1	1.5795/	−1	1.5211/	−1	1.4649/	−1
26.00	1.4107/	−1	1.3586/	−1	1.3084/	−1	1.2600/	−1
28.00	1.2134/	−1	1.1686/	−1	1.1254/	−1	1.0838/	−1

Hour	0.00	0.50	1.00	1.50
30.00	1.0437/ −1	1.0052/ −1	9.6800/ −2	9.3222/ −2
32.00	8.9776/ −2	8.6458/ −2	8.3262/ −2	8.0185/ −2
34.00	7.7221/ −2	7.4366/ −2	7.1618/ −2	6.8971/ −2
36.00	6.6421/ −2	6.3966/ −2	6.1602/ −2	5.9325/ −2
38.00	5.7132/ −2	5.5020/ −2	5.2987/ −2	5.1028/ −2
40.00	4.9142/ −2	4.7325/ −2	4.5576/ −2	4.3892/ −2
42.00	4.2269/ −2	4.0707/ −2	3.9202/ −2	3.7753/ −2
44.00	3.6358/ −2	3.5014/ −2	3.3720/ −2	3.2473/ −2
46.00	3.1273/ −2	3.0117/ −2	2.9004/ −2	2.7932/ −2
48.00	2.6899/ −2	2.5905/ −2	2.4948/ −2	2.4025/ −2
50.00	2.3137/ −2	2.2282/ −2	2.1459/ −2	2.0665/ −2
52.00	1.9902/ −2	1.9166/ −2	1.8458/ −2	1.7775/ −2
54.00	1.7118/ −2	1.6486/ −2	1.5876/ −2	1.5289/ −2
56.00	1.4724/ −2	1.4180/ −2	1.3656/ −2	1.3151/ −2
58.00	1.2665/ −2	1.2197/ −2	1.1746/ −2	1.1312/ −2
60.00	1.0894/ −2	1.0491/ −2	1.0103/ −2	9.7299/ −3
62.00	9.3702/ −3	9.0239/ −3	8.6903/ −3	8.3691/ −3
64.00	8.0598/ −3			

$^{151}\text{Eu}(\text{n}, \gamma)^{152}\text{Eu}$

$M = 151.96$ $\qquad$ $G = 47.86\%$ $\qquad$ $\sigma_{\text{ac}} = 5000$ barn,

^{152}Eu $\qquad$ $T_1 = 13$ year

E_γ (keV)	1408	1113	1087	965	779	344	245	122
P	0.220	0.140	0.120	0.150	0.140	0.270	0.080	0.370

Activation data for ^{152}Eu : $A_1(\tau)$, dps/μg

$A_1(\text{sat})\ \ = 9.4848/\ \ 7$

$A_1(1\ \text{sec}) = 1.6010/\ -1$

Day	0.00		10.00		20.00		30.00	
0.00	0.0000/	0	1.3842/	5	2.7664/	5	4.1466/	5
40.00	5.5248/	5	6.9009/	5	8.2751/	5	9.6472/	5
80.00	1.1017/	6	1.2386/	6	1.3752/	6	1.5116/	6
120.00	1.6478/	6	1.7838/	6	1.9196/	6	2.0553/	6
160.00	2.1907/	6	2.3259/	6	2.4609/	6	2.5958/	6
200.00	2.7304/	6	2.8648/	6	2.9991/	6	3.1331/	6
240.00	3.2670/	6	3.4006/	6	3.5341/	6	3.6674/	6
280.00	3.8004/	6	3.9333/	6	4.0660/	6	4.1985/	6
320.00	4.3308/	6	4.4629/	6	4.5948/	6	4.7265/	6
360.00	4.8580/	6	4.9893/	6	5.1205/	6	5.2514/	6
400.00	5.3822/	6	5.5128/	6	5.6431/	6	5.7733/	6
440.00	5.9033/	6	6.0331/	6	6.1627/	6	6.2922/	6
480.00	6.4214/	6	6.5505/	6	6.6793/	6	6.8080/	6
520.00	6.9365/	6	7.0648/	6	7.1929/	6	7.3208/	6
560.00	7.4486/	6	7.5761/	6	7.7035/	6	7.8307/	6

Decay factor for ^{152}Eu : $D_1(\text{t})$

Day	0.00		10.00		20.00		30.00	
0.00	1.0000/	0	9.9854/	−1	9.9708/	−1	9.9563/	−1
40.00	9.9418/	−1	9.9272/	−1	9.9128/	−1	9.8983/	−1
80.00	9.8838/	−1	9.8694/	−1	9.8550/	−1	9.8406/	−1
120.00	9.8263/	−1	9.8119/	−1	9.7976/	−1	9.7833/	−1
160.00	9.7690/	−1	9.7548/	−1	9.7405/	−1	9.7263/	−1
200.00	9.7121/	−1	9.6980/	−1	9.6838/	−1	9.6697/	−1
240.00	9.6556/	−1	9.6415/	−1	9.6274/	−1	9.6133/	−1
280.00	9.5993/	−1	9.5853/	−1	9.5713/	−1	9.5573/	−1
320.00	9.5434/	−1	9.5295/	−1	9.5156/	−1	9.5017/	−1
360.00	9.4878/	−1	9.4740/	−1	9.4601/	−1	9.4463/	−1
400.00	9.4325/	−1	9.4188/	−1	9.4050/	−1	9.3913/	−1
440.00	9.3776/	−1	9.3639/	−1	9.3502/	−1	9.3366/	−1
480.00	9.3230/	−1	9.3094/	−1	9.2958/	−1	9.2822/	−1
520.00	9.2687/	−1	9.2551/	−1	9.2416/	−1	9.2281/	−1
560.00	9.2147/	−1	9.2012/	−1	9.1878/	−1	9.1744/	−1
600.00	9.1610/	−1	9.1476/	−1	9.1343/	−1	9.1210/	−1
640.00	9.1076/	−1	9.0944/	−1	9.0811/	−1	9.0678/	−1
680.00	9.0546/	−1	9.0414/	−1	9.0282/	−1	9.0150/	−1
720.00	9.0019/	−1						

$M = 151.96$ $\qquad$ $G = 52.14\%$ $\qquad$ $\sigma_{ac} = 420$ barn,

^{154}Eu $\qquad$ $T_1 = 16$ year

E_γ (keV)	1278	1000	876	759	724	593	248	123
P	0.370	0.310	0.120	0.050	0.210	0.060	0.070	0.380

Activation data for ^{154}Eu : $A_1(\tau)$, dps/μg

A_1(sat) $\quad = 8.6797/ \quad 6$

A_1(1 sec) $= 1.1873/ \; -2$

Day	0.00		10.00		20.00		30.00	
0.00	0.0000/	0	1.0294/	4	2.0575/	4	3.0844/	4
40.00	4.1101/	4	5.1346/	4	6.1579/	4	7.1799/	4
80.00	8.2008/	4	9.2204/	4	1.0239/	5	1.1256/	5
120.00	1.2272/	5	1.3287/	5	1.4300/	5	1.5313/	5
160.00	1.6324/	5	1.7334/	5	1.8343/	5	1.9350/	5
200.00	2.0357/	5	2.1362/	5	2.2366/	5	2.3369/	5
240.00	2.4371/	5	2.5371/	5	2.6370/	5	2.7368/	5
280.00	2.8365/	5	2.9361/	5	3.0356/	5	3.1349/	5
320.00	3.2341/	5	3.3332/	5	3.4322/	5	3.5311/	5
360.00	3.6298/	5	3.7284/	5	3.8270/	5	3.9253/	5
400.00	4.0236/	5	4.1218/	5	4.2198/	5	4.3178/	5
440.00	4.4156/	5	4.5133/	5	4.6109/	5	4.7083/	5
480.00	4.8057/	5	4.9029/	5	5.0000/	5	5.0971/	5
520.00	5.1939/	5	5.2907/	5	5.3874/	5	5.4839/	5
560.00	5.5804/	5	5.6767/	5	5.7729/	5	5.8690/	5

Decay factor for ^{154}Eu : $D_1(t)$

Day	0.00		10.00		20.00		30.00	
0.00	1.0000/	0	9.9881/	−1	9.9763/	−1	9.9645/	−1
40.00	9.9526/	−1	9.9408/	−1	9.9291/	−1	9.9173/	−1
80.00	9.9055/	−1	9.8938/	−1	9.8820/	−1	9.8703/	−1
120.00	9.8586/	−1	9.8469/	−1	9.8352/	−1	9.8236/	−1
160.00	9.8119/	−1	9.8003/	−1	9.7887/	−1	9.7771/	−1
200.00	9.7655/	−1	9.7539/	−1	9.7423/	−1	9.7308/	−1
240.00	9.7192/	−1	9.7077/	−1	9.6962/	−1	9.6847/	−1
280.00	9.6732/	−1	9.6617/	−1	9.6503/	−1	9.6388/	−1
320.00	9.6274/	−1	9.6160/	−1	9.6046/	−1	9.5932/	−1
360.00	9.5818/	−1	9.5704/	−1	9.5591/	−1	9.5478/	−1
400.00	9.5364/	−1	9.5251/	−1	9.5138/	−1	9.5025/	−1
440.00	9.4913/	−1	9.4800/	−1	9.4688/	−1	9.4575/	−1
480.00	9.4463/	−1	9.4351/	−1	9.4239/	−1	9.4128/	−1
520.00	9.4016/	−1	9.3904/	−1	9.3793/	−1	9.3682/	−1
560.00	9.3571/	−1	9.3460/	−1	9.3349/	−1	9.3238/	−1
600.00	9.3128/	−1	9.3017/	−1	9.2907/	−1	9.2797/	−1
640.00	9.2687/	−1	9.2577/	−1	9.2467/	−1	9.2357/	−1
680.00	9.2248/	−1	9.2138/	−1	9.2029/	−1	9.1920/	−1
720.00	9.1811/	−1						

28

$^{152}\text{Gd}(\text{n}, \gamma)^{153}\text{Gd}$

$M = 157.25$ $G = 0.20\%$ $\sigma_{\text{ac}} = 125$ barn,

^{153}Gd $\text{T}_1 = 242$ day

E_γ (keV)	99	70
P	0.550	0.024

Activation data for ^{153}Gd : $A_1(\tau)$, dps/μg

$A_1(\text{sat}) = 9.5755/ \quad 3$

$A_1(1 \text{ sec}) = 3.1742/ \; -4$

Day	0.00		10.00		20.00		30.00	
0.00	0.0000/	0	2.7032/	2	5.3301/	2	7.8828/	2
40.00	1.0363/	3	1.2774/	3	1.5117/	3	1.7393/	3
80.00	1.9605/	3	2.1755/	3	2.3844/	3	2.5874/	3
120.00	2.7847/	3	2.9764/	3	3.1627/	3	3.3437/	3
160.00	3.5196/	3	3.6906/	3	3.8567/	3	4.0182/	3
200.00	4.1751/	3	4.3275/	3	4.4757/	3	4.6196/	3
240.00	4.7596/	3	4.8955/	3	5.0276/	3	5.1560/	3
280.00	5.2808/	3	5.4020/	3	5.5198/	3	5.6343/	3
320.00	5.7456/	3	5.8537/	3	5.9588/	3	6.0609/	3
360.00	6.1601/	3	6.2565/	3	6.3502/	3	6.4413/	3
400.00	6.5297/	3	6.6157/	3	6.6993/	3	6.7805/	3
440.00	6.8594/	3	6.9361/	3	7.0106/	3	7.0830/	3
480.00	7.1533/	3	7.2217/	3	7.2882/	3	7.3527/	3
520.00	7.4155/	3	7.4765/	3	7.5357/	3	7.5933/	3
560.00	7.6493/	3	7.7036/	3	7.7565/	3	7.8078/	3

Decay factor for ^{153}Gd : $D_1(\text{t})$

Day	0.00		10.00		20.00		30.00	
0.00	1.0000/	0	9.7177/	-1	9.4434/	-1	9.1768/	-1
40.00	8.9177/	-1	8.6660/	-1	8.4213/	-1	8.1836/	-1
80.00	7.9526/	-1	7.7281/	-1	7.5099/	-1	7.2979/	-1
120.00	7.0919/	-1	6.8917/	-1	6.6971/	-1	6.5080/	-1
160.00	6.3243/	-1	6.1458/	-1	5.9723/	-1	5.8037/	-1
200.00	5.6399/	-1	5.4806/	-1	5.3259/	-1	5.1756/	-1
240.00	5.0295/	-1	4.8875/	-1	4.7495/	-1	4.6154/	-1
280.00	4.4851/	-1	4.3585/	-1	4.2355/	-1	4.1159/	-1
320.00	3.9997/	-1	3.8868/	-1	3.7771/	-1	3.6704/	-1
360.00	3.5668/	-1	3.4661/	-1	3.3683/	-1	3.2732/	-1
400.00	3.1808/	-1	3.0910/	-1	3.0037/	-1	2.9189/	-1
440.00	2.8365/	-1	2.7565/	-1	2.6786/	-1	2.6030/	-1
480.00	2.5295/	-1	2.4581/	-1	2.3887/	-1	2.3213/	-1
520.00	2.2558/	-1	2.1921/	-1	2.1302/	-1	2.0701/	-1
560.00	2.0116/	-1	1.9548/	-1	1.8997/	-1	1.8460/	-1
600.00	1.7939/	-1	1.7433/	-1	1.6941/	-1	1.6462/	-1
640.00	1.5998/	-1	1.5546/	-1	1.5107/	-1	1.4681/	-1
680.00	1.4266/	-1	1.3864/	-1	1.3472/	-1	1.3092/	-1
720.00	1.2722/	-1						

$$^{158}\text{Gd}(\text{n}, \gamma)^{159}\text{Gd}$$

$M = 157.25$ $G = 24.5\%$ $\sigma_{ac} = 3.5$ barn,

^{159}Gd $T_1 = 18.0$ hour

E_γ (keV)	363	58
P	0.090	0.030

Activation data for ^{159}Gd : $A_1(\tau)$, dps/μg

$A_1(\text{sat}) = 3.2844/\ 4$

$A_1(1\ \text{sec}) = 3.5125/\ -1$

Hour	0.00		1.00		2.00		3.00	
0.00	0.0000/	0	1.2405/	3	2.4341/	3	3.5826/	3
4.00	4.6878/	3	5.7512/	3	6.7744/	3	7.7590/	3
8.00	8.7064/	3	9.6181/	3	1.0495/	4	1.1339/	4
12.00	1.2152/	4	1.2933/	4	1.3685/	4	1.4409/	4
16.00	1.5105/	4	1.5775/	4	1.6420/	4	1.7040/	4
20.00	1.7637/	4	1.8211/	4	1.8764/	4	1.9296/	4
24.00	1.9807/	4	2.0300/	4	2.0773/	4	2.1229/	4
28.00	2.1668/	4	2.2090/	4	2.2496/	4	2.2887/	4
32.00	2.3263/	4	2.3625/	4	2.3973/	4	2.4308/	4
36.00	2.4631/	4	2.4941/	4	2.5239/	4	2.5527/	4
40.00	2.5803/	4	2.6069/	4	2.6325/	4	2.6571/	4
44.00	2.6808/	4	2.7036/	4	2.7255/	4	2.7466/	4
48.00	2.7669/	4	2.7865/	4	2.8053/	4	2.8234/	4
52.00	2.8408/	4	2.8575/	4	2.8737/	4	2.8892/	4
56.00	2.9041/	4	2.9185/	4	2.9323/	4	2.9456/	4

Decay factor for ^{159}Gd : $D_1(t)$

Hour	0.00		1.00		2.00		3.00	
0.00	1.0000/	0	9.6223/	−1	9.2589/	−1	8.9092/	−1
4.00	8.5727/	−1	8.2489/	−1	7.9374/	−1	7.6376/	−1
8.00	7.3492/	−1	7.0716/	−1	6.8045/	−1	6.5475/	−1
12.00	6.3002/	−1	6.0623/	−1	5.8333/	−1	5.6130/	−1
16.00	5.4010/	−1	5.1970/	−1	5.0007/	−1	4.8119/	−1
20.00	4.6301/	−1	4.4553/	−1	4.2870/	−1	4.1251/	−1
24.00	3.9693/	−1	3.8194/	−1	3.6751/	−1	3.5363/	−1
28.00	3.4028/	−1	3.2742/	−1	3.1506/	−1	3.0316/	−1
32.00	2.9171/	−1	2.8069/	−1	2.7009/	−1	2.5989/	−1
36.00	2.5007/	−1	2.4063/	−1	2.3154/	−1	2.2280/	−1
40.00	2.1438/	−1	2.0628/	−1	1.9849/	−1	1.9100/	−1
44.00	1.8378/	−1	1.7684/	−1	1.7016/	−1	1.6374/	−1
48.00	1.5755/	−1	1.5160/	−1	1.4588/	−1	1.4037/	−1
52.00	1.3506/	−1	1.2996/	−1	1.2506/	−1	1.2033/	−1
56.00	1.1579/	−1	1.1141/	−1	1.0721/	−1	1.0316/	−1
60.00	9.9261/	−2	9.5512/	−2	9.1905/	−2	8.8434/	−2

Hour	0.00	1.00	2.00	3.00
64.00	8.5094/ −2	8.1880/ −2	7.8788/ −2	7.5812/ −2
68.00	7.2949/ −2	7.0193/ −2	6.7542/ −2	6.4991/ −2
72.00	6.2537/ −2	6.0175/ −2	5.7902/ −2	5.5715/ −2
76.00	5.3611/ −2	5.1586/ −2	4.9638/ −2	4.7763/ −2
80.00	4.5959/ −2	4.4223/ −2	4.2553/ −2	4.0946/ −2
84.00	3.9400 −2	3.7912/ −2	3.6480/ −2	3.5102/ −2
88.00	3.3776/ −2	3.2500/ −2	3.1273/ −2	3.0092/ −2
92.00	2.8955/ −2	2.7862/ −2	2.6809/ −2	2.5797/ −2
96.00	2.4823/ −2	2.3885/ −2	2.2983/ −2	2.2115/ −2
100.00	2.1280/ −2	2.0476/ −2	1.9703/ −2	1.8959/ −2
104.00	1.8243/ −2	1.7554/ −2	1.6891/ −2	1.6253/ −2

$$^{160}\text{Gd}(n, \gamma)^{161}\text{Gd} \rightarrow {}^{161}\text{Tb}$$

$M = 157.25$ $\qquad G = 21.6\%$ $\qquad \sigma_{ac} = 0.77$ barn,

^{161}Gd $\qquad T_1 = 3.7$ minute

E_γ (keV)	361	315	284	102
P	0.660	0.250	0.080	0.110

^{161}Tb $\qquad T_2 = 6.9$ day

E_γ (keV)	75	57	49	26
P	0.100	0.050	0.190	0.210

Activation data for ^{161}Gd : $A_1(\tau)$, dps/μg

$A_1(\text{sat}) = 6.3704/ 3$

$A_1(1 \text{ sec}) = 1.9855/ 1$

$K = -3.7250/ -4$

Time intervals with respect to T_1

Minute	0.00		0.25		0.50		0.75	
0.00	0.0000/	0	2.9141/	2	5.6950/	2	8.3486/	2
1.00	1.0881/	3	1.3297/	3	1.5603/	3	1.7803/	3
2.00	1.9903/	3	2.1907/	3	2.3819/	3	2.5643/	3
3.00	2.7384/	3	2.9046/	3	3.0631/	3	3.2144/	3
4.00	3.3588/	3	3.4966/	3	3.6280/	3	3.7535/	3
5.00	3.8732/	3	3.9874/	3	4.0964/	3	4.2005/	3
6.00	4.2997/	3	4.3944/	3	4.4848/	3	4.5711/	3
7.00	4.6534/	3	4.7319/	3	4.8069/	3	4.8784/	3
8.00	4.9467/	3	5.0118/	3	5.0739/	3	5.1332/	3
9.00	5.1898/	3	5.2438/	3	5.2954/	3	5.3446/	3
10.00	5.3915/	3	5.4363/	3	5.4790/	3	5.5198/	3
11.00	5.5587/	3	5.5958/	3	5.6313/	3	5.6651/	3
12.00	5.6973/	3	5.7281/	3	5.7575/	3	5.7855/	3
13.00	5.8123/	3						

Decay factor for ^{161}Gd : $D_1(t)$

Minute	0.00		0.25		0.50		0.75	
0.00	1.0000/	0	9.5426/	−1	9.1060/	−1	8.6895/	−1
1.00	8.2920/	−1	7.9127/	−1	7.5507/	−1	7.2053/	−1
2.00	6.8757/	−1	6.5612/	−1	6.2610/	−1	5.9746/	−1
3.00	5.7013/	−1	5.4405/	−1	5.1916/	−1	4.9541/	−1
4.00	4.7275/	−1	4.5112/	−1	4.3049/	−1	4.1079/	−1
5.00	3.9200/	−1	3.7407/	−1	3.5696/	−1	3.4063/	−1
6.00	3.2505/	−1	3.1018/	−1	2.9599/	−1	2.8245/	−1
7.00	2.6953/	−1	2.5720/	−1	2.4543/	−1	2.3421/	−1

Minute	0.00	0.25	0.50	0.75
8.00	2.2349/ −1	2.1327/ −1	2.0351/ −1	1.9420/ −1
9.00	1.8532/ −1	1.7684/ −1	1.6875/ −1	1.6103/ −1
10.00	1.5367/ −1	1.4664/ −1	1.3993/ −1	1.3353/ −1
11.00	1.2742/ −1	1.2159/ −1	1.1603/ −1	1.1072/ −1
12.00	1.0566/ −1	1.0082/ −1	9.6211/ −2	9.1809/ −2
13.00	8.7610/ −2	8.3602/ −2	7.9778/ −2	7.6128/ −2
14.00	7.2646/ −2	6.9322/ −2	6.6151/ −2	6.3125/ −2
15.00	6.0238/ −2	5.7482/ −2	5.4852/ −2	5.2343/ −2
16.00	4.9949/ −2	4.7664/ −2	4.5484/ −2	4.3403/ −2
17.00	4.1417/ −2	3.9523/ −2	3.7715/ −2	3.5990/ −2
18.00	3.4343/ −2	3.2772/ −2	3.1273/ −2	2.9842/ −2
19.00	2.8477/ −2	2.7175/ −2	2.5931/ −2	2.4745/ −2
20.00	2.3613/ −2	2.2533/ −2	2.1502/ −2	2.0519/ −2
21.00	1.9580/ −2	1.8684/ −2	1.7830/ −2	1.7014/ −2
22.00	1.6236/ −2	1.5493/ −2	1.4784/ −2	1.4108/ −2
23.00	1.3463/ −2	1.2847/ −2	1.2259/ −2	1.1698/ −2
24.00	1.1163/ −2	1.0653/ −2	1.0165/ −2	9.7002/ −3
25.00	9.2565/ −3	8.8330/ −3	8.4290/ −3	8.0434/ −3
26.00	7.6754/ −3			

Activation data for ^{161}Tb : $F \cdot A_2(\tau)$

$$F \cdot A_2(\text{sat}) = 6.3728/ \quad 3$$

$$F \cdot A_2(1 \text{ sec}) = 7.4079/ \ -3$$

Minute	0.00	0.25	0.50	0.75
0.00	0.0000/ 0	1.1112/ −1	2.2223/ −1	3.3335/ −1
1.00	4.4446/ −1	5.5557/ −1	6.6668/ −1	7.7779/ −1
2.00	8.8889/ −1	9.9999/ −1	1.1111/ 0	1.2222/ 0
3.00	1.3333/ 0	1.4444/ 0	1.5555/ 0	1.6666/ 0
4.00	1.7777/ 0	1.8887/ 0	1.9998/ 0	2.1109/ 0
5.00	2.2220/ 0	2.3331/ 0	2.4442/ 0	2.5552/ 0
6.00	2.6663/ 0	2.7774/ 0	2.8884/ 0	2.9995/ 0
7.00	3.1106/ 0	3.2216/ 0	3.3327/ 0	3.4438/ 0
8.00	3.5548/ 0	3.6659/ 0	3.7769/ 0	3.8880/ 0
9.00	3.9990/ 0	4.1101/ 0	4.2211/ 0	4.3322/ 0
10.00	4.4432/ 0	4.5543/ 0	4.6653/ 0	4.7763/ 0
11.00	4.8874/ 0	4.9984/ 0	5.1094/ 0	5.2205/ 0
12.00	5.3315/ 0	5.4425/ 0	5.5535/ 0	5.6646/ 0
13.00	5.7756/ 0			

Decay factor for ^{161}Tb : $D_2(t)$

Minute	0.00	0.25	0.50	0.75
0.00	1.0000/ 0	9.9998/ −1	9.9997/ −1	9.9995/ −1
1.00	9.9993/ −1	9.9991/ −1	9.9990/ −1	9.9988/ −1
2.00	9.9986/ −1	9.9984/ −1	9.9983/ −1	9.9981/ −1
3.00	9.9979/ −1	9.9977/ −1	9.9976/ −1	9.9974/ −1

Minute	0.00	0.25	0.50	0.75
4.00	9.9972/ −1	9.9970/ −1	9.9969/ −1	9.9967/ −1
5.00	9.9965/ −1	9.9963/ −1	9.9962/ −1	9.9960/ −1
6.00	9.9958/ −1	9.9956/ −1	9.9955/ −1	9.9953/ −1
7.00	9.9951/ −1	9.9949/ −1	9.9948/ −1	9.9946/ −1
8.00	9.9944/ −1	9.9942/ −1	9.9941/ −1	9.9939/ −1
9.00	9.9937/ −1	9.9936/ −1	9.9934/ −1	9.9932/ −1
10.00	9.9930/ −1	9.9929/ −1	9.9927/ −1	9.9925/ −1
11.00	9.9923/ −1	9.9922/ −1	9.9920/ −1	9.9918/ −1
12.00	9.9916/ −1	9.9915/ −1	9.9913/ −1	9.9911/ −1
13.00	9.9909/ −1	9.9908/ −1	9.9906/ −1	9.9904/ −1
14.00	9.9902/ −1	9.9901/ −1	9.9899/ −1	9.9897/ −1
15.00	9.9895/ −1	9.9894/ −1	9.9892/ −1	9.9890/ −1
16.00	9.9888/ −1	9.9887/ −1	9.9885/ −1	9.9883/ −1
17.00	9.9882/ −1	9.9880/ −1	9.9878/ −1	9.9876/ −1
18.00	9.9875/ −1	9.9873/ −1	9.9871/ −1	9.9869/ −1
19.00	9.9868/ −1	9.9866/ −1	9.9864/ −1	9.9862/ −1
20.00	9.9861/ −1	9.9859/ −1	9.9857/ −1	9.9855/ −1
21.00	9.9854/ −1	9.9852/ −1	9.9850/ −1	9.9848/ −1

*

Activation data for ^{161}Gd : $A_1(\tau)$, dps/μg

$$A_1(\text{sat}) = 6.3704/\ 3$$
$$A_1(1\ \text{sec}) = 1.9855/\ 1$$

$K = -3.7250/\ -4$

Time intervals with respect to T_2

Day	0.00		0.25		0.50		0.75	
0.00	0.0000/	0	6.3704/	3	6.3704/	3	6.3704/	3
1.00	6.3704/	3	6.3704/	3	6.3704/	3	6.3704/	3

Decay factor for ^{161}Gd : $D_1(t)$

Day	0.00		0.25		0.50		0.75	
0.00	1.0000/	0	5.2097/−30		2.7141/−59		0.0000/	0
1.00	0.0000/	0	0.0000/	0	0.0000/	0	0.0000/	0

Activation data for ^{161}Tb : $F \cdot A_2(\tau)$

$$F \cdot A_2(\text{sat}) = 6.3728/\ 3$$
$$F \cdot A_2(1\ \text{sec}) = 7.4079/\ -3$$

Day	0.00		0.25		0.50		0.75	
0.00	0.0000/	0	1.5802/	2	3.1212/	2	4.6240/	2
1.00	6.0895/	2	7.5187/	2	8.9125/	2	1.0272/	3
2.00	1.1597/	3	1.2890/	3	1.4150/	3	1.5380/	3

Day	0.00		0.25		0.50		0.75	
3.00	1.6579/	3	1.7748/	3	1.8888/	3	2.0000/	3
4.00	2.1084/	3	2.2141/	3	2.3173/	3	2.4178/	3
5.00	2.5159/	3	2.6115/	3	2.7048/	3	2.7957/	3
6.00	2.8844/	3	2.9709/	3	3.0553/	3	3.1375/	3
7.00	3.2178/	3	3.2960/	3	3.3723/	3	3.4467/	3
8.00	3.5192/	3	3.5900/	3	3.6590/	3	3.7263/	3
9.00	3.7919/	3	3.8559/	3	3.9183/	3	3.9792/	3
10.00	4.0385/	3	4.0964/	3	4.1528/	3	4.2079/	3
11.00	4.2616/	3	4.3139/	3	4.3650/	3	4.4148/	3
12.00	4.4633/	3	4.5107/	3	4.5568/	3	4.6019/	3
13.00	4.6458/	3	4.6886/	3	4.7304/	3	4.7711/	3
14.00	4.8108/	3	4.8495/	3	4.8873/	3	4.9241/	3
15.00	4.9600/	3	4.9951/	3	5.0292/	3	5.0626/	3
16.00	5.0950/	3	5.1267/	3	5.1576/	3	5.1877/	3
17.00	5.2171/	3	5.2458/	3	5.2737/	3	5.3010/	3
18.00	5.3276/	3	5.3535/	3	5.3788/	3	5.4034/	3
19.00	5.4274/	3	5.4509/	3	5.4737/	3	5.4960/	3
20.00	5.5178/	3	5.5390/	3	5.5596/	3	5.5798/	3
21.00	5.5995/	3	5.6186/	3	5.6373/	3	5.6556/	3
22.00	5.6734/	3	5.6907/	3	5.7076/	3	5.7241/	3
23.00	5.7402/	3	5.7559/	3	5.7712/	3	5.7861/	3

Decay factor for ^{161}Tb : $D_2(t)$

Day	0.00		0.25		0.50		0.75	
0.00	1.0000/	0	9.7520/	−1	9.5102/	−1	9.2744/	−1
1.00	9.0444/	−1	8.8202/	−1	8.6015/	−1	8.3882/	−1
2.00	8.1802/	−1	7.9774/	−1	7.7795/	−1	7.5866/	−1
3.00	7.3985/	−1	7.2151/	−1	7.0362/	−1	6.8617/	−1
4.00	6.6916/	−1	6.5256/	−1	6.3638/	−1	6.2060/	−1
5.00	6.0521/	−1	5.9021/	−1	5.7557/	−1	5.6130/	−1
6.00	5.4738/	−1	5.3381/	−1	5.2057/	−1	5.0766/	−1
7.00	4.9508/	−1	4.8280/	−1	4.7083/	−1	4.5915/	−1
8.00	4.4777/	−1	4.3667/	−1	4.2584/	−1	4.1528/	−1
9.00	4.0498/	−1	3.9494/	−1	3.8515/	−1	3.7560/	−1
10.00	3.6628/	−1	3.5720/	−1	3.4834/	−1	3.3971/	−1
11.00	3.3128/	−1	3.2307/	−1	3.1506/	−1	3.0725/	−1
12.00	2.9963/	−1	2.9220/	−1	2.8495/	−1	2.7789/	−1
13.00	2.7100/	−1	2.6428/	−1	2.5772/	−1	2.5133/	−1
14.00	2.4510/	−1	2.3902/	−1	2.3310/	−1	2.2732/	−1
15.00	2.2168/	−1	2.1618/	−1	2.1082/	−1	2.0559/	−1
16.00	2.0050/	−1	1.9553/	−1	1.9068/	−1	1.8595/	−1
17.00	1.8134/	−1	1.7684/	−1	1.7246/	−1	1.6818/	−1
18.00	1.6401/	−1	1.5994/	−1	1.5598/	−1	1.5211/	−1
19.00	1.4834/	−1	1.4466/	−1	1.4107/	−1	1.3757/	−1
20.00	1.3416/	−1	1.3084/	−1	1.2759/	−1	1.2443/	−1
21.00	1.2134/	−1	1.1833/	−1	1.1540/	−1	1.1254/	−1
22.00	1.0975/	−1	1.0703/	−1	1.0437/	−1	1.0179/	−1
23.00	9.9261/	−2	9.6800/	−2	9.4400/	−2	9.2059/	−2
24.00	8.9776/	−2	8.7550/	−2	8.5379/	−2	8.3262/	−2

Day	0.00	0.25	0.50	0.75
25.00	8.1198/ −2	7.9184/ −2	7.7221/ −2	7.5306/ −2
26.00	7.3439/ −2	7.1618/ −2	6.9842/ −2	6.8110/ −2
27.00	6.6421/ −2	6.4774/ −2	6.3168/ −2	6.1602/ −2
28.00	6.0074/ −2	5.8585/ −2	5.7132/ −2	5.5715/ −2
29.00	5.4334/ −2	5.2987/ −2	5.1673/ −2	5.0391/ −2
30.00	4.9142/ −2	4.7923/ −2	4.6735/ −2	4.5576/ −2
31.00	4.4446/ −2	4.3344/ −2	4.2269/ −2	4.1221/ −2
32.00	4.0199/ −2	3.9202/ −2	3.8230/ −2	3.7282/ −2
33.00	3.6358/ −2	3.5456/ −2	3.4577/ −2	3.3720/ −2
34.00	3.2884/ −2	3.2068/ −2	3.1273/ −2	3.0498/ −2
35.00	2.9741/ −2	2.9004/ −2	2.8285/ −2	2.7583/ −2
36.00	2.6899/ −2	2.6232/ −2	2.5582/ −2	2.4948/ −2
37.00	2.4329/ −2	2.3726/ −2	2.3137/ −2	2.2564/ −2
38.00	2.2004/ −2	2.1459/ −2	2.0926/ −2	2.0408/ −2
39.00	1.9902/ −2	1.9408/ −2	1.8927/ −2	1.8458/ −2
40.00	1.8000/ −2	1.7554/ −2	1.7118/ −2	1.6694/ −2
41.00	1.6280/ −2	1.5876/ −2	1.5483/ −2	1.5099/ −2
42.00	1.4724/ −2	1.4359/ −2	1.4003/ −2	1.3656/ −2
43.00	1.3317/ −2	1.2987/ −2	1.2665/ −2	1.2351/ −2
44.00	1.2045/ −2	1.1746/ −2	1.1455/ −2	1.1171/ −2
45.00	1.0894/ −2	1.0624/ −2	1.0360/ −2	1.0103/ −2
46.00	9.8528/ −3	9.6085/ −3	9.3702/ −3	9.1379/ −3
47.00	8.9113/ −3	8.6903/ −3	8.4749/ −3	8.2647/ −3
48.00	8.0598/ −3	7.8599/ −3	7.6650/ −3	7.4750/ −3
49.00	7.2896/ −3			

$^{159}\text{Tb}(n, \gamma)^{160}\text{Tb}$

$M = 158.924$ $G = 100\%$ $\sigma_{ac} = 30$ barn,

^{160}Tb $T_1 = 73$ day

E_γ (keV)	1272	1178	966	879	299	197	87
P	0.070	0.150	0.310	0.310	0.300	0.060	0.120

Activation data for ^{160}Tb : $A_1(\tau)$, dps/μg

$A_1(\text{sat})\ \ = 1.1370/\ \ 6$

$A_1(1\ \sec) = 1.2493/\ -1$

Day	0.00		4.00		8.00		12.00	
0.00	0.0000/	0	4.2364/	4	8.3149/	4	1.2241/	5
16.00	1.6022/	5	1.9661/	5	2.3165/	5	2.6538/	5
32.00	2.9786/	5	3.2912/	5	3.5922/	5	3.8820/	5
48.00	4.1610/	5	4.4296/	5	4.6882/	5	4.9372/	5
64.00	5.1768/	5	5.4076/	5	5.6297/	5	5.8436/	5
80.00	6.0495/	5	6.2477/	5	6.4386/	5	6.6223/	5
96.00	6.7992/	5	6.9695/	5	7.1334/	5	7.2913/	5
112.00	7.4432/	5	7.5895/	5	7.7304/	5	7.8660/	5
128.00	7.9965/	5	8.1222/	5	8.2432/	5	8.3597/	5
144.00	8.4719/	5	8.5798/	5	8.6838/	5	8.7838/	5
160.00	8.8802/	5	8.9730/	5	9.0623/	5	9.1482/	5
176.00	9.2310/	5	9.3107/	5	9.3874/	5	9.4613/	5
192.00	9.5324/	5	9.6008/	5	9.6667/	5	9.7302/	5
208.00	9.7913/	5	9.8501/	5	9.9067/	5	9.9612/	5
224.00	1.0014/	6	1.0064/	6	1.0113/	6	1.0160/	6

Decay factor for ^{160}Tb : $D_1(t)$

Day	0.00		4.00		8.00		12.00	
0.00	1.0000/	0	9.6274/	−1	9.2687/	−1	8.9233/	−1
16.00	8.5908/	−1	8.2707/	−1	7.9626/	−1	7.6659/	−1
32.00	7.3802/	−1	7.1052/	−1	6.8405/	−1	6.5856/	−1
48.00	6.3402/	−1	6.1040/	−1	5.8765/	−1	5.6576/	−1
64.00	5.4468/	−1	5.2438/	−1	5.0484/	−1	4.8603/	−1
80.00	4.6792/	−1	4.5049/	−1	4.3370/	−1	4.1754/	−1
96.00	4.0198/	−1	3.8701/	−1	3.7259/	−1	3.5870/	−1
112.00	3.4534/	−1	3.3247/	−1	3.2008/	−1	3.0816/	−1
128.00	2.9667/	−1	2.8562/	−1	2.7498/	−1	2.6473/	−1
144.00	2.5487/	−1	2.4537/	−1	2.3623/	−1	2.2743/	−1
160.00	2.1895/	−1	2.1079/	−1	2.0294/	−1	1.9538/	−1
176.00	1.8810/	−1	1.8109/	−1	1.7434/	−1	1.6785/	−1
192.00	1.6159/	−1	1.5557/	−1	1.4977/	−1	1.4419/	−1
208.00	1.3882/	−1	1.3365/	−1	1.2867/	−1	1.2387/	−1
224.00	1.1926/	−1	1.1481/	−1	1.1054/	−1	1.0642/	−1
240.00	1.0245/	−1	9.8635/	−2	9.4960/	−2	9.1422/	−2

Day	0.00	4.00	8.00	12.00
256.00	8.8015/ −2	8.4736/ −2	8.1578/ −2	7.8539/ −2
272.00	7.5612/ −2	7.2795/ −2	7.0082/ −2	6.7471/ −2
288.00	6.4957/ −2	6.2537/ −2	6.0207/ −2	5.7963/ −2
304.00	5.5804/ −2	5.3724/ −2	5.1722/ −2	4.9795/ −2
320.00	4.7940/ −2	4.6154/ −2	4.4434/ −2	4.2778/ −2
336.00	4.1184/ −2	3.9650/ −2	3.8172/ −2	3.6750/ −2
352.00	3.5381/ −2	3.4062/ −2	3.2793/ −2	3.1571/ −2
368.00	3.0395/ −2	2.9262/ −2	2.8172/ −2	2.7122/ −2
384.00	2.6112/ −2	2.5139/ −2	2.4202/ −2	2.3300/ −2
400.00	2.2432/ −2	2.1596/ −2	2.0792/ −2	2.0017/ −2

$M = 162.50$ $G = 0.10\%$ $\sigma_{ac} = 96$ barn,

^{159}Dy $T_1 = 144$ day

E_{γ}^{τ}(keV)   58

P 0.040

Activation data for ^{159}Dy : $A_1(\tau)$, dps/μg
A_1(sat)   = 3.5582/   3
A_1(1 sec) = 1.9821/ -4

Day	0.00		10.00		20.00		30.00	
0.00	0.0000/	0	1.6718/	2	3.2651/	2	4.7835/	2
40.00	6.2306/	2	7.6097/	2	8.9240/	2	1.0177/	3
80.00	1.1370/	3	1.2508/	3	1.3592/	3	1.4625/	3
120.00	1.5610/	3	1.6548/	3	1.7443/	3	1.8295/	3
160.00	1.9107/	3	1.9881/	3	2.0619/	3	2.1322/	3
200.00	2.1992/	3	2.2630/	3	2.3239/	3	2.3819/	3
240.00	2.4372/	3	2.4898/	3	2.5400/	3	2.5879/	3
280.00	2.6335/	3	2.6769/	3	2.7183/	3	2.7578/	3
320.00	2.7954/	3	2.8312/	3	2.8654/	3	2.8979/	3
360.00	2.9290/	3	2.9585/	3	2.9867/	3	3.0136/	3
400.00	3.0391/	3	3.0635/	3	3.0868/	3	3.1089/	3
440.00	3.1300/	3	3.1502/	3	3.1693/	3	3.1876/	3
480.00	3.2050/	3	3.2216/	3	3.2374/	3	3.2525/	3
520.00	3.2669/	3	3.2805/	3	3.2936/	3	3.3060/	3
560.00	3.3179/	3	3.3292/	3	3.3399/	3	3.3502/	3

Decay factor for ^{159}Dy : $D_1(t)$

Day	0.00		10.00		20.00		30.00	
0.00	1.0000/	0	9.5301/	-1	9.0824/	-1	8.6556/	-1
40.00	8.2489/	-1	7.8614/	-1	7.4920/	-1	7.1400/	-1
80.00	6.8045/	-1	6.4848/	-1	6.1801/	-1	5.8897/	-1
120.00	5.6130/	-1	5.3493/	-1	5.0979/	-1	4.8584/	-1
160.00	4.6301/	-1	4.4126/	-1	4.2053/	-1	4.0077/	-1
200.00	3.8194/	-1	3.6399/	-1	3.4689/	-1	3.3059/	-1
240.00	3.1506/	-1	3.0025/	-1	2.8615/	-1	2.7270/	-1
280.00	2.5989/	-1	2.4768/	-1	2.3604/	-1	2.2495/	-1
320.00	2.1438/	-1	2.0431/	-1	1.9471/	-1	1.8556/	-1
360.00	1.7684/	-1	1.6853/	-1	1.6061/	-1	1.5307/	-1
400.00	1.4588/	-1	1.3902/	-1	1.3249/	-1	1.2626/	-1
440.00	1.2033/	-1	1.1468/	-1	1.0929/	-1	1.0416/	-1
480.00	9.9261/	-2	9.4597/	-2	9.0153/	-2	8.5917/	-2
520.00	8.1880/	-2	7.8033/	-2	7.4366/	-2	7.0872/	-2
560.00	6.7542/	-2	6.4369/	-2	6.1344/	-2	5.8462/	-2
600.00	5.5715/	-2	5.3098/	-2	5.0603/	-2	4.8225/	-2
640.00	4.5959/	-2	4.3800/	-2	4.1742/	-2	3.9781/	-2
680.00	3.7912/	-2	3.6130/	-2	3.4433/	-2	3.2815/	-2
720.00	3.1273/	-2						

^{164}Dy(n, γ)^{165}Dy

$M = 162.50$ $G = 28.10\%$ $\sigma_{ac} = 800$ barn,

^{165}**Dy** $T_1 = 2.3$ hour

E_γ (keV)	361	95
P	0.011	0.040

Activation data for ^{165}Dy : $A_1(\tau)$, dps/μg

A_1(sat) $= 8.3321/$ 6

A_1(1 sec) $= 6.9733/$ 2

Hour	0.000		0.125		0.250		0.375	
0.00	0.0000/	0	3.0798/	5	6.0457/	5	8.9020/	5
0.50	1.1653/	6	1.4302/	6	1.6853/	6	1.9310/	6
1.00	2.1676/	6	2.3954/	6	2.6149/	6	2.8262/	6
1.50	3.0297/	6	3.2257/	6	3.4144/	6	3.5962/	6
2.00	3.7713/	6	3.9399/	6	4.1022/	6	4.2586/	6
2.50	4.4091/	6	4.5541/	6	4.6938/	6	4.8283/	6
3.00	4.9578/	6	5.0825/	6	5.2026/	6	5.3183/	6
3.50	5.4297/	6	5.5370/	6	5.6403/	6	5.7398/	6
4.00	5.8356/	6	5.9279/	6	6.0167/	6	6.1023/	6
4.50	6.1847/	6	6.2641/	6	6.3406/	6	6.4142/	6
5.00	6.4851/	6	6.5533/	6	6.6191/	6	6.6824/	6
5.50	6.7434/	6	6.8021/	6	6.8587/	6	6.9131/	6
6.00	6.9656/	6	7.0161/	6	7.0647/	6	7.1116/	6
6.50	7.1567/	6	7.2001/	6	7.2420/	6	7.2823/	6
7.00	7.3211/	6	7.3584/	6	7.3944/	6	7.4291/	6
7.50	7.4625/	6	7.4946/	6	7.5256/	6	7.5554/	6

Decay factor for ^{165}Dy : $D_1(t)$

Hour	0.000		0.125		0.250		0.375	
0.00	1.0000/	0	9.6304/	-1	9.2744/	-1	8.9316/	-1
0.50	8.6015/	-1	8.2835/	-1	7.9774/	-1	8.6825/	-1
1.00	7.3985/	-1	7.1251/	-1	6.8617/	-1	6.6081/	-1
1.50	6.3638/	-1	6.1286/	-1	5.9021/	-1	5.6839/	-1
2.00	5.4738/	-1	5.2715/	-1	5.0766/	-1	4.8890/	-1
2.50	4.7083/	-1	4.5343/	-1	4.3667/	-1	4.2053/	-1
3.00	4.0498/	-1	3.9001/	-1	3.7560/	-1	3.6171/	-1
3.50	3.4834/	-1	3.3547/	-1	3.2307/	-1	3.1113/	-1
4.00	2.9963/	-1	2.8855/	-1	2.7789/	-1	2.6761/	-1
4.50	2.5772/	-1	2.4820/	-1	2.3902/	-1	2.3019/	-1
5.00	2.2168/	-1	2.1349/	-1	2.0559/	-1	1.9800/	-1
5.50	1.9068/	-1	1.8363/	-1	1.7684/	-1	1.7031/	-1
6.00	1.6401/	-1	1.5795/	-1	1.5211/	-1	1.4649/	-1
6.50	1.4107/	-1	1.3586/	-1	1.3084/	-1	1.2600/	-1
7.00	1.2134/	-1	1.1686/	-1	1.1254/	-1	1.0838/	-1

Hour	0.000	0.125	0.250	0.375
7.50	1.0437/ −1	1.0052/ −1	9.6800/ −2	9.3222/ −2
8.00	8.9776/ −2	8.6458/ −2	8.3262/ −2	8.0185/ −2
8.50	7.7221/ −2	7.4366/ −2	7.1618/ −2	6.8971/ −2
9.00	6.6421/ −2	6.3966/ −2	6.1602/ −2	5.9325/ −2
9.50	5.7132/ −2	5.5020/ −2	5.2987/ −2	5.1028/ −2
10.00	4.9142/ −2	4.7325/ −2	4.5576/ −2	4.3892/ −2
10.50	4.2269/ −2	4.0707/ −2	3.9202/ −2	3.7753/ −2
11.00	3.6358/ −2	3.5014/ −2	3.3720/ −2	3.2473/ −2
11.50	3.1273/ −2	3.0117/ −2	2.9004/ −2	2.7932/ −2
12.00	2.6899/ −2	2.5905/ −2	2.4948/ −2	2.4025/ −2
12.50	2.3137/ −2	2.2282/ −2	2.1459/ −2	2.0665/ −2
13.00	1.9902/ −2	1.9166/ −2	1.8458/ −2	1.7775/ −2
13.50	1.7118/ −2	1.6486/ −2	1.5876/ −2	1.5289/ −2
14.00	1.4724/ −2	1.4180/ −2	1.3656/ −2	1.3151/ −2
14.50	1.2665/ −2	1.2197/ −2	1.1746/ −2	1.1312/ −2
15.00	1.0894/ −2	1.0491/ −2	1.0103/ −2	9.7299/ −3

See also ^{164}Dy(n, γ)^{165m_1}Dy → ^{165}Dy

$$^{164}\text{Dy}(n, \gamma)^{165m_1}\text{Dy} \rightarrow {}^{165}\text{Dy}$$

$M = 162.50$ $\qquad$ $G = 28.10\%$ $\qquad$ $\sigma_{\text{ac}} = 2100 \text{ barn,}$

$^{165m_1}\text{Dy}$ $\quad$ $T_1 = 75$ second

E_γ (keV)	514	108
P	0.018	0.030

^{165}Dy $\quad$ $T_2 = 2.3$ hour

E_γ (keV)	361	95
P	0.011	0.040

Activation data for $^{165m_1}\text{Dy} : A_1(\tau)$, dps/$\mu$g
$$A_1(\text{sat}) = 2.1872/\ 7$$
$$A_1(1 \text{ sec}) = 2.0116/\ 5$$

$K = -8.9189/\ -3$

Time intervals with respect to T_1

Minute	0.00		0.25		0.50		0.75	
0.00	0.0000/	0	2.8307/	6	5.2951/	6	7.4405/	6
1.00	9.3083/	6	1.0934/	7	1.2350/	7	1.3582/	7
2.00	1.4655/	7	1.5589/	7	1.6402/	7	1.7110/	7
3.00	1.7726/	7	1.8263/	7	1.8730/	7	1.9137/	7
4.00	1.9491/	7						

Decay factor for $^{165m_1}\text{Dy} : D_1(t)$

Minute	0.00		0.25		0.50		0.75	
0.00	1.0000/	0	8.7058/	-1	7.5790/	-1	6.5981/	-1
1.00	5.7442/	-1	5.0007/	-1	4.3535/	-1	3.7901/	-1
2.00	3.2995/	-1	2.8725/	-1	2.5007/	-1	2.1771/	-1
3.00	1.8953/	-1	1.6500/	-1	1.4365/	-1	1.2506/	-1
4.00	1.0887/	-1	9.4780/	-2	8.2513/	-2	7.1834/	-2
5.00	6.2537/	-2	5.4443/	-2	4.7397/	-2	4.1263/	-2
6.00	3.5922/	-2	3.1273/	-2	2.7226/	-2	2.3702/	-2
7.00	2.0634/	-2	1.7964/	-2	1.5639/	-2	1.3615/	-2
8.00	1.1853/	-2						

Activation data for $^{165}\text{Dy} : F \cdot A_2(\tau)$
$$F \cdot A_2(\text{sat}) = 2.1520/\ 7$$
$$F \cdot A_2(1 \text{ sec}) = 1.7881/\ 3$$

Minute	0.00		0.25		0.50		0.75	
0.00	0.0000/	0	2.6805/	4	5.3578/	4	8.0316/	4
1.00	1.0702/	5	1.3369/	5	1.6033/	5	1.8694/	5
2.00	2.1351/	5	2.4005/	5	2.6656/	5	2.9303/	5
3.00	3.1947/	5	3.4588/	5	3.7225/	5	3.9860/	5
4.00	4.2490/	5						

Decay factor for ^{165}Dy : $D_2(t)$

Minute	0.00	0.25	0.50	0.75
0.00	1.0000/ 0	9.9875/ −1	9.9751/ −1	9.9627/ −1
1.00	9.9503/ −1	9.9379/ −1	9.9255/ −1	9.9131/ −1
2.00	9.9008/ −1	9.8885/ −1	9.8761/ −1	9.8638/ −1
3.00	9.8515/ −1	9.8393/ −1	9.8270/ −1	9.8148/ −1
4.00	9.8026/ −1	9.7903/ −1	9.7781/ −1	9.7660/ −1
5.00	9.7538/ −1	9.7417/ −1	9.7295/ −1	9.7174/ −1
6.00	9.7053/ −1	9.6932/ −1	9.6811/ −1	9.6691/ −1
7.00	9.6570/ −1	9.6450/ −1	9.6330/ −1	9.6210/ −1
8.00	9.6090/ −1			

*

Activation data for ^{165m_1}Dy : $A_1(\tau)$, dps/μg

$$A_1(\text{sat}) = 2.1872/\ 7$$
$$A_1(1\ \text{sec}) = 2.0116/\ 5$$

$$K = -8.9189/\ -3$$

Time intervals with respect to T_2

Hour	0.000	0.125	0.250	0.375
0.00	0.0000/ 0	2.1530/ 7	2.1866/ 7	2.1872/ 7
0.50	2.1872/ 7	2.1872/ 7	2.1872/ 7	2.1872/ 7

Decay factor for ^{165m_1}Dy : $D_1(t)$

Hour	0.000	0.125	0.250	0.375
0.00	1.0000/ 0	1.5639/ −2	2.4457/ −4	3.8248/ −6
0.50	5.9816/ −8	9.3544/ −10	1.4629/ −11	2.2878/ −13

Activation data for ^{165}Dy : $F \cdot A_2(\tau)$

$$F \cdot A_2(\text{sat}) = 2.1520/\ 7$$
$$F \cdot A_2(1\ \text{sec}) = 1.7881/\ 3$$

Hour	0.000	0.125	0.250	0.375
0.00	0.0000/ 0	7.8981/ 5	1.5506/ 6	2.2835/ 6
0.50	2.9895/ 6	3.6696/ 6	4.3247/ 6	4.9558/ 6
1.00	5.5637/ 6	6.1494/ 6	6.7135/ 6	7.2569/ 6
1.50	7.7804/ 6	8.2846/ 6	8.7704/ 6	9.2383/ 6
2.00	9.6890/ 6	1.0123/ 7	1.0541/ 7	1.0944/ 7
2.50	1.1333/ 7	1.1706/ 7	1.2067/ 7	1.2414/ 7
3.00	1.2748/ 7	1.3070/ 7	1.3380/ 7	1.3679/ 7
3.50	1.3966/ 7	1.4244/ 7	1.4511/ 7	1.4768/ 7
4.00	1.5016/ 7	1.5254/ 7	1.5484/ 7	1.5706/ 7

Hour	0.000		0.125		0.250		0.375	
4.50	1.5919/	7	1.6125/	7	1.6323/	7	1.6513/	7
5.00	1.6697/	7	1.6874/	7	1.7045/	7	1.7209/	7
5.50	1.7367/	7	1.7520/	7	1.7666/	7	1.7808/	7
6.00	1.7944/	7	1.8075/	7	1.8202/	7	1.8323/	7
6.50	1.8441/	7	1.8554/	7	1.8663/	7	1.8767/	7
7.00	1.8868/	7	1.8966/	7	1.9060/	7	1.9150/	7

Decay factor for ^{165}Dy : $D_2(t)$

Hour	0.000		0.125		0.250		0.375	
0.00	1.0000/	0	9.6330/	−1	9.2794/	−1	8.9389/	−1
0.50	8.6108/	−1	8.2948/	−1	7.9903/	−1	7.6971/	−1
1.00	7.4146/	−1	7.1425/	−1	6.8803/	−1	6.6278/	−1
1.50	6.3845/	−1	6.1502/	−1	5.9245/	−1	5.7071/	−1
2.00	5.4976/	−1	5.2958/	−1	5.1015/	−1	4.9142/	−1
2.50	4.7339/	−1	4.5601/	−1	4.3928/	−1	4.2315/	−1
3.00	4.0762/	−1	3.9266/	−1	3.7825/	−1	3.6437/	−1
3.50	3.5100/	−1	3.3811/	−1	3.2571/	−1	3.1375/	−1
4.00	3.0224/	−1	2.9114/	−1	2.8046/	−1	2.7016/	−1
4.50	2.6025/	−1	2.5070/	−1	2.4150/	−1	2.3263/	−1
5.00	2.2410/	−1	2.1587/	−1	2.0795/	−1	2.0032/	−1
5.50	1.9296/	−1	1.8588/	−1	1.7906/	−1	1.7249/	−1
6.00	1.6616/	−1	1.6006/	−1	1.5418/	−1	1.4853/	−1
6.50	1.4307/	−1	1.3782/	−1	1.3277/	−1	1.2789/	−1
7.00	1.2320/	−1	1.1868/	−1	1.1432/	−1	1.1013/	−1
7.50	1.0608/	−1	1.0219/	−1	9.8440/	−2	9.4827/	−2
8.00	9.1347/	−2	8.7994/	−2	8.4765/	−2	8.1654/	−2
8.50	7.8657/	−2	7.5770/	−2	7.2989/	−2	7.0310/	−2
9.00	6.7730/	−2	6.5244/	−2	6.2849/	−2	6.0543/	−2
9.50	5.8321/	−2	5.6180/	−2	5.4118/	−2	5.2132/	−2
10.00	5.0219/	−2	4.8376/	−2	4.6600/	−2	4.4890/	−2
10.50	4.3242/	−2	4.1655/	−2	4.0126/	−2	3.8654/	−2
11.00	3.7235/	−2	3.5869/	−2	3.4552/	−2	3.3284/	−2
11.50	3.2062/	−2	3.0886/	−2	2.9752/	−2	2.8660/	−2
12.00	2.7608/	−2	2.6595/	−2	2.5619/	−2	2.4679/	−2
12.50	2.3773/	−2	2.2900/	−2	2.2060/	−2	2.1250/	−2
13.00	2.0470/	−2	1.9719/	−2	1.8995/	−2	1.8298/	−2
13.50	1.7627/	−2	1.6980/	−2	1.6357/	−2	1.5756/	−2
14.00	1.5178/	−2	1.4621/	−2	1.4084/	−2	1.3567/	−2
14.50	1.3069/	−2	1.2590/	−2	1.2128/	−2	1.1683/	−2
15.00	1.1254/	−2						

See also ^{164}Dy(n, γ)^{165}Dy

29

$M = 164.930$ $\qquad G = 100\%$ $\qquad\qquad \sigma_{ac} = 61.2$ barn,

^{166}**Ho** $\qquad T_1 = 26.9$ hour

E_γ (keV) $\qquad$ 81

$P \qquad\qquad$ 0.054

Activation data for ^{166}Ho : $A_1(\tau)$, dps/μg

A_1(sat) $\quad = 2.2349/\ 6$

A_1(1 sec) $= 1.5993/\ 1$

Hour	0.00		2.00		4.00		6.00	
0.00	0.0000/	0	1.1224/	5	2.1884/	5	3.2008/	5
8.00	4.1625/	5	5.0758/	5	5.9433/	5	6.7672/	5
16.00	7.5497/	5	8.2929/	5	8.9988/	5	9.6693/	5
24.00	1.0306/	6	1.0911/	6	1.1485/	6	1.2031/	6
32.00	1.2549/	6	1.3041/	6	1.3509/	6	1.3953/	6
40.00	1.4374/	6	1.4775/	6	1.5155/	6	1.5516/	6
48.00	1.5860/	6	1.6186/	6	1.6495/	6	1.6789/	6
56.00	1.7068/	6	1.7334/	6	1.7585/	6	1.7825/	6
64.00	1.8052/	6	1.8268/	6	1.8473/	6	1.8667/	6
72.00	1.8852/	6	1.9028/	6	1.9195/	6	1.9353/	6
80.00	1.9504/	6	1.9646/	6	1.9782/	6	1.9911/	6
88.00	2.0034/	6						

Decay factor for ^{166}Ho : D_1(t)

Hour	0.00		2.00		4.00		6.00	
0.00	1.0000/	0	9.4978/	−1	9.0208/	−1	8.5678/	−1
8.00	8.1375/	−1	7.7289/	−1	7.3407/	−1	6.9721/	−1
16.00	6.6220/	−1	6.2894/	−1	5.9736/	−1	5.6736/	−1
24.00	5.3887/	−1	5.1180/	−1	4.8610/	−1	4.6169/	−1
32.00	4.3850/	−1	4.1648/	−1	3.9557/	−1	3.7570/	−1
40.00	3.5683/	−1	3.3891/	−1	3.2189/	−1	3.0573/	−1
48.00	2.9038/	−1	2.7579/	−1	2.6194/	−1	2.4879/	−1
56.00	2.3629/	−1	2.2443/	−1	2.1316/	−1	2.0245/	−1
64.00	1.9229/	−1	1.8263/	−1	1.7346/	−1	1.6475/	−1
72.00	1.5647/	−1	1.4862/	−1	1.4115/	−1	1.3406/	−1
80.00	1.2733/	−1	1.2094/	−1	1.1486/	−1	1.0909/	−1
88.00	1.0362/	−1	9.8413/	−2	9.3470/	−2	8.8776/	−2
96.00	8.4318/	−2	8.0084/	−2	7.6062/	−2	7.2242/	−2
104.00	6.8614/	−2	6.5168/	−2	6.1896/	−2	5.8787/	−2
112.00	5.5835/	−2	5.3031/	−2	5.0368/	−2	4.7838/	−2
120.00	4.5436/	−2	4.3154/	−2	4.0987/	−2	3.8929/	−2
128.00	3.6974/	−2	3.5117/	−2	3.3353/	−2	3.1678/	−2
136.00	3.0088/	−2	2.8577/	−2	2.7141/	−2	2.5778/	−2
144.00	2.4484/	−2	2.3254/	−2	2.2087/	−2	2.0977/	−2
152.00	1.9924/	−2	1.8923/	−2	1.7973/	−2	1.7070/	−2
160.00	1.6213/	−2	1.5399/	−2	1.4626/	−2	1.3891/	−2
168.00	1.3194/	−2	1.2531/	−2	1.1902/	−2	1.1304/	−2
176.00	1.0736/	−2	1.0197/	−2	9.6850/	−3	9.1986/	−3
184.00	8.7367/	−3						

$$^{162}\mathrm{Er}(n, \gamma)^{163}\mathrm{Er}$$

$M = 167.26$ $G = 0.136\%$ $\sigma_{ac} = 2.0 \text{ barn},$

$^{163}\mathrm{Er}$ $T_1 = 75$ minute

E_γ (keV)   430

P 0.0006

Activation data for $^{163}\mathrm{Er}$: $A_1(\tau)$, dps/μg

$A_1(\text{sat})$ = 9.7947/ 1

$A_1(1 \text{ sec}) = 1.5083/ -2$

Hour	0.000		0.125		0.250		0.375	
0.00	0.0000/	0	6.5579/	0	1.2677/	1	1.8386/	1
0.50	2.3713/	1	2.8683/	1	3.3320/	1	3.7647/	1
1.00	4.1684/	1	4.5451/	1	4.8966/	1	5.2246/	1
1.50	5.5305/	1	5.8160/	1	6.0824/	1	6.3310/	1
2.00	6.5629/	1	6.7793/	1	6.9811/	1	7.1695/	1
2.50	7.3453/	1	7.5093/	1	7.6623/	1	7.8051/	1
3.00	7.9383/	1	8.0626/	1	8.1785/	1	8.2867/	1
3.50	8.3877/	1	8.4819/	1	8.5698/	1	8.6518/	1
4.00	8.7283/	1						

Decay factor for $^{163}\mathrm{Er}$: $D_1(t)$

Hour	0.000		0.125		0.250		0.375	
0.00	1.0000/	0	9.3305/	−1	8.7058/	−1	8.1229/	−1
0.50	7.5790/	−1	7.0716/	−1	6.5981/	−1	6.1564/	−1
1.00	5.7442/	−1	5.3596/	−1	5.0000/	−1	4.6659/	−1
1.50	4.3535/	−1	4.0620/	−1	3.7901/	−1	3.5363/	−1
2.00	3.2995/	−1	3.0786/	−1	2.8725/	−1	2.6802/	−1
2.50	2.5007/	−1	2.3333/	−1	2.1771/	−1	2.0313/	−1
3.00	1.8953/	−1	1.7684/	−1	1.6500/	−1	1.5395/	−1
3.50	1.4365/	−1	1.3403/	−1	1.2506/	−1	1.1668/	−1
4.00	1.0887/	−1	1.0158/	−1	9.4780/	−2	8.8434/	−2
4.50	8.2513/	−2	7.6988/	−2	7.1834/	−2	6.7024/	−2
5.00	6.2537/	−2	5.8350/	−2	5.4443/	−2	5.0798/	−2
5.50	4.7397/	−2	4.4223/	−2	4.1263/	−2	3.8500/	−2
6.00	3.5922/	−2	3.3517/	−2	3.1273/	−2	2.9179/	−2
6.50	2.7226/	−2	2.5403/	−2	2.3702/	−2	2.2115/	−2
7.00	2.0634/	−2	1.9253/	−2	1.7964/	−2	1.6761/	−2
7.50	1.5639/	−2	1.4592/	−2	1.3615/	−2	1.2703/	−2
8.00	1.1853/	−2						

$M = 167.26$ $\qquad G = 1.56\%$ $\qquad \sigma_{ac} = 1.65$ barn,

^{165}Er $\qquad T_1 = 10.3$ hour

E_γ (keV) no gamma

Activation data for ^{165}Er : $A_1(\tau)$, dps/μg

$$A_1(\text{sat}) = 9.2689/ \quad 2$$
$$A_1(1 \text{ sec}) = 1.7323/ \; -2$$

Hour	0.00		0.50		1.00		1.50	
0.00	0.0000/	0	3.0663/	1	6.0311/	1	8.8979/	1
2.00	1.1670/	2	1.4350/	2	1.6942/	2	1.9447/	2
4.00	2.1870/	2	2.4213/	2	2.6478/	2	2.8669/	2
6.00	3.0787/	2	3.2834/	2	3.4814/	2	3.6729/	2
8.00	3.8580/	2	4.0370/	2	4.2101/	2	4.3775/	2
10.00	4.5393/	2	4.6957/	2	4.8470/	2	4.9933/	2
12.00	5.1347/	2	5.2715/	2	5.4037/	2	5.5316/	2
14.00	5.6552/	2	5.7748/	2	5.8904/	2	6.0021/	2
16.00	6.1102/	2	6.2147/	2	6.3157/	2	6.4134/	2
18.00	6.5079/	2	6.5992/	2	6.6876/	2	6.7730/	2
20.00	6.8555/	2	6.9354/	2	7.0126/	2	7.0872/	2
22.00	7.1594/	2	7.2292/	2	7.2966/	2	7.3619/	2
24.00	7.4250/	2	7.4860/	2	7.5450/	2	7.6020/	2
26.00	7.6571/	2	7.7105/	2	7.7620/	2	7.8119/	2
28.00	7.8601/	2	7.9067/	2	7.9517/	2	7.9953/	2
30.00	8.0374/	2	8.0782/	2	8.1176/	2	8.1557/	2
32.00	8.1925/	2	8.2281/	2	8.2625/	2	8.2958/	2
34.00	8.3280/	2	8.3591/	2	8.3892/	2	8.4183/	2
36.00	8.4465/	2						

Decay factor for ^{165}Er : $D_1(t)$

Hour	0.00		0.50		1.00		1.50	
0.00	1.0000/	0	9.6692/	-1	9.3493/	-1	9.0400/	-1
2.00	8.7410/	-1	8.4518/	-1	8.1722/	-1	7.9019/	-1
4.00	7.6405/	-1	7.3877/	-1	7.1433/	-1	6.9070/	-1
6.00	6.6705/	-1	6.4576/	-1	6.2440/	-1	6.0374/	-1
8.00	5.8377/	-1	5.6446/	-1	5.4578/	-1	5.2773/	-1
10.00	5.1027/	-1	4.9339/	-1	4.7707/	-1	4.6129/	-1
12.00	4.4603/	-1	4.3127/	-1	4.1700/	-1	4.0321/	-1
14.00	3.8987/	-1	3.7697/	-1	3.6450/	-1	3.5244/	-1
16.00	3.4078/	-1	3.2951/	-1	3.1861/	-1	3.0807/	-1
18.00	2.9788/	-1	2.8802/	-1	2.7850/	-1	2.6928/	-1
20.00	2.6038/	-1	2.5176/	-1	2.4343/	-1	2.3538/	-1
22.00	2.2759/	-1	2.2006/	-1	2.1278/	-1	2.0575/	-1
24.00	1.9894/	-1	1.9236/	-1	1.8599/	-1	1.7984/	-1
26.00	1.7389/	-1	1.6814/	-1	1.6258/	-1	1.5720/	-1

Hour	0.00	0.50	1.00	1.50
28.00	1.5200/ −1	1.4697/ −1	1.4211/ −1	1.3741/ −1
30.00	1.3286/ −1	1.2847/ −1	1.2422/ −1	1.2011/ −1
32.00	1.1613/ −1	1.1229/ −1	1.0858/ −1	1.0499/ −1
34.00	1.0151/ −1	9.8154/ −2	9.4907/ −2	9.1768/ −2
36.00	8.8732/ −2	8.5797/ −2	8.2958/ −2	8.0214/ −2
38.00	7.7560/ −2	7.4995/ −2	7.2514/ −2	7.0115/ −2
40.00	6.7795/ −2	6.5553/ −2	6.3384/ −2	6.1287/ −2
42.00	5.9260/ −2	5.7299/ −2	5.5404/ −2	5.3571/ −2
44.00	5.1799/ −2	5.0085/ −2	4.8428/ −2	4.6826/ −2
46.00	4.5277/ −2	4.3779/ −2	4.2331/ −2	4.0931/ −2
48.00	3.9577/ −2	3.8267/ −2	3.7002/ −2	3.5777/ −2
50.00	3.4594/ −2	3.3449/ −2	3.2343/ −2	3.1273/ −2
52.00	3.0238/ −2	2.9238/ −2	2.8271/ −2	2.7336/ −2
54.00	2.6431/ −2	2.5557/ −2	2.4712/ −2	2.3894/ −2
56.00	2.3104/ −2	2.2339/ −2	2.1600/ −2	2.0886/ −2
58.00	2.0195/ −2	1.9527/ −2	1.8881/ −2	1.8256/ −2
60.00	1.7652/ −2	1.7068/ −2	1.6504/ −2	1.5958/ −2
62.00	1.5430/ −2	1.4919/ −2	1.4426/ −2	1.3949/ −2
64.00	1.3487/ −2	1.3041/ −2	1.2610/ −2	1.2192/ −2
66.00	1.1789/ −2	1.1399/ −2	1.1022/ −2	1.0657/ −2
68.00	1.0305/ −2	9.9639/ −3	9.6343/ −3	9.3156/ −3

$M = 167.26$ $\qquad$ $G = 27.07\%$ $\qquad$ $\sigma_{ac} = 1.9$ barn,

^{169}Er $\qquad$ $T_1 = 9.4$ day

E_γ (keV) $\qquad$ no gamma

Activation data for ^{169}Er : $A_1(\tau)$, dps/μg

$$A_1(\text{sat}) = 1.8521/ \quad 4$$
$$A_1(1 \text{ sec}) = 1.5804/ \ -2$$

Day	0.00		0.50		1.00		1.50	
0.00	0.0000/	0	6.7028/	2	1.3163/	3	1.9390/	3
2.00	2.5391/	3	3.1175/	3	3.6749/	3	4.2122/	3
4.00	4.7300/	3	5.2291/	3	5.7102/	3	6.1738/	3
6.00	6.6207/	3	7.0513/	3	7.4664/	3	7.8665/	3
8.00	8.2521/	3	8.6237/	3	8.9819/	3	9.3271/	3
10.00	9.6599/	3	9.9805/	3	1.0290/	4	1.0588/	4
12.00	1.0875/	4	1.1151/	4	1.1418/	4	1.1675/	4
14.00	1.1923/	4	1.2162/	4	1.2392/	4	1.2614/	4
16.00	1.2827/	4	1.3033/	4	1.3232/	4	1.3423/	4
18.00	1.3608/	4	1.3786/	4	1.3957/	4	1.4122/	4
20.00	1.4281/	4	1.4435/	4	1.4583/	4	1.4725/	4
22.00	1.4863/	4	1.4995/	4	1.5123/	4	1.5246/	4
24.00	1.5364/	4	1.5478/	4	1.5589/	4	1.5695/	4
26.00	1.5797/	4	1.5896/	4	1.5991/	4	1.6082/	4
28.00	1.6170/	4	1.6255/	4	1.6337/	4	1.6416/	4
30.00	1.6493/	4	1.6566/	4	1.6637/	4	1.6705/	4

Decay factor for ^{169}Er : $D_1(t)$

Day	0.00		0.50		1.00		1.50	
0.00	1.0000/	0	9.6381/	−1	9.2893/	−1	8.9531/	−1
2.00	8.6291/	−1	8.3168/	−1	8.0158/	−1	7.7257/	−1
4.00	7.4461/	−1	7.1766/	−1	6.9169/	−1	6.6666/	−1
6.00	6.4253/	−1	6.1928/	−1	5.9687/	−1	5.7526/	−1
8.00	5.5445/	−1	5.3438/	−1	5.1504/	−1	4.9640/	−1
10.00	4.7844/	−1	4.6112/	−1	4.4443/	−1	4.2835/	−1
12.00	4.1285/	−1	3.9790/	−1	3.8350/	−1	3.6963/	−1
14.00	3.5625/	−1	3.4336/	−1	3.3093/	−1	3.1895/	−1
16.00	3.0741/	−1	2.9628/	−1	2.8556/	−1	2.7523/	−1
18.00	2.6527/	−1	2.5567/	−1	2.4641/	−1	2.3750/	−1
20.00	2.2890/	−1	2.2062/	−1	2.1263/	−1	2.0494/	−1
22.00	1.9752/	−1	1.9037/	−1	1.8348/	−1	1.7684/	−1
24.00	1.7044/	−1	1.6427/	−1	1.5833/	−1	1.5260/	−1
26.00	1.4708/	−1	1.4175/	−1	1.3662/	−1	1.3168/	−1
28.00	1.2691/	−1	1.2232/	−1	1.1789/	−1	1.1363/	−1
30.00	1.0951/	−1	1.0555/	−1	1.0173/	−1	9.8049/	−2
32.00	9.4501/	−2	9.1081/	−2	8.7784/	−2	8.4607/	−2

Day	0.00	0.50	1.00	1.50
34.00	8.1545/ —2	7.8594/ —2	7.5750/ —2	7.3008/ —2
36.00	7.0366/ —2	6.7820/ —2	6.5365/ —2	6.3000/ —2
38.00	6.0720/ —2	5.8522/ —2	5.6404/ —2	5.4363/ —2
40.00	5.2395/ —2	5.0499/ —2	4.8672/ —2	4.6910/ —2
42.00	4.5212/ —2	4.3576/ —2	4.1999/ —2	4.0479/ —2
44.00	3.9014/ —2	3.7602/ —2	3.6241/ —2	3.4930/ —2
46.00	3.3666/ —2	3.2447/ —2	3.1273/ —2	3.0141/ —2
48.00	2.9050/ —2	2.7999/ —2	2.6986/ —2	2.6009/ —2
50.00	2.5068/ —2	2.4161/ —2	2.3286/ —2	2.2443/ —2
52.00	2.1631/ —2	2.0848/ —2	2.0094/ —2	1.9367/ —2
54.00	1.8666/ —2	1.7990/ —2	1.7339/ —2	1.6712/ —2
56.00	1.6107/ —2	1.5524/ —2	1.4962/ —2	1.4421/ —2
58.00	1.3899/ —2	1.3396/ —2	1.2911/ —2	1.2444/ —2
60.00	1.1993/ —2	1.1559/ —2	1.1141/ —2	1.0738/ —2

$$^{170}\mathrm{Er}(n, \gamma)^{171}\mathrm{Er} \rightarrow {}^{171}\mathrm{Tm}$$

$M = 167.26$ $\qquad$ $G = 14.88\%$ $\qquad$ $\sigma_{ac} = 6$ barn,

$^{171}\mathbf{Er}$ $\qquad$ $T_1 = 7.52$ hour

E_γ (keV)

P

$^{171}\mathbf{Tm}$ $\qquad$ $T_2 = 1.92$ year

E_γ (keV) $\qquad$ 67

P

Activation data for $^{171}\mathrm{Er} : A_1(\tau)$, dps/$\mu$g

$A_1(\mathrm{sat}) = 3.2150/\ 4$

$A_1(1\ \mathrm{sec}) = 8.2297/\ -1$

$K = -4.4730/\ -4$

Time intervals with respect to T_1

Hour	0.00		0.50		1.00		1.50	
0.00	0.0000/	0	1.4477/	3	2.8303/	3	4.1506/	3
2.00	5.4114/	3	6.6155/	3	7.7653/	3	8.8634/	3
4.00	9.9120/	3	1.0913/	4	1.1870/	4	1.2783/	4
6.00	1.3655/	4	1.4488/	4	1.5283/	4	1.6043/	4
8.00	1.6768/	4	1.7461/	4	1.8122/	4	1.8754/	4
10.00	1.9357/	4	1.9933/	4	2.0483/	4	2.1009/	4
12.00	2.1510/	4	2.1989/	4	2.2447/	4	2.2884/	4
14.00	2.3301/	4	2.3700/	4	2.4080/	4	2.4443/	4
16.00	2.4791/	4	2.5122/	4	2.5438/	4	2.5741/	4
18.00	2.6029/	4	2.6305/	4	2.6568/	4	2.6819/	4
20.00	2.7059/	4	2.7289/	4	2.7507/	4	2.7717/	4
22.00	2.7916/	4	2.8107/	4	2.8289/	4	2.8463/	4
24.00	2.8629/	4	2.8787/	4	2.8939/	4	2.9083/	4
26.00	2.9221/	4						

Decay factor for $^{171}\mathrm{Er} : D_1(t)$

Hour	0.00		0.50		1.00		1.50	
0.00	1.0000/	0	9.5497/	−1	9.1196/	−1	8.7090/	−1
2.00	8.3168/	−1	7.9423/	−1	7.5846/	−1	7.2431/	−1
4.00	6.9169/	−1	6.6054/	−1	6.3080/	−1	6.0239/	−1
6.00	5.7526/	−1	5.4936/	−1	5.2462/	−1	5.0100/	−1
8.00	4.7844/	−1	4.5689/	−1	4.3632/	−1	4.1667/	−1
10.00	3.9790/	−1	3.7999/	−1	3.6288/	−1	3.4653/	−1
12.00	3.3093/	−1	3.1603/	−1	3.0180/	−1	2.8821/	−1
14.00	2.7523/	−1	2.6283/	−1	2.5100/	−1	2.3969/	−1

Hour	0.00	0.500	1.00	1.50
16.00	2.2890/ −1	2.1859/ −1	2.0875/ −1	1.9935/ −1
18.00	1.9037/ −1	1.8180/ −1	1.7361/ −1	1.6579/ −1
20.00	1.5833/ −1	1.5120/ −1	1.4439/ −1	1.3789/ −1
22.00	1.3168/ −1	1.2575/ −1	1.2009/ −1	1.1468/ −1
24.00	1.0951/ −1	1.0458/ −1	9.9873/ −2	9.5376/ −2
26.00	9.1081/ −2	8.6979/ −2	8.3062/ −2	7.9322/ −2
28.00	7.5750/ −2	7.2339/ −2	6.9081/ −2	6.5970/ −2
30.00	6.3000/ −2	6.0163/ −2	5.7453/ −2	5.4866/ −2
32.00	5.2395/ −2	5.0036/ −2	4.7783/ −2	4.5631/ −2
34.00	4.3576/ −2	4.1614/ −2	3.9740/ −2	3.7950/ −2
36.00	3.6241/ −2	3.4609/ −2	3.3051/ −2	3.1563/ −2
38.00	3.0141/ −2	2.8784/ −2	2.7488/ −2	2.6250/ −2
40.00	2.5068/ −2	2.3939/ −2	2.2861/ −2	2.1831/ −2
42.00	2.0848/ −2	1.9910/ −2	1.9013/ −2	1.8157/ −2
44.00	1.7339/ −2	1.6558/ −2	1.5813/ −2	1.5101/ −2
46.00	1.4421/ −2	1.3771/ −2	1.3151/ −2	1.2559/ −2
48.00	1.1993/ −2	1.1453/ −2	1.0937/ −2	1.0445/ −2
50.00	9.9746/ −3	9.5254/ −3	9.0965/ −3	8.6869/ −3

*

Activation data for ^{171}Er : $A_1(\tau)$, dps/μg

$$A_1(\text{sat}) = 3.2150/ \quad 4$$
$$A_1(1 \text{ sec}) = 8.2297/ \quad -1$$

$K = -4.4730/ \quad -4$

Time intervals with respect to T_2

Day	0.00	10.00	20.00	30.00
0.00	0.0000/ 0	3.2150/ 4	3.2150/ 4	3.2150/ 4
40.00	3.2150/ 4	3.2150/ 4	3.2150/ 4	3.2150/ 4

Decay factor for ^{171}Er : $D_1(t)$

Day	0.00	10.00	20.00	30.00
0.00	1.0000/ 0	2.4814/ −10	6.1574/ −20	1.5279/ −29
40.00	3.7914/ −39	9.4080/ −49	2.3345/ −58	5.7929/ −68

Activation data for ^{171}Tm : $F \cdot A_2(\tau)$

$$F \cdot A_2(\text{sat}) = 3.2164/ \quad 4$$
$$F \cdot A_2(1 \text{ sec}) = 3.6835/ \quad -4$$

Day	0.00	10.00	20.00	30.00
0.00	0.0000/ 0	3.1649/ 2	6.2987/ 2	9.4016/ 2
40.00	1.2474/ 3	1.5516/ 3	1.8528/ 3	2.1511/ 3
80.00	2.4464/ 3	2.7388/ 3	3.0284/ 3	3.3151/ 3
120.00	3.5989/ 3	3.8800/ 3	4.1583/ 3	4.4339/ 3
160.00	4.7068/ 3	4.9769/ 3	5.2444/ 3	5.5093/ 3

Day	0.00		10.00		20.00		30.00	
200.00	5.7716/	3	6.0313/	3	6.2884/	3	6.5431/	3
240.00	6.7952/	3	7.0448/	3	7.2920/	3	7.5367/	3
280.00	7.7790/	3	8.0190/	3	8.2566/	3	8.4918/	3
320.00	8.7247/	3	8.9554/	3	9.1837/	3	9.4099/	3
360.00	9.6338/	3	9.8554/	3	1.0075/	4	1.0292/	4
400.00	1.0508/	4	1.0721/	4	1.0932/	4	1.1141/	4
440.00	1.1347/	4	1.1552/	4	1.1755/	4	1.1956/	4
480.00	1.2155/	4	1.2352/	4	1.2547/	4	1.2740/	4
520.00	1.2931/	4	1.3120/	4	1.3307/	4	1.3493/	4
560.00	1.3677/	4	1.3859/	4	1.4039/	4	1.4217/	4

Decay factor for ^{171}Tm : $D_2(t)$

Day	0.00		10.00		20.00		30.00	
0.00	1.0000/	0	9.9016/	−1	9.8042/	−1	9.7077/	−1
40.00	9.6122/	−1	9.5176/	−1	9.4239/	−1	9.3312/	−1
80.00	9.2394/	−1	9.1485/	−1	9.0585/	−1	8.9693/	−1
120.00	8.8811/	−1	8.7937/	−1	8.7071/	−1	8.6215/	−1
160.00	8.5366/	−1	8.4526/	−1	8.3695/	−1	8.2871/	−1
200.00	8.2056/	−1	8.1248/	−1	8.0449/	−1	7.9657/	−1
240.00	7.8873/	−1	7.8097/	−1	7.7329/	−1	7.6568/	−1
280.00	7.5814/	−1	7.5068/	−1	7.4330/	−1	7.3598/	−1
320.00	7.2874/	−1	7.2157/	−1	7.1447/	−1	7.0744/	−1
360.00	7.0048/	−1	6.9358/	−1	6.8676/	−1	6.8000/	−1
400.00	6.7331/	−1	6.6669/	−1	6.6013/	−1	6.5363/	−1
440.00	6.4720/	−1	6.4083/	−1	6.3452/	−1	6.2828/	−1
480.00	6.2210/	−1	6.1598/	−1	6.0992/	−1	6.0391/	−1
520.00	5.9797/	−1	5.9209/	−1	5.8626/	−1	5.8049/	−1
560.00	5.7478/	−1	5.6912/	−1	5.6352/	−1	5.5798/	−1
600.00	5.5249/	−1	5.4705/	−1	5.4167/	−1	5.3634/	−1
640.00	5.3106/	−1	5.2584/	−1	5.2066/	−1	5.1554/	−1
680.00	5.1047/	−1	5.0544/	−1	5.0047/	−1	4.9554/	−1
720.00	4.9067/	−1						

$M = 168.934$ $\qquad G = 100\%$ $\qquad \sigma_{ac} = 115$ barn,

^{170}Tm $\qquad$ T$_1$ = 128.6 day

E_γ (keV) $\qquad$ 84

P $\qquad$ 0.033

Activation data for ^{170}Tm : $A_1(\tau)$, dps/μg

A_1(sat) $= 4.1001/$ 6

A_1(1 sec) $= 2.5572/ -1$

Day	0.00		10.00		20.00		30.00	
0.00	0.0000/	0	2.1510/	5	4.1891/	5	6.1203/	5
40.00	7.9502/	5	9.6841/	5	1.1327/	6	1.2884/	6
80.00	1.4359/	6	1.5757/	6	1.7081/	6	1.8336/	6
120.00	1.9525/	6	2.0652/	6	2.1719/	6	2.2731/	6
160.00	2.3689/	6	2.4597/	6	2.5458/	6	2.6273/	6
200.00	2.7046/	6	2.7778/	6	2.8472/	6	2.9129/	6
240.00	2.9752/	6	3.0342/	6	3.0901/	6	3.1431/	6
280.00	3.1933/	6	3.2409/	6	3.2860/	6	3.3287/	6
320.00	3.3691/	6	3.4075/	6	3.4438/	6	3.4783/	6
360.00	3.5109/	6	3.5418/	6	3.5711/	6	3.5988/	6
400.00	3.6251/	6	3.6500/	6	3.6737/	6	3.6960/	6
440.00	3.7172/	6	3.7373/	6	3.7563/	6	3.7744/	6

Decay factor for ^{170}Tm : D_1(t)

Day	0.00		10.00		20.00		30.00	
0.00	1.0000/	0	9.4754/	−1	8.9783/	−1	8.5073/	−1
40.00	8.0610/	−1	7.6381/	−1	7.2374/	−1	6.8577/	−1
80.00	6.4979/	−1	6.1570/	−1	5.8340/	−1	5.5279/	−1
120.00	5.2379/	−1	4.9632/	−1	4.7028/	−1	4.4561/	−1
160.00	4.2223/	−1	4.0008/	−1	3.7909/	−1	3.5920/	−1
200.00	3.4036/	−1	3.2250/	−1	3.0558/	−1	2.8955/	−1
240.00	2.7436/	−1	2.5997/	−1	2.4633/	−1	2.3341/	−1
280.00	2.2116/	−1	2.0956/	−1	1.9856/	−1	1.8815/	−1
320.00	1.7828/	−1	1.6892/	−1	1.6006/	−1	1.5167/	−1
360.00	1.4371/	−1	1.3617/	−1	1.2903/	−1	1.2226/	−1
400.00	1.1584/	−1	1.0977/	−1	1.0401/	−1	9.8551/	−2
440.00	9.3380/	−2	8.8482/	−2	8.3840/	−2	7.9441/	−2
480.00	7.5274/	−2	7.1325/	−2	6.7583/	−2	6.4037/	−2
520.00	6.0678/	−2	5.7495/	−2	5.4478/	−2	5.1620/	−2
560.00	4.8912/	−2	4.6346/	−2	4.3915/	−2	4.1611/	−2
600.00	3.9428/	−2	3.7359/	−2	3.5400/	−2	3.3542/	−2
640.00	3.1783/	−2	3.0115/	−2	2.8535/	−2	2.7038/	−2
680.00	2.5620/	−2	2.4276/	−2	2.3002/	−2	2.1796/	−2
720.00	2.0652/	−2						

$^{168}\text{Yb}(\text{n}, \gamma)^{169}\text{Yb}$

$M = 173.04$ $\qquad G = 0.135\%$ $\qquad \sigma_{ac} = 3.200$ barn,

^{169}Yb $\qquad \text{T}_1 = 32$ day

E_γ (keV)

P

Activation data for ^{169}Yb : $A_1(\tau)$, dps/μg

$A_1(\text{sat}) = 1.5037/ \quad 5$

$A_1(1 \text{ sec}) = 3.7690/ -2$

Day	0.00		2.00		4.00		6.00	
0.00	0.0000/	0	6.3737/	3	1.2477/	4	1.8322/	4
8.00	2.3919/	4	2.9279/	4	3.4412/	4	3.9327/	4
16.00	4.4033/	4	4.8541/	4	5.2857/	4	5.6990/	4
24.00	6.0948/	4	6.4738/	4	6.8368/	4	7.1844/	4
32.00	7.5172/	4	7.8359/	4	8.1412/	4	8.4334/	4
40.00	8.7133/	4	8.9814/	4	9.2380/	4	9.4838/	4
48.00	9.7192/	4	9.9446/	4	1.0160/	5	1.0367/	5
56.00	1.0565/	5	1.0755/	5	1.0936/	5	1.1110/	5
64.00	1.1276/	5	1.1436/	5	1.1588/	5	1.1735/	5
72.00	1.1875/	5	1.2009/	5	1.2137/	5	1.2260/	5
80.00	1.2378/	5	1.2490/	5	1.2598/	5	1.2702/	5
88.00	1.2801/	5	1.2895/	5	1.2986/	5	1.3073/	5
96.00	1.3156/	5	1.3236/	5	1.3312/	5	1.3385/	5
104.00	1.3455/	5	1.3522/	5	1.3587/	5	1.3648/	5
112.00	1.3707/	5	1.3763/	5	1.3817/	5	1.3869/	5

Decay factor for ^{169}Yb : $D_1(\text{t})$

Day	0.00		2.00		4.00		6.00	
0.00	1.0000/	0	9.5761/	−1	9.1702/	−1	8.7815/	−1
8.00	8.4093/	−1	8.0528/	−1	7.7115/	−1	7.3846/	−1
16.00	7.0716/	−1	6.7718/	−1	6.4848/	−1	6.2099/	−1
24.00	5.9467/	−1	5.6946/	−1	5.4532/	−1	5.2221/	−1
32.00	5.0000/	−1	4.7888/	−1	4.5858/	−1	4.3914/	−1
40.00	4.2053/	−1	4.0270/	−1	3.8563/	−1	3.6928/	−1
48.00	3.5363/	−1	3.3864/	−1	3.2429/	−1	3.1054/	−1
56.00	2.9738/	−1	2.8477/	−1	2.7270/	−1	2.6114/	−1
64.00	2.5000/	−1	2.3947/	−1	2.2932/	−1	2.1960/	−1
72.00	2.1029/	−1	2.0138/	−1	1.9284/	−1	1.8467/	−1
80.00	1.7684/	−1	1.6935/	−1	1.6217/	−1	1.5529/	−1
88.00	1.4871/	−1	1.4241/	−1	1.3637/	−1	1.3059/	−1
96.00	1.2506/	−1	1.1975/	−1	1.1468/	−1	1.0982/	−1
104.00	1.0516/	−1	1.0070/	−1	9.6436/	−2	9.2348/	−2
112.00	8.8434/	−2	8.4685/	−2	8.1096/	−2	7.7658/	−2
120.00	7.4366/	−2	7.1214/	−2	6.8196/	−2	6.5305/	−2

Day	0.00	2.00	4.00	6.00
128.00	6.2537/ −2	5.9886/ −2	5.7348/ −2	5.4917/ −2
136.00	5.2589/ −2	5.0360/ −2	4.8225/ −2	4.6181/ −2
144.00	4.4223/ −2	4.2349/ −2	4.0554/ −2	3.8835/ −2
152.00	3.7189/ −2	3.5612/ −2	3.4103/ −2	3.2657/ −2
160.00	3.1273/ −2	2.9947/ −2	2.8678/ −2	2.7462/ −2
168.00	2.6298/ −2	2.5184/ −2	2.4116/ −2	2.3094/ −2
176.00	2.2115/ −2	2.1178/ −2	2.0280/ −2	1.9420/ −2
184.00	1.8597/ −2	1.7809/ −2	1.7054/ −2	1.6331/ −2
192.00	1.5639/ −2	1.4976/ −2	1.4341/ −2	1.3733/ −2
200.00	1.3151/ −2	1.2594/ −2	1.2060/ −2	1.1549/ −2

$^{174}\text{Yb}(\text{n}, \gamma)^{175}\text{Yb}$

$M = 173.04$ $\qquad$ $G = 31.6\%$ $\qquad$ $\sigma_{ac} = 60$ barn,

^{175}Yb $\qquad$ $T_1 = 4.20$ day

E_γ (keV)	396	283	114
P	0.060	0.037	0.019

Activation data for ^{175}Yb : $A_1(\tau)$, dps/μg

$A_1(\text{sat}) = 6.5994/\ 5$

$A_1(1\ \text{sec}) = 1.2603/\ 0$

Day	0.00		0.25		0.50		0.75	
0.00	0.0000/	0	2.6669/	4	5.2260/	4	7.6817/	4
1.00	1.0038/	5	1.2299/	5	1.4469/	5	1.6551/	5
2.00	1.8549/	5	2.0467/	5	2.2306/	5	2.4072/	5
3.00	2.5766/	5	2.7392/	5	2.8952/	5	3.0449/	5
4.00	3.1885/	5	3.3263/	5	3.4586/	5	3.5855/	5
5.00	3.7073/	5	3.8242/	5	3.9363/	5	4.0440/	5
6.00	4.1472/	5	4.2463/	5	4.3414/	5	4.4327/	5
7.00	4.5202/	5	4.6042/	5	4.6849/	5	4.7622/	5
8.00	4.8365/	5	4.9077/	5	4.9761/	5	5.0417/	5
9.00	5.1046/	5	5.1650/	5	5.2230/	5	5.2786/	5
10.00	5.3320/	5	5.3832/	5	5.4324/	5	5.4795/	5
11.00	5.5248/	5	5.5682/	5	5.6099/	5	5.6499/	5
12.00	5.6882/	5	5.7251/	5	5.7604/	5	5.7943/	5
13.00	5.8268/	5	5.8580/	5	5.8880/	5	5.9168/	5
14.00	5.9448/	5	5.9708/	5	5.9962/	5	6.0206/	5

Decay factor for ^{175}Yb : $D_1(\text{t})$

Day	0.00		0.25		0.50		0.75	
0.00	1.0000/	0	9.5959/	-1	9.2081/	-1	8.8360/	-1
1.00	8.4789/	-1	8.1363/	-1	7.8075/	-1	7.4920/	-1
2.00	7.1892/	-1	6.8987/	-1	6.6199/	-1	6.3524/	-1
3.00	6.0957/	-1	5.8494/	-1	5.6130/	-1	5.3862/	-1
4.00	5.1685/	-1	4.9596/	-1	4.7592/	-1	4.5669/	-1
5.00	4.3823/	-1	4.2053/	-1	4.0353/	-1	3.8722/	-1
6.00	3.7158/	-1	3.5656/	-1	3.4215/	-1	3.2833/	-1
7.00	3.1506/	-1	3.0233/	-1	2.9011/	-1	2.7839/	-1
8.00	2.6714/	-1	2.5634/	-1	2.4598/	-1	2.3604/	-1
9.00	2.2650/	-1	2.1735/	-1	2.0857/	-1	2.0014/	-1
10.00	1.9205/	-1	1.8429/	-1	1.7684/	-1	1.6970/	-1
11.00	1.6284/	-1	1.5626/	-1	1.4994/	-1	1.4388/	-1
12.00	1.3807/	-1	1.3249/	-1	1.2714/	-1	1.2200/	-1
13.00	1.1707/	-1	1.1234/	-1	1.0780/	-1	1.0344/	-1
14.00	9.9261/	-2	9.5250/	-2	9.1401/	-2	8.7707/	-2
15.00	8.4163/	-2	8.0762/	-2	7.7498/	-2	7.4366/	-2

Day	0.00	0.25	0.50	0.75
16.00	7.1361/ −2	6.8478/ −2	6.5710/ −2	6.3055/ −2
17.00	6.0507/ −2	5.8062/ −2	5.5715/ −2	5.3464/ −2
18.00	5.1303/ −2	4.9230/ −2	4.7241/ −2	4.5332/ −2
19.00	4.3500/ −2	4.1742/ −2	4.0055/ −2	3.8436/ −2
20.00	3.6883/ −2	3.5393/ −2	3.3962/ −2	3.2590/ −2
21.00	3.1273/ −2	3.0009/ −2	2.8797/ −2	2.7633/ −2
22.00	2.6516/ −2	2.5445/ −2	2.4416/ −2	2.3430/ −2
23.00	2.2483/ −2	2.1574/ −2	2.0703/ −2	1.9866/ −2
24.00	1.9063/ −2	1.8293/ −2	1.7554/ −2	1.6844/ −2
25.00	1.6163/ −2	1.5510/ −2	1.4884/ −2	1.4282/ −2
26.00	1.3705/ −2	1.3151/ −2	1.2620/ −2	1.2110/ −2

^{176}**Yb**$(n, \gamma)^{177}$**Yb** $\rightarrow$ ^{177}**Lu**

$M = 173.04$ $\qquad\qquad G = 12.6\%$ $\qquad\qquad \sigma_{ac} = 5.5$ barn,

^{177}**Yb** $\qquad$ $T_1 = 1.9$ hour

E_γ (keV)	1241	1080	151	122
P	0.030	0.050	0.160	0.030

^{177}**Lu** $\qquad$ $T_2 = 6.7$ day

E_γ (keV)	208	113
P	0.061	0.028

Activation data for ^{177}Yb : $A_1(\tau)$, dps/μg

$A_1(\text{sat}) \quad = 2.4121/\ 4$

$A_1(1 \text{ sec}) = 2.4437/\ 0$

$K = -1.1885/\ -2$

Time intervals with respect to T_1

Hour	0.000		0.125		0.250		0.375	
0.00	0.0000/	0	1.0750/	3	2.1022/	3	3.0835/	3
0.50	4.0211/	3	4.9170/	3	5.7729/	3	6.5906/	3
1.00	7.3719/	3	8.1184/	3	8.8317/	3	9.5131/	3
1.50	1.0164/	4	1.0786/	4	1.1381/	4	1.1948/	4
2.00	1.2491/	4	1.3009/	4	1.3504/	4	1.3978/	4
2.50	1.4430/	4	1.4862/	4	1.5274/	4	1.5669/	4
3.00	1.6045/	4	1.6405/	4	1.6749/	4	1.7078/	4
3.50	1.7392/	4	1.7692/	4	1.7978/	4	1.8252/	4
4.00	1.8514/	4	1.8763/	4	1.9002/	4	1.9230/	4
4.50	1.9448/	4	1.9657/	4	1.9856/	4	2.0046/	4
5.00	2.0227/	4	2.0401/	4	2.0567/	4	2.0725/	4
5.50	2.0876/	4	2.1021/	4	2.1159/	4	2.1291/	4
6.00	2.1417/	4	2.1538/	4	2.1653/	4	2.1763/	4
6.50	2.1868/	4						

Decay factor for ^{177}Yb : $D_1(t)$

Hour	0.000		0.125		0.250		0.375	
0.00	1.0000/	0	9.5543/	-1	9.1285/	-1	8.7217/	-1
0.50	8.3329/	-1	7.9616/	-1	7.6067/	-1	7.2677/	-1
1.00	6.9438/	-1	6.6343/	-1	6.3386/	-1	6.0561/	-1
1.50	5.7862/	-1	5.5283/	-1	5.2820/	-1	5.0465/	-1
2.00	4.8216/	-1	4.6067/	-1	4.4014/	-1	4.2053/	-1
2.50	4.0178/	-1	3.8388/	-1	3.6677/	-1	3.5042/	-1
3.00	3.3480/	-1	3.1988/	-1	3.0563/	-1	2.9200/	-1
3.50	2.7899/	-1	2.6656/	-1	2.5468/	-1	2.4333/	-1

Hour	0.000	0.125	0.250	0.375
4.00	2.3248/ −1	2.2212/ −1	2.1222/ −1	2.0276/ −1
4.50	1.9372/ −1	1.8509/ −1	1.7684/ −1	1.6896/ −1
5.00	1.6143/ −1	1.5424/ −1	1.4736/ −1	1.4079/ −1
5.50	1.3452/ −1	1.2852/ −1	1.2280/ −1	1.1732/ −1
6.00	1.1209/ −1	1.0710/ −1	1.0232/ −1	9.7764/ −2
6.50	9.3407/ −2	8.9244/ −2	8.5266/ −2	8.1466/ −2
7.00	7.7835/ −2	7.4366/ −2	7.1052/ −2	6.7885/ −2
7.50	6.4860/ −2	6.1969/ −2	5.9207/ −2	5.6569/ −2
8.00	5.4047/ −2	5.1639/ −2	4.9337/ −2	4.7138/ −2
8.50	4.5037/ −2	4.3030/ −2	4.1112/ −2	3.9280/ −2
9.00	3.7529/ −2	3.5857/ −2	3.4259/ −2	3.2732/ −2
9.50	3.1273/ −2	2.9879/ −2	2.8548/ −2	2.7275/ −2
10.00	2.6060/ −2	2.4898/ −2	2.3789/ −2	2.2728/ −2
10.50	2.1715/ −2	2.0748/ −2	1.9823/ −2	1.8939/ −2
11.00	1.8095/ −2	1.7289/ −2	1.6518/ −2	1.5782/ −2
11.50	1.5079/ −2	1.4407/ −2	1.3765/ −2	1.3151/ −2
12.00	1.2565/ −2	1.2005/ −2	1.1470/ −2	1.0959/ −2
12.50	1.0470/ −2	1.0004/ −2	9.5578/ −3	9.1319/ −3
13.00	8.7249/ −3			

Activation data for ^{177}Lu : $F \cdot A_2(\tau)$

$$F \cdot A_2(\text{sat}) = 2.4408/ \quad 4$$
$$F \cdot A_2(1 \text{ sec}) = 2.9046/ \quad −2$$

Hour	0.000		0.125		0.250		0.375	
0.00	0.0000/	0	1.3067/	1	2.6128/	1	3.9181/	1
0.50	5.2227/	1	6.5266/	1	7.8299/	1	9.1324/	1
1.00	1.0434/	2	1.1735/	2	1.3036/	2	1.4336/	2
1.50	1.5635/	2	1.6933/	2	1.8231/	2	1.9528/	2
2.00	2.0824/	2	2.2119/	2	2.3414/	2	2.4709/	2
2.50	2.6002/	2	2.7295/	2	2.8587/	2	2.9878/	2
3.00	3.1169/	2	3.2459/	2	3.3748/	2	3.5037/	2
3.50	3.6325/	2	3.7612/	2	3.8899/	2	4.0185/	2
4.00	4.1470/	2	4.2755/	2	4.4038/	2	4.5322/	2
4.50	4.6604/	2	4.7886/	2	4.9167/	2	5.0447/	2
5.00	5.1727/	2	5.3006/	2	5.4284/	2	5.5562/	2
5.50	5.6839/	2	5.8115/	2	5.9391/	2	6.0666/	2
6.00	6.1940/	2	6.3214/	2	6.4487/	2	6.5759/	2
6.50	6.7030/	2						

Decay factor for ^{177}Lu : $D_2(t)$

Hour	0.000		0.125	0.250	0.375
0.00	1.0000/	0	9.9946/ −1	9.9893/ −1	9.9839/ −1
0.50	9.9786/ −1		9.9733/ −1	9.9679/ −1	9.9626/ −1
1.00	9.9573/ −1		9.9519/ −1	9.9466/ −1	9.9413/ −1
1.50	9.9359/ −1		9.9306/ −1	9.9253/ −1	9.9200/ −1
2.00	9.9147/ −1		9.9094/ −1	9.9041/ −1	9.8988/ −1
2.50	9.8935/ −1		9.8882/ −1	9.8829/ −1	9.8776/ −1

30

Hour	0.000	0.125	0.250	0.375
3.00	9.8723/ −1	9.8670/ −1	9.8617/ −1	9.8565/ −1
3.50	9.8512/ −1	9.8459/ −1	9.8406/ −1	9.8354/ −1
4.00	9.8301/ −1	9.8248/ −1	9.8196/ −1	9.8143/ −1
4.50	9.8091/ −1	9.8038/ −1	9.7986/ −1	9.7933/ −1
5.00	9.7881/ −1	9.7828/ −1	9.7776/ −1	9.7724/ −1
5.50	9.7671/ −1	9.7619/ −1	9.7567/ −1	9.7514/ −1
6.00	9.7462/ −1	9.7410/ −1	9.7358/ −1	9.7306/ −1
6.50	9.7254/ −1	9.7202/ −1	9.7150/ −1	9.7098/ −1
7.00	9.7046/ −1	9.6994/ −1	9.6942/ −1	9.6890/ −1
7.50	9.6838/ −1	9.6786/ −1	9.6734/ −1	9.6683/ −1
8.00	9.6631/ −1	9.6579/ −1	9.6527/ −1	9.6476/ −1
8.50	9.6424/ −1	9.6372/ −1	9.6321/ −1	9.6269/ −1
9.00	9.6218/ −1	9.6166/ −1	9.6115/ −1	9.6063/ −1
9.50	9.6012/ −1	9.5960/ −1	9.5909/ −1	9.5858/ −1
10.00	9.5806/ −1	9.5755/ −1	9.5704/ −1	9.5653/ −1
10.50	9.5601/ −1	9.5550/ −1	9.5499/ −1	9.5448/ −1
11.00	9.5397/ −1	9.5346/ −1	9.5295/ −1	9.5244/ −1
11.50	9.5193/ −1	9.5142/ −1	9.5091/ −1	9.5040/ −1
12.00	9.4989/ −1	9.4938/ −1	9.4887/ −1	9.4836/ −1
12.50	9.4786/ −1	9.4735/ −1	9.4684/ −1	9.4634/ −1
13.00	9.4583/ −1			

*

Activation data for ^{177}Yb : $A_1(\tau)$, dps/μg
$$A_1(\text{sat}) = 2.4121/ 4$$
$$A_1(1 \text{ sec}) = 2.4437/ 0$$

$K = -1.1885/ -2$

Time intervals with respect to T_2

Day	0.00		0.25		0.50		0.75	
0.00	0.0000/	0	2.1417/	4	2.3818/	4	2.4087/	4
1.00	2.4117/	4	2.4121/	4	2.4121/	4	2.4121/	4

Decay factor for ^{177}Yb : $D_1(t)$

Day	0.00		0.25		0.50		0.75	
0.00	1.0000/	0	1.1209/	−1	1.2565/	−2	1.4085/	−3
1.00	1.5788/	−4	1.7697/	−5	1.9837/	−6	2.2236/	−7

Activation data for ^{177}Lu : $F \cdot A_2(\tau)$
$$F \cdot A_2(\text{sat}) = 2.4408/ 4$$
$$F \cdot A_2(1 \text{ sec}) = 2.9046/ -2$$

Day	0.00		0.25		0.50		0.75	
0.00	0.0000/	0	6.1940/	2	1.2231/	3	1.8114/	3
1.00	2.3849/	3	2.9438/	3	3.4885/	3	4.0193/	3
2.00	4.5367/	3	5.0410/	3	5.5325/	3	6.0115/	3

Day	0.00		0.25		0.50		0.75	
3.00	6.4783/	3	6.9333/	3	7.3768/	3	7.8090/	3
4.00	8.2302/	3	8.6408/	3	9.0409/	3	9.4308/	3
5.00	9.8109/	3	1.0181/	4	1.0542/	4	1.0894/	4
6.00	1.1237/	4	1.1571/	4	1.1897/	4	1.2215/	4
7.00	1.2524/	4	1.2826/	4	1.3120/	4	1.3406/	4
8.00	1.3685/	4	1.3957/	4	1.4223/	4	1.4481/	4
9.00	1.4733/	4	1.4978/	4	1.5218/	4	1.5451/	4
10.00	1.5678/	4	1.5900/	4	1.6116/	4	1.6326/	4
11.00	1.6531/	4	1.6731/	4	1.6926/	4	1.7116/	4
12.00	1.7301/	4	1.7481/	4	1.7657/	4	1.7828/	4
13.00	1.7995/	4	1.8158/	4	1.8317/	4	1.8471/	4
14.00	1.8622/	4	1.8769/	4	1.8912/	4	1.9051/	4
15.00	1.9187/	4	1.9320/	4	1.9449/	4	1.9575/	4
16.00	1.9697/	4	1.9817/	4	1.9933/	4	2.0047/	4
17.00	2.0158/	4	2.0265/	4	2.0371/	4	2.0473/	4
18.00	2.0573/	4	2.0670/	4	2.0765/	4	2.0857/	4
19.00	2.0948/	4	2.1035/	4	2.1121/	4	2.1204/	4
20.00	2.1286/	4	2.1365/	4	2.1442/	4	2.1517/	4
21.00	2.1591/	4	2.1662/	4	2.1732/	4	2.1800/	4
22.00	2.1866/	4	2.1930/	4	2.1993/	4	2.2055/	4
23.00	2.2114/	4	2.2173/	4	2.2229/	4	2.2285/	4
24.00	2.2338/	4	2.2391/	4	2.2442/	4		

Decay factor for ^{177}Lu : $D_2(t)$

Day	0.00		0.25		0.50		0.75	
0.00	1.0000/	0	9.7462/	−1	9.4989/	−1	9.2578/	−1
1.00	9.0229/	−1	8.7939/	−1	8.5708/	−1	8.3533/	−1
2.00	8.1413/	−1	7.9347/	−1	7.7333/	−1	7.5371/	−1
3.00	7.3458/	−1	7.1594/	−1	6.9777/	−1	6.8006/	−1
4.00	6.6280/	−1	6.4598/	−1	6.2959/	−1	6.1361/	−1
5.00	5.9804/	−1	5.8286/	−1	5.6807/	−1	5.5366/	−1
6.00	5.3961/	−1	5.2591/	−1	5.1257/	−1	4.9956/	−1
7.00	4.8688/	−1	4.7453/	−1	4.6248/	−1	4.5075/	−1
8.00	4.3931/	−1	4.2816/	−1	4.1730/	−1	4.0671/	−1
9.00	3.9638/	−1	3.8633/	−1	3.7652/	−1	3.6697/	−1
10.00	3.5765/	−1	3.4858/	−1	3.3973/	−1	3.3111/	−1
11.00	3.2271/	−1	3.1452/	−1	3.0654/	−1	2.9876/	−1
12.00	2.9118/	−1	2.8379/	−1	2.7658/	−1	2.6957/	−1
13.00	2.6273/	−1	2.5606/	−1	2.4956/	−1	2.4323/	−1
14.00	2.3705/	−1	2.3104/	−1	2.2518/	−1	2.1946/	−1
15.00	2.1389/	−1	2.0846/	−1	2.0317/	−1	1.9802/	−1
16.00	1.9299/	−1	1.8809/	−1	1.8332/	−1	1.7867/	−1
17.00	1.7414/	−1	1.6972/	−1	1.6541/	−1	1.6121/	−1
18.00	1.5712/	−1	1.5313/	−1	1.4925/	−1	1.4546/	−1
19.00	1.4177/	−1	1.3817/	−1	1.3466/	−1	1.3125/	−1
20.00	1.2792/	−1	1.2467/	−1	1.2151/	−1	1.1842/	−1
21.00	1.1542/	−1	1.1249/	−1	1.0963/	−1	1.0685/	−1
22.00	1.0414/	−1	1.0150/	−1	9.8922/	−2	9.6411/	−2
23.00	9.3965/	−2	9.1580/	−2	8.9256/	−2	8.6991/	−2

Day	0.00	0.25	0.50	0.75
24.00	8.4783/ —2	8.2632/ —2	8.0535/ —2	7.8491/ —2
25.00	7.6499/ —2	7.4558/ —2	7.2666/ —2	7.0822/ —2
26.00	6.9024/ —2	6.7273/ —2	6.5566/ —2	6.3902/ —2
27.00	6.2280/ —2	6.0700/ —2	5.9159/ —2	5.7658/ —2
28.00	5.6195/ —2	5.4769/ —2	5.3379/ —2	5.2024/ —2
29.00	5.0704/ —2	4.9417/ —2	4.8163/ —2	4.6941/ —2
30.00	4.5750/ —2	4.4589/ —2	4.3457/ —2	4.2354/ —2
31.00	4.1280/ —2	4.0232/ —2	3.9211/ —2	3.8216/ —2
32.00	3.7246/ —2	3.6301/ —2	3.5380/ —2	3.4482/ —2
33.00	3.3607/ —2	3.2754/ —2	3.1923/ —2	3.1113/ —2
34.00	3.0323/ —2	2.9554/ —2	2.8804/ —2	2.8073/ —2
35.00	2.7360/ —2	2.6666/ —2	2.5989/ —2	2.5330/ —2
36.00	2.4687/ —2	2.4060/ —2	2.3450/ —2	2.2855/ —2
37.00	2.2275/ —2	2.1709/ —2	2.1159/ —2	2.0622/ —2
38.00	2.0098/ —2	1.9588/ —2	1.9091/ —2	1.8607/ —2
39.00	1.8134/ —2	1.7674/ —2	1.7226/ —2	1.6789/ —2
40.00	1.6363/ —2	1.5947/ —2	1.5543/ —2	1.5148/ —2
41.00	1.4764/ —2	1.4389/ —2	1.4024/ —2	1.3668/ —2
42.00	1.3321/ —2	1.2983/ —2	1.2654/ —2	1.2333/ —2
43.00	1.2020/ —2	1.1715/ —2	1.1417/ —2	1.1128/ —2
44.00	1.0845/ —2	1.0570/ —2	1.0302/ —2	1.0040/ —2
45.00	9.7855/ —3	9.5372/ —3	9.2951/ —3	9.0593/ —3

See also ^{176}Lu(n, γ)^{177}Lu

$$^{176}\text{Yb}(\text{n}, \gamma)^{177\text{m}}\text{Yb}$$

$M = 173.04$ $G = 12.6\%$ $\sigma_{\text{ac}} = 7.0$ barn,

$^{177\text{m}}\text{Yb}$ $T_1 = 6.5$ second

E_γ (keV)	228	104
P	0.130	0.650

Activation data for $^{177\text{m}}\text{Yb}$: $A_1(\tau)$, dps/μg

$A_1(\text{sat})$ $= 3.0700/$ 4

$A_1(1 \text{ sec}) = 3.1046/$ 3

Second	0.00		1.00		2.00		3.00	
0.00	0.0000/	0	3.1046/	3	5.8953/	3	8.4037/	3
4.00	1.0658/	4	1.2685/	4	1.4507/	4	1.6145/	4
8.00	1.7617/	4	1.8940/	4	2.0129/	4	2.1198/	4
12.00	2.2159/	4	2.3023/	4	2.3799/	4	2.4497/	4
16.00	2.5124/	4	2.5688/	4	2.6195/	4	2.6650/	4
20.00	2.7060/	4	2.7428/	4	2.7759/	4	2.8056/	4
24.00	2.8324/	4	2.8564/	4	2.8780/	4	2.8974/	4
28.00	2.9149/	4	2.9305/	4	2.9446/	4	2.9573/	4
32.00	2.9687/	4	2.9790/	4	2.9882/	4	2.9964/	4
36.00	3.0039/	4	3.0106/	4	3.0166/	4	3.0220/	4
40.00	3.0268/	4	3.0312/	4	3.0351/	4	3.0386/	4
44.00	3.0418/	4	3.0447/	4	3.0472/	4	3.0495/	4
48.00	3.0516/	4	3.0534/	4	3.0551/	4	3.0566/	4
52.00	3.0580/	4	3.0592/	4	3.0603/	4	3.0613/	4
56.00	3.0621/	4	3.0629/	4	3.0636/	4	3.0643/	4
60.00	3.0649/	4						

Decay factor for $^{177\text{m}}\text{Yb}$: $D_1(t)$

Second	0.00		1.00		2.00		3.00	
0.00	1.0000/	0	8.9887/	−1	8.0797/	−1	7.2626/	−1
4.00	6.5281/	−1	5.8680/	−1	5.2745/	−1	4.7411/	−1
8.00	4.2617/	−1	3.8307/	−1	3.4433/	−1	3.0951/	−1
12.00	2.7821/	−1	2.5007/	−1	2.2478/	−1	2.0205/	−1
16.00	1.8162/	−1	1.6325/	−1	1.4674/	−1	1.3190/	−1
20.00	1.1856/	−1	1.0657/	−1	9.5796/	−2	8.6108/	−2
24.00	7.7400/	−2	6.9573/	−2	6.2537/	−2	5.6213/	−2
28.00	5.0528/	−2	4.5418/	−2	4.0825/	−2	3.6696/	−2
32.00	3.2985/	−2	2.9650/	−2	2.6651/	−2	2.3956/	−2
36.00	2.1533/	−2	1.9356/	−2	1.7398/	−2	1.5639/	−2
40.00	1.4057/	−2	1.2636/	−2	1.1358/	−2	1.0209/	−2
44.00	9.1768/	−3	8.2488/	−3	7.4146/	−3	6.6647/	−3
48.00	5.9908/	−3	5.3849/	−3	4.8403/	−3	4.3508/	−3
52.00	3.9109/	−3	3.5154/	−3	3.1598/	−3	2.8403/	−3
56.00	2.5531/	−3	2.2949/	−3	2.0628/	−3	1.8542/	−3
60.00	1.6667/	−3						

$^{175}\text{Lu}(n, \gamma)^{176m}\text{Lu}$

$M = 174.97$ $G = 97.41\%$ $\sigma_{ac} = 21$ barn,

^{176m}Lu $T_1 = 3.7$ hour

E_γ (keV) 88

P 0.100

Activation data for ^{176m}Lu : $A_1(\tau)$, dps/μg

$A_1(\text{sat})$ $= 7.0416/\ 5$

$A_1(1\ \text{sec}) = 3.6634/\ 1$

Hour	0.00		0.25		0.50		0.75	
0.00	0.0000/	0	3.2212/	4	6.2950/	4	9.2282/	4
1.00	1.2027/	5	1.4698/	5	1.7247/	5	1.9679/	5
2.00	2.2000/	5	2.4215/	5	2.6329/	5	2.8345/	5
3.00	3.0270/	5	3.2106/	5	3.3859/	5	3.5531/	5
4.00	3.7127/	5	3.8650/	5	4.0103/	5	4.1490/	5
5.00	4.2813/	5	4.4076/	5	4.5280/	5	4.6430/	5
6.00	4.7528/	5	4.8575/	5	4.9574/	5	5.0527/	5
7.00	5.1437/	5	5.2305/	5	5.3134/	5	5.3924/	5
8.00	5.4679/	5	5.5399/	5	5.6086/	5	5.6741/	5
9.00	5.7367/	5	5.7964/	5	5.8533/	5	5.9077/	5
10.00	5.9596/	5	6.0091/	5	6.0563/	5	6.1014/	5
11.00	6.1444/	5	6.1854/	5	6.2246/	5	6.2620/	5
12.00	6.2976/	5	6.3317/	5	6.3641/	5	6.3951/	5

Decay factor for ^{176m}Lu : $D_1(t)$

Hour	0.00		0.25		0.50		0.75	
0.00	1.0000/	0	9.5426/	-1	9.1060/	-1	8.6895/	-1
1.00	8.2920/	-1	7.9127/	-1	7.5507/	-1	7.2053/	-1
2.00	6.8757/	-1	6.5612/	-1	6.2610/	-1	5.9746/	-1
3.00	5.7013/	-1	5.4405/	-1	5.1916/	-1	4.9541/	-1
4.00	4.7275/	-1	4.5112/	-1	4.3049/	-1	4.1079/	-1
5.00	3.9200/	-1	3.7407/	-1	3.5696/	-1	3.4063/	-1
6.00	3.2505/	-1	3.1018/	-1	2.9599/	-1	2.8245/	-1
7.00	2.6953/	-1	2.5720/	-1	2.4543/	-1	2.3421/	-1
8.00	2.2349/	-1	2.1327/	-1	2.0351/	-1	1.9420/	-1
9.00	1.8532/	-1	1.7684/	-1	1.6875/	-1	1.6103/	-1
10.00	1.5367/	-1	1.4664/	-1	1.3993/	-1	1.3353/	-1
11.00	1.2742/	-1	1.2159/	-1	1.1603/	-1	1.1072/	-1
12.00	1.0566/	-1	1.0082/	-1	9.6211/	-2	9.1809/	-2
13.00	8.7610/	-2	8.3602/	-2	7.9778/	-2	7.6128/	-2
14.00	7.2646/	-2	6.9322/	-2	6.6151/	-2	6.3125/	-2
15.00	6.0238/	-2	5.7482/	-2	5.4852/	-2	5.2343/	-2
16.00	4.9949/	-2	4.7664/	-2	4.5484/	-2	4.3403/	-2
17.00	4.1417/	-2	3.9523/	-2	3.7715/	-2	3.5990/	-2

Hour	0.00	0.25	0.50	0.75
18.00	$3.4343/-2$	$3.2772/-2$	$3.1273/-2$	$2.9842/-2$
19.00	$2.8477/-2$	$2.7175/-2$	$2.5931/-2$	$2.4745/-2$
20.00	$2.3613/-2$	$2.2533/-2$	$2.1502/-2$	$2.0519/-2$
21.00	$1.9580/-2$	$1.8684/-2$	$1.7830/-2$	$1.7014/-2$
22.00	$1.6236/-2$	$1.5493/-2$	$1.4784/-2$	$1.4108/-2$
23.00	$1.3463/-2$	$1.2847/-2$	$1.2259/-2$	$1.1698/-2$
24.00	$1.1163/-2$	$1.0653/-2$	$1.0165/-2$	$9.7002/-3$
25.00	$9.2565/-3$	$8.8330/-3$	$8.4290/-3$	$8.0434/-3$

$^{176}\text{Lu}(\text{n}, \gamma)^{177}\text{Lu}$

$M = 174.97$ $\qquad\qquad G = 2.59\%$ $\qquad\qquad \sigma_{ac} = 2050$ barn,

^{177}Lu $\qquad$ $T_1 = 6.7$ day

E_γ (keV)	208	113
P	0.061	0.028

Activation data for $^{177}\text{Lu} : A_1(\tau)$, dps/$\mu$g

$A_1(\text{sat})\ \ = 1.8277/\ 6$

$A_1(1\ \text{sec}) = 2.1880/\ 0$

Day	0.00		0.25		0.50		0.75	
0.00	0.0000/	0	4.6655/	4	9.2119/	4	1.3642/	5
1.00	1.7960/	5	2.2167/	5	2.6266/	5	3.0261/	5
2.00	3.4154/	5	3.7948/	5	4.1645/	5	4.5247/	5
3.00	4.8758/	5	5.2179/	5	5.5512/	5	5.8761/	5
4.00	6.1926/	5	6.5011/	5	6.8017/	5	7.0946/	5
5.00	7.3801/	5	7.6582/	5	7.9293/	5	8.1934/	5
6.00	8.4508/	5	8.7016/	5	8.9461/	5	9.1843/	5
7.00	9.4164/	5	9.6425/	5	9.8630/	5	1.0078/	6
8.00	1.0287/	6	1.0491/	6	1.0690/	6	1.0883/	6
9.00	1.1072/	6	1.1256/	6	1.1435/	6	1.1610/	6
10.00	1.1780/	6	1.1946/	6	1.2108/	6	1.2265/	6
11.00	1.2419/	6	1.2568/	6	1.2714/	6	1.2856/	6
12.00	1.2994/	6	1.3129/	6	1.3260/	6	1.3388/	6
13.00	1.3513/	6	1.3635/	6	1.3753/	6	1.3869/	6
14.00	1.3981/	6	1.4091/	6	1.4198/	6	1.4302/	6
15.00	1.4403/	6	1.4502/	6	1.4599/	6	1.4693/	6
16.00	1.4784/	6	1.4873/	6	1.4960/	6	1.5045/	6
17.00	1.5127/	6	1.5208/	6	1.5286/	6	1.5362/	6
18.00	1.5437/	6	1.5509/	6	1.5580/	6	1.5649/	6
19.00	1.5716/	6	1.5781/	6	1.5845/	6	1.5907/	6
20.00	1.5968/	6	1.6026/	6	1.6084/	6	1.6140/	6
21.00	1.6194/	6	1.6248/	6	1.6299/	6	1.6350/	6
22.00	1.6399/	6	1.6447/	6	1.6494/	6	1.6539/	6

Decay factor for $^{177}\text{Lu} : D_1(t)$

Day	0.00		0.25		0.50		0.75	
0.00	1.0000/	0	9.7447/	-1	9.4960/	-1	9.2536/	-1
1.00	9.0174/	-1	8.7872/	-1	8.5629/	-1	8.3443/	-1
2.00	8.1313/	-1	7.9237/	-1	7.7215/	-1	7.5244/	-1
3.00	7.3323/	-1	7.1451/	-1	6.9627/	-1	6.7850/	-1
4.00	6.6118/	-1	6.4430/	-1	6.2785/	-1	6.1183/	-1
5.00	5.9621/	-1	5.8099/	-1	5.6616/	-1	5.5171/	-1
6.00	5.3762/	-1	5.2390/	-1	5.1053/	-1	4.9749/	-1
7.00	4.8479/	-1	4.7242/	-1	4.6036/	-1	4.4861/	-1

Day	0.00	0.25	0.50	0.75
8.00	4.3716/ −1	4.2600/ −1	4.1512/ −1	4.0453/ −1
9.00	3.9420/ −1	3.8414/ −1	3.7433/ −1	3.6478/ −1
10.00	3.5547/ −1	3.4639/ −1	3.3755/ −1	3.2893/ −1
11.00	3.2054/ −1	3.1235/ −1	3.0438/ −1	2.9661/ −1
12.00	2.8904/ −1	2.8166/ −1	2.7447/ −1	2.6746/ −1
13.00	2.6064/ −1	2.5398/ −1	2.4750/ −1	2.4118/ −1
14.00	2.3503/ −1	2.2903/ −1	2.2318/ −1	2.1748/ −1
15.00	2.1193/ −1	2.0652/ −1	2.0125/ −1	1.9611/ −1
16.00	1.9111/ −1	1.8623/ −1	1.8147/ −1	1.7684/ −1
17.00	1.7233/ −1	1.6793/ −1	1.6364/ −1	1.5946/ −1
18.00	1.5539/ −1	1.5143/ −1	1.4756/ −1	1.4380/ −1
19.00	1.4012/ −1	1.3655/ −1	1.3306/ −1	1.2967/ −1
20.00	1.2636/ −1	1.2313/ −1	1.1999/ −1	1.1692/ −1
21.00	1.1394/ −1	1.1103/ −1	1.0820/ −1	1.0543/ −1
22.00	1.0274/ −1	1.0012/ −1	9.7565/ −2	9.5074/ −2
23.00	9.2647/ −2	9.0282/ −2	8.7978/ −2	8.5732/ −2
24.00	8.3543/ −2	8.1411/ −2	7.9333/ −2	7.7308/ −2
25.00	7.5334/ −2	7.3411/ −2	7.1537/ −2	6.9711/ −2
26.00	6.7932/ −2	6.6198/ −2	6.4508/ −2	6.2861/ −2
27.00	6.1256/ −2	5.9693/ −2	5.8169/ −2	5.6684/ −2
28.00	5.5237/ −2	5.3827/ −2	5.2453/ −2	5.1114/ −2
29.00	4.9809/ −2	4.8538/ −2	4.7299/ −2	4.6091/ −2
30.00	4.4915/ −2	4.3768/ −2	4.2651/ −2	4.1562/ −2
31.00	4.0501/ −2	3.9468/ −2	3.8460/ −2	3.7478/ −2
32.00	3.6522/ −2	3.5589/ −2	3.4681/ −2	3.3796/ −2
33.00	3.2933/ −2	3.2092/ −2	3.1273/ −2	3.0475/ −2
34.00	2.9697/ −2	2.8939/ −2	2.8200/ −2	2.7480/ −2
35.00	2.6779/ −2	2.6095/ −2	2.5429/ −2	2.4780/ −2
36.00	2.4147/ −2	2.3531/ −2	2.2930/ −2	2.2345/ −2
37.00	2.1775/ −2	2.1219/ −2	2.0677/ −2	2.0149/ −2
38.00	1.9635/ −2	1.9134/ −2	1.8645/ −2	1.8169/ −2
39.00	1.7705/ −2	1.7254/ −2	1.6813/ −2	1.6384/ −2
40.00	1.5966/ −2	1.5558/ −2	1.5161/ −2	1.4774/ −2
41.00	1.4397/ −2	1.4029/ −2	1.3671/ −2	1.3322/ −2
42.00	1.2982/ −2	1.2651/ −2	1.2328/ −2	1.2013/ −2
43.00	1.1706/ −2	1.1408/ −2	1.1116/ −2	1.0833/ −2
44.00	1.0556/ −2	1.0287/ −2	1.0024/ −2	9.7682/ −3

See also $^{176}Yb(n, \gamma)^{177}Yb \rightarrow {}^{177}Lu$

$^{174}\text{Hf}(\text{n}, \gamma)^{175}\text{Hf}$

$M = 178.49$ $G = 0.163\%$ $\sigma_{ac} = 390$ barn,

^{175}Hf $T_1 = 70$ day

E_γ (keV)	433	343	89
P	0.014	0.850	0.034

Activation data for ^{175}Hf : $A_1(\tau)$, dps/μg

$$A_1(\text{sat}) = 2.1451/ \quad 4$$
$$A_1(1 \text{ sec}) = 2.4579/ -3$$

Day	0.00		4.00		8.00		12.00	
0.00	0.0000/	0	8.3287/	2	1.6334/	3	2.4028/	3
16.00	3.1424/	3	3.8533/	3	4.5365/	3	5.1933/	3
32.00	5.8245/	3	6.4312/	3	7.0144/	3	7.5749/	3
48.00	8.1137/	3	8.6315/	3	9.1293/	3	9.6077/	3
64.00	1.0068/	4	1.0509/	4	1.0934/	4	1.1343/	4
80.00	1.1735/	4	1.2112/	4	1.2475/	4	1.2823/	4
96.00	1.3158/	4	1.3480/	4	1.3790/	4	1.4087/	4
112.00	1.4373/	4	1.4648/	4	1.4912/	4	1.5166/	4
128.00	1.5410/	4	1.5645/	4	1.5870/	4	1.6087/	4
144.00	1.6295/	4	1.6495/	4	1.6688/	4	1.6873/	4
160.00	1.7050/	4	1.7221/	4	1.7386/	4	1.7543/	4
176.00	1.7695/	4	1.7841/	4	1.7981/	4	1.8116/	4
192.00	1.8245/	4	1.8370/	4	1.8489/	4	1.8604/	4
208.00	1.8715/	4	1.8821/	4	1.8923/	4	1.9021/	4
224.00	1.9116/	4	1.9206/	4	1.9294/	4	1.9377/	4

Decay factor for ^{175}Hf : $D_1(t)$

Day	0.00		4.00		8.00		12.00	
0.00	1.0000/	0	9.6117/	-1	9.2386/	-1	8.8799/	-1
16.00	8.5351/	-1	8.2037/	-1	7.8852/	-1	7.5790/	-1
32.00	7.2848/	-1	7.0019/	-1	6.7301/	-1	6.4688/	-1
48.00	6.2176/	-1	5.9762/	-1	5.7442/	-1	5.5211/	-1
64.00	5.3068/	-1	5.1007/	-1	4.9027/	-1	4.7123/	-1
80.00	4.5294/	-1	4.3535/	-1	4.1845/	-1	4.0220/	-1
96.00	3.8659/	-1	3.7158/	-1	3.5715/	-1	3.4328/	-1
112.00	3.2995/	-1	3.1714/	-1	3.0483/	-1	2.9299/	-1
128.00	2.8162/	-1	2.7068/	-1	2.6018/	-1	2.5000/	-1
144.00	2.4036/	-1	2.3103/	-1	2.2206/	-1	2.1344/	-1
160.00	2.0515/	-1	1.9719/	-1	1.8953/	-1	1.8217/	-1
176.00	1.7510/	-1	1.6830/	-1	1.6177/	-1	1.5549/	-1
192.00	1.4945/	-1	1.4365/	-1	1.3807/	-1	1.3271/	-1
208.00	1.2756/	-1	1.2260/	-1	1.1784/	-1	1.1327/	-1
224.00	1.0887/	-1	1.0464/	-1	1.0058/	-1	9.6675/	-2
240.00	9.2922/	-2	8.9314/	-2	8.5846/	-2	8.2513/	-2

Day	0.00	4.00	8.00	12.00
256.00	7.9309/ —2	7.6230/ —2	7.3270/ —2	7.0425/ —2
272.00	6.7691/ —2	6.5063/ —2	6.2537/ —2	6.0109/ —2
288.00	5.7775/ —2	5.5532/ —2	5.3376/ —2	5.1303/ —2
304.00	4.9311/ —2	4.7397/ —2	4.5557/ —2	4.3788/ —2
320.00	4.2088/ —2	4.0454/ —2	3.8883/ —2	3.7373/ —2
336.00	3.5922/ —2	3.4527/ —2	3.3187/ —2	3.1898/ —2
352.00	3.0660/ —2	2.9469/ —2	2.8325/ —2	2.7226/ —2
368.00	2.6168/ —2	2.5152/ —2	2.4176/ —2	2.3237/ —2
384.00	2.2335/ —2	2.1468/ —2	2.0634/ —2	1.9833/ —2
400.00	1.9063/ —2	1.8323/ —2	1.7612/ —2	1.6928/ —2

$^{177}\text{Hf}(\text{n}, \gamma)^{178\text{m}}\text{Hf}$

$M = 178.49$ $G = 18.56\%$ $\sigma_{\text{ac}} = 1.1$ barn,

$^{178\text{m}}\text{Hf}$ $T_1 = 5.0$ second

E_γ (keV)	427	326	214	93	89
P	0.970	0.940	0.750	0.140	0.540

Activation data for $^{178\text{m}}\text{Hf}$: $A_1(\tau)$, dps/μg

$A_1(\text{sat})$ $= 6.8892/\ 3$

$A_1(1\ \text{sec}) = 8.9163/\ 2$

Second	0.00		1.00		2.00		3.00	
0.00	0.0000/	0	8.9163/	2	1.6679/	3	2.3436/	3
4.00	2.9319/	3	3.4441/	3	3.8900/	3	4.2782/	3
8.00	4.6161/	3	4.9103/	3	5.1664/	3	5.3894/	3
12.00	5.5835/	3	5.7525/	3	5.8996/	3	6.0277/	3
16.00	6.1392/	3	6.2363/	3	6.3208/	3	6.3943/	3
20.00	6.4584/	3	6.5141/	3	6.5627/	3	6.6049/	3
24.00	6.6417/	3	6.6738/	3	6.7017/	3	6.7259/	3
28.00	6.7471/	3	6.7655/	3	6.7815/	3	6.7954/	3
32.00	6.8076/	3	6.8181/	3	6.8273/	3	6.8353/	3
36.00	6.8423/	3	6.8484/	3	6.8537/	3	6.8583/	3
40.00	6.8623/	3	6.8658/	3	6.8688/	3	6.8714/	3
44.00	6.8737/	3	6.8757/	3	6.8775/	3	6.8790/	3
48.00	6.8803/	3	6.8815/	3	6.8825/	3	6.8833/	3
52.00	6.8841/	3	6.8848/	3	6.8853/	3	6.8858/	3
56.00	6.8863/	3	6.8867/	3	6.8870/	3	6.8873/	3
60.00	6.8875/	3						

Decay factor for $^{178\text{m}}\text{Hf}$: $D_1(t)$

Second	0.00		1.00		2.00		3.00	
0.00	1.0000/	0	8.7058/	−1	7.5790/	−1	6.5981/	−1
4.00	5.7442/	−1	5.0000/	−1	4.3535/	−1	3.7901/	−1
8.00	3.2995/	−1	2.8725/	−1	2.5000/	−1	2.1771/	−1
12.00	1.8953/	−1	1.6500/	−1	1.4365/	−1	1.2506/	−1
16.00	1.0887/	−1	9.4780/	−2	8.2513/	−2	7.1834/	−2
20.00	6.2537/	−2	5.4443/	−2	4.7397/	−2	4.1263/	−2
24.00	3.5922/	−2	3.1273/	−2	2.7226/	−2	2.3702/	−2
28.00	2.0634/	−2	1.7964/	−2	1.5639/	−2	1.3615/	−2
32.00	1.1853/	−2	1.0319/	−2	8.9832/	−3	7.8206/	−3
36.00	6.8084/	−3	5.9272/	−3	5.1601/	−3	4.4923/	−3
40.00	3.9109/	−3	3.4047/	−3	2.9640/	−3	2.5804/	−3
44.00	2.2465/	−3	1.9557/	−3	1.7026/	−3	1.4822/	−3
48.00	1.2904/	−3	1.1234/	−3	9.7800/	−4	8.5142/	−4
52.00	7.4123/	−4	6.4530/	−4	5.6178/	−4	4.8907/	−4
56.00	4.2577/	−4	3.7067/	−4	3.2270/	−4	2.8093/	−4
60.00	2.4457/	−4						

$$^{178}\text{Hf}(n, \gamma)^{179m}\text{Hf}$$

$M = 178.49$ $\qquad G = 27.1\%$ $\qquad \sigma_{ac} = 52$ barn,

^{179m}Hf $\quad T_1 = 18.6$ second

E_γ (keV) 217

P 0.940

Activation data for ^{179m}Hf : $A_1(\tau)$, dps/μg

$A_1(\text{sat}) = 4.7552/\ 5$

$A_1(1\ \text{sec}) = 1.7391/\ 4$

Second	0.00		1.00		2.00		3.00	
0.00	0.0000/	0	1.7391/	4	3.4146/	4	5.0288/	4
4.00	6.5840/	4	8.0823/	4	9.5259/	4	1.0917/	5
8.00	1.2256/	5	1.3547/	5	1.4791/	5	1.5989/	5
12.00	1.7143/	5	1.8256/	5	1.9327/	5	2.0359/	5
16.00	2.1354/	5	2.2312/	5	2.3235/	5	2.4124/	5
20.00	2.4981/	5	2.5807/	5	2.6602/	5	2.7368/	5
24.00	2.8106/	5	2.8818/	5	2.9503/	5	3.0163/	5
28.00	3.0799/	5	3.1412/	5	3.2002/	5	3.2571/	5
32.00	3.3119/	5	3.3646/	5	3.4155/	5	3.4645/	5
36.00	3.5117/	5	3.5572/	5	3.6010/	5	3.6432/	5
40.00	3.6839/	5	3.7231/	5	3.7608/	5	3.7972/	5
44.00	3.8322/	5	3.8660/	5	3.8985/	5	3.9298/	5
48.00	3.9600/	5	3.9891/	5	4.0171/	5	4.0441/	5
52.00	4.0701/	5	4.0952/	5	4.1193/	5	4.1426/	5
56.00	4.1650/	5	4.1866/	5	4.2074/	5	4.2274/	5
60.00	4.2467/	5						

Decay factor for ^{179m}Hf : $D_1(t)$

Second	0.00		1.00		2.00		3.00	
0.00	1.0000/	0	9.6343/	-1	9.2819/	-1	8.9425/	-1
4.00	8.6154/	-1	8.3003/	-1	7.9968/	-1	7.7043/	-1
8.00	7.4225/	-1	7.1511/	-1	6.8895/	-1	6.6376/	-1
12.00	6.3948/	-1	6.1609/	-1	5.9356/	-1	5.7185/	-1
16.00	5.5094/	-1	5.3079/	-1	5.1138/	-1	4.9268/	-1
20.00	4.7466/	-1	4.5730/	-1	4.4057/	-1	4.2446/	-1
24.00	4.0894/	-1	3.9398/	-1	3.7957/	-1	3.6569/	-1
28.00	3.5232/	-1	3.3943/	-1	3.2702/	-1	3.1506/	-1
32.00	3.0354/	-1	2.9243/	-1	2.8174/	-1	2.7144/	-1
36.00	2.6151/	-1	2.5194/	-1	2.4273/	-1	2.3385/	-1
40.00	2.2530/	-1	2.1706/	-1	2.0912/	-1	2.0147/	-1
44.00	1.9411/	-1	1.8701/	-1	1.8017/	-1	1.7358/	-1
48.00	1.6723/	-1	1.6111/	-1	1.5522/	-1	1.4954/	-1
52.00	1.4408/	-1	1.3881/	-1	1.3373/	-1	1.2884/	-1
56.00	1.2413/	-1	1.1959/	-1	1.1521/	-1	1.1100/	-1
60.00	1.0694/	-1						

$M = 178.49$ $\qquad$ $G = 13.75\%$ $\qquad$ $\sigma_{ac} = 0.34$ barn,

^{180m}**Hf** $\qquad$ $T_1 = 5.5$ hour

E_γ (keV)	501	444	333	215	93	58
P	0.170	0.800	0.930	0.820	0.160	0.480

Activation data for ^{180m}Hf : $A_1(\tau)$, dps/μg

A_1(sat) $= 1.5775/ \quad 3$

A_1(1 sec) $= 5.5213/ \; -2$

Hour	0.00		0.25		0.50		0.75	
0.00	0.0000/	0	4.8918/	1	9.6319/	1	1.4225/	2
1.00	1.8676/	2	2.2988/	2	2.7167/	2	3.1217/	2
2.00	3.5141/	2	3.8943/	2	4.2627/	2	4.6197/	2
3.00	4.9656/	2	5.3008/	2	5.6256/	2	5.9404/	2
4.00	6.2453/	2	6.5409/	2	6.8272/	2	7.1047/	2
5.00	7.3736/	2	7.6341/	2	7.8865/	2	8.1312/	2
6.00	8.3682/	2	8.5979/	2	8.8205/	2	9.0361/	2
7.00	9.2451/	2	9.4476/	2	9.6438/	2	9.8340/	2
8.00	1.0018/	3	1.0197/	3	1.0370/	3	1.0537/	3
9.00	1.0700/	3	1.0857/	3	1.1010/	3	1.1157/	3
10.00	1.1301/	3	1.1439/	3	1.1574/	3	1.1704/	3
11.00	1.1830/	3	1.1953/	3	1.2071/	3	1.2186/	3
12.00	1.2297/	3	1.2405/	3	1.2510/	3	1.2611/	3
13.00	1.2709/	3	1.2804/	3	1.2896/	3	1.2986/	3
14.00	1.3072/	3	1.3156/	3	1.3237/	3	1.3316/	3
15.00	1.3392/	3	1.3466/	3	1.3538/	3	1.3607/	3
16.00	1.3674/	3	1.3739/	3	1.3803/	3	1.3864/	3
17.00	1.3923/	3	1.3981/	3	1.4036/	3	1.4090/	3
18.00	1.4142/	3	1.4193/	3	1.4242/	3	1.4290/	3

Decay factor for ^{180m}Hf : $D_1(t)$

Hour	0.00	0.25	0.50	0.75
0.00	1.0000/ 0	9.6899/ -1	9.3894/ -1	9.0983/ -1
1.00	8.8161/ -1	8.5428/ -1	8.2779/ -1	8.0212/ -1
2.00	7.7724/ -1	7.5314/ -1	7.2979/ -1	7.0716/ -1
3.00	6.8523/ -1	6.6398/ -1	6.4339/ -1	6.2344/ -1
4.00	6.0411/ -1	5.8538/ -1	5.6722/ -1	5.4964/ -1
5.00	5.3259/ -1	5.1608/ -1	5.0000/ -1	4.8457/ -1
6.00	4.6954/ -1	4.5498/ -1	4.4087/ -1	4.2720/ -1
7.00	4.1395/ -1	4.0112/ -1	3.8868/ -1	3.7663/ -1
8.00	3.6495/ -1	3.5363/ -1	3.4267/ -1	3.3204/ -1
9.00	3.2174/ -1	3.1177/ -1	3.0210/ -1	2.9273/ -1
10.00	2.8365/ -1	2.7486/ -1	2.6634/ -1	2.5808/ -1
11.00	2.5000/ -1	2.4232/ -1	2.3480/ -1	2.2752/ -1

Hour	0.00	0.25	0.50	0.75
12.00	2.2047/ −1	2.1363/ −1	2.0701/ −1	2.0059/ −1
13.00	1.9437/ −1	1.8834/ −1	1.8250/ −1	1.7684/ −1
14.00	1.7136/ −1	1.6604/ −1	1.6090/ −1	1.5591/ −1
15.00	1.5107/ −1	1.4639/ −1	1.4185/ −1	1.3745/ −1
16.00	1.3319/ −1	1.2906/ −1	1.2506/ −1	1.2118/ −1
17.00	1.1742/ −1	1.1378/ −1	1.1025/ −1	1.0683/ −1
18.00	1.0352/ −1	1.0031/ −1	9.7198/ −2	9.4184/ −2
19.00	9.1264/ −2	8.8434/ −2	8.5692/ −2	8.3034/ −2
20.00	8.0460/ −2	7.7965/ −2	7.5547/ −2	7.3204/ −2
21.00	7.0934/ −2	6.8735/ −2	6.6603/ −2	6.4538/ −2
22.00	6.2537/ −2	6.0598/ −2	5.8719/ −2	5.6898/ −2
23.00	5.5133/ −2	5.3424/ −2	5.1767/ −2	5.0162/ −2
24.00	4.8606/ −2	4.7099/ −2	4.5639/ −2	4.4223/ −2
25.00	4.2852/ −2	4.1523/ −2	4.0236/ −2	3.8988/ −2
26.00	3.7779/ −2	3.6608/ −2	3.5472/ −2	3.4372/ −2
27.00	3.3307/ −2	3.2274/ −2	3.1273/ −2	3.0303/ −2
28.00	2.9364/ −2	2.8453/ −2	2.7571/ −2	2.6716/ −2
29.00	2.5887/ −2	2.5085/ −2	2.4307/ −2	2.3553/ −2
30.00	2.2823/ −2	2.2115/ −2	2.1429/ −2	2.0765/ −2
31.00	2.0121/ −2	1.9497/ −2	1.8892/ −2	1.8306/ −2
32.00	1.7739/ −2	1.7189/ −2	1.6656/ −2	1.6139/ −2
33.00	1.5639/ −2	1.5154/ −2	1.4684/ −2	1.4229/ −2
34.00	1.3787/ −2	1.3360/ −2	1.2946/ −2	1.2544/ −2
35.00	1.2155/ −2	1.1778/ −2	1.1413/ −2	1.1059/ −2
36.00	1.0716/ −2	1.0384/ −2	1.0062/ −2	9.7499/ −3

$$^{180}\text{Hf}(n, \gamma)^{181}\text{Hf}$$

$$M = 178.49 \qquad\qquad G = 35.22\% \qquad\qquad \sigma_{ac} = 1.6 \text{ barn,}$$

$$^{181}\text{Hf} \qquad T_1 = 42.4 \text{ day}$$

E_γ (keV)	482	346	133
P	0.810	0.130	0.480

Activation data for ^{181}Hf : $A_1(\tau)$, dps/μg

$$A_1(\text{sat}) = 1.4975/ \quad 5$$
$$A_1(1 \text{ sec}) = 2.8328/ \; -2$$

Day	0.00		2.00		4.00		6.00	
0.00	0.0000/	0	4.8159/	3	9.4769/	3	1.3988/	4
8.00	1.8354/	4	2.2580/	4	2.6669/	4	3.0628/	4
16.00	3.4459/	4	3.8166/	4	4.1755/	4	4.5228/	4
24.00	4.8589/	4	5.1842/	4	5.4991/	4	5.8038/	4
32.00	6.0988/	4	6.3842/	4	6.6605/	4	6.9279/	4
40.00	7.1867/	4	7.4371/	4	7.6796/	4	7.9142/	4
48.00	8.1412/	4	8.3610/	4	8.5737/	4	8.7796/	4
56.00	8.9788/	4	9.1716/	4	9.3583/	4	9.5389/	4
64.00	9.7137/	4	9.8829/	4	1.0047/	5	1.0205/	5
72.00	1.0359/	5	1.0507/	5	1.0651/	5	1.0790/	5
80.00	1.0924/	5	1.1055/	5	1.1181/	5	1.1303/	5
88.00	1.1421/	5	1.1535/	5	1.1646/	5	1.1753/	5
96.00	1.1856/	5	1.1957/	5	1.2054/	5	1.2148/	5
104.00	1.2239/	5	1.2327/	5	1.2412/	5	1.2494/	5
112.00	1.2574/	5	1.2651/	5	1.2726/	5	1.2798/	5

Decay factor for ^{181}Hf : $D_1(t)$

Day	0.00		2.00		4.00		6.00	
0.00	1.0000/	0	9.6784/	−1	9.3671/	−1	9.0659/	−1
8.00	8.7743/	−1	8.4921/	−1	8.2190/	−1	7.9547/	−1
16.00	7.6989/	−1	7.4513/	−1	7.2117/	−1	6.9797/	−1
24.00	6.7553/	−1	6.5380/	−1	6.3277/	−1	6.1242/	−1
32.00	5.9273/	−1	5.7367/	−1	5.5522/	−1	5.3736/	−1
40.00	5.2008/	−1	5.0335/	−1	4.8717/	−1	4.7150/	−1
48.00	4.5633/	−1	4.4166/	−1	4.2746/	−1	4.1371/	−1
56.00	4.0040/	−1	3.8753/	−1	3.7506/	−1	3.6300/	−1
64.00	3.5133/	−1	3.4003/	−1	3.2909/	−1	3.1851/	−1
72.00	3.0827/	−1	2.9835/	−1	2.8876/	−1	2.7947/	−1
80.00	2.7048/	−1	2.6178/	−1	2.5336/	−1	2.4522/	−1
88.00	2.3733/	−1	2.2970/	−1	2.2231/	−1	2.1516/	−1
96.00	2.0824/	−1	2.0154/	−1	1.9506/	−1	1.8879/	−1
104.00	1.8272/	−1	1.7684/	−1	1.7115/	−1	1.6565/	−1
112.00	1.6032/	−1	1.5517/	−1	1.5018/	−1	1.4535/	−1
120.00	1.4067/	−1	1.3615/	−1	1.3177/	−1	1.2753/	−1

Day	0.00	2.00	4.00	6.00
128.00	1.2343/ −1	1.1946/ −1	1.1562/ −1	1.1190/ −1
136.00	1.0830/ −1	1.0482/ −1	1.0145/ −1	9.8186/ −2
144.00	9.5028/ −2	9.1972/ −2	8.9014/ −2	8.6151/ −2
152.00	8.3381/ −2	8.0699/ −2	7.8104/ −2	7.5592/ −2
160.00	7.3161/ −2	7.0808/ −2	6.8531/ −2	6.6327/ −2
168.00	6.4194/ −2	6.2129/ −2	6.0131/ −2	5.8197/ −2
176.00	5.6326/ −2	5.4514/ −2	5.2761/ −2	5.1064/ −2
184.00	4.9422/ −2	4.7833/ −2	4.6294/ −2	4.4805/ −2
192.00	4.3365/ −2	4.1970/ −2	4.0620/ −2	3.9314/ −2
200.00	3.8049/ −2	3.6826/ −2	3.5641/ −2	3.4495/ −2

^{181}Ta$(n, \gamma)^{182}$Ta

$M = 180.948$ $\qquad\qquad G = 100\%$ $\qquad\qquad\qquad \sigma_{ac} = 22$ barn,

^{182}Ta $\qquad T_1 = 115$ day

E_γ (keV)	1231	1222	1189	1122	222	152	100	68
P	0.130	0.270	0.160	0.340	0.080	0.070	0.140	0.420

Activation data for ^{182}Ta : $A_1(\tau)$, dps/μg

A_1(sat) $= 7.3229/$ 5

A_1(1 sec) $= 5.1075/$ -2

Day	0.00		4.00		8.00		12.00	
0.00	0.0000/	0	1.7440/	4	3.4465/	4	5.1085/	4
16.00	6.7308/	4	8.3146/	4	9.8606/	4	1.1370/	5
32.00	1.2843/	5	1.4281/	5	1.5685/	5	1.7056/	5
48.00	1.8393/	5	1.9699/	5	2.0974/	5	2.2219/	5
64.00	2.3434/	5	2.4619/	5	2.5777/	5	2.6907/	5
80.00	2.8010/	5	2.9087/	5	3.0139/	5	3.1165/	5
96.00	3.2167/	5	3.3145/	5	3.4099/	5	3.5031/	5
112.00	3.5941/	5	3.6829/	5	3.7696/	5	3.8542/	5
128.00	3.9368/	5	4.0175/	5	4.0962/	5	4.1730/	5
144.00	4.2481/	5	4.3213/	5	4.3928/	5	4.4626/	5
160.00	4.5307/	5	4.5972/	5	4.6621/	5	4.7255/	5
176.00	4.7873/	5	4.8477/	5	4.9067/	5	4.9642/	5
192.00	5.0204/	5	5.0752/	5	5.1287/	5	5.1810/	5
208.00	5.2320/	5	5.2818/	5	5.3304/	5	5.3779/	5

Decay factor for ^{182}Ta : D_1(t)

Day	0.00		4.00		8.00		12.00	
0.00	1.0000/	0	9.7618/	-1	9.5293/	-1	9.3024/	-1
16.00	9.0808/	-1	8.8646/	-1	8.6535/	-1	8.4474/	-1
32.00	8.2462/	-1	8.0498/	-1	7.8581/	-1	7.6709/	-1
48.00	7.4882/	-1	7.3099/	-1	7.1358/	-1	6.9659/	-1
64.00	6.8000/	-1	6.6380/	-1	6.4799/	-1	6.3256/	-1
80.00	6.1749/	-1	6.0279/	-1	5.8843/	-1	5.7442/	-1
96.00	5.6074/	-1	5.4738/	-1	5.3435/	-1	5.2162/	-1
112.00	5.0920/	-1	4.9707/	-1	4.8523/	-1	4.7367/	-1
128.00	4.6239/	-1	4.5138/	-1	4.4063/	-1	4.3014/	-1
144.00	4.1989/	-1	4.0989/	-1	4.0013/	-1	3.9060/	-1
160.00	3.8130/	-1	3.7222/	-1	3.6335/	-1	3.5470/	-1
176.00	3.4625/	-1	3.3800/	-1	3.2995/	-1	3.2210/	-1
192.00	3.1443/	-1	3.0694/	-1	2.9963/	-1	2.9249/	-1
208.00	2.8552/	-1	2.7872/	-1	2.7209/	-1	2.6561/	-1
224.00	2.5928/	-1	2.5311/	-1	2.4708/	-1	2.4119/	-1
240.00	2.3545/	-1	2.2984/	-1	2.2437/	-1	2.1902/	-1
256.00	2.1381/	-1	2.0872/	-1	2.0374/	-1	1.9889/	-1

Day	0.00	4.00	8.00	12.00
272.00	1.9416/ −1	1.8953/ −1	1.8502/ −1	1.8061/ −1
288.00	1.7631/ −1	1.7211/ −1	1.6801/ −1	1.6401/ −1
304.00	1.6010/ −1	1.5629/ −1	1.5257/ −1	1.4894/ −1
320.00	1.4539/ −1	1.4193/ −1	1.3855/ −1	1.3525/ −1
336.00	1.3202/ −1	1.2888/ −1	1.2581/ −1	1.2281/ −1
352.00	1.1989/ −1	1.1703/ −1	1.1425/ −1	1.1153/ −1
368.00	1.0887/ −1	1.0628/ −1	1.0375/ −1	1.0128/ −1
384.00	9.8863/ −2	9.6509/ −2	9.4210/ −2	9.1967/ −2
400.00	8.9776/ −2	8.7638/ −2	8.5551/ −2	8.3513/ −2
416.00	8.1524/ −2	7.9583/ −2	7.7688/ −2	7.5837/ −2

$^{181}\text{Ta}(n, \gamma)^{182m}\text{Ta}$

$M = 180.948$ $\qquad$ $G = 100\%$ $\qquad$ $\sigma_{ac} = 0.010 \text{ barn,}$

^{182m}Ta $\qquad$ $T_1 = 16.5$ minute

E_γ (keV)	319	184	172	147
P	0.050	0.200	0.400	0.400

Activation data for $^{182m}\text{Ta} : A_1(\tau)$, dps/$\mu$g

$$A_1(\text{sat}) \;\;= 3.3286/ \;\;2$$
$$A_1(1 \text{ sec}) = 2.3292/ -1$$

Minute	0.00		1.00		2.00		3.00	
0.00	0.0000/	0	1.3691/	1	2.6818/	1	3.9405/	1
4.00	5.1475/	1	6.3049/	1	7.4146/	1	8.4787/	1
8.00	9.4990/	1	1.0477/	2	1.1415/	2	1.2315/	2
12.00	1.3178/	2	1.4005/	2	1.4798/	2	1.5558/	2
16.00	1.6287/	2	1.6986/	2	1.7657/	2	1.8300/	2
20.00	1.8916/	2	1.9507/	2	2.0074/	2	2.0617/	2
24.00	2.1138/	2	2.1638/	2	2.2117/	2	2.2576/	2
28.00	2.3017/	2	2.3439/	2	2.3844/	2	2.4232/	2
32.00	2.4605/	2	2.4962/	2	2.5304/	2	2.5633/	2
36.00	2.5947/	2	2.6249/	2	2.6539/	2	2.6816/	2
40.00	2.7082/	2	2.7337/	2	2.7582/	2	2.7817/	2
44.00	2.8042/	2	2.8257/	2	2.8464/	2	2.8662/	2
48.00	2.8853/	2	2.9035/	2	2.9210/	2	2.9377/	2
52.00	2.9538/	2	2.9692/	2	2.9840/	2	2.9982/	2
56.00	3.0118/	2						

Decay factor for $^{182m}\text{Ta} : D(t)$

Minute	0.00		1.00		2.00		3.00	
0.00	1.0000/	0	9.5887/	−1	9.1943/	−1	8.8161/	−1
4.00	8.4535/	−1	8.1058/	−1	7.7724/	−1	7.4528/	−1
8.00	7.1462/	−1	6.8523/	−1	6.5705/	−1	6.3002/	−1
12.00	6.0411/	−1	5.7926/	−1	5.5544/	−1	5.3258/	−1
16.00	5.1069/	−1	4.8968/	−1	4.6954/	−1	4.5023/	−1
20.00	4.3171/	−1	4.1395/	−1	3.9693/	−1	3.8060/	−1
24.00	3.6495/	−1	3.4994/	−1	3.3554/	−1	3.2174/	−1
28.00	3.0851/	−1	2.9582/	−1	2.8365/	−1	2.7199/	−1
32.00	2.6080/	−1	2.5000/	−1	2.3979/	−1	2.2993/	−1
36.00	2.2047/	−1	2.1140/	−1	2.0271/	−1	1.9437/	−1
40.00	1.8637/	−1	1.7871/	−1	1.7136/	−1	1.6431/	−1
44.00	1.5755/	−1	1.5107/	−1	1.4486/	−1	1.3890/	−1
48.00	1.3319/	−1	1.2771/	−1	1.2246/	−1	1.1742/	−1
52.00	1.1259/	−1	1.0796/	−1	1.0352/	−1	9.9261/	−2
56.00	9.5179/	−2	9.1264/	−2	8.7510/	−2	8.3911/	−2
60.00	8.0460/	−2	7.7150/	−2	7.3977/	−2	7.0934/	−2

Minute	0.00	1.00	2.00	3.00
64.00	6.8017/ —2	6.5219/ —2	6.2537/ —2	5.9965/ —2
68.00	5.7498/ —2	5.5133/ —2	5.2866/ —2	5.0691/ —2
72.00	4.8606/ —2	4.6607/ —2	4.4690/ —2	4.2852/ —2
76.00	4.1090/ —2	3.9400/ —2	3.7779/ —2	3.6225/ —2
80.00	3.4735/ —2	3.3307/ —2	3.1937/ —2	3.0623/ —2
84.00	2.9364/ —2	2.8156/ —2	2.6998/ —2	2.5887/ —2
88.00	2.4823/ —2	2.3802/ —2	2.2823/ —2	2.1884/ —2
92.00	2.0984/ —2	2.0121/ —2	1.9293/ —2	1.8500/ —2
96.00	1.7739/ —2	1.7009/ —2	1.6310/ —2	1.5639/ —2
100.00	1.4996/ —2	1.4379/ —2	1.3787/ —2	1.3220/ —2
104.00	1.2677/ —2	1.2155/ —2	1.1655/ —2	1.1176/ —2
108.00	1.0716/ —2	1.0275/ —2	9.8528/ —3	9.4475/ —3
112.00	9.0590/ —3			

Note: ^{182m}Ta decays to ^{182}Ta which is not tabulated

$$^{180}\text{W}(\text{n}, \gamma)^{181}\text{W}$$

$M = 183.85$ $G = 0.14\%$ $\sigma_{ac} = 10$ barn,

^{181}W $T_1 = 140$ day

E_γ (keV)   152

P 0.001

Activation data for $^{181}\text{W} : A_1(\tau)$, dps/$\mu$g
$A_1(\text{sat}) = 4.5865/ \quad 2$
$A_1(1 \text{ sec}) = 2.6276/ \; -5$

Day	0.00		10.00		20.00		30.00	
0.00	0.0000/	0	2.2150/	1	4.3231/	1	6.3293/	1
40.00	8.2387/	1	1.0056/	2	1.1785/	2	1.3431/	2
80.00	1.4997/	2	1.6488/	2	1.7907/	2	1.9257/	2
120.00	2.0542/	2	2.1765/	2	2.2929/	2	2.4037/	2
160.00	2.5091/	2	2.6094/	2	2.7049/	2	2.7958/	2
200.00	2.8822/	2	2.9645/	2	3.0429/	2	3.1174/	2
240.00	3.1884/	2	3.2559/	2	3.3201/	2	3.3813/	2
280.00	3.4395/	2	3.4949/	2	3.5476/	2	3.5978/	2
320.00	3.6455/	2	3.6910/	2	3.7342/	2	3.7754/	2
360.00	3.8146/	2	3.8518/	2	3.8873/	2	3.9211/	2
400.00	3.9532/	2	3.9838/	2	4.0129/	2	4.0406/	2
440.00	4.0670/	2	4.0920/	2	4.1159/	2	4.1386/	2
480.00	4.1603/	2	4.1809/	2	4.2004/	2	4.2191/	2
520.00	4.2368/	2	4.2537/	2	4.2698/	2	4.2851/	2
560.00	4.2996/	2	4.3135/	2	4.3267/	2	4.3392/	2

Decay factor for $^{181}\text{W} : D_1(\text{t})$

Day	0.00		10.00		20.00		30.00	
0.00	1.0000/	0	9.5171/	−1	9.0574/	−1	8.6200/	−1
40.00	8.2037/	−1	7.8075/	−1	7.4304/	−1	7.0716/	−1
80.00	6.7301/	−1	6.4050/	−1	6.0957/	−1	5.8013/	−1
120.00	5.5211/	−1	5.2545/	−1	5.0000/	−1	4.7592/	−1
160.00	4.5294/	−1	4.3106/	−1	4.1025/	−1	3.9043/	−1
200.00	3.7158/	−1	3.5363/	−1	3.3655/	−1	3.2030/	−1
240.00	3.0483/	−1	2.9011/	−1	2.7610/	−1	2.6276/	−1
280.00	2.5000/	−1	2.3800/	−1	2.2650/	−1	2.1556/	−1
320.00	2.0515/	−1	1.9525/	−1	1.8582/	−1	1.7684/	−1
360.00	1.6830/	−1	1.6017/	−1	1.5244/	−1	1.4508/	−1
400.00	1.3807/	−1	1.3140/	−1	1.2506/	−1	1.1902/	−1
440.00	1.1327/	−1	1.0780/	−1	1.0259/	−1	9.7637/	−2
480.00	9.2922/	−2	8.8434/	−2	8.4163/	−2	8.0098/	−2
520.00	7.6230/	−2	7.2548/	−2	6.9045/	−2	6.5710/	−2
560.00	6.2537/	−2	5.9517/	−2	5.6642/	−2	5.3907/	−2
600.00	5.1303/	−2	4.8826/	−2	4.6468/	−2	4.4223/	−2
640.00	4.2088/	−2	4.0055/	−2	3.8121/	−2	3.6280/	−2
680.00	3.4527/	−2	3.2860/	−2	3.1273/	−2	2.9763/	−2

$$^{182}\text{W}(\text{n}, \gamma)^{183\text{m}}\text{W}$$

$M = 183.85$ $G = 26.4\%$ $\sigma_{ac} = 0.50 \text{ barn,}$

$^{183\text{m}}\text{W}$ $T_1 = 5.3$ second

E_γ (keV)	160	108	102	99	53	46
P	0.060	0.190	0.040	0.090	0.110	0.080

Activation data for $^{183\text{m}}\text{W}$: $A_1(\tau)$, dps/µg

$$A_1(\text{sat}) = 4.3244/\ 3$$
$$A_1(1 \text{ sec}) = 5.3003/\ 2$$

Second	0.00		1.00		2.00		3.00	
0.00	0.0000/	0	5.3003/	2	9.9509/	2	1.4031/	3
4.00	1.7612/	3	2.0754/	3	2.3510/	3	2.5929/	3
8.00	2.8051/	3	2.9913/	3	3.1547/	3	3.2981/	3
12.00	3.4239/	3	3.5342/	3	3.6311/	3	3.7161/	3
16.00	3.7906/	3	3.8560/	3	3.9134/	3	3.9638/	3
20.00	4.0080/	3	4.0468/	3	4.0808/	3	4.1107/	3
24.00	4.1368/	3	4.1598/	3	4.1800/	3	4.1977/	3
28.00	4.2132/	3	4.2268/	3	4.2388/	3	4.2493/	3
32.00	4.2585/	3	4.2666/	3	4.2737/	3	4.2799/	3
36.00	4.2853/	3	4.2901/	3	4.2943/	3	4.2980/	3
40.00	4.3012/	3	4.3041/	3	4.3066/	3	4.3087/	3
44.00	4.3107/	3	4.3123/	3	4.3138/	3	4.3151/	3
48.00	4.3162/	3	4.3172/	3	4.3181/	3	4.3189/	3
52.00	4.3196/	3	4.3201/	3	4.3207/	3	4.3211/	3
56.00	4.3215/	3	4.3219/	3	4.3222/	3	4.3224/	3
60.00	4.3227/	3						

Decay factor for $^{183\text{m}}\text{W}$: $D_1(\text{t})$

Second	0.00		1.00		2.00		3.00	
0.00	1.0000/	0	8.7743/	−1	7.6989/	−1	6.7553/	−1
4.00	5.9273/	−1	5.2008/	−1	4.5633/	−1	4.0040/	−1
8.00	3.5133/	−1	3.0827/	−1	2.7048	−1	2.3733/	−1
12.00	2.0824/	−1	1.8272/	−1	1.6032/	−1	1.4067/	−1
16.00	1.2343/	−1	1.0830/	−1	9.5028/	−2	8.3381/	−2
20.00	7.3161/	−2	6.4194/	−2	5.6326/	−2	4.9422/	−2
24.00	4.3365/	−2	3.8049/	−2	3.3386/	−2	2.9294/	−2
28.00	2.5703/	−2	2.2553/	−2	1.9789/	−2	1.7363/	−2
32.00	1.5235/	−2	1.3368/	−2	1.1729/	−2	1.0292/	−2
36.00	9.0303/	−3	7.9235/	−3	6.9523/	−3	6.1002/	−3
40.00	5.3525/	−3	4.6965/	−3	4.1208/	−3	3.6158/	−3
44.00	3.1726/	−3	2.7837/	−3	2.4425/	−3	2.1432/	−3
48.00	1.8805/	−3	1.6500/	−3	1.4478/	−3	1.2703/	−3
52.00	1.1146/	−3	9.7800/	−4	8.5813/	−4	7.5295/	−4
56.00	6.6066/	−4	5.7969/	−4	5.0864/	−4	4.4630/	−4
60.00	3.9159/	−4						

$$^{184}\text{W}(\text{n}, \gamma)^{185}\text{W}$$

$M = 183.85$ $G = 30.6\%$ $\sigma_{ac} = 1.8$ barn,

^{185}W $T_1 = 75.8$ day

E_γ (keV)   125

P 0.0001

Activation data for $^{185}\text{W} : A_1(\tau)$, dps/$\mu$g

$A_1(\text{sat}) = 1.8044/\quad 4$

$A_1(1 \text{ sec}) = 1.9095/\ -3$

Day	0.00		4.00		8.00		12.00	
0.00	0.0000/	0	6.4796/	2	1.2727/	3	1.8749/	3
16.00	2.4556/	3	3.0153/	3	3.5550/	3	4.0753/	3
32.00	4.5770/	3	5.0606/	3	5.5268/	3	5.9763/	3
48.00	6.4097/	3	6.8275/	3	7.2303/	3	7.6186/	3
64.00	7.9930/	3	8.3539/	3	8.7019/	3	9.0374/	3
80.00	9.3608/	3	9.6726/	3	9.9733/	3	1.0263/	4
96.00	1.0543/	4	1.0812/	4	1.1072/	4	1.1322/	4
112.00	1.1563/	4	1.1796/	4	1.2021/	4	1.2237/	4
128.00	1.2445/	4	1.2646/	4	1.2840/	4	1.3027/	4
144.00	1.3207/	4	1.3381/	4	1.3548/	4	1.3710/	4
160.00	1.3866/	4	1.4016/	4	1.4160/	4	1.4300/	4
176.00	1.4434/	4	1.4564/	4	1.4689/	4	1.4809/	4
192.00	1.4926/	4	1.5038/	4	1.5146/	4	1.5250/	4
208.00	1.5350/	4	1.5447/	4	1.5540/	4	1.5630/	4
224.00	1.5717/	4	1.5800/	4	1.5881/	4	1.5959/	4

Decay factor for $^{185}\text{W} : D_1(t)$

Day	0.00		4.00		8.00		12.00	
0.00	1.0000/	0	9.6409/	−1	9.2947/	−1	8.9609/	−1
16.00	8.6392/	−1	8.3289/	−1	8.0298/	−1	7.7415/	−1
32.00	7.4635/	−1	7.1955/	−1	6.9371/	−1	6.6880/	−1
48.00	6.4478/	−1	6.2163/	−1	5.9931/	−1	5.7779/	−1
64.00	5.5704/	−1	5.3704/	−1	5.1775/	−1	4.9916/	−1
80.00	4.8124/	−1	4.6395/	−1	4.4729/	−1	4.3123/	−1
96.00	4.1575/	−1	4.0082/	−1	3.8642/	−1	3.7255/	−1
112.00	3.5917/	−1	3.4627/	−1	3.3384/	−1	3.2185/	−1
128.00	3.1029/	−1	2.9915/	−1	2.8841/	−1	2.7805/	−1
144.00	2.6807/	−1	2.5844/	−1	2.4916/	−1	2.4021/	−1
160.00	2.3159/	−1	2.2327/	−1	2.1525/	−1	2.0752/	−1
176.00	2.0007/	−1	1.9289/	−1	1.8596/	−1	1.7928/	−1
192.00	1.7285/	−1	1.6664/	−1	1.6066/	−1	1.5489/	−1
208.00	1.4932/	−1	1.4396/	−1	1.3879/	−1	1.3381/	−1
224.00	1.2900/	−1	1.2437/	−1	1.1991/	−1	1.1560/	−1
240.00	1.1145/	−1	1.0745/	−1	1.0359/	−1	9.9868/	−2

Day	0.00	4.00	8.00	12.00
256.00	9.6282/ −2	9.2824/ −2	8.9491/ −2	8.6278/ −2
272.00	8.3179/ −2	8.0193/ −2	7.7313/ −2	7.4537/ −2
288.00	7.1860/ −2	6.9280/ −2	6.6792/ −2	6.4393/ −2
304.00	6.2081/ −2	5.9852/ −2	5.7703/ −2	5.5630/ −2
320.00	5.3633/ −2	5.1707/ −2	4.9850/ −2	4.8060/ −2
336.00	4.6334/ −2	4.4670/ −2	4.3066/ −2	4.1520/ −2
352.00	4.0029/ −2	3.8592/ −2	3.7206/ −2	3.5870/ −2
368.00	3.4582/ −2	3.3340/ −2	3.2143/ −2	3.0988/ −2
384.00	2.9876/ −2	2.8803/ −2	2.7769/ −2	2.6771/ −2
400.00	2.5810/ −2	2.4883/ −2	2.3990/ −2	2.3128/ −2

$$^{184}\text{W}(\mathbf{n, \gamma})^{185\text{m}}\text{W}$$

$M = 183.85$ $G = 30.6\%$ $\sigma_{\text{ac}} = 0.0024$ barn,

$^{185\text{m}}\text{W}$ $T_1 = 1.62$ minute

E_γ (keV)   175   125   100   75

P

Activation data for $^{185\text{m}}\text{W} : A_1(\tau)$, dps/$\mu$g

$A_1(\text{sat}) = 2.4059/\ 1$

$A_1(1 \text{ sec}) = 1.7092/\ -1$

Minute	0.00		0.25		0.50		0.75	
0.00	0.0000/	0	2.4402/	0	4.6329/	0	6.6032/	0
1.00	8.3737/	0	9.9646/	0	1.1394/	1	1.2679/	1
2.00	1.3833/	1	1.4870/	1	1.5802/	1	1.6640/	1
3.00	1.7392/	1	1.8068/	1	1.8676/	1	1.9222/	1
4.00	1.9713/	1	2.0153/	1	2.0550/	1	2.0906/	1
5.00	2.1225/	1	2.1513/	1	2.1771/	1	2.2003/	1
6.00	2.2212/	1						

Decay factor for $^{185\text{m}}\text{W} : D_1(\text{t})$

Minute	0.00		0.25		0.50		0.75	
0.00	1.0000/	0	8.9858/	−1	8.0744/	−1	7.2554/	−1
1.00	6.5196/	−1	5.8583/	−1	5.2641/	−1	4.7302/	−1
2.00	4.2505/	−1	3.8194/	−1	3.4320/	−1	3.0839/	−1
3.00	2.7711/	−1	2.4901/	−1	2.2375/	−1	2.0106/	−1
4.00	1.8066/	−1	1.6234/	−1	1.4588/	−1	1.3108/	−1
5.00	1.1779/	−1	1.0584/	−1	9.5105/	−2	8.5459/	−2
6.00	7.6791/	−2	6.9003/	−2	6.2004/	−2	5.5715/	−2
7.00	5.0064/	−2	4.4987/	−2	4.0424/	−2	3.6324/	−2
8.00	3.2640/	−2	2.9329/	−2	2.6355/	−2	2.3682/	−2
9.00	2.1280/	−2	1.9121/	−2	1.7182/	−2	1.5439/	−2
10.00	1.3873/	−2	1.2466/	−2	1.1202/	−2	1.0066/	−2
11.00	9.0449/	−3	8.1275/	−3	7.3032/	−3	6.5625/	−3
12.00	5.8969/	−3						

Note: $^{185\text{m}}\text{W}$ decays to ^{185}W which is not tabulated

$^{186}\mathbf{W(n, \gamma)}^{187}\mathbf{W}$

$M = 183.85$ $\qquad$ $G = 28.40\%$ $\qquad$ $\sigma_{ac} = 37$ barn,

$^{187}\mathbf{W}$ $\qquad$ $T_1 = 24$ hour

E_γ (keV)	773	686	618	552	479	134	72
P	0.040	0.270	0.060	0.050	0.230	0.090	0.110

Activation data for $^{187}\mathrm{W} : A_1(\tau)$, dps/$\mu$g

$A_1(\text{sat}) = 3.4425/ \ 5$

$A_1(1 \ \text{sec}) = 2.7611/ \ 0$

Hour	0.00		1.00		2.00		3.00	
0.00	0.0000/	0	9.7980/	3	1.9317/	4	2.8565/	4
4.00	3.7550/	4	4.6279/	4	5.4760/	4	6.3000/	4
8.00	7.1004/	4	7.8781/	4	8.6337/	4	9.3678/	4
12.00	1.0081/	5	1.0774/	5	1.1447/	5	1.2101/	5
16.00	1.2736/	5	1.3354/	5	1.3953/	5	1.4536/	5
20.00	1.5102/	5	1.5652/	5	1.6186/	5	1.6705/	5
24.00	1.7210/	5	1.7700/	5	1.8176/	5	1.8638/	5
28.00	1.9088/	5	1.9524/	5	1.9948/	5	2.0360/	5
32.00	2.0761/	5	2.1149/	5	2.1527/	5	2.1894/	5
36.00	2.2251/	5	2.2597/	5	2.2934/	5	2.3261/	5
40.00	2.3579/	5	2.3888/	5	2.4187/	5	2.4479/	5
44.00	2.4762/	5	2.5037/	5	2.5304/	5	2.5564/	5
48.00	2.5816/	5	2.6061/	5	2.6299/	5	2.6530/	5
52.00	2.6755/	5	2.6973/	5	2.7185/	5	2.7391/	5
56.00	2.7592/	5	2.7786/	5	2.7975/	5	2.8159/	5
60.00	2.8337/	5	2.8510/	5	2.8679/	5	2.8842/	5
64.00	2.9001/	5	2.9155/	5	2.9305/	5	2.9451/	5
68.00	2.9593/	5	2.9730/	5	2.9864/	5	2.9994/	5
72.00	3.0120/	5	3.0242/	5	3.0361/	5	3.0477/	5
76.00	3.0589/	5	3.0698/	5	3.0804/	5	3.0907/	5
80.00	3.1008/	5	3.1105/	5	3.1199/	5	3.1291/	5

Decay factor for $^{187}\mathrm{W} : D_1(t)$

Hour	0.00	1.00	2.00	3.00
0.00	1.0000/ 0	9.7154/ —1	9.4389/ —1	9.1702/ —1
4.00	8.9092/ —1	8.6556/ —1	8.4093/ —1	8.1699/ —1
8.00	7.9374/ —1	7.7115/ —1	7.4920/ —1	7.2788/ —1
12.00	7.0716/ —1	6.8703/ —1	6.6748/ —1	6.4848/ —1
16.00	6.3002/ —1	6.1209/ —1	5.9467/ —1	5.7774/ —1
20.00	5.6130/ —1	5.4532/ —1	5.2980/ —1	5.1472/ —1
24.00	5.0000/ —1	4.8584/ —1	4.7201/ —1	4.5858/ —1
28.00	4.4553/ —1	4.3285/ —1	4.2053/ —1	4.0856/ —1
32.00	3.9693/ —1	3.8563/ —1	3.7465/ —1	3.6399/ —1
36.00	3.5363/ —1	3.4357/ —1	3.3379/ —1	3.2429/ —1

Hour	0.00	1.00	2.00	3.00
40.00	3.1506/ −1	3.0609/ −1	2.9738/ −1	2.8891/ − 1
44.00	2.8069/ −1	2.7270/ −1	2.6494/ −1	2.5740/ −1
48.00	2.5000/ −1	2.4296/ −1	2.3604/ −1	2.2932/ −1
52.00	2.2280/ −1	2.1645/ −1	2.1029/ −1	2.0431/ −1
56.00	1.9849/ −1	1.9284/ −1	1.8736/ −1	1.8202/ −1
60.00	1.7684/ −1	1.7181/ −1	1.6692/ −1	1.6217/ −1
64.00	1.5755/ −1	1.5307/ −1	1.4871/ −1	1.4448/ −1
68.00	1.4037/ −1	1.3637/ −1	1.3249/ −1	1.2872/ −1
72.00	1.2506/ −1	1.2150/ −1	1.1804/ −1	1.1468/ −1
76.00	1.1141/ −1	1.0824/ −1	1.0516/ −1	1.0217/ −1
80.00	9.9261/ −2	9.6436/ −2	9.3691/ −2	9.1025/ −2
84.00	8.8434/ −2	8.5917/ −2	8.3472/ −2	8.1096/ −2
88.00	7.8788/ −2	7.6545/ −2	7.4366/ −2	7.2250/ −2
92.00	7.0193/ −2	6.8196/ −2	6.6255/ −2	6.4369/ −2
96.00	6.2537/ −2	6.0757/ −2	5.9028/ −2	5.7348/ −2
100.00	5.5715/ −2	5.4130/ −2	5.2589/ −2	5.1092/ −2
104.00	4.9638/ −2	4.8225/ −2	4.6853/ −2	4.5519/ −2
108.00	4.4223/ −2	4.2965/ −2	4.1742/ −2	4.0554/ −2
112.00	3.9400/ − 2	3.8278/ −2	3.7189/ −2	3.6130/ −2
116.00	3.5102/ −2	3.4103/ −2	3.3132/ −2	3.2189/ −2
120.00	3.1273/ −2	3.0383/ −2	2.9518/ −2	2.8678/ −2
124.00	2.7862/ −2	2.7069/ −2	2.6298/ −2	2.5550/ −2
128.00	2.4823/ −2	2.4116/ −2	2.3430/ −2	2.2763/ −2
132.00	2.2115/ −2	2.1486/ −2	2.0874/ −2	2.0280/ −2
136.00	1.9703/ −2	1.9142/ −2	1.8597/ −2	1.8068/ −2
140.00	1.7554/ −2	1.7054/ −2	1.6569/ −2	1.6097/ −2
144.00	1.5639/ −2	1.5194/ −2	1.4761/ −2	1.4341/ −2
148.00	1.3933/ −2	1.3536/ −2	1.3151/ −2	1.2777/ −2
152.00	1.2413/ −2	1.2060/ −2	1.1717/ −2	1.1383/ −2
156.00	1.1059/ −2	1.0744/ −2	1.0439/ −2	1.0141/ −2
160.00	9.8528/ −3	9.5724/ −3	9.2999/ −3	9.0352/ −3
164.00	8.7781/ −3	8.5282/ −3	8.2855/ −3	8.0497/ −3
168.00	7.8206/ −3			

$^{185}\text{Re}(\text{n}, \gamma)^{186}\text{Re}$

$M = 186.2$ $\qquad G = 37.07\%$ $\qquad\qquad \sigma_{ac} = 110$ barn,

^{186}Re $\qquad T_1 = 90$ hour

E_γ (keV) $\quad 137$

$P \qquad\qquad 0.090$

Activation data for $^{186}\text{Re} : A_1(\tau)$, dps/$\mu$g
$$A_1(\text{sat}) \quad = 1.3190/\ 6$$
$$A_1(1\ \text{sec}) = 2.8212/\ 0$$

Hour	0.00		4.00		8.00		12.00	
0.00	0.0000/	0	4.0006/	4	7.8799/	4	1.1642/	5
16.00	1.5289/	5	1.8826/	5	2.2256/	5	2.5581/	5
32.00	2.8806/	5	3.1933/	5	3.4965/	5	3.7905/	5
48.00	4.0756/	5	4.3521/	5	4.6201/	5	4.8800/	5
64.00	5.1321/	5	5.3765/	5	5.6135/	5	5.8433/	5
80.00	6.0661/	5	6.2822/	5	6.4917/	5	6.6949/	5
96.00	6.8919/	5	7.0829/	5	7.2682/	5	7.4478/	5
112.00	7.6219/	5	7.7908/	5	7.9546/	5	8.1134/	5
128.00	8.2674/	5	8.4167/	5	8.5615/	5	8.7018/	5
144.00	8.8380/	5	8.9700/	5	9.0980/	5	9.2221/	5
160.00	9.3424/	5	9.4591/	5	9.5723/	5	9.6820/	5
176.00	9.7884/	5	9.8916/	5	9.9917/	5	1.0089/	6
192.00	1.0183/	6	1.0274/	6	1.0362/	6	1.0448/	6
208.00	1.0531/	6	1.0612/	6	1.0690/	6	1.0766/	6
224.00	1.0840/	6	1.0911/	6	1.0980/	6	1.1047/	6
240.00	1.1112/	6	1.1175/	6	1.1236/	6	1.1295/	6
256.00	1.1353/	6	1.1409/	6	1.1463/	6	1.1515/	6
272.00	1.1566/	6	1.1615/	6	1.1663/	6	1.1709/	6
288.00	1.1754/	6	1.1798/	6	1.1840/	6	1.1881/	6

Decay factor for $^{186}\text{Re} : D_1(\text{t})$

Hour	0.00		4.00		8.00		12.00	
0.00	1.0000/	0	9.6967/	−1	9.4026/	−1	9.1174/	−1
16.00	8.8409/	−1	8.5727/	−1	8.3127/	−1	8.0606/	−1
32.00	7.8161/	−1	7.5790/	−1	7.3492/	−1	7.1262/	−1
48.00	6.9101/	−1	6.7005/	−1	6.4973/	−1	6.3002/	−1
64.00	6.1091/	−1	5.9238/	−1	5.7442/	−1	5.5699/	−1
80.00	5.4010/	−1	5.2372/	−1	5.0783/	−1	4.9243/	−1
96.00	4.7750/	−1	4.6301/	−1	4.4897/	−1	4.3535/	−1
112.00	4.2215/	−1	4.0934/	−1	3.9693/	−1	3.8489/	−1
128.00	3.7322/	−1	3.6190/	−1	3.5092/	−1	3.4028/	−1
144.00	3.2995/	−1	3.1995/	−1	3.1024/	−1	3.0083/	−1
160.00	2.9171/	−1	2.8286/	−1	2.7428/	−1	2.6596/	−1
176.00	2.5790/	−1	2.5000/	−1	2.4249/	−1	2.3513/	−1

Hour	0.00	4.00	8.00	12.00
192.00	2.2800/ −1	2.2109/ −1	2.1438/ −1	2.0788/ −1
208.00	2.0157/ −1	1.9546/ −1	1.8953/ −1	1.8378/ −1
224.00	1.7821/ −1	1.7280/ −1	1.6756/ −1	1.6248/ −1
240.00	1.5755/ −1	1.5277/ −1	1.4814/ −1	1.4365/ −1
256.00	1.3929/ −1	1.3506/ −1	1.3097/ −1	1.2700/ −1
272.00	1.2314/ −1	1.1941/ −1	1.1579/ −1	1.1228/ −1
288.00	1.0887/ −1	1.0557/ −1	1.0237/ −1	9.9261/ −2
304.00	9.6251/ −2	9.3331/ −2	9.0500/ −2	8.7756/ −2
320.00	8.5094/ −2	8.2513/ −2	8.0010/ −2	7.7584/ −2
336.00	7.5230/ −2	7.2949/ −2	7.0736/ −2	6.8591/ −2
352.00	6.6510/ −2	6.4493/ −2	6.2537/ −2	6.0640/ −2
368.00	5.8801/ −2	5.7017/ −2	5.5288/ −2	5.3611/ −2
384.00	5.1985/ −2	5.0408/ −2	4.8879/ −2	4.7397/ −2
400.00	4.5959/ −2	4.4565/ −2	4.3214/ −2	4.1903/ −2
416.00	4.0632/ −2	3.9400/ −2	3.8205/ −2	3.7046/ −2
432.00	3.5922/ −2	3.4833/ −2	3.3776/ −2	3.2752/ −2
448.00	3.1758/ −2	3.0795/ −2	2.9861/ −2	2.8955/ −2
464.00	2.8077/ −2	2.7226/ −2	2.6400/ −2	2.5599/ −2
480.00	2.4823/ −2	2.4070/ −2	2.3340/ −2	2.2632/ −2
496.00	2.1945/ −2	2.1280/ −2	2.0634/ −2	2.0008/ −2
512.00	1.9402/ −2	1.8813/ −2	1.8243/ −2	1.7689/ −2
528.00	1.7153/ −2	1.6632/ −2	1.6128/ −2	1.5639/ −2
544.00	1.5164/ −2	1.4705/ −2	1.4259/ −2	1.3826/ −2
560.00	1.3407/ −2	1.3000/ −2	1.2606/ −2	1.2223/ −2
576.00	1.1853/ −2	1.1493/ −2	1.1145/ −2	1.0807/ −2
592.00	1.0479/ −2			

$^{187}\text{Re}(\text{n}, \gamma)^{188}\text{Re}$

$$M = 186.2 \qquad G = 62.93\% \qquad \sigma_{ac} = 75 \text{ barn,}$$

$$^{188}\text{Re} \qquad T_1 = 16.7 \text{ hour}$$

E_γ (keV)	633	478	155
P	0.020	0.010	0.150

Activation data for ^{188}Re : $A_1(\tau)$, dps/μg

$$A_1(\text{sat}) = 1.5267/\ 6$$
$$A_1(1 \text{ sec}) = 1.7598/\ 1$$

Hour	0.00		1.00		2.00		3.00	
0.00	0.0000/	0	6.2057/	4	1.2159/	5	1.7871/	5
4.00	2.3350/	5	2.8606/	5	3.3649/	5	3.8487/	5
8.00	4.3128/	5	4.7581/	5	5.1853/	5	5.5951/	5
12.00	5.9882/	5	6.3654/	5	6.7272/	5	7.0743/	5
16.00	7.4073/	5	7.7268/	5	8.0333/	5	8.3273/	5
20.00	8.6094/	5	8.8800/	5	9.1396/	5	9.3887/	5
24.00	9.6276/	5	9.8569/	5	1.0077/	6	1.0288/	6
28.00	1.0490/	6	1.0684/	6	1.0871/	6	1.1049/	6
32.00	1.1221/	6	1.1385/	6	1.1543/	6	1.1694/	6
36.00	1.1840/	6	1.1979/	6	1.2113/	6	1.2241/	6
40.00	1.2364/	6	1.2482/	6	1.2595/	6	1.2704/	6
44.00	1.2808/	6	1.2908/	6	1.3004/	6	1.3096/	6
48.00	1.3184/	6	1.3269/	6	1.3350/	6	1.3428/	6
52.00	1.3502/	6	1.3574/	6	1.3643/	6	1.3709/	6

Decay factor for ^{188}Re : $D_1(\text{t})$

Hour	0.00		1.00		2.00		3.00	
0.00	1.0000/	0	9.5935/	−1	9.2036/	−1	8.8295/	−1
4.00	8.4706/	−1	8.1263/	−1	7.7959/	−1	7.4791/	−1
8.00	7.1750/	−1	6.8834/	−1	6.6036/	−1	6.3352/	−1
12.00	6.0777/	−1	5.8306/	−1	5.5936/	−1	5.3663/	−1
16.00	5.1481/	−1	4.9389/	−1	4.7381/	−1	4.5455/	−1
20.00	4.3608/	−1	4.1835/	−1	4.0134/	−1	3.8503/	−1
24.00	3.6938/	−1	3.5437/	−1	3.3996/	−1	3.2614/	−1
28.00	3.1289/	−1	3.0017/	−1	2.8797/	−1	2.7626/	−1
32.00	2.6503/	−1	2.5426/	−1	2.4392/	−1	2.3401/	−1
36.00	2.2450/	−1	2.1537/	−1	2.0662/	−1	1.9822/	−1
40.00	1.9016/	−1	1.8243/	−1	1.7502/	−1	1.6790/	−1
44.00	1.6108/	−1	1.5453/	−1	1.4825/	−1	1.4222/	−1
48.00	1.3644/	−1	1.3090/	−1	1.2558/	−1	1.2047/	−1
52.00	1.1557/	−1	1.1088/	−1	1.0637/	−1	1.0205/	−1
56.00	9.7898/	−2	9.3918/	−2	9.0101/	−2	8.6438/	−2
60.00	8.2925/	−2	7.9554/	−2	7.6320/	−2	7.3218/	−2
64.00	7.0242/	−2	6.7387/	−2	6.4648/	−2	6.2020/	−2

Hour	0.00	1.00	2.00	3.00
68.00	5.9499/ −2	5.7080/ −2	5.4760/ −2	5.2534/ −2
72.00	5.0399/ −2	4.8350/ −2	4.6385/ −2	4.4500/ −2
76.00	4.2691/ −2	4.0955/ −2	3.9291/ −2	3.7694/ −2
80.00	3.6161/ −2	3.4692/ −2	3.3281/ −2	3.1929/ −2
84.00	3.0631/ −2	2.9386/ −2	2.8191/ −2	2.7045/ −2
88.00	2.5946/ −2	2.4891/ −2	2.3880/ −2	2.2909/ −2
92.00	2.1978/ −2	2.1084/ −2	2.0227/ −2	1.9405/ −2
96.00	1.8616/ −2	1.7860/ −2	1.7134/ −2	1.6437/ −2
100.00	1.5769/ −2	1.5128/ −2	1.4513/ −2	1.3923/ −2
104.00	1.3357/ −2	1.2814/ −2	1.2294/ −2	1.1794/ −2
108.00	1.1314/ −2	1.0855/ −2	1.0413/ −2	9.9900/ −3
112.00	9.5840/ −3	9.1944/ −3	8.8207/ −3	8.4621/ −3
116.00	8.1182/ −3			

See also ^{187}Re(n, γ)^{188m}Re → ^{188}Re

$$^{187}\mathbf{Re(n, \gamma)}^{188m}\mathbf{Re} \to {}^{188}\mathbf{Re}$$

$M = 186.2$ $\qquad G = 62.93\%$ $\qquad\qquad \sigma_{ac} = 2.0$ barn,

$^{188m}\mathbf{Re}$ $\qquad T_1 = 18.7$ minute

E_γ (keV)	106	92
P	0.100	0.050

$^{188}\mathbf{Re}$ $\qquad T_2 = 16.7$ hour

E_γ (keV)	663	478	155
P	0.020	0.010	0.150

Activation data for ^{188m}Re : $A_1(\tau)$, dps/μg

A_1(sat) $= 4.0712/\ 4$

A_1(1 sec) $= 2.5138/\ 1$

$K = -1.9018/\ -2$

Time intervals with respect to T_1

Minute	0.00		1.00		2.00		3.00	
0.00	0.0000/	0	1.4811/	3	2.9084/	3	4.2837/	3
4.00	5.6089/	3	6.8860/	3	8.1166/	3	9.3024/	3
8.00	1.0445/	4	1.1546/	4	1.2607/	4	1.3630/	4
12.00	1.4615/	4	1.5564/	4	1.6479/	4	1.7361/	4
16.00	1.8210/	4	1.9029/	4	1.9818/	4	2.0578/	4
20.00	2.1311/	4	2.2016/	4	2.2696/	4	2.3352/	4
24.00	2.3983/	4	2.4592/	4	2.5178/	4	2.5744/	4
28.00	2.6288/	4	2.6813/	4	2.7319/	4	2.7806/	4
32.00	2.8275/	4	2.8724/	4	2.9164/	4	2.9584/	4
36.00	2.9989/	4	3.0379/	4	3.0755/	4	3.1117/	4
40.00	3.1466/	4	3.1802/	4	3.2127/	4	3.2439/	4
44.00	3.2740/	4	3.3030/	4	3.3309/	4	3.3579/	4
48.00	3.3838/	4	3.4088/	4	3.4329/	4	3.4561/	4
52.00	3.4785/	4	3.5001/	4	3.5209/	4	3.5409/	4
56.00	3.5602/	4	3.5788/	4	3.5967/	4	3.6139/	4
60.00	3.6306/	4	3.6466/	4	3.6621/	4	3.6769/	4

Decay factor for ^{188m}Re : $D_1(t)$

Minute	0.00		1.00		2.00		3.00	
0.00	1.0000/	0	9.6362/	−1	9.2856/	−1	8.9478/	−1
4.00	8.6223/	−1	8.3086/	−1	8.0063/	−1	7.7151/	−1
8.00	7.4344/	−1	7.1639/	−1	6.9033/	−1	6.6521/	−1
12.00	6.4101/	−1	6.1769/	−1	5.9522/	−1	5.7357/	−1
16.00	5.5270/	−1	5.3259/	−1	5.1322/	−1	4.9454/	−1
20.00	4.7655/	−1	4.5922/	−1	4.4251/	−1	4.2641/	−1

Minute	0.00		1.00		2.00		3.00	
24.00	4.1090/	−1	3.9595/	−1	3.8154/	−1	3.6766/	−1
28.00	3.5429/	−1	3.4140/	−1	3.2898/	−1	3.1701/	−1
32.00	3.0548/	−1	2.9436/	−1	2.8365/	−1	2.7333/	−1
36.00	2.6339/	−1	2.5381/	−1	2.4457/	−1	2.3568/	−1
40.00	2.2710/	−1	2.1884/	−1	2.1088/	−1	2.0321/	−1
44.00	1.9581/	−1	1.8869/	−1	1.8183/	−1	1.7521/	−1
48.00	1.6884/	−1	1.6269/	−1	1.5678/	−1	1.5107/	−1
52.00	1.4558/	−1	1.4028/	−1	1.3518/	−1	1.3026/	−1
56.00	1.2552/	−1	1.2095/	−1	1.1655/	−1	1.1231/	−1
60.00	1.0823/	−1	1.0429/	−1	1.0050/	−1	9.6839/	−2
64.00	9.3316/	−2	8.9921/	−2	8.6650/	−2	8.3497/	−2
68.00	8.0460/	−2	7.7532/	−2	7.4712/	−2	7.1994/	−2
72.00	6.9375/	−2	6.6851/	−2	6.4419/	−2	6.2075/	−2
76.00	5.9817/	−2	5.7641/	−2	5.5544/	−2	5.3523/	−2
80.00	5.1576/	−2	4.9699/	−2	4.7891/	−2	4.6149/	−2
84.00	4.4470/	−2	4.2852/	−2	4.1293/	−2	3.9791/	−2
88.00	3.8343/	−2	3.6948/	−2	3.5604/	−2	3.4309/	−2
92.00	3.3061/	−2	3.1858/	−2	3.0699/	−2	2.9582/	−2
96.00	2.8506/	−2	2.7469/	−2	2.6469/	−2	2.5506/	−2
100.00	2.4579/	−2	2.3684/	−2	2.2823/	−2	2.1992/	−2
104.00	2.1192/	−2	2.0421/	−2	1.9678/	−2	1.8962/	−2
108.00	1.8273/	−2	1.7608/	−2	1.6967/	−2	1.6350/	−2
112.00	1.5755/	−2	1.5182/	−2	1.4630/	−2	1.4097/	−2
116.00	1.3585/	−2	1.3090/	−2	1.2614/	−2	1.2155/	−2
120.00	1.1713/	−2	1.1287/	−2	1.0876/	−2	1.0481/	−2
124.00	1.0099/	−2	9.7318/	−3	9.3778/	−3	9.0366/	−3

Activation data for ^{188}Re : $F \cdot A_2(\tau)$

$$F \cdot A_2(\text{sat}) = 4.1485/ \quad 4$$
$$F \cdot A_2(1 \text{ sec}) = 4.7820/ \quad -1$$

Minute	0.00		1.00		2.00		3.00	
0.00	0.0000/	0	2.8682/	1	5.7344/	1	8.5987/	1
4.00	1.1461/	2	1.4321/	2	1.7180/	2	2.0036/	2
8.00	2.2890/	2	2.5743/	2	2.8593/	2	3.1441/	2
12.00	3.4288/	2	3.7132/	2	3.9975/	2	4.2816/	2
16.00	4.5654/	2	4.8491/	2	5.1325/	2	5.4158/	2
20.00	5.6989/	2	5.9818/	2	6.2645/	2	6.5469/	2
24.00	6.8292/	2	7.1113/	2	7.3932/	2	7.6750/	2
28.00	7.9565/	2	8.2378/	2	8.5189/	2	8.7998/	2
32.00	9.0806/	2	9.3611/	2	9.6415/	2	9.9216/	2
36.00	1.0202/	3	1.0481/	3	1.0761/	3	1.1040/	3
40.00	1.1319/	3	1.1598/	3	1.1877/	3	1.2156/	3
44.00	1.2434/	3	1.2713/	3	1.2991/	3	1.3268/	3
48.00	1.3546/	3	1.3824/	3	1.4101/	3	1.4378/	3
52.00	1.4655/	3	1.4931/	3	1.5208/	3	1.5484/	3
56.00	1.5760/	3	1.6036/	3	1.6312/	3	1.6588/	3
60.00	1.6863/	3	1.7138/	3	1.7413/	3	1.7688/	3
64.00	1.7962/	3						

Decay factor for ^{188}Re : $D_2(t)$

Minute	0.00	1.00	2.00	3.00
0.00	1.0000/ 0	9.9931/ −1	9.9862/ −1	9.9793/ −1
4.00	9.9724/ −1	9.9655/ −1	9.9586/ −1	9.9517/ −1
8.00	9.9448/ −1	9.9379/ −1	9.9311/ −1	9.9242/ −1
12.00	9.9173/ −1	9.9105/ −1	9.9036/ −1	9.8968/ −1
16.00	9.8900/ −1	9.8831/ −1	9.8763/ −1	9.8695/ −1
20.00	9.8626/ −1	9.8558/ −1	9.8490/ −1	9.8422/ −1
24.00	9.8354/ −1	9.8286/ −1	9.8218/ −1	9.8150/ −1
28.00	9.8082/ −1	9.8014/ −1	9.7947/ −1	9.7879/ −1
32.00	9.7811/ −1	9.7744/ −1	9.7676/ −1	9.7608/ −1
36.00	9.7541/ −1	9.7473/ −1	9.7406/ −1	9.7339/ −1
40.00	9.7271/ −1	9.7204/ −1	9.7137/ −1	9.7070/ −1
44.00	9.7003/ −1	9.6936/ −1	9.6869/ −1	9.6802/ −1
48.00	9.6735/ −1	9.6668/ −1	9.6601/ −1	9.6534/ −1
52.00	9.6467/ −1	9.6401/ −1	9.6334/ −1	9.6268/ −1
56.00	9.6201/ −1	9.6134/ −1	9.6068/ −1	9.6002/ −1
60.00	9.5935/ −1	9.5869/ −1	9.5803/ −1	9.5736/ −1
64.00	9.5670/ −1	9.5604/ −1	9.5538/ −1	9.5472/ −1
68.00	9.5406/ −1	9.5340/ −1	9.5274/ −1	9.5208/ −1
72.00	9.5142/ −1	9.5077/ −1	9.5011/ −1	9.4945/ −1
76.00	9.4879/ −1	9.4814/ −1	9.4748/ −1	9.4683/ −1
80.00	9.4617/ −1	9.4552/ −1	9.4487/ −1	9.4421/ −1
84.00	9.4356/ −1	9.4291/ −1	9.4226/ −1	9.4160/ −1
88.00	9.4095/ −1	9.4030/ −1	9.3965/ −1	9.3900/ −1
92.00	9.3835/ −1	9.3770/ −1	9.3706/ −1	9.3641/ −1
96.00	9.3576/ −1	9.3511/ −1	9.3447/ −1	9.3382/ −1
100.00	9.3318/ −1	9.3253/ −1	9.3189/ −1	9.3124/ −1
104.00	9.3060/ −1	9.2995/ −1	9.2931/ −1	9.2867/ −1
108.00	9.2803/ −1	9.2739/ −1	9.2674/ −1	9.2610/ −1
112.00	9.2546/ −1	9.2482/ −1	9.2418/ −1	9.2354/ −1
116.00	9.2291/ −1	9.2227/ −1	9.2163/ −1	9.2099/ −1
120.00	9.2036/ −1	9.1972/ −1	9.1908/ −1	9.1845/ −1
124.00	9.1781/ −1	9.1718/ −1	9.1655/ −1	9.1591/ −1

*

Activation data for ^{188m}Re : $A_1(\tau)$, dps/μg

$$A_1(\text{sat}) = 4.0712/ 4$$
$$A_1(1 \text{ sec}) = 2.5138/ 1$$

$K = -1.9018/ -2$

Time intervals with respect to T_2

Hour	0.00	1.00	2.00	3.00
0.00	0.0000/ 0	3.6306/ 4	4.0235/ 4	4.0660/ 4
4.00	4.0706/ 4	4.0711/ 4	4.0712/ 4	4.0712/ 4

Decay factor for ^{188m}Re : $D_1(t)$

Hour	0.00	1.00	2.00	3.00
0.00	1.0000/ 0	1.0823/ −1	1.1713/ −2	1.2677/ −3
4.00	1.3719/ −4	1.4848/ −5	1.6069/ −6	1.7391/ −7

Activation data for ^{188}Re : $F \cdot A_2(\tau)$

$$F \cdot A_2(\text{sat}) \quad = 4.1485/ \quad 4$$
$$F \cdot A_2(1 \ \text{sec}) = 4.7820/ \ -1$$

Hour	0.00		1.00		2.00		3.00	
0.00	0.0000/	0	1.6863/	3	3.3040/	3	4.8560/	3
4.00	6.3449/	3	7.7733/	3	9.1436/	3	1.0458/	4
8.00	1.1719/	4	1.2929/	4	1.4090/	4	1.5204/	4
12.00	1.6272/	4	1.7297/	4	1.8280/	4	1.9223/	4
16.00	2.0128/	4	2.0996/	4	2.1829/	4	2.2628/	4
20.00	2.3395/	4	2.4130/	4	2.4835/	4	2.5512/	4
24.00	2.6161/	4	2.6784/	4	2.7382/	4	2.7955/	4
28.00	2.8505/	4	2.9033/	4	2.9539/	4	3.0025/	4
32.00	3.0490/	4	3.0937/	4	3.1366/	4	3.1777/	4
36.00	3.2172/	4	3.2551/	4	3.2914/	4	3.3262/	4
40.00	3.3596/	4	3.3917/	4	3.4225/	4	3.4520/	4
44.00	3.4803/	4	3.5075/	4	3.5335/	4	3.5585/	4
48.00	3.5825/	4	3.6055/	4	3.6276/	4	3.6488/	4
52.00	3.6691/	4	3.6886/	4	3.7073/	4	3.7252/	4
56.00	3.7424/	4	3.7589/	4	3.7748/	4		

Decay factor for ^{188}Re : $D_2(t)$

Hour	0.00	1.00	2.00	3.00
0.00	1.0000/ 0	9.5935/ −1	9.2036/ −1	8.8295/ −1
4.00	8.4706/ −1	8.1263/ −1	7.7959/ −1	7.4791/ −1
8.00	7.1750/ −1	6.8834/ −1	6.6036/ −1	6.3352/ −1
12.00	6.0777/ −1	5.8306/ −1	5.5936/ −1	5.3663/ −1
16.00	5.1481/ −1	4.9389/ −1	4.7381/ −1	4.5455/ −1
20.00	4.3608/ −1	4.1835/ −1	4.0134/ −1	3.8503/ −1
24.00	3.6938/ −1	3.5437/ −1	3.3996/ −1	3.2614/ −1
28.00	3.1289/ −1	3.0017/ −1	2.8797/ −1	2.7626/ −1
32.00	2.6503/ −1	2.5426/ −1	2.4392/ −1	2.3401/ −1
36.00	2.2450/ −1	2.1537/ −1	2.0662/ −1	1.9822/ −1
40.00	1.9016/ −1	1.8243/ −1	1.7502/ −1	1.6790/ −1
44.00	1.6108/ −1	1.5453/ −1	1.4825/ −1	1.4222/ −1
48.00	1.3644/ −1	1.3090/ −1	1.2558/ −1	1.2047/ −1
52.00	1.1557/ −1	1.1088/ −1	1.0637/ −1	1.0205/ −1
56.00	9.7898/ −2	9.3918/ −2	9.0101/ −2	8.6438/ −2
60.00	8.2925/ −2	7.9554/ −2	7.6320/ −2	7.3218/ −2
64.00	7.0242/ −2	6.7387/ −2	6.4648/ −2	6.2020/ −2
68.00	5.9499/ −2	5.7080/ −2	5.4760/ −2	5.2534/ −2

Hour	0.00	1.00	2.00	3.00
72.00	5.0399/ −2	4.8350/ −2	4.6385/ −2	4.4500/ −2
76.00	4.2691/ −2	4.0955/ −2	3.9291/ −2	3.7694/ −2
80.00	3.6161/ −2	3.4692/ −2	3.3281/ −2	3.1929/ −2
84.00	3.0631/ −2	2.9386/ −2	2.8191/ −2	2.7045/ −2
88.00	2.5946/ −2	2.4891/ −2	2.3880/ −2	2.2909/ −2
92.00	2.1978/ −2	2.1084/ −2	2.0227/ −2	1.9405/ −2
96.00	1.8616/ −2	1.7860/ −2	1.7134/ −2	1.6437/ −2
100.00	1.5769/ −2	1.5128/ −2	1.4513/ −2	1.3923/ −2
104.00	1.3357/ −2	1.2814/ −2	1.2294/ −2	1.1794/ −2
108.00	1.1314/ −2	1.0855/ −2	1.0413/ −2	9.9900/ −3
112.00	9.5840/ −3	9.1944/ −3	8.8207/ −3	8.4621/ −3
116.00	8.1182/ −3			

See also ^{187}Re(n, γ)^{188}Re

$$^{184}\text{Os}(\text{n}, \gamma)^{185}\text{Os}$$

$M = 190.2$ $G = 0.018\%$ $\sigma_{\text{ac}} = 200$ barn,

^{185}Os $T_1 = 94$ day

E_γ (keV)	875	646
P	0.140	0.800

Activation data for ^{185}Os : $A_1(\tau)$, dps/μg

$A_1(\text{sat}) = 1.1400/ \quad 3$

$A_1(1 \text{ sec}) = 9.7279/ \ -5$

Day	0.00		4.00		8.00		12.00	
0.00	0.0000/	0	3.3127/	1	6.5291/	1	9.6521/	1
16.00	1.2684/	2	1.5628/	2	1.8487/	2	2.1263/	2
32.00	2.3957/	2	2.6574/	2	2.9114/	2	3.1581/	2
48.00	3.3976/	2	3.6301/	2	3.8559/	2	4.0751/	2
64.00	4.2880/	2	4.4947/	2	4.6953/	2	4.8902/	2
80.00	5.0793/	2	5.2630/	2	5.4413/	2	5.6145/	2
96.00	5.7826/	2	5.9458/	2	6.1043/	2	6.2582/	2
112.00	6.4076/	2	6.5527/	2	6.6936/	2	6.8303/	2
128.00	6.9631/	2	7.0920/	2	7.2172/	2	7.3388/	2
144.00	7.4568/	2	7.5714/	2	7.6826/	2	7.7906/	2
160.00	7.8955/	2	7.9974/	2	8.0962/	2	8.1922/	2
176.00	8.2855/	2	8.3760/	2	8.4638/	2	8.5492/	2
192.00	8.6320/	2	8.7124/	2	8.7905/	2	8.8664/	2
208.00	8.9400/	2	9.0115/	2	9.0809/	2	9.1483/	2
224.00	9.2137/	2	9.2772/	2	9.3389/	2	9.3988/	2

Decay factor for ^{185}Os : $D_1(t)$

Day	0.00		4.00		8.00		12.00	
0.00	1.0000/	0	9.7094/	-1	9.4273/	-1	9.1533/	-1
16.00	8.8873/	-1	8.6291/	-1	8.3783/	-1	8.1349/	-1
32.00	7.8985/	-1	7.6690/	-1	7.4461/	-1	7.2297/	-1
48.00	7.0196/	-1	6.8157/	-1	6.6176/	-1	6.4253/	-1
64.00	6.2386/	-1	6.0573/	-1	5.8813/	-1	5.7104/	-1
80.00	5.5445/	-1	5.3833/	-1	5.2269/	-1	5.0750/	-1
96.00	4.9275/	-1	4.7844/	-1	4.6453/	-1	4.5103/	-1
112.00	4.3793/	-1	4.2520/	-1	4.1285/	-1	4.0085/	-1
128.00	3.8920/	-1	3.7789/	-1	3.6691/	-1	3.5625/	-1
144.00	3.4590/	-1	3.3584/	-1	3.2609/	-1	3.1661/	-1
160.00	3.0741/	-1	2.9848/	-1	2.8980/	-1	2.8138/	-1
176.00	2.7321/	-1	2.6527/	-1	2.5756/	-1	2.5000/	-1
192.00	2.4281/	-1	2.3575/	-1	2.2890/	-1	2.2225/	-1
208.00	2.1579/	-1	2.0952/	-1	2.0343/	-1	1.9752/	-1
224.00	1.9178/	-1	1.8621/	-1	1.8080/	-1	1.7554/	-1
240.00	1.7044/	-1	1.6549/	-1	1.6068/	-1	1.5601/	-1

Day	0.00	4.00	8.00	12.00
256.00	1.5148/ −1	1.4708/ −1	1.4280/ −1	1.3865/ −1
272.00	1.3462/ −1	1.3071/ −1	1.2691/ −1	1.2322/ −1
288.00	1.1964/ −1	1.1617/ −1	1.1279/ −1	1.0951/ −1
304.00	1.0633/ −1	1.0324/ −1	1.0024/ −1	9.7329/ −2
320.00	9.4501/ −2	9.1755/ −2	8.9088/ −2	8.6499/ −2
336.00	8.3986/ −2	8.1545/ −2	7.9176/ −2	7.6875/ −2
352.00	7.4641/ −2	7.2472/ −2	7.0366/ −2	6.8321/ −2
368.00	6.6336/ −2	6.4408/ −2	6.2537/ −2	6.0720/ −2
384.00	5.8955/ −2	5.7242/ −2	5.5579/ −2	5.3964/ −2
400.00	5.2395/ −2	5.0873/ −2	4.9395/ −2	4.7959/ −2

$$^{189}\text{Os}(n, \gamma)^{190m}\text{Os}$$

$$M = 190.2 \qquad G = 16.1\% \qquad \sigma_{ac} = 0.008 \text{ barn,}$$

$$^{190m}\text{Os} \qquad T_1 = 9.9 \text{ minute}$$

E_γ (keV)	616	502	361	187
P	0.990	0.980	0.940	0.700

Activation data for ^{190m}Os : $A_1(\tau)$, dps/μg

$$A_1(\text{sat}) \quad = 4.0787/ \quad 1$$
$$A_1(1 \text{ sec}) = 4.7557/ \ -2$$

Minute	0.00		0.50		1.00		1.50	
0.00	0.0000/	0	1.4028/	0	2.7574/	0	4.0654/	0
2.00	5.3284/	0	6.5480/	0	7.7256/	0	8.8628/	0
4.00	9.9608/	0	1.1021/	1	1.2045/	1	1.3033/	1
6.00	1.3988/	1	1.4910/	1	1.5800/	1	1.6659/	1
8.00	1.7489/	1	1.8290/	1	1.9064/	1	1.9811/	1
10.00	2.0533/	1	2.1229/	1	2.1902/	1	2.2551/	1
12.00	2.3179/	1	2.3784/	1	2.4369/	1	2.4934/	1
14.00	2.5479/	1	2.6005/	1	2.6514/	1	2.7005/	1
16.00	2.7479/	1	2.7937/	1	2.8378/	1	2.8805/	1
18.00	2.9217/	1	2.9615/	1	3.0000/	1	3.0371/	1
20.00	3.0729/	1	3.1075/	1	3.1409/	1	3.1731/	1
22.00	3.2043/	1	3.2344/	1	3.2634/	1	3.2914/	1
24.00	3.3185/	1	3.3447/	1	3.3699/	1	3.3943/	1
26.00	3.4178/	1	3.4405/	1	3.4625/	1	3.4837/	1
28.00	3.5042/	1	3.5239/	1	3.5430/	1	3.5614/	1
30.00	3.5792/	1	3.5964/	1	3.6130/	1	3.6290/	1
32.00	3.6445/	1	3.6594/	1	3.6738/	1	3.6877/	1
34.00	3.7012/	1						

Decay factor for ^{190m}Os : $D_1(t)$

Minute	0.00		0.50		1.00		1.50	
0.00	1.0000/	0	9.6561/	−1	9.3239/	−1	9.0032/	−1
2.00	8.6936/	−1	8.3946/	−1	8.1058/	−1	7.8270/	−1
4.00	7.5578/	−1	7.2979/	−1	7.0469/	−1	6.8045/	−1
6.00	6.5705/	−1	6.3445/	−1	6.1263/	−1	5.9156/	−1
8.00	5.7121/	−1	5.5156/	−1	5.3259/	−1	5.1427/	−1
10.00	4.9659/	−1	4.7951/	−1	4.6301/	−1	4.4709/	−1
12.00	4.3171/	−1	4.1686/	−1	4.0252/	−1	3.8868/	−1
14.00	3.7531/	−1	3.6240/	−1	3.4994/	−1	3.3790/	−1
16.00	3.2628/	−1	3.1506/	−1	3.0422/	−1	2.9376/	−1
18.00	2.8365/	−1	2.7390/	−1	2.6448/	−1	2.5538/	−1
20.00	2.4660/	−1	2.3812/	−1	2.2993/	−1	2.2202/	−1
22.00	2.1438/	−1	2.0701/	−1	1.9989/	−1	1.9301/	−1
24.00	1.8637/	−1	1.7996/	−1	1.7377/	−1	1.6780/	−1

Minute	0.00	0.50	1.00	1.50
26.00	1.6203/ −1	1.5645/ −1	1.5107/ −1	1.4588/ −1
28.00	1.4086/ −1	1.3601/ −1	1.3134/ −1	1.2682/ −1
30.00	1.2246/ −1	1.1824/ −1	1.1418/ −1	1.1025/ −1
32.00	1.0646/ −1	1.0280/ −1	9.9261/ −2	9.5847/ −2
34.00	9.2551/ −2	8.9367/ −2	8.6294/ −2	8.3326/ −2
36.00	8.0460/ −2	7.7692/ −2	7.5020/ −2	7.2440/ −2
38.00	6.9948/ −2	6.7542/ −2	6.5219/ −2	6.2976/ −2
40.00	6.0810/ −2	5.8719/ −2	5.6699/ −2	5.4749/ −2
42.00	5.2866/ −2	5.1047/ −2	4.9292/ −2	4.7596/ −2
44.00	4.5959/ −2	4.4379/ −2	4.2852/ −2	4.1378/ −2
46.00	3.9955/ −2	3.8581/ −2	3.7254/ −2	3.5973/ −2
48.00	3.4735/ −2	3.3541/ −2	3.2387/ −2	3.1273/ −2
50.00	3.0197/ −2	2.9159/ −2	2.8156/ −2	2.7187/ −2

$$^{190}\mathrm{Os}(\mathbf{n}, \gamma)^{191}\mathrm{Os}$$

$M = 190.2$ $\qquad$ $G = 26.4\%$ $\qquad$ $\sigma_{\mathrm{ac}} = 4$ barn,

$^{191}\mathbf{Os}$ $\qquad$ $\mathrm{T}_1 = 15$ day

E_γ (keV)

P

Activation data for $^{191}\mathrm{Os}$: $A_1(\tau)$, dps/μg

$A_1(\mathrm{sat}) = 3.3440/ \quad 4$

$A_1(1 \ \mathrm{sec}) = 1.7881/ \ -2$

Day	0.00		0.50		1.00		1.50	
0.00	0.0000/	0	7.6361/	2	1.5098/	3	2.2389/	3
2.00	2.9514/	3	3.6476/	3	4.3279/	3	4.9927/	3
4.00	5.6423/	3	6.2771/	3	6.8974/	3	7.5035/	3
6.00	8.0957/	3	8.6745/	3	9.2400/	3	9.7926/	3
8.00	1.0333/	4	1.0860/	4	1.1376/	4	1.1880/	4
10.00	1.2372/	4	1.2853/	4	1.3323/	4	1.3783/	4
12.00	1.4232/	4	1.4670/	4	1.5099/	4	1.5518/	4
14.00	1.5927/	4	1.6327/	4	1.6718/	4	1.7099/	4
16.00	1.7473/	4	1.7837/	4	1.8193/	4	1.8542/	4
18.00	1.8882/	4	1.9214/	4	1.9539/	4	1.9857/	4
20.00	2.0167/	4	2.0470/	4	2.0766/	4	2.1055/	4
22.00	2.1338/	4	2.1615/	4	2.1885/	4	2.2148/	4
24.00	2.2406/	4	2.2658/	4	2.2904/	4	2.3145/	4
26.00	2.3380/	4	2.3610/	4	2.3834/	4	2.4054/	4
28.00	2.4268/	4	2.4477/	4	2.4682/	4	2.4882/	4
30.00	2.5078/	4	2.5268/	4	2.5455/	4	2.5637/	4
32.00	2.5816/	4	2.5990/	4	2.6160/	4	2.6326/	4
34.00	2.6489/	4	2.6647/	4	2.6802/	4	2.6954/	4
36.00	2.7102/	4	2.7247/	4	2.7388/	4	2.7526/	4
38.00	2.7661/	4	2.7793/	4	2.7922/	4	2.8048/	4
40.00	2.8171/	4	2.8292/	4	2.8409/	4	2.8524/	4
42.00	2.8636/	4	2.8746/	4	2.8853/	4	2.8958/	4
44.00	2.9060/	4	2.9160/	4	2.9258/	4	2.9354/	4
46.00	2.9447/	4	2.9538/	4	2.9627/	4	2.9714/	4
48.00	2.9799/	4	2.9883/	4	2.9964/	4	3.0043/	4
50.00	3.0121/	4	3.0197/	4	3.0271/	4	3.0343/	4

Decay factor for $^{191}\mathrm{Os}$: $D_1(t)$

Day	0.00		0.50		1.00		1.50	
0.00	1.0000/	0	9.7716/	−1	9.5485/	−1	9.3305/	−1
2.00	9.1174/	−1	8.9092/	−1	8.7058/	−1	8.5070/	−1
4.00	8.3127/	−1	8.1229/	−1	7.9374/	−1	7.7561/	−1
6.00	7.5790/	−1	7.4060/	−1	7.2368/	−1	7.0716/	−1
8.00	6.9101/	−1	6.7523/	−1	6.5981/	−1	6.4475/	−1

Day	0.00	0.50	1.00	1.50
10.00	6.3002/ −1	6.1564/ −1	6.0158/ −1	5.8784/ −1
12.00	5.7442/ −1	5.6130/ −1	5.4848/ −1	5.3596/ −1
14.00	5.2372/ −1	5.1176/ −1	5.0000/ −1	4.8865/ −1
16.00	4.7750/ −1	4.6659/ −1	4.5594/ −1	4.4553/ −1
18.00	4.3535/ −1	4.2541/ −1	4.1570/ −1	4.0620/ −1
20.00	3.9693/ −1	3.8786/ −1	3.7901/ −1	3.7035/ −1
22.00	3.6190/ −1	3.5363/ −1	3.4556/ −1	3.3767/ −1
24.00	3.2995/ −1	3.2242/ −1	3.1506/ −1	3.0786/ −1
26.00	3.0083/ −1	2.9396/ −1	2.8725/ −1	2.8069/ −1
28.00	2.7428/ −1	2.6802/ −1	2.6190/ −1	2.5592/ −1
30.00	2.5000/ −1	2.4436/ −1	2.3878/ −1	2.3333/ −1
32.00	2.2800/ −1	2.2280/ −1	2.1771/ −1	2.1274/ −1
34.00	2.0788/ −1	2.0313/ −1	1.9849/ −1	1.9396/ −1
36.00	1.8953/ −1	1.8520/ −1	1.8097/ −1	1.7684/ −1
38.00	1.7280/ −1	1.6886/ −1	1.6500/ −1	1.6123/ −1
40.00	1.5755/ −1	1.5395/ −1	1.5044/ −1	1.4700/ −1
42.00	1.4365/ −1	1.4037/ −1	1.3716/ −1	1.3403/ −1
44.00	1.3097/ −1	1.2798/ −1	1.2506/ −1	1.2220/ −1
46.00	1.1941/ −1	1.1668/ −1	1.1402/ −1	1.1141/ −1
48.00	1.0887/ −1	1.0638/ −1	1.0395/ −1	1.0158/ −1
50.00	9.9261/ −2	9.6995/ −2	9.4780/ −2	9.2615/ −2
52.00	9.0500/ −2	8.8434/ −2	8.6414/ −2	8.4441/ −2
54.00	8.2513/ −2	8.0629/ −2	7.8788/ −2	7.6988/ −2
56.00	7.5230/ −2	7.3512/ −2	7.1834/ −2	7.0193/ −2
58.00	6.8591/ −2	6.7024/ −2	6.5494/ −2	6.3998/ −2
60.00	6.2537/ −2	6.1109/ −2	5.9713/ −2	5.8350/ −2
62.00	5.7017/ −2	5.5715/ −2	5.4443/ −2	5.3200/ −2
64.00	5.1985/ −2	5.0798/ −2	4.9638/ −2	4.8504/ −2
66.00	4.7397/ −2	4.6315/ −2	4.5257/ −2	4.4223/ −2
68.00	4.3214/ −2	4.2227/ −2	4.1263/ −2	4.0320/ −2
70.00	3.9400/ −2	3.8500/ −2	3.7621/ −2	3.6762/ −2
72.00	3.5922/ −2	3.5102/ −2	3.4300/ −2	3.3517/ −2
74.00	3.2752/ −2	3.2004/ −2	3.1273/ −2	3.0559/ −2
76.00	2.9861/ −2	2.9179/ −2	2.8513/ −2	2.7862/ −2
78.00	2.7226/ −2	2.6604/ −2	2.5996/ −2	2.5403/ −2
80.00	2.4823/ −2	2.4256/ −2	2.3702/ −2	2.3161/ −2
82.00	2.2632/ −2	2.2115/ −2	2.1610/ −2	2.1117/ −2
84.00	2.0634/ −2	2.0163/ −2	1.9703/ −2	1.9253/ −2
86.00	1.8813/ −2	1.8384/ −2	1.7964/ −2	1.7554/ −2
88.00	1.7153/ −2	1.6761/ −2	1.6378/ −2	1.6004/ −2
90.00	1.5639/ −2	1.5282/ −2	1.4933/ −2	1.4592/ −2
92.00	1.4259/ −2	1.3933/ −2	1.3615/ −2	1.3304/ −2
94.00	1.3000/ −2	1.2703/ −2	1.2413/ −2	1.2130/ −2
96.00	1.1853/ −2			

See also $^{190}Os(n, \gamma)^{191m}Os \rightarrow {}^{191}Os$

$$^{190}\textbf{Os}(\textbf{n}, \gamma)^{191\text{m}}\textbf{Os} \rightarrow {}^{191}\textbf{Os}$$

$M = 190.2$ $G = 26.4\%$ $\sigma_{\text{ac}} = 12$ barn,

$^{191\text{m}}\textbf{Os}$ $T_1 = 13$ hour

E_γ (keV)

P

$^{191}\textbf{Os}$ $T_2 = 15$ day

E_γ (keV)

P

Activation data for $^{191\text{m}}$Os : $A_1(\tau)$, dps/μg

$A_1(\text{sat}) = 1.0032/ 5$

$A_1(1 \text{ sec}) = 1.4855/ 0$

$K = -3.7464/ -2$

Time intervals with respect to T_1

Hour	0.00		1.00		2.00		3.00	
0.00	0.0000/	0	5.2078/	3	1.0145/	4	1.4826/	4
4.00	1.9264/	4	2.3472/	4	2.7462/	4	3.1244/	4
8.00	3.4830/	4	3.8229/	4	4.1453/	4	4.4508/	4
12.00	4.7406/	4	5.0153/	4	5.2757/	4	5.5226/	4
16.00	5.7567/	4	5.9786/	4	6.1890/	4	6.3885/	4
20.00	6.5777/	4	6.7570/	4	6.9270/	4	7.0882/	4
24.00	7.2410/	4	7.3859/	4	7.5233/	4	7.6535/	4
28.00	7.7770/	4	7.8940/	4	8.0050/	4	8.1102/	4
32.00	8.2100/	4	8.3046/	4	8.3943/	4	8.4793/	4
36.00	8.5599/	4	8.6363/	4	8.7088/	4	8.7774/	4
40.00	8.8426/	4	8.9043/	4	8.9629/	4	9.0184/	4

Decay factor for $^{191\text{m}}$Os : $D_1(\text{t})$

Hour	0.00		1.00		2.00		3.00	
0.00	1.0000/	0	9.4809/	−1	8.9887/	−1	8.5221/	−1
4.00	8.0797/	−1	7.6603/	−1	7.2626/	−1	6.8856/	−1
8.00	6.5281/	−1	6.1893/	−1	5.8680/	−1	5.5634/	−1
12.00	5.2745/	−1	5.0000/	−1	4.7411/	−1	4.4950/	−1
16.00	4.2617/	−1	4.0404/	−1	3.8307/	−1	3.6318/	−1
20.00	3.4433/	−1	3.2646/	−1	3.0951/	−1	2.9344/	−1
24.00	2.7821/	−1	2.6377/	−1	2.5000/	−1	2.3709/	−1
28.00	2.2478/	−1	2.1312/	−1	2.0205/	−1	1.9156/	−1
32.00	1.8162/	−1	1.7219/	−1	1.6325/	−1	1.5478/	−1
36.00	1.4674/	−1	1.3912/	−1	1.3190/	−1	1.2506/	−1
40.00	1.1856/	−1	1.1241/	−1	1.0657/	−1	1.0104/	−1

Hour	0.00	1.00	2.00	3.00
44.00	9.5796/ —2	9.0823/ —2	8.6108/ —2	8.1638/ —2
48.00	7.7400/ —2	7.3382/ —2	6.9573/ —2	6.5961/ —2
52.00	6.2537/ —2	5.9290/ —2	5.6213/ —2	5.3294/ —2
56.00	5.0528/ —2	4.7905/ —2	4.5418/ —2	4.3060/ —2
60.00	4.0825/ —2	3.8706/ —2	3.6696/ —2	3.4791/ —2
64.00	3.2985/ —2	3.1273/ —2	2.9650/ —2	2.8110/ —2
68.00	2.6651/ —2	2.5268/ —2	2.3956/ —2	2.2712/ —2
72.00	2.1533/ —2	2.0415/ —2	1.9356/ —2	1.8351/ —2
76.00	1.7398/ —2	1.6495/ —2	1.5639/ —2	1.4827/ —2
80.00	1.4057/ —2	1.3328/ —2	1.2636/ —2	1.1980/ —2
84.00	1.1358/ —2	1.0768/ —2	1.0209/ —2	9.6793/ —3
88.00	9.1768/ —3	8.7004/ —3	8.2488/ —3	7.8206/ —3
92.00	7.4146/ —3			

Activation data for ^{191}Os : $F \cdot A_2(\tau)$

$$F \cdot A_2(\text{sat}) \quad = 1.0408/ \quad 5$$
$$F \cdot A_2(1 \text{ sec}) = 5.5655/ \ -2$$

Hour	0.00		1.00		2.00		3.00	
0.00	0.0000/	0	2.0017/	2	3.9995/	2	5.9934/	2
4.00	7.9835/	2	9.9698/	2	1.1952/	3	1.3931/	3
8.00	1.5906/	3	1.7877/	3	1.9844/	3	2.1808/	3
12.00	2.3767/	3	2.5723/	3	2.7675/	3	2.9624/	3
16.00	3.1569/	3	3.3510/	3	3.5447/	3	3.7380/	3
20.00	3.9310/	3	4.1236/	3	4.3158/	3	4.5077/	3
24.00	4.6992/	3	4.8903/	3	5.0811/	3	5.2715/	3
28.00	5.4615/	3	5.6512/	3	5.8405/	3	6.0294/	3
32.00	6.2180/	3	6.4062/	3	6.5940/	3	6.7815/	3
36.00	6.9686/	3	7.1554/	3	7.3418/	3	7.5278/	3
40.00	7.7135/	3	7.8989/	3	8.0838/	3	8.2685/	3

Decay factor for ^{191}Os : $D_2(t)$

Hour	0.00	1.00	2.00	3.00
0.00	1.0000/ 0	9.9808/ —1	9.9616/ —1	9.9424/ —1
4.00	9.9233/ —1	9.9042/ —1	9.8852/ —1	9.8662/ —1
8.00	9.8472/ —1	9.8282/ —1	9.8093/ —1	9.7905/ —1
12.00	9.7716/ —1	9.7529/ —1	9.7341/ —1	9.7154/ —1
16.00	9.6967/ —1	9.6780/ —1	9.6594/ —1	9.6409/ —1
20.00	9.6223/ —1	9.6038/ —1	9.5853/ —1	9.5669/ —1
24.00	9.5485/ —1	9.5301/ —1	9.5118/ —1	9.4935/ —1
28.00	9.4753/ —1	9.4570/ —1	9.4389/ —1	9.4207/ —1
32.00	9.4026/ —1	9.3845/ —1	9.3665/ —1	9.3484/ —1
36.00	9.3305/ —1	9.3125/ —1	9.2946/ —1	9.2767/ —1
40.00	9.2589/ —1	9.2411/ —1	9.2233/ —1	9.2056/ —1
44.00	9.1879/ —1	9.1702/ —1	9.1526/ —1	9.1350/ —1
48.00	9.1174/ —1	9.0999/ —1	9.0824/ —1	9.0649/ —1

Hour	0.00	1.00	2.00	3.00
52.00	9.0475/ −1	9.0301/ −1	9.0127/ −1	8.9954/ −1
56.00	8.9781/ −1	8.9608/ −1	8.9436/ −1	8.9264/ −1
60.00	8.9092/ −1	8.8921/ −1	8.8750/ −1	8.8579/ −1
64.00	8.8409/ −1	8.8239/ −1	8.8069/ −1	8.7900/ −1
68.00	8.7731/ −1	8.7562/ −1	8.7393/ −1	8.7225/ −1
72.00	8.7058/ −1	8.6890/ −1	8.6723/ −1	8.6556/ −1
76.00	8.6390/ −1	8.6224/ −1	8.6058/ −1	8.5892/ −1
80.00	8.5727/ −1	8.5562/ −1	8.5398/ −1	8.5234/ −1
84.00	8.5070/ −1	8.4906/ −1	8.4743/ −1	8.4580/ −1
88.00	8.4417/ −1	8.4255/ −1	8.4093/ −1	8.3931/ −1
92.00	8.3770/ −1			

*

Activation data for ^{191m}Os : $A_1(\tau)$, dps/μg

$$A_1(\text{sat}) = 1.0032/\ 5$$
$$A_1(1\ \text{sec}) = 1.4855/\ 0$$

$K = -3.7464/\ -2$

Time intervals with respect to T_2

Day	0.00		0.50		1.00		1.50	
0.00	0.0000/	0	4.7406/	4	7.2410/	4	8.5599/	4
2.00	9.2555/	4	9.6224/	4	9.8160/	4	9.9181/	4
4.00	9.9719/	4	1.0000/	5	1.0015/	5	1.0023/	5
6.00	1.0027/	5	1.0030/	5	1.0031/	5	1.0031/	5

Decay factor for ^{191m}Os : $D_1(t)$

Day	0.00		0.50		1.00		1.50	
0.00	1.0000/	0	5.2745/	−1	2.7821/	−1	1.4674/	−1
2.00	7.7400/	−2	4.0825/	−2	2.1533/	−2	1.1358/	−2
4.00	5.9908/	−3	3.1598/	−3	1.6667/	−3	8.7910/	−4
6.00	4.6368/	−4	2.4457/	−4	1.2900/	−4	6.8042/	−5
8.00	3.5889/	−5	1.8930/	−5	9.9847/	−6	5.2665/	−6
10.00	2.7778/	−6	1.4652/	−6	7.7281/	−7	4.0762/	−7

Activation data for ^{191}Os : $F \cdot A_2(\tau)$

$$F \cdot A_2(\text{sat}) = 1.0408/\ 5$$
$$F \cdot A_2(1\ \text{sec}) = 5.5655/\ -2$$

Day	0.00		0.50		1.00		1.50	
0.00	0.0000/	0	2.3767/	3	4.6992/	3	6.9686/	3
2.00	9.1862/	3	1.1353/	4	1.3471/	4	1.5540/	4
4.00	1.7562/	4	1.9537/	4	2.1468/	4	2.3355/	4

510

Day	0.00		0.50		1.00		1.50	
6.00	2.5198/	4	2.6999/	4	2.8759/	4	3.0479/	4
8.00	3.2160/	4	3.3803/	4	3.5407/	4	3.6976/	4
10.00	3.8508/	4	4.0005/	4	4.1469/	4	4.2898/	4
12.00	4.4296/	4	4.5661/	4	4.6995/	4	4.8298/	4
14.00	4.9572/	4	5.0817/	4	5.2033/	4	5.3222/	4
16.00	5.4383/	4	5.5518/	4	5.6627/	4	5.7711/	4
18.00	5.8770/	4	5.9804/	4	6.0815/	4	6.1803/	4
20.00	6.2769/	4	6.3712/	4	6.4634/	4	6.5535/	4
22.00	6.6415/	4	6.7275/	4	6.8116/	4	6.8937/	4
24.00	6.9740/	4	7.0524/	4	7.1290/	4	7.2039/	4
26.00	7.2771/	4	7.3486/	4	7.4184/	4	7.4867/	4
28.00	7.5534/	4	7.6186/	4	7.6823/	4	7.7446/	4
30.00	7.8054/	4	7.8648/	4	7.9229/	4	7.9797/	4
32.00	8.0351/	4	8.0893/	4	8.1423/	4	8.1940/	4
34.00	8.2446/	4	8.2940/	4	8.3422/	4	8.3894/	4
36.00	8.4355/	4	8.4806/	4	8.5246/	4	8.5676/	4
38.00	8.6096/	4	8.6507/	4	8.6908/	4	8.7300/	4
40.00	8.7684/	4	8.8058/	4	8.8424/	4	8.8782/	4
42.00	8.9131/	4	8.9472/	4	8.9806/	4	9.0132/	4
44.00	9.0451/	4	9.0762/	4	9.1066/	4	9.1363/	4
46.00	9.1654/	4	9.1937/	4	9.2215/	4	9.2486/	4
48.00	9.2751/	4	9.3009/	4	9.3262/	4	9.3509/	4
50.00	9.3751/	4	9.3987/	4	9.4217/	4	9.4442/	4
52.00	9.4663/	4						

Decay factor for ^{191}Os : $D_2(t)$

Day	0.00		0.50		1.00		1.50	
0.00	1.0000/	0	9.7716/	−1	9.5485/	−1	9.3305/	−1
2.00	9.1174/	−1	8.9092/	−1	8.7058/	−1	8.5070/	−1
4.00	8.3127/	−1	8.1229/	−1	7.9374/	−1	7.7561/	−1
6.00	7.5790/	−1	7.4060/	−1	7.2368/	−1	7.0716/	−1
8.00	6.9101/	−1	6.7523/	−1	6.5981/	−1	6.4475/	−1
10.00	6.3002/	−1	6.1564/	−1	6.0158/	−1	5.8784/	−1
12.00	5.7442/	−1	5.6130/	−1	5.4848/	−1	5.3596/	−1
14.00	5.2372/	−1	5.1176/	−1	5.0000/	−1	4.8865/	−1
16.00	4.7750/	−1	4.6659/	−1	4.5594/	−1	4.4553/	−1
18.00	4.3535/	−1	4.2541/	−1	4.1570/	−1	4.0620/	−1
20.00	3.9693/	−1	3.8786/	−1	3.7901/	−1	3.7035/	−1
22.00	3.6190/	−1	3.5363/	−1	3.4556/	−1	3.3767/	−1
24.00	3.2995/	−1	3.2242/	−1	3.1506/	−1	3.0786/	−1
26.00	3.0083/	−1	2.9396/	−1	2.8725/	−1	2.8069/	−1
28.00	2.7428/	−1	2.6802/	−1	2.6190/	−1	2.5592/	−1
30.00	2.5000/	−1	2.4436/	−1	2.3878/	−1	2.3333/	−1
32.00	2.2800/	−1	2.2280/	−1	2.1771/	−1	2.1274/	−1
34.00	2.0788/	−1	2.0313/	−1	1.9849/	−1	1.9396/	−1
36.00	1.8953/	−1	1.8520/	−1	1.8097/	−1	1.7684/	−1
38.00	1.7280/	−1	1.6886/	−1	1.6500/	−1	1.6123/	−1
40.00	1.5755/	−1	1.5395/	−1	1.5044/	−1	1.4700/	−1
42.00	1.4365/	−1	1.4037/	−1	1.3716/	−1	1.3403/	−1

Day	0.00	0.50	1.00	1.50
44.00	1.3097/ −1	1.2798/ −1	1.2506/ −1	1.2220/ −1
46.00	1.1941/ −1	1.1668/ −1	1.1402/ −1	1.1141/ −1
48.00	1.0887/ −1	1.0638/ −1	1.0395/ −1	1.0158/ −1
50.00	9.9261/ −2	9.6995/ −2	9.4780/ −2	9.2615/ −2
52.00	9.0500/ −2	8.8434/ −2	8.6414/ −2	8.4441/ −2
54.00	8.2513/ −2	8.0629/ −2	7.8788/ −2	7.6988/ −2
56.00	7.5230/ −2	7.3512/ −2	7.1834/ −2	7.0193/ −2
58.00	6.8591/ −2	6.7024/ −2	6.5494/ −2	6.3998/ −2
60.00	6.2537/ −2	6.1109/ −2	5.9713/ −2	5.8350/ −2
62.00	5.7017/ −2	5.5715/ −2	5.4443/ −2	5.3200/ −2
64.00	5.1985/ −2	5.0798/ −2	4.9638/ −2	4.8504/ −2
66.00	4.7397/ −2	4.6315/ −2	4.5257/ −2	4.4223/ −2
68.00	4.3214/ −2	4.2227/ −2	4.1263/ −2	4.0320/ −2
70.00	3.9400/ −2	3.8500/ −2	3.7621/ −2	3.6762/ −2
72.00	3.5922/ −2	3.5102/ −2	3.4300/ −2	3.3517/ −2
74.00	3.2752/ −2	3.2004/ −2	3.1273/ −2	3.0559/ −2
76.00	2.9861/ −2	2.9179/ −2	2.8513/ −2	2.7862/ −2
78.00	2.7226/ −2	2.6604/ −2	2.5996/ −2	2.5403/ −2
80.00	2.4823/ −2	2.4256/ −2	2.3702/ −2	2.3161/ −2
82.00	2.2632/ −2	2.2115/ −2	2.1610/ −2	2.1117/ −2
84.00	2.0634/ −2	2.0163/ −2	1.9703/ −2	1.9253/ −2
86.00	1.8813/ −2	1.8384/ −2	1.7964/ −2	1.7554/ −2
88.00	1.7153/ −2	1.6761/ −2	1.6378/ −2	1.6004/ −2
90.00	1.5639/ −2	1.5282/ −2	1.4933/ −2	1.4592/ −2
92.00	1.4259/ −2	1.3933/ −2	1.3615/ −2	1.3304/ −2
94.00	1.3000/ −2	1.2703/ −2	1.2413/ −2	1.2130/ −2

See also $^{190}Os(n, \gamma)^{191}Os$

$M = 190.2$ $\qquad G = 41.0\%$ $\qquad \sigma_{ac} = 1.6$ barn,

^{193}Os $\qquad$ T$_1 = 31$ hour

E_γ (keV)	558	460	380	322	280	139
P	0.021	0.039	0.020	0.014	0.021	0.030

Activation data for ^{193}Os : $A_1(\tau)$, dps/μg

$$A_1(\text{sat}) = 2.0773/\ 4$$
$$A_1(1 \text{ sec}) = 1.2900/\ -1$$

Hour	0.00		2.00		4.00		6.00	
0.00	0.0000/	0	9.0831/	2	1.7769/	3	2.6075/	3
8.00	3.4018/	3	4.1614/	3	4.8877/	3	5.5823/	3
16.00	6.2466/	3	6.8818/	3	7.4892/	3	8.0700/	3
24.00	8.6255/	3	9.1566/	3	9.6646/	3	1.0150/	4
32.00	1.0615/	4	1.1059/	4	1.1484/	4	1.1890/	4
40.00	1.2278/	4	1.2650/	4	1.3005/	4	1.3345/	4
48.00	1.3669/	4	1.3980/	4	1.4277/	4	1.4561/	4
56.00	1.4833/	4	1.5093/	4	1.5341/	4	1.5578/	4
64.00	1.5806/	4	1.6023/	4	1.6231/	4	1.6429/	4
72.00	1.6619/	4	1.6801/	4	1.6974/	4	1.7141/	4
80.00	1.7299/	4	1.7451/	4	1.7597/	4	1.7735/	4
88.00	1.7868/	4	1.7995/	4	1.8117/	4	1.8233/	4
96.00	1.8344/	4	1.8450/	4	1.8552/	4	1.8649/	4

Decay factor for ^{193}Os : $D_1(t)$

Hour	0.00		2.00		4.00		6.00	
0.00	1.0000/	0	9.5628/	−1	9.1446/	−1	8.7448/	−1
8.00	8.3624/	−1	7.9968/	−1	7.6471/	−1	7.3127/	−1
16.00	6.9930/	−1	6.6872/	−1	6.3948/	−1	6.1152/	−1
24.00	5.8478/	−1	5.5921/	−1	5.3476/	−1	5.1138/	−1
32.00	4.8902/	−1	4.6764/	−1	4.4719/	−1	4.2764/	−1
40.00	4.0894/	−1	3.9106/	−1	3.7396/	−1	3.5761/	−1
48.00	3.4197/	−1	3.2702/	−1	3.1272/	−1	2.9904/	−1
56.00	2.8597/	−1	2.7347/	−1	2.6151/	−1	2.5000/	−1
64.00	2.3914/	−1	2.2868/	−1	2.1868/	−1	2.0912/	−1
72.00	1.9998/	−1	1.9123/	−1	1.8287/	−1	1.7488/	−1
80.00	1.6723/	−1	1.5992/	−1	1.5293/	−1	1.4624/	−1
88.00	1.3984/	−1	1.3373/	−1	1.2788/	−1	1.2229/	−1
96.00	1.1694/	−1	1.1183/	−1	1.0694/	−1	1.0226/	−1
104.00	9.7793/	−2	9.3517/	−2	8.9428/	−2	8.5518/	−2
112.00	8.1778/	−2	7.8203/	−2	7.4783/	−2	7.1513/	−2
120.00	6.8386/	−2	6.5396/	−2	6.2537/	−2	5.9802/	−2
128.00	5.7188/	−2	5.4687/	−2	5.2296/	−2	5.0009/	−2
136.00	4.7823/	−2	4.5732/	−2	4.3732/	−2	4.1820/	−2

Hour	0.00	2.00	4.00	6.00
144.00	3.9991/ −2	3.8243/ −2	3.6570/ −2	3.4971/ −2
152.00	3.3442/ −2	3.1980/ −2	3.0582/ −2	2.9244/ −2
160.00	2.7966/ −2	2.6743/ −2	2.5574/ −2	2.4455/ −2
168.00	2.3386/ −2	2.2364/ −2	2.1386/ −2	2.0451/ −2
176.00	1.9556/ −2	1.8701/ −2	1.7884/ −2	1.7102/ −2
184.00	1.6354/ −2	1.5639/ −2	1.4955/ −2	1.4301/ −2
192.00	1.3676/ −2	1.3078/ −2	1.2506/ −2	1.1959/ −2
200.00	1.1436/ −2	1.0936/ −2	1.0458/ −2	1.0001/ −2

$^{191}\text{Ir}(\text{n}, \gamma)^{192}\text{Ir}$

$M = 192.2$ $\qquad$ $G = 38.5\%$ $\qquad$ $\sigma_{ac} = 91.0$ barn,

^{192}Ir $\qquad$ $T_1 = 74$ day

E_γ (keV)	612	604	589	468	317	308	296
P	0.060	0.090	0.040	0.490	0.810	0.300	0.290

Activation data for $^{192}\text{Ir} : A_1(\tau)$, dps/$\mu$g

$$A_1(\text{sat}) = 1.0979/ \quad 6$$
$$A_1(1 \text{ sec}) = 1.1899/ \ -1$$

Day	0.00		4.00		8.00		12.00	
0.00	0.0000/	0	4.0366/	4	7.9248/	4	1.1670/	5
16.00	1.5278/	5	1.8752/	5	2.2100/	5	2.5324/	5
32.00	2.8429/	5	3.1420/	5	3.4302/	5	3.7077/	5
48.00	3.9751/	5	4.2326/	5	4.4806/	5	4.7195/	5
64.00	4.9497/	5	5.1714/	5	5.3849/	5	5.5906/	5
80.00	5.7887/	5	5.9795/	5	6.1633/	5	6.3404/	5
96.00	6.5109/	5	6.6752/	5	6.8334/	5	6.9858/	5
112.00	7.1327/	5	7.2741/	5	7.4103/	5	7.5415/	5
128.00	7.6679/	5	7.7896/	5	7.9069/	5	8.0198/	5
144.00	8.1286/	5	8.2334/	5	8.3344/	5	8.4316/	5
160.00	8.5253/	5	8.6155/	5	8.7024/	5	8.7861/	5
176.00	8.8667/	5	8.9444/	5	9.0192/	5	9.0912/	5
192.00	9.1606/	5	9.2275/	5	9.2919/	5	9.3539/	5
208.00	9.4137/	5	9.4712/	5	9.5266/	5	9.5800/	5
224.00	9.6315/	5	9.6810/	5	9.7287/	5	9.7747/	5

Decay factor for $^{192}\text{Ir} : D_1(\text{t})$

Day	0.00		4.00		8.00		12.00	
0.00	1.0000/	0	9.6323/	-1	9.2782/	-1	8.9371/	-1
16.00	8.6085/	-1	8.2920/	-1	7.9871/	-1	7.6934/	-1
32.00	7.4106/	-1	7.1381/	-1	6.8757/	-1	6.6229/	-1
48.00	6.3794/	-1	6.1448/	-1	5.9189/	-1	5.7013/	-1
64.00	5.4917/	-1	5.2898/	-1	5.0953/	-1	4.9079/	-1
80.00	4.7275/	-1	4.5537/	-1	4.3863/	-1	4.2250/	-1
96.00	4.0697/	-1	3.9200/	-1	3.7759/	-1	3.6371/	-1
112.00	3.5034/	-1	3.3745/	-1	3.2505/	-1	3.1310/	-1
128.00	3.0159/	-1	2.9050/	-1	2.7982/	-1	2.6953/	-1
144.00	2.5962/	-1	2.5000/	-1	2.4088/	-1	2.3202/	-1
160.00	2.2349/	-1	2.1528/	-1	2.0736/	-1	1.9974/	-1
176.00	1.9239/	-1	1.8532/	-1	1.7851/	-1	1.7194/	-1
192.00	1.6562/	-1	1.5953/	-1	1.5367/	-1	1.4802/	-1
208.00	1.4257/	-1	1.3733/	-1	1.3228/	-1	1.2742/	-1
224.00	1.2273/	-1	1.1822/	-1	1.1388/	-1	1.0969/	-1
240.00	1.0566/	-1	1.0177/	-1	9.8030/	-2	9.4425/	-2

Day	0.00	4.00	8.00	12.00
256.00	9.0954/ −2	8.7610/ −2	8.4388/ −2	8.1286/ −2
272.00	7.8297/ −2	7.5418/ −2	7.2646/ −2	6.9975/ −2
288.00	6.7402/ −2	6.4924/ −2	6.2537/ −2	6.0238/ −2
304.00	5.8023/ −2	5.5890/ −2	5.3835/ −2	5.1855/ −2
320.00	4.9949/ −2	4.8112/ −2	4.6343/ −2	4.4640/ −2
336.00	4.2998/ −2	4.1417/ −2	3.9895/ −2	3.8428/ −2
352.00	3.7015/ −2	3.5654/ −2	3.4343/ −2	3.3081/ −2
368.00	3.1864/ −2	3.0693/ −2	2.9564/ −2	2.8477/ −2
384.00	2.7430/ −2	2.6422/ −2	2.5450/ −2	2.4515/ −2
400.00	2.3613/ −2	2.2745/ −2	2.1909/ −2	2.1103/ −2

See also ^{191}Ir(n, γ)^{192m1}Ir → ^{192}Ir

$$^{191}\mathbf{Ir(n,\gamma)}^{192m_1}\mathbf{Ir} \rightarrow {}^{192}\mathbf{Ir}$$

$M = 192.2$ $\qquad G = 38.5\%$ $\qquad\qquad \sigma_{ac} = 610$ barn,

$^{192m_1}\mathbf{Ir}$ $\qquad T_1 = 1.4$ minute

E_γ (keV) no gamma

$^{192}\mathbf{Ir}$ $\qquad T_2 = 74$ day

E_γ (keV)	612	604	589	468	317	308	296
P	0.060	0.090	0.040	0.490	0.810	0.300	0.290

Activation data for ^{192m_1}Ir : $A_1(\tau)$, dps/μg

$$A_1(\text{sat}) = 7.3595/\ 6$$
$$A_1(1\ \text{sec}) = 6.0466/\ 4$$

$K = -1.3100/\ -5$

Time intervals with respect to T_1

Minute	0.00		0.25		0.50		0.75	
0.00	0.0000/	0	8.5664/	5	1.6136/	6	2.2824/	6
1.00	2.8734/	6	3.3956/	6	3.8570/	6	4.2647/	6
2.00	4.6249/	6	4.9432/	6	5.2245/	6	5.4730/	6
3.00	5.6926/	6	5.8866/	6	6.0581/	6	6.2095/	6
4.00	6.3434/	6	6.4617/	6	6.5662/	6	6.6585/	6
5.00	6.7401/	6						

Decay factor for ^{192m_1}Ir : $D_1(t)$

Minute	0.00	0.25	0.50	0.75
0.00	1.0000/ 0	8.8360/ −1	7.8075/ −1	6.8987/ −1
1.00	6.0957/ −1	5.3862/ −1	4.7592/ −1	4.2053/ −1
2.00	3.7158/ −1	3.2833/ −1	2.9011/ −1	2.5634/ −1
3.00	2.2650/ −1	2.0014/ −1	1.7684/ −1	1.5626/ −1
4.00	1.3807/ −1	1.2200/ −1	1.0780/ −1	9.5250/ −2
5.00	8.4163/ −2	7.4366/ −2	6.5710/ −2	5.8062/ −2
6.00	5.1303/ −2	4.5332/ −2	4.0055/ −2	3.5393/ −2
7.00	3.1273/ −2	2.7633/ −2	2.4416/ −2	2.1574/ −2
8.00	1.9063/ −2	1.6844/ −2	1.4884/ −2	1.3151/ −2
9.00	1.1620/ −2	1.0268/ −2	9.0726/ −3	8.0165/ −3
10.00	7.0834/ −3			

*

Activation data for ^{192m_1}Ir : $A_1(\tau)$, dps/μg

$K = -1.3100/ -5$

Time intervals with respect to T_2

$$A_1(\text{sat}) \quad = 7.3595/\ 6$$
$$A_1(1\ \text{sec}) = 6.0466/\ 4$$

Day	0.00		4.00		8.00		12.00	
0.00	0.0000/	0	7.3595/	6	7.3595/	6	7.3595/	6
16.00	7.3595/	6	7.3595/	6	7.3595/	6	7.3595/	6

Decay factor for ^{192m_1}Ir : $D_1(t)$

Day	0.00		4.00		8.00		12.00	
0.00	1.0000/	0	0.0000/	0	0.0000/	0	0.0000/	0
16.00	0.0000/	0	0.0000/	0	0.0000/	0	0.0000/	0

Activation data for ^{192}Ir : $F \cdot A_2(\tau)$

$$F \cdot A_2(\text{sat}) \quad = 7.3595/\ \ 6$$
$$F \cdot A_2(1\ \text{sec}) = 7.9550/\ -1$$

Day	0.00		4.00		8.00		12.00	
0.00	0.0000/	0	2.6987/	5	5.2984/	5	7.8028/	5
16.00	1.0215/	6	1.2539/	6	1.4778/	6	1.6935/	6
32.00	1.9013/	6	2.1014/	6	2.2942/	6	2.4800/	6
48.00	2.6589/	6	2.8313/	6	2.9973/	6	3.1573/	6
64.00	3.3114/	6	3.4598/	6	3.6028/	6	3.7406/	6
80.00	3.8733/	6	4.0011/	6	4.1243/	6	4.2429/	6
96.00	4.3572/	6	4.4673/	6	4.5733/	6	4.6755/	6
112.00	4.7739/	6	4.8687/	6	4.9601/	6	5.0481/	6
128.00	5.1328/	6	5.2145/	6	5.2931/	6	5.3689/	6
144.00	5.4419/	6	5.5122/	6	5.5800/	6	5.6452/	6
160.00	5.7081/	6	5.7686/	6	5.8270/	6	5.8832/	6
176.00	5.9373/	6	5.9895/	6	6.0397/	6	6.0881/	6
192.00	6.1347/	6	6.1796/	6	6.2229/	6	6.2646/	6
208.00	6.3047/	6	6.3434/	6	6.3807/	6	6.4166/	6
224.00	6.4511/	6	6.4844/	6	6.5165/	6	6.5474/	6

Decay factor for ^{192}Ir : $D_2(t)$

Day	0.00		4.00		8.00		12.00	
0.00	1.0000/	0	9.6333/	−1	9.2801/	−1	8.9398/	−1
16.00	8.6120/	−1	8.2962/	−1	7.9919/	−1	7.6989/	−1
32.00	7.4166/	−1	7.1446/	−1	6.8826/	−1	6.6302/	−1
48.00	6.3871/	−1	6.1529/	−1	5.9273/	−1	5.7099/	−1

Day	0.00	4.00	8.00	12.00
64.00	5.5006/ —1	5.2989/ —1	5.1045/ —1	4.9174/ —1
80.00	4.7371/ —1	4.5633/ —1	4.3960/ —1	4.2348/ —1
96.00	4.0795/ —1	3.9299/ —1	3.7858/ —1	3.6470/ —1
112.00	3.5133/ —1	3.3844/ —1	3.2603/ —1	3.1408/ —1
128.00	3.0256/ —1	2.9147/ —1	2.8078/ —1	2.7048/ —1
144.00	2.6056/ —1	2.5101/ —1	2.4181/ —1	2.3294/ —1
160.00	2.2440/ —1	2.1617/ —1	2.0824/ —1	2.0061/ —1
176.00	1.9325/ —1	1.8616/ —1	1.7934/ —1	1.7276/ —1
192.00	1.6643/ —1	1.6032/ —1	1.5444/ —1	1.4878/ —1
208.00	1.4332/ —1	1.3807/ —1	1.3301/ —1	1.2813/ —1
224.00	1.2343/ —1	1.1890/ —1	1.1454/ —1	1.1034/ —1
240.00	1.0630/ —1	1.0240/ —1	9.8645/ —2	9.5028/ —2
256.00	9.1543/ —2	8.8186/ —2	8.4953/ —2	8.1838/ —2
272.00	7.8837/ —2	7.5946/ —2	7.3161/ —2	7.0478/ —2
288.00	6.7894/ —2	6.5404/ —2	6.3006/ —2	6.0695/ —2
304.00	5.8470/ —2	5.6326/ —2	5.4260/ —2	5.2271/ —2
320.00	5.0354/ —2	4.8507/ —2	4.6729/ —2	4.5015/ —2

See also [191]Ir(n, γ)[192]Ir

$$^{193}\text{Ir}(n, \gamma)^{194}\text{Ir}$$

$M = 192.2$ $G = 61.5\%$ $\sigma_{ac} = 110$ barn,

^{194}Ir $T_1 = 17.4$ hour

E_γ (keV)	640	328
P	0.010	0.100

Activation data for ^{194}Ir : $A_1(\tau)$, dps/μg

$A_1(\text{sat}) = 2.1200/\ 6$

$A_1(1\ \text{sec}) = 2.3453/\ 1$

Hour	0.00		1.00		2.00		3.00	
0.00	0.0000/	0	8.2774/	4	1.6232/	5	2.3875/	5
4.00	3.1220/	5	3.8279/	5	4.5061/	5	5.1579/	5
8.00	5.7843/	5	6.3862/	5	6.9646/	5	7.5204/	5
12.00	8.0545/	5	8.5677/	5	9.0609/	5	9.5349/	5
16.00	9.9903/	5	1.0428/	6	1.0849/	6	1.1253/	6
20.00	1.1641/	6	1.2014/	6	1.2373/	6	1.2718/	6
24.00	1.3049/	6	1.3367/	6	1.3673/	6	1.3967/	6
28.00	1.4249/	6	1.4520/	6	1.4781/	6	1.5032/	6
32.00	1.5273/	6	1.5504/	6	1.5726/	6	1.5940/	6
36.00	1.6146/	6	1.6343/	6	1.6533/	6	1.6715/	6
40.00	1.6890/	6	1.7058/	6	1.7220/	6	1.7375/	6
44.00	1.7525/	6	1.7668/	6	1.7806/	6	1.7938/	6
48.00	1.8066/	6	1.8188/	6	1.8306/	6	1.8419/	6
52.00	1.8527/	6	1.8632/	6	1.8732/	6	1.8828/	6
56.00	1.8921/	6	1.9010/	6	1.9095/	6	1.9177/	6

Decay factor for ^{194}Ir : $D_1(t)$

Hour	0.00		1.00		2.00		3.00	
0.00	1.0000/	0	9.6096/	−1	9.2343/	−1	8.8738/	−1
4.00	8.5273/	−1	8.1944/	−1	7.8744/	−1	7.5670/	−1
8.00	7.2715/	−1	6.9876/	−1	6.7148/	−1	6.4526/	−1
12.00	6.2006/	−1	5.9585/	−1	5.7259/	−1	5.5023/	−1
16.00	5.2875/	−1	5.0810/	−1	4.8827/	−1	4.6920/	−1
20.00	4.5088/	−1	4.3328/	−1	4.1636/	−1	4.0010/	−1
24.00	3.8448/	−1	3.6947/	−1	3.5504/	−1	3.4118/	−1
28.00	3.2786/	−1	3.1506/	−1	3.0276/	−1	2.9094/	−1
32.00	2.7958/	−1	2.6866/	−1	2.5817/	−1	2.4809/	−1
36.00	2.3840/	−1	2.2909/	−1	2.2015/	−1	2.1155/	−1
40.00	2.0329/	−1	1.9536/	−1	1.8773/	−1	1.8040/	−1
44.00	1.7335/	−1	1.6659/	−1	1.6008/	−1	1.5383/	−1
48.00	1.4783/	−1	1.4205/	−1	1.3651/	−1	1.3118/	−1
52.00	1.2606/	−1	1.2113/	−1	1.1640/	−1	1.1186/	−1
56.00	1.0749/	−1	1.0329/	−1	9.9261/	−2	9.5386/	−2
60.00	9.1661/	−2	8.8082/	−2	8.4643/	−2	8.1338/	−2

Hour	0.00	1.00	2.00	3.00
64.00	7.8162/ −2	7.5111/ −2	7.2178/ −2	6.9360/ −2
68.00	6.6652/ −2	6.4049/ −2	6.1548/ −2	5.9145/ −2
72.00	5.6836/ −2	5.4617/ −2	5.2484/ −2	5.0435/ −2
76.00	4.8466/ −2	4.6573/ −2	4.4755/ −2	4.3008/ −2
80.00	4.1328/ −2	3.9715/ −2	3.8164/ −2	3.6674/ −2
84.00	3.5242/ −2	3.3866/ −2	3.2544/ −2	3.1273/ −2
88.00	3.0052/ −2	2.8879/ −2	2.7751/ −2	2.6667/ −2
92.00	2.5626/ −2	2.4626/ −2	2.3664/ −2	2.2740/ −2
96.00	2.1852/ −2	2.0999/ −2	2.0179/ −2	1.9391/ −2
100.00	1.8634/ −2	1.7907/ −2	1.7207/ −2	1.6536/ −2
104.00	1.5890/ −2	1.5270/ −2	1.4673/ −2	1.4100/ −2
108.00	1.3550/ −2	1.3021/ − 2	1.2512/ −2	1.2024/ −2

^{190}Pt$(n, \gamma)^{191}$Pt

$M = 195.09$ $\qquad G = 0.0127\%$ $\qquad\qquad \sigma_{ac} = 90$ barn,

^{191}**Pt** $\qquad$ T$_1$ = 3.0 day

E_γ (keV)	624	539	457	410	360	269	175	129	96
P	0.010	0.090	0.010	0.030	0.050	0.010	0.010	0.020	0.010

Activation data for ^{191}Pt : $A_1(\tau)$, dps/μg

A_1(sat) $= 3.5288/ \quad 2$

A_1(1 sec) $= 9.4346/ -4$

Hour	0.00		4.00		8.00		12.00	
0.00	0.0000/	0	1.3328/	1	2.6152/	1	3.8492/	1
16.00	5.0366/	1	6.1791/	1	7.2785/	1	8.3363/	1
32.00	9.3542/	1	1.0334/	2	1.1276/	2	1.2183/	2
48.00	1.3056/	2	1.3895/	2	1.4703/	2	1.5481/	2
64.00	1.6229/	2	1.6949/	2	1.7641/	2	1.8308/	2
80.00	1.8949/	2	1.9566/	2	2.0160/	2	2.0731/	2
96.00	2.1281/	2	2.1810/	2	2.2319/	2	2.2809/	2
112.00	2.3280/	2	2.3734/	2	2.4170/	2	2.4590/	2
128.00	2.4994/	2	2.5383/	2	2.5757/	2	2.6117/	2
144.00	2.6463/	2	2.6797/	2	2.7117/	2	2.7426/	2
160.00	2.7723/	2	2.8008/	2	2.8283/	2	2.8548/	2
176.00	2.8802/	2	2.9047/	2	2.9283/	2	2.9510/	2
192.00	2.9728/	2	2.9938/	2	3.0140/	2	3.0335/	2
208.00	3.0522/	2	3.0702/	2	3.0875/	2	3.1042/	2

Decay factor for ^{191}Pt : D_1(t)

Hour	0.00		4.00		8.00		12.00	
0.00	1.0000/	0	9.6223/	−1	9.2589/	−1	8.9092/	−1
16.00	8.5727/	−1	8.2489/	−1	7.9374/	−1	7.6376/	−1
32.00	7.3492/	−1	7.0716/	−1	6.8045/	−1	6.5475/	−1
48.00	6.3002/	−1	6.0623/	−1	5.8333/	−1	5.6130/	−1
64.00	5.4010/	−1	5.1970/	−1	5.0000/	−1	4.8119/	−1
80.00	4.6301/	−1	4.4553/	−1	4.2870/	−1	4.1251/	−1
96.00	3.9693/	−1	3.8194/	−1	3.6751/	−1	3.5363/	−1
112.00	3.4028/	−1	3.2742/	−1	3.1506/	−1	3.0316/	−1
128.00	2.9171/	−1	2.8069/	−1	2.7009/	−1	2.5989/	−1
144.00	2.5000/	−1	2.4063/	−1	2.3154/	−1	2.2280/	−1
160.00	2.1438/	−1	2.0628/	−1	1.9849/	−1	1.9100/	−1
176.00	1.8378/	−1	1.7684/	−1	1.7016/	−1	1.6374/	−1
192.00	1.5755/	−1	1.5160/	−1	1.4588/	−1	1.4037/	−1
208.00	1.3506/	−1	1.2996/	−1	1.2506/	−1	1.2033/	−1
224.00	1.1579/	−1	1.1141/	−1	1.0721/	−1	1.0316/	−1
240.00	9.9261/	−2	9.5512/	−2	9.1905/	−2	8.8434/	−2
256.00	8.5094/	−2	8.1880/	−2	7.8788/	−2	7.5812/	−2

Hour	0.00	4.00	8.00	12.00
272.00	7.2949/ —2	7.0193/ —2	6.7542/ —2	6.4991/ —2
288.00	6.2537/ —2	6.0175/ —2	5.7902/ —2	5.5715/ —2
304.00	5.3611/ —2	5.1586/ —2	4.9638/ —2	4.7763/ —2
320.00	4.5959/ —2	4.4223/ —2	4.2553/ —2	4.0946/ —2
336.00	3.9400/ —2	3.7912/ —2	3.6480/ —2	3.5102/ —2
352.00	3.3776/ —2	3.2500/ —2	3.1273/ —2	3.0092/ —2
368.00	2.8955/ —2	2.7862/ —2	2.6809/ —2	2.5797/ —2
384.00	2.4823/ —2	2.3885/ —2	2.2983/ —2	2.2115/ —2
400.00	2.1280/ —2	2.0476/ —2	1.9703/ —2	1.8959/ —2
416.00	1.8243/ —2	1.7554/ —2	1.6891/ —2	1.6253/ —2
432.00	1.5639/ —2	1.5048/ —2	1.4480/ —2	1.3933/ —2
448.00	1.3407/ —2	1.2900/ —2	1.2413/ —2	1.1944/ —2

$M = 195.09$ $\qquad G = 0.78\%$ $\qquad \sigma_{ac} = 2$ barn,

^{193m}Pt $\qquad T_1 = 4.3$ day

E_γ (keV)

P

Activation data for ^{193m}Pt : $A_1(\tau)$, dps/μg

A_1(sat) $= 4.8162/$ 2

A_1(1 sec) $= 8.9837/$ -4

Day	0.00		0.25		0.50		0.75	
0.00	0.0000/	0	1.9019/	1	3.7287/	1	5.4833/	1
1.00	7.1687/	1	8.7875/	1	1.0342/	2	1.1836/	2
2.00	1.3270/	2	1.4648/	2	1.5972/	2	1.7243/	2
3.00	1.8464/	2	1.9637/	2	2.0763/	2	2.1845/	2
4.00	2.2884/	2	2.3882/	2	2.4841/	2	2.5762/	2
5.00	2.6647/	2	2.7496/	2	2.8312/	2	2.9096/	2
6.00	2.9849/	2	3.0572/	2	3.1267/	2	3.1934/	2
7.00	3.2575/	2	3.3190/	2	3.3782/	2	3.4350/	2
8.00	3.4895/	2	3.5419/	2	3.5922/	2	3.6405/	2
9.00	3.6870/	2	3.7316/	2	3.7744/	2	3.8155/	2
10.00	3.8550/	2	3.8930/	2	3.9295/	2	3.9645/	2
11.00	3.9981/	2	4.0304/	2	4.0614/	2	4.0912/	2
12.00	4.1199/	2	4.1474/	2	4.1738/	2	4.1992/	2
13.00	4.2235/	2	4.2469/	2	4.2694/	2	4.2910/	2

Decay factor for ^{193m}Pt : $D_1(t)$

Day	0.00		0.25		0.50		0.75	
0.00	1.0000/	0	9.6051/	-1	9.2258/	-1	8.8615/	-1
1.00	8.5115/	-1	8.1754/	-1	7.8526/	-1	7.5425/	-1
2.00	7.2446/	-1	6.9585/	-1	6.6837/	-1	6.4198/	-1
3.00	6.1663/	-1	5.9228/	-1	5.6889/	-1	5.4642/	-1
4.00	5.2485/	-1	5.0412/	-1	4.8421/	-1	4.6509/	-1
5.00	4.4672/	-1	4.2908/	-1	4.1214/	-1	3.9586/	-1
6.00	3.8023/	-1	3.6522/	-1	3.5079/	-1	3.3694/	-1
7.00	3.2363/	-1	3.1085/	-1	2.9858/	-1	2.8679/	-1
8.00	2.7546/	-1	2.6458/	-1	2.5414/	-1	2.4410/	-1
9.00	2.3446/	-1	2.2520/	-1	2.1631/	-1	2.0777/	-1
10.00	1.9956/	-1	1.9168/	-1	1.8411/	-1	1.7684/	-1
11.00	1.6986/	-1	1.6315/	-1	1.5671/	-1	1.5052/	-1
12.00	1.4458/	-1	1.3887/	-1	1.3338/	-1	1.2812/	-1
13.00	1.2306/	-1	1.1820/	-1	1.1353/	-1	1.0905/	-1
14.00	1.0474/	-1	1.0060/	-1	9.6631/	-2	9.2815/	-2
15.00	8.9149/	-2	8.5629/	-2	8.2247/	-2	7.8999/	-2
16.00	7.5880/	-2	7.2883/	-2	7.0005/	-2	6.7241/	-2

Day	0.00	0.25	0.50	0.75
17.00	6.4585/ —2	6.2035/ —2	5.9585/ —2	5.7232/ —2
18.00	5.4972/ —2	5.2801/ —2	5.0716/ —2	4.8713/ —2
19.00	4.6790/ —2	4.4942/ —2	4.3167/ —2	4.1463/ —2
20.00	3.9825/ —2	3.8252/ —2	3.6742/ —2	3.5291/ —2
21.00	3.3897/ —2	3.2559/ —2	3.1273/ —2	3.0038/ —2
22.00	2.8852/ —2	2.7712/ —2	2.6618/ —2	2.5567/ —2
23.00	2.4557/ —2	2.3588/ —2	2.2656/ —2	2.1761/ —2
24.00	2.0902/ —2	2.0077/ —2	1.9284/ —2	1.8522/ —2
25.00	1.7791/ —2	1.7088/ —2	1.6413/ —2	1.5765/ —2
26.00	1.5143/ —2	1.4545/ —2	1.3970/ —2	1.3419/ —2
27.00	1.2889/ —2	1.2380/ —2	1.1891/ —2	1.1421/ —2

$^{194}\text{Pt}(n, \gamma)^{195m}\text{Pt}$

$M = 195.09$ $\qquad G = 32.9\%$ $\qquad\qquad \sigma_{ac} = 0.087$ barn,

^{195m}Pt $\quad T_1 = 4.1$ day

E_γ (keV) $\quad$ 129 $\qquad$ 99

P $\qquad$ 0.010 $\quad$ 0.110

Activation data for ^{195m}Pt : $A_1(\tau)$, dps/μg

$A_1(\text{sat}) \quad = 8.8368/ \quad 2$

$A_1(1 \text{ sec}) = 1.7287/ \ -3$

Day	0.00		0.25		0.50		0.75	
0.00	0.0000/	0	3.6563/	1	7.1613/	1	1.0521/	2
1.00	1.3742/	2	1.6830/	2	1.9790/	2	2.2627/	2
2.00	2.5347/	2	2.7955/	2	3.0454/	2	3.2851/	2
3.00	3.5148/	2	3.7350/	2	3.9461/	2	4.1484/	2
4.00	4.3424/	2	4.5284/	2	4.7066/	2	4.8775/	2
5.00	5.0413/	2	5.1984/	2	5.3489/	2	5.4932/	2
6.00	5.6316/	2	5.7642/	2	5.8913/	2	6.0132/	2
7.00	6.1300/	2	6.2420/	2	6.3494/	2	6.4523/	2
8.00	6.5509/	2	6.6455/	2	6.7362/	2	6.8231/	2
9.00	6.9064/	2	6.9863/	2	7.0628/	2	7.1362/	2
10.00	7.2066/	2	7.2741/	2	7.3387/	2	7.4007/	2
11.00	7.4601/	2	7.5171/	2	7.5717/	2	7.6240/	2
12.00	7.6742/	2	7.7223/	2	7.7684/	2	7.8126/	2

Decay factor for ^{195m}Pt : $D_1(t)$

Day	0.00		0.25		0.50		0.75	
0.00	1.0000/	0	9.5862/	−1	9.1896/	−1	8.8094/	−1
1.00	8.4449/	−1	8.0955/	−1	7.7605/	−1	7.4394/	−1
2.00	7.1316/	−1	6.8365/	−1	6.5537/	−1	6.2825/	−1
3.00	6.0226/	−1	5.7734/	−1	5.5345/	−1	5.3055/	−1
4.00	5.0860/	−1	4.8755/	−1	4.6738/	−1	4.4804/	−1
5.00	4.2950/	−1	4.1173/	−1	3.9470/	−1	3.7837/	−1
6.00	3.6271/	−1	3.4770/	−1	3.3332/	−1	3.1953/	−1
7.00	3.0631/	−1	2.9363/	−1	2.8148/	−1	2.6984/	−1
8.00	2.5867/	−1	2.4797/	−1	2.3771/	−1	2.2787/	−1
9.00	2.1845/	−1	2.0941/	−1	2.0074/	−1	1.9244/	−1
10.00	1.8447/	−1	1.7684/	−1	1.6952/	−1	1.6251/	−1
11.00	1.5579/	−1	1.4934/	−1	1.4316/	−1	1.3724/	−1
12.00	1.3156/	−1	1.2612/	−1	1.2090/	−1	1.1590/	−1
13.00	1.1110/	−1	1.0650/	−1	1.0210/	−1	9.7873/	−2
14.00	9.3823/	−2	8.9941/	−2	8.6220/	−2	8.2653/	−2
15.00	7.9233/	−2	7.5954/	−2	7.2812/	−2	6.9799/	−2
16.00	6.6911/	−2	6.4143/	−2	6.1489/	−2	5.8945/	−2
17.00	5.6506/	−2	5.4168/	−2	5.1926/	−2	4.9778/	−2

Day	0.00	0.25	0.50	0.75
18.00	$4.7718/-2$	$4.5744/-2$	$4.3851/-2$	$4.2037/-2$
19.00	$4.0298/-2$	$3.8630/-2$	$3.7032/-2$	$3.5500/-2$
20.00	$3.4031/-2$	$3.2623/-2$	$3.1273/-2$	$2.9979/-2$
21.00	$2.8739/-2$	$2.7550/-2$	$2.6410/-2$	$2.5317/-2$
22.00	$2.4269/-2$	$2.3265/-2$	$2.2303/-2$	$2.1380/-2$
23.00	$2.0495/-2$	$1.9647/-2$	$1.8834/-2$	$1.8055/-2$
24.00	$1.7308/-2$	$1.6592/-2$	$1.5905/-2$	$1.5247/-2$
25.00	$1.4616/-2$	$1.4012/-2$	$1.3432/-2$	$1.2876/-2$
26.00	$1.2343/-2$	$1.1833/-2$	$1.1343/-2$	$1.0874/-2$
27.00	$1.0424/-2$	$9.9926/-3$	$9.5791/-3$	$9.1828/-3$

$^{196}Pt(n, \gamma)^{197}Pt$

$M = 195.09$ $G = 25.2\%$ $\sigma_{ac} = 0.9$ barn,

^{197}Pt $T_1 = 18$ hour

E_γ (keV)	191	77
P	0.060	0.200

Activation data for $^{197}Pt : A_1(\tau)$, dps/μg

$A_1(\text{sat}) = 7.0020/\;\;3$

$A_1(1 \text{ sec}) = 7.4882/\;-2$

Hour	0.00		1.00		2.00		3.00	
0.00	0.0000/	0	2.6445/	2	5.1892/	2	7.6377/	2
4.00	9.9938/	2	1.2261/	3	1.4442/	3	1.6541/	3
8.00	1.8561/	3	2.0505/	3	2.2375/	3	2.4174/	3
12.00	2.5906/	3	2.7572/	3	2.9175/	3	3.0718/	3
16.00	3.2202/	3	3.3630/	3	3.5005/	3	3.6327/	3
20.00	3.7600/	3	3.8824/	3	4.0002/	3	4.1136/	3
24.00	4.2227/	3	4.3277/	3	4.4287/	3	4.5259/	3
28.00	4.6194/	3	4.7094/	3	4.7960/	3	4.8793/	3
32.00	4.9594/	3	5.0366/	3	5.1108/	3	5.1822/	3
36.00	5.2510/	3	5.3171/	3	5.3807/	3	5.4420/	3
40.00	5.5009/	3	5.5576/	3	5.6121/	3	5.6646/	3
44.00	5.7151/	3	5.7637/	3	5.8105/	3	5.8555/	3
48.00	5.8988/	3	5.9405/	3	5.9806/	3	6.0191/	3
52.00	6.0563/	3	6.0920/	3	6.1263/	3	6.1594/	3
56.00	6.1912/	3	6.2219/	3	6.2513/	3	6.2797/	3

Decay factor for $^{197}Pt : D_1(t)$

Hour	0.00		1.00		2.00		3.00	
0.00	1.0000/	0	9.6223/	−1	9.2589/	−1	8.9092/	−1
4.00	8.5727/	−1	8.2489/	−1	7.9374/	−1	7.6376/	−1
8.00	7.3492/	−1	7.0716/	−1	6.8045/	−1	6.5475/	−1
12.00	6.3002/	−1	6.0623/	−1	5.8333/	−1	5.6130/	−1
16.00	5.4010/	−1	5.1970/	−1	5.0000/	−1	4.8119/	−1
20.00	4.6301/	−1	4.4553/	−1	4.2870/	−1	4.1251/	−1
24.00	3.9693/	−1	3.8194/	−1	3.6751/	−1	3.5363/	−1
28.00	3.4028/	−1	3.2742/	−1	3.1506/	−1	3.0316/	−1
32.00	2.9171/	−1	2.8069/	−1	2.7009/	−1	2.5989/	−1
36.00	2.5000/	−1	2.4063/	−1	2.3154/	−1	2.2280/	−1
40.00	2.1438/	−1	2.0628/	−1	1.9849/	−1	1.9100/	−1
44.00	1.8378/	−1	1.7684/	−1	1.7016/	−−1	1.6374/	−1
48.00	1.5755/	−1	1.5160/	−1	1.4588/	−1	1.4037/	−1
52.00	1.3506/	−1	1.2996/	−1	1.2506/	−1	1.2033/	−1
56.00	1.1579/	−1	1.1141/	−1	1.0721/	−1	1.0316/	−1
60.00	9.9261/	−2	9.5512/	−2	9.1905/	−2	8.8434/	−2

Hour	0.00	1.00	2.00	3.00
64.00	8.5094/ −2	8.1880/ −2	7.8788/ −2	7.5812/ −2
68.00	7.2949/ −2	7.0193/ −2	6.7542/ −2	6.4991/ −2
72.00	6.2537/ −2	6.0175/ −2	5.7902/ −2	5.5715/ −2
76.00	5.3611/ −2	5.1586/ −2	4.9638/ −2	4.7763/ −2
80.00	4.5959/ −2	4.4223/ −2	4.2553/ −2	4.0946/ −2
84.00	3.9400/ −2	3.7912/ −2	3.6480/ −2	3.5102/ −2
88.00	3.3776/ −2	3.2500/ −2	3.1273/ −2	3.0092/ −2
92.00	2.8955/ −2	2.7862/ −2	2.6809/ −2	2.5797/ −2
96.00	2.4823/ −2	2.3885/ −2	2.2983/ −2	2.2115/ −2
100.00	2.1280/ −2	2.0476/ −2	1.9703/ −2	1.8959/ −2
104.00	1.8243/ −2	1.7554/ −2	1.6891/ −2	1.6253/ −2
108.00	1.5639/ −2	1.5048/ −2	1.4480/ −2	1.3933/ −2
112.00	1.3407/ −2	1.2900/ −2	1.2413/ −2	1.1944/ −2
116.00	1.1493/ −2	1.1059/ −2	1.0641/ −2	1.0240/ −2
120.00	9.8528/ −3	9.4807/ −3	9.1226/ −3	8.7781/ −3
124.00	8.4465/ −3	8.1275/ −3	7.8206/ −3	7.5252/ −3
128.00	7.2410/ −3			

$^{198}\text{Pt}(\text{n}, \gamma)^{199}\text{Pt} \rightarrow {}^{199}\text{Au}$

$M = 195.09$ $G = 7.19\%$ $\sigma_{ac} = 4.0$ barn,

^{199}Pt $T_1 = 30$ minute

E_γ (keV)	960	790	715	540	475	320	245	197	75
P	0.020	0.020	0.030	0.240	0.120	0.080	0.040	0.090	0.090

^{199}Au $T_2 = 3.15$ day

E_γ (keV)	208	158
P	0.080	0.370

Activation data for ^{199}Pt : $A_1(\tau)$, dps/μg

$$A_1(\text{sat}) \quad = 8.8791/\ 3$$
$$A_1(1\ \text{sec}) = 3.4178/\ 0$$

$K = -6.6580/\ -3$

Time intervals with respect to T_1

Minute	0.00		2.00		4.00		6.00	
0.00	0.0000/	0	4.0088/	2	7.8366/	2	1.1492/	3
8.00	1.4982/	3	1.8314/	3	2.1496/	3	2.4534/	3
16.00	2.7435/	3	3.0205/	3	3.2851/	3	3.5376/	3
24.00	3.7788/	3	4.0090/	3	4.2289/	3	4.4389/	3
32.00	4.6393/	3	4.8308/	3	5.0135/	3	5.1881/	3
40.00	5.3547/	3	5.5138/	3	5.6658/	3	5.8108/	3
48.00	5.9494/	3	6.0816/	3	6.2079/	3	6.3285/	3
56.00	6.4437/	3	6.5536/	3	6.6586/	3	6.7589/	3
64.00	6.8546/	3	6.9460/	3	7.0333/	3	7.1166/	3
72.00	7.1962/	3	7.2722/	3	7.3447/	3	7.4140/	3
80.00	7.4801/	3	7.5433/	3	7.6036/	3	7.6612/	3
88.00	7.7162/	3	7.7687/	3	7.8188/	3	7.8667/	3
96.00	7.9124/	3	7.9560/	3	7.9977/	3	8.0375/	3

Decay factor for ^{199}Pt : $D_1(t)$

Minute	0.00	2.00	4.00	6.00
0.00	1.0000/ 0	9.5485/ −1	9.1174/ −1	8.7058/ −1
8.00	8.3127/ −1	7.9374/ −1	7.5790/ −1	7.2368/ −1
16.00	6.9101/ −1	6.5981/ −1	6.3002/ −1	6.0158/ −1
24.00	5.7442/ −1	5.4848/ −1	5.2372/ −1	5.0000/ −1
32.00	4.7750/ −1	4.5594/ −1	4.3535/ −1	4.1570/ −1
40.00	3.9693/ −1	3.7901/ −1	3.6190/ −1	3.4556/ −1
48.00	3.2995/ −1	3.1506/ −1	3.0083/ −1	2.8725/ −1
56.00	2.7428/ −1	2.6190/ −1	2.5000/ −1	2.3878/ −1
64.00	2.2800/ −1	2.1771/ −1	2.0788/ −1	1.9849/ −1

Minute	0.00	2.00	4.00	6.00
72.00	1.8953/ −1	1.8097/ −1	1.7280/ −1	1.6500/ −1
80.00	1.5755/ −1	1.5044/ −1	1.4365/ −1	1.3716/ −1
88.00	1.3097/ −1	1.2506/ −1	1.1941/ −1	1.1402/ −1
96.00	1.0887/ −1	1.0395/ −1	9.9261/ −2	9.4780/ −2
104.00	9.0500/ −2	8.6414/ −2	8.2513/ −2	7.8788/ −2
112.00	7.5230/ −2	7.1834/ −2	6.8591/ −2	6.5494/ −2
120.00	6.2537/ −2	5.9713/ −2	5.7017/ −2	5.4443/ −2
128.00	5.1985/ −2	4.9638/ −2	4.7397/ −2	4.5257/ −2
136.00	4.3214/ −2	4.1263/ −2	3.9400/ −2	3.7621/ −2
144.00	3.5922/ −2	3.4300/ −2	3.2752/ −2	3.1273/ −2
152.00	2.9861/ −2	2.8513/ −2	2.7226/ −2	2.5996/ −2
160.00	2.4823/ −2	2.3702/ −2	2.2632/ −2	2.1610/ −2
168.00	2.0634/ −2	1.9703/ −2	1.8813/ −2	1.7964/ −2
176.00	1.7153/ −2	1.6378/ −2	1.5639/ −2	1.4933/ −2
184.00	1.4259/ −2	1.3615/ −2	1.3000/ −2	1.2413/ −2
192.00	1.1853/ −2	1.1318/ −2	1.0807/ −2	1.0319/ −2
200.00	9.8528/ −3	9.4080/ −3	8.9832/ −3	8.5776/ −3

Activation data for ^{199}Au : $F \cdot A_2(\tau)$

$$F \cdot A_2(\text{sat}) = 8.9385/ \quad 3$$
$$F \cdot A_2(1 \text{ sec}) = 2.2760/ \quad -2$$

Minute	0.00	2.00	4.00	6.00
0.00	0.0000/ 0	2.7308/ 0	5.4608/ 0	8.1899/ 0
8.00	1.0918/ 1	1.3646/ 1	1.6372/ 1	1.9098/ 1
16.00	2.1823/ 1	2.4547/ 1	2.7271/ 1	2.9993/ 1
24.00	3.2715/ 1	3.5435/ 1	3.8155/ 1	4.0875/ 1
32.00	4.3593/ 1	4.6310/ 1	4.9027/ 1	5.1743/ 1
40.00	5.4458/ 1	5.7172/ 1	5.9885/ 1	6.2598/ 1
48.00	6.5310/ 1	6.8020/ 1	7.0730/ 1	7.3440/ 1
56.00	7.6148/ 1	7.8856/ 1	8.1562/ 1	8.4268/ 1
64.00	8.6973/ 1	8.9677/ 1	9.2381/ 1	9.5083/ 1
72.00	9.7785/ 1	1.0049/ 2	1.0319/ 2	1.0589/ 2
80.00	1.0858/ 2	1.1128/ 2	1.1398/ 2	1.1667/ 2
88.00	1.1937/ 2	1.2206/ 2	1.2476/ 2	1.2745/ 2
96.00	1.3014/ 2	1.3283/ 2	1.3552/ 2	1.3821/ 2

Decay factor for ^{199}Au : $D_2(t)$

Minute	0.00	2.00	4.00	6.00
0.00	1.0000/ 0	9.9969/ −1	9.9939/ −1	9.9908/ −1
8.00	9.9878/ −1	9.9847/ −1	9.9817/ −1	9.9786/ −1
16.00	9.9756/ −1	9.9725/ −1	9.9695/ −1	9.9664/ −1
24.00	9.9634/ −1	9.9604/ −1	9.9573/ −1	9.9543/ −1
32.00	9.9512/ −1	9.9482/ −1	9.9452/ −1	9.9421/ −1
40.00	9.9391/ −1	9.9360/ −1	9.9330/ −1	9.9300/ −1
48.00	9.9269/ −1	9.9239/ −1	9.9209/ −1	9.9178/ −1

Minute	0.00	2.00	4.00	6.00
56.00	9.9148/ −1	9.9118/ −1	9.9088/ −1	9.9057/ −1
64.00	9.9027/ −1	9.8997/ −1	9.8966/ −1	9.8936/ −1
72.00	9.8906/ −1	9.8876/ −1	9.8846/ −1	9.8815/ −1
80.00	9.8785/ −1	9.8755/ −1	9.8725/ −1	9.8695/ −1
88.00	9.8665/ −1	9.8634/ −1	9.8604/ −1	9.8574/ −1
96.00	9.8544/ −1	9.8514/ −1	9.8484/ −1	9.8454/ −1
104.00	9.8424/ −1	9.8394/ −1	9.8364/ −1	9.8333/ −1
112.00	9.8303/ −1	9.8273/ −1	9.8243/ −1	9.8213/ −1
120.00	9.8183/ −1	9.8153/ −1	9.8123/ −1	9.8093/ −1
128.00	9.8063/ −1	9.8033/ −1	9.8004/ −1	9.7974/ −1
136.00	9.7944/ −1	9.7914/ −1	9.7884/ −1	9.7854/ −1
144.00	9.7824/ −1	9.7794/ −1	9.7764/ −1	9.7734/ −1
152.00	9.7705/ −1	9.7675/ −1	9.7645/ −1	9.7615/ −1
160.00	9.7585/ −1	9.7555/ −1	9.7526/ −1	9.7496/ −1
168.00	9.7466/ −1	9.7436/ −1	9.7406/ −1	9.7377/ −1
176.00	9.7347/ −1	9.7317/ −1	9.7287/ −1	9.7258/ −1
184.00	9.7228/ −1	9.7198/ −1	9.7169/ −1	9.7139/ −1
192.00	9.7109/ −1	9.7080/ −1	9.7050/ −1	9.7020/ −1
200.00	9.6991/ −1	9.6961/ −1	9.6931/ −1	9.6902/ −1

*

Activation data for ^{199}Pt : $A_1(\tau)$, dps/μg

$$A_1(\text{sat}) = 8.8791/\ 3$$
$$A_1(1\ \text{sec}) = 3.4178/\ 0$$

$K = -6.6580/\ -3$

Time intervals with respect to T_2

Hour	0.00		4.00		8.00		12.00	
0.00	0.0000/	0	8.8443/	3	8.8789/	3	8.8791/	3
16.00	8.8791/	3	8.8791/	3	8.8791/	3	8.8791/	3

Decay factor for ^{199}Pt : $D_1(t)$

Hour	0.00		4.00		8.00		12.00	
0.00	1.0000/	0	3.9109/	−3	1.5295/	−5	5.9816/	−8
16.00	2.3393/	−10	9.1486/	−13	3.5779/	−15	1.3993/	−17

Activation data for ^{199}Au : $F \cdot A_2(\tau)$

$$F \cdot A_2(\text{sat}) = 8.9385/\ 3$$
$$F \cdot A_2(1\ \text{sec}) = 2.2760/\ -2$$

Hour	0.00		4.00		8.00		12.00	
0.00	0.0000/	0	3.2181/	2	6.3204/	2	9.3109/	2
16.00	1.2194/	3	1.4973/	3	1.7652/	3	2.0235/	3
32.00	2.2724/	3	2.5124/	3	2.7438/	3	2.9668/	3
48.00	3.1818/	3	3.3891/	3	3.5889/	3	3.7815/	3

Hour	0.00		4.00		8.00		12.00	
64.00	3.9671/	3	4.1461/	3	4.3186/	3	4.4850/	3
80.00	4.6453/	3	4.7999/	3	4.9489/	3	5.0925/	3
96.00	5.2310/	3	5.3645/	3	5.4931/	3	5.6172/	3
112.00	5.7368/	3	5.8520/	3	5.9632/	3	6.0703/	3
128.00	6.1735/	3	6.2731/	3	6.3691/	3	6.4616/	3
144.00	6.5507/	3	6.6367/	3	6.7196/	3	6.7995/	3
160.00	6.8765/	3	6.9507/	3	7.0223/	3	7.0913/	3
176.00	7.1578/	3	7.2219/	3	7.2837/	3	7.3433/	3
192.00	7.4007/	3	7.4561/	3	7.5095/	3	7.5609/	3
208.00	7.6105/	3	7.6583/	3	7.7044/	3	7.7488/	3
224.00	7.7917/	3	7.8330/	3	7.8728/	3	7.9111/	3
240.00	7.9481/	3	7.9838/	3	8.0182/	3	8.0513/	3
256.00	8.0832/	3						

Decay factor for ^{199}Au : $D_2(t)$

Hour	0.00		4.00		8.00		12.00	
0.00	1.0000/	0	9.6400/	−1	9.2929/	−1	8.9583/	−1
16.00	8.6358/	−1	8.3249/	−1	8.0252/	−1	7.7363/	−1
32.00	7.4577/	−1	7.1892/	−1	6.9304/	−1	6.6809/	−1
48.00	6.4404/	−1	6.2085/	−1	5.9850/	−1	5.7695/	−1
64.00	5.5618/	−1	5.3615/	−1	5.1685/	−1	4.9824/	−1
80.00	4.8031/	−1	4.6301/	−1	4.4634/	−1	4.3027/	−1
96.00	4.1478/	−1	3.9985/	−1	3.8545/	−1	3.7158/	−1
112.00	3.5820/	−1	3.4530/	−1	3.3287/	−1	3.2089/	−1
128.00	3.0933/	−1	2.9820/	−1	2.8746/	−1	2.7711/	−1
144.00	2.6714/	−1	2.5752/	−1	2.4825/	−1	2.3931/	−1
160.00	2.3069/	−1	2.2239/	−1	2.1438/	−1	2.0666/	−1
176.00	1.9922/	−1	1.9205/	−1	1.8514/	−1	1.7847/	−1
192.00	1.7204/	−1	1.6585/	−1	1.5988/	−1	1.5412/	−1
208.00	1.4857/	−1	1.4323/	−1	1.3807/	−1	1.3310/	−1
224.00	1.2831/	−1	1.2369/	−1	1.1923/	−1	1.1494/	−1
240.00	1.1080/	−1	1.0681/	−1	1.0297/	−1	9.9261/	−2
256.00	9.5688/	−2	9.2243/	−2	8.8922/	−2	8.5720/	−2
272.00	8.2634/	−2	7.9659/	−2	7.6791/	−2	7.4026/	−2
288.00	7.1361/	−2	6.8792/	−2	6.6315/	−2	6.3928/	−2
304.00	6.1626/	−2	5.9408/	−2	5.7269/	−2	5.5207/	−2
320.00	5.3219/	−2	5.1303/	−2	4.9456/	−2	4.7676/	−2
336.00	4.5959/	−2	4.4305/	−2	4.2710/	−2	4.1172/	−2
352.00	3.9690/	−2	3.8261/	−2	3.6883/	−2	3.5555/	−2
368.00	3.4275/	−2	3.3041/	−2	3.1852/	−2	3.0705/	−2
384.00	2.9599/	−2	2.8534/	−2	2.7506/	−2	2.6516/	−2
400.00	2.5562/	−2	2.4641/	−2	2.3754/	−2	2.2899/	−2
416.00	2.2074/	−2	2.1280/	−2	2.0514/	−2	1.9775/	−2
432.00	1.9063/	−2	1.8377/	−2	1.7715/	−2	1.7077/	−2
448.00	1.6463/	−2	1.5870/	−2	1.5299/	−2	1.4748/	−2
464.00	1.4217/	−2	1.3705/	−2	1.3212/	−2	1.2736/	−2
480.00	1.2277/	−2	1.1835/	−2	1.1409/	−2	1.0998/	−2
496.00	1.0602/	−2	1.0221/	−2	9.8528/	−3	9.4981/	−3
512.00	9.1561/	−3						

$$^{198}\text{Pt}(\text{n}, \gamma)^{199\text{m}}\text{Pt}$$

$M = 195.09$	$G = 7.19\%$	$\sigma_{ac} = 0.03$ barn,

$^{199\text{m}}$**Pt** $T_1 = 14.1$ second

E_γ (keV)   393

P 0.900

Activation data for $^{199\text{m}}$Pt : $A_1(\tau)$, dps/μg
$A_1(\text{sat}) = 6.6593/\ 1$
$A_1(1\ \text{sec}) = 3.1938/\ 0$

Second	0.00		1.00		2.00		3.00	
0.00	0.0000/	0	3.1938/	0	6.2345/	0	9.1293/	0
4.00	1.1885/	1	1.4509/	1	1.7007/	1	1.9385/	1
8.00	2.1649/	1	2.3805/	1	2.5857/	1	2.7811/	1
12.00	2.9671/	1	3.1442/	1	3.3127/	1	3.4733/	1
16.00	3.6261/	1	3.7715/	1	3.9100/	1	4.0419/	1
20.00	4.1674/	1	4.2869/	1	4.4007/	1	4.5090/	1
24.00	4.6122/	1	4.7103/	1	4.8038/	1	4.8928/	1
28.00	4.9775/	1	5.0582/	1	5.1350/	1	5.2081/	1
32.00	5.2777/	1	5.3439/	1	5.4070/	1	5.4671/	1
36.00	5.5243/	1	5.5787/	1	5.6305/	1	5.6799/	1
40.00	5.7268/	1	5.7716/	1	5.8141/	1	5.8547/	1
44.00	5.8933/	1	5.9300/	1	5.9650/	1	5.9983/	1
48.00	6.0300/	1	6.0602/	1	6.0889/	1	6.1163/	1
52.00	6.1423/	1	6.1671/	1	6.1907/	1	6.2132/	1
56.00	6.2346/	1	6.2549/	1	6.2743/	1	6.2928/	1
60.00	6.3104/	1						

Decay factor for $^{199\text{m}}$Pt : $D_1(\text{t})$

Second	0.00		1.00		2.00		3.00	
0.00	1.0000/	0	9.5204/	−1	9.0638/	−1	8.6291/	−1
4.00	8.2152/	−1	7.8212/	−1	7.4461/	−1	7.0890/	−1
8.00	6.7490/	−1	6.4253/	−1	6.1171/	−1	5.8238/	−1
12.00	5.5445/	−1	5.2785/	−1	5.0254/	−1	4.7844/	−1
16.00	4.5549/	−1	4.3364/	−1	4.1285/	−1	3.9305/	−1
20.00	3.7419/	−1	3.5625/	−1	3.3916/	−1	3.2290/	−1
24.00	3.0741/	−1	2.9267/	−1	2.7863/	−1	2.6527/	−1
28.00	2.5254/	−1	2.4043/	−1	2.2890/	−1	2.1792/	−1
32.00	2.0747/	−1	1.9752/	−1	1.8805/	−1	1.7903/	−1
36.00	1.7044/	−1	1.6227/	−1	1.5448/	−1	1.4708/	−1
40.00	1.4002/	−1	1.3331/	−1	1.2691/	−1	1.2083/	−1
44.00	1.1503/	−1	1.0951/	−1	1.0426/	−1	9.9261/	−2
48.00	9.4501/	−2	8.9968/	−2	8.5653/	−2	8.1545/	−2
52.00	7.7634/	−2	7.3911/	−2	7.0366/	−2	6.6991/	−2
56.00	6.3778/	−2	6.0720/	−2	5.7807/	−2	5.5035/	−2
60.00	5.2395/	−2						

Note: $^{199\text{m}}$Pt decays to ^{199}Pt (and ^{199}Au) which is not tabulated

$$^{197}\text{Au}(\text{n}, \gamma)^{198}\text{Au}$$

$M = 196.967$ $\qquad$ $G = 100\%$ $\qquad$ $\sigma_{ac} = 98.8$ barn,

^{198}Au $\qquad$ $T_1 = 2.693$ day

E_γ (keV)	676	412
P	0.010	0.950

Activation data for ^{198m}Au : $A_1(\tau)$, dps/μg

$$A_1(\text{sat}) = 3.0212/\ 6$$
$$A_1(1 \text{ sec}) = 8.9983/\ 0$$

Hour	0.00		4.00		8.00		12.00	
0.00	0.0000/	0	1.2684/	5	2.4835/	5	3.6476/	5
16.00	4.7628/	5	5.8312/	5	6.8547/	5	7.8353/	5
32.00	8.7747/	5	9.6747/	5	1.0537/	6	1.1363/	6
48.00	1.2154/	6	1.2912/	6	1.3639/	6	1.4334/	6
64.00	1.5001/	6	1.5640/	6	1.6251/	6	1.6837/	6
80.00	1.7399/	6	1.7937/	6	1.8452/	6	1.8946/	6
96.00	1.9419/	6	1.9872/	6	2.0306/	6	2.0722/	6
112.00	2.1120/	6	2.1502/	6	2.1868/	6	2.2218/	6
128.00	2.2554/	6	2.2875/	6	2.3183/	6	2.3478/	6
144.00	2.3761/	6	2.4032/	6	2.4291/	6	2.4540/	6
160.00	2.4778/	6	2.5006/	6	2.5224/	6	2.5434/	6
176.00	2.5634/	6	2.5827/	6	2.6011/	6	2.6187/	6
192.00	2.6356/	6	2.6518/	6	2.6673/	6	2.6822/	6
208.00	2.6964/	6	2.7100/	6	2.7231/	6	2.7356/	6

Decay factor for ^{198}Au : $D_1(\text{t})$

Hour	0.00		4.00		8.00		12.00	
0.00	1.0000/	0	9.5802/	-1	9.1780/	-1	8.7927/	-1
16.00	8.4235/	-1	8.0699/	-1	7.7311/	-1	7.4065/	-1
32.00	7.0956/	-1	6.7977/	-1	6.5123/	-1	6.2389/	-1
48.00	5.9770/	-1	5.7261/	-1	5.4857/	-1	5.2554/	-1
64.00	5.0347/	-1	4.8234/	-1	4.6209/	-1	4.4269/	-1
80.00	4.2410/	-1	4.0630/	-1	3.8924/	-1	3.7290/	-1
96.00	3.5724/	-1	3.4225/	-1	3.2788/	-1	3.1411/	-1
112.00	3.0093/	-1	2.8829/	-1	2.7619/	-1	2.6459/	-1
128.00	2.5349/	-1	2.4284/	-1	2.3265/	-1	2.2288/	-1
144.00	2.1352/	-1	2.0456/	-1	1.9597/	-1	1.8775/	-1
160.00	1.7986/	-1	1.7231/	-1	1.6508/	-1	1.5815/	-1
176.00	1.5151/	-1	1.4515/	-1	1.3905/	-1	1.3322/	-1
192.00	1.2762/	-1	1.2227/	-1	1.1713/	-1	1.1222/	-1
208.00	1.0750/	-1	1.0299/	-1	9.8667/	-2	9.4525/	-2
224.00	9.0556/	-2	8.6755/	-2	8.3112/	-2	7.9623/	-2
240.00	7.6280/	-2	7.3078/	-2	7.0010/	-2	6.7071/	-2
256.00	6.4255/	-2	6.1558/	-2	5.8973/	-2	5.6497/	-2

Hour	0.00	4.00	8.00	12.00
272.00	5.4125/ −2	5.1853/ −2	4.9676/ −2	4.7591/ −2
288.00	4.5593/ −2	4.3679/ −2	4.1845/ −2	4.0088/ −2
304.00	3.8405/ −2	3.6793/ −2	3.5248/ −2	3.3768/ −2
320.00	3.2351/ −2	3.0993/ −2	2.9691/ −2	2.8445/ −2
336.00	2.7251/ −2	2.6107/ −2	2.5011/ −2	2.3961/ −2
352.00	2.2955/ −2	2.1991/ −2	2.1068/ −2	2.0183/ −2
368.00	1.9336/ −2	1.8524/ −2	1.7747/ −2	1.7002/ −2
384.00	1.6288/ −2	1.5604/ −2	1.4949/ −2	1.4321/ −2
400.00	1.3720/ −2	1.3144/ −2	1.2592/ −2	1.2064/ −2
416.00	1.1557/ −2	1.1072/ −2	1.0607/ −2	1.0162/ −2
432.00	9.7352/ −3	9.3265/ −3	8.9349/ −3	8.5598/ −3
448.00	8.2005/ −3	7.8562/ −3	7.5264/ −3	7.2104/ −3
464.00	6.9077/ −3	6.6177/ −3	6.3399/ −3	6.0737/ −3
480.00	5.8187/ −3	5.5744/ −3	5.3404/ −3	5.1162/ −3
496.00	4.9014/ −3	4.6956/ −3	4.4985/ −3	4.3096/ −3
512.00	4.1287/ −3			

$^{196}\text{Hg}(n, \gamma)^{197}\text{Hg}$

$$M = 200.59 \qquad G = 0.146\% \qquad \sigma_{ac} = 3000 \text{ barn,}$$

$$^{197}\text{Hg} \qquad T_1 = 65 \text{ hour}$$

E_γ (keV)	191	77
P	0.020	0.180

Activation data for $^{197}\text{Hg} : A_1(\tau)$, dps/$\mu$g

$$A_1(\text{sat}) = 1.3152/ \quad 5$$
$$A_1(1 \text{ sec}) = 3.8949/ -1$$

Hour	0.00		4.00		8.00		12.00	
0.00	0.0000/	0	5.4907/	3	1.0752/	4	1.5794/	4
16.00	2.0625/	4	2.5255/	4	2.9691/	4	3.3942/	4
32.00	3.8016/	4	4.1920/	4	4.5660/	4	4.9245/	4
48.00	5.2680/	4	5.5971/	4	5.9125/	4	6.2147/	4
64.00	6.5043/	4	6.7818/	4	7.0478/	4	7.3026/	4
80.00	7.5468/	4	7.7808/	4	8.0050/	4	8.2199/	4
96.00	8.4258/	4	8.6231/	4	8.8121/	4	8.9933/	4
112.00	9.1669/	4	9.3333/	4	9.4927/	4	9.6455/	4
128.00	9.7918/	4	9.9321/	4	1.0067/	5	1.0195/	5
144.00	1.0319/	5	1.0437/	5	1.0550/	5	1.0659/	5
160.00	1.0763/	5	1.0863/	5	1.0958/	5	1.1050/	5
176.00	1.1138/	5	1.1222/	5	1.1302/	5	1.1379/	5
192.00	1.1453/	5	1.1524/	5	1.1592/	5	1.1657/	5
208.00	1.1720/	5	1.1780/	5	1.1837/	5	1.1892/	5

Decay factor for $^{197}\text{Hg} : D_1(t)$

Hour	0.00		4.00		8.00		12.00	
0.00	1.0000/	0	9.5825/	−1	9.1824/	−1	8.7991/	−1
16.00	8.4317/	−1	8.0797/	−1	7.7424/	−1	7.4191/	−1
32.00	7.1094/	−1	6.8126/	−1	6.5281/	−1	6.2556/	−1
48.00	5.9944/	−1	5.7442/	−1	5.5044/	−1	5.2745/	−1
64.00	5.0543/	−1	4.8433/	−1	4.6411/	−1	4.4473/	−1
80.00	4.2617/	−1	4.0838/	−1	3.9133/	−1	3.7499/	−1
96.00	3.5933/	−1	3.4433/	−1	3.2995/	−1	3.1618/	−1
112.00	3.0298/	−1	2.9033/	−1	2.7821/	−1	2.6659/	−1
128.00	2.5546/	−1	2.4480/	−1	2.3458/	−1	2.2478/	−1
144.00	2.1540/	−1	2.0641/	−1	1.9779/	−1	1.8953/	−1
160.00	1.8162/	−1	1.7404/	−1	1.6677/	−1	1.5981/	−1
176.00	1.5314/	−1	1.4674/	−1	1.4062/	−1	1.3475/	−1
192.00	1.2912/	−1	1.2373/	−1	1.1856/	−1	1.1361/	−1
208.00	1.0887/	−1	1.0432/	−1	9.9969/	−2	9.5796/	−2
224.00	9.1796/	−2	8.7964/	−2	8.4291/	−2	8.0772/	−2
240.00	7.7400/	−2	7.4169/	−2	7.1072/	−2	6.8105/	−2
256.00	6.5261/	−2	6.2537/	−2	5.9926/	−2	5.7424/	−2

Hour	0.00	4.00	8.00	12.00
272.00	5.5027/ −2	5.2729/ −2	5.0528/ −2	4.8418/ −2
288.00	4.6397/ −2	4.4460/ −2	4.2604/ −2	4.0825/ −2
304.00	3.9121/ −2	3.7487/ −2	3.5922/ −2	3.4422/ −2
320.00	3.2985/ −2	3.1608/ −2	3.0289/ −2	2.9024/ −2
336.00	2.7812/ −2	2.6651/ −2	2.5538/ −2	2.4472/ −2
352.00	2.3451/ −2	2.2471/ −2	2.1533/ −2	2.0634/ −2
368.00	1.9773/ −2	1.8947/ −2	1.8156/ −2	1.7398/ −2
384.00	1.6672/ −2	1.5976/ −2	1.5309/ −2	1.4670/ −2
400.00	1.4057/ −2	1.3470/ −2	1.2908/ −2	1.2369/ −2
416.00	1.1853/ −2	1.1358/ −2	1.0884/ −2	1.0429/ −2

See also ^{196}Hg(n, γ)^{197m}Hg → ^{197}Hg

$$^{196}\text{Hg}(n, \gamma)^{197m}\text{Hg} \rightarrow {}^{197}\text{Hg}$$

$M = 200.59$ $G = 0.146\%$ $\sigma_{ac} = 120$ barn,

^{197m}Hg $T_1 = 24$ hour

E_γ (keV) ($^{197m}\text{Hg} + {}^{197m}\text{Au}$) 279 134

P 0.070 0.420

^{197}Hg $T_2 = 65$ hour

E_γ (keV) 191 77

P 0.020 0.180

Activation data for $^{197m}\text{Hg} : A_1(\tau)$, dps/$\mu$g
$A_1(\text{sat})\ \ = 5.2606/\ \ 3$
$A_1(1\ \text{sec}) = 4.2194/\ {-2}$

$K = -5.5024/\ {-1}$

Time intervals with respect to T_1

Hour	0.00		1.00		2.00		3.00	
0.00	0.0000/	0	1.4973/	2	2.9520/	2	4.3652/	2
4.00	5.7383/	2	7.0722/	2	8.3682/	2	9.6273/	2
8.00	1.0851/	3	1.2039/	3	1.3194/	3	1.4315/	3
12.00	1.5405/	3	1.6464/	3	1.7493/	3	1.8492/	3
16.00	1.9463/	3	2.0406/	3	2.1323/	3	2.2213/	3
20.00	2.3078/	3	2.3919/	3	2.4735/	3	2.5529/	3
24.00	2.6299/	3	2.7048/	3	2.7775/	3	2.8482/	3
28.00	2.9169/	3	2.9836/	3	3.0484/	3	3.1114/	3
32.00	3.1725/	3	3.2320/	3	3.2897/	3	3.3458/	3
36.00	3.4003/	3	3.4533/	3	3.5047/	3	3.5547/	3
40.00	3.6032/	3	3.6504/	3	3.6962/	3	3.7408/	3
44.00	3.7840/	3	3.8260/	3	3.8669/	3	3.9065/	3
48.00	3.9451/	3	3.9825/	3	4.0189/	3	4.0542/	3
52.00	4.0886/	3	4.1219/	3	4.1544/	3	4.1858/	3
56.00	4.2164/	3	4.2461/	3	4.2750/	3	4.3031/	3
60.00	4.3303/	3	4.3568/	3	4.3825/	3	4.4075/	3
64.00	4.4318/	3	4.4554/	3	4.4783/	3	4.5006/	3
68.00	4.5222/	3	4.5432/	3	4.5636/	3	4.5835/	3
72.00	4.6028/	3	4.6215/	3	4.6397/	3	4.6573/	3
76.00	4.6745/	3	4.6912/	3	4.7074/	3	4.7232/	3
80.00	4.7385/	3	4.7533/	3	4.7678/	3	4.7818/	3

Decay factor for $^{197m}\text{Hg} : D_1(t)$

Hour	0.00		1.00		2.00		3.00	
0.00	1.0000/	0	9.7154/	-1	9.4389/	-1	9.1702/	-1
4.00	8.9092/	-1	8.6556/	-1	8.4093/	-1	8.1699/	-1
8.00	7.9374/	-1	7.7115/	-1	7.4920/	-1	7.2788/	-1

Hour	0.00	1.00	2.00	3.00
12.00	7.0716/ −1	6.8703/ −1	6.6748/ −1	6.4848/ −1
16.00	6.3002/ −1	6.1209/ −1	5.9467/ −1	5.7774/ −1
20.00	5.6130/ −1	5.4532/ −1	5.2980/ −1	5.1472/ −1
24.00	5.0000/ −1	4.8584/ −1	4.7201/ −1	4.5858/ −1
28.00	4.4553/ −1	4.3285/ −1	4.2053/ −1	4.0856/ −1
32.00	3.9693/ −1	3.8563/ −1	3.7465/ −1	3.6399/ −1
36.00	3.5363/ −1	3.4357/ −1	3.3379/ −1	3.2429/ −1
40.00	3.1506/ −1	3.0609/ −1	2.9738/ −1	2.8891/ −1
44.00	2.8069/ −1	2.7270/ −1	2.6494/ −1	2.5740/ −1
48.00	2.5000/ −1	2.4296/ −1	2.3604/ −1	2.2932/ −1
52.00	2.2280/ −1	2.1645/ −1	2.1029/ −1	2.0431/ −1
56.00	1.9849/ −1	1.9284/ −1	1.8736/ −1	1.8202/ −1
60.00	1.7684/ −1	1.7181/ −1	1.6692/ −1	1.6217/ −1
64.00	1.5755/ −1	1.5307/ −1	1.4871/ −1	1.4448/ −1
68.00	1.4037/ −1	1.3637/ −1	1.3249/ −1	1.2872/ −1
72.00	1.2506/ −1	1.2150/ −1	1.1804/ −1	1.1468/ −1
76.00	1.1141/ −1	1.0824/ −1	1.0516/ −1	1.0217/ −1
80.00	9.9261/ −2	9.6436/ −2	9.3691/ −2	9.1025/ −2
84.00	8.8434/ −2	8.5917/ −2	8.3472/ −2	8.1096/ −2
88.00	7.8788/ −2	7.6545/ −2	7.4366/ −2	7.2250/ −2
92.00	7.0193/ −2	6.8196/ −2	6.6255/ −2	6.4369/ −2
96.00	6.2537/ −2	6.0757/ −2	5.9028/ −2	5.7348/ −2
100.00	5.5715/ −2	5.4130/ −2	5.2589/ −2	5.1092/ −2
104.00	4.9638/ −2	4.8225/ −2	4.6853/ −2	4.5519/ −2
108.00	4.4223/ −2	4.2965/ −2	4.1742/ −2	4.0554/ −2
112.00	3.9400/ −2	3.8278/ −2	3.7189/ −2	3.6130/ −2
116.00	3.5102/ −2	3.4103/ −2	3.3132/ −2	3.2189/ −2
120.00	3.1273/ −2	3.0383/ −2	2.9518/ −2	2.8678/ −2
124.00	2.7862/ −2	2.7069/ −2	2.6298/ −2	2.5550/ −2
128.00	2.4823/ −2	2.4116/ −2	2.3430/ −2	2.2763/ −2
132.00	2.2115/ −2	2.1486/ −2	2.0874/ −2	2.0280/ −2
136.00	1.9703/ −2	1.9142/ −2	1.8597/ −2	1.8068/ −2
140.00	1.7554/ −2	1.7054/ −2	1.6569/ −2	1.6097/ −2
144.00	1.5639/ −2	1.5194/ −2	1.4761/ −2	1.4341/ −2
148.00	1.3933/ −2	1.3536/ −2	1.3151/ −2	1.2777/ −2
152.00	1.2413/ −2	1.2060/ −2	1.1717/ −2	1.1383/ −2
156.00	1.1059/ −2	1.0744/ −2	1.0439/ −2	1.0141/ −2
160.00	9.8528/ −3	9.5724/ −3	9.2999/ −3	9.0352/ −3

Activation data for ^{197}Hg : $F \cdot A_2(\tau)$

$$F \cdot A_2(\text{sat}) = 7.8394/ \quad 3$$
$$F \cdot A_2(1 \text{ sec}) = 2.3217/ \ −2$$

Hour	0.00		1.00		2.00		3.00	
0.00	0.0000/	0	8.3136/	1	1.6539/	2	2.4677/	2
4.00	3.2729/	2	4.0696/	2	4.8578/	2	5.6376/	2
8.00	6.4092/	2	7.1726/	2	7.9279/	2	8.6752/	2
12.00	9.4145/	2	1.0146/	3	1.0870/	3	1.1586/	3
16.00	1.2294/	3	1.2995/	3	1.3689/	3	1.4375/	3

Hour	0.00		1.00		2.00		3.00	
20.00	1.5054/	3	1.5726/	3	1.6390/	3	1.7048/	3
24.00	1.7698/	3	1.8342/	3	1.8979/	3	1.9609/	3
28.00	2.0232/	3	2.0849/	3	2.1459/	3	2.2063/	3
32.00	2.2661/	3	2.3252/	3	2.3836/	3	2.4415/	3
36.00	2.4987/	3	2.5554/	3	2.6114/	3	2.6669/	3
40.00	2.7217/	3	2.7760/	3	2.8297/	3	2.8828/	3
44.00	2.9354/	3	2.9874/	3	3.0388/	3	3.0898/	3
48.00	3.1401/	3	3.1900/	3	3.2393/	3	3.2880/	3
52.00	3.3363/	3	3.3841/	3	3.4313/	3	3.4781/	3
56.00	3.5243/	3	3.5701/	3	3.6154/	3	3.6601/	3
60.00	3.7045/	3	3.7483/	3	3.7917/	3	3.8346/	3
64.00	3.8771/	3	3.9191/	3	3.9607/	3	4.0018/	3
68.00	4.0425/	3	4.0828/	3	4.1226/	3	4.1620/	3
72.00	4.2010/	3	4.2396/	3	4.2778/	3	4.3156/	3
76.00	4.3529/	3	4.3899/	3	4.4265/	3	4.4627/	3
80.00	4.4985/	3	4.5339/	3	4.5690/	3	4.6037/	3

Decay factor for ^{197}Hg : $D_2(t)$

Hour	0.00		1.00		2.00		3.00	
0.00	1.0000/	0	9.8940/	−1	9.7890/	−1	9.6852/	−1
4.00	9.5825/	−1	9.4809/	−1	9.3803/	−1	9.2809/	−1
8.00	9.1824/	−1	9.0851/	−1	8.9887/	−1	8.8934/	−1
12.00	8.7991/	−1	8.7058/	−1	8.6134/	−1	8.5221/	−1
16.00	8.4317/	−1	8.3423/	−1	8.2538/	−1	8.1663/	−1
20.00	8.0797/	−1	7.9940/	−1	7.9092/	−1	7.8254/	−1
24.00	7.7424/	−1	7.6603/	−1	7.5790/	−1	7.4987/	−1
28.00	7.4191/	−1	7.3405/	−1	7.2626/	−1	7.1856/	−1
32.00	7.1094/	−1	7.0340/	−1	6.9594/	−1	6.8856/	−1
36.00	6.8126/	−1	6.7403/	−1	6.6688/	−1	6.5981/	−1
40.00	6.5281/	−1	6.4589/	−1	6.3904/	−1	6.3227/	−1
44.00	6.2556/	−1	6.1893/	−1	6.1236/	−1	6.0587/	−1
48.00	5.9944/	−1	5.9309/	−1	5.8680/	−1	5.8057/	−1
52.00	5.7442/	−1	5.6833/	−1	5.6230/	−1	5.5634/	−1
56.00	5.5044/	−1	5.4460/	−1	5.3882/	−1	5.3311/	−1
60.00	5.2745/	−1	5.2186/	−1	5.1633/	−1	5.1085/	−1
64.00	5.0543/	−1	5.0000/	−1	4.9477/	−1	4.8952/	−1
68.00	4.8433/	−1	4.7920/	−1	4.7411/	−1	4.6909/	−1
72.00	4.6411/	−1	4.5919/	−1	4.5432/	−1	4.4950/	−1
76.00	4.4473/	−1	4.4002/	−1	4.3535/	−1	4.3074/	−1
80.00	4.2617/	−1	4.2165/	−1	4.1718/	−1	4.1275/	−1
84.00	4.0838/	−1	4.0404/	−1	3.9976/	−1	3.9552/	−1
88.00	3.9133/	−1	3.8718/	−1	3.8307/	−1	3.7901/	−1
92.00	3.7499/	−1	3.7101/	−1	3.6708/	−1	3.6318/	−1
96.00	3.5933/	−1	3.5552/	−1	3.5175/	−1	3.4802/	−1
100.00	3.4433/	−1	3.4068/	−1	3.3707/	−1	3.3349/	−1
104.00	3.2995/	−1	3.2646/	−1	3.2299/	−1	3.1957/	−1
108.00	3.1618/	−1	3.1283/	−1	3.0951/	−1	3.0623/	−1
112.00	3.0298/	−1	2.9977/	−1	2.9659/	−1	2.9344/	−1
116.00	2.9033/	−1	2.8725/	−1	2.8420/	−1	2.8119/	−1

Hour	0.00	1.00	2.00	3.00
120.00	2.7821/ −1	2.7526/ −1	2.7234/ −1	2.6945/ −1
124.00	2.6659/ −1	2.6377/ −1	2.6097/ −1	2.5820/ −1
128.00	2.5546/ −1	2.5275/ −1	2.5000/ −1	2.4742/ −1
132.00	2.4480/ −1	2.4220/ −1	2.3963/ −1	2.3709/ −1
136.00	2.3458/ −1	2.3209/ −1	2.2963/ −1	2.2719/ −1
140.00	**2.2478**/ −1	2.2240/ −1	2.2004/ −1	2.1771/ −1
144.00	2.1540/ −1	2.1312/ −1	2.1085/ −1	2.0862/ −1
148.00	2.0641/ −1	2.0422/ −1	2.0205/ −1	1.9991/ −1
152.00	1.9779/ −1	1.9569/ −1	1.9362/ −1	1.9156/ −1
156.00	1.8953/ −1	1.8752/ −1	1.8553/ −1	1.8357/ −1
160.00	1.8162/ −1	1.7969/ −1	1.7779/ −1	1.7590/ −1
164.00	1.7404/ −1	1.7219/ −1	1.7036/ −1	1.6856/ −1

*

Activation data for ^{197m}Hg : $A_1(\tau)$, dps/μg

$$A_1(\text{sat}) = 5.2606/ \quad 3$$
$$A_1(1 \text{ sec}) = 4.2194/ \quad -2$$

$$K = -5.5024/ \quad -1$$

Time intervals with respect to T_2

Hour	0.00		4.00		8.00		12.00	
0.00	0.0000/	0	5.7383/	2	1.0851/	3	1.5405/	3
16.00	1.9463/	3	2.3078/	3	2.6299/	3	2.9169/	3
32.00	3.1725/	3	3.4003/	3	3.6032/	3	3.7840/	3
48.00	3.9451/	3	4.0886/	3	4.2164/	3	4.3303/	3
64.00	4.4318/	3	4.5222/	3	4.6028/	3	4.6745/	3
80.00	4.7385/	3	4.7954/	3	4.8462/	3	4.8914/	3
96.00	4.9316/	3	4.9675/	3	4.9995/	3	5.0280/	3
112.00	5.0534/	3	5.0760/	3	5.0961/	3	5.1141/	3
128.00	5.1300/	3	5.1443/	3	5.1570/	3	5.1683/	3
144.00	5.1784/	3	5.1873/	3	5.1953/	3	5.2025/	3
160.00	5.2088/	3	5.2145/	3	5.2195/	3	5.2240/	3
176.00	5.2280/	3	5.2315/	3	5.2347/	3	5.2375/	3
192.00	5.2401/	3	5.2423/	3	5.2443/	3	5.2461/	3
208.00	5.2477/	3	5.2491/	3	5.2503/	3	5.2515/	3
224.00	5.2525/	3	5.2534/	3	5.2541/	3	5.2549/	3

Decay factor for ^{197m}Hg : $D_1(t)$

Hour	0.00		4.00		8.00		12.00	
0.00	1.0000/	0	8.9092/	−1	7.9374/	−1	7.0716/	−1
16.00	6.3002/	−1	5.6130/	−1	5.0000/	−1	4.4553/	−1
32.00	3.9693/	−1	3.5363/	−1	3.1506/	−1	2.8069/	−1
48.00	2.5000/	−1	2.2280/	−1	1.9849/	−1	1.7684/	−1
64.00	1.5755/	−1	1.4037/	−1	1.2506/	−1	1.1141/	−1
80.00	9.9261/	−2	8.8434/	−2	7.8788/	−2	7.0193/	−2

Hour	0.00	4.00	8.00	12.00
96.00	6.2537/ −2	5.5715/ −2	4.9638/ −2	4.4223/ −2
112.00	3.9400/ −2	3.5102/ −2	3.1273/ −2	2.7862/ −2
128.00	2.4823/ −2	2.2115/ −2	1.9703/ −2	1.7554/ −2
144.00	1.5639/ −2	1.3933/ −2	1.2413/ −2	1.1059/ −2
160.00	9.8528/ −3	8.7781/ −3	7.8206/ −3	6.9675/ −3
176.00	6.2075/ −3	5.5304/ −3	4.9271/ −3	4.3897/ −3
192.00	3.9109/ −3	3.4843/ −3	3.1042/ −3	2.7656/ −3
208.00	2.4639/ −3	2.1952/ −3	1.9557/ −3	1.7424/ −3
224.00	1.5523/ −3	1.3830/ −3	1.2321/ −3	1.0977/ −3
240.00	9.7800/ −4	8.7132/ −4	7.7628/ −4	6.9160/ −4
256.00	6.1616/ −4	5.4895/ −4	4.8907/ −4	4.3572/ −4
272.00	3.8820/ −4	3.4585/ −4	3.0813/ −4	2.7452/ −4
288.00	2.4457/ −4	2.1789/ −4	1.9413/ −4	1.7295/ −4
304.00	1.5409/ −4	1.3728/ −4	1.2230/ −4	1.0896/ −4
320.00	9.7078/ −5	8.6488/ −5	7.7054/ −5	6.8649/ −5

Activation data for ^{197}Hg : $F \cdot A_2(\tau)$

$$F \cdot A_2(\text{sat}) = 7.8394/ \quad 3$$
$$F \cdot A_2(1 \text{ sec}) = 2.3217/ \quad -2$$

Hour	0.00	4.00	8.00	12.00
0.00	0.0000/ 0	3.2729/ 2	6.4092/ 2	9.4145/ 2
16.00	1.2294/ 3	1.5054/ 3	1.7698/ 3	2.0232/ 3
32.00	2.2661/ 3	2.4987/ 3	2.7217/ 3	2.9354/ 3
48.00	3.1401/ 3	3.3363/ 3	3.5243/ 3	3.7045/ 3
64.00	3.8771/ 3	4.0425/ 3	4.2010/ 3	4.3529/ 3
80.00	4.4985/ 3	4.6380/ 3	4.7716/ 3	4.8997/ 3
96.00	5.0224/ 3	5.1401/ 3	5.2527/ 3	5.3607/ 3
112.00	5.4642/ 3	5.5634/ 3	5.6584/ 3	5.7495/ 3
128.00	5.8367/ 3	5.9203/ 3	6.0004/ 3	6.0772/ 3
144.00	6.1508/ 3	6.2213/ 3	6.2888/ 3	6.3536/ 3
160.00	6.4156/ 3	6.4751/ 3	6.5320/ 3	6.5866/ 3
176.00	6.6389/ 3	6.6890/ 3	6.7370/ 3	6.7831/ 3
192.00	6.8272/ 3	6.8694/ 3	6.9099/ 3	6.9487/ 3
208.00	6.9859/ 3	7.0215/ 3	7.0557/ 3	7.0884/ 3
224.00	7.1198/ 3	7.1498/ 3	7.1786/ 3	7.2062/ 3
240.00	7.2326/ 3			

Decay factor for ^{197}Hg : $D_2(t)$

Hour	0.00	4.00	8.00	12.00
0.00	1.0000/ 0	9.5825/ −1	9.1824/ −1	8.7991/ −1
16.00	8.4317/ −1	8.0797/ −1	7.7424/ −1	7.4191/ −1
32.00	7.1094/ −1	6.8126/ −1	6.5281/ −1	6.2556/ −1
48.00	5.9944/ −1	5.7442/ −1	5.5044/ −1	5.2745/ −1
64.00	5.0543/ −1	4.8433/ −1	4.6411/ −1	4.4473/ −1
80.00	4.2617/ −1	4.0838/ −1	3.9133/ −1	3.7499/ −1

Hour	0.00	4.00	8.00	12.00
96.00	3.5933/ −1	3.4433/ −1	3.2995/ −1	3.1618/ −1
112.00	3.0298/ −1	2.9033/ −1	2.7821/ −1	2.6659/ −1
128.00	2.5546/ −1	2.4480/ −1	2.3458/ −1	2.2478/ −1
144.00	2.1540/ −1	2.0641/ −1	1.9779/ −1	1.8953/ −1
160.00	1.8162/ −1	1.7404/ −1	1.6677/ −1	1.5981/ −1
176.00	1.5314/ −1	1.4674/ −1	1.4062/ −1	1.3475/ −1
192.00	1.2912/ −1	1.2373/ −1	1.1856/ −1	1.1361/ −1
208.00	1.0887/ −1	1.0432/ −1	9.9969/ −2	9.5796/ −2
224.00	9.1796/ −2	8.7964/ −2	8.4291/ −2	8.0772/ −2
240.00	7.7400/ −2	7.4169/ −2	7.1072/ −2	6.8105/ −2
256.00	6.5261/ −2	6.2537/ −2	5.9926/ −2	5.7424/ −2
272.00	5.5027/ −2	5.2729/ −2	5.0528/ −2	4.8418/ −2
288.00	4.6397/ −2	4.4460/ −2	4.2604/ −2	4.0825/ −2
304.00	3.9121/ −2	3.7487/ −2	3.5922/ −2	3.4422/ −2
320.00	3.2985/ −2	3.1608/ −2	3.0289/ −2	2.9024/ −2
336.00	2.7812/ −2	2.6651/ −2	2.5538/ −2	2.4472/ −2
352.00	2.3451/ −2	2.2471/ −2	2.1533/ −2	2.0634/ −2
368.00	1.9773/ −2	1.8947/ −2	1.8156/ −2	1.7398/ −2
384.00	1.6672/ −2	1.5976/ −2	1.5309/ −2	1.4670/ −2
400.00	1.4057/ −2	1.3470/ −2	1.2908 /−2	1.2369/ −2
416.00	1.1853/ −2	1.1358/ −2	1.0884/ −2	1.0429/ −2
432.00	9.9939/ −3	9.5766/ −3	9.1768/ −3	8.7937/ −3
448.00	8.4265/ −3	8.0747/ −3	7.7376/ −3	7.4146/ −3
464.00	7.1050/ −3	6.8084/ −3	6.5241/ −3	6.2518/ −3

Note: ^{197m}Hg decays to ^{197m}Au which is not tabulated
See also ^{196}Hg(n, γ)^{197}Hg

^{198}Hg(n, γ)^{199m}Hg

$M = 200.59$ $G = 10.02\%$ $\sigma_{ac} = 0.02$ barn,

^{199m}Hg $T_1 = 43$ minute

E_γ (keV)   375   158

P 0.150   0.530

Activation data for ^{199m}Hg : $A_1(\tau)$, dps/μg

A_1(sat) $= 6.0173/ \quad 1$

A_1(1 sec) $= 1.6161/ \; -2$

Minute	0.00		2.00		4.00		6.00	
0.00	0.0000/	0	1.9086/	0	3.7567/	0	5.5461/	0
8.00	7.2788/	0	8.9565/	0	1.0581/	1	1.2154/	1
16.00	1.3677/	1	1.5152/	1	1.6580/	1	1.7963/	1
24.00	1.9301/	1	2.0598/	1	2.1853/	1	2.3069/	1
32.00	2.4245/	1	2.5385/	1	2.6488/	1	2.7557/	1
40.00	2.8591/	1	2.9593/	1	3.0563/	1	3.1502/	1
48.00	3.2412/	1	3.3292/	1	3.4145/	1	3.4970/	1
56.00	3.5770/	1	3.6544/	1	3.7293/	1	3.8019/	1
64.00	3.8722/	1	3.9402/	1	4.0061/	1	4.0699/	1
72.00	4.1317/	1	4.1915/	1	4.2494/	1	4.3055/	1
80.00	4.3598/	1	4.4123/	1	4.4632/	1	4.5125/	1
88.00	4.5603/	1	4.6065/	1	4.6512/	1	4.6946/	1
96.00	4.7365/	1	4.7771/	1	4.8165/	1	4.8546/	1
104.00	4.8914/	1	4.9271/	1	4.9617/	1	4.9952/	1
112.00	5.0276/	1	5.0590/	1	5.0894/	1	5.1188/	1
120.00	5.1473/	1	5.1749/	1	5.2017/	1	5.2275/	1
128.00	5.2526/	1	5.2768/	1	5.3003/	1	5.3231/	1
136.00	5.3451/	1	5.3664/	1	5.3870/	1	5.4070/	1
144.00	5.4264/	1	5.4451/	1	5.4633/	1	5.4809/	1

Decay factor for ^{199m}Hg : $D_1(t)$

Minute	0.00		2.00		4.00		6.00	
0.00	1.0000/	0	9.6828/	−1	9.3757/	−1	9.0783/	−1
8.00	8.7904/	−1	8.5115/	−1	8.2416/	−1	7.9801/	−1
16.00	7.7270/	−1	7.4819/	−1	7.2446/	−1	7.0148/	−1
24.00	6.7923/	−1	6.5769/	−1	6.3683/	−1	6.1663/	−1
32.00	5.9707/	−1	5.7813/	−1	5.5979/	−1	5.4204/	−1
40.00	5.2485/	−1	5.0820/	−1	4.9208/	−1	4.7647/	−1
48.00	4.6136/	−1	4.4672/	−1	4.3255/	−1	4.1883/	−1
56.00	4.0555/	−1	3.9269/	−1	3.8023/	−1	3.6817/	−1
64.00	3.5649/	−1	3.4519/	−1	3.3424/	−1	3.2363/	−1
72.00	3.1337/	−1	3.0343/	−1	2.9381/	−1	2.8449/	−1
80.00	2.7546/	−1	2.6673/	−1	2.5827/	−1	2.5000/	−1
88.00	2.4214/	−1	2.3446/	−1	2.2702/	−1	2.1982/	−1

Minute	0.00	2.00	4.00	6.00
96.00	2.1285/ −1	2.0610/ −1	1.9956/ −1	1.9323/ −1
104.00	1.8710/ −1	1.8117/ −1	1.7542/ −1	1.6986/ −1
112.00	1.6447/ −1	1.5925/ −1	1.5420/ −1	1.4931/ −1
120.00	1.4458/ −1	1.3999/ −1	1.3555/ −1	1.3125/ −1
128.00	1.2709/ −1	1.2306/ −1	1.1915/ −1	1.1537/ −1
136.00	1.1171/ −1	1.0817/ −1	1.0474/ −1	1.0142/ −1
144.00	9.8200/ −2	9.5086/ −2	9.2070/ −2	8.9149/ −2
152.00	8.6322/ −2	8.3584/ −2	8.0933/ −2	7.8365/ −2
160.00	7.5880/ −2	7.3473/ −2	7.1143/ −2	6.8886/ −2
168.00	6.6701/ −2	6.4585/ −2	6.2537/ −2	6.0553/ −2
176.00	5.8633/ −2	5.6773/ −2	5.4972/ −2	5.3228/ −2
184.00	5.1540/ −2	4.9905/ −2	4.8322/ −2	4.6790/ −2
192.00	4.5306/ −2	4.3869/ −2	4.2477/ −2	4.1130/ −2
200.00	3.9825/ −2	3.8562/ −2	3.7339/ −2	3.6155/ −2
208.00	3.5008/ −2	3.3897/ −2	3.2822/ −2	3.1781/ −2
216.00	3.0773/ −2	2.9797/ −2	2.8852/ −2	2.7937/ −2
224.00	2.7051/ −2	2.6193/ −2	2.5362/ −2	2.4557/ −2
232.00	2.3778/ −2	2.3024/ −2	2.2294/ −2	2.1587/ −2
240.00	2.0902/ −2	2.0239/ −2	1.9597/ −2	1.8976/ −2
248.00	1.8374/ −2	1.7791/ −2	1.7227/ −2	1.6680/ −2
256.00	1.6151/ −2	1.5639/ −2	1.5143/ −2	1.4662/ −2
264.00	1.4197/ −2	1.3747/ −2	1.3311/ −2	1.2889/ −2
272.00	1.2480/ −2	1.2084/ −2	1.1701/ −2	1.1330/ −2
280.00	1.0970/ −2	1.0622/ −2	1.0285/ −2	9.9592/ −3
288.00	9.6433/ −3	9.3375/ −3	9.0413/ −3	8.7545/ −3
296.00	8.4768/ −3			

$M = 200.59$ $\qquad G = 29.80\%$ $\qquad \sigma_{ac} = 4.9$ barn,

^{203}Hg $\quad$ T$_1 = 46.57$ day

E_γ (keV) $\quad$ 279

$P \qquad\quad$ 0.770

Activation data for ^{203}Hg : $A_1(\tau)$, dps/μg

$$A_1(\text{sat}) \quad = 4.3845/ \quad 4$$
$$A_1(1 \text{ sec}) = 7.5516/ \ -3$$

Day	0.00		2.00		4.00		6.00	
0.00	0.0000/	0	1.2857/	3	2.5336/	3	3.7450/	3
8.00	4.9208/	3	6.0622/	3	7.1701/	3	8.2455/	3
16.00	9.2894/	3	1.0303/	4	1.1286/	4	1.2241/	4
24.00	1.3168/	4	1.4067/	4	1.4940/	4	1.5788/	4
32.00	1.6611/	4	1.7409/	4	1.8184/	4	1.8937/	4
40.00	1.9667/	4	2.0376/	4	2.1064/	4	2.1732/	4
48.00	2.2381/	4	2.3010/	4	2.3621/	4	2.4214/	4
56.00	2.4790/	4	2.5348/	4	2.5891/	4	2.6417/	4
64.00	2.6928/	4	2.7424/	4	2.7906/	4	2.8373/	4
72.00	2.8827/	4	2.9267/	4	2.9695/	4	3.0110/	4
80.00	3.0512/	4	3.0903/	4	3.1283/	4	3.1651/	4
88.00	3.2009/	4	3.2356/	4	3.2693/	4	3.3020/	4
96.00	3.3337/	4	3.3645/	4	3.3944/	4	3.4235/	4
104.00	3.4516/	4	3.4790/	4	3.5055/	4	3.5313/	4
112.00	3.5563/	4	3.5806/	4	3.6042/	4	3.6271/	4

Decay factor for ^{203}Hg : $D_1(t)$

Day	0.00		2.00		4.00		6.00	
0.00	1.0000/	0	9.7068/	−1	9.4221/	−1	9.1458/	−1
8.00	8.8777/	−1	8.6173/	−1	8.3647/	−1	8.1194/	−1
16.00	7.8813/	−1	7.6502/	−1	7.4259/	−1	7.2081/	−1
24.00	6.9967/	−1	6.7916/	−1	6.5924/	−1	6.3991/	−1
32.00	6.2115/	−1	6.0293/	−1	5.8525/	−1	5.6809/	−1
40.00	5.5143/	−1	5.3526/	−1	5.1957/	−1	5.0433/	−1
48.00	4.8954/	−1	4.7519/	−1	4.6126/	−1	4.4773/	−1
56.00	4.3460/	−1	4.2186/	−1	4.0949/	−1	3.9748/	−1
64.00	3.8582/	−1	3.7451/	−1	3.6353/	−1	3.5287/	−1
72.00	3.4252/	−1	3.3248/	−1	3.2273/	−1	3.1327/	−1
80.00	3.0408/	−1	2.9516/	−1	2.8651/	−1	2.7811/	−1
88.00	2.6995/	−1	2.6204/	−1	2.5435/	−1	2.4689/	−1
96.00	2.3965/	−1	2.3263/	−1	2.2581/	−1	2.1918/	−1
104.00	2.1276/	−1	2.0652/	−1	2.0046/	−1	1.9458/	−1
112.00	1.8888/	−1	1.8334/	−1	1.7796/	−1	1.7275/	−1
120.00	1.6768/	−1	1.6276/	−1	1.5799/	−1	1.5336/	−1

Day	0.00	2.00	4.00	6.00
128.00	1.4886/ −1	1.4450/ −1	1.4026/ −1	1.3615/ −1
136.00	1.3215/ −1	1.2828/ −1	1.2452/ −1	1.2087/ −1
144.00	1.1732/ −1	1.1388/ −1	1.1054/ −1	1.0730/ −1
152.00	1.0415/ −1	1.0110/ −1	9.8135/ −2	9.5258/ −2
160.00	9.2464/ −2	8.9753/ −2	8.7121/ −2	8.4567/ −2
168.00	8.2087/ −2	7.9680/ −2	7.7343/ −2	7.5075/ −2
176.00	7.2874/ −2	7.0737/ −2	6.8663/ −2	6.6649/ −2
184.00	6.4695/ −2	6.2798/ −2	6.0956/ −2	5.9169/ −2
192.00	5.7434/ −2	5.5750/ −2	5.4115/ −2	5.2528/ −2
200.00	5.0988/ −2	4.9493/ −2	4.8042/ −2	4.6633/ −2
208.00	4.5265/ −2	4.3938/ −2	4.2650/ −2	4.1399/ −2
216.00	4.0185/ −2	3.9007/ −2	3.7863/ −2	3.6753/ −2
224.00	3.5675/ −2	3.4629/ −2	3.3613/ −2	3.2628/ −2
232.00	3.1671/ −2	3.0742/ −2	2.9841/ −2	2.8966/ −2
240.00	2.8117/ −2	2.7292/ −2	2.6492/ −2	2.5715/ −2
248.00	2.4961/ −2	2.4229/ −2	2.3519/ −2	2.2829/ −2
256.00	2.2159/ −2	2.1510/ −2	2.0879/ −2	2.0267/ −2
264.00	1.9672/ −2	1.9096/ −2	1.8536/ −2	1.7992/ −2
272.00	1.7465/ −2	1.6952/ −2	1.6455/ −2	1.5973/ −2
280.00	1.5504/ −2	1.5050/ −2	1.4608/ −2	1.4180/ −2
288.00	1.3764/ −2	1.3361/ −2	1.2969/ −2	1.2589/ −2
296.00	1.2219/ −2	1.1861/ −2	1.1513/ −2	1.1176/ −2
304.00	1.0848/ −2	1.0530/ −2	1.0221/ −2	9.9215/ −3
312.00	9.6305/ −3	9.3481/ −3	9.0740/ −3	8.8079/ −3
320.00	8.5497/ −3			

$M = 200.59$ $\qquad$ $G = 6.85\%$ $\qquad$ $\sigma_{ac} = 0.43$ barn,

^{205}Hg $\qquad$ $T_1 = 5.5$ minute

E_γ (keV)

P

Activation data for ^{205}Hg : $A_1(\tau)$, dps/μg

$A_1(\text{sat})\ \ = 8.8443/\ 2$

$A_1(1\ \text{sec}) = 1.8554/\ 0$

Minute	0.00		0.50		1.00		1.50	
0.00	0.0000/	0	5.4000/	1	1.0470/	2	1.5231/	2
2.00	1.9701/	2	2.3898/	2	2.7839/	2	3.1539/	2
4.00	3.5014/	2	3.8276/	2	4.1339/	2	4.4215/	2
6.00	4.6915/	2	4.9451/	2	5.1832/	2	5.4067/	2
8.00	5.6166/	2	5.8137/	2	5.9987/	2	6.1724/	2
10.00	6.3356/	2	6.4887/	2	6.6326/	2	6.7676/	2
12.00	6.8944/	2	7.0134/	2	7.1252/	2	7.2302/	2
14.00	7.3287/	2	7.4213/	2	7.5082/	2	7.5897/	2
16.00	7.6663/	2	7.7383/	2	7.8058/	2	7.8692/	2
18.00	7.9287/	2	7.9846/	2	8.0371/	2	8.0864/	2
20.00	8.1327/	2						

Decay factor for ^{205}Hg : $D_1(\text{t})$

Minute	0.00		0.50		1.00		1.50	
0.00	1.0000/	0	9.3894/	−1	8.8161/	−1	8.2779/	−1
2.00	7.7724/	−1	7.2979/	−1	6.8523/	−1	6.4339/	−1
4.00	6.0411/	−1	5.6722/	−1	5.3259/	−1	5.0000/	−1
6.00	4.6954/	−1	4.4087/	−1	4.1395/	−1	3.8868/	−1
8.00	3.6495/	−1	3.4267/	−1	3.2174/	−1	3.0210/	−1
10.00	2.8365/	−1	2.6634/	−1	2.5000/	−1	2.3480/	−1
12.00	2.2047/	−1	2.0701/	−1	1.9437/	−1	1.8250/	−1
14.00	1.7136/	−1	1.6090/	−1	1.5107/	−1	1.4185/	−1
16.00	1.3319/	−1	1.2506/	−1	1.1742/	−1	1.1025/	−1
18.00	1.0352/	−1	9.7198/	−2	9.1264/	−2	8.5692/	−2
20.00	8.0460/	−2	7.5547/	−2	7.0934/	−2	6.6603/	−2
22.00	6.2537/	−2	5.8719/	−2	5.5133/	−2	5.1767/	−2
24.00	4.8606/	−2	4.5639/	−2	4.2852/	−2	4.0236/	−2
26.00	3.7779/	−2	3.5472/	−2	3.3307/	−2	3.1273/	−2
28.00	2.9364/	−2	2.7571/	−2	2.5887/	−2	2.4307/	−2
30.00	2.2823/	−2	2.1429/	−2	2.0121/	−2	1.8892/	−2
32.00	1.7739/	−2	1.6656/	−2	1.5639/	−2	1.4684/	−2
34.00	1.3787/	−2	1.2946/	−2	1.2155/	−2	1.1413/	−2
36.00	1.0716/	−2	1.0062/	−2	9.4475/	−3	8.8707/	−3
38.00	8.3291/	−3						

$M = 204.37$ $\qquad$ $G = 29.50\%$ $\qquad\qquad$ $\sigma_{ac} = 10$ barn,

^{204}Tl $\qquad$ $T_1 = 3.8$ year

E_γ (keV) $\quad$ no gamma

Activation data for ^{204}Tl : $A_1(\tau)$, dps/μg

$A_1(\text{sat}) \quad = 8.6940/\quad 4$

$A_1(1 \text{ sec}) = 5.0226/\ -4$

Day	0.00		10.00		20.00		30.00	
0.00	0.0000/	0	4.3330/	2	8.6444/	2	1.2934/	3
40.00	1.7203/	3	2.1450/	3	2.5676/	3	2.9881/	3
80.00	3.4065/	3	3.8229/	3	4.2371/	3	4.6493/	3
120.00	5.0594/	3	5.4675/	3	5.8736/	3	6.2776/	3
160.00	6.6796/	3	7.0796/	3	7.4776/	3	7.8737/	3
200.00	8.2677/	3	8.6598/	3	9.0500/	3	9.4382/	3
240.00	9.8244/	3	1.0209/	4	1.0591/	4	1.0972/	4
280.00	1.1350/	4	1.1727/	4	1.2102/	4	1.2475/	4
320.00	1.2846/	4	1.3215/	4	1.3583/	4	1.3948/	4
360.00	1.4312/	4	1.4674/	4	1.5034/	4	1.5393/	4
400.00	1.5749/	4	1.6104/	4	1.6457/	4	1.6808/	4
440.00	1.7158/	4	1.7506/	4	1.7852/	4	1.8196/	4
480.00	1.8539/	4	1.8880/	4	1.9219/	4	1.9556/	4
520.00	1.9892/	4	2.0226/	4	2.0559/	4	2.0890/	4
560.00	2.1219/	4	2.1546/	4	2.1872/	4	2.2197/	4
600.00	2.2519/	4						

Decay factor for ^{204}Tl : $D_1(\text{t})$

Day	0.00		10.00		20.00		30.00	
0.00	1.0000/	0	9.9502/	−1	9.9006/	−1	9.8512/	−1
40.00	9.8021/	−1	9.7533/	−1	9.7047/	−1	9.6563/	−1
80.00	9.6082/	−1	9.5603/	−1	9.5126/	−1	9.4652/	−1
120.00	9.4181/	−1	9.3711/	−1	9.3244/	−1	9.2779/	−1
160.00	9.2317/	−1	9.1857/	−1	9.1399/	−1	9.0944/	−1
200.00	9.0490/	−1	9.0039/	−1	8.9591/	−1	8.9144/	−1
240.00	8.8700/	−1	8.8258/	−1	8.7818/	−1	8.7380/	−1
280.00	8.6945/	−1	8.6511/	−1	8.6080/	−1	8.5651/	−1
320.00	8.5224/	−1	8.4799/	−1	8.4377/	−1	8.3956/	−1
360.00	8.3538/	−1	8.3122/	−1	8.2707/	−1	8.2295/	−1
400.00	8.1885/	−1	8.1477/	−1	8.1071/	−1	8.0667/	−1
440.00	8.0265/	−1	7.9865/	−1	7.9467/	−1	7.9070/	−1
480.00	7.8676/	−1	7.8284/	−1	7.7894/	−1	7.7506/	−1
520.00	7.7120/	−1	7.6735/	−1	7.6353/	−1	7.5972/	−1
560.00	7.5594/	−1	7.5217/	−1	7.4842/	−1	7.4469/	−1
600.00	7.4098/	−1	7.3729/	−1	7.3361/	−1	7.2995/	−1
640.00	7.2632/	−1	7.2270/	−1	7.1909/	−1	7.1551/	−1
680.00	7.1194/	−1	7.0840/	−1	7.0487/	−1	7.0135/	−1
720.00	6.9786/	−1						

$$^{205}\text{Tl}(\text{n}, \gamma)^{206}\text{Tl}$$

$M = 204.37$ $G = 70.50\%$ $\sigma_{ac} = 0.11$ barn,

^{206}Tl $T_1 = 4.19$ minute

E_γ (keV) no gamma

Activation data for $^{206}\text{Tl} : A_1(\tau)$, dps/$\mu$g

$A_1(\text{sat})$ $= 2.2855/\ 3$

$A_1(1\ \text{sec}) = 6.2914/\ 0$

Minute	0.00		0.25		0.50		0.75	
0.00	0.0000/	0	9.2574/	1	1.8140/	2	2.6662/	2
1.00	3.4840/	2	4.2686/	2	5.0214/	2	5.7438/	2
2.00	6.4369/	2	7.1019/	2	7.7400/	2	8.3522/	2
3.00	8.9396/	2	9.5033/	2	1.0044/	3	1.0563/	3
4.00	1.1061/	3	1.1539/	3	1.1997/	3	1.2437/	3
5.00	1.2859/	3	1.3264/	3	1.3652/	3	1.4025/	3
6.00	1.4383/	3	1.4726/	3	1.5055/	3	1.5371/	3
7.00	1.5674/	3	1.5965/	3	1.6244/	3	1.6512/	3
8.00	1.6769/	3	1.7015/	3	1.7252/	3	1.7479/	3
9.00	1.7696/	3	1.7905/	3	1.8106/	3	1.8298/	3
10.00	1.8483/	3	1.8660/	3	1.8830/	3	1.8993/	3
11.00	1.9149/	3	1.9299/	3	1.9443/	3	1.9582/	3
12.00	1.9714/	3	1.9841/	3	1.9963/	3	2.0081/	3
13.00	2.0193/	3	2.0301/	3	2.0404/	3	2.0503/	3
14.00	2.0599/	3	2.0690/	3	2.0778/	3	2.0862/	3

Decay factor for $^{206}\text{Tl} : D_1(\text{t})$

Minute	0.00		0.25		0.50		0.75	
0.00	1.0000/	0	9.5949/	-1	9.2063/	-1	8.8334/	-1
1.00	8.4756/	-1	8.1323/	-1	7.8029/	-1	7.4868/	-1
2.00	7.1836/	-1	6.8926/	-1	6.6134/	-1	6.3455/	-1
3.00	6.0885/	-1	5.8419/	-1	5.6053/	-1	5.3782/	-1
4.00	5.1604/	-1	4.9514/	-1	4.7508/	-1	4.5584/	-1
5.00	4.3737/	-1	4.1966/	-1	4.0266/	-1	3.8635/	-1
6.00	3.7070/	-1	3.5568/	-1	3.4128/	-1	3.2745/	-1
7.00	3.1419/	-1	3.0146/	-1	2.8925/	-1	2.7754/	-1
8.00	2.6630/	-1	2.5551/	-1	2.4516/	-1	2.3523/	-1
9.00	2.2570/	-1	2.1656/	-1	2.0779/	-1	1.9937/	-1
10.00	1.9130/	-1	1.8355/	-1	1.7611/	-1	1.6898/	-1
11.00	1.6213/	-1	1.5557/	-1	1.4927/	-1	1.4322/	-1
12.00	1.3742/	-1	1.3185/	-1	1.2651/	-1	1.2139/	-1
13.00	1.1647/	-1	1.1175/	-1	1.0723/	-1	1.0288/	-1
14.00	9.8716/	-2	9.4717/	-2	9.0880/	-2	8.7199/	-2
15.00	8.3667/	-2	8.0278/	-2	7.7027/	-2	7.3907/	-2
16.00	7.0913/	-2	6.8041/	-2	6.5285/	-2	6.2640/	-2
17.00	6.0103/	-2	5.7669/	-2	5.5333/	-2	5.3091/	-2

Minute	0.00	0.25	0.50	0.75
18.00	5.0941/ −2	4.8878/ −2	4.6898/ −2	4.4998/ −2
19.00	4.3175/ −2	4.1427/ −2	3.9749/ −2	3.8139/ −2
20.00	3.6594/ −2	3.5112/ −2	3.3689/ −2	3.2325/ −2
21.00	3.1015/ −2	2.9759/ −2	2.8554/ −2	2.7397/ −2
22.00	2.6287/ −2	2.5223/ −2	2.4201/ −2	2.3221/ −2
23.00	2.2280/ −2	2.1378/ −2	2.0512/ −2	1.9681/ −2
24.00	1.8884/ −2	1.8119/ −2	1.7385/ −2	1.6681/ −2
25.00	1.6005/ −2	1.5357/ −2	1.4735/ −2	1.4138/ −2
26.00	1.3565/ −2	1.3016/ −2	1.2489/ −2	1.1983/ −2
27.00	1.1497/ −2	1.1032/ −2	1.0585/ −2	1.0156/ −2

$M = 207.19$ $G = 52.3\%$ $\sigma_{ac} = 0.0006$ barn,

^{209}Pb $T_1 = 3.30$ hour

E_γ (keV)   no gamma

Activation data for ^{209}Pb : $A_1(\tau)$, dps/μg

$$A_1(\text{sat}) = 9.1221/ \quad 0$$
$$A_1(1 \text{ sec}) = 5.3211/ \; -4$$

Hour	0.00		0.25		0.50		0.75	
0.00	0.0000/	0	4.6656/	−1	9.0925/	−1	1.3293/	0
1.00	1.7279/	0	2.1061/	0	2.4649/	0	2.8054/	0
2.00	3.1285/	0	3.4350/	0	3.7259/	0	4.0019/	0
3.00	4.2638/	0	4.5123/	0	4.7480/	0	4.9717/	0
4.00	5.1840/	0	5.3854/	0	5.5766/	0	5.7579/	0
5.00	5.9300/	0	6.0932/	0	6.2481/	0	6.3951/	0
6.00	6.5346/	0	6.6670/	0	6.7925/	0	6.9117/	0
7.00	7.0247/	0	7.1320/	0	7.2338/	0	7.3304/	0
8.00	7.4220/	0	7.5090/	0	7.5915/	0	7.6698/	0
9.00	7.7440/	0	7.8145/	0	7.8814/	0	7.9449/	0
10.00	8.0051/	0	8.0622/	0	8.1164/	0	8.1679/	0

Decay factor for ^{209}Pb : $D_1(t)$

Hour	0.00		0.25		0.50		0.75	
0.00	1.0000/	0	9.4885/	−1	9.0032/	−1	8.5428/	−1
1.00	8.1058/	−1	7.6913/	−1	7.2979/	−1	6.9246/	−1
2.00	6.5705/	−1	6.2344/	−1	5.9156/	−1	5.6130/	−1
3.00	5.3259/	−1	5.0535/	−1	4.7951/	−1	4.5498/	−1
4.00	4.3171/	−1	4.0963/	−1	3.8868/	−1	3.6880/	−1
5.00	3.4994/	−1	3.3204/	−1	3.1506/	−1	2.9894/	−1
6.00	2.8365/	−1	2.6915/	−1	2.5538/	−1	2.4232/	−1
7.00	2.2993/	−1	2.1817/	−1	2.0701/	−1	1.9642/	−1
8.00	1.8637/	−1	1.7684/	−1	1.6780/	−1	1.5921/	−1
9.00	1.5107/	−1	1.4335/	−1	1.3601/	−1	1.2906/	−1
10.00	1.2246/	−1	1.1619/	−1	1.1025/	−1	1.0461/	−1
11.00	9.9261/	−2	9.4184/	−2	8.9367/	−2	8.4797/	−2
12.00	8.0460/	−2	7.6344/	−2	7.2440/	−2	6.8735/	−2
13.00	6.5219/	−2	6.1884/	−2	5.8719/	−2	5.5715/	−2
14.00	5.2866/	−2	5.0162/	−2	4.7596/	−2	4.5162/	−2
15.00	4.2852/	−2	4.0660/	−2	3.8581/	−2	3.6608/	−2
16.00	3.4735/	−2	3.2959/	−2	3.1273/	−2	2.9674/	−2
17.00	2.8156/	−2	2.6716/	−2	2.5349/	−2	2.4053/	−2
18.00	2.2823/	−2	2.1655/	−2	2.0548/	−2	1.9497/	−2
19.00	1.8500/	−2	1.7554/	−2	1.6656/	−2	1.5804/	−2
20.00	1.4996/	−2	1.4229/	−2	1.3501/	−2	1.2810/	−2
21.00	1.2155/	−2	1.1533/	−2	1.0944/	−2	1.0384/	−2
22.00	9.8528/	−3	9.3489/	−3	8.8707/	−3	8.4170/	−3
23.00	7.9865/	−3						

$$^{209}\mathbf{Bi(n,\gamma)}^{210}\mathbf{Bi} \rightarrow {}^{210}\mathbf{Po}$$

$M = 208.980$ $G = 100\%$ $\sigma_{ac} = 0.019$ barn,

$^{210}\mathbf{Bi}$ $T_1 = 5.01$ day

E_γ (keV)   no gamma

$^{210}\mathbf{Po}$ $T_2 = 138.4$ day

E_γ (keV)   803

P 0.00001

Activation data for ^{210}Bi : $A_1(\tau)$, dps/μg

A_1(sat)   = 5.4760/   2

A_1(1 sec) = 8.7668/ -4

$K = -3.7559/ \; -2$

Time intervals with respect to T_1

Day	0.00		0.25		0.50		0.75	
0.00	0.0000/	0	1.8613/	1	3.6593/	1	5.3962/	1
1.00	7.0740/	1	8.6949/	1	1.0261/	2	1.1773/	2
2.00	1.3234/	2	1.4646/	2	1.6009/	2	1.7326/	2
3.00	1.8599/	2	1.9828/	2	2.1015/	2	2.2162/	2
4.00	2.3270/	2	2.4340/	2	2.5374/	2	2.6373/	2
5.00	2.7338/	2	2.8270/	2	2.9170/	2	3.0040/	2
6.00	3.0880/	2	3.1692/	2	3.2476/	2	3.3234/	2
7.00	3.3965/	2	3.4672/	2	3.5355/	2	3.6014/	2
8.00	3.6652/	2	3.7267/	2	3.7862/	2	3.8436/	2
9.00	3.8991/	2	3.9527/	2	4.0045/	2	4.0545/	2
10.00	4.1028/	2	4.1495/	2	4.1945/	2	4.2381/	2
11.00	4.2802/	2	4.3208/	2	4.3601/	2	4.3980/	2
12.00	4.4347/	2	4.4701/	2	4.5042/	2	4.5373/	2
13.00	4.5692/	2	4.6000/	2	4.6298/	2	4.6585/	2
14.00	4.6863/	2	4.7132/	2	4.7391/	2	4.7641/	2
15.00	4.7883/	2	4.8117/	2	4.8343/	2	4.8561/	2
16.00	4.8772/	2	4.8975/	2	4.9172/	2	4.9362/	2
17.00	4.9545/	2	4.9722/	2	4.9894/	2	5.0059/	2
18.00	5.0219/	2						

Decay factor for ^{210}Bi : $D_1(t)$

Day	0.00		0.25		0.50		0.75	
0.00	1.0000/	0	9.6601/	-1	9.3318/	-1	9.0146/	-1
1.00	8.7082/	-1	8.4122/	-1	8.1263/	-1	7.8500/	-1
2.00	7.5832/	-1	7.3255/	-1	7.0765/	-1	6.8360/	-1
3.00	6.6036/	-1	6.3791/	-1	6.1623/	-1	5.9529/	-1

Day	0.00	0.25	0.50	0.75
4.00	5.7505/ −1	5.5551/ −1	5.3663/ −1	5.1839/ −1
5.00	5.0077/ −1	4.8374/ −1	4.6730/ −1	4.5142/ −1
6.00	4.3608/ −1	4.2125/ −1	4.0694/ −1	3.9310/ −1
7.00	3.7974/ −1	3.6683/ −1	3.5437/ −1	3.4232/ −1
8.00	3.3069/ −1	3.1945/ −1	3.0859/ −1	2.9810/ −1
9.00	2.8797/ −1	2.7818/ −1	2.6872/ −1	2.5959/ −1
10.00	2.5077/ −1	2.4224/ −1	2.3401/ −1	2.2606/ −1
11.00	2.1837/ −1	2.1095/ −1	2.0378/ −1	1.9685/ −1
12.00	1.9016/ −1	1.8370/ −1	1.7745/ −1	1.7142/ −1
13.00	1.6560/ −1	1.5997/ −1	1.5453/ −1	1.4928/ −1
14.00	1.4420/ −1	1.3930/ −1	1.3457/ −1	1.2999/ −1
15.00	1.2558/ −1	1.2131/ −1	1.1718/ −1	1.1320/ −1
16.00	1.0935/ −1	1.0564/ −1	1.0205/ −1	9.8577/ −2
17.00	9.5227/ −2	9.1990/ −2	8.8863/ −2	8.5843/ −2
18.00	8.2925/ −2	8.0106/ −2	7.7383/ −2	7.4753/ −2
19.00	7.2212/ −2	6.9758/ −2	6.7387/ −2	6.5096/ −2
20.00	6.2884/ −2	6.0746/ −2	5.8682/ −2	5.6687/ −2
21.00	5.4760/ −2	5.2899/ −2	5.1101/ −2	4.9364/ −2
22.00	4.7686/ −2	4.6065/ −2	4.4500/ −2	4.2987/ −2
23.00	4.1526/ −2	4.0114/ −2	3.8751/ −2	3.7434/ −2
24.00	3.6161/ −2	3.4932/ −2	3.3745/ −2	3.2598/ −2
25.00	3.1490/ −2	3.0420/ −2	2.9386/ −2	2.8387/ −2
26.00	2.7422/ −2	2.6490/ −2	2.5590/ −2	2.4720/ −2
27.00	2.3880/ −2	2.3068/ −2	2.2284/ −2	2.1526/ −2
28.00	2.0795/ −2	2.0088/ −2	1.9405/ −2	1.8746/ −2
29.00	1.8108/ −2	1.7493/ −2	1.6898/ −2	1.6324/ −2
30.00	1.5769/ −2	1.5233/ −2	1.4715/ −2	1.4215/ −2
31.00	1.3732/ −2	1.3265/ −2	1.2814/ −2	1.2379/ −2
32.00	1.1958/ −2	1.1552/ −2	1.1159/ −2	1.0780/ −2
33.00	1.0413/ −2	1.0059/ −2	9.7174/ −3	9.3872/ −3
34.00	9.0681/ −3	8.7599/ −3	8.4621/ −3	8.1745/ −3
35.00	7.8966/ −3			

Activation data for ^{210}Po : $F \cdot A_2(\tau)$

$$F \cdot A_2(\text{sat}) \quad = 5.6819/ \quad 2$$
$$F \cdot A_2(1 \text{ sec}) = 3.2932/ \ -5$$

Day	0.00		0.25		0.50		0.75	
0.00	0.0000/	0	7.1082/	−1	1.4207/	0	2.1298/	0
1.00	2.8379/	0	3.5452/	0	4.2516/	0	4.9571/	0
2.00	5.6617/	0	6.3654/	0	7.0683/	0	7.7702/	0
3.00	8.4713/	0	9.1716/	0	9.8709/	0	1.0569/	1
4.00	1.1267/	1	1.1964/	1	1.2660/	1	1.3355/	1
5.00	1.4049/	1	1.4742/	1	1.5434/	1	1.6126/	1
6.00	1.6816/	1	1.7506/	1	1.8195/	1	1.8883/	1
7.00	1.9570/	1	2.0257/	1	2.0942/	1	2.1627/	1
8.00	2.2311/	1	2.2993/	1	2.3675/	1	2.4357/	1
9.00	2.5037/	1	2.5716/	1	2.6395/	1	2.7073/	1
10.00	2.7750/	1	2.8426/	1	2.9101/	1	2.9776/	1

Day	0.00		0.25		0.50		0.75	
11.00	3.0449/	1	3.1122/	1	3.1794/	1	3.2465/	1
12.00	3.3135/	1	3.3804/	1	3.4473/	1	3.5141/	1
13.00	3.5807/	1	3.6474/	1	3.7139/	1	3.7803/	1
14.00	3.8467/	1	3.9129/	1	3.9791/	1	4.0452/	1
15.00	4.1112/	1	4.1772/	1	4.2430/	1	4.3088/	1
16.00	4.3745/	1	4.4401/	1	4.5056/	1	4.5711/	1
17.00	4.6364/	1	4.7017/	1	4.7669/	1	4.8320/	1
18.00	4.8971/	1						

Decay factor for ^{210}Po : $D_2(t)$

Day	0.00		0.25		0.50		0.75	
0.00	1.0000/	0	9.9875/	−1	9.9750/	−1	9.9625/	−1
1.00	9.9501/	−1	9.9376/	−1	9.9252/	−1	9.9128/	−1
2.00	9.9004/	−1	9.8880/	−1	9.8756/	−1	9.8632/	−1
3.00	9.8509/	−1	9.8386/	−1	9.8263/	−1	9.8140/	−1
4.00	9.8017/	−1	9.7894/	−1	9.7772/	−1	9.7650/	−1
5.00	9.7527/	−1	9.7405/	−1	9.7284/	−1	9.7162/	−1
6.00	9.7040/	−1	9.6919/	−1	9.6798/	−1	9.6677/	−1
7.00	9.6556/	−1	9.6435/	−1	9.6314/	−1	9.6194/	−1
8.00	9.6073/	−1	9.5953/	−1	9.5833/	−1	9.5713/	−1
9.00	9.5594/	−1	9.5474/	−1	9.5355/	−1	9.5235/	−1
10.00	9.5116/	−1	9.4997/	−1	9.4878/	−1	9.4760/	−1
11.00	9.4641/	−1	9.4523/	−1	9.4404/	−1	9.4286/	−1
12.00	9.4168/	−1	9.4050/	−1	9.3933/	−1	9.3815/	−1
13.00	9.3698/	−1	9.3581/	−1	9.3464/	−1	9.3347/	−1
14.00	9.3230/	−1	9.3113/	−1	9.2997/	−1	9.2880/	−1
15.00	9.2764/	−1	9.2648/	−1	9.2532/	−1	9.2417/	−1
16.00	9.2301/	−1	9.2185/	−1	9.2070/	−1	9.1955/	−1
17.00	9.1840/	−1	9.1725/	−1	9.1610/	−1	9.1496/	−1
18.00	9.1381/	−1	9.1267/	−1	9.1153/	−1	9.1039/	−1
19.00	9.0925/	−1	9.0811/	−1	9.0697/	−1	9.0584/	−1
20.00	9.0471/	−1	9.0357/	−1	9.0244/	−1	9.0132/	−1
21.00	9.0019/	−1	8.9906/	−1	8.9794/	−1	8.9681/	−1
22.00	8.9569/	−1	8.9457/	−1	8.9345/	−1	8.9233/	−1
23.00	8.9122/	−1	8.9010/	−1	8.8899/	−1	8.8788/	−1
24.00	8.8677/	−1	8.8566/	−1	8.8455/	−1	8.8344/	−1
25.00	8.8234/	−1	8.8123/	−1	8.8013/	−1	8.7903/	−1
26.00	8.7793/	−1	8.7683/	−1	8.7574/	−1	8.7464/	−1
27.00	8.7355/	−1	8.7245/	−1	8.7136/	−1	8.7027/	−1
28.00	8.6918/	−1	8.6810/	−1	8.6701/	−1	8.6592/	−1
29.00	8.6484/	−1	8.6376/	−1	8.6268/	−1	8.6160/	−1
30.00	8.6052/	−1	8.5944/	−1	8.5837/	−1	8.5730/	−1
31.00	8.5622/	−1	8.5515/	−1	8.5408/	−1	8.5301/	−1
32.00	8.5195/	−1	8.5088/	−1	8.4982/	−1	8.4875/	−1
33.00	8.4769/	−1	8.4663/	−1	8.4557/	−1	8.4451/	−1
34.00	8.4346/	−1	8.4240/	−1	8.4135/	−1	8.4030/	−1
35.00	8.3924/	−1						

*

Activation data for ^{210}Bi : $A_1(\tau)$, dps/μg

$$A_1(\text{sat}) \quad = 5.4760/ \quad 2$$
$$A_1(1 \text{ sec}) = 8.7668/ \; -4$$

$K = -3.7559/ \; -2$

Time intervals with respect to T_2

Day	0.00		10.00		20.00		30.00	
0.00	0.0000/	0	4.1028/	2	5.1316/	2	5.3896/	2
40.00	5.4543/	2	5.4705/	2	5.4746/	2	5.4756/	2
80.00	5.4759/	2	5.4760/	2	5.4760/	2	5.4760/	2
20.00	5.4760/	2	5.4760/	2	5.4760/	2	5.4760/	2

Decay factor for ^{210}Bi : $D_1(t)$

Day	0.00		10.00		20.00		30.00	
0.00	1.0000/	0	2.5077/	-1	6.2884/	-2	1.5769/	-2
40.00	3.9544/	-3	9.9162/	-4	2.4867/	-4	6.2357/	-5
80.00	1.5637/	-5	3.9212/	-6	9.8332/	-7	2.4658/	-7
120.00	6.1835/	-8	1.5506/	-8	3.8884/	-9	9.7508/	-10

Activation data for ^{210}Po : $F \cdot A_2(\tau)$

$$F \cdot A_2(\text{sat}) \quad = 5.6819/ \quad 2$$
$$F \cdot A_2(1 \text{ sec}) = 3.2932/ \; -5$$

Day	0.00		10.00		20.00		30.00	
0.00	0.0000/	0	2.7750/	1	5.4144/	1	7.9250/	1
40.00	1.0313/	2	1.2584/	2	1.4745/	2	1.6800/	2
80.00	1.8754/	2	2.0613/	2	2.2381/	2	2.4063/	2
120.00	2.5663/	2	2.7185/	2	2.8632/	2	3.0009/	2
160.00	3.1318/	2	3.2563/	2	3.3748/	2	3.4875/	2
200.00	3.5946/	2	3.6966/	2	3.7935/	2	3.8858/	2
240.00	3.9735/	2	4.0569/	2	4.1363/	2	4.2118/	2
280.00	4.2836/	2	4.3519/	2	4.4168/	2	4.4786/	2
320.00	4.5374/	2	4.5933/	2	4.6464/	2	4.6970/	2
360.00	4.7451/	2	4.7909/	2	4.8344/	2	4.8758/	2
400.00	4.9151/	2	4.9526/	2	4.9882/	2	5.0221/	2
440.00	5.0543/	2	5.0850/	2	5.1141/	2	5.1418/	2
480.00	5.1682/	2	5.1933/	2	5.2172/	2	5.2399/	2
520.00	5.2614/	2	5.2820/	2	5.3015/	2	5.3201/	2
560.00	5.3378/	2	5.3546/	2	5.3705/	2	5.3858/	2
600.00	5.4002/	2						

Decay factor for ^{210}Po : $D_2(t)$

Day	0.00	10.00	20.00	30.00
0.00	1.0000/ 0	9.5116/ −1	9.0471/ −1	8.6052/ −1
40.00	8.1849/ −1	7.7852/ −1	7.4050/ −1	7.0433/ −1
80.00	6.6993/ −1	6.3721/ −1	6.0609/ −1	5.7649/ −1
120.00	5.4834/ −1	5.2156/ −1	4.9608/ −1	4.7185/ −1
160.00	4.4881/ −1	4.2689/ −1	4.0604/ −1	3.8621/ −1
200.00	3.6735/ −1	3.4941/ −1	3.3234/ −1	3.1611/ −1
240.00	3.0067/ −1	2.8599/ −1	2.7202/ −1	2.5874/ −1
280.00	2.4610/ −1	2.3408/ −1	2.2265/ −1	2.1177/ −1
320.00	2.0143/ −1	1.9159/ −1	1.8224/ −1	1.7334/ −1
360.00	1.6487/ −1	1.5682/ −1	1.4916/ −1	1.4187/ −1
400.00	1.3494/ −1	1.2835/ −1	1.2209/ −1	1.1612/ −1
440.00	1.1045/ −1	1.0506/ −1	9.9926/ −2	9.5046/ −2
480.00	9.0404/ −2	8.5989/ −2	8.1789/ −2	7.7794/ −2
520.00	7.3995/ −2	7.0381/ −2	6.6944/ −2	6.3674/ −2
560.00	6.0565/ −2	5.7607/ −2	5.4793/ −2	5.2117/ −2
600.00	4.9572/ −2	4.7151/ −2	4.4848/ −2	4.2658/ −2
640.00	4.0574/ −2	3.8593/ −2	3.6708/ −2	3.4915/ −2
680.00	3.3210/ −2	3.1588/ −2	3.0045/ −2	2.8578/ −2
720.00	2.7182/ −2			

$$^{232}\text{Th}(n, \gamma)^{233}\text{Th} \to {}^{233}\text{Pa}$$

$M = 232.038$ $G = 100\%$ $\sigma_{ac} = 7.4$ barn,

^{233}Th $T_1 = 22.2$ minute

E_γ (keV)	453	87	29
P	0.010	0.027	0.021

^{233}Pa $T_2 = 27.0$ day

E_γ (keV)	310
P	0.440

Activation data for $^{233}\text{Th} : A_1(\tau)$, dps/$\mu$g

$A_1(\text{sat}) = 1.9208/\ 5$

$A_1(1 \text{ sec}) = 9.9908/\ 1$

$K = -5.7130/\ -4$

Time intervals with respect to T_1

Minute	0.00		1.00		2.00		3.00	
0.00	0.0000/	0	5.9034/	3	1.1625/	4	1.7172/	4
4.00	2.2547/	4	2.7758/	4	3.2808/	4	3.7703/	4
8.00	4.2448/	4	4.7047/	4	5.1504/	4	5.5825/	4
12.00	6.0012/	4	6.4071/	4	6.8006/	4	7.1819/	4
16.00	7.5515/	4	7.9098/	4	8.2570/	4	8.5936/	4
20.00	8.9198/	4	9.2360/	4	9.5425/	4	9.8396/	4
24.00	1.0128/	5	1.0407/	5	1.0677/	5	1.0939/	5
28.00	1.1193/	5	1.1440/	5	1.1679/	5	1.1910/	5
32.00	1.2134/	5	1.2352/	5	1.2562/	5	1.2767/	5
36.00	1.2965/	5	1.3156/	5	1.3342/	5	1.3523/	5
40.00	1.3697/	5	1.3867/	5	1.4031/	5	1.4190/	5
44.00	1.4344/	5	1.4494/	5	1.4639/	5	1.4779/	5
48.00	1.4915/	5	1.5047/	5	1.5175/	5	1.5299/	5
52.00	1.5419/	5	1.5536/	5	1.5649/	5	1.5758/	5
56.00	1.5864/	5	1.5967/	5	1.6066/	5	1.6163/	5
60.00	1.6257/	5	1.6347/	5	1.6435/	5	1.6520/	5
64.00	1.6603/	5	1.6683/	5	1.6761/	5	1.6836/	5
68.00	1.6909/	5	1.6979/	5	1.7048/	5	1.7114/	5
72.00	1.7179/	5	1.7241/	5	1.7302/	5	1.7360/	5

Decay factor for $^{233}\text{Th} : D_1(t)$

Minute	0.00		1.00		2.00		3.00	
0.00	1.0000/	0	9.6927/	-1	9.3948/	-1	9.1060/	-1
4.00	8.8262/	-1	8.5549/	-1	8.2920/	-1	8.0371/	-1
8.00	7.7901/	-1	7.5507/	-1	7.3186/	-1	7.0937/	-1
12.00	6.8757/	-1	6.6644/	-1	6.4595/	-1	6.2610/	-1
16.00	6.0686/	-1	5.8821/	-1	5.7013/	-1	5.5261/	-1
20.00	5.3562/	-1	5.1916/	-1	5.0321/	-1	4.8774/	-1

Minute	0.00	1.00	2.00	3.00
24.00	4.7275/ −1	4.5822/ −1	4.4414/ −1	4.3049/ −1
28.00	4.1726/ −1	4.0443/ −1	3.9200/ −1	3.7995/ −1
32.00	3.6828/ −1	3.5696/ −1	3.4599/ −1	3.3535/ −1
36.00	3.2505/ −1	3.1506/ −1	3.0537/ −1	2.9599/ −1
40.00	2.8689/ −1	2.7807/ −1	2.6953/ −1	2.6124/ −1
44.00	2.5322/ −1	2.4543/ −1	2.3789/ −1	2.3058/ −1
48.00	2.2349/ −1	2.1662/ −1	2.0997/ −1	2.0351/ −1
52.00	1.9726/ −1	1.9120/ −1	1.8532/ −1	1.7962/ −1
56.00	1.7410/ −1	1.6875/ −1	1.6357/ −1	1.5854/ −1
60.00	1.5367/ −1	1.4894/ −1	1.4437/ −1	1.3993/ −1
64.00	1.3563/ −1	1.3146/ −1	1.2743/ −1	1.2350/ −1
68.00	1.1971/ −1	1.1603/ −1	1.1246/ −1	1.0901/ −1
72.00	1.0566/ −1	1.0241/ −1	9.9261/ −2	9.6211/ −2
76.00	9.3254/ −2	9.0388/ −2	8.7610/ −2	8.4917/ −2
80.00	8.2307/ −2	7.9778/ −2	7.7326/ −2	7.4949/ −2
84.00	7.2646/ −2	7.0413/ −2	6.8249/ −2	6.6151/ −2
88.00	6.4118/ −2	6.2148/ −2	6.0238/ −2	5.8386/ −2
92.00	5.6592/ −2	5.4852/ −2	5.3167/ −2	5.1533/ −2
96.00	4.9949/ −2	4.8414/ −2	4.6926/ −2	4.5484/ −2
100.00	4.4086/ −2	4.2731/ −2	4.1417/ −2	4.0144/ −2
104.00	3.8911/ −2	3.7715/ −2	3.6556/ −2	3.5432/ −2
108.00	3.4343/ −2	3.3288/ −2	3.2265/ −2	3.1273/ −2
112.00	3.0312/ −2	2.9380/ −2	2.8477/ −2	2.7602/ −2
116.00	2.6754/ −2	2.5931/ −2	2.5135/ −2	2.4362/ −2
120.00	2.3613/ −2	2.2888/ −2	2.2184/ −2	2.1502/ −2
124.00	2.0841/ −2	2.0201/ −2	1.9580/ −2	1.8978/ −2
128.00	1.8395/ −2	1.7830/ −2	1.7282/ −2	1.6751/ −2
132.00	1.6236/ −2	1.5737/ −2	1.5253/ −2	1.4784/ −2
136.00	1.4330/ −2	1.3890/ −2	1.3463/ −2	1.3049/ −2
140.00	1.2648/ −2	1.2259/ −2	1.1882/ −2	1.1517/ −2
144.00	1.1163/ −2	1.0820/ −2	1.0488/ −2	1.0165/ −2

Activation data for ^{233}Pa : $F \cdot A_2(\tau)$

$$F \cdot A_2(\text{sat}) = 1.9220/ \quad 5$$
$$F \cdot A_2(1 \text{ sec}) = 5.7094/ \quad -2$$

Minute	0.00		1.00		2.00		3.00	
0.00	0.0000/	0	3.4257/	0	6.8513/	0	1.0277/	1
4.00	1.3702/	1	1.7128/	1	2.0553/	1	2.3979/	1
8.00	2.7404/	1	3.0829/	1	3.4254/	1	3.7679/	1
12.00	4.1104/	1	4.4529/	1	4.7954/	1	5.1379/	1
16.00	5.4804/	1	5.8229/	1	6.1653/	1	6.5078/	1
20.00	6.8502/	1	7.1927/	1	7.5351/	1	7.8776/	1
24.00	8.2200/	1	8.5624/	1	8.9048/	1	9.2472/	1
28.00	9.5896/	1	9.9320/	1	1.0274/	2	1.0617/	2
32.00	1.0959/	2	1.1302/	2	1.1644/	2	1.1986/	2
36.00	1.2329/	2	1.2671/	2	1.3013/	2	1.3356/	2
40.00	1.3698/	2	1.4040/	2	1.4383/	2	1.4725/	2
44.00	1.5067/	2	1.5410/	2	1.5752/	2	1.6094/	2
48.00	1.6436/	2	1.6779/	2	1.7121/	2	1.7463/	2

Minute	0.00		1.00		2.00		3.00	
52.00	1.7806/	2	1.8148/	2	1.8490/	2	1.8832/	2
56.00	1.9175/	2	1.9517/	2	1.9859/	2	2.0201/	2
60.00	2.0543/	2	2.0886/	2	2.1228/	2	2.1570/	2
64.00	2.1912/	2	2.2254/	2	2.2597/	2	2.2939/	2
68.00	2.3281/	2	2.3623/	2	2.3965/	2	2.4307/	2
72.00	2.4649/	2	2.4992/	2	2.5334/	2	2.5676/	2
76.00	2.6018/	2						

Decay factor for ^{233}Pa : $D_2(t)$

Minute	0.00		1.00		2.00		3.00	
0.00	1.0000/	0	9.9998/	−1	9.9996/	−1	9.9995/	−1
4.00	9.9993/	−1	9.9991/	−1	9.9989/	−1	9.9988/	−1
8.00	9.9986/	−1	9.9984/	−1	9.9982/	−1	9.9980/	−1
12.00	9.9979/	−1	9.9977/	−1	9.9975/	−1	9.9973/	−1
16.00	9.9971/	−1	9.9970/	−1	9.9968/	−1	9.9966/	−1
20.00	9.9964/	−1	9.9963/	−1	9.9961/	−1	9.9959/	−1
24.00	9.9957/	−1	9.9955/	−1	9.9954/	−1	9.9952/	−1
28.00	9.9950/	−1	9.9948/	−1	9.9947/	−1	9.9945/	−1
32.00	9.9943/	−1	9.9941/	−1	9.9939/	−1	9.9938/	−1
36.00	9.9936/	−1	9.9934/	−1	9.9932/	−1	9.9931/	−1
40.00	9.9929/	−1	9.9927/	−1	9.9925/	−1	9.9923/	−1
44.00	9.9922/	−1	9.9920/	−1	9.9918/	−1	9.9916/	−1
48.00	9.9914/	−1	9.9913/	−1	9.9911/	−1	9.9909/	−1
52.00	9.9907/	−1	9.9906/	−1	9.9904/	−1	9.9902/	−1
56.00	9.9900/	−1	9.9898/	−1	9.9897/	−1	9.9895/	−1
60.00	9.9893/	−1	9.9891/	−1	9.9890/	−1	9.9888/	−1
64.00	9.9886/	−1	9.9884/	−1	9.9882/	−1	9.9881/	−1
68.00	9.9879/	−1	9.9877/	−1	9.9875/	−1	9.9874/	−1
72.00	9.9872/	−1	9.9870/	−1	9.9868/	−1	9.9866/	−1
76.00	9.9865/	−1	9.9863/	−1	9.9861/	−1	9.9859/	−1
80.00	9.9858/	−1	9.9856/	−1	9.9854/	−1	9.9852/	−1
84.00	9.9850/	−1	9.9849/	−1	9.9847/	−1	9.9845/	−1
88.00	9.9843/	−1	9.9841/	−1	9.9840/	−1	9.9838/	−1
92.00	9.9836/	−1	9.9834/	−1	9.9833/	−1	9.9831/	−1
96.00	9.9829/	−1	9.9827/	−1	9.9825/	−1	9.9824/	−1
100.00	9.9822/	−1	9.9820/	−1	9.9818/	−1	9.9817/	−1
104.00	9.9815/	−1	9.9813/	−1	9.9811/	−1	9.9809/	−1
108.00	9.9808/	−1	9.9806/	−1	9.9804/	−1	9.9802/	−1
112.00	9.9801/	−1	9.9799/	−1	9.9797/	−1	9.9795/	−1
116.00	9.9793/	−1	9.9792/	−1	9.9790/	−1	9.9788/	−1
120.00	9.9786/	−1	9.9785/	−1	9.9783/	−1	9.9781/	−1
124.00	9.9779/	−1	9.9777/	−1	9.9776/	−1	9.9774/	−1
128.00	9.9772/	−1	9.9770/	−1	9.9769/	−1	9.9767/	−1
132.00	9.9765/	−1	9.9763/	−1	9.9761/	−1	9.9760/	−1
136.00	9.9758/	−1	9.9756/	−1	9.9754/	−1	9.9753/	−1
140.00	9.9751/	−1	9.9749/	−1	9.9747/	−1	9.9745/	−1
144.00	9.9744/	−1	9.9742/	−1	9.9740/	−1	9.9738/	−1
148.00	9.9737/	−1	9.9735/	−1	9.9733/	−1	9.9731/	−1

*

Activation data for ^{233}Th : $A_1(\tau)$, dps/μg

$$A_1(\text{sat}) \quad = 1.9208/\ 5$$
$$A_1(1\ \text{sec}) = 9.9908/\ 1$$

$K = -5.7130/\ -4$

Time intervals with respect to T_2

Day	0.00		1.00		2.00		3.00	
0.00	0.0000/	0	1.9208/	5	1.9208/	5	1.9208/	5
4.00	1.9208/	5	1.9208/	5	1.9208/	5	1.9208/	5

Decay factor for ^{233}Th : $D_1(t)$

Day	0.00		1.00		2.00		3.00	
0.00	1.0000/	0	3.0052/	−20	9.0313/	−40	2.7141/	−59
4.00	0.0000/	0	0.0000/	0	0.0000/	0	0.0000/	0

Activation data for ^{233}Pa : $F \cdot A_2(\tau)$

$$F \cdot A_2(\text{sat}) \quad = 1.9220/\ 5$$
$$F \cdot A_2(1\ \text{sec}) = 5.7094/\ -2$$

Day	0.00		1.00		2.00		3.00	
0.00	0.0000/	0	4.8703/	3	9.6171/	3	1.4244/	4
4.00	1.8753/	4	2.3148/	4	2.7432/	4	3.1607/	4
8.00	3.5675/	4	3.9643/	4	4.3508/	4	4.7276/	4
12.00	5.0948/	4	5.4528/	4	5.8016/	4	6.1416/	4
16.00	6.4730/	4	6.7960/	4	7.1108/	4	7.4177/	4
20.00	7.7168/	4	8.0082/	4	8.2923/	4	8.5692/	4
24.00	8.8391/	4	9.1022/	4	9.3585/	4	9.6084/	4
28.00	9.8520/	4	1.0089/	5	1.0321/	5	1.0546/	5
32.00	1.0766/	5	1.0980/	5	1.1189/	5	1.1393/	5
36.00	1.1591/	5	1.1784/	5	1.1973/	5	1.2156/	5
40.00	1.2335/	5	1.2510/	5	1.2680/	5	1.2845/	5
44.00	1.3007/	5	1.3164/	5	1.3318/	5	1.3467/	5
48.00	1.3613/	5	1.3755/	5	1.3894/	5	1.4029/	5
52.00	1.4160/	5	1.4288/	5	1.4413/	5	1.4535/	5
56.00	1.4654/	5	1.4770/	5	1.4882/	5	1.4992/	5
60.00	1.5099/	5						

Decay factor for ^{233}Pa : $D_2(t)$

Day	0.00		1.00		2.00		3.00	
0.00	1.0000/	0	9.7466/	−1	9.4996/	−1	9.2589/	−1
4.00	9.0243/	−1	8.7956/	−1	8.5727/	−1	8.3555/	−1
8.00	8.1438/	−1	7.9374/	−1	7.7363/	−1	7.5402/	−1

Day	0.00	1.00	2.00	3.00
12.00	7.3492/ −1	7.1629/ −1	6.9814/ −1	6.8045/ −1
16.00	6.6321/ −1	6.4640/ −1	6.3002/ −1	6.1406/ −1
20.00	5.9850/ −1	5.8333/ −1	5.6855/ −1	5.5414/ −1
24.00	5.4010/ −1	5.2641/ −1	5.1307/ −1	5.0000/ −1
28.00	4.8740/ −1	4.7505/ −1	4.6301/ −1	4.5128/ −1
32.00	4.3984/ −1	4.2870/ −1	4.1784/ −1	4.0725/ −1
36.00	3.9693/ −1	3.8687/ −1	3.7707/ −1	3.6751/ −1
40.00	3.5820/ −1	3.4912/ −1	3.4028/ −1	3.3165/ −1
44.00	3.2325/ −1	3.1506/ −1	3.0707/ −1	2.9929/ −1
48.00	2.9171/ −1	2.8432/ −1	2.7711/ −1	2.7009/ −1
52.00	2.6325/ −1	2.5658/ −1	2.5000/ −1	2.4374/ −1
56.00	2.3756/ −1	2.3154/ −1	2.2567/ −1	2.1995/ −1
60.00	2.1438/ −1	2.0895/ −1	2.0365/ −1	1.9849/ −1
64.00	1.9346/ −1	1.8856/ −1	1.8378/ −1	1.7913/ −1
68.00	1.7459/ −1	1.7016/ −1	1.6585/ −1	1.6165/ −1
72.00	1.5755/ −1	1.5356/ −1	1.4967/ −1	1.4588/ −1
76.00	1.4218/ −1	1.3858/ −1	1.3506/ −1	1.3164/ −1
80.00	1.2831/ −1	1.2506/ −1	1.2189/ −1	1.1880/ −1
84.00	1.1579/ −1	1.1285/ −1	1.0999/ −1	1.0721/ −1
88.00	1.0449/ −1	1.0184/ −1	9.9261/ −2	9.6746/ −2
92.00	9.4294/ −2	9.1905/ −2	8.9576/ −2	8.7306/ −2
96.00	8.5094/ −2	8.2938/ −2	8.0836/ −2	7.8788/ −2
100.00	7.6791/ −2	7.4845/ −2	7.2949/ −2	7.1100/ −2
104.00	6.9298/ −2	6.7542/ −2	6.5831/ −2	6.4163/ −2
108.00	6.2537/ −2	6.0952/ −2	5.9408/ −2	5.7902/ −2
112.00	5.6435/ −2	5.5005/ −2	5.3611/ −2	5.2253/ −2
116.00	5.0928/ −2	4.9638/ −2	4.8380/ −2	4.7154/ −2
120.00	4.5959/ −2	4.4795/ −2	4.3660/ −2	4.2553/ −2
124.00	4.1475/ −2	4.0424/ −2	3.9400/ −2	3.8401/ −2
128.00	3.7428/ −2	3.6480/ −2	3.5555/ −2	3.4654/ −2
132.00	3.3776/ −2	3.2920/ −2	3.2086/ −2	3.1273/ −2
136.00	3.0481/ −2	2.9708/ −2	2.8955/ −2	2.8222/ −2
140.00	2.7506/ −2	2.6809/ −2	2.6130/ −2	2.5468/ −2
144.00	2.4823/ −2	2.4194/ −2	2.3581/ −2	2.2983/ −2
148.00	2.2401/ −2	2.1833/ −2	2.1280/ −2	2.0741/ −2
152.00	2.0215/ −2	1.9703/ −2	1.9203/ −2	1.8717/ −2
156.00	1.8243/ −2	1.7780/ −2	1.7330/ −2	1.6891/ −2
160.00	1.6463/ −2	1.6045/ −2	1.5639/ −2	1.5243/ −2
164.00	1.4856/ −2	1.4480/ −2	1.4113/ −2	1.3755/ −2
168.00	1.3407/ −2	1.3067/ −2	1.2736/ −2	1.2413/ −2
172.00	1.2099/ −2	1.1792/ −2	1.1493/ −2	1.1202/ −2
176.00	1.0918/ −2	1.0641/ −2	1.0372/ −2	1.0109/ −2
180.00	9.8528/ −3	9.6031/ −3	9.3598/ −3	9.1226/ −3
184.00	8.8914/ −3	8.6661/ −3	8.4465/ −3	8.2325/ −3
188.00	8.0239/ −3	7.8206/ −3	7.6224/ −3	

$$^{238}\text{U}(\text{n}, \gamma)^{239}\text{U} \rightarrow {}^{239}\text{Np}$$

$M = 238.03$ $G = 99.28\%$ $\sigma_{ac} = 2.73$ barn,

^{239}U $T_1 = 23.5$ minute

E_γ (keV)	75	44
P	0.510	0.040

^{239}Np $T_2 = 2.35$ day

E_γ (keV)	278	228	209	106
P	0.140	0.120	0.040	0.230

Activation data for $^{239}\text{U} : A_1(\tau)$, dps/$\mu$g

$A_1(\text{sat}) = 6.8581/ 4$

$A_1(1 \text{ sec}) = 3.3699/ 1$

$K = -6.9930/ -3$

Time intervals with respect to T_1

Minute	0.00		1.00		2.00		3.00	
0.00	0.0000/	0	1.9929/	3	3.9279/	3	5.8066/	3
4.00	7.6308/	3	9.4019/	3	1.1122/	4	1.2791/	4
8.00	1.4413/	4	1.5987/	4	1.7515/	4	1.8999/	4
12.00	2.0440/	4	2.1839/	4	2.3197/	4	2.4516/	4
16.00	2.5796/	4	2.7039/	4	2.8247/	4	2.9419/	4
20.00	3.0557/	4	3.1662/	4	3.2735/	4	3.3776/	4
24.00	3.4788/	4	3.5770/	4	3.6723/	4	3.7649/	4
28.00	3.8548/	4	3.9420/	4	4.0268/	4	4.1091/	4
32.00	4.1889/	4	4.2665/	4	4.3418/	4	4.4149/	4
36.00	4.4859/	4	4.5549/	4	4.6218/	4	4.6868/	4
40.00	4.7499/	4	4.8111/	4	4.8706/	4	4.9284/	4
44.00	4.9845/	4	5.0389/	4	5.0918/	4	5.1431/	4
48.00	5.1929/	4	5.2413/	4	5.2883/	4	5.3339/	4
52.00	5.3782/	4	5.4212/	4	5.4630/	4	5.5035/	4
56.00	5.5429/	4	5.5811/	4	5.6182/	4	5.6542/	4
60.00	5.6892/	4	5.7232/	4	5.7562/	4	5.7882/	4
64.00	5.8193/	4	5.8495/	4	5.8788/	4	5.9072/	4
68.00	5.9349/	4	5.9617/	4	5.9877/	4	6.0130/	4
72.00	6.0376/	4	6.0614/	4	6.0846/	4	6.1071/	4
76.00	6.1289/	4	6.1501/	4	6.1707/	4	6.1906/	4
80.00	6.2100/	4						

Decay factor for $^{239}\text{U} : D_1(t)$

Minute	0.00		1.00		2.00		3.00	
0.00	1.0000/	0	9.7094/	−1	9.4273/	−1	9.1533/	−1
4.00	8.8873/	−1	8.6291/	−1	8.3783/	−1	8.1349/	−1
8.00	7.8985/	−1	7.6690/	−1	7.4461/	−1	7.2297/	−1

Minute	0.00	1.00	2.00	3.00
12.00	7.0196/ −1	6.8157/ −1	6.6176/ −1	6.4253/ −1
16.00	6.2386/ −1	6.0573/ −1	5.8813/ −1	5.7104/ −1
20.00	5.5445/ −1	5.3833/ −1	5.2269/ −1	5.0750/ −1
24.00	4.9275/ −1	4.7844/ −1	4.6453/ −1	4.5103/ −1
28.00	4.3793/ −1	4.2520/ −1	4.1285/ −1	4.0085/ −1
32.00	3.8920/ −1	3.7789/ −1	3.6691/ −1	3.5625/ −1
36.00	3.4590/ −1	3.3584/ −1	3.2609/ −1	3.1661/ −1
40.00	3.0741/ −1	2.9848/ −1	2.8980/ −1	2.8138/ −1
44.00	2.7321/ −1	2.6527/ −1	2.5756/ −1	2.5000/ −1
48.00	2.4281/ −1	2.3575/ −1	2.2890/ −1	2.2225/ −1
52.00	2.1579/ −1	2.0952/ −1	2.0343/ −1	1.9752/ −1
56.00	1.9178/ −1	1.8621/ −1	1.8080/ −1	1.7554/ −1
60.00	1.7044/ −1	1.6549/ −1	1.6068/ −1	1.5601/ −1
64.00	1.5148/ −1	1.4708/ −1	1.4280/ −1	1.3865/ −1
68.00	1.3462/ −1	1.3071/ −1	1.2691/ −1	1.2322/ −1
72.00	1.1964/ −1	1.1617/ −1	1.1279/ −1	1.0951/ −1
76.00	1.0633/ −1	1.0324/ −1	1.0024/ −1	9.7329/ −2
80.00	9.4501/ −2	9.1755/ −2	8.9088/ −2	8.6499/ −2
84.00	8.3986/ −2	8.1545/ −2	7.9176/ −2	7.6875/ −2
88.00	7.4641/ −2	7.2472/ −2	7.0366/ −2	6.8321/ −2
92.00	6.6336/ −2	6.4408/ −2	6.2537/ −2	6.0720/ −2
96.00	5.8955/ −2	5.7242/ −2	5.5579/ −2	5.3964/ −2
100.00	5.2395/ −2	5.0873/ −2	4.9395/ −2	4.7959/ −2
104.00	4.6566/ −2	4.5212/ −2	4.3899/ −2	4.2623/ −2
108.00	4.1384/ −2	4.0182/ −2	3.9014/ −2	3.7880/ −2
112.00	3.6780/ −2	3.5711/ −2	3.4673/ −2	3.3666/ −2
116.00	3.2687/ −2	3.1738/ −2	3.0815/ −2	2.9920/ −2
120.00	2.9050/ −2	2.8206/ −2	2.7387/ −2	2.6591/ −2
124.00	2.5818/ −2	2.5068/ −2	2.4339/ −2	2.3632/ −2
128.00	2.2945/ −2	2.2279/ −2	2.1631/ −2	2.1003/ −2
132.00	2.0392/ −2	1.9800/ −2	1.9224/ −2	1.8666/ −2
136.00	1.8123/ −2	1.7597/ −2	1.7085/ −2	1.6589/ −2
140.00	1.6107/ −2	1.5639/ −2	1.5184/ −2	1.4743/ −2
144.00	1.4315/ −2	1.3899/ −2	1.3495/ −2	1.3103/ −2
148.00	1.2722/ −2	1.2352/ −2	1.1993/ −2	1.1645/ −2
152.00	1.1306/ −2	1.0978/ −2	1.0659/ −2	1.0349/ −2
156.00	1.0048/ −2	9.7564/ −3	9.4729/ −3	9.1976/ −3

Activation data for ^{239}Np : $F \cdot A_2(\tau)$

$$F \cdot A_2(\text{sat}) = 6.9061/ \quad 4$$
$$F \cdot A_2(1 \text{ sec}) = 2.3571/ \quad -1$$

Minute	0.00		1.00		2.00		3.00	
0.00	0.0000/	0	1.4141/	1	2.8280/	1	4.2415/	1
4.00	5.6548/	1	7.0678/	1	8.4804/	1	9.8928/	1
8.00	1.1305/	2	1.2717/	2	1.4128/	2	1.5540/	2
12.00	1.6950/	2	1.8361/	2	1.9771/	2	2.1182/	2
16.00	2.2591/	2	2.4001/	2	2.5410/	2	2.6819/	2
20.00	2.8228/	2	2.9636/	2	3.1044/	2	3.2452/	2

Minute	0.00		1.00		2.00		3.00	
24.00	3.3859/	2	3.5267/	2	3.6673/	2	3.8080/	2
28.00	3.9486/	2	4.0892/	2	4.2298/	2	4.3704/	2
32.00	4.5109/	2	4.6514/	2	4.7918/	2	4.9323/	2
36.00	5.0727/	2	5.2130/	2	5.3534/	2	5.4937/	2
40.00	5.6340/	2	5.7742/	2	5.9145/	2	6.0547/	2
44.00	6.1949/	2	6.3350/	2	6.4751/	2	6.6152/	2
48.00	6.7553/	2	6.8953/	2	7.0353/	2	7.1753/	2
52.00	7.3152/	2	7.4551/	2	7.5950/	2	7.7349/	2
56.00	7.8747/	2	8.0145/	2	8.1543/	2	8.2940/	2
60.00	8.4337/	2	8.5734/	2	8.7131/	2	8.8527/	2
64.00	8.9923/	2	9.1319/	2	9.2714/	2	9.4109/	2
68.00	9.5504/	2	9.6899/	2	9.8293/	2	9.9687/	2
72.00	1.0108/	3	1.0247/	3	1.0387/	3	1.0526/	3
76.00	1.0665/	3	1.0805/	3	1.0944/	3	1.1083/	3
80.00	1.1222/	3						

Decay factor for ^{239}Np : $D_2(t)$

Minute	0.00		1.00		2.00		3.00	
0.00	1.0000/	0	9.9980/	−1	9.9959/	−1	9.9939/	−1
4.00	9.9918/	−1	9.9898/	−1	9.9877/	−1	9.9857/	−1
8.00	9.9836/	−1	9.9816/	−1	9.9795/	−1	9.9775/	−1
12.00	9.9755/	−1	9.9734/	−1	9.9714/	−1	9.9693/	−1
16.00	9.9673/	−1	9.9652/	−1	9.9632/	−1	9.9612/	−1
20.00	9.9591/	−1	9.9571/	−1	9.9550/	−1	9.9530/	−1
24.00	9.9510/	−1	9.9489/	−1	9.9469/	−1	9.9449/	−1
28.00	9.9428/	−1	9.9408/	−1	9.9388/	−1	9.9367/	−1
32.00	9.9347/	−1	9.9326/	−1	9.9306/	−1	9.9286/	−1
36.00	9.9265/	−1	9.9245/	−1	9.9225/	−1	9.9205/	−1
40.00	9.9184/	−1	9.9164/	−1	9.9144/	−1	9.9123/	−1
44.00	9.9103/	−1	9.9083/	−1	9.9062/	−1	9.9042/	−1
48.00	9.9022/	−1	9.9002/	−1	8.8981/	−1	9.8961/	−1
52.00	9.8941/	−1	9.8920/	−1	9.8900/	−1	9.8880/	−1
56.00	9.8860/	−1	9.8839/	−1	9.8819/	−1	9.8799/	−1
60.00	9.8779/	−1	9.8759/	−1	9.8738/	−1	9.8718/	−1
64.00	9.8698/	−1	9.8678/	−1	9.8657/	−1	9.8637/	−1
68.00	9.8617/	−1	9.8597/	−1	9.8577/	−1	9.8557/	−1
72.00	9.8536/	−1	9.8516/	−1	9.8496/	−1	9.8476/	−1
76.00	9.8456/	−1	9.8436/	−1	9.8415/	−1	9.8395/	−1
80.00	9.8375/	−1	9.8355/	−1	9.8335/	−1	9.8315/	−1
84.00	9.8294/	−1	9.8274/	−1	9.8254/	−1	9.8234/	−1
88.00	9.8214/	−1	9.8194/	−1	9.8174/	−1	9.8154/	−1
92.00	9.8134/	−1	9.8114/	−1	9.8093/	−1	9.8073/	−1
96.00	9.8053/	−1	9.8033/	−1	9.8013/	−1	9.7993/	−1
100.00	9.7973/	−1	9.7953/	−1	9.7933/	−1	9.7913/	−1
104.00	9.7893/	−1	9.7873/	−1	9.7853/	−1	9.7833/	−1
108.00	9.7813/	−1	9.7793/	−1	9.7773/	−1	9.7753/	−1
112.00	9.7732/	−1	9.7712/	−1	9.7692/	−1	9.7672/	−1
116.00	9.7652/	−1	9.7632/	−1	9.7612/	−1	9.7592/	−1
120.00	9.7573/	−1	9.7553/	−1	9.7533/	−1	9.7513/	−1

Minute	0.00	1.00	2.00	3.00
124.00	9.7493/ −1	9.7473/ −1	9.7453/ −1	9.7433/ −1
128.00	9.7413/ −1	9.7393/ −1	9.7373/ −1	9.7353/ −1
132.00	9.7333/ −1	9.7313/ −1	9.7293/ −1	9.7273/ −1
136.00	9.7253/ −1	9.7233/ −1	9.7213/ −1	9.7194/ −1
140.00	9.7174/ −1	9.7154/ −1	9.7134/ −1	9.7114/ −1
144.00	9.7094/ −1	9.7074/ −1	9.7054/ −1	9.7034/ −1
148.00	9.7015/ −1	9.6995/ −1	9.6975/ −1	9.6955/ −1
152.00	9.6935/ −1	9.6915/ −1	9.6895/ −1	9.6876/ −1
156.00	9.6856/ −1	9.6836/ −1	9.6816/ −1	9.6796/ −1

*

Activation data for ^{239}U : $A_1(\tau)$, dps/μg

$$A_1(\text{sat}) = 6.8581/\ 4$$
$$A_1(1\ \text{sec}) = 3.3699/\ 1$$

$K = -6.9930/\ -3$

Time intervals with respect to T_2

Hour	0.00	4.00	8.00	12.00
0.00	0.0000/ 0	6.8523/ 4	6.8581/ 4	6.8581/ 4
16.00	6.8581/ 4	6.8581/ 4	6.8581/ 4	6.8581/ 4

Decay factor for ^{239}U : $D_1(t)$

Hour	0.00	4.00	8.00	12.00
0.00	1.0000/ 0	8.4393/ −4	7.1221/ −7	6.0105 −10
16.00	5.0724/ −13	4.2807/ −16	3.6126/ −19	3.0488 −22

Activation data for ^{239}Np : $F \cdot A_2(\tau)$

$$F \cdot A_2(\text{sat}) = 6.9061/\ 4$$
$$F \cdot A_2(1\ \text{sec}) = 2.3571/\ -1$$

Hour	0.00	4.00	8.00	12.00
0.00	0.0000/ 0	3.3122/ 3	6.4655/ 3	9.4676/ 3
16.00	1.2326/ 4	1.5047/ 4	1.7637/ 4	2.0104/ 4
32.00	2.2452/ 4	2.4687/ 4	2.6815/ 4	2.8841/ 4
48.00	3.0770/ 4	3.2607/ 4	3.4355/ 4	3.6020/ 4
64.00	3.7604/ 4	3.9113/ 4	4.0549/ 4	4.1917/ 4
80.00	4.3219/ 4	4.4458/ 4	4.5638/ 4	4.6761/ 4
96.00	4.7831/ 4	4.8849/ 4	4.9818/ 4	5.0741/ 4
112.00	5.1620/ 4	5.2456/ 4	5.3253/ 4	5.4011/ 4
128.00	5.4733/ 4	5.5420/ 4	5.6074/ 4	5.6697/ 4
144.00	5.7290/ 4	5.7854/ 4	5.8392/ 4	5.8904/ 4
160.00	5.9391/ 4	5.9854/ 4	6.0296/ 4	6.0716/ 4
176.00	6.1117/ 4	6.1498/ 4	6.1860/ 4	6.2206/ 4
192.00	6.2534/ 4	6.2847/ 4	6.3145/ 4	6.3429/ 4
208.00	6.3699/ 4	6.3956/ 4	6.4201/ 4	6.4434/ 4
224.00	6.4656/ 4			

Decay factor for ^{239}Np : $D_2(t)$

Hour	0.00	4.00	8.00	12.00
0.00	1.0000/ 0	9.5204/ −1	9.0638/ −1	8.6291/ −1
16.00	8.2152/ −1	7.8212/ −1	7.4461/ −1	7.0890/ −1
32.00	6.7490/ −1	6.4253/ −1	6.1171/ −1	5.8238/ −1
48.00	5.5445/ −1	5.2785/ −1	5.0254/ −1	4.7844/ −1
64.00	4.5549/ −1	4.3364/ −1	4.1285/ −1	3.9305/ −1
80.00	3.7419/ −1	3.5625/ −1	3.3916/ −1	3.2290/ −1
96.00	3.0741/ −1	2.9267/ −1	2.7863/ −1	2.6527/ −1
112.00	2.5254/ −1	2.4043/ −1	2.2890/ −1	2.1792/ −1
128.00	2.0747/ −1	1.9752/ −1	1.8805/ −1	1.7903/ −1
144.00	1.7044/ −1	1.6227/ −1	1.5448/ −1	1.4708/ −1
160.00	1.4002/ −1	1.3331/ −1	1.2691/ −1	1.2083/ −1
176.00	1.1503/ −1	1.0951/ −1	1.0426/ −1	9.9261/ −2
192.00	9.4501/ −2	8.9968/ −2	8.5653/ −2	8.1545/ −2
208.00	7.7634/ −2	7.3911/ −2	7.0366/ −2	6.6991/ −2
224.00	6.3778/ −2	6.0720/ −2	5.7807/ −2	5.5035/ −2
240.00	5.2395/ −2	4.9882/ −2	4.7490/ −2	4.5212/ −2
256.00	4.3044/ −2	4.0980/ −2	3.9014/ −2	3.7143/ −2
272.00	3.5362/ −2	3.3666/ −2	3.2051/ −2	3.0514/ −2
288.00	2.9050/ −2	2.7657/ −2	2.6331/ −2	2.5068/ −2
304.00	2.3866/ −2	2.2721/ −2	2.1631/ −2	2.0594/ −2
320.00	1.9606/ −2	1.8666/ −2	1.7771/ −2	1.6918/ −2
336.00	1.6107/ −2	1.5334/ −2	1.4599/ −2	1.3899/ −2
352.00	1.3232/ −2	1.2598/ −2	1.1993/ −2	1.1418/ −2
368.00	1.0871/ −2	1.0349/ −2	9.8528/ −3	9.3802/ −3
384.00	8.9304/ −3	8.5021/ −3	8.0943/ −3	7.7061/ −3
400.00	7.3365/ −3	6.9846/ −3	6.6496/ −3	6.3307/ −3

INDEX

to the target nuclides

570

INDEX

to the radionuclides

Gallium
70Ga 100
72Ga 102
Germanium
71Ge 104
75Ge 106, 107
75mGe 107
77Ge 110, 116
77mGe 116, 120
Gold
198Au 535
199Au 530
Hafnium
175Hf 474
178mHf 476
179mHf 477
180mHf 478
181Hf 480
Holmium
166Ho 450
Hydrogen
3T 21
Indium
113mIn 280
114In 270, 271
114mIn 271
115mIn 252
116In 273
116m₁In 274, 276
116m₂In 276
117In 262
117mIn 259, 267
Iodine
125I 351
128I 349
131I 334, 344
Iridium
192Ir 515, 517
192m₁Ir 517
194Ir 520
Iron
55Fe 75
59Fe 76
Krypton
79Kr 155
83mKr 157
85Kr 159
85mKr 160
87Kr 162
Lanthanum
140La 388
Lead
209Pb 553

Lithium
8Li 22
Lutetium
176mLu 470
177Lu 464, 472
Magnesium
27Mg 30
Manganese
56Mn 73
Mercury
197Hg 537, 539
197mHg 539
199mHg 545
203Hg 547
205Hg 549
Molybdenum
93mMo 192
99Mo 194
101Mo 198
Neodymium
147Nd 408
149Nd 413
151Nd 417
Neon
23Ne 27
Neptunium
239Np 564
Nickel
65Ni 84
Niobium
94mNb 191
95Nb 182
97Nb 187
Nitrogen
16N 24
Osmium
185Os 502
190mOs 504
191Os 506, 508
191mOs 508
193Os 513
Oxygen
19O 25
Palladium
103Pd 216
109Pd 218, 220
109mPd 220
111Pd 225, 231
111mPd 231, 237
Phosphorus
32P 35
Platinum
191Pt 522